rowohlt
BERLIN

Peter Frankopan

ZWISCHEN ERDE UND HIMMEL

KLIMA – EINE MENSCHHEITS-GESCHICHTE

Aus dem Englischen
von Henning Thies
und Jürgen Neubauer

ROWOHLT · BERLIN

2. Auflage September 2023
Deutsche Erstausgabe
Veröffentlicht im Rowohlt · Berlin Verlag, Juni 2023

Die Originalausgabe erschien 2023 unter dem Titel «The Earth Transformed: An Untold History» im Verlag Bloomsbury, London

Karten und Grafiken nach der Originalausgabe
im Verlag Bloomsbury, London
Satz aus der Adriane bei Dörlemann Satz, Lemförde
Druck und Bindung CPI books GmbH, Leck
ISBN 978-3-7371-0098-4

Für Jessica

INHALT

Als Gott den Adam erschaffen hatte, führte er ihn zu allen Bäumen im Paradiese und sprach zu ihm: «(...) Nimm dich in Acht, dass du meine Welt nicht verunstaltest und zerstörst, denn es ist niemand da, der sie wieder herstellen könnte.»

Kommentar zum Buch Prediger (Kohelet), 7,13,
Midrasch Kohelet Rabba

Die Dürr' ist über Maßen groß;
Stets wächst des heißen Dunstes Wallen.
Kein reines Opfer ward versäumt
Vom Grenzhärd bis zur Ahnenhallen.
Auf-, abwärts opfert' ich, grub ein,
Ohn' Ehren blieb kein Geist von allen.

König Xuan aus der Zhou-Dynastie (Regierungszeit 827–782 v. Chr.),
«Yunhan» (雲漢), aus *Shijing* (詩經, *Buch der Lieder*)

Den Himmel hob er in die Höhe und stellte die Waage auf, / auf dass ihr beim Wiegen nicht übertretet!

Koran, Sure 55, Vers 7–8

Ein Wandel in unserem Klima (…) ist deutlich spürbar. Hitze und Kälte werden deutlich moderater.

Thomas Jefferson, *Notes on the State of Virginia* (1785)

Die ärmsten Nationen, die bereits durch vom Menschen verursachte Katastrophen heimgesucht werden, sind nun auch noch von einer Naturkatastrophe bedroht: der Möglichkeit eines Klimawandels.

US-Außenminister Henry Kissinger in einer Rede vor der 6. Sondersitzung der Generalversammlung der Vereinten Nationen (April 1974)

Ich habe ihn mir angesehen, ich habe ihn zum Teil gelesen. (…) Ich glaube nicht daran.

Donald Trump, 45. Präsident der Vereinigten Staaten, über den US-Klimabericht «National Climate Assessment 2018»

EINLEITUNG

Drei Dinge üben beständig Einfluss auf das Denken der Menschen aus: das Klima, die Regierung und die Religion.
Voltaire, *Über den Geist und die Sitten der Nationen* (1756)

Des Menschen erste Widersetzlichkeit», schrieb John Milton am Anfang von *Paradise Lost*, bestand darin, dass er die Frucht des «untersagten Baumes» im Garten Eden aß. Diese Entscheidung brachte «Tod (…) und unser ganzes Leid». Der Verlust des Paradieses verwandelte die Welt – von einem Ort der Schönheit und Fülle in einen Ort von Sorgen und Traurigkeit, wo «Ruh und Frieden nimmer weilen mag» und «Hoffnung nicht, die sonst zu allen kommt». Das Leben wurde zu einer «endlosen Qual».[1]

Miltons episches Gedicht, das 1677 erschien, ist eine Nacherzählung der biblischen Schöpfungsgeschichte vom Anfang des 1. Buches Mose (Genesis), wo erklärt wird, wie der Mensch zum Architekten des eigenen Niedergangs wurde. Indem sie sich von der «höllischen Schlange» verführen ließen, verdammten Adam und Eva alle zukünftigen Generationen der Menschheit zu einem Leben der ökologischen Herausforderung, in dem die Umwelt nicht mehr nur freundlich und wohlgesonnen war, in dem man nicht mehr ständig leicht an Nahrung gelangen konnte. Die Menschen mussten nun arbeiten, statt von Gott mit Gaben bedacht zu werden. Das Paradies war verloren.

In der heutigen Welt sind die Art und Weise, wie unsere Spezies das Land bearbeitet, die natürlichen Ressourcen ausbeutet und mit dem Thema Nachhaltigkeit umgeht, Gegenstand heftiger Diskussionen geworden – nicht zuletzt, weil viele glauben, dass die menschlichen Aktivitäten so umfassend und schädlich geworden sind, dass sie das Klima verändern. Im vorliegenden Buch gilt der Blick unserem Planeten, unserem eingegrenzten Garten (so die wörtliche Bedeutung von «Paradies»), wie er sich seit Anbeginn der Zeit verändert hat – manchmal als Ergebnis menschlicher Eingriffe und Aktivitäten, als Ergebnis von Kalkulation und Fehlkalkulation, manchmal aber auch aufgrund einer ganzen Fülle anderer Akteure, Faktoren, Einflüsse und Impulse, die die Welt, in der wir leben, gestaltet haben – oftmals auf eine Art und Weise, an die wir nicht gedacht haben oder die wir nicht verstehen. Dieses Buch wird erklären, wie unsere Welt schon immer von Veränderung, Übergang und Wandel geprägt war. Denn außerhalb des Gartens Eden steht die Zeit niemals still.

Dem menschlichen Einfluss auf Umwelt und Klimawandel bin ich erstmals in einer Kindersendung im Fernsehen begegnet; sie hieß «John Craven's Newsround» und lief, als ich ein kleiner Junge war, täglich im britischen Fernsehen. «Newsround» war ein BBC-Flaggschiffprogramm, eine Lebensader, die jüngere Zuschauer mit der Welt jenseits der Britischen Inseln verband. Diese Sendung war eine der wenigen, die meine Geschwister und ich mit Erlaubnis unserer Eltern sehen durften. Durch sie lernte ich das Leid der Menschen in Kambodscha unter den Roten Khmer kennen, die politischen Komplexitäten im Nahen Osten, die Realitäten des Kalten Krieges.

Eines der Themen, die in den späten 1970er und frühen 1980er Jahren ständig zur Sprache kamen, war der saure Regen. Ich kann mich noch daran erinnern, wie gebannt ich war vom schrecklichen Anblick der Bäume, die ihr Laub verloren hatten, und vom Gedanken, dass menschliche Aktivitäten für diese Entgleisung der Natur verantwortlich waren. Die Vorstellung, dass Fabriken Emissionen ausstießen, die die Wälder verheerten, Tiere töteten und den Boden kontaminierten, schockierte mich. Schon als kleiner Junge schien mir klar zu sein, dass die Entscheidungen, die wir getroffen hatten, um Güter und Produkte herzustellen, Langzeitauswirkungen haben würden – für uns alle.

Verstärkt wurden diese Befürchtungen noch durch die Angst vor atomaren Verwüstungen, die meine Kindheit prägte. Ich bin Teil einer Generation, die mit dem Glauben aufwuchs, dass die Welt einen globalen Atomkrieg zwischen den Vereinigten Staaten und der Sowjetunion erleben werde. Dieser würde zu einem Massensterben führen, nicht nur durch die Explosion zahlreicher Interkontinentalraketen mit Atomsprengköpfen, sondern auch durch den drohenden atomaren Winter, verursacht durch die Atompilze nach Explosion der Sprengköpfe. Ein Zeichentrickfilm, der Mitte der achtziger Jahre herauskam, *When the Wind Blows* (deutsche Fassung: *Wenn der Wind weht*), zeichnete ein schmerzlich ergreifendes, schreckliches Bild dessen, was auf uns zukam: Trübsal, Leid, Hunger und Tod – und alles nur, weil die Menschheit in der Lage war, Massenvernichtungswaffen zu erfinden, die durch Feuerstürme und Explosionen nicht nur Millionen Menschen töten, sondern auch das Klima der Erde so drastisch verändern würden, dass schon das reine Überleben einem Wunder glich.

Die Detonation von Dutzenden atomarer Waffen würde so viel Staub und Fallout in die Erdatmosphäre schleudern, dass wir alle lernen müssten, mit ständigen Minustemperaturen zu leben. Das Sonnenlicht würde durch undurchdringliche Staubwolken blockiert werden, und infolgedessen würden die Pflanzen sterben. Anschließend würde es den Tieren ähnlich ergehen – und damit würden alle Menschen, die die Atomschläge überlebt hätten, nicht nur vor Kälte zittern, sondern obendrein auch noch hungern. Strahlender Fallout würde Flora und Fauna kontaminieren und alle Formen des Lebens vergiften. Es konnte nur noch darum gehen, diese Apokalypse irgendwie zu überstehen – in der Hoffnung, überhaupt zu den Überlebenden zu gehören. Langfristig allerdings, so hofften wir, würde sich das Klima beruhigen und einen Neuanfang ermöglichen. Man müsste dann erst einmal sehen, wie viele Menschen noch lebten, wo sie lebten, und von Neuem beginnen.

Die Ängste meiner Generation nahmen durch diverse Unglücke und Unfälle noch weiter zu. Der dramatischste Vorfall war 1986 die Reaktorkatastrophe von Tschernobyl in der heutigen Ukraine. Die

Berichte über diese Katastrophe, die tagelang von den sowjetischen Behörden verschwiegen wurde, dienten als mahnende Bestätigung, dass Fehlkalkulationen, Fehleinschätzungen und Inkompetenz die ganze Welt, in der wir lebten, beeinflussen konnten. In den folgenden Monaten studierte ich Landkarten, auf denen der Weg der Wolken mit dem atomaren Fallout verzeichnet war, und achtete sorgfältig auf das, was ich aß. Zudem wurde mir schmerzhaft bewusst, welche Gefahren nun durch potenzielle Klimaveränderungen drohten.

Unsere Sommer verbrachten wir an einem See in Mittelschweden, und wir sagten, dorthin würden wir fliehen, wenn es je zum Ausbruch eines Atomkriegs käme. Wie die meisten wissen, gehört Schweden im Winter nicht gerade zu den wärmsten Ländern, aber mich beruhigte der Gedanke, dass wir auf diese Weise Soldaten, Panzern und Raketen aus dem Weg gehen könnten. Tröstlich war für mich auch das Wissen, dass Blaubeeren (die noch heute zu meinen Lieblingsfrüchten zählen) kälteresistent sind. Neben meinem Bett stand immer eine kleine gepackte Tasche, die jedes Jahr auf den neuesten Stand gebracht wurde, für den Fall, dass die Zeit gekommen war (*ob* sie kommen würde, war keine Frage mehr), sich an den globalen Klimawandel anzupassen. Sie enthielt einen Schokoriegel, ein Schweizer Offizierstaschenmesser (damit ich mir Pfeil und Bogen schnitzen konnte), ein paar Wollhandschuhe, ein Kartenspiel und drei Bälle, zwei Kugelschreiber (für den Fall, dass eine Tintenmine leer wäre) und etwas Papier.

Tatsächlich wurden meine Vorbereitungen niemals benötigt – obwohl in diesem Punkt wahrscheinlich mehr Glück als Können im Spiel war. Wie wir heute wissen, wurden mehrmals beinahe Raketen abgeschossen, weil Bären bei der Nahrungssuche Drahtzäune durchbrochen hatten oder weil es bei Militärmanövern Missverständnisse gab, die eine der beiden Seiten zu der Annahme verleiteten, ein feindlicher Angriff stehe unmittelbar bevor. Wetterballons wurden fälschlicherweise für ballistische Waffensysteme gehalten. Kurz, ich wuchs in einer Welt auf, die von Beinahe-Katastrophen und menschlichen Irrtümern bestimmt war.

Natürlich gab es noch viel anderes, was mich als Heranwachsenden in Angst und Schrecken versetzte: Die 1970er und 1980er Jahre waren eine Zeit der Ungerechtigkeiten, des Hasses, der Instabilität, des Terrorismus, der Hungerkatastrophen und Völkermorde. In meinem Hinterkopf beschäftigten mich stetig auch ökologische Verheerungen, Klima und Klimawandel als Probleme der Gegenwart, die in Zukunft nur noch schlimmer werden konnten. Für meine Generation gab es nur wenige Gewissheiten. Eines war absolut klar: Wir würden so gut wie garantiert auf einem Planeten leben müssen, der feindlicher, instabiler und gefährlicher war als der, auf dem wir unsere Kindheit verbracht hatten. Ich nahm an, dass die Ursache für diese Verschlechterung ein Weltkrieg oder große Unfallkatastrophen sein müssten.

Es wäre mir damals nicht in den Sinn gekommen, dass das Ende des Kalten Krieges in ein Zeitalter münden würde, in dem die Umwelt unter noch größeren Stress geriet, und dass die globale wirtschaftliche Zusammenarbeit zu einem massiven Anstieg der CO_2-Emissionen führen würde – und zu einer Welt, die sich immer stärker erwärmte. Meine Erziehung führte schlicht und einfach zu der festen Annahme, die Katastrophe müsse aus den Schrecken des Krieges herrühren. Das hatte ich schließlich in der Schule gelernt. Frieden und Harmonie hingegen sollten die Lösung sein – und nicht ein Teil des Problems.

Und so führte mich mein Weg, der vor vielen Jahren mit der Kindernachrichtensendung «Newsround» begann, dahin, intensiv über menschliche Eingriffe in die Natur nachzudenken, über mögliche Klimaveränderungen in der Vergangenheit und vor allem darüber, welche Rolle das Klima in der Ausformung der Weltgeschichte gespielt hat.

Wir leben heute wegen des Klimawandels in einer Welt am Rande der Katastrophe. «Jede Woche bringt neue klimabedingte Verwüstungen», sagte der Generalsekretär der Vereinten Nationen, António Guterres, im Jahr 2019. «Überflutungen. Dürren. Hitzewellen. Waldbrände. Extremstürme.» Und das sei keine apokalyptische Prophezeiung, sagte er, denn «die Klimastörungen sind bereits im Gange, und zwar für uns alle». Was die Zukunft anbelangt, fuhr er fort, bestehe kaum Hoffnung. Denn uns erwarte nichts weniger als «eine Katastrophe für das Leben, wie wir es kennen».[2]

Es gebe viele Probleme, mit denen die Menschheit konfrontiert sei, sagte US-Präsident Barack Obama in der vorletzten Rede seiner Amtszeit, der Ansprache zur Lage der Nation am 20. Januar 2015. «Und keine Herausforderung – keine – stellt für zukünftige Generationen eine größere Bedrohung dar als der Klimawandel.»[3] – «Die heutige ökologische Krise, insbesondere der Klimawandel», sagte Papst Franziskus 2019, «bedroht die gesamte Zukunft der menschlichen Familie.» Die Lage sei düster. «Zukünftige Generationen werden eine schwer beschädigte Welt erben», fügte er hinzu. «Unsere Kinder und Enkel sollten nicht die Kosten für die Verantwortungslosigkeit unserer Generation tragen müssen.»[4]

Regierungsvereinbarungen über den Umgang mit CO_2-Emissionen und der globalen Erderwärmung seien die «Mindestschritte, die zum Schutz der Erde, unserer gemeinsamen Heimat, unternommen werden müssen», bemerkte der chinesische Präsident Xi Jinping 2020. «Die Menschheit kann es sich nicht länger leisten, die wiederholten Warnungen der Natur zu ignorieren.» Es sei deshalb unbedingt erforderlich, «eine grüne Revolution auf den Weg zu bringen und sich noch mehr zu beeilen, eine grüne Entwicklung und ein grünes Leben zu schaffen, die Umwelt zu bewahren und Mutter Erde zu einem besseren Ort für alle zu machen».[5]

Andere brachten die bedrohliche Lage persönlich mit markanten Worten zum Ausdruck: «Ihr habt mit euren leeren Worten meine Träume und meine Kindheit gestohlen. Und doch gehöre ich zu den Glücklichen», sagte Greta Thunberg beim New Yorker UN-Klimagipfel im September 2019. «Die Menschen leiden. Die Menschen sterben. Ganze Ökosysteme brechen zusammen. Wir stehen am Beginn einer Massenvernichtung. Und alles, worüber ihr reden könnt, ist Geld und das Märchen vom ewigen Wirtschaftswachstum. Wie könnt ihr das wagen!»[6]

Wenn der Klimawandel das alles beherrschende Thema des

21. Jahrhunderts wird – oder schon ist –, weil er zu Wassermangel führt, zu Hungersnöten, Massenmigration, militärischen Konflikten und einem Massensterben, dann sollte ein Verständnis dessen, was die Zukunft bereithält, von grundlegender Bedeutung sein – nicht nur für Politiker, Wissenschaftler und Aktivisten, sondern für jeden Einzelnen. Als Historiker weiß ich, dass die beste Herangehensweise an komplexe Probleme ein Blick zurück in die Vergangenheit ist, denn dieser schafft einen Kontext und eine Perspektive für gegenwärtige und zukünftige Herausforderungen. Überdies lehrt die Geschichte wertvolle Lektionen, die helfen können, die richtigen Fragen zu stellen – und vielleicht sogar Antworten zu finden für einige der großen Themen und Probleme, die vor uns liegen.

Das gilt besonders für das Verhältnis von menschlichen Aktivitäten, Umwelt und Natur in jenen Regionen und Orten, die ich seit Jahrzehnten erforsche. In vielen dieser Gegenden, wenn nicht gar in allen, sind die Verfügbarkeit und Nutzung von Wasser, die Ausweitung der Nahrungsmittelproduktion, die Herausforderungen der Geographie und die Möglichkeiten für lokalen und Fernhandel nicht nur wichtige Lebensfaktoren, sondern auch grundlegende Elemente für den weiten Bogen der Geschichte. Wie Fernand Braudel gesagt hat, geht es beim Studium der Vergangenheit nicht nur um den Wettbewerb zwischen Mensch und Natur; nein, dieses Studium *ist* der Wettbewerb zwischen Mensch und Natur.[7]

Als ich mich mit den Sassaniden- und Abbasidenreichen beschäftigte, lernte ich schnell, dass Erfolg und Stabilität des Staates in enger Beziehung zur Bewässerung der Felder standen, die ein Anwachsen der landwirtschaftlichen Ernteerträge und damit die Ernährung größerer Bevölkerungen ermöglichte.[8] Der Blick in chinesische Geschichtsdarstellungen motivierte mich zu Forschungen, die zu dem Ergebnis kamen, dass Aufstieg, Niedergang und Verschwinden chinesischer Kaiserdynastien über einen Zeitraum von mehr als tausend Jahren eng mit Temperaturveränderungen zusammenhingen; kältere Phasen waren Zeiten des Bevölkerungsschwunds, des demographischen Niedergangs, der Konflikte und der Ersetzung kaiserlicher Herrscher durch neue Regime.[9]

Auf ähnliche Weise verdeutlichte die Lektüre von Gedichten wie *Meghadūtam* («Der Wolkenbote») des berühmten Sanskrit-Dichters Kalidasa (5. Jahrhundert n. Chr.), welch fundamentale Rolle Monsun, Regen und Jahreszeiten in der Literatur, der Kultur und den Geschichten Südasiens spielen.[10] Vor langer Zeit lernte ich auch, dass in der jüngeren Vergangenheit die sowjetische Politik der 1950er Jahre in Zentralasien nicht nur unter Umweltgesichtspunkten katastrophal verlief, sondern dass sie auch signifikante Auswirkungen auf den Kalten Krieg hatte; noch heute spielt sie in der Region beim Einsatz von Zwangsarbeitern eine Rolle.[11] Aus eigener Erfahrung weiß ich, wie scharf, schädlich und gefährlich die Luftverschmutzung an diversen Orten ist, die ich regelmäßig besuche: In puncto Luftqualität rangieren Städte wie Neu-Delhi, Bischkek und Lahore unter den schlimmsten der Welt. In Taschkent, der Hauptstadt Usbekistans, wurde die Luftqualität im Laufe des Jahres 2020 an 80 Prozent der Tage als gefährlich eingestuft.[12]

So habe ich mich also darangemacht, die Umweltgeschichte zu erforschen, um besser zu verstehen, was uns die Vergangenheit über menschliches Verhalten erzählt, über vom Menschen verursachte Veränderungen in der natürlichen Welt und darüber, wie extreme Wetterereignisse, langfristige Wettermuster und klimatische Veränderungen die Geschichte beeinflusst und verändert haben. Ich wollte beurteilen können, warum wir anscheinend am Rande des Abgrunds angekommen sind, wo die Zukunft unserer Spezies, ebenso wie die eines signifikanten Teils der Tier- und Pflanzenwelt, ernsthaft in Gefahr ist. Es ist etwa so wie bei Ärzten, die eine gründliche Kenntnis der Krankheit haben sollten, bevor sie darangehen, diese zu kurieren. Auch die Erkundung der Ursachen für die gegenwärtigen Probleme ist von zentraler Bedeutung, wenn wir fundierte Vorschläge machen wollen, wie mit den Krisen umzugehen sei, denen wir jetzt alle ausgesetzt sind.

Historiker erleben gegenwärtig so etwas wie ein Goldenes Zeitalter, weil es unzählige neue Belege und ganz neue Arten von Material gibt, die dabei helfen können, unser Verständnis der Vergangenheit zu verbessern. Maschinelles Lernen, Computermodelle und Datenanalysen bieten uns nicht nur eine neue Optik für die Betrachtung anderer historischer Perioden, sondern sie stoßen uns auch auf eine große Fülle von Dingen, die wir bislang nicht gewusst oder erkannt haben. Dass zum Beispiel ganze Netzwerke von Dörfern im Amazonas-Regenwald vor vielen Jahrhunderten so angelegt wurden, dass sie den ganzen Kosmos widerspiegelten, konnte jetzt mithilfe der radarähnlichen LIDAR-Lasertechnik herausgefunden werden (LIDAR = Light Detection and Ranging).[13] Fortschritte bei der kostengünstigen Sichtbarmachung von Spektroskopiedaten aus dem Bereich der Infrarot- und Kurzwellenstrahlung im Labor haben bahnbrechende Erkenntnisse ermöglicht, zum Beispiel Schlussfolgerungen zu den gesellschaftlichen Veränderungen im 12. Jahrhundert in der Region des südafrikanischen Nationalparks Mapungubwe am Zusammenfluss der Flüsse Limpopo und Shashi.[14] Isotopendaten aus menschlichen Gräbern und Schweinezähnen im heutigen Papua-Neuguinea werfen nicht nur neues Licht auf Siedlungsmuster, sondern auch auf menschliche Ernährungsgewohnheiten in puncto Meeresfrüchte vor über 2000 Jahren.[15] Mithilfe neuer Technologien konnte auch der Mineralisierungsprozess bei pflanzlichem Material und Samenkörnern identifiziert und analysiert werden, die sich in Abfall- und Jauchegruben aus dem Jerusalem der Abbasiden-Zeit erhalten hatten, was begründete Schlussfolgerungen über die Westexpansion des Handels mit Ernteprodukten in der Frühzeit des Islam zulässt.[16]

Einige der aufregendsten Fortschritte gab es im Bereich der Möglichkeiten, das Klima früherer Epochen zu erfassen und zu verstehen. Dazu gehört auch ein gewisser Erfindungsreichtum bei der Auswertung schriftlicher Quellen, die bisher kaum oder nur unzureichend genutzt wurden. Muschelschalen von der peruanischen Pazifikküste ermöglichen Klimarekonstruktionen durch chemische Veränderungen, die sie aufweisen und die Rückschlüsse auf die Wassertemperatur des Meeres zulassen. So können Forscher nun auf Jahres-, Monats- und sogar Wochenbasis die Meerestemperaturen der Vergangenheit ermitteln.[17] Aufzeichnungen über Kirschblütenfeste in

Japan, die bis zum Anfang des 9. Jahrhunderts n. Chr. zurückreichen und jeweils das Datum des Kirschblütenbeginns festhalten, tragen dazu bei, dass wir über viele Jahrhunderte den Frühlingsbeginn jeweils exakt datieren können.[18] Von den Hafenbehörden in Tallinn, Estland, aufbewahrte Schifffahrtsregister für die letzten fünf Jahrhunderte zeigen, wann jeweils das erste Schiff des Jahres eintraf; daraus ergibt sich nicht nur, ab wann die Ostsee eisfrei war, sondern es zeigen sich auch langfristige Muster von längeren und wärmeren Frühjahren.[19] Treibholz von den Svalbard-Inseln in der Arktis belegt eine beträchtliche Variabilität des Meereises im Zeitraum von 1600 bis 1850, was wiederum auf ungewöhnliche klimatische Muster in diesem Zeitraum verweist.[20]

Vor allem jedoch kommen ständig aufregende neue «Klimaarchive» hinzu; viele davon werden in diesem Buch eine Rolle spielen. Wir werden uns die Informationen ansehen, die sich aus den Jahresringen der Bäume im zentralasiatischen Altaigebirge gewinnen lassen, und die Mineralablagerungen in spanischen Höhlen, die Rückschlüsse auf Temperaturveränderungen und Regenfälle zulassen. Wir werden Eisbohrkerne aus Grönland und aus europäischen Alpengletschern betrachten und dabei Hinweise auf Vulkanausbrüche wie auch auf menschliche Aktivitäten finden, etwa Metallurgie und verbrannte Feldfrüchte, Waldbrände oder fossile Brennstoffe. Wir werden versteinerten Pollen aus Oman begegnen und Warvenablagerungen in Seeabflüssen in Anatolien, die Einblick in Veränderungen der Vegetation gewähren, sowohl natürliche als auch vom Menschen verursachte Veränderungen. Wir beschäftigen uns mit verkohlten und eingetrockneten Samen aus Südostasien, getrockneten Nussschalen aus Nordaustralien sowie mit verdauten und teilverdauten Nahrungsresten aus Palästina; dabei lernen wir etwas über Speisepläne und Krankheiten. Wir untersuchen die Klimabedingungen, die zur Ausbreitung von parasitischen Krankheitserregern in Süd-, Mittel- und Nordamerika führten, und schauen uns die Belege für Erntezyklen in Westafrika an. Außerdem die phylogenetischen Stammbäume der Pest in Äthiopien, Kirgistan und Cambridgeshire.

Viele neue Quellen mit Klimadaten, die uns ein besseres Verständnis der natürlichen Welt in ferner Vergangenheit ermöglichen, sind verfügbar geworden. Zum Beispiel arbeitet ein Forscherteam an einer 80 Meter tiefen Schicht von Sedimentablagerungen im Südosten Kasachstans, die als ein natürliches Archiv der Bodenfeuchtigkeit anzusehen sind. Dabei gewinnen wir Einblicke in die Rolle Zentralasiens bei der globalen Klimaentwicklung im Allgemeinen und speziell in den Wasserkreislauf von Land, Atmosphäre und Meereswasser auf der Nordhalbkugel. Diese Erkenntnisse haben große Bedeutung, nicht nur für Klimaanalysen der Vergangenheit, sondern auch für zukünftige Langzeitanalysen des globalen Klimas.[21] Gleiches gilt für neue Forschungen im tibetanischen Hochland. Hier legen Modellierungen, die auf Funden in Höhen jenseits der Baumgrenze basieren, wo mehr Arten zu Hause sind als in den Bergwäldern, den Schluss nahe, dass die Artenvielfalt in der alpinen Vegetation in den kommenden Jahrhunderten deutlich abnehmen wird.[22]

Solche Quellen und Belege haben dazu geführt, dass revolutionäre neue Ideen entwickelt wurden. Jüngste Klimadaten bieten zum Beispiel Erkenntnisse zu einer sehr unruhigen Zeit im Römischen Reich um die Mitte des dritten nachchristlichen Jahrhunderts. Einige Forscher versuchen hier Verbindungen zu ziehen zum reduzierten Niveau der Sonnenaktivität, zum Anwachsen des Meereises und zu mehreren größeren Vulkanausbrüchen, die zu einer schnellen Abkühlung des Klimas, zu Störungen der Nahrungsmittelproduktion und zu einer Reihe politischer, militärischer und monetärer Krisen führten – alles genau in diesem Zeitraum.[23] Daten zur Judenverfolgung in Europa aus fast tausend Städten im Zeitraum von 1100 bis 1800 zeigen, dass ein Absinken der Durchschnittstemperatur während der Vegetationsperiode um rund ein Drittel Grad Celsius mit einer deutlich höheren Wahrscheinlichkeit korrelierte, dass in den darauffolgenden fünf Jahren die Juden angegriffen wurden – wobei jene Juden, die in oder in der Nähe von Gegenden mit schlechteren Ackerböden und schwächeren Institutionen wohnten, mit einem nochmals erhöhten Risiko leben mussten, in Zeiten von Nahrungsmittelknappheit und hohen Preisen als Sündenböcke attackiert zu werden.[24]

Nach einem Vergleich von Phasen mit kälteren Temperaturen und höheren Weizenpreisen in Europa wurden neue Modelle entwickelt, die zeigen, welche Städte gegen Preisschocks resistenter waren als andere. Dieser Vergleich führte auch zu Hypothesen, denen zufolge das kühlere Wetter im England der Frühen Neuzeit zu einer landwirtschaftlichen Revolution führte, die wiederum die Entwicklung neuer Technologien nahelegte und belohnte, was eine Energiewende mit sich brachte und letztlich das Zeitalter der globalen europäischen Kolonialreiche einläutete.[25]

Solche Hypothesen haben große Aufmerksamkeit erregt und, kaum überraschend, zu lebhaften Diskussionen geführt, gelegentlich auch zu hitzigen Debatten unter Historikern. Dabei wurden vor allem Vorbehalte gegen einen historischen oder einen Klimadeterminismus angemeldet; man wies darauf hin, dass genau auf den Unterschied von Korrelation und Kausalzusammenhang zu achten sei.[26] Derart weitreichenden Interpretationen stehen auch andere Hindernisse im Wege, etwa wenn es um die Verhältnisse auf dem indischen Subkontinent geht, eine Region, die ökologisch und kulturell äußerst divers ist und die ein weites Spektrum aus «sesshaften Dorfbewohnern, Jägern und Sammlern, Brandrodungsbauern, nomadischen Viehzüchtern und Fischern» beherbergt; hinzu kommen eine erstaunliche Artenvielfalt und eine große klimatische Vielfalt. Weil das so ist, argumentieren einige Wissenschaftler nicht nur, dass Generalisierungen über den Subkontinent als Ganzes gefährlich seien, sondern auch, dass darüber hinaus Vergleiche mit anderen Teilen der Welt schlicht unangemessen seien.[27]

Mit solchen Überlegungen hängt ein weiterer umstrittener Punkt zusammen: dass Autoren, die über das Klima und seine Auswirkungen schreiben, sich oft einseitig auf den Zusammenbruch ganzer Gesellschaften konzentrieren, meist unter Heranziehung sehr weniger Beispiele – Paradefälle sind etwa die Mayas, die Osterinsel und der «Untergang» des Römischen Reiches. All diese «Untergänge» wurden in neueren Bestsellern mit einem Klimawandel in Verbindung gebracht.[28] Fast schon üblich ist es dabei, dass komplexe Abläufe und Erzählungen übermäßig vereinfacht wiedergegeben und so für verengte Erklärungsversuche instrumentalisiert werden. Manche Autoren verspüren darüber hinaus den Drang, eine Lektion zu verabreichen – eine Lektion über die Erschöpfung der natürlichen Ressourcen, die gescheiterte Anpassung an einen Wandel der Umweltbedingungen und die Resultate eines nicht nachhaltigen Lebensstils. Dieser Ansatz kann leicht zu einem Musterbeispiel dafür werden, wie der Schwanz mit dem Hund wedelt. Soll heißen: Der Blick in die Vergangenheit erfolgt vorrangig durch die Brille der gegenwärtigen Probleme.[29]

Viel hängt deshalb von einer gewissen souveränen Leichtigkeit im Umgang mit neuartigem Quellenmaterial ab – genauso, wie gute Geschichtsschreibung beim Umgang mit schriftlichen Quellen und materieller Kultur ein gesundes Urteilsvermögen verlangt. Das Problem ist also nicht, dass Klimawissenschaft, Klimadaten oder neue methodische Ansätze womöglich fehlerbehaftet sind, sondern dass man sorgfältig damit umgehen und Kontexte schaffen muss, die ausgewogen, überzeugend und angemessen sind.[30]

Im Großen und Ganzen wurden Wetter-, Klima- und Umweltfaktoren bislang nur selten als Hintergrund für die menschliche Geschichte betrachtet, geschweige denn als eine wichtige Perspektive für den Blick auf die Vergangenheit. Natürlich gibt es einige bekannte Fälle, in denen das Klima eine prominente Rolle bei geschichtlichen Abläufen spielte, auch wenn solche Berichte nicht immer plausibel sind. Da ist zum Beispiel die berühmte Geschichte von König Xerxes, der den Befehl gab, dem Hellespont dreihundert Schläge zu verabreichen, nachdem ein Unwetter dort Brücken weggerissen hatte, wodurch sich die persische Invasion in Griechenland im Jahr 480 v. Chr. verzögerte. Es handelt sich aber wohl eher um eine apokryphe Erzählung, dazu gedacht, ein Schlaglicht auf den irrationalen Zorn eines barbarischen, tyrannischen Herrschers zu werfen, als um eine zuverlässige Darstellung der Fakten.[31]

Die beiden im späten 13. Jahrhundert von Kublai Khan, dem Enkel des großen Dschingis Khan, befohlenen Angriffe auf Japan wurden durch «göttliche Winde» oder «Kamikaze» gestoppt, von den Göttern gesandt, um die Angreifer zu entmutigen. Diese Erzählung sagt allerdings mehr darüber aus, wie diese Ereignisse im Kontext der japanischen Geschichte gedeutet wurden, als darüber, warum die mongolische Yuan-Dynastie, die damals den größten Teil des heutigen Chinas beherrschte, nicht in der Lage war, Japan zu erobern.[32]

Der berühmteste derartige Fall ist jedoch der Einbruch des harten russischen Winters, der in populären Vorstellungen entscheidend dafür verantwortlich war, dass Napoleons unbedachter Angriff auf Moskau im Jahr 1812 scheiterte und dass die deutsche Wehrmacht bei Hitlers Angriff auf die Sowjetunion im Jahr 1941 vor Moskau steckenblieb – als erster Anfang der Wende im verlorenen Weltkrieg. Diese populäre Denkfigur verschleiert in beiden Fällen die Tatsache, dass allzu ehrgeizige Ziele, nicht funktionierende Nachschublinien, nicht durchdachte strategische Entscheidungen und eine noch schlechtere Umsetzung der Pläne am Boden die wahren Gründe waren, warum die Invasionen scheitern mussten – weit mehr noch als Eis und Schnee.[33]

Im Allgemeinen ignorieren wir jedoch das Klima, langfristige Klimamuster oder Klimaveränderungen völlig, wenn wir die Geschichte betrachten. Die meisten Menschen können große Führer und wichtige Schlachten der Vergangenheit benennen, hingegen nur die wenigsten die stärksten Stürme, die schwersten Fluten, die strengsten Winter, die schlimmsten Dürreperioden; kaum jemand vermag zu sagen, wann diese Naturereignisse zu massiven Ernteausfällen, zu politischem Druck und zu Unruhen führten oder als Katalysator für die Ausbreitung von Seuchen und Krankheiten dienten. Menschliche Geschichte und Naturgeschichte wieder zusammenzuführen, ist nicht nur eine sinnvolle Übung; nein, es ist von fundamentaler Bedeutung, wenn wir die Welt um uns herum angemessen verstehen wollen.[34]

Wer den historischen Einfluss und die Bedeutung von Wetter, Extremereignissen, langfristigen Klimamustern und Klimaveränderungen bestimmen will, benötigt ein detailliertes Verständnis davon, wie das globale Klimasystem und die klimatischen Subsysteme miteinander vernetzt sind. Das Klima der Erde wird nämlich von mehreren eng miteinander verbundenen Faktoren und Systemen gestaltet. Da ist zunächst das globale Wettersystem, das sich ständig neu regulieren und anpassen muss, weil sich die atmosphärischen Bedingungen, die Meeresströmungen und das Verhalten der Eisschollen ändern, aber auch aufgrund geologischer Aktivitäten wie der Plattentektonik und den Oszillationen in den Eisenströmen des Erdkerns am Erdmantel. Die Neigung der Erdachse, leichte Abweichungen in der Umlaufbahn der Erde um die Sonne und die ungleiche Energieverteilung zwischen der Äquatorregion und den Polkappen haben ebenfalls Einfluss auf das Wetter und die Klimamuster – im Einzelnen wie auch im Zusammenspiel all dieser Faktoren.[35]

Die Hauptquelle saisonaler Klimaanomalien ist «El Niño» (span. «das Christuskind»), genauer die El-Niño-Südliche-Oszillation (ENSO). Bezeichnet wird damit die Beziehung zwischen den atmosphärischen und den ozeanischen Bedingungen im äquatorialen Pazifikraum, also die Schwankungen eines ozeanographisch-meteorologischen Systems, zu dem Richtung und Stärke der Passatwinde, die Oberflächentemperatur des Meerwassers und der Luftdruck gehören. Der ENSO-Zyklus alternierender warmer El-Niño- und kalter El-Niña-Phänomene ist das dominante jährliche Klimasignal auf der Erde.[36] Es beeinflusst das Niederschlagsvolumen in Südamerika, aber auch das Wettergeschehen in Südasien, Ostafrika und Australien. Der indische Monsun kann außerdem noch durch episodische Klimaveränderungen im Nordatlantik beeinflusst werden.[37]

Auch andere Subsysteme spielen eine bedeutende Rolle bei den Temperatur- und Klimaverhältnissen und deren Variationen über Jahre oder gar Dekaden hinweg. Die Nordatlantische Oszillation (NAO) etwa, deren Gegenstand Balance und Schwankung der Luftdruckverhältnisse auf Meereshöhe zwischen einem Azoren-Hoch und einem Island-Tief sind, verursacht Perioden von Tiefdruck- und Hochdruckwetter mit Einfluss auf Westeuropa, aber auch auf die winterlichen Niederschläge im Mittelmeer- und Schwarzmeerraum. Die NAO lenkt zudem kalte Polarluftmassen aus Sibirien und dem

Nordmeer nach Mittel- und Westeuropa.[38] Die Eisschmelze in der Antarktis und in Grönland produziert Schmelzwasser, das zu einer stärkeren Erwärmung des Meerwassers unter der Oberfläche führt – wenngleich neuere Forschungen belegen, dass dessen Einfluss auf den südlichen Ozean für die globalen Temperaturverhältnisse und den globalen Meeresspiegel weit größere Bedeutung hat als der Einfluss auf die arktischen Regionen.[39]

Die Sonnenaktivität hat eine bedeutende Funktion in den globalen Klimaverhältnissen, weil die Sonne sich variabel verhält, besonders in ihren magnetischen Aktivitäten. Die wichtigsten dieser Phänomene sind Sonnenflecken und das Polarlicht, die normalerweise elfjährigen Zyklen folgen.[40] Auch durch Langzeitvariationen wird die Sonnenaktivität moduliert; sie äußern sich in Phasen eher großer und eher mäßiger Sonnenaktivität, sogenannter Maxima und Minima.[41] Das jüngste Beispiel für ein solches Minimum, das sogenannte Maunder-Minimum, lag etwa zwischen den Jahren 1645 und 1715; in dieser Periode war die Sonnenfleckenaktivität extrem reduziert.[42]

Vulkanische Aktivitäten sind ebenfalls ein wichtiger Faktor für zwangsläufige Klimaveränderungen. 1991 zum Beispiel schleuderte der Pinatubo auf den Philippinen bei seinem Ausbruch 20 Megatonnen Schwefeldioxid in die Erdatmosphäre, die dann oxidierten und in der Stratosphäre kleine Partikel bildeten: Sulfataerosole. Diese breiteten sich aus und verstärkten dabei die Lichtundurchlässigkeit (Opazität) der Stratosphäre. Zu den verblüffenden Ergebnissen gehörten eine Reduktion der direkten Sonneneinstrahlung um 21 Prozent und eine verringerte Wärmeisolierung, wodurch die globale Durchschnittstemperatur um ein halbes Grad Celsius absank.[43]

Hinter diesen globalen Zahlen verbergen sich wichtige regionale Klimamuster. Während die Wassertemperatur im Nordatlantik um fünf Grad Celsius gegenüber der Durchschnittstemperatur absank, war der anschließende Winter in Sibirien, Skandinavien und im Zentrum Nordamerikas deutlich wärmer als normal. Im Jahr nach der Eruption gab es im Süden der Vereinigten Staaten umfangreiche Überschwemmungen, dagegen markanten Wassermangel und Dürren im Afrika südlich der Sahara, in Süd- und Südostasien sowie in weiten Teilen Mittel- und Südeuropas. Zusammengenommen waren die Auswirkungen dramatisch. Die Reduktion der kurzwelligen Sonnenstrahlung führte dazu, dass die Meereswassertemperatur im globalen Mittel um 0,4 Grad Celsius sank – das entspricht ungefähr dem hundertfachen jährlichen Energieverbrauch auf der ganzen Welt.[44]

Vulkanausbrüche bringen auch andere weitreichende Folgen für die Natur mit sich. Dazu gehören die Phytoplanktonblüte, induziert durch in den Ozean gelangende Lavaströme, und die lokale Erwärmung von Tiefseewasserschichten, die anschließend aufsteigen und die sonnenbeschienenen Wasserschichten an der Oberfläche mit Nährstoffen versorgen.[45] Wie wir noch sehen werden, können Vulkanausbrüche zu markanten Verlusten in der landwirtschaftlichen Produktion führen, was wiederum schwere wirtschaftliche, soziale und politische Krisen zur Folge hat. Wir werden auch untersuchen, welche Auswirkungen Eruptionen auf die Lebensbedingungen von krankheitsübertragenden Spezies haben; oder wie sie als Katalysatoren für diverse enzootische Zyklen bei Krankheitserregern wirken können. Es entwickeln sich dann, wie es ein Forscher einmal trefflich formuliert hat, regelrechte «Epidemie-Schnellstraßen».[46]

Ein entscheidender Faktor bei Vulkanausbrüchen ist, dass der Zeitpunkt des Ausbruchs genauso wichtig sein kann wie dessen Stärke oder Ausmaß. Neuere, durch Supercomputer gestützte Forschungen mit tausendfachen Simulationen haben gezeigt, dass Vulkanausbrüche, die sich im Sommer ereignen, weit größere Auswirkungen auf das globale Klima haben als solche, die im Winter oder im Frühjahr erfolgen.[47] Wo die Vulkane liegen, bei denen es zu großen Ausbrüchen kommt, ist ebenfalls wichtig; Modelle belegen jetzt, dass Vulkane außerhalb der tropischen Regionen in den vergangenen dreizehn Jahrhunderten für stärkere Abkühlungen des Klimas ganzer Hemisphären gesorgt haben als tropische Vulkane.[48] Untersuchungen von Vulkanen und Vulkangebieten haben auch gezeigt, dass in neuerer Zeit das Ausströmen von CO_2-Gasen signifikant zugenommen hat; die Emissionen bei reinen Gasausstößen der Vulkane sind dabei wesentlich größer als die bei relativ kurzen Vulkanausbrüchen freigesetzten Gase.[49]

Es gibt noch weitere Phänomene, bei denen das Klima signifikante Auswirkungen auf die Welt der Natur hat. Schwere Regenfälle in der Ebene von Indus und Ganges im Norden des indischen Subkontinents können die Erdkruste stark unter Stress setzen, was in der angrenzenden Himalajaregion zur Abnahme mikroseismischer Aktivitäten (also kleiner Erderschütterungen) führt.[50] Belege für Zusammenhänge zwischen starken Taifunen im Osten Taiwans und der seismischen Aktivität unter der Insel legen den Schluss nahe, dass Wetterphänomene nicht nur geologische Reaktionen auslösen können, sondern dass dies möglicherweise in kleinen, moderaten Dosen regelmäßig geschieht, wodurch Einzelereignisse wie große, verheerende Erdbeben vermieden werden.[51]

Klima- und Temperatureinflüsse prägen auch die Biodiversität: Die Anzahl der Arten sinkt drastisch, je weiter man sich vom Äquator in Richtung der Pole entfernt. Manche Experten schätzen, dass in den tropischen Regenwäldern mehr als die Hälfte aller Arten von Flora und landbasierter Fauna auf der ganzen Welt versammelt sind. Neuerdings konnte jedoch gezeigt werden, dass die tropischen Wälder zwar ein erstaunliches Spektrum an Pflanzen und Tieren beherbergen, dass dies aber das Ergebnis allmählicher Veränderungen über längere Zeiträume hinweg ist. Neue Arten entstehen in der Tat schneller in Gegenden mit kalten, trockenen, instabilen und extremen Klimabedingungen.[52]

Historiker haben schon vor längerer Zeit festgestellt, dass die Sonnenaktivität, langfristige Wetterzyklen und die Auswirkungen vulkanischer Aktivitäten zusammengenommen Muster bilden, die sich über Jahrzehnte oder gar Jahrhunderte erstrecken können. Einigen dieser Perioden hat man Namen gegeben, um ihren Zusammenhang deutlich zu machen. Diese Namensgebung richtet sich meistens an der Sonnenaktivität aus, samt deren Auswirkungen auf die komplexen globalen Klimasubsysteme. Das «Optimum der Römerzeit», auch «Römische Warmzeit» genannt, das sich von ca. 100 v. Chr. bis ca. 200 n. Chr. erstreckte, und die «Mittelalterliche Klimaanomalie» (ca. 900 bis 1250) sind zwei Beispiele dafür. Beides waren offenbar Zeiten mit günstigen, überdurchschnittlich warmen, vor allem jedoch stabilen Bedingungen, während die «Kleine Eiszeit» von ca. 1550 bis ca. 1800 ein Zeitalter mit deutlich kühleren Temperaturen, weniger Sonnenschein und globalen Krisen war. In diesen Zeitraum fallen zum Beispiel der Dreißigjährige Krieg und die Französische Revolution.[53]

Eine der großen Herausforderungen im Zusammenhang mit der Klimawissenschaft besteht jedoch darin, dass neue Belege aus anderen Regionen und immer genauere Daten eindeutig zeigen: Was in einem Teil der Welt gilt, kann in einem anderen ganz anders sein. Während zum Beispiel der mittlere und östliche Pazifik im 15. Jahrhundert anscheinend ungewöhnlich kalt waren, galt dies offenbar anderswo nicht, wenngleich auch Nordwesteuropa und die südöstlichen Teile der Vereinigten Staaten im kühleren 17. Jahrhundert unter härteren Wetterbedingungen zu leiden hatten als andere Regionen. Tatsächlich gibt es für die zwei Jahrtausende vor der Industriellen Revolution keine tragfähigen Beweise für global kohärente Warm- oder Kaltzeiten.[54]

Wie viel Sorgfalt bei der Interpretation erforderlich ist, lässt sich am Beispiel des Zeitraums von ca. 1220 bis 1250 zeigen. In diesem relativ engen Zeitfenster waren die hydroklimatischen Bedingungen für die Getreideproduktion im östlichen Mittelmeerraum und in der südlichen Levante, also ungefähr im heutigen Israel, Palästina und Jordanien, recht günstig. Aber nur wenige Hundert Kilometer entfernt, im zentralen Mittelmeerraum, in Sizilien und Süditalien, war die Lage schon ganz anders.[55] Es ist, mit anderen Worten, wichtig, dass man nicht zu weitreichende Schlüsse aus ortsspezifischen Informationen zieht und diese auf andere Orte überträgt, für die man keine eigenen Belege hat – entweder weil dort keine eingehenden Untersuchungen durchgeführt wurden oder weil solche Untersuchungen kein Material geliefert haben, das die betreffende These unterstützen würde.

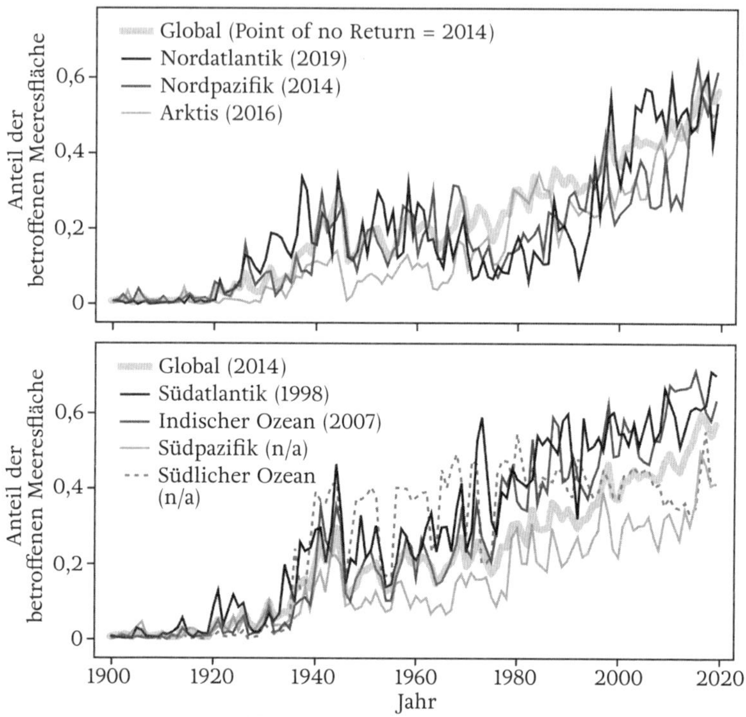

Häufigkeit extremer Meereshitze in den Meeresbecken von 1900 bis 2019.

Die Frage der regionalen Klimakohärenz ist auch in der heutigen Welt ein wichtiges Thema, wo die globale Erwärmung 98 Prozent der Erdoberfläche betrifft. Ausgenommen ist hier allein die Antarktis, wo es noch keine genauen Beobachtungen gibt, die den ganzen Kontinent umfassen.[56] Die Erwärmungsmuster betreffen nicht alle Teile der Welt in gleicher Weise, auch nicht in ihrem Ausmaß. Es ist tatsächlich so, wie es kürzlich ein IWF-Bericht festhielt: Die Mehrzahl der Länder in der ganzen Welt wird die schädlichen Auswirkungen des Klimawandels zu spüren bekommen, eine kleine Zahl von Ländern wird jedoch auch davon profitieren.[57]

Indes, noch bevor man sich überhaupt mit Fragen der Genauigkeit oder Fehlerhaftigkeit bei Prognosen zukünftiger Klimamodelle befassen kann, sorgen schon die Analysen im Hier und Jetzt für starke Ernüchterung. Die Atlantische Meridionale Umwälzzirkulation (engl. AMOC, umgangssprachlich auch «Golfstrom») – ein System verbundener Oberflächen- und Tiefenströmungen im Atlantik, das weitgehend für die relative Wärme auf der Nordhalbkugel verantwortlich ist – ist heute so schwach wie seit fast 2000 Jahren nicht mehr.[58] Frühwarnindikatoren auf der Grundlage multipler Messungen der Oberflächenwassertemperatur und des Salzgehalts im gesamten Atlantikbecken legen den Schluss nahe, dass die Strömungen in Kürze zum Erliegen kommen werden – was ernsthafte Störungen im globalen Klimasystem zur Folge hätte und zu einem Dominoeffekt führen könnte: Betroffen wären dann auch die Verteilung des tropischen Monsunregens und das Abschmelzen des Antarktikeises.[59] Manche Wissenschaftler erkennen in diesen Risiken nichts weniger als «eine existenzielle Bedrohung der Zivilisation».[60]

Die großen gegenwärtigen Veränderungen im globalen Klima sind beinahe ausschließlich ein Ergebnis menschlicher Einwirkungen auf die Umwelt. Seit der zweiten Hälfte des 18. Jahrhunderts haben solche vom Menschen ausgehenden Eingriffe immer mehr zugenommen, mit immer radikaleren Folgen. Die Erfindung der Dampfmaschine durch James Watt führte zu Energie- und Industrierevolutionen, die die Produktionsverhältnisse und die menschlichen Gesellschaften nachhaltig veränderten. Es war der Beginn eines fundamental veränderten Verhältnisses von Mensch und Natur. Das mit der Industriellen Revolution einsetzende Zeitalter wurde deshalb «Anthropozän» benannt. Man folgte damit einem Vorschlag des Chemie-Nobelpreisträgers Paul J. Crutzen aus dem Jahr 2002. Charakterisiert wird damit eine Periode immer höherer Ausstöße von CO_2 und Methangas, ununterbrochen und steil ansteigend.[61] Jüngst kam eine Zusammenkunft renommierter internationaler Wissenschaftler überein, das Anthropozän als eine entscheidende historische Schwelle zu betrachten, beginnend allerdings in der Mitte des 20. Jahrhunderts, als die durch den Menschen verursachten CO_2-Emissionen stark zunahmen.[62]

Bei der Verbrennung fossiler Brennstoffe wie Kohle und Erdöl entstehen Wasserdampf, Kohlendioxid (CO_2), Methan (CH_4), Stickstoffoxid (N_2O) und indirekt Ozon, die die Wärme daran hindern, ins All zu entweichen, und deshalb auch Treibhausgase genannt werden. Bevölkerungswachstum, erhöhter Energiebedarf, sinkende Produktionspreise und massive Infrastrukturinvestitionen haben zu einem dramatischen Anstieg des Verbrauchs von fossilen Brennstoffen geführt. Das wiederum führte zu einem massiven Anstieg der Emissionen und zu starken Temperaturanstiegen. In den 800000 Jahren bis zum Beginn der Industriellen Revolution kamen auf eine Million Luftmoleküle 250 CO_2-Moleküle. Bis 2018 stieg dieser Anteil auf mehr als 408 Partikel an – das ist ein Niveau, das seit dem Pliozän vor mehr als drei Millionen Jahren nicht mehr erreicht wurde. Damals lag der Meeresspiegel fast 25 Meter über dem heutigen, die Durchschnittstemperaturen lagen um zwei bis drei Grad Celsius höher als heute.[63] Im Sommer 2022 lagen die CO_2-Werte sogar noch höher; im Mauna Loa Atmospheric Baseline Observatory auf Hawaii wurden im Monatsdurchschnitt 421 Partikel pro Million gemessen.[64]

In dieser Situation sind multiple Dominoeffekte zu verzeichnen: Die globale Erwärmung führt zum Abschmelzen des Eises auf den Polarkappen, wodurch der Meeresspiegel steigt. Ein einziger Eisberg, unter dem Namen A68 bekannt, der 2017 in der Antarktis vom Larsen-C-Schelf abbrach, führte dem Ozean jeden Tag rund 1,5 Milliarden Tonnen Frischwasser zu, bis er sich 2021 ganz aufgelöst hatte.[65] Die Konsequenzen für die größten Städte der Welt, von denen viele am Meer liegen, sind offenkundig. Modellrechnungen mithilfe künstlicher Intelligenz und sehr genauer Bestimmungen der jeweiligen Höhenlage über dem Meeresspiegel kommen zu dem Ergebnis, dass Landstriche, die gegenwärtig von 300 Millionen Menschen bewohnt werden, bis zum Jahr 2050 allesamt mindestens einmal überflutet werden; am schlimmsten wird es die Bevölkerungen in Asien treffen. Tatsächlich lebt rund eine Milliarde Menschen bereits in Gebieten, die bei Flut weniger als zehn Meter über dem Meeresspiegel liegen; bei 230 Millionen Menschen, die in Städten und

Dörfern an der Küste leben, beträgt der Abstand zum Meeresspiegel nicht einmal einen Meter.[66]

Die Energieinfrastruktur Großbritanniens ist schon bei einem geringfügigen Anstieg des Meeresspiegels anfällig; alle 19 Atomkraftwerke des Landes liegen an der Küste, wie auch alle größeren Kraftwerke in Schottland, Wales und Nordirland, die fossile Brennstoffe verfeuern.[67] Nach einigen Schätzungen besteht weltweit für Grundstücke und Anlagen im Wert von drei bis elf Billionen US-Dollar die Gefahr, dass sie überflutet werden, je nachdem, wie hoch und wie schnell die Meeresspiegel steigen.[68]

Es könnte in die «Katastrophe» führen, warnt der IWF, wenn keine geeigneten Schritte unternommen würden, um die Emissionen zu senken. Die Folgen wären dann Ernteausfälle, häufige Wirtschaftskrisen, Zerstörungen der Infrastruktur, Beeinträchtigungen der Gesundheit und eine starke Zunahme von Infektionskrankheiten.[69] Laut UNICEF ist schon heute eine Milliarde Kinder – fast die Hälfte aller Kinder der Welt – durch die Auswirkungen der Klimakrise «extrem stark gefährdet».[70]

Das Ausmaß der Herausforderung, die Folgen der schnellen Erderwärmung in den kommenden Jahrzehnten zu minimieren, ist kaum zu überschätzen. Neuere Modellrechnungen haben ergeben, dass die Öl- und Gasproduktion global bis 2050 pro Jahr um 3 Prozent sinken muss – und dass 60 Prozent der Reserven an Erdöl und Erdgas sowie 90 Prozent der Kohlereserven nicht abgebaut werden dürfen, wenn das CO_2-Budget eingehalten werden soll, was zur Begrenzung der Erderwärmung auf 1,5 Grad Celsius unabdingbar ist.[71] Die Tatsache, dass keine einzige der größeren Volkswirtschaften der Welt, einschließlich aller G20-Staaten, im Jahr 2021 die eigenen Zielvorgaben im Rahmen des Pariser Klimaabkommens von 2015 eingehalten hat, zeigt, dass wir uns wirklich auf das Schlimmste vorbereiten müssen (statt auf die optimistischste Variante) – auch wenn einige Kommentatoren nicht müde werden zu betonen, dass in den Weltuntergangsszenarien wenig bis kein Spielraum gelassen sei für Anpassungen, für technische Innovationen oder die Milderung einiger oder gar aller besonders schlimmen Probleme.[72]

Man könnte natürlich einiges über die Gefahren sagen, die damit einhergehen, wenn man sich zu sehr auf die doppelte Versuchung von Schwarzmalerei und dem Blick in die Kristallkugel verlässt. Gleichwohl weisen neuere Modelle sogar in eine noch weit schlimmere Zukunft als bisherige Prognosen; hier ist von einer Erderwärmung bis 2100 um etwa vier Grad Celsius die Rede. In einem Bericht der US-Autobahnverwaltung (US National Highway Traffic Safety Administration) aus dem Jahr 2018 heißt es sogar, es ergebe kaum Sinn, Benzineinsparungsvorschriften für Autos zu erlassen, weil diese langfristig kaum praktische Auswirkungen hätten. Eine Abkehr von fossilen Brennstoffen würde erfordern, dass «die Wirtschaft und die Fahrzeugflotte» auf eine Art und Weise betrieben würden, die «gegenwärtig weder technisch machbar noch wirtschaftlich praktikabel» sei.[73] Viele deuteten die Aussage so, dass man also annehme, das Schicksal unseres Planeten sei ohnehin besiegelt – diese Annahme gelte zumindest für Teile der US-Regierung.[74]

Kaum mehr zu bestreiten sind jedoch massive Probleme, die bereits Teil der Gegenwart sind, nicht erst der nahen oder ferneren Zukunft. Die Energierevolution des industriellen Zeitalters hat katastrophale Auswirkungen auf die menschliche Gesundheit. Das Ausmaß der Luftverschmutzung ist in manchen Städten zehnmal höher, als es die Minimalstandards der Weltgesundheitsorganisation vorsehen. Tatsächlich leben 92 Prozent der Weltbevölkerung an Orten, an denen diese Grenzwerte der Luftverschmutzung überschritten werden.[75] Schlechte Luft ist aber nicht einfach ein Ergebnis der Verbrennung fossiler Brennstoffe; sie resultiert auch aus der Müllverbrennung unter freiem Himmel. Geschätzte 40 Prozent des Mülls auf der ganzen Welt werden auf diese Weise entsorgt. Dabei entweicht ein beträchtliches Maß an Emissionen von Feinstaub und polyzyklischen Kohlenwasserstoffverbindungen in die Erdatmosphäre.[76]

Luftverschmutzung ist tödlich. 2015 führte sie zu rund neun Millionen vorzeitigen Todesfällen weltweit.[77] Die neuesten Angaben für Indien beziffern die Zahl der jährlichen Todesfälle durch Luftverschmutzung auf mehr als 1,6 Millionen, wobei die höchste Sterblichkeit in Bundesstaaten mit einem niedrigen Pro-Kopf-Einkommen zu verzeichnen ist.[78] Tatsächlich war die Zahl der Todesfälle infolge von Luftverschmutzung im kriegsgeplagten Afghanistan 2017 fast zehnmal höher als die Zahl der zivilen Todesopfer durch den Krieg.[79]

Während chronische Luftverschmutzung vor allem weite Teile der Entwicklungsländer betrifft, zahlen auch die Bewohner wohlhabenderer Länder den Preis dafür, dass ihre Regierungen die Umweltgefahren nicht im vollen Umfang verstehen oder berücksichtigen. In Europa lassen sich 8 Prozent der Sterbefälle auf Feinstaubeinwirkungen zurückführen, auf Feinstaubpartikel mit einem Durchmesser von bis zu 2,5 Mikrometer, sowie auf den Einfluss von Stickoxiden (NO_2) – mit anderen Worten, fast 500 000 Sterbefälle jährlich.[80] Neuere Forschungen gehen sogar noch weiter: Demnach sind 18 Prozent der weltweiten Todesfälle im Jahr 2018 auf Luftverschmutzung durch fossile Brennstoffe zurückzuführen.[81]

Wie bei vielen anderen Problemen hängt auch die Luftverschmutzung eng mit dem sozioökonomischen Status und dem Einkommensniveau vor Ort zusammen – auch in wohlhabenden, hochentwickelten Ländern. Fabriken und Firmen, die die Luft verpesten, liegen bevorzugt in Gemeinden, deren Bevölkerung einen hohen Anteil an Minderheiten und Geringverdienern aufweist.[82] Und der durch Luftverschmutzung verursachte Schaden geht noch viel weiter: Feinstaub hat starke und sehr schädliche Auswirkungen auf die kognitiven Funktionen; er führt zu Gedächtnis- und Orientierungsproblemen, beeinträchtigt den Sprachfluss und die Fähigkeit zum räumlichen Sehen.[83] Das Einatmen von Stickoxiden und Feinstaub als Kind oder Jugendlicher ist ein Risikofaktor für mentale Erkrankungen im Erwachsenenalter, bis hin zur Demenz. Auch das Risiko für Selbstverletzungen ist erhöht.[84] Nur einen einzigen Tag in der Kindheit starker Luftverschmutzung ausgesetzt zu sein, kann bereits im Herz-Kreislauf- und Immunsystem für das spätere Leben starke Schädigungen verursachen, mit schädlichen Auswirkungen für die langfristige Gesundheit.[85] Einer neueren Studie der Weltbank zufolge belaufen sich die Kosten von gesundheitlichen Schäden durch Luftverschmutzung auf 8,1 Billionen US-Dollar – oder mehr als 6 Prozent des globalen Bruttoinlandsprodukts.[86] Menschliches Verhalten, menschliche Lebensstile und menschliche Eingriffe in die Umwelt führen nicht nur dazu, dass Menschen sterben. Diese Faktoren haben auch Auswirkungen darauf, wie Menschen sich verhalten, wie sie denken und miteinander kommunizieren.

Menschliche Eingriffe in die natürliche Umwelt haben fast überall und in fast jeder Hinsicht verheerende Ergebnisse gebracht: von der Wasserverschmutzung bis zur Bodenerosion, vom Eindringen kleiner Plastikteilchen in die Nahrungsketten bis zum Überlebensdruck auf Tiere und Pflanzen – einem Druck, der so groß geworden ist, dass in einem Bericht der Vereinten Nationen aus dem Jahr 2019 zu lesen ist, der Rückgang der Biodiversität habe mittlerweile ein Ausmaß und Tempo erreicht, das in der menschlichen Geschichte ohne Beispiel sei. Es drohe auf der ganzen Welt eine Erosion «der Grundlagen unserer Wirtschaft, unseres Lebensunterhalts, unserer Ernährungssicherheit, unserer Gesundheit und unserer Lebensqualität».[87]

Menschliche Aktivitäten belasten die Flüsse, Seen und Meere der Welt mit Plastikabfällen, die schon vor mehr als zehn Jahren in allen großen Ozeanbecken zu finden waren – darunter zu leiden haben die Tiere durch Kontamination, Verdauungsstörungen, innere Verletzungen und Verstrickungen.[88] Das Ausmaß der Verunreinigungen und Schadstoffe ist atemberaubend; allein in Großbritannien kommen pro Woche geschätzt neun Billionen Mikroplastikfasern aus den Waschmaschinen – als Abrieb von synthetischen Kleidungsstücken.[89] Solche Mikrofasern finden sich in erstaunlichen Mengen bereits überall auf dem Planeten; bei einer Erhebung in der Arktis wurden durchschnittlich 40 Mikroplastikteilchen pro Kubikmeter Meerwasser gefunden.[90] Laut Studien in den Vereinigten Staaten nehmen die Menschen dort jährlich zwischen 74000 und 121000 Mikroplastikteilchen in sich auf; andere Studien zeigen, dass sich Mikroplastik in der Plazenta von Schwangeren findet, in hoher Konzentration auch im Stuhl von Kleinkindern sowie bei allen Menschen im Blut.[91]

Der Druck auf die Umwelt ist inzwischen so groß, dass 40 Prozent der Pflanzen auf der Welt als gefährdet gelten.[92] Das hat zum Teil damit zu tun, dass ganze Insektenpopulationen zusammengebrochen sind, was wiederum durch Waldrodungen, massiven Pestizideinsatz, die Urbanisierung und den Klimawandel verursacht wurde – Entwicklungen, die mittlerweile nicht nur die Nahrungsketten von Tieren und Pflanzen bedrohen, sondern die auch Katastrophenpotenzial für die Landwirtschaft und die Nahrungsmittelproduktion haben.[93] Nach manchen Schätzungen sind jährlich weltweit bereits Ernteerträge im Wert von 600 Milliarden US-Dollar durch fehlende Bestäubung bedroht.[94]

Im Zeichen der alljährlichen Rodung von Millionen Hektar tropischen Regenwalds und der Überfischung der Weltmeere reagieren die Tiere auf den Klimawandel und verändern ihre Lebensräume – und nicht nur das. Manche Tierarten reagieren auf das wärmere Klima mit einer Veränderung ihrer Wärmeregulierungssysteme zur Abkühlung. Gliedmaßen, Ohren, Schnäbel und andere Anhänge des Rumpfes ändern infolge der steigenden Temperaturen ihre Gestalt und/oder ihre Größe.[95] Mütterlicher Hitzestress reduziert bei Kälbern das Wachstum, speziell von Organen, die mit dem Immunsystem vernetzt sind – was natürlich Folgen für die Milch- und Fleischproduktion hat.[96]

Landtiere, die an Berghängen leben, ziehen in größere Höhen, um das sich erwärmende Flachland zu meiden, während Fische durch die Erwärmung des Oberflächenwassers in die Tiefe der Meere getrieben werden. Ganze Gruppen von Landlebewesen bewegen sich mit einer Geschwindigkeit von 17 Kilometern pro Jahrzehnt in Richtung der Pole, Meereslebewesen ziehen in dieselbe Richtung, nur im gleichen Zeitraum mehr als viermal so weit.[97] Viele Schmetterlings- und Mottenarten sind auf der Suche nach besseren Lebensbedingungen im Himalaja tausend oder mehr Meter nach oben gezogen.[98] Meerestiere wie Fische, Krustentiere und Kopffüßler (wie Kraken, Tintenfische und Sepia) ziehen im Mittelmeer auf der Suche nach kälterem Wasser um durchschnittlich 55 Meter in die Tiefe.[99]

Die Durchschnittsgröße der Populationen von Wirbeltierarten, die genauer beobachtet wurden, sank in den letzten fünfzig Jahren um fast 70 Prozent.[100] Die Zahl der Vögel in Nordamerika hat sich seit 1970 um fast drei Milliarden verringert, mehr als 40 Prozent der Amphibienarten sind gefährdet.[101] Modelle zur Abschätzung der potenziellen Aussterberaten errechnen dramatische Zusammenbrüche von Arten; und sie unterschätzen den Niedergang von Spezies hinsichtlich ihres Gesamtvorkommens und ihrer Verteilung wahrscheinlich noch.[102]

Der Niedergang verläuft nicht gleichförmig – und tatsächlich geht es, während einige Spezies und Ökosysteme kollabieren, anderen gar nicht mal so schlecht; in einigen Fällen blühen sie sogar auf, wie sich bei einigen Baumarten im nördlichen Nadelwaldgürtel Ostkanadas zeigt.[103] Darüber hinaus eröffnet der Niedergang einiger Arten neue Möglichkeiten für andere Arten.[104] Einige Wissenschaftler weisen auch darauf hin, wie wichtig es ist, die Dinge eher auf lokaler Ebene zu bewerten als im globalen Maßstab; sie schlagen vor, den katastrophalen Verlust bei den Populationen einiger Spezies lieber als Cluster extremen Niedergangs (oder Anstiegs) zu betrachten, als davon auszugehen, dass solche Verluste Ausdruck allgemeiner, weit verbreiteter (und potenziell irreführender) Muster seien.[105]

Gleichwohl besteht unter Wissenschaftlern weithin Konsens darüber, dass vor unseren Augen eine Art «biologische Vernichtung» voranschreitet, die als «Massensterben» zu bezeichnen mittlerweile üblich geworden ist.[106] Forschungen zu den Polarmeeren legen den Schluss nahe, dass Veränderungen in den Nahrungsketten bereits im Gange sind, mit gravierenden Implikationen nicht nur für die Meeressysteme, sondern für große globale Ökosysteme.[107] Viele warnen vor einem «Dominoeffekt bei der Erosion der Biodiversität» und vor einem «gemeinsamen Aussterben», das alle Ebenen von Flora und Fauna betreffe.[108] Das «sechste Massenaussterben», so wird betont, unterscheide sich von den vorangegangenen, weil dieses Mal eine Tierart dafür verantwortlich sei – der Mensch.[109] In einem kürzlich erschienenen Bericht werden die Dinge unverblümt beim Namen genannt: «Das Ausmaß der Bedrohungen für die Biosphäre und all ihre Lebensformen – einschließlich der menschlichen – ist in der Tat so groß, dass es kaum zu erfassen ist, selbst für gut informierte Experten nicht.»[110]

Dieses Buch handelt nicht davon, was in Zukunft geschehen wird. Auch besteht das Ziel nicht darin, die erdrückend übereinstimmenden Äußerungen der wissenschaftlichen Gemeinschaft infrage zu stellen – weder auf der Grundlage der gegenwärtigen globalen Bedingungen noch durch eine Untersuchung, welche Schritte man unternehmen könnte, um einige oder gar viele der schlimmsten Probleme abzumildern, die sich durch den Klimawandel ergeben, sei es durch Anpassung, sei es durch Einführung neuer Technologien. Die Zielsetzung lautet vielmehr, in die Vergangenheit zu schauen und zu verstehen und zu erklären, wie unsere Spezies die Erde so weit verwandeln konnte, dass wir nun einer existenzbedrohenden Zukunft entgegensehen.

Ursprünglich war ich davon ausgegangen, dass ich ein Buch schreiben würde, das sich als historische Darstellung nur damit befasste, wie das Klima die Welt um uns herum gestaltet hat, sowie damit, wie Veränderungen der globalen Temperaturen, der Regenfälle und der Meeresspiegel – einschließlich Extremereignisse wie schwerer Stürme, Vulkanausbrüche und Meteoriteneinschläge – die Vergangenheit beeinflusst haben. Ich wollte Momente, Zeiträume und Themen darstellen, die erklären, welch wichtige Rolle das Klima in der Weltgeschichte gespielt hat.

Mir wurde allerdings schon im Frühstadium, als ich begann, eingehender über dieses Buch nachzudenken, sehr klar, dass ich beim Einstieg in Fragen des Klimas, des Wandels von Wettermustern und von menschlichen Eingriffen in die Natur auf weit umfassendere Fragestellungen und Herausforderungen stoßen würde. Es würde dann auch um Themen gehen wie den Zusammenhang zwischen landwirtschaftlichen Überschüssen und den Anfängen des bürokratischen Staates; das Verhältnis von Viehzüchtern und Nomaden einerseits und sesshaften Gesellschaften in Dörfern, kleinen und großen Städten andererseits; um die Rolle und Entwicklung von

Religionen und Glaubenssystemen als Funktion von Klima, Umwelt und Geographie; um Rassen und um Sklaverei als Teil des Ressourcengewinnungsprozesses; um die Ausbreitung von Feldfrüchten und Nahrungsmitteln, Krankheitserregern und Seuchen; um Demographie, Armut und Konsummuster in den Jahrhunderten seit der Industriellen Revolution; um Globalisierung, die Standardisierung von Industrie, Landwirtschaft, Lebensmitteln und modischer Kleidung im letzten Jahrhundert; und schließlich um die Frage, warum ausgerechnet das 21. Jahrhundert in einer Krise steckt.

So hat dieses Buch nunmehr drei Ziele. Das erste besteht darin, das Klima in die Erzählung der Vergangenheit zu reintegrieren – zu zeigen, dass Klima ein grundlegendes, entscheidendes und doch häufig übersehenes Thema der Weltgeschichte ist. Es soll dargestellt werden, wo, wann und wie das Wetter, langfristige Klimamuster und Klimaveränderungen, egal, ob vom Menschen verursacht oder anderweitig bedingt, wichtigen Einfluss auf die Welt nahmen und weiterhin nehmen.

Das zweite Ziel ist die Darstellung der Geschichte menschlicher Interaktion mit der Natur im Laufe der Jahrtausende. Es geht also darum, wie unsere Spezies die Umwelt nach Gutdünken ausbeutete, formte und unterjochte, im Guten wie im Schlechten.

Das dritte Ziel schließlich besteht darin, den Horizont unserer Geschichtsbetrachtung zu erweitern. Das Studium der Vergangenheit war bisher weitgehend beherrscht von besonderer Aufmerksamkeit für den «globalen Norden», für die wohlhabenden Gesellschaften Europas und Nordamerikas, während der Geschichte anderer Kontinente und Regionen oft nur zweitrangige Bedeutung beigemessen wurde, wenn sie nicht gleich ganz ignoriert wurde. Dasselbe Muster wiederholt sich in der Klimawissenschaft und in den Forschungen zur Klimageschichte, wo große Lücken klaffen, weil ganze Bereiche nicht behandelt und untersucht wurden. Anscheinend lohnte es sich hier nicht, Arbeit zu investieren, was wiederum Bände spricht – über eine lange vorherrschende und akzeptierte Sicht der Vergangenheit, über die Prioritäten der Forschungsfinanzierung (und die Prioritäten von intellektuellen Informationsspeichern) sowie über die Art und Weise, wie sich diese Verzerrungen in der akademischen Praxis entwickelt und vertieft haben.

Wenn sich allein daraus schon ein wichtiger Grund für die Neubewertung der Geschichte ergibt, so gilt Gleiches auch im Hinblick auf die massive Überbewertung seitens der Historiker von kleinen und großen Städten und Staatswesen, die einander sehr ähnlich sind, wenn es um Fragen der Führung, der Bürokratie und der Verhaltensweisen geht. In der Tat verweist schon der Begriff «Zivilisation» buchstäblich auf das Leben in Städten, auf deren Bewohner und auf all jene, die auf dieser Grundlage Macht entwickelten und aus den Städten heraus regierten. Das findet seinen Niederschlag in fast allen schriftlichen historischen Quellen – seien es Erzählungen, Urkunden von Landverkäufen, Steuerquittungen und anderes mehr. Sie alle dienten der Stärkung und Bestätigung von hierarchischen Verwaltungen. Große Teile der Geschichtsschreibung stammen de facto von Menschen, die in Städten lebten, für Menschen in Städten schrieben und sich auf das Leben von Stadtbewohnern konzentrierten. Jeder diese Aspekte verzerrt unsere Sicht der Vergangenheit und unseren Blick auf die Welt um uns herum.[111]

Gleichwohl gilt, dass «Zivilisation» der bei weitem größte Einzelfaktor ist, wenn es um die Degradierung der Umwelt geht, und der wichtigste Grund für den menschengemachten Klimawandel – wegen der Anforderungen, die die Stadtbevölkerungen an die Energieversorgung und an den Verbrauch natürlicher Ressourcen stellen, einschließlich Nahrungsmittel und Wasser. Auch wenn Städte nur 3 Prozent der Landoberfläche der Erde bedecken, lebt in diesen städtischen Gebieten mehr als die Hälfte der Weltbevölkerung. Die Städte sind nicht nur für einen substanziellen Anteil der Erderwärmung verantwortlich, sondern sie werden in den kommenden Jahrzehnten auch massiv davon betroffen sein.[112]

Es ist deshalb kein Zufall, dass das letzte Jahrhundert, das eine rapide Ausweitung der Anzahl, Größe und Einwohnerschaft der Großstädte gesehen hat, auch den bedenklichsten Raubbau an der Natur und das schnellste Wachstum beim Verbrauch von Umweltressourcen erlebt hat. Wenn die Städte wachsen, wächst auch der

Druck auf die Natur, die Artenvielfalt und die Nachhaltigkeit des Wirtschaftens – durch Veränderungen der Landnutzung, durch Bodenversiegelung, aufgrund von Veränderungen des Wasserkreislaufs und infolge der Auswirkungen veränderter und beschädigter biogeochemischer Zyklen.[113] Allein in den Jahren 2001 bis 2018 nahmen die bebauten Flächen in China um 47,5 Prozent zu, in den USA um 9 Prozent. Auf der Grundlage gegenwärtiger demographischer Trends lautet die Vorhersage, dass die in Städten lebende Weltbevölkerung bis 2050 um rund drei Milliarden Menschen auf dann sieben Milliarden anwachsen wird.[114] Zur historischen Einordnung: 1900 lebten nur etwas mehr als 15 Prozent der Weltbevölkerung in kleinen und großen Städten; 2050 werden es mehr als 70 Prozent sein.[115]

Neue Technologien, die die Produktion beschleunigen und Produktionskosten senken, haben zu radikalen Veränderungen bei Herstellungs-, Transport- und Konsummustern geführt. Geschätzt mehr als 75 Prozent der fabrikneuen Plastikmaterialien, die je produziert wurden, sind inzwischen zu Abfall geworden. 9 Prozent davon wurden recycelt, 12 Prozent verbrannt, und der Rest – rund fünf Milliarden Tonnen oder 60 Prozent des bisher produzierten Plastiks – hat sich bei der Landverfüllung und auf Deponien angesammelt, oder aber in der natürlichen Umwelt.[116]

Auch wenn dieser Wert nicht genau zu bemessen ist: Von Menschen hergestellte Masse wie Beton, Baumaterial und Metalle machte im Verhältnis zur gesamten Biomasse der Erde vor ungefähr einem Jahrhundert etwa 3 Prozent aus; heute ist es deutlich mehr. Denn heutzutage kommt durchschnittlich jede Woche vom Menschen hergestellte Masse hinzu, die das Körpergewicht aller Menschen auf der Welt übertrifft. Dieses Phänomen ist natürlich eng mit dem Aufstieg der Städte und Megacitys verbunden, aber auch mit dem hohen Konsumniveau bei Lebensmitteln, Wasser, Energie und unverderblichen Gütern.[117] Dies wiederum hängt eng mit der Globalisierung zusammen, mit Lieferketten und Netzwerken. Dabei entsteht zum einen ein positiver Kreislauf aus Hypervernetzung, Standardisierung und Hochgeschwindigkeit beim Güter- und Finanzaustausch und, daraus resultierend, niedrigen Preisen, zum anderen aber auch ein negativer Kreislauf aus Raubbau, Ressourcenschwund und Umweltschäden.

Auf der anderen Seite wurden im Verlauf der Geschichte Bauern, Viehzüchter und Nomaden, indigene Völker und Jäger und Sammler – alles Menschen, die die Grenzen der Landnutzung verstehen und sich selbst an moderate Veränderungen stets anpassen mussten – aus den Erzählungen der Vergangenheit weitgehend ausgeblendet; oder aber sie wurden darin als barbarisch, unberechenbar und primitiv charakterisiert. Wer keine Stadt braucht, schrieb Aristoteles, «ist ein Tier oder ein Gott».[118] Die Nomaden in Zentralasien waren, wie ein chinesischer Autor einige Jahrhunderte später vermerkte, «vom Himmel verlassen». Ibn Faḍlān, der im 10. Jahrhundert n. Chr. schrieb, stimmte diesem Urteil zu, nachdem er wandernde Viehzüchter erlebt hatte: «Sie leben in Armut wie umherziehende Esel», heißt es bei ihm. «Sie verehren Gott nicht und sind auch der Vernunft nicht zugänglich.»[119]

In vielen Teilen der Welt herrscht diese Einstellung noch heute vor. Sie zeigt sich oft auch bei der Schaffung von Naturschutzgebieten und Reservaten, aus denen die einheimische Bevölkerung vertrieben wird; so entsteht etwas, das den Städtern wie ein Naturparadies vorkommt, weil es menschenleer ist. Ein schönes Beispiel dafür ist der Grand Canyon im Südwesten der USA. Dieser sei, sagte Präsident Theodore Roosevelt nach einem Besuch im Jahr 1903, als «Naturwunder (...) im Rest der Welt absolut beispiellos». Er fügte hinzu: «Der Mensch kann es nur verderben.» Diese Aussage spricht Bände, weil die Natur demnach nur dann «natürlich» ist und als rein und unberührt gelten kann, wenn sie vor menschlichen Eingriffen geschützt wird. Es dauerte nur ein gutes Jahrzehnt, bis der Grand Canyon zum Nationalpark wurde. Das hatte dann Einschränkungen und Regierungskontrollen in Gebieten zur Folge, in denen die Havasupai und andere indigene Völker seit mehr als 700 Jahren gelebt hatten.[120]

In der heutigen Welt erleben wir regelmäßig aggressive, offen rassistische Kampagnen gegen indigene Völker, Jäger und Sammler, etwa gegen die Buschmänner in Botswana, die Baka in Westafrika, die Adivasi-Völker in Indien und traditionelle Nomadenstämme in weiten Teilen Zentralasiens. Aufgrund ihrer angeblich «primitiven» Lebensweise werden diese Gruppen abschätzig beurteilt und behandelt. Das entbehrt nicht der Ironie, denn gerade sie sind es, die ihre Wälder intakt halten, somit mehr CO_2 speichern, als sie ausstoßen, und die Strategien entwickeln, wie man die Artenvielfalt erhalten und nachhaltig im Einklang mit der Natur leben kann.[121]

Eine der großen Schwierigkeiten für die Geschichtsschreibung besteht darin, dass es oftmals unweigerlich an Quellen und Materialien fehlt. Zwar nutzen Geschichtswissenschaftler heute neue und zunehmend ausgeklügelte Methoden, um die mündlich überlieferte Geschichte von Gesellschaften, die keine literarischen Zeugnisse hinterließen, zu sichern und zu interpretieren – etwa im Südwesten der USA oder in der Mount-Saint-Elias-Region im Nordwesten Kanadas und in Alaska.[122] Aber der Mangel an schriftlichen Hinterlassenschaften in weiten Teilen der Welt, etwa in Australien oder im Süden Afrikas, bedeutet leider auch, dass ein Buch wie das vorliegende, was den geographischen Fokus betrifft, nicht völlig ausgewogen sein kann. Die Tatsache, dass Forschungen zum Klima sich ebenfalls auf Länder konzentrieren, die bereits eingehend erkundet sind und gute Ressourcen bieten, verschärft das Problem der Unausgewogenheit noch weiter. Und das ist besonders ironisch angesichts der Tatsache, dass die Auswirkungen des Klimawandels sich vor allem in den ärmsten Regionen und Ländern bemerkbar machen werden, genau jenen, deren Stimmen stumm blieben oder von der Geschichtsschreibung ignoriert wurden – seit Jahrzehnten, Jahrhunderten und Jahrtausenden.[123]

Solche Probleme lassen sich in einem einzigen Buch nicht lösen. Was indes selbst ein einziges Buch sehr wohl kann: Es vermag eine breitere Perspektive zu bieten; Themen, Regionen und Fragen einzuführen, die die Grenzen und das Spektrum der Geschichtsschreibung erweitern, auch für zukünftige historische Forschungen. Vielleicht kann dieses Buch überdies Gründe für einen gewissen Optimismus liefern und konstruktive Vorschläge machen, wie man am besten durch eine Zeit kommt, die nicht nur von profunden klimatischen Veränderungen geprägt sein wird, sondern auch von massiven technologischen, politischen und ökonomischen Veränderungen.

Die Arbeit an diesem Buch hat mich zahlreiche Lektionen gelehrt, wenn es darum ging, wie wir die Welt um uns herum in Begriffe fassen. Sie hat mich aber auch zu der Erkenntnis gebracht, dass der tiefere Grund, warum wir uns heute in einer so gefährlichen Lage befinden, verfestigte Trends sind, die tief in der Vergangenheit wurzeln. So weit unsere schriftlichen Quellen zurückreichen, haben sich die Menschen stets um den richtigen Umgang mit der Natur gesorgt. Und sie haben auf die Gefahren einer übermäßigen Ressourcenausbeutung und langfristige Umweltschäden hingewiesen. Es könnte durchaus sein, dass wir jetzt an dem Punkt angekommen sind, wo wir endgültig Opfer unseres eigenen Erfolgs als Spezies werden. Womöglich hat der Dauerstress, in den wir unsere Ökosysteme durch unser Verhalten versetzt haben, uns an den Kipppunkt – oder sogar schon darüber hinaus – gebracht, jenen Punkt, an dem nun katastrophale Konsequenzen drohen. Was wir allerdings nicht sagen können, ist, dass wir nicht gewarnt worden seien.

ERSTES KAPITEL

Die Welt seit Anbeginn der Zeit

(4,5 Milliarden Jahre bis 7 Millionen Jahre v. Chr.)

Im Anfang erschuf Gott Himmel und Erde.
Die Erde war wüst und wirr ...
1. Buch Mose (Genesis) 1,1

Wir alle sollten dankbar sein für dramatische Veränderungen im globalen Klima. Denn ohne die Milliarden Jahre mit intensiver Aktivität des Himmels und der Sonne, ohne die wiederholten Asteroideneinschläge und epischen Vulkanausbrüche, ohne die außerordentlichen Veränderungen der Erdatmosphäre, die spektakulären tektonischen Verschiebungen und die ständigen biotischen Anpassungen wären wir heute nicht am Leben. Astrophysiker sprechen von bewohnbaren Regionen im Umfeld von Sternen, die nicht zu heiß und nicht zu kalt sind, als «habitablen Zonen». Die Erde liegt in einer von vielen derartigen Zonen. Aber die Bedingungen haben sich seit der Entstehung unseres Planeten vor rund 4,6 Milliarden Jahren ständig, und manchmal katastrophal, verändert.[1] Fast die gesamte Zeit über, seit es die Erde gibt, hätte unsere Spezies dort keinesfalls überleben können. Heute sehen wir die Menschen als Verursacher eines gefährlichen Wandels von Natur und Klima; sie waren jedoch auch die größten Profiteure solcher Veränderungen in der Vergangenheit.

Eigentlich war unsere Rolle auf diesem Planeten sehr bescheiden und begrenzt. Die ersten Menschenartigen (Hominini) tauchten vor ein paar Millionen Jahren auf, die ersten – anatomisch gesehen – modernen Menschen (einschließlich der Neandertaler) vor rund 500 000 Jahren.[2] Was wir über den anschließenden Zeitraum wissen, ist lückenhaft, schwer zu interpretieren und oft hochspekulativ. Doch je näher wir unserer eigenen Zeit kommen, desto mehr hilft uns die Archäologie, zuverlässig zu verstehen, wie die Menschen lebten. Um allerdings auch noch zu wissen, was sie taten, dachten und glaubten, müssen wir bis zur Entwicklung eines vollgültigen Schriftsystems warten. Das war vor rund 5000 Jahren. Im Kontext heißt das: Berichte, Dokumente und sonstige Texte, die uns gestatten, die Vergangenheit nuanciert und detailliert zu rekonstruieren, decken nur rund 0,0001 Prozent der Erdvergangenheit ab. Dass wir als Spezies existieren, ist kein reiner Zufall, aber im großen Lauf der Geschichte sind wir Menschen Neulinge, die erst sehr spät in Erscheinung traten.

Wie bei ungehobelten Gästen, die auf die letzte Minute kommen, Unruhe stiften und sich daranmachen, das Haus, in das sie geladen wurden, zu zerstören, war auch der menschliche Einfluss auf die natürliche Umwelt substanziell. Und er beschleunigt sich weiter bis zu einem Punkt, an dem viele Wissenschaftler die Langzeitperspektiven menschlichen Lebens auf dieser Erde ernsthaft infrage stellen. Für sich genommen ist das nichts Ungewöhnliches. Schließlich steht unsere Spezies nicht allein da, wenn es um die Transformation unserer Umwelt geht. Auch andere Arten von Lebewesen – Flora und Fauna, aber auch Mikroorganismen – sind keineswegs nur passiv Beteiligte oder Zuschauer in einem Interaktionsprozess, der ausschließlich oder auch nur in erster Linie zwischen Mensch und Natur abliefe. Alle Lebewesen sind aktiv an Veränderungs-, Anpassungs- und Evolutionsprozessen beteiligt – manchmal mit verheerenden Folgen. Das ist einer der Gründe, weshalb Wissenschaftler die Bezeichnung «Anthropozän» kritisieren: Sie erhebe den Menschen zu einer «besonderen Art»; außerdem sei sie mit dem Anspruch verbunden, «wild» und «nicht wild» zu unterscheiden und Ressourcen nach ihrem Nutzwert für den Menschen einzuteilen. «In unserer Arroganz überschätzen wir den Beitrag des Menschen und unterschätzen den anderer Lebensformen bis zur Nichtexistenz.»[3]

Ungefähr die Hälfte der Zeit, seit die Erde existiert, gab es in der Atmosphäre keinen oder nur geringe Mengen von Sauerstoff. Unser Planet bildete sich über einen langen Zeitraum hin durch kosmische Materialanlagerungen (fachsprachlich: Akkretion) heraus; es kamen allmählich immer mehr Schichten hinzu. Dann erfolgte die Kollision mit einem Himmelskörper von der Größe des Mars, die genug Energie freisetzte, dass der Erdmantel schmolz und die früheste Atmosphäre entstand – als Resultat des Austausches zwischen einem Magma-Ozean und Wasserdampf (der aber noch anoxisch, das heißt weitgehend sauerstofffrei, war).[4]

Die biogeochemischen Zyklen der Erde führten schließlich zu einer radikalen Transformation. In der Wissenschaft wird zwar noch lebhaft darüber diskutiert, wie, wann und warum die oxygene Photosynthese (bei der Sauerstoff entstand) zustande kam, aber die Belege aus organischen Biomarkern, Fossilien und Daten auf Genomebene legen klar den Schluss nahe, dass sich Cyanobakterien entwickelten, die das Sonnenlicht absorbierten und Energie daraus zogen. Sie nutzten diese, um aus Wasser und CO_2 Zucker herzustellen, wobei als Nebenprodukt reiner Sauerstoff anfiel. Neuere Modelle führen zu dem Schluss, dass im Frühstadium der Erde jährlich ein bis fünf Milliarden Blitze auf die Erde niedergingen. Diese könnten die Quelle großer Mengen von präbiotischem reaktivem Phosphor gewesen sein, das bei der Entstehung von Leben auf der Erde eine wichtige Rolle spielte.[5]

Vor rund drei Milliarden Jahren, wenn nicht bereits früher, wurde genug Sauerstoff produziert, um «Oasen» in geschützten, nährstoffreichen Lebensräumen im flachen Meerwasser zu schaffen.[6] Ob infolge chemischer Reaktionen, evolutionärer Entwicklungen, einer plötzlichen starken Zunahme von Cyanobakterien, ob als Folge von Vulkanausbrüchen oder einer Verlangsamung der Erdrotation (oder auch als Folge einer Kombination aus allen fünf Faktoren), die Sauerstoffanreicherung in der Atmosphäre nahm vor rund 2,5 bis 2,3 Milliarden Jahren so stark zu, dass es zu einer «Großen Sauerstoffkatastrophe» (engl. «Great Oxidation Event») kam. Diese war das Schlüsselereignis, das den Weg für das Auftreten komplexen Lebens, wie wir es kennen, freimachte.[7]

Sie führte allerdings auch zu dramatischen Veränderungen im Klima, als der schnell zunehmende Sauerstoff mit Methan reagierte. Bei dieser chemischen Reaktion entstanden Wasserdampf und Kohlendioxid (CO_2). Im Zusammenspiel mit den Auswirkungen der Bildung eines Superkontinents infolge der Kollision großer Landmassen wurde das Treibhausklima der Erde entscheidend geschwächt. Der Planet war bald vollständig von Eis und Schnee bedeckt.[8] Schwankungen in der Erdumlaufbahn um die Sonne, sogenannte Milanković-Zyklen, könnten bei diesem Abkühlungsvorgang ebenfalls eine Rolle gespielt haben.[9] Ebenso die Auswirkungen gigantischer Meteoriteneinschläge, bei denen es zu Klimaveränderungen kam, weil Unmengen von Staub in die Atmosphäre geschleudert wurden, die die Sonneneinstrahlungen und die Sonnenwärme blockierten. Zudem spielten diese Meteoriteneinschläge eine wichtige Rolle bei der Herausbildung der Kontinente.[10] Die Vereisungsepisoden mögen im Verlauf der etlichen Hundert Millionen Jahre schwächer oder stärker gewesen sein, doch insgesamt war der Effekt der «Schneeball-Erde» so dramatisch, dass manche Wissenschaftler die gesamte Periode als «Klimadesaster» bezeichnen.[11]

Dieser Vorgang war prekär und komplex, und in der Forschung dazu wurden in jüngster Zeit beträchtliche Fortschritte erzielt.[12] Klar ist auf jeden Fall, dass er, wie spätere Vereisungen auch, zu tiefgreifenden Veränderungen im Leben der Pflanzen und Tiere auf dem Planeten führte.[13] Ein Ergebnis war anscheinend die Evolution kleinerer Organismen zu größeren, und als Kompensation für die höhere Viskosität (Dickflüssigkeit) des kalten Meerwassers bewegten diese Organismen sich schneller.[14] Kürzlich wurde die These vorgetragen, die Herausbildung von 8000 Kilometer langen Gebirgsgürteln mit superhohen Bergen könnte eine Rolle beim Anstieg des atmosphärischen Sauerstoffniveaus gespielt haben, wie auch bei der Stimulation der biologischen Evolution, nachdem im Zuge der Erosion dieser hohen Berge über einige Hundert Millionen Jahre hinweg Phosphor, Eisen und Nährstoffe in die Ozeane gelangt waren und sich dort abgelagert hatten.[15] Die fossile Überlieferung komplexer makroskopischer Organismen setzt in der Periode der Ediacara-Fauna ein, die vor 570 Millionen Jahren begann und in der sich mindestens 40 anerkannte Spezies zu mehrzelligen symmetrischen Tieren entwickelten, was vermutlich für Funktionen wie die Fortbewegung von Vorteil war.[16] Dieses Zeitalter markierte eine Periode außergewöhnlicher Diversifizierung bei einer Vielzahl tierischer Lebewesen, die in den Ozeanen lebten, und bei ihrer Evolution, Entwicklung und Anpassung. Einige Lebewesen, zum Beispiel die Trilobiten, entwickelten an ihren oberen Gliedmaßen sogar Atmungsorgane.[17]

Gegen Ende des Ordoviziums, eines Zeitalters, das vor rund 444 Millionen Jahren begann, gab es eine plötzliche Abkühlung, die vielleicht von den tektonischen Verschiebungen ausgelöst wurde, bei denen die Appalachen entstanden. Es kam zu starken Temperaturstürzen und zu Strömungsveränderungen in der Tiefsee. Die Meeresspiegel sanken ab, wodurch die marinen Lebensräume für Plankton- und Nekton-Arten (Fische, Kopffüßer u. a.) schrumpften. Diese Abkühlung war ein Grund für das Massenaussterben; ein weiterer kam hinzu, als das Klima wieder milder wurde, die Meeresspiegel anstiegen und das System der Meeresströmungen stagnierte. Daraufhin sank der Sauerstoffgehalt im Wasser drastisch.[18] Quecksilberspuren und Anzeichen für eine signifikante Versauerung lassen auf vulkanische Aktivitäten als Schlüsselfaktor im zweiten Stadium eines Prozesses schließen, der insgesamt zum Aussterben von 85 Prozent aller Arten führte.[19]

Und dies war nur eine von mehreren spektakulären Episoden, die bis auf einen kleinen Rest alles organische Leben auslöschten. Bei den auf dieses Desaster folgenden Veränderungen über Jahrmillionen hin könnte auch der Mond eine Rolle gespielt haben. Dieser hatte sich als Erdtrabant aus Staubwolken gebildet, die im Anfangsstadium der Erde beim Zusammenprall mit anderen Himmelskörpern emporgeschleudert worden waren. Die Gravitationskräfte des Mondes tragen entscheidend zu den Meeresgezeiten bei. Und damit ist der Mond auch für die Strömungen verantwortlich, mit denen die Äquatorhitze in Richtung der Pole transportiert wird. Letzteres ist für die Gestaltung des Erdklimas von fundamentaler Bedeutung.[20]

Weil der Mond damals längst nicht so weit von der Erde entfernt war wie heute (vermutlich nur ungefähr halb so weit), waren diese Schwerkrafteinflüsse weit stärker und hatten deshalb auch größere Auswirkungen auf das Erdklima, vielleicht auch auf das tierische Leben auf der Erde. Neuere Modelle legen den Schluss nahe, ein großes Gezeitenspektrum könnte dafür verantwortlich sein, dass Knochenfische aus dem Meer in flache Tümpel an Land gespült wurden, was wiederum evolutionäre Veränderungen zur Folge hatte: die Herausbildung von Gliedmaßen, die das Körpergewicht tragen konnten, und von Organen, die das Einatmen von Luft ermöglichten.[21] Mit anderen Worten, der Mond spielte nicht nur beim Erdklima eine Rolle, sondern auch bei der Entwicklung des Lebens auf diesem Planeten.

Und diesen wichtigen Einfluss übt er weiterhin aus. Die Reproduktionszyklen vieler Meereslebewesen sind eng mit den Mondphasen synchronisiert; das Wandern und Laichen bei Fischen, Krabben und Planktonarten wird durch das Mondlicht ausgelöst.[22] Korallengene verändern ihr Aktivitätsniveau je nach zunehmender oder abnehmender Mondphase.[23] Die Mondphasen scheinen auch das Timing der Paarungssaison bei Gnus in der Serengeti-Savanne zu bestimmen; es besteht ferner eine Verbindung zu Spontangeburten bei Kühen.[24] Viele Primaten werden nachts bei Vollmond deutlich aktiver – vielleicht weil das hellere Mondlicht die Chancen verbessert, Raubtieren zu entkommen.[25] Es wurde auch beobachtet, dass Albatrosse in mondhellen Nächten aktiver sind.[26] Obgleich es hierzu kaum Untersuchungen gibt, scheinen Mondphasen und Mondlicht mit den alljährlichen Wanderungen von Milliarden saisonal lebender Tiere in enger Verbindung zu stehen – besonders bei Zugvögeln, deren Möglichkeiten zur Nahrungsaufnahme in hohem Maße von den Lichtverhältnissen abhängen.[27]

Tatsächlich scheinen auch beim Menschen wichtige Verbindungen zwischen den Mondrhythmen und seinem Verhalten, seiner Aktivität und sogar seiner Fertilität zu bestehen. Studien zu indigenen Gemeinschaften in Argentinien, die keinen Zugang zu Elektrizität haben (und deshalb als Kontrollgruppen besonders wertvoll sind), zeigen, dass in Nächten vor dem Vollmond der Schlaf später einsetzt und kürzer ist, weil dann in den Stunden nach Sonnenuntergang noch Mondlicht zur Verfügung steht. Das lässt darauf schließen, dass vorindustrielle Gemeinschaften, die noch kein elektrisches Licht zur Verfügung hatten, ebenfalls Schlafmuster aufwiesen, die von der Mondaktivität stark beeinflusst waren.[28] Langzeitdaten zu weiblichen Menstruationszyklen zeigen eine Korrelation zwischen Mondlicht und Schwangerschaft, weshalb einige Wissenschaftler die These vertreten, das menschliche Reproduktionsverhalten sei ursprünglich mit dem Mond synchronisiert gewesen, was sich jedoch infolge der modernen Lebensweisen in neuerer Zeit verändert habe.[29]

Während die Rolle des Mondes als Einfluss- und Störungsfaktor für das menschliche Verhalten in der Volkskultur und sogar in der Sprache ihren Niederschlag gefunden hat – im Englischen verweist das Wort «lunatic» (verrückt, geistesgestört) auf eine Verbindung von mentalen Erkrankungen mit dem Mond –, werden derartige Kausalverbindungen von Wissenschaftlern meistens heruntergespielt.[30] Einige Forscher haben gleichwohl betont, dass manische Episoden bei Patienten mit bipolaren Störungen bemerkenswert synchron mit drei verschiedenen Mondphasen verlaufen.[31] Zusammenfassend lässt sich sagen, dass der Mond bei Meeresströmungen, beim globalen Temperaturausgleich und bei Klimaeinflüssen, Reproduktionszyklen und ganz allgemein im Leben auf der Erde ein wichtiger Akteur ist

Um die Rolle, die die Mondtiden im Wettersystem der Ionosphäre und Thermosphäre spielen, genauer beurteilen zu können, sind noch weitere Forschungen nötig. Das gilt auch für die Rolle der Mondtiden bei evolutionären Prozessen und Massenaussterbeereignissen der Vergangenheit.[32] Solche Massenaussterbeereignisse (fachsprachlich auch Faunenschnitt oder Faunenwechsel genannt) waren nichts Ungewöhnliches. Am tödlichsten war das sogenannte Große Sterben an der Grenze zwischen den Erdzeitaltern Perm und Trias, also zwischen Erdaltertum und Erdmittelalter, vor 252 Millionen Jahren. Als wichtigste Ursache gilt ein vulkanisches Phänomen von epischen Ausmaßen im heutigen Sibirien, bei dem enorme Mengen von Magma an die Oberfläche gelangten.[33] Möglicherweise gab es bei diesem Vorgang einen Schlüsselmoment, als der eruptionsbedingte überirdische Lavafluss zum Erliegen kam, große Magmaflächen entstanden und dabei Gase unterirdisch eingeschlossen wurden, bis der Druck zu groß wurde und es zu einer Reihe von riesigen gewaltsamen Eruptionen kam.[34] Was auch immer die genauen Umstände gewesen sein mögen, zuletzt strömten enorme Mengen von Treibhausgas in die Atmosphäre aus, was zur Destabilisierung der Biosphäre führte. Die Temperaturen des Erdbodens und des Meerwassers stiegen anfangs vermutlich um acht bis zehn Grad Celsius und später nochmals um sechs bis acht Grad Celsius. Am Äquator herrschten daraufhin wahrscheinlich Temperaturen von bis zu 40 Grad Celsius. Das Resultat? 96 Prozent des Lebens im Meer, drei Viertel sämtlicher Landtiere und alle Wälder der Erde wurden ausgelöscht.[35]

Weitere massive vulkanische Ereignisse führten zu signifikanten Transformationen, zum Beispiel am Ende der Trias vor rund 200 Millionen Jahren, als eine Periode sich wandelnder Meeresbedingungen zu einem starken Absinken der Meeresspiegel und des Frischwasseraustausches führte; in der Folge entstanden komplexe Gemeinschaften von Mikroorganismen in salzarmen Flachwasserkomplexen.[36] Einher ging dies mit riesigen Waldbränden und abrupten Injektionen von vulkanischen Gasen in die Atmosphäre, deren CO_2-Niveau sich daraufhin vervierfachte; die Ozeane versauerten, und ein weiteres Massenaussterben von Pflanzen und Tieren wurde in Gang setzt.[37]

Solche Massenaussterben führten zu umfassenden Neuordnungen der Ökosysteme, Flora und Fauna reagierten auf die Veränderungen und diversifizierten sich schnell.[38] Neue Arten von Pflanzengesellschaften und Nahrungsmitteln erforderten Anpassungen in der Tierwelt. Eine davon war in der Trias die Evolution stärkerer Kiefer, die einen Zuwachs an Kraft beim Kauen mit sich brachten und eine effiziente Nahrungsaufnahme ermöglichten. Besonders wichtig wurde dies im Kontext härterer und zäherer Pflanzenstrukturen, die sich immer weiter ausbreiteten – ein Schlüsselfaktor dafür, welche Pflanzenfresserarten gediehen und welche ausstarben.[39]

Das berühmteste Ereignis, das in der Erdvergangenheit zu dramatischen Veränderungen führte, wurde durch einen Asteroiden- oder Kometeneinschlag auf der Erde vor 66 Millionen Jahren verursacht – auf der Yukatan-Halbinsel im heutigen Mexiko, in der Nähe der Stadt Chicxulub. Es führte zum Aussterben der Dinosaurier.[40] Das Ereignis war nicht singulär, denn seit Entstehung der Erde gab es viele extraterrestrische Einschläge von beträchtlicher Stärke. Eines der frühesten identifizierten Beispiele liegt rund drei Milliarden Jahre zurück; der Einschlagkrater befindet sich in der Nähe von Maniitsoq im Westen Grönlands.[41]

Die Verheerungen des Asteroideneinschlags bei Chicxulub müssen schon vor Ort dramatisch gewesen sein – mit einem sehr hohen Wärmestrahlenniveau infolge der Staubwolke nach dem Einschlag, mit Winden in Hurrikanstärke und wahrscheinlich riesigen Tsunamis und Erdrutschen, die den Meeresboden blank scheuerten. Die Folgen dieses speziellen Einschlags reichten allerdings noch viel weiter und waren wirklich global. Rund 325 Gigatonnen Schwefel und 425 Gigatonnen CO_2 wurden mit Geschwindigkeiten von mehr als einem Kilometer pro Sekunde in die Atmosphäre gedrückt. Das führte mit Sicherheit zu Feuerstürmen, als sich das ausgestoßene Material beim Wiedereintritt in die Erdatmosphäre erhitzte, sowie zu kurzfristigen Temperaturstürzen, als die Staubwolken das Sonnenlicht aussperrten. Wegen des Ausstoßes enormer Mengen von CO_2 kam es anschließend zu einer langfristigen Erwärmung und massiven Versauerung der Meere.[42]

Was diesen Einschlag so tödlich machte, war die Größe des Himmelsobjekts, das da auf die Erde prallte, wahrscheinlich Teil eines Kometen aus der Oortschen Wolke am Rande des Sonnensystems. Der Durchmesser des Asteroiden betrug rund zwölf Kilometer. Entscheidend war auch, wie und wo er auf die Erde traf. Zu verstehen, wie katastrophal die Auswirkungen eines Objekts von solcher

Größe sein können, dazu hatten Astrophysiker 1994 Gelegenheit, als der Shoemaker-Levy-Komet auf dem Jupiter aufschlug. Dabei zerbrachen Teile des Kometen vor dem Einschlag in kleinere Stücke; das größte Fragment hatte schließlich nur noch einen Durchmesser von rund einem Kilometer. Doch das reichte aus, um beim Aufschlag Zerstörungen und Krater im Umkreis von 100 000 Kilometern hervorzurufen – fast achtmal so viel wie der Erddurchmesser. Die Wissenschaftler waren sichtlich schockiert vom Ausmaß des Einschlags und der Auswirkungen.[43]

Die Implikationen für den Einschlag bei Chicxulub, für andere vergleichbare Einschläge in der Vergangenheit und für solche, die sich in Zukunft noch ereignen werden, sind offenkundig – zumal neuere Forschungen zu dem Schluss kommen, dass Schätzungen, wie wahrscheinlich es ist, dass ähnliche Langzeit-Kometen ganz oder teilweise auf die Erde treffen, um den Faktor zehn zu erhöhen sind.[44] Auch der spezifische Aufschlagwinkel war von Bedeutung, denn bei neueren Modellierungen und Simulationen konnte gezeigt werden, dass eine steile Flugbahn zum schlimmstmöglichen Szenario führt, maximal todbringend für das Leben auf der Erde – wegen des katastrophalen Volumens des in die Atmosphäre geschleuderten Staubs.[45] Zudem spielte der Zeitpunkt des Aufpralls eine wichtige Rolle: Weil der Einschlag bei Chicxulub sich, wie neuere Forschungen nahelegen, während des borealen Frühlings oder Sommers ereignete und damit kurz nach der Laichsaison der Fische und der Fortpflanzung der meisten Taxa auf dem Festland, waren die Folgen des Einschlags für Flora und Fauna wohl besonders schlimm.[46]

Dass der Asteroideneinschlag ungefähr zeitgleich mit riesigen Vulkanausbrüchen stattfand, könnte die Lage noch verschlimmert haben; in der Tat vertreten einige Wissenschaftler die These, dass vulkanische Aktivität in diesem Kontext signifikanter war als der extraterrestrische Einschlag.[47] Wie dem auch sei, letztlich sanken die Durchschnittslufttemperaturen an Land um zehn bis sechzehn Grad Celsius; auch die Meerwassertemperaturen sanken stark, speziell in den flacheren Bereichen. Das Massenaussterben von Pflanzen und Tieren war besiegelt.[48]

Solche spektakulären und verheerenden Ereignisse spielten auch, jedes für sich genommen, eine gewichtige Rolle in der unwahrscheinlichen Kette von Zufällen, glücklichen Umständen und weitreichenden Wechselwirkungen, die schließlich zum Aufstieg der Spezies Mensch führten, sowie in der Entwicklung der vielen Pflanzen-, Tier- und Organismenarten, die heute existieren. Alles heutige Leben auf der Erde stammt von Tieren, Pflanzen und Organismen ab, die nicht nur ein Massenaussterben überlebt haben, sondern gleich mehrere. Sie überstanden auch eine fast endlose Reihe von kleineren Episoden mit großen Veränderungen in den klimatischen und atmosphärischen Bedingungen. Dies alles trug zur Entstehung jener Welt bei, die uns heute vertraut vorkommt.

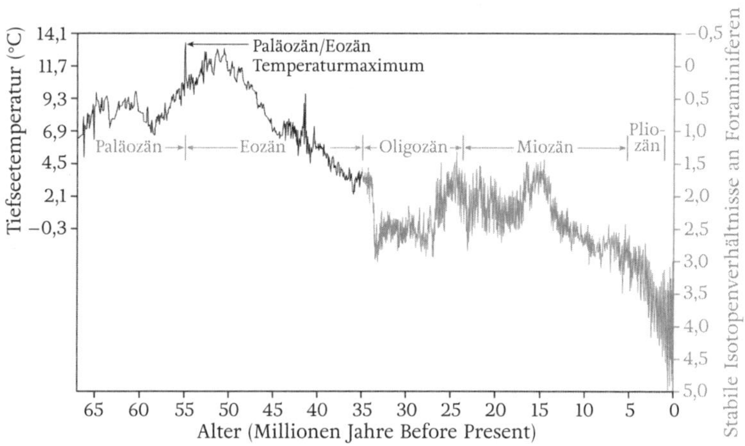

Tiefseetemperatur vom Paläozän bis zur Gegenwart.

Die katastrophalen Umwälzungen, die zu umfassenden Veränderungen führten, hatten auch Folgen, die wir für Kennzeichen heutiger globaler Ökosysteme halten, obwohl deren Wurzeln zig Millionen Jahre zurückliegen. Eine Analyse von Blütenstaubpollen aus Südamerika belegt zum Beispiel, dass erst der Einschlag bei Chicxulub die Form des tropischen Regenwalds, die wir heute kennen, hat entstehen lassen. Vor dem Asteroideneinschlag standen die Bäume in tropischen Wäldern weit auseinander, sodass das Licht den Waldboden erreichen konnte. Danach wuchs der Wald viel dichter zusammen, was vielleicht damit zu tun hatte, dass die großen Pflanzenfresserarten ausgestorben waren. Nun war es im Wald also viel schattiger, was das Gedeihen von Hülsenfrüchten und Schoten ermöglichte, die dank ihrer Interaktion mit Bakterien Stickstoff aus der Luft zogen. Ascheniederschläge nach dem Einschlag führten den terrestrischen Ökosystemen wetterfeste Phosphormineralien zu, die wiederum von entscheidender Bedeutung für die Fruchtbarkeit des Bodens und die Produktivität des Waldes waren. All dies bewirkte wahrscheinlich auch, dass Blütenpflanzen gegenüber Koniferen und Farnen einen relativen Evolutionsvorteil erlangten. Dies wiederum führte zu einer großen Ausweitung der Biodiversität und schuf die Voraussetzungen für die riesigen Regenwälder, die im CO_2-Zyklus der Gegenwart eine so wichtige Rolle spielen.[49]

Andere, moderatere Klimawandelereignisse führten ebenfalls zu substanziellen Veränderungen, ohne dass ein Massenaussterben verursacht wurde. Ein gutes Beispiel dafür ist das Paläozän/Eozän-Temperaturmaximum (PETM), eine Periode signifikanter Erwärmung vor rund 56 Millionen Jahren. Auslöser war ein massiver Ausstoß von CO_2 in das atmosphärische System des Ozeans, der rund 200 000 Jahre lang für einen globalen Temperaturanstieg von vier bis fünf Grad Celsius sorgte.[50] Manche Forscher gehen davon aus, dass die tropischen Temperaturen auf bis zu 40 Grad Celsius stiegen.[51] In einigen Studien wurde spekuliert, die damalige CO_2-Konzentration sei sechzehnmal so hoch gewesen wie in vorindustriellen Zeiten.[52]

Es wird noch darüber debattiert, woher dieses CO_2 kam, aber der plausibelste Grund für die Destabilisierung des Klimas und der Ökosysteme sind wohl erneut Vulkanausbrüche, die für große Verschiebungen bei der geographischen Ausbreitung mariner und terrestrischer Organismen sorgten, schnelle evolutionäre Prozesse in Gang setzten und die Nahrungsketten beeinflussten.[53] Es kam auch wieder zu einem Boom in der Artenvielfalt der Flora, zumindest in den tropischen Regionen. Das Niederschlagsniveau nahm weltweit zu, auch in Nordamerika, Südasien, Nordafrika und in der Antarktis.[54] Dort, in der Antarktis, gab es damals üppige Wälder, bis sich dicke kontinentale Eisflächen herausbildeten. Letzteres hing wahrscheinlich mit einer substanziellen Reduktion der atmosphärischen CO_2-Konzentrationen zusammen, die weite Teile der Landmassen auf der Südhalbkugel betraf.[55]

Andere Veränderungen im Regional- und Globalklima waren die Folgen von 42 riesigen Vulkaneruptionen, die sich in der Zeit nach dem Aussterben der Dinosaurier ereigneten und deren jede mehr als hundertfünfzigmal stärker war als die Eruption des Pinatubo im Jahr 1991. Der bemerkenswerteste dieser Vulkanausbrüche ereignete sich vor rund 28 Millionen Jahren im Gebiet des Fish Canyon Tuff im heutigen US-Bundesstaat Colorado (wovon noch riesige Vulkanascheablagerungen zeugen, daher der Name «Tuff»). Es war die größte Eruption der letzten 500 Millionen Jahre.[56] Auch Asteroiden- und Meteoriteneinschläge verursachten erhebliche Umweltveränderungen. Vor rund 800 000 Jahren wurden beim Einschlag eines Objekt mit einem Durchmesser von zwei Kilometern riesige Staubmassen über die ganze östliche Hemisphäre verteilt – weite Teile Asiens, Australiens und der Antarktis. Der Einschlagkrater konnte erst kürzlich im heutigen Laos identifiziert werden, vor allem, weil er unter einem vulkanischen Lavafeld verborgen war, das bei späteren Eruptionen entstanden war.[57]

Klimawandel wurde aber auch durch Perioden langzeitiger Erderwärmung hervorgerufen, zum Beispiel vor rund drei Millionen Jahren in der Piacentium-Phase des Pliozäns. Damals war es um drei Grad Celsius wärmer als heute, und der Meeresspiegel lag um zwanzig Meter über dem heutigen. Zu dieser Zeit war in der Atmosphäre mehr Kohlendioxid enthalten als zu jeder anderen Zeit vor dem 20. Jahrhundert, dank einer umfassenden Reorganisation der globalen Wettermuster.[58]

Bei der Herausbildung des Klimas und seinen diversen Wandlungen spielten auch die Geologie und die Bewegungen der tektonischen Platten eine nicht unwesentliche Rolle, nicht nur bei der

Schaffung der geographischen Verteilung von Wasser, Land und Lebensräumen, so wie wir sie heute kennen. Im Laufe der Jahrmillionen zerbrach ein riesiger Superkontinent (Pangäa) – vielleicht weil die Mantelplumes (Säulen glutflüssigen Gesteins aus dem Erdinnern) an der Grenze zwischen Erdkern und Erdmantel Bewegungen verursachten, vielleicht auch wegen des negativen Auftriebs der Ozeanplatten, die von oben Druck ausübten, vielleicht auch wegen einer Kombination aus beiden Ursachen.[59] In einigen Fällen sorgte der Aufstieg von heißer Materie aus einem Supervulkan dafür, dass Platten zerbrachen und zu rotieren begannen – wie zum Beispiel die indische Platte, die vor etwas mehr als hundert Millionen Jahren von Afrika abbrach.[60]

Letztlich sorgten diese Bewegungen natürlich dafür, dass die Kontinente der Welt die Positionen einnahmen, die sie heute haben. Ihre Herausbildung und ihre Verschiebungen hatten allerdings wichtige Implikationen: Nicht alle Landmassen verblieben zum Beispiel über dem Meeresspiegel. Eine erhöhte Region um das heutige Neuseeland und Neukaledonien war tatsächlich Teil einer einzigen zusammenhängenden Landmasse, von der fast 95 Prozent unter Wasser gerieten. Die Ausmaße waren so gewaltig, dass manche diese Landmasse als «achten Kontinent» der Erde bezeichnet haben.[61]

In diesem Fall war das Verschwinden einer großen Landmasse unter den Wellen das Ergebnis ihrer Ausdehnung und Abflachung. Ganz anders lag der Fall, als ein Stück Kontinentalplatte ungefähr von der Größe Grönlands dort abbrach, wo später Nordafrika lag, anschließend mit der südeuropäischen Platte zusammenstieß und letztlich unter diese geschoben wurde.[62] Derartige Zusammenstöße setzten enorme Kräfte frei und führten zu Landauffaltungen, bei denen die großen Gebirgszüge der Welt entstanden, etwa die Anden in Südamerika oder der Himalaja. Letzterer entstand, als der indische Subkontinent vor rund 50 Millionen Jahren auf Eurasien prallte. Flachland knapp über dem Meeresspiegel wurde hochgeschoben – mit dem Ergebnis, dass in den Gipfelregionen des Himalaja, also auf einigen der höchsten Berggipfel der Welt, Meeresfossilien zu finden sind.[63]

Die Herausbildung dieser ausgedehnten Gebirgszüge wiederum hatte Anteil an Veränderungen und Ausgestaltungen lokaler, regionaler und sogar globaler Klimamuster. Man geht weithin davon aus, dass die Lage und Größe der Rocky Mountains die Niederschlagsmuster und Zugbahnen stürmischer Tiefdruckgebiete an der Ostküste Nordamerikas und im Nordatlantik, vielleicht bis nach Norwegen hin, mitbestimmen.[64] Lange hat man auch die These vertreten, die Erhebung des Himalaja und des Tibetischen Hochlands habe Einfluss auf die Regenverteilung in Afrika; neuere Sensitivitätsmodelle zeigen jedoch, dass dieser Einfluss vergleichsweise schwach ist.[65] Es scheinen, anders herum, eher die Veränderungen der Bodenbedeckung und die Staubemissionen der Sahara zu sein, die für die Stärke der Monsunniederschläge in Asien eine wichtige Rolle spielen, zumindest im Verlauf der letzten paar Tausend Jahre.[66]

Die Rekonfigurierung der globalen Landmassen hatte wichtige Implikationen für Flora und Fauna sowie ganz spezifische Folgen für die Entwicklung menschlicher Gesellschaften. Evolutionäre Veränderungen im Laufe von Millionen Jahren führten zum Beispiel dazu, dass sich starke Unterschiede bei der Anzahl und Verteilung großer Säugetierarten zwischen Eurasien und Amerika herausbildeten. Besonders bedeutsam war der Mangel an für die Domestizierung geeigneten Tieren in Nord- und Südamerika zur Zeit der frühen menschlichen Siedlungen, vor rund 25 000 Jahren. Er hatte wichtige, wenn nicht gar fundamentale Auswirkungen darauf, wie diese Gesellschaften ihre natürliche Umwelt sahen und mit ihr interagierten, aber auch auf Ackerbautechniken, die Fähigkeit, Nahrungsmittelüberschüsse zu produzieren, die Entstehung sozialer Hierarchien und sogar auf die Immunabwehr bei Krankheiten – Letzteres ein sehr wichtiger Nebeneffekt des engen Umgangs mit Haustieren.[67]

Das Zerbrechen des Superkontinents und die Entstehung der Kontinente, die vor rund 250 Millionen Jahren begann, sorgte nicht nur dafür, dass die Landkarten so aussehen, wie sie uns heute vertraut sind. Ein Ergebnis war zum Beispiel die Abriegelung eines großen Ozeans, des sogenannten Tethys-Meers, vor etwas mehr als 20 Millionen Jahren. In der Folge schrumpfte er zusammen und wurde schließlich zum heutigen Mittelmeer. Es erfolgte eine Reorganisation der globalen Klimamuster, die unter anderem zur Austrocknung weiter Teile Afrikas und zum Beginn der langfristigen Vereisung der Antarktis führte.[68] Veränderungen der Klimamuster verursachten auch die «Messinische Salinitätskrise» vor rund 5,6 Millionen Jahren, die zur Austrocknung des Mittelmeers durch Verdunstung und zur Bildung einer dicken Salzschicht führte – überdies entstanden so auch trockene Wege für Tiere und Pflanzen zwischen Europa, Afrika und dem Nahen Osten. Dieser Zustand dauerte an, bis sich rund 300000 Jahre später das Atlantikwasser durch die neu entstandene Straße von Gibraltar seinen Weg ins Mittelmeer bahnte. So füllte sich das Mittelmeerbecken durch die sogenannte Zanclean-Flut schnell wieder auf.[69]

Aus Sicht des 21. Jahrhunderts war etwas anderes weit signifikanter: Im Zuge der Abspaltungen, Abbrüche und Kollisionen von Kontinenten und gravierender Veränderungen in den großen Ozeanbecken entstanden weltweit gewaltige Kohlenwasserstofflager. Fast alle der 877 großen Erdöl- und Erdgasfelder (dazu zählen sämtliche Vorkommen mit mehr als 500 Millionen Barrel) ballen sich in nur 27 Schlüsselregionen der Welt.[70] Die dortigen Felder stützen eine riesige Erdöl- und Erdgaswirtschaft mit einer Wertschöpfung von Billionen US-Dollar pro Jahr – aber sie sind auch der größte Antreiber des Klimawandels in moderner Zeit. Die Energierevolution, die mit der Verbrennung fossiler Brennstoffe ihren Anfang nahm, beschleunigte sich durch die Entwicklung und Weiterentwicklung von Motoren, Maschinen und Kraftwerken, allesamt mit Öl und Gas betrieben, immer weiter. Ein Großteil der gegenwärtigen CO_2-Emissionen, der globalen Klimaerwärmung und Luftverschmutzung geht auf die menschliche Ausbeutung jener Ressourcen zurück, die durch große Klimaveränderungen über Hunderte von Millionen Jahren hinweg aufgebaut worden waren.

Diese Langzeitentwicklungen sind nicht nur mit der heutigen Umweltproblematik verbunden, sie waren auch von zentraler Bedeutung für die Geschichte der globalen wirtschaftlichen, sozialen und politischen Machtverschiebungen in der Neuzeit. Der Großteil der Kohle zum Beispiel, deren Verbrennung die Energie für die Industrielle Revolution lieferte, hatte sich durch Pflanzenreste und -abfälle im Karbonzeitalter und zu Beginn des Perm-Zeitalters vor rund 300 Millionen Jahren gebildet – infolge eines massiven Absinkens des atmosphärischen CO_2-Niveaus und der damit verbundenen Abkühlung.[71]

Die geographische Lage dieser fossilen Brennstofflager gewann zentrale Bedeutung, nachdem die kohlegetriebene Mechanisierung neue und außergewöhnliche Möglichkeiten eröffnet hatte, um der Produktion wie der Produktivität einen großen Schub zu verleihen. Für manche Historiker lag sogar einer der Gründe für die «Große Divergenz» – für die Tatsache und den Zeitpunkt der Überholung Chinas und anderer asiatischer Länder durch die Staaten Europas vor rund zweihundert Jahren, zur Zeit der Qing-Dynastie – darin, dass die europäischen Kohlevorkommen näher an den potenziellen Industriezentren lagen, wo man Zugriff auf mehr Facharbeiter hatte, die diese Schätze hoben. So konnten solche Vorkommen schneller und preisgünstiger ausgebeutet werden als in China.[72] Zwar gab es, wie wir noch sehen werden, für die besagte Entwicklung, den Aufstieg der europäischen Mächte, noch viele andere Faktoren. Doch die geologischen Abbaubedingungen waren von fundamentaler Bedeutung, nachdem die Energierevolution in einer Zeit der sich intensivierenden Globalisierung neue Möglichkeiten eröffnet hatte.

Die Energierevolution half auch, die ökologischen Grenzen zu verschieben. Der Aufstieg der Städte und der Eisenbahnbau zur Überbrückung des Mittleren Westens in den USA wurden durch die riesigen Lagerstätten der fossilen Brennstoffe Kohle, Öl und Gas in Staaten wie Illinois, Iowa und Nebraska sehr erleichtert. Solche Vorkommen taten sich später auch in einem gigantischen Rohstoffgürtel auf, der von North und South Dakota und Wyoming im Norden über Colorado bis nach New Mexico reichte.[73] In der zweiten Hälfte des 19. Jahrhunderts schossen im Herzen Amerikas überall in Rekordzeit neue Städte aus dem Boden, da Industrialisierung und

Urbanisierung sich gegenseitig beflügelten. So entstand ein industrielles Kraftzentrum, ein ganzer Industriegürtel, und es kam zu einer bedeutsamen Bevölkerungsverlagerung von den Küsten ins Landesinnere.[74]

Im Zuge einer umgekehrten Dynamik und des Drucks auf die Arbeitsplätze in der Kohleindustrie, weil die Regierung Anreize für eine sauberere Energiegewinnung setzt und die Produktionskosten für erneuerbare Energien drastisch sinken, hat sich in neuerer Zeit der Einfluss dieser Altindustriegebiete bei den US-Präsidentschafts- und Parlamentswahlen deutlich bemerkbar gemacht. Kandidaten der Republikaner, die für die Kohleindustrie eintraten, erhielten großen Zuspruch. Die Lage der Kohlereserven und des Wohnorts der Menschen, die – früher wie heute – von der Kohleförderung leben müssen, hat also Einfluss darauf, wer alle vier Jahre ins Weiße Haus gelangt – und wer nicht.[75]

Dass geologische Zufälle in der modernen Welt eine große Rolle spielen können, lässt sich an einer ganzen Reihe von Beispielen zeigen. So war etwa die Welt in der Kreidezeit vor 139 bis 65 Millionen Jahren deutlich wärmer, der Meeresspiegel lag deutlich höher als heute. Milliarden im Meer abgestorbene Mikroorganismen bildeten Sedimentschichten, aus denen letztlich Erdöllagerstätten wurden. Das Absterben anderer Lebewesen führte hingegen zu ganz anderen Resultaten. Im Süden der USA entstanden aus Plankton und anderen Meereslebewesen, die ausstarben, als sich die Welt abkühlte und die Meeresspiegel sanken, massive Kreideformationen. Das führte später zu äußerst fruchtbaren Landstrichen, besonders nachdem der Regen die nährstoffarmen Kohlenstoffmineralien ausgewaschen hatte.

Die bogenförmige Landstrecke, die sich über den Südosten der USA erstreckt und als «Schwarzer Gürtel» («Black Belt») bezeichnet wird, leitet ihren Namen aus den fetten dunklen Ackerböden ab, die hier vorherrschen, und ist für intensive Landwirtschaft bestens geeignet, vor allem für die Baumwollproduktion. Nach der Ankunft der Europäer in Amerika und der Etablierung des transatlantischen Sklavenhandels wurden in riesiger Zahl und unter grotesken Bedingungen Afrikaner in diesen Landstrich gebracht. Auch nach Abschaffung der Sklaverei im Jahr 1865 war eine große Anzahl von schwarze Amerikanern weiterhin vom Wahlrecht ausgeschlossen, bis ein Jahrhundert später mit der Wahlrechtsreform (Voting Rights Act) diskriminierende Wahlpraktiken verboten wurden. In vielen Landkreisen im Black Belt bilden heute afrikanischstämmige Amerikaner die Mehrheit der Wahlberechtigten, vor allem in jenen mit hoher Arbeitslosigkeit und schlechten Bedingungen im Bildungswesen und in der Gesundheitsversorgung. Die Wahlergebnisse in diesem Teil der Vereinigten Staaten, darüber hinaus sogar in spezifischen Landkreisen (Countys), haben heute große Bedeutung für den Ausgang von US-Präsidentschaftswahlen.[76]

Ähnlich verhält es sich bei der Ressourcenverteilung auch in anderen Teilen der Welt. Öl und Gas haben im vergangenen Jahrhundert eine entscheidende Rolle in der globalen Geopolitik gespielt. Massive Ölvorräte in Saudi-Arabien, im Iran, in den Golfstaaten, andernorts im Nahen Osten und in Nordafrika sind eng verbunden mit einer Geschichte militärischer Interventionen, mit der Errichtung autokratischer oder theokratischer Regime und einer ganzen Reihe weiterer Verwerfungen. Das US-amerikanische Engagement in diesen Regionen hat in den letzten fünfzig Jahren vielleicht nicht darüber entschieden, wer Präsident der Vereinigten Staaten werden konnte, aber es ist kein Zufall, dass sich die US-Außenpolitik spätestens seit den 1970er Jahren ständig mit Geiselnahmen, Waffenverkäufen, Invasionen, Terrorismus und Atomdeals befassen muss. Hätte es in diesen Regionen der Welt kein Öl und Gas gegeben, wären die Dinge sicher ganz anders gelaufen.[77]

Weitere Beispiele sind Großbritannien, Deutschland und Japan im 19. und in der ersten Hälfte des 20. Jahrhunderts. Einer der seltsamen Zufälle bei der Entstehung des britischen Empires war, dass es sich zum Zeitpunkt des Ersten Weltkriegs zwar rühmen konnte, fast ein Viertel der gesamten Erdoberfläche zu umfassen, dass aber in dieser riesigen imperialen Landmasse keine nennenswerten Ölvorkommen zu verzeichnen waren. Man war also darauf angewiesen, anderswo verlässliche Ölquellen zu finden und die Kontrolle darüber zu erlangen, um den Lebensadern des Riesenreiches «Stoff» geben zu können. Die daraus resultierenden militärischen und politischen Interventionen gestalteten den Nahen und Mittleren Osten nach dem Ersten Weltkrieg völlig um – mit Folgen, die uns bis heute beschäftigen.[78] Auf ähnliche Weise beeinflusste der Mangel an Ölressourcen die strategischen Entscheidungen Deutschlands und Japans im Zweiten Weltkrieg, nicht zuletzt die großen militärischen Vorstöße der deutschen Wehrmacht in Richtung Kaukasus und der japanischen Armee in Richtung Südostasien, die letztlich in beiden Fällen die Nachschublinien und damit die Möglichkeiten zur effizienten Kriegsführung überdehnten.[79]

Auch die Verteilung anderer Ressourcen, natürlicher wie industrieller, hat eine zentrale Rolle in der menschlichen Geschichte gespielt, und daran wird sich in Zukunft nichts ändern. Die zugänglichen Reserven der Welt an Edelmetallen (nicht nur, aber auch Gold) sind das Resultat eines ständigen Meteoritenhagels auf der Erde kurz nach deren Entstehung.[80] Dies hat – im Guten wie im Schlechten – das Schicksal all jener bestimmt, die an Orten lebten, wo es mehr als genug Gold gab und die Förderkosten gering waren. Erzwungene oder freiwillige Umsiedlungen waren die Folge, in manchen Fällen auch militärische Konfrontationen.

Schwermetalle, einschließlich der seltenen Erden – Minerale, die tatsächlich gar nicht so selten sind, sondern nur selten in Konzentrationen vorkommen, die den Abbau lohnen –, haben ihren Ursprung wahrscheinlich als Zerfallsprodukte bei Explosionen von Supernovas.[81] Viele davon lassen sich anschließend in Verbindung bringen mit alkalinen vulkanischen Aktivitäten und magmatischen Systemen auf der Erde.[82] Auch hier sind die Geologie und der Zufall dafür verantwortlich, wie leicht diese Metalle geschürft werden können; und auch aus solchen Vorkommen lassen sich politische Entwicklungen, militärische Rivalitäten sowie der Werdegang von Gesellschaften und Staaten herleiten. Manche wagen sogar die Vorhersage, das 21. Jahrhundert werde geprägt sein von Auseinandersetzungen um neue Elemente wie Beryllium, Dysprosium und Yttrium, die in früheren Jahrzehnten kaum Wert oder Nutzen hatten, heute aber als unverzichtbare Bausteine für Batterien und Hightech-Geräte benötigt werden. Neue Technologien werden in Zukunft den Wettbewerb um diese Metalle verstärken – ein Grund auch für das wieder neu erwachte Interesse an Missionen zu anderen Planeten und zum Mond, wo möglicherweise Mineralien gefunden und abgebaut werden können.[83]

Bei den Auswirkungen der geographischen Verteilung von Erdressourcen geht es nicht nur um Energieträger und Edelmetalle. Die Umweltlotterie betrifft auch eine Fülle anderer Materialien und Substanzen, einschließlich der Flora und Fauna. Der Handel mit Gewürzen etwa, die vor allem aus Süd- und Südostasien kamen und kommen, führte zur Errichtung von Handelsnetzen, die diese Regionen in intensiven Kontakt mit dem Mittleren Osten, Afrika und dem Mittelmeerraum brachten, aber auch mit China, Japan und darüber hinaus. Der Lebensraum der Seidenraupe hatte Bedeutung für die Herstellung von Seidenstoffen, die leicht, robust und teuer waren; noch Tausende Kilometer entfernt waren sie sehr gefragt. Wie wir noch sehen werden, ist die Verbreitung von Tieren und Pflanzen infolge von Handelsbeziehungen über kurze, mittlere und lange Entfernungen hinweg – beabsichtigt wie unbeabsichtigt – ein zentraler Bestandteil der ökologischen Weltgeschichte, zumal dabei der Mensch eine besonders große Rolle gespielt hat.

Es ist keine leichte Aufgabe zu bestimmen, wie weit unsere Spezies die natürliche Welt versteht und, was vielleicht am wichtigsten ist, ihren eigenen Platz darin begreifen und respektieren kann. Naturschützer suggerieren manchmal, dass es eine Möglichkeit gebe, alles anzuhalten; dass die Regenwälder unberührt bleiben könnten, Weideland intakt bleiben sollte, dass die Natur überhaupt von menschlichen Eingriffen verschont bleiben sollte. Doch Pflanzen und Tiere haben ihre eigenen Methoden, um Veränderungen herbeizuführen, selbst Zerfall und Zerstörung. Die Natur ist kein harmonisches, wohlwollendes und komplementäres Ganzes, das einem Konzept folgt und eine dauerhafte Balance hält. Ökosysteme haben sich schon immer durch viele, nicht vom Menschen gesteuerte Kräfte verändert und umgestellt.

Was andererseits die Menschen tun, ist, dass sie durch bewusste Umgestaltung der Landschaft, durch absichtliche Eingriffe in Ökosysteme und durch willkürliche, unbedachte Entscheidungen, die zum Raubbau an der Natur führen, Veränderungen erzeugen. Dabei können auch ungewollte Ergebnisse herauskommen, etwa Kettenreaktionen nach der Einführung bestimmter Spezies in neue Umgebungen oder die Verbreitung von Krankheitserregern und Seuchen, die nicht nur auf das menschliche Leben dramatische Auswirkungen haben können, sondern auch auf Flora und Fauna.

In diesem Sinne war die Evolution unserer Spezies die für sich genommen wichtigste Entwicklung auf unserem Planeten. Massenaussterbeereignisse der Vergangenheit wurden durch Vulkane und Kometen hervorgerufen; den Menschen jedoch ist es gelungen, Technologien zu entwickeln, die unabhängig von natürlichen Ereignissen Massensterben verursachen können. Nicht wenige weisen darauf hin, dass die mangelnde Nachhaltigkeit unseren Lebensstils im 21. Jahrhundert und die Auswirkungen des vom Menschen gemachten Klimawandels die Existenz der Menschheit bedrohen, und obendrein auch die von zahlreichen Tieren und Pflanzen. Verantwortlich dafür sind zum Teil unsere Interaktionen, in Form von Reisen und Transporten, wie auch die Globalisierung von Gütern, Produkten und Ideen.

Wir Menschen haben jedoch auch Möglichkeiten entwickelt, unsere eigene Zerstörung auf anderem Wege herbeizuführen. Die Reaktorkatastrophe von Tschernobyl, die Tankerhavarie der *Exxon Valdez* vor Alaska mit der anschließenden Ölpest oder das Leck an der Chemiefabrikanlage von Union Carbide im indischen Bhopal, das erhebliche Mengen von Giftstoffen freisetzte, können als Warnung dienen, dass unsere neuen Technologien das Potenzial haben, riesige Umweltkatastrophen auszulösen. Die Entwicklung von Atomwaffen hat ein ähnliches, noch größeres Schadenspotenzial offenbart, sowohl am Ende des Zweiten Weltkriegs in Hiroshima und Nagasaki als auch auf den Testgeländen in der früheren Sowjetunion, in Nordamerika und im Pazifik.[84]

Die Atomarsenale haben ein so großes Zerstörungspotenzial, dass wir dasselbe Resultat wie bei einem Kometeneinschlag auch selbst erzielen könnten – auch ohne es zu beabsichtigen.[85] Potenziell gefährliche Versehen ereignen sich beunruhigend oft, so zum Beispiel im Jahr 2018, als in Hawaii fälschlich Raketenalarm ausgelöst und Warnungen über Fernsehen, Radio und Handys verbreitet wurden.[86] Nach allen Gesetzen der Wahrscheinlichkeit ist es nur eine Frage der Zeit, bis sich aus einem menschlichen Irrtum, einer Eskalation politischer Rivalitäten oder geopolitischer Fehlkalkulation eine Nuklearkatastrophe entwickelt.

Es entbehrt vielleicht nicht der Ironie, dass die größte Bedrohung nach einer größeren atomaren Auseinandersetzung – egal, ob sie absichtlich oder versehentlich ausgelöst wurde – nicht von den massiven atomaren Ladungen der Raketen ausginge, sondern von der darauffolgenden schnellen globalen Abkühlung, dem sogenannten atomaren Winter. Sowjetische und US-amerikanische Modellierungen ebendieses Szenarios trugen wesentlich zur Aufnahme von Verhandlungen über Waffenkontrollverträge in den 1980er Jahren bei und zu Bemühungen, die Weiterverbreitung von Atomwaffen und Atomtechnologie durch einen Atomwaffensperrvertrag zu verhindern.[87]

Die Bedrohung durch vom Menschen ausgelöste Katastrophen ist heute größer ist als zu jedem anderen Zeitpunkt der Geschichte unserer Spezies. Wie aber ist es überhaupt dazu gekommen, dass Menschen, wenn es um die Gegenwart und Zukunft eines ganzen Planeten geht, eine so zentrale Stellung erreichen konnten? Wie kam es, dass die Menschheit, deren Präsenz im Verhältnis zur gesamten – einige Milliarden Jahre umfassenden – Erdvergangenheit kaum mehr als einen Wimpernschlag ausmacht, eine solche Bedeutung erlangte?

ZWEITES KAPITEL

Über den Ursprung unserer Spezies

(7 Millionen Jahre bis 12 000 v. Chr.)

Ich will hier versuchen, eine kurze und sehr unvollkommene Skizze von der Entwicklung der Meinungen über die Entstehung der Arten zu geben.
Charles Darwin, *Der Ursprung der Arten durch natürliche Selektion* (1859)

Die Anfänge des *Homo sapiens* sind ein Rätsel, aber auch weitverbreiteter Diskussionsstoff. Die menschliche Abstammungslinie zweigte vor rund sieben Millionen Jahren von der der Affen ab, möglicherweise auch deutlich früher, wenn neuere Schätzungen über die Mutationsrate bei Schimpansen korrekt sind.[1] Fossilienfunde legen klar den Schluss nahe, dass alle menschlichen Urahnen in Afrika lebten, wenngleich die Identifizierung des Ursprungsorts schwierig und umstritten ist. Zu den frühen Menschenartigen (Homininen) gehörten mehrere Arten des *Australopithecus*; der berühmteste dieser Funde wurde nach seiner Entdeckung in Äthiopien im Jahr 1974 «Lucy» getauft. Ein noch vollständigeres Exemplar, «Little Foot» genannt, wurde in den Sterkfontein-Höhlen in der Nähe von Johannesburg in Südafrika gefunden und ist rund 3,67 Millionen Jahre alt.[2] Neuere Untersuchungen von Little Foots Schulterblättern, Gelenken und Schlüsselbeinen verweisen auf eine Wirbelsäulenkonfiguration, die für das Klettern auf Bäumen und Herabhängen von Ästen gut geeignet war, was wiederum Rückschlüsse auf den wahrscheinlichen Lebensraum dieser Spezies zulässt.[3]

Das Genus *Homo*, von dem unsere eigene Spezies abstammt, trat vor vielleicht drei Millionen Jahren auf, wobei der erste Fund, der möglicherweise diesem Genus zuzuordnen ist, ein Kieferknochen ist, in dem noch Zähne steckten; er ist auf ein Alter von rund 2,8 Millionen Jahren zu datieren.[4] Manchmal wird das Auftauchen der ersten Vertreter des Genus *Homo* als bedeutsame Transformation angesehen. Doch Übergang und Auftritt kamen weder plötzlich, noch waren sie von profunder Bedeutung, denn vieles hatten diese Vertreter noch mit dem *Australopithecus* gemein.[5] Tatsächlich treten sogar mehrere Forscher dafür ein, einige der frühen *Homo*-Exemplare bei der Klassifizierung als *Australopithecus*-Exemplare zurückzustufen.[6]

Neuere Forschungsergebnisse verweisen darauf, dass innerhalb des Genus *Homo* noch beträchtliche Diversität herrschte – mit der Folge, dass es kaum Konsens darüber gibt, wie Variationen und Unterschiede zu beschreiben oder zu erklären sind, nicht einmal Konsens darüber, was eine Spezies letztlich definitorisch ausmacht.[7] Wie sich der *Homo rudolfensis*, der *Homo habilis* und der *Homo erectus* entwickelten und wie sie sich voneinander unterscheiden, ist Gegenstand weitreichender Vermutungen und Annahmen; ebenso, wie sich diese zum späteren *Homo heidelbergensis* verhalten, aus dem sich sowohl der *Homo neanderthalensis* als auch der *Homo sapiens* entwickelt haben könnten. Jedenfalls scheinen sie allesamt Merkmale geteilt zu haben, die sie von anderen Primaten unterschieden. Zu diesen Merkmalen gehören die Fortbewegung auf zwei Füßen, die aufrechte Haltung, eine größere Gehirnmasse und vielleicht auch die Nutzung spezialisierter Werkzeuge.[8]

Seit Langem schon ist man der Ansicht, dass die Entwicklung der Homininen beschleunigt wurde durch Veränderungen der Klimamuster, die die Wälder schwächten und zu trockeneren Lebensbedingungen führten, was evolutionären Druck aufbaute. Begünstigt wurden nun der aufrechte Gang, die größere Gehirnmasse und Veränderungen bei der Größe der Zähne. Auch die Fähigkeit, größere Entfernungen zu überwinden, war nun erforderlich, wurde belohnt, oder beides.[9] Diese Veränderungen vollzogen sich nicht überall auf gleiche Weise, aber als Schlüsselfaktoren für die Widerstandskraft, den Erfolg und die Ausbreitung des Genus *Homo* insgesamt sind zu nennen: Flexibilität bei der Ernährung (ein Vorteil in Zeiten der Unsicherheit und Unkalkulierbarkeit von Umweltbedingungen) und die Fähigkeit, Sterberisiken zu senken.[10]

Mit Sicherheit verweisen Funde von Stein- und Knochenwerkzeugen aus einem einzigartigen Höhlenkomplex in Südafrika auf entsprechende Anpassungen verschiedener Spezies von Homininen, die gleichzeitig lebten, an die substanziellen Veränderungen in den Ökosystemen.[11] Diese Funde wirken wie ein Echo auf Funde in Ostafrika, wo infolge des Vulkanismus die Abfolge der Bodenschichten weitgehend unversehrt erhalten geblieben ist, sodass Fossilienfunde und archäologische Überreste in ihren jeweiligen Bodenschichten ziemlich genau datierbar sind. Dort finden sich nicht zuletzt Beispiele für das Lösen von Problemen durch soziale Kooperation.[12] Dazu gehören Belege aus der Olduvai-Schlucht im heutigen Tansania für die Nutzung der Abschlagtechnik, bei der mittels Hammersteinen Feuersteinsplitter für Steinwerkzeuge gewonnen werden. Zudem gibt es Belege für Werkzeuggebrauch beim Jagen und Schlachten, bei der Fleischablösung und der Entmarkung von Knochen – Knochen, die zum Beispiel vom *Parmularius* stammen, einer inzwischen ausgestorbenen Kuhantilopenart, verwandt mit den Gnus –, aber auch für den Werkzeuggebrauch bei Wassertieren wie Fischen, Krokodilen und Schildkröten, die ebenfalls auf dem Speiseplan der Homininen standen.[13]

Solche tierischen Nahrungsquellen boten spezifische Nährstoffe, die für das Gehirnwachstum benötigt wurden, besonders mehrfach ungesättigte Fettsäuren und Docosahexaensäure (DHA). Für die Evolution neuer Fähigkeiten waren diese chemischen Verbindungen unverzichtbar.[14] Manche Forscher haben sogar die These vertreten, dass neurochemische Veränderungen der Basalganglien im Gehirn der ausschlaggebende Faktor für die Abtrennung der Homininen von den Affen waren, sowie für anschließende Entwicklungen der Großhirnrinde, die als Erklärung für soziales Verhalten dienen, einschließlich Kommunikation, Empathie und Altruismus.[15]

Manche Forscher sind der Ansicht, die Vergrößerung des Gehirns korreliere mit einem Anwachsen der Populationen und reflektiere die Notwendigkeit, sich in der eigenen Spezies an wachsende Gruppengrößen anzupassen (die Hypothese vom «sozialen» Gehirn). Andere dagegen heben den Druck der Anpassung an neue oder sich verändernde ökologische Umgebungen als zentralen Faktor hervor. Für diese Anpassung und letztlich die Sicherung des eigenen Überlebens wurde Intelligenz benötigt. Eine genetische Schlüsselmutation beim *Homo sapiens*, die zu einer dramatischen Vermehrung der Gehirnzellen führte, könnte auch kognitive Vorteile mit weitreichenden Konsequenzen gebracht haben. Auf diesem Gebiet finden noch lebhafte wissenschaftliche Kontroversen statt, aber es herrscht weitgehend Einigkeit, dass der ökologische und der soziale Wettbewerb wichtige Motoren der Evolution waren, Antriebskräfte, die biologische und neurologische sowie Verhaltensänderungen forcierten.[16]

Ein weiterer Schlüsselfaktor für die Entwicklung der Spezies war die kontrollierte Verwendung von Feuer – jetzt konnte man kochen, für Wärme sorgen, sich vor Räubern und tierischen An- und Übergriffen schützen. In der Natur kommt Feuer in erster Linie als Folge von Blitzeinschlägen vor. Hunderte Millionen solcher Blitzeinschläge gibt es alljährlich auf der ganzen Erde.[17] Veränderungen des menschlichen Körpers, Veränderungen der Zähne und der Gehirngröße, die Herausbildung von Sprache und komplexeren kognitiven Fähigkeiten – all das wurde mit der Einführung des Kochens von Nahrungsmitteln in Verbindung gebracht. Aber all diese Dinge waren auch Resultat einer ständigen Weiterentwicklung über längere Zeiträume.[18] Nachweise in Form von verbranntem Holz, verbrannten Knochen, Gräsern und anderen Materialien aus den Höhlen in Südafrika, in der Levante und Ostchina führen zu dem Schluss, dass vor einer Million bis 500 000 Jahren zumindest einige *Homo*-Populationen gelernt hatten, kontrolliert mit Feuer umzugehen. Aus der Zeit um 400 000 v. Chr. stammende entsprechende Spuren sind an Fundstätten in Europa, Afrika, Asien und anderswo recht häufig.[19]

Eine der größten Herausforderungen für den frühen *Homo* waren die ständigen Klimaschwankungen. Stratigraphische Befunde,

Belege aus Seen und der Tierwelt sowie andere Daten zeigen, dass es über Hunderttausende von Jahren hin regelmäßig zu dynamischen Wechseln zwischen Trocken- und Feuchtperioden kam. Die Antriebskräfte dahinter waren tektonischer und vulkanischer Art; hinzu kamen Unregelmäßigkeiten der Erdumlaufbahn, unterschiedliche Solaraktivitäten und Wechsel bei der Verfügbarkeit von Wasser – abhängig von der Monsunintensität, vom Umfang der großen Seen und von der El Niño-Southern Oscillation (ENSO). Alles zusammen erforderte Wandlungs- und Anpassungsfähigkeit und spielte für den frühen *Homo* auch eine wichtige Rolle, als er lernte, sich an unterschiedliche Ernährungsmöglichkeiten sowie kognitiv und sozial an wechselnde Verhältnisse anzupassen.[20]

Afrika war ein Schmelztiegel für verschiedene Spezies – in einem solchen Ausmaß, dass die genetische Diversität bei afrikanischen Gruppen und Individuen für die neuesten menschlichen Spezies größer war als irgendwo sonst auf der Welt.[21] Vor rund zwei Millionen Jahren wanderten einige *Homo*-Spezies und -Populationen in andere Kontinente aus, wahrscheinlich in zwei Wellen.[22] Die ältesten Belege für das Vorkommen des *Homo erectus* finden sich im Kaukasus.[23] In China und auf Java stammen solche Belege aus der Zeit vor 1,7 Millionen Jahren. Die Kolonisation Westeuropas durch den *Homo erectus* liegt mehr als eine Million Jahre zurück.[24]

Kontext, Wesen und Zeitablauf dieser Prozesse sind unklar, ebenso die Unterschiede zwischen den verschiedenen *Homo*-Populationen und innerhalb einzelner solcher Populationen. Während mit einem ganzen Spektrum von Erklärungen versucht wird, diese Divergenzen zu verstehen und zu begründen, ist letztlich aber klar, dass sich unsere eigene Spezies schon vor rund 800 000 Jahren vom *Homo neanderthalensis* unterschieden hat – beträchtlich früher, als es die ersten fossilen Funde aus Nordwestafrika und Äthiopien vermuten ließen. Diese werden üblicherweise auf 315 000 bis 195 000 v. Chr. datiert; allerdings wird darüber noch heftig gestritten.[25]

Unbestritten ist allerdings, dass, wie neuere Forschungsergebnisse bestätigen, die Geschichte der homininen Populationen komplizierter und vielfältiger ist, als man lange angenommen hatte. Kürzlich wurden neue hominine Populationen identifiziert, von denen sich einige schon mit modernen Menschen gekreuzt haben müssen.[26] Wissenschaftler haben die These formuliert, spezifische Haplotypen bei Populationen amerikanischer Ureinwohner spiegelten die Tatsache, dass Vorfahren einiger dieser Populationen zu den allerersten Siedlern in Amerika gehörten. Es wurde aber auch vermutet, dass einige von ihnen Gene weitergegeben hätten, die es modernen Menschen ermöglichten, in großen Höhen zu überleben.[27]

Die Neandertaler bevölkerten das westliche Eurasien etliche Jahrtausende lang und pflanzten sich im späteren Stadium offenbar nur noch innerhalb ihrer Art fort – allerdings nicht überall: Das Neandertalererbe findet sich noch heute im menschlichen Genom, aber auch in antiken Populationen an so unterschiedlichen Orten wie Nordeuropa, Sibirien und China. Im Afrika südlich der Sahara waren Neandertaler kaum präsent.[28] Verbindungen zwischen Neandertalern und modernen Menschen (*Homo sapiens*) sorgten dafür, dass sich noch im heutigen Menschen Gruppen von Neandertalergenen finden, die zum Beispiel das Immunsystem beeinflussen – manche sorgen für eine erhöhte Widerstandskraft gegen Covid-19-Infektionen, andere für eine erhöhte Anfälligkeit.[29]

Die geographische Verteilung der Neandertalerpopulationen wurde allem Anschein nach massiv von Klimastress beeinflusst, mehr noch als bei unserer eigenen Spezies (hier sprechen wir über die Zeit vor rund 45000 Jahren). Größere Körper und mehr Gehirnmasse, mithin auch erhöhte Energie- und Ernährungsanforderungen, führten möglicherweise dazu, dass die Widerstandskraft sank, besonders in Zeiten rapider Abkühlung.[30] Dies könnte Langzeitmuster erklären, wonach große Teile Europas von Neandertalern kolonisiert, dann wieder aufgegeben und erneut kolonisiert wurden, je nachdem, ob die Witterungsbedingungen günstiger oder ungünstiger waren.[31] Zudem könnte es die Erklärung dafür sein, dass bei mitochondrialen DNA-Analysen (mtDNA) von Neandertalerüberresten aus Höhlensedimenten in Westeuropa und Südsibirien unterschiedliche Strahlungswerte zu verzeichnen waren.[32] Experten sind in der Tat zu dem Schluss gekommen, dass Kälteepisoden entscheidende Auslöser für größere Divergenzen innerhalb der Neandertalerpopulationen waren. Kälteepisoden sorgten zudem dafür, dass es in der mtDNA auch anderer Hominingruppen in Europa und Asien Variationen gab.[33]

Zu den Mechanismen, um mit äußerst herausfordernden Klimaepisoden zurechtzukommen – so, wie es vor 450 000 Jahren der Fall war, als Eisbedeckung und fortschreitender Permafrost große Teile des europäischen Kontinents unbewohnbar machten –, gehörten drastische Anpassungen bei vielen *Homo*-Gruppen, darunter auch den Neandertalern: Überraschend hohe Hormonspiegel im Nebenschilddrüsenserum bei Skelettfunden im nordspanischen Atapuerca zeigen, so die These einiger Wissenschaftler, dass die betreffenden Körper gerade dabei waren, sich auf einen reduzierten Stoffwechsel einzustellen. Mit anderen Worten, einige unserer Vorfahren konnten in kalten Wintern womöglich Winterschlaf halten. Eine hochspekulative Hypothese – sollten die Befunde und Schlüsse korrekt sein, hatten diese Möglichkeit nur Erwachsene, während das bei Heranwachsenden offenbar schwieriger war.[34]

Der Neandertaler und der *Homo sapiens* teilten viele Eigenschaften und Fähigkeiten; dazu gehören ähnliche Hör- und Sprechfähigkeiten.[35] Trotzdem ist der *Homo sapiens* eine relativ homogene Spezies. Die mtDNA und die Genealogie des Y-Chromosoms zeigen, dass alle modernen Menschen von einer kleinen oder sogar sehr kleinen Population abstammen, die sich anschließend sehr erfolgreich ausbreitete.[36] Klimawechsel waren im Verlauf der letzten 200 000 Jahre offenbar entscheidend für die demographische Ausbreitung und für eine wiederholte Neuverteilung der Gene. Es entstanden große geographische Senken, die von Volksgruppen wie den Hadza in Tansania, den Baka/Biaka und Mbuti/Efe-Pygmäen im Westen beziehungsweise Osten Zentralafrikas bewohnt wurden und werden. Es handelt sich dabei um vergleichsweise homogene Abkömmlinge einer frühen Population des modernen Menschen.[37] Günstigere Klimabedingungen in spezifischen Regionen und geographisch isolierten Gebieten führten zu genetischen, kulturellen und verhaltensmäßigen Änderungen, während jene Gruppen, die in Afrika an Orten mit deutlich ungünstigeren Verhältnissen leben mussten, sich mit dem Überleben schwertaten oder gar ausstarben.[38]

Die Fähigkeit, sich anzupassen, zu lernen und Informationen weiterzugeben, war wichtig – und die frühen Menschen eigneten sie sich erfolgreich an. Eine neuere Studie zu einem Fundort in Südfrankreich zeigt, dass sie es schon vor 170 000 Jahren verstanden, einen Herd in einer Höhle optimal zu platzieren, nämlich so, dass der Rauch gut abzog (die Insassen also weniger Rauchgas ausgesetzt waren) und die Feuerstelle für soziale, Heizungs- und Kochzwecke optimal funktionierte.[39]

Ein entscheidender Zeitpunkt in der Geschichte unserer Spezies kam vor rund 130 000 Jahren, im Zeichen einer plötzlichen und dramatischen Reorganisation der globalen Temperaturen, Meeresspiegel und Wettermuster. Der Grund für diese Klimaanpassung waren Veränderungen in den Meeresströmungen und bei der CO_2-Speicherung in den Tiefen des Ozeans.[40] Ursache dieser Veränderungen wiederum könnte letztlich ein sogenanntes Heinrich-Ereignis gewesen sein (benannt nach dem deutschen Meeresgeologen Hartmut Heinrich, der solche Ereignisketten analysierte). Wahrscheinlich brach damals eine große Zahl von Eisbergen vom Laurentidischen Eisschild ab (benannt nach dem Sankt-Lorenz-Strom im heutigen Kanada) und driftete durch die Hudsonstraße in den Nordatlantik. Weil diese Eisberge Gesteinsmaterial mitführten, kam es beim Abschmelzen zu Schuttablagerungen im Sediment auf dem Meeresboden.[41] Diese Ablagerungen beeinträchtigten dann die Tiefenströmungen im Nordatlantikwasser, mit Auswirkungen auf die Gesamtzirkulation der globalen Meeresströmungen. Das wiederum führte zu einer massiven Erwärmung der Südhalbkugel. Es kam überdies zu einem schnellen Temperaturanstieg in der Polarregion, der zu deren «Ergrünen» führte, als die Pflanzen ihren Lebensraum stark nach Norden ausweiteten.[42] Das Schmelzwasser der Eisberge führte natürlich auch zu einem globalen Anstieg der Meeresspiegel, und zwar um mehrere Meter, vielleicht sogar auf neun Meter über dem heutigen Meeresniveau.[43]

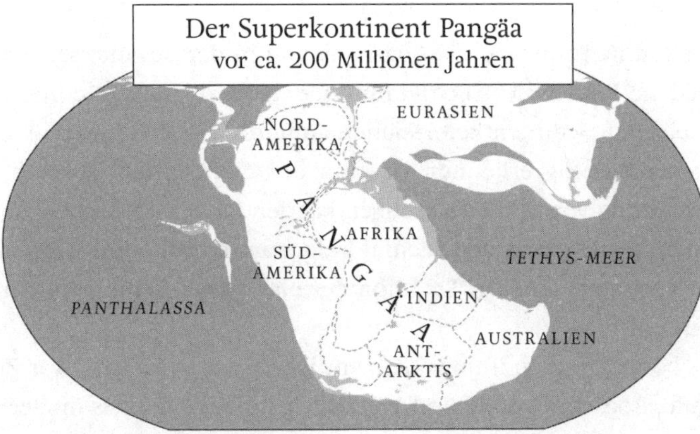

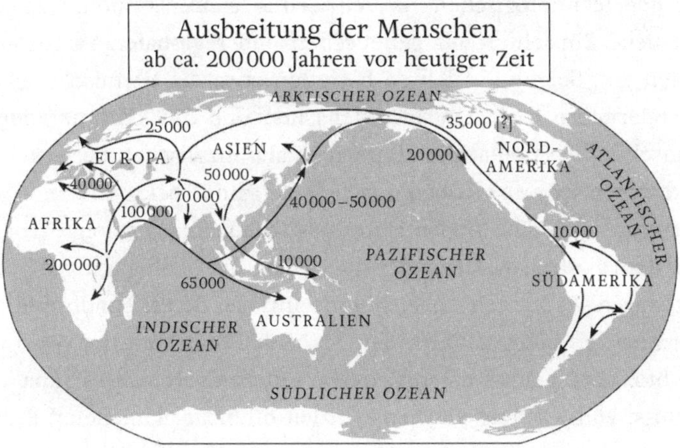

Daten von Chironomiden (Zuckermücken), die in Sedimentschichten in Dänemark eingeschlossen waren, erwiesen sich als relevant für die Rekonstruktion der Temperaturen. Es zeigte sich, dass diese mehrere Jahrtausende umfassende Periode von einer ausgeprägten Erwärmung gekennzeichnet war.[44] Diese Warmzeit korrespondiert auch mit Veränderungen der Vegetation und des Gewässernetzes in der gesamten Sahara, wobei sich ein Netz von Korridoren herausbildete, das Ostafrika mit dem Mittelmeerraum verband und zu den ersten Ansiedlungen des *Homo sapiens* in der Levante führte.[45]

Es konnten im Osten Nordafrikas und in der Levante sechs verschiedene Phasen der Seenbildung identifiziert werden, deren jede ihre eigenen Sedimentkennzeichen aufwies, was sich mittels Lumineszenzdatierung erkennen lässt. In den Sedimenten ist auch die Verwendung von Steinwerkzeugen bei den frühen Menschen zu erkennen. Der Prozess der Seenbildung war mithin keine einmalige Angelegenheit, sondern Reaktion auf eine ganze Reihe von Klimaimpulsen.[46]

Es bestehen noch immer beträchtliche Unsicherheiten, was Zeitabläufe, Routen, Gründe und Wesen der Ausbreitung des modernen Menschen über Afrika hinaus angeht, auch wenn die Pionierarbeit bei der technologischen Sequenzierung ganzer Genome zahlreiche neue Einsichten zur genetischen und regionalen Variation zu bieten hat. Solche Einsichten betreffen etwa die Vermischung von Neandertalern und Denisova-Menschen und die Existenz anderer menschlicher Populationen, die ebenfalls inzwischen ausgestorben sind, deren Existenz jedoch durch Skelettfunde belegt ist.[47]

Die menschliche Ausbreitung und Niederlassung folgte vor allem dem Bestreben, Gegenden zu finden, die ökologisch gut geeignet waren. Es kamen Lebensräume infrage, deren Bandbreite von warmen, bewaldeten Gegenden bis zum Weideland der Savannen reichte, aber auch Küstenregionen mit reicher Meeresfauna einschloss; völlig offene Flächen wurden offenbar gemieden.[48] Besonders attraktiv als Siedlungsort war ein enger Streifen Waldland zwischen der Mittelmeerküste und den Flanken des Jordangrabens, wo es eine stabile Wasserversorgung und viel Wild gab; hier konnte die Natur ziemlich mühelos ausgebeutet werden. Es gibt Belege dafür, dass diese Gegend gleichzeitig von Neandertaler- und *Homo-sapiens*-Populationen bewohnt wurde. Die Neandertaler waren südwärts aus Eurasien gekommen, wofür Grabstätten, Skelett- und Zahnreste sprechen. Auch gibt es klare Anzeichen für Kreuzungen mit den modernen Menschen in dieser Gegend.[49]

Das Leben konnte jedoch prekär sein, wie sich gerade an diesem konkreten Beispiel zeigt. Denn vor rund 73000 Jahren sorgten extreme Trockenheit und gleichzeitige Vereisung für so widrige Lebensbedingungen, dass die Populationen in der Levante ausstarben. Die Ursache für diesen Klimawandel könnte ein massiver Vulkanausbruch des Mount Toba im heutigen Indonesien gewesen sein, die stärkste Eruption der letzten zwei Millionen Jahre. Der Ausstoß von vulkanischem Feinstaub in Form von Sulfataerosolen in die Stratosphäre war so gewaltig, dass es zu einem vulkanischen Winter kam, der mehrere Jahre andauerte und an vielen Orten der Welt zu einem starken Temperatursturz führte. Ablagerungen bedeckten Millionen Quadratkilometer, mehr als ein Prozent der Erdoberfläche war mit einer mindestens zehn Zentimeter dicken Ascheschicht bedeckt.[50] Mehr als zweieinhalb Meter Vulkanstaub gingen über Südindien nieder. Der ganze Subkontinent wurde großflächig entwaldet, Waldland wurde zu Weideland.[51] Davon ausgehend wurde die These aufgestellt, dass der Überlebensdruck infolge mangelnder Nahrungsmittelversorgung so massiv war, dass es im Genpool der Menschheit global zu einer starken Reduktion kam.[52]

Die Folgen des Ausbruchs von Mount Toba waren verheerend, aber nicht überall. Die Simulationen globaler Klimamodelle legen den Schluss nahe, dass die Auswirkungen in Europa, Nordamerika und Zentralasien sehr ausgeprägt waren, auf der Südhalbkugel jedoch viel gemäßigter ausfielen.[53] Das würde auch erklären, warum Sediment aus dem Malawisee für diesen Zeitraum keine signifikanten Temperaturveränderungen erkennen lässt.[54] Archäologische Stätten in Südafrika zeigen sogar, dass es den Menschen dort in den Zeiten der Toba-Eruption und der nachfolgenden eisigen Bedingungen recht gut ging. Auch in einem zentralindischen Tal, das mit einer Million Kubikmeter Tephra bedeckt war (so werden die bei der Eruption herausgeschleuderten Lavabrocken und die Vulkanasche fachsprachlich bezeichnet), gibt es Anzeichen dafür, dass die menschliche Bevölkerung entweder in der Lage war, die Herausforderungen zu meistern, oder andernfalls die Gebiete, in denen sie zuvor gelebt hatte, ziemlich bald nach dem Vulkanausbruch erneut besiedelte.[55]

In der neueren Forschung wird die Auffassung vertreten, dass beim Ausbruch des Mount Toba Sulfataerosole in so hoher Konzentration und in Gestalt so großer Partikel herausgeschleudert wurden, dass der Abkühlungseffekt kürzer andauerte und weniger dramatisch ausgefiel als in früheren Modellen errechnet, und zwar aus einem einfachen Grund: Schwere Partikel fallen relativ schnell auf die Erde und schweben nicht so lange in der Luft.[56] Anders gesagt, die menschlichen Überlebenden hatten Glück, dass die Eruption so stark war, wie sie war – zumindest in einigen Teilen der Welt.

Schon vor dem Toba-Ausbruch hatte eine Reihe weitreichender Ausbreitungswellen des *Homo sapiens* von Afrika aus begonnen, wiederum durch Umweltdruck provoziert oder beeinflusst. Laut einer Hypothese hing die Migration vom heutigen Eritrea über das Rote Meer an die jemenitische Küste mit einem Allzeittief des Meeresspiegels und des Lebens im Meer vor rund 85000 Jahren zusammen. Meeresfrüchte als Proteinquellen waren damals rar. Das könnte die Veranlassung gewesen sein, im Laufe der Jahrtausende Ausschau nach günstigeren Lebensräumen zu halten, was schließlich dazu führte, dass die Menschen vor rund 65000 Jahren nach Südostasien, China und Australien kamen.[57]

Damals hatten die Menschen schon lange daran gearbeitet, Ökosysteme aktiv zu managen, zum Beispiel Forstmanagement-Techniken zu entwickeln – darunter gezielte Brandrodungen, um sich Lebensraum zu schaffen. Das beeinflusste natürlich die Zusammensetzung der Vegetation und führte in manchen Fällen auch zur Bodenerosion.[58] Diese Expertise wurde nun zunehmend wichtiger, nicht nur wegen der Auswirkungen des Vulkanausbruchs, sondern auch, weil eine neue Abkühlungsperiode mehrere Tausend Jahre lang andauerte. Sie betraf besonders die Nordhalbkugel und war eine Reaktion auf die Erwärmung des Südatlantiks. Aber sie führte auch zu feuchterem Klima und stärkeren Regenfällen in Südafrika, was dort zur Grundlage für Bevölkerungswachstum, eine größere Bevölkerungsdichte und eine zunehmende Sozialisation der Menschen wurde.

Der Versuch, kulturelle Muster mit schnellen Klimaveränderungen in Verbindung zu bringen, bringt Probleme mit sich. Verblüffend aber ist es, dass Lebensbedingungen, die herausfordernd gewesen sein müssen, mit dem Auftauchen symbolischer Ausdrucksmöglichkeiten einhergehen – in Form von geritzten Ockerstücken und Ockerzeichnungen, Werkzeugen und Schmuck. All dies bezeugt bedeutende Innovationen, nicht nur im gesellschaftlichen Verhalten, sondern auch bei der Entwicklung neuer Technologien.[59] In der Blombos-Höhle in der südafrikanischen Kap-Provinz, nahe der Südspitze Afrikas, gefundene Perlen wurden vor rund 70000 Jahren aus durchbohrten Meeresschneckengehäusen hergestellt. Sie weisen Tragespuren auf, die durch Reibung an Textilien, Haut oder anderen Perlen zustande gekommen sein könnten.[60] Dieser Schmuck entstand ungefähr gleichzeitig mit den frühesten «Gemälden»: Ockerblöcken, die sich an gleicher Stelle fanden und in die komplexe geometrische Muster geritzt wurden.[61]

Es tauchten jetzt auch Projektile und Waffen auf, zum Beispiel Pfeil und Bogen. Pfeile sind wesentlich schneller als von Hand geschleuderte Speere, was die Chance, die Beute zu verwunden, und gleichzeitig die Sicherheit des Angreifers erhöht. Man konnte nun aus größerer Distanz verwunden und töten.[62] Einen weiteren Vorteil hatten die neuen Werkzeuge und Waffen insofern, als die potenziellen Angriffsziele jetzt noch größer sein konnten, was wiederum Auswirkungen auf die soziale Organisation menschlicher Populationen hatte.[63]

Alle derartigen Transformationen verliefen schrittweise und nicht überall gleichförmig; auch sind sie nicht immer leicht zu interpretieren oder zu verstehen. So wurde zum Beispiel die Hypothese aufgestellt, die Ausdehnung und dann der Zusammenbruch sozialer Netze, die sich vor rund 50000 bis 33000 Jahren über ganz Ost- und Südafrika erstreckten (wofür die Verbreitung von Perlen aus Straußeneierschalen als Beleg dienen kann), seien durch globale und regionale Klimaveränderungen bewirkt worden. Später habe wiederum eine Verbesserung der Klimabedingungen zur Erneuerung der Kontakte zwischen menschlichen Gemeinschaften beigetragen, einschließlich der Ausbreitung standardisierter kultureller

Verhaltensweisen.[64] Solche Hypothesen haben ihren ganz eigenen Reiz; allein, sie basieren auf winzigen Belegschnipseln und auf Material, das sich auf vielerlei Weise auch anders interpretieren lässt.

Klar ist jedoch, dass die soziale Welt der Jäger und Sammler komplexer wurde. Es entwickelten sich Rituale, um Beziehungen zu gestalten und zu regulieren. Rituale dienten auch als Rahmen für symbolische Ausdrucksweisen. Um 50000 v. Chr. hatten die Neandertaler bereits mit künstlerischen Formen experimentiert, darunter die Gestaltung von Ornamenten – vielleicht auch von Schmuck. Sie widmeten sich zudem einer rudimentären Höhlenmalerei, wie in der Höhle von Ardales in Südspanien.[65]

Vor rund 40000 Jahren waren geometrische und ikonographische Darstellungen schon weit verbreitet – und im Nahen Osten und in Nordafrika sind sie auch gut dokumentiert.[66] Man begann, unterschiedliche künstlerische Formen zu nutzen. Die frühesten dem *Homo sapiens* zugeschriebenen Höhlenkunstwerke sind zwei Beispiele von Höhlenmalerei in den Kalkstein-Karstgebieten von Süd-Sulawesi im heutigen Indonesien; dargestellt sind zwei Warzenschweine. Mithilfe der Thorium-Uran-Datierung kann das Alter dieser Kunstwerke bestimmt werden: Sie entstanden vor rund 45000 Jahren.[67]

In Europa, wo ungefähr um diese Zeit die ersten Menschen der Gattung *Homo sapiens* nachweisbar sind, stellen die Höhlenmalereien Menschen und Tiere in Interaktion dar.[68] Es finden sich auch vereinzelte Beispiele für die Darstellung von Tiermenschen. Solche mythischen Gestalten, halb Tier, halb Mensch, verweisen auf fiktionales Erzählen, Religion, Folklore und Vorstellungen vom Übernatürlichen.[69]

Kürzlich wurde die Hypothese vertreten, auch die Blütezeit der Höhlenmalerei vor rund 42000 Jahren hänge mit einer abrupten Periode dramatischer Klimaveränderungen zusammen. Eine geomagnetische Exkursion, unter dem Namen Laschamp-Ereignis (auch Laschamp-Exkursion) bekannt und nach einem Vulkankegel in der Nähe von Clermont-Ferrand benannt, führte zu gleichzeitigen Veränderungen von Niederschlagsmustern und Windströmungen im Pazifik und im Südpolarmeer, verbunden mit einem gravierenden Abfall der Stärke des Erdmagnetfelds und einer Phase instabiler Solaraktivität. Wiederholt kam es zu massiven Eruptionen auf der Sonne, die großen Einfluss auf die Wettermuster der Erde hatten. (Letztlich handelte es sich um eine kurzzeitige Umkehrung des Erdmagnetfeldes, deren zwei Phasen der Umpolung jeweils rund 250 Jahre dauerten, bis der Ausgangszustand wieder erreicht war.) Zu den Resultaten dieser Magnetfeldveränderungen gehörten eine Ausweitung der Gletschervereisung in den Anden und die Austrocknung Australiens – beides war so massiv, dass größere Tierarten flächendeckend ausstarben. Die Ausdehnung des Laurentidischen Eisschilds und die Abkühlung Nordamerikas und Europas, dazu elektrische Stürme und spektakuläres Polarlicht sorgten für ungewöhnliche Lichtspektakel am Himmel und zwangen die modernen Menschen, über längere Zeiträume in Höhlen Schutz zu suchen. Vielleicht rührte daher die Inspiration für kreativere Formen sozialen Engagements und künstlerischen Ausdrucks. So wenigstens lautet besagte Hypothese, die durchaus ihren Reiz hat. Viele Spezialisten indes überzeugte sie nicht.[70]

Eine andere Hypothese lautet, dass die frühen Künstler, wenn sie nach Inspiration suchten, möglicherweise – beabsichtigt oder unbeabsichtigt – von niedrigen Sauerstoffkonzentrationen in den hinteren Teilen der tiefen, dunklen Höhlen angeregt wurden. Es sei dabei zu besonderen Bewusstseinszuständen gekommen – Halluzinationen und außerkörperlichen Erfahrungen.[71]

Vor rund 40000 Jahren verschwanden auch die Neandertaler aus Europa. Anscheinend spielten dabei die plötzlich auftretenden harschen, subarktischen Klimabedingungen eine Rolle, vielleicht sogar die entscheidende.[72] Allerdings war schon zuvor in ganz Eurasien ein schneller Niedergang der Neandertalerpopulationen zu verzeichnen gewesen. Für diesen demographischen Kollaps wurden etliche mögliche Ursachen genannt – darunter Veränderungen der Vegetation, ein zunehmendes Maß an Krankheiten und die Rassenmischung. Diese Faktoren könnten alle eine Rolle gespielt haben, aber es könnte auch sein, dass das Schicksal der Neandertaler besiegelt war, weil und als der *Homo sapiens* die Nahrungsreserven besser ausnutzen konnte, die im Zuge kalter Temperaturen immer weniger wurden. Neuere Forschungen zeigen allerdings, dass Neandertaler und *Homo sapiens* deutlich länger koexistierten, als man zuvor angenommen hatte, zumindest an manchen Orten.[73] Die Ausweitung der Population des modernen Menschen in Europa um das Zehnfache, die ungefähr zu dieser Zeit stattfand, bedeutete, dass nun nicht nur deutlich besser gerüstete Konkurrenten des Neandertalers auftauchten. Diese waren zudem massiv in der Überzahl. Allem Anschein nach waren die Neandertaler vor rund 35000 Jahren komplett ausgestorben.[74]

Und sie waren nicht die Einzigen, die unter Veränderungen der Klimamuster und – fast noch wichtiger – unter den daraus folgenden Veränderungen der Ökosysteme zu leiden hatten. So ist es kein Zufall, dass die Ausbreitung der Savannen von Indochina aus über ganz Südostasien bis zum heutigen Indonesien mit einer maximalen Diversität der hominidnen Bewohner einherging.[75] Als sich das Klima nun änderte, konnte fast keine der homininen Spezies überleben. Solche Übergangsprozesse verliefen allerdings nicht abrupt, sondern allmählich, über einen Zeitraum von Jahrtausenden, was erneut unterstreicht, dass der *Homo sapiens* besser in der Lage war, mit unterschiedlichen Lebensbedingungen zurechtzukommen – im Regenwald ebenso wie in Küstenregionen –, und dabei sogar noch aufblühte.[76] Die Tatsache, dass die modernen Menschen um diese Zeit zu neuen Weidegründen aufbrachen, dass sie zum Beispiel entlegenere Teile Ozeaniens wie Vanuatu und Polynesien besiedelten, zeigt zweierlei: eine besondere Findigkeit und eine bemerkenswerte Initiativkraft.[77]

Es ist nicht verkehrt, Anpassungsfähigkeit, Vielseitigkeit und Widerstandskraft der modernen Menschen als Schlüsselfaktoren für den Erfolg der Spezies hervorzuheben, aber das allein reichte natürlich nicht aus. So mag es zwar verlockend sein, den Blick auf eine *Homo-sapiens*-Gemeinschaft zu richten, die in der Sandsteinfelsenhöhle von Madjedbebe in der Kakadu-Region von Nordaustralien während einer langen Kälteperiode vor rund 30 000 Jahren gedeihen und sich von dort aus verbreiten konnte, auch wenn im Rest des Kontinents gravierender Wassermangel herrschte. Erhellender ist jedoch die Tatsache, dass die Menschen Australien damals fast komplett verließen.[78]

Auch in anderen Teilen der Welt war die Lage während des sogenannten Letzteiszeitlichen Maximums ähnlich. Diese massive Kaltzeit vor ungefähr 26 500 bis 19 000 Jahren führte auf der Nordhalbkugel zu einer riesigen Ausdehnung der Eisschilde, zu einem Absinken der Wassertemperaturen im Pazifik und einer starken Abnahme der CO_2-Konzentration in der Atmosphäre.[79] Die Bevölkerungszahlen in Mitteleuropa sanken auf ein Minimum, weil die Menschen entweder starben oder sich neue, wirtlichere Lebensräume suchten.[80] Ihre Zufluchtsorte, etwa die Grotta del Romito in Süditalien, geben uns Anhaltspunkte dafür, wie die frühen Menschen in diesen schwierigen Zeiten lebten und überlebten.[81]

Der westliche Mittelmeerraum war in dieser Kälteperiode, die mehrere Tausend Jahre andauerte, besonders betroffen; Analysen von Lehmdünen und Pollenablagerungen verweisen auf ein signifikantes Absinken des Niederschlagsniveaus, während archäologische Belege zeigen, dass wiederholt Migrationen aus instabilen «Hochrisiko»-Regionen im heutigen Südspanien nach Nordspanien stattfanden. Zugleich zeigt sich das Gesamtbild einer massiven Bevölkerungsabnahme.[82] Der Zeitraum des Letzteiszeitlichen Maximums war überwiegend eine Trockenzeit, währenddessen aber kam es in den Alpen zu einer dreitausendjährigen Phase massiver Schneefälle im Herbst und frühen Winter, die zur substanziellen Ausdehnung der Gletscher führten – und zu Lebensbedingungen, die keinen Fehler verziehen, wenn sie nicht gar das Überleben unmöglich machten.[83]

Wie Daten aus Kernbohrungen im Meeresboden vor Nordafrika belegen, fiel während des ganzen Letzteiszeitlichen Maximums fast kein Regen mehr; außerdem kam es nach diesen Daten zu einer dramatischen Abkühlung um 15, vielleicht sogar 21 Grad Celsius gegenüber dem heutigen Temperaturniveau.[84] Die Temperaturen an Land sanken global um rund sechs Grad Celsius, wie Untersuchungen von in Grundwasser gelösten Edelgasen bei Messungen auf sechs Kontinenten ergaben.[85] Der Meeresspiegel im Südchinesischen Meer sank um 100 bis 120 Meter, im Ostchinesischen Meer sogar noch tiefer.[86] Die Winter-Monsunregen wurden deutlich stärker; auch das Muster der Regenverteilung änderte sich. Daraus ergaben sich markante Vegetationsverschiebungen und verstärkte Wüstenbildungen im Norden des heutigen Chinas sowie eine Ausdehnung der Laubwälder im Süden.[87]

Nicht nur die Menschen hatten mit diesem kalten Wetter zu kämpfen. Auf Flächen in Marokko zeigte sich, dass Aleppokiefer und Steineiche auf Kosten der Zedern gediehen; Letztere hatten wegen Kälte und Regenmangel keine Überlebenschance.[88] Weiter im Süden, in der heutigen Demokratischen Republik Kongo, nahm die Waldfläche ab – wenngleich es nicht so leicht ist zu bestimmen, wie und wann das geschah. Die Sachlage ist komplex, es geht nicht einfach um Schrumpfung und Ausdehnung.[89] Veränderungen der Ökosysteme und der Vegetation in Südostasien führten zu Verlusten von Weideflächen für Elefanten, Nashörner und Tapire sowie zum Aussterben der Hyänen in dieser Region. Aussterben musste auch der *Gigantopithecus blacki*, die größte Affenart, die es je gab. Sie maß rund drei Meter und war damit etwa doppelt so groß wie ein Orang-Utan; ihr Gewicht betrug bis zu 270 Kilogramm. Mit anderen Worten, diese ausgestorbene Affenspezies war noch deutlich größer und schwerer als das größte Exemplar der modernen Berggorillas.[90]

Dies war nur der jüngste Fall in einer ganzen Reihe von Artenverlusten durch Aussterben. Vor 50 000 bis 10 000 Jahren kam es zu spektakulären Verlusten in der Megafauna, also bei großen Säugetieren wie Wollnashörnern und Säbelzahnkatzen. Im genannten Zeitraum starben mindestens 97 der 150 bekannten Arten mit einem Körpergewicht von mehr als 44 Kilogramm aus. Die Gründe dafür wurden lebhaft diskutiert, wobei als wichtigste Ursachen genannt wurden: menschliche Ausbreitung, vor allem durch Großwildjagd, menschliche Eingriffe in Lebensräume, Veränderungen der Umwelt und des Klimas, mangelnder Zugang zu Frischwasserquellen.

Vielleicht war es auch eine Kombination aus allen vier Faktoren.[91] Im Ergebnis jedenfalls wurde eine Reihe von ganzen Tierarten ausgelöscht, in einem Tempo und Ausmaß, das viele Millionen Jahre lang beispiellos gewesen war.[92]

Dass die Schwundraten bei Großtieren in Südamerika groß waren, obwohl die Belege dort ansonsten auf stabile Umweltbedingungen hindeuten, und dass diese Verluste wohl zum größten Teil erst zu verzeichnen waren, nachdem dort vor 15000 Jahren die ersten Menschen eingetroffen waren, spricht eigentlich Bände. Unsere Vorfahren spielten auf diesem Kontinent eine wichtige Rolle bei der Ausrottung – folglich wohl auch auf anderen Kontinenten.[93] Mit Blick auf die Levante haben Wissenschaftler die These vertreten, dass die Rückgänge im Großwildbereich die Menschen gezwungen hätten, kleinere Tiere zu jagen und dafür Techniken zu entwickeln, die besser auf diese neuen Ziele ausgerichtet sind. Dass hier kaum Großwild verfügbar war, wurde damit erklärt, dass Sammler ihren Speiseplan erweitert hätten. Sogar die Anfänge der Landwirtschaft wurden als Begründung herangezogen.[94] Man sollte jedoch beachten, dass es sich hierbei um komplexe Vorgänge handelte und dass die Gegenden, die in dieser Periode die signifikantesten Klima- und Umweltveränderungen erlebten, auch die größten Verlustraten bei Großtieren zu verzeichnen hatten.[95]

Die massenhafte Auslöschung einer derart großen Zahl von Arten hatte natürlich Auswirkungen auf die Ökosysteme der Erde. Es gab auffällige Veränderungen in der Verteilung der Flora, vor allem einen Niedergang bei Baumarten mit großen Samen und eine geringere Verbreitung von Früchten, weil die großen Pflanzenfresserarten nun fehlten. Es gab auch Auswirkungen auf die CO_2-Speicherkapazitäten der Amazonaswälder, die stark zurückgingen.[96] Ebenfalls gut belegt ist das Verschwinden der Megafauna in Australien, sei es aufgrund menschlicher Ausbreitung und menschlicher Jagdaktivitäten, sei es aufgrund sekundärer Umweltveränderungen, induziert durch den geschwundenen Druck auf die Vegetation durch die großen Pflanzenfresser. All das trug zur Umwandlung von Ökosystemen bei – wie auch der vermehrte und gezielte Einsatz von Brandrodungen.[97]

Am Ende der Eiszeit vor 19000 Jahren begann eine neue Reihe von Landschaftsveränderungen. Die Eisschilde über Nordamerika fingen an zu schmelzen, was zu riesigen Überflutungen führte – darunter die größten, die die Welt je erlebte. Ihre Abläufe wurden durch die Deformation und die Schieflage der Erdkruste bestimmt; auf diese Weise änderte sich im Verlauf der Überflutungen die Topographie der Erde, teils um Hunderte von Höhenmetern.[98] Der sich über Jahrtausende hinziehende Rückzug der Eisschilde und Gletscher auf der Nordhalbkugel führte den Ozeanen enorme Frischwassermengen zu. Daraufhin stiegen die Meeresspiegel weltweit massiv an, im Durchschnitt um 80 Meter. Die Ökosysteme im Meer und auf dem Land wurden durcheinandergebracht, woraufhin immer mehr CO_2- und Methangase in die Atmosphäre aufstiegen.[99]

Nur ein Beispiel für das Ausmaß der Veränderungen: Vor rund 15000 bis 8000 Jahren wurden in Australien zwei Millionen Quadratkilometer Land überschwemmt, was die Landfläche des Kontinents um ein Drittel reduzierte. Neuere Forschungen haben unter Einsatz von Prognosemodellen, Satellitenbildern, akustischen Erhebungen, topographischen und bathymetrischen Messungen mittels LIDAR (Light Detection and Ranging) herausgefunden, dass sich 160 Kilometer vor der heutigen Küste einst viele menschliche Siedlungen befanden, die geräumt werden mussten, als der Meeresspiegel kontinuierlich anstieg. Welche sozioökonomischen und kulturellen Folgen das hatte, ist schwer abzuschätzen, aber sie müssen substanziell und bedeutsam gewesen sein.[100] Auch wenn die Bevölkerungskonzentrationen damals allem Anschein nach eher klein waren, zeigt die Tatsache, dass die Küstenlinie um durchschnittlich mehr als 20 Meter pro Jahr zurückwich, dass die Veränderungen den Menschen endlos und unheilvoll erschienen sein müssen: Das Meer drang immer weiter vor, und immer mehr Land verschwand.[101]

Auch anderswo auf der Welt waren die Auswirkungen massiv. Die meisten Wissenschaftler datieren die Ankunft der ersten modernen

Menschen in Südamerika auf die Zeit vor rund 22000 Jahren. Genomanalysen zeigen, dass die Urahnen der indigenen Amerikaner sich von den Sibiriern und Ostasiaten bereits abgezweigt hatten, bevor sie die Beringstraße überquerten und ins heutige Alaska kamen. Diese Querung wurde durch niedrige Meerwasserspiegel erleichtert, weil dadurch viele kleine Inseln eines Archipels aufgetaucht waren, die als Sprungbrett dienen konnten.[102] Nachfolgende genetische Divergenzen belegen, dass sich diejenigen, die Amerika erreicht hatten, später in zwei unterschiedliche Gruppen aufspalteten.[103]

Wesen und Ursachen dieser Spaltung sowie die Migrationsrouten werden gegenwärtig umfassend neu bewertet, teils aufgrund jüngster Entdeckungen, teils aber auch dank besserer und genauerer Technik für die Auswertung des bekannten Materials.[104] Radiokarbon- und Lumineszenzdaten zum Beispiel, die in großer Höhe in einer Höhle des Astillero-Gebirges im mittelnördlichen mexikanischen Bundesstaat Zacatecas gewonnen wurden, aber auch Schnittspuren an Kaninchen- und Rotwildknochen aus dem Tehuacán-Tal in Süd-Zentralmexiko waren Anlass, die Ankunft der ersten Siedler in Amerika um rund 10000 Jahre vorzudatieren – nunmehr auf rund 30000 v. Chr. –, während neuere Forschungen auf dem Colorado-Plateau im Südwesten der USA sogar ein noch früheres Ankunftsdatum nahelegen (vor 37000 Jahren).[105] Rückzugsgebiete in den Wäldern entlang der Pazifikküste Nordamerikas scheinen eine wichtige Funktion für das Überleben der ersten Völker, die Amerika erreichten, besessen zu haben; sie boten Schutz, Nahrung und andere Ressourcen.[106]

Was ins Auge fällt, sind nicht nur die Daten der Bevölkerungsexpansion, sondern auch die Tatsache, dass schon die wenigen Belege vor allem darauf hinweisen, wie prekär das Leben für die ersten Siedler auf dem neuen Kontinent war. In Wellen könnten immer wieder ganze Gruppen angekommen und dann ausgestorben sein, bis sich die Lebensbedingungen so weit verbessert hatten, dass sie sich dauerhaft niederlassen konnten. So ist es vielleicht kein Zufall, dass eine markante Verbesserung der Umwelt- und Klimabedingungen mit deutlich mehr Belegen für eine erfolgreiche Migration und

Ansiedlung in ganz Nordamerika und in der Karibik sowie in Mittel- und Südamerika einhergeht.[107] Ein Grund für die Migration nach Süden könnte gewesen sein, dass die nacheiszeitliche Erwärmung zuerst in Teilen der Südhalbkugel begann, wodurch solche Regionen natürlich wirtlicher und attraktiver wurden.[108]

Vor 16000 bis 10000 Jahren kam es zu einem beträchtlichen globalen Temperaturanstieg; auf dem Land wurde es um geschätzt vier bis sieben Grad Celsius wärmer, während sich das Meerwasser nicht ganz so stark, doch immer noch signifikant erwärmte.[109] Eine abrupte Erwärmung auf der Nordhalbkugel vor rund 14700 Jahren indes wurde anscheinend dadurch verursacht, dass aus den warmen Tiefenschichten des Nordatlantikwassers Wärme an die Oberfläche gelangte und abgestrahlt wurde, was wiederum damit zusammenhing, dass der Salzgehalt in Wassertiefen zunahm, die zuvor für eine stabile Schichtung des Meerwassers gesorgt hatten.[110]

Belege aus Höhlensinter und aus Kernbohrungen in Pollenablagerungen am Meeresboden wie in Süßwasserseen in der Levante zeigen, dass es dort vor rund 10000 bis 7000 Jahren zu einem Anstieg der Niederschläge kam. Diese Entwicklung zog mit Sicherheit Sammler an, die sich in der Gegend ausbreiteten, neue Siedlungsräume erschlossen und Steinwerkzeuge mitbrachten.[111] Manche Forscher haben sogar die These vertreten, die sich bessernden ökologischen Bedingungen hätten nicht nur eine große Rolle bei der Ausbreitung der schon vorhandenen Bevölkerung gespielt, sondern auch Anreize für neue Siedler geboten – zum Beispiel für solche, die aus Nordafrika zuwanderten.[112]

Makrofossile und Blütenstaubbelege aus Hunderten von Standorten auf der ganzen Welt zeigen, dass sich nach Abklingen des Eiszeitmaximums die Vegetation grundlegend veränderte, vor allem in mittleren und höheren Breiten der Nordhalbkugel, in Südamerika und im tropischen wie im gemäßigten südlichen Afrika, in den indopazifischen Regionen und in Ozeanien. Diese Erwärmungsphase ging einher mit einem signifikanten Anstieg der CO_2-Konzentrationen in der Atmosphäre – im Zeitraum der Eisschmelze von 190 auf 280 Moleküle pro Million.

Der Temperaturanstieg führte jedoch nicht zu gleichförmigen ökologischen Veränderungen; in manchen Fällen sorgte er sogar für widersinnig anmutende Ergebnisse.[113] Untersuchungen an Pflanzen in der heutigen Welt zeigen zum Beispiel, dass einige Arten auf Erwärmung mit Anpassung reagieren. Das erinnert uns daran, wie wichtig es ist, im Zuge sich verändernder Umweltbedingungen nicht nur die menschlichen Reaktionen im Blick zu haben – wir müssen alle Nuancen und Komplexitäten mit bedenken, wenn wir den Klimawandel insgesamt verstehen wollen.[114] Das ist besonders wichtig angesichts der Tatsache, dass Tempo und Ausmaß der globalen Erwärmung in den kommenden Jahrzehnten nach Projektionen ungefähr das Fünfundsechzigfache dessen ausmachen werden, was in der Erwärmungsphase nach der letzten großen Eiszeit zu verzeichnen war.[115] Zu verstehen, wie, wo, wann und warum pflanzliches Leben – ebenso wie menschliches und tierisches Leben – auf Veränderungen reagiert, ist von fundamentaler Bedeutung, wenn das, was uns wahrscheinlich in Zukunft lokal wie regional und global erwartet, halbwegs sinnvoll bewältigt werden soll.

Ein neuer Klimaschock ereignete sich vor rund 12 900 Jahren. Er brachte eine abrupte Umkehr des Langzeit-Erwärmungsprozesses mit sich. Die Ursachen für dieses als Jüngere Dryaszeit bezeichnete Ereignis werden kontrovers diskutiert. Überwiegend wird dieser Kälteeinbruch auf die Ablösung eines größeren Eisschilds und den nachfolgenden Schub kalten Frischwassers im Nordatlantik zurückgeführt.[116] Einige Wissenschaftler vertreten jedoch die These, dass eine Supernova-Explosion im Sternbild Vela die Ozonschicht der Erde zerstörte, was Veränderungen der Atmosphäre und der Erdoberfläche nach sich zog und letztlich zu dieser massiven Abkühlung führte.[117] Eine bemerkenswerte Platinnadel am passend benannten südafrikanischen Fundort Wonderkrater in der Provinz Limpopo hat wiederum andere Wissenschaftler überzeugt, dass ein Meteoriten- oder Asteroideneinschlag für die Kälteperiode verantwortlich war.[118] Dass in einem genau datierbaren Sediment an einem Fundort in Texas Vulkangasaerosole nachweisbar waren, deutet wiederum auf einen großen Vulkanausbruch als wahrscheinlichste Ursache der Dryas-Kälteperiode hin. Als plausibler Ausbruchsort wird der Krater im Laacher See in der Eifel genannt.[119] Zweifellos gab es ungefähr zu dieser Zeit auch anderswo Kometeneinschläge, etwa in der Atacama-Wüste in Nordchile, wo ein Kometeneinschlag eine solche Hitze erzeugte, dass der Sandboden zu Glas wurde.[120] Und natürlich ist es möglich, dass hier mehrere Ereignisse zusammenkamen und den rapiden Klimawandel verursachten.

Der kumulierte Effekt war dann zwar nicht ganz so dramatisch wie bei früheren Massenaussterbeereignissen; erheblich war er auf jeden Fall. Die Temperaturen sanken sehr schnell, in nur drei Jahren kam es zu einem massiven Temperatursturz.[121] Untersuchungen von Stickstoffisotopen im Polareis legen den Schluss nahe, dass die Temperaturen im Anschluss um 15 Grad Celsius (plus/minus drei Grad Celsius) unter den heutigen lagen.[122] Geochemische Untersuchungen zum CO_2-Gehalt in Binnensee-Sedimenten aus Nordchina belegen eine abrupte Abkühlung innerhalb eines Zeitraums von tausend Jahren, während sich die atmosphärischen Koppelungen von Wettermustern im Nordatlantik und in Ostasien veränderten.[123] Auch aus neuseeländischen Pollenablagerungen gewonnene Erkenntnisse weisen in diese Richtung, obgleich sich dort auch Hinweise finden, dass wenigstens Teile der Südhalbkugel schon vor der Jüngeren Dryaszeit in Abkühlung begriffen waren.[124]

Ein offenkundiges Ergebnis des Temperatursturzes waren zunehmende Veränderungen der Meereisbedeckung, was für Instabilität sorgte, auch generell bei den globalen Klimabedingungen.[125] Ein weiteres Resultat waren veränderte Monsunregenfälle, wenngleich mit signifikanten räumlichen Unterschieden: Während Untersuchungen des Kalziumkarbonats im Qinghai-See im Tibetischen Hochland auf eine Abnahme der Niederschläge verweisen, legen die paläohydrologischen Belege aus dem Jangtse-Mittellauf eher den Schluss nahe, dass es nach der Jüngeren Dryaszeit dort stärkere Regenfälle gab.[126] Detaillierte Untersuchungen im Malawisee, im Tanganjikasee und im Bosumtwisee in Ghana belegen abrupte Veränderungen in den vom Wind verursachten Strömungsmustern dieser Seen, während ein breites Spektrum anderer Belege auf eine abrupte Nordverlagerung des afrikanischen Monsunsystems hinweist. Diese Verlagerung führte zu einer markanten Verstärkung der Niederschläge im Gebiet der nördlichen Tropen, während weiter südlich auf einmal Dürre herrschte.[127]

Die Auswirkungen auf Flora und Fauna waren profund. Es gab eine neue massive Aussterbewelle bei Tieren, wiederum verursacht durch Jagd, Klimastress oder eine Kombination aus beidem.[128] Es kam zu substanziellen Veränderungen der Vegetationsverteilung in Europa, Kanada, Afrika und anderswo.[129] Wenig überraschend gibt es auch klare Hinweise darauf, dass die menschliche Bevölkerung schrumpfte, zum Beispiel in Nordamerika.[130] DNA-Belege verweisen auf genetische Substitutionen in Europa und anderswo, die klare Anzeichen für größere demographische Rückgänge um diese Zeit sind.[131] Ein markanter Rückgang der von Menschen bewohnten Orte in Japan könnte ebenfalls auf einen Bevölkerungskollaps hindeuten.[132]

In der Levante bestand die Reaktion auf feindlichere Lebensbedingungen darin, dass man kleinere Siedlungen errichtete, die dauerhaft oder halbdauerhaft bewohnt waren. Dies könnte dazu gedient haben, Ressourcen und Fähigkeiten zu bündeln. Es könnte aber auch eine kollaborative Lösung für Sicherheits- und Verteidigungsprobleme gewesen sein. In Zeiten der Nahrungsmittelknappheit und des Klimastresses musste man in der Lage sein, sich gegen rivalisierende Gruppen zu verteidigen. An Ort und Stelle auszuharren, könnte eine effiziente Lösung gewesen sein, um das eigene Land zu sichern (was das Ernten von wildem Getreide ermöglichte) und dafür zu sorgen, dass die besten Plätze nicht zufällig anderen in die Hände fielen.[133]

Nach rund tausend Jahren unter diesen Kältebedingungen kam vor etwa 11 900 Jahren eine neuerliche Wende. Die Klimaarchive belegen, dass die ersten Anzeichen einer Erwärmung im westlichen tropischen Pazifik und auf der Südhalbkugel auftraten und dann im Laufe von rund zwei Jahrhunderten bis zum Nordatlantik vordrangen.[134] Belege aus Eiskernbohrungen in Grönland zeigen, dass die Temperaturen, nachdem sie erst einmal angefangen hatten zu steigen, extrem schnell nach oben kletterten – um mehr als zehn Grad Celsius in 60 Jahren.[135] Das Ausmaß dieser Erwärmung hat, wie auch die Beschleunigung über einen kurzen Zeitraum hinweg, abermals Implikationen für unser Verständnis der potenziellen Folgen eines Klimawandels in der heutigen Welt – nicht zuletzt, weil viele heutige Projektionen davon ausgehen, dass die globale Erwärmung im Zeichen des Klimawandels allmählich und konstant voranschreiten werde statt plötzlich und dramatisch.

Nach Ende des Pleistozäns, dessen letzter Abschnitt die Jüngere Dryaszeit war, begann eine Epoche, die in den 1860er Jahren vom französischen Paläontologen Paul Gervais den Namen «Holozän» erhielt (wörtlich, aus dem Griechischen, «das ganz Neue», also «die ganz neue Zeit»). Gervais waren die eklatanten Veränderungen der Sedimentschicht infolge der Eisschmelze aufgefallen; sie markierten das Ende der Eiszeit. Heute datieren Wissenschaftler den Beginn des Holozäns üblicherweise nach dem Zeitpunkt, zu dem eine Stabilisierung der Isotopendaten in Eiskernen aus Bohrungen in Grönland zu erkennen ist; es geht dabei um Sauerstoffisotope. Dieser Zeitpunkt lag vor rund 11 700 Jahren.[136]

Auch seither gab es noch Klimaschwankungen, darunter solche, die substanziell erschienen oder es sogar waren. In der Langzeitperspektive ist das Ende der Jüngeren Dryaszeit nur wenig mehr als eine Zwischenstation, ein weiterer Wendepunkt in den ständigen Fluktuationen zwischen Kalt- und Warmphasen. Die Kennzeichen solcher Wendepunkte waren und sind immer die gleichen: Ausbreitung oder Rückzug der Eisschilde, Änderungen der Monsun- und Niederschlagsmuster, Temperaturveränderungen auf der Erdoberfläche und in den Ozeanen. Diese Veränderungen verliefen niemals überall gleich, bedeuteten aber stets große Herausforderungen für die Vegetation, die Tiere und das Ökosystem der Meere. Sehr oft erfolgten Anpassungen an die neuen Verhältnisse. Ein gutes Beispiel ist das plötzliche Auftauchen von Stickstoff aus der Pazifikregion im Arktischen Becken, nachdem die Landbrücke zwischen dem heutigen Russland und Alaska infolge des Anstiegs der Meeresspiegel überflutet worden war. Dadurch veränderten sich die Ökosysteme für das Plankton und alle Nahrungsketten, die darauf aufbauten.[137]

Aus menschlicher Sicht hingegen markierte die Wende vom Pleistozän zum Holozän eine Wasserscheide. Diesmal korrespondierte der Beginn einer langen, stabilen wärmeren Periode mit einigen grundlegenden Veränderungen – im Hinblick auf demographische Expansion, Siedlungsmuster und Innovationen. Am wichtigsten war zweifellos der Anfang der Landwirtschaft. Schon vor dem Beginn des Holozäns gab es Belege für ein gestiegenes Komplexitätsniveau, das technologische Innovationen und Neuerungen im Kulturverhalten hervorbrachte. In Nordafrika zum Beispiel tauchten um die Zeit der Eisschmelze neue Stein- und Lamellentechnologien auf.[138] Gleiches gilt für weite Teile Asiens, etwa die nördliche Mongolei, wo Felsenkunst in Form von Zeichnungen, die oft Steinböcke darstellten, erstmals im frühen Holozän auftauchte.[139]

Die frühesten Beispiele für menschliche Begräbnisstätten deuten auf einen Wandel der Vorstellungen von Körper, Leben und Identität hin. Es fanden sich etwa auch Belege für eine absichtliche Extraktion gesunder Zähne, wobei diese Extraktionen wohl in jüngeren Jahren und vor allem, aber nicht nur bei Frauen erfolgten – sie könnten zu Versuchen gehören, eine Gruppenidentifikation innerhalb relativ kleiner geographischer Gebiete zu ermöglichen. Solche Versuche reflektieren also das Aufkommen der Vorstellung, dass zwischen Verwandtschaft und anderen sozialen Gruppen zu unterscheiden sei.[140] Der Übergang von nomadischen Gemeinschaften aus Sammlern und Jägern zu sesshafteren Wirtschaftsformen erforderte neue Wege, nicht nur im Handeln, sondern auch im Denken.[141]

Es fanden sich in der Levante etliche Belege dafür, dass Gemeinschaften schon vor der Jüngeren Dryaszeit zu halb oder komplett sesshaften Lebensweisen übergegangen waren – etwa zu Bauten mit steinernen Fundamenten, auch bei Lagergebäuden. Dass an verschiedenen Orten Mahlsteine gefunden wurden, deuteten Archäologen als Anzeichen dafür, dass nicht nur Wildgetreide gesammelt, sondern bereits Getreide angebaut wurde.[142]

Viele Wissenschaftler haben versucht, solche Verhaltensänderungen mit Umweltfaktoren in Verbindung zu bringen, und zwar schon für die Jüngere Dryaszeit. Es wurde zum Beispiel die These vertreten, die frühesten Pflanzenzuchtexperimente seien aus der Notwendigkeit entstanden, in Zeiten abnehmender Ressourcen zur Verbesserung der Nahrungsgrundlage andere, neue Wege einzuschlagen.[143] Diese ersten Versuche seien dann erfolgreich systematisiert worden, um Ackerbau zu betreiben, nachdem die Klimabedingungen wieder günstiger geworden waren. Das wiederum sei Anreiz zur Entwicklung neuer Werkzeuge und zur Schaffung von Vorräten gewesen. So konnten menschliche Gruppen nun die unter Umweltgesichtspunkten günstigsten Niederlassungsorte auswählen und mussten nicht länger im Jahreszeitenzyklus umherziehen. Letztlich konnten auf diese Weise auch größere Gemeinschaften zusammenleben.

Im Laufe der Zeit entstanden so die Grundlagen für Dörfer, Kleinstädte und Großstädte – und letztlich für die Entwicklung von Schriftsystemen, Religionen, komplexeren Wirtschaftsformen sowie neuen sozialen und politischen Strukturen. Es entwickelte sich die «Zivilisation» – im Wortsinn von städtischen Siedlungen. Solche Übergänge verliefen, wie wir noch sehen werden, nicht geradlinig, und sie hatten ihren Preis. Dazu entwickelten sich, wie wir ebenfalls noch sehen werden, auch andere Formen des Lebens mit Flora und Fauna, zum Beispiel die Lebensweise der Weidenomaden – anders gesagt, der Viehzüchter. Beide Lebensweisen waren oft komplementär. Es entstand ein Wettbewerb zwischen sesshaften und nomadischen Gesellschaften.

Wenn wir nun abschließend den Blick über den gesamten Zeitraum bis zum Beginn des Holozäns schweifen lassen, muss man einfach überrascht und beeindruckt sein von der Art und Weise, wie sich die modernen Menschen immer wieder unter schwierigsten und widrigsten Umständen behauptet haben. Sie schafften es, Vulkanausbrüche zu überleben, intensive wie reduzierte Sonneneinstrahlung, Meteoriteneinschläge – und vor allem die dramatischen Klimaveränderungen infolge tektonischer, geologischer oder axialer Erdbewegungen. All das bedeutete immer neue, starke Pendelausschläge bei der Veränderung der Lebensräume. Viele Arten waren nicht in der Lage, sich durch diese Herausforderungen hindurchzulavieren, auch alle anderen frühen Menschenarten nicht. Die Homininen starben einer nach dem anderen aus.

Natürlich schafften es auch nicht alle unserer *Homo-sapiens*-Vorfahren. Zum Scheitern verurteilte Expansionen und Ansiedlungen gehören ebenso zur Geschichte der Menschheit, die im Zeichen von Trial-and-Error steht, wie Erfolg und Überleben. Auch in Nischen überlebten genug Menschen durch Anpassungsstrategien, Innovationen und, vielleicht am wichtigsten, durch das Glück, nicht zur falschen Zeit am falschen Ort zu sein. Vor etwas mehr als 11 000 Jahren hatten es die modernen Menschen geschafft, sich über alle Kontinente der Welt auszubreiten, mit Ausnahme der Antarktis. Nach Schätzungen waren drei Viertel der Natur auf der Erdoberfläche von Menschen bewohnt, die die natürlichen Ressourcen nutzten – und inzwischen auch veränderten. Das heißt, gänzlich unberührte Landstriche waren damals so selten wie heute.[144] Das mag überraschend sein; weit signifikanter ist jedoch, dass das Überlebensrisiko der Spezies auf diese Weise stark diversifiziert wurde, was die Chancen für das langfristige Überleben erheblich erhöhte.

Noch glücklicher indes war der Zufall, dass die letzten elf Jahrtausende wenn auch nicht unterschiedslos gnädig oder günstig, so doch weniger instabil und wechselhaft verliefen als die meisten anderen Perioden der älteren Vergangenheit.[145] Der Kampf gegen eine potenziell katastrophale Erderwärmung im Verlauf des 21. Jahrhunderts soll hier keineswegs heruntergespielt oder infrage gestellt werden, aber der gegenwärtig vorhergesagte Temperaturanstieg ist im großen Zusammenhang bisheriger Klimaveränderungen in der Erdgeschichte geradezu moderat, selbst innerhalb der bisherigen Menschheitsgeschichte. 1,5 oder 2 Grad Celsius wirken fast kümmerlich, wenn man sie mit den zweistelligen Temperaturerhöhungen und Temperaturstürzen vergleicht, die es in der Vergangenheit schon sehr häufig, ja fast regelmäßig gegeben hat.

Wenn wir über Geschichte nachdenken, bringen wir die Zeit in ein begriffliches Verhältnis zu menschlichen Leistungen und zu Ereignissen, zu denen wir uns in Beziehung setzen wollen. Daraus folgt zwangsläufig, dass unsere Bezugsrahmen in hohem Maße selbst- und spezieszentriert und lächerlich eng sind. Wenn wir uns in das Viktorianische Zeitalter zurückversetzen, heißt das, dass wir uns eine andere Welt vorstellen – ein Anreiz zu untersuchen, was die Menschen gedacht haben, wie sie sich verhalten haben, welche Kleidung sie trugen, was sie schrieben und hörten, und uns über all das zu wundern. Uns 4000 Jahre zurückzuversetzen, in die Zeit der Königreiche in Mesopotamien und Ägypten, in Städte wie Harappa oder Mohenjo-Daro, in Gemeinschaften im Nigerdelta oder am Mittellauf des Jangtse oder auch in Orte wie Kotosch in den peruanischen Anden oder Tlapacoya in Zentralmexiko, erscheint fast unmöglich, auf jeden Fall schwierig. In diesem Fall ist die Herausforderung für Historiker, Archäologen, Anthropologen und andere Wissenschaftler viel größer, sich vorzustellen, wie Gesellschaften in der Vergangenheit strukturiert waren und wie sie funktionierten.

Und doch sind Perioden, die Jahrzehnte, Jahrhunderte und sogar Jahrtausende umfassen, kaum mehr als ein Wimpernschlag angesichts der Gesamtgeschichte unseres Planeten. Die Erde umkreist die Sonne seit Milliarden Jahren und wird dies wahrscheinlich noch weitere Milliarden Jahre tun. Das Holozän ist in mancherlei Hinsicht das perfekte Etikett für die neuere Epoche – ein Zeitraum, der geologisch und klimatisch klar eingegrenzt ist und der überdies mit dem Zeitalter des modernen Menschen korrespondiert. Und doch versäumen wir es fast immer, diese Epoche in noch größeren Zusammenhängen zu betrachten.

Seit ihren Anfängen – wann und wo auch immer diese liegen mögen – hat sich unsere Spezies ausgedehnt, angesiedelt, reproduziert, sie hat erschaffen und geherrscht. Aber sie hat auch zerstört, verwüstet und ausgerottet. Und sie hat all dies besser gemacht als beinahe jeder andere Organismus, der in den letzten 4,5 Milliarden Jahren gelebt hat. Es ist darum kein Zufall, dass sich mit dem Holozän ein verträglicheres und angenehmeres Klima als Ausgangspunkt für alles Kommende erwies.

DRITTES KAPITEL

Die Wechselbeziehung von Mensch und Umwelt

(12 000 bis 3500 v. Chr.)

Im Herbst will der Faule nicht pflügen;
so muss er in der Ernte betteln und kriegt nichts.
Sprüche Salomos 20,4

Das Holozän markiert den Beginn deutlich günstigerer Klimabedingungen an vielen Orten der Welt. Die Klimawende vor rund 10 000 Jahren stand am Anfang einer langen Periode mit stabilen Wettermustern, was schon für sich genommen bemerkenswert war, nahmen doch nun Zahl und Häufigkeit der Schockereignisse deutlich ab. Allerdings gab es auch weiterhin signifikante Unterschiede zwischen den Kontinenten und innerhalb der einzelnen Kontinente. Generell stiegen die Temperaturen, auch die Niederschlagsmenge nahm zu. Von entscheidender Bedeutung war, dass die CO_2-Konzentration in der Atmosphäre gegenüber den Werten aus dem Letzteiszeitlichen Maximum stark anstieg. Vor dem Holozän waren diese Werte so niedrig, dass die Photosynthese nur begrenzt wirksam war, was die Kapazitäten, die Widerstandskraft und die Verlässlichkeit der Pflanzen als Nahrungsmittelressourcen stark beeinträchtigte. In einem einflussreichen Forschungsbeitrag heißt es dazu, planmäßige Landwirtschaft sei vor dem Holozän vielleicht nicht unmöglich gewesen, zu den neuen Umweltbedingungen des Holozäns jedoch habe sie dann perfekt gepasst.[1]

Die Sedimentsequenzen und Pollenspektren aus dem Guxu-See

in Ostchina bieten eindeutige Belege für wärmere und feuchtere Klimabedingungen. In die gleiche Richtung weist auch die Expansion der immergrünen und sommergrünen Laub- und Mischwälder, die um 8000 v. Chr. begann.[2] Per Radiokarbon-Methode datierbare Sedimentbohrkerne aus dem Osten Guatemalas zeigen, dass Niederschlagsmenge und Erosionsniveau nach 7500 v. Chr. in einem Zeitraum von 5000 Jahren immer stärker zunahmen.[3] Nordafrika erlebte grundlegende Veränderungen, die eng mit erhöhten Sonneneinstrahlungen im Sommer zusammenhingen (und sich dadurch wohl auch erklären lassen). Ein Zusammenhang besteht zudem mit dem Schwund des arktischen Meereises, infolgedessen es auf der Nordhalbkugel wahrscheinlich generell zu starker Sonnenhitze kam.[4] Große Teile der Sahara verwandelten sich in eine Grassavanne, wodurch sich neue Siedlungsgebiete für die Menschen ergaben, die dann diese Umwelt, ihre pflanzlichen und tierischen Ökosysteme, aktiv umgestalteten.[5] Als Erklärung für die Sahara-Transformation wird oft eine Rotation der Erdachsenneigung genannt, wie sie alle rund 25 000 Jahre vorkommt und dann zu einer Verstärkung des Sommermonsuns führt. Manche Wissenschaftler schlagen inzwischen aber ein anderes Erklärungsmodell vor: Die sogenannte Grüne Sahara sei das Ergebnis einer Südverlagerung des mediterranen Winter-Niederschlagssystems gewesen.[6]

Auswirkungen hatten diese Veränderungen auch für die Levante, vor allem für den «Fruchtbaren Halbmond», jenes sichelförmige Gebiet, das sich nördlich der syrischen Wüste von Palästina bis in den Süden des Irak erstreckt. Dort hatte sich die Bevölkerung schon in der Jüngeren Dryaszeit deutlich vermehrt – wahrscheinlich durch Zuwanderung aus Gegenden, wo die Lebensbedingungen deutlich härter geworden waren.[7] Das gestiegene Konkurrenzniveau unter den vielen Menschen war vermutlich mit stärkerem Druck auf die pflanzlichen und tierischen Nahrungsmittelressourcen verbunden, zumal verschärfend hinzukam, dass Wildgetreide und Hülsenfrüchte offenbar immer knapper wurden, bevor sich die Umweltbedingungen mit Beginn des Holozäns deutlich verbesserten.[8] Eine der Reaktionen der Siedler bestand darin, sich stärker um die Ernte von

Wildpflanzen zu bemühen; eine andere darin, die Herden wilder Schafe, Ziegen und Gazellen systematisch auszubeuten.[9]

Viele Forscherinnen und Forscher heben heutzutage die große Bedeutung von Geschlechterrollen hervor, also die Frage, welche Rolle Frauen bei der Entwicklung der Landwirtschaft gespielt haben, vor allem was Ackerbau, Nahrungsmittellagerung und die Zubereitung von Mahlzeiten betrifft.[10] Eine zentrale Rolle spielten Frauen jedenfalls bei Ritualen, die mit dem Sammeln, der Zubereitung, Zurschaustellung und Nutzung von Pflanzen zu tun hatten. Dass Frauen in den Häusern bestattet wurden, mag ihre häusliche Rolle spiegeln, verweist aber vor allem auf ihre Funktion als vorrangige Verbindungsinstanz zu den Ahnen und zur Geisterwelt.[11] Allein schon die schiere Anzahl von Figurinen, die Frauen als Göttinnen darstellen und in allen Kulturen in Mesopotamien und anderswo verbreitet waren, belegt, welch enorme Bedeutung den Geschlechterrollen bei der Herausbildung von Vorstellungen zu Fruchtbarkeit und Ernährung, Leben und Tod zukam.[12]

Die zentrale Bedeutung von Frauen in der frühen Landwirtschaft zeigt sich auch bei Knochen- und Skelettanalysen; demnach war die Stärke des Oberkörpers damals so ausgeprägt, dass selbst heutige Spitzenathletinnen nicht mithalten könnten.[13] Das bei Knochenanalysen ermittelte Stressniveau im Muskel-Skelett-System von Männern und Frauen legt den Schluss nahe, dass beim Übergang der Jäger und Sammler zur sesshaften Landwirtschaft für eine Weile beide Geschlechter dieselben Arbeiten verrichteten. Einzelne Forscher leiten daraus sogar die These ab, dass es getrennte Geschlechterrollen erst seit rund 3000 v. Chr. gebe.[14]

Im gesamten Fruchtbaren Halbmond und im iranischen Zagros-Gebirge finden sich Belege aus der Zeit um 8000 v. Chr. für eine fortschreitende Domestizierung von Pflanzen und Tieren. Sie zeigen, dass man dauerhaft hinzugelernt hatte, denn bei der neuen sesshaften Lebensweise kam es vor allem auf Handlungskompetenz an.[15] Domestizierte Urgetreidesorten wie Einkorn, Emmer und Gerstengraupen, aber auch Linsen, Erbsen und Platterbsen wurden zu festen Bestandteilen der menschlichen Ernährung; sie breiteten sich zuerst im Fruchtbaren Halbmond aus, danach in Anatolien, Ägypten und darüber hinaus.[16] Ungefähr um dieselbe Zeit gab es in Südwestasien die ersten Anzeichen für Viehzucht. Zunächst wurden Schafe und Ziegen domestiziert; Rinder und Schweine gerieten nicht lange danach unter menschliche Kontrolle.[17]

Diese Prozesse verliefen langsam und wahrscheinlich auch ohne Vorsatz und Plan. Man benötigte Zeit, um die neuen Fähigkeiten zu erlernen und zu verfeinern, und anschließend nochmals Zeit, um sie zu lehren und zu verbreiten. Es mag verlockend sein, sich einen klaren Übergang vom Stadium der nomadischen Jäger und Sammler zum Stadium der sesshaften Ackerbauern und Viehzüchter vorzustellen, aber in Wirklichkeit waren die Abläufe sehr undurchsichtig – im Grunde wäre es besser, die übliche duale Begrifflichkeit zu vermeiden. Der Erkenntniswert solcher Etiketten für unterschiedliche Lebensweisen ist eher gering. Entwicklung und Übernahme neuer Fähigkeiten ersetzten nicht vorhandenes altes Wissen oder machten es gar obsolet. Anders gesagt, die Frage ist nicht so sehr, wo man eine klare Grenze zwischen Nahrungssammlung und Ackerbau, Viehzucht und Landwirtschaft ziehen kann, sondern warum man hier überhaupt klare Grenzen ziehen sollte.[18]

Gesichert ist dagegen, dass zu Beginn des Holozäns ein neuer Umgang mit Nahrungsmitteln und Tieren aufkam und sich verbreitete; auch, dass man versuchte, diesen zu optimieren. Dass Veränderungen des Klimas und der Umwelt dabei eine Katalysatorrolle übernahmen, wäre eine plausible Erklärung dafür, dass in verschiedenen Teilen der Welt ungefähr gleichzeitig ganz ähnliche Entwicklungsmuster auftraten. Obgleich die Menschen in Amerika erst deutlich später angekommen waren als in anderen Kontinenten, begannen sie auch hier ungefähr um diese Zeit, das Land intensiver zu nutzen. Wissenschaftliche Erklärungsversuche laufen darauf hinaus, dass die zahlenmäßige Abnahme großer Tiere infolge menschlicher Jagd sowie durch Klimaeinflüsse eng mit den menschlichen Bemühungen zusammenhing, sich Nahrungsquellen auf eher sesshafte Weise zu sichern. Manche Forscher haben sogar die These vertreten, das Aussterben der großen Pflanzenfresserarten (mit mehr als 200 Kilogramm Körpergewicht) sei für die frühen Pflanzenzuchtversuche der Menschen eher hilfreich gewesen, weil die pflanzlichen Lebensräume sich auf diese Weise ungestörter weiterentwickeln konnten – mit geringerem Risiko und besseren Erträgen für die Pflanzenzüchter.[19]

Was China betrifft, ist die Auswertung der Belege für die Datierung einer intensiveren Beschäftigung mit Ackerbau und Pflanzenzucht sehr umstritten. So ist es möglich, dass der frühe Reisanbau in der Shangshan-Kultur am Unterlauf des Jangtse schon in die Zeit um 8000 v. Chr. fällt, wenngleich die Belege für andere Orte in Zentralchina sicherer sind, dafür aber aus späterer Zeit stammen – zum Beispiel für Jiahu am Oberlauf des Gelben Flusses in der heutigen Provinz Henan (rund 7000 v. Chr.).[20] Wie dem auch sei, das Auftauchen neuer Siedlungsmuster in Nord- und Südchina, speziell in Form von Dörfern, verweist auf fundamentale sozioökonomische und ideologische Veränderungen. Die Menschen begannen auch dort, sich weniger um die Ausbeutung von Wildpflanzen zu kümmern und stattdessen mehr um Pflanzenmanagement, Pflanzenzucht und letztlich um Domestizierung.[21]

Die verlässliche Verfügbarkeit wilder und domestizierter Nahrungsquellen erleichterte nicht nur die Entstehung einer sesshaften Lebensweise und die Gründung von Dörfern, sondern sie ermöglichte auch eine Konzentration der menschlichen Populationen, soweit sie von diesen Ressourcen leben konnten. Während der Jüngeren Dryaszeit bewohnten zusammenlebende Gruppen in der Levante nur kleine Orte, und dies auch oft nur saisonal. Doch jetzt wuchsen Zahl und Größe der Siedlungen immer weiter an. Um 7000 v. Chr. hatten die Gemeinschaften Hunderte, manchmal gar Tausende von Mitgliedern. Das zog natürlich eine Reihe von Umwälzungen nach sich, ob im Sozialverhalten und durch die Übernahme neuer Ideen. So entstand etwa ein neuer Umgang mit Toten in Form von elaborierteren Bestattungspraktiken. Knochen und Skelettteile, speziell Schädel, wurden bemalt, weiterverwendet oder in Umlauf gebracht.[22] Zumindest an einigen Orten scheinen die Wanderungsbewegungen für Wandel gesorgt zu haben; Neuankömmlinge brachten nicht nur neue Ideen und Technologien mit, sondern veränderten auch den Genpool. Vielfältigere Bevölkerungen sorgten auch für kulturelle Dynamik, wenn auch auf ganz unterschiedliche Art und Weise: Im oberen Mesopotamien und in Teilen Kleinasiens zum Beispiel formierten sich sesshafte Gemeinschaften um Familienlinien, während andernorts sonstige Verwandtschaftsbeziehungen und soziale Strukturen prägend waren.[23]

Objekte, Totems und Idole aus verschiedenen Fundorten verweisen auf ein zunehmendes Interesse an kosmologischen Fragen und Antworten, etwa zum Verhältnis von Mensch und Natur, von Menschen und Göttern oder unsichtbaren Kräften. Zu solchen Zeugnissen gehören die Steinstelen von Göbekli Tepe in Südostanatolien ebenso wie Skulpturen von Vögeln, Schlangen und anthropomorphen Figuren aus anderen Fundorten in derselben Gegend.[24] Manche dieser Skulpturen hatten Menschengestalt, wie ein aus Stein gehauener Mann mit Halskette und gefalteten Händen, der in Urfa in der heutigen Türkei gefunden wurde, oder ein verblüffendes holzgeschnitztes Idol in Menschengestalt, über fünf Meter hoch, das schon vor mehr als einem Jahrhundert von Goldgräbern in einem Torfmoor im Ural, in Shigir in der Nähe von Swerdlowsk, entdeckt und ausgegraben wurde.[25]

Monumentalbauten in Nordwestarabien, in denen Tierhörner und Schädelelemente in absichtsvoll gestalteten Mustern angebracht wurden, sind Belege für einen frühen Rinderkult; sie sind wohl im Zusammenhang mit den Felsenkunstwerken dieser Region zu sehen.[26] Ein Friedhof am Ufer des Onegasees ist der größte bekannte Begräbnisort in Nordosteuropa. Dort wurden in großer Zahl Ornamente und Anhänger aus Elchzähnen gefunden, die wahrscheinlich beim Trommeln, bei zeremoniellen Tänzen, bei schamanischen und anderen Ritualen benutzt wurden, um rasselnde Geräusche zu erzeugen. Diese Stätte hat eindeutig mit Veränderungen kultureller und sozioökonomischer Praktiken zu tun, die durch Klimaveränderungen vor rund 8000 Jahren forciert wurden.[27]

Die Hypothese, dass mit Beginn der Landwirtschaft die Entwicklung von Besitz- und Eigentumsbegriffen, die zuvor eher irrelevant waren, erforderlich gewesen sei, ist logisch und plausibel, aber leider nur sehr schwer mit harten Fakten zu unterlegen.[28] Da ist die Einführung neuer Fähigkeiten und Technologien, nicht zuletzt der Architektur, schon leichter zu belegen, denn es kamen nun unterschiedliche Typen, Größen und Verwendungszwecke von Gebäuden ins Spiel.[29] Und wieder gilt: Nichts davon kam schnell. Die Veränderungen, die sich hier verbreiteten, benötigten nicht nur Jahrzehnte oder Jahrhunderte, sondern zum Teil Jahrtausende.

Auch in Nordafrika, in der Sahara und im Niltal waren sesshafte Gemeinschaften jetzt häufiger anzutreffen, weil mehr Ressourcen zur Verfügung standen. Hier ging es besonders um die reichhaltige Verfügbarkeit von Fischen und Wassertieren in den riesigen Systemen von Seen und Flussnetzen, die das Herz des afrikanischen Kontinents kreuz und quer durchzogen. Viele verschiedene Fisch- und Weichtierarten finden sich auch in archäologischen Fundstätten wie der Felsunterkunft von Takarkori im Südwesten Libyens, die heute mitten in der Sahara liegt. Auch Reste von Amphibien, Reptilien und Vogelarten, normalerweise mit Wasser-Standorten assoziiert, sind dort zu finden.[30]

Sich wandelnde Ökosysteme und der Trend zu einer eher sesshaften Lebensweise brachten neue Gewohnheiten und Lebensstile ins Spiel. Habseligkeiten, die nicht leicht zu transportieren waren, etwa Mahlsteine, waren umso weiter verbreitet, je mehr die Menschen an festen Orten blieben oder wenigstens in der Nachbarschaft solcher Siedlungen.[31] Es ist also wohl kein Zufall, dass die sich ändernden Siedlungsmuster einhergingen mit zunehmender Experimentierfreude und neuen Technologien. In Nordwestchina zum Beispiel wurden neue Arten von mikrolithischen Werkzeugen, Klingen und Speerspitzen eingeführt, ab rund 8000 v. Chr. kamen sie dort immer mehr in Gebrauch.[32] Ähnlich verlief die Entwicklung in Nord-, Mittel- und Südamerika; auch hier werden Anhäufungen unterscheidbar neuer Werkzeuge, die seit Beginn des Holozäns in Gebrauch kamen, von Wissenschaftlern mit Veränderungen der Umwelt und der Lebensweisen in Verbindung gebracht.[33]

Die ungefähr gleichzeitige, schnelle Verbreitung von Keramik in vielen verschiedenen Regionen verweist ebenfalls darauf, dass das Holozän eine Zeit der Innovationen und zunehmender Komplexität war. Was zuvor in Japan nur eine sehr begrenzte Produktion von Töpferwaren gewesen war, expandierte nun dramatisch – ob aufgrund neuer Lagerhaltungsstrategien, zunehmender Sesshaftigkeit oder auch des Bevölkerungswachstums, ist nicht klar; vielleicht auch aus allen drei Gründen. Die Ausbreitung der Töpfertechnologie im gesamten nördlichen Eurasien und in Alaska legt den Schluss nahe, dass hier eine neue Zeit nach neuen Lösungen verlangte.[34]

Einige der ältesten keramischen Exemplare stammen aus Niger und vom Dogon-Plateau im westafrikanischen Mali; sie sind auf rund 8000 v. Chr. zu datieren.[35] In der frühesten Phase waren neue Keramikgefäße in afrikanischen Kontexten dagegen sehr selten. Als Erklärung für diese Diskrepanz kann vielleicht folgende Überlegung dienen: Zwar wird die Einführung von Keramik auf breiter Front von manchen Wissenschaftlern als wichtiger technologischer Wendepunkt angesehen, aber in der damaligen Realität hatten die technologisch weniger anspruchsvollen Behältnisse schon so lange gute Dienste beim Transport und bei der Aufbewahrung von Lebensmitteln und Wasser geleistet, dass zunächst kein Anlass bestand, sie zu ersetzen. Aus Schilfrohr geflochtene Körbe etwa waren vielleicht nicht so haltbar wie Keramikbehälter, aber ihre Herstellung erforderte auch weniger Zeit, Energie und Kompetenz. Straußeneier hatten in Afrika zigtausend Jahre lang nicht nur als Dekoration gedient, sondern man konnte darin auch effizient Wasser aufbewahren. Darum stand die Einführung von gebrannten Keramikgefäßen also nicht vorrangig für einen Durchbruch neuer Fähigkeiten und Möglichkeiten. Und aus ebendiesem Grund vertreten manche Forscher die These, dass die frühesten Keramikgefäße in erster Linie sozialen und rituellen Zwecken dienten.[36]

In anderen Teilen des Kontinents wurde um 7000 v. Chr. Keramik hergestellt, vor allem in einem breiten Bogen, der sich von der Zentralsahara bis zum Oberlauf des Nils erstreckte.[37] Dass um diese Zeit Keramikgefäße bei sesshaften Gemeinschaften stark verbreitet waren, ist gut belegt, etwa in weiten Teilen der Levante, in Südostanatolien und in der heutigen Nefud-Wüste in Saudi-Arabien, die damals reich an Seen und Flüssen und damit ein attraktives Siedlungsgebiet für Menschen war.[38] Seltsamerweise scheint gerade die Verwendung von getöpferten Gefäßen für Wasser und andere Flüssigkeiten weltweit in vielen Siedlungsgebieten ein wiederkehrendes Thema gewesen zu sein. Das lässt sich zum Beispiel in Korea anhand von chemischen und Isotopen-Analysen von Rückständen in Gefäßen feststellen.[39]

Veränderungen zu einer eher sesshaften Lebensweise hin geschahen nicht von heute auf morgen; geographisch gleichförmig waren sie ebenfalls nicht. Wenn einige Gemeinschaften in einer Häufung kleiner Siedlungen zusammenfanden, andere in größeren Siedlungsorten lebten, wurde die Unterscheidung zwischen permanent Sesshaften einerseits und Nomaden oder Jägern und Sammlern andererseits eher unscharf. Natürlich gab es ein weites Spektrum unterschiedlicher Lebensstile, unterschiedlicher Techniken zur Ressourcensammlung und unterschiedlicher Entscheidungen zum Energieeinsatz. Auch das Verhältnis von Konkurrenz und Zusammenarbeit hing von Faktoren wie Ort, Jahreszeit und Bevölkerungsgröße ab. Anders gesagt, es gab nicht nur eine einzige Lösung für alle, sondern einen beträchtlichen Nuancenreichtum und eine Vielzahl von Unterschieden, je nach Zeit, Ort und Lebensumständen.

Ansiedlungen waren auch nicht immer erfolgreich. Die Aufmerksamkeit gilt heute üblicherweise Gruppen und Orten, die als Siedlung florierten, aber in Wirklichkeit scheiterten viele Versuche, von den Früchten des Landes zu leben.[40] Selbst im Hinblick auf die Levante, wo die Entstehung von Dorfsiedlungen, wie man lange dachte, unausweichlich war und weitgehend ungestört verlief, haben neuere Forschungen offengelegt, dass es häufig zur Auflassung von Siedlungen kam. Darin zeigt sich, wie fragil die Bemühungen waren, dauerhafte und nachhaltige Gemeinschaften zu bilden.[41] Wahrscheinlich kam es durch Ressourcenkonkurrenz und Rivalitäten um die besten Siedlungsorte auch zu Streit und Gewalt unter verschiedenen Gruppen. Das wiederum führte zu Innovationen bei

Verteidigungsstrategien und Befestigungsmaßnahmen, wie mehrere zeitgleiche Beispiele aus Neuguinea im Südwestpazifik zeigen.[42]

Indes, das vielleicht wichtigste Resultat der verbesserten Klimabedingungen zu Beginn des Holozäns bleibt ein starker Anstieg der menschlichen Bevölkerung.[43] Die verlässliche Ernte diverser Getreidesorten reduzierte mit Sicherheit das Hungerrisiko, wie auch der Bau und Betrieb von Vorratsgruben. Auf diese Weise konnten Überschüsse für den Winter aufbewahrt werden; sie konnten aber auch saisonale Einbrüche ausgleichen. Neue Werkzeuge und haltbarere Vorratsgefäße führten offenkundig zu einem starken Produktionsanstieg, wodurch es selbst größeren Gemeinschaften gut gelang, ihren Lebensunterhalt zu sichern, zumal an ökologisch günstigen Orten.

Die Zunahme der verfügbaren Kalorien und die Abnahme des erforderlichen Energieaufwands, beides aus der Möglichkeit resultierend, nun von Nahrungsmitteln zu leben, die verlässlich und in großer Menge in unmittelbarer Nachbarschaft zur Verfügung standen, sei es durch Getreideanbau, sei es durch Fischfang und Meeresfrüchte – all das reicht als Erklärung für das starke Bevölkerungswachstum eigentlich schon aus.[44] Hinzu kommt die zunehmende Sesshaftigkeit.

Bei neueren ethnographischen Vergleichsstudien zeigt sich, dass Frauen in nomadischen Gesellschaften von Jägern und Sammlern, wie bei den Agta auf den Philippinen, normalerweise weniger Kinder bekommen, und diese in größeren Abständen, als Frauen in sesshaften Gesellschaften.[45] Signifikant ist dabei auch die Tatsache, dass kürzere Abstände zwischen den Geburten und höhere Fruchtbarkeitsraten mit einem größeren Anteil an Kohlenhydraten in der Nahrung verbunden sind, was wiederum zu höheren Werten beim Body-Mass-Index führt.[46] Mit anderen Worten, veränderte Lebensweisen und das neue Engagement für pflanzliche Ernährung aus Ackerbau blieben nicht ohne Einfluss auf das Verhältnis der Geschlechter, speziell auf die Mutterrolle und die Mutterschaftserwartungen.

Das passt gut zu verfügbaren Skelettdaten aus Gräberfeldern auf der Iberischen Halbinsel aus der Frühzeit des Holozäns. Diese Daten stützen die These vom Zusammenhang zwischen veränderten Siedlungs- und Ernährungsmustern und einer höheren Geburtenzahl. Hier lagen also die Antriebskräfte für den damaligen Bevölkerungsboom.[47]

Das Aufkommen neuer Ernährungsprioritäten und die zunehmende Bevölkerungsdichte hatten allerdings nicht nur Vorteile. Vor allem gesundheitliche Folgen sind hier zu nennen. Zum Beispiel beanspruchte die härtere körperliche Arbeit im Umgang mit schwereren Geräten bei der Getreideernte und -verarbeitung (etwa mit Mahlsteinen) den menschlichen Körper deutlich mehr. Als sich der Getreideanbau immer mehr ausbreitete, kam es deshalb zu einer Zunahme von Arthritisfällen. Man könnte auch auf die Folgen der Zuckerbildung aus Getreide-Kohlenhydraten für den Zahnschmelz verweisen. Es gab jetzt vermehrt Löcher in den Zähnen.[48] Die Verschlechterung der Zahngesundheit scheint Frauen stärker betroffen zu haben als Männer – vielleicht wegen der höheren Fruchtbarkeitsraten und der mit Schwangerschaften verbundenen Hormonumstellungen. Andere mögliche Erklärungen sind besondere Immunleistungen während der Schwangerschaft und damit einhergehende Speichelveränderungen.[49]

Dass seit rund 6000 v. Chr. Ochsen ins Geschirr gespannt werden konnten, anfangs nur zum Dreschen, erleichterte die menschliche Arbeitslast signifikant. Es kam den Zeit- und Energiebilanzen der Menschen sehr zugute, und obendrein wurden so die Grundlagen für einen noch größeren Nahrungsmittelkonsum gelegt.[50] Der Einsatz von großen domestizierten Tieren in der Landwirtschaft forcierte wiederum Innovationen wie Wagen und Pflug; dadurch stieg die Produktion nochmals an, weil noch mehr Land noch schneller kultiviert werden konnte. Alles diente schließlich dem Unterhalt noch größerer Bevölkerungsgruppen.

Diese Entwicklungen hatten auch gesellschaftliche Folgen: Zum einen gab es einen erneuten Wandel der Geschlechterrollen, denn die Frauen übernahmen nun weitestgehend Haushaltsaufgaben, während die Männer sich zunehmend dem Garten- und Landbau widmeten.[51] Zum anderen brachten die Konstruktion von und das Eigentum an Pflügen und Karren den Besitzern Lohn und Überschüsse ein. Wie ein führender Wissenschaftler sagte, lag in dieser Intensivierung der Landwirtschaft die «Saat sozialer Ungleichheit».[52] Aber wohl auch die Saat für die Ungleichheit der Geschlechter.[53]

Ein noch höherer biologischer Preis war für das nun übliche engere Zusammenleben zu zahlen. Verunreinigungen durch Fäkalien und schlechte hygienische Bedingungen konnten zu bakteriellen Erkrankungen führen sowie zu Situationen, die die Ausbreitung von Viren und Parasiten von Mensch zu Mensch begünstigten.[54] Gelagerte Lebensmittelvorräte zogen Nager an, die ihrerseits ideale Überträger für zoonotische Erkrankungen waren – Erkrankungen, die von Tieren auf Menschen übertragen werden. Für solche Übertragungen kamen aber auch domestizierte Tiere infrage, also Rinder, Ziegen und Schafe, die als Quellen für Fleisch, Milch, Kleidung und Textilien dienten.[55] Zu den auf diese Weise übertragenen Krankheiten gehörten Mumps, Windpocken, Röteln und Keuchhusten. Sie alle sprangen von Tieren auf Menschen über und konnten sich leicht von Mensch zu Mensch verbreiten, weil man jetzt so eng zusammenlebte.[56]

Wenn man dies mitbedenkt, ist das massive Bevölkerungswachstum im Holozän umso erstaunlicher. Der Geburtenüberschuss machte die natürliche Sterblichkeit und die Tode infolge von Krankheiten mehr als wett. Für Gemeinschaften, in denen infektiöse Krankheitserreger gediehen, gab es letztlich auch eine positive Kehrseite: Wurden sie kurzfristig zum Teil immer wieder dezimiert, führten wiederholte Ausbrüche auf längere Sicht dazu, dass diese Bevölkerungsgruppen «krankheitserfahren» wurden. Sie bauten eine partielle Immunabwehr auf.[57]

Ironischerweise boten diese Krankheitserfahrungen langfristig gesehen auch Vorteile, wenn sich durch Klimaveränderungen neue Regionen zur Besiedlung auftaten oder wenn Bevölkerungsüberdruck Auswanderungen veranlasste. Ob man Krankheitserregern dann bereits ausgesetzt war oder nicht, konnte ein entscheidender Vorteil im Wettbewerb um Land, Macht und Ressourcen gegenüber anderen Bevölkerungsgruppen sein. Ein klares Beispiel dafür ist die Ankunft der Spanier in Amerika, nachdem Kolumbus 1492 den Atlantik überquert hatte. Dass die indigenen Völker immunologisch nicht auf Krankheiten wie die Windpocken vorbereitet waren, wird oft als Ursache für deren demographischen und politischen Zusammenbruch ins Feld geführt.[58] Ein weiterer Fall ist die Ausbreitung der Bantu-Völker in weiten Teilen West- und Zentralafrikas vor rund 3000 Jahren. Ihre erworbene Malaria-Resistenz war ein entscheidender Faktor für die Ausbreitung ihrer Kultur, Sprache, Identität und Gene.[59] Wie wir noch sehen werden, sollte diese Immunität eine entscheidende Rolle bei der Neuordnung der Welt in späterer Zeit spielen.[60]

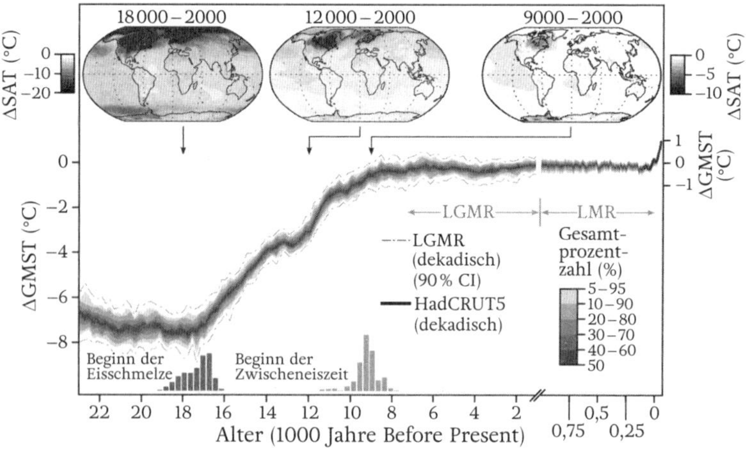

Veränderung der globalen durchschnittlichen Oberflächentemperatur (GMST) in den letzten 24000 Jahren.

Im weiteren Verlauf des Holozäns drangen Migrationswellen in immer neue ökologische Zonen vor. Die Migranten brachten jetzt nicht nur abstrakte Ideen über Landwirtschaft mit, sondern auch neue Werkzeuge und Gerätschaften sowie neues Saatgut. So öffneten sich neue Korridore nach Zentralasien, in den Mittelmeerraum, in das Niltal und nach Europa, durch die sich Weizen und Gerste verbreiteten, aber auch andere Nutzpflanzen aus Südwestasien. Rund um das Jahr 7000 v. Chr. war die Landwirtschaft auf Kreta und in Griechenland etabliert, und nicht lange darauf auch bis in Andorra und Spanien, Bosnien und Sizilien. Verkalktes Gewebe an Zahnwurzeln von Schafen und Ziegen und Schnittspuren an Knochenresten belegen, dass im Ferganatal in Zentralasien um 6000 v. Chr. Landwirtschaft und Viehzucht betrieben wurden.[61] Um 5500 v. Chr. war die Landwirtschaft in weiten Teilen Mitteleuropas und in Nordfrankreich etabliert, und Dörfer prägten nun die Landschaft von Südspanien bis zum Niltal und zum Kaukasus.[62] Solche Wanderungsbewegungen von Ideen und Menschen versteht man am besten nicht als einmalige große Wellen, sondern als Häufung vieler Einzelfälle von kleinteiliger Mobilität, die sich zu einem großräumigen Ganzen zusammenfügen. Ein solcher Ansatz wird durch umfangreiche DNA-Belege überzeugend fundiert.[63]

Die Menschen, die Zuchtpflanzen und neue Konzepte nach Europa brachten, hinterließen dort auch ihre genetischen Spuren. Fortschritte bei Genomanalysen versetzen uns in die Lage, einzelne Gruppen von unter anderem frühgeschichtlichen Bauern identifizieren zu können, die nach Westen zogen. Bauern aus Anatolien und aus der Levante trafen ab ungefähr 7000 v. Chr. in Europa ein, während Populationen aus dem Kaukasus ungefähr um dieselbe Zeit nach Osteuropa vorstießen. Letztere führten Genvarianten ein, die dafür sorgten, dass die Hautpigmente moderner Europäer immer heller wurden.[64]

Die mit Hellhäutigkeit assoziierten genetischen Varianten stammten in Wirklichkeit aus Afrika. Denn Afrika beheimatete schon immer Menschen mit vielen sehr unterschiedlichen Hautfarben. Die dunklere Haut bietet in äquatorialen Zonen besseren Schutz vor UV-Strahlen, während in höheren Breiten hellere Haut eine maximale Produktion von Vitamin D ermöglicht. Nachdem die frühen menschlichen Populationen Afrika verlassen hatten, führten Reaktionen auf die unterschiedliche Intensität der Sonnenstrahlungen in der neuen Heimat zu Pigmentmutationen, die an nachfolgende

Generationen weitergegeben wurden. Das betreffende Hellhäutigkeitsgen SLC24A5 war bei Populationen aus dem Westen Eurasiens besonders verbreitet, und als diese Gruppen dann nach Europa vordrangen, wurde langsam, aber sicher die relativ dunkle Hautfarbe früherer Einwanderergruppen verdrängt; diese war an die Lebensbedingungen in höheren Breitengraden noch unzureichend angepasst.[65] Das genetische Signal einer helleren Hautfarbe kann auch dabei helfen, menschliche Wanderungsbewegungen nach Zentralasien, Nordindien und Ostafrika nachzuverfolgen. Dort, in Ostafrika, belegen genetische Daten von Haplogruppen größere Rückwanderungsbewegungen aus Asien in das heutige Äthiopien und Tansania, die im Zeitraum seit rund 7000 v. Chr. stattfanden.[66]

Die ökologische Lotterie spielte auch bei Unterschieden in anderen Teilen der Welt eine wichtige Rolle. Kalifornien weist unter vielen klimatischen, topographischen und ökologischen Gesichtspunkten zwar große Ähnlichkeit zum Fruchtbaren Halbmond in der Levante auf, doch Zuchtpflanzen wiesen dort ein weit geringeres Ausmaß an Selbstbefruchtung auf. Zudem kamen fast keine großkörnigen Gräser vor. Nimmt man nun noch die Schwierigkeit hinzu, eine kontrollierte Bestäubung von Maispflanzen zu erreichen, um optimale Erträge zu sichern und die genetische Reinheit zu bewahren, ist es vielleicht keine Überraschung mehr, dass sich eine hauptsächlich pflanzliche Ernährungsweise an der Westflanke Nordamerikas erst wesentlich später entwickelte als in der Levante.[67]

Landwirtschaftliche Revolutionen fanden zu verschiedenen Zeiten an verschiedenen Orten und mit unterschiedlichen Auswirkungen statt. In den meisten Teilen Afrikas zum Beispiel lag die Phase der Viehwirtschaft mit Ziegen, Schafen und Rindern, anders als in anderen Kontinenten, vor der Phase des Ackerbaus; zur Domestizierung einheimischer Pflanzen kam es erst ab rund 5000 v. Chr. Sie begann mit wilder Perlhirse, Erdnüssen, Süßkartoffeln, Hirse und anderen Nutzpflanzen. Die Verteilung der Sorten war regional unterschiedlich und hing vor allem von passenden klimatischen Bedingungen ab.[68] In Südasien und im östlichen Nordamerika war das Gesamtbild anders als im Nahen Osten, denn dort verweisen archäobotanische

Zeugnisse darauf, dass die pflanzliche Nahrungsmittelproduktion in den Händen kleiner mobiler Bevölkerungsgruppen lag, weniger in den Händen größerer sesshafter Ackerbauerngemeinschaften.[69] In China wiederum gibt es zwar aus der Zeit um 7000 v. Chr. Belege für sesshafte Dorfgemeinschaften, domestizierte Pflanzen und Tiere jedoch waren erst 2000 Jahre später verbreitet.[70] Zu diesem Zeitpunkt hatte sich im Bereich des Gelben Flusses und seines Nebenflusses Wei He – wie eine archäologische Fundstätte im Dorf Banpo belegt, die heute im Stadtgebiet von Xi'an liegt – flächendeckend eine intensive Landwirtschaft etabliert, die, auf chinesische Verhältnisse bezogen, nach diesem Dorf benannt ist.[71]

Um 6200 v. Chr. wurde die Kontinuität solcher landwirtschaftlichen Entwicklungen plötzlich und schockhaft unterbrochen. Eine massive Klimaschwankung brachte große Herausforderungen und Veränderungen mit sich – die sogenannte Misox-Schwankung, benannt nach einem Schweizer Alpental, in dem 1960 ihre Auswirkungen erstmals exakt nachgewiesen wurden. Was war passiert? Der Bruch eines Eisdamms über der Hudson Bay im heutigen Kanada führte zum endgültigen Zerbrechen des Laurentidischen Eisschilds. Es kam zu einer katastrophalen Überflutung am Lake Agassiz und Lake Ojibway, deren Abfluss in Form einer gewaltigen Flutwelle weltweite Folgen hatte.[72] Das beschleunigte Abschmelzen des Laurentidischen Eisschilds trug zu einer Abschwächung der Zirkulationsmuster im Atlantik bei. Der Golfstrom kam zum Erliegen. Das führte in weiten Teilen der Nordhalbkugel zu einer Abkühlung um ein bis drei Grad Celsius, die 160 Jahre andauerte. Die enorme Menge an Frischwasser, die in Schüben in den Atlantik floss, führte außerdem zu einem globalen Anstieg der Meeresspiegel um bis zu einem Meter.[73]

Im großen erdgeschichtlichen Maßstab erscheinen Schwankungen dieser Art als nicht dramatisch genug, um langfristig größere Anpassungen zu erfordern. Trotzdem waren die Auswirkungen der Misox-Schwankung gewichtig. Sedimentdaten aus der Zentralsahara belegen für den Zeitabschnitt um 6200 v. Chr. einen signifikanten Abfall der Wasserspiegel in den Seen und eine zunehmende Austrocknung, was vermutlich auf veränderte Monsunregenmuster zurückzuführen ist, die aus der Unterbrechung der Zirkulationsmuster im Atlantik resultierten.[74] Die genannten Veränderungen scheinen auch Einfluss auf Südasien gehabt zu haben, denn dort gab es genau zu dieser Zeit eine schwere und plötzliche Dürre – ein weiterer Beleg für den allgemeinen Zusammenhang zwischen dem indischen Sommermonsun und der Zirkulation im Nordatlantik sowie speziell für die Klimaschwankung um 6200 v. Chr.[75] Auch Belege aus Pollen- und Stalagmitenanalysen von der südkoreanischen Insel Bigeumdo bezeugen für diesen Zeitraum substanzielle Veränderungen der Vegetation – und zugleich die globalen Auswirkungen dieser Klimaschwankung. Zudem zeigt sich hier die hohe Anfälligkeit von Ökosystemen, selbst wenn sie scheinbar nur moderaten Veränderungen des Klimas ausgesetzt sind.[76]

Das Überleben hing von Anpassungen ab – und vom Glück. Denn Anpassungen waren an manchen Orten leichter möglich als an anderen. Viel hing aber auch von der Fähigkeit ab, Bewältigungsmechanismen zu entwickeln, wenn es zu plötzlichen Veränderungen kam. So könnte es zum Beispiel sein, dass der Klimaschock der Hintergrund dafür war, dass Hirten mit ihren Herden aus der Levante nach Afrika zogen. Solche Mobilität ist dann als Reaktion auf die Ungewissheit zu verstehen, ob die benötigten Ressourcen weiterhin bereitstehen würden, sowie auf die Wahrnehmung eines verschärften Konkurrenzkampfes und eines erhöhten Risikos. Risikofaktoren konnten andere Menschen, Raubtiere oder die Umwelt selbst sein.[77] Ungefähr um diese Zeit traten in Ostafrika auch neue genetische Marker auf, darunter eine hellere Hautfarbe, als Populationen mit historischen Wurzeln in Afrika dorthin zurückkehrten und die zuvor erfolgten Mutationen mitbrachten.[78]

Die Rückgänge menschlicher Aktivität an Orten wie Westschottland, Nordostspanien und in Teilen der Donauregion sind so substanziell, dass sich die Frage stellt, ob diese Regionen wegen Auswirkungen der Misox-Schwankung verlassen wurden oder ob die Bevölkerungen in diesen Landstrichen ohnehin nicht hätten überleben können.[79] Studien haben versucht, eine Verbindung herzustellen zwischen der Klimaschwankung und dem Impuls zur weiteren Expansion für früher gekommene Bauern, die aus Anatolien und Teilen Griechenlands stammten und nun zu neuen Weidegründen in Mazedonien, Thessalien und auf dem Balkan aufbrachen. Allerdings sind Datierung, Umstände und das Wesen dieser Ausbreitungen reichlich unklar.[80]

Die Auswirkungen der Klimaschwankungen waren auch in Südwestasien spürbar, wo diese Zeit generell von Störungen geprägt war – an vielen Stellen im Süden der Türkei, in Nordmesopotamien, Syrien und sogar auf Zypern. Doch was genau die dortigen Entwicklungen mit den neuen Klimabedingungen zu tun hatten und ob sie überhaupt damit zu tun hatten, bleibt unklar. Die Menschen, die in der Stadt Çatalhöyük lebten, einem der bekanntesten und am genauesten untersuchten archäologischen Orte in der Türkei, verlagerten ihre Siedlung vom Osthügel zum Westhügel, und sie scheinen mit ihren Behausungen sogar noch weiter weggezogen zu sein.[81] Veränderte Zusammensetzungen von Wasserstoffisotopen in tierischen Fettresten an Tongefäßen, die in der Ausgrabungsstätte gefunden wurden, zeigen, dass es in dieser Zeit zu größeren Veränderungen bei der Nahrungsmittelherstellung kam.[82] Es war überdies eine Zeit des kulturellen Wandels, nicht zuletzt was die Entwicklung von Vorstellungen zur Kosmologie, Religion und zum Göttlichen betraf.[83]

Auch in Tell Sabi Abyad in Nordsyrien kam es zu einem Übergang. Neue Architektur- und Töpfereistile gingen mit Bevölkerungsverschiebungen einher. Die Bevölkerung wurde diverser und schloss wandernde Viehzüchter ebenso ein wie sesshafte Ackerbauern. Dass Siegelstempel und abstrakte Abzeichen gefunden wurden, mit denen der Zugang zu Waren und Dienstleistungen kontrolliert wurde, belegt, dass sich die Ein- und Vorstellungen zum persönlichen Eigentum geändert hatten. Der Fund zeigt auch, dass in einer Zeit großer Herausforderungen vermutlich umfassendere Identitätskontrollen und Schutzmaßnahmen erforderlich waren.[84]

Es gibt etliche spekulative Theorien über gesellschaftliche Zusammenbrüche im Zusammenhang mit den Klimaschwankungen um

6200 v. Chr., aber bei nüchterner Betrachtung ist der sinnfälligste Schluss, den man aus alldem ziehen kann, dass Menschen dazu neigen, durchzuhalten und sich anzupassen.[85] Ein solcher Schluss lässt sich im Falle einer anderen Naturkatastrophe nicht ziehen. Sie trug sich ungefähr zur selben Zeit zu – jener Zeit, als sich das Klima auf der Nordhalbkugel plötzlich abkühlte. Dieses Ereignis sollte die europäische Landkarte dauerhaft verändern.

Um 6150 v. Chr. brach ein 190 Kilometer langer Sedimentsockel vor der norwegischen Küste auseinander, wahrscheinlich infolge eines Erdbebens, und löste einen gigantischen Tsunami aus, der nach Süden über die Nordsee zog.[86] Das Ausmaß der Welle und die Zerstörungen, die sie verursachte, lassen sich anhand von Modellrechnungen zeigen. Demnach drang der Tsunami schätzungsweise 21 Kilometer ins Landesinnere vor – und damit doppelt so weit wie der Tsunami von Fukushima im Jahr 2011.[87]

Das «Doggerland» genannte Gebiet, das die Britischen Inseln mit dem europäischen Festland verband, wurde überrollt und überschwemmt. Neuesten Forschungsergebnissen zufolge kam es dabei aber noch nicht zur kompletten Abtrennung der Britischen Inseln vom Festland. Es entstand zunächst ein Archipel kleiner Inseln, die erst später im Meer versanken, als um 5000 v. Chr. die Meeresspiegel anstiegen.[88] Doch egal, ob die Abtrennung der Britischen Inseln vom Kontinent auf einmal oder in mehreren Schritten erfolgte, die historischen Folgen dieser geographischen Isolierung Großbritanniens waren nicht nur für die europäische, sondern für die Weltpolitik seit der Frühen Neuzeit enorm. Die Trennung vom europäischen Festland bestimmte in Großbritannien fortan so gut wie alles: Man denke etwa an die spätere Dominanz als Seemacht, an den militärischen Ausgang des Zweiten Weltkriegs oder auch an die politische Sonderrolle des Landes – eine Entwicklung, die 2016 in der Entscheidung gipfelte, die Europäische Union zu verlassen.[89]

Damals muss die Tsunamiwelle alles und jeden vernichtet haben, der ihr in den Weg kam. Analysen von Moosstängeln zeigen, dass das Abrutschen des Sedimentsockels und der anschließende Tsunami relativ spät im Jahr stattfanden; somit wurden an der norwegischen Nordseeküste sicher viele Menschen ins Meer gerissen, die normalerweise im Sommer ins Bergland zogen, um dort Elche zu jagen, im Winter aber unten an der Küste lebten. Wer dort diese Naturkatastrophe überlebte, hatte im anschließenden Winter mit Sicherheit schwer zu kämpfen, denn Behausungen, Schiffe, Werkzeuge und Vorräte waren allesamt verloren gegangen.[90]

Die Bedingungen verbesserten sich allmählich wieder, bis hin zu einem manchmal so bezeichneten Klimaoptimum. Warme und feuchte Bedingungen begünstigten Herausbildung und Gedeihen der Landwirtschaft. Archäobotanische Nachweise belegen die Ausbreitung von Zucht- und Nutzpflanzen, zum Beispiel ab rund 6000 v. Chr. von Maisvarianten über weite Teile des südamerikanischen Kontinents. Dazu gehörten Kolumbien und der Nordwesten von Ecuador, die Küsten- und anschließend auch die Gebirgsregionen Perus, schließlich sogar die Zentralanden.[91] Wie in anderen Teilen der Welt hatte die Wende zur sesshaften Landwirtschaft gesundheitliche Folgen, zumal was die Zähne betraf. Langfristig änderte sich auch deren Form.[92] Und wie anderswo führten auch hier günstige Bedingungen in Verbindung mit einer stabilen Ernährungssituation – wozu auch Terrassierung der Felder und Bewässerungssysteme beitrugen – zu einem Bevölkerungszuwachs. Diese Entwicklung verlief allerdings nicht gleichförmig auf dem ganzen Kontinent, weder geographisch noch chronologisch.[93]

Die Periode bis ungefähr 3000 v. Chr. war geprägt von beträchtlichen klimatischen, ökologischen und demographischen Veränderungen. Einer der Gründe dafür war ein ungewöhnlich hohes Ausmaß an vulkanischen Aktivitäten. Deren Spuren zeigen sich in Eisbohrkernen in Gestalt von Schwefel, und zwar in erheblichem Volumen und hoher Konzentration.[94] Hinzu kamen die Auswirkungen von besonders geringen Solaraktivitäten, speziell im Zeichen eines jeweils rund 2400 Jahre dauernden Hallstatt-Zyklus – es war also eine Zeit, in der sich die reduzierte Aktivität der Sonne mit Erdabkühlung, Ausdehnung der Gletscher und größeren Eisschollen verband, die aus der Arktis in den Atlantik gelangten. All dies schlug sich in den globalen Klimamustern und ihren Auswirkungen nieder.[95]

Die weiträumige Anpassung komplexer und wechselseitig voneinander abhängiger Wettermuster unterlag dem Einfluss weiterer Faktoren: Anscheinend hatte eine Warmphase auf der Südhalbkugel zu Gletscherschmelze, sinkenden Wassertemperaturen an der Pazifikoberfläche und in der Folge zu Auswirkungen auf das El-Niño-Südliche-Oszillation-Phänomen geführt. Dessen Wirksamkeit und Variabilität waren bis rund 3000 v. Chr. geschwächt.[96] Dieser Zusammenhang könnte durchaus signifikanter gewesen sein als die zyklischen Veränderungen in der Geometrie der Erdumlaufbahn, von denen man bislang meistens annahm, dass ihnen eine Schlüsselrolle für die Stärke des ENSO-Phänomens zukäme – und damit auch für die globalen Klimamuster.[97]

Belege aus Zentralasien verweisen auf einen Rückzug des Monsuns seit rund 4000 v. Chr.; ab diesem Zeitraum zeigen indische Belegquellen ebenfalls einen massiven Rückgang der Niederschläge.[98] Die damit einhergehende Schwächung des westafrikanischen Monsunsystems, die rund drei Jahrhunderte später in einen dramatischen Niederschlagsmangel mündete, sorgte dafür, dass der Zeitraum bis rund 3000 v. Chr. von einer zunehmenden und anhaltenden Dürre geprägt war.[99] Daraus resultierten größere Bevölkerungsverschiebungen, als die Seen und Flüsse in der Sahara allmählich vollständig austrockneten – schneller in Ost- und Nordostafrika, allmählicher an Orten wie dem nördlichen Tschad. Dies zeigen Pollenanalysen und Sedimentablagerungen aus dem Yoa-See im Nordosten des Tschad.[100] Wüstenoasen mit verlässlichen Wasserquellen und Weidegründen erwiesen sich als ebenso attraktive Siedlungsalternativen wie das Niltal, wo sich um diese Zeit viele Migranten niederließen, die vermutlich nach wirtlicheren Orten suchten.[101] Eine Form der Anpassung war offenbar die verstärkte Nutzung von Schafen und Ziegen wie die saisonale Nutzung von Schutzhütten.[102]

In einigen Teilen Nordwestafrikas, etwa in den Küstenregionen des heutigen Mauretaniens, gab es weiterhin beträchtliche Regenfälle.[103] Der Gesamteffekt war jedoch, dass die Sahara mehr und mehr zur Wüste wurde. Sie dehnte sich immer weiter aus und schuf damit neue Umweltbedingungen. Und sie wurde zu einer immer undurchdringlicheren Barriere – zu dem Hindernis für menschliche Mobilität, das wir heute kennen. Dieser Sperrriegel führte zu genetischen Divergenzen, zu einer starken Differenzierung der Haplogruppen-Zusammensetzungen auf den Y-Chromosomen zwischen den Völkern in Nordafrika und denen im Subsahara-Afrika – Divergenzen, die in der heutigen Welt nicht mehr so strikt überdauern, die jedoch die These stützen und die Realität bestärken, dass die afrikanischen Völker weltweit das höchste Maß an Diversität aufweisen.[104] Anders gesagt, der Klimawandel führte innerhalb Afrikas nicht nur zu geographischen und ökologischen Trennungen, sondern auch zu genetischen Abweichungen.

Diese tiefgreifenden Veränderungen führten zu ganzen «Kaskaden» von Anpassungen – in der Vegetation, in der Tierwelt, bei Menschen und Krankheitserregern. Zu den Anpassungen gehörten an manchen Orten in Ostägypten und Südwestlibyen auch neue kulturelle Praktiken wie Rinderbegräbnisse und Haustier-Knochensammlungen in festen Gebäuden, die offenkundig einen rituellen Kontext hatten. Ob solche Rituale aber religiöser Natur waren oder mit aufkommenden Ideen zum Schutz vor Krankheiten zu tun hatten, in einer Zeit, in der sich die pathogenen Umwelten rapide veränderten, ist unklar. Dass Trockenheit die Verfügbarkeit von Viehfutter und Wasser vermindert und dass sie bei Mensch und Tier eng mit einer erhöhten Krankheitsanfälligkeit verbunden ist, war schon damals eine naheliegende, wichtige Erkenntnis.[105]

Als El Niño (ENSO) vor rund 5000 Jahren wieder stärker ins Spiel kam, begann eine neue Welle von Klimaveränderungen mit unterschiedlichen Auswirkungen. In Nordamerika kam es zu Dürren und zu schwerwiegendem Wassermangel. Der Wasserpegel der Seen sank deutlich ab, oder die Seen trockneten ganz aus.[106] Archäologische Zeugnisse von Pollen und Bäumen belegen, dass große Trockenheit herrschte und die Vegetation sich anpasste, als die atmosphärischen Zirkulationsmuster sich verschoben.[107] Auch im Mittelmeerraum veränderte sich das Niederschlagsniveau; dies führte zur «Mediterranisierung» der Landschaftsökologie, soll heißen, die Vegetationsmuster veränderten sich zu denen, die wir noch heute kennen. Es dominierten nun immergrüne Büsche und Bäume, angepasst an sommerliche Trockenheit und kalte, feuchte Winter.[108]

In Süd- und Südostasien verliefen die Dinge anders; dort kamen Nordindien und Nordindochina anscheinend in den besonderen Genuss höherer Niederschläge. Wer auch für andere Teile der Welt die wahrscheinlichen neuen Klimamuster zuverlässig nachzeichnen will, stößt auf beträchtliche Ungewissheiten, weil nur sehr begrenzt Studien vorliegen, die sich einer genaueren Analyse archäologischer Klimazeugnisse aus diesen Gegenden widmen. Solche Studien wären zweifellos hilfreich: Sedimentuntersuchungen in Seen, Pollenanalysen, Daten aus Stalagmiten in Höhlen und anderes mehr.[109]

Mehr als genug Belege von anderen Orten ermöglichen es jedoch zu zeigen, dass Teile Ostasiens feuchteres Wetter bekamen, während es in Afrika trockener wurde. Im Hochland der Inneren Mongolei wurde es von rund 4000 v. Chr. an wärmer, und es kam zu stärkeren Niederschlägen. Dieses neue Klimamuster hielt über zwei Jahrtausende an. Im Tibetischen Hochland und in der heutigen Provinz Xinjiang blieben Temperaturen und das Niederschlagsniveau indes stabil.[110] Analysen von Fossilien einzelliger Lebewesen und Korallen vor den Küsten Indonesiens, Papua-Neuguineas und am Great Barrier Reef sprechen für eine Abkühlung der Oberflächentemperatur des Meerwassers. Hieraus wie aus Belegen für einen niedrigeren Meeresspiegel im Zeitraum von etwa 3500 bis 3200 v. Chr. ist der Schluss zu ziehen, dass dies eine Phase mit beträchtlichen Klimaveränderungen war – in einigen Teilen der Welt, wenn nicht sogar in allen.[111]

Wie die menschlichen Populationen unmittelbar auf die Klimaherausforderungen reagierten, ist nicht klar. Das ist aber auch leicht nachzuvollziehen. Dass plötzliche Extremereignisse katastrophale Folgen haben konnten – Erfahrungen, die sich ins kollektive Gedächtnis einbrannten –, werden wir noch sehen. Aber auf der Ebene des Erlebens von Tag zu Tag, von Monat zu Monat und Jahr zu Jahr sind selbst massive Änderungen der Wettermuster kaum erkennbar. Entscheidungen darüber, zu bleiben oder auszuwandern, neue Gewohnheiten anzunehmen und sich im Umgang miteinander und mit der Umwelt anders zu verhalten, fallen weder spontan noch plötzlich, sondern sie reifen heran und werden erst angesichts eines langanhaltenden schrittweisen Wandels irgendwann getroffen.

Auch ökologische Transformationen infolge von Veränderungen der Niederschlagsmuster, der Temperaturen, der Lebensräume für Flora und Fauna kommen nicht schnell zustande, sondern ziehen sich über Jahrzehnte und Jahrhunderte hin. Darum ist es zielführender, wenn wir im Folgenden darüber nachdenken und zu erkunden versuchen, wie menschliche Gesellschaften begannen, die Welt um sich herum begrifflich zu erfassen; was sie über das Verhältnis des Menschen zur Natur, zum Pflanzen- und Tierreich dachten; welche Vorstellungen sie von der Rolle unserer Spezies im Zusammenhang mit der Natur hatten, nicht nur angesichts sich ändernder Klimabedingungen, sondern auch in der weitergehenden Frage der Ressourcenausbeutung.

Unsere Möglichkeiten, Antworten auf solche Fragen zu finden, werden im Zeitraum nach 3500 v. Chr. besser, denn zu diesem Zeitpunkt waren die menschlichen Gesellschaften so komplex geworden, dass die Zeit für neue Ideen, neue Lösungen und neue Werkzeuge reif war. Nicht der Klimawandel schuf die Notwendigkeit für politische Systeme; nicht der Klimawandel ebnete den Weg für die Entstehung von Dörfern, Städten und Staaten; nicht der Klimawandel führte zur Entwicklung von Schriftsystemen. All dies folgte aus dem Wachstum und der Konzentration der Bevölkerung, speziell einer größeren Nachfrage nach Wasser und Ernährungsressourcen. Und in größeren Gemeinschaften bestand auch die Notwendigkeit einer differenzierten gesellschaftlichen Organisation. Gleichwohl spielte die Umwelt in all diesen Zusammenhängen eine zentrale Rolle. Denn wenn die menschlichen Gesellschaften überleben und gedeihen sollten, mussten sie in der Natur nicht nur dominieren. Sie mussten sich die Natur untertan machen.

VIERTES KAPITEL

Die ersten Städte und Handelsnetze

(3500 bis 2500 v. Chr.)

Er ist der Mann, der Uruk erbaute.
Sumerische Königsliste (um 2100 v. Chr.)

Um 3500 v. Chr. nahm der menschliche Einfluss auf die Umwelt einen neuen Charakter an. Das aktive Einwirken der Menschen hatte nun ein solches Ausmaß erreicht, dass sich die ökologischen Lebensräume von Pflanzen und Tieren veränderten. Mithilfe des Analyseverfahrens der räumlichen Modellierung lässt sich erkennen, dass damals auf der ganzen Welt immer mehr für die Landwirtschaft geeignetes Land ausgebeutet wurde. Auch die Viehwirtschaft nahm weiter zu und stieß in immer trockenere Regionen vor. Manche Wissenschaftler sehen in diesem menschlichen Aktivitätsniveau nichts Geringeres als den Beginn der anthropogenen Transformation der Erde.[1]

Manche gehen sogar noch weiter und argumentieren, dass die menschlichen Aktivitäten schon damals Auswirkungen auf das Klima hatten. Zum einen kommen neuere Studien zu dem Schluss, dass das Bevölkerungsniveau in China und Europa vor 5000 Jahren bereits deutlich höher war, als man bislang angenommen hatte, woraus sich Fragen ergeben: Wie viel Land war erforderlich, um eine so große Anzahl von Menschen zu ernähren, und wie sah die Landnutzung konkret aus?[2] Zum anderen zeigen archäologische Klimabelege, dass damals signifikant mehr wärmespeicherndes CO_2-Gas in die Atmosphäre gelangte – was manche Wissenschaftler mit der Brandrodung von Wäldern in Verbindung gebracht haben.[3] Auch die in Eisbohrkernen aus Grönland gefundenen Hinweise auf hohe Methangasmengen um 3000 v. Chr. sind signifikant. Sie könnten mit der Intensivierung des feuchten Reisanbaus in China zu tun haben. Denn bei dieser Art des Reisanbaus werden im Boden komplizierte Prozesse in Gang gesetzt, nicht zuletzt eine Interaktion von Mikroben und Pflanzen, bei der Methan freigesetzt wird, was für erhöhte Emissionen sorgt.[4]

Dies alles führte 2003 zur ersten Formulierung einer Hypothese, die inzwischen als Ruddiman-Hypothese oder «Hypothese vom frühen menschlichen Einfluss auf das Klima» bekannt ist. Demnach hatten schon vor rund 5000 Jahren die Aktivitäten und das Verhalten der Menschen einen so großen Einfluss auf das globale Klima, dass dieses sich von Grund auf veränderte.[5] Zur Unterstützung des Arguments wurden Modellierungen durchgeführt, deren Autoren die These vertreten, dass damals eine neue Eiszeit verhindert worden sei, weil sich die Erde durch höhere Treibhausgaskonzentrationen in der Atmosphäre stärker als erwartet erwärmt habe. Die wahrscheinlichste Ursache für diese Emissionen sei die Landwirtschaft gewesen.[6]

Das Problem bei solchen Hypothesen liegt allerdings darin, dass nicht deutlich zwischen Korrelation und Kausalbeziehung unterschieden wird. Wenn man einerseits auf breiter Front Muster zeitgleicher Erwärmung und andererseits Veränderungen in der Demographie und im Verhalten der Menschen identifizieren kann, ist damit noch nicht der Beweis erbracht, dass Letzteres ursächlich für Ersteres war. Beides miteinander in Verbindung zu bringen, kann verführerisch sein, aber es ist verteufelt schwierig, den Beweis zu führen, dass dieses Zusammentreffen mehr war als reiner Zufall.

Zum Beispiel wurde ein Klimawandel als wesentlicher Faktor (wenn nicht gar als primäre Ursache) für den Niedergang der Siedlungen der Cucuteni-Tripolje-Kultur (ukrainisch Trypillja, englisch Trypillia) genannt, deren Verbreitungsgebiet in Osteuropa zwischen Karpaten und Dnjepr lag, im heutigen Rumänien, Moldawien und in der Ukraine. In diesem Siedlungs- und Kulturgebiet war die Bevölkerung um 5000 v. Chr. stark angewachsen. Einige der Siedlungen erreichten eine beträchtliche Größe, sodass sie bisweilen als «Mega-Orte» beschrieben wurden – und womöglich auch den Titel «erste bekannte Großstädte» verdienen. Sie gelten als die größten Siedlungsorte im Eurasien dieser Zeit (des Neolithikums), wenn nicht gar auf der ganzen Welt. Im Zentrum dieser Städte befanden sich typischerweise große Gebäude, die rituellen Aktivitäten dienten, aber auch als Vorratsspeicher für Nahrungsmittelüberschüsse genutzt werden konnten. Es wurden dort wohl auch gemeinsame Mahlzeiten eingenommen. Jeder dieser Orte war Teil eines größeren Handelsnetzes; gehandelt wurde mit Feuersteinen, Mangan, Kupfer und Salz, oft über größere Entfernungen hinweg.[7] Die Alltagsbedürfnisse der Ernährung wurden durch eine Kombination von Getreide, Haus- und Wildtieren und Milchprodukten befriedigt.[8]

Rund um das Jahr 3500 v. Chr. zeigten diese Orte Anzeichen von Stress. Die Gebäude wurden vernachlässigt, die Bevölkerung nahm ab, es entstanden soziale Hierarchien. Letzteres wurde als Zeichen einer sozialen Ungleichheit interpretiert, die aus einer verringerten Verfügbarkeit der Ressourcen herrührte.[9] Nun lassen sich diese Belastungen nicht nur mit einer geringeren Pollenmenge in Verbindung bringen – als Anzeichen für geringere landwirtschaftliche Produktivität –, sondern auch mit kühleren Temperaturen, woraus manche Wissenschaftler den Schluss zogen, das Klima habe für das Schicksal dieser Siedlungen eine entscheidende Rolle gespielt und dafür gesorgt, dass sich die Bevölkerung im Land verstreute.[10]

Es könnte jedoch sein, dass der demographische Niedergang nicht durch klimatische Veränderungen ausgelöst wurde, sondern durch andere Faktoren, darunter die Erschöpfung des Bodens durch übermäßige Nutzung.[11] Eine Erklärung mag auch in Krankheiten zu finden sein; eine hohe Bevölkerungsdichte und das enge Zusammenleben mit Tieren schaffen ideale Bedingungen für das Aufkommen und die Verbreitung von Infektionskrankheiten. So gesehen ist es vielleicht kein Zufall, dass bei neueren Forschungen eindeutige Belege für den Pesterreger *Yersinia pestis* in den Eurasischen Steppen und auch für verschiedene Abstammungslinien des Erregers im Zeitraum von rund 4000 bis rund 3000 v. Chr. gefunden wurden.[12]

Ein Zusammenspiel vieler verschiedener Ursachen im Hinblick auf den demographischen Niedergang, die Entvölkerung und gesellschaftliche Veränderungen wäre eine taugliche Erklärung für das Verschwinden der meisten Großsiedlungen in Mitteleuropa um das Jahr 3300 v. Chr. Die Belege sprechen dabei für einen recht engen Zeitrahmen.[13] Dass diese Epoche eine Zeit zunehmender Unsicherheiten war, könnte mit erklären, warum damals an vielen Orten in Europa, auch in der Ukraine, rituelle Praktiken zunahmen und intensiver wurden. Schließlich sind Änderungen im Sozialverhalten nach weitverbreiteter Meinung ein Indikator dafür, dass neue Herausforderungen neue Erklärungen erforderten.[14]

Und dies waren bei Weitem nicht die einzigen Orte auf der Welt, an denen es zu schnellen und größeren gesellschaftlichen Umbrüchen kam. Um 3000 v. Chr. zeigen sich die ersten Anzeichen stärkerer Verbindungen zwischen Bevölkerungen, Kulturen und Sprachen in Südchina, Taiwan, auf den heutigen Philippinen, in Indonesien, Melanesien und im Pazifikraum. Dies wird oft als Expansionsprozess von Nord nach Süd gedeutet, wenngleich es sich hier eher um einen Vorgang handelt, der mehrere Jahrhunderte andauerte, nicht um eine plötzliche, schnelle Ausbreitungswelle.[15] Indes, auch die lokale Übernahme von Gebräuchen, Ideen und Technologien ist wichtig, wie auch die Rolle der indigenen Völker bei deren Ausbreitung. Nicht unbedingt umfassende Wanderungsbewegungen, sondern eher Interaktionen von Völkern, die gezwungen waren, einen maritimen Lebensstil zu übernehmen, nachdem der Meeresspiegel am Sunda-Sockel angestiegen war, waren wohl dafür verantwortlich, dass sich über einen Zeitraum von über zwei Jahrtausenden nach 3000 v. Chr. die kulturellen Netze im Pazifik ausweiteten.[16]

Ähnlich verlief die Geschichte an den Atlantik- und Golfküsten Nordamerikas, wo um 3000 v. Chr. menschliche Gemeinschaften damit begannen, mitten auf Dorfplätzen sogenannte Muschelringe zu errichten, die aus Überresten von Flora und Fauna bestanden.[17] Es gibt dazu viele unterschiedliche Deutungen, aber diese Strukturen waren, das ist unbestritten, zentrale Elemente in den Siedlungen und, wie neuere Forschungen gezeigt haben, auch Brennpunkte des lokalen Handels – und zwar in Netzen, die sich über Hunderte von Kilometern erstreckten.[18] Neue flächendeckende Untersuchungen unter Zuhilfenahme von Fernerkundung und maschinellen Lernverfahren haben ergeben, dass noch viel mehr solcher Ringe in den Küstenwäldern und Marschen vorhanden sind. Sie belegen die Existenz einer weit größeren Anzahl von Gemeinschaften, als man bislang gedacht hatte, und verweisen auf noch intensivere Handelsmuster und Austauschbeziehungen, die sich um diese Zeit etablierten.[19]

Zur Frage, wie sich die transeurasischen Sprachen, einschließlich des Japanischen, Koreanischen, Tungusischen, Mongolischen und Türkischen, anfänglich entwickelten und verbreiteten, gibt es unterschiedliche Meinungen. Aber die Dreiecksbeziehung von Genetik, Sprachwissenschaft und Archäologie lässt den überzeugenden Schluss zu, dass ein allgemeiner Wortschatz aus dem Bereich von Ackerbau und Viehzucht und außerdem ein gewisser sprachlicher Grundbestand durch Bauern verbreitet wurden – im Zuge der Ausbreitung der Landwirtschaft im Nordosten und Osten Eurasiens.[20]

Ähnlich verlief die Entwicklung in Europa; dort bewegten sich Völker der Jamnaja-Kultur aus der weiträumigen Wald- und Steppenregion oberhalb des Schwarzen Meeres in Wellen nach Westen. Diese Wanderungen hatten tiefgreifende demographische Auswirkungen und führten zu einem abrupten Kulturwandel, zu dem auch die Ausbreitung indoeuropäischer Sprachen gehörte.[21] Stämme, die in relativ kleiner Zahl aus der Pontokaspis kamen, der Steppe nördlich des Schwarzen und des Kaspischen Meeres, ließen sich auf den Ägäischen Inseln und im heutigen Griechenland nieder, wo sie die ersten Monumentalpaläste und urbanen Zentren Europas errichteten.[22]

Neue Keramikstile, die den Völkern der Schnurkeramik und der Glockenbecherkultur zugeordnet werden können, breiteten sich von etwa 2750 v. Chr. an im Verlauf von nur zwei Jahrhunderten über große Teile Europas und Nordwestafrikas aus. Noch auffälliger war jedoch der Bevölkerungsaustausch, der damit einherging. Es handelt sich um eine der umfassendsten Bevölkerungsbewegungen, die jemals stattfanden. Mitochondriale Genomdaten belegen, dass der Genpool Europas damals fast komplett ausgetauscht wurde.[23] Allein für den Bereich des späteren Großbritanniens laufen die Schätzungen darauf hinaus, dass der Bevölkerungsaustausch mindestens 90 Prozent ausmachte.[24] In Teilen Mitteleuropas waren es 100 Prozent.[25] Die Aneignung neuer Kulturen war wichtig, aber die zugrunde liegende Migration war noch bedeutsamer.[26]

In Mesopotamien, im Niltal, in den chinesischen Regionen am Gelben Fluss und am Jangtse, im Industal in Südasien und in den Andentälern kam es allerdings weniger zu einer Bevölkerungsexpansion als zu einem Bevölkerungszuwachs. Zwar ist demographisches Wachstum im Zeitraum von ca. 3500 bis 3000 v. Chr. allerorts festzustellen, aber bedeutsamer war in den genannten Regionen der Zuwachs an Dörfern und Dorfbevölkerung. Während Völker nördlich des Schwarzen Meeres aus ihren permanenten und semipermanenten Siedlungen vertrieben wurden, wurden Völker an anderen Orten eher zusammengetrieben. Die Tatsache, dass all dies an vielen Orten ungefähr zur selben Zeit geschah, legt den Schluss nahe, dass überall ähnliche Impulse ähnliche Trends in Gang setzten. Das gilt auch für das Tempo eines Prozesses, der nicht nur zur Gründung einer Vielzahl neuer Dörfer führte, sondern auch zum schnellen Anwachsen einiger dieser Siedlungen zu substanziellen urbanen Zentren.[27]

Es ist allerdings wichtig, nicht nur festzustellen, wo es im Altertum zu Stadtgründungen kam, sondern auch zu untersuchen, wo dies nicht der Fall war – und aus welchen Gründen. Dabei geht es vor allem um Westeuropa, das Amazonasbecken und das östliche Nordamerika. Die Orte, an denen große städtische Siedlungen entstanden, wiesen unterschiedliche Bodentypen, Entwässerungsmuster, Niederschlagsmengen, Temperaturen und sogar Höhenlagen auf. Dagegen war es kein Zufall, dass wirklich alle damaligen Stadtgründungen eine wichtige Eigenschaft teilten: Sie entstanden auf eingegrenztem Gebiet. Unmittelbar vor Ort herrschten gute Bedingungen, zugleich waren die Siedlungen durch widrige geographische Gegebenheiten eingehegt: etwa durch Wüsten, Gebirgszüge oder das Meer.[28] Die Antriebskräfte hinter der Entstehung und dem Aufstieg von Städten, und damit auch hinter dem Aufstieg der «Zivilisation», rührten aus dem Druck her, der von der Umwelt ausging. Vor allem wurden viele Menschen in enge Landstreifen gedrängt, wo ökologisch günstige Bedingungen herrschten und guter, produktiver Boden zur Verfügung stand – und zwar durch eine Kombination aus langfristiger Abkühlung und Austrocknung, die andere Regionen weniger attraktiv oder gar unbewohnbar gemacht hatte.

Auch ein zunehmendes Maß an lokalem und regionalem Handel innerhalb dieser dicht besiedelten Gebiete sowie zwischen mehreren solcher Gebiete ebnete den Weg zur Konsolidierung sozialer Interaktionen und zur Zentralisierung politischer Macht. Seit ungefähr 4000 v. Chr. zeigt im Fruchtbaren Halbmond die Angleichung der Stile, etwa bei Tongefäßen und Siedlungsplänen, dass der kommerzielle und kulturelle Austausch ständig zunahm – ein Prozess, der sich zeitgleich auch in den Regionen am Schwarzen Meer, am Mittelmeer, in der Ägäis und im anatolischen Hochland ereignete.[29] Begleitet, vielleicht sogar angetrieben wurde dieser Prozess durch die Entwicklung fortschrittlicher metallverarbeitender Industrien. Diese hatten ihren Ausgang in Anatolien genommen und sich bereits nach Mesopotamien, in den Iran, nach Pakistan, Südosteuropa und zum Schwarzen Meer ausgebreitet, später auch nach Sizilien und zur Iberischen Halbinsel. Neben der Einführung neuer Nutzpflanzen zur Erweiterung des Ernährungsangebots schufen neue Waren und Materialien, die ihrerseits zum Handelsgut werden konnten, sei es als Grundnahrungsmittel, sei es als Luxusgüter oder exotische Waren, allenthalben neue Möglichkeiten. Es waren Anstöße für neue Lebensstile, aber auch zur Demonstration des eigenen Sozialstatus.[30]

Solche Trends lassen sich auch in Ostasien, Südasien, Nordafrika und Südamerika feststellen: in den Hongshou-Kulturen am chinesischen Fluss Liao He, in den Dawenkou-Kulturen am Unterlauf des Gelben Flusses, bei Gruppen im Industal, entlang des Nils, aber auch im Norte Chico («Kleiner Norden») an der peruanischen Küste. An all diesen Stellen entwickelten sich ähnliche Muster im Hinblick auf das Bevölkerungswachstum, Verbesserungen der Landwirtschaft, die Ausbreitung von Nutzpflanzen und die Schaffung von Fernhandelsnetzen. Entlang dieser Routen und Netze verbreiteten sich Ideen und Technologien, etwa zur Metallverarbeitung. Diese Regionen folgten damit demselben Entwicklungsverlauf wie Mesopotamien, nur etwas später.[31]

Die Errichtung dauerhafter Siedlungen erforderte neue Ideen, die den persönlichen Besitz betrafen – den Besitz an beweglichen wie an unbeweglichen Sachen, aber auch den Zugang zu und die Kontrolle über Land und dessen Ressourcen und Erträge. Entwicklung und Existenz sozialer Hierarchien sind in der Antike wie in der heutigen Welt oft mit städtischen Verhältnissen verbunden, vor allem jedoch mit Privateigentum an Feldern, Ernten, Tieren oder Waren. Die Relevanz der Eigentumsverhältnisse nimmt mit höherer Bevölkerungsdichte zu. Anhäufung und Übertragung von Reichtum ermöglichen die Herausbildung sozialer Eliten und bestimmen dabei auch politische Strukturen und Entscheidungsprozesse. Ungleich verteilter Reichtum wurde zum Kennzeichen jener Bevölkerungen, die sich als Erste und am intensivsten urbanisiert hatten.[32]

Das soll jedoch nicht im Umkehrschluss heißen, dass Gleichheit ein Wesensmerkmal nichtstädtischer Gesellschaften wäre. Bei neueren Untersuchungen an vier zeitgenössischen ländlichen Gruppen in Ostafrika, Westafrika und Südwestasien wurde ein beträchtliches Maß an Übertragung von Reichtum und Ungleichheit zwischen den Generationen festgestellt.[33] Auch wenn die Auswirkungen nur moderat sind, werden die Lebenschancen selbst in Gesellschaften von Jägern und Sammlern durch Eigentumsübertragungen zwischen den Generationen messbar beeinflusst.[34] Gleichwohl führte der Aufstieg von Städten in der Frühzeit zu einer Reihe dramatischer Veränderungen – wobei natürlich die substanziellen Unterschiede zwischen der vormodernen und der modernen Welt stets mit zu bedenken sind. Diese Veränderungen betrafen ein weites Spektrum, vom Königtum bis zur Religion, vom Aufstieg der Bürokratien bis zur Sklaverei. Der Aufstieg von Städten ging zudem Hand in Hand mit Vorstellungen von bürgerlicher Identität und mit der Herausbildung von «Staaten» – ein Begriff, der durchaus seine Schwächen hat, wenn es um die Beschreibung einer Vielfalt von sehr unterschiedlichen Einheiten und soziopolitischen Formen vor mehreren Tausend Jahren geht.[35]

Im Nordteil Mesopotamiens erlebten einige der größten Siedlungen ihren Aufstieg um das Jahr 3000 v. Chr. seltsamerweise nicht in den besser mit Wasser versorgten Gegenden, sondern meist von den großen Flüssen entfernt in einer Reihe von Ebenen und Becken in Schwemmgebieten. Diese Gemeinden scheinen egalitär und gemeinschaftsorientiert gewesen zu sein, ohne zentralisierte Führung und mit nur sehr wenigen belegbaren Statusmerkmalen.[36] Einige dieser Siedlungen waren groß angelegt, etwa Brak im heutigen Syrien, dessen Siedlungsgebiet 130 Hektar umfasste. Allerdings ist unklar, wie die Menschen dort lebten, wie viele Menschen die Stadt und das Land ernähren konnten und wie sie sich im Laufe der Zeit veränderten.[37]

Das war im Süden Mesopotamiens ganz anders, wo größere, komplexere und stärker hierarchisch geprägte Siedlungen entstanden. Die bedeutendste von ihnen war Uruk, die weithin als das erste Konglomerat gilt, das zu Recht als Stadt bezeichnet werden konnte. Allerdings nennen spätere Erzählungen in sumerischer Sprache wie auch das hebräische Alte Testament rückblickend andere konkurrierende Orte, die diesen Anspruch erhoben – von Nippur über Eridu bis Babylon.[38] Wesentlich spätere Berichte sehen den Gründer Uruks in Enmerkar, angeblich ein Sohn des Sonnengottes Utu und der heiligen Kuh Ninsumuna; laut der Sumerischen Königsliste (einer Keilschrift-Tontafel, um 2100 v. Chr.) war er «der Mann, der Uruk erbaute».[39] Allerdings lagen Enmerkars Leistungen nicht in erster Linie auf dem Gebiet des Städtebaus, sondern in der Politik – er übernahm erfolgreich die Führungsrolle, konnte anderen Befehle erteilen und beanspruchte die Resultate für sich. Enmerkar und seine Gemahlin Enmerkar-zi, heißt es dennoch in einem Text, der vor rund 3000 Jahren verfasst wurde, «wissen, wie man Städte baut, Tonziegel und Ziegelpflaster herstellt». Sie wussten auch, wie man hölzerne Pflüge und Joche, Seile und Dreschflegel herstellte. Und sie wussten, wie man «Bewässerungskanäle und alle Arten von Bewässerungsgräben» anlegte.[40]

Ob Enmerkars Fähigkeiten ganz so weit reichten, wie es diese Quelle behauptet, sei dahingestellt. Dass ihm all diese Fähigkeiten zugeschrieben wurden – und bemerkenswerterweise auch seiner Frau –, ist insofern erhellend, als es uns etwas über die Entstehung von Eliten an Orten sagt, die wie Uruk zu bedeutenden urbanen Zentren wurden. Manche Historiker sehen die Rolle derer, die in der Lage waren, einen hohen Status und umfangreichen Besitz zu erlangen, als zentral dafür an, dass die Städte größer und effizienter wurden. Die herrschende Klasse, die den Landbesitz dominierte, Viehherden besaß und die Produktion kontrollierte, war imstande, mit Anreizen für andere, aber auch unter Ausübung von Zwang mehr Reichtum für sich selbst anzuhäufen. Sie brachte jene Ambitionen und jene Effizienz hervor, die die physische Gestalt von Städten prägten und die gesellschaftlich-politischen Strukturen bestimmten.[41] Die Ergebnisse zeigten sich in erster Linie im Bau von Tempeln und reich dekorierten Gebäuden, die manchmal als Paläste bezeichnet werden.[42] Signifikanterweise wurden diese Tempel von priesterlichen Hierarchien beherrscht, die in ihren Händen Macht konzentrierten, zugleich aber auch den Handel regulierten, überwachten oder gar kontrollierten.[43]

Auch an anderen Orten, nicht zuletzt in Ägypten, entwickelte sich diese Dualität von säkularer und priesterlicher Macht, und es bildeten sich in gleicher Weise Machtmonopole einer herrschenden Klasse heraus, die den Landbesitz dominierte und ihren Status durch die Errichtung von Tempeln, Steingebäuden und aufwendigen Grabmonumenten zum Ausdruck brachte – am berühmtesten sind natürlich die Pyramiden. Im Falle Ägyptens und des Niltals kamen um 3500 v. Chr. Vorstellungen von einem Königtum auf, die mit der Gründung von urbanen Zentren wie Naqada, Hierakonpolis und Abydos gekoppelt waren. Die Verhältnisse konsolidierten sich nach einiger Zeit, und bald hatte ein Herrscher viele verschiedene Regionen und Städte unter sich.[44] Dieser Zentralisierungsprozess könnte vom Bevölkerungswachstum und vielleicht auch von Umweltfaktoren profitiert haben. Jedenfalls führte Bevölkerungsdruck auf das verfügbare Land dazu, dass dessen Ausbeutung intensiviert wurde. Diese Tatsache ist durchaus hilfreich, wenn es darum geht zu erklären, wie eine einheitliche Staatsstruktur entstand.[45]

Parallel verlief der Prozess in den vielfältigen Kulturen im heutigen China, die sich zeitlich teils überlappten. Zerstreute, politisch dezentrale Kulturen wie die von Yangshao verblassten und wurden – jeweils im heutigen Südost-, Zentral- und Nordostchina – durch die Liangzhu-, Longshan- und Hongshan-Kulturen ersetzt. Diese Kulturen wurden von theokratischen Eliten beherrscht, die von immer größeren urbanen Zentren aus agierten. Exemplarisch ist dies in der Stadt Liangzhu selbst zu sehen, die im Jangtse-Delta liegt, rund 150 Kilometer südwestlich vom heutigen Shanghai. Das Zentrum wurde von einem Palastkomplex beherrscht, die Stadt war durch starke, hohe Mauern geschützt. Die Begräbnisstätten lassen eine soziale Differenzierung und zunehmend auch die Bildung gesellschaftlicher Schichten erkennen. Die Gräber der Reichen liegen neben Jade-Objekten, die rituelle Funktionen hatten. Daraus ist der Schluss zu ziehen, dass die Besitzer der Grabstätten einen hohen Status hatten, der nicht allein auf Reichtum basierte.[46] In Liangzhu spielte Jade, wie in vielen anderen ostasiatischen Kulturen der Zeit, als seltenes, wertvolles Material eine einzigartige Rolle – als Kennzeichen von Reichtum und gesellschaftlichem Status.[47]

Die ostasiatischen Beispiele sind auch insofern bemerkenswert, als sich dort Glaubenssysteme entwickelten, die sich von denen unterschieden, die in Ägypten, Mesopotamien und (später) in Südasien vorherrschten. An der Spitze der sozialen Pyramide standen in China Herrscher, die ihre Position stärkten, indem sie behaupteten, in Verbindung mit einer übernatürlichen Welt zu stehen, die ihnen oft zu einzigartigen genealogischen Stammbäumen verhalf. Auf diese Weise zementierten sie ihre Autorität und wurden zugleich zur Quelle göttlicher Macht. Mesopotamische Könige leiteten ihre Macht aus einem Außenseiterstatus ab; sie fanden es vorteilhaft, «Fremde im eigenen Land» zu sein. Währenddessen leiteten die Herrscher des südchinesischen Königreichs Chu (im Gebiet der heutigen Provinzen Jiangsu und Anhui) ihren Stammbaum von einer Gottheit ab, dem Feuergott Zhurong (祝融), der angeblich den Geist des Wassers unter Kontrolle hatte und so für fruchtbare Böden und gute Ernten sorgen konnte.[48] All dies war Teil eines Zyklus, der auch aus anderen Regionen und Zeiten bekannt ist und der, wie manche Anthropologen argumentieren, einerseits mit der zunehmenden Komplexität von Gesellschaften zu tun hat, andererseits mit den Ursprüngen von Religion.[49]

Nach diesem Modell kommt, je größer, arbeitsteiliger und spezialisierter die Gesellschaften werden, Herrschern und Priestern immer mehr die Rolle von Allesdeutern zu, egal, ob es um Naturkatastrophen oder Umweltherausforderungen, um Ressourcenüberschüsse oder Ressourcenmangel, um militärische Niederlagen oder vorzeitige Todesfälle geht. Sie mussten kraft Amtes Erklärungen liefern für Strafen oder Belohnungen, die unsichtbare Götter den Menschen zuteilten. Besonders Umwelt- und Klimakalamitäten waren eng mit «moralisierenden Göttern» verbunden, die aus Zorn oder schlicht aus Langeweile Strafen für Übertretungen oder vermeintlichen Mangel an Respekt verhängten. Es ist auffällig, aber vielleicht nicht gar so überraschend, dass sich in Regionen, die besonders anfällig waren für unglückselige Veränderungen von Wetterlagen, vor allem für Dürren, aber auch für Überflutungen und Stürme, kosmologische Systeme entwickelten, die auf «moralisierenden Göttern» beruhten. Diese setzten solche Naturereignisse ein, um zu strafen, ihr Missfallen zu zeigen und Lektionen zu lehren.[50]

Wie wir noch sehen werden, spielten Gottheiten, die mit internen Gruppenkämpfen und dem Auslösen von Katastrophen beschäftigt waren, in der babylonischen und ägyptischen Literatur und Theologie eine wichtige Rolle, wie später auch in Indien nach der bronzezeitlichen Indus- (oder Harappa-)Kultur und im Mittelmeerraum. Die griechischen Götter etwa lösten Kriege aus, trugen untereinander (aber auch mit einzelnen Sterblichen) Eifersüchteleien und Kleinkriege aus und brachten Unglück über all jene, die ihnen nicht die gebührende Ehre erwiesen hatten. Andere dagegen, ihre Günstlinge, wurden mit Wohltaten und Reichtum überhäuft.

In Ostasien lagen die Dinge ganz anders, wie sich sowohl in der Literatur als auch in der religiösen Praxis zeigt. Die Hauptthemen sind hier nicht Zerstörung und Bestrafung, sondern es geht insgesamt viel abstrakter und friedfertiger zu. Einer der Gründe, warum die frühen Chinesen nicht wie andere Völker mit ihren Göttern stritten oder haderten, könnte darin liegen – so die Deutung eines amerikanischen Sinologen –, dass es «ökologisch und hinsichtlich der Umwelt kaum Streitpunkte gab», weil die Klimabedingungen günstiger und kalkulierbarer waren als anderswo. Vielleicht wurden sogar die unverwechselbar chinesischen Vorstellungen vom Status der Ahnen vom kühleren Klima in Nordchina mitgeprägt. Es dauerte dort länger, bis der tote Körper zerfiel, was ausgedehnte Rituale vor der eigentlichen Bestattung ermöglichte – und Priestern und anderen religiösen Funktionsträgern ausgiebig Gelegenheit gab, ihre eigene Bedeutung zu inszenieren.[51]

Der Einsatz von Tempeln, heiligen Räumen und Sonderbehandlungen nach dem Tod erlaubte es hierarchisch Hochgestellten, ihre Verbindungen zum Göttlichen zu demonstrieren und die enge Beziehung zwischen Eliten und übernatürlichen Wesen öffentlich zu festigen. Dies alles diente offenkundig auch dazu, Kontrolle auszuüben und die soziale Schichtung zu markieren. Derartige Barrieren wurden zudem durch Menschenopfer bestärkt – nicht nur in Mesopotamien, Ägypten, im Industal, in Ostasien und Mittelamerika, sondern auf der ganzen Welt (wenn auch zu unterschiedlichen Zeiten, je nachdem, wann in den lokalen Gesellschaften der Komplexitätsgrad entsprechend zugenommen hatte). Die absichtliche und rituelle Tötung von Individuen, um übernatürliche Wesen zu besänftigen, ist aus den frühen Kulturen der Araber, Turkvölker, Inuit, Altamerikaner, Austronesier, Chinesen und Japaner, aber auch aus Mesopotamien bekannt. An Versuchen, Ziel und Zweck von Menschenopfern zu erklären, mangelt es nicht, aber die vielleicht einleuchtendste Erklärung ist, dass solche Akte die Autorität der

Herrscher legitimierten, indem sie deren Macht über die Bevölkerung und deren ausschließliche Fähigkeit demonstrierten, den Göttern zu gefallen.[52]

Diese Sonderstellung wurde nicht nur im Leben, sondern noch im Tod hervorgehoben. Tote Herrscher erhielten häufig Opfergaben, so wie Uranamma, der in Nippur täglich damit bedacht wurde.[53] Auch Bestattungen der Elite spielten eine wichtige Rolle; sie waren von aufwendigen Zeremonien begleitet, von Musik und Festessen, die den Status der sozial Hochgestellten und Reichen betonten.[54] Die Königsgräber von Ur im Süden Mesopotamiens, die in den 1920er und 1930er Jahren ausgegraben wurden, förderten Tausende von Skeletten zutage, darunter auch solche von jungen Dienern, die um die Mitte des dritten vorchristlichen Jahrtausends gemeinsam mit ihren berühmten Königen und Königinnen begraben worden waren. Zuvor hatte man sie mit einem Instrument erschlagen, das am Ende eine kleine Spitze aufwies, die, wenn man hart genug zuschlug, die Schädeldecke durchdrang. Die Diener wurden, wie CT-Scans zeigen, ebenfalls einbalsamiert, damit sie ihren «Dienst» in der nächsten Welt fortsetzen konnten. Darauf verweist auch die Tatsache, dass sie ihre Dienstkleidung trugen und um die Leichname ihrer Herren und Herrinnen herum drapiert waren.[55]

Man muss durchaus vorsichtig sein mit Generalisierungen über soziale Hierarchien, weil meist unklar ist, inwieweit die Verhältnisse von Ort zu Ort und über verschiedene Zeiten hinweg vergleichbar sind. Dagegen ist klar, dass Größe und Lage öffentlicher Bauten nicht nur bezeugen, dass es ein öffentliches Planungswesen gab, sondern auch, dass massenhaft Arbeitskräfte mobilisiert werden konnten.[56] Das berühmteste Beispiel ist zweifellos der Bau der Großen Pyramide in Gizeh, an der mindestens 10 000 Mann dreißig Jahre lang arbeiteten – was beträchtliche logistische Herausforderungen mit sich brachte, nicht zuletzt die, solche Heerscharen täglich versorgen zu müssen.[57]

Die Eliten kontrollierten die Infrastruktur neuer Städte, während Arbeiter landwirtschaftliche Flächen, die der Versorgung der Bevölkerung dienten, weder besaßen noch irgendwelche diesbezüglichen Bestimmungsrechte hatten. Sie hingen, wie späteren mesopotamischen Texten zu entnehmen ist, von Institutionen, Tempeln und Wohlhabenden ab und erhielten ihren Lohn in Form von Lebensmittelrationen. Alternativ mussten sie, wenn sie die Äcker selbst bebauten, hohe Ernteanteile abliefern.[58] Keilschrifttexte aus Städten wie Lagash, Nippur und Ur halten die Verteilung von Gerste und anderen Getreidesorten an Arbeiter aller Art fest – darunter Hirten und Weber, Landarbeiter und Brauer.[59]

Der Landbesitz von Institutionen und reichen Einzelpersonen erreichte erstaunliche Dimensionen. Um 2300 v. Chr. kontrollierten relevanten Zeugnissen zufolge einige Tempel einen Landbesitz von Tausenden oder gar Zehntausenden Hektar. Die Krone hingegen kontrollierte in Mesopotamien sogar ein Mehrfaches dieser Fläche in allen Landesteilen.[60] Was dabei wirklich zählte, waren die Kontrolle über die Arbeitskräfte und die Fähigkeit, deren Arbeit zu dirigieren und zu monopolisieren. Das erklärt vielleicht, warum Produktion wie Verteilung von Nahrungsmitteln und sogar das Kochen zentralisiert waren. Öfen und Herde befanden sich nicht in den Häusern, sondern in den Tempeln.[61] Dies alles könnte auch zur Erklärung dienen, warum es kaum Anzeichen dafür gibt, dass in der Nähe der Städte eine eigenständige landwirtschaftliche Bevölkerung lebte; es sieht ganz so aus, als hätten die Arbeiter nur vorübergehend auf dem Land gelebt.[62]

Eine Möglichkeit, alles unter Kontrolle zu behalten, bestand darin, Mauern um die Städte zu bauen. Es wurde die These vertreten, dass zumindest in einigen Fällen frühzeitliche Stadtmauern errichtet wurden, um sich gegen Umweltgefahren, vor allem Wasser und Fluten, zu schützen; später hätten die Mauern die Funktion als Schutzwälle gegen feindliche Angriffe übernommen.[63] Erst kürzlich wurde dargelegt, dass die Größenordnung der Stadtmauern in Städten wie Uruk jedes Maß des militärisch Gebotenen überschritt – woraus sich die Frage ergibt, ob die Mauern nicht auch unabhängig davon als symbolischer Ausdruck von Macht gedient haben könnten.[64] Dieser Umstand findet seine Parallele in Ägypten, wo Investitionen und Ausgaben für militärische Kräfte anscheinend eher das königliche Prestige reflektierten als die Verteidigungserfordernisse in einer Zeit, in der es politisch eher ruhig zuging und in der die Bedrohungen von außen sich in Grenzen hielten.[65]

Eine weitere, die anderen nicht notwendig ausschließende Erklärung lautet, dass die Stadtmauern dazu dienten, die Bewegungsfreiheit einzuschränken, damit sichergestellt war, dass das Reservoir an Arbeitskräften konstant blieb. Es sollten immer genügend Leute verfügbar sein, die sich um die Getreideversorgung kümmerten und so die langfristige Zukunft der Stadt sicherten. Städte waren von einer stabilen Nahrungsmittelversorgung abhängig, denn nur so konnte das Stadtleben als solches überhaupt funktionieren.[66] In der Praxis musste für einen stetigen Zustrom an Migranten gesorgt werden, denn diese wurden dringend gebraucht, um die Stadtbevölkerung stabil zu halten; für eine Expansion waren sie sogar unverzichtbar.[67]

Zahlreiche Belege für Sklaverei in Südmesopotamien zeigen, dass hier nicht alles dem Zufall überlassen wurde. Zwangsarbeiter wurden für den Erhalt des Bewässerungssystems eingesetzt; die Frauen mussten in der Textilproduktion arbeiten.[68] All dies lief darauf hinaus, dass um 3000 v. Chr. Städte wie Nippur, Adab, Kish, Ur und Umma allesamt hohe Einwohnerzahlen hatten. Aber keine war größer als Uruk; das Stadtgebiet umfasste 250 Hektar, die Einwohnerzahl lag irgendwo zwischen 20000 und 40000.[69]

Ein erhöhtes Maß an regionalem Austausch in Verbindung mit Bevölkerungswachstum und einem höheren Produktionsniveau, zu dem neue Werkzeuge, neue Techniken und die Entwicklung von Bewässerungssystemen maßgeblich beitrugen, erforderte in den aufblühenden Städten und Staaten ein höheres Maß an administrativer Kontrolle und Kompetenz. So entstand das parasitäre Modell einer Stadt oder eines Staates, wo die Arbeiterschaft für Wachstum sorgte und die Früchte von einer Elite geerntet wurden, die Barrieren errichtete und aufrechterhielt, um ihre eigene Position zu zementieren und zugleich den Zugang zu ihren Kreisen zu beschränken.

Zweck der so entstehenden Bürokratie war es, das Leben und die Wirtschaft zu standardisieren, zu homogenisieren und zu harmonisieren. So sollten immer größere Gewinne für das Zentrum erwirtschaftet werden. Doch dafür wurden Institutionen und Mittel gebraucht, die es ermöglichten, die Produktivität zu messen und zu erfassen; Güter und Arbeitskräfte mussten so überwacht werden, dass sich die Verluste des Systems in engen Grenzen hielten. Das erforderte zum Beispiel die Vereinheitlichung von Gewichten und Maßen. Ein anderes Beispiel war die Übertragung von Verwaltungsnormen auf benachbarte Dörfer und Siedlungen. Die wichtigste und augenfälligste Innovation indes war die Entwicklung von Schrift- und Aufzeichnungssystemen. Diese kamen ungefähr um dieselbe Zeit im Fruchtbaren Halbmond auf.

Marken aus Ton, die für Gütereinheiten standen und einer elementaren Buchführung dienten, waren schon zu Beginn des Holozäns in Mesopotamien in Gebrauch gekommen. Um 3500 v. Chr. nutzte man Rollsiegel, um Warenbündel und Güter zu markieren.[70] Rund zwei Jahrhunderte später wurden diese durch zweidimensionale Piktogramme ersetzt, die mit einem Griffel in Tontafeln geritzt wurden. Nun wurden Güter zahlenmäßig festgehalten. Solche Zeichen entwickelten sich im Laufe einiger Jahrhunderte weiter zu einem Schriftsystem aus phonetischen Zeichen. Anfangs wurden nur individuelle Namen transkribiert, später auch andere Begriffe.[71] Dies waren Stufen in einem Prozess, der nicht nur zur Entwicklung von Alphabeten führte, sondern neue Horizonte öffnete: Die Verwendung von schriftlicher Kommunikation weitete sich dramatisch aus.[72]

Nun konnten Ereignisse, Geschichten, Gedanken und Mythen niedergeschrieben und in standardisierter Form weiterverbreitet werden. Doch all diese Durchbrüche gingen zurück auf Notwendigkeiten, die ganz alltäglich und unromantisch waren: auf das Bestreben, Güter und Handelsverkehr festzuhalten; Rechnungen zu schreiben und Steuern einzutreiben; und, aufseiten der Eliten, Netzwerke für den Austausch zu monopolisieren und den eigenen Machterhalt zu sichern. Letztlich haben wir es also den Erfordernissen von Steuereintreibern vor 5000 Jahren zu verdanken, dass seither große Werke der Literatur entstehen konnten. Ohne antike

Buchhalter hätte es weder die Tora, die Bibel noch den Koran gegeben, weder Shakespeare noch *Bābur-Nāma* (die Autobiographie des ersten Indischen Moguls, der von 1483 bis 1530 n. Chr. lebte) noch Tolstoi.

Auch die babylonischen Epen hätte es dann nicht gegeben – Mischungen aus Mythen, Erzählungen und Geschichtsschreibung, die die Frühzeit der Geschichte Mesopotamiens überliefern – und ebenso wenig Literaturen aus anderen Teilen der Welt, wo dieselben Urbanisierungsprozesse abliefen, wiederum im Zusammenspiel mit dem Aufstieg von Hierarchien und Priesterkasten, von politischer Führung und einem Verwaltungswesen. Die Gesellschaften in Mittelamerika und am Nil, im Industal und in den chinesischen Regionen am Gelben Fluss und am Jangtse, aber auch in anderen Weltregionen passierten auf diesem Weg nicht zur selben Zeit dieselben Wegmarken wie der Süden Mesopotamiens. Sie gingen nicht im Gleichschritt voran, als es um die Entwicklung von Schriftsystemen ging. Aber die Wege, so viel lässt sich sagen, waren in jedem Einzelfall ähnlich, auch wenn die Schriften aus dem Industal bislang noch der Interpretation harren oder zumindest nicht vollständig verstanden werden.[73]

Auch anderswo entwickelten sich Eliten auf ganz ähnliche Weise wie in Mesopotamien. Die herrschende Klasse in Ägypten monopolisierte die Arbeit der Bauern auf dem Land und behauptete ihre Macht innerhalb einer Priesterkaste, die sich durch Selbstselektion verstetigte.[74] Es entstanden Bürokratien, die obsessiv Informationen sammelten, mit endlosen Listen von Städte- und Personennamen, Nahrungsmittel- und Getreidelieferungen – ganz wie in Mesopotamien.[75] Die Arbeitskräfte an das Land zu binden, um ein hohes landwirtschaftliches Produktionsniveau abzusichern, war auch das Hauptanliegen der Beamten in der chinesischen Qin-Dynastie (221 bis 207 v. Chr.); es wurden eigens Register geführt, um zu verhindern, dass Bauern und Arbeiter das Land verließen.[76]

Um 2500 v. Chr. waren im südlichen Mesopotamien Städte wie Uruk, Eridu, Umma, Uqair und Ur erblüht und angewachsen, ähnlich wie die urbanen Zentren Naqada und Hierakonpolis in Ägypten. Im Industal waren es Mohenjo-Daro und Harappa, und auf dem Gebiet der heutigen chinesischen Provinz Sichuan die Städte Liangzhu und Baodun. Die Urbanisierung scheint Veränderungen in den umliegenden Regionen angestoßen zu haben, denn es kam auch bei den benachbarten Völkern zu Bevölkerungsverdichtungen und sozialer Schichtenbildung – vermutlich als Reaktion auf das Anwachsen der Märkte und der allgemeinen Nachfrage. Ein gutes Beispiel ist Nubien, wo Viehhirten begannen, sich in der Umgebung der zukünftigen Stadt Kerma im heutigen Sudan niederzulassen. Innerhalb weniger Jahrhunderte entstand hier das Zentrum des mächtigen Königreichs Kusch, das mit dem Mittleren Reich in Ägypten (um 2137 bis 1781 v. Chr.) rivalisierte.[77]

Üblicherweise führte eine höhere Bevölkerungsdichte zur Bildung sozialer Schichten. Hier liegt wohl auch die Erklärung dafür, dass sich die Dinge im Industal ganz anders entwickelten. Dort finden sich deutlich weniger Anzeichen für die Konsolidierung politischer Macht in den Händen eines einzigen Herrschers, einer Dynastie oder einer Elite. Folglich finden sich auch kaum Beispiele für aufwendige Grabstätten und Monumentalbauten zur Verherrlichung Einzelner oder spezieller Familien. Selbst Tempel und religiöse Bauten kommen hier viel seltener vor – was auf eine andere spirituelle und soziale Überformung der Gesellschaft in dieser Region schließen lässt.[78] Es hat also den Anschein, als seien die Gemeinschaften, die in den Schwemmlandebenen des Indus und seiner Nebenflüsse lebten, egalitärer gewesen als die Gesellschaften, die weiter westlich zwischen Euphrat und Tigris oder entlang des Nils lebten.[79]

Dasselbe scheint in der Norte-Chico-Region in Südamerika, im heutigen Peru, der Fall gewesen zu sein. Eine schnelle Transformation rund um das Jahr 3000 v. Chr. ließ die ersten dauerhaften Großsiedlungen entstehen, die durch öffentliche Monumentalarchitektur und große zeremonielle Gebäude geprägt waren.[80] Eine Hypothese, der zufolge Küstenorte mit üppigen Meeresressourcen als Katalysator für diese Entwicklung sowie als Basis für die Expansion gedient hatten, ist heute überholt. Die größten und wichtigsten Städte lagen in Tälern im Landesinnern und auf dem Hochland, und sie hatten allesamt Zugang zu Ackerland.[81] Die bedeutendste dieser Stadtsiedlungen war Caral; sie könnte das administrative Zentrum einer größeren Region gewesen sein.[82] Ähnlichkeiten in der Stadtanlage sowie Speicherflächen und rituelle Bauten in zahlreichen Siedlungen, die manchmal weit voneinander entfernt lagen, lassen auf lokale Netzwerke für den Austausch schließen, aus denen sich von 3000 v. Chr. an eine gemeinsame Kultur unter den Dörfern und Regionen entwickelte.[83] Neue Entwicklungen in der Bewässerungstechnik und im Umgang mit den Ackerböden sowie eine Ausweitung der Produktion, der Verarbeitung und des Verzehrs von Feldfrüchten – vor allem Mais – trugen zur dauerhaften Versorgung größerer Siedlungen bei und sorgten für ein spektakuläres Bevölkerungswachstum.[84] Nach Ansicht mancher Wissenschaftler wuchs die Bevölkerung im Verlauf von nur drei Jahrhunderten um den Faktor 30 an.[85]

Viele städtische Siedlungen wiesen im Zentrum Erdhügel auf, die für feierliche Zeremonien und sakrale Riten von großer Bedeutung waren. Obwohl anscheinend nur eine kleine Zahl von Menschen Zutritt zu diesen Hügeln hatte (was auf Macht und Status von Eliten hindeuten könnte), belegen andere Indizien, dass die soziale Schichtenbildung gering war.[86] Am verblüffendsten ist allerdings, dass es keinerlei Anzeichen für Krieg und Gewalttaten in den Regionen von Norte Chico gibt. Alle Orte, die dort in einem Mosaik von Siedlungen identifiziert werden konnten, lagen an Stellen, die «eindeutig keine Verteidigungsstellungen» waren. Überdies fehlten Befestigungsanlagen, Mauern und andere Hinweise darauf, dass Konflikte und Konfrontationen signifikante oder gar regelmäßige Vorkommnisse hätten sein können.[87] Eine sich geradezu aufdrängende Erklärung dafür lautet, dass die Verbindungen zwischen diesen Gemeinschaften nur schwach waren. Das gilt vor allem für Siedlungen mit unterschiedlichen geographischen und klimatischen Umgebungen. Es gab nur begrenzten Austausch zwischen den Küstenbewohnern, den Bewohnern der flachen Täler und den Bewohnern der Hochflächen.[88]

Ein ausschlaggebender Unterschied zu Mesopotamien und Ägypten scheint auch in der Bevölkerungsgröße insgesamt und – fast noch entscheidender – in der Siedlungsdichte zu liegen: Wie im Industal waren die Zivilisationen in den Anden über viel größere Räume mit viel größeren Entfernungen verstreut. Selbst innerhalb der Dörfer und Städte war hier Platz kein so zentrales Gut wie in anderen Siedlungen, die in ökologischen Nischen lagen und größerem Bevölkerungsdruck ausgesetzt waren. Wie bei den Großsiedlungen in der Cucuteni-Tripolje-Kultur liegt also in der Tatsache, dass sich am Indus wie in den Anden anscheinend keine Herrscherklasse herausbildete, ein Hinweis darauf, dass es sich um Kulturen der Fülle und Produktivität handelte. Mehr Land, bessere Bodenqualität, keine Angst vor Nahrungsmittelknappheit – das bedeutete im Umkehrschluss, dass die Notwendigkeit, den eigenen Status hervorzuheben und zu verbessern, einfach nicht so groß war.[89]

Die Korrelation von Status und Hierarchie einerseits und der Wettbewerb um Ressourcen und Raum andererseits können weitgehend als Erklärungsmuster für die Konkurrenz zwischen Städten dienen. Das gilt in besonderem Maße für Mesopotamien, wo die Städte in Clustern nahe beieinanderlagen. Die Rivalitäten waren bisweilen heftig und langanhaltend – Lagash und Umma etwa trugen einen Grenzkonflikt aus, der um 2500 v. Chr. begann und erst 150 Jahre später endete.[90] Dabei ging es nicht so sehr um Land, sondern vielmehr um Wasser. Anders als am Nil, dessen Fluten regelmäßig, wenn auch nicht immer im gleichen Umfang kamen, oder im Norden Mesopotamiens, wo die jährlichen Niederschlagsmengen die Landwirtschaft beförderten, war die Agrarproduktion im Süden Mesopotamiens vom Wasserstand des Tigris und des Euphrats abhängig – und damit vor allem vom Bau von Bewässerungs- und Kanalsystemen. Was zählte, war der Zugang zu erstklassigem Land und zum Wasser.[91]

Ebenso knapp waren Materialien für Werkzeuge, Waffen und Schmuck sowie Luxusmaterialien für Tempel, Paläste und Häuser. Metalle wie Kupfer und Zinn waren selten, doch sogar Grundstoffe wie Steine und Holz waren schwer erhältlich. Da überrascht es wohl kaum, dass Quellen für neue Mineralien und andere Rohstoffe den Königen meistens von den Göttern «offenbart» wurden. Die Könige machten sich solche göttlichen Botschaften zunutze und sandten Expeditionen aus, die nach den benötigten Rohstoffen suchen, diese ausbeuten und möglichst viel davon mit nach Hause bringen sollten.[92] Das verschärfte natürlich die Feindseligkeiten gegenüber der Konkurrenz und die Rivalitäten mit anderen Städten, die selbst mit entsprechenden Knappheiten zu kämpfen hatten. Es kam zu hartnäckigen Kämpfen um die Kontrolle über bestimmte Orte, die reich an Mineralien und Rohstoffen waren.

Aber diese Konkurrenz stieß auch sozioökonomische Veränderungen und Innovationen an. Sie führte außerdem zur Schaffung von Netzen aus Satellitenstädten und Kolonien, die den Zugang zu Regionen kontrollierten, wo es mehr als genug Metalle und Steine gab oder wo man Wolle und Rohmaterialien für Textilien kaufen (oder stehlen) konnte. Solche Satelliten dienten offensichtlich auch als strategische Außenposten, um die kommerziellen Interessen der Mutterstädte zu verteidigen, sowie als Tore zu Fernhandelsnetzen. Solche Fernhandelswege erstreckten sich um 2500 v. Chr. bereits zum Nil, nach Anatolien und an den Indus, darüber hinaus aber auch in den Kaukasus und in den Mittelmeerraum. Natürlich waren sie keine Einbahnstraßen, vielmehr ermöglichten sie die Ausbreitung von Gütern, Ideen und Technologien, wodurch auch Nordafrika, der Nahe und Mittlere Osten und zumindest einige Teile Südasiens in dieses System von Handel und Austausch mit einbezogen waren.[93]

Die Handelsnetze trugen auch dazu bei, die Vorstellungen vom Königtum zu formen. Dies zum einen, weil die Herrscher Handelsexpeditionen förderten (und deshalb auch am meisten von deren Ergebnissen profitierten), zum anderen, weil der Erwerb exotischer, seltener und ausgefallener Materialien, Güter und Objekte ihnen gestattete, den eigenen Status herauszustreichen. Sie verteilten Belohnungen an ihre Diener, zudem war der Austausch von Geschenken zwischen Herrschern ein wichtiger Bestandteil des eigenen Machtausdrucks; über Geschenke wurden Allianzen geschmiedet. Es entstand eine «Bruderschaft von Königen», wie es ein Historiker nannte. Mit seinen Schätzen konnte der König Rituale ausweiten und ausstatten, neue Zeremonien entwickeln und selbst das Wesen des Königtums ausgiebig demonstrieren.[94] Solche Formen des Ausdrucks spielten eine wichtige Rolle, wenn es darum ging, die soziale Schichtenbildung weiter voranzutreiben, sowohl auf der symbolischen Ebene als auch in der Praxis. Kontrolle und Erträge des Handels mit Luxusgütern ermöglichten den Aufstieg von Eliten in Südwestasien, in vielen Teilen Chinas und anderswo auf der Welt.[95]

Orte wie das südliche Mesopotamien, wo Getreide gedieh und Weideland vorhanden war, boten die Chance, einen Überschuss an Nahrung und Gütern herzustellen. Dies schuf einen Anreiz, die Arbeiterschaft zu kontrollieren und Profite zu erwirtschaften, während sich Hierarchien vertieften – zugunsten derjenigen, die an der Spitze der sozialen Pyramide standen. Geschützt und verstärkt wurden diese Hierarchien durch Schreibsysteme und die Schaffung von Import- und Exportmärkten für Luxusgüter.[96]

Männer waren die Hauptprofiteure, denn das Patriarchat bildete den Kern von Staaten und Reichen zu allen Zeiten der Geschichte. Die Realität und die Verherrlichung von Gewalt und Krieg verhalf zu dem, was ein Wissenschaftler einmal den «Triumph der aggressiven Kulturen» nannte. Gruppengewalt nahm zu, je komplexer die Gesellschaften wurden, wobei Lohn und Prestige denen zukam, die geübt im Kampf waren und andere in der Schlacht anführen konnten. Die Staatenbildung ging Hand in Hand mit Gewalt, Patriarchat und Zentralisierung, und all das hatte Auswirkungen auf die Umwelt – und auf die Rolle der Frauen.[97]

Der Aufbau von Handelsnetzen, der Erwerb von Rohstoffen, Werkzeugen und Technologien und die zunehmende Kompetenz der Zentralverwaltungen führten zu bemerkenswerten Effizienzgewinnen. Sie ermöglichten es den Städten, immer größere Menschenmassen anzuziehen und zu versorgen. Dazu trugen auch Fortschritte der Landwirtschaft und der Bewässerungssysteme bei, die für neue landwirtschaftliche Nutz- und Produktionsflächen sorgten. Es schien ein immerwährender Expansionszyklus zu sein, der zudem spektakuläre Monumentalbauten hervorbrachte – von den babylonischen Tempeltürmen über die Pyramiden in Ägypten bis zu den Badehäusern im Industal.

Das Problem war nur, dass übermäßige Größe auch übermäßigen Druck erzeugt. Immer mehr Menschen brauchten immer mehr Nahrungsmittel, und das hieß, dass man entweder den Boden immer massiver bearbeitete, dass auch Randgebiete landwirtschaftlich genutzt wurden oder dass man das Ackerland generell ausweiten musste. Letzteres bedeutete, dass sich die Produktion der Nahrungsmittel immer weiter von dem Ort entfernte, wo sie verzehrt wurden. Das führte natürlich zu einem Wettbewerb um das beste Land, nicht nur zwischen den Städten, sondern auch innerhalb der Städte. Im Zuge einer Ausweitung der sozialen Differenzierung muss sich auch der Konsum verändert haben. Die Reichen forderten mehr Qualität, Quantität und eine größere Auswahl an Gütern und Nahrungsmitteln – was wiederum eine Erhöhung des Drucks auf die Umweltressourcen mit sich brachte.

All das waren ideale Bedingungen für politischen Opportunismus. Aber es waren auch ideale Bedingungen für Umwelt- und ökologischen Stress. Es brauchte nicht viel, um die Fragilität dicht bevölkerter Gemeinden offenzulegen. Die Ursachen konnten menschengemacht sein, wenn es etwa zu Konfrontationen kam, die zur Plünderung der Ressourcen führten, Bauern von der Feldarbeit abhielten und Nahrungsmittelknappheit erzeugten, weil nicht genug gesät und geerntet wurde. Aber auch Klimaereignisse oder Umweltsünden konnten den Ausschlag geben. Agrarwirtschaften hingen in besonderem Maße von Niederschlägen und der Verfügbarkeit von Wasser ab – beides ist eng mit den lokalen und überregionalen Klimamustern verbunden. Wenn es genug Wasser in den großen Strömen wie Euphrat und Tigris, dem Gelben Fluss, dem Jangtse oder dem Indus und deren Nebenflüssen gab, ließ sich das Ackerland leicht kultivieren. War das Wasser hingegen knapp, kam es zu Ernteausfällen und Hunger. Zudem war damit das Risiko von Seuchen verbunden.[98]

Wenig überraschend sind einige der ersten Ideen, die schriftlich festgehalten wurden, Erzählungen vom Ursprung der Erde – vor allem von den perfekten Bedingungen, die für die Menschen einst geschaffen worden waren. In der sumerischen Schöpfungserzählung «Enki und die Weltordnung» steht der Gott Enki da, «voller Lust wie ein wilder Stier. Er hob seinen Penis, ejakulierte und füllte den Tigris mit Wasser.»[99] Bei den Babyloniern gab es eine ähnliche Erzählung, die allerdings nicht ganz so bildhaft anschaulich war. Das Schöpfungsepos *Enūma Eliš* (benannt nach den ersten Worten: «Als oben der Himmel ...») ist in akkadischer Sprache auf Keilschrift-Tontafeln überliefert, die im 19. Jahrhundert in den Ruinen der Bibliothek des Ashurbanipal in der Stadt Ninive ausgegraben wurden. Darin heißt es, am Anfang der Zeit habe ein chaotischer Wasserwirbel gestanden. Dieser habe sich in frisches Süßwasser und bitteres Salzwasser geteilt und schließlich in die Quelle von Euphrat und Tigris verwandelt.[100] Nach heftigen internen Kämpfen entschieden die Götter schließlich, den ersten Menschen, Lullu, zu schaffen. Dieser erhielt den Auftrag, ihnen zu dienen und die Erde in Ordnung zu halten. Trotzdem blieben die Götter weiter verantwortlich für «Weide- und Wasserplätze». Sie mussten sicherstellen, dass auf der Erde «reines Ackerland» und genügend Getreide für alle zur Verfügung standen. Am Ende erhielt der Gott Enibulu die Zuständigkeit, Überschüsse für die Menschen anzuhäufen, reichlich Regen über die weite Erde zu bringen und die Vegetation üppig sprießen zu lassen.[101]

Ähnliche Erzählungen gab auch in Südasien. Hier zeichneten vier große hinduistische Sammlungen von Hymnen, Zaubersprüchen und rituellen Formeln, «Veden» genannt, die Frühgeschichte und die Glaubensinhalte der Arier in deren heiliger Schriftsprache Sanskrit auf. Der älteste und berühmteste der Veden, *Rigveda* («Verse des Wissens»), wurde vor rund 2500 Jahren niedergeschrieben. Die aufgezeichneten Lieder und Gedichte stammen jedoch aus viel früherer Zeit; sie könnten rund tausend Jahre älter sein. In dieser Sammlung findet sich auch die Erzählung, wie Indra, neben seinen Brüdern eine der drei Hauptgottheiten, den Regen befreit, der von Vritra, dem Dämon der Trockenheit, in seinen Wolken gefangen gehalten wurde. Der befreite Regen stürzt auf die ausgetrocknete Erde hinab. Vom bösen Zauber befreit, geben die Wolken ihre Flüssigkeit frei. Die Flüsse schwellen an, und die Menschen, die das Land bearbeiten, erheben sich «mit tiefer Freude und dankbarem Herzen» – dankbar dafür, dass ihre verkümmerten Felder bald wieder Heimstatt für im Wind wogende Ackerfrüchte sein werden. «Mutter Erde» wird sich verwandeln, statt eines «braunen und öden» wird sie bald wieder ein «strahlend grünes» Gewand tragen.[102]

Die bekannteste derartige Erzählung ist jedoch die aus der Tradition Abrahams, aufgezeichnet im biblischen 1. Buch Mose (Genesis): «Am Anfang schuf Gott Himmel und Erde. Und die Erde war wüst und leer, und Finsternis lag auf der Tiefe; und der Geist Gottes schwebte über dem Wasser.» Nachdem Gott anschließend Land, Meer, Vegetation und Scharen von «lebendigem Getier» geschaffen hatte, schuf er Menschen und gab ihnen den Auftrag, zu «herrschen über die Fische im Meer und über die Vögel unter dem Himmel und über das Vieh und über die ganze Erde und über alles Gewürm, das auf Erden kriecht».[103]

Mann und Frau, Adam und Eva, erhielten schließlich einen weiteren göttlichen Auftrag: «Seid fruchtbar und mehret euch und füllet die Erde und machet sie euch untertan.» Seht, sagte Gott, ich habe euch Pflanzen, Früchte und Nahrung bereitgestellt und dafür gesorgt, dass alle Tiere auf Erden, alle Vögel in der Luft und alles Getier des Meeres euch alles geben, was ihr zum Leben braucht. Aber die Dinge entwickelten sich nicht wie beabsichtigt, und so wurden Adam, Eva und ihre Nachkommen, statt sorglos von Gottes Schöpfung leben zu können, aus dem Garten Eden verbannt. Sie waren nun gezwungen, die Erde zu bebauen, aus der sie selbst entstanden waren, und ihr Brot «im Schweiße ihres Angesichts» zu verdienen, im Kampf gegen Dornen und Disteln.[104]

Die Welt in ihrer ursprünglichen Form war wohlwollend und großzügig. Nach dem Sündenfall des Menschen aber war sie schwierig und gefährlich. Nach gemeinsamer jüdischer, christlicher und muslimischer Lehre wurde die Erde von Gott geschaffen, damit die

Menschen sich an ihr erfreuen könnten. Doch Ungehorsam führte zu Strafe – und zur Vertreibung aus der perfekten Welt des Paradieses. So kamen die Menschen in eine Welt der Arbeit, der Klima- und Umweltrisiken.

Wechselnde Wettermuster waren nur einer der potenziellen Auslöser gefährlicher Konsequenzen für Gesellschaften, die am Rande der ökologischen und landwirtschaftlichen Tragfähigkeit lebten. Je größer der Staat, die Stadt oder die Gesellschaft, desto größer wurde ihre Anfälligkeit in Zeiten unerwarteter Risiken. Selbst relativ moderater Druck aus einer oder verschiedenen Quellen konnte schon dafür sorgen, dass solche Gesellschaften gefährlich schutzlos wurden.

Der Gedanke, dass Unternehmen oder Staaten «zu groß» sein könnten, «um zu scheitern», gelangte erst im Zeichen der großen Finanzkrise im ersten Jahrzehnt des 21. Jahrhunderts ins öffentliche Bewusstsein. Doch wie die Geschichte nur allzu deutlich zeigt, war die Vergangenheit vom genauen Gegenteil geprägt: Reiche entstanden und zerfielen wieder, oft im Rekordtempo. Zunehmende Größe und Komplexität waren eher keine Rückversicherung gegen das Scheitern; vielmehr entwickelten sie irgendwann eine Eigendynamik, die den Bogen überspannte. Am Ende konnte – wie ein Kartenhaus – alles ganz schnell, chaotisch und endgültig zusammenstürzen.

FÜNFTES KAPITEL

Leben über die eigenen Verhältnisse

(2500 bis 2200 v. Chr.)

Mögen deine heiligen Mauern bis zu ihrem höchsten Punkt
voller Trauer erschallen!
Fluch über Akkad **(ca. 2100 v. Chr.)**

Etwa um 2300 v. Chr. begann Sargon, Herrscher der Stadt Akkad im heutigen Irak, einen Eroberungsfeldzug, in dessen Verlauf er eine ganze Reihe mesopotamischer Städte unterwarf und etwas errichtete, das wir heute als «Reich» bezeichnen würden.[1] Als jemand, dem Bescheidenheit fremd war, ließ er triumphierende Inschriften anfertigen, mit denen er die Namen der Besiegten festhielt und sich selbst zum «König der Welt» ausrief.[2] «Ich zerschlug den mächtigen Berg mit Kupferäxten», prahlte er; er habe hohe Berge erklommen und sei dreimal über das Meer gesegelt.[3] Er hatte «weder Rivalen noch Gleichgestellte», wie es in der späteren *Chronik der frühen Könige* heißt, er unterjochte seine Feinde und zerstörte die Städte, die sich ihm widersetzten, «dass dort nicht einmal eine Stange für einen Vogel blieb».[4]

Sargons Eroberungen stießen nicht überall auf Zustimmung, wie die zahlreichen Berichte über Aufstände gegen seine Herrschaft zeigen. Wie bei der Expansion von Staaten so häufig der Fall, ging die Zentralisierung der Macht mit der Festigung von Handelswegen einher, die den Austausch zwischen verschiedenen Orten ermöglichten und förderten. Sie führte jedoch auch zur Verlagerung von

Warenströmen, denn Sargon schleifte nicht nur unermüdlich Stadtmauern, um mögliche Rivalen zu schwächen, sondern er lenkte auch Güter, Rohstoffe und Arbeitskräfte ins Zentrum seines Reichs um. Der Herrscher finanzierte damit den Bau neuer Tempel, die seine Autorität verstärkten, und die Elite profitierte von der Kontrolle über die Verteilung von Getreide wie Gerste und Emmer durch Regionalzentren, die von der akkadischen Führung begünstigt wurden.[5]

Sargon starb 2253 v. Chr., und als sein Enkel Naram-Sin zweieinhalb Jahrzehnte später die Macht übernahm, knirschte es bereits im Gebälk. Auf einer Keilschrifttafel ist die Rede von einem großen Aufstand, bei dem «alle vier Weltufer gemeinsam gegen mich revoltierten», und auf einer anderen heißt es, der Herrscher sei bei den Göttern in Ungnade gefallen, weil er sich gegen sie aufgelehnt und sie durch die Zerstörung heiliger Stätten beleidigt habe.[6] Einer der berühmtesten altorientalischen Texte rückt Naram-Sins Herrschaft gar in die Nähe einer Katastrophe.

Der *Fluch über Akkad*, wie dieser Text heißt, berichtet davon, dass Naram-Sin durch sein frevelhaftes Verhalten die Strafe der Götter auf sich gezogen habe: Zum ersten Mal seit Gründung der Metropolen «erbrachten die großen Felder und Ackerflächen kein Getreide, die überfluteten Kanäle ergaben keinen Fisch, die bewässerten Obstgärten ergaben keinen Sirup oder Wein, die dicken Wolken regneten nicht». Aufgrund der Ernteausfälle verteuerten sich überall im Reich die Waren. Der Tod ging um, die Verstorbenen wurden nicht mehr bestattet. «Menschen prügelten sich vor Hunger.»[7]

Klimadaten zeigen, dass es in dieser Zeit ein «Verdunstungsereignis» gegeben haben muss, gefolgt von einer Dürre mit möglicherweise dramatischen Folgen für ökologisch sensible Regionen. So finden sich zum Beispiel in Ablagerungen aus dem Norden des Roten Meers Hinweise auf Umweltveränderungen in der Zeit um 2200 v. Chr., die mit Veränderungen der Nordatlantischen Oszillation, Schwankungen der Sonnenfleckenaktivität oder beidem zugleich in Zusammenhang gestanden haben könnten.[8] Fossile Korallen vor der Küste von Oman deuten auf eine verlängerte winterliche Staub-

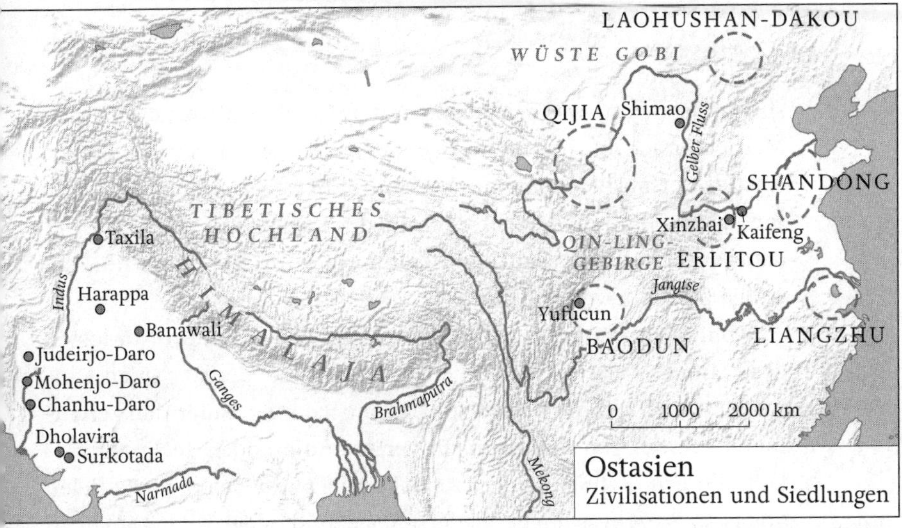
LAOHUSHAN-DAKOU
WÜSTE GOBI
QIJIA
Shimao
Gelber Fluss
SHANDONG
TIBETISCHES HOCHLAND
Taxila
HIMALAJA
Xinzhai
Kaifeng
QIN-LING-GEBIRGE
ERLITOU
Indus
Harappa
Jangtse
Yufucun
Banawali
BAODUN
LIANGZHU
Judeirjo-Daro
Mohenjo-Daro
Chanhu-Daro
Ganges
Brahmaputra
0 1000 2000 km
Dholavira
Surkotada
Narmada
Mekong
Ostasien
Zivilisationen und Siedlungen

Hattusa
Çayönü
Kaspisches Meer
Tigris
Çatalhöyük
Göbekli Tepe
Urfa
Tall Leilan
MESOPOTAMIEN
Tell Halula
Quermez Dere
Dur-Šarrukin
Ninive
Euphrat
Ebla
Emar
Assur
ZAGROS-GEBIRGE
Ektabana
Palmyra
Mari
Mittelmeer
Tyros
SYRISCHE WÜSTE
Sippar
Akkad
Babylon
Nippur
Susa
Jericho
'Ain Ghazal
Jerusalem
Tall el-Hammam
Uruk
Lagash
Ur
Gizeh
Memphis
'Ain Jammam
Nil
Persischer Golf
NEFUD-WÜSTE
Theben
Naqada
Hierakonpolis
ÄGYPTEN
Rotes Meer
0 250 500 km
NUBIEN
KUSCH
Westasien
Zivilisationen und Siedlungen

sturmsaison hin, was wiederum mit möglichen Ernteausfällen in Mesopotamien in Verbindung gebracht werden kann.[9] Ein starker Anstieg der Magnesiumkonzentration in den Stalagmiten der Golezard-Höhle im Iran, der sich mithilfe der Uran-Thor-Methode exakt datieren lässt, deutet auf den Beginn einer Trockenphase hin, die einige Jahrhunderte andauerte.[10]

Wohlhabende und lebendige Städte wie Tall Leilan im Nordosten des heutigen Syriens erlebten einen raschen Niedergang – ein Hinweis auf dramatische Umwälzungen andernorts.[11] Unter den zunehmend schwierigen Bedingungen verloren die Böden an Fruchtbarkeit, die Ernteerträge gingen zurück, das Land versteppte. Es fielen 30 bis 50 Prozent weniger Niederschläge, und in der Folge kam es zu einer raschen Stadtflucht, zahlreiche Städte und größere Siedlungen wurden aufgegeben. Bauprojekte wurden eingestellt und zum Teil offenbar abrupt abgebrochen.[12]

Die Folgen waren katastrophal und markierten den Anbruch eines «finsteren Zeitalters», wie ein Historiker es nannte. Hunger grassierte, die Wirtschaft fiel in sich zusammen. Menschen flohen aus ihrer Heimat und strömten ins südliche Tiefland. Akkad wurde vom wilden Nomadenvolk der Gutäer überrannt, die im *Fluch über Akkad* als «ungezügeltes Volk, mit menschlicher Intelligenz, aber mit den Instinkten von Hunden und der Gestalt von Affen» beschrieben werden. «Wie kleine Vögel stürzten sie in großen Herden auf den Boden (...) Nichts entging ihren Klauen, niemand verließ ihren Griff.»[13] Kollaps und Chaos folgten auf dem Fuße. Das Reich von Akkad war ganz offensichtlich dem Klimawandel zum Opfer gefallen.[14]

Einige Historiker wollen den Untergang von Akkad als Lektion für die Gegenwart verstanden wissen. Angesichts unserer heraufziehenden Klimakatastrophe sehen sie hier eine eindringliche Warnung, wie rasch und vollständig selbst mächtige Kulturen in sich zusammenfallen können. Das Ereignis hat sich so sehr in das Bewusstsein von Öffentlichkeit und Wissenschaft eingebrannt, dass Geologen das Jahr 2200 v. Chr. als Datum für den Anbruch eines neuen Abschnitts der Erdgeschichte verwendet haben: Fossile Pollen, Kieselalgen, Mikroorganismen und andere Indikatoren von allen sieben Kontinenten verweisen auf den Beginn einer Phase größerer Trockenheit in dieser Zeit.[15]

Dieses sogenannte Zeitalter des Meghalayum, die letzte Phase des Holozäns, wurde nach einer Höhle im Nordwesten Indiens benannt, in der die Veränderung von Sauerstoffisotopen einen besonders eindeutigen Beleg für den Rückgang der Monsunregenfälle liefert. Nach Auffassung der Internationalen Kommission für Stratigraphie verursachten klimatische Veränderungen um das Jahr 2200 v. Chr. eine gewaltige Dürre, die nicht nur in Mesopotamien eine Kultur in den Abgrund stürzte, sondern auch in Ägypten, Griechenland, Syrien, Palästina, am Indus und am Jangtse. Nach Ansicht der Kommission markiert dieses Jahr nicht nur eine Zäsur der Erd-, sondern auch der Menschheitsgeschichte.[16]

In Wirklichkeit bleiben viele Fragen offen; das Weltklima ist keineswegs homogen, und Ursachen- und Wirkungszusammenhänge sind nach wie vor unklar. Untersuchungen aus Nord- und Südamerika, Europa, Ägypten, Ostafrika, Mesopotamien, dem Industal sowie mehreren Regionen des heutigen China zeigen zwar, dass in einigen Teilen der Welt etwa zur selben Zeit trockenere Bedingungen einsetzten, doch der Prozess verlief räumlich und zeitlich keineswegs einheitlich.[17] Auch die Ursachen sind nicht geklärt und bleiben strittig. Viele Untersuchungen stellten eine Verbindung zwischen den ausbleibenden Niederschlägen und dem Abbruch von polarem Treibeis mit der nachfolgenden Abkühlung des Oberflächenwassers im Nordatlantik her, doch neuere Forschungen sehen hier lediglich einen minimalen Zusammenhang.[18] Ein anderes Modell sieht die Ursache in sich aufschaukelnden Veränderungen in Vegetation und Atmosphärenstaub, verursacht vor allem durch den Übergang von einer grünen zu einer trockenen Sahara. Dies scheint bewirkt zu haben, dass sich Feuchtigkeit von Nordafrika, dem Nahen Osten und dem heutigen China wegverlagert hat, und es hatte sogar Auswirkungen auf das Zirkulationssystem der El-Niño-Südlichen-Oszillation (ENSO).[19]

Es kann durchaus hilfreich und diskussionsfördernd sein, ein einzelnes Datum als Zäsur festzulegen und von einem «Ereignis» zu sprechen. Allerdings verschleiert dies auch die Komplexität der Entwicklungen und die Tatsache, dass sich ein Klimawandel nicht auf einen einzigen dramatischen Moment reduzieren lässt, sondern sich über Jahrzehnte und Jahrhunderte erstreckt, genau wie seine Folgen. Daher warnen einige Wissenschaftler, dass der Versuch, Belege für ein Muster von Untergängen um das Jahr 2200 v. Chr. zu finden, die Auswahl und Interpretation der Daten verzerren könnte, auch in Fällen, in denen Belege spärlich, widersprüchlich oder nicht vorhanden sind.[20] Ein ähnliches Problem ergibt sich daraus, dass archäologische Quellen oft keinen eindeutigen Befund zulassen – einige Wissenschaftler meinen, wenn hier tatsächlich ein neues Zeitalter angebrochen sein sollte, dann sicher nicht mit einem großen Knall, sondern eher mit einem Wimmern.[21]

Vorstellungen vom «Untergang» einer Gesellschaft oder Kultur verführen dazu, den Zeitpunkt, die Art und die Realität der Ereignisse über Gebühr zu vereinfachen. Im Süden der Iberischen Halbinsel war dies zum Beispiel keineswegs eine Zeit des Niedergangs, sondern des gesellschaftlichen und wirtschaftlichen Umbruchs, begünstigt durch erhebliche genetische Fluktuation, sprich Migration – es war eine Zeit der Mobilität und Vernetzung, in der die Region verstärkt mit Sizilien und Afrika in Austausch trat.[22]

Archäologische Funde aus dem Industal lassen wiederum darauf schließen, dass die Städte dort weiterhin funktionierten und nach dem vermeintlichen Untergangsdatum sogar noch drei Jahrhunderte lang weiter aufblühten. Dass sich Städte wie Harappa und Mohenjo-Daro durch die Zeit von 2200 bis 1900 v. Chr. hielten, sorgt bei einigen Wissenschaftlern für Verwunderung, weil sie Hinweise auf wirtschaftliche und soziale Krisen oder gar einen Zusammenbruch der Gesellschaft erwartet hätten, lange bevor sich diese tatsächlich einstellten.[23]

Entgegen der verbreiteten Annahme, der Aufstieg der Städte im Industal verdanke sich einem von Himalaja-Gletschern gespeisten Fluss (dem mythischen Sarasvati), entstanden sie in einem abgelegenen Flusstal und erhielten ihr Wasser vom jährlichen Monsunregen.[24] Die Abschwächung dieser Regenzeit ließ Flüsse austrocknen oder ihre Wassermenge je nach Jahreszeit stark schwanken, mit erheblichen Folgen für Landwirtschaft und Demographie.[25] Witterungsmuster veränderten sich spürbar; im Sommer fiel weniger Regen, und die Niederschläge wurden unberechenbar, doch im Winter regnete es mehr. Das setzte eine Reihe von Anpassungen in Gang, zum Beispiel die Verkleinerung von Siedlungen und die Diversifizierung von Anbaufrüchten sowie die Umstellung auf traditionelle Wintergetreide wie Weizen und Gerste.[26] Die veränderten klimatischen Bedingungen führten also nicht zu einem Untergang, sondern zur Anpassung von Strategien.

Eine weitere langfristige Reaktion war die Abwanderung aus Tälern mit ungenügender Wasserversorgung in die verlässlichere Vorgebirgsebene des Himalaja, mit der Folge, dass hier die Bevölkerung wuchs und ihre Dichte in den Städten zunahm. Die demographische Expansion erfolgte so rasch wie ungeplant und lässt sich an den zunehmend unstrukturierten Siedlungsgrundrissen ablesen. Eine Konsequenz war die deutliche Verschlechterung der hygienischen Zustände in den Städten, was wiederum den Nährboden für Krankheitserreger bereitete. Davon profitierte unter anderem der Tuberkelbazillus, der seit Jahrtausenden in Südasien umging, sowie der Leprabazillus, wie Skelettfunde aus dieser Zeit bezeugen. Dabei fällt auf, dass gesellschaftlich und wirtschaftlich benachteiligte Gemeinschaften besonders häufig von diesen Krankheiten betroffen wurden – ein Befund, der niemanden verwundern dürfte.[27]

Der neue demographische Druck, die beengteren und unhygienischeren Verhältnisse sowie die Ausbreitung von Infektionskrankheiten ergaben eine ungesunde Mischung, die durch eine zweite Dürrewelle noch verstärkt worden sein könnte.[28] Mangrovenmuscheln und archäologische Funde aus der gut erforschten indischen Grabungsstätte Dholavira lassen darauf schließen, dass die Bevölkerungsdichte um das Jahr 2000 v. Chr. deutlich zurückging; es wurde weniger gebaut, die bestehenden Häuser befanden sich in schlechterem Zustand, das Handwerk büßte an Qualität ein.[29]

Ein Jahrhundert später ist ein Anstieg der innergesellschaftlichen Gewalt erkennbar, die Bevölkerung wanderte Richtung Süden ab, und die Kulturen des Industals brachen zusammen.[30] Das Klima spielte hierbei zweifelsohne eine Rolle und könnte sogar ein Mitauslöser der Veränderungen gewesen sein; es war jedoch nur einer von vielen Aspekten eines komplexen Bildes, das eine ausgewogene Erklärung verlangt.

Auch im Falle der verschiedenen chinesischen Kulturen ist die Interpretation der Folgen von klimatischen Veränderungen oftmals eine Frage des Standpunkts. Jüngere Untersuchungen beobachten erhebliche regionale Unterschiede. So scheinen die Bedingungen nördlich und südlich der Linie vom Qin-Ling-Gebirge bis zum Unterlauf des Jangtse sehr unterschiedlich gewesen zu sein.[31]

Aber nicht nur die Einschätzung regionaler Unterschiede gestaltet sich schwierig, sondern auch die Suche nach Verbindungen zwischen echten oder vermeintlichen regionalen und überregionalen Veränderungen in Ostasien. Eine jüngere Arbeit, die Mineralablagerungen aus Tropfsteinhöhlen und andere paläoklimatische und archäologische Daten analysiert hat, stellt die Hypothese auf, um das Jahr 2300 v. Chr. sei über zwei Jahrzehnte hinweg so viel Regen gefallen, dass die Liangzhu-Kultur im Jangtse-Delta im Wasser versank und ausgedehnte Wasserbauanlagen wie Erddämme, die dem Hochwasserschutz und/oder der Bewässerung dienten, überflutet wurden. In der Folge verschwanden tiefer gelegene Regionen in den Fluten, vor allem in der Taihu-Ebene, im unteren Jangtse-Delta war kein Reisanbau mehr möglich, die Stadt Liangzhu wurde unbewohnbar, und die Bevölkerung wanderte ab.[32]

In der traditionellen chinesischen Geschichtsschreibung beginnt der Aufstieg der Xia-Dynastie um das Jahr 2070 v. Chr. nach einer verheerenden Flut. Nach dieser Katastrophe habe der Dynastiegründer Yu «der Große» den Gelben Fluss vertiefen lassen, um die Bevölkerung vor künftigen Überschwemmungen zu bewahren. Jüngere Forschungen haben mindestens eine große Flutkatastrophe um das Jahr 1920 v. Chr. ausgemacht, die durch einen Dammbruch infolge eines Erdbebens ausgelöst worden sein könnte.[33] Einige Historiker sehen einen Zusammenhang zwischen dem Aufstieg der Xia-Dynastie und der Hochwasserkontrolle sowie dem Übergang zu trockeneren Bedingungen, wie er in stabilen Isotopen aus Höhlen in der Region des damals aufstrebenden neuen Machtzentrums nachweisbar ist.[34]

Trotzdem ist unklar, ob das wirklich der Hintergrund für die Konsolidierung von Regionen und Menschen unter einer Zentralmacht war, und wenn ja, warum. Die Xia-Dynastie, die vermutlich zur Erlitou-Kultur gehörte und ihr Zentrum in der neu gegründeten Stadt Xinzhai (新砦) hatte, scheint zwar den dauernden regionalen Konflikten und Kleinkriegen ein Ende gesetzt zu haben, doch der Bezug zu klimatischen Veränderungen ist umstritten, zumal der Beginn der Erlitou-Kultur meist auf frühestens 1750 v. Chr. datiert wird.[35]

Es gibt zwar Belege dafür, dass hoch entwickelte Agrargesellschaften wie die Qijia-Kultur aus der Region Gansu und Qinhai und die Laohushan-Dakou-Kultur der Inneren Mongolei um 2000 v. Chr. einen Niedergang erlebten, doch es ist keineswegs erwiesen, dass der Klimawandel auch im Rest des heutigen China größere Umwälzungen bewirkte. Im Gegenteil, es gibt kaum Hinweise, dass das Jahr 2200 v. Chr. in Ostasien eine Zäsur markiert haben könnte.[36]

Um auf Akkad zurückzukommen, könnte man nun fragen, warum frühere Dürrephasen keinen vergleichbaren Schaden angerichtet haben, beziehungsweise ob es gerechtfertigt ist, der Dürre in diesem Fall einen derart zentralen Platz in der Geschichte zuzuweisen. Aus denselben Klimadaten geht hervor, dass rund drei Jahrhunderte zuvor bereits eine ähnliche, jahrzehntelange Dürre geherrscht haben muss und dass die Städte in Mesopotamien und anderswo damals erfolgreicher mit der Herausforderung umgegangen waren; dieselbe Untersuchung, die um 2200 v. Chr. einen deutlichen Anstieg der Magnesiumkonzentrationen feststellte, beobachtete 250 Jahre zuvor ein ähnliches Phänomen, das nicht von gesellschaftlichen, wirtschaftlichen oder politischen Verwerfungen begleitet war.[37] Das Jahr 2200 v. Chr. scheint also keine echte klimatische oder geologische Zäsur zu markieren, und wenn dieses Jahr solche Bedeutung erlangt hat, dann offenbar eher aufgrund von Spekulationen als von sorgfältigen Analysen der realen Zusammenhänge.

In jedem Falle bleibt unklar, was in diesem Zusammenhang mit dem Begriff «Untergang» überhaupt gemeint ist. Die Versuchung ist groß, sich auf monumentale Bauwerke – Symbole der Macht eines Königs und seines Verwaltungsapparats – zu konzentrieren und deren Verschwinden mit dem Niedergang der gesamten Gesellschaft gleichzusetzen. Sinnvoller könnte jedoch die Frage sein, wie sich das Leben der Landarbeiter und Familien veränderte, wenn es sich denn tatsächlich um eine Zeit des Umbruchs handelte. Der Verfall von Palästen und Städten wäre zwar unerfreulich für die Eliten, deren Macht, Autorität und Wohlstand von ihrer Kontrolle über Handel, Religion, Status und Arbeit abhingen, doch damit ist keineswegs gesagt, dass die Entwicklung einen für alle Menschen ungünstigen Verlauf nahm. Im Gegenteil, die Beseitigung von Zwängen könnte für viele Menschen sogar eine Art Befreiung bedeutet haben. Die Unterversorgung mit Textilien oder Delikatessen könnte zwar eine gewisse Einschränkung der Lebensqualität mit sich gebracht haben, doch davon geht die Welt ja noch nicht unter.

Der Zusammenbruch der Zentralverwaltung und das Verschwinden der Eliten und ihrer Machtsymbole hatte je nach sozialer Schicht ganz unterschiedliche Auswirkungen. Welche davon in den Blick genommen und wie sie gedeutet werden, sagt natürlich viel über das Weltbild von Kommentatoren und Historikern heute und vor 4000 Jahren aus und darüber, dass wir die Welt gern von oben und nicht von unten her betrachten. Einige Wissenschaftler sind daher der Ansicht, dass selbst ein Niedergang oder Konflikt (von einem vermeintlichen Untergang ganz zu schweigen) eher ein Beispiel für Robustheit oder Widerstandsfähigkeit sind und weniger ein Anzeichen für eine vernichtende Katastrophe, für die es oft kaum Belege gibt.[38] Stadtflucht und Abwanderung könnten auf den ersten Blick als Hinweise auf einen Verfall gedeutet werden, doch sie lassen sich auch als folgerichtigen und effektiven Umgang mit Versorgungsproblemen verstehen – und als Unfähigkeit der Zentralverwaltung, die Schwierigkeiten in den Griff zu bekommen.

Gerade in der Geschichte von Akkad ist dies ein strittiger Punkt. Der *Fluch über Akkad* stellte die Herrschaft von Naram-Sin zwar als Ära der Katastrophen dar, doch in Wirklichkeit war es eine Zeit der Expansion, in der Armanum und Ebla erobert wurden; diese Triumphe werden in einer Inschrift in Ur festgehalten, in der es unter anderem heißt, Naram-Sin habe mehr erreicht als jeder andere König «seit der Erschaffung des Menschen».[39] Naram-Sin bezeichnete sich selbst als «König der vier Weltgegenden» – das wäre ein ziemlich unbescheidener Titel für jemanden, der in einer Zeit der Katastrophen und des Untergangs geherrscht haben soll.[40] Mehr noch, Experten der mesopotamischen Geschichte sind heute der Ansicht, dass es Naram-Sin war, der mit Heeres- und Verwaltungsreformen das Königtum Akkad zu einem echten Reich schmiedete.[41] Er herrschte also nicht über den Verfall, sondern über den weiteren Aufstieg des Zentrums.

Wenn der *Fluch über Akkad* Naram-Sin mit einem Untergang in Verbindung brachte, dann ist dies eher Ausdruck des Wunschs der späteren sumerischen Autoren, Lehren aus der Geschichte zu ziehen, und zwar weniger über Umweltbelastungen und plötzliche Klimaumschwünge als über das Wesen der Königsherrschaft und die Beziehung zwischen Herrschern und Göttern. Wer diese Geschichte einige Jahrhunderte später hörte oder las, sollte daraus lernen, dass Frevel gegen die Götter – dessen sich Naram-Sin schuldig machte, als er den Ekur-Tempel in Nippur entweihte und sich selbst als lebenden Gott verehren ließ – nicht ungestraft bleibt: Wenn die Götter wollten, dann konnten sie gütig sein, doch sie mussten günstig gestimmt werden. Wenn nicht, dann gab es Ärger.[42]

Genauso groß ist die Versuchung, die Ursachen für die spätere politische Instabilität bei klimatischen Veränderungen zu suchen. Doch der Widerstand gegen die Herrscher von Akkad begannen schon lange vor der Veränderung der Niederschlagsmuster, etwa im Jahr 2276 v. Chr., oder im Großen Aufstand des Jahres 2236 v. Chr., als sich Bündnisse aus Städten des Nordens und des Südens gleichzeitig gegen Naram-Sin erhoben.[43] Auch Hunger war schon immer ein Problem gewesen, wenn man der *Chronik der frühen Könige* glauben darf. Diese erwähnt nicht nur Hungersnöte, sondern findet auch den Grund dafür in unmoralischem Verhalten; so wurde zum Beispiel König Sargon vom Gott Marduk mit Hunger und Elend bestraft, weil er die Böden Babylons gestört hatte.[44]

Das Altertum war mit solchen Problemen nur zu vertraut, weshalb besonders gravierende Episoden von einer Generation zur nächsten weitererzählt wurden. Ein bekanntes Beispiel ist eine gewaltige Flutkatastrophe, die in babylonischen Überlieferungen wie dem Atrahasis-Epos, dem Gilgamesch-Epos, der sumerischen Schöpfungsgeschichte, dem ägyptischen *Buch der himmlischen Kuh* und im Alten Testament der Bibel beschrieben wird. Sämtliche dieser Texte schildern eine ähnliche Sintflut, mit der Gott die Menschheit aufgrund ihres lasterhaften Lebenswandels auslöschen will.

In den meisten dieser Versionen wird ein Einzelner vor der bevorstehenden Katastrophe gewarnt. Im Atrahasis-Epos erhält der gleichnamige Held die Anweisung, eine Arche zu bauen, um sich selbst in Sicherheit zu bringen und ein Paar von jedem Tier zu retten. Dann nimmt das Unheil seinen Lauf: «Die Flut brüllte wie ein Stier, wie ein kreischender Adler heulten die Winde. Die Dunkelheit war dicht, es gab keine Sonne.»[45] Das Alte Testament erzählt eine erstaunlich ähnliche Geschichte. Hier wendet sich Gott an Noah und verkündet: «Das Ende allen Fleisches ist bei mir beschlossen, denn die Erde ist voller Frevel von ihnen; und siehe, ich will sie verderben mit der Erde. Mache dir einen Kasten von Tannenholz und mache Kammern darin und verpiche ihn mit Pech innen und außen.» Das tat Noah, und in dieser Arche waren er, seine Familie und die Tiere sicher vor dem erbarmungslosen Regen. «Und die Wasser nahmen überhand und wuchsen so sehr auf Erden, dass alle hohen Berge unter dem ganzen Himmel bedeckt wurden.»[46] Es ist also eine ehrwürdige Tradition, dass die Götter diejenigen Menschen belohnen, die ein gottgefälliges und nachhaltiges Leben führen, während sie die anderen mit Umweltkatastrophen bestrafen.

Dass ein verheerendes Einzelereignis einen so zentralen Platz im kollektiven Gedächtnis so vieler Regionen einnimmt und sich dort so lange hielt, sagt viel darüber aus, welche Schockwirkung plötzliche Naturkatastrophen entfalten. Das trifft auch auf die Zerstörung der beiden Städte Sodom und Gomorra zu, die von Gott bestraft wurden, weil ihre Bewohner ein sündiges Leben führten. Gott ließ «Schwefel und Feuer regnen vom Himmel herab auf Sodom und Gomorra», bis nur noch «Rauch auf[ging] vom Lande wie der Rauch von einem Ofen». Nur Abrahams Neffe Lot und seine Familie durften fliehen, doch Lots Frau wurde auf der Flucht in eine Salzsäule verwandelt.[47]

Auch dieser Bericht könnte auf ein reales Ereignis zurückgehen, in diesem Fall die Luftdetonation eines Meteoriten, die etwa um das Jahr 1650 v.Chr. die Stadt Tall el-Hammam im südlichen Jordantal zerstört haben könnte. Dabei wurden die vier Meter dicken Stadtmauern und der Palastkomplex dem Erdboden gleichgemacht. Rekonstruktionen zeigen, dass Temperaturen von über 2000 Grad Celsius geherrscht haben müssen und dass in einem Umkreis von 25 Kilometern sämtliche Siedlungen über Jahrhunderte hinweg aufgegeben wurden, unter anderem aufgrund der Versalzung des Erdreichs infolge der Explosion. Dass sich Lots Frau ausgerechnet in eine Salzsäule verwandelt, ist wohl eher Zufall; die menschlichen Überreste, die dort gefunden wurden, sind extrem fragmentiert, was vermuten lässt, dass die Menschen, wie in der Bibel geschildert, tatsächlich direkt zu Asche verbrannt sind.[48] Zwar ist nicht klar, ob es sich bei Tall el-Hammam und Sodom um dieselbe Stadt handelt, doch die Tatsache, dass die Geschichte nicht nur im Alten Testament erzählt wird, sondern auch im Koran breiten Raum einnimmt, zeigt, dass Katastrophen im Gedächtnis der Menschen im Nahen Osten lange fortlebten und dass die Auslöschung der Stadt als göttliche Strafen für sündiges Verhalten verstanden wurde.[49]

Hunger und Seuchen waren jedoch weit häufiger und verheerender als spektakuläre Naturkatastrophen, und sie waren – so ungern man so etwas heute hört – in erster Linie auf menschliches Versagen zurückzuführen. Im Falle von Akkad waren sie vor allem den Anforderungen eines sich ausdehnenden und ausbeuterischen Reichs sowie der unerbittlichen Zentralisierung und den damit einhergehenden politischen Brüchen und Versorgungsproblemen geschuldet.

Nicht umsonst verweist der *Fluch über Akkad* ausdrücklich auf die Unmengen von Agrarprodukten, Kühen, Ziegen und Luxusgütern, die in die Hauptstadt gebracht wurden. Es waren solche Massen, dass Inanna, die Hauptgöttin der Stadt, kaum mit ihnen fertig wurde.[50] Es ist nachvollziehbar, dass diejenigen, die zur Abgabe ihrer Ressourcen gezwungen wurden, nach Möglichkeiten des Widerstands suchten, ob aus politischem Opportunismus oder weil die Lieferung eine unzumutbare Belastung für die Bevölkerung ihrer Region war.

Es brauchte also nicht viel, um dieses empfindliche Gleichgewicht zu stören. Eine einzige Missernte konnte nicht nur Hunger zur Folge haben, sondern auch politische Unruhen und gesellschaftliches Chaos. Daher ist die zentrale Frage nicht, was ein möglicher Klimawandel um das Jahr 2200 v. Chr. bewirkte, sondern welche Schritte unternommen wurden, um den Herausforderungen dieser Zeit zu begegnen. Entscheidend ist also, ob sich Herrscher, Eliten, Priester, Beamte und Arbeiter an den steigenden ökologischen Druck anpassen konnten und ob sie angemessene und wirkungsvolle Maßnahmen ergriffen. Es war weniger der Klimawandel, der Akkad in die Knie zwang; das Reich brach vielmehr unter seiner eigenen Last zusammen und löste sich in eine neue Konstellation von Stadtstaaten auf, die in vieler Hinsicht eine Rückkehr zur Zeit vor Sargons Reichsgründung bedeutete. So unerfreulich das für die Nachfolger Sargons und ihre Beamtenschaft gewesen sein mag, so begrüßenswert war es wohl für alle anderen, dass die Macht wieder in ihre Regionen zurückkehrte.

Auch in Ägypten war es eine Zeit der Unruhen, von denen zum Beispiel das Felsgrab eines Provinzfürsten namens Anchtifi zeugt. Man könnte Anchtifi nicht vorwerfen, dass er sein Licht unter den Scheffel gestellt hätte. «Ich bin ein mutiger Mann, der nicht Seinesgleichen hat», heißt es gleich in mehreren seiner Grabinschriften. «Ich habe mehr geleistet als meine Vorgänger, und meine Nachfahren werden es mir nicht gleichtun, nicht in einer Million Jahren», heißt es in einer anderen. Doch die Inschriften zeichnen auch ein verheerendes Bild der Zeit nach dem Tod von Pharao Pepi II. (ca.

2184 v. Chr.). Wir erfahren, dass Ägypten im Chaos versank und verfeindete Gruppen einander erbittert bekriegten. Ganz Oberägypten litt Hunger, viele Menschen starben. Andere verfielen dem Kannibalismus und aßen ihre eigenen Kinder. Die Menschen liefen nackt und ohne Schuhe umher. Es herrschte Anarchie.[51]

Eine andere Quelle, *Klagen des Ipuwer*, scheint das zu bestätigen, wenn sie von Missernten und einem Mangel an Luxusgütern wie Kleidung und Gewürzen berichtet. «Das Lagerhaus ist leer, und seine Wächter liegen am Boden», heißt es da. Vieh streunte herrenlos umher, fremde Soldaten plünderten.[52]

Man könnte versucht sein, das Chaos auf größere Trockenheit und das Ausbleiben des Nilhochwassers zurückzuführen: Geologische und archäologische Funde verweisen auf einen starken Rückgang der sommerlichen Regenfälle im äthiopischen Hochland und einen katastrophalen Niedrigstand des Blauen Nils sowie gelegentliche Starkregenfälle, die bedrohliche Überschwemmungen mit sich brachten.[53]

Mangel und Überfluss an Wasser könnten tatsächlich Schwierigkeiten bereitet haben, doch ein weiterer Faktor war der Ausfall des Fernhandels infolge des Niedergangs von Akkad, mit dem eine wichtige Einnahmequelle versiegte. So ist es kein Zufall, wenn in einer der Inschriften im Grab von Anchtifi die Rede davon ist, dass sich die Bevölkerung gegen die Eliten auflehnte und ihre Reichtümer plünderte. Die Reichen und Begünstigten hatten in den Jahrzehnten und Jahrhunderten zuvor großzügige Privilegien, Steuervergünstigungen und Land von den Pharaonen erhalten.[54] Diese Privilegierten litten nun Durst, wie es in den *Klagen des Ipuwer* heißt, während die Schalen der einstigen Bettler gut gefüllt waren. Frühere Habenichtse hatten volle Scheunen, und die ehemaligen Sklaven wurden zu Sklavenhaltern. Die alte Ordnung stand kopf.[55]

Das behaupten diese Quellen zumindest – wie verlässlich sie sind, steht auf einem anderen Blatt. Archäologische Funde lassen zwar auf eine Schrumpfung der Wirtschaft schließen, doch Hinweise auf Chaos, Aufstände und sonstige Verwerfungen wurden bislang nicht gefunden.[56] Anchtifis Grabinschriften haben in erster Linie den

Zweck, ihn als Retter und Hoffnungsträger zu feiern, der den Menschen Linderung und Trost brachte und die Stabilität seiner Provinz wiederherstellte.

Die zentrale Frage ist, warum scheinbar so stabile Staaten in Wirklichkeit derart labil und gefährdet sein konnten. Ein Grund für diese Schwäche ist die ungenügende Anpassung, ein anderer ist jedoch ein Dominoeffekt, der aus schwierigen Situationen noch schwierigere machte. Mangelnde Flexibilität ist ein wesentliches Element zentralisierter politischer Systeme, die nach den Bedürfnissen der bestehenden Elite errichtet werden. Diese Elite war nicht nur außerstande, sich auf neue Umstände einzustellen, sondern sie widersetzte sich auch jeder Veränderung, aus Angst vor dem Verlust von Macht, Reichtum und Einfluss. Die Kaskade der Verwerfungen reichte weit über die betroffene Region hinaus: Ein wesentlicher Faktor beim Aufstieg der Kulturen und Zivilisationen vor allem an Nil, Euphrat, Tigris und Indus war schließlich ihre Vernetzung. Austausch in und zwischen diesen bevölkerungsreichen und komplexen Gesellschaften hatte den Handel angekurbelt und kulturelle Rivalität und Annäherung gefördert. Ähnliches war in Ostasien zu beobachten, wo Herrschafts-, Siedlungs- und Handelsmodelle räumlich getrennte Kulturen in häufigen und intensiven Kontakt zueinander gebracht hatte.

Man könnte sogar argumentieren, dass die Möglichkeiten dieser Netzwerkknoten und der Wettbewerb zwischen ihnen ein entscheidender Faktor ihrer Entwicklung waren: So breiteten sich zum Beispiel Weizen und Gerste im vierten vorchristlichen Jahrtausend in Eurasien nach Osten hin aus, während Reis und Hirse in den folgenden Jahrhunderten den entgegengesetzten Weg antraten.[57] Afrikanische Ackerfrüchte wie Sorghum- und Fingerhirse wurden 2000 v. Chr. im Nordwesten Indiens angebaut, und Melonen und Zitrusfrüchte, die ursprünglich aus Süd- und Südostasien stammten, wurden vielleicht noch früher in der Levante, im östlichen Mittelmeerraum und in Ägypten gepflanzt.[58] Sogar zwischen Indien und Australien muss damals erheblicher Kontakt bestanden haben, wie genetische Befunde sowie der Wandel der Werkzeugtechnik und der

Nahrungszubereitung zeigen; zeitgenössische Fossilien von Dingos, die heute vor allem mit Australien in Verbindung gebracht werden, aber ursprünglich aus Asien stammen, sind ein weiterer Hinweis auf regelmäßigen Austausch.[59]

Entscheidend für den Ausbau und die Verzahnung dieser Netzwerke war die ungleiche Verteilung begehrter Rohstoffe wie Zinn, Kupfer, Karneol oder Lapislazuli, aber auch von Techniken wie der Metallverarbeitung. Kupfer war für die Herstellung von Schmuck, Waffen und Werkzeuge begehrt, weshalb das Metall als Symbol der sozialen Differenzierung ebenso gerne eingesetzt wurde wie bei Ritualen. Einige Wissenschaftler sprechen gar von einer «Verbronzung» und ziehen Parallelen zwischen diesem Prozess, der Völker, Kulturen und Regionen zusammenführte, und der modernen Globalisierung.[60]

Die Mechanismen, mit denen Güter, Nahrungsmittel und Ideen verbreitet wurden, brachen unter den zunehmenden ökologischen, gesellschaftlichen und wirtschaftlichen Belastungen zusammen. Überlieferte Schriften und archäologische Funde zeigen, dass der Handel zwischen Mesopotamien und dem Industal, der vor allem aus Elfenbein, Kupfer, Textilien und verderblichen Gütern bestanden hatte, um 2000 v. Chr. stark zurückging.[61] Dieser Einbruch muss sich ähnlich auf die gesellschaftliche und wirtschaftliche Landschaft ausgewirkt haben wie die zunehmende Trockenheit auf die physische Landschaft.

Wiederkehrende Schrumpfungen und Rückschläge dieser Art sind fester Bestandteil der Menschheitsgeschichte. Klima- und Umweltveränderungen spielen in diesen Krisen oft eine Rolle. Wie der Wirtschaftswissenschaftler und Nobelpreisträger Amartya Sen überzeugend darstellt, sind Hungersnöte jedoch das Ergebnis schlechter Entscheidungen, einer schwachen Führung oder der gezielten Behinderung von Maßnahmen, mit denen sich die Ernährungskrise hätte lindern oder verhindern lassen. Schuld an Hungersnöten ist demnach nicht der Mangel, sondern ein Preisproblem, weshalb vor allem diejenigen betroffen sind, die sich in Zeiten der Verteuerung keine Lebensmittel leisten können. Die Situation wird nicht nur durch Inflation infolge von Missernten oder Versorgungsengpässen verschärft, sondern auch durch von Profitgier oder Angst geschürte Hamsterkäufe.[62]

Sen beschäftigt sich zwar mit dem 20. Jahrhundert, doch seine Beobachtungen lassen sich auch auf Verwerfungen der Vergangenheit anwenden. Natürlich können Witterung und Katastrophen Probleme verursachen, nicht nur im Altertum, sondern in der gesamten Geschichte. In den meisten Fällen wurden sie jedoch erfolgreich gemeistert – durch Anpassungen und Bewältigungsstrategien wie Migration, Umsiedlung und die Entwicklung neuer Lebensweisen. Im Falle der Ereignisse vor 4200 Jahren sollten wir uns daher genauer ansehen, warum diese Gesellschaften in die Krise gerieten, statt uns mit einfachen und scheinbar naheliegenden Antworten zufriedenzugeben, die beim Klima beginnen und enden. Eine der interessantesten Fragen ist dabei, wie Probleme von einer Region auf die andere übergreifen und diese schwächen können.

SECHSTES KAPITEL

Das erste Zeitalter der Verbundenheit

(2200 bis 800 v. Chr.)

Wenn ihr nicht schnell kommt,
dann werden wir verhungern.
Ugaritische Tafel (ca. 1200 v. Chr.)

Die Zivilisationskrisen um 2200 v. Chr. verdeutlichen, wie ineinander verzahnte Netzwerke nicht nur Waren und Information transportieren, sondern auch Erschütterungen. Die Schrumpfung dieser Handelsnetze war allerdings nie von Dauer; alte wurden wiederhergestellt, neue geknüpft.

In der Zeit nach den Krisen von 2200 v. Chr. entstand ein neues Geflecht von Knotenpunkten und Verbindungen, das den Aufbau einer vernetzten Region ermöglichte, die schließlich vom östlichen Mittelmeerraum bis zum Indischen Ozean und darüber hinaus reichen sollte. Der Zerfall führte zunächst zur Blüte einiger Stadtstaaten, allen voran Ur in Mesopotamien, die sich in die Tradition von Uruk stellten und deren Könige sich als Erben von Enmerkar, Lugalbanda und Gilgamesch präsentierten.[1]

Eine der wichtigsten Entwicklungen der folgenden Jahrhunderte bestand allerdings in der Bewegung hin zu politischer Zentralisierung und Großreichen. Diese zeichneten sich durch Verwaltungsapparate aus, die durch die Vereinheitlichung von Verhaltensweisen und Praktiken ihre Effizienz steigerten. Zu diesem Zweck erließen sie Regeln und Gesetze, die die Pflichten von Herrschern und Beherrschten festschrieben. Ein gutes Beispiel ist der Codex Ur-Nammu des gleichnamigen Herrschers von Ur, der etwa 2050 v. Chr. verfasst wurde und all jenen mit Strafe droht, die in einem Streitfall falsches Zeugnis ablegen.[2]

Die bekanntesten Gesetze stammen jedoch von Hammurapi, König des ersten Babylonischen Reichs, das ab etwa 1900 v. Chr. zur wirtschaftlichen und militärischen Vormacht Mesopotamiens aufstieg. Die Gesetze sind in mehreren Quellen überliefert, die beeindruckendste die Stele, die ursprünglich im Tempel von Marduk in der Hauptstadt Babylon stand und heute im Louvre in Paris zu bewundern ist. «[Ich habe] meine kostbaren Worte auf meine Tafel geschrieben», heißt es auf der Gesetzesstele, «damit der Starke nicht den Schwachen bedränge, damit Waise und Witwe ihr Recht bekämen.» Der Codex besteht aus 282 Gesetzen und beschäftigt sich mit Handel und Zöllen genauso wie mit Ehe und Scheidung oder Diebstahl und Schulden. Außerdem sieht er Strafen für die mutwillige Beschädigung der Umwelt vor, etwa für jemanden, der ohne Erlaubnis des Eigentümers einen Garten rodet.[3]

Auch andernorts entstanden neue Staaten in ökologischen Nischen, die Bevölkerungswachstum gestatteten, an Handelsrouten lagen oder Zugang zu begehrten Rohstoffen boten. So gründeten zum Beispiel die Assyrer eine Reihe von Handelsstützpunkten in Ostanatolien, um mit den Königtümern der Region Zinn und Textilien gegen Silber und Gold zu tauschen. Hatti, der mächtigste dieser Staaten, schluckte schließlich die anderen und wurde zu dem, was heute oft missverständlich Hethiterreich genannt wird (dieser Name geht eigentlich auf das Alte Testament der Bibel zurück und bezeichnet ein ganz anderes Volk in Palästina). Die Assyrer wiederum gründeten, ausgehend von den Städten Ninive und Assur, ein eigenes Reich, das sich über den Norden des heutigen Irak, den Nordosten Syriens und den Südosten der Türkei erstreckte. Dieses Reich war Verbündeter, Konkurrent und Gegenspieler anderer Reiche und Völker in der Welt des Nahen Ostens, etwa von Mitanni, Ebla und der Kassiten. Letztere beherrschten Babylon nach dem Untergang des ersten Babylonischen Reichs um 1600 v. Chr.[4]

Neue Techniken ermöglichten die Blüte und Ausweitung von Handelsnetzen. Entscheidend für den Aufstieg zunächst von Kreta und danach von zahllosen anderen Orten der Ägäis, des griechischen Festlandes und Kleinasiens war die Entwicklung von Segelschiffen – und natürlich von seemännischen Fähigkeiten, die nötig waren, um diese Schiffe in schwieriger Witterung zu navigieren.[5] Wissenschaftler sind sich zwar nach wie vor uneins über die gesellschaftlichen und politischen Strukturen Kretas, doch die Tatsache, dass hier um 1900 v. Chr. monumentale Bauwerke entstanden, lässt zumindest den Schluss zu, dass der zunehmende Kontakt der Insel mit anderen Orten den Horizont in alle möglichen Richtungen erweiterte.[6] Genau wie andernorts sind die Verwendung von Schriften auf Kreta (Linearschrift A) und später Mykene (Linearschrift B) sowie die Entwicklung zunehmend komplexer Bestattungsrituale ein Hinweis auf die Entstehung von Institutionen und Eliten in einer Zeit, in der die Bevölkerung wuchs, gesellschaftliche Schichten sich herausbildeten und durch den Handel mit seltenen, exotischen und teuren Waren – in erster Linie Metalle, aber auch Nahrungsmittel, wie die Auswertung von Stärkefunden in Tongefäßen zeigt – ein Austausch mit der übrigen Welt in Gang kam.[7]

Ähnlich war die Entwicklung im Norden Nubiens, wo die Schwächung Ägyptens ein Vakuum hinterließ, in das andere stoßen konnten. Mit Abstand am erfolgreichsten waren die Könige von Kusch, die so mächtig wurden, dass sich die Pharaonen Ägyptens nach Stabilisierung ihrer Macht um 1850 v. Chr. gezwungen sahen, eine Festungskette zu errichten und die neuen Rivalen in Inschriften zu schmähen. Das Reich von Kusch umfasste weite Teile des Niltals, und sein Einfluss reichte bis ans Horn von Afrika, weshalb ein Historiker es als «die größte politische Einheit im damaligen Afrika» bezeichnete.[8]

Staaten schaffen Hierarchien, doch sie ermöglichen auch Stabilität und günstige Handelsbedingungen. Sie bieten Händlern Schutz, die ein Interesse daran haben, die Waren zu weiter entfernten Märkten zu bringen. In einer typischen Inschrift, die etwa um 1900 v. Chr.

entstand, prahlt beispielsweise ein assyrischer Herrscher, dass er die Freiheit seines Volks sichert und es vor Angriffen und Überfällen schützt.[9] Das war in der Tat eine bedeutsame Leistung und bestätigte den König in seiner Rolle als Retter und Beschützer. Außerdem war es eine wesentliche Voraussetzung für die Entwicklung des Handels und stand in engem Zusammenhang mit der Herausbildung sozialer Strukturen.

Auch in Westafrika und dem späteren Kernland des Reichs von Kusch war diese Ausweitung von Handelsnetzen der Katalysator für komplexe, hierarchische Gesellschaften.[10] Mit dem Aufkommen der Metallverarbeitung in Akjoujt im heutigen Mauretanien und dem Eghazer-Becken im Niger boten diese Veränderungen der gesellschaftlichen Organisation auch dort die Voraussetzung dafür, dass sich Menschen, Gemeinschaften, Güter und Ideen über weite geographische Räume hinweg vernetzen konnten.[11] Dies ebnete zugleich den Weg zu einer Konsolidierung von Macht und Ressourcen mobiler Hirteneliten in der libyschen Sahara.[12]

Auf dem indischen Subkontinent waren große Wanderungsbewegungen ein wesentlicher Motor der Veränderung. In den Jahrhunderten nach dem Niedergang der Zivilisationen des Industals um 1900 v. Chr. brachte die Ankunft von Steppenvölkern gewaltige demographische Umwälzungen. Ursache, Art und Zeitpunkt dieser Einwanderungswellen sind zwar heikle Themen und nach wie vor umstritten, doch inzwischen wissen wir, dass ihre Ankunft nach dem Niedergang Harappas und anderer Städte erfolgte und keineswegs die Ursache dieses Niedergangs war.[13]

Genetische Daten lassen keinen Zweifel, dass sich die bestehende Bevölkerung mit den Neuankömmlingen vermischte und dass es sich bei der großen Mehrzahl dieser Neuankömmlinge um Männer gehandelt haben muss. Es müssen so viele gewesen sein, dass heute rund 18 Prozent aller indischen Männer der Haplogruppe R1a angehören, die besonders in Skandinavien, Mitteleuropa und Sibirien vertreten ist.[14] Auch Sprachen verbreiteten sich, die indoeuropäische Sprachfamilie ist ein weiterer Hinweis auf die Vernetzung der Welt vor über 3500 Jahren.[15] In den Ähnlichkeiten zwischen den baltoslawischen und indoiranischen Untergruppen der indoeuropäischen Sprachen spiegelt sich die Wanderung von Menschen und eine gemeinsame Vergangenheit, die in die Eurasischen Steppen zurückführt.[16] Neue Forschungen zeigen allerdings auch, dass die Ausbreitung von Menschen und Sprachen ein komplexer Prozess ist; wenn man sich bei der Auswertung genetischer und linguistischer Daten von herkömmlichen Annahmen frei macht, werden oftmals überraschende und ganz neue Muster für Europa und Südasien sichtbar, von Anatolien und dem Nahen Osten ganz zu schweigen.[17]

Die Ankunft der neuen Völker auf dem indischen Subkontinent erfolgte in mehreren Wellen und wird oft mit der Einführung oder raschen Entwicklung neuer Ideen in Verbindung gebracht.[18] Im Mittelpunkt steht das Kastenwesen, das lange mit dem Aufstieg der Glaubensvorstellungen und Praktiken der vedischen Religion assoziiert wurde.[19] Da genetische Erblinien jedoch auf eine allmähliche Vermischung der Neuankömmlinge und der bestehenden Bevölkerung schließen lassen, kann man davon ausgehen, dass neue Vorstellungen keineswegs aufgezwungen oder plötzlich eingeführt, sondern im Laufe der Zeit übernommen oder entwickelt wurden.[20]

Festgehalten wurden sie in einer Sprache namens Sanskrit (von *saṃskṛta*, «zusammengesetzt, geschmückt, gebildet»), wobei die ältesten Dokumente, die Veden, um 1500 v. Chr. niedergeschrieben wurden. Die genaue Herkunft und Entwicklung dieses Gedankenguts ist schwer nachvollziehbar, auch weil es sich bei diesen Texten – bestehend aus den *Rigveda*, *Samaveda*, *Yajurveda* und *Atharvaveda* – um die heiligen Schriften des Hinduismus handelt. Sie beschreiben *sanatana dharma*, eine ewige Ordnung, die nach Ansicht ihrer Anhänger keinerlei Einflüssen und Veränderungen unterlag. In den Beschreibungen der drei Vedischen Welten von Erde (*bhūrloka*), Himmel (*svarloka*) und dem «Zwischenraum» (*bhuvarloka* oder *antarikṣṣa*) aus Luft und Licht ist von Ruhe und Gleichmut die Rede, und in den Hymnen der *Atharvaveda* heißt es, «die Erde ist unsere Mutter, und wir sind ihre Kinder»; die dauernden Warnungen, man müsse Wälder, Tiere und Wasser achten, lassen allerdings vermuten, dass diesen regelmäßig Schaden zugefügt wurde – es ist kein Lobgesang auf den sorgfältigen Umgang mit der Umwelt.[21] Die Offenbarung der Veden (wörtlich «Wissen») wurde erst möglich, als die indischen Weisen spirituell so weit sensibilisiert waren, dass sie die Schwingungen wahrnehmen und festhalten konnten, die seit Anbeginn der Zeit durch das Universum hallten.[22]

Wie wir noch sehen werden, enthielten diese Texte neben den Idealen, Pflichten und Aufgaben, die einen tugendhaften Menschen auszeichnen, detaillierte Ausführungen zum Umgang mit der natürlichen Umwelt sowie zum Verhältnis zwischen der Welt der Menschen auf der einen Seite und der Welt der Tiere und Pflanzen sowie der Welt der Götter auf der anderen.

In anderen Weltregionen ist zu dieser Zeit eine ähnliche Verbreitung von Gedanken, Bräuchen und Praktiken zu beobachten. In Ägypten erlebten beispielsweise um 1640 v. Chr. die Hyksoskönige einen Aufstieg; von ihrer Hauptstadt Avaris aus beherrschten sie ein Gebiet, das vom Nildelta bis nach Cusae im Süden reichte und die Oasen auf den westlichen Handelsrouten nach Nubien kontrollierte.[23] Der ptolemäische Priester Manetho, unsere Hauptquelle aus der Zeit der Hyksosherrscher, beschreibt sie zwar als Eindringlinge aus der Levante, die mit Gewalt die Macht an sich rissen. Die Strontium-Isotopen-Analyse von Skeletten und Zahnschmelz ergibt allerdings, dass sie zwar tatsächlich nicht aus Ägypten stammen, dass es sich bei ihrer Machtübernahme jedoch um einen regionalen Aufstand einer Gruppe handelte, die bereits um 2000 v. Chr. in die Region kam, und nicht um eine Eroberung von außen.[24]

Wie auf dem indischen Subkontinent brachten die Migranten Neues mit, von der Textilherstellung über Töpferkunst und Waffentechnik bis hin zu Bestattungspraktiken, die ohne die aus Westasien stammenden traditionellen Amulette der Skarabäen auskamen.[25] In dieser Einwanderungswelle scheinen die Frauen überwogen zu haben, jedenfalls gibt es deutlich mehr Belege für die Heirat ägyptischer Männer mit nicht ägyptischen Frauen als umgekehrt.[26] Zwar wurden die Hyksos schließlich von Dynastien aus dem oberägyptischen Theben unterworfen, doch ihre Innovationen hielten sich regional und darüber hinaus. Darunter könnte auch das Alphabet gewesen sein, das vermutlich von Bergarbeitern nach Ägypten gebracht worden war, die um 1800 v. Chr. eine Buchstabenschrift erfunden oder zumindest übernommen haben könnten.[27] Daneben wurden offenbar weitere Techniken und Erfindungen aus der Levante und Südwestasien eingeführt, zum Beispiel der Kompositbogen und der Pferdestreitwagen, die weitreichende Auswirkungen hatten und die Ausweitung der politischen, gesellschaftlichen und wirtschaftlichen Macht ermöglichten.[28]

Ähnliches könnte sich im Mitanni-Reich ereignet haben, das im Norden des heutigen Syriens lag. Dort sprach man mit Hurritisch eine Sprache, die nicht zur indoeuropäischen Familie gehörte. Doch wenn die Herrscher Verträge mit ihren hethitischen Nachbarn und Gegnern unterzeichneten, dann gaben sie sich erstaunlicherweise altindische Thronnamen und beriefen sich auf einige der zentralen Gottheiten, die wir aus vedischen Texten kennen, darunter Indra, Varuna und die Nāsatya-Zwillinge.[29] Einer Hypothese zufolge könnte das Königtum Mitanni von Söldnern gegründet worden sein, vielleicht Reitern oder Wagenlenkern, die aus derselben Völkerwanderung stammten wie die indoeuropäischen Migranten, die zur selben Zeit nach Indien kamen.[30] Es ist jedoch wahrscheinlicher, dass die sprachlichen und religiösen Einflüsse auf Kontakt zurückgehen und nicht auf eine massive Zuwanderung, für die es in Anatolien und Umgebung kaum Hinweise gibt.[31] Das wäre jedenfalls eine logische Erklärung für die Verbreitung von astronomischen und kosmologischen Anschauungen sowie für Ähnlichkeiten zwischen mesopotamischen Vorstellungen von den drei Himmelswegen (Norden, Mitte und Süden) und jenen in vedischen Schriften.[32]

Auch in den Zivilisationen der südamerikanischen Anden lässt sich etwas Ähnliches beobachten. Dort nahm nach 1800 v. Chr. der kulturelle und wirtschaftliche Austausch zwischen der Küste, den Tälern des Binnenlandes und dem Hochland zu. Mit dem häufigeren und intensiveren Austausch zwischen den Regionen glichen sich dort Zeremonien, Tempelanlagen, Töpferwaren und Ernährung im Laufe der Zeit immer weiter an.[33] Auch hier führte der Kontakt zu einer Ausdehnung des Verbreitungsgebiets von Sprachen (in diesem

Falle Aymara- und Quechua-Sprachen), die einige Wissenschaftler mit der Ausbreitung und Übernahme landwirtschaftlicher Techniken in Verbindung bringen.[34]

Wie im Nahen Osten spielten auch in den Anden zunehmender Kontakt und Austausch sowie die Übernahme von Gedankengut, Verfahren und Techniken eine entscheidende Rolle bei der Entstehung von größeren Staaten, die ihre Bewohner unterschiedlicher Herkunft durch eine neue Kultur einten und auf ein Zentrum hin bündelten und dessen Eliten als spirituelle Führer in den Genuss von Status, Macht und Reichtum kamen. In den Anden ist dies um 1000 v. Chr. zu beobachten, als sich Chavín de Huántar als zeremonielles Zentrum des heutigen Nord- und Zentralperu etablierte, von da aus seinen Einfluss weit in den Süden ausdehnte und Völker, Gemeinschaften und Räume unter einem kulturellen, religiösen und politischen Dach zusammenbrachte.[35]

Die Parallelen zu Ostasien sind unübersehbar. Bis 2000 v. Chr. war dort mit Shimao im Lösshochland eine gewaltige befestigte Siedlung entstanden, die zu den größten der damaligen Welt zählte. Im Zentrum stand ein mindestens 70 Meter hoher pyramidenförmiger Palastkomplex, der die Stadt und ihre Umgebung überragte. Tausende von Artefakten aus Jade zeigen, dass Shimao Mittelpunkt eines ausgedehnten Handelsnetzes war, und zahllose Menschenopfer sind Belege für die Herrschaft einer Elite und die Machtstellung der Stadt.[36]

Jüngere Ausgrabungen unterstreichen die Bedeutung von Shimao und stellen herkömmliche Vorstellungen der frühchinesischen Zivilisationen auf den Kopf. Mit der Stadt Erligang und dann von etwa 1200 v. Chr. an wird das Bild in Ostasien ein wenig klarer, als unter der Shang-Dynastie ein Staat entstand, der seine Macht über das heutige Nord- und Zentralchina ausdehnte; auch hier ist die Datierung allerdings ungewiss, da sich schriftliche und archäologische Quellen widersprechen.[37] Einmal mehr führte die Entstehung einer übergreifenden politischen Struktur zur Angleichung von Kultur, Religion und Gesellschaftsstrukturen.[38] Motor bei der Verbreitung der Landwirtschaft war die Tatsache, dass Landarbeiter den königlichen Haushalt unterhielten und dieser ein großes Interesse an der Maximierung von Ernteerträgen hatte, weil sein Reichtum, sein Wohlstand und seine Macht davon abhingen. Wie andernorts entwickelte die Verwaltungselite ein Schriftsystem, in diesem Fall in Knochen geritzte Zeichen, auf denen sich Anweisungen und Entscheidungen festhalten ließen und die den inzwischen vertrauten Prozess der Festigung und Zentralisierung der Macht ermöglichten.[39]

Historiker führen zwar aktuell gern das Klima als Ursache für den Niedergang von Reichen und Staaten an, doch wenn es um die Rolle des Klimas beim Aufstieg und bei der Blüte von Gesellschaften nach der Krise von 2200 v. Chr. geht, sind sie zurückhaltender. Das mag entschuldbar sein: Die Regionen, in denen feste und große Siedlungen entstanden, waren natürlich ökologisch geeignet, um diese zu ernähren und deren Wachstum zu ermöglichen, sei es durch Ausweitung der Ackerflächen oder dadurch, dass der Anbau durch Be- oder Entwässerung intensiviert wurde.

Auch ein günstiges Krankheitsumfeld war ein wichtiger Faktor bei der demographischen Expansion; umgekehrt erklärt die Verbreitung von Erregern, warum andere Regionen im Jahrtausend nach 2200 v. Chr. nicht dieselbe Entwicklung nahmen wie Mesopotamien, der Nil, Teile Chinas und die nordwestlichen Anden. In Südostasien und weiten Teilen Westafrikas wurde das Bevölkerungswachstum durch Malaria sowie den Mangel an Saatgut, Getreide und sonstigen Lebensmitteln gebremst, die andernorts eine so wichtige Rolle spielten.[40] In Äquatorialafrika begann um 1500 v. Chr. mit der einsetzenden Bantu-Migration ein Teufelskreis: Die Einführung von Bananen und Kochbananen gestattete zwar die Gründung größerer fester Siedlungen, die räumliche Ausdehnung und das Bevölkerungswachstum. Doch in den Siedlungen grassierte die Malaria, und die Siedler erlitten dasselbe Schicksal wie die europäischen Sklavenhändler, die 2000 Jahre später hier in Scharen starben. Eine Bevölkerung ohne Malariaresistenz wurde allmählich ersetzt durch eine, die das sogenannte Duffy-Antigen geerbt hatte und damit immun gegen den Erreger *Plasmodium vivax* war. Dieser Prozess dauerte allerdings viele Jahrhunderte, weshalb hier keine größeren Städte entstehen konnten.[41]

Andernorts beförderten Klimawandel, Extremwetter und Naturkatastrophen die Entstehung von Krankheiten. Die Explosion des Vulkans von Santorini um 1600 v. Chr., einer der gewaltigsten Ausbrüche der letzten fünf Jahrtausende (mit einer Sprengkraft von zwei Millionen Atombomben vom Typ der Hiroshimabombe), ist ein gutes Beispiel. Dabei war die weitreichendste Auswirkung des Ereignisses womöglich nicht der Tsunami, der Kreta traf, oder die Neuorientierung der Zivilisationen am Mittelmeer.[42] Vielmehr könnte der Ausbruch eine Rolle bei der Verbreitung des Pockenvirus gespielt haben, das möglicherweise infolge der Eruption mit ihrem Ausstoß von Staub, Gasen und Säuren entstand und in der Nilregion auftrat.[43]

Sollte das tatsächlich der Fall gewesen sein, wird es umso dringlicher, erdgeschichtliche Ereignisse in den Blick zu nehmen und ihren langfristigen Einfluss zu untersuchen, nicht nur auf die Vergangenheit, sondern auch auf die Gegenwart des Menschen. Allein im 20. Jahrhundert haben die Pocken rund 300 Millionen Menschenleben gefordert, und zwischen 1850 und dem Sieg über die Krankheit im Jahr 1977 könnte es eine halbe Milliarde gewesen sein.[44] Unter den ersten Opfern waren Angehörige der herrschenden Dynastie Ägyptens, darunter Pharao Ramses V. (dessen mumifizierter Körper die verräterischen Pockennarben aufweist, vor allem auf den Wangen).[45]

Vulkanausbrüche und andere einmalige Katastrophen können dramatische und unerwartete Folgen haben. Allgemein waren die eigentlichen Probleme allerdings nicht Überschwemmung oder jahrzehntelange Dürrephasen, wenngleich diese Auslöser von Problemen sein konnten. Es war vielmehr die Überbevölkerung. Wiederholte Missernten wurden zum Problem, wenn zu viele Menschen ernährt werden mussten. Bei Ernteausfällen durch unerwartet heftige Regenfälle und Überschwemmungen konnte aus einer schwierigen Situation eine Katastrophe werden, wenn Menschen hamsterten, weil sie in Panik gerieten oder Profit aus den Preisanstiegen schlagen wollten.

Der Wunsch des Zentrums nach Macht und Reichtum förderte den Raubbau an Rohstoffen und führte daher oft zu deren Erschöpfung. Die spärlichen Baumbestände, die es beispielsweise in Mesopotamien gab, waren schnell abgeholzt, sodass ab 2000 v. Chr. Holz aus dem fernen Oman oder von der noch ferneren Westküste Indiens importiert werden musste.[46] Die Nachfrage nach Metallen wie Kupfer, Zinn und Blei, die in der chinesischen Shang-Dynastie für rituelle Gefäße, Waffen und Werkzeuge verwendet wurden, erschöpfte die regionalen Vorkommen rasch und machte die Region abhängig von Fernhandelsnetzen (auch wenn diese wahrscheinlich nicht bis nach Afrika reichten, wie gelegentlich behauptet wird).[47]

Der Schwachpunkt war in erster Linie die Größe einzelner Städte, die in Zeiten des Mangels besonders gefährdet waren. Städte waren außerdem potenzielle Krisenherde, denn dort konnten sich unzufriedene und hungernde Menschen erheben, um die Dinge selbst in die Hand zu nehmen. Doch auch die Größe des jeweiligen Reichs konnte sich als Schwäche erweisen, denn es brauchte nicht viel, um die neu eingegliederten Völker zum Aufstand zu bewegen, vor allem wenn sie im Krieg unterworfen worden waren. Orte an der Peripherie hatten am meisten zu verlieren, wenn sie von fernen Zentren aus regiert wurden, und boten Angehörigen der neuen oder alten Eliten die beste Möglichkeit, alternative Vorstellungen und Lösungen zu bieten, die an Eigendynamik gewinnen konnten.

Heute bezeichnen wir das System, das Menschen und Orte miteinander verbindet, als Globalisierung. Darunter versteht man die Prozesse, mit denen Güter und landwirtschaftliche Erzeugnisse möglichst kostengünstig produziert und Rohstoffe gefördert werden, um dann möglichst ertragreich verkauft zu werden. Wie in den vergangenen Jahrzehnten deutlich geworden ist, bringen diese Prozesse nicht nur Effizienzen und Gewinne, sondern sie verursachen auch erhebliche Umweltkosten und schaffen Gewinner und Verlierer, Gefahren und Konkurrenz.

Wie wir inzwischen auch wissen, bringen diese globalisierten Kräfte eine weitere konkrete und schwierige Herausforderung mit sich: Enge Verbindungen sind mit einem Mal keine Lösung, sondern sie werden zur Ursache eines Problems. Gegenseitige Abhängigkeit bedeutet, dass sich Schwächen ausweiten und rasch außer Kontrolle geraten können.

Ein Beispiel dafür ist das Unheil, das sich um 1200 v. Chr. breitmachte und Ägypten, den östlichen Mittelmeerraum, den Nahen Osten und Mesopotamien in tiefe Krisen stürzte. Unter anderem herrschte chronische Lebensmittelknappheit, die offenbar zunächst auf Geheiß von Pharao Merneptah mit Getreideimporten aus Ägypten behoben wurde.[48] «Schickt dringend Getreide», bat ein König der Hethiter, «es geht um Leben und Tod.»[49] Und aus Emar im heutigen Syrien kam die eindringliche Bitte: «Wenn ihr nicht schnell kommt, dann werden wir verhungern. Ihr werdet in eurem Land keine Lebenden mehr vorfinden.»[50] Andere Tontafeln aus dem Stadtstaat berichten von Familien, die in ihrer Not gezwungen waren, ihre Kinder zu verkaufen.[51] Auch Quellen aus Babylon und Assyrien beschreiben schwierige Zeiten und sprechen von Ernteausfällen, Hunger und Krankheit. Schließlich wurde auch Ägypten von Missernten betroffen – und von wiederholten Arbeitsniederlegungen der Arbeiter am Königsgrab im Tal der Könige, die ihre Rationen nicht oder nur teilweise erhielten.[52] Um 1170 v. Chr. führten die Engpässe zu einer massiven Inflation, weil sich das Getreide um 800 Prozent und mehr verteuerte.[53]

Zu dieser Zeit sorgten Gruppen für Unruhe, die «von Inseln inmitten des Meeres» kamen, wie es damals hieß. Heute kennt man sie als «Seevölker», eine Bezeichnung, die der französische Gelehrte Emmanuel de Rougé Ende des 19. Jahrhunderts prägte. Dazu zählte unter anderem ein Volk, das im Alten Testament der Bibel als Philister bezeichnet wird und das aus Südeuropa in den Nahen Osten vordrang.[54] Diese Völker sollen in weiten Regionen des östlichen Mittelmeerraums großes Chaos gestiftet haben. «Die Schiffe des Feindes sind gekommen», heißt es auf einer Keilschrifttafel, die die Worte des Königs von Ugarit wiedergeben soll. «Sie brandschatzen meine Städte und bringen Leid über mein Land.»[55]

Auch Ägypten litt unter den Eindringlingen, wenn man den Inschriften im Totentempel von Pharao Ramses III. in Medinet Habu und den Papyri der Zeit Glauben schenkt. «Sie kamen zusammen vom Meer und trugen die Flammen in die Flussmündung, während eine Festung mit Lanzen sie am Ufer umringte», heißt es auf einer Inschrift im Totentempel. «Sie wurden umzingelt, auf den Strand gelegt, getötet und zu Haufen aufgeworfen. Ihre Schiffe und Waren versanken im Wasser.»[56] Die Seevölker suchten eine Stadt nach der anderen heim und fielen in alle Länder der Erde ein, wie ein zeitgenössischer Bericht klagte.[57]

Das alles geschah während einer schwierigen Dürrephase, wie Pollen, verkohlte Pflanzenreste, niedriger Pegelstand im Toten Meer und See Genezareth, die Abschwächung der Nilströmung, die Abkühlung der oberen Wasserschichten des Mittelmeers und andere Indizien belegen.[58] Doch wieder sprechen wir von Veränderungen, die über einen breiten Zeithorizont hin stattfanden. Es handelte sich durchweg um langfristige Entwicklungen, die zum Teil Jahrhunderte zurückreichen – vielleicht sogar vierhundert Jahre bis zum Ausbruch des Santorini-Vulkans und den gravierenden Veränderungen der regionalen und globalen Wettermuster, die mit einer derart gewaltigen Eruption einhergehen.[59]

Ein Rückgang der Niederschläge könnte das Leben erschwert und die Handlungsspielräume immer weiter eingeengt haben, doch möglicherweise haben andere Faktoren beim Ende der Bronzezeit eine wichtigere Rolle gespielt.[60] So wurden zum Beispiel die Unruhen im Hethiterreich auf Streitigkeiten innerhalb der Elite zurückgeführt.[61] Wie ein Wissenschaftler mit Anspielung auf Claudius in Shakespeares *Hamlet* sagte: «Wenn die Leiden kommen, / So kommen sie wie einzelne Späher nicht, / Nein, in Geschwadern.» Im halben Jahrhundert von 1225 bis 1175 v. Chr. wurden die Ägäis und der östliche Mittelmeerraum von einem wahren «Sturm von Erdbeben» heimgesucht, zum Teil mit einer zerstörerischen Stärke von 6,5 und mehr auf der Richter-Skala.[62]

Es gibt also nicht den einen entscheidenden Grund, zum Beispiel klimatische Veränderungen, für den Untergang von Kulturen. Entscheidender ist das Prinzip der Ansteckung: Der Ausfall eines Teils des Netzes, sei es durch Missernte, Erdbeben oder Familienfehden, konnte das gesamte Netzwerk erschüttern oder zerreißen. Komplexe Fernhandelsnetze, auf denen die Wirtschaft und der Status der Reichen und Mächtigen basierten, beruhten auf gegenseitiger Abhängigkeit: Die engmaschige Vernetzung verschafft zwar Zugang zu Luxusgütern, doch sie geht auch mit einer ansteckenden Anfälligkeit einher.[63]

Es brauchte also nicht viel, um Netzwerke zu zerstören, und in der Folge wankten und stürzten gesellschaftliche Strukturen, Staaten und Reiche. Das ist in zahlreichen Regionen und Epochen zu beobachten. Ein Beispiel ist der Untergang des Römischen Reichs in Westeuropa viele Jahrhunderte später, als mäßiger Druck den Absturz ins finstere Mittelalter einleitete. Ein weiteres ist der Zusammenbruch der Sowjetunion Ende des 20. Jahrhunderts, als ein unbezwingbar geglaubtes Reich quasi über Nacht in sich zusammenfiel. Wirtschaftswissenschaftler entwickeln Modelle, die zeigen, wie sich kleinere Erschütterungen aufschaukeln können und schließlich ganze Lieferketten zerreißen – ein Prinzip, das als Peitscheneffekt bezeichnet wird.[64]

Scheinbar unüberwindbare, gut organisierte Reiche und Netzwerke können unter relativ schwachem Druck – etwa weil Rohstoffquellen versiegen oder im Gegenteil neue erschlossen werden – sehr schnell auseinanderfallen. Klima und Wetter waren oft eher erschwerende Faktoren als die unmittelbare Ursache der Umwälzungen. Einzelne Erschütterungen können zwar gelegentlich weitreichende Auswirkungen haben, doch häufiger sind es langfristige Verschiebungen, die die Kooperationsbereitschaft und -fähigkeit der Menschen allmählich aushöhlen und eine Abwanderung der Bevölkerung in Wellen, nicht in einem großen Schub bewirken.

Das lässt sich zum Beispiel am Ende der Poverty-Point-Kultur am Unteren Mississippi um 1300 v. Chr. zeigen. Das Zentrum der gesellschaftlich, politisch und ethnisch vielfältigen Gruppen der Region, die möglicherweise unterschiedliche Sprachen sprachen, war ein großer Erdhügel aus konzentrischen, halbkreisförmigen Wällen, mit dessen Anlage drei Jahrhunderte zuvor begonnen worden war.[65] Stratigraphische Analysen aus Jaketown zeigen, dass ungewöhnlich starke Regenfälle in einem Einzelereignis um 1310 v. Chr. einen Damm brechen ließen und eine gewaltige Überschwemmung verursachten.[66]

Entscheidender für die Abwanderung der Bevölkerung war jedoch, dass es über mehrere Jahrhunderte hinweg regelmäßig und unberechenbar zu Überflutungen kam.[67] Einzelne traumatische Ereignisse ließen sich offenbar leichter verkraften als eine anhaltende Bedrohung, die den Zusammenhalt unterspülte und die Abwanderung förderte. Sobald sich die Umweltprobleme eingependelt hatten oder verschwunden waren, wurden Regionen oft neu besiedelt oder umgenutzt – so auch am Unteren Mississippi, der von Early-Woodland-Völkern besiedelt wurde, nachdem sich die günstigeren Bedingungen der Vergangenheit wieder eingestellt hatten.[68]

Natürlich waren Missernten und Hunger immer eine Herausforderung für die Herrschenden, denn sie konnten eine günstige Gelegenheit für Gegenspieler sein. Die Herrschenden mussten also dafür sorgen, dass es keine solchen Gegenspieler gab oder dass sie unter Kontrolle waren. Andernfalls konnte das dramatische Folgen haben, wie in Zentral- und Nordchina um 1046 v. Chr., als die Shang-Dynastie von den Zhou verdrängt wurde. Spätere Darstellungen sehen den Grund für den Sturz zwar in persönlichen Mängeln des letzten Shang-Königs Di Xin (商帝辛), vor allem in seiner Trägheit, Grausamkeit und Dekadenz, doch diese Erzählungen sollten lediglich den späteren Prinzen als warnendes Beispiel dienen. Die Lehre war klar: Ein einzelner fauler Apfel kann die gesamte Ernte verderben.[69]

Mit dem Untergang der Shang-Dynastie wurde ein neues Kapitel in der chinesischen Geschichte aufgeschlagen, doch es handelte sich vor allem um einen Wandel der Führungskultur, die Strategien und kulturelle Praktiken anpasste, ergänzte und erneuerte. Weiter im Westen bot sich ein weniger erfreuliches Bild. Die Handelsnetze erholten sich nur allmählich. Einigen Regionen, zum Beispiel Ägypten, erging es besser als anderen, weil sie weniger auf Importe angewiesen, besser organisiert oder unter Druck widerstandsfähiger waren. Es gab auch andere Nutznießer, einige günstig gelegene Nischen überlebten weitgehend unversehrt und knüpften ein neues Netz von Beziehungen (und Rivalitäten). Ein Paradebeispiel ist der Aufstieg der Königtümer und Stadtstaaten in der Ägäis, allen voran Mykene, Athen, Sparta und die anderen, die zum Rückgrat der antiken griechischen Welt wurden. Städte und Staaten blühten gemeinsam auf und gingen zusammen unter, stimulierten und spornten sich gegenseitig durch Austausch und Wettbewerb an und schufen auf diese Weise eine wechselseitige Abhängigkeit, die zum Scheitern führen konnte, ebenso wie zum Erfolg.

Auch anderswo war die Zeit um 1200 v. Chr. eine Phase der Völkerwanderungen und Besiedlungen, zum Beispiel in Ozeanien, wo archäologische Fundstätten mit zahlreichen Muscheln sowie Knochen von Riesenschildkröten, Landkrokodilen und Vögeln Zeugnis davon ablegen, wie die Lapita-Kultur erst nach Vanuatu, Neukaledonien und Fidschi und später nach Tonga und Samoa wanderte.[70] Es wurde vermutet, dass diese Wanderungen mit Veränderungen der Luftströmungen zusammenhängen, die die Reise nach Westen erleichterte und beschleunigte – damit war weniger Zeit auf See erforderlich, und die Reisenden mussten weniger Wasser und Proviant mitführen.[71]

Interessanterweise beschäftigten sich Denker, Priester, Beamte und Herrscher schon vor mindestens 3000 Jahren mit den Gefahren, die mit der Überbevölkerung, Krisenanfälligkeit und gegenseitigen Abhängigkeit einhergingen. Schon damals war man sich der Tatsache bewusst, dass plötzlich unvorhergesehene Probleme auftreten und Katastrophen auslösen konnten. Schon vor Jahrtausenden war es den Menschen ein zentrales Anliegen, solche Herausforderungen im Vorfeld abzusehen, sich auf sie vorzubereiten und mit ihnen umzugehen. Im Mittelpunkt ihrer Versuche, die Welt zu verstehen, stand die Frage nach dem Verhältnis des Menschen zum Göttlichen und damit zur Natur. Auf diese Weise wollte man Schwierigkeiten vorhersehen, sich auf sie einstellen oder sie am besten gleich verhindern.

SIEBTES KAPITEL

Die Natur und das Göttliche

(1700 bis 300 v. Chr.)

Der Herr ist mein Hirte,
mir wird nichts mangeln.
Er weidet mich auf einer grünen Aue
und führet mich zum frischen Wasser.
Psalm 23

Schon vor Jahrtausenden wussten die Menschen um die Gefahren der Umweltzerstörung, der Ausbeutung der Natur und der Überbevölkerung. Aus dem altbabylonischen Atrahasis-Epos, dessen älteste Fassung auf Tontafeln aus der Zeit um 1700 v. Chr. erhalten ist, spricht ein klares Bewusstsein für die Gefahr, ökologische Grenzen zu missachten. Die Götter hatten die Menschen erschaffen, so der Erzähler, weil ihnen klar geworden war, dass sie selbst mit der Schöpfung nicht mehr zu Rande kamen. Sie erschufen den sterblichen Menschen, «sodass [er] den Tragkorb der Götter trage».[1] Das Problem ist nur, dass die Götter die Lebenserwartung des Menschen nicht einkalkuliert haben, und das Ergebnis ist die Überbevölkerung. Es dauert nicht lange, und die Menschen werden so zahlreich, dass das Land vor dem «Geschrei der Menschheit» widerhallt.[2] Das erzürnt den Gott Ellil, der wegen des Lärms nicht schlafen kann. Daher beschließen einige Götter, die Menschen zu vernichten, um wieder ihre Ruhe zu haben: Sie überziehen die Menschheit mit Dürren und Hungersnöten, dann mit Krankheiten und Seuchen.[3]

Ihre spektakulärste Maßnahme ist eine Flut, ein Ereignis, das übrigens durch archäologische Funde bestätigt wird und wahrscheinlich auch die Grundlage für spätere ägyptische und biblische Berichte war.[4] Die Flut erscheint jedoch nicht nur lediglich als göttliche Strafe; in sämtlichen Versionen der Flutgeschichte ist genau hier die Rede von Überbevölkerung und Bevölkerungskontrolle. Das Atrahasis-Epos benennt das Problem unmissverständlich: Es gibt zu viele Menschen auf der Erde. Deshalb müssen Maßnahmen ergriffen werden, damit das Problem in Zukunft nicht wieder auftritt.

Die Muttergöttin Nintu ist jedoch bestürzt über die Flut und den Tod so vieler Menschen, denn nun muss sie auf die regelmäßigen Bieropfer verzichten, mit denen die Menschen sie günstig stimmen wollen. Sobald jedoch klar ist, dass der Held Atrahasis und seine Arche in Sicherheit sind, finden die Götter einen Weg, um der künftigen Überbevölkerung vorzubeugen: Sie machen den Menschen weniger fruchtbar. Ein Teil der Frauen soll keine Kinder bekommen können, es gibt mehr Missgeburten, und Jungfrauen sollen den Göttern als Priesterinnen dienen. Damit wollen die Götter die Geburtenrate senken und dafür sorgen, dass die Menschheit nachhaltiger wird – und vor allem weniger Krach macht.[5]

Die Geschichte der Sintflut ist dramatisch und stellt ausdrücklich eine Verbindung her zwischen Überbevölkerung und einer Unsicherheit, in der die Sorge um den Raubbau an der Natur, die Zerstörung der Umwelt und die schädlichen Auswirkungen menschlicher Aktivitäten auf die Landschaft zum Ausdruck kommt. Diese Sorge war nicht unbegründet, denn lange Phasen der landwirtschaftlichen Unterproduktion, ob durch einen Rückgang der Niederschläge oder als Resultat der Bodenverarmung durch Überwirtschaftung, stellten immer ein Problem dar, vor allem in ökologisch sensiblen Regionen wie dem Süden Mesopotamiens.

Wie groß dieses Problem war, zeigt eine Untersuchung von Ernteerträgen, aus der hervorgeht, wie rasch und konstant die Erträge mit der zunehmenden Beanspruchung der Böden zurückgingen. Im dritten vorchristlichen Jahrtausend erbrachte ein Hektar gutes Ackerland lange Zeit etwa 2000 Liter Getreide; zu Naram-Sins Zeiten um 2200 v. Chr. war es nur noch gut die Hälfte. Die Erträge verschlechterten sich weiter unter den Nachfolgern von Akkad, einer Handvoll Kleinstaaten, unter denen die Dritte Dynastie von Ur herausragte. Bis 1700 v. Chr. waren sie auf 700 Liter pro Hektar und Jahr zurückgegangen, und ein erheblicher Teil der Äcker erbrachte gar weniger als 400 Liter.[6] Die Überwirtschaftung ließ die Erträge binnen weniger Jahrhunderte also um 80 Prozent sinken.

Einige Wissenschaftler sehen die Ursachen für diesen drastischen Rückgang nicht nur im Bevölkerungswachstum, sondern auch in gierigen Zentralverwaltungen, die mit ihren Forderungen die Bauern zwangen, ihr Land bis über das ökologisch verträgliche Maß hinaus auszubeuten. Ein wesentliches Problem war die übermäßige Bewässerung, die den Boden auslaugte und die Salzkonzentration steigen ließ. Die Bemühungen um kurzfristige Ertragssteigerungen waren nicht nur nicht nachhaltig, sie beschädigten auch die künftigen Ertragsaussichten. Wie wir beim Zusammenbruch von Staaten und Handelsnetzen gesehen haben, verringert zunehmende Komplexität die Grenzerträge und vergrößert die Risiken. Was wie ein Erfolg aussah, als die Staaten expandierten und immer mehr Land unter den Pflug nahmen, legte oft bereits die Saat für ihren künftigen Niedergang.[7]

Dabei war man sich der Gefahren des Raubbaus an der Natur durchaus bewusst, wie verschiedene Quellen belegen. So warnt zum Beispiel das Gilgamesch-Epos vor den Dürren, die auf eine Abholzung von Wäldern folgen.[8] Am hervorstechendsten ist sicher der Moment, als Gilgamesch den Waldgott Humbaba tötet, ein Mord, der bildhaft für die Rodung der Wälder Mesopotamiens, die zunehmenden Eingriffe des Menschen in die Umwelt und seine mangelnde Hochachtung gegenüber der Natur steht.[9] Eine Sensibilität für die natürliche Umwelt und das empfindliche ökologische Gleichgewicht spricht auch aus der Personalisierung von Tieren und Pflanzen, die sprechen und fühlen können, etwa als die Bäume, Flüsse und Tiere weinen, nachdem Gilgamesch seinen Freund und Begleiter Enkidu getötet hat.[10]

Gilgameschs Abenteuer sind auch als Metaphern für den Kampf

des Menschen gegen die von den Göttern herbeigeführten Naturkatastrophen zu verstehen. Die Einwohner der Stadt verehrten den Helden, weil er die Ordnung wiederherstellte, indem er von Überschwemmungen zerstörte Heiligtümer wiederaufbaute. Er übernahm es außerdem, gegen die verheerende und von den Göttern gesandte Dürre anzukämpfen, «die Haine, Schilf und Sümpfe verdorren» und den Pegel der Flüsse um dreieinhalb Meter sinken ließ.[11] Der Mensch kämpfte also nicht nur gegen die Natur, sondern auch gegen die feindlichen Gewalten, die die Menschheit zu dezimieren oder gar zu vernichten suchten. In anderen mesopotamischen Texten wie dem *Enūma Anu Enlil* finden sich zahlreiche Hinweise auf himmlische Zeichen, in denen ein großes Interesse am Verständnis der meteorologischen Bedingungen und ein nicht minder großes Interesse an deren Beherrschung zum Ausdruck kommt.[12]

Der Aufstieg des Neuassyrischen Großreichs in den Jahrhunderten nach dem Ende der Bronzezeit veränderte die ökologische, gesellschaftliche, wirtschaftliche und politische Situation im Norden Mesopotamiens von Grund auf. Die Metropolen nahmen erstaunliche Ausmaße an, Städte wie Dur-Šarrukin wurden neu gegründet, bestehende Städte wuchsen dramatisch, zum Beispiel Ninive, das unter der Herrschaft von Sanherib (705 bis 681 v. Chr.) eine Fläche von 750 Hektar einnahm.[13]

Das setzte eine andere Haltung gegenüber dem Land und einen neuen Umgang mit ihm voraus. Massive Investitionen in Bewässerungsanlagen überformten die Landschaft, ein Netz von Kanälen wurde angelegt, die das Schmelzwasser aus den Bergen dorthin beförderten, wo es am nötigsten gebraucht wurde – in die großen Städte, von denen es zwar nicht so viele gab, die aber dafür umso größer (und daher anfälliger für Wasser- und Lebensmittelknappheit) waren, sowie die umliegenden Anbauregionen.[14] Davon profitierten nicht nur die verschiedenen Herrschersitze des Reichs, sondern auch ländlichere Gegenden mit geringerer Bevölkerungsdichte.[15]

Diese Eingriffe waren ein wichtiger Teil eines auch ideologisch motivierten Umbaus der Landschaft, der die Macht der assyrischen Könige betonen sollte. Sie zähmten Flüsse, lenkten sie um, ermöglichten die Urbarmachung neuer Landstriche und sorgten dafür, dass ihre Untertanen satt wurden. Für diese Leistungen ließen sie sich in großspurigen Inschriften feiern. «Ich, Sanherib, großer König, mächtiger König, König der Welt, habe Wüste in fruchtbares Ackerland verwandelt», heißt es da zum Beispiel. Früher blickten die Menschen in sehnsüchtiger Erwartung des Regens in den Himmel, doch er, Sanherib, habe Bewässerungskanäle, Schleusen und Dämme gebaut, um die Wasserversorgung sicherzustellen. So ruhmreich und wirkungsvoll seien seine Werke, dass er am Eingang des Kanals in aller Bescheidenheit ein Abbild seiner selbst habe anbringen lassen. Die Inschrift endet mit einer Warnung des Regenten: Sollte es einem seiner Nachfolger einfallen, seine Kanäle zu zerstören oder nicht zu erhalten, dann «mögen die Götter seine Dynastie zerschmettern».[16]

Die Herrschaft über die Natur setzte sich im Bau eines Straßen- und Wegenetzes fort, dessen Trassen noch auf modernen Satellitenbildern zu erkennen sind. Diese wurden vom König instand gehalten, beziehungsweise von den Gefangenen, die er von seinen Eroberungsfeldzügen mitbrachte.[17] In den beiden Jahrhunderten nach 800 v.Chr. wurden bis zu 1,5 Millionen Menschen zwangsumgesiedelt, um die Gefahr von Erhebungen in den unterworfenen Gebieten einzudämmen, die Ressourcen des Reichs systematisch auszubeuten und innerhalb der ökologischen Grenzen zu leben.[18]

Den Umgesiedelten erging es nicht schlecht. In einem Brief an Tiglath-Pileser III. (der von 745 bis 727 v.Chr. herrschte) heißt es, der König habe angeordnet, die Deportierten mit «Proviant, Leinengewändern, Ledertaschen, Sandalen und Öl» zu versorgen. Hätten die Esel des Königs zur Verfügung gestanden, hätte er sie ihnen genauso bereitgestellt wie Karren, so das Schreiben. Reliefs aus assyrischen Königspalästen zeigen Darstellungen von Männern, Frauen und Kindern, die auf Tieren oder Karren unterwegs sind – nie gefesselt.[19] In ihrem Umgang mit den Umgesiedelten wurden die assyrischen Könige oft mit Gärtnern verglichen, die wertvolle Bäume ausgraben und in einer Umgebung neu einsetzen, in der sie am besten gedeihen konnten.[20]

Wie wir bereits gesehen haben und sehen werden, hing die Nutzung des Landes in vorindustriellen Gesellschaften von der menschlichen Arbeitskraft ab. Bei Eroberungen ging es also nicht nur um Ruhm und Ackerland, sondern auch um Arbeitskräfte. Nicht immer mussten die Eroberer dabei mit Gewalt vorgehen. Als die assyrische Armee 701 v. Chr. Jerusalem belagerte, schickte ein Bote Sanheribs den Bewohnern der Stadt die Aufforderung: «Nehmt meine Gnade an und kommt zu mir heraus.» In der biblischen Erzählung verspricht er, sie in ein Land zu bringen, das so sei wie ihres: «Ich komme und hole euch in ein Land, das wie euer Land ist, ein Land, darin Korn und Wein ist, ein Land, darin Brot und Weinberge sind.» Dort würden sie versorgt und in Ehren gehalten.[21]

Die königliche Macht über die Natur erfasste auch andere Bereiche, vor allem in Form der Jagd auf Raubtiere. Diese war ein Sinnbild für die Herrschaft des Königs über das Tierreich und den Schutz vor Gefahren, den er seinen Untertanen bot. Reliefs, auf denen König Assurbanipal (Regierungszeit 669 bis 631 v. Chr.) mit bloßen Händen einen Löwen bändigt, sollten die übermenschliche Kühnheit und Kraft des Königs zeigen, die seine Sonderstellung und Macht legitimierte.[22]

Durch die Ausrichtungen von gewaltigen Festbanketten konnte der König die Vielfalt und Güte der ihm zu Gebote stehenden Köstlichkeiten und damit seinen Reichtum zeigen. Eine 1951 bei Kalḫu (heute bekannt als Nimrod, nahe Mossul) gefundene Stele berichtet von einer wahren Massenspeisung. In der Inschrift heißt es, König Assurnasirpal II. habe ein Fest für exakt 69574 Gäste gegeben und dabei «1000 mit Gerste gemästete Ochsen, 1000 Rinder, 14000 Schafe, 1000 Lämmer, 500 Hirsche, 500 Gazellen, 1000 große Vögel, 500 Gänse, 500 Hühner, 1000 Perlhühner, 10000 Fische und 10000 Heuschrecken» sowie 10000 Tongefäße mit Bier und dieselbe Zahl von Weinschläuchen gereicht.[23]

Auch die Errichtung nicht heimischer Ökosysteme in der Hauptstadt, mit künstlichen Sümpfen und importierten Pflanzen, sollte die Herrschaft der Könige über die Natur zur Schau stellen.[24] Das bekannteste Beispiel war ein großartiger Garten, den Sanherib in

Ninive in der Nähe der heutigen Stadt Mossul anlegen ließ. Dieser Garten war eines der Sieben Weltwunder der Antike, auch wenn er später durch eine Reihe von Missverständnissen und Manipulationen mit einer ganz anderen Stadt in Verbindung gebracht und allem Anschein nach als «Hängende Gärten von Babylon» bekannt wurde.[25]

Bei allen Veränderungen, die der Nahe Osten im Laufe der Jahrhunderte und Jahrtausende erlebte, gab es auch Kontinuitäten, etwa in der Landwirtschaft, der Architektur, der politischen Struktur und der Wirtschaft. Reiche kamen und gingen, und Regionen waren mal mehr und mal weniger intensiv miteinander vernetzt, über kürzere oder längere Distanzen. Selbst Sprachen wandelten sich; mit der Eroberung von Ninive im Jahr 612 v. Chr. verschwand zum Beispiel die assyrische Keilschrift. Und der mächtige babylonische Staat stieg auf, bis auch er von den persischen Achämeniden verdrängt wurde.[26]

Zu den Kontinuitäten zählt auch die Kosmologie. Verschiedene Gesellschaften verehrten zwar unterschiedliche Götter, versuchten deren Gunst auf unterschiedliche Weise zu gewinnen und deuteten ihre Ratschläge und Mahnungen auf jeweils eigene Weise. Doch in ihrem Verständnis der Welt und ihrem Umgang mit ihr waren sie sich sehr ähnlich, vor allem wenn es um die Wechselfälle des Klimas ging. Astronomische Kalender hielten Himmelsphänomene fest, um Wissen zu sammeln und einen Rahmen zu haben, anhand dessen sich Abweichungen erkennen und verstehen ließen.[27] Die Deutung kam Sehern und Priestern zu, die den Menschen anhand von Zeichen und Omen die Launen und Wünsche der Götter vermittelten.

Tiere wurden geopfert, um die Gunst der Götter zu gewinnen und die Kommunikation mit ihnen zu erleichtern. Manchmal raunte man Schafen beim Schlachten Fragen zu, damit sie diese direkt und rasch an die Götter weitergaben.[28] Kamen Tiere krank zur Welt, dann wurde auch dies als Zeichen gedeutet; hatten sie zum Beispiel keine Blase, dann schloss man daraus, dass «das Wasser des Flusses unterbrochen wird und der Regen spärlich vom Himmel fällt».[29]

Nicht alle Vorzeichen bezogen sich auf das Wetter. Wird der Feind eine ebenbürtige Armee sammeln und uns angreifen?, fragte ein mächtiger Herrscher des aus der Asche der Bronzezeit auferstandenen Neuassyrischen Großreichs. Nein, so die Antwort. Wird ein junger Mann von Epilepsie genesen?, so eine andere Frage. Ja, lautete die Antwort. Oft warnten die Seher vor steigenden Preisen oder Versorgungsengpässen. Hatte der Mond einen Hof, dann hieß es, das Getreide würde knapp. Schwankte der Mars, dann stieg der Preis für Gerste. Viele Vorzeichen hatten mit Ernte, Regen und Hunger zu tun, oder mit Heuschreckenschwärmen, die über die Ernte herfielen. Vorhersagen konnten dazu dienen, den Herrscher zu warnen, damit er seine Vorkehrungen traf.[30] Das war nichts anderes als Zukunftsplanung durch die Seher, die immer vorschützen konnten, man habe nicht auf sie gehört, wenn eine Katastrophe eintrat, oder man habe es ihnen zu verdanken, wenn sie ausblieb.

Die Seher der chinesischen Shang-Dynastie kannten das Spiel ebenfalls. Auch dort hing die Macht der Eliten davon ab, dass sie die Natur erklären und beherrschen und mit einem komplizierten Götterhimmel kommunizieren konnten. Vorsteher des Pantheons war der Hauptgott Di (帝), aber auch Naturgewalten wie Flüsse, Berge und die Sonne sowie mythische und halbmythische Wesen und Vorfahren gehörten dazu. Die Seher verwendeten Orakelknochen aus den Schulterblättern von Ochsen oder Schildkrötenpanzern; wenn sie diese Knochen erhitzten, sprangen sie auf, und die Risse wurden als Zeichen gelesen. Die Botschaft eines erhaltenen Knochens lautet zum Beispiel: «Günstig. Wir bekommen Ernte.»[31]

Die Beziehung zum Göttlichen unterstand dem Herrscher, der in der Rolle eines Schamanen Rituale und Zeremonien durchführte und als Vermittler zu den Göttern und seinen kaiserlichen Vorfahren diente.[32] Mit geeigneten Opfergaben sicherte er Regen, gute Ernte und andere günstige Bedingungen, um feindlich gesinnte oder böse Geister zu besänftigen. Die Gaben konnten beträchtlich sein, wie aus Orakelknochen hervorgeht, die festhalten, dass ein Herrscher bei einer Gelegenheit «100 Becher Wein, 100 Gefangene der Qiang, 300 Rinder, 300 Schafe und 300 Schweine» opferte.[33] Menschen wurden meist in Gruppen von zehn Gefangenen geopfert, bei Beisetzungen von Herrschern konnten es aber auch Hunderte sein; ihre geköpften und zerstückelten Körper wurden zusammen mit Höflingen und Verwandten neben dem König beigesetzt und unterstrichen dessen einzigartige politische, gesellschaftliche, kulturelle und spirituelle Stellung.[34]

Wie in den Kulturen Mesopotamiens beantworteten Seher die unterschiedlichsten Fragen, etwa ob ein Kranker wieder gesund wird, wie ein Krieg mit einem Nachbarstaat ausgeht, ob ein Kind ein Junge oder ein Mädchen wird oder wie es um die Gesundheit des Kaisers bestellt ist. Außerdem ging es immer wieder um Wetter, vor allem Regen, für den in erster Linie der Hauptgott Di zuständig war. Di war gefürchtet, weil er Katastrophen auf die Menschen herabschicken konnte und weil er den Wind, Regen und Donner beherrschte.[35] «Von heute an wird Di Regen senden», heißt es auf einem Knochen. Und auf einem anderen steht, wenn der König an diesem Tag zur Jagd gehe, dann gebe es «kein Unheil und keinen Regen».[36]

Auch die Herrscher der Zhou-Dynastie, die 1046 v. Chr. die Macht übernahm, waren darauf bedacht, jegliches Unheil fernzuhalten und für Regen und gute Ernte zu sorgen. In ihren Ritualen brachten sie die königliche Gunst für das Land und seine Ernte zum Ausdruck. So pflügten sie zum Beispiel zu Beginn des landwirtschaftlichen Jahres eigenhändig ein heiliges Feld.[37] «Seid achtsam in eurer Arbeit», mahnt ein klassisches Gedicht der Zeit, und «bereitet eure Spaten und Pflüge», der König selbst «kommt und wacht über euch» bei der Arbeit. Seinem Beitrag und der Gunst des Himmels war es zu verdanken, wenn es reiche Ernte gab.[38]

Indem die Zhou-Könige die Verantwortung dafür übernahmen, die Natur gewogen zu halten, machten sie sich zu Vermittlern zwischen Himmel und Erde. Diese Rolle unterstrichen die Zhou-Herrscher noch, als sie die kosmologischen Karten neu mischten und ein Konzept namens Tian (天) einführten. Tian steht für den Himmel oder die Natur und verbindet eine Obergottheit mit einer moralischen kosmischen Kraft, die über die Welt herrscht und Anteil an den Geschicken der Menschheit nimmt. Bei der Einführung dieses

Konzepts könnte es sich um einen politischen Schachzug der Herrscher gehandelt haben, mit dem sie ihre Legitimität untermauern und die Anhänger der Shang besänftigten wollten – eine schwierige Aufgabe, wie der große Aufstand zeigt, der bereits kurz nach der Machtübernahme der Zhou begann.[39]

Dieses neue Modell stellt die Verantwortung des Herrschers für den Erhalt der bilateralen Beziehung noch klarer in den Mittelpunkt: Die Autorität geht vom Himmel aus, und der König muss sie aufrechterhalten. In einem Gedicht heißt es, «Zhou ist ein altes Volk, doch sein Mandat ist neu.» Die Shang waren gestürzt worden, so der Autor des Gedichts, weil sie ihre Verantwortung für die Erfüllung des himmlischen Auftrags nicht verstanden hatten und ihr nicht nachgekommen waren. Zum Glück waren die Zhou mit ihrem Dynastiegründer Wen zur Stelle, um die Menschheit zu beschützen. Eine gewaltige Aufgabe, doch Wen und seine Nachfahren würden das «Mandat des Himmels» wahren und auf diese Weise Frieden, Wohlstand und Harmonie für alle sichern.[40]

Dies verlangte große Achtsamkeit in schwierigen Zeiten. Niederschlagsmangel war eine besondere Sorge. Das Gedicht *Yunhan* (雲漢) aus der berühmten Sammlung *Shijing* (詩經, *Buch der Lieder*) schildert die Angst von König Xuan während der Dürre um 800 v. Chr.:

> Die Dürr' ist über Maßen groß;
> Stets wächst des heißen Dunstes Wallen.
> Kein reines Opfer ward versäumt
> Vom Grenzhärd bis zur Ahnenhallen.
> Auf-, abwärts opfert' ich, grub ein,
> Ohn' Ehren blieb kein Geist von allen. (...)
>
> Die Dürr' ist über Maßen groß,
> Ich kann's nicht von mir wälzen wollen.
> Ich bin erschrocken, bin entsetzt,
> Wie beim Gekrach, beim Donnerrollen.
> Vom Rest aus [Zhous] schwarzhaar'gem Volk
> Wird auch nicht Einer bleiben sollen.[41]

Der König achtete peinlich darauf, die richtigen Opfer zu bringen und die Rituale mit aller gebotenen Sorgfalt durchzuführen, um zu zeigen, dass die Dürre nicht ihm anzulasten war und dass er auch weiterhin alles tun würde, um die schwierige Lage zu lindern.

Ein Zuviel an Regen konnte natürlich ebenfalls Probleme bereiten, wie ein weiteres fast 3000 Jahre altes Gedicht aus der Westlichen Zhou-Dynastie beklagt: Der Himmel «schickt Regen herab», nachdem er sich «in Zorn gekleidet» hat; die Menschen hungern, sie müssen ihre Heimat verlassen und werden zu «wandernden Flüchtigen».[42] Ereignisse dieser Art konnten die Autorität eines Herrschers unterspülen, zum einen natürlich ganz praktisch, weil die Lebensmittelknappheit die gesellschaftliche Stabilität gefährdete, zum anderen aber auch, weil sie seine Kompetenz infrage stellten, die guten Beziehungen zu Göttern, Geistern und dem Himmel zu erhalten. Aus diesem Grund unternahm man alle Anstrengungen, Naturphänomene aufzuzeichnen und zu verstehen. Der legendäre Kaiser Yao, einer der Urkaiser des chinesischen Altertums, soll die Astronomen angewiesen haben «Sonnenaufgang und Sonnenuntergang, die Sterne und Planeten zu beobachten, einen Sonnen- und Mondkalender mit 366 Tagen zu erstellen und die Schaltmonate zu berechnen».[43]

Auch in Mesopotamien wurden Wetter und Himmelsereignisse wie Sonnenfinsternisse spätestens seit Mitte des siebten vorchristlichen Jahrhunderts sorgfältig in astronomischen Kalendern festgehalten, um ungewöhnliche Himmels- und Naturereignisse vorhersehen und erklären zu können.[44] Man unternahm große Anstrengungen, aus den Zeichen Hinweise auf die Zukunft zu lesen und anhand der Stellung verschiedener Himmelskörper zueinander und zur Sonne Vorhersagen zu treffen. Daraus las man Prophezeiungen wie diese: «Städte werden sich miteinander messen, Stadtmauern werden zerstört, Menschen zerstreut.»[45] Einige Seher gingen auf Nummer sicher, zum Beispiel Akkullanu, Hofastrologe von König Assurbanipal, der sich Mitte des siebten vorchristlichen Jahrhunderts an den Herrscher wandte, weil «dieses Jahr weniger Regen fiel und keine Ernte eingebracht wurde». Das sei in Wirklichkeit «ein gutes Omen für das Leben und Wohl meines Herrn, des Königs». Vor allem verhieß es eine gute Gelegenheit: «Wenn der König gegen den Feind zieht, wird er alles Land erobern, auf das er seinen Fuß setzt, und seine Tage werden lang sein.»[46]

Mit Kniffen wie diesen versuchte man, die Schuld für Missernten nicht auf sich nehmen zu müssen. Andere waren umsichtiger und wollten nichts dem Zufall überlassen. «Ich habe den Nil auf eure Äcker gebracht und Felder bewässert, die nie zuvor Wasser gesehen haben», prahlte ein ägyptischer Pharao.[47] Investitionen in Bewässerungskanäle und andere Infrastruktureinrichtungen kamen allen zugute, doch den Ruhm dafür heimste der Herrscher ein.

Die Gleichsetzung von günstiger Witterung mit göttlicher Gunst und Lohn für gute Regentschaft ist in vielen Teilen der Welt tief verwurzelt. So versprach zum Beispiel der griechische Dichter Hesiod im achten vorchristlichen Jahrhundert, wenn sich die Menschen an das Gesetz hielten, dann «gedeihet die Stadt, und es blühen darin die Bewohner». Vor allem: «Niemals nahet der Hunger den Männern des offenen Rechtes (...) vollauf bietet der Boden die Nahrung.» Hesiod legte den Griechen allerdings nicht nur Moral ans Herz, sondern auch Fleiß: «Arbeit einzig verhilft zu Herden den Menschen und Wohlstand; emsiges Schaffen sodann macht dich den Unsterblichen lieber.» Wenn ein Herrscher gegen das Gesetz der Götter verstößt, wird dagegen nicht nur er selbst bestraft: «Oft muss büßen die Stadt zugleich mit dem heillosen Manne.»[48]

In China wurde die Verbindung von natürlicher Ordnung und Macht über drei Jahrtausende hinweg zum Fundament der politischen und religiösen Philosophie und vor allem der kaiserlichen Ideologie. Letztere setzte den Kaiser mit positiven Ergebnissen gleich, nicht nur in der Natur, sondern in allen Bereichen. Um sein Mandat zu legitimieren, musste ein Kaiser ein guter Regent sein. Diese Gleichung ging in beide Richtungen: Kaiser erhielten den Ruhm für Zeiten der Fülle, des Wohlstands und des Friedens, umgekehrt konnten Ungleichgewichte aber auch als Zeichen für eine Störung der himmlischen Ordnung und Not als Strafe des Himmels gedeutet werden. Kluge Herrscher wussten das für sich zu nutzen und zogen Vorteile aus schwierigen Umständen, indem sie anderen die Schuld gaben und sich echter oder vermeintlicher Rivalen entledigten. Doch die Vorstellung der Harmonie – und die Notwendigkeit, die Ordnung aufrechtzuerhalten – war von äußerster Wichtigkeit und galt für Staat und Herrscher genauso wie für jeden Einzelnen.

Es gab eine Menge Vorschläge, wie sich diese Harmonie herstellen ließ – so viele, dass die Zeit ab dem sechsten vorchristlichen Jahrhundert, in der die Bevölkerung und die Zahl der Städte der Östlichen Zhou-Dynastie stark wuchsen, als Zeit der Hundert Denkschulen bezeichnet wird.[49] Der bekannteste Denker dieser Ära war Kong Qiu (im Westen besser bekannt als Konfuzius), der den Menschen zu einem moralischen Leben, Gehorsam gegenüber den Eltern, Einhaltung der Rituale und Güte gegenüber Mitmenschen riet. Die Gesellschaft sollte die himmlische Ordnung widerspiegeln, die Herrscher sollten sie schützen, und die Menschen sollten so leben, dass Stabilität und Harmonie gewahrt blieben.[50]

Dagegen wandten sich andere wie Lao-tse («alter Meister») und Zhuangzi. Sie attackierten den Hochmut all derer, die von sich behaupteten, die Tugend zu kennen und ein tugendhaftes Leben zu führen. Ihrer Ansicht nach wurde das Universum von einer höheren Kraft namens Dao (ein unklarer Begriff, der oft mit «der Weg» übersetzt wird) beherrscht, die alles Leben in einem Zustand der Harmonie verband. Im *Tao te king* (oder *Daodejing*) des Lao-tse heißt es:

> Der Mensch richtet sich nach der Erde,
> Die Erde richtet sich nach dem Himmel,
> Der Himmel richtet sich nach dem Dao,
> Das Dao richtet sich nach sich selber.[51]

Tugendhaft zu sein, bedeutete mehr, als nur menschlich zu handeln. Es verlangte, Luxus und Gewalt zu entsagen und ein Leben in Einfachheit und Unschuld zu führen. Die drei größten «Schätze» waren Mitgefühl, Einfachheit und «der Mut, nicht der Erste in der Welt sein zu wollen».[52]

Das ist ja alles recht und schön, hielt der Philosoph Mo-tse dagegen. Doch die Herrschenden mussten mit gutem Beispiel vorangehen. «Wenn der Staat wohlgeordnet ist, werden Gesetze und Strafen gerecht angewendet.» Menschen mit schlechtem moralischem Charakter sollten aussortiert werden, «ohne Rücksicht auf ihre Herkunft, ohne Begünstigung der Vornehmen und Reichen, ohne Vorzüge für die Schönen und Anziehenden». Aufgabe des Herrschers sei es, eine Ordnung zu schaffen und sie zu erhalten. Das Gleichgewicht stellte sich nicht von selbst ein.[53]

Ähnliche Debatten wurden auch in Indien geführt, wo die ältesten Vedischen Hymnen Vorstellungen von Himmel und Erde und einer kosmischen Ordnung namens *ṣta* (ऋत) formulierten, die durch den Gott Varuna aufrechterhalten wurde. Die frühen heiligen Schriften Indiens (*śruti*, श्रुतत, zu einem späteren Zeitpunkt niedergeschriebene Sprüche) konnten nur von einem *rishi* (ऋति) verstanden werden, einem weisen Mann, der durch Kontemplation oder Offenbarung das nötige Wissen erlangt hatte. Zu diesen Texten gehören neben den Veden auch die *Bhagavad Gita*, ein aus siebenhundert Versen bestehendes Lehrgedicht, das als Teil des Epos *Mahābhārata* überliefert ist.[54]

Die Hymnen der vier Veden (*Rig-*, *Yajur-*, *Sama-* und *Atharvaveda*), die nach allgemeiner Auffassung zwischen 1500 und 1000 v. Chr. verfasst wurden, loten das Verhältnis zwischen dem Irdischen und dem Himmlischen aus und erklären, wie die Verbindung von Himmel und Erde Honig regnen lässt und «Ruhm, Lohn und Meisterschaft» schenkt. Die Verse des *Rigveda* bitten um «Verdienst, Gewinn, Besitz».[55]

Die Veden geben Rat in praktischen, existenziellen und spirituellen Fragen, sie enthalten Gebete zum Schutz vor Schlangen genauso wie Hinweise zur Verwendung von Heilpflanzen oder Sprüche zur Abwehr von Flüchen, Albträumen, Hunger, Durst und Würfelpech.[56] Hier finden sich auch Ratschläge, wie man mithilfe von Kräutern die Luft von üblen Gerüchen und Schadstoffen befreit, was nicht ganz unwichtig war, denn frische Luft galt als wesentlich für die menschliche Gesundheit.[57]

Die Texte beziehen sich häufig auf Vorstellungen zur Beziehung zwischen dem Menschen und seiner natürlichen Umgebung. «Die Meere sind ein Schatz, deshalb sollst du sie behüten», heißt es im *Yajurveda*, der auch mahnt, das Wasser nicht zu verschmutzen, sondern klar, sauber und frisch zu halten. Verschmutzt das Wasser nicht, heißt es da, beschädigt oder fällt die Bäume nicht.[58] Das Wohl der Tiere lag den Autoren ebenfalls am Herzen, auch weil einige Tiere nützlich sein konnten: «Niemand soll Tiere töten, die allen nutzen.» Dieser Rat richtet sich insbesondere an Herrscher und wird von einer Erklärung begleitet: «Oh König, töte nie Tiere wie Ochsen, die in der Landwirtschaft helfen, oder Kühe, die uns Milch schenken, und all die anderen nützlichen Tiere – und bestrafe jene, die diese Tiere töten oder ihnen Leid zufügen.»[59]

Viele der Hymnen stellen die Götter als gütige Wesen dar, die Reichtümer und Belohnungen verteilen. Eine beschreibt beispielsweise den Tagesanbruch in Gestalt der schönen Göttin Usas, die jeden Morgen in ihrem Streitwagen über den Himmel lenkt und damit den neuen Tag einläutet. «Sie hat mit roten Rindern den Wagen bespannend, ohne Unfall, ohne sich abbringen zu lassen, Reichtum gewonnen. Die Göttin, die zu guter Fahrt die Wege bahnt, die Vielgepriesene, Vielbegehrte erstrahlt.»[60]

Die späteren Upanischaden griffen das Gedankengut der Veden auf; sie entstanden um 600 v. Chr. und formulierten Regeln für ein ideales Leben.[61] Eine erzählt zum Beispiel die Geschichte von König Brihadratha, der seinem Sohn den Thron überlässt und sich in den Wald zurückzieht, um dort über den Sinn des Lebens und das Wesen des Selbst nachzusinnen. Er verstand, dass das Leben vergänglich war und dass «Fliegen, Mücken und andere Insekten, genau wie Kräuter und Bäume» kommen und vergehen. Doch was ihn wirklich beschäftigte, war «die Austrocknung der Meere», die «Überflutung der Erde» und die fortwährende Veränderung, die zeigte, dass die Dinge nicht an ihrem richtigen Ort waren. So folgerte er: «Was bringen Freuden und Genüsse in einer Welt wie dieser?» Das Leben war kaum lebenswert, sagte er einem berühmten Weisen, den er im Wald traf: «Ich bin wie ein Frosch in einem trockenen Brunnen.»[62]

Die heiligen Schriften, historischen Erzählungen, Gesetze, Mythen, Legenden und philosophischen Abhandlungen, die zusammen als *smriti* (स्मृ–तत, «das Erinnerte») bezeichnet werden, wollten einen Rahmen für ein Verständnis des Universums vorgeben, Rat für geeignete Rituale erteilen und die Grenzen der Ethik und Erkenntnis verschieben. In Sachen Natur bestanden die Ausführungen auch hier vor allem aus praktischen Anweisungen und Regeln. Bäume zu pflanzen, war lobenswert, die Verschmutzung des Wassers zu verdammen. Nur fern von anderen Menschen, in der Umgebung von Tieren und Bäumen konnte man in Frieden mit sich selbst leben – auf diese Weise könnten alle Lebewesen in einem Zustand des Glücks und der Harmonie leben, so das Epos *Rāmāyana*.[63]

In diesen Texten wurde eine komplexe Theologie entfaltet, und diejenigen, denen man zutraute, sie zu verstehen, darzustellen und zu deuten, genossen Ansehen und Autorität. Da das Wissen in Südasien einen derart hohen Stellenwert genoss, konzentrierte sich die spirituelle Autorität immer mehr in der Hand einer Kaste von Priestern, die in der Lage waren, die Wünsche von Brahmanaspati (der Herr des Gebets) und Vāch (die Göttin der Sprache) zu verstehen. Brahmanen (heilige Männer oder Priester) kontrollierten die Rituale und das Wissen, die nötig waren, um Fürbitten an das Übernatürliche zu richten und sogar Einfluss darauf zu nehmen – dazu gehörte auch die Kontrolle über günstige Witterungsbedingungen. Einige fragten, welchem Gott man für die Erschaffung der Menschen und Tiere, «der schneebedeckten Berge» (des Himalaja), des großen Flusses (der Rasā, der die Grenze der Erde markiert) und die glitzernden Tiefen des Meeres danken sollte. Die Antwort wusste nur, wer die Hymne kannte: Prajāpati.[64]

Die Niederschrift, Überlieferung, Verbreitung und Überarbeitung machte dieses Wissen zum Fundament dessen, was später als Hinduismus bezeichnet werden sollte.[65] Schon schwieriger zu beantworten ist die Frage, welche Rolle diese Texte jenseits der Eliten spielten, die ihre Zeit und Ressourcen darauf verwendeten, die Lehre über die ewigen Wahrheiten der Erde und Götter zu bewahren.

Herausforderer mit neuen Kosmologien traten auf den Plan, und viele von ihnen belohnten das konkrete Leben und Verhalten der Menschen. Zum Teil waren sie eine direkte Reaktion auf die Vorstellung, das Wissen liege in den Händen einiger Auserwählter und nicht bei jedem Einzelnen. Am bekanntesten und erfolgreichsten war die Lehre des Buddha, eines Königssohns, der ein Leben im Luxus aufgab, um sich auf die Suche nach der Erleuchtung zu machen. Diese fand er schließlich unter einer heiligen Pappelfeige in Gayā, dem heutigen Bihar in Nordindien.

Viele der Predigten und Aussagen, die dem Buddha zugeschrieben werden, stammen vermutlich von seinen Anhängern und Nachfolgern, den *bhikkhus* (भिक्षु), die er anwies, gelbe Roben zu tragen und seine Lehre nach seinem Tod um 400 v. Chr. weiterzuverbreiten.[66] Eine zentrale Aussage der buddhistischen Lehre war, dass der Weg zur Erleuchtung ein ganz persönlicher war. Im Mittelpunkt stehen die «Vier Edlen Wahrheiten»: Das Leben ist eine Reise des Leids; die Ursachen des Leids sind Unwissenheit, Verlangen und Abneigung; die Befreiung von Leid ist möglich durch die Überwindung dieser drei Gifte; und diese Überwindung verlangt strenge Disziplin, die durch Konzentration und Meditation erlangt wird.[67]

Nach Ansicht einiger Historiker wäre es irreführend, den Buddhismus als bloße Reaktion auf den vedischen Brahmanismus zu verstehen. Dennoch ist es bedeutsam, dass der Weg zur Erleuchtung im buddhistischen Verständnis eine sehr persönliche Angelegenheit war und dass jeder und jede die Wahrheit für sich selbst erkennen musste und dabei nicht auf die Fürsprache anderer angewiesen war.[68] Der Buddhismus braucht keine Brahmanen; im *Sutta Nipāta* heißt es dazu, niemand könne moralische Überlegenheit für sich beanspruchen:

> Nicht durch Geburt ist man Verworfener,
> nicht durch Geburt ist Priester man!
> Durch seine Tat ist man Verworfener,
> durch seine Tat ist Priester man!

Auf das Handeln jedes Einzelnen kam es also an, nicht auf ein tiefes Verständnis des Universums, das man sich in alten Sanskritschriften angelesen hatte.[69]

Nicht umsonst ist die Lehre des Buddha und seiner Nachfolger vor allem praktischer, weniger theologischer Natur. Ein Mann soll seine Frau ehren, sie respektvoll behandeln, ihr treu bleiben, ihr das Haus unterstellen und ihr regelmäßig Geschenke machen. Ein Herr soll seine Sklaven nicht überfordern und sie gut ernähren und entlohnen; er soll während einer Krankheit für sie sorgen, «besonders leckere Delikatessen» mit ihnen teilen und ihnen regelmäßig Urlaub gewähren.[70] Großzügigkeit, Güte, Selbstbeherrschung und Zurückhaltung waren ein persönlicher Schatz – und zwar einer, der nicht weitergegeben oder von Dieben gestohlen werden konnte.[71]

Der Buddhismus wird heute gern für sein Umweltbewusstsein und seine Vorstellungen von Nachhaltigkeit gerühmt, doch das sind natürlich moderne Konstrukte. Für frühe Buddhisten war die Natur ein Ort der Vergänglichkeit und des Leidens und weniger ein Ort des Staunens, genau wie das menschliche Leben auch.[72]

Dass ein Kanon von buddhistischen Texten ausgewählt und überliefert wurde, zeigt, dass man nicht alles dem Einzelnen überließ. Man konnte Anleitung suchen, um dem Ziel der Erleuchtung näherzukommen, weshalb selbst in einer egalitären Welt den Mönchen und Heiligen ein besonderer Status zukam.

Diese Texte warnen auch vor den gefährlichen oder irreführenden Lehren der «sechs Tirthakas» (falsche Lehrer), Zeitgenossen des Buddha, die im Universum keine Ordnung erkennen wollten und Vorstellungen von moralischem Handeln ablehnten. Nach Ansicht eines gewissen Ajita Kesakambala war es beispielsweise sinnlos, Almosen zu geben oder den Göttern Opfer zu bringen – wer glaube, sich mit «guten Taten» zukünftige Belohnungen zu verdienen, der sei ein Narr. «Nichts geht von diesem ins nächste Leben», sagte er, und wer lehre, dass es eine Verbindung zwischen der materiellen und übernatürlichen Welt gebe, der rede dummes Zeug.[73]

Einige Weise hatten keine sonderlich freundlichen Vorstellungen von der Welt, dem Leben und insbesondere der Natur. Nach Ansicht von Vardhamāna Mahāvīra («großer Held»), dem Begründer des Jainismus, ist die Liebe zu Besitz eine Illusion und verursacht Leid – ein Gedanke, der auch im Buddhismus zu finden ist. Der Jainismus ging allerdings noch einen Schritt weiter und zählte alle Organismen einschließlich der Pflanzen und sogar die Elemente zu den Lebewesen. «Die Erde zu verletzen ist so, als würde man einen Blinden schlagen, schneiden, verwunden oder töten», heißt es in der *Ācārāṅga Sūtra*, einem der kanonischen Texte des Jainismus. «Wer dies weiß, darf sich nicht an der Erde versündigen oder zulassen, dass andere dies tun.»[74]

Der Jainismus hatte eine umfassende ökologische Kosmologie und verlangte strikte Askese. Der Mensch fand sich inmitten eines reichen Spektrums von Lebewesen, darunter «Erde und Wasser, Feuer und Wind, Gras, Bäume und Pflanzen und alle sich bewegenden Wesen». Wenn Menschen diesen Schaden zufügen, «schaden sie sich selbst».[75] Daher reichte es nicht, achtsam zu sein und nach Erleuchtung zu streben. Gefordert war vielmehr ein grenzenloses Bewusstsein dafür, dass ein Baum Schmerz empfindet, wenn er gefällt wird, und dass ein Amboss vor Schmerz erzittert, wenn der Schmied mit Hammer und Zange auf ihn einschlägt.[76]

Der Lehre des Jainismus zufolge mussten Menschen lernen, sich als Teil eines lebendigen, vernetzten Ökosystems zu begreifen und zu erkennen, dass dieses durch menschliches Handeln Schaden nimmt. «Wer ein Feuer entzündet, tötet Lebewesen», heißt es in einem Text, denn Insekten konnten unwissentlich ins Feuer fliegen, im Brennholz konnten sich Würmer verstecken, und wer einen lebenden Baum für Brennholz fällte, der tötete nicht nur ihn, sondern zerstörte außerdem die Lebensräume anderer Tiere und Pflanzen. Daher sollte der Weise, der die Bedeutung des Lebens verstand, «niemals ein Feuer entzünden».[77]

Moderne Wissenschaftler führten diese Blüte neuer Ideen in Indien, die sich auch auf Grammatik, Recht, Literatur und Theater erstreckte, auf umfassende gesellschaftliche und politische Umbrüche zurück. Hintergrund sind zum einen die von der Landwirtschaft erwirtschafteten Überschüsse und zum anderen eine neue Welle der Verstädterung, die im sechsten vorchristlichen Jahrhundert begann.[78] Begleitet wurde dies von einer Phase der Zentralisierung und Konsolidierung einer Reihe kleinerer Fürstentümer, die zunächst zu sechzehn größeren Königreichen (*mahājanapadas*) verschmolzen, um dann ihrerseits zu expandieren und sich vereinen.[79]

Das brachte neue Herausforderungen mit sich und führte in vielen Bereichen zu einer Erneuerung des Denkens. Auch die traditionelle brahmanische Lehre kam auf den Prüfstand, insbesondere alles, was mit der Tötung von Tieren zu tun hatte. Buddhistische Texte lehnen beispielsweise Tieropfer ab, weil diese keinerlei Wirkung haben, wie der Buddha erklärt. Im Gegenteil, sie können sogar schaden, indem sie unter anderem Gier, Hunger und Schwäche verursachen, die wiederum zu 98 weiteren Formen des Leids führen können.[80]

Im *Kūtadanta Sutta* heißt es daher, dass beim Opfer Tieren und Pflanzen kein Schaden zugefügt werden soll: «Bei diesen Opfern aber, Priester, wurden keine Rinder erschlagen, und auch keine Ziegen und Schafe, oder Hühner und Schweine, es sind nicht mancherlei Wesen hingeschlachtet worden. Keine Bäume wurden gefällt als Pfosten zu dienen, kein Gras wurde gemäht als Streu zu dienen. (...) Mit Sahnenöl, Butter, Rahm, Honig und Zuckersaft nur sind eben die Opfer dort ausgerichtet worden.»[81]

Das ist ein provokanter und revolutionärer Ansatz, der das Recht der vedischen Priesterschaft auf die Durchführung der Rituale und den Zugang zum Göttlichen infrage stellt und ihre Praktiken als überflüssig und suspekt darstellt. In Reaktion darauf entwickelten die Brahmanen ein Modell, das die Rollen der unterschiedlichen Angehörigen der Gesellschaft klärte. Im Mittelpunkt standen die *varṇadharma*, heilige Gesetze, die die Menschheit in vier hierarchische Kasten einteilte, jede mit ihrem eigenen *dharma* und ihrer eigenen Ordnung. Aus dieser Aufteilung der Gesellschaft in *brāhmas* (Priester und Lehrer), *kṣatriyas* (Adelige und Krieger), *vaiśyas* (Kaufleute und Händler) und *śūdras* (Bauern und Tagelöhner) ergibt sich eine komplexe politische Philosophie, die sich nicht nur mit abstrakten Konzepten zum Umgang mit der Natur beschäftigt, sondern auch das Zusammenleben der weltlichen Gesellschaft und die Verantwortung der Herrschenden regelt (*rājadharma*).[82]

Die Vorstellung der Wiedergeburt kam möglicherweise im Zusammenhang mit diesem intensiver werdenden spirituellen Wettbewerb auf, wenngleich Ort und Zeitpunkt schwer festzumachen sind. Die meisten Wissenschaftler sind sich einig, dass die Veden noch keine Wiedergeburt kennen und dass sie erstmals in einer der frühen Upanischaden auftaucht. Dort heißt es: «Alle, die aus dieser Welt abscheiden, gehen zunächst sämtlich zum Mond», denn «der Mond ist auch die Pforte zur Himmelswelt». Wer nicht in diesen Himmel kommt, fällt als Regen zurück zur Erde und nimmt neue Gestalt an, «sei es als Wurm, oder als Fliege, oder als Fisch, oder als Vogel, oder als Löwe, oder als Eber, oder als Beißtier, oder als Tiger, oder als Mensch, oder als sonst etwas, an diesem oder jenem Orte wiederum geboren, je nach seinem Werk, je nach seinem Wissen.»[83]

Das kann man als Versuch der Menschen deuten, ihr Glück und Unglück im Leben zu verstehen und Erklärungen für Ereignisse zu finden, die sich ihrem Einfluss entziehen, weil sie in einer früheren Daseinsform stattfanden.[84]

Interessanterweise kam im östlichen Mittelmeerraum zur selben Zeit eine ähnliche Vorstellung der Seelenwanderung auf. Herodot schrieb im fünften vorchristlichen Jahrhundert, die Ägypter und später die Griechen hätten geglaubt, dass «die Seele des Menschen unsterblich sei; sie gehe in ein anderes neugeborenes Lebewesen ein, wenn der Leib stirbt».[85] Andere, wie Pythagoras, hatten angeblich nicht nur frühere Leben gelebt, sondern gaben sogar vor zu wissen, wer oder was sie in diesen Leben gewesen seien – der große Mathematiker konnte offenbar «unwiderlegbar beweisen», dass er Euphorbos gewesen sei, der Sohn des Panthoos, Gegner von Patroklos, eines Helden der *Ilias*.[86] Der Philosoph Empedokles wollte noch weiter herumgekommen sein und behauptete: «Denn ich war schon einmal ein Junge und ein Mädchen und ein Busch und ein Vogel und ein aus dem Meer springender wandernder Fisch.»[87]

Vorstellungen von der Unsterblichkeit der Seele und der Wiedergeburt hingen mit der weitergehenden Frage zusammen, wie die Handlungen eines Menschen in diesem Leben und danach beurteilt würden. Philosophen wie Platon gingen davon aus, dass jeder Mensch je nach seinem Verhalten seine gerechte Belohnung oder Strafe erhalten würde.[88] Fragen wie diese waren Teil umfassender philosophischer Neuausrichtungen und lebhaft geführter Debatten, die sich mit dem Zusammenleben der Menschen, von Menschen und Göttern und von Mensch und Natur auseinandersetzten. So glaubten im antiken Griechenland viele, das Universum sei lebendig, es verfüge über Empfindung und Vernunft und werde von harmonischen Kräften zusammengehalten.[89]

Daraus ergab sich die Vorstellung, dass sämtliche Lebewesen, nach Platon, «mit Seele und Vernunft begabt» waren.[90] Die Asketen unter den Vertretern dieser Vorstellung gingen noch weiter und erklärten, man dürfe keine Tiere und Pflanzen verzehren, da man diese dazu erst töten müsse. Sie lehnten alle Nahrung ab, «die Leben in sich hatte», und bevorzugten Milch, Käse, Honig, Wein, Öl und Blattgemüse, die man mit gutem Gewissen verzehren könne, weil man damit keinem Lebewesen Schaden zufüge.[91]

Auf uns Heutige wirken solche Entscheidungen zur Lebensführung sehr aktuell und fast schon hip. Gerade in Ernährungsfragen lassen wir uns häufig von unseren Ansichten zum Tier- und Pflanzenwohl leiten, die wiederum in einem größeren Zusammenhang der Verfügbarkeit und Nachhaltigkeit von Ressourcen stehen. Allerdings waren diese Ansichten damals wie heute nicht massentauglich. Viele Philosophen schlossen sich der Gleichstellung von Tieren und Pflanzen mit dem Menschen nicht an, und einige vertraten sogar ein ganz anderes und hierarchisches Modell. Für Aristoteles existierten die Pflanzen zum Nutzen der Tiere, die Tiere zum Nutzen der Menschen und niedere Menschen (zum Beispiel Sklaven) zum Nutzen von höheren.[92] Sokrates vertrat noch entschiedenere Ansichten, zumindest wenn man Platon Glauben schenkt: Von Bäumen, der Natur und der Landschaft könne man nichts lernen, behauptete er; Wissen könne man nur in der Stadt und von anderen Menschen erwerben.[93]

Dennoch gab es Menschen, die sich über Umweltzerstörung und -verschmutzung Gedanken machten, und hier und da gab es auch Einrichtungen, die sich dieser Probleme annahmen. Schon um 700 v. Chr. warnte Hesiod davor, Quellen oder Flüsse mit Urin und Fäkalien zu verschmutzen, da dies Krankheit und Leid verursache. Xenophon verlangte als einer von vielen den Schutz ökologischer Lebensräume – die Erde belohne diejenigen, die sorgsam mit ihr umgingen, schrieb er, je besser man ihr diene, umso mehr lohne sie es.[94] Theophrast und andere beschäftigten sich mit der Frage, welcher Lebensraum für welche Pflanze der beste ist, und stellten Typologien auf, um dieses Wissen systematisieren und an künftige Generationen weitergeben zu können.[95]

Weiter östlich setzte die regionale Revolte des persischen Führers Kyros Mitte des sechsten vorchristlichen Jahrhunderts dem Neubabylonischen Reich ein Ende, und es entstand ein Großreich, das sich vom Mittelmeer bis zum Indus erstreckte. Im Mittelpunkt der Religion der neuen Herren stand eine Obergottheit namens Ahura Mazda («der Herr der Weisheit») und eine Naturverehrung, die so umfassend war, dass einige Wissenschaftler sie als «erste ökologische Religion» bezeichnen. Gemeint ist der Mazdaismus oder die «gute Religion», im Westen besser bekannt als Zoroastrismus.[96]

Zoroastrer trachteten nach Güte und Reinheit, die vor allem in Feuer, Wasser und Erde zum Ausdruck kam. Beobachter kommentierten ihr Bestreben, jegliche Unreinheit zu vermeiden. Da sie Flüsse verehren, «harnen oder speien sie nicht [hinein]; sie waschen auch nicht ihre Hände darin oder dulden, dass es ein anderer tut», schrieb Herodot. Und der römische Autor Strabo ergänzte später, Perser badeten nicht in Wasser und «werfen nichts Unreines hinein».[97]

Stifter der Religion war ein gewisser Zoroaster oder Zarathustra, über den kaum etwas bekannt ist. Es herrscht nicht einmal Einigkeit darüber, wann er gelebt haben könnte, je nach Spekulation wirkte er irgendwann zwischen 1800 und 600 v. Chr.[98] Viele der ihm zugeschriebenen Lehren sind in einer Reihe von Texten festgehalten, die älteste davon ist eine Sammlung von siebzehn Hymnen, die als

Gathas bezeichnet werden. In dem ältesten dieser Preislieder wird Ahura Mazda um Schutz für Vieh und Weiden gebeten:

> Über was an Hilfe und von wem verfügt meine Seele?
> Wer findet sich als meines Viehes und mein Beschützer (...)?
> Ich habe keinen anderen Hirten als euch;
> so verschafft mir gute Weide.

Nur wer die Sonne sieht, lebt ein gutes und rechtschaffenes Leben und verdient diesen Segen, so die Hymne.[99]

Eine andere Gatha dankt Ahura Mazda, «der das Rind und das Asha schuf, die Wasser und die guten Pflanzen schuf, das Licht und die Erde und alles Gute schuf».[100] In wieder einer anderen Hymne klagt die Seele eines Ochsen dem Herrn der Weisheit sein Leid und beschwert sich über die «Misshandlung und Roheit» der Menschen. Er verstehe nicht, wie Menschen «gegen die Geringen verfahren».[101] Und eine weitere Hymne feiert die Natur schließlich als Quelle der Freude.[102] Allerdings lassen diese Texte auch keinen Zweifel daran, dass die Beziehung zwischen dem Menschen und der Natur alles andere als harmonisch ist, vor allem weil das menschliche Verhalten von zerstörerischen Gewohnheiten und Neigungen geprägt ist.[103]

Die Lehre des Zarathustra wurde von den Perserkönigen und der neuen herrschenden Klasse aufgegriffen, die Macht und Status in einigen wenigen Händen bündelte. Sie bot der Elite ein mächtiges Instrument, um als kosmologischer Deuter und spiritueller Vermittler aufzutreten. Auch andernorts in Asien, Nordafrika und dem Mittelmeerraum kamen um diese Zeit neue Hierarchien auf und begannen Debatten und Auseinandersetzungen um die Vorherrschaft. Daher ist die Versuchung groß, hier ein Muster zu erkennen und nach Einflüssen zwischen Völkern und Kulturen zu suchen.

Dazu zählt das Judentum, das stark von zeitgenössischen Berichten über das Leben unter der neuassyrischen und neubabylonischen Herrschaft im siebten und sechsten vorchristlichen Jahrhundert beeinflusst wurde. Das Ausmaß dieses Einflusses lässt sich schon daran ablesen, dass die Assyrer im Alten Testament ganze hundertfünfzigmal erwähnt werden, und zwar stets negativ. Ein weiterer Grund ist die Eroberung Jerusalems und die Zerstörung des Tempels durch König Nebukadnezar um 580 v. Chr. und die folgende jahrzehntelange «babylonische Gefangenschaft».[104] Nachdem die Perser das Neubabylonische Reich zu Fall gebracht und eine Verordnung erlassen hatten, die es den Juden gestattete, ihren Tempel in Jerusalem wieder aufzubauen, feierte der Prophet Jesaja den persischen König Kyros als «von Gott gesalbt».[105]

Diese Erfahrung prägte das Verständnis der jüdischen Gelehrten von ihrer Umwelt und Vergangenheit. Wie Wissenschaftler gezeigt haben, entstanden die historischen Berichte der Tora nach der Zerstörung des Tempels und der babylonischen Gefangenschaft. Darunter fallen auch die Ausführungen zur Beziehung zwischen Gott, Natur und Mensch im ersten Buch Mose, zur Bedeutung der Sklaverei in Ägypten und dem Auszug des Volkes Israel im zweiten Buch Mose sowie der Bund zwischen Gott und Mose im fünften Buch Mose. Die Erfahrung des jüdischen Volks schlug sich in Texten nieder, die in dieser Zeit verfasst wurden und die Bedeutung von Andacht, Gehorsam gegenüber Gott und Unterordnung unter die priesterliche Lehre betonten.[106]

Die Verfasser konnten aus einem reichen Schatz von Geschichten schöpfen, die weit in die Vergangenheit zurückreichten. Dazu gehörten Erzählungen von Noah und der Sintflut, die auf ein Jahrtausende zurückliegendes Ereignis zugriffen, oder die Geschichte vom Turmbau zu Babel, die große Ähnlichkeit mit einer Anekdote aus dem sumerischen Zyklus *Enmerkar und der Herr von Aratta* aufweist.[107] Andere Ereignisse aus der näheren und ferneren Vergangenheit flossen in die Texte ein, die später die Grundlagen der Heiligen Schrift bilden sollten, wie wir sie heute kennen. Dazu gehört auch die Geschichte von Josef, der die rechte Hand des Pharaos und einer der mächtigsten Männer Ägyptens wurde; Vorlage scheint ein hochrangiger Beamter namens Baya gewesen zu sein, der um 1200 v. Chr. lebte.[108] In jüngerer Zeit diskutieren Wissenschaftler, inwieweit die Vertreibung der Hyksos-Dynastie aus Ägypten das jüdische Denken beeinflusst haben könnte.[109]

Der vielleicht interessanteste Aspekt des jüdischen Denkens ist jedoch die Antipathie gegenüber Städten, in der die Ablehnung gegenüber der Hochkultur des Nahen Ostens zum Ausdruck kommt.[110] Die Wüste, nicht die Stadt, war der Ort, an dem die Gläubigen Gott direkt begegneten – und von ihm auf die Probe gestellt wurden –, und zwar nicht nur im Judentum, sondern auch in den anderen beiden monotheistischen Religionen Christentum und Islam. Ein weiterer wichtiger Aspekt in der Entwicklung des Judentums war die Ablehnung des Polytheismus zugunsten des Glaubens an den einen Gott. Auch in den Geboten gegen Tieropfer und Götzendienst spiegelt sich eine streitbare Zurückweisung der Glaubensvorstellungen derer, die das jüdische Volk von den Hauptstädten ihrer Reiche aus unterdrückt hatten.[111]

Die Einstellung des Judentums zur Natur und zur natürlichen Umwelt weicht daher stark von der traditionell in der Levante vorherrschenden Ansicht ab. Der Garten Eden war ein Idyll der Fülle, doch mit dem Sündenfall von Adam und Eva ging dieses Paradies verloren. Der Mensch war erschaffen worden, um in diesem Garten zu arbeiten oder zu dienen, so wie die Priester Gott im Tempel dienten. Diese Beziehung setzte sich fort in der Bewirtschaftung der Erde und der Verantwortung für ihre Ressourcen.[112]

Das äußert sich in den Bildern und Metaphern einer ländlichen, nicht einer städtischen Lebenswelt. Gott ist ein Hirte, der sich um seine Herde kümmert – am deutlichsten in Psalm 23:

Der Herr ist mein Hirte,
mir wird nichts mangeln.
Er weidet mich auf einer grünen Aue
und führet mich zum frischen Wasser.[113]

Die Protagonisten der biblischen Erzählungen werden immer wieder als Bauern und Hirten dargestellt, darunter auch Abraham, David und alle Patriarchen.[114]

Im Bund, den er nach dem Auszug aus Ägypten mit seinem Volk schließt, verpflichtet sich Gott ausdrücklich zu einer ökologischen Leistung: Wenn die Juden seine Gebote befolgen und vor allem den Götzen und anderen Göttern abschwören, dann will er das Land fruchtbar machen und die friedliche Existenz Israels garantieren. Dieser Bund beinhaltet auch Strafen. Moses erinnert sein Volk daran, dass das Gelobte Land anders ist als Ägypten: «Denn das Land, in das du kommst, es einzunehmen, ist nicht wie Ägyptenland, von dem ihr ausgezogen seid, wo du deinen Samen säen und selbst tränken musstest wie einen Garten, sondern es hat Berge und Auen, die der Regen vom Himmel tränkt, ein Land, auf das der Herr, dein Gott, achthat und die Augen des Herrn, deines Gottes, immerdar sehen vom Anfang des Jahres bis an sein Ende.» Wenn das Volk Israel die Gebote nicht befolgt, dann hält Gott den Regen zurück.[115] Dessen Verschmelzung mit der Natur geht so weit, dass er Moses in Gestalt einer Wolke erscheint und den Bund mit einem Regenbogen besiegelt.[116]

Wer jedoch glaubt, er selbst und nicht Gott sei der Gebieter über die Erde und ihre Schätze, der wird bestraft. Erzürnt über die Prahlerei des Pharaos, der behauptet, über den Nil zu herrschen, droht Gott: «Und Ägyptenland soll zur Wüste und Öde werden, und sie sollen erfahren, dass ich der Herr bin.» Im Buch des Propheten Hesekiel warnt er: «Weil du sprichst: ‹Der Nil ist mein und ich bin's, der ihn gemacht hat›, – darum siehe, ich will an dich und an deine Wasserströme und will Ägyptenland zur Wüste und Öde machen (...) dass vierzig Jahre lang weder Mensch noch Tier das Land durchziehen oder darin wohnen soll.» Städte werden verwüstet und verlassen, und Ägypten wird «kleiner sein als andere Reiche und nicht mehr sich erheben über die Völker». Gott konnte also nicht nur die Natur gefügig machen, sondern auch all jene Bescheidenheit lehren, die zu große Stücke auf ihre eigene Macht hielten und zu wenig an die Macht Gottes glaubten.[117]

Das Ausmaß und die Intensität der religiösen und philosophischen Umbrüche, die zwischen dem achten und dem dritten vorchristlichen Jahrhundert China, den östlichen Mittelmeerraum und Indien erfassten, war immer wieder Gegenstand von philosophischen Überlegungen. Der Philosoph Karl Jaspers prägte in einem einflussreichen, kurz nach dem Zweiten Weltkrieg veröffentlichten Buch für diese Phase den Begriff der «Achsenzeit». Die Menschheit, so Jaspers, nimmt in dieser Zeit einen tiefen Atemzug und stellt sich Fragen, die neue Ebenen des Menschseins erschließen. Nach Ansicht von Jaspers geschieht dies unabhängig voneinander über fünf «Lichtinseln» hinweg, nämlich in Indien, China, Persien, Palästina und dem östlichen Mittelmeerraum.[118]

Andere Wissenschaftler schlossen sich dem an und sprachen von einer Phase der «kulturellen Kristallisierung» und einem «Zeitalter der Transzendenz», das geprägt sei von der neuen Fähigkeit, einen Schritt zurückzutreten und über die Dinge hinauszublicken.[119] Es handele sich um eine revolutionäre Epoche «auf dem Gebiet der Ideen und ihrer institutionellen Grundlagen», mit «unumkehrbaren Folgen» nicht nur für die Herkunftsregionen, sondern «für die gesamte Menschheitsgeschichte», mit einer «umfassenden Neuordnung innerer Strukturen von Gesellschaften und ihre inneren Beziehungen». Die gesamte «Dynamik der Geschichte» habe sich in der Folge geändert.[120]

Nicht alle sind überzeugt, dass es diese gleichzeitigen und unabhängigen Revolutionen gab, in deren Verlauf archaische Werte aufgegeben oder modernisiert wurden. Kritiker sehen in dieser Hypothese eine unzulässige Vereinfachung und verweisen darauf, dass einige der vermeintlichen Veränderungen ihren Anfang bereits Jahrhunderte oder Jahrtausende vor der «Achsenzeit» haben.[121] Das eigentlich Bedeutsame ist allerdings nicht, ob sich hier ein kognitiver Sprung ereignete oder nicht, sondern die Veränderung in der Kodifizierung und Verbreitung des Wissens.

Das Entscheidende war die Vielzahl neuer Texte sowie ihre Erhaltung, Überlieferung und Vervielfältigung. Listen, Erzählungen, heilige Bücher und andere schriftliche Materialien fügten sich zu Sammlungen von Wissen, das sich erlernen, erörtern, erweitern und interpretieren ließ. Die Religion war zwar ein wichtiger Wissensbereich, doch keineswegs der einzige, der von der aufkommenden Schriftlichkeit profitierte. Das zeigt sich an den wegweisenden Werken der Philosophie, Mathematik und der Naturwissenschaften, die in dieser Zeit im östlichen Mittelmeerraum und darüber hinaus entstanden.[122]

Ein weiterer Faktor scheinen die zunehmende Verstädterung und der neue Wohlstand gewesen zu sein, die vielleicht überraschenderweise eine Wende weg vom Materiellen hin zu mehr Selbstdisziplin und Selbstlosigkeit motivierten. Das ist eine Gemeinsamkeit der religiösen und philosophischen Systeme, die um das sechste vorchristliche Jahrhundert eine Blüte erlebten, darunter Buddhismus und Jainismus in Südasien, die Stoa im antiken Griechenland oder die Lehren von Konfuzius, Lao-tse und anderen in Ostasien. Sie alle betonen Mäßigung und Selbstbeherrschung durch Fasten, Abstinenz und Mitgefühl anstelle von Gier, Genuss und Konsum. Diese Gedanken könnten mit dem Aufstieg einer neuen Klasse von Gelehrten und Denkern zusammenhängen, die über die nötigen Ressourcen verfügten, um ihre Zeit auf Existenzfragen zu verwenden. Damit stehen sie stellvertretend für die Interessen und den Lebenswandel der Eliten, die ihre Einflusssphäre über die Wirtschaft hinaus in geistigere Bereiche ausdehnten.[123]

So ist es vielleicht kein Wunder, dass die Weisen die Herrscher nicht nur berieten, sondern sie auch für ungünstige Naturereignisse geißelten. Ein Kapitel des *Shangshu* (尚書), des Buchs der Urkunden, das im fünften vorchristlichen Jahrhundert entstand (auch wenn es sich teils auf ältere Quellen bezieht), stellt einen direkten Zusammenhang her zwischen guten Ernten und einer Stabilität, die auf einem pflichtbewussten Herrscher, einer «erleuchteten Regierung» und dem Einsatz «talentierter Männer» fußt.[124] Das Buch sieht einen klaren Zusammenhang zwischen den charakterlichen Schwächen eines Herrschers und der Witterung: Ein Übermaß an Regen ist ein Zeichen für seine mangelnde Disziplin, Kälte ein Hinweis auf seine mangelnde Urteilskraft, Hitze das Ergebnis von Faulheit und Dürre eine Folge von Überheblichkeit. Das war einer der Gründe, warum die zeremoniellen Riten zur Aussaat jahrhundertelang von den Herrschern selbst angeführt wurden.[125] Das Wetter wurde mit der Moral in Zusammenhang gebracht und ließ wenig Spielraum zu, denn jedes unerwartete oder schädliche Wetterereignis war die Schuld eines einzelnen Menschen: des Herrschers. Diese Gleichsetzung hielt sich in chinesischen Kulturen erstaunlich hartnäckig durch die Jahrhunderte.[126]

Auf der anderen Seite ergaben sich daraus Gelegenheiten für Vermittler, zum Beispiel für offizielle Regenmacher, die komplexe Rituale entwickelten, um mithilfe von Tänzen, Opfern und Gebeten den Regen zu beschwören. Ab dem dritten vorchristlichen Jahrhundert berichten immer mehr Überlieferungen von den Opfern und dem Leid, das diese Menschen im Dienste ihrer Gemeinschaft auf sich nahmen. Erzählungen schildern Entsagungen, die mit Organversagen und körperlichen Schäden bis hin zu dauerhaften Behinderungen einhergingen. Die Menschen setzten sich der Sonne aus, beteten inbrünstig und drohten mit Selbstopferung. Darunter waren oftmals auch führende Beamte, deren Leidensbereitschaft eine indirekte Kritik an ihren Herren war und der Idealisierung früherer Herrscher gedient haben könnte.[127]

Das ist Teil des vertrauten Musters einer Elite, die sich ein Monopol über die Rituale sichert und auf diese Weise politische Macht verschafft und erhält. Der Einfluss auf Wasser und Wetter spielt hier eine besondere Rolle. Das zeigt sich zum Beispiel in der königlichen Badezeremonie aus dem Madagaskar des 19. Jahrhunderts oder im vorkolonialen Bali mit seinem «Theaterstaat» (wie ihn ein berühmter Anthropologe nennt), der mittels Wasser und Ritualen Status und Autorität dramatisch in Szene setzte.[128] Asketen aus der Zeit vor dem Buddhismus suchten zu Beginn des Monsunregens einen Rückzugsort auf, eine Praxis, die der Buddha fortsetzte und die sich im Ritual der *varṣāvāsa* und der späteren Gründung von buddhistischen Klöstern niederschlug.[129]

Im Norden Indiens entwickelten sich im Laufe der Zeit, vor allem in der Tradition des Mahāyāna-Buddhismus, Vorstellungen von Regen und ein Glaube an eine Schlangengottheit. Diese finden ihre Entsprechung in Ostasien, wo man glaubte, dass Drachen den

Regen beherrschten und dass qualifizierte Vermittler in der Lage seien, Macht über sie zu erlangen. Diese Vermittler demonstrierten ihre Kompetenz durch Rituale und Schriften, die nebenbei dazu dienten, die Gunst des Königs oder eines Adeligen zu bescheinigen und Beziehungen zu buddhistischen «Drachenkönigen» zu suggerieren.[130]

In Zentralamerika blieben die Besiedlung und die Bevölkerungsdichte bis zum Beginn der «klassischen Periode» um 250 n. Chr. gering. Als die Bevölkerung schließlich wuchs, erlangte die Kontrolle des Wassers zunehmend an Bedeutung, besonders im Tiefland, denn hier gab es keine natürlichen Quellen, und der dünne Karstboden war auf jahreszeitliche Regenfälle angewiesen, die jedoch unzuverlässig waren.[131] Die Bitte um Regen wurde zu einem wesentlichen Element der religiösen Vorstellungen, der sozialen Hierarchie und der Beziehung zum Klima. Archäologische Funde lassen darauf schließen, dass in Höhlen Regenzeremonien durchgeführt wurden, bei denen Pfeifen, Flöten, Schraper aus Knochen und Trommeln aus Schildkrötenpanzern verwendet wurden.[132] Mancherorts wurden dem Regengott auch Kinder geopfert, eine Tradition, die bis 1500 v. Chr. zurückreicht.[133]

Rituale, mit denen die Fruchtbarkeit der Erde und günstige Witterung erwirkt werden sollte, waren verbreitet, wenn nicht allgegenwärtig. Es wurden Zeremonien entwickelt, die auf komplexen Kosmologien basierten und demonstrieren sollten, dass der Mensch über den Kontakt zu den Göttern Einfluss auf die Natur nehmen konnte. Hüter dieses Wissens wachten eifersüchtig über ihre privilegierte Rolle: Im antiken Griechenland drohte Teilnehmern der Mysterienfeiern von Eleusis der Tod, wenn sie die Geheimnisse preisgaben.[134]

Die Glaubensvorstellungen waren so vielfältig wie die Versuche, das Wetter zu beeinflussen, doch das Prinzip war immer dasselbe: Gute Ernten rechnete man sich als Verdienst an, und bei extremen Wetterereignissen und Missernten suchte man nach Schuldigen. Vielerorts kam dabei ein Bewusstsein dafür auf, dass Ressourcen nicht unbegrenzt sind und durch übermäßige Ausbeutung erschöpft werden – daran können nicht einmal die Götter etwas ändern, von ihren menschlichen Vermittlern ganz zu schweigen.

Im Jahr 524 v. Chr. warnte der Herzog Mu von Shan, ein hochrangiger Beamter am Hof des Zhou-Kaisers, vor den Gefahren der Rodung von Bergwäldern. Es schade nicht nur der Umwelt, wenn die Bäume gefällt würden, auch «Dickicht und Sumpf erleben die letzten Tage ihres Daseins». Das wiederum habe zur Folge, «dass das Volk in seiner Kraft geschwächt wird, seine Äcker für Getreide und Hanf brachliegen und es ihm an Mitteln fehlt». Das gehe nicht nur die direkt Betroffenen etwas an; jeder tugendhafte Mensch «sollte sich über dieses Problem Gedanken machen», und zwar «unermüdlich». Schließlich sei klar, dass die gesamte Gesellschaft die Folgen zu spüren bekäme, nicht nur die unmittelbar betroffenen Bauern.[135]

Mancherorts wurden Gesetze erlassen, um den Zugang zu und die Ausbeutung von natürlichen Ressourcen zu begrenzen. Im Jahr 243 v. Chr. erließ König Ashoka, dessen Großvater Chandragupta Maurya weite Teile Nordindiens zu einem Reich geeint hatte, ein Gesetz, das es verbot, Wälder niederzubrennen.[136] Dabei ging es unter anderem darum, die Kontrolle über Ressourcen zu erlangen und Gegenden zu befrieden, die im Ruf standen, Zufluchtsorte von Gesetzesbrechern, Räubern und Asketen zu sein. Damit stellte sich der König ganz in die Tradition des Buddha und seiner legendären Bekehrung des ruchlosen Räubers Aṅgulimāla, den er bei einer Begegnung im Wald dazu brachte, umzukehren und den Weg des Buddhismus zu gehen.[137]

Ashoka könnte allerdings noch andere Motive gehabt haben, die aus einer neuen philosophischen Einstellung gegenüber Tieren und Pflanzen rührten. In Edikten, die er in seinem gesamten Reich in Felsen und Höhlenwände meißeln ließ, verkündete er: «Hier dürfen keine Lebewesen getötet oder als Opfer dargebracht werden.» Jahrhundertelang habe man Lebewesen, darunter auch Menschen, getötet oder ihnen Schaden zugefügt. Nun sollten sich die Menschen stattdessen um «Selbstbeherrschung und Reinheit des Herzens» bemühen und sich nicht von «Wünschen und Begierden» beherrschen lassen. Um mitfühlendes Verhalten zu unterstützen, habe er «zwei Arten der medizinischen Fürsorge eingerichtet, nämlich medizinische Fürsorge für Menschen und medizinische Fürsorge für Tiere. Wo es keine heilkräftigen Kräuter für Menschen und Tiere gab, da wurde veranlasst, dass solche eingeführt und angepflanzt werden. Und wo es keine heilkräftigen Wurzeln und Früchte gab, da wurde veranlasst, dass solche eingeführt und angepflanzt werden. An den Landstraßen aber wurde für den Bau von Brunnen und die Anpflanzung von Bäumen Sorge getragen zur Erquickung von Menschen und Tieren.»[138]

Wenn wir davon ausgehen, dass diese Edikte die Wirklichkeit wiedergeben, dann wäre das eine bemerkenswerte Investition in das soziale Wohl. Ashoka ging jedoch noch weiter und kündigte an, dass sich die Angehörigen des königlichen Haushalts nur noch vegetarisch ernähren würden. «Früher wurden in der Küche (...) täglich viele Hunderttausend Tiere getötet, um Fleischragout zu bereiten.» Das solle sich nun ändern. Von jetzt an «werden nur noch drei Tiere getötet, um Fleischragout zu bereiten, zwei Pfauen und eine Antilope, und auch diese Antilope nicht regelmäßig. Aber auch diese drei Tiere sollen künftig nicht mehr getötet werden.»[139]

Ashoka unternahm weitere Anstrengungen zum Schutz der Tierwelt, darunter «Papageien, Wildgänse und Enten, Fledermäuse, Ameisenköniginnen, Schildkröten, Fische, Stachelschweine» und grundsätzlich «alle vierfüßigen Tiere, die weder nützlich noch essbar sind». Der Verkauf von Fisch war an bestimmten Tagen verboten, genau wie die Kastration von Ziegen, Schafen, Ebern und anderen Tieren sowie die Brandmarkung von Pferden und Stieren.[140]

Wie und von dem diese Gesetze durchgesetzt wurden, ist unklar. Hier verschwimmt die Grenze zwischen Ashokas religiösen Überzeugungen und seiner königlichen Autorität, denn in diesen Anweisungen bringt er nicht nur seine Macht über Tiere und Pflanzen zum Ausdruck, sondern auch über Verhaltensweisen, Bräuche und Normen. Die Tatsache, dass diese Gebote in seinem ganzen Reich in Felsen gemeißelt wurden, ist allerdings an sich schon bedeutsam, denn hierin kommt der Anspruch von Regenten zum Ausdruck, nicht nur über Menschen zu herrschen, sondern auch über die Umwelt mit ihren Tieren, Pflanzen und natürlichen Ressourcen.

Ein weiteres Beispiel dafür ist das *Arthaśāstra* eines Autors namens Kauṭilya, ein Text aus dem 1. Jahrhundert unserer Zeitrechnung, der sich allerdings auf Quellen bezieht, die mindestens ein Jahrhundert älter sind.[141] Ein langer Abschnitt dieses Buchs beschäftigt sich mit der Rolle und den Aufgaben eines klugen Herrschers. Hier gibt das Buch unter anderem Hinweise zur zinsfreien Verpachtung von Land an Gelehrte und Weise sowie für nicht weiter veräußerbare Geschenke an hohe Beamte wie Steuereintreiber, Aufseher, Ausbilder von Elefanten und Pferden sowie Höflinge. Land, das nicht bestellt wurde, sollte konfisziert und anderweitig verpachtet werden, und Bauern sollten unterstützt werden, um staatliche Einnahmen zu generieren, denn «ein König mit leeren Schatzkammern frisst» seine Untertanen.[142]

Um das Funktionieren der Verwaltung zu gewährleisten, empfiehlt das Buch die Einsetzung eines Landwirtschaftsministers, «der entweder selbst in Agrarwissenschaften, Geometrie und Pflanzenwissenschaften bewandert sein oder von einem Experten auf diesen Gebieten unterstützt werden muss». Dass bei der Aussaat Gebete zu Prajāpati, Kāśyapa, Deva und der Göttin Sītā gesprochen werden sollen und die erste Handvoll Samen in mit Gold versetztes Wasser getaucht werden soll, lässt darauf schließen, dass neben Ashokas Buddhismus auch vedische Vorstellungen fortbestanden oder dass diese nach seinem Tod und dem Untergang seines Reichs wieder aufkamen.[143]

Wie dem auch sei, die zentrale Erkenntnis ist, dass Kauṭilya – einer der wichtigsten Denker und Autoren des klassischen Indiens vor zwei Jahrtausenden – die Herrscher für den Schutz und die Verwaltung der wesentlichen Ressourcen des Staates in die Pflicht nahm. Daher fielen Nutztiere, Handwerk, Landwirtschaft, Bergbau und Handel genauso in seine Zuständigkeit wie Wildtiere, Wälder, Waldprodukte und Wasser. Wer diese Ressourcen beschädigte oder Raubbau an ihnen betrieb, sollte mit dem Tod bestraft werden.[144] Die Botschaft war unmissverständlich: Gute Herrscher erzielen gute Ergebnisse. Dahinter stand eine Tugend der sozialen, wirtschaftlichen und ökologischen Nachhaltigkeit.

Diese Botschaft erinnert sehr an Texte, die etwa um diese Zeit einige Tausend Kilometer weiter östlich und westlich entstanden. Die Dichtung der ab 206 v.Chr. herrschenden Han-Dynastie, insbesondere Sammlungen wie die *Gesänge aus Chu* (楚辭), beschreibt eine idealisierte Natur und verwendet Pflanzen als Metaphern für moralische Qualitäten. Oder wie es Xenophon einige Jahrhunderte zuvor in seinem Dialog *Oikonomikos* ausdrückte: «Wer lernen will, den lehrt die Erde bereitwillig Gerechtigkeit – je besser sie behandelt wird, umso mehr gibt sie an guten Gaben zurück.»[145] Was der Philosoph nicht ausdrücklich sagte, aber meinte: Wer Raubbau an Ressourcen treibt, der schadet nicht nur der Erde, sondern demonstriert auch seine Unzulänglichkeit als Mensch.

ACHTES KAPITEL

Die Pioniere der Steppe und die Entstehung von Imperien

(1700 bis 300 v. Chr.)

Die Geschichte wird ein Ganzes,
gleichsam ein einziger Körper.
Polybios (2. Jahrhundert v. Chr.)

Wie wir gesehen haben, veränderten sich Siedlungs- und Gesellschaftsmuster mit dem Ackerbau drastisch. Auch die Domestizierung von Ziegen, Schafen und Rindern bewirkte eine Reihe von kleinen Revolutionen, da die Tiere die Proteinversorgung sicherten und Rohstoffe wie Wolle und Häute boten, die für Kleidung und Aufbewahrung verwendet werden konnten. Außerdem wurde mit den Tieren auch die Entwicklung neuer Techniken möglich. Als Arbeitstiere lieferten sie Energie, trugen zur Vergrößerung der Ernteerträge bei und gaben dem Menschen die Gelegenheit, seine so gewonnene Zeit anderweitig zu investieren.

Nicht weniger wichtig war die Domestizierung des Pferdes. Da Pferde ungefähr zehnmal so schnell sind wie Menschen, waren sie «Voraussetzung für die Gründung der großen Reiche des klassischen Zeitalters», wie ein Wissenschaftler es formulierte.[1] Wobei ihre Rolle in der Menschheitsgeschichte weit über die Antike hinausreicht, etwa auf dem amerikanischen Doppelkontinent, wo die Einführung von Pferden kaum zu überschätzende Auswirkungen auf die indigene Bevölkerung hatte.[2] Vor allem aber veränderte die Domestizierung des Pferdes den Umgang des Menschen mit der Umwelt und die Nutzung der Natur.

Obwohl es in Europa und Asien zu Beginn des Holozäns große Populationen von Wildpferden gab, wurden diese durch Veränderungen des Ökosystems stark dezimiert. Während der neuerlichen Erwärmung nach der Eiszeit wurden gerade in Europa die Steppen von Wäldern zurückgedrängt, und die geeigneten Lebensräume schrumpften. Aufgrund der geringeren Sonneneinstrahlung in Waldgebieten könnten Genvarianten für eine dunklere Färbung des Fells zugenommen haben.[3]

Während die Pferdepopulationen im größten Teil Europas fragmentiert und genetisch isoliert wurden, waren die klimatischen Bedingungen auf den Steppen Zentralasiens deutlich günstiger.[4] Die genaue Datierung und der Ort der ersten Domestizierung sind zwar umstritten, doch die Botai, die zwischen 3500 und 3000 v. Chr. im heutigen Kasachstan lebten, gehörten zu den Ersten, die Pferde zähmten und züchteten. Hunderttausende Knochenfragmente legen Zeugnis von der verbreiteten Haltung dieser Tiere ab, und bei der Analyse von Tongefäßen wurden Fettablagerungen entdeckt, die darauf schließen lassen, dass Pferde wegen ihrer Milch geschätzt wurden.[5] In dieser Zeit lernten auch die ersten Völker das Reiten und spannten Pferde vor Streit- und Transportwagen, wenngleich die schweren, rohen Backenstücke und Kratzspuren auf Pferdezähnen zeigen, dass es nicht einfach gewesen sein kann, die Pferde anzuschirren und zu lenken.[6]

Es dauerte nicht lange, bis Pferde auch in anderen Regionen eingeführt wurden. So kamen sie zum Beispiel nach Mesopotamien, wo sie zunächst offenbar eher als Kuriosum denn als Nutztier galten; Berichte sprechen davon, dass sie oft an die Löwen verfüttert wurden, die Könige zu ihrer Unterhaltung in Gefangenschaft hielten.[7] In den ersten Schriften Westasiens, in denen Pferde Erwähnung finden, werden sie allgemein als unzuverlässige und gefährliche Tiere beschrieben.[8]

Unter den ägyptischen Pharaonen des Neuen Reichs (ca. 1550 bis

1050 v. Chr.) waren von Pferden gezogene Streitwagen wesentlich für die Expansion, und die in den *Annalen von Thutmosis III.* und anderen Berichten aufgelisteten Beuteobjekte zeigen, dass diese Streitwagen als Statussymbol der Elite und Instrument der politischen Kontrolle geschätzt waren.[9] Davon zeugen auch die sechs «Hochleistungsmaschinen», die sich unter den Grabbeigaben Tutanchamuns fanden.[10]

Gedichte aus der Zeit der chinesischen Zhou-Dynastie feiern Helden, die große, rote Streitwagen lenkten, gezogen von folgsamen Apfelschimmeln, die beim Ansturm gegen den Feind «grollten wie rollender Donner».[11] Unter der Elite waren Pferde und Streitwagen außerdem beliebte Geschenke, mit denen Ehren und Gefälligkeiten zum Ausdruck gebracht wurden; ein Drittel der nach 900 v. Chr. angefertigten Bronzeinschriften, die Ernennungen oder Geschenke der Krone festhalten, erwähnen Zubehör für Streitwagen.[12] «Ich überreiche dir einen Streitwagen mit Bronzebeschlägen und rotem Ledergeschirr für die Pferde», erklärte beispielsweise ein Herrscher, «dazu einen Baldachin aus Tierfell mit rotem Futter, Bronzeglocken für das Joch, einen vergoldeten Bogenhalter und einen Köcher Fischschuppen, vier Pferde mit Trensen, Zügeln und Bronzeschmuck, vergoldete Gurte und ein rotes Banner mit zwei Glocken.»[13]

In ganz Eurasien genossen Pferde einen besonderen rituellen Status. So sahen zum Beispiel die um 1600 v. Chr. verfassten Hethitischen Gesetze für den Geschlechtsverkehr mit Schweinen, Hunden oder Kühen die Todesstrafe vor; Sex mit Pferden jedoch galt nicht als strafbare Handlung.[14] Auch weiter im Osten wurden Pferde verehrt; das indische *Rigveda* erwähnt sie als Opfertiere und schreibt, sie würden von den Göttern gezähmt und geritten oder vor ihre Streitwagen gespannt.[15]

Wenn an der Pferdekultur eines ganz besonders auffällt, dann die Geschwindigkeit, mit der sie sich über große Entfernungen ausbreitete. Um 1200 v. Chr. wurden in weiten Teilen Zentralasiens, von Kasachstan bis Nordwestchina und in die Mongolei, Pferdeopfer dargebracht.[16] Auch in Südasien war die Opferung von Pferden ein wichtiges Instrument, um die Autorität von Priestern und Königen zu untermauern. Das zwischen 900 und 700 v. Chr. entstandene *Śatapatha Brāhmaṅa* enthält eine detaillierte Schilderung einer Praxis namens *aśvamedha*, der Pferdeopferung, die zu den wichtigsten vedischen Ritualen zählt. Wie der Text zeigt, waren Pferde von besonderer Bedeutung: Der Schöpfergott Prajāpati, den der Autor als oberste Gottheit anführt, weist den übrigen Göttern andere Opfer zu und behält das Pferdeopfer sich selbst vor.[17]

Um 1200 v. Chr. hatte die Zucht, Haltung und Ausbildung von Pferden einen hohen Stand erreicht, mit der Folge, dass Pferde einen immer wichtigeren Stellenwert in der Ernährung und der wirtschaftlichen Nutzung erhielten. Vor allem aber weisen archäologische Funde darauf hin, dass die Zahl der gezüchteten Pferde stark zunahm und sich das Reiten in der Mongolei und in Zentralasien verbreitete.[18] Funde von menschlichen Skeletten aus dieser Zeit zeigen eine deutliche Verstärkung von Muskeln, Sehnen und Bändern an Fuß-, Hüft- und Ellenbogengelenken, die mit ziemlicher Sicherheit mit dem Reiten in Zusammenhang steht – ein Hinweis auf eine breite und sich schnell ausweitende Praxis.[19]

Auch wenn die Ursachen für diesen Übergang unklar sind, ist es vermutlich kein Zufall, dass er sich in einer Zeit vollzog, in der weite Teile der Levante und Gebiete darüber hinaus von klimabedingten Veränderungen betroffen waren. Im Kollagen von Ellenbogengelenken gefundene stabile Stickstoffisotope zeigen, dass vor der Ankunft des Pferdes in der Steppe die Fleisch- und Milchprodukte in der menschlichen Ernährung vor allem von Schafen, Ziegen und Rindern stammten.[20] Wissenschaftler haben beobachtet, dass der Beginn und die dramatische Ausweitung der Domestizierung des Pferdes in eine Zeit fallen, während der in der Steppe vom Schwarzen Meer über Zentralasien bis in die Mongolei besondere Trockenheit herrschte. Die Zucht von Pferden als Protein- und Milchquelle sowie als Arbeitstier könnte eine Reaktion auf diese veränderten Klimabedingungen gewesen sein. Große Trockenheit könnte vor allem in der Zentral- und Westmongolei bewirkt haben, dass sich die von Pferden besonders geliebten Steppengräser ausbreiteten; das reichlich vorhandene Weideland und die Tatsache, dass Pferde verhältnismäßig gut mit Wassermangel umgehen können, erklären, warum mehr Zeit und Energie auf die Pferdezucht verwendet wurde.[21]

Doch so logisch die Verbindung zwischen der Zunahme der Trockenheit und der Pferdehaltung sein mag, es ist keineswegs einfach, hier Ursache und Wirkung auseinanderzuhalten. In jedem Falle hatte die Pferdezucht bedeutsame Auswirkungen auf die Ökologie: Die Viehwirtschaft, die zuvor vor allem auf Schafen basierte, wurde vielfältiger; die größer werdenden Pferdeherden benötigten mehr Weideflächen; und die Steppenbewohner gingen von einer halbsesshaften Lebensweise zu größerer Mobilität und großflächigeren Lebensformen über.[22] Die Auswertung von Isotopen zeigt, dass Wiederkäuer näher an den Siedlungen geweidet, Pferde dagegen weiter über die Steppe bewegt wurden.[23]

Diese Veränderungen waren Voraussetzung für den Aufbau von Kontakten und Netzwerken über große Entfernungen hinweg und förderten die Verbreitung von Ideen, Glaubensvorstellungen und Ritualen sowie den Austausch von Gütern und Techniken.[24] Mobile Hirten hatten eine wichtige Rolle bei der Jahrhunderte und Jahrtausende dauernden Verbreitung von Getreide über ganz Eurasien hinweg gespielt. Dass die ersten Hinweise aus verkohlten Samen von Gerste, Weizen und Hirse in Begräbniszusammenhängen (oft verbrannten Verstorbenen) stammen, lässt vermuten, dass der Handel ursprünglich weniger mit Versorgung als mit Ritualen zu tun hatte.[25]

Bis 1500 v. Chr. hatten sich domestizierte Getreidearten wie Hirse, Weizen und Gerste von Südwestasien in den Osten des Kontinents ausgebreitet und sogar die Bergregionen Zentralasiens erreicht.[26] Besonders wichtig scheint Hirse gewesen zu, wohl vor allem aufgrund ihres raschen Wachstums und ihrer Robustheit, insbesondere ihrer Hitzebeständigkeit.[27] Über das «Transeurasische Handelsnetz» der Hirten und Nomaden wurden jedoch nicht nur Nahrungsmittel transportiert, sondern auch Rohstoffe wie Kupfer und Zinn sowie Verfahren wie die Töpferei und Metallverarbeitung weitergegeben, weshalb überall auf der Steppe Bronzemesser, Äxte und andere auf ähnliche Weise und in ähnlichem Stil hergestellte Artefakte auftauchten.[28]

Die Einführung des Reitens muss bei der Intensivierung der Kontakte zwischen den verschiedenen ökologischen Räumen eine Rolle gespielt haben, zum einen weil Hirten auf der Suche nach neuen Weidegründen größere Strecken zurücklegten, was zu einer Konkurrenz um das beste Weideland und Wasservorkommen führte, zum anderen weil es die Menschen in engeren und regelmäßigeren Kontakt zueinander brachte. Das schlug sich unter anderem in einer erheblichen genetischen Fluktuation und Beimischung im ganzen damaligen Zentralasien nieder.[29] Eine weitere Folge war der rasche sozioökonomische Wandel, darunter die aufkommende Spezialisierung des Handwerks und die Verbreiterung der Hierarchien in Nomadengesellschaften, die sich in zunehmend aufwendigen Bestattungspraktiken auf der Steppe zeigt.[30]

Einige Wissenschaftler haben erhebliche Unterschiede beobachtet, die in engem Zusammenhang mit ökologischen Bedingungen und Zwängen stehen. In Gegenden mit nährstoffreichen Böden und ausreichenden Niederschlägen im Sommer entstanden andere Siedlungsmuster; hier konnte die Landwirtschaft intensiviert und zum Teil durch Bewässerung ausgebaut werden.[31] Im Osten der Steppe gibt es daher zahlreiche Hinweise auf Landwirtschaft, im Gegensatz zum Westen, wo die Funde spärlich sind.[32]

Die Analyse von Zahnschmelz und Knochen ergibt jedoch, dass auch Nomaden eine große Bandbreite wirtschaftlicher Strategien entwickelten und keineswegs nur einförmige Formen der Tierhaltung verfolgten.[33] Die Erkenntnis, dass die Hirten mit ihrem Anbau Überschüsse produzierten, zeigt nicht nur, dass der Ackerbau ein wichtiger Bestandteil der Hirtenkultur war. Sie half der Wissenschaft außerdem, neue Vorstellungen von der Landnutzung durch die Menschen auf der Steppe zu entwickeln und den Aufstieg der Nomadenreiche zu verstehen, die eines der großen Themen der eurasischen und der Weltgeschichte werden sollten.[34]

In der Antike tauchten die Nomaden nun auch auf dem Radarschirm städtischer Autoren auf, die von ihrer Lebensweise und Zähigkeit fasziniert waren. Herodot erklärt, wie es den Reitern der Skythen gelang, sich die mächtige persische Armee vom Leib zu halten und sie sogar mit einer Taktik der Nadelstiche zu ärgern. Auf die Frage, warum die Skythen immer wieder zurückwichen und dem offenen Kampf aus dem Weg gingen, soll einer ihrer Anführer gesagt haben: «Noch nie bin ich aus Furcht vor einem Menschen geflohen, auch jetzt nicht vor dir. Und ich habe jetzt nichts anderes getan, als was ich auch im Frieden zu tun pflege. Weshalb ich mich nicht sofort mit dir in einen Kampf einlasse, will ich dir erklären. Wir Skythen haben keine Städte und kein Ackerland, um das wir besorgt sein müssten, es könnte erobert oder verwüstet werden, sodass wir uns zum Kampf mit euch drängen müssten. Wenn ihr aber durchaus wollt, dass es bald dazu kommt: Wir haben ja noch die Gräber unserer Väter. Wohlan! Findet sie auf und versucht sie zu zerstören! Dann werdet ihr bald erkennen, ob wir mit euch um die Gräber kämpfen werden oder nicht.» Bei aller künstlerischen Freiheit bringt der Gedanke, dass Nomaden im Kampf mit sesshaften Gegnern einen endlosen Rückzugsraum haben, den Unterschied zwischen dem Krieg gegen Steppenvölker und dem gegen sesshafte Nachbarn auf den Punkt.[35]

Es ist allerdings nicht richtig, dass Nomaden keine festen Siedlungen kannten. Völker wie die Xiongnu, die Uiguren und die Liao, die in späteren Jahrhunderten ihren Aufstieg erlebten und über gewaltige Gebiete herrschten, schufen oder erweiterten große Stadtregionen mit monumentalen Bauwerken, Gärten und Bewässerungssystemen.[36] Auf Luftaufnahmen von Mohuchahangoukou im heutigen Xinjiang in China wurden Hunderte Felder, Kanäle, Dämme, Zisternen und Häusern entdeckt. Hirtennomaden kannten also komplexe und vielfältige Lebensformen, die sensibel auf kleinere Umweltveränderungen reagierten, und entwickelten Strategien, um diese zu nutzen beziehungsweise ihre Risiken zu verringern.[37]

Auf allen Kontinenten und zu allen Zeiten wurden Hirtennomaden unweigerlich als chaotische Barbaren beschrieben. Ein sumerischer Autor meinte beispielsweise, sie erinnerten an Affen, verehrten keine Götter, gruben im Vorgebirge nach Trüffeln und äßen rohes Fleisch. Andere schrieben, sie hätten «das Herz von wilden Vögeln und Tieren», seien «ungezügelte Völker ohne menschliche Intelligenz», «vom Himmel verlassen», «das Saatbeet des Bösen» und lebten wie Wölfe vom Raub an anderen – und das ist nur eine willkürliche Auswahl von Zitaten aus knapp drei Jahrtausenden.[38] Diese Beschreibungen wurden natürlich von Städtern für Städter verfasst und repräsentieren die Ansichten einer urbanen Elite, die sich in ihrer eigenen Bedeutung sonnt und für die Lebensweise anderer nichts als Verachtung übrig hat.

Verschiedene Zeugnisse zeigen, dass sich die Nomaden nicht von den arroganten Stadtbewohnern beeindrucken ließen, die sie mit süßen Worten umgarnten und ihnen Schätze anboten, dabei aber stets auf ihren eigenen Vorteil bedacht waren. Nicht umsonst warnte ein Vater seinen Sohn, sich nicht verführen zu lassen, bei diesen Menschen in ihren Festungen zu leben, die in den Himmel ragen und in denen Seelen gefangen werden. Er solle sich besser fernhalten.[39]

Die Beschreibungen der Nomaden durch die städtische Elite sollen nicht darüber hinwegtäuschen, dass ihre hybride, flexible und anpassungsfähige Lebensweise eine komplexe Führung, effektive Entscheidungsfindung und wirkungsvolle Maßnahmen verlangte, um das gemeinsame Wohl und den sozialen Zusammenhalt zu wahren. Steppenvölker waren alles andere als ignorant, impulsiv und irrational, im Gegenteil, sie waren effizient, gut organisiert und sehr erfolgreich. Das musste sogar Herodot anerkennen: Man könne die Skythen – sein Sammelbegriff für alle Reiternomaden der Steppe – zwar nicht bewundern, doch sie verstünden sich besser als alle anderen aufs Überleben.[40] Diese Gesellschaften wurden regional gestaltet und hatten nichts mit den städtischen, von einer bürokratischen Elite verwalteten und von einer zentralen Autorität geführten Staaten gemein, in denen die Entscheidungsprozesse von den Interessen mächtiger Aristokraten gelenkt wurden.[41]

Zugleich sticht die wechselseitige Abhängigkeit von sesshaften und mobilen Gesellschaften ins Auge. Hirten mussten in der Nähe eines Marktes leben, auf dem ihre Erzeugnisse – Milch und Fleisch,

Wolle und Leder, Lastentiere und Pferde – nachgefragt wurden. Dabei war die Nachfrage unterschiedlich und richtete sich nach regionalen Anforderungen, Geschmäckern und dem jeweiligen Klima. So spielten beispielsweise Milch und Gemüse im Nahen und Mittleren Osten eine größere Rolle in der Ernährung als in Zentralasien, wo deutlich mehr Fleisch verzehrt wurde.[42]

Dennoch funktionierte der Austausch überall ähnlich. Hirten lieferten Nahrungsmittel, Rohstoffe und fertige Produkte, und im Gegenzug erhielten sie Zugang zu Luxusgütern und Gegenständen, die für die Festigung der sozialen Hierarchie und der Autorität der Stammesführer eine wichtige Rolle spielten, weil sie diesen die Möglichkeit gaben, ihren Status zu unterstreichen und ihre Familien, Verwandten sowie Angehörige ihres Netzwerks zu belohnen.[43] Die Weideflächen wurden gemeinschaftlich genutzt, doch die Tiere gehörten den Einzelnen; Status speiste sich daher auch aus der Größe und Zusammensetzung der Herden.[44]

Besonders intensiv war der Austausch im Norden und Westen des heutigen Chinas. In die eine Richtung gingen Tiere und Tierprodukte, in die andere Seide, Gold- und Bronzeschmuck, Töpferwaren und andere in speziellem «Nomadenstil» gefertigte und auf die Bedürfnisse der Hirten zugeschnittene Produkte.[45] Der Handel reichte bis nach Westasien, wie Karneolperlen belegen, die mit ziemlicher Sicherheit in Mesopotamien gefertigt und in Gräbern am Wei He und am Gelben Fluss gefunden wurden.[46] Nicht nur Rohstoffe legten über diese Handelsbeziehungen weite Wege zurück, sondern auch Ideen und künstlerische Motive – zum Beispiel das Greifenmotiv, das von der Ägäis, dem östlichen Mittelmeerraum und Persien nach Ost- und Südasien gelangte.[47]

Auch der Fund einer Vielzahl von Kaurimuscheln, die möglicherweise von der Südküste Chinas und dem Indischen Ozean stammen, belegt, dass dies eine Zeit der zunehmenden Mobilität von Gütern und Menschen war, und zwar nicht nur auf dem Landweg. Dass diese Muscheln in den Gräbern von einfacheren Menschen gefunden wurden, lässt auf einen breiten Austausch und eine sozioökonomische Expansion schließen.[48] Es wurde zwar oft behauptet, dass diese Muscheln als eine Art Währung dienten, doch ihr Wert scheint eher in ihrer Verwendung als Schmuck, in Ritualen und als Grabbeigaben bestanden zu haben.[49]

Geographie, Umwelt und Klima spielten eine wichtige Rolle bei der Entstehung ökologischer und kultureller Grenzen, vor allem in der Beziehung zwischen Nomaden und sesshaften Gesellschaften in Ostasien. Chinesische Quellen beschreiben Nomaden und ihre Kulturen zwar durchgängig abwertend, doch die Ausweitung der Tierhaltung in die Nähe von urbanisierten Regionen leistete ganz offenkundig einen wichtigen Beitrag zur Ernährung der Stadtbevölkerung und ihrer Versorgung mit Textilien und Leder. Das war in der Praxis wichtiger als der Tausch von Luxusgütern und die Weitergabe von künstlerischen Motiven.

Historiker wissen zwar schon länger um die Bedeutung der Nomaden bei der Entstehung von Fernhandelsnetzen mit einer Reichweite von Hunderten von Kilometern, doch neuerdings betonen einige die Vielfalt der Hirtennomaden und halten Vorstellungen einer Kontinuität von Verhaltensweisen über längere Zeiträume (und gar über weitere Strecken) hinweg für eine unzulässige Vereinfachung.[50] Einige gehen sogar noch weiter und vertreten die Auffassung, dass Nomaden im Vergleich zu Sesshaften gar nicht für eine radikal andere Lebensweise stehen, sondern dass beide einer integrierten Welt angehörten, die beiden nutzte. Nomaden sind also nicht der Gegenentwurf zum Stadtleben; ihr Aufstieg wurde vielmehr erst möglich, als sie Städte mit stark nachgefragten Gütern und Rohstoffen versorgten und als sie eine Bedrohung darstellten, die auf beiden Seiten die gesellschaftliche, politische und militärische Konsolidierung förderte.[51]

Ein führender Historiker hat überzeugend herausgearbeitet, welch entscheidende Rolle die Nomaden im China der Zeit der Streitenden Reiche, vor allem während des vierten und dritten vorchristlichen Jahrhunderts, spielten, und betont die wachsende Bedeutung der Steppenvölker im Allgemeinen und ihrer Pferde im Besonderen. In dieser Zeit nährten die Rivalitäten und Feindseligkeiten zwischen den Herrschern verschiedener chinesischer Staaten eine nahezu grenzenlose Nachfrage nach Ressourcen, in erster Linie nach Pferden, aber auch nach anderen Lasttieren zum Transport von militärischem Gerät sowie nach Pferdeknechten, Ausbildern, Sätteln, Bekleidung und Leder, das sich vielseitig einsetzen ließ und unter anderem für Rüstungen verwendet wurde.[52]

Diese Nachfrage, die durch Reformen der Kavallerie und die fortwährende Konkurrenz zwischen Staaten weiter angeheizt wurde, spiegelt sich in Quellen wider, deren gesteigertes Interesse an Steppenvölkern einen Hinweis auf ihre militärische und strategische Bedeutung liefert und auf eine Intensivierung des Austauschs vor rund 2500 Jahren schließen lässt.[53] Ein weiterer Hinweis sind neue militärische Taktiken, allen voran der Bau gewaltiger Mauern. Dahinter steht möglicherweise weniger das Bedürfnis, barbarische Invasoren fernzuhalten, wie man gemeinhin glaubt, als der Wunsch, die unter staatlicher Kontrolle stehenden Gebiete auszuweiten und die Versorgung zu sichern.[54]

Darum ging es nicht nur in China. Als der griechische Historiker Thukydides im fünften vorchristlichen Jahrhundert die Ursprünge Griechenlands und den Aufstieg einiger Stadtstaaten beschrieb, beobachtete er, wie wichtig die Kontrolle über fruchtbares Land und die Erwirtschaftung von landwirtschaftlichen Überschüssen war. Auch hier kamen Mauern ins Spiel, denn mit ihrer Hilfe konnten die Mächtigen andere unterwerfen und beherrschen und auf diese Weise an Reichtum und Macht zugewinnen.[55]

Das war in Mesopotamien nicht anders, wo der Bau von Festungen nicht nur der Verteidigung diente, sondern auch der Kontrolle über fruchtbares Land und Arbeitskräfte. In der Praxis hatten Städte und Staaten nur zwei Möglichkeiten, um ihre Kapazitäten auszuweiten: Sie konnten ihre Produktivität steigern oder zusätzliches Ackerland erobern.[56] Die Konkurrenzdynamik beförderte den technischen Fortschritt und die politische Zentralisierung. Erstens weil die Bedrohung durch Nachbarn geeignete Verteidigungs- und Angriffsstrategien verlangte, was den Status all derer hob, die hierzu einen Beitrag leisten konnten; auf die von Rivalen ausgehende Gefahr reagierten die Herrschenden unweigerlich mit dem Versuch, ihre Kontrolle über die Ressourcen auszuweiten, die eine Verteidigungs- oder Expansionspolitik unterstützten. Und zweitens bildeten Städte und Staaten mit zunehmender Größe und Komplexität Institutionen heraus, die auf eine Einigung, Harmonisierung und Homogenisierung abzielten, um auf diese Weise eine eigenständige Identität zu stiften, die Integration und das Zusammenleben zu fördern und Kooperationsanreize zu schaffen. Bei diesen Institutionen konnte es sich um Verwaltungen handeln, aber auch um Schriftsysteme, Bildung oder Religion. Es mag überraschen, dass hierbei auch militärische Bedrohung und Kriege eine wichtige Rolle spielten: So traumatisch und kostspielig sie mitunter waren und sosehr sie die Stellung der Eliten festigten, konnten sie doch auch dazu beitragen, die Bevölkerung zu einen und die Entwicklung von Normen und «Ultrasoziabilität» zu befördern.[57] Äußere Bedrohungen waren Anlass zur Vorsicht, aber sie lieferten auch Gründe für Zusammenarbeit und waren daher für die Bildung und Stärkung gemeinsamer Identitäten von entscheidender Bedeutung.

Diese Dynamik machte sich in vielen Teilen der Welt bemerkbar, doch besonders ausgeprägt war sie in der Nähe von Steppen. Die Domestizierung von Pferden, günstige ökologische Bedingungen und die Intensivierung des Austauschs zwischen Steppen- und Stadtbewohnern lässt vermuten, dass dieses Zusammenspiel von Agrarstaaten und Nomadenbündnissen in weiten Teilen Asiens ein Katalysator der Veränderung war. Geprägt wurde dies von der Entwicklung fortschrittlicher Reiterkriegsführung mit neuen Sätteln, Steigbügeln und Kompositbögen, die es den Nomaden erlaubten, Städte und Staaten in ihrer Region zu überfallen. Dies wiederum stieß eine Art Rüstungswettlauf an, denn nun übernahmen auch diese Staaten die berittene Kriegsführung. Damit wurden sie effektiver und waren gleichzeitig attraktivere Beute für die Nomaden, die nun ihrerseits neue Anreize hatten, ihre Fähigkeiten weiterzuentwickeln.[58]

Dieser Wettstreit setzte zentripetale Kräfte frei, die eine gewaltige Expansion beider Seiten ermöglichten: Während des ersten vorchristlichen Jahrtausends verschwand eine Reihe schwächerer Staaten und Nomadengruppen, und die bedeutendsten Agrarstaaten waren bis zu viermal so groß wie ihre Vorläufer. Auf der anderen Seite führten diese Kräfte dazu, dass sich Nomaden zu größeren Verbänden zusammenschlossen, wie den Xiongnu der Eurasischen Steppe oder – in späteren Zeiten – den Puyŏ der Mandschurei und den Chosŏn der koreanischen Halbinsel. Diese Verbände gewannen an Macht und kontrollierten immer größere Territorien, genau wie die Agrarstaaten.[59]

Das lag auch daran, dass sie als Lieferanten von Fleisch, Milch, Textilien und anderen Gütern umso wichtiger wurden, je mehr die Städte und Dörfer wuchsen, deren eigene landwirtschaftliche Kapazitäten durch eine begrenzte Fruchtbarkeit des Landes eingeschränkt waren. Ein weiterer Grund war, dass die zunehmende Nachfrage nach und Kontrolle über gutes Weideland und große Herden dazu führte, dass die Stellung der Nomadenführer unter ihren Anhängern und ihre Verhandlungsmacht gegenüber potenziellen Kunden gestärkt wurde. Und mit diesen zusätzlichen Ressourcen und Kriegern ausgestattet, waren sie besser in der Lage, andere Nomaden und Nachbarstaaten zu überfallen und Reichtum und Ansehen zu horten. Der Krieg stiftete auf beiden Seiten den Zusammenhalt.[60]

Das daraus resultierende Gleichgewicht war ambivalent und unsicher – nicht nur in der Antike, sondern bis in die Moderne. So ist es zum Beispiel kein Zufall, dass die ersten Reiche der Geschichte in der näheren Umgebung des Steppengürtels entstanden. Bei allen Schwierigkeiten der Quantifizierung und Klassifizierung konnte eine Untersuchung zeigen, dass rund 85 Prozent der Großreiche über mehr als drei Jahrtausende in oder nahe der Eurasischen Steppe entstanden. Das unterstreicht die Bedeutung der Geographie und der Interaktion von Menschen, die unterschiedliches Land auf unterschiedliche Weise nutzen.[61] Die Steppe war also keineswegs Ödland, das nur von Nomaden durchstreift wurde, sondern sie war der Katalysator der imperialen Expansion.

Die Bedeutung von Ökologie und Geographie für die Entstehung großer und komplexer menschlicher Gesellschaften wird durch Prognosemodelle, statistische Analysen und andere neuere Methoden der Geschichtsforschung unterstrichen. Mithilfe dieser Methoden werden enge Beziehungen sichtbar: Reiche entstanden bevorzugt in Regionen, in denen die Landwirtschaft länger praktiziert wurde und die Kriegsführung intensiver war, was die Gesellschaften unter Druck setzte. Hier brachte der Steppengürtel eine Dynamik der Zentralisierung und des Wachstums in Gang.[62]

So war zum Beispiel in der Geschichte Chinas die Steppe nicht nur einer von vielen Faktoren, sondern man könnte durchaus behaupten, dass sie der wichtigste war. Wie ein Historiker zeigte, nahmen die Reiche ihren Anfang an der Nordgrenze, von der 3500 Jahre lang fast alle «Einigungsereignisse» ausgingen. Die einzige Ausnahme war die Ming-Dynastie, die im 14. Jahrhundert ihren Ausgang in Zentralchina nahm, doch auch hier spielte der Kontext eine Rolle, wie wir noch sehen werden.[63]

Der alles entscheidende Faktor war das Gelände. Nordchina spielt in der Geschichte des Landes eine derart bedeutsame Rolle, weil es sich um eine Ebene handelt. Das Fehlen natürlicher Hindernisse erleichterte sowohl Staaten als auch Nomaden militärische Eroberungen und politische Konsolidierung, weshalb alle großen Invasionen vor 1800 n. Chr. von Norden ausgingen. Aufgrund ihrer geographischen Eigenschaften war die Nordchinesische Ebene nicht nur verwundbar für Überfälle (und Schlimmeres) von Nomaden, sondern sie war auch entscheidend für die Entstehung eines geeinten Zentralstaats. Bei allen Brüchen in der chinesischen Geschichte ging die Entwicklung eindeutig hin zur Vereinigung unter einem politischen Zentrum, das seine Peripherie schützt und ausweitet.[64]

Der Zug zur Zentralisierung brachte ein System aus Nabe und Speichen hervor, das sich ganz um den Herrscher und seinen Hof drehte. Das Zentrum gab kaum etwas von seiner Macht an die Peripherie ab und hatte seine Stärke in der effizienten Kommunikation, seiner Zentralverwaltung und (was eher ungewöhnlich ist) einer einheitlichen Sprache und einem Schriftsystem. Seine Schwäche waren allerdings erhebliche Schwankungen der Bevölkerung und wirtschaftlichen Produktion sowie eine begrenzte Widerstandsfähigkeit gegen inneren Druck. Die Folge waren häufige Aufstände, der Sturz von Dynastien und die wiederholte Absetzung von Herrschern.[65] Dennoch besteht ein großer Unterschied zu Europa, wo große Staaten rar und kurzlebig waren. Wie neuere Simulationen zeigen, war auch die Lage der Bergketten in Ostasien und vor allem im heutigen China ein Faktor im unaufhaltsamen Einigungsprozess, der selbst Zeitgenossen verblüffte: Lü Buwei, Kanzler des Qin-Reichs im dritten vorchristlichen Jahrhundert, hielt staunend fest, dass von den vielen Tausend Staaten, die es früher gegeben hatte, nur einige wenige überlebt hatten. Seine Erklärung, dass die verschwundenen Staaten an einem «ineffizienten Einsatz von Belohnung und Strafen» gescheitert waren, klingt allerdings wenig überzeugend. Ein plausiblerer Grund verbirgt sich in der Tatsache, dass die Zahl der verbliebenen Staaten nach seinem Tod noch weiter schwand, weil sich die Qin ihre Nachbarn und Gegner einverleibten und etwas gründeten, was gemeinhin als das erste Kaiserreich der chinesischen Geschichte bezeichnet wird.[66]

Die Beziehung zwischen der Steppe (die von der Nordküste des Schwarzen Meers über Zentralasien bis zum Pazifik reicht) und den angrenzenden Regionen gestattet nicht nur Erkenntnisse über die Entstehung von Reichen, sie hilft auch zu verstehen, warum diese anderswo *nicht* entstanden. Das Grasland eignete sich bestens zur Haltung von Herden, was in tropischem Klima aufgrund des schlechten Weidelands und der Krankheiten schwierig bis unmöglich gewesen war.[67]

Das wäre eine Erklärung, warum Großreiche in Indien nur schwer Fuß fassen konnten. Es gab zwar Ausnahmen, etwa unter Ashoka im 3. Jahrhundert vor unserer Zeitrechnung oder unter den Guptas fünf Jahrhunderte später, doch diese waren kurzlebig. Die Motoren der Konsolidierung, Expansion und Zentralisierung, die in Ost- und Westasien so stark waren und mit der Domestizierung des Pferdes und der politischen Konkurrenz den Turbo einlegten, liefen in Indien die meiste Zeit über nur schwach oder gar nicht.[68]

Die Gründe waren vor allem ökologischer Natur: In Süd- und Südostasien mit seinem wechselhaften Klima waren Flüsse instabil und versandeten oft, Abflüsse wurden blockiert, und unberechenbare Flussdeltas fächerten sich auf: Der Mekong und der Irrawaddy dehnen sich an ihren Mündungen jährlich um mehr als 50 Meter aus, und der Solo auf Java transportiert sechsmal so viel Sediment wie der Rhein, obwohl er nicht einmal halb so lang ist.[69] Das Stadtleben war daher immer prekär; bis in die Moderne hinein wurden in Südostasien immer wieder Siedlungen aufgegeben, darunter selbst größere Städte wie Melaka, Barua und Palembang.[70] In Südasien scheiterten sogar große Handels- und Hauptstädte, weil sie sich nicht an die Umweltveränderungen in Form von Wassermangel, Flussverlagerungen und andere mit dem Wasser zusammenhängende Herausforderungen anpassen konnten. Städte wie Cambay, Kannauj, Debal, Kayal und Gaur wurden daher verlassen.[71] Wie es ein Historiker ausdrückte: «Indien wurde zwangsläufig zum Friedhof von Städten», und das trifft auch auf weite Teile des übrigen Süd- und Südostasiens zu.[72]

Angesichts der unsicheren klimatischen Bedingungen war die Anlage von Bewässerungskanälen kaum planbar, was erklären könnte, warum landwirtschaftliche Überschüsse offenbar rar waren. Das wiederum erklärt, warum Städte nur schwer Fuß fassten.[73] Erlebnisse wie das von Ibn Baṭṭūṭa sprechen Bände. Als der berühmte Reisende in den 1330er Jahren das Sultanat von Delhi besuchte, beschrieb er die Stadt als «kolossale Stadt von Weltruf, die Schönheit mit Festigkeit vereinigt». Es ist «die größte Stadt Indiens [*mudun al-hind*], die größte sogar von allen Städten des Islams im Osten». Doch als er sechs Jahre später zurückkehrte, fand er die Stadt «öde bis in ihre Grundfesten». Die einst mächtige Stadt war «verlassen, nur von einer wenig zahlreichen Bevölkerung bewohnt».[74]

Auch wenn dies übertrieben sein mag – der Reisende beschreibt Delhi nach einem Angriff durch die Mongolen –, finden sich ähnliche Erzählungen über den plötzlichen Untergang von Städten aus allen Epochen. So erklärt Bābur, der im 16. Jahrhundert das Mogulreich begründete, in seiner Autobiographie *Bāburnāma*: «In Hindustan lassen sich Weiler und Dörfer, ja Städte, in einem Augenblick zerstören und aufbauen. Große Städte, in denen die Menschen seit Jahren leben, können in einem einzigen Tag, ja in einem halben Tag verlassen werden, ohne dass eine Spur von ihnen zurückbleibt.» Das hatte natürlich Folgen für die Standortwahl von Siedlungen und die Infrastruktur, die man dort errichtete oder eben nicht. Wie Bābur schrieb: «Wenn sie eine Stadt bauen wollen, müssen sie keine Bewässerungskanäle graben und keine Dämme errichten (…) Sie bauen keine Häuser und errichten keine Mauern. Sie bauen lediglich Hütten aus dem reichlich vorhandenen Stroh und den zahllosen Bäumen, und schon haben sie ein Dorf oder eine Stadt.»[75]

Ein englischer Reisender aus den 1560er Jahren zeichnete ein ähnliches Bild. «In Buttor wird jedes Jahr ein Dorf errichtet und wieder abgerissen, mit Häusern und Läden aus Stroh und mit allem, was sie benötigen, und das Dorf steht so lange, wie die Schiffe vor Anker liegen. Wenn sie nach Osten davonsegeln, geht jeder zu seinem Haus und zündet es an, worüber ich sehr verwundert war.»[76]

In Süd- und Südostasien hatte das nasse Monsunklima noch weitere Folgen, denn hier gediehen große Tropenwälder, deren Rodung arbeits- und zeitintensiv war. Der Mangel an tauglichem Weideland machte, wie gesagt, die Pferdezucht in großem Stil schwierig. Daher hatten die Mächtigen großes Interesse an der Beschaffung von Pferden, vor allem für die Kavallerie und Streitwagen ihrer Armeen. Pferde wurden vor allem aus dem Nordwesten, dem heutigen Iran, Afghanistan und Pakistan importiert. Wie Kauṭilya im *Arthaśāstra* schreibt: «Von den kriegstauglichen Pferden kommen die besten aus» Gandhāra, Sindh, Punjab und Vanāyu (vermutlich Persien); die aus anderen Regionen waren mittelmäßig oder noch schlechter.[77] Anders gesagt: Die Zukunft eines indischen Herrschers hing davon ab, ob er Pferde beschaffen konnte, und damit von seiner geographischen Nähe zu den Herkunftsregionen der Tiere.

Kein Wunder, dass sich in vorindustrieller Zeit der Aufbau des Handels zwischen Indien und seinen Nachbarn vor allem um den

Pferdeimport aus Zentralasien drehte.[78] Nicht nur die Geschichte Chinas wurde also maßgeblich von den Nomaden der Steppe geprägt, sondern auch die Indiens. Wenn die Steppenvölker nach Süden expandierten, waren die Folgen spürbar. Ein Beispiel war die Gründung des Kuschana-Reichs vor rund 2000 Jahren, das unter Kanischka (ca. 127 bis 150 n. Chr.) seine größte Ausdehnung erreichte. Ein anderes ist natürlich Bāburs Mogulreich, das seine Wurzeln in Zentralasien hatte.[79]

Was nicht heißen soll, dass es in Indien keine Zentralisierung und Expansion gegeben hätte – sie waren jedoch weniger intensiv und raumgreifend als auf der Steppe und in ihrer Umgebung. Ein anderer Unterschied waren Krankheiten, denn die Tropen waren ein Nährboden für Infektionskrankheiten. Deshalb entwickelte sich die Bevölkerung – je nach Erregern und Krankheitsübertragungen zwischen Mensch und Tier – in jeder Region anders. Im Gegensatz zur Geschichte der Seuchen in Europa und auf dem amerikanischen Doppelkontinent ist die Geschichte der Erreger in Asien nur sehr ungenügend erforscht, was auch daran liegt, dass die Paläogenetik vor allem mit europäischen Funden arbeitet.[80] Daher ist weitgehend ungeklärt, wie und wo unterschiedliche Stämme von Malaria, Tuberkulose, Lepra, Pocken und Pest entstanden und wie, wann und warum sie verschiedene Regionen heimsuchten.[81] Auch genauere Schätzungen zur Sterblichkeit sind schwierig, weshalb Hypothesen zur Auswirkung von Krankheiten auf das Bevölkerungswachstum im Ungefähren bleiben. Trotzdem bieten Geographie, Umwelt und Klima eine Erklärung für große regionale Unterschiede in der Entwicklung von Gesellschaften in der Frühgeschichte und später.

Das trifft auch auf die beiden Amerikas zu, wo sich bei der Entstehung von Strukturen vor rund 2000 Jahren erhebliche regionale Unterschiede ergaben. In Südamerika scheint der Aufstieg der Moche-, Wari- und Tiwanaku-Kultur und anderer früher Andenkulturen durch Konkurrenz um Ressourcen beflügelt worden zu sein, was den Eliten dabei half, ihre Stellung zu festigen und mittels Krieg, Religion und sozialen Normen übergreifende Identitäten zu schaffen, wie dies zuvor auch in Mesopotamien und anderswo geschehen war.[82] Mit dem Aufkommen des Handels entlang des Golfs von Mexiko vor rund 2500 Jahren entstanden regionale Stammeskulturen. Nicht alle entwickelten sich durch Konkurrenz und Expansion zu Staaten oder ähnlichen Strukturen. Diejenigen, denen dies gelang, entstanden jedoch aus Fürstentümern, die lernten, Autorität zu delegieren oder Verwaltungen aufzubauen.[83]

So entstand zwischen 800 und 500 v. Chr. die Olmeken-Kultur – ein Name, der eher einen künstlerischen Stil bezeichnet als die gesellschaftliche, ethnische oder sprachliche Identität dieser Menschen aus dem heutigen Mexiko und Zentralamerika. Die wichtigste Stadt, La Venta, hatte einen zentralen Platz mit einer 30 Meter hohen Pyramide, einer dreihundert Meter langen Plattform für Rituale, mit denen die Elite ihre Macht demonstrierte, und Grabkammern, die in ihrer Anlage und Ausschmückung den Kosmos repräsentierten und die Nahrung spendende Maisgottheit verehrten.[84] Wie auch an anderen mittelamerikanischen Fundstätten wie Cuello oder Chiapa de Corzo genoss Grünstein, zum Beispiel Jade, Serpentinit und Gneis, eine besondere Bedeutung.[85]

Mais war in vielen Teilen Mittelamerikas lange die magische Zutat. Laut dem *Popol Vuh*, der Schöpfungsgeschichte der Maya, schufen die Götter die Welt aus einem stillen und dunklen Wasser als einen Ort, der ihre Wünsche und Bedürfnisse befriedigen sollte. Die Tiere erschufen sie, damit sie für sie sorgten, allerdings verliefen ihre Bemühungen frustrierend: Sie begannen mit Rotwild, Vögeln und Pumas, doch diese konnten nicht richtig sprechen. Als Nächstes versuchten sie daher, aus Lehm einen Menschen zu erschaffen, doch auch das nahm kein gutes Ende: «Aber sie sahen, dass es nicht gut war. Denn es schwand dahin, es war zu weich, es war ohne Bewegung und ohne Kraft, es fiel um, es war weich.» Dieser Mensch konnte ein paar Worte sagen, «aber es hatte keine Vernunft. Bald weichten es die Wasser auf, und es sank dahin.»[86]

Auch der nächste Versuch mit Menschen aus Holz misslang – sie vermehrten sich zwar und bekamen «Söhne und Töchter», doch sie «hatten keine Seele und keinen Verstand (…) ziellos gingen sie herum und auf allen vieren liefen sie.» Erst der dritte Anlauf gelang,

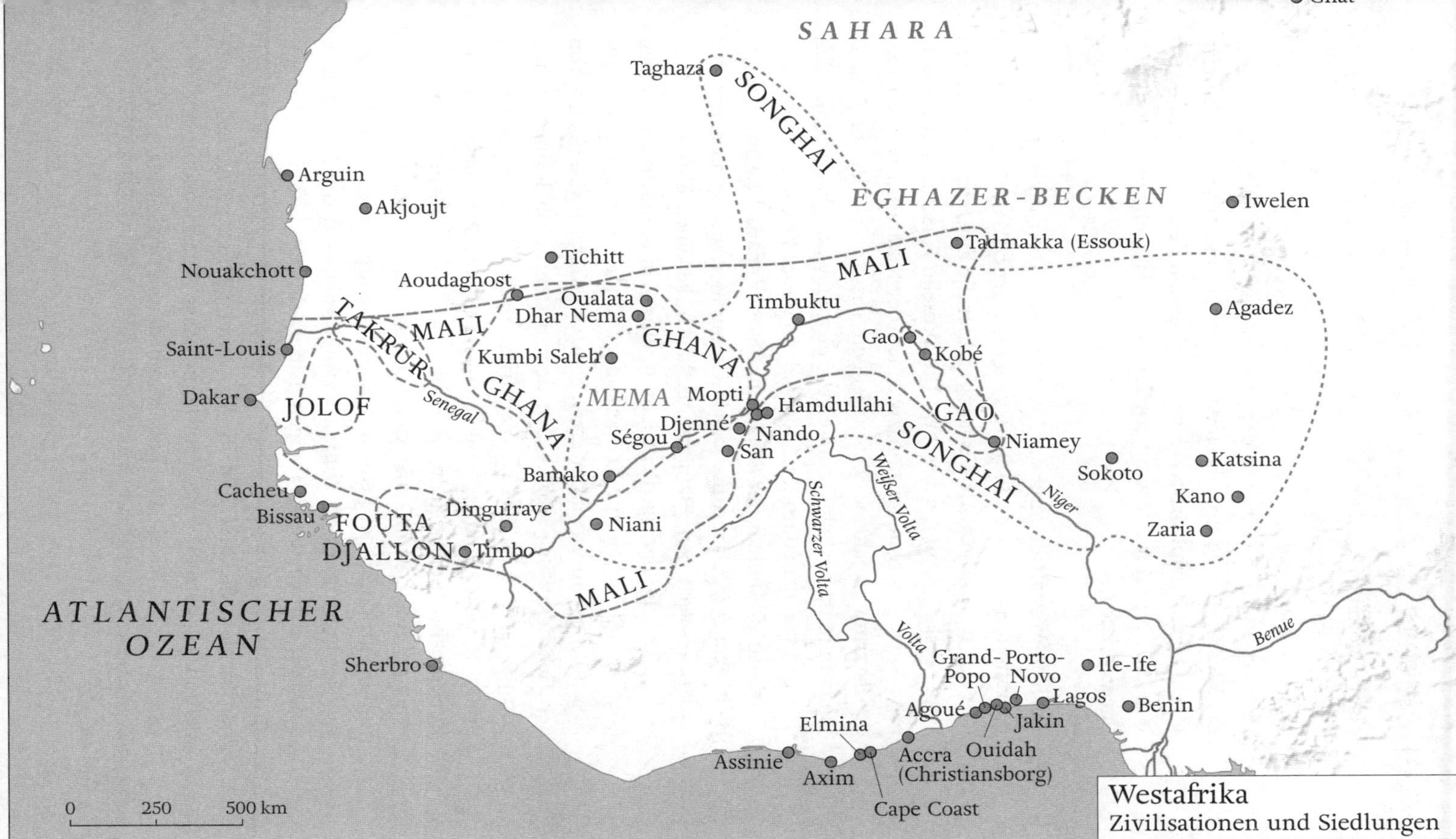

Westafrika
Zivilisationen und Siedlungen

als die Götter einen Menschen aus der Wunderzutat Mais formten. Diese Wesen «konnten gehen und sprechen. Sie konnten gehen und Dinge in die Hand nehmen. Sie waren das erwählte Volk.» Sie hatten Verstand und waren in der Lage zu lernen. Hier endlich waren die Wesen, die die Erde bestellen konnten, und zwar nicht nur zu ihrem eigenen Nutzen, sondern auch zu dem der Götter.[87] Der Mais war also nicht nur Nahrung, sondern auch das Geheimnis des intelligenten Lebens.

Auch in Westafrika ging die Evolution der Verstädterung, der Kooperation und der Gesellschaftssysteme eigene Wege. Genau wie im Großteil des übrigen Afrikas ist auch hier die Entstehung der ersten Städte bislang kaum erforscht.[88] Die aktuelle Forschung zur Sahelzone – der Übergangsregion zwischen der Sahara im Norden und der Savanne im Süden – betont jedoch, dass es sich bei den Gesellschaften in dieser Region um eigene Gemeinwesen handelt, die sich deutlich von denen im Rest der Welt zu dieser Zeit unterscheiden.[89]

Im Afrika südlich der Sahara gibt es nur spärliche Hinweise auf politische Zentralisierung, soziale Hierarchien und Staaten, die sich andere einverleiben. Hauptstädte, Bauwerke einer Elite oder Verwaltungen, die dazu gedient hätten, eine Zentralmacht zu festigen oder die Menschen zur Kooperation bei der Bewältigung von äußeren Bedrohungen zu bewegen, glänzen durch Abwesenheit.[90] Von der Tichitt-Kultur – vermutlich dem besten Beispiel einer frühen komplexen Gesellschaft in Westafrika – sind Überreste Dutzender größerer Bruchsteinsiedlungen am Tichitt- und Oualata-Canyon in Südmauretanien erhalten, die um 1000 v. Chr. bis ins Nigerdelta reichten. Auch wenn man lange annahm, dass Bevölkerungswachstum bei gleichzeitiger Reduzierung des fruchtbaren Landes die Zentralisierung vorantrieb, wurden bei Ausgrabungen von Dhar Nema, einer der östlichsten Siedlungen, kaum Hinweise auf einen Mangel an Ackerland gefunden. Auch die Vielzahl der verschiedenen Lebensformen, die hier und in der weiter südlich gelegenen Mema gefunden wurden, erinnert daran, dass Kategorisierungen wie «sesshaft», «halbsesshaft» oder «nomadenhaft» die Gefahr der un-

Golf von Mexiko
Bucht von Campbeche
Halbinsel Yucatán
PAZIFISCHER OZEAN
TOTONACAPÁN
MICHOACÁN
AZTEKEN
OLMEKEN
ZAPOTEKEN (OAXACA)
MAYA
Tula
Pachuca
Teotihuacán
Tenochtitlán (Templo Mayor)
Xochimilco
Xochicalco
La Venta
Oaxaca
Monte Albán
Mitla
Palenque
Piedras Negras
Chiapa de Corzo
Mayapan
Chichen Itza
Uxmal
Kabah
Tulum
Cuello
El Mirador
Tikal
El Palmar
Quiriguá
Copán
0 100 200 km
Mittelamerika
Zivilisationen und Siedlungen,
ca. 800 v.Chr. bis 1500 n.Chr.

zulässigen Vereinfachung bergen.[91] Die Beziehung zwischen großen Siedlungen und ihrem Umland war komplex, nicht nur im Altertum, sondern auch später.[92]

Das trifft auch auf gesellschaftliche Veränderungen zu, die fließend verliefen und regelmäßige Anpassungen verlangten, oft aufgrund von klimatischen Veränderungen. Einer der wichtigsten Faktoren in der Kristallisierung der Tichitt-Kultur war offenbar die Austrocknung der Sahara, die eine Konzentration der Bevölkerung in feuchteren Gegenden und Anpassungen wie die Domestizierung von Perlhirse anstieß. Eine schwere Dürrephase um 500 v. Chr. beschleunigte die Abwanderung in Regionen mit einer weniger prekären Umwelt.[93] Historiker vermuten, dass diese Abwanderung den Grundstein des Reiches von Ghana legte, das in einer für Westafrika klimatisch günstigen Phase zwischen 300 und 1100 n. Chr. bestand.[94]

Der wesentliche Unterschied zwischen diesen regionalen Zentren war der Grad der Vernetzung mit anderen beziehungsweise das Fehlen einer solchen Vernetzung. Die dynamischen Zentren Nord- und Südamerikas waren bis zur Ankunft der Spanier zu Beginn des 16. Jahrhunderts zu weit voneinander entfernt, als dass sie in einen sinnvollen Austausch hätten treten können, wenn es denn überhaupt Kontakt gab. Deshalb entwickelten sich die Kulturen auf beiden Hälften des Kontinents unabhängig voneinander. In Westafrika gab es dagegen regional intensiven Austausch, und Vorlieben und Stile wurden durch Luxusgüter aus dem Handel mit ferneren Regionen geprägt.[95] Andernorts nahmen diese Beziehungen und das Geflecht der untereinander vernetzten Regionen allerdings ganz andere Dimensionen an – und mit ihnen die Chancen, Gefahren und Auswirkungen.

Der griechische Historiker Herodot brachte es auf den Punkt, als er sich fragte, warum man Europa, Afrika und Asien eigene Namen gegeben habe, wo sie doch in Wirklichkeit eine zusammenhängende Landmasse bildeten.[96] Er interessierte sich nicht für die Geographie, sondern für das Mosaik der Völker, die auf diesen Kontinenten lebten und miteinander Handel trieben, Kriege führten und konkurrierten, sowie für ihre Beziehungen, gegenseitigen Anleihen und

Gebräuche. Cicero pries ihn später als den «Vater der Geschichtsschreibung», auch wenn andere ihn weniger schätzten und Plutarch ihn aufgrund seiner Ungenauigkeit und Vorurteile sogar den «Vater der Lügen» nannte.[97]

Wichtiger ist hier jedoch vermutlich die Vielfalt der Sichtweisen antiker Gelehrter und Autoren – auch wenn ihre Schilderungen oft mit Vorsicht zu genießen sind, genau wie die eines chinesischen Chronisten, der behauptete, wenn im Römischen Reich «Wind und Regen nicht harmonisch» seien, dann trete der Kaiser ab «und ein würdiger Mann regiert an seine Stelle».[98] Schriften wie diese glänzen nicht nur mit kreativen Einfällen, sie können auch Auskunft über die Probleme geben, die widrige Klimabedingungen mit sich brachten. Außerdem geben sie uns Hinweise auf die einander überschneidenden und miteinander verzahnten Netzwerke, die den Mittelmeerraum über den Persischen Golf und das Rote Meer mit Zentral-, Süd- und Ostasien verbanden.

Diese Netzwerke ermöglichten die Verbreitung von Gedankengut und Glaubensvorstellungen genauso wie den Austausch von Waren und Menschen. So gab es zum Beispiel im alten Rom Pferdeopfer, die denen in Indien sehr ähnlich waren – die Siegerpferde bestimmter Rennen wurden geopfert, der Körper des Tiers wurde symbolisch zerteilt, um den Opfernden spirituelles und materielles Wohl zu bringen.[99] Parallelen wie diese lassen erkennen, dass in verschiedenen Teilen der Welt ähnliche Konsummuster vorherrschten und ähnliche Produkte nachgefragt wurden. Das fiel schon dem Historiker Polybios im zweiten vorchristlichen Jahrhundert auf, als er seine Zeit betrachtete: «In vorangehenden Zeiten lagen die Ereignisse der Welt gleichsam verstreut auseinander, da das Geschehen hier und dort sowohl nach Planung und Ergebnis wie räumlich geschieden und ohne Zusammenhang blieb. Von diesem Zeitpunkt an aber wird die Geschichte ein Ganzes, gleichsam ein einziger Körper, es verflechten sich die Ereignisse in Italien und Libyen mit denen in Asien und Griechenland, und alles richtet sich auf ein einziges Ziel aus.»[100] Schon damals also hatte die Globalisierung Auswirkungen auf die Produktion, die Ausbeutung der Natur und den Umgang mit der Umwelt.

Diese Beziehungen betreffen nicht nur Tierwelt, Ökologie und Glaubensvorstellungen, doch diese sind ein wichtiger Faden, der mehr als zwei Jahrtausende weit in die Vergangenheit reicht. Nehmen wir die Bibel. Jahrhunderte der Bibelforschung haben den Eindruck vermittelt, frühe jüdische Schriften seien vor allem durch die Umwelt des Mittelmeerraums geprägt, und das obwohl sich in der Bibel Elefanten, Pfauen, Affen, Granatäpfel, Textilien, Elfenbein sowie andere Tiere, Pflanzen und Erzeugnisse aus Asien tummeln. Die heiligen Schriften der Juden beziehen sich also häufig auf Asien und seine Herrscher, und offenbar greifen sie sogar indische Weisheiten und Märchen auf.[101]

Vorstellungen von Himmel und Hölle, der Apokalypse, dem Jüngsten Gericht, Engeln, einem allumfassenden Gott und der Auferstehung von den Toten stehen in der Schuld des Zoroastrismus, der wiederum auf früheren Traditionen gründet.[102] Geschichten wie die von König Salomon, der einen Streit zweier Frauen um ein Kind schlichtet, haben geradezu unheimliche Ähnlichkeit mit einer Anekdote aus der tibetischen Übersetzung der buddhistischen Sammlung *Tripitaka*. Und Untersuchungen der tamilischen *aham*-Dichtung haben auffällige Parallelen zum Hohelied der Bibel ausfindig gemacht – darunter auch Lehnwörter aus Südasien, die sich in die hebräische Version der Geschichte geschlichen zu haben scheinen.[103] Asiatische Einflüsse sind im Judentum, Christentum und später im Islam von zentraler Bedeutung, wurden jedoch von Gelehrten übersehen, deren Bezugspunkt stets der Mittelmeerraum war und die deshalb nicht weiter nach Osten blickten.[104]

Vor zwei Jahrtausenden hatten Autoren diese Scheuklappen nicht. «Es ist mir bekannt, dass die Chaldäer und die Indischen Magier zuerst gelehrt haben, die Seele des Menschen sei unsterblich; ihnen sind dann unter den Griechen manche gefolgt, besonders aber Plato», schrieb der Schriftsteller Pausanias im 2. Jahrhundert n. Chr.[105] Auch Empedokles scheinen sie inspiriert zu haben, als er schrieb, man solle keine Lebewesen töten, da ihre Seele später zum Beispiel als Löwe oder als Lorbeerblatt wiedergeboren werde.[106]

Der Austausch ging in beide Richtungen. Zu Zeiten von Pausanias gelangten zum Beispiel die Planetenmodelle griechischer Astrologen nach Indien, wo sich auf Hipparchos und anderen basierende astronomische Texte großer Beliebtheit erfreuten und jahrhundertelang im Umlauf waren.[107]

Auf diese Weise entstanden auch gemeinsame Einstellungen gegenüber bestimmten Vorstellungen und Praktiken. So waren zum Beispiel Tätowierungen weit verbreitet, in den Tiroler Alpen wurden ebenso Hinweise darauf gefunden wie in der Chinchorro-Kultur Südamerikas. Chinesische Texte wie das *Buch der Urkunden* verraten, dass die Tätowierung nicht nur über alle Kontinente hinweg verbreitet war, sondern auch Jahrtausende zurückreicht.[108] Im Laufe der Zeit veränderte sich jedoch die Einstellung gegenüber dieser Praxis. In China galten Tätowierungen als etwas, das nur Barbaren praktizierten, nicht aber «zivilisierte» Menschen.[109] Weiter westlich wurden sie zum Synonym für Sklaverei. In Ägypten und Mesopotamien brannte man Kriegsgefangenen und Sklaven das Symbol der religiösen Sekte ihrer Besitzer ein. Das mag auch der Grund gewesen sein, warum die Tora die Tätowierung als «Symbol der Knechtschaft» ächtete. Im Buch des Propheten Jesaja findet sich zwar ein Hinweis, dass Tätowierung bestraft wird, doch ist dies hier nur ein Zeichen der Unterwerfung unter Gott.[110] Griechen, die während der Perserkriege des 5. Jahrhunderts vor unserer Zeitrechnung in Gefangenschaft gerieten, wurden tätowiert, und die Athener und andere hielten es während ihrer Feldzüge zwischen Ägäis und Sizilien ähnlich.[111]

Regionen, die durch Handelsnetze eng miteinander verbunden waren, erlebten Krisen, Mangel und Preisschocks, wenn das Angebot oder die Nachfrage an einem Ort stark stieg oder fiel. Aus einem gewaltigen Keilschriftarchiv aus Babylon haben wir Informationen über die Preisentwicklung zum Beispiel von Gerste, Weizen oder Wolle und über die Summen, die Sklaven für ihre Freilassung bezahlten. Die Auswertung dieser Tafeln zeigt, dass der Feldzug von Alexander dem Großen durch den Nahen und Mittleren Osten bis nach Zentralasien eine dramatische Inflation verursachte, die zwei Jahrzehnte lang anhielt. Grund könnten Alexanders Haushaltspolitik und seine großzügigen Silbergeschenke an seine Anhänger gewesen sein, oder eher doch die großzügigen Geschenke an jene, die nach seinem Tod 323 v. Chr. um seine Nachfolge wetteiferten.[112]

Es entstand eine eng vernetzte Welt des Seehandels, und die buddhistische Geschichtensammlung *Jātaka* beschreibt Handelsschiffe von bis zu 75 Tonnen, die bereits 300 v. Chr. kreuz und quer durch die Bucht von Bengalen segeln. Es waren jedoch die Austronesen Südostasiens, die zu wahrhaften Meistern der Monsunwinde wurden: Mit ihrer Erfahrung aus der Kolonisierung des Fernen Pazifiks bis zur Osterinsel bauten sie schließlich Schiffe von 50 Metern Länge und mit einem Gewicht von 400 bis 500 Tonnen, die selbst stürmischer See gewachsen waren. In einer chinesischen Quelle aus dem 3. Jahrhundert unserer Zeitrechnung heißt es, dank ihrer Bauweise und der Seemannskunst der Mannschaft «müssen sie starke Winde und hohe Wellen nicht meiden und kommen schnell voran».[113] Was der Autor nicht sagte, was aber genauso wichtig war: Wer nicht Wind, Strömungen und Wetter ausgeliefert ist, der kann nicht nur zu jeder Jahreszeit segeln, sondern auch neue Teile der Welt erschließen.

So geschehen im Pazifikraum, wo das starke Bevölkerungswachstum auf den Fidschi-Inseln und andernorts nach 1000 v. Chr. die Landschaft und Umwelt stark veränderte. Neue Untersuchungen zeigen, dass in dieser Zeit Wälder gerodet und Neuankömmlinge aus Übersee gezielt oder unwissentlich neue Pflanzenarten einführten. Es gab auch Nutznießer, zum Beispiel eine einheimische Bienenart, die in der neuen Landschaft gedieh.[114]

Vielleicht das beste Beispiel für die Auswirkungen der Fortschritte in der Seefahrt war die Übersiedlung von Menschen aus Borneo auf die rund 6000 Kilometer entfernte Insel Madagaskar. Sie hinterließen deutlich erkennbare Spuren in den über den Vater vererbten Y-Chromosomen und der von Müttern stammenden mitochondrialen DNA. Diese Spuren geben auf einzigartige Weise Auskunft über die Wanderungen von Menschen und sind eine wichtige Quelle für Genetik und Anthropologie.[115] Aber nicht nur Gene verbreiteten sich auf diese Art, sondern auch Sprachen. Malagasy – die hauptsächlich gesprochene Sprache Madagaskars – entlehnt zwar Wörter von afrikanischen Bantu-Sprachen, doch der eigentliche Vorfahr der Sprache kommt aus Südostasien: Sie hat 90 Prozent ihres Grundvokabulars mit Maanyan gemeinsam, das in Südborneo und vor allem um den Fluss Barito gesprochen wird.[116]

Es besteht ein starker Zusammenhang von menschlichen Wanderungen, Sprachen und Veränderungen von Ökosystemen. Modelle der jüngeren linguistischen und archäobotanischen Forschung erklären die Expansion der Anbaukultur von der Sahelzone ins südliche Afrika damit, dass Populationen die Bantu-Sprachen entlang der Savannenkorridore verbreiteten.[117] Untersuchungen von Walnüssen zeigen, wie der asiatische Rücken von Handels-, Wanderungs- und Kriegsrouten überzogen ist, entlang derer Menschen Pflanzen ausbreiteten und Ökosysteme veränderten, indem sie Landschaften überformten, Wälder aufforsteten und Siedlungen gründeten oder ausbauten. Anhand der Ausbreitung des ursprünglich im Iran und Transkaukasus heimischen Walnussbaums nach Zentralasien, West- und Ostchina und in den Mittelmeerraum werden auch Zusammenhänge zwischen Walnusspopulationen und sprachlicher Vielfalt sichtbar: Überschneidungen in der Ausbreitung von Walnussgenen und der Entwicklung von Sprachen zeigen, wie Pflanzen und Menschen über Jahrtausende hinweg die biologische Vielfalt und Ökosysteme veränderten, auch mit Auswirkungen auf die Sprachen.[118]

Menschen waren natürlich nicht allein für die Verbreitung von Samen und Pflanzen verantwortlich, auch Tiere und ihre Wanderungen, Lebensweisen und Reaktionen auf Klimaveränderungen hatten große Auswirkungen auf die globale Naturgeschichte.[119] Mit dem Unterschied, dass diese Art der Umverteilung zufällig erfolgt, wie dies auch bei menschlich bedingten Ausbreitungen von Krankheitserregern, Mikroben, Insekten und Nagern passierte, die in der Regel unbemerkt mitgeschleppt wurden. Doch die Suche nach widerstandsfähigeren Anbaufrüchten, kohlenhydrat- und proteinhaltigeren sowie schmackhafteren Speisen, nach medizinisch wirksamen Pflanzen ebenso wie kräftigeren und vielseitigeren Lastentieren führte zu ständigen gezielten Veränderungen des Ökosystems. Hunderte Millionen von Menschen ernähren sich heute von Wurzeln, Knollen und Getreide, die ursprünglich aus Südostasien, Ozeanien und Südamerika stammen. Diese haben nicht nur Eingang in die Ernährung gefunden, sie beherrschen auch die tropische Landwirtschaft aufgrund ihrer Widerstandsfähigkeit unter verschiedenen schwierigen klimatischen und ökologischen Bedingungen und weil sie bei geringem Arbeitseinsatz verlässliche Erträge liefern.[120]

Die Zentralisierung, Vereinfachung und Konsolidierung betrafen also nicht nur politische Systeme und die menschliche Gesellschaft. Auch Pflanzen, Getreide, Gemüse, Obst, Gewürze und Blumen sowie Tiere wie Kamele, Pferde, Büffel und Esel waren nicht nur Teil eines Handelsnetzes, das die Regionen Asiens, Europas und Afrikas miteinander verband – sie waren vielmehr auch Teil einer verbreiteten und unentwegten Umgestaltung von Umwelt, Flora und Fauna.[121] Diese hatte vor allem einen Motor: die Wünsche und Bedürfnisse von Menschen.

NEUNTES KAPITEL

Die Römische Warmzeit

(300 v. Chr. bis 500 n. Chr.)

Und wie viel Kraft, meinst Du,
habe ich dann noch dazugewonnen,
als ich die Weinberge erreicht hatte?
Seneca (1 bis 65 n. Chr.)

Eine der größten Herausforderungen für die Menschheit ist das Problem der Wasserknappheit. Diese Belastung ist natürlich eng mit Konsumverhalten verbunden, und sie wird durch eine hohe Bevölkerungskonzentration nochmals verstärkt. Gemeinschaften, deren Wasserressourcen aufgrund ungewöhnlich geringer Niederschläge, aufgrund von Flussumleitungen, Grundwassererschöpfung oder Raubbau versiegen, können schnell mit Hunger, Krankheit und Tod konfrontiert sein, damals wie heute. Eine Möglichkeit, diesem Problem zu begegnen, besteht darin, kommende Schwierigkeiten zu antizipieren und durch soziale Reformen – den Besitz der Quellen und die Zuteilung des Wassers betreffend – rechtzeitig Abhilfe zu schaffen. Ein anderer Ausweg wäre, Reserven anzulegen, beim Wasser wie bei Lebensmitteln, um das Katastrophenrisiko abzumildern.

Wer an der Spitze sozialer Hierarchien steht, hat durch Phasen sozialer Unruhen, die oft auf Zeiten mit unerwarteten Klimaveränderungen folgen, am meisten zu verlieren – und durch vorausschauende Planung am meisten zu gewinnen. Die ptolemäischen Herrscher in Ägypten sind dafür ein gutes Beispiel. Als Nachkommen der Generäle Alexanders des Großen, die nach dessen Tod die Macht übernommen hatten, waren die Ptolemäer sorgsam darauf bedacht, ein gutes Verhältnis zu den Priesterkasten herzustellen, mit deren Hilfe sie auch in Krisenzeiten ihre Kontrolle über den Staat behalten und bestärken konnten.[1]

Auffällig an den im ganzen Königreich verbreiteten Dekreten – zum Beispiel auf dem berühmten Stein von Rosette – ist nicht nur, dass sie belegen, wie dieses Verhältnis funktionierte. Die Errichtung solcher Tafeln im ganzen Reich lässt sich auch statistisch signifikant zu größeren Vulkanausbrüchen in Beziehung setzen. Große Eruptionen in den Tropen hatten möglicherweise Auswirkungen auf die alljährlichen Nilfluten. Das zeigt sich nicht nur in Berichten wie dem auf einem Papyrus aus dem frühen 3. Jahrhundert v. Chr. erhaltenen, in dem beklagt wird, dass «die meisten Bauern getötet wurden und das Land vertrocknete», sondern auch in einer Fülle von Landverkäufen, die wie Panikverkäufe wirken, um Geld für Steuer- und andere Schulden zusammenzubringen; vielleicht waren sie auch Ausdruck von weitergehendem sozioökonomischem Druck.[2] Diesmal waren die griechischen Herrscher Ägyptens nicht mehr in der Lage, wie in der Vergangenheit die ägyptischen Eliten auf ihre Seite zu ziehen. Sie mussten sich vielmehr mit einer größeren Revolte auseinandersetzen, deren Zentrum in der Stadt Theben lag. Dabei spielten die Priester eine entscheidende Rolle, und es dauerte mehrere Jahrzehnte, bis die Ordnung endgültig wiederhergestellt war.[3]

Vulkanausbrüche konnten für den Nil und für all jene, die von dessen alljährlichen Fluten abhingen, dramatische Folgen haben. Aber es muss auch daran erinnert werden, dass die Wassermengen häufiger weit unter dem Durchschnitt lagen, ohne dass es zu Katastrophen gekommen wäre. Entweder reichten dann die Nahrungsmittelvorräte noch aus, um größere Hungersnöte abzuwenden, oder geeignete Notmaßnahmen erwiesen sich als wirksam – etwa, als rund dreißig Jahre zuvor Ptolemäus III. die «Rettung der Bevölkerung» sichern konnte, indem er «für viel Geld» Nahrungsmittel importierte. Mit anderen Worten: Was zählte, war, wie Regierungen mit unvorhersehbaren Schwierigkeiten zurechtkamen und wie sie geeignete – finanzielle, gesellschaftliche und politische – Entscheidungen trafen, um den Herausforderungen gewachsen zu sein, anstatt durch ihr Handeln den Auslöser für ein Abgleiten ins Chaos zu liefern.

Natürlich hatten nicht alle gleichartigen Klimaereignisse die gleichen Auswirkungen. Bei Vulkanausbrüchen zum Beispiel gab es spezifische und sogar substanzielle Unterschiede, je nachdem, wo der Ausbruch stattfand, welches Ausmaß er hatte und – wie wir bereits gesehen haben – zu welcher Jahreszeit er sich ereignete. Vulkanische Ereignisse, die sich in den Sommermonaten auf der Nordhalbkugel zutrugen, hatten weit größere Folgen. Überdies waren die Auswirkungen selbst auf relativ engem geographischem Raum nicht immer gleich. Wissenschaftler, die sich intensiv mit dem Mittelmeerraum beschäftigt haben, wiesen überzeugend und nachdrücklich darauf hin, dass es dort im Hinblick auf ökologische Unterschiede nicht darauf ankam, ob sich etwas am einen Ende des Mittelmeers oder am anderen ereignete, sondern dass die Unterschiede schon von Bucht zu Bucht enorm sein konnten.[4] Verallgemeinerungen bezüglich der Auswirkungen von Klimaverschiebungen, -veränderungen oder -modifizierungen sind also per se problematisch – ganz zu schweigen von der Annahme, es könnte beim Klima überhaupt so etwas wie «normale» Verhältnisse geben.

Trotzdem konnten extreme Ausbrüche natürlich enorme Auswirkungen haben. Im Jahr 43 v. Chr. explodierte der Vulkan Okmok in Alaska, nachdem er zwei Jahre zuvor schon einmal ausgebrochen war – damals zwar kräftig, aber nur für kurze Zeit –, mit massiver Gewalt über einen Zeitraum von etlichen Monaten, vielleicht sogar insgesamt zwei Jahren. Die dortigen Auswirkungen wurden im Mittelmeerraum schriftlich festgehalten. Viele Autoren vermerkten, dass das Sonnenlicht schwach und matt gewesen sei und dass es den Anschein gehabt habe, als stünden drei Sonnen am Himmel – wahrscheinlich, weil so viele Staubpartikel in der Luft schwebten –, und dass die Früchte schrumpften statt zu reifen. Es war einfach zu kalt.[5]

Daten aus arktischen Eisbohrkernen, Kohleablagerungen in

Nordostchina und Baumjahresringen in Skandinavien, Österreich und Kalifornien verweisen allesamt auf eine plötzliche, scharfe und schwerwiegende Veränderung der Klimabedingungen. Laut Simulationen sanken damals die Temperaturen in einigen Gebieten Südeuropas und Nordafrikas möglicherweise um bis zu sieben Grad Celsius. Das könnte zur Erklärung beitragen, warum es Berichte über schwerwiegende Ernteausfälle in Ägypten, der traditionellen Kornkammer des Mittelmeerraums, gab. Ursache dafür waren ausbleibende Nilfluten in den Jahren 43 und 42 v. Chr. gewesen. Wassermangel, Hunger, Seuchen, Inflation, Migration, Landaufgabe und Entvölkerung schwächten den ägyptischen Staat nachhaltig.[6] Dadurch stieg der soziale und politische Druck auf die ägyptische Königin Kleopatra stetig an. Diese Faktoren waren entscheidend für den Untergang der ptolemäischen Dynastie in Ägypten und die Annexion Ägyptens durch die Römer. Dies war der Zeitpunkt, als das Römische Reich endgültig zum Weltreich, zum Imperium Romanum wurde.[7]

Einige heutige Historiker merken an, dass Beschreibungen ungewöhnlicher Klimaereignisse bei antiken Autoren gattungstypisch waren, dass nicht selten der eine Autor vom anderen abschrieb, manchmal erst lange nach dem betreffenden Ereignis. Darüber hinaus warnen diese Historiker, was fast noch wichtiger ist, vor den offenkundigen Gefahren eines historischen Determinismus: Es lässt sich keine gerade Linie ziehen zwischen vulkanischen Aktivitäten in einem bestimmten Teil der Welt und politischen Veränderungen anderswo.[8] Weil es damals keine vergleichbaren Unruhen und Umstürze an anderen Orten gab, ist sicher Vorsicht geboten, wenn nach Art plakativer Zeitungsschlagzeilen festgestellt wird, dass ein Vulkan Kleopatra zu Fall gebracht habe. Eine solche Nachricht benötigt ein gehöriges Maß an historischem Kontext.

Zweifellos haben jedoch die vom Okmok ausgestoßenen Aschewolken die Herausforderungen, vor denen Kleopatra stand, deutlich beeinflusst. Allerdings waren es andere Faktoren, die den historischen Ablauf der Ereignisse bestimmten, der im Jahr 30 v. Chr.

mit dem Tod der Königin endete. Ägypten zu regieren, war schon in guten Zeiten schwierig – was zum Beispiel auch inzestuöse Heiraten der Herrscher oder solche unter nahen Blutsverwandten erklärt: Ägyptische Könige und Königinnen vermählten sich oft mit ihren Schwestern, Müttern, Brüdern, Vätern oder anderen engen Verwandten, um die Macht in der Familie zu halten und dort zu konzentrieren. So sollte verhindert werden, dass andere Eliten Zugang zur Macht bekamen – die dann zur Bedrohung für die Herrscher werden konnten.[9] Die Ptolemäer waren mit dem zusätzlichen Handicap konfrontiert, als Außenseiter wahrgenommen zu werden. Das hatte bisweilen durchaus seine Vorteile, aber es war im Konflikt mit anderen auch ihre Achillesferse. Insgesamt war Ägypten deshalb besonders anfällig für Brüche und Krisen.[10]

Am wichtigsten indes war der Zeitpunkt des Vulkanausbruchs. Nur wenige Monate zuvor war Julius Cäsar im Sitzungssaal des Senats in Rom ermordet worden. Sein Tod hatte die Stadt – und die Römische Republik – in einen bitteren Bürgerkrieg gestürzt, als verschiedene Parteien um die Macht rangen. Für diesen Kampf suchten sie überall nach Verbündeten und Unterstützung. Wer unter solchen Umständen auf das richtige Pferd setzte, konnte große Gewinne einstreichen; wer auf das falsche gesetzt hatte, musste sich auf katastrophale Folgen einstellen. Durch die heimische Lage in Ägypten geschwächt, schlug sich Kleopatra auf die Seite von Mark Anton. Ihr Kalkül lautete, dass dieser aufgrund seiner bisherigen militärischen Erfolge und seiner Popularität von allen Konkurrenten am ehesten siegreich aus diesem Machtkampf hervorgehen werde – was durchaus plausibel erschien, zumindest anfangs. Problematisch wurde die Sache erst, als die Cäsar-Mörder zur Strecke gebracht waren, der Krieg damit jedoch kein Ende fand. Stattdessen kam es nun zu einer weiteren Phase intensiven Ringens zwischen den mächtigsten Politikern in Rom. Dabei wurde Mark Anton isoliert und unterlag dem ehrgeizigen jungen Octavian, dem späteren Augustus. Und mit Mark Anton kamen nun auch Kleopatra und Ägypten unter die Räder.[11]

In mancherlei Hinsicht war Octavians Vormarsch geradezu ein

Lehrstück für den römischen Opportunismus. Denn die Beherrschung des gesamten Mittelmeerraums durch eine relativ kleine Stadt am «Schienbein» des italienischen Stiefels war eine Anomalie. Derart viele verschiedene Regionen, geographische Verhältnisse, Kulturen und Völker einzubinden, war eine ganz außergewöhnliche Leistung und, was die Dauerhaftigkeit dieses Imperiums angeht, sogar einmalig. Das haben die seither vergangenen anderthalb Jahrtausende gezeigt. Viele Historiker haben versucht, diese Leistung der Römer mit sozialen, ökonomischen, militärischen oder kulturellen Kriterien zu erklären. Herangezogen wurde zum Beispiel die eher offene römische Identität, die zuließ, dass im Imperium Romanum viele unterschiedliche Sprachen gesprochen wurden, ein sehr weites Spektrum von Religionen praktiziert wurde und dabei viele unterschiedliche Sitten und Gebräuche beibehalten werden durften. Der überzeugendste Grund für die Dauer der römischen Herrschaft indes lautet, dass Rom und seine Bürger vor allem in einem Punkt herausragten: Sie waren besser organisiert und kamen schneller aus den Startblöcken als ihre Rivalen, und sie waren mehr als andere in der Lage, Chancen und günstige Umstände zu erfassen und zu nutzen. Sie konnten sich bietende Gelegenheiten besser in greifbare Resultate umsetzen und wurden auf diese Weise zu Siegern. Ganz einfach gesagt: Rom errichtete ein Weltreich, weil es in der Lage war, alle Konkurrenten und potenziellen Widersacher auszumanövrieren.[12]

Außerdem hatten die Römer auch Glück. Zum einen ist das Mittelmeer ruhiger und bei der Überquerung weniger tückisch als andere große Meere oder Ozeane. Das bedeutete konkret, dass es billiger und weniger riskant war als in anderen Regionen, den gesamten Uferbereich dieses Meeres zu kontrollieren. Zusätzlich ergaben sich Gelegenheiten, Netzwerke zu etablieren, auszuweiten und hinzuzugewinnen, die den Handel begünstigten, intellektuelle Horizonte erweiterten und es ermöglichten, gemeinsame kulturelle Werte zu verbreiten.[13] Zum anderen waren die klimatischen Bedingungen genau zu der Zeit außerordentlich günstig, als Rom sich anschickte, zunächst gegen seine engeren Nachbarn, dann gegen entfferntere Nachbarn und schließlich gegen weit abgelegene Völker zu Felde zu ziehen. In diesen Zeitraum fiel eine lange eher gemäßigte und niederschlagsreiche Periode von etwa 200 v. Chr. an, die mit der Ausbreitung griechischer und phönizischer Kolonien ebenso zusammenfiel wie mit dem Aufstieg Roms und seines Hauptkonkurrenten im Mittelmeerraum, Karthago.[14]

Diese Periode wird als «Römische Warmzeit» oder «Römisches Klimaoptimum» bezeichnet. Sie dauerte mehr als dreieinhalb Jahrhunderte – und umfasste somit genau die Zeit, als Rom zur Führungsmacht im Mittelmeerraum, in Europa, Nordafrika und im Nahen und Mittleren Osten aufstieg. Es war im Mittelmeerraum nicht nur die mit Abstand niederschlagsreichste Zeit der letzten 4000 Jahre, sondern, wie Analysen von Pollen und Ökosystemen in Meeren und Binnenseen zeigen, auch die bei Weitem produktivste Zeitspanne in vier Jahrtausenden.[15] Dies begünstigte unter anderem den Produktionsschub in der Landwirtschaft Südeuropas und Nordafrikas, was wiederum zu größerem Bevölkerungswachstum führte. Dadurch standen mehr Soldaten für Eroberungen zur Verfügung, und es verhalf auch zu mehr politischer Stabilität, konnten doch die politischen Autoritäten im Verlauf dieser Entwicklungen ihre eigene Macht legitimieren und zementieren.[16]

Betrachtet man nun den Okmok-Ausbruch in diesem Kontext, lässt sich feststellen, dass er den Römern bei ihrer Annexion Ägyptens, die erst mehr als ein Jahrzehnt später erfolgte, außerordentlich gelegen kam. Dieser Vulkanausbruch war – in einem Zeitraum von rund dreihundert Jahren mit ungewöhnlich geringer vulkanischer Aktivität, sehr wenigen extremen Wetterereignissen und gut kalkulierbaren Klimamustern – tatsächlich die große Ausnahme. Stabile Niederschläge gab es damals auch in Nordostfrankreich (in römischer Zeit: Gallien), und dass die Nilfluten mit fast metronomischer Regelmäßigkeit kamen und dabei im Schnitt alle fünf Jahre außerordentlich gute Ernten ermöglichten, hatte große Bedeutung, wenn man an Ägyptens erwähnte Rolle als Kornkammer für den gesamten Mittelmeerraum denkt. Denn so gedieh auch das Kaiserreich, das unter Octavian entstand – den die Römer aus Dankbarkeit für die

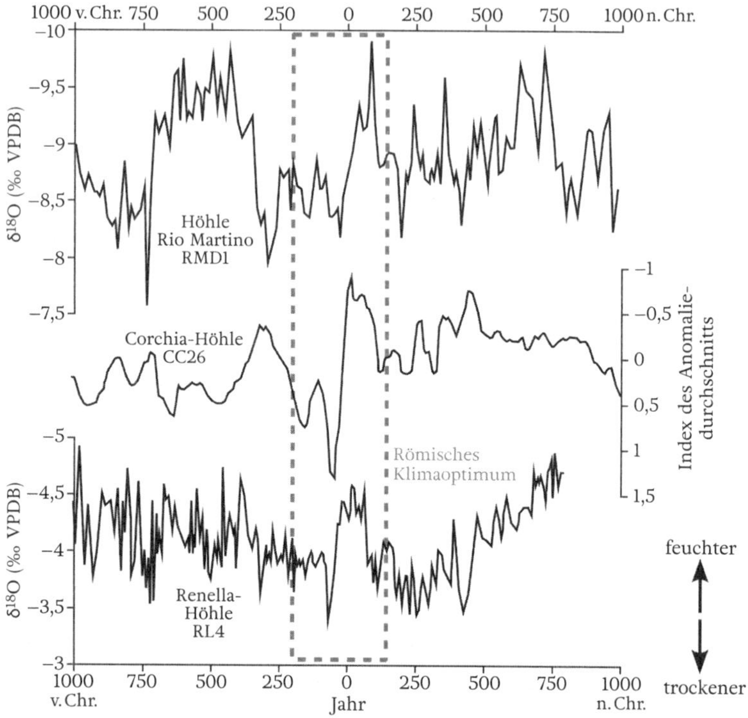

δ^{18}O-Isotopenverhältnisse an drei Standorten in Italien von 1000 v. Chr. bis 1000 n. Chr.

neue Friedensepoche («Pax Augusta») seit 27 v. Chr. Augustus nannten, «den Erhabenen».[17]

Obwohl indirekte Klimabelege (sogenannte Proxydaten) aus anderen Teilen der Welt deutlich weniger Aufmerksamkeit gefunden haben und seltener analysiert wurden, lassen sich zu der Zeit, als die römische Geschichte ihren Gipfelpunkt erreichte, in anderen Regionen parallele Entwicklungen feststellen. Das ist bemerkenswert. Der Aufstieg der Han-Dynastie in China (206 v. Chr. bis 220 n. Chr.) zum Beispiel folgte einem ähnlichen Entwicklungsmuster: steigende Bevölkerungszahlen, stärkere Zentralisierung und landwirtschaftliche Expansion. Chinesische Beamte machten sich im Delta des Roten Flusses und in Jiuzhao (heute die nordvietnamesische Provinz Tranh Hoa) daran, Unterricht in «korrekten Verlobungs- und Hochzeitszeremonien» zu erteilen (es ging auch darum, wie man Hüte und Sandalen zu tragen hatte). Zudem wollten sie die Menschen in Gebieten, die zuvor außerhalb des Herrschaftsbereichs der Han gelegen hatten, dazu bringen, «Gefühle des Respekts und der Moral» zu entwickeln. Sie führten aber auch Techniken zur Agrarlandgewinnung ein und neue Werkzeuge, mit denen landwirtschaftliche Ernten beschleunigt und erleichtert werden konnten – was zu höheren Ernteerträgen führte.[18]

Im Mississippital begannen Bauern vor rund 4000 Jahren damit, Techniken für eine intensivere Landwirtschaft zu entwickeln, um eine Ausweitung der Landbewirtschaftung zu ermöglichen. Dazu gehörten Wassermanagement, Nutzpflanzenselektion und der Bau von Nahrungsmittelspeichern. Den agrarischen Produktionsanstieg und die damit verbundene größere Ernährungssicherheit haben Historiker mit dem Aufstieg von Stammesfürstentümern im Mississippital in Verbindung gebracht, aber auch mit einer Reihe von Sozialrevolutionen, die im amerikanischen Südosten zu einer langen Transformationszeit führten.[19]

In Mexiko führten menschliche Eingriffe in Flussläufe dazu, dass im Teotihuacán-Tal Bauernhöfe dauerhaft errichtet werden konnten und die Stadt Teotihuacán vom ersten nachchristlichen Jahrhundert an zu einer der größten Städte der Welt heranwuchs – in der Anlage sogar mit Rom vergleichbar.[20] Einer der Gründe für das spektakuläre Wachstum der Stadt scheint der Zustrom von Menschen aus der zentralmexikanischen Hochebene und aus dem Valle de Puebla-Tlaxcala gewesen zu sein, die auf der Suche nach wirtlicherem und ökologisch nachhaltigerem Lebensraum waren.[21] Die Analyse von Strontium-Isotopen aus Knochenfunden belegt, dass sich dort Menschen neu ansiedelten, die nicht im Teotihuacán-Tal geboren worden waren. Diese Menschen brachten aus Oaxaca, Westmexiko und aus dem Kerngebiet der Mayas in Mittelamerika neue Ideen, Kunstwerke und Baustile mit.[22] Ironischerweise könnte der Auslöser für diese Bewegungen ein Ausbruch des Vulkans Xitle im mexikanischen Hochland gewesen sein, der, wie archäomagnetische Daten nahelegen, ungefähr um die Zeit stattfand, als Rom Ägypten annektierte.[23] Im nachfolgenden Boom von Teotihuacán wurden dort beeindruckende neue zeremonielle Gebäude errichtet oder erweitert, vor allem die riesige Sonnenpyramide. Aus der planmäßigen Anlage der Stadt samt ihren religiösen Bauten ziehen Archäologen den naheliegenden Schluss, dass es ein Gesamtkonzept für die Stadtentwicklung gegeben haben muss – einen Plan, der dann zielstrebig über Jahrzehnte und Jahrhunderte realisiert wurde.[24]

Damals war also eine Zeit der Staats- und Reichsgründungen in vielen Teilen der Welt, ohne dass ein Zusammenhang zwischen ihnen bestand. Schon das ist bemerkenswert, denn oft erfolgt der Aufstieg von Reichen im Tandem – zwei benachbarte Machtblöcke konkurrieren, versuchen, einander zu überbieten, und bedrohen sich wechselseitig. Aufschlussreich ist hier vor allem, dass damals in einer Zeit allgemein günstiger Klimaverhältnisse mehrere ähnliche Expansionsprozesse stattfanden. Es herrschten, was in diesem Zusammenhang wohl noch wichtiger ist, langfristig stabile Klimaverhältnisse.

Es mag verlockend sein, den ungefähr gleichzeitigen Aufstieg verschiedener Reiche allein den Klimaverhältnissen zuzuschreiben, doch viel bedeutsamer ist, dass jede dieser großen politischen Einheiten in der Lage war, die erforderlichen administrativen und logistischen Fähigkeiten zu entwickeln, um ein gesellschaftliches, wirtschaftliches und politisches Gleichgewicht aufrechtzuerhalten. Jedes Reich fand dabei seine eigenen Antworten. Im China der Han-Dynastie dienten ein einheitliches Schriftsystem und begrenzte sprachliche Diversität als Motor für die Harmonisierung und Stärkung des kaiserlichen Kernreiches. In den römischen Territorien hingegen war die Situation völlig anders: Es waren mehrere Alphabete in Gebrauch, oft parallel nebeneinander, und es gab eine große

Fülle verschiedener Sprachen, die nicht nur im Alltag der Menschen, sondern auch in der Literatur Verwendung fanden – darunter das Aramäische, das Keltische, das Punische und eine große Vielfalt von Sprachen in Kleinasien.[25]

Im Falle Roms war die Leistung, so viele verschiedene Völker zu einer einzigen Einheit zu verbinden, umso eindrucksvoller, bedenkt man, welche geographischen Schwierigkeiten im Hinterland der jeweiligen Mittelmeerküsten im Spiel waren. Die italienische Halbinsel zu beherrschen, war das eine, aber dass man auch die Iberische Halbinsel, den Balkan und Griechenland, Kleinasien und Nordafrika und darüber hinaus im Norden große Teile der europäischen Tiefebene – wo heute große Teile Polens, Deutschlands, Frankreichs, Belgiens und der Niederlande liegen – erfolgreich unter Kontrolle bringen und halten konnte, ist äußerst bemerkenswert. Es verweist nicht nur auf eine strategische Begabung der Römer, sondern auch auf deren außergewöhnliche Fähigkeit, Regionen zusammenzuhalten, die klimatisch, ökologisch, sozial und kulturell derart heterogen waren. Dieses Kunststück der Reichskonsolidierung blieb auch in den vielen Jahrhunderten nach dem Niedergang des Römischen Reiches einzigartig und unerreicht.

Der Erfolg Roms förderte das Nachdenken über den Dienst an der Allgemeinheit, aber auch über persönlichen Ehrgeiz und demonstrativen Konsum – speziell durch Angehörige der Elite. «Wer von Natur aus die Fähigkeit besitzt, praktisch zu handeln, muss alle Bedenken abstreifen, politische Ämter übernehmen und politisch tätig sein», heißt es in Ciceros Schrift *De officiis* (*Vom pflichtgemäßen Handeln*).[26] Man solle Ruhm nicht für sich allein suchen, ermahnte Cicero seinen jüngeren Bruder Quintus in einem Brief; man könne zwar mit den prächtigsten Denkmälern seinen «Namen unsterblich machen», aber «du musst mich an deinem Ruhm teilhaben lassen, musst ihn an unsere Kinder weitergeben».[27]

Cicero war um solche Ratschläge nie verlegen. Ihnen allen haftet der Hauch einer idealisierten Weltsicht an, nicht zuletzt, wenn es um die Natur geht. Es gehe nichts über die Landwirtschaft, schrieb er in *De officiis*; unter allen Berufen sei «nichts besser, ergiebiger, angenehmer, menschenwürdiger und einem freien Mann angemessener als die Landwirtschaft».[28] Wer mehr über diese Tätigkeit wissen wollte, wurde vom Autor auf seine Schrift *Cato Maior* verwiesen. Was Cicero allerdings verschweigt, ist, dass es durchaus einen Unterschied macht, ob man Landwirtschaft als Hobby oder als Brotberuf betreibt, und dass die Freude an dieser Knochenarbeit nicht zuletzt davon abhängt, ob man sie freiwillig und gerne leistet oder ob man dazu gezwungen ist.

Reiche Kriegsbeute, Vasallentribute und Wohlstandszuwachs bedingt durch Intensivierung des lokalen Handelsaustausches einerseits und durch die Beschleunigung des Fernhandels mit Luxusgütern – einschließlich Lebensmitteln – andererseits ließen die Kaufkraft in Rom enorm anschwellen. Laut Plinius dem Älteren gehörte, was im 1. Jahrhundert v. Chr. das mit Abstand prächtigste Haus in ganz Rom war, ein gutes Jahrhundert später nicht einmal mehr zu den schönsten.[29] Üppige Bankette und Gelage wurden für die Reichen zum probaten Mittel, ihren Reichtum und ihren Status zur Schau zu stellen und zu festigen. Und dies war nur eine von vielen Möglichkeiten, öffentlich zu konkurrieren – zugunsten der eigenen gesellschaftlichen und politischen Stellung.

So war es zuvor auch schon in vielen anderen Kulturen, Regionen und Zeiten gewesen. Im Babylonischen Talmud, um nur eine Quelle zu nennen, finden sich anschauliche Beispiele dafür.[30] In der Tat waren in Rom im Zuge der Expansion des Römischen Reiches Gesetze eingeführt worden, die extravagante Ausgaben für die Bewirtung von Gästen eindämmten.[31] Die Intellektuellen beschwerten sich regelmäßig über massive Ausgaben für Kunst und Architektur in Privathäusern; argumentiert wurde, dass es dabei nicht nur um schlechten Geschmack gehe, sondern auch um moralische Verderbtheit.[32] Aber Reichtum und Wohltaten sickerten auch nach unten durch, wenn auch längst nicht gleichmäßig. Der Satiriker Juvenal brachte es zu Beginn des 2. Jahrhunderts n. Chr. markant auf den Punkt, als er schrieb, einst hätten die Römer über ihr eigenes Schicksal entschieden und ihre Führer selbst gewählt, aber jetzt erhofften sie sich nur noch «Brot und Spiele» (*panem et circenses*). Die römischen Herrscher müssten nur noch dafür sorgen, dass genug zu essen vorhanden sei und dass die Massen gut unterhalten würden. Dann wäre schon alles in Ordnung.[33]

Rom kann als geeignetes Beispiel dienen, um zu zeigen, dass und wie in allen Reichen, Staaten und Städten politische, militärische und wirtschaftliche Erfolge – vor allem im Zeichen der Urbanisierung – einen hohen ökologischen Tribut fordern. Wenn sich Güter, Menschen und Ideen allesamt zum Zentrum hingezogen fühlen, entsteht mit Blick auf natürliche Ressourcen eine enorme Herausforderung, denn diese müssen dann ja aus der Ferne herangeschafft werden, um für Konsumenten und Wirtschaft vor Ort verfügbar zu sein. Der stoische Philosoph Seneca konnte die menschliche Findigkeit preisen, die in der Lage war, im Boden «verborgene» Metalle und Minerale zu entdecken und zu fördern. Aber er wusste auch, wie er an anderer Stelle darstellte, dass für den rastlosen wirtschaftlichen Fortschritt ein Preis zu zahlen war. Auf dem Weg zu seinem Gutshof auf dem Lande habe er, wie er einem Freunde schrieb, sofort nachdem er Roms «Schwüle der Großstadt und dem üblichen Dunst dampfender Küchen entkommen» sei, den Staubwolken und dem «krankmachenden Qualm», festgestellt, «dass sich mein Gesundheitszustand gebessert hatte». Auch seine Laune wurde sogleich besser. «Und wie viel Kraft, meinst Du, habe ich dann noch dazugewonnen, als ich die Weinberge erreicht hatte?»[34]

Wie Daten aus Eiskernbohrungen in Grönland und Nordrussland zeigen, vervierfachte sich in den ersten beiden Jahrhunderten des Römischen Reiches die Luftverschmutzung durch Blei, was vielleicht mit dem Bergbau in Nordspanien und in Germanien entlang des Rheins zusammenhing, nachdem die Römer diese Gebiete erobert hatten. Manche Historiker bezeichneten diese Umweltschäden als «Friedensdividende», als Ausweis wachsender Prosperität und Produktion (vor allem der Münzproduktion). Weit bemerkenswerter erscheint jedoch, dass beides, Wohlstand und Produktion, Druck auf die Umwelt entfalteten. Die Nachhaltigkeit nahm erkennbar Schaden.[35]

Das entging auch vielen Beobachtern nicht, die feststellten, dass die Entwaldung in vielen Regionen zu ernsthaften Problemen beim Holznachschub geführt hatte. Die Wälder in der heutigen Toskana waren, wie der Geograph Strabo vor rund 2000 Jahren schrieb, abgeholzt und erschöpft. Das Holz war für den Schiffbau und den Hausbau in Rom und Umgebung verwendet worden, darunter auch für übertriebene Villen, die an «persischen Prunk» erinnerten – ein deutlicher Hinweis auf Opulenz, Exzesse und schlechten Geschmack.[36] Plinius der Ältere, der nicht lange danach seine umfangreiche Naturgeschichte schrieb, stellte traurig fest, dass allzu viele Leute die Natur unterminierten – aus einem einzigen Grund: Selbstbereicherung. Es sollte darum nicht überraschen, meinte Plinius, dass die Erde gelegentlich ihr Missfallen zum Ausdruck bringe – zum Beispiel durch Erdbebenkatastrophen. Statt sich mit der Fülle von Nahrung und dem natürlichen Reichtum, den die Erde von sich aus bereitstelle, zufriedenzugeben, ließen sich die Menschen immer wieder von ihrer Gier überwältigen – so sehr, dass sie einfach nicht aufhören könnten, Raubbau an den Ressourcen der Natur zu treiben.[37]

Solche Sorgen bauten im Mittelmeerraum auf einer langen Tradition auf. Schon Jahrhunderte zuvor hatte Platon festgestellt, dass im Zuge der Jahrtausende «viele große Konvulsionen» stattgefunden hätten, in deren Verlauf sich die Landschaften verändert hätten. Die Überbeanspruchung des Landes habe im Zusammenspiel mit diesen Veränderungen, vor allem in Form von Überschwemmungen und Bodenerosion, schwerwiegende Folgen gehabt: «Es sind nun aber (...) gleichsam, mit dem damaligen Zustande verglichen, nur die Knochen des erkrankten Körpers noch vorhanden, indem nach dem Herabschwemmen des lockeren und fetten Bodens nur noch der hagere Leib des Landes zurückblieb.»[38] Andere gingen noch einen Schritt weiter und zogen explizite Verbindungen zwischen Umweltveränderungen durch menschliche Einwirkung und einer Veränderung des Klimas selbst. Der griechische Philosoph und Naturforscher Theophrast, ein Schüler des Aristoteles, schrieb im 4. Jahrhundert v. Chr. eine Naturgeschichte der Pflanzen. Darin hielt er unter anderem Naturbeobachtungen aus der Nähe der thessalischen Stadt Larissa fest: «Früher, als es noch viel stehendes Wasser gab und die Ebene ein See war, war die Luft dick und das Land wärmer; doch jetzt, da das Wasser abgeflossen ist und sich nicht wieder sammeln kann, ist das Land kälter geworden, und Frost kommt jetzt häufiger vor.» Einst habe es schöne große Olivenbäume nicht nur in der Umgebung Larissas gegeben, sondern auch in der Stadt selbst, «doch jetzt findet man sie nirgends mehr». Auch seien die Weinreben früher niemals erfroren, was jetzt aber regelmäßig vorkomme.[39]

Die Frage des nachhaltigen Umgangs mit der Natur beschäftigte auch römische Autoren. Lukrez etwa, der im 1. Jahrhundert v. Chr. lebte und schrieb, verglich im fünften Buch seines Lehrgedichts *De rerum natura* (*Von der Natur*) die Erde mit einer Mutter, «denn sie hat den Menschen geschaffen». «Doch nun hörte sie auf, wie ein Weib, das vom Alter erschöpft ist, da auch bei ihr das Gebären sich einmal endigen musste.» Anders gesagt, die Erde hatte nur begrenzte Ressourcen, mit denen man sorgfältig umgehen musste.[40] Unsere arme Erde, sagt Lukrez, ist erschöpft. Die Felder bringen keine reichen Erträge mehr, und der Bauer geht seufzend seinem Tagwerk nach. Oft müsse er feststellen, dass seine Arbeit fast umsonst sei. Wenn er die Gegenwart mit der Vergangenheit vergleiche, sei die Vergangenheit unendlich viel besser.

All das hatte nichts mit einem Klimawandel zu tun, aber viel mit menschlicher Inkompetenz, so jedenfalls sah es der römische Autor Columella (gest. 70 n. Chr.). «Immer wieder höre ich aus dem Munde unserer führenden Politiker den Vorwurf bald gegen unser Land, dass es so wenig fruchtbar sei, bald gegen unser Klima, dass es seit langer Zeit den Ackerbau so wenig begünstige», schrieb er am Anfang seines Werkes *De re rustica* (*Über Landwirtschaft*). Es sei geradezu absurd, fuhr er fort, der Natur dieses Versagen in die Schuhe zu schieben, denn diese habe «einst der Schöpfer dieser Welt mit ewiger Fruchtbarkeit begabt». Zu Ernteausfällen komme es nicht «durch die Ungunst des Klimas, sondern eher durch unser eigenes Versagen». Man habe das Land schlicht vernachlässigt. Und dafür könnten die Römer die Schuld nur bei sich selbst suchen. Statt es wie in der

Vergangenheit mit größter Sorgfalt zu bearbeiten, sei es nun in die Hände von Unfähigen und Unqualifizierten geraten. Diese seien für die Pflege des Landes nicht nur ungeeignet, sondern überdies daran auch nicht interessiert: Sklaven eben, ohne eigene Hoffnung.[41]

Nicht nur griechische und römische Autoren machten sich Sorgen wegen der übermäßigen Bodennutzung. «Lebe in völliger Harmonie mit der Natur», rät der *Yajurveda*, eine der heiligen Schriften des Hinduismus, die vor rund 3000 Jahren in Sanskrit abgefasst wurde.[42] «Die Welt ist schön und grün, und Gott hat euch zu seinen Wärtern über sie eingesetzt», heißt es in einem *ḥadīth*, einer Sammlung von Aussprüchen und Handlungen des Propheten Mohammed, dem Begründer des Islam, der im Jahr 632 n. Chr. starb. Gott habe den Garten Eden geschaffen und ihn dem ersten Menschen mit den Worten gezeigt: «Siehe meine Werke, wie lieblich und vortrefflich sie sind, und alles habe ich deinetwegen erschaffen», heißt es im Midrasch Kohelet Rabba, einem jüdischen Kommentar zum biblischen Buch Prediger (Kohelet), geschrieben im 9. Jahrhundert n. Chr. «Nimm dich in Acht, dass du meine Welt nicht verunstaltest und zerstörst», warnte Gott, «denn es ist niemand da, der sie wiederherstellen könnte.»[43]

«Kein lebendiges Geschöpf wie Vögel, wilde Tiere, Insekten und Fische sollte mutwillig getötet werden», schrieb Kaibara Ekken, der führende japanische Gelehrte der neokonfuzianischen Schule der Frühen Neuzeit, und «nicht einmal Gras oder Bäume sollten außerhalb der richtigen Jahreszeit geschnitten oder gefällt werden. Sie alle sind Gegenstand der Liebe der Natur, sie wurden von ihr geschaffen und genährt.» Flora und Fauna zu hegen und zu schützen, sei «der richtige Weg, um der Natur zu dienen». So schütze man auch die Beziehung zwischen Himmel und Erde. Es sei aber verkehrt, fügte er hinzu, Vögel oder andere Tiere so sehr zu lieben, «dass menschliche Wesen vernachlässigt würden», das sei «inhuman».[44] Anders gesagt, die Bewahrung der Schöpfung, die Übernahme von Verantwortung für die Umwelt und die Sorge um die natürliche Umgebung haben überall auf der Welt tiefe Wurzeln im menschlichen Denken.

Es ist nicht leicht einzuschätzen, wie weit man die Beschwerden römischer Autoren über ökologische Verschlechterungen ernst nehmen sollte, weil es mehr als genug Belege dafür gibt, dass römische Landbesitzer sich intensiv mit Baumpflege im Allgemeinen und speziell mit der sachgerechten Aufforstung beschäftigt haben. Das spricht für einen umsichtigen Umgang mit der Umwelt, für weitverbreitete Kenntnisse land- und forstwirtschaftlicher Techniken wie dem Ausschneiden von Unterholz sowie für ein ausgeprägtes Bewusstsein für den Wert von Biodiversität. Man achtete auf nachhaltige Bewirtschaftung, auf die Balance zwischen Walderhalt und Marktversorgung mit Brennholz. Wenn man nun die Belege aus Pollenanalysen und literarischen Zeugnissen zusammenführt, und zwar aus vielen Orten im ganzen Römischen Reich, dann spricht trotzdem einiges für eine großflächige Entwaldung, zumindest an einigen Orten und in einigen Epochen des Römischen Reiches. Man bräuchte allerdings deutlich mehr und bessere Belege, um klar und überzeugend feststellen zu können, dass solche Entwaldungen unkontrolliert und auf schädliche Weise herbeigeführt wurden.[45]

Obwohl es nicht ganz klar ist, wie die Versorgung einer Großstadt wie Rom ablief, gab es offenkundig praktische und logistische Herausforderungen, um alles, was in Megacitys wie Rom für Heizung, Ernährung und Unterhalt gebraucht wurde, dorthin zu schaffen. Schließlich lebten in Rom mehrere Hunderttausend Menschen, wenngleich die häufig zitierten Schätzungen von 800 000 bis 1 000 000 Einwohnern nicht plausibel sind.[46] Heute wie damals ziehen vor allem Geschichten über die Kaiser und ihre Intrigen die Aufmerksamkeit der Historiker und des Publikums auf sich. Ebenso bedeutsam sind aber auch vernachlässigte Fragen des Alltags: wie die hungrigen Mäuler gestopft und die Wohnungen beheizt wurden, und vor allem wie zuverlässig und nachhaltig die Versorgung langfristig war.[47]

Einige Historiker haben festgestellt, dass «jeder Ziegelstein, jede Münze, jede Fliese, jedes Glasobjekt und jedes Eisenwerkzeug aus römischer Zeit» als Produkt interpretiert werden könne, zu dessen Entstehung Brennholz aus dem Wald benötigt wurde. Das Ausmaß der Energieproduktion auf dem Höhepunkt des Römischen Reiches war so gewaltig, dass im Grönlandeis zu diesem Zeitpunkt mehr Bleipartikel eingelagert wurden als zu jeder anderen Zeit vor Beginn des industriellen Zeitalters.[48] Alle Imperien hinterlassen ihren ökologischen Fußabdruck, doch der von Rom war besonders groß.[49]

Zu den verschiedenen Bedürfnissen der Menschen aus klimatisch unterschiedlichen Regionen kamen noch unterschiedliche Ernährungsweisen hinzu, je nach persönlichen Vorlieben und Verfügbarkeit spezieller Nutzpflanzen und Nahrungsmittel. Beim Fleischverbrauch zeigte sich nicht nur eine große Vielfältigkeit zwischen verschiedenen Regionen des Mittelmeerraums, er variierte auch mengenmäßig, wahrscheinlich aufgrund von Schwankungen bei der Verfügbarkeit. Aber es könnten auch Geschmacksveränderungen und Auswirkungen umfassenderer gesellschaftlicher Trends dahinterstehen.[50]

Geht man davon aus, dass erwachsene Menschen, um gesund zu bleiben, einen täglichen Bedarf von 2000 bis 3000 Kalorien haben, kann man grob abschätzen, welche Ernährungsanforderungen für die damalige Bevölkerung des Römischen Reiches galten. Es ist plausibel, auch einen gewissen täglichen Pro-Kopf-Verbrauch von Holz im Haushalt anzunehmen – also von Holz, das nicht für den Bau von Häusern, Tempeln und Schiffen verwendet wurde (worauf vor allem die Beschwerden der zitierten Autoren abzielten), sondern das ganz elementar zum Kochen und Heizen benötigt wurde. Heizenergie wurde schließlich auch für die Herstellung von Tierfutter benötigt sowie für die wirtschaftliche Herstellung von Tongefäßen, Glas und Fliesen, und nicht zuletzt für die Metallherstellung. Wenn man all das zusammenrechnet, ergibt sich eine Schätzung von anderthalb Hektar Land, die pro Kopf benötigt wurden: für Ackerbau, Wald und Wiesen.

In einem Reich, dessen Bevölkerungszahl um die Mitte des zweiten nachchristlichen Jahrhunderts bei rund 70 Millionen lag, stellten solche Anforderungen natürlich eine gewaltige Herausforderung dar. Es ging ja nicht nur um die Versorgung mit Gütern, sondern es entstand auch ein gehöriger Ressourcendruck auf die

Natur, wenn ein Bedarf kurzfristig gedeckt werden musste.[51] Schon lange vor dieser Zeit war die Bodenerosion in einigen Teilen des römischen Mittelmeerraums zum Problem geworden.[52]

Lebensmittelknappheit – und die dadurch bedingte Schwächung des Immunsystems – wurde von einigen Forschern als eine Ursache für die häufigen Malariaerkrankungen im Tibertal rund um Rom ins Spiel gebracht. Andere Wissenschaftler führten als Grund eine Überfischung an. Dadurch seien nicht mehr genug Mücken fressende Fische vorhanden gewesen, um die gefährliche Mückenpopulation unter Kontrolle zu halten.[53] Untersuchungen zu Karies und Abnutzungserscheinungen an Zähnen bei Skelettfunden in verschiedenen Teilen des Römischen Reiches verweisen darauf, dass zwischen Stadt- und Dorfbewohnern deutliche Unterschiede bei den Essgewohnheiten – besser gesagt, bei der Verfügbarkeit verschiedener Nahrungsmittel – bestanden. Sie belegen auch klar, dass manche Bevölkerungsteile besser ernährt und gesünder waren als andere.[54]

Die Nachfrage nach exotischen Tieren war enorm. Sie wurden verzehrt, für die Tierhatz in der Arena benötigt oder als Kuriositäten zur Schau gestellt. Der Historiker Cassius Dio (um 163 bis 235) behauptete, allein im Verlauf einer von Kaiser Trajan veranstalteten zehntägigen Serie von Spielen in der Arena seien 11 000 Tiere getötet worden.[55] Tiere wurden zur Volksbelustigung routinemäßig bis zur völligen Erschöpfung oder bis zu ihrem Tod gejagt, auch in anderen Städten im Reich.[56] Wale und andere Meerestiere wurden im Mittelmeer so sehr bejagt oder abgefischt, dass die Bestände anscheinend massiv sanken und die Gefahr der Ausrottung bestand.[57]

Um die Nahrungsmittel- und Energieversorgung zu erhöhen, wurden Werkzeuge verbessert, aber nur selten führte dies dazu, dass die Gewinne deutlich stiegen. Da konnte ein Übergang zu anderen Brennstoffen schon deutlich mehr bewirken – etwa zur Steinkohle im römischen Britannien. Vieles hing jedoch davon ab, wo die Kohlevorkommen lagen und wie leicht man sie abbauen konnte.[58] Manche Lebensmittel ließen sich durch Einsalzen, Räuchern oder

Trocknen konservieren – ein Grund dafür, dass Fischfabriken im ganzen Mittelmeerraum geradezu aus dem Boden schossen.[59] Die meisten anderen Lebensmittel mussten jedoch schnell – gleich nach der Schlachtung, Ernte oder dem Sammeln – verbraucht werden, um nicht zu verderben. Das stellte große Anforderungen an die Bereitstellung und Auslieferung des Angebots und sorgte in den Städten für hohe Preise. In Krisenzeiten, zum Beispiel in der Regierungszeit des Kaisers Diokletian (284 bis 305), schritten die Behörden sogar ein und verfügten Preiskontrollen. Doch wie schon in früheren Zeiten und anderen Regionen bewirkten staatliche Eingriffe fast nichts. Sie verwiesen eher auf Panikreaktionen von politischen Eliten, die nur über ein begrenztes Verständnis der Funktionsweisen von Märkten verfügten, als auf sinnvolle Maßnahmen (oder gar positive Ergebnisse).[60]

Die Erträge der Landwirtschaft hingen nicht nur von Bodenqualität, landwirtschaftlicher Kompetenz oder Wetterbedingungen ab, sondern zum guten Teil auch von gesellschaftlichen Faktoren wie Landbesitzverhältnissen, Acker- und Hofgrößen, Vertriebsnetzen und der relativen Lage zu den Märkten. Nur solche Faktoren ließen sich durch politische Entscheidungen verbessern, zumindest beeinflussen.[61] Es bestanden zweifellos Anreize für die Beschaffung neuen Landes durch Eroberung oder Kultivierung. Daraus ergaben sich allerdings naheliegende Probleme. Denn Eroberung und territoriale Expansion bedeuteten im Endeffekt, dass die Ressourcen einer Gruppe von Menschen weggenommen wurden, um sie einer anderen zur Verfügung zu stellen. Manchmal wurden dabei ganze Bevölkerungen vertrieben. Letztlich führten solche Aktionen aber niemals zum Anwachsen der Produktion, sondern es lief auf eine Umverteilung an neue Profiteure hinaus.

Die Alternative, neue Gebiete für die Landwirtschaft zu entwickeln, klingt in der Theorie einfach und verlockend. In der Praxis war es meistens deutlich komplizierter. Denn der entscheidende Produktionsfaktor war in allen Fällen die Verfügbarkeit von Arbeitskräften. Das Land selbst spielte nur eine untergeordnete Rolle, Kontrolle über Arbeitskräfte war weit wichtiger. Schon die sudanesischen Königreiche am Mittellauf des Nils, wo keine Zugtiere vorhanden waren, der Pflug nur begrenzten Nutzen hatte, wo es reichlich Land (wenn auch von unterschiedlicher Qualität) und nur eine geringe Bevölkerungsdichte gab, können als Beispiel dienen. In dieser Konstellation kamen nämlich so viele Hindernisse für eine sinnvolle Intensivierung der Landwirtschaft zusammen, dass diese unterblieb.[62]

Dort, wo sich das Arbeitskräfteproblem lösen ließ, kam oft das Gesetz des sinkenden Grenzertrags zum Tragen, also abnehmender Ertragszuwachs. Nicht nur, weil man mit Sicherheit das beste Land bereits urbar gemacht hatte, sondern auch, weil es viel Zeit und Überzeugung brauchte, um überhaupt neues Land urbar zu machen und zu besiedeln. Zudem lagen solche Gebiete wahrscheinlich im Grenzbereich schon existierender Territorien und damit definitionsgemäß an der Peripherie. Die landwirtschaftliche Nutzung war schwierig, und Grenzgebiete erforderten zusätzlichen Schutz. Außerdem bedeutete die Grenzlage logischerweise eine größere Entfernung zu urbanen Zentren. Da wurde es auch zum Problem, die Erzeugnisse dorthin zu bringen, wo sie gebraucht wurden. Und das alles war natürlich nicht billig.

Beamte der Nördlichen Wei-Dynastie, die von 386 n. Chr. an anderthalb Jahrhunderte in Nordchina regierte, unternahmen entschiedene Schritte, um die «kultivierte Anbaufläche zu erweitern und einen Getreidevorrat anzuhäufen» – und sie sorgten auch umsichtig dafür, dass militärische Kräfte das neu entwickelte Agrarland schützten. Ungefähr um dieselbe Zeit wurden im Süden Chinas von den dortigen Herrschern Pläne gemacht, Weideland, das von Schweinen, Schafen und Pferden genutzt wurde, in Ackerland zu verwandeln und gleichzeitig feuchtes Marschland trockenzulegen, das bislang noch nicht «für die Landwirtschaft herangezogen worden war», jedoch versprach, fruchtbares Ackerland zu werden. Dieser Entwicklung standen offenbar wohlhabende Familien im Wege, die ihre reichen Fischgründe nicht ohne Weiteres aufgeben wollten. Es war jedoch unumgänglich, dass sie dazu gebracht wurden, denn die Ungleichheit beim Nahrungsmittelzugang brachte große

Probleme mit sich – nicht zuletzt mussten «viele auf der Suche nach Nahrung ständig hin und her wandern».[63]

Staaten konnten intervenieren, und sie taten es auch, indem sie Gesetze erließen und alle, die sie übertraten, hart bestraften. In einem Gesetz, das in Quellen aus der Früheren Song-Dynastie (420 bis 479 n. Chr.) erwähnt wird, heißt es, die ungenehmigte Entwicklung von Land komme einem «gewaltsamen Raub» gleich. «Wer mehr als zehn Fuß Land stiehlt, soll öffentlich enthauptet werden.» Diese drakonische Strafandrohung blieb allerdings weitgehend wirkungslos, weil die Menschen solche Edikte einfach ignorierten und unzählige Umweltschäden anrichteten, indem sie etwa die Vegetation auf Bergen abholzten oder Dämme über Flüsse bauten. Das alles müsse endlich aufhören, schrieb ein hoher chinesischer Beamter: «Diese Übertretungen sind schwere Straftaten, die guter Regierung schweren Schaden zufügen.»[64]

Ein probater Ausweg, die negativen Auswirkungen übermäßigen Konsums zu lindern, lag darin, in eine Infrastruktur zu investieren, die zur Kapazitätserweiterung beitrug, aber auch einen Sicherheitspuffer bereitstellte. Gute Beispiele dafür sind ausgeklügelte Wassermanagementsysteme zur Versorgung von kleinen und großen Städten, die zudem Viehzüchtern zugutekamen. So sind Hunderte von Wasserspeichern, Brunnenanlagen und Wassertanks im Königreich Kusch, dessen Zentrum im heutigen Sudan lag, jenseits ihres praktischen Nutzens nicht zuletzt ein Hinweis auf die Ausweitung und Stärkung der königlichen Macht. Sie zeigen, dass man auch garantierte und wachsende Steuereinnahmequellen im Auge hatte. Der Auf- und Ausbau derartiger Systeme, die ein hohes Maß an Koordination und Arbeitskräfteeinsatz erforderten, demonstriert zudem die Notwendigkeit staatlicher Eingriffe, um die Lebensgrundlage nicht nur der Bevölkerung, sondern auch des Staates selbst zu sichern. Dessen Verwaltungsapparat und Führung hatten auf diese Weise ein sicheres Mittel in der Hand, um sich gegen unstetige und oder ausfallende Wasserversorgung abzusichern.[65]

Dieselbe Verquickung unterschiedlicher Interessen fand sich

auch in Großstädten wie Konstantinopel, das im Jahr 330 n. Chr. vom römischen Kaiser Konstantin auf einem gut erschlossenen Landstrich am europäischen Ufer des Bosporus gegründet worden war. Die Investition in eine massive Baukampagne in Verbindung mit der Ankunft einer ziemlich großen neuen Stadtbevölkerung erforderte eine substanzielle Verbesserung und Ausweitung des schon vorhandenen, 47 Kilometer langen Aquäduktsystems, über das Wasser in die Stadt geleitet wurde. Dieses System wurde im 4. und 5. Jahrhundert grundlegend ausgeweitet. Es umfasste danach mehr als 90 Brücken und Tunnel, die Wasser in riesige Zisternen und Reservoirs leiteten. Das ganze Netzwerk war rund 500 Kilometer lang, vielleicht sogar noch länger, und war in jedem Fall das größte städtische Wasserversorgungssystem der gesamten Antike.[66] Aber es musste ja nicht nur gebaut, sondern auch regelmäßig gewartet werden, um eine Verkalkung oder Verunreinigung durch Lehmablagerungen zu verhindern.[67]

Konstantinopel ist nur ein Beispiel dafür, welches Maß an Vorausplanung und Investitionen bei der Versorgung großer Bevölkerungen erforderlich war, um gute Lösungen für ökologische Herausforderungen zu finden, die mit einer Ressourcenknappheit verbunden waren. Ein weiteres Beispiel ist die antike Maya-Stadt Tikal im Norden Guatemalas. Durch ihre Lage war sie massiv auf saisonale Regenfälle angewiesen. Ohne menschliche Maßnahmen zum Schutz der Bevölkerung vor beträchtlichem ökologisch bedingtem Mangel wäre Tikal nicht dauerhaft überlebensfähig gewesen. Die Monumentalarchitektur der Stadt diente dazu, Reichtum und Macht der Bauherren hervorzuheben, die auch für den Unterhalt der Gebäude sorgten (die noch heute die Besucher der Stadt beeindrucken). Die Überlebensfähigkeit der Stadt basierte auf einer Reihe ausgeklügelter Wassernetzwerke, die vor allem die Aufgabe hatten, Wasser aufzuhalten und zu speichern. Zu diesem Zweck waren Plätze und Höfe durch kleine gewölbte Leitungen und Abflüsse miteinander verbunden, die das Regenwasser sammelten und in große Wasserspeicher weiterleiteten, deren Steinwände mit importiertem Ton abgedichtet waren. Sie konnten fast eine Million Kubikmeter

Wasser fassen und wurden durch hydraulische Schleusentore geregelt, die das Wasser je nach Bedarf in Kanäle abfließen ließen, die in abgedeckten Dämmen verliefen.[68]

Dieses Wassersystem hatte zentrale Bedeutung, nicht nur für die ökologische Stabilität der Stadt, sondern auch als Mittel der sozialen, politischen und wirtschaftlichen Kontrolle. Am wichtigsten aber war wohl, dass es Tikals Vormachtstellung gegenüber den anderen städtischen wie ländlichen Zentren des Maya-Reiches verfestigte. Die Wasserauffangtanks der Haushalte konnten genug Wasser fassen, dass man eine trockene Jahreszeit überbrücken konnte. Sie gerieten jedoch an ihre Grenzen, als der Regen länger als ein Jahr ausblieb. Eine langjährige Dürreperiode am Anfang des 9. Jahrhunderts n. Chr. war entweder auf eine regionale Klimaverschiebung zurückzuführen oder hatte mit einem grundlegenderen Wandel der Klimamuster zu tun. Spätestens im 10. Jahrhundert war Tikal komplett entvölkert.

Die durchdachte Planung und die Investitionen, die in Tikals Wassersystem eingegangen waren, bedeuteten, dass die Stadt, ihre Bürger und die Eliten gut für den kurzfristigen Umgang mit Wasserknappheit gerüstet waren, sogar besser als andere. Das verschaffte ihnen offenkundig klare Vorteile, zumindest jenen, die in der Lage waren, von größeren Märkten, höheren Steuereinnahmen und der Ausweitung des Arbeitskräftereservoirs zu profitieren.[69]

In mancherlei Hinsicht war das Erstaunliche an der Geschichte der intensiveren Landnutzung, am höheren Maß der Naturausbeutung und am steigenden gesellschaftlichen Komplexitätsgrad, dass dabei das Niveau der Umweltbelastungen überraschend niedrig blieb. Natürlich gab es Zeiten des Mangels, aber im Großen und Ganzen war die Welt vor rund 2000 Jahren erstaunlich widerstandsfähig, wenigstens soweit es darum ging, umfassende Hungerkatastrophen mit einer hohen Sterblichkeitsrate zu verhindern. Das heißt allerdings nicht, dass für die ökologische Expansion nicht auch ein Preis zu zahlen gewesen wäre. Manche Wissenschaftler haben mithilfe statistischer Daten zu zeigen versucht, dass der Lebensstandard stets dort am niedrigsten gewesen sei, wo die Bevölkerungsdichte am höchsten war. Roms politischer und militärischer Aufstieg sei nicht nur auf Kosten der Lebenserwartung verlaufen, sondern habe auch zur Verringerung der durchschnittlichen Körpergröße geführt – wenn man den herangezogenen geographisch und chronologisch recht ungleichmäßigen Daten Glauben schenken will.[70]

Tatsächlich war das Stadtleben deutlich gefährlicher als die Veränderungen des Klimas. Während die Reichen sich über den Gestank und das geschäftige Treiben der Großstadt mokierten, war es tatsächlich weit besorgniserregender, dass Menschen, die auf engem Raum zusammenlebten – oft unter schlimmen sanitären Bedingungen –, einen idealen Nährboden für Krankheiten boten, die sich dort festsetzten und schnell ausbreiteten.[71] Beispiele sind die Antoninische Pest aus dem Jahr 165 n. Chr. und die Cyprianische Pest von 249 bis 270. Nach Erkenntnissen einiger moderner Historiker wüteten beide Pandemien verheerend, führten mancherorts zum demographischen Kollaps, verursachten Preis- und Lohnschocks und zogen erhebliche landwirtschaftliche Ernteeinbußen nach sich. Der Wert des Landes und die Industrieproduktion sanken. Und vielleicht förderten die Krisen sogar die Ausbreitung des Christentums.[72] Andere Forscher sind allerdings skeptischer, was die pandemischen Auswirkungen anbelangt, schließlich bleiben in diesem Kontext sogar grundlegende Fakten vage und ungeklärt.[73]

Klarer nachweisbar ist hingegen, dass beide Pandemieausbrüche unmittelbar nach schwerwiegenden Klimaereignissen stattfanden. In Eisbohrkernen entdeckte Veränderungen des Sauerstoffisotopenniveaus und Schwefelnadeln verweisen deutlich auf Temperaturabfälle infolge massiver Vulkanausbrüche; im Falle der Cyprianischen Pest waren es gleich mehrere derartige Klimaveränderungen nach Vulkanaktivitäten.[74] Verschärft wurde diese Lage anscheinend noch durch höchst unregelmäßige Niederschläge (wenigstens in Nordostfrankreich und Mitteleuropa), durch die Ausdehnung des Nordmeereises und der europäischen Gletscher sowie durch eine Phase geringer Sonnenfleckenaktivität.[75] Die Periode, die kurz vor der Antoninischen Pest begann, war eine Zeit der «Klimadesorganisation, die drei Jahrhunderte andauerte», wie ein renommierter Klimahistoriker schrieb. Geprägt durch instabile Klimaverhältnisse, belastete sie die «Kraftreserven des Imperiums und beeinflusste dramatisch den Lauf der Ereignisse». Als Ganzes kam es im Zeitraum von ca. 150 bis ca. 650 «zu einer der dramatischsten Klimaveränderungen im ganzen Holozän».[76]

Die klimatischen und pathogenen Herausforderungen fielen zeitlich ziemlich genau mit drastischen gesellschaftlichen Veränderungen zusammen – und zwar nicht nur im Römischen Reich, das in den 230er Jahren stark ins Trudeln geriet: In den anschließenden fünf Jahrzehnten bestiegen 26 verschiedene Kaiser den Thron, und mindestens doppelt so viele Möchtegernkaiser strebten danach. In China kam die Han-Dynastie an ihr Ende, als 220 n. Chr. Kaiser Xian abdankte. Es folgte eine turbulente Epoche, die als die «Zeit der Drei Reiche» in die Geschichte eingegangen ist. Und damit nicht genug, folgte auch noch die «Zeit der Sechzehn Reiche», als der unter der Han-Dynastie geeinte Staat immer weiter in kleine Einzelreiche zerfiel. In Persien übernahm im Jahr 224 n. Chr. Ardaschir I., Begründer des Sassanidenreiches, den Thron und machte sich, nachdem er alle Rivalen aus dem Weg geräumt hatte, mit Verve daran, sein Territorium zu erweitern, vor allem um die Oasenstädte entlang der alten Seidenstraßen. Und bald darauf fand auch im Nordosten Indiens ein ähnlicher politischer, wirtschaftlicher und territorialer Konsolidierungsprozess statt. Auf diese Weise entstand das Gupta-Reich (320 bis 550 n. Chr.), der wichtigste Staat in Südasien und ein wahres Ideenkraftwerk, das große Gelehrte, Wissenschaftler und Mathematiker hervorbrachte wie Kālidāsa, Āryabhaṭa und Varāhamihira.

Die Frage, die sich hier stellt, lautet allerdings weniger, ob bei diesen dramatischen historischen Umwälzungen Klimaveränderungen eine Rolle spielten, sondern vielmehr wie sich diese Rolle in einigen der aufgeführten Fälle oder gar in allen genauer bestimmen lässt. Das übergeordnete Gesamtbild von Schocks und Wettermustern mag schlüssig sein und in den Abfolgen zwingend wirken, aber es muss trotzdem immer wieder darauf hingewiesen werden, dass die Lage meist komplexer war und dass allein der Mittelmeerraum schon aus etlichen verschiedenen geographischen Einheiten mit jeweils eigenen Umweltbedingungen und Klimasystemen besteht. Es mag verführerisch sein, aus einem einzigen Datensatz auf universale Klimamodelle zu schließen, aber ein solches Verfahren birgt stets die Gefahr der Vereinfachung in sich und kann schlicht in die Irre führen.[77] Um nur ein Beispiel zu nennen: Eine Sammlung von Tongefäßen aus ganz Ägypten belegt für die genannte Krisenzeit eine zunehmende Weinproduktion und einen steigenden Weinkonsum – dann kann es dort also nicht allzu kalt gewesen sein, und auch die landwirtschaftliche Produktion kann nicht extrem bedroht gewesen sein.[78]

Auch die turbulenten sozialen und politischen Veränderungen müssen jeweils in einem weiteren zeitlichen und kausalen Kontext betrachtet werden. In Persien war die Usurpation von Ardaschir ein Schlüsselmoment für die Vorstellungen von Veränderungen dieser Art. Indes, wie in Rom und anderswo war das Wechselspiel auf den Herrscherthronen vor allem für jene von Bedeutung, die eigene Interessen daran hatten, wer die Macht gewann oder wer sie verlor. Was genau und wie viel das zu diesem speziellen Zeitpunkt jeweils bedeutete – und vor allem, für wen –, ist meistens nicht ganz so offensichtlich. Die familiären Verbindungen des jeweiligen Herrschers auf dem persischen Thron spielten natürlich eine Rolle, waren aber vielleicht nicht so ausschlaggebend, wie Kommentatoren sie gern dargestellt haben.

Dasselbe gilt für den Erfolg des Gupta-Reiches. Laut einer Inschrift aus Kaushambi umfasste es die alten arischen Stammgebiete in ganz Nordindien (Āryāvarta). Und als Samudra Gupta im 4. Jahrhundert auf dem Thron saß, war er auch als Herrscher über weit entfernte Regionen wie Sri Lanka, Nepal und Gandhara anerkannt. Man nannte ihn sogar einen «Gott, der auf der Erde wohnte».[79] Anstatt sich von klimatischen Faktoren und Mustern, die wir zu sehen meinen, überzeugen zu lassen, sollte man lieber die Aufmerksamkeit darauf richten, wie politischer Opportunismus, kluge Führung und logistische Reformen zusammenkamen, um den Austausch zu stimulieren und den Aufstieg einer neuen herrschenden Klasse – und einer neuen Herrscherfamilie – zu fördern.[80]

Ähnlich umsichtig sollte man auch den Aufstieg und Fall der Han-Dynastie in China betrachten. Die spektakuläre Zersplitterung des Landes, die unter der Han-Dynastie zeitweilig beseitigt worden war, wurde nach der Abdankung von Kaiser Xian über zwei Jahrhunderte hin schrittweise wieder zur Realität. Die Kräfte, die zur Destabilisierung des Kaiserreiches führten, hatten sich über Jahrzehnte aufgeschaukelt. Zugrunde lagen die altvertrauten Probleme zunehmender Komplexität und sinkender Einkünfte, als eine Stagnation einsetzte – in Verbindung mit der Unfähigkeit des Regimes, sich zu wandeln und anzupassen. Inkompetenz, Ineffizienz und Korruption waren die wichtigsten Kennzeichen eines Beamtenapparats, der eher Teil des Problems als Teil der Lösung war. Schließlich kam noch eine Unausgewogenheit zwischen Steuereinnahmen und Staatsausgaben hinzu, die nicht nur zu Haushalts- und Finanzproblemen führte, sondern auch zur Desillusionierung. So wurden die Herausforderer des Kaisers ermutigt, ihr Glück auf die Probe zu stellen und ihren persönlichen Vorteil zu suchen. Außerdem konnten sie so dem inneren Verfall des Staates entgehen.

Ganz ähnlich sah es im Römischen Reich aus, wo seit dem späten 3. Jahrhundert n. Chr. ein fast ununterbrochener Bürgerkrieg tobte, was die ohnehin vorhandenen Spannungen noch verschärfte. Es kam zum Beispiel zu einem starken Einbruch im öffentlichen Bauwesen, und die Einstellung der lokalen Eliten bezüglich ihres bürgerlichen Engagements änderte sich – vielleicht, weil sie ihren sozialen und politischen Status nicht mehr demonstrativ legitimieren mussten, wollten oder konnten. Vielleicht verfügten sie auch einfach nicht mehr über das nötige Baugeld. In jedem Fall lässt sich ein derartiges substanzielles Nachlassen der wirtschaftlichen und kulturellen Aktivitäten nicht allein durch die Brille der Klimaveränderungen betrachten. Selbst wenn die Agrarproduktion eng von verlässlichem Wetter abhing, kam es ganz wesentlich auch auf die Verfügbarkeit von Arbeitskräften an, auf direkte und vererbliche Kontrolle über das Land sowie auf die Nachfrage nach nichtlandwirtschaftlichen Handwerkskünsten, Fähigkeiten und Gütern. Auch die Widerstandsfähigkeit der städtischen Märkte und die Kaufkraft der Konsumenten spielten eine wichtige Rolle.[81]

So gesehen, konnten sich auch große Staaten als überraschend anfällig und brüchig erweisen und schon unter relativ mäßigem Druck oder aufgrund eher geringfügiger Ungleichgewichte zusammenbrechen, weil es zu Dominoeffekten kam. Im Römischen Reich etwa spiegelte die Nachschubversorgung der Truppen am Rhein aus dem Mittelmeerraum durch Agenten des Reiches die militärische Lage recht genau wider, Militäreinsätze ebenso wie die Erfordernisse der Grenzsicherung. Das bedeutete nicht nur, dass die Versorgungsmärkte stets nahe bei den Armeezentren und Garnisonen lagen, sondern auch, dass dort der Konsum weitgehend von den Legionären bestimmt wurde, individuell wie kollektiv. Entscheidend war letztlich aber die Tatsache, dass diese Nachschub- und Handelsnetze, als der Staat zu implodieren begann, ziemlich schnell komplett zusammenbrachen. Als kein Getreide mehr aus dem Süden bei den Soldaten ankam, gingen die regionalen Ökonomien in den Provinzen in den freien Fall über. Die städtischen Zentren schrumpften, und die Verteidigungseinrichtungen des Reiches gerieten ins Wanken.[82]

Der Druck, der sich an den Peripherien aufbaute, wirkte zurück ins Zentrum; er verschärfte und beschleunigte den Prozess des Zusammenbruchs. Für solche Probleme gab es keine einfache Lösung, vor allem, weil ihre Entstehung ja zuallererst vom politischen Zentrum ausging, von dessen Führungsschwäche und Kontrollverlust. Strukturen, die durch staatliche Eingriffe entstanden waren, benötigten eine reibungslos funktionierende Bürokratie und Logistik, und als es hier hakte und zu Ausfällen kam, war es schwer oder unmöglich, sich der Welle des Niedergangs noch entgegenzustemmen. Es war daher kein Zufall, dass schließlich die Westhälfte des Römischen Reiches zusammenbrach. Denn hier war der lange Arm des Staates am längsten und aktivsten gewesen. In der Osthälfte hingegen, wo sich Städte und Märkte organisch entwickelt hatten, gab es wesentlich größere Kapazitäten zur Krisen- und Konfliktbewältigung.[83]

Mit anderen Worten, es kann durchaus so gewesen sein, dass Klimaverschlechterungen an manchen Orten die Ernteerträge dezimierten, und vielleicht kam es infolgedessen auch zu ernsthaften Versorgungskrisen. Aber es gab eben noch weitere, deutlich signifikantere Faktoren, die einige der ungefähr gleichzeitig auftretenden Unruhen und Neukonfigurationen besser erklären können. Und solche krisenhaften Entwicklungen begannen sich in verschiedenen Teilen der Welt gegen Ende des zweiten und zu Beginn des dritten nachchristlichen Jahrhunderts zu entfalten.

Tatsächlich großen Einfluss und noch weit größere Bedeutung hatten Klimaveränderungen dagegen in den zentralasiatischen Steppen ungefähr vom Jahr 350 n.Chr. an. Analysen der Jahresringe von Wacholderbäumen aus der heutigen Provinz Qinghai im Nordwesten Chinas verweisen auf drei intensive Dürreperioden zwischen 350 und 550, die zusammengenommen die schlimmsten in den letzten zwei Jahrtausenden waren.[84] Diese Trockenperioden werden oft mit großräumigen nomadischen Migrationsbewegungen in Verbindung gebracht. Als wichtigste Antriebskraft gelten in diesem Zusammenhang die Hunnen, die die zentralasiatischen Stämme nach Westen über die Steppen nördlich des Kaspischen und Schwarzen Meers in Richtung der Grenzen des Römischen Reiches trieben sowie nach Süden über den Kaukasus nach Persien. Diese Invasionswellen bahnten sich ihren Weg durch die römischen Westprovinzen; sie überrannten das heutige Deutschland, Frankreich und Spanien und zogen weiter Richtung Nordafrika. Und fast nebenbei eroberten die Westgoten unter Alarich im Jahr 410 auch noch Rom.[85]

Zu den Folgen für das Römische Reich zählten der Niedergang von Städten, der komplette Zusammenbruch des Fernhandels und der Versorgungsnetze, großflächige Zerstreuung von ganzen Bevölkerungen und Verarmung, nicht nur an den Orten, die tatsächlich angegriffen wurden. Die Auswirkungen der Angriffe waren bis nach Ägypten und Britannien zu spüren,[86] und sie könnten sich sogar noch weit jenseits der Grenzen der römischen Welt bemerkbar gemacht haben, etwa beim Verschwinden des Königreichs von Meroe im heutigen Sudan (das um 270 n.Chr. aus dem Königreich Kusch hervorgegangen war). Dieser Niedergang lässt sich vielleicht am besten damit erklären, dass die römisch beeinflusste Welt in unmittelbarer Nachbarschaft nach einem quälend langen sozialen, wirtschaftlichen und politischen Siechtum einen Herzstillstand erlitt.[87]

Niedergang und Neuanfang mussten nicht immer spektakulär und dramatisch verlaufen. Multi-Isotopenanalysen von Skelettresten aus Friedhöfen in der Pannonischen Tiefebene (wo heute weitgehend Ungarn liegt) belegen zum Beispiel, dass die zahlreichen Veränderungen von der Römerzeit zur Hunnenzeit (nach dem Einfall der Hunnen und anderer zentralasiatischer Stämme im 5. Jahrhundert) nicht vorrangig gewaltsam herbeigeführt wurden, sondern durch gegenseitige Anpassung – an Ernährungsgewohnheiten, Lebensstile und Landwirtschaftstechniken.[88]

Es waren auch keine großen Umwälzungen erforderlich, damit Städte in Schwierigkeiten gerieten, verfielen und sich entvölkerten. Es brauchte dafür keine feindlichen Attacken, eine permanent angespannte Ressourcenlage reichte schon aus. Urbane Zentren erstickten eher langsam, als dass sie plötzlich zu Tode geprügelt wurden. Der Abstieg in das von den Gelehrten so bezeichnete «dunkle Mittelalter» rührte nicht aus ständigem Chaos und unterschiedslosem Blutvergießen, sondern aus der Zersplitterung des Staates und dem Verschwinden einer Zentralgewalt, die zuvor die westlichen Provinzen des Römischen Reiches zusammengehalten hatte.

Während die Barbareninvasionen in der öffentlichen Vorstellungswelt (aber auch aus der Perspektive moderner Historiker) lange eine ganz besondere, schreckenerregende Rolle einnahmen, versuchen sich manche Historiker heute an der Argumentation, dass große klimatische Herausforderungen nicht nur als Katalysator für die Migrationsbewegungen aus den Steppen Asiens dienten, sondern möglicherweise auch ein wichtiger Faktor für den Niedergang des Römischen Reiches waren – nicht nur in der Levante und in Kleinasien, wo ausbleibende Niederschläge die landwirtschaftliche Produktion unausweichlich beeinflussten, sondern auch in den westlichen Provinzen Roms.[89] Es war ein ganzer Cocktail ungünstiger Faktoren, der hier zusammenkam und letztlich zum Tode führte: widrige Klimabedingungen, reduzierter Handel auf lokaler, regionaler und überregionaler Ebene und zunehmend unerfüllbare Forderungen aus dem Zentrum nach Geld und Arbeitskräften.[90]

Natürlich ist nicht offenkundig, wie der Zusammenhang von Dürreperioden und Migrationsbewegungen ganzer Völker genau aussah, wie also Klima, Invasionen und militärische Eroberungen tatsächlich zusammenhingen. Auch ist durchaus nicht klar, ob sich ein Set detaillierter Klimadaten aus einem Teil Ostasiens auf ganz Zentralasien und darüber hinaus reichende Regionen übertragen lässt, um eine Hypothese zu untermauern: dass unterdurchschnittliche Regenfälle zu der Entscheidung führten, in andere Gegenden der Welt zu ziehen. Schließlich ist es nicht weniger wahrscheinlich, dass Nomadenvölker versucht haben, sich an die veränderten Klimabedingungen anzupassen, statt weite Distanzen auf sich zu nehmen. Hinzu kommt, dass im Falle eines wirklich großflächigen klimatischen Drucks Migration nicht gerade die nächstliegende Lösung war. Woher sollte man wissen, dass es in weiter Ferne anders und besser war? Eine Teilerklärung könnte in der Tatsache liegen, dass die weiter südlich gelegenen Winterweidegründe im westlichen Teil der Steppenregion deutlich günstigere Bedingungen boten als im Osten und dass deshalb dort mehr Tiere und Menschen ihr Auskommen fanden.[91] Die Verschiebung ganzer Stämme in Richtung der römischen und persischen Grenzen hatte zunächst nichts mit einem Bestreben der Steppenvölker zu tun, diese Reiche zu erreichen oder gar zu erobern, sondern sie war Teil eines Wettbewerbs, einer Konkurrenz um das beste Land und um Lebensräume, die in einer Zeit harter Klimabedingungen das eigene Überleben sichern konnten.

Belege aus New Mexico und Neuseeland legen den Schluss nahe, dass diese ganze Periode insgesamt von einer beträchtlichen klimatischen Schwankung der El-Niño-Südlichen-Oszillation (ENSO) im äquatorialen Pazifik geprägt war. Von daher ist es plausibel, dass in den asiatischen Steppenregionen Niederschlagsmangel herrschte. Ironischerweise waren jedoch wohl gerade nicht die Trockenheits- und Dürreperioden am wichtigsten, sondern die langen überaus regenreichen Phasen dazwischen. Diese boten den Steppennomaden deutlich bessere Bedingungen; die Weidegründe reichten für größere Viehherden aus und sorgten auch für eine rasche Vermehrung der Pferde, die den Anführern zur Verfügung standen – einer Führerschaft, die bereits durch die Klimakrise geprägt war. Anders gesagt, entscheidend waren wohl nicht die Dürre- oder die Regenperioden dieser Zeit, sondern deren Zusammenspiel.[92]

Signifikante Auswirkungen konnte das Klima auch haben, wenn ländliche Bevölkerungen vor der Entscheidung standen, wie sie angesichts schwieriger kurzfristiger Klimaprobleme weitermachen wollten. In der chinesischen Chronik *Wei Shu* (551 bis 554 n. Chr. von Wei Shou verfasst), welche die Geschichte der Nördlichen Wei-Dynastie darstellt, die ab 386 n. Chr. anderthalb Jahrhunderte an der Macht war, ist wie in anderen Chroniken dieser Zeit genau festgehalten, wann die Ernten schlecht waren und wann es extreme Wetterereignisse gab, zum Beispiel schwere Dürren oder Überflutungen. Diese bereiteten den Verantwortlichen beträchtliche Sorgen – insbesondere, weil sie die Landbevölkerung veranlassten, in den Städten Zuflucht zu suchen, vor allem in der Hauptstadt Pingcheng (dem heutigen Datong in der Provinz Shanxi). Deren Bevölkerung könnte um die Mitte des 5. Jahrhunderts bis zu eine Million Menschen umfasst haben. Die Stadt liegt am Übergang von halbtrockener Grassteppe zur Feuchtzone, die eine intensive Landwirtschaft begünstigte. Hier trafen also die Vorteile, Probleme und Erzeugnisse beider Gebiete zusammen.

Es war nicht unmöglich, nicht einmal unbedingt schwierig, hier eine große und wachsende Bevölkerung zu versorgen. Die Bedürfnisse mussten nur vorhersehbar und kalkulierbar sein. Im Jahr 469 zum Beispiel, und dann nochmals sechs Jahre später, gab es kaiserliche Anordnungen, dass aus anderen Teilen des Nördlichen Wei Getreide nach Pingcheng zu bringen sei. Manche Historiker sehen schon darin Anzeichen bedenklicher Knappheit in einer Zeit, die «in Nordchina eine außerordentlich kühle Phase war». Doch das größere Problem war die Unsicherheit aufgrund spontaner Bevölkerungsbewegungen, die eine vorausschauende Planung unmöglich machten. Probleme bereiteten nicht die um gut ein Grad Celsius tieferen Temperaturen – wie für das späte 5. Jahrhundert bezeugt –, sondern die fehlende Gewissheit, Nahrungsmittel dort bereitstellen zu können, wo sie benötigt wurden, und zwar zur richtigen Zeit und zu erschwinglichen Preisen. Welchen Druck diese Kalkulationsunsicherheit nach sich zog, wird aus der Tatsache ersichtlich, dass wegen der Nahrungsmittelknappheit im Jahr 486 geschätzt mehr als die Hälfte der Einwohner Pingchengs in Panik aus der Stadt floh.[93]

Die Entscheidung von Kaiser Xiaowen, im Jahr 493 seine Hauptstadt von Pingcheng weiter südlich nach Luoyang zu verlegen, war zum großen Teil politisch motiviert. Er machte sich dabei den Zusammenbruch des Staates Liu Song im Süden seines Reiches zunutze und verlegte seine Hauptstadt bewusst dorthin. Gleichwohl machte es dieser Umzug in eine ökologisch weniger problematische und leichter nachhaltig zu besiedelnde Gegend möglich, dass der Kaiserhof seine Macht nach Süden ausdehnen und einen echten Neuanfang starten konnte. Die Bedeutung des Südens war im Zeichen der Nahrungsmittelkrise im Norden zuvor schon übertrieben herausgestrichen worden.

Dieser Umzug war also keine unwichtige – und auch keine billige – Angelegenheit, beherbergte Pingcheng doch mehr als 6000 Tempel und fast 80 000 Mönche und Nonnen. Für sie waren in Luoyang und im Longmen-Komplex von Höhlen, Grotten und Schreinen, die dem Buddha, dem Buddhismus und der buddhistischen Lehre gewidmet waren, erhebliche Investitionen erforderlich. Diese kaiserliche Förderung war eine klare Absichtserklärung: Diese Stadt und diese Stätten erfreuten sich höchsten kaiserlichen Wohlwollens. Die Longmen-Höhlen wurden später, während der Tang-Dynastie (618 bis 907), von Kunsthandwerkern nochmals erweitert.

Das ungewöhnliche Ausmaß der Transformation dieser religiösen Stätten, wie überhaupt die Umgestaltung von Luoyang als Oberzentrum, bewog spätere Kommentatoren wie Peng Gang, einen Mandarin der Ming-Dynastie (1368 bis 1644), zu einer warnenden Bemerkung: Der anschließende «Zusammenbruch des Staates Nördliches Wei» sei das Ergebnis «seiner übermäßigen Zahl von steinernen Buddhas» gewesen.[94]

Das war natürlich als Mahnung an die zeitgenössischen Herrscher gedacht, die viel Geld für Prestigeobjekte ausgaben – ein ständiger Aderlass für die Staatsfinanzen und zugleich eine erwünschte Ablenkung für die Bevölkerung. Die rechte Balance zwischen der Absicherung der Macht und den Erfordernissen einer guten Regierung zu finden, zwischen Steuereintreibung und dem Gerechtigkeitsgebot, erforderte stets Kompromisse. Und die grundsätzlichen Schwierigkeiten dieses Balanceakts konnten jederzeit durch ein ganzes Spektrum von Herausforderungen verschärft werden: Aufstände, Krieg mit Nachbarn, Wetterkapriolen, die zu Ernteausfällen führten, aber auch echte Klimaveränderungen, die zu grundlegenderen Veränderungen führten.

In diesem Sinne hing viel davon ab, wie die Risiken vorab bewertet wurden und wie man in Echtzeit auf die Bedrohungen reagierte. Bei allen Katastrophen haben immer die Ärmeren eine wesentlich größere Last zu tragen. In modernen Untersuchungen wird stets betont, dass der Anteil der Besitzlosen an der Gesamtbevölkerung der entscheidende Faktor ist, wenn es um die Anfälligkeit für sozioökonomischen Druck und Hungersnot geht. Man kann es auch ganz einfach sagen: Je größer die Zahl der Armen, desto größer das Risiko für Nahrungsmittelknappheit, Hunger und staatlichen Kollaps.[95] So überrascht es kaum, dass gar nicht so viel Chaos erforderlich war, um die staatliche Balance grundlegend durcheinanderzubringen. Die Folgen indes konnten nicht nur dramatisch sein, manchmal konnten sie die Welt auch völlig neu gestalten.

ZEHNTES KAPITEL

Die Krisenzeit der Spätantike

(500 bis 600 n. Chr.)

Was nützen tausend Kisten mit Perlen dem,
der hungert und friert?
Kaiser Senka (um 530 n. Chr.)

Veränderungen der Klimabedingungen, die Menschen ins Unglück stürzten, erhielten bei Kommentatoren seit jeher die größte Aufmerksamkeit. Aber es können auch die weniger beachteten Auswirkungen eines Klimawandels auf Flora und Fauna kurzfristig wie langfristig bedeutsam und dramatisch sein. Heuschreckenzüge zum Beispiel sind eng mit Wettermustern verbunden. Studien zum Auftreten von Heuschreckenplagen in China – es geht dabei um die Wanderheuschrecke *Locusta migratoria manilensis* – über zwei Jahrtausende hinweg haben gezeigt, dass diese in kalten und trockenen Perioden besonders zahlreich anzutreffen sind. Darüber hinaus wurden Verbindungen zwischen Heuschreckenplagen und einer überdurchschnittlichen Häufigkeit von Überflutungen und Dürren gezogen, zumindest im Unterlaufbereich des Jangtse.[1] Auch Arbeiten zum Auftreten von Heuschreckenschwärmen im 20. Jahrhundert im Gebiet des Gelben Flusses (Huang Ho) und des Huai-Flusses (Huai Ho) weisen auf eine starke Korrelation zu El-Niño-Episoden hin; dabei kam es zu Heuschreckenplagen immer im ersten oder zweiten Jahr danach.[2]

Bei Heuschrecken treten je nach Populationsdichte hormonale

Veränderungen auf, die zu morphologischen Veränderungen führen, zum Beispiel bei Färbung, Körperbau und Flügelgröße. Wenn es dazu kommt, versammeln sich Wanderheuschrecken in Schwärmen, die Millionen, ja sogar bis zu zwei Milliarden Tiere umfassen, und richten Verheerungen an, indem sie Felder, Grünpflanzen und Baumrinden kahlfressen. Sie können ihr Gewicht dabei in nur einem Tag verdoppeln.[3] Daher überrascht es nicht, dass Heuschrecken und die von ihnen verursachten Schäden in vielen antiken Texten eine prominente Rolle spielen – von den Upanischaden bis zu den Zeugnissen der mesopotamischen, ägyptischen und chinesischen Zivilisationen und noch darüber hinaus.[4]

Die biblischen Texte maßen den Schwärmen und den von ihnen ausgehenden Bedrohungen und Schäden eine große Bedeutung bei. Oft setzten sie das Auftreten der Heuschrecken samt Ernteschäden in direkte Beziehung zu göttlichen Strafen – was naheliegt, weil diese Insektenschwärme direkt aus dem Himmel zu kommen schienen. Auch die Römer machten sich entsprechende Sorgen, weil die Heuschreckenschwärme periodisch von Afrika aus auf Italien übergriffen. Wenn sie kamen, suchte die Bevölkerung Rat in den Sibyllinischen Büchern, einer Sammlung von Orakelsprüchen, die in der Hauptstadt aufbewahrt wurde. Es ging vor allem darum, wie man Hunger und die anderen von den Insekten verursachten Probleme bewältigen konnte.[5]

Veränderungen der Klimamuster konnten zu häufigeren Ausbrüchen von Krankheiten führen, die durch Zwischenträger – wie Mücken oder Nagetiere – übertragen wurden, zum Beispiel nach ungewöhnlich starken Regenfällen. Drei der tödlichsten Pandemien in den letzten 2000 Jahren – die Justinianische Pest im 6. Jahrhundert, der «Schwarze Tod» in den 1340er Jahren und die Pest im 17. Jahrhundert – wurden tatsächlich durch Klimaveränderungen stark beeinflusst. In allen Fällen führten wärmere Frühjahre und feuchtere Sommer dazu, dass das Vorkommen jenes Bakteriums, das die Beulenpest (*Yersinia pestis*) verursacht, scharf nach oben ausschlug. Das allein aber hätte noch nicht ausgereicht, um derart horrende Massensterben bei den Menschen auszulösen. Dies setzte auch etablierte Routen (zum Beispiel Handelsstraßen) voraus, auf denen die Krankheit von Pestbrennpunkten aus schnell weiterverbreitet werden konnte, sowie Wirtsorganismen (zum Beispiel Menschen), die dicht genug zusammenlebten, um einander schnell anzustecken.[6]

Letzteres gilt auch für eine Reihe anderer Infektionskrankheiten, zum Beispiel für Malaria, nur muss man das Infektionsgeschehen hier, wie auch im Falle anderer Krankheitserreger, durch Mikroanalysen auf lokaler Ebene detaillierter erklären als im Falle der Pest. Zu beachten sind dabei signifikante Variablen der Geographie, der Niederschlagsverhältnisse, der klimatischen und menschlichen Aktivitäten, aber auch der Konkurrenzkampf unter den Mückenarten um die besten Brutplätze. Manche Mückenarten sind überdies gar nicht in der Lage, Malaria auf Menschen zu übertragen.[7]

Ein Bewusstsein für Krankheitsrisiken und gesundheitliche Gefahren beschäftigte die Menschen früherer Zeiten intensiv. Berichte über die Gesundheit und entsprechende Nachfragen sind Standardthemen in den Briefen sämtlicher Kulturen – obwohl die Briefschreiber aller Zeiten ihre Leiden und ihre Wehwehchen tendenziell lieber erwähnten als einen guten gesundheitlichen Zustand. In einem um 400 n. Chr. verfassten Brief aus China heißt es allerdings ungewöhnlich positiv: «Mutter ist mit einer guten Gesundheit gesegnet, und alle hier sind wohlauf»; doch niemand könne das als für selbstverständlich ansehen: «Wir sind in ständiger Sorge wegen eines möglichen weiteren Malaria-Ausbruchs.»[8]

Für die Menschen war es nicht immer einfach, mit Klimaveränderungen zurechtzukommen. Ein gutes Beispiel ist ein Klimawechsel im peruanischen Andenbereich. Der Wandel von günstigen Bedingungen, die im Patacancha-Hochtal in der südperuanischen Region Cusco eine intensive Landwirtschaft ermöglicht hatten, lässt sich am gesunkenen Pollenniveau von Weidegräsern und Quinoa erkennen, einer wichtigen Nutzpflanze, aber auch am Vorkommen des Beifußblättrigen Taubenkrauts (*Ambrosia artemisiifolia*) – einer Unkrautpflanze, die in gestörten Böden gedeiht und deshalb ein nützlicher Indikator für menschliche Landschaftseingriffe und landwirtschaftliche Bodennutzung ist. Das Schrumpfen der Landwirtschaft, wahrscheinlich infolge eines lang anhaltenden Temperaturrückgangs – es gibt dafür Belege im Gletscherbereich der Anden, aber auch in Eisbohrkernen vom Nevado Huascarán (dem höchsten Berg Perus) –, veranlasste einen Wandel des Lebensstils hin zur nomadischen Viehwirtschaft, um mit den neuen Umweltbedingungen fertigzuwerden, die weit anstrengender waren als zuvor.[9]

Sich an solche Umstände anzupassen, war nicht leicht, zumal an Orten, wo die ökologische Balance ohnehin prekär war. Im Südwesten der USA zum Beispiel war die Verfügbarkeit von Wasser einer der Schlüsselfaktoren, die über Siedlungs- und Existenzstrategien entschieden, auch über demographische Entwicklungen (einschließlich Migration). Die Verfügbarkeit von Wasser war gleichermaßen zentral für die Möglichkeit, überhaupt Landwirtschaft zu betreiben, das gesamte agrarische Potenzial hing davon ab.[10] Eine massive Dürreperiode im zweiten nachchristlichen Jahrhundert (die nach Analyse von Baumjahresringen rund fünfzig Jahre andauerte) bedeutete für Flora und Fauna im Einzugsgebiet des Rio Grande eine massive Belastung.[11] Solche Klimawechsel beeinträchtigen das Pflanzenwachstum, entziehen Tieren ihre Nahrungsgrundlage und bereiten den Menschen, die auf beides angewiesen sind, größte Probleme.[12] Der Umweltdruck war schließlich so groß, dass die menschliche Bevölkerung Holzfeuer nutzen musste, um Höhleneis zu schmelzen, damit überhaupt Wasser zur Verfügung stand.[13]

Umweltbelastung und Dürre im Südwesten Nordamerikas hatten anscheinend mit dem hohen Maß an Sonneneinstrahlung zu tun, das auch für die Römische Warmzeit sowie für Wärmeanomalien auf der gesamten Nordhalbkugel verantwortlich war.[14] In anderen Regionen gab es dafür überdurchschnittliche Regenfälle – etwa im Mexikanischen Hochland, wo nach einem abrupten Anstieg der Niederschläge um ca. 60 Prozent rund dreihundert Jahre lang die höchsten und nachhaltigsten Regenfälle im Zeitraum der letzten zwei Jahrtausende zu verzeichnen waren.[15] Hier führte die größere Verfügbarkeit von Wasser zur Ausweitung der bewässerten Landwirtschaft und zur Zunahme der Bevölkerung – was wiederum

Grundlage für eine erhöhte Bautätigkeit in der Monumentalarchitektur war, sowohl in Teotihuacán als auch in Cholula im Puebla-Tal. Dies war allerdings kein Prozess problemlosen Wachstums und Wohlstands, was sich unter anderem darin zeigt, dass um 250 n. Chr. die Bautätigkeit eingestellt wurde und fast um dieselbe Zeit auch die Pyramide der Gefiederten Schlange in Xochicalco am Fuße des Popocatepetl entweiht wurde. Die Ursache der mit der Entweihung zusammenhängenden Unruhen ist nicht völlig geklärt, aber sie lässt sich am besten als wichtige Neukalibrierung im politischen System der Stadt verstehen, als Zeichen der Unausgewogenheit in den Beziehungen zwischen den Eliten und dem Rest der Bevölkerung sowie als eine Krise enttäuschter Erwartungen, vielleicht angesichts des Bevölkerungsdrucks auf die natürlichen Ressourcen.[16]

Im Falle der Mexikanischen Hochebene ermöglichten die zusätzlichen Wasserressourcen infolge höherer Niederschläge viel Gutes und neue Chancen. Anderswo wurden die höheren Niederschlagsmengen jedoch zum Problem. Während im Allgemeinen gilt, dass das Wachstum der Vegetation eng mit Klimamustern verbunden ist, also mit höherer landwirtschaftlicher Produktivität im Gefolge feuchter, warmer Sommer, gab es, besonders in tropischen Regionen, nun ein Problem mit zu schnellem Pflanzenwachstum.[17] Dort musste der Pflanzenwuchs zurückgedrängt werden, um menschliche Siedlungen überhaupt zu ermöglichen, und anschließend musste die Natur ständig unter Kontrolle gehalten werden.

Der Regenwald im heutigen Kongo bietet ein gutes Beispiel dafür, welche Schwierigkeiten erhöhte Niederschläge mit sich bringen können. Ursprünglich war die Einwanderung von Bantu sprechenden Stämmen in diese Gebiete durch eine Ausdünnung der Wälder in den Jahrhunderten nach 400 v. Chr. erleichtert worden, denn so konnten die Siedler sich schnell über ein riesiges Gebiet ausbreiten. Belegt wird diese Ausdehnung durch Keramikfunde an zahlreichen Stätten, und zwar in mehreren unterschiedlichen Stilen.[18] Vier Jahrhunderte später, im 1. Jahrhundert n. Chr., führte ein markanter Klimawandel zu feuchterem Wetter und zu extrem schnellem Wachstum fruchtbarer Bäume, wodurch sich der Charakter des Waldes grundlegend änderte. Er wurde dichter und zunehmend feuchter. Diese hohe Feuchtigkeit muss die agrarische Nahrungsmittelproduktion erheblich behindert haben. Die Lebensbedingungen verschlechterten sich, und es kam für die Siedler zu substanziellen Ernährungsproblemen. Dies war dann zumindest teilweise der Grund für eine dramatische Abnahme der Bevölkerungsdichte. Bei neueren Forschungen ergab sich jedoch, dass auch epidemische Krankheiten beim Bevölkerungskollaps in dieser Region um 400 n. Chr. eine Rolle spielten.[19]

Stärkere Regenfälle und höhere Temperaturen machten das Leben an manchen Orten leichter, an anderen jedoch härter, wenn nicht gar unmöglich. Wir haben bereits gesehen, dass der Aufstieg großer Reiche ganze Landschaften nachhaltig verändern konnte – durch die Anforderungen von wachsenden Bevölkerungen, Urbanisierung und die damit verbundenen Konsummuster. Der Niedergang von Reichen konnte das Gleiche bewirken. Als sich die westlichen Provinzen des Römischen Reiches in einer langen Phase des Abstiegs befanden, änderte sich auch ihr botanischer Fußabdruck. Felder, auf denen man einst Luzernen für die Pferde der kaiserlichen Armeen und das Vieh angebaut hatte, wurden jetzt mit neuen Feldfrüchten besetzt, oder sie blieben Brachen. Von der Vegetation her gesehen, führte Roms Niedergang zum Siegeszug des Roggens in ganz Europa zwischen dem 4. und 8. Jahrhundert n. Chr. Eine Reihe geächteter Pflanzen verbreitete sich auf natürliche Weise von Süden nach Norden und seltsamerweise nicht konform mit den großen Völkerwanderungszügen von Ost nach West. Die meisten Kommentatoren, die sich zum Niedergang des Römischen Reiches äußerten, widmeten sich verständlicherweise den menschlichen Aspekten dieses Vorgangs, etwa dem Zusammenbruch von Handelsnetzen, verringerter Mobilität und einem reduzierten Bildungsniveau. Es ist jedoch nicht ganz unwichtig, dass zu den Ergebnissen dieses Prozesses auch bedeutende ökologische Veränderungen gehörten.[20]

Schriftsteller, Dichter, Musiker und andere kreative Geister stellten die Natur fast immer idealisiert dar – als stabile, wohlgesinnte Natur, die unter menschlicher Kontrolle stand. Der Mensch hatte die Handlungs- und Gestaltungsmacht, auch wenn das nicht immer so klar gesagt wurde. Es hatte manchmal sogar etwas von Taschenspielertricks und Gaukelei an sich, etwa im Falle des chinesischen Dichters Xie Lingyun (385 bis 433 n. Chr.) und seiner «Rhapsodie über das Leben in den Bergen». Er beschreibt darin die Freuden eines zurückgezogenen Lebens, umringt von Pflanzen und Tieren, an verschiedenen idyllischen Orten. Zugleich aber arbeitete er nachweislich intensiv an einem massiven Erweiterungs- und Renovierungsprojekt im Landgut seiner Familie. Dass er dies tat – und vor allem, dass er sich dies leisten konnte –, bedeutet, dass die von ihm beschriebenen Szenen klar das Ergebnis menschlicher Eingriffe in die Landschaft waren und nicht Zeichen der Einordnung des Menschen in eine schon vorhandene natürliche Umgebung, um dort seine innere Ruhe zu finden.[21] Gärten anzulegen, die als Spiegel des himmlischen Paradieses galten – in Konstantinopel, der Hauptstadt des Byzantinischen Kaiserreichs, ebenso wie in Syrien, Jordanien und dem Irak nach der Eroberung durch die Araber oder in Agra im nordindischen Mogulreich oder auch im heutigen Gloucestershire –, war und ist ja gut und schön. Aber formelle, kultivierte Gärten, stets bewundert und sehr gefragt, benötigten eben auch Gärtnerinnen und Gärtner – und reflektierten somit Wohlstand und Status derer, die sich solche Anlagen leisten konnten.[22]

Die gleiche Doppelbödigkeit bei idealisierten Darstellungen der Natur zeigt sich auch in buddhistischen Texten. Viele von ihnen sind der Natur gegenüber feindlich eingestellt, etwa das *Vessantara Jātaka*, eine Erzählung, deren Botschaft nicht lautete, dass man die Natur respektieren müsse; vielmehr solle man sie zähmen. Überdies waren viele spätere Romantisierungen der Natur oft Reflexionen über ihren Verlust infolge menschlicher Eingriffe oder übermäßiger Ausbeutung. Im Falle Japans war der Fokus auf Pflanzen eng mit mönchischer Kontrolle über natürliche Ressourcen verbunden, die sich zu Geld machen ließen, besonders Felder und Wälder.[23]

Selbst im Hinblick auf Wüsten und unfruchtbare Orte waren die Einstellungen doppelbödig, besonders in der theologischen Literatur: Entlegene, verlassene Orte wurden quer durch die Religionen als Orte idealisiert, an denen man mit dem Göttlichen Zwiesprache halten konnte – Orte, wo Gottes Stimme zu hören war, wie die abrahamitischen Religionen (Judaismus, Christentum und Islam) glaubten. Höhlen und Einsiedeleien weitab der Städte und Dörfer hatten auch im Hinduismus, Buddhismus und Jainismus wichtige Bedeutung. In vielen Religionen war die Kommunikation mit dem Göttlichen oder mit höheren spirituellen Ebenen ganz wesentlich damit verbunden, sich von den Mitmenschen abzusondern – oft, wie gesagt, indem man sich Orte suchte, die gerade nicht grün, üppig und fruchtbar waren, sondern, im Gegenteil, trocken, abweisend und strafend. Ironischerweise erlangten jene, die sich in Höhlen und in die Wüste zurückgezogen hatten, bisweilen solchen Ruhm, dass Anhänger und Nachahmer sich von ihnen angezogen fühlten – mit dem Ergebnis, dass Klöster und Zellenkomplexe diese Orte, die eigentlich der Selbstisolation dienen sollten, in geschäftige Gemeinschaftsorte eigenen Rechts verwandelten, wie auf dem Sinai, in Dunhuang oder in Ellora vor der Küste von Mumbai. Dadurch wurde das eigentliche Ziel, dem geschäftigen Leben zu entkommen oder spirituelle Erfüllung im Glauben zu finden, umso schwerer erreichbar.

In der indischen Literatur von vor 1500 Jahren findet sich eine große Vielfalt poetischer Ausdrucksweisen für die Jahreszeiten. Manche Genres konzentrierten sich auf die sechs Jahreszeiten (*sadritu*) und die vier Regenmonate (*chaumasa*) oder auf den Zwölfmonatszyklus wechselnder Wetterbedingungen und unterschiedlicher Jahreszeiten (*barahmasa*).[24] Textsammlungen wie das wahrscheinlich im 6. Jahrhundert n. Chr. verfasste *Viṣṅudharmottarapurāṅa*, in denen Informationen aus unterschiedlichen Abhandlungen über Dichtung, Musik und Astronomie zusammengetragen wurden, stellen die Jahreszeiten als Teil eines vorhersehbaren, wiederkehrenden Zyklus dar, der von Menschen antizipiert werden kann – ohne darauf einzugehen, dass es kurzfristig wie langfristig beträchtliche Abweichungen geben kann. Sommer sind dort stets qualvoll, Frühjahre blütenreich.[25]

Die Vorstellung, die Natur könne vom Menschen verstanden, kontrolliert und gestaltet werden, blendet die Realität ungewöhnlicher und schwerwiegender Wetterbedingungen – oder anderer dramatischer Zwischenfälle, etwa Naturkatastrophen – völlig aus. Im Mittelmeer kamen zum Beispiel regelmäßig Tsunamis vor, darunter auch solche, die außerordentliche Wucht und Zerstörung mit sich brachten. Caesarea, im heutigen Israel gelegen, beherbergte zum Beispiel einen riesigen Hafen, dessen Fundamente und Pieranlagen aus schnell trocknendem hydraulischem Zement, aus Vesuvasche (die aus Italien herbeigeschafft wurde), Kieselsteinen und Schutt (aus Kleinasien, Zypern und Griechenland) gebaut waren. Dieser Hafen wurde viermal von riesigen Flutwellen getroffen: in den Jahren 115, 551, 749 und 1202 n. Chr. Jedes Mal entstanden substanzielle Schäden.[26]

Auch andere Erdbeben und Tsunamis waren verheerend, wie der Bericht über ein Seebeben aus dem Jahr 365 n. Chr. zeigt. «Kurz nach Sonnenaufgang», schrieb der römische Historiker Ammianus Marcellinus, begann «die ganze Erde, so fest sie auch sein mag, zu zittern und wurde erschüttert, und das Meer teilte sich und trat mit rückwärts strömenden Fluten zurück». Viele Schiffe strandeten auf dem trockenen Land, und die Leute konnten am Strand mit ihren Händen Fische einsammeln. Doch dann «erhoben sich die Meereswogen wie im Zorn über den erzwungenen Rückzug in umgekehrter Richtung und brachen durch die brodelnden Untiefen über Inseln und weit ausgedehnte Strecken des Festlands mit Gewalt herein». Sie brachten nun zahlreiche Gebäude zum Einsturz, töteten Tausende und veränderten das Antlitz der Erde.[27] Manche Historiker sehen in dieser Schilderung nur eine dramatische Aufbauschung des Autors, der ein lokales Ereignis zur Weltkatastrophe stilisiert habe. Doch die Küste Kretas wurde tatsächlich um bis zu neun Meter angehoben – wahrscheinlich als Resultat mehrerer seismischer Aktivitäten, nicht nur eines einzelnen Ereignisses.[28]

Vulkanexplosionen konnten ebenso verheerende Wirkungen haben, wie der Ausbruch des Ilopango im heutigen El Salvador zeigt. Die enorme Gewalt dieser auf das Jahr 431 n. Chr. datierbaren Eruption war erstaunlich, sie war eine der stärksten der letzten Jahrtausende. Modellierungen anhand der gigantischen Ascheablagerungen – etwa in der «Jungen weißen Erde» (Tierra Blanca Joven) im Umkreis des Vulkankraters – kommen zu dem Schluss, dass rund 85 Kubikkilometer Gesteinsmaterial in einer fast 30 Kilometer hohen Säule herausgeschleudert wurden.[29] Die Vulkanasche führte mit Sicherheit zu einer chemischen Veränderung des Meerwassers im Pazifik; sie wirkte wie eine Düngung und förderte das Wachstum der Meereslebewesen, was wiederum in den Folgejahren zu Veränderungen im CO_2- und Sauerstoffgehalt der Atmosphäre führte. Wahrscheinlich sanken durch den Ausbruch auch die Temperaturen weltweit um ein halbes Grad Celsius. Das zeigen Eisbohrkerne aus der Antarktis, woraus zu schließen ist, dass die Auswirkungen auf der Südhalbkugel markanter waren als im Norden. Alles Leben im Umkreis von 80 Kilometern um den Ilopango-Vulkankrater ging zugrunde, auch die Vegetation, die Jahrzehnte benötigte, um sich zu regenerieren.[30]

Durch die bisher noch mangelhafte Datenlage ist es schwierig, die Folgen des Ausbruchs auf das Klima in Mittelamerika zu bestimmen, doch solche Forschungen könnten in Zukunft nachgeholt werden. Die Analyse von Baumjahresringen in Zentralchina lässt darauf schließen, dass es eine Trockenperiode war. Daraus ergibt sich die Frage, ob dies mit dem Ilopango-Ausbruch, mit einer Abkühlungsphase infolge einer Reduktion der Sonnenfleckenaktivität oder mit beiden Faktoren zusammenhängt. Ferner ist zu fragen, ob vom Klima ausgehender Druck eine Rolle bei der politischen Konsolidierungswelle in China spielte oder nicht. Gleiches gilt für die großen Migrationsbewegungen der nomadischen Reitervölker in dieser Epoche («Völkerwanderung»). In diesem Fall haben Historiker die These aufgestellt, dass klimatischer Druck auf die Steppenvegetation als Katalysator für die Bewegung der Steppenvölker nach Westen diente.[31] Die wichtigste und folgenreichste dieser Bewegungen war der Hunnenzug unter ihrem neuen mächtigen Führer Attila, der ungefähr ein Jahrzehnt nach dem Ilopango-Ausbruch vom heutigen Ungarn aus begann.[32]

In solchen Kontexten kann auch eine langfristige Perspektive nicht schaden. Von Zeit zu Zeit, schrieb der griechische Historiker Polybios (200 bis 120 v. Chr.), werden «durch Überschwemmungen, Seuchen, Misswachs und andere ähnliche Ursachen die Menschen dahingerafft (…), wobei auch alle Kulturerrungenschaften verlorengehen.» Damit müsse man rechnen, denn «dies ist, wie wir wissen, schon geschehen und wird sich notwendig noch oft wiederholen». Aber wie schlimm auch immer die Lage dann erscheine, die menschliche Bevölkerung werde sich erholen und erneuern, «wie aus einem Samen».[33]

Diese Perspektive ist bewundernswert und im Großen und Ganzen auch korrekt. Doch manche Katastrophen sind einfach schlimmer als andere und können im Lichte der verursachten Verheerungen durchaus apokalyptisch genannt werden. In der ersten Hälfte des 6. Jahrhunderts n. Chr. zum Beispiel brachte eine ganze Reihe klimabedingter Phänomene Veränderungen von größter Tragweite auf der ganzen Welt hervor. Entscheidend war dabei eine Serie großer Vulkanausbrüche in den 530er und 540er Jahren. Analysen von Baumjahresringen im Altaigebirge und den österreichischen Alpen sowie Eiskernbohrungen aus beiden Polregionen verwiesen auf steile Temperaturabfälle in dieser Zeit, die durch eine verringerte Sonnenaktivität noch verstärkt wurden. Auch die Ozeane, deren Abkühlung bereits zuvor eingesetzt hatte, trugen zur Verschärfung der Gesamtabkühlung bei.[34]

Die Daten der Eiskernbohrungen zeigen, dass es nicht mit einer einzigen großen Eruption begann, sondern es mindestens zwei große und möglicherweise noch viele weitere kleinere Eruptionen gab. Die beteiligten Vulkane lagen in Nordamerika, Island und/oder auf der Halbinsel Kamtschatka. Zu datieren ist das Geschehen auf die Jahre um 536 und um 540.[35] Im darauffolgenden Jahrzehnt begann dann noch eine Serie tropischer Vulkanausbrüche, die gravierende Langzeitwirkungen hatte, besonders wegen der Sulfatablagerungen.[36] Obwohl viele Historiker das Gegenteil behaupten, gehörte die Ilopango-Eruption nicht in diese Serie, denn der Ilopango war schon ein Jahrhundert früher, im Jahr 431, ausgebrochen (diese Eruption gehörte sogar zu den zehn heftigsten der letzten 7000 Jahre). Die falsche Datierung beruht auf Fehlinterpretationen von Radiokarbondaten.[37] Die besagten Cluster von Vulkanausbrüchen hatten eine Art Maschinengewehreffekt, und daraus lässt sich wenigstens zum Teil auch erklären, warum die Gesamtwirkung so gravierend war. Die zeitliche Abfolge und die Explosionsorte spielten eine entscheidende Rolle.[38] Nach Ansicht mancher Wissenschaftler rührte wenigstens eine der großen Eruptionen von einem Vulkan am Meeresboden her. Das würde zum Beispiel erklären, warum Mikroorganismen, die nur in warmem Wasser gedeihen, in Eisbohrkernen aus Grönland gefunden wurden.[39] Insgesamt führten die vulkanischen Aktivitäten dazu, dass die Temperaturen massiv sanken. Wie ein Historiker schrieb, «waren die 530er und 540er Jahre nicht bloß kalt, sie waren die kältesten Jahrzehnte des späten Holozäns».[40]

Die Eruptionen schleuderten Unmengen von Gesteinsmaterial und Vulkanasche in die Atmosphäre; es bildete sich ein «Staubschleier», die Sonne war, wenn überhaupt, nur noch stundenweise zu sehen. Zeitgenössische Kommentatoren schilderten die Klimaanomalien ausführlich. Der byzantinische Autor Prokopios von Caesarea (er lebte von ca. 500 bis ca. 560) schrieb über die Jahre 536/37, sie seien eine Zeit schlimmer Vorzeichen gewesen. Die Sonne habe so wenig Licht und Wärme gespendet, dass sie dem Mond ähnlich geworden sei. Und der oströmische Beamte und Autor Johannes Lydos (490 bis 565) hielt fest, die Sonne sei durch Staubwolken so verdunkelt worden, dass sie fast ein Jahr lang kaum noch zu sehen war. Im chinesischen Geschichtswerk *Nanshi* («Geschichte der Südlichen Dynastien»), das Mitte des 7. Jahrhunderts in der Tang-Dynastie zusammengestellt wurde, ist vermerkt, dass Mitte der 530er Jahre «gelber Staub wie Schnee» gefallen sei, was wahrscheinlich ein Hinweis auf Schwefelkristalle und Vulkanasche ist, die auf die Erde zurückfielen, nachdem die entfernten Vulkane sie hoch in die Atmosphäre geschleudert hatten.[41]

Die starke Abkühlung war jedoch nicht einmal die schlimmste Auswirkung der massiven Vulkanaktivitäten. Denn mit Sicherheit kam es zu Ernteausfällen. Pflanzen sind natürlich auch kälteempfindlich, zumal in größeren Höhen und höheren Breitengraden.[42] Entscheidender ist jedoch, dass die für die Flora – Wildpflanzen wie Feldfrüchte – so wichtige Photosynthese nur bei genügend Sonnenlicht funktioniert; und genau das verhinderten die Staubschleier. Fallen Sonnenlicht und -wärme jedoch weitgehend oder komplett aus, haben die Pflanzen unweigerlich zu leiden, oder sie sterben ganz ab. Ernteausfälle und Ernährungskrisen sind dann unvermeidlich.[43]

Einzelne Forscher gehen davon aus, dass es in einigen chinesischen Gebieten nördlich des Gelben Flusses zu einem Bevölkerungsrückgang von 70 Prozent oder mehr kam, doch die Belege für solche Behauptungen sind eher schwach.[44] In Berichten über diese Zeit stehen allenthalben Hunger und Nahrungsmittelknappheit im Vordergrund – von den irischen *Annalen von Ulster*, in denen zu lesen ist, dass es «kein Brot gab», bis zum Autor einer frühen japanischen Chronik, der berichtete, Mitte der 530er Jahre habe Kaiser Senka geklagt: «Nahrung ist die Grundlage des Reiches. Gelbes Gold und zehntausend Schnüre mit Geld helfen nicht gegen Hunger. Was nützen tausend Kisten mit Perlen dem, der hungert und friert?»[45] Was alle Kommentatoren sagen wollten, ist klar: Materieller Reichtum ist gut und schön, aber er hilft nicht, wenn die Menschen nichts zu beißen haben.

Jahresringanalysen bei Borstenkiefern in San Francisco und die Rekonstruktion von Niederschlägen in New Mexico durch Klimamodelle zeigen, dass die 540er Jahre im Südwesten der heutigen Vereinigten Staaten extrem kalt waren. Kürzlich wurde in diesem Zusammenhang die These vertreten, diese Kälteperiode habe eine schnelle Zerstreuung der Bevölkerung um ebendiese Zeit herbeigeführt. Des Weiteren habe die Rückkehr der feuchtwarmen Wetterbedingungen im weiteren Verlauf des 6. Jahrhunderts dann auf der Colorado-Hochebene zu größeren sozioökonomischen Umwälzungen und Neugestaltungen geführt. Eine generationenlange Krise in einem riesigen Gebiet habe eine fortschrittliche Antwort gefunden: Landwirtschaftliches Wissen und neue Technologien hätten sich in dörflichen Gemeinschaften verbreitet, die ähnliche Muster sesshaften Lebens entwickelten (in Pueblo-Bauten). Neu hinzugekommen sei die verbreitete Domestizierung von Puten. Das alles habe schließlich auch als Katalysator für die Herausbildung komplexerer Gesellschaften gedient. Es seien immer mehr Dörfer entstanden und schließlich auch Hierarchien – somit alle grundlegenden Elemente der Anasazi-Kultur (auch Ältere Pueblo-Kultur genannt).[46]

Die dramatischen Klimaveränderungen hatten auch in Skandinavien erhebliche Auswirkungen. In Schweden kam es zu den größten Veränderungen von Siedlungsmustern innerhalb eines Zeitraums von sechs Jahrtausenden, als Hunderte von Dörfern aufgegeben wurden. In Dänemark kann ein starker Anstieg von Prestigeobjekten in Opferstätten als Ausdruck der Verzweiflung und dringender Appelle an die Götter gewertet werden, angesichts traumatischer Klimabedrängnis.[47] Das kalte Wetter und ganz besonders die Schwächung der Sonnenenergie waren so markant, dass sich die Weltvorstellungen veränderten. Der religiöse Glaube wurde beeinflusst, und neue Verhaltensweisen sollten als Warnungen für die Zukunft dienen. Führende Skandinavisten haben gezeigt, dass die vulkanischen Staubschleier von 536/37 als Vorbild für den *fimbulvetr* dienten, den «großen Winter» der nordischen Sagenwelt, in dem der «Schnee von allen Seiten kommt», starke Fröste und scharfe Winde alles beherrschen und wo «die Sonne nichts Gutes im Schilde führt».[48] All dies bildet in der nordischen Mythologie das Vorspiel zur «Ragnarök», dem Kampf der Götter mit den Riesen, der großen Schlacht am Ende der Welt.[49] Kinobesucher, die 2017 den Film *Thor –Tag der Entscheidung* sahen – mit weltweiten Einnahmen von fast einer Milliarde US-Dollar einer der größten Kassenschlager aller Zeiten –, hatten wohl kaum eine Ahnung, dass sie es einer Reihe von Vulkanausbrüchen um die Mitte des 6. Jahrhunderts verdankten, dass sie diese Art Nervenkitzel genießen konnten.

Das Jahrhundert des Wandels, das auf die Eruptionen folgte, hat bei Historikern beträchtliches Interesse gefunden. Für sie waren die Vulkanausbrüche und die damit verbundenen Klimafolgen der Beginn einer ganzen Ereigniskette. Diese umfasste «die Transformation des Oströmischen Reiches und den Zusammenbruch des

Sassanidenreiches, die Bewegungen, die von der asiatischen Steppe und der arabischen Halbinsel ausgingen, die Ausbreitung der slawischsprachigen Völker und die politischen Umstürze in China».[50] Wie wir noch sehen werden, kam es auf der ganzen Welt zu weiteren größeren Veränderungen: in Süd-, Mittel- und Nordamerika, in Afrika und in ganz Südasien. Zudem wurde dem Aufstieg des Islam der Weg bereitet und, nach dem Tod des Propheten Mohammed, ein riesiges arabisches Reich geschaffen.

Unbestritten ist, dass sich im Jahrhundert nach den Vulkaneruptionen zahlreiche sozioökonomische, politische und kulturelle Transformationen von außergewöhnlicher Größenordnung und Tragweite ereigneten. Trotzdem ist es vernünftiger, nicht kurzschlüssig die vulkanischen Aktivitäten und deren tatsächliche Folgen für alle soeben skizzierten Entwicklungen verantwortlich zu machen, im Sinne eines Kausalmodells von Ursache und Wirkung. Vielmehr verschärften die Vulkanausbrüche und ihre direkten Folgen bereits vorhandene Probleme. Es wurden Missstände und Brüche zutage gefördert, die dann radikale Veränderungen hervorbrachten. Die Nahrungsmittelknappheit zum Beispiel war mindestens so sehr ein Ergebnis von starkem Bevölkerungsdruck wie von Ernteausfällen. Hätte Kaiser Senkas Reich weniger Menschen zu versorgen gehabt, wäre die Ernährungskrise nicht so problematisch ausgefallen, wie er behauptete.

Die Anfälligkeit von großen Städten hatte, wie bereits gesehen, nicht nur mit dem Klima zu tun, sie kollabierten auch schnell, wenn sie überflutet wurden, wenn Handelsrouten verlegt wurden, Druck von außen wuchs oder wenn von allem etwas zusammenkam. Das zeigte sich zum Beispiel im Falle von Pātaliputra (dem heutigen Patna, am Südufer des Ganges gelegen). Pātaliputra wurde einst als die größte Stadt Indiens beschrieben, mit Bauwerken von solcher Schönheit, «wie sie keine menschlichen Hände dieser Welt schaffen könnten»; es war eine Stadt, die nicht nur großartig war, sondern auch «5000 Jahre Bestand haben» würde. Um 600 n. Chr. jedoch lag sie in Trümmern, wahrscheinlich infolge einer katastrophalen Überflutung nach anhaltenden Regenfällen, die den Ganges über die Ufer treten ließen. Was allerdings genau geschah, ist nach wie vor unklar.[51]

Mit Sicherheit befanden sich Anfang des 7. Jahrhunderts alle Handelsstädte in Nordwestindien im Niedergang, und das änderte sich auch in den folgenden zwei Jahrhunderten nicht. Damals hieß es in Beschreibungen, die ganze Region leide unter Wassermangel und sei voller Banditen. Für Invasionsarmeen würde sie wahrscheinlich zum Friedhof werden, denn die Soldaten würden verhungern. Derartige Zeugnisse werfen zwar Fragen auf hinsichtlich ihrer Intentionen und ihres Zielpublikums, aber es war tatsächlich so, dass sich die Bindungskräfte des Gupta-Reichs im Verlauf des späten 6. Jahrhunderts rasch aufgelöst hatten. Das ist eine ganz eigene Geschichte, zeigt sich doch hier die Fragilität von Staaten, die bestens organisiert waren, mit guter sozialer Schichtung und beträchtlichen Ressourcen.[52]

Insgesamt war es deshalb wohl kein Zufall, dass Gesellschaften, Völker und Kulturen von diesem Zeitalter der Umbrüche profitierten, die besser in der Lage waren, sich anzupassen oder sich bietende Gelegenheiten zu nutzen – etwa die Angeln und Sachsen, die ihre Rolle als Söldner im römischen Britannien in politische Herrschaft umzumünzen wussten, oder die Slawen auf dem Balkan, die Langobarden in Italien, die Berber in Nordafrika, die Araber am Rande der Wüste in Palästina, Syrien und im Irak, die Awaren in der Pontischen Steppe und die Hunnen im Süden Asiens. Sie alle konnten ihre Lage so stark aufwerten, dass sie nicht länger marginale Randgruppen waren, sondern Bedeutung erlangten oder gar zu Herrschern nach ihren eigenen Regeln wurden.[53]

Natürlich gab es unterschiedliche Trends in unterschiedlichen Regionen, aber das Gesamtbild zeigte auf jeden Fall, wie anfällig hierarchische, urbanisierte Gesellschaften waren. In einigen Teilen Europas, besonders im Nordwesten, wurden die Auswirkungen sich verschlechternder Lebensbedingungen dadurch abgemildert, dass das Klima dort schon in den Jahrzehnten zuvor beständig kühler und feuchter geworden war. Das hatte zu Innovationen geführt, etwa bei den Pflügen, die in neuer Form besser in der Lage waren, mit schweren Böden zurechtzukommen. Auch hatte man die Ernährung diversifiziert; es hing nicht mehr alles vom Ackerbau ab, sondern zum guten Teil auch von der Viehwirtschaft.

Manche Historiker haben auch darauf hingewiesen, dass die ständigen Invasionen und Angriffe der Barbaren zum Zusammenbruch ausgedehnter Versorgungsnetze führten, was lokale Gemeinschaften ermutigte, stärker lokal zu denken und autarker zu werden. Auf diese Weise entstanden automatisch Puffer gegen jene Art von Schwierigkeiten, mit denen urbane Bevölkerungen zu kämpfen hatten, die kaum in der Lage waren, bei Versorgungskrisen mit Nahrungsmitteln eigene, unabhängige Überlebensstrategien zu entwickeln.[54]

Mit Knappheiten zurechtzukommen, bereitete Sorgen in vielen Teilen der Welt, die um die Mitte des 6. Jahrhunderts unter der Schockwelle vulkanischer Aktivitäten litten. Im Indien der Gupta-Ära schreiben Gelehrte wie Varāhamihira über die Gefahren, die mit Staubschleiern am Himmel einhergingen. Er warnte, wenn diese Wetterlage drei oder vier Tage andauere, dann würden «Brotgetreide und Flüssigkeiten [und] saftige Substanzen zerstört»; dauere sie jedoch noch deutlich länger an, dann werde es zu «Meutereien in den Armeen des Königs» kommen.[55] Jainistische Texte wie *Titthogālī*, ungefähr um diese Zeit verfasst, bieten apokalyptische Visionen einer Welt, die von Fluten, Dürren, Hunger und Verfolgung beherrscht ist, und bieten so indirekt auch Einblicke in eine turbulente Zeit. Allerdings ist, wie einige Historiker zu Recht betonen, unklar, wie sehr man sich auf solche Darstellungen verlassen kann und bis zu welchem Grade sich in dieser epischen Darstellung Echos und Reaktionen auf andere Werke finden, die damals im Umlauf waren. In diesem Fall ist besonders an das bekannteste indische Epos, das *Mahābhārata*, zu denken.[56]

Sorgen und Ängste wegen Nahrungsmittelknappheit und politischen Verlagerungen waren auch für chinesische Historiker Themen von großem Interesse, speziell für jene, die versuchten, Einfluss auf kaiserliche Entscheidungen zu nehmen. Wu Jing, ein Hofbeamter der Tang-Dynastie, der im frühen 8. Jahrhundert schrieb, ging hart mit Kaiser Wen (Regierungszeit 581 bis 604) ins Gericht für die Art und Weise, wie er auf die Hungersnot nach einer großen Dürre reagierte. So habe dieser «nicht erlaubt, die gespeicherten Vorräte zu verteilen, um dem Volk Erleichterung zu verschaffen». Das aber sei Wahnsinn gewesen, schrieb Wu Jing. Bei seinem Tode habe Kaiser Wen über genug Getreidevorräte verfügt, um «50 oder 60 Jahre» damit auszukommen.[57] Die Tatsache, dass Kaiser Wen der Gründer der Sui-Dynastie war, die von der Tang-Dynastie im Jahr 617 abgelöst wurde, bedeutet natürlich, dass Wu Jings Bewertung mit der gebotenen Vorsicht zu betrachten ist. Gleichwohl ist seine Position klar: In Zeiten von Umweltkatastrophen sei es Aufgabe des Herrschers, Vorsorge für Mangellagen zu treffen und im Notfall Reserven zu verteilen, wenn solche Hilfe dringend benötigt werde. Übertriebene Vorratshaltung sei sinnlos, ausreichende Vorräte seien jedoch für Notlagen wichtig. Wer diesen Ratschlag missachte, riskiere unweigerlich «Gefahr und Ruin». Und natürlich verstand sich für Wu Jing von selbst, dass jenen, die dem Kaiser helfen könnten, «das Reich zu bewahren», wichtige Rollen am Hof zukämen. Noch wichtiger indes war die Lektion, die man aus dem Versagen Kaiser Wens gelernt hatte: Die Stabilität von Reichen hing von ihrer Widerstandsfähigkeit in Zeiten von klimatischem Druck ab. Hunger brachte nicht nur den Armen den Tod und dem Herrscher Ärger ein, er führte auch zum Untergang von Regimen.[58]

Gravierend waren die Auswirkungen der Klimaturbulenzen auch in Teotihuacán im mexikanischen Hochland, das um die Mitte des 6. Jahrhunderts eine Periode intensiver sozialer, politischer und religiöser Umwälzungen durchlief. Dazu gehörten die Entweihung und Zerstörung von Idolen und Kunstwerken mit Darstellungen jener Götter, die für Regenfälle zuständig waren, aber auch die systematische Zerstörung von Tempeln und Palastkomplexen. Gedeutet werden diese Unruhen meistens als Ausdruck tiefer Unzufriedenheit im Volk hinsichtlich der Reaktion der Eliten, als es um die Lösung ernster Probleme ging, vor allem angesichts des großen sozialen Drucks, der durch die ausbleibenden Niederschläge entstanden war. Darüber hinaus werden diese Unruhen meistens auch mit den Vulkaneruptionen in Verbindung gebracht.[59] Auf jeden Fall legt die weitgehende

Einstellung der Bautätigkeit an anderen Orten in Mittelamerika, vor allem solchen, die um 540 unter Kontrolle der Mayas standen, den Schluss nahe, dass das Ausmaß des Durcheinanders im unmittelbaren Anschluss an die Vulkanausbrüche wirklich spektakulär war.[60]

Um 600 war Teotihuacán nur noch ein Schatten seiner einstigen Größe, und auch staatliche Gebilde wie Monte Albán und Río Viejo erlebten Perioden des Niedergangs, als die Bevölkerungen die großen Städte verließen und lieber in kleineren urbanen Siedlungen lebten. Das hieß auch, dass sie lokale Eliten bevorzugten, die weniger ehrgeizig, geographisch nicht so weit vernetzt waren und über begrenztere Ressourcen verfügten. Die archäologischen Zeugnisse belegen eine beträchtliche Verkleinerung von Handelsnetzen, etwa am Beispiel von Obsidian, einem wertvollen vulkanischen Gesteinsglas, das nützlich und selten war und für wichtige Rituale benötigt wurde. In den Tälern entstanden neue Zentren wie Lambityeco, Jalieza und El Palmillo, doch keine dieser Städte erreichte auch nur annähernd die Größe jener, die in der Vergangenheit die mittelamerikanischen Kulturen beherrscht hatten.[61]

In Südamerika markierten die Vulkanausbrüche eine neue Phase in einer ohnehin schon verheerenden Serie von Umwelt- und Klimaveränderungen, die im 6. Jahrhundert durch immer häufigere gravierende El-Niño-Ereignisse nochmals verschärft wurden. Abwechselnd kam es zu schweren Überflutungen und langanhaltenden Trockenperioden. Es gibt Anzeichen dafür, dass ein El-Niño-Phänomen bereits begonnen hatte, Trockenheit und einen Schwund von Nahrungsmitteln aus dem Meer zu verursachen, weil warmes nährstoffarmes Meereswasser die kalten nährstoffreichen Wassermassen von der südamerikanischen Küste verdrängt hatte. Radiokarbondatierungen von Muschelschalen verweisen darauf, dass dieser Trend schon vor den Vulkanausbrüchen eingesetzt hatte, doch sind solche Datierungen von Meeresobjekten mit Vorsicht zu genießen.[62]

In den nordperuanischen Küstenregionen, die meistens als der alten Moche-Kultur zugehörig beschrieben werden, waren die Resultate der Klimaschwankungen im 6. Jahrhundert besonders dramatisch; Bewässerungssysteme wurden durch Überflutung zerstört, die Böden geschädigt, und die Nahrungsmittelproduktion wurde massiv beeinträchtigt.[63] An manchen Orten an der Nordküste und im Cerro-Blanco-Komplex erwiesen sich Sandverwehungen als desaströs (eine ganze Stadt ging im Sand unter), und anschließend kam es mehrfach zu extremen Regenfällen.[64] Die Konkurrenz um Wasser und Nahrungsmittel war so groß, dass die Gemeinden Befestigungsanlagen errichteten, um sich zu schützen, zum Beispiel in den Jequetepeque- und Zaña-Tälern.[65] Wie in Teotihuacán wurden die künstlerischen und religiösen Ausdrucksformen durch Reaktionen gegen die Eliten mitbestimmt. So lässt sich die Rückkehr zu archaischen ikonographischen Motiven am besten als Rückwendung zu den Ahnen deuten, auf der Suche nach Hilfe in unruhigen Zeiten.[66] Manche Kulturen konnten sich jedoch besser anpassen als andere. Die Staaten Wari und Tiwanaku breiteten sich gegen Ende des 6. Jahrhunderts, von den zentralen Hochländern der Anden ausgehend, in weiten Teilen der Küstenregionen und des Landesinneren aus und errichteten Reiche; zumindest hatten sie die kulturelle Hoheit über diese Gebiete, die in den heutigen Staaten Peru, Bolivien und Chile liegen.[67]

In vielen Teilen der Welt war diese Epoche eine Zeit des Wandels. Das aksumitische Reich zum Beispiel, ein christliches Königreich am Horn von Afrika auf dem Gebiet des heutigen Äthiopiens, Eritreas und des östlichen Sudans, intensivierte im frühen 6. Jahrhundert seine Kontakte zum Staat Himyar jenseits des Roten Meeres, einem vorislamischen arabischen Königreich auf dem Gebiet des heutigen Jemen. Man unterstützte den Bau christlicher Kirchen auf der arabischen Halbinsel und mischte sich auch sonst in die Politik der Region ein. Es wurden Herrscher installiert, die Aksum wohlwollend gegenüberstanden, wenn sie nicht gleich ganz von dort kontrolliert wurden.[68]

In den 550er Jahren jedoch ging es dem aksumitischen Reich schlecht. Damals verfielen großartige Bauten zusehends, und wenn sie überhaupt noch benutzt wurden, dann eher als Unterschlupf für «Hausbesetzer», wie es ein Historiker nannte.[69] Steinbrüche wurden abrupt stillgelegt, was auf die weitgehende Einstellung größerer

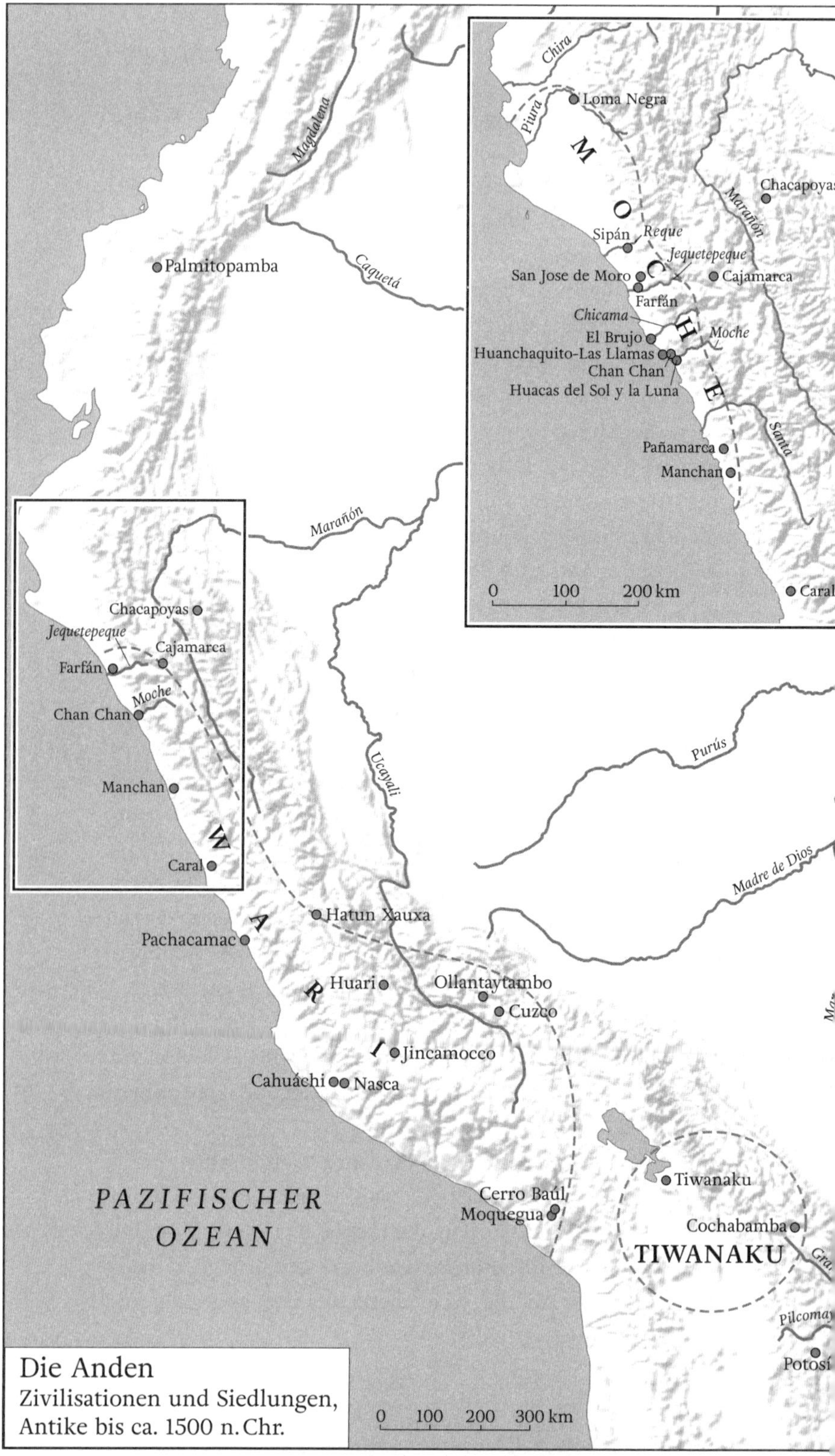

Die Anden
Zivilisationen und Siedlungen, Antike bis ca. 1500 n. Chr.

Bauprojekte hinweist. Auch die Münzen verloren an Qualität, sowohl das Metall als auch die Verarbeitung – ein weiterer Indikator dafür, dass hier ein Staat, der einst energisch, expansiv und ehrgeizig war, in den letzten Zügen lag.[70]

Historiker hatten die Entvölkerung Aksums um die Mitte des 6. Jahrhunderts schon länger festgestellt und sie mit Problemen der Übervölkerung und des Ressourcenraubbaus in Verbindung gebracht, insbesondere bei Elfenbein, Holz und Wasser.[71] Andere Historiker verwiesen auf den plötzlichen Zusammenbruch des Überseehandels mit Himyar, nachdem dieses Reich zunächst von den Persern und bald darauf von den Arabern erobert worden war. Dadurch verlor Aksum seine existenziell wichtigen überseeischen Märkte, was der bereits angeschlagenen Wirtschaft noch weiter zusetzte.[72] Aksum geriet jedenfalls in einen Abwärtstrend. Nichtkirchliche Gebäude und Denkmäler wurden nicht weiter genutzt und instand gehalten, und das politische Zentrum – sofern es dieses überhaupt noch gab – wurde nach Kubar verlegt (eine Stadt, deren genaue Lage nicht bekannt ist). Vielleicht kam es auch zur Einrichtung einer mobilen Residenz: Wo immer der Herrscher sich in seinen Territorien gerade aufhielt, galt der jeweilige Ort temporär als Hauptstadt.[73]

Klimatische Bedingungen könnten durchaus eine entscheidende Rolle beim Niedergang des aksumitischen Reiches gespielt haben, wie überhaupt Klimaveränderungen viele der außergewöhnlichen Umwälzungen erklären könnten, zu denen es um diese Zeit in Afrika, Europa und Asien kam. Wie wir schon gesehen haben, setzten die Staubschleier der Vulkanausbrüche die Nahrungsmittelproduktion unter Druck; in vielen Fällen lösten sie ökologische, materielle und soziale Krisen aus.

Eine wichtige Folge der Klimaveränderungen indes, deren Bedeutung für die revolutionären Umwälzungen des 6. Jahrhunderts noch größer und fundamentaler war als alles andere, wurde bisher noch nicht erwähnt: Das ausnehmend kühle Wetter schuf hervorragende Lebensbedingungen für Ratten und Flöhe, und wenn diese Krankheitsüberträger gedeihen, kann es zu massiven Epidemien kommen, vor allem zu großen Pestausbrüchen. Die Notwendigkeit, bei eigenen Ernteausfällen Nahrungsmittel auf weiten Wegen per Schiff über das Mittelmeer heranzuschaffen, führte wahrscheinlich zu weiterer Vernetzung und Intensivierung von Kontakten – was die schnelle Ausbreitung der Seuche begünstigte. Zudem könnte der Mangel an Sonnenlicht zu einem Mangel an Vitamin D geführt haben, das für das Immunsystem von großer Bedeutung ist, vor allem dann, wenn es darum geht, bakterielle Infektionen abzuwehren. Kurz gesagt, hier waren die perfekten Bedingungen für eine große Pestpandemie gegeben.[74]

Die ersten schriftlichen Berichte über eine Pestepidemie stammen aus der ägyptischen Hafenstadt Pelusium, die im äußersten Osten des Nildeltas als Handelsknotenpunkt eine Schlüsselposition zwischen Mittelmeer, Rotem Meer und Indischem Ozean einnahm. Im Sommer 541 setzte sich die Pest dort fest und breitete sich nach Gaza und über ganz Nordafrika aus, bevor sie im Frühjahr 542 Konstantinopel erreichte und sich anschließend «über die ganze Welt» verbreitete, wie der byzantinische Autor Prokopios von Caesarea schrieb. Die Seuche hätte beinahe die gesamte Menschheit vernichtet, heißt es bei Prokop, der behauptet, auf ihrem Höhepunkt habe die Pest in der kaiserlichen Hauptstadt 10 000 Menschen pro Tag getötet. Die Leichen seien auf Haufen geworfen worden, weil nicht mehr genügend Bewohner verfügbar gewesen seien, um sie regulär zu bestatten.[75] Die Justinianische Pest – benannt nach dem damaligen Kaiser – soll Millionen Menschen das Leben gekostet haben, wahrscheinlich sogar zig Millionen, wenn nicht noch mehr. Die Sterblichkeitsrate lag möglicherweise bei rund 50 Prozent der Gesamtbevölkerung im ganzen Mittelmeerraum.[76]

Wie neuere Pandemieerfahrungen gezeigt haben, kann schon ein kleiner Anstieg der Übersterblichkeit zu größeren Wirtschaftseinbrüchen führen und in manchen Fällen sogar Regierungen überfordern. Schwere Störungen müssen, mit anderen Worten, nicht immer aus hohen Todeszahlen resultieren, ihre Ursache können auch pandemiebedingte Verwerfungen in Handels-, Verkehrs- und Kommunikationsnetzen sein.[77] Trotzdem sind Schätzungen über das ganze Ausmaß der Justinianischen Pest in letzter Zeit wiederholt massiv in Zweifel gezogen worden. Skeptische Historiker argumentieren, dass ein ganzes Spektrum an Belegen aus Pollendaten, Papyri, Inschriften und Münzprägungen keinen Hinweis darauf liefere, dass es durch die Pest zu wesentlichen sozialen, demographischen oder wirtschaftlichen Veränderungen gekommen sei. Will man diesen Historikern Glauben schenken, dann war die Seuche einfach «irrelevant».[78]

Andere Forscher haben darauf hingewiesen, dass die Bevölkerungsverluste, selbst wenn es hohe Todeszahlen infolge der Pest gegeben habe, nicht universal, sondern lokal sehr unterschiedlich gewesen seien. Man könne sie deshalb insgesamt eher vernachlässigen.[79] Solche hochgradig skeptischen Einschätzungen erregen natürlich große Aufmerksamkeit. Wenn man die Frage jedoch gelassener angeht, ist zwar zuzugeben, dass bei Todeszahlschätzungen wie diesen ein gewisses Maß an Vermutungen und ein gewisser Vertrauensvorschuss den Berichten gegenüber unvermeidbar sind. Aber es gibt andererseits auch gute Gründe für den Schluss, dass die Pest tatsächlich einen enormen Tribut in der Bevölkerung forderte und große Schäden anrichtete. Einer der stichhaltigsten ist die Tatsache, dass mehrere unterschiedliche, wenngleich eng vernetzte Peststränge in Frankreich, Spanien, Bayern und sogar in Cambridgeshire identifiziert werden können. Die Tatsache, dass sich die Pandemie auch in abgelegenen ländlichen Gegenden ausgebreitet hatte, spricht für sich. Und wenn die Pest auch die dünn besiedelten Randgebiete erreicht hatte, dann muss sie in dicht besiedelten Dörfern und Städten verheerend gewesen sein.[80] Dass die kaiserlichen Behörden in Konstantinopel Mitte der 540er Jahre Gesetze erließen, mit denen versucht wurde, Lohnkontrollen einzuführen, weil einige Handwerker «Preise forderten, die doppelt oder dreifach so hoch waren wie früher üblich», passt als indirekter Beleg natürlich bestens zu dem, was wir über Folgeeffekte im Hinblick auf den Arbeitskräftemangel nach Pandemien mit hoher Sterblichkeitsrate wissen. Auch andere Notmaßnahmen, die in Konstantinopel ergriffen wurden, verweisen überdeutlich auf einen Staat, der verzweifelt versuchte, in einer Zeit plötzlichen und extremen Drucks sein Finanzsystem zu stützen.[81]

Hinzu kommen weitere Anzeichen für Panik und Kollaps wie zum Beispiel der Zusammenbruch der organisierten Müllentsorgung in den römischen Provinzen der Levante.[82] Von Historikern wurde auch erwogen, ob der Niedergang des Weinbaus und speziell des Anbaus von luxuriösem «Gaza-Wein» im Negev-Hochland, Wirtschaftsgrundlage für die Bewohner dieses Gebietes, nicht auch andere Gründe gehabt habe als die islamischen Eroberungen und das damit einhergehende Alkoholverbot. Dazu könnten bereits die herausfordernden Klimabedingungen des 6. Jahrhunderts zählen und, wichtiger noch, der Bevölkerungsschwund infolge der Pest, der sich als Mangel an Arbeitskräften bemerkbar machte, die für Anpflanzung und Ernte der Reben und für die Weinherstellung notwendig waren.[83]

Ähnliche Probleme könnten auch für den Bruch des südarabischen Ma'rib-Staudamms gegen Ende des 6. Jahrhunderts verantwortlich gewesen sein, der eine riesige Flutwelle verursachte, die «das Land, die Gärten, Gebäude und Wohnhäuser überwältigte, bis die Bewohner des Landes gestorben und seine Bürger ausgelöscht waren». Wie ein späterer Autor feststellte, war der Dammbruch wahrscheinlich die Folge einer lang anhaltenden Vernachlässigung, die sich aus einem allgemeinen Arbeitskräftemangel ergab; es hätten einfach die Wartungskräfte gefehlt, um den Damm instand zu halten.[84]

Bei genetischen Untersuchungen der Bevölkerungen im östlichen Mittelmeerraum und im Nahen Osten wurden Mutationen entdeckt, die diese Menschen anfälliger für Autoimmunerkrankungen machen, was aber umgekehrt mit einer erhöhten Widerstandskraft gegen den Pesterreger *Yersinia pestis* verbunden ist. Diese genetischen Rekonstruktionen fügen sich nahtlos in das Gesamtbild der Justinianischen Pest, des Schwarzen Todes aus den 1340er Jahren und der regelmäßigen Pestausbrüche seither. Daraus ergibt sich nicht nur, dass der Pestausbruch des 6. Jahrhunderts Spuren im menschlichen Genom hinterließ, sondern auch, dass die genetischen Veränderungen Ergebnis eines weitverbreiteten pandemischen Infektionsgeschehens waren, dessen Überlebende einen starken Immunschutz (mit den besagten Nebenwirkungen) entwickelten.[85]

Ein dramatischer Rückgang der europäischen Hausrattenpopulation um diese Zeit könnte ebenfalls ein Ergebnis der Pandemie sein; mögliche weitere Erklärungen sind jedoch die Abkühlung des Klimas oder der Zusammenbruch der Kommunikations- und Handelsnetze in Westeuropa und später auch auf dem Balkan. Das gilt für die Justinianische Pest ebenso wie für weitere Ausbrüche. Natürlich würde auch eine Kombination all dieser Faktoren die genetische Vorherrschaft einer zweiten Welle von Hausrattenpopulationen erklären, die sich vom 8. bis zum 10. Jahrhundert im gemäßigten Klima Europas ausbreiteten.[86] Wie dem auch sei, die Pest hatte nicht nur Einfluss auf die Menschen, sondern sie veränderte auch Verteilung und Größe der Rattenpopulationen in vielen Teilen Europas.

Die von der Pest verursachten Verheerungen könnten sich sogar in den westafrikanischen Regenwäldern des Kongo bemerkbar gemacht haben. Dort gab es einen katastrophalen Bevölkerungskollaps, der weitgehend mit der Justinianischen Pest zusammenfiel. Gemeinschaften, die dort viele Jahrhunderte gelebt hatten, verschwanden schnell und komplett; übrig blieben nur einige wenige zerstreute Gemeinschaften.[87] Nachweise im Erbgut lassen zwar auf eine zentralasiatische Herkunft des Pesterregers schließen, aber neuere bahnbrechende Forschungen haben nun den Nachweis geliefert, dass es Pesttote an verschiedenen Orten Europas bereits Jahre, vielleicht sogar Jahrzehnte vor dem eigentlichen Pandemiebeginn im Jahr 541 gab.[88] Es könnte also sein, dass sich die Pest zunächst in Afrika ausbreitete, bevor sie auf den Mittelmeerraum und andere Regionen übersprang. Doch um dies endgültig entscheiden zu können, sind noch weitere Forschungen nötig. Erst danach kann auch mit Sicherheit gesagt werden, ob der Bevölkerungskollaps im Kongo und anderswo in Afrika wirklich mit der Pest zusammenhing oder nicht.[89]

Wichtiger als die ursprüngliche Herkunft des Erregers sind die Ausbreitungswege sowie die Bestimmung des Zeitpunkts, an dem aus einer Seuche mit kleinen separaten Ausbrüchen eine gewaltige Pandemie wurde, die zu einem Massensterben führte. Es könnte zum Beispiel mehr als ein Zufall sein, dass die Krankheit zum ersten Mal in Nordafrika, im Nildelta, festgestellt wurde und dass die Belege für einen deutlichen Bevölkerungsrückgang im Königreich Aksum genau in diese Zeit fallen. In manchen Quellen ist davon die Rede, die Pest sei «aus dem Land Kusch» und aus Himyar gekommen, was auch auf einen Übertragungsweg über das Rote Meer schließen lässt – nach zentralasiatischen oder chinesischen Anfängen über Handelswege zu Wasser und zu Land. Dass es in Persien erst zu Ausbrüchen kam, nachdem die Pest zuvor weiter westlich zugeschlagen hatte, und dass eine Krankheitsepidemie in chinesischen Gesellschaften erst Jahrzehnte später zu verzeichnen war, spricht ebenfalls dafür, dass die Pandemie nicht aus China kam. Vielmehr erwiesen sich das krankheitsförderliche Klima im östlichen Mittelmeerraum und darüber hinaus die klimatischen Bedingungen am Roten Meer als ideale Brutstätte für die Seuche.[90]

Wie verheerend auch immer die schwere «Doppelkatastrophe» aus Klimawandel und vulkanischen Aktivitäten gewesen sein mag, sie führte, wie ein Kommentator zu Recht feststellte, nicht zum Zusammenbruch des Römischen Reiches. Sie führte nicht einmal zum Sturz des Kaisers Justinian und seines Regimes. Der Kaiser erkrankte möglicherweise sogar selbst an der Pest und überlebte. Jedenfalls lassen sich zu dieser Zeit in Umlauf gebrachte Münzen so deuten, auf denen der Kaiser mit einer Eiterbeule im Nacken dargestellt ist.[91]

Es gibt zwar Belege dafür, dass in vielen Regionen des Mittelmeerraums trotz der Pest beträchtliche wirtschaftliche Kontinuität herrschte, vor allem im Sassanidenreich, das sich anscheinend im ganzen 6. Jahrhundert kontinuierlich weiter ausdehnte. Die meisten Anzeichen deuten jedoch darauf hin, dass es infolge der Pandemie zu größeren Veränderungen kam.[92] Signifikante Bevölkerungsverluste hatten immer spürbare Auswirkungen auf die Zentralregierung – in Form von verringerter Produktivität, geringeren Steuereinnahmen und reduzierten Umsetzungsmöglichkeiten für große Projekte.[93] Das konnte auch Auswirkungen auf die Führung des Staates haben. Aber ironischerweise, das zeigte Kaiser Justinians Versuch, per Gesetz Wucherpreise zu verhindern, gibt es in einer schrumpfenden Wirtschaft stets auch Profiteure, die höhere Löhne oder einen besseren Status für sich aushandeln können.[94] Wir konnten schon mehrfach konstatieren: «Abstieg und Untergang» heißt nicht für alle dasselbe.

Die Fragen nach den Auswirkungen der Pestkatastrophe sind nach wie vor Gegenstand einer breiten, bisweilen scharf geführten Debatte unter heutigen Historikern – besonders mit Bezug auf die römische Wirtschaft der Spätantike. Unbestritten ist jedoch, dass die mittleren Dekaden des 6. Jahrhunderts in vielen Teilen der Welt eine Zeit großer sozialer und politischer Umbrüche waren. Klima- und Seuchenprobleme spielten dabei durchaus eine Rolle. In manchen Fällen trugen sie zur Verschärfung bereits vorhandener sozioökonomischer Problemlagen bei.

Detaillierte Untersuchungen zu Siedlungsmustern in Skandinavien und im Baltikum etwa zeigen, dass weiträumig Agrarland aufgegeben wurde und dass es einen entsprechenden Wandel vom Getreideanbau zur Viehwirtschaft gab – als Reaktion auf eine komplexe Problemlage. Vorrangig ging es um Anpassungen an kältere Klimabedingungen, die auf der Nordhalbkugel schon vor den großen Vulkanausbrüchen der 530er Jahre eingesetzt hatten und dort mehr als ein Jahrhundert andauerten. Es handelte sich auch um Reaktionen auf Auswirkungen der Pest sowie auf Stagnation und Zusammenbruch von Handelsnetzen, die mit dem Schwund der römischen Herrschaft in Nordeuropa einhergingen – alles Umstände, welche die Dynamik der Märkte fundamental veränderten, auch die wirtschaftlichen und kulturellen Horizonte. Die Landbesitzstrukturen veränderten sich ebenso wie die Arbeitsverhältnisse.[95] Im Laufe der Zeit kam es so zur Entstehung von Großgrundbesitz und mit großen Latifundien zur Herausbildung einer neuen «Superelite». Sollte dies noch nicht die Basis für das neue Zeitalter der Wikinger gelegt haben, so war es zumindest eine wichtige Voraussetzung für deren Aufstieg.[96]

Nach Ansicht einiger Historiker können die Traumata aus der

Zeit um die Mitte des 6. Jahrhunderts auch zur Erklärung beitragen, warum es in Europa und sogar darüber hinaus zu starken psychologischen, emotionalen und religiösen Veränderungen kam. Es wurde zum Beispiel festgestellt, dass die Vorstellung von der Jungfrau Maria als Schutzpatronin Konstantinopels sich erst in dieser Zeit entwickelte. Nicht ganz klar ist allerdings, ob diese Entwicklung direkt mit dem Pestgeschehen zusammenhing oder nicht.[97] Andere Historiker haben hervorgehoben, dass der Problemkomplex aus Krankheit, schlechtem Wetter, militärischen Rückschlägen und Erdbeben zur Sorge führte, der Untergang der Welt stehe unmittelbar bevor. Diese Sorgen verstärkten sich in den folgenden Jahrzehnten eher noch, selbst als klar war, dass solche Ängste, Erwartungen und Sehnsüchte nicht in Erfüllung gehen würden.[98]

Gregor von Tours schrieb von Überflutungen, die so schlimm waren, dass man kein Getreide mehr säen konnte, und berichtete über Erdbeben, mögliche Meteoriteneinschläge, Hagelstürme und Feuersbrünste, die von Gott geschürt worden seien. Er warnte: «Es werden sein Pestilenz und teure Zeit und Erdbeben hin und wieder, und es werden sich erheben falsche Christi und falsche Propheten, die Zeichen und Wunder tun, dass sie auch die Auserwählten verführen.» Doch diese Warnungen zeigen nur, dass Gregor sich zwar für Klimaphänomene interessierte, dass ihm die apokalyptische Deutung dieser Phänomene aber mindestens ebenso wichtig war.[99] Für Gregor war anscheinend klar: Diese Ereignisse markierten den «Anfang der großen Trübsal», die das Ende der Zeiten ankündigten, wie Christus es vorhergesagt hatte.[100]

Apokalyptische Prophezeiungen, die das Ende der Zeit voraussagten, gehörten zum Grundbestand der jüdischen und der christlichen Tradition. Sie kehrten immer wieder. Schon vor den Herausforderungen um die Mitte des 6. Jahrhunderts hatten Ängste vor dem Ende der Welt an Intensität gewonnen. Düstere Prophezeiungen verbreiteten sich entlang der Handelsrouten, vor allem im Oströmischen Reich. Wie wir noch sehen werden, fielen sie besonders in Arabien und im Nahen Osten auf fruchtbaren Boden. Aber es war wohl auch kein Zufall, dass man selbst in weit entfernten heidnischen Gemeinschaften, etwa in Skandinavien, begann, wertvolle Metalle wie Gold und Silber für Opfergaben zu verwenden – im verzweifelten Bemühen, noch abzuwenden, was unmittelbar bevorzustehen schien: den Weltuntergang.[101]

Solche Beispielfälle können auf den ersten Blick durchaus überzeugend wirken, aber es muss darauf hingewiesen werden, dass dieses Quellenmaterial ziemlich komplex ist und auch im Kontext vieler anderer Werke gesehen werden muss, die um diese Zeit andere, unterschiedliche Begriffe und Formulierungen verwendeten als eine unmittelbar bevorstehende Apokalypse.[102] Gleichwohl gibt es tragfähige Belege aus etlichen Epochen und Regionen, dass existenziellen Angst- und Krisenzuständen eine wichtige Rolle zukam, wenn es um Neugewichtung, Neubewertung und Stärkung von Ideen über das Göttliche ging.[103] Einige Beobachter stellten etwa fest, dass der Buddhismus in Korea und Japan gerade zu dem Zeitpunkt nachhaltig Fuß zu fassen begann, als die vulkanischen Ascheschleier auf dem Höhepunkt waren.[104] Und die Ausbreitung des Christentums in Zentralasien durch Bekehrung der Steppenvölker wurde in zeitgenössischen Berichten ausdrücklich mit der Pest und mit wirksamen Gegenmitteln in Verbindung gebracht: Abgesandte aus Konstantinopel, die gekommen waren, um Bündnisse mit diesen Völkern zu schmieden, befragten Nomaden, warum in ihrer Stirn «das Zeichen des Leidens Christi eingeritzt» sei. Es habe eine Pestepidemie gegeben, erhielten sie zur Antwort, und einige Christen hätten ihnen geraten, das zu tun. Da sie sich «an diese Mahnung gehalten hatten, gereichte ihnen der Rat zur Rettung».[105]

Neuere Arbeiten zu paläoklimatischen Proxydaten und historischen Zeugnissen aus dem Mittelitalien des 6. Jahrhunderts belegen nicht nur eine ausgesprochen feuchte Witterungsperiode im späteren 6. Jahrhundert (Resultat einer Negativphase der Nordatlantischen Oszillation), sondern auch einen starken Anstieg von Berichten über Wasserwunder in Heiligenviten. Das zeigt, wie sich Klimaereignisse in den Erzählungen zeitgenössischer Autoren widerspiegelten und wie sie dort interpretiert wurden. Solche Wundergeschichten dienten – absichtlich oder unabsichtlich – aber auch dazu, die ohnehin bereits gewachsene Autorität der Bischöfe und Mönche, wie der Kirche überhaupt, noch weiter zu bestärken.[106]

Traumatische klimatische Einzelereignisse und Klimaschockperioden trugen, anders gesagt, nicht nur zur Herausbildung von Glaubensüberzeugungen bei, sie boten Institutionen wie der christlichen Kirche auch Gelegenheit zur Expansion und zur Konsolidierung ihrer Macht und Autorität, sofern sie in der Lage waren, Erklärungen für zukünftige Katastrophen – und wichtiger noch: einen Schutz dagegen – zu liefern. Das erwies sich im ersten Teil des 7. Jahrhunderts als durchaus bedeutsam, als neben anderen Ursachen ein weiterer scharfer und schneller Temperaturabfall in den Steppen Zentralasiens für einen neuen revolutionären Schub gesorgt hatte. Auch diese Umwälzungen hatten weitreichende Folgen.

ELFTES KAPITEL

Das Goldene Zeitalter der Reiche

(600 bis 900)

Die geordnete Regierung von Königreichen basiert
auf religiösen Überzeugungen, guten Manieren,
Recht und Ordnung.

al-Iṣṭakhrī, *Kitāb al-Masālik wa-l-mamālik*
(*Buch der Wege und Provinzen*, 10. Jahrhundert)

Die ersten fünfundzwanzig Jahre des 7. Jahrhunderts waren in Europa, Afrika und großen Teilen Asiens eine Zeit ungewöhnlicher politischer Instabilität. Das Oströmische Reich und das persische Sassanidenreich führten fast ununterbrochen Krieg gegeneinander, wobei viele der größten Städte im Nahen Osten und in Nordafrika mehrfach unter neue Herrschaft gerieten. Die militärischen Feldzüge beider Reiche sollten den Gegner nicht nur in die Knie zwingen, sondern vernichten. Das Kriegsglück wechselte nicht nur schnell, sondern gewaltig. Im Sommer 626 stand eine große persische Streitmacht (gemeinsam mit den Awaren, gegen die der Kaiser ebenfalls Krieg führte) vor den Mauern Konstantinopels. Viele Bürger in der Stadt befürchteten das Schlimmste. Nur wenige Monate später drang dann Kaiser Heraclius (griech. Herakleios), der seit 610 auf dem Thron saß, mit einer der spektakulärsten Gegenoffensiven der Geschichte blitzschnell weit nach Osten vor und schlug im Dezember 627 bei Ninive im heutigen Irak ein großes Perserheer vernichtend.[1]

Innerhalb weniger Wochen erreichte die römische Armee Dastagird, die Lieblingsresidenz des persischen Schahs Chosrau II., und machte dort riesige Beute, darunter Gewänder und Stoffe, Zucker, Gewürze, Silber und alle möglichen wertvollen Gerätschaften. Vor allem jedoch gewannen sie rund 300 militärische Standarten zurück, die zuvor in diversen Schlachten von den Persern erbeutet worden waren. Die Konfrontation zwischen Römern (besser gesagt, Byzantinern) und Sassaniden führten beide Seiten in einem quasi apokalyptischen Bezugsrahmen, als Endkampf zwischen Finsternis und Licht.[2] Als die Nachrichten vom kaiserlichen Vormarsch sowie von Sturz und Ermordung Chosraus II. – durch eine persische Adelsfraktion unter Führung seines eigenen Sohnes Siroe im Februar 628 – in Konstantinopel eintrafen, wurden auch diese Botschaften sogleich in einen biblischen Kontext gestellt: «Der arrogante Chosrau, der Gegner Gottes» sei gefallen und «in die Tiefen der Erde hinabgestürzt» worden. «Sein Andenken» sei nun «für immer und ewig von der Erde getilgt». Es sei das gerechte Schicksal für einen Mann, der stets ungerecht, arrogant und verächtlich «gegen unseren Herrn Jesus Christus, den wahren Gott, und seine unbefleckte Mutter, unsere gesegnete Herrin und Muttergottes, die ewige Jungfrau Maria» gewettert habe.[3]

So war es auch kein Zufall, dass Kaiser Heraclius vor der Heimkehr nach Konstantinopel noch einen Abstecher nach Jerusalem unternahm, um dort eine Siegesprozession zu veranstalten und bei dieser Gelegenheit das Wahre Kreuz Christi wieder in Empfang zu nehmen, das Schah Chosrau II. zuvor erbeutet hatte. Es war ein großer Feiertag, begleitet von «lautem Weinen und Wehklagen» der Besiegten. Bei den Zuschauern dagegen flossen Freudentränen «aufgrund des ehrfürchtigen Eifers der Gefühle». Sie waren so überwältigt, dass sie nicht in der Lage waren, Dankeshymnen zu singen.[4]

Der Schlüssel zum römischen Triumph war eine Allianz mit dem mächtigen Herrscher der Kök-Türken, dessen Reich sich über weite Gebiete der Steppe erstreckte. Das Westende dieses Reiches lag nördlich des Schwarzen Meers, und nach Osten reichte es noch über die Mongolei hinaus. Politisch war das Kök-Türken-Kaganat allerdings zweigeteilt, in einen östlichen und einen westlichen Teil. 626 hatte Heraclius mit dem Kagan der westlichen Reichshälfte, Tong Yabghu, ein umfassendes Abkommen geschlossen. Um diesen Bund zu festigen, sah er sich zu außerordentlichen Zugeständnissen genötigt. Bestätigt wurde der Bund bei einem persönlichen Treffen des Kaisers und des Kagans, bei dem Heraclius sich eine Krone vom Haupt nahm und diese dem Türkenherrscher aufsetzte. Außerdem brachte er dem Kagan und dessen Hofstaat üppige Geschenke mit und zeigte ein Bildnis seiner Tochter, die dem Kagan zur Heirat angeboten wurde.[5] Eine solche eheliche Verbindung zwischen einem Mitglied der römischen Kaiserfamilie und einem barbarischen Nomadenherrscher war unerhört. Sie verdeutlichte jedoch die Schwäche der kaiserlichen Position und die Verzweiflung des Kaisers sowie die enorme Bedeutung der türkischen Unterstützung gegen die Perser.[6]

Die Kök-Türken als Verbündete gegen die Perser zu gewinnen, war letztlich kriegsentscheidend. Hervorgetreten und an die Macht gekommen war die kök-türkische Nomadengruppierung ungefähr zur Zeit der Klimakrise um die Mitte des 6. Jahrhunderts. Wie und warum, ist nicht ganz klar. Wenn man jedoch an andere gleichartige Expansionsbewegungen nomadischer Staaten denkt, kommt eine Korrelation zwischen diesem politischen Aufstieg und überdurchschnittlichen Niederschlagsmengen durchaus in Betracht, resultierten daraus doch eine größere Tragfähigkeit des Weidelands und eine entsprechende Vergrößerung der Viehherden.[7] Das scheint auch hier der Fall gewesen zu sein. Eine Rolle spielte zudem, dass es den Türken gelungen war, ihre Vormachtstellung durch Tributzahlungsforderungen an die sesshaften Staaten, durch ihre Kontrolle über Handelswege und Handelsnetze und schließlich auch durch den Viehverkauf, besonders von Pferden, zu untermauern.[8]

So konnten die Kök-Türken um 550 im Zuge der großen Veränderungen in den Steppengebieten ihre Vormachtstellung erringen. Nomadische Rivalen wurden absorbiert oder nach Osten auf die koreanische Halbinsel abgedrängt, nach Westen in Richtung Donau und darüber hinaus oder südwärts nach Indien.[9] Zu den Rivalen der Kök-Türken gehörten die Awaren, die in den Balkan eingeströmt waren und später, in den 620er Jahren, von Chosrau II. als Partner für den Generalangriff auf Konstantinopel auserkoren wurden – ein starker Hinweis auf die militärischen Fähigkeiten der nomadischen Kräfte, aber auch auf ihre organisatorischen Fähigkeiten und die bedeutende Rolle, die sie in der damaligen Politik spielten.[10]

Ähnliches geschah genau zur selben Zeit, als die dramatischen Ereignisse in Persien und im Oströmischen Reich stattfanden, auch in Ostasien. Im Jahr 617 führte ein chinesischer Aristokrat namens Li Yuan einen Aufstand gegen die Sui-Dynastie an, bei dem er von Bauernrebellionen profitierte. Zu den aufwendigen Infrastrukturprojekten der kurzlebigen Sui-Dynastie (581 bis 618) hatte unter anderem der Weiterbau des sogenannten Kaiserkanals gehört, der auf 1800 Kilometern Länge noch heute Beijing mit Hangzhou im Süden Chinas verbindet. Die Bauprojekte, aber auch mehrere unbedachte Feldzüge gegen das koreanische Teilreich Goguryeo, strapazierten die Finanzen des Reiches und erforderten beträchtliche Heerscharen von Arbeitern und Soldaten, noch dazu mitten in einer Hungersnot. Das war natürlich alles andere als populär. Von diesen instabilen Verhältnissen profitierte nicht zuletzt Shibi (auch Shih-pi), Kagan der Osthälfte des Kök-Türken-Reiches und zugleich mächtiges Oberhaupt des gesamten Reiches. Shibi ging es vor allem darum, etwas gegen die Schutzmaßnahmen zu unternehmen, die die Sui-Kaiser ergriffen hatten, um ihre landwirtschaftlichen Ernten vor den räuberischen Nomaden zu schützen. Die Kaiser hatten Mauern errichten lassen, die letztlich Bestandteil der berühmten Großen Mauer wurden.

In den 620er Jahren plünderten die Kök-Türken den Norden Chinas mit großer Hingabe. 626 erreichten der Kagan und seine Streitkräfte den Fluss Wei und bedrohten nunmehr Chang'an, die Hauptstadt der Tang-Dynastie (das heutige Xi'an). Möglicherweise planten die Kök-Türken einen Großangriff auf diese Stadt, damals eine der größten weltweit. Wahrscheinlicher ist jedoch, dass die Invasionstruppen auf ein üppiges Lösegeld für ihren Rückzug aus waren. Jedenfalls wurde Geld gezahlt, und die Invasoren zogen sich zurück.[11]

Dies war der Zenit des östlichen Kök-Türken-Reichs. Nur vier

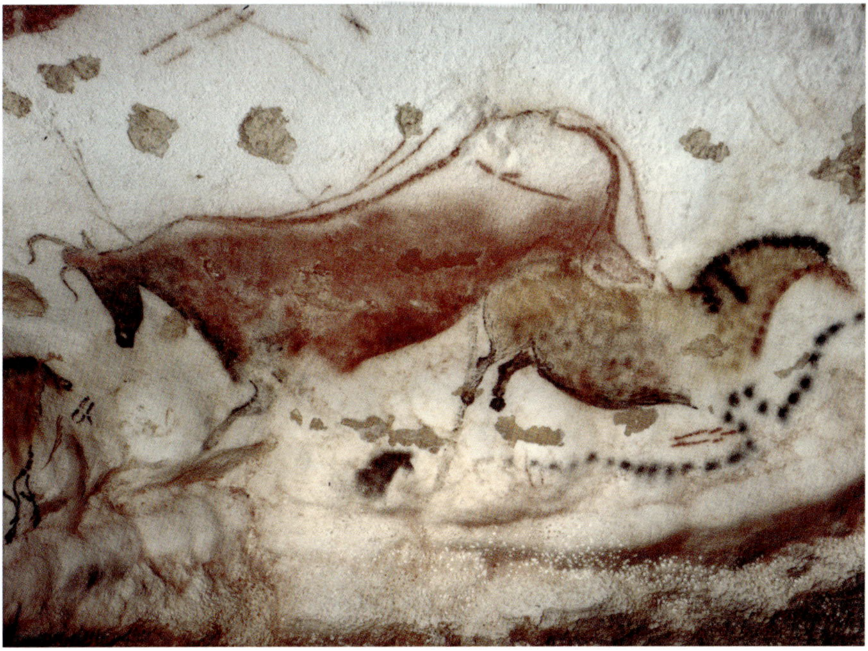

Höhlenmalereien von Lascaux in der Dordogne im Südwesten Frankreichs.
Die Darstellung von Tieren begann vor etwa 40000 Jahren.

Mohenjo-Daro, eine der wichtigsten Siedlungen des Industals.
Die Stadt wurde nach einem Rasterplan angelegt und war um 2500 v. Chr. eine der größten Städte der Welt.

Weibliche Figur aus dem Industal (2700 bis 2000 v. Chr.). In vielen Zivilisationen wurden weibliche Gottheiten verehrt, auch in ganz Mesopotamien.

Der frühe Reichsgründer Sargon von Akkad (um 2300 v. Chr.) hatte «weder Rivalen noch Gleichgestellte», wie es in einer Quelle heißt.

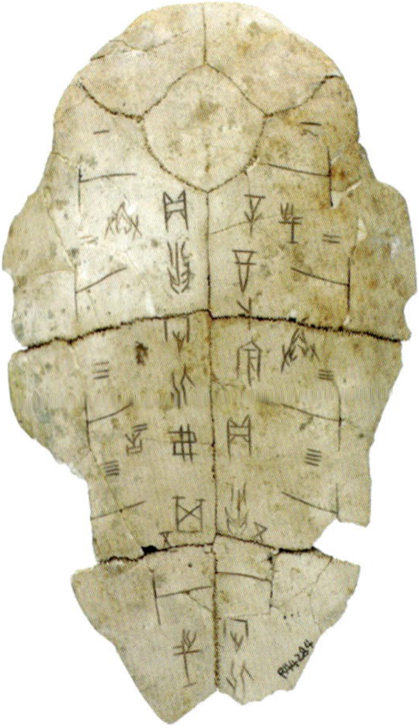

Während der chinesischen Shang-Dynastie (18. bis ca. 11. Jhd. v. Chr.) sagten Priester mithilfe von Schildkrötenpanzern die Zukunft vorher – auch das Wetter.

Ausschnitt eines bemalten Kästchens aus dem Grab von Tutanchamun (14. Jhd. v. Chr.). Streitwagen mit Pferdegespann waren nicht nur ein Symbol, sondern auch ein Instrument der Herrschaft.

Relief des Großen Stupa des Tempelkomplexes Sanchi im indischen Madhya Pradesh (3. Jhd. v. Chr.). Zu sehen ist der Herrscher Ashoka, der bei seinem Besuch den Reliquien des Buddha die Ehre erweist. Wie viele andere Religionen erklärt der Buddhismus die Beziehung von Mensch und Natur.

Goldschmuck aus Yssykköl im heutigen Kasachstan, aus dem vierten vorchristlichen Jahrhundert. Objekte wie diese bringen Status und Reichtum zum Ausdruck, aber auch die Bedeutung der Pferde in der zentralasiatischen Steppe.

Römisches Mosaik aus Südfrankreich (3. Jhd. v. Chr.). Die Römer idealisierten das Landleben und die Herrschaft des Menschen über die Natur.

Die Sonnenpyramide von Teotihuacán in Zentralmexiko. Den Namen («Ort, an dem Menschen zu Göttern werden») erhielt die Stadt erst nach ihrem Untergang.

Gefäß aus der Moche-Zeit Südamerikas (ca. 1 bis 800 n. Chr.).

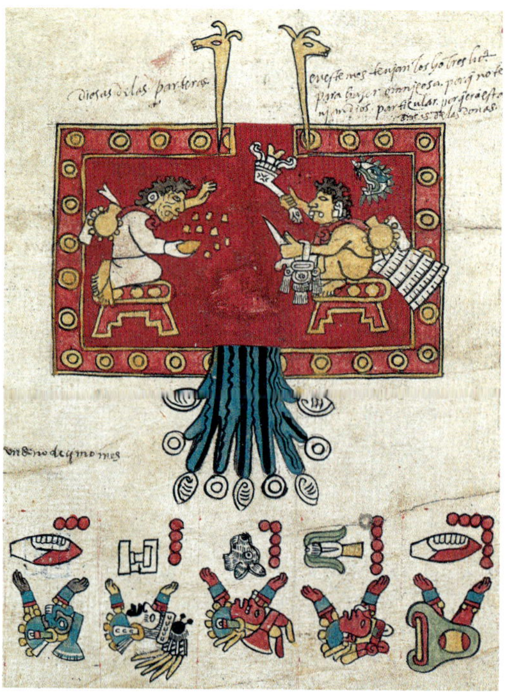

Der aztekische Gott Cipactonal und seine Frau Oxomoco gestalten den Kalender. Die Völker Mittelamerikas maßen ihren mathematischen und astronomischen Berechnungen große Bedeutung bei.

Justinian I. (Regierungszeit 527 bis 565) war einer der bedeutendsten römischen Kaiser. Während seiner Herrschaft grassierte eine katastrophale Pandemie.

Tempel V von Tikal im heutigen Guatemala. Das Bauwerk markiert einen der Höhepunkte der Maya-Kultur in Mittelamerika.

Weihrauchgefäß mit einer Darstellung des Regengottes Tlaloc. In ganz Mittelamerika opferte man Göttern, die Regen, Wasser und Fruchtbarkeit bringen sollten.

Der Tempelkomplex von Angkor Wat im heutigen Kambodscha. Die große Bevölkerung der Stadt Angkor wurde mit einem fortschrittlichen Wassersystem versorgt.

Der Monks Mound von Cahokia, einer der bedeutendsten präkolumbianischen Siedlungen in Nordamerika. Seinen Aufstieg verdankt Cahokia den fruchtbaren Böden im Überschwemmungsgebiet des Mississippi.

Der Ausbruch des Samalas auf der indonesischen Insel Lombok im Jahr 1257 war einer der größten des vergangenen Jahrtausends, die Folgen waren auf dem gesamten Planeten zu spüren. Dabei entstand der heutige Vulkan Rinjani mit seinem Kratersee Segara Anak.

«Die Jäger im Schnee», Pieter Bruegel der Ältere. Das 1565 entstandene Gemälde wird oft mit der sogenannten Kleinen Eiszeit (ca. 1550 bis 1800) in Verbindung gebracht.

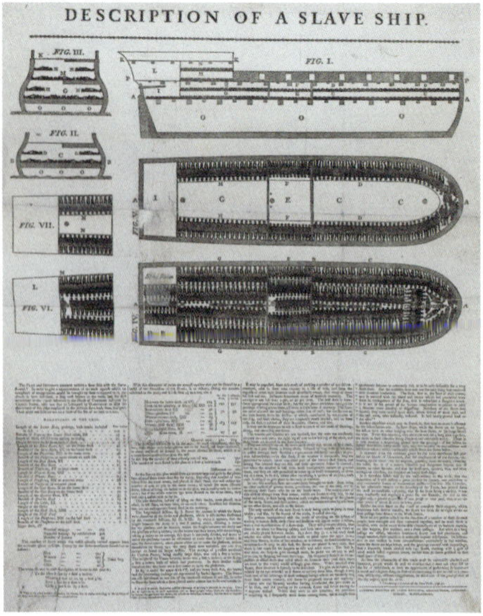

Die menschenunwürdigen Bedingungen auf den Sklavenschiffen sind Ausdruck der Profitinteressen der Kapitaleigner, die sich nicht für das Los ihrer Mitmenschen interessierten.

Probe einer Kartoffelpflanze aus dem Jahr 1660. Die Kartoffel spielte eine herausragende Rolle in der Geschichte und veränderte die Ernährungsgewohnheiten in aller Welt.

Jahre später, im Jahr 630, hatte sich die riesige Osthälfte schon komplett aufgelöst, nachdem die Streitkräfte des Kagans von einer riesigen Tang-Armee unter Kaiser Taizong, dem Sohn von Kaiser Tang Gaozu (vormals Li Yuan), vernichtend geschlagen worden waren. Dabei waren die Chinesen weit in die Steppen vorgedrungen, um die Gefahr ein für alle Mal zu beseitigen.[12] Nachdem die westlichen Kök-Türken beim Sieg über das persische Sassanidenreich noch eine mitentscheidende Rolle gespielt hatten, gerieten sie nun selbst in Bedrängnis. Auch ihr Teilreich zerfiel. So machten die Kök-Türken unfreiwillig den Weg frei für eine Neuorganisation der Steppenvölker nördlich des Schwarzen und des Kaspischen Meeres. Es ist erstaunlich, wie plötzlich das westliche Kök-Türken-Reich zusammenbrach und verschwand – eine Wiederholung desselben Vorgangs im östlichen Teil. Gerade noch hatten beide Teilreiche ganze Wagenladungen an Tributzahlungen erhalten. Kurz darauf waren sie schon irrelevant geworden.[13]

Dieser dramatische Umschlag des Schicksals wird meistens Querelen innerhalb der Turk-Welt zugeschrieben. Für den Westteil des Reiches gilt die Ermordung Tong Yabghus, der bis zu seinem Tod im Jahr 630 als Kagan die Steppe beherrscht hatte, als Auslöser einer Periode der Instabilität, der internen Konkurrenz und des Niedergangs.[14] Auch im Ostteil galten Reibungen unter den Anführern als wichtiger Faktor für den Reichszerfall in der Steppe. Das sahen schon die Zeitgenossen so. Ein Bericht aus dem Jahr 629 für den Kaiser Taizong, verfasst von Zhang Gongjin, einem ehrgeizigen Kommandeur aus der nordchinesischen Stadt Daizhou, lenkte die Aufmerksamkeit ganz speziell auf diese Rivalitäten – als eine gute Gelegenheit, daraus Kapital zu schlagen. In seinem Bericht betonte Zhang, die Nomaden seien ungewöhnlich anfällig für Gegenoffensiven. Er drängte den Kaiser, die günstigen Umstände zu nutzen. Als konkrete Faktoren nannte Zhang, dass die Führer der Kök-Türken sich übermäßig auf Nichttürken verließen, dass bei den unterworfenen Stämmen Unzufriedenheit herrsche und dass manche lokalen Bevölkerungen sich bereits gegen die türkische Oberherrschaft auflehnten. Ein weiterer Grund für die Schwäche der Türken sei, so Zhang, eine plötzlich eingetretene Periode kalter und harter Klimabedingungen. Diese werde bei den Feinden zu Anfälligkeiten führen.[15]

Neuere Forschungen anhand von Baumjahresringen aus Asien, Europa, Nord- und Südamerika und Tasmanien sowie Eisbohrkernen aus Arktis und Antarktis kommen zu dem Schluss, dass im Jahr 626 ein größerer Vulkanausbruch stattgefunden haben muss. Da dessen Spuren in der Antarktis fehlen, spricht vieles dafür, dass der Ausbruchsort auf der Nordhalbkugel lag. Dass die Sulfatanomalie dieser Eruption in Nordgrönland am ausgeprägtesten war (sogar im Kontext aller Vulkanausbrüche der letzten 2000 Jahre, mit der einzigen Ausnahme des Laki-Ausbruchs in Island im späten 18. Jahrhundert, den wir später noch genauer betrachten werden), deutet darauf hin, dass die Eruption von 626 für den Temperatursturz im zentralasiatischen Altaigebirge (und natürlich auch anderswo) verantwortlich war, der sich in den folgenden Jahren ereignete. Die Rekonstruktionen kommen auf eine Abkühlung von bis zu 3,4 Grad Celsius auf dem Höhepunkt der Kältewelle.[16]

Vulkanstaubwolken sorgten nicht nur für kältere Temperaturen, sondern auch für Wachstumsstörungen in der Vegetation. Die Auswirkungen waren jedoch nicht überall gleich. In Regionen und an Orten mit fein ausbalancierten Ökosystemen, aber auch dort, wo die Grenze der Ausnutzung natürlicher Ressourcen fast erreicht war, konnten schon geringfügige Klimaveränderungen Kettenreaktionen auslösen. Die Steppengürtel sind dafür ein gutes Beispiel, zumal der Kälteeinbruch von 626 auf Perioden mit günstigen Klimabedingungen folgte, die eine Vergrößerung der Viehherden ermöglicht hatten. Darüber hinaus könnten die Auswirkungen durch Temperaturveränderungen des Oberflächenwassers im tropischen Pazifik und im Nordatlantik noch verschärft worden sein. Beide Meeresbereiche hatten und haben auf die Niederschlagsmuster in Zentralasien großen Einfluss.[17]

Diese Erkenntnisse können als Erklärung dienen, warum in chinesischen Quellen so oft von harten Wetterbedingungen die Rede ist, von heftigen Schneefällen und Dürren, die zu Versorgungskrisen und Hungersnöten in weiten Teilen Zentralchinas führten, sogar im fruchtbaren Süden Chinas. Es ist zwar nicht möglich, das genaue Ausmaß der Wetterkapriolen für die landwirtschaftliche Produktion zu bestimmen, aber wichtiger waren vielleicht ohnehin die Auswirkungen in den Steppenregionen, besonders was die großen Viehherden anging. Schon moderate Schneefälle könnten hier für höhere Todesraten gesorgt haben, weil es dann wesentlich schwieriger wurde, geeignete Nahrungsmittel- und Futterquellen zu finden.[18] Hinzu kommt, dass sich solche Probleme dramatisch verschlimmern, wenn sie auf Dürreperioden folgen, da die Tiere durch die Mangelernährung bereits geschwächt sind.[19] Im ersten nachchristlichen Jahrhundert etwa starben, wie im *Hou Hanshu*, der Dynastiegeschichte der Späteren Han-Dynastie (25 bis 220 n. Chr.), festgehalten, «zwei Drittel der Menschen und Nutztiere» der Xiongnu-Nomaden – Vorläufer der Kök-Türken – nach einer relativ kurzen Zeit hartnäckiger Trockenheit.[20]

Folglich konnten sich nicht nur Staaten mit sesshaften Bevölkerungen als überraschend brüchig erweisen, wenn sie mit Umständen konfrontiert waren, die Druck und Risiken massiv steigerten. Auch in modernen Zeiten haben ungewöhnlich kalte Perioden in den Steppen zu riesigen Verlusten beim Viehbestand geführt; die Zahlen gingen oft in die Millionen.[21] Solche Katastrophen lösten oft tiefgreifende gesellschaftliche Reaktionen aus, die aus wirtschaftlicher Not herrührten, auch aus verschärfter Armut und Massenmigration.[22] Im Falle der Kök-Türken ist es nicht schwer, sich vorzustellen, wie die von Zhang Gongjin beschworene Kettenreaktion zusätzlicher Herausforderungen sich zu einem veritablen Krisencocktail verdichtete. Das Dahinsiechen der Herden, Nahrungsmittelknappheit und harte Klimaverhältnisse trugen dazu bei, die Bindungen zwischen den Stammesgruppierungen zu schwächen und aufzulösen. Die Autorität des Führers wurde unterminiert, die Konföderation der Stämme zerbrach.

Der Zusammenbruch eines solchen Systems konnte, anders gesagt, sehr schnell vonstattengehen. In einem zeitgenössischen Bericht heißt es dazu: «Aufstieg und Fall der Türken hängen einzig und allein an ihren Schafen und Pferden.» Wenn also größere Teile der Herden zugrunde gingen, zumal wenn dieser Ausfall plötzlich kam und dramatische Ausmaße erreichte, konnte das sehr ernste Folgen für das Schicksal einzelner Nomadengruppen innerhalb der Konföderation haben. Am stärksten bekamen die Auswirkungen jene zu spüren, die den niedrigsten Status und die geringsten Ressourcen zur Verfügung hatten.[23] Klimatische und andere Schocks waren per se in der Lage, Strukturen, die zuvor widerstandsfähig und gefestigt gewirkt hatten, brüchig zu machen, woraus sich Chancen für untergeordnete Gruppen oder ehrgeizige Individuen ergaben, das ganze System zu unterminieren. Denn eine «Instabilität des Systems aus Allianzen und Hierarchien machte eine zentralisierte Führung relativ schwach».[24]

Als eine starke Armee des Kaisers Taizong im Winter 629/30 losmarschierte, um sich die schwierige Lage der Kök-Türken zunutze zu machen, ließen sich die Türken zunächst tief in ihre Weidegründe zurückfallen; sie wurden jedoch bald darauf Opfer eines Überraschungsangriffs, der zahlreiche Tote forderte. Viele Türken gerieten überdies in Gefangenschaft, darunter auch der Kagan. Er verbrachte seine letzten Lebensjahre in Gefangenschaft und starb anscheinend an gebrochenem Herzen. Und so, wie diese Niederlage zum Zusammenbruch des Kök-Türken-Reiches in Ostasien führte, war sie auf der Gegenseite ein wichtiger Stabilisierungsfaktor für die Tang-Dynastie, die in den folgenden drei Jahrhunderten über große Teile des heutigen Chinas herrschte.

Nachdem Kaiser Taizong im Jahr 626 seinen Vater Tang Gaozu vom Thron gestoßen hatte, führte er die traditionellen Titel «Sohn des Himmels» und «Erhabener Kaiser». Der dramatische Umbruch in den Steppen bestärkte seine Legitimität erheblich und untermauerte auch seinen Zugriff auf die Macht. Darum erkühnte sich der Kaiser, sich nun noch einen weiteren Titel zuzulegen: «Ich bin der Sohn des Himmels vom Großen Tang», hatte er bei einer Zeremonie vor dem kaiserlichen Palast in Chang'an verkündet. Von nun an werde er sich auch «um die Angelegenheiten des Himmlischen Kagans kümmern». Neue Siegel wurden geschaffen für die gesamte Korrespondenz des Kaisers mit den Herrschern und Völkern im Norden und im Westen seines direkten Herrschaftsgebiets. Mit anderen Worten, Taizong hatte die Nomaden nicht nur in der Schlacht besiegt, sondern er beanspruchte nunmehr auch, ihr Oberherr zu sein.[25]

Das westliche Teilreich der Kök-Türken geriet ebenfalls in Turbulenzen, eine Zeit, die geprägt war von Aufständen, Revolten und Morden an Herrschern der oberen Ränge, darunter Kagan Tong Yabghu, der oberster Führer der Steppenvölker gewesen war.[26] Lokale Herrscher an Orten wie Turfan (auch Turpan), Kucha und Samarkand weigerten sich, wie in der Vergangenheit weiter Tribute zu zahlen, und entschieden sich, lieber beim Tang-Kaiser Schutz zu suchen. Das Ausmaß dieser Rebellion war ebenso bemerkenswert wie ihre Geschwindigkeit. Als der berühmte chinesische Mönch und Reisende Xuanzang 630 die westlichen Kök-Türken besuchte und detailliert beschrieb, wie der Kagan in grünen Seidenroben von Höflingen umgeben war, die ebenfalls in prächtig bestickte Gewänder gekleidet waren, hatte er den Eindruck, dass hier ein Reich auf dem Zenit seiner Macht stand. Tatsächlich besuchte er diesen Hof nur wenige Monate vor dessen Zusammenbruch.[27]

Xuanzang war in der Tat überrascht von diesem Empfang – nicht, weil ihm das alles fremd und seltsam erschienen wäre, sondern weil die geordneten und strukturierten Zeremonien, die er dort erlebte, der Welt, aus der er kam, so sehr ähnelten. Symbolische Zurschaustellungen der Macht, Ehrerbietung für den Herrscher, indem man auf die Knie fiel, seine Füße ergriff und den Boden mit der Stirn berührte – solche Gebräuche waren weithin üblich, nicht nur in den Steppenregionen Zentralasiens, sondern in ganz Eurasien. Auch auf diese Weise waren der Mittelmeerraum, der Mittlere Osten, Ostasien und die Steppen Zentralasiens miteinander verbunden. Anders gesagt, es handelte sich hier um eine vernetzte Welt, meilenweit entfernt von den kruden Thesen, die viele Autoren damals (wie heute) über sesshafte Staaten und eine vermeintlich chaotische Nomadenwelt verbreiteten. Natürlich waren die Rituale und Symbole nicht überall die gleichen, aber die Grenzen zwischen diesen Welten waren durchlässig, flexibel und anpassungsfähig.[28]

Die politischen Unruhen unter den Steppenvölkern spielten den Tang-Kaisern in die Karten. Sie dehnten ihre Territorien sowohl nach Korea als auch nach Westen hin aus und zementierten ihre Gewinne geschickt, indem sie ihre eigenen Zeremonien so umgestalteten, dass darin auch für Fremde Platz war. So konnten sie zugleich deren Status gebührend würdigen. Auf diese Weise wurden neue Mitglieder des Reiches symbolisch eingegliedert und als ebenbürtig gefeiert, statt sie demonstrativ auf den Untertanenstatus festzulegen. Damit ahmten die Chinesen wohl eher zufällig das entsprechende Vorgehen der Nomaden nach. Auch diese integrierten neue Völker in ähnlicher Form – und standen damit in krassem Gegensatz zur Art und Weise, wie die Europäer in ihren Kolonialreichen vorgingen, speziell in Afrika und Amerika, aber auch in Asien.[29]

Solche Strategien gewannen auch am anderen Ende der eurasischen Landmassen an Bedeutung, wo die Umwälzungen in den zentralasiatischen Steppen und das epische Ringen zwischen dem Oströmischen Reich und Persien die Tür zu einem neuen Zeitalter öffneten. Immense Ressourcen an Zeit, Arbeitskräften und Geld waren in diesen Dauerkonflikt investiert worden. Der Krieg zwischen Römern und Persern dauerte rund zwei Jahrzehnte, und die Kämpfe hatten gravierende Auswirkungen, nicht nur auf Städte und Märkte im Mittelmeerraum, in der Levante und Persien. Sie führten auch zum wirtschaftlichen Abschwung in den Handelsnetzen, selbst in Regionen, die nur indirekt Teil solcher Netze waren, wie zum Beispiel Südarabien.[30] Spürbar waren die Auswirkungen noch in einem viel weiteren Radius; manche Historiker verbinden den plötzlichen scharfen Einbruch im Handel mit den heiß begehrten Granatedelsteinen aus Südasien, der im Europa dieser Zeit zu verzeichnen war, mit allgemeinen Handelsstörungen, besonders aber solchen in der Region des Roten Meeres.[31]

Einer, der Erklärungen für die erschütternden Veränderungen seiner Zeit bieten wollte, war ein junger arabischer Kaufmann namens Muḥammad (Mohammed), der schon eine kleine, loyale Anhängerschar um sich versammelt hatte. Seine Warnungen vor einem bevorstehenden Weltuntergang trafen einen Nerv in einem Umfeld, das geprägt war von immer schwierigeren wirtschaftlichen Bedingungen entlang der Handelsstraßen im Ḥijāz – einer Landschaft im westlichen Teil der arabischen Halbinsel, entlang des Roten Meeres, in der Mekka, Medina und andere wichtige Städte liegen. Zum Kontext dieser jungen Araber gehörten natürlich auch die nicht enden wollenden Kämpfe im Norden zwischen Römern und Persern, die von allseitiger apokalyptischer Propaganda begleitet waren. Allerdings gab es auch erheblichen Widerstand gegen Mohammeds radikale Botschaft, dass Reinheit, Einheit und Loyalität gefordert seien, um Gottes Gunst zu gewinnen. Denn dies wich erheblich von anderen Religionen ab, die im alten Arabien fest etabliert waren.

Der entscheidende Augenblick für den Propheten Mohammed und seine Begleiter kam im Jahr 628, als er mit einem meisterhaften politischen Schachzug eine Einigung mit der herrschenden Elite in Mekka erreichte. Er legte fest, dass man sich beim Gebet fortan nicht mehr in Richtung Jerusalem ausrichten solle, sondern in Richtung Mekka, wobei die Kaaba, vormals ein heidnischer Schrein, zum zentralen Punkt in der Stadt erklärt wurde.[32] Das ebnete den Weg zur Versöhnung der verschiedenen Parteien in Arabien und schuf die Grundlage für eine gemeinsame Identität – eine Art gemeinsamer Schirm, unter dem sich alle unterschiedlichen Völker der Region versammeln konnten. Die im Waffenstillstandsvertrag von al-Ḥudaybiya (einem Ort in der Nähe von Mekka) niedergelegten Abmachungen erwiesen sich nicht nur als Wendepunkt für Mekka, seine Umgebung und für Mohammed selbst, sondern als einer der großen Wendepunkte der Weltgeschichte.

Der Zeitpunkt dieses Geschehens hätte für Mohammed und die Seinen kaum günstiger sein können. In Persien gab es zusätzlich zu den militärischen Rückschlägen einen massiven Pestausbruch, bei dem auch in der Hauptstadt Ktesiphon zahlreiche Opfer zu beklagen waren.[33] Die erneute Ausbreitung der Krankheit hing vielleicht mit dem großen Vulkanausbruch von 626 und mit dessen ökologischen und pathogenen Folgen zusammen.

Mohammed traf mit seiner Bewegung auf eine Welt, die von Krieg und Krankheit ausgelaugt war und die auch durch ökonomische Schrumpfung und den Zusammenbruch der globalen Ordnung tiefe Wunden davongetragen hatte – wobei dieser Kollaps die sesshaften Führungsmächte ebenso betraf wie die nomadischen Konföderationen, die in Auflösung begriffen waren. Mohammeds eigenes Denken war ohnehin apokalyptisch geprägt, wenn er warnte, dass die Sonne schon bald ausgelöscht werde, die Sterne vom Himmel fallen und Meere kochen würden. Der Himmel würde in zwei Hälften zerreißen, die Gräber würden sich öffnen und die Toten hinausgeworfen werden. Das Jüngste Gericht sei nahe, warnte der Prophet: Die Tugendhaften würden ins Paradies eingehen, die Bösen in die Hölle kommen.[34]

Mohammed und seine Anhänger waren die großen Profiteure dieser Weltlage. Sie konnten in der Folge riesige neue Reiche gründen. Aber es hätte nicht zwangsläufig so kommen müssen. Um 630, als das Römische Reich und das Sassanidenreich in Persien wankten, wirtschaftlich und militärisch erschöpft, hätte auch die Stunde der Nomaden aus den Steppen schlagen können. Sie hätten durchaus ihre Dominanz ausweiten und selbst eines der großen Reiche der Geschichte gründen können. Denn eigentlich hielten die Kök-Türken das Schicksal des Römischen Reichs in ihren Händen: Persien stand nach der krachenden militärischen Niederlage und im Zeichen der Pestepidemie am Abgrund, und in Ostasien waren die Tang-Kaiser eigentlich Vasallen der Türken, sie hießen nur nicht so.

Doch der Zeitpunkt und der zeitliche Ablauf des türkischen Zusammenbruchs verhinderten die Gründung eines Reiches, das noch größer hätte sein können als später das der Mongolen, denen im 13. Jahrhundert gelang, was den Kök-Türken nicht geglückt war. Unter anderen klimatischen und ökologischen Bedingungen, als sie in den 620er und 630er Jahren herrschten, hätten es die altaischen Sprachen aus den Steppen und der devote Buddhismus Tong Yabghus sein können, die sich rasant in alle Richtungen ausgebreitet hätten – über ganz Asien und vielleicht auch über Europa und Nordafrika.

Stattdessen erlebten die 630er Jahre und die folgenden Jahrzehnte eine explosionsartige Expansion arabischer Armeen: vom Ḥijāz aus über den ganzen Mittleren und Nahen Osten und Nordafrika bis nach Südeuropa und bis tief nach Zentralasien hinein. Das Ergebnis war eine weite Ausbreitung nicht nur des muslimischen Glaubens und seiner Lehren, sondern auch der arabischen Kultur, neben der arabischen Sprache Vorstellungen von Musik, Dichtung und Mode, von Kunst und Architektur.

Die arabischen Eliten auf der Iberischen Halbinsel orientierten sich an ihren Heimatländern; sie bauten Paläste und Monumente und gaben historische Darstellungen sowie komplexe Genealogien der frühen arabischen Führer in Auftrag – mit dem Ergebnis, dass Spanien «arabischer wurde als Arabien».[35] Ein Dichter hielt zum Beispiel Zwiesprache mit einer einzelnen Palme in seinem Garten und betonte wehmütig, im Westen seien sie beide «Fremde, weit entfernt von unserer Heimat im Osten» – auch ein Hinweis darauf, dass Ökosysteme und Menschen nicht leicht zu verpflanzen sind und dass die Anpassung an eine neue Umgebung schwerfallen kann.[36]

Die Schaffung einer riesigen neuen Welt, die die Kerngebiete des Perserreiches, vom Kaukasus und Kleinasien im Westen bis zum Himalaja im Osten, mit einigen der wohlhabendsten und wichtigsten Teile des Römischen Reiches zu einer neuen Einheit verband – darunter die Kornkammer Ägypten, die Häfen der Levante und ein großes Einflussgebiet im gesamten Mittelmeerraum –, führte natürlich auch zu Umweltveränderungen mit weitreichenden Folgen. Diese resultierten zum Teil aus der Verbreitung von Bewässerungs- und anderen landwirtschaftlichen Techniken in allen Ländern, die von den Arabern erobert und in Besitz genommen wurden. Doch die Verbreitung von Feldpflanzen und Kultursorten war nicht weniger bedeutsam, wurde doch auch auf diese Weise eine Welt zusammengefügt und kulturell vereinheitlicht, sogar durch bestimmte Speisevorlieben und Geschmäcker, Aromen und Kochrezepte.[37] Hypothesen über Ausmaß, Wesen und Fußabdruck dieser «Grünen Islamischen Revolution» werden in der Forschung heiß diskutiert, wobei einige Historiker darauf hinweisen, dass Nahrungsmittel und

Feldfrüchte, die oft mit der Ausbreitung des Islam in Verbindung gebracht werden, schon lange vor dieser Expansion in anderen Teilen der Welt angebaut worden seien.[38] Offenbar sind für eine ausgewogene Beurteilung solcher Fragen mehr archäobotanische Zeugnisse erforderlich, die aus einer Forschungsrichtung kommen müssten, die noch ziemlich in den Anfängen steht.[39]

Noch wichtiger als die Verfügbarkeit neuer Feldfrüchte war wohl die Tatsache, dass die Araber in ihrem neuen Reich zwei Dinge boten, die in den vorangegangenen Jahrzehnten Mangelware gewesen waren: Frieden und Arbeitskräfte. Während die Politik der Herrschaftsnachfolge im Kernbereich der arabischen Führung eine ziemlich blutige und brutale Angelegenheit war und blieb – drei der ersten vier Nachfolger des Propheten Mohammed wurden ermordet –, waren die neuen Machthaber anderswo umsichtiger und sehr darauf bedacht, die Gemeinschaften und Bevölkerungen unter ihrer Hoheit weitgehend unbehelligt und unversehrt zu lassen – solange diese ihre Steuern und Abgaben zahlten. Manche beschwerten sich allerdings und behaupteten, unter den neuen Herrschern habe sich die Steuerlast verdreifacht. Aber es ist nicht ganz klar, ob solche Klagen wirklich für bare Münze genommen werden können oder nicht übertrieben waren.[40] Größtenteils verliefen die Machtübergänge, jedenfalls allem Anschein nach, glatt und ohne großen Widerstand.

Dass man sich dabei auf Beamte und Verwalter verließ, die mit Marktpraktiken, Ernteerträgen und finanziellen Erwartungshorizonten vertraut waren, spielte für den Erfolg der Herrschaft eine entscheidende Rolle. In den ehemals römischen und persischen Gebieten blieben die Provinzbürokraten in ihren Ämtern. Diese Praxis hielt die örtliche Bevölkerung bei Laune, sofern ihr Eigentum, ihre Rechte und ihre Überzeugungen unangetastet blieben.[41] In Zentralasien erbten die Araber ein System, das von den Türken mit gutem Erfolg entwickelt worden war; man verließ sich dort auf die örtlichen urbanen Eliten, die ihre Stellung nutzen durften, um die eigenen Interessen zu schützen.[42] Auch dieses System wurde von den neuen Herrschern weitgehend intakt gelassen.

Bemerkenswerterweise gab es in der Welt, die Mohammed, seine Erben und Nachfolger – die sich Kalifen nannten – errichtet hatten, jede Menge interner Reibungen, aber Konkurrenz und Bedrohungen von außerhalb des Reiches blieben über Jahrhunderte minimal. Die Schlacht am Talas im Jahr 751, im Grenzbereich der heutigen Staaten Kasachstan und Kirgisistan, galt bei Kommentatoren schon bald als Endpunkt der islamischen Expansion, nachdem man dort durch die Streitkräfte der Tang-Dynastie eine schwere Niederlage kassiert hatte. Doch was die islamische Expansion dort am ehesten eindämmte, waren die Gebirgszüge, das Pamir-Gebirge und der Himalaja. Das wirkte allerdings in beide Richtungen, denn so wurde das Kalifat auch vor ernsthaftem Druck aus dem Fernen Osten geschützt.

Auch im Westen gab es kaum Herausforderungen. Bewaffnete Expeditionen nach Frankreich vom Norden Spaniens aus stießen nur auf Beute, die keinen Anreiz bot. Die einzige Region, in der es Rückschläge und ernsthafte Rivalitäten gab, war Kleinasien, wo das Oströmische Reich (besser gesagt, das Byzantinische Kaiserreich) nicht klein beigab, sondern sich gelegentlich genötigt sah, seine Stärke zur Schau zu stellen. Wie archäologische Belege aus Anatolien zeigen, führten aber von der Mitte des 7. Jahrhunderts an regelmäßige militärische Überfälle der Araber in Verbindung mit hohen und weiter steigenden Verteidigungskosten der Römer zu einem langfristigen wirtschaftlichen Niedergang, auch zu Einbußen bei Lebensstandard und Lebenserwartung. Es entwickelte sich eine Abwärtsspirale, deren Korrektur erst im Verlauf mehrerer Jahrhunderte gelang.[43]

In den Ländern unter arabischer Kontrolle dagegen folgte nun eine regelrechte Boomzeit. Die Städte florierten und wuchsen, weil die Arbeiter vom Land in die Städte drängten. Das kam nicht nur dem dortigen bürgerlichen Leben zugute, es beflügelte zugleich ein erhebliches wirtschaftliches und demographisches Wachstum – nicht nur innerhalb der Städte, sondern auch zwischen ihnen, als alte und neue Verbindungswege geradezu überquollen vor Menschen, Gütern und Ideen.

Diese Entwicklungen führten auch zu Veränderungen in anderen

Regionen, als sich neue Verbindungen und Chancen auftaten. Die Länder im Norden zum Beispiel, im Steppengürtel, der sich über Tausende von Kilometern ausdehnte, gediehen parallel zum Kalifat. Hier profitierten die Chasaren, teils nomadisch, teils sesshaft lebend und mit den Byzantinern gegen das Kalifat verbündet, von einer wachsenden Nachfrage nach Tieren und Tierprodukten, aber auch vom Handel in den Territorien, die sie direkt oder indirekt über Netzwerke untergebener Stämme kontrollierten.

Nach Südosten hin, in der Region des Indischen Ozeans, blühten die Handelsnetze auf, weil nun an beiden Enden der Handelswege, im Mittleren Osten wie in Ostasien, stabile politische Verhältnisse und Prosperität herrschten. Besonders profitierte davon der Staat Śrīvijaya, der von Palembang auf der Insel Sumatra aus expandierte und die wichtige Schifffahrtsstraße von Malakka kontrollierte, eine der Hauptschlagadern des Ost-West-Handels.

Im 7. Jahrhundert war Śrīvijaya ein führendes Zentrum buddhistischer Gelehrsamkeit, dort lebten damals angeblich tausend Mönche.[44] Die politischen und wirtschaftlichen Ambitionen dieses Staates wuchsen schnell, wie Inschriften in altmalaiischer Sprache zeigen, in denen von der Eroberung anderer Küstenstädte die Rede ist. Oft wurde dabei viel Blut vergossen.[45] Welcher Art der Staat Śrīvijaya war, wird in der Wissenschaft kontrovers diskutiert – ob man es am besten als Reich, Königreich oder Stammesfürstentum bezeichnen sollte. Das hängt vor allem mit der Komplexität der Beziehung zwischen dem Herrscher (*datu*) und den *orang laut* zusammen, der indonesischen Urbevölkerung an den Küsten, die nicht unterworfen war und für die Anreize für eine Kooperation geschaffen werden mussten, damit die Reichweite des Staates vergrößert werden konnte.[46]

Weniger in Zweifel steht dagegen, dass der Handelsaustausch im gesamten Bereich des indonesischen Archipels, in Süd- und Südostasien intensiver wurde, als die Horizonte verschmolzen, die Kontakte zunahmen und Güter mit steigendem Handelsvolumen auf lokalen, regionalen und maritimen Fernhandelswegen transportiert wurden. Dadurch rückten die Küstenregionen und Völker von Mittelmeer, Rotem Meer, Indischem Ozean, Südchinesischem Meer und Pazifischem Ozean näher zusammen. Vom 8. und 9. Jahrhundert an schossen in der gesamten Region neue Staaten wie Pilze aus dem Boden – etwa in Pagan (dem heutigen Burma), Angkor (Kambodscha), Đại Việt und Champa (Vietnam) und im tamilischen Chola-Reich in Indien. All diese Staaten hatten ähnliche Eigenschaften: bürokratische Zentralisierung, kulturelle Integration, ein theokratisches Königtum und eine territoriale Expansion auf Kosten kleinerer, weniger robuster politischer Einheiten – und dies alles als Resultat von Waldrodungen, Ausweitung ökologischer Lebensräume oder beidem. Der gleichzeitige Entwicklungsverlauf so vieler komplexer Staaten wirkt wie eine Art «seltsamer Parallelen», um die Formulierung eines modernen Historikers aufzugreifen. Es waren wechselseitig voneinander abhängige regionale Kraftzentren, die sich bei Expansion und Erfolg gegenseitig beflügelten.[47]

Generell eröffneten die arabischen Eroberungen neue geographische, ökologische und kulturelle Horizonte. Die arabischen Autoren bedienten sich im Zuge dessen umfassend bei griechischen Gelehrten wie Hippokrates und Aristoteles, die darüber geschrieben hatten, wie die Umwelt den persönlichen Charakter beeinflusst. Die Slawen und Franken in Westeuropa, schrieb al-Masʿūdī, «haben große Körper, eine groteske Natur, schwierige Charaktere, eine begrenzte Intelligenz und schwere Zungen». Und das sei so, weil sie in feuchten, kalten Regionen lebten, in denen es fast endlos regne oder schneie; auch erkläre sich so ihre helle Hautfarbe. Diese sei so weiß, dass sie manchmal schon fast wie blau wirke. Die fehlende Wärme erkläre auch, warum ihre religiösen Überzeugungen als lau und unklar angesehen werden könnten. Menschen, die noch weiter nördlich lebten, seien sogar noch dümmer, grotesker und brutaler. Wegen der Kälte seien sie so fett und ihre Gesichter so rund, dass die Augen darin klein wirkten. Menschen mit schwarzer Hautfarbe hingegen hätten die «Tapferkeit von Löwen und die Schlauheit von Füchsen». Wegen der Hitze könnten sie sich allerdings nur für kurze Zeit konzentrieren. Dafür seien sie sehr angetan von Tanz und Rhythmus. Es sei ganz einfach, sagte al-Jāḥiẓ, das Klima präge «den

Charakter, die persönlichen Eigenschaften, Manieren, Sprache, Verlangen, Ambitionen und Erscheinungen».[48]

Die Eroberung Nordafrikas eröffnete neue Handelsverbindungen jenseits der Sahara, jener Barriere, die dem arabisch-muslimischen Expansionsdrang letztlich Grenzen gesetzt hatte. Ein Hauptgrund dafür war die Entwicklung des Goldhandels über die Sahara hinweg und damit der Zugang zu den reichen Goldvorkommen im Mündungsgebiet der Flüsse Niger und Senegal. Die ersten schriftlichen Zeugnisse über diese Handelsverbindung stammen aus arabischen Texten, doch der Anschluss dieser Region an die interkontinentalen Handelswege war bereits lange vor der Expansion des Kalifats erfolgt. Denn Gold aus Westafrika war bereits eine Grundlage des byzantinischen Münzwesens in Karthago gewesen – mindestens ein Jahrhundert früher.[49]

Das Interesse an Westafrika war teilweise durch Berichte über große Rohstoff-, Arbeitskräfte- und Goldreserven geprägt, die Reisende, Gelehrte und Schriftsteller motivierten, mehr über diese Länder herauszufinden. In ihren Ergebnissen überlagerten sich jedoch Mythos und Realität. Zum Beispiel glaubten viele arabische Autoren, dass alle Völker der Welt von den drei Söhnen Noahs abstammten (Anlass war die biblische Stammtafel im 1. Buch Mose), darunter natürlich auch die «Söhne Hams», der von seinem Vater verstoßen worden war, nachdem er diesen in betrunkenem Zustand nackt gesehen und seinen Brüdern davon erzählt hatte. Zur Strafe, schrieb Ibn Qutayba, veränderte Gott «seine Hautfarbe und die seiner Nachkommen».[50] Hams Nachkommen, nunmehr Schwarze, seien anschließend aus Palästina nach Afrika gezogen, wo sich einige im Osten, andere im Westen niedergelassen hätten.[51]

Tatsächlich steht in der biblischen Geschichte von der «Verfluchung Hams» überhaupt nichts von schwarzer Hautfarbe (und genauer gesagt, wurde nicht Ham verflucht, sondern dessen Sohn Kanaan, weil Ham wie seine Brüder von Gott kurz zuvor noch ausdrücklich gesegnet worden war). Auch von einer Migration oder Zerstreuung der Söhne Hams nach Afrika ist dort nicht die Rede. Vielmehr knüpften die arabischen Autoren an die althergebrachte jüdische und christliche Bildrhetorik zur schwarzen Hautfarbe an, die bei ihnen dann zum Gegenstand beträchtlicher Diskussion und Spekulation wurde – bis hin zu Hypothesen über Fortpflanzung und genetische Vererbung.[52] Die Idee, dass die schwarze Hautfarbe mit göttlicher Strafe zu tun habe, setzte sich jedenfalls fest. Und sie erwies sich nicht nur als toxisch, sondern wurde – mit den Worten eines modernen Historikers – zur «größten singulären Rechtfertigung für die Versklavung der Schwarzen» – eine Ideologie, die in späteren Jahrhunderten noch gravierende Konsequenzen haben sollte.[53]

Arabische Geographen fanden die subsaharischen Völker Afrikas trotzdem sehr interessant, ihre Sitten und ihr Verhalten faszinierend. Viele widmeten ihre Aufmerksamkeit überdies dem Reichtum und den Goldminen in den Königreichen Westafrikas, speziell in Ghana, «dessen König sehr mächtig ist».[54] Orte, an denen es Goldminen gab, wurden strikt beaufsichtigt. Der Zutritt war verboten. Nach der Schürfung wurde das Gold in die Form von kleinen Ziegeln gebracht und in Städten wie Sijilmāsa am Nordrand der Sahara verkauft. Diese Stadt wurde durch ihre Rolle als Handelszentrum so reich, dass es dort vier riesige Moscheen gab und eine Hauptstraße, die so lang war, dass man einen halben Tag benötigte, um zu Fuß von einem Ende zum anderen zu gelangen.[55]

Bei religiösen und kulturellen Praktiken waren die arabischen Kommentatoren einerseits neugierig, andererseits überheblich und arrogant – ihnen ging es offensichtlich vor allem darum, die eigene Überlegenheit zu rechtfertigen und den «zivilisierenden» Einfluss des Islams hervorzuheben. Zudem ging ja die Herausbildung des Sklavenhandels Hand in Hand mit der Verbreitung herabsetzender rassistischer Karikaturen. Viele Völker Afrikas, schrieb al-Iṣṭakẖrī, verdienten keine ausführliche Beschreibung: «Die geordnete Regierung von Königreichen basiert auf religiösen Überzeugungen, guten Manieren, Recht und Ordnung. Und die Organisation des sesshaften Lebens wird durch eine solide Politik geleitet. Diesen Völkern aber fehlen alle diese Qualitäten.»[56] Es verwundert deshalb nicht, dass viele Nichtaraber lernten, besonders vorsichtig zu sein, wenn sie mit arabischen Händlern zu tun hatten. Manche Kunden bestanden darauf, Verhandlungen aus der Ferne zu führen und Abmachungen offiziell zu besiegeln. Das sei ein Zeichen «extremen Misstrauens», schrieb ein arabischer Autor und setzte dieses mit dem «Argwohn von Haustieren» gleich, «wenn sie es mit Raubtieren zu tun bekommen».[57] Man muss wohl zu dem Schluss kommen, dass solche Ängste klug und berechtigt waren, wenn man die rassistische Grundeinstellung der Händler bedenkt und die reale Gefahr, unversehens versklavt zu werden.

Im 9. Jahrhundert waren muslimische Kaufleute der Araber und Berber in Gao aktiv, einer im heutigen Mali landeinwärts am Niger gelegenen Stadt, in der nicht nur mit Gold, sondern auch mit Textilien und Elfenbein gehandelt wurde.[58] Gaos Lage an der Kreuzung von Handelsstraßen war von Bedeutung, selbst wenn es sich, wie einige Forscher anmerken, bei Gao eher um eine Anhäufung kleinerer Siedlungen als um eine einzige, größere Stadt gehandelt haben dürfte.[59] Die Zunahme der Bevölkerungsdichte und der Bautätigkeit in alten «Stadtteilen» wie Gadei, Alt-Gai und Gao Saney könnte dabei nicht nur das Resultat neuer Chancen des Transsaharahandels gewesen sein, sondern auch veränderlicher Niederschlags- und Überflutungsmuster. Speziell gemeint sind dabei die Folgewirkungen: Veränderungen von Sedimenten und Fischbesatz im Niger, die Auswirkungen auf Schiffbarkeit und Ernährungslage hatten.[60]

Ähnliche Prozesse zunehmender Komplexität und Vernetzung waren um diese Zeit auch in Nord-, Mittel- und Südamerika zu verzeichnen. Im nordamerikanischen Südwesten war es eine Übergangszeit, in der die Anasazi, die Völker der Pueblo-Kultur, ihre Grubenhäuser verließen und sich in dauerhafteren, architektonisch höher entwickelten Gebäuden niederließen.[61] In dieser Zeit, um das Jahr 800, begann auch in der Mississippikultur im Mittleren Westen, Osten und Südosten der heutigen USA eine politische Machtkonzentration unter Führung einzelner Häuptlinge. Aus der Konkurrenz der Häuptlingstümer ergab sich zum einen die Konsolidierung der Verhältnisse, zum anderen eine Expansion.[62]

In all diesen Fällen waren die Ursachen des Wandels komplex, aber das Prinzip der Kettenreaktionen scheint besonders wichtig gewesen zu sein, wenn es um die Frage geht, wie neue Einheiten entstanden und sich dauerhaft verfestigten. Mit Sicherheit waren Bevölkerungsexpansionen im Spiel, eng verbunden mit der Fähigkeit, pflanzliche und tierische Nahrungsmittel zu erzeugen, zu beschaffen und aufzubewahren, sowie der Fähigkeit, mit Wetterkapriolen und langfristigen Klimaveränderungen zurechtzukommen. Politische Stabilität wiederum hing davon ab, dass sich die organisatorische Kompetenz verfeinerte. Wenn Macht und Ansprüche des Zentrums wuchsen, musste auch die Verwaltung angepasst und erweitert werden – was wiederum ganz eigene Wachstumsschmerzen verursachte.

Bei all diesen Maximen und Entwicklungen gilt: Leichter gesagt als getan, zumal wenn es um die richtige Balance von Bevölkerungswachstum, Konsumanforderungen und Nachhaltigkeit ging. In der Karibik zum Beispiel gingen zwischen dem 1. und 6. Jahrhundert n. Chr. Menge und Größe von Landkrabben deutlich zurück. Hinzu kam – als Ergebnis von menschlichen Eingriffen und Überfischung – ein massiver Schwund bei Meeresfrüchten und Rifffischen. Dies zeigt, dass, wenn man nicht rechtzeitig aufpasst, die Verfügbarkeit von Nahrungsmitteln für eine expandierende Bevölkerung und für deren Konsumbedürfnisse schnell zu Ende gehen kann.[63] Um hier ein Gleichgewicht wiederherzustellen, sind normalerweise Anpassungen erforderlich, neue Lebensstile, Auswanderung – oder eben Hunger.[64]

Auch städtische Siedlungen konnten Opfer ihres eigenen Erfolges werden, wie am Beispiel von Pandschakent gut zu sehen ist. Dieses großartige Juwel von einer Stadt, im heutigen Tadschikistan gelegen, war ein boomendes Zentrum an den Seidenstraßen, ein wichtiger Punkt im Austausch zwischen sogdischen und anderen Kaufleuten, von denen einige im Fernhandel mit Luxusgütern engagiert waren. Die Stadt blühte auf, als der Handel im 5. Jahrhundert rapide zunahm, und sie beherbergte großartige Paläste, deren Wandmalereien Szenen aus dem indischen Epos *Mahabhārata*, dem persischen Klassiker *Shāh-nāma* und aus der altgriechischen Literatur darstellten – und die noch heute atemberaubend schön sind.[65] Doch Pandschakents Erfolg hatte eine Kehrseite: Er beruhte auf einer Überstrapazierung der natürlichen Umwelt. Im Laufe der Zeit wurden die Wälder abgeholzt, der Boden überbeansprucht. Zum einen wurde er landwirtschaftlich genutzt, um die Bevölkerung zu ernähren, zum anderen zur Ziegelherstellung für große Bauprojekte. Das war zu viel und führte zu starker Bodenerosion.

Die Überbeanspruchung der Natur wäre schon unter normalen Klimabedingungen eine große Herausforderung gewesen. Aber als nun – gar nicht einmal gravierende – Veränderungen des Niederschlagsniveaus hinzukamen, die auch Auswirkungen auf die Quellwasserversorgung hatten, wurden die Probleme für die Stadt nicht nur massiv, sondern unüberwindlich. Dass der Knotenpunkt im Seidenstraßenhandel aufgegeben wurde, hatte zwar wohl auch damit zu tun, dass die Araber diese Region eroberten und Handelsströme, Ressourcen und Profite zu ihren Gunsten umleiteten. Doch zeigt der Fall vor allem, dass Städte, die wie Pandschakent über ihre Verhältnisse lebten, irgendwann den Preis dafür zu zahlen hatten.[66]

Und damit zurück zum arabischen Kalifat. Dort kam der Veränderungsdruck weitgehend von innen. Die Konkurrenz zwischen rivalisierenden Parteien am Hof führte manchmal auch zu dynastischen Umstürzen und im schlimmsten Fall zu Sezessionen. Ein besonders markanter Fall war die gewaltsame Ablösung der Umayyaden-Dynastie durch die Abbasiden Mitte des 8. Jahrhunderts, nachdem die Umayyaden fast hundert Jahre geherrscht hatten. Allerdings konnten sich Mitglieder dieser Dynastie in Spanien an der Macht halten. Sie gründeten dort ein unabhängiges Emirat namens al-Andalus mit der Hauptstadt Córdoba.[67]

Revolutionen wie diese konnten auch Reformen und Wandel auslösen und so zum Neustart des sozioökonomischen und politischen Systems führen, hauptsächlich durch eine Bereinigung der Elite und deren Ersetzung durch eine neue Klasse und/oder Kaste. Weil neue Führer gern darauf bedacht sind, Herzen und Köpfe ihrer Untertanen zu gewinnen, neigen sie oft zu üppigen Ausgaben, nicht nur für ihre unmittelbare Klientel, sondern auch für öffentliche Bauten und Patronage in einem weiteren Wirkungskreis. Es gab deshalb nicht nur ein einziges goldenes Zeitalter des Islam, sondern mehrere goldene Erfolgswellen unter Herrschern, die über ganz unterschiedliche Ressourcen verfügten und unterschiedliche Ziele verfolgten.

Es wurde zum Beispiel beträchtliche Mühe darauf verwandt, naturwissenschaftliche Sanskrittexte zu sammeln und ins Arabische zu übersetzen, Ärzte aus Indien heranzuholen, die ihre Heilkunst vermitteln sollten, und sich generell besser über andere Teile der Welt zu informieren. Solche Unterfangen waren zum Teil durch echte Neugier motiviert, zum Teil aber auch, wie kürzlich gezeigt wurde, durch das Bestreben, mit früheren Epochen gleichzuziehen, etwa dem vorislamischen Beispiel der Sassaniden in Persien zu folgen, wo die Herrscher die obersten Advokaten der Gelehrsamkeit waren. Es brachte ja auch Vorteile, wenn man die nichtmuslimischen Untertanen unterstützte und ihnen Privilegien gewährte: Inklusion und Toleranz waren nicht nur Anzeichen für geistige Offenheit, sie waren in einer Welt, in der es mehr als genug Minderheiten gab, auch eine kluge Politik.[68]

Kenntnisse in Bereichen wie Astronomie und Astrologie hatten Bedeutung, weil sie zusätzliche Möglichkeiten boten, politische Entscheidungsprozesse zu legitimieren und zu festigen. Diese Prozesse hatten nach dem Dynastiewechsel erheblich an Bedeutung gewonnen.[69] Der Transfer von Informationen, Wissen und technischer Expertise zwischen Indien, China, dem Nahen Osten, Konstantinopel und darüber hinaus wurde geradezu ein Markenzeichen der Rivalität zwischen Reichen, die miteinander verbunden, aber auch ineinander verhakt waren.[70]

Die explosionsartige Ausweitung der Alphabetisierung und der literarischen Bildung von der Mitte des 8. Jahrhunderts an, die manchmal mit der Einführung chinesischen Papiers im Nahen Osten in Verbindung gebracht wird, war vor allem ein Zeichen steigenden Wohlstands. Reichtum und Muße weckten Interesse an der Buchproduktion, sorgten aber auch für die Honorierung der Schreiber und Gelehrten, damit sie forschen, denken und schreiben

ABBASIDEN-
KALIFAT
Ikonion
Tarsus
Antiochia
Tripoli
Damaskus
Raqqa
Palmyra
Mossul
Samarra
Bagdad
Tigris
Euphrat
Basra
Pelusium
Jerusalem
Kairo
Akaba
al-Fayyūm
Achmim
Luxor
Medina
Mekka
Rotes Meer
Nil
Massaua
Aksum
Māryām Nāzrēt
Lalibela
Debre Libanos
Zabid
Aden
Golf von Aden
Bandar Qasim
Kaschan
Isfahan
Yazd
Schiras
Siraf
Qatif
Hormus
Maskat
Samarkand
Amudarja
Syrdarya
Kaxgar
Merw
Balch
Nischapur
Kabul
Herat
Multan
Indus
Mathura
Daybal [?]
Patala
Dholavira
Ujjain
Cambay
Narmada
Diu
Dabhol
Goa
Girinagar
Mysuru
Kozhikode
Kochi
Kayal
Arabisches Meer
1 Thanjavur
2 Nagapattinam
3 Gangaikonda Cholapuram
MALEDIVEN
Mogadischu
Malindi
Mombasa
SANSIBAR
Kilwa
ARCHIPEL DER KOMOREN
Straße von Mosambik
MADAGASKAR
INDISCHER OZEAN

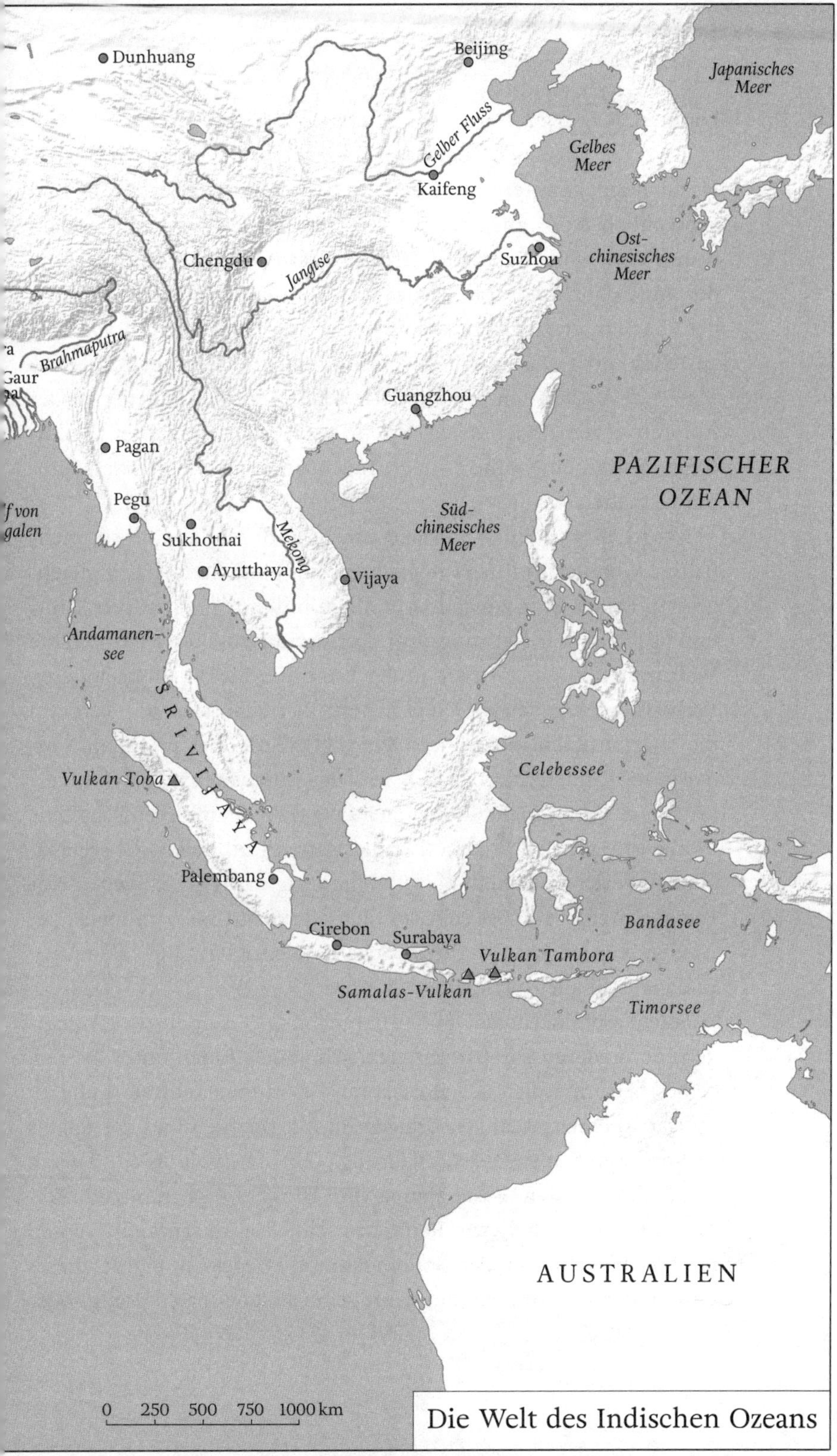

Die Welt des Indischen Ozeans

konnten. Manche Autoren waren unersättliche Leser – zum Beispiel al-Jāḥiẓ, der angeblich Buchläden mietete, damit er darin die ganze Nacht lesen konnte. Eine Quelle berichtet, er sei, bereits alt und gebrechlich, von einem Bücherregal erschlagen worden.[71] Andere waren arbeitssüchtige Sammler und Bearbeiter wie Ibn al-Nadīm, der im 10. Jahrhundert in Bagdad lebte. Er machte sich daran, Listen der «Bücher aller Völker», arabischer wie ausländischer, zusammenzustellen, «die sich mit den verschiedenen Wissenschaften befassen», mit Auskünften dazu, wer sie schrieb, zu den Kategorien der Autoren, ihren Beziehungen, ihren Lebensdaten und ihren Wohnorten. Außerdem wollte er noch Tugenden und Fehler dieser Autoren festhalten.[72]

Natürlich wurden Wohlstand und Überfluss, die eine so reichhaltige Welt der Kultur ermöglichten, mit göttlichem Segen gleichgesetzt. Beides hing zunächst vor allem mit einem günstigen Klima und problemloser Nahrungsmittelversorgung zusammen. Gott hatte Mohammed in einer Höhle in der Nähe von Mekka unter anderen Verheißungen genau dies zugesichert: Wer gehorsam sei, werde in die «Gärten Edens» eingehen. Zugesagt wurde dies in einem Vers, der später in den kodifizierten Text des Korans einging.[73] Gott versprach im Koran auch: «Denjenigen, die glauben und rechtschaffene Werke tun, werden Wir im (Paradies)garten ganz gewiss Obergemächer zuweisen, durcheilt von Bächen; ewig darin zu bleiben.»[74] Das Paradies werde ein Ort sein, an dem alle Bedürfnisse mühelos befriedigt würden; man werde im Schatten liegen, Früchte bekommen und generell alles, was man sich erbitte.[75]

Solche Schilderungen und Versprechungen kamen den Anhängern der anderen abrahamitischen Religionen, Juden und Christen, sicher bekannt vor. Auch dort kommt Gott eine zentrale Rolle zu als Garant einer günstigen Umwelt im Allgemeinen und speziell als Versorger mit ausreichend Nahrung. Gott ließ, wie es im 2. Buch Mose heißt, in der Wüste Manna vom Himmel regnen, «etwas Feines, Knuspriges, fein wie Reif», das schnell aufgesammelt werden musste, bevor es in der Sonne schmolz. Gegessen wurde dieses Himmelsbrot entweder pur, dann schmeckte es nach Honig, oder es wurde zu Brotfladen verbacken, dann schmeckte es wie Ölkuchen. Aber es musste auf jeden Fall schnell gegessen oder verarbeitet werden, sonst wurde es «wurmig und stank».[76] Als Jesus mit seinen Jüngern im See Genezareth auf Fischfang ging, füllten sich die Netze bis zum Bersten – nachdem die Bemühungen der Jünger zuvor vergeblich gewesen waren.[77] Aber das vielleicht berühmteste Beispiel eines göttlichen Eingriffs in die Nahrungsmittelversorgung ist die Geschichte von der Speisung der Fünftausend, die – als einzige Wundererzählung – in allen vier Evangelien vorkommt.[78] Für Juden, Christen und Muslime war und ist Gott also nicht nur der Schöpfer der Welt, sondern auch der «Lieferant» aller Ressourcen, bereit und in der Lage, Nahrung zur Verfügung zu stellen, wenn sie gebraucht wurde, und überdies günstige Klimabedingungen zu gewähren – wenn er wollte.

Im Islam war Gottes Kontrolle über die Welt so umfassend, dass die Tiere angeblich freitags immer in Alarmbereitschaft waren, weil ihnen bewusst war, dass an diesem Tag die Welt untergehen würde. Muslime waren gehalten, Kreaturen nicht ins Gesicht zu schlagen oder sie anderweitig zu misshandeln, denn «alle Tiere loben und preisen Gott».[79] So wie die Bibel den Gedanken unterstreicht, Gott habe die gesamte Schöpfung perfekt eingerichtet, spricht auch der Koran von Ordnung, Harmonie und Schönheit der Natur als göttlicher Einrichtung. Darüber hinaus hat die Natur als Ganzes einen Wert an sich, der sich nicht auf reine Nützlichkeit für den Menschen reduzieren lässt. Einige heutige Interpreten meinen, schon in den frühesten Lehren des Islam sei die Ansicht vertreten worden, dass Biodiversität und reichhaltige Ökosysteme aus Gottes Schöpfung stammen und deshalb Anspruch auf Respekt und Pflege haben.[80]

Natürlich war das Geschenk der Fülle nicht nur einem wohlwollenden Gott zuzuschreiben, sondern auch Ausweis eines guten Herrschers. In diesem Sinne wurde der Abbasiden-Kalif al-Mutawakkil (er regierte von 847 bis 861) von einem zeitgenössischen Dichter gepriesen, der ausdrücklich betonte, nicht Gott allein gebühre Dank. Ganz hingerissen schrieb er:

Dank dir sind große Landflächen fruchtbar geworden.
Und fürwahr, die Welt kann nicht mehr öde sein,
Solange du deine schützende Hand darüber hältst.[81]

Solches Lob ging Hand in Hand mit dem Ausbau der Bewässerungssysteme und der Landwirtschaft. In Zentralasien zum Beispiel hatten die Zahl der Oasensiedlungen und deren Landbauflächen schon zugenommen, bevor die Araber das Land eroberten. Dieser Trend setzte sich fort, obwohl das Vordringen der Araber an manchen Orten auf beträchtlichen Widerstand und mutwillige Zerstörungen stieß.[82] Die Weiterentwicklung des Ackerbaus wurde gewiss dadurch erleichtert, dass sich um 650 die Klimabedingungen in Zentralasien, auf der Tibetischen Hochebene sowie in den Steppen der Mongolei und Ostchinas dahingehend verschoben, dass das Wetter kühler und feuchter wurde. Die zusätzlichen Regenfälle kamen Pflanzenzucht und Ackerbau zugute, aber auch der gesamten Vegetation und damit der Viehzucht.[83]

In dieser umtriebigen, energiereichen Welt sich erweiternder Horizonte, der Bevölkerungszuwächse und des zunehmenden Reichtums war «hohe Kochkunst» ein wichtiges Ausdrucksmittel für kulturelle Identität, besonders im städtischen Bürgertum, das sich zu dieser Zeit deutlich erweiterte und nicht mehr nur die Reichen und Mächtigen umfasste.[84] Obwohl manche sarkastisch anmerkten, Bagdad sei ein «fröhliches Land für die Wohlhabenden», jedoch für die «Mittellosen ein Ort der Angst und Sorge», herrschte große Nachfrage nach den besten Zutaten sowie nach Informationen, wo diese zu finden seien und wie man sie zubereiten müsse.[85]

Lass dich nicht fälschlich zu dem Gedanken verleiten, dass die Reichen etwas anderes essen als normale Menschen, warnte der Autor eines Kochbuchs aus Bagdad. Die Unterschiede des Geschmacks und der kulinarischen Erlebnisse hätten vor allem mit peinlicher Sauberkeit bei den Zutaten zu tun, aber auch bei den Töpfen, in denen die Mahlzeit zubereitet werde. Gute Küchenhygiene sei wichtig, und dazu gehöre auch, dass man für Fleisch und Gemüse verschiedene Messer und Küchenbretter verwende. Zudem müsse man auch zum Händewaschen gutes Material verwenden.[86] Persönliche Geschmacksvorlieben konnten manchmal schrullig sein. Kalif al-Wāthiq zum Beispiel aß für sein Leben gern Auberginen, bei einer Gelegenheit aß er gleich 40 Stück auf einmal.[87] Einige Feinschmecker taten vegetarische Kost ab und behaupteten, Gerichte, die nur aus Gemüse bestehen, seien Betrug, sie seien oft so zubereitet, dass sie wie Fleisch aussähen, nur leider schmeckten sie überhaupt nicht danach. «Alberne Gemüsegerichte sind nichts für mich», protestierte ein Dichter. «Wo ist mein Kebab? Wo ist mein Gebratenes? Die saftigen Braten und das würzige Fleisch? Her damit!»[88]

Während die meisten zeitgenössischen Kommentatoren in all diesen Regionen mit Großstadtsorgen beschäftigt waren – besondere Aufmerksamkeit erhielten die Korridore der Macht –, war in Zeiten von Bevölkerungswachstum, Urbanisierung und steigendem Konsum die Bewahrung landwirtschaftlicher Nachhaltigkeit von entscheidender Bedeutung. Diese wiederum war von verschiedenen Faktoren abhängig, die bedeutend variierten, nicht nur von Region zu Region, sondern manchmal schon über geringe Entfernungen. Das Klima spielte natürlich eine Rolle, aber auch die Entfernungen zu den Märkten, die Verfügbarkeit von Arbeitskräften für die Feldarbeit, Spezialisierungen bei den Feldfrüchten, Bodeneignung und optimale Ernteerträge.

Am meisten kam es allerdings auf das Wassermanagement an, und zwar nicht nur hinsichtlich der landwirtschaftlichen Produktion. Vorindustrielle Staaten waren ökonomisch massiv von ihren Landwirtschaften abhängig, vor allem jedoch von den Erträgen der Grundsteuer. Der Handel war zweifellos bedeutend und erhält in der modernen Forschung zu Recht große Aufmerksamkeit. Die Einkünfte aus dem Land waren allerdings beträchtlich höher und wichtiger als die Einnahmen aus dem Nah- und Fernhandel.[89] Da überrascht es kaum, dass man sich besonders um die Bewertung von Bodenqualitäten und um die steuerlichen Erträge kümmerte, die zu erwarten waren. Die muslimischen Herrscher führten regelmäßige Landvermessungen und -bewertungen durch, so, wie es schon ihre Vorgänger, die Sassaniden, gehandhabt hatten.[90] Zusätzlich legten die

Staatsbeamten sorgfältige Unterlagen zu hydraulischen Einrichtungen, Bewässerungssystemen und Wasserressourcen an und versuchten auch auf diese Weise, die Einkünfte der Krone zu maximieren.[91]

Solche Taxierungen der Bodenwerte hingen nicht zuletzt davon ab, dass es regelmäßig regnete und – ebenso wichtig – dass die Beanspruchung des Landes und der verfügbaren Wasserressourcen nicht zunahm. Wenn diese Balance kippte, waren Probleme unausweichlich. Zu Beginn des 9. Jahrhunderts etwa kam eine Reihe von Herausforderungen zusammen, die weitreichende sozioökonomische und politische Folgen hatten. Befunde von Baumjahresringen im zentralasiatischen Altaigebirge, Belege zum Salzgehalt im Aralsee und Beobachtungen zur Nordatlantischen Oszillation, die sich stark zu einer positiven Phase hin verschob, zeigen, dass um 800 ein neuer langfristiger Klimatrend begann – weg vom kühleren, feuchteren Wetter und hin zu wärmeren und trockeneren Bedingungen in weiten Teilen Eurasiens. Die Herausforderungen, die diese Konstellation nach sich zog, lassen sich gut an der sinkenden Zahl von Oasensiedlungen ablesen – die Schwundquote betrug in den folgenden Jahrzehnten fast 70 Prozent.[92]

Dass dieses Phänomen nicht nur Zentralasien betraf, zeigt sich daran, dass auch im Westiran und in den großen fruchtbaren Ebenen des Euphrattals – einem der ertragreichsten Gebiete nicht nur im Nahen Osten, sondern sogar im Weltmaßstab – Städte, Dörfer und Agrarland verlassen wurden.[93] Zum Klimawandel gesellte sich noch Umweltstress, der von einer rapide zunehmenden Bodenversalzung ausging. Die Weizenerträge in den reichen Schwemmlandschaften Mesopotamiens gingen in den Jahren um 820 bis 850 massiv zurück. Dass gleichzeitig die Ernteerträge bei Gerste zunahmen, wirft zum einen ein Schlaglicht auf die ungleichmäßige Versalzung des Bodens. Zum anderen aber ist Gerste weit anspruchsloser als Weizen, was die Bodenqualität angeht; sie gedeiht auch auf schlechten Böden.[94] Ein weiterer Hinweis auf diese Sachlage ist der Import von Zwangsarbeitern aus Afrika, die in Handarbeit Salzschichten beseitigen mussten, damit die Felder kultivierbar blieben.[95]

Verschärft wurden diese Probleme noch dadurch, dass seit Beginn des 9. Jahrhunderts reiche Eliten erfolgreich begonnen hatten, Großgrundbesitz aufzubauen und ihren Status, ihre Verbindungen und politischen Druck zu nutzen, um das Grundsteuersystem und die Wasserzuteilungen zu ihren Gunsten zu beeinflussen.[96] Das brachte kurzfristige Gewinne zulasten der Nachhaltigkeit, unter ökonomischen wie unter Umweltgesichtspunkten: Im frühen 9. Jahrhundert konnte der Staat im Irak jährlich rund 125 Millionen Dirham an Grundsteuereinnahmen erzielen; ein Jahrhundert später waren diese Einnahmen um fast 80 Prozent gesunken.[97]

Ein solcher Kollaps auf der Einnahmeseite hatte ganz eigene Probleme zur Folge. Nicht zuletzt stand die Staatsführung unter Druck, zu erklären, warum sie an die großzügigen und glorreichen Zeiten ihrer Vorgänger nicht anknüpfen konnte, gemessen an den großartigen Bauten, der territorialen Expansion und den üppigen Staatsausgaben. All dies schien oft einer fernen Vergangenheit anzugehören. Eine Reaktion der in Bedrängnis Geratenen bestand darin, ihre Vorgänger für ihre Verschwendung, einen Lebensstil, der über die eigenen Verhältnisse hinausging, und eine unverantwortliche Ausgabenpolitik zu kritisieren. Laut Alī ibn ʿĪsā, der zu Beginn des 10. Jahrhunderts schrieb, wurde fast ein Drittel des Jahresbudgets im Kalifat für den Harem, für Eunuchen und hohe Hofbeamte aufgewendet.[98] Es überrascht kaum, dass solche Ausgabenschocks die Lage verschärften und Tür und Tor für Proteste, Instabilität und manchmal auch Schlimmeres öffneten.

In Bagdad gab es zum Beispiel 919/20 Unruhen infolge einer Nahrungsmittelknappheit, die sich erst befrieden ließen, nachdem die staatlichen Getreidereserven zu subventionierten Preisen an die Bevölkerung verteilt worden waren.[99] Zwei Jahrzehnte später kam es zu einer Hungersnot, die so schlimm war, dass «ganze Häuser, Weinberge und Gärten für Fleischstücke und Fladenbrote verkauft wurden. Und die Menschen klaubten Gerstenkörner aus dem Dung von Pferden und Eseln, um sie zu essen.»[100] Nur wenige Jahre später war die Hungersnot in Jazira so schrecklich, dass «viele verrückt wurden, einander erbarmungslos attackierten und auffraßen, wie die Wilden».[101]

Ob man sich auf solche Berichte verlassen kann, ist nicht klar – selbst in Fällen, die sich zu Klimadaten in Beziehung setzen lassen und ungewöhnliche Wettermuster oder besondere Ereignisse belegen, etwa Dürren, Fluten und auffallend hohe oder tiefe Temperaturen.[102] Natürlich waren Nahrungsmittelknappheiten nicht nur durch Wetter oder Produktivität bedingt; auch Markterwartungen spielten eine große Rolle. Manche, wie die Fatimiden in Ägypten, versuchten, solche Marktrisiken dadurch abzufedern, dass sie Getreide aufkauften. Bezeichnenderweise wurden solche Praktiken aber wieder aufgegeben, weil sich oft herausstellte, dass teurer als zu Marktpreisen eingekaufte Getreidevorräte sich nicht ohne Weiteres wieder veräußern ließen.[103] Auch war es unvermeidlich, dass Spekulanten versuchten, aus hohen Preisen Kapital zu schlagen und diese sogar noch weiter in die Höhe zu treiben – worauf Kalif al-Hākim mit Strafandrohungen reagierte: «Ich werde allen den Kopf abschlagen, die irgendwelche Getreidevorräte haben», verkündete er nach Ernteausfällen infolge einer zu schwachen Nilflut im Jahr 1007. «Ich werde sein Haus niederbrennen und all seinen Reichtum konfiszieren.»[104]

Wie die Reaktion des Kalifen zeigt, boten solche Episoden den Desillusionierten, Ehrgeizigen und Mutigen Gelegenheiten, die eigene Lage zu verbessern. Wirtschaftliche Probleme, woher sie auch rührten – ob aus Ernteausfällen, Wetterkapriolen oder militärischer Instabilität –, ermöglichten auch den Rivalen des Kalifen am Hof und anderen Interessengruppen, daraus Kapital zu schlagen. Begünstigt wurde dies durch strukturelle Probleme, die daraus resultierten, dass zu viel Macht in zu wenigen Händen vereint war. Randgebiete waren oft Brutstätten von Dissidenz und Revolte, zudem Sprungbretter für Neulinge, die an die Macht strebten.

Im Falle des Kalifats bestand eine der Hauptursachen für soziale, wirtschaftliche und politische Probleme darin, dass Reformen, die mit dem Ziel eingeführt worden waren, die Staatsfinanzen zu stabilisieren, letztlich auch die Reichen und Mächtigen noch weiter stärkten. Mit Schaffung des *iqṭā'*-Systems Mitte des 10. Jahrhunderts wurden im Gegenzug für Dienstleistungen Steuereintreibungsrechte an Angehörige der Elite vergeben. Das eröffnete nicht nur Missbrauchsmöglichkeiten, es bedeutete auch – wichtiger noch –, dass die Interessen des Staates und die der Eliten nicht mehr konform waren. Denn Letztere versuchten nun, auf Kosten des Staates Profite zu machen, vor allem aber auf Kosten der Landpächter und Bauern, die ausgequetscht wurden wie Zitronen. Zusammen mit anderen bereits gegebenen Gründen für Unzufriedenheit und zunehmender Ungleichheit wurde dadurch das Konfliktpotenzial massiv verschärft. Ein System, das bereits ineffizient und korruptionsanfällig war und dessen Strukturen Großgrundbesitzer zulasten Schwächerer begünstigte, geriet als Ganzes noch stärker unter Druck.[105] Vielleicht wirkte der Klimawandel als zusätzlicher Brandbeschleuniger, der eine vorhandene Glut auflodern ließ, aber dass es regelmäßig zu Staatskrisen kam, lag vor allem daran, dass eine ausbeuterische Magnatenklasse nicht unter Kontrolle gehalten werden konnte.

Bei der Tang-Dynastie in China lief es um diese Zeit ganz ähnlich. Viele Wissenschaftler haben in letzter Zeit versucht, den wissenschaftlich gut dokumentierten Klimawandel mit dem Niedergang der Herrscherfamilie und der Implosion des Kaiserreichs in Verbindung zu bringen. Das Argument lautet dabei stets, dass eine Periode von fünf Jahrzehnten mit Dürren, Fluten, Heuschreckenplagen und Hungersnöten, strengen Wintern und schwachen Monsunregenfällen im Sommer zu etlichen Rebellionswellen geführt habe.[106] All diese Faktoren spielten sicher eine Rolle, aber die tiefere Ursache für Instabilität, Aufstände und letztlich den Sturz der Dynastie unter dem letzten Tang-Kaiser im Jahr 907 lag, wie es ein Historiker formulierte, in «heftigen antiaristokratischen Ressentiments», die sich als «Hass auf die alten Familien und Hass auf die Mandarine» äußerten.[107]

Diese Stimmung wiederum hatte weitgehend damit zu tun, dass die Reichen auf Kosten der Gesamtbevölkerung mit viel Erfolg ihr eigenes Nest gebaut und geschützt hatten. Selbst Besitzstandswahrung reichte ihnen nicht, sie wollten immer noch mehr. Das China der Tang-Dynastie sei zur geschlossenen Gesellschaft geworden, schrieb der Beobachter und Kommentator Zheng Qiao im 12. Jahrhundert. Ernennungen hatten nichts mehr mit Leistung und Verdienst zu tun, es kam allein auf die familiäre Zugehörigkeit an. Hofbeamte (die selbst alle aus derselben engen sozialen Kaste kamen) konsultierten Genealogien und eheliche Verbindungen sowie Register, die sie selbst führten und auf dem neuesten Stand hielten. Diese Dokumente belegten nicht nur, wer wer war, sondern vor allem, wer ein Anrecht hatte, in den Kreis der Großen und Guten aufgenommen zu werden.[108]

In den 870er Jahren, vermerkte ein Chronist etwas mehr als hundert Jahre später, «wurden Verschwendung und Extravaganz [am Hofe] von Tag zu Tag extremer», während unter den Bürokraten Korruption und Unehrlichkeit herrschten. Aufeinanderfolgende Dürrejahre hatten zu Schwierigkeiten geführt, aber das eigentliche Problem war, dass die Auswirkungen den Entscheidungsträgern «nicht wahrheitsgemäß berichtet» worden waren. Deshalb wurden keine Maßnahmen ergriffen, die das Leiden der Bevölkerung hätten lindern können – mit dem Ergebnis, dass die «einfachen Leute auf der Suche nach etwas zu essen umherwanderten» und, als ihnen niemand half, sich bald «zu Banditengruppen zusammenschlossen, die sich wie Bienenschwärme bewegten». Schlimmer noch, weil schon so lange Frieden geherrscht hatte, waren die Soldaten der Regierung mangels Übung nicht mehr in der Lage, dieser Banden Herr zu werden, und erlitten zahlreiche Niederlagen durch die Marodeure.[109]

Rebellionen in den 870er und 880er Jahren schwächten den Staat entscheidend. Sie beschädigten die Glaubwürdigkeit der kaiserlichen Dynastie massiv und spielten den Warlords in den Provinzen in die Hände, deren eigene Machenschaften bereits dazu geführt hatten, dass das kaiserliche Territorium zersplittert war – endgültig dann nach dem Mord am letzten Tang-Kaiser, Li Chu, der nach seinem Tod den Beinamen Ai (哀) erhielt, «der Beklagenswerte». Die nun folgende Periode, bekannt unter dem Namen «Fünf Dynastien und Zehn Königreiche», war, wie ein Historiker feststellte, die logische Kulmination zunehmend unabhängiger regionaler Entwicklungen auf Kosten der Zentralmacht und hatte sich bereits seit Jahrzehnten oder – je nach Perspektive – seit mehr als einem Jahrhundert abgezeichnet.[110]

Identifizierung der tieferen Ursachen von Problemkonstellationen, bei denen sich verändernde Klimabedingungen als Verschärfung eine Rolle spielten, ohne die Probleme selbst verursacht zu haben – das ist auch ein hilfreicher Ansatz, um Schicksal und Untergang der Maya-Kultur in Mittelamerika zu verstehen. Deren «Zusammenbruch» wird häufig als einer der berühmtesten Fälle herangezogen, wenn es um die Gefahren von Klimastress und Umweltschäden geht – als Warnruf für mögliche Folgen von Umweltsünden in Gegenwart und Zukunft. Manche stellen diesen Kollaps zum Beispiel so dar, als hätten Klimafaktoren einen derart gnadenlosen Druck entfaltet, dass die Katastrophe unausweichlich gewesen sei. «Es gab nichts, was [die Mayas] tun konnten oder hätten tun können», schreibt eine Gruppe führender Wissenschaftler dazu, «am Ende gingen ihnen Wasser und Nahrungsmittel aus und alle starben.»[111]

Das ist eindeutig übertrieben, die Mayas starben nicht aus. Die meisten Schätzungen gehen davon aus, dass es noch heute rund neun Millionen von ihnen gibt und dass in Guatemala, Teilen von Mexiko und anderswo in Mittelamerika ihre kulturellen Fußstapfen nicht nur nach wie vor erkennbar, sondern sogar weiterhin wichtig sind.[112] Auch wenn es bei den Mayas zweifellos eine Phase tiefgreifender Veränderungen gab, überlebte und gedieh eine ganze Reihe von Maya-Gemeinschaften noch lange Zeit. Die letzten fielen erst 1697 den Spaniern zum Opfer – fast 800 Jahre nach einem Niedergang, der angeblich apokalyptisch war.[113]

Nachdem die Maya-Kultur in Mittelamerika schon einige Jahrhunderte floriert hatte, erreichte sie einen symbolischen Höhepunkt im Jahr 747 n.Chr. mit dem Bau des Tempels IV in Tikal. Diesem kam der Ruhm zu, vor der Ankunft der Europäer Ende des 15. Jahrhunderts eines der größten Bauwerke in ganz Süd-, Nord- und Mittelamerika zu sein.[114] Tikal war schon lange ein wichtiges urbanes Zentrum gewesen – in einer Reihe großer Städte, Gemeinschaften und Siedlungen, die durch Handelsnetze eng miteinander verbunden waren. Gehandelt und verbreitet wurden hier unter anderem Luxusgüter wie Obsidian.[115] Diese Art der Vernetzung war auch dadurch geprägt, dass Individuen und Familiengruppen darin ein gewisses Maß an politischer Autonomie und Unabhängigkeit voneinander bewahren konnten.[116] Wechselseitige Fernhandelskontakte wurden unterhalten, sogar mit dem mehr als tausend Kilometer entfernten Teotihuacán. Diese Stadt diente als Quelle für kulturelle Referenzpunkte, sogar als Inspiration für den Nachbau wichtiger Bauwerke in Tikal.[117]

Macht, Status und Reichtum waren nicht gleichmäßig verteilt, weder zwischen den Städten noch innerhalb der einzelnen Städte. Menschen an Orten, die besser vernetzt waren und näher an den wichtigen Handelswegen lagen, waren wohlhabender als Menschen in den Randgebieten. Und in Orten, die unter der Herrschaft autokratischer Eliten standen, gab es ein höheres Maß an Ungleichheit bei der Verteilung des Reichtums.[118] Ein Netz politischer Allianzen wurde durch Beamte und Diplomaten zusammengehalten, die zwischen den einzelnen Orten hin und her pendelten und die häufig in Reliefs auf Denkmälern, in Wandgemälden und auf bunten Tongefäßen dargestellt sind.

Neuere Ausgrabungen auf einem kleineren Komplex von Plazas in El Palmar im Ostteil der Halbinsel Yucatán haben eine besonders schöne Grabkammer eines solchen Diplomaten offengelegt. Sein Name war Ajpach' Waal, sein Titel lautete *lakam* (Standartenträger), und seine Aufgabe war die Vermittlung von Deals zwischen El Palmar und der herrschenden Dynastie in Copán, das 350 Kilometer weiter südlich lag.[119] Ajpach' Waal hatte während der Pubertät oder als junger Erwachsener Zahnschmuck aus Jade und Pyrit erhalten, wie es für Mayas von hohem Rang üblich war, um den sozialen Status zur Schau zu stellen, besonders im Flachland.[120] Wegweisende Untersuchungen der Überreste seines Skeletts haben gezeigt, dass der Schmuck aus seinem rechten Eckzahn herausgefallen war. Die Tatsache, dass sich daran Zahnstein gebildet hatte, belegt, dass er nicht in der Lage gewesen war, sich Ersatz zu leisten – was wiederum zu der Frage führt, ob vielleicht sein Status und der El Palmars im Laufe seines Lebens um die Mitte des 8. Jahrhunderts in Schwierigkeiten geraten waren.[121]

Trotz regionaler Schwankungen war das Bevölkerungswachstum über viele Jahrhunderte hinweg substanziell; es führte in den Stadtstaaten zu Einwohnerzahlen, die in die Zehntausende gingen.[122] Nach einigen Schätzungen erreichte die Gesamtbevölkerung der Maya-Länder in Spitzenzeiten rund zehn Millionen Menschen, wenn nicht noch mehr.[123] Die Bedeutung Tikals war unter der Führung von Jasaw Chan K'awiil und seinem Sohn Yik'in Chan K'awiil beträchtlich gestiegen. Sie waren seit Ende des 7. Jahrhunderts für eine Reihe militärischer Siege und politischer Expansionen verantwortlich.[124] Das war ein Faktor, der im Laufe der folgenden rund hundert Jahre zur Verdreifachung oder gar Vervierfachung der Einwohnerzahl Tikals führte.[125]

Die Urbanisierung erforderte bedeutende Investitionen in ökologische Infrastrukturen, um die Ressourcen für nachhaltiges Wachstum und anhaltende Expansion bereitzustellen. Das schloss die Schaffung von Bewässerungssystemen sowie die Entwicklung fortschrittlicher Ingenieurleistungen ein, um möglichst viel Wasser auf- und einzufangen – von Dammbauten bis zu Sandfiltertechnologien, um Sedimente und Verunreinigungen aus dem Trinkwasser zu filtern.[126] Von entscheidender Bedeutung war auch der Kampf gegen die Bodenerosion mit durchdachten Aufforstungsstrategien und gezieltem Bodenmanagement.[127] Solche Maßnahmen ermöglichten eine Ausweitung der Nahrungsmittelproduktion, die auf Mais, Bohnen, Kürbissen, Süßkartoffeln und anderem Wurzelgemüse basierte. So wurde es überhaupt erst möglich, die steigenden Bedürfnisse einer dichten und weiterwachsenden Bevölkerung zu erfüllen.[128]

Analysen von Mineralen aus der Yok-Balum-Höhle in Belize, Kernbohrungen in Seesedimenten im nördlichen Yucatán und Titanium-Ablagerungen im Golf von Cariaco vor der Küste Venezuelas verweisen allesamt auf eine längere Dürreperiode um die Mitte des 9. Jahrhunderts, die mehrere Jahrzehnte andauerte.[129] Die durchschnittliche Regenmenge sank um rund 50 Prozent, teilweise sogar um bis zu 70 Prozent. Diese Klimaveränderungen resultierten wohl aus einer Verringerung der Sonnenaktivität, aus Vulkanausbrüchen oder beidem.[130] Die Dürren verschärften die durch schnelle Entwaldung verursachten Probleme noch mehr. Zum Verlust der Wälder war es gekommen, weil großer Bedarf an weiterem Ackerland herrschte und viel Brennholz benötigt wurde, um Kalziumkarbonat von Muschelschalen oder Ziegeln abzulösen und dabei ungelöschten Kalk zu gewinnen. Diesen Branntkalk benötigte man als Bindemittel, zum Weißen von Wänden oder als Mörtel beim Bau.[131] Die Abholzung verschlimmerte die Dürre insofern, als von Ackerflächen weniger Wasserdampf aufsteigt als aus Wäldern – was negative Auswirkungen auf Wolkenbildung und Niederschläge hat.[132]

Hilfreich war in dieser Lage, dass die Mayas ein weites Pflanzenspektrum kultivierten. Wichtiger noch aber war, dass viele dieser Arten dürreresistent waren.[133] Die Verringerung der Regenfälle hat bei Wissenschaftlern, die einen Zusammenhang zwischen Klimaveränderungen und dem offenkundigen Kollaps der Maya-Zivilisation herstellen wollten, viel Aufmerksamkeit gefunden, doch aus ökologischer Sicht könnte der große Temperaturanstieg im Sommer sogar noch wichtiger gewesen sein. Denn der hatte gravierende Folgen für die Maisernte. Neuere Forschungen haben gezeigt, dass die Ernteerträge bei Mais für jeden Tag, an dem die Temperaturen über 30 Grad Celsius ansteigen, um bis zu ein Prozent sinken.[134] Dies war für die Maya-Kultur von besonderer Bedeutung, nicht nur vom Standpunkt der Ernährungssicherheit, sondern auch mit Blick auf die wichtige symbolische Beziehung zwischen der Maisernte und der politischen Legitimität der Elite. Ernteeinbrüche führten unweigerlich dazu, dass die Kompetenz und die Sonderstellung der Herrscher infrage gestellt wurden. Letztere suchten dann oft, um ihre Autorität zu wahren und Prestige zu gewinnen, Ablenkung durch militärische Eroberungen.[135]

Die zunehmende Gewalt im 8. und 9. Jahrhundert führte zu Instabilität und Druck auf die Handelsnetze. Zugleich wurden vermehrt Gelegenheiten für Soldaten und Beamte geschaffen, größeren Reichtum anzuhäufen und sich mehr Ressourcen anzueignen, was wiederum die Nachfrage nach Luxusgütern wie Keramikgefäßen verstärkte und zur Entwicklung neuer Keramikstile führte.[136] Unter diesen Umständen stiegen auch die Anforderungen an die Herrscher, deren Königtum auf einer Reihe aufwendiger Rituale beruhte. Dazu gehörten Aderlasse, manchmal unter Verwendung giftiger Stacheln von Stachelrochen, die «eine Leitung zwischen der natürlichen und der übernatürlichen Welt öffneten».[137] Solche Rituale dienten natürlich dazu, den Abstand der Eliten zu den einfachen Menschen zu unterstreichen und aufrechtzuerhalten. Ähnliches galt in der Kultur von Monte Albán in den zentralen Hochtälern von Oaxaca im heutigen Mexiko. Dort errichteten die Herrscher Steine, in die ihre Genealogie eingraviert war, um den sozialen Unterschied zwischen sich und gemeinen Menschen hervorzuheben. Immer schwierigere Zeiten führten in der Elite von Monte Albán dazu, dass immer mehr Rivalitäten entstanden, die schließlich auch zur fortschreitenden Entstädterung beitrugen, zur Entvölkerung und zum Niedergang eines funktionierenden Staatsapparates.[138]

Weitere Probleme in den Maya-Siedlungen könnten auch Materialien verursacht haben, die besonders gern verwendet wurden, um Dinge und Bauten zu schmücken und zu verzieren. Jüngste Untersuchungen haben die Aufmerksamkeit auf das beliebte Mineral Zinnober gelenkt, aus dem die blutrote Farbe hergestellt wurde, die besonders gern zum Färben von Stoffen, Bemalen von Tongefäßen, Ausmalen von Gebäuden, aber auch bei Ritualen Verwendung fand. Das Problem bestand im hohen Quecksilbergehalt des Minerals. Bei starkem Regen wurde das Zinnoberrot von Gebäuden und Gefäßen abgewaschen und sammelte sich in Trinkwasserreservoirs, die für die Städte überlebenswichtig waren. Im Laufe der Zeit erreichte die Quecksilberkonzentration dort gefährlich hohe Werte, wobei sich in Dürreperioden die Situation verschärfte, weil sich die gefährlichen Cyanobakterien dann noch weiter konzentrierten und noch giftiger wurden als in normalen, regenreichen Zeiten. Diese Art der Wasserverschmutzung ging an die Substanz der Städte und ihrer Bevölkerungen. Die Nachhaltigkeit des dortigen Lebens war infrage gestellt, die Autorität der Herrscher und Eliten unterminiert. Wer dauerhaft Quecksilber ausgesetzt ist, leidet an Fettleibigkeit und Beeinträchtigung der kognitiven Fähigkeiten. Auch das könnte eine Rolle gespielt haben, als Gesellschaften, die ohnehin schon unter Druck geraten waren, in ihren Sozialstrukturen endgültig zusammenbrachen.[139]

Wie Mittelamerikaforscher gern betonen, erfolgte der Niedergang eines hochgradig vernetzten Flickenteppichs dicht bevölkerter Maya-Siedlungen weder plötzlich noch gleichförmig. In Oaxaca zum Beispiel liefen weite Bereiche des innerstädtischen Lebens ohne Unterbrechung noch einige Jahrhunderte weiter, bis die spanischen Eroberer kamen.[140] Im Land der Mayas waren Lage und Auswirkungen keineswegs einheitlich, weil die verschiedenen städtischen Zentren mit jeweils unterschiedlichen Herausforderungen zu kämpfen hatten. Sie machten dabei kurzfristig wie langfristig sehr unterschiedliche Erfahrungen: Manche Siedlungen erlebten einen massiven Bevölkerungsverlust und den Zusammenbruch der Verwaltung, andere nicht.[141]

Was kollabierte, war nicht die Maya-Welt als Ganzes, sondern eher das Gerüst, das sie zusammenhielt, das Netz, das die Orte miteinander verband und den Güter- und Ideenaustausch erleichterte – und das zudem einen Rahmen bot für Allianzen, Rivalitäten und den Wettbewerb um die Königsrolle. Mit Dürre, Ernteausfällen und dem Verlust der Kontrollmechanismen konfrontiert, fanden die Herrscher keinen Weg mehr, Erwartungen gerecht zu werden und ihre Autorität aufrechtzuerhalten.[142] Hier liegt der Grund, warum keine großartigen Denkmäler und Paläste mehr gebaut wurden und warum die vorhandenen Bauten allmählich nicht mehr von Herrschern und Beamten, sondern von Leuten in Beschlag genommen wurden, die wir als Hausbesetzer bezeichnen würden – spontan gebildete Gruppen, die Schutz vor dem Wetter suchten und dort nur kochen, essen und schlafen wollten.[143]

Klimaveränderungen, selbst markante und herausfordernde, waren in Mittelamerika nichts Ungewöhnliches (wie auch in anderen Regionen der Welt) – besonders für Kulturen, die seit Jahrhunderten oder noch länger Bestand hatten und florierten. Von entscheidender Bedeutung waren demnach Balance und Ausgleich, mit Blick auf Umweltdruck einerseits und soziale wie ökonomische Anfälligkeit andererseits. Natürlich ist es auch heute wichtig, über ein solches Gleichgewicht nachzudenken. Hypervernetzungen wie die Globalisierung können für jeglichen Austausch und Handel offenkundige Vorteile haben. Sie können aber auch Anfälligkeiten und Schocks verdecken, die das Potenzial haben, sich rasant zu beschleunigen, sobald eine oder mehrere wichtige Verbindungen in solchen Vernetzungen ausfallen, egal ob absichtlich oder zufällig. Wenn Fabriken schließen müssen, Häfen verstopft sind oder Bodenschätze als Produktionsressourcen fehlen, kommt es nicht nur zu hohen Inflationsraten, es kann im schlimmsten Fall durch sozioökonomischen Druck auch zu Rebellionen oder gar zum Staatsversagen kommen.

Es lohnt aber auch, sich klarzumachen, dass Bevölkerungsschrumpfung, Aufgabe und Niedergang von Städten sowie das Abflauen von Reisetätigkeit, Kommunikation und Austausch nicht unbedingt zu den Lieblingsthemen der Archäologen gehören. Sie beschäftigen sich lieber mit monumentalen Bauwerken und der Bewertung von Machtstrukturen und Verwandtschaftsmustern. Für die meisten Betroffenen hingegen war der Rückzug aus Gebieten, aus soziopolitischen und ökologischen Machtstellungen und Strukturen nicht unbedingt gleichbedeutend mit einer Katastrophe – oder auch nur mit einem Niedergang, wie er allzu gern mit dem Ende angeblicher «Goldener Zeitalter» assoziiert wird.

Transformationen menschlicher Gesellschaften hatten und haben natürlich Auswirkungen auf Flora und Fauna, weil sich die Landnutzung je nach gesellschaftlichen Anforderungen wandelt. Wenn sich urbane Ballungsräume auflösen und Städte scheitern, heißt das eben auch, dass lokale natürliche Umgebungen nicht mehr auf dieselbe Weise oder im selben Ausmaß genutzt werden. Es gibt in solchen Situationen nur andere Gewinner und Verlierer, egal ob es sich um Tiere oder um Pflanzen handelt. Außerdem sollte man nie vergessen, dass das Pendel des Klimawandels in beide Richtungen ausschlagen kann. Langfristige Veränderungen bei Niederschlagsmustern, Dürren oder Temperaturen führen nicht immer dazu, dass sich Verbindungen auflösen. Manchmal schaffen sie auch neue Möglichkeiten und beflügeln die Schaffung neuer Welten.

ZWÖLFTES KAPITEL

Die Mittelalterliche Warmzeit

(900 bis 1250)

Sie dachten, der Tag des Jüngsten Gerichts sei gekommen.
Ibn al-Athīr über die Menschen in Mossul (13. Jahrhundert)

Im Jahr 1965 merkte der Historiker Hubert Lamb an, es gebe «in vielen Untersuchungsbereichen immer mehr Belege» dafür, dass «in weiten Teilen der Welt ein bemerkenswert warmes Klima» herrschte, «welches um 1000 bis 1200 n.Chr. einige Jahrhunderte andauerte». Die von ihm vorgeschlagene Bezeichnung für diese Periode, «Mittelalterliche Warmepoche» («Medieval Warm Epoch»), wurde inzwischen modifiziert. Heute spricht man meistens von einer «mittelalterlichen Klimaanomalie» oder von der «Mittelalterlichen Warmzeit».[1] Andere Historiker haben zudem die Datierung dieser Warmzeit nach vorn und hinten ausgedehnt und plädieren dafür, den Zeitraum der langfristig ungewöhnlich warmen Klimabedingungen von ca. 800 bis 1200 oder gar 1250 auszuweiten.[2]

Aus europäischer Sicht war es eine Zeit günstiger Wetter- und Klimamuster, die sicherstellten, dass die atmosphärische Zirkulation im Nordatlantik zuverlässig warme, trockene Luft heranführte – mit dem Ergebnis, dass es weniger nasskalte Sommer und bitterkalte Winter gab. Es ergaben sich ideale Bedingungen für die Landwirtschaft: reiche Ernten, kaum noch Schockereignisse, und vor allem ein verlässlicher, stabiler Klimakontext.[3] Natürlich blieben Temperatur- und Niederschlagsniveaus nicht ausnahmslos konstant und günstig; auch galten klimatische Konstanz und Verlässlichkeit nicht einheitlich für ganz Europa. Exakte Aussagen darüber sind allerdings schwierig, weil der Süden und Osten des Kontinents in dieser Hinsicht deutlich weniger Aufmerksamkeit erhielten als der Norden und der Westen.[4]

Die freundlichen Klimabedingungen, die Europa begünstigten, hatten in anderen Teilen der Welt auch andere Konsequenzen, allerdings – was hervorzuheben ist – mit wichtigen regionalen Unterschieden. So blieben zum Beispiel die Niederschläge im Iran, in Armenien und Palästina in dieser Zeit meistens deutlich unter dem Durchschnitt, während sich kaum belegen lässt, dass solches auch im Norden Syriens und in West- oder Zentralanatolien galt.[5] Die Klimaauswirkungen variierten von Region zu Region, selbst innerhalb recht kleiner Gebiete – etwa dort, wo heute Bulgarien, Mittelgriechenland und das westliche Kleinasien liegen. Kurz, die Niederschlagsmuster im frühen Mittelalter waren uneinheitlich.[6]

Jahresringe von Bäumen aus Zentralasien und Rekonstruktionen des Salzgehalts im Aralsee verweisen darauf, dass das Klima dort kalt und trocken war, speziell in den Jahren ab rund 900.[7] Dies stimmt mit Belegen aus den nördlichen Teilen Chinas überein, wenngleich der zunehmende Anbau von Zitronenbäumen und subtropischen Pflanzen in der südlich davon gelegenen Provinz Henan ein deutlicher Hinweis darauf ist, dass Klima- und Wettererfahrungen nicht nur differieren, sondern oft auch krasse Gegensätze hervorrufen können.[8] Detaillierte neuere Untersuchungen anhand von Torfzellstoff, Stalagmiten, Eiskernbohrungen und Baumjahresringen belegen, dass weite Teile des heutigen Chinas während dieses langen Zeitraums generell überdurchschnittlich warm und feucht waren.[9] Insgesamt jedoch konzentrierten sich im globalen Maßstab sechs der zehn wärmsten Dekaden des letzten Jahrtausends im Zeitraum von 950 bis 1250.[10]

Einige Wissenschaftler haben diese Veränderungen mit umfassenden Verschiebungen in den großen Ozeanzirkulationssystemen in Zusammenhang gebracht: der El-Niño-Südlichen-Oszillation (ENSO) im Süden, der Atlantischen Multidekaden-Oszillation (AMO) im Nordatlantik und der Nordatlantischen Oszillation (NAO).[11] Andere wiederum vertreten die These, dass ein hohes Maß an Sonneneinstrahlung und ein geringes Maß an vulkanischen Aktivitäten in den Tropen diese markanten Verschiebungen verursachten.[12] Dabei scheint Letzteres der wichtigere Faktor gewesen zu sein. Denn in puncto Sonnenaktivität zeigt sich bei Rekonstruktionen radioaktiver Isotope von Beryllium und Kohlenstoff (^{10}Be beziehungsweise ^{14}C), dass die Hauptphase der mittelalterlichen Klimaanomalie zwar mit einem relativ hohen Niveau magnetischer Sonnenaktivität korrespondierte, dass dieses Sonnenphänomen jedoch im Vergleich zu anderen Klimaperioden nicht ungewöhnlich ausgeprägt war. Somit waren wohl die reduzierte vulkanische Aktivität in der Nähe des Äquators und die Variabilität des Systems aus Meereszirkulationen und Atmosphäre die wichtigsten Motoren für eine umfassende globale Reorganisation des Klimas.[13]

Die Erwärmung im tropischen Indischen Ozean und im westlichen Pazifischen Ozean führte im Nordatlantik zu Luftdruckveränderungen von großer Reichweite sowie zu Verschiebungen der Monsunregenfallmuster in Afrika und Südasien. Ferner wurde in den subtropischen Gebieten Eurasiens das Ausmaß der Trockenheit beeinflusst.[14] In weiten Uferzonen am Pazifik, etwa in der Bucht von San Francisco und in den Küstenregionen Perus, herrschten trockenere Klimabedingungen als üblich, allerdings zu unterschiedlichen Zeiten in der Periode 800 bis 1250.[15] In Kalifornien und Patagonien gab es lange und ungewöhnlich regelmäßige Perioden von Wasserarmut, ebenso im Oberen Colorado-Becken. Das Torfland im Nordosten Nordamerikas hingegen war davon anscheinend nicht betroffen.[16]

Die Erwärmung führte auch in Afrika zu Veränderungen, aber es ist schwierig, die genauen Auswirkungen zu benennen, weil man sich für diesen Bereich nicht ausreichend um die Sammlung von Klimadaten und um Klimarekonstruktionen bemüht hat – leider ein Spiegelbild der allgemeinen Vernachlässigung und Marginalisierung dieses Kontinents in der Geschichtsschreibung.[17] Gleichwohl wurden an mehr als 40 verschiedenen Orten Informationen gesammelt, die ungleichmäßige und sehr unterschiedliche Wettermuster erkennen lassen. Im Ökosystem des Benguelastroms, einer dominanten kalten Meeresströmung im Südatlantik, die an der Südwestküste Afrikas vom Kap der Guten Hoffnung in Richtung des Äquators verläuft, kam es zu einer starken Abkühlung, im Süden Mauretaniens, im Golf von Guinea und im Kongobecken zu starker Erwärmung.[18]

Wie diese Verschiebungen langfristiger Wettermuster in unterschiedlichen Gegenden wirksam wurden, lässt sich nicht einfach feststellen. Allerdings könnten sozioökonomische Veränderungen, die im frühen Mittelalter begannen, mit klimatischen Kontexten korrelieren, die jedoch selbst weder einheitlich noch konstant oder plötzlich auftraten. Aber das heißt eben noch nicht, dass das eine ursächlich für das andere war. Selbst wo Verbindungen plausibel sind und zwingend erscheinen, erfordert die Bestimmung des genauen Verhältnisses zwischen Umweltveränderungen und gesellschaftlichen Veränderungen stets große Umsicht.

Zum Beispiel waren die Veränderungen im südlichen Mittelmeerraum moderat. Die östlichen Teile des Römischen Reiches, die die arabischen Angriffe überstanden hatten, hatten sich neu gruppiert. Gekennzeichnet war diese neue Einheit durch eine zentrale Kontrolle aus Konstantinopel, einen bürokratischen, militärischen und religiösen Apparat, der die Integration aufrechterhielt, sowie durch eine gemeinsame römische Identität. Allerdings durchlief das Oströmische Reich nun eine Periode der Schrumpfung. Die Städte wurden kleiner, die Netzwerke weniger dynamisch. Der Austausch zwischen dem Mittleren Osten, der Levante, Nordafrika und Spanien basierte auf einem ähnlichen politischen Strukturmodell, das einen Schutz der Eigentumsrechte bot, für Recht und Gerechtigkeit sorgte und Steuern kassierte. Der Unterschied zwischen dem oströmischen und dem arabischen Raum betraf im Wesentlichen die Größe: Städte wie Damaskus, Córdoba, das muslimisch-ägyptische Verwaltungszentrum Al Fustat und andere waren größer und zahlreicher als die Städte im byzantinischen (oströmischen) Kaiserreich. Dieses umfasste nur noch die Ägäis, den Balkan und Griechenland.[19]

Beide Reiche im Mittelmeerraum standen in scharfem Gegensatz zu West- und Nordeuropa. Dort führten Niedergang und Zerfall des weströmischen Reiches zu politischer Fragmentierung und Atomisierung. Es gab allerdings auch kürzere Zeiträume der Konsolidierung, vor allem unter dem bedeutenden Frankenherrscher Karl dem Großen (747 bis 814), dem es gelang, große Teile des heutigen Frankreichs, der Niederlande, Deutschlands und Norditaliens zu einem einzigen Königreich zu vereinen. Den Höhepunkt bildete Karls Krönung zum römischen Kaiser durch Papst Leo III. am 25. Dezember 800 in Rom. Es war ein kurzer Ausnahmemoment in einer Zeit, die ansonsten von weitgehend fehlendem Fernhandel und einer Horizontverengung charakterisiert war. Beides dauerte über Jahrhunderte an.

Anders als die Herrschergestalt Karls des Großen – eine gleichsam übernatürliche Symbolfigur für all jene, die einen Bezugspunkt für die Idee europäischer Einheit suchen – eignen sich regionale Handelszentren wie Comacchio und Torcello in Italien (beide in der Nähe von Venedig an der Adria gelegen), Verdun in Frankreich und Birka in Schweden (in der Nähe des heutigen Uppsala) als genaueres Abbild der damaligen Realität. Seltsamerweise lagen all diese Orte in ökologischen und geographischen Randgebieten. Wichtiger war allerdings, dass all diese Orte Zonen für den lokalen Handel bildeten – mit Austausch zwischen regionalen Produzenten und Kunden statt zwischen Handelszentren aus verschiedenen Gegenden. In einem solchen Rahmen kam es zu einer völlig anderen Form sozialer und wirtschaftlicher Entwicklung als im Mittelmeerraum. In Ermangelung einer hochentwickelten Bürokratie entstand in Westeuropa eine neue Feudalklasse, die in der Lage war, sowohl die Landarbeiterschaft als auch das produktive Ackerland, Wald und Wiesen unter ihre Kontrolle zu bringen. Diese Magnaten hatten natürlich untereinander mit Herausforderungen zu rechnen, ebenso wie gegenüber anderen Konkurrenten – namentlich der Kirche, die selbst umfangreichen Landbesitz aufbaute und versuchte, ihre eigene sozioökonomische und politische Position zu schützen und maximal auszuweiten. Zusammen bildeten sie eine neue Superklasse dominanter Individuen, Familien und Landbesitzer, die alles daransetzte, Macht in den eigenen Händen zu konzentrieren und diese Macht dann, nicht zuletzt durch Eheschließungen, im Kreis der Verwandtschaft oder in institutionellen Eigentümerschaften zu halten. Ziel war es in jedem Fall, Grundbesitz und andere Werte nicht in die Hände des Königs fallen zu lassen.[20]

Die Vorstellungen von einer «feudalen Revolution», wie sie noch vor wenigen Jahrzehnten Allgemeingut waren, sind inzwischen einer differenzierteren und genaueren Betrachtung gewichen. Es wird die Vielfalt der Verhältnisse hervorgehoben sowie die Bedeutung, die anderen Akteuren in der frühmittelalterlichen Gesellschaft Westeuropas zukommt – zum Beispiel den Handwerkergilden, städtischen Gruppen, den Kirchengemeinden, Regionalversammlungen und Universitäten.[21] Einige Kommentatoren betonen auch, dass die anfängliche Schwäche der Eigentumsrechte im Laufe der Zeit zu Neuerungen bei der Formalisierung und Konsolidierung der Macht führte, weil die Aristokratie ihren Besitz und Status so weit ausbaute, dass das Ganze schließlich in eine Systemtransformation mündete.[22] Die aufstrebende Rolle der Kirche als Nachlass- und Stiftungsempfängerin sowie als Verteilinstanz für Almosen, Patronage und Einfluss war ebenfalls ein signifikanter Faktor im Kontext des gesellschaftlichen, institutionellen und ökologischen Wandels.[23]

Die Transformationen, die sich im frühen Mittelalter für die menschlichen Gesellschaften und die natürliche Umwelt ergaben, waren so grundlegend, dass manche Historiker diese Periode als Zeit «der bedeutendsten landwirtschaftlichen Expansion seit dem Neolithikum» bezeichneten.[24] Die Rolle neuer Technologien zur Steigerung von Ernteerträgen und Produktion wird schon lange hervorgehoben, mit besonderer Aufmerksamkeit für die Entwicklung neuer Pferdegeschirre (Kummet) und schwerer Pflüge, die beim Umpflügen der schweren Lehmböden in Nordeuropa wesentlich effizienter waren. Mit diesen Pflügen ließ sich das Unkraut besser unter Kontrolle halten und die Drainage verbessern; überdies hatten sie den doppelten Vorteil höherer Erträge bei weniger Arbeitseinsatz. Die Bauern gewannen auf diese Weise Zeit und Ressourcen, um sich anderen Aufgaben zu widmen.[25] Die Aufteilung großer Latifundien in kleinere Einheiten führte zu wichtigen sozialen Veränderungen. Es änderte sich insbesondere die Wahrnehmung des Landes und der Landschaft bei den Bauern wie bei der aufstrebenden Klasse des Landadels, der Barone.[26]

Doch der wichtigste Aspekt des Aufschwungs landwirtschaftlicher Produktivität war der indirekte Beitrag zur Urbanisierung. Die Steigerung des landwirtschaftlichen Pro-Kopf-Einkommens, die Anreize zur Ausweitung der Transport- und Handelsnetze und generell die Veränderungen in der Agrarwirtschaft West- und Nordeuropas setzten eine Kettenreaktion in Gang, die zum Wachstum der Städte und zur Zunahme städtischer Siedlungen führte. Dies wiederum ermöglichte arbeitsteilige Spezialisierungen und kulturelle Experimente. Letztlich führte es zur weiteren Abwanderung vom Land in die Städte. Es entstand ein dynamischer Wachstumskreislauf.[27]

Der Aufstieg kleiner und großer Städte und der regelmäßige Zuzug von Neulingen und Fremden hatten tiefgreifende Auswirkungen auf die urbanen Kulturen, aber auch auf das Landleben. Neue Sitten, Ideen, Moden und Geschmäcker führten zu einer geradezu explosiven Verwandlung Europas.[28] Mit Ausbau und Weiterentwicklung von Fernhandelsnetzen erweiterten sich auch die intellektuellen, kulturellen und geographischen Horizonte – etwa im Zeichen von Pilgerfahrten nach Jerusalem. Das waren lange, kostspielige und oft riskante Reisen, aber sie brachten denen, die in der Lage waren, die Stätten zu besuchen, an denen Jesus Christus gelebt hatte, gestorben und auferstanden war, beträchtliches Prestige ein.

Auch die Naturvorstellungen entwickelten sich weiter, stets in Verbindung mit Sorgen um die – regional unterschiedliche – Konkurrenz um Ressourcen. Diese Vorstellungen waren offenkundig von sich wandelnden Lebensstilen beeinflusst, aber auch durch den konkreten Umgang mit Flora und Fauna.[29] Dabei konnte der Naturbegriff durchaus zwiespältig sein: Im frühmittelalterlichen Italien war es, wie eine führende Historikerin sagte, «eine Notwendigkeit und zugleich ein Luxus», sein eigenes Gemüse im Garten anzubauen.[30]

Einige Forscher sehen in den Klimaveränderungen einen zentralen Schlüssel zum Verständnis des frühen Mittelalters. Es wurde zum Beispiel behauptet, die Erwärmung sei zumindest ein wichtiger Teilfaktor für die Wanderung der (turksprachigen Proto-) Bulgaren nach Norden in die Region an der mittleren Wolga gewesen, die um das Jahr 800 erfolgte, nachdem die Chasaren das Großbulgarische Reich zwischen Schwarzem und Kaspischem Meer zerstört hatten. Das warme Klima half bei der Gründung des Reiches der Wolgabulgaren, das zu einer bedeutenden Handelsmacht aufstieg und über Handelsrouten mit Skandinavien, Byzanz, dem Nahen Osten und Zentralasien verbunden war.[31] Über solche Handelsnetze wurden neben Gütern auch Ideen und Religionen verbreitet. Als der arabische Gesandte Ibn Faḍlān etwas mehr als ein Jahrhundert später die Wolgabulgaren besuchte, berichtete er, dass der Herrscher mit einem kompletten Hofstaat residiere und dass es dort aufwendige Rituale gebe. Es würden teure Materialien und Stoffe zur Schau gestellt, die aus Konstantinopel und Bagdad kämen. Vom unvollkommenen Verständnis der islamischen Lehren an diesem Hof indes war er weniger beeindruckt.[32]

Den Entdeckungsreisen nach Osten standen solche nach Süden und Westen gegenüber. Paläologische Analysen von Säugetierkot, Pollen und Holzkohle konnten jüngst belegen, dass die Azoren von skandinavischen Völkern besiedelt wurden – wobei diese ungewöhnliche Reiseroute mit Windanomalien und wärmeren Temperaturen auf der Nordhalbkugel erklärt wurden.[33] Auch die Expansion der skandinavischen Völker über den Nordatlantik bis zu den Färöer-Inseln, nach Island und Grönland im 9. Jahrhundert weist starke Korrelationen auf zum damaligen Rückzug der Polareiskappe, was eine eisfreie Schifffahrt ermöglichte, sowie zur Nordwanderung der Fischschwärme und zur Entwicklung günstiger Wachstumsbedingungen an Land.[34] Solche Kolonisierungen waren nicht einfach, denn sie bedeuteten nicht nur einen Sprung ins Unbekannte, sondern man musste auch Familien und Freunde zurücklassen. Eine größere Eruption des isländischen Vulkans Hallmundarhraun um 900 muss beunruhigend gewesen sein. Wenigstens bewog sie einige Siedler dazu, im Innern einer 1600 Meter langen Lavahöhle ein riesiges Bauwerk in Form eines Schiffes zu errichten. Offenbar wurden hier auch Schafe, Rinder, Pferde und Schweine als Brandopfer dargeboten, um heidnische Götter zu besänftigen.[35] Dabei war dies nur eine von rund einem Dutzend Eruptionen im Zeitraum von ca. 850 bis ca. 1250, wobei einige, insbesondere der Ausbruch des Vulkans Eldgjá im Jahr 934, in Flora und Fauna großen Schaden anrichteten.[36]

Kaum überraschend waren es in der ersten Kolonisierungswelle der Wikinger weitestgehend Männer, die auf Fahrt gingen. Analysen von Y-Chromosomenmaterial und weiblicher mitochondrialer DNA (mtDNA) verweisen zwar darauf, dass auch nordische Frauen an der Expansion zu den Shetland-Inseln, Orkney-Inseln und nach Nordschottland beteiligt waren, aber die genomischen Daten aus Island belegen eindeutig, dass die meisten Siedler alleinstehende Männer waren, die sich von den Britischen Inseln versklavte Frauen mitgebracht hatten, um ihre fleischlichen Gelüste zu befriedigen – diese Frauen wurden schlicht zum Sex genötigt oder vergewaltigt.[37] Einige Wikinger erreichten sogar Nordamerika und siedelten in L'Anse aux Meadows auf Neufundland, doch musste diese Siedlung wieder aufgegeben werden.[38] Fortschritte bei den Datierungstechniken ermöglichen uns das Wissen, dass es dort im Jahr 1021 eine skandinavische Siedlergemeinschaft gab. Denn in dem Jahr wurden dort Bäume mit Metalläxten gefällt, die nur die Wikinger benutzten, nicht die indigene Bevölkerung.[39]

Der Handel zwischen den neuen Kolonien im Nordatlantik und Skandinavien konzentrierte sich im Wesentlichen auf Wert- und Prestigeobjekte, die keine Massengüter waren und zu Hause für viel Geld verkauft werden konnten, zum Beispiel Felle und Elfenbeinzähne von Walrossen.[40] Unter den Siedlern ergaben sich Probleme ganz eigener Art: In Island entwickelte sich eine Gesellschaft, in der jene dominierten, die als Erste dort angekommen waren und sich so den besten und größten Landbesitz hatten sichern können. Um die Mitte des 10. Jahrhunderts gab es viel zu viele «Häuptlinge» in diesem Land – ein Grund, warum eine Versammlung, der Althing, einberufen wurde. Die ersten Gesetze, die dort verabschiedet wurden, befassten sich mit dem Schutz der etablierten Latifundien vor Neuankömmlingen – und vor Konkurrenten aus den eigenen Reihen. Es gab kreative Versuche, den Mangel an Arbeitskräften zu beheben. In Texten wie dem Íslendingabók (um 1125) wird dargestellt, wie es Erik dem Roten gelang, mithilfe einer schlauen Kampagne andere für die Fahrt nach Grönland zu gewinnen. Es war von grünem, weitem Land die Rede und von den unbegrenzten Möglichkeiten, die diese so vielversprechend benannte Insel biete.[41]

Die Expansion von Skandinavien in den Nordatlantikraum war Bestandteil einer weitergehenden Intensivierung nicht nur der regionalen Handels- und Wissensnetze, sondern auch des Fernhandels – am markantesten in Richtung Osten und Süden, wobei im Gegenzug enorme Mengen von Silbermünzen in Umlauf gebracht wurden, zunächst in den nordischen und baltischen Ländern, dann auch anderswo.[42] Diese Aktivitäten, verbunden mit menschlichen Eingriffen in die Landschaft (durch Siedlungsbau, Ackerbau und Viehzucht), veränderten die Ökosysteme – wie auch die Jagd auf Wildtiere zum Zweck der Ernährung und des Handels.[43] Dadurch entstand eine Welt im Überfluss – und der Gleichheit. Während Belege aus römischen Fundstätten zu dem Schluss führen, dass Männer dort 50 Prozent mehr Protein zu sich nahmen als Frauen, hatten in den skandinavischen Gesellschaften dieser Zeit Frauen und Mädchen Zugang zu denselben Nahrungsquellen wie Männer und Jungen; ihre Gesundheit war dementsprechend besser. Manche Forscher haben sogar die These gewagt, die Gleichheit bei der Ernährung könnte auch eine der Erklärungen dafür bieten, dass es im heutigen Skandinavien ein so hohes Maß an weiblicher Autonomie und Gleichberechtigung der Geschlechter gebe.[44]

Die Auswirkungen menschlicher Aktivitäten in geographisch begrenzten Gegenden mit eingeschränkten Ressourcen konnten erheblich sein: So ließ sich feststellen, dass bereits innerhalb von Jahrzehnten nach Ankunft der ersten Siedler in Island der Boden zu erodieren begann, und die Entwaldung setzte sich mehrere Jahrhunderte lang fort, bis man in neuerer Zeit gegensteuerte und nachhaltige Naturschutzpraktiken durchsetzte.[45] Genomanalysen in

Verbindung mit Radiokarbondatierungen und einer Auswertung schriftlicher Quellen zeigen, dass die lokale Walrosspopulation schon bald nach der norwegischen Besiedlung Islands ausgerottet war. Die wahrscheinlichste Erklärung ist die übermäßige Bejagung dieser Tiere. Die Klimaerwärmung und vulkanische Aktivitäten kommen als mögliche weitere Gründe für das Aussterben noch hinzu.[46]

Der Druck, mit den Ressourcen sorgsam umgehen zu müssen, führte zu Verschiebungen bei den Konsummustern: In Island etwa verzichtete man bewusst weitgehend auf Schweine- und Rinderzucht zugunsten der Schafe. Deren steigende Zahl lässt sich auch durch den Versuch erklären, die Wolle stärker für heimische Zwecke zu nutzen und zu exportieren.[47] Isotopenanalysen zeigen, dass es in Grönland einen Anpassungsprozess gab, der dazu führte, dass die auf landwirtschaftlicher Fleischproduktion basierende Ernährung im Laufe der Zeit durch Proteinquellen aus dem Meer ersetzt wurde.[48]

Mit anderen Worten, man brauchte Strategien zur Problembewältigung nicht nur in Zeiten von Klimaveränderungen, sondern auch, um die Folgen menschlicher Eingriffe in die Natur zu steuern. Die günstigen Bedingungen und materiellen Anreize, die zur Öffnung der Handels- und Siedlungsrouten zwischen Skandinavien und dem Nordatlantikraum führten, waren mit der fortwährenden, immer neu auszuhandelnden Frage verbunden, wie die richtige Balance zwischen menschlichem Handeln und natürlicher Umwelt zu erreichen ist.

Jede Ankunft einer neuen Tier- oder Pflanzenart konnte schwere ökologische Störungen zur Folge haben. Durch ihre Eingriffe lösten die Menschen ganze Kettenreaktionen von Veränderungen in der Natur aus: Der Bedarf an Siedlungen, Nahrung, Wasser und anderen Ressourcen bedeutete unvermeidlich tiefgreifende Auswirkungen auf die Ökosysteme. Vom Menschen absichtlich oder unbeabsichtigt eingeschleppte Pflanzen und Tiere wurden auf diese Weise zu Bestandteilen «natürlicher» Veränderungen, die eigentlich von Menschen verursacht waren.

Gemeint sind nicht zuletzt Unkräuter, Samen und Parasiten, die zum Beispiel in Schweinedärmen mitreisten, oder Pflanzen, die zu Ernährungszwecken, als landwirtschaftliches Pflanzgut oder auch als Verpackungsmaterial mitgeführt wurden und dann in der neuen ökologischen Umgebung Wurzeln schlugen.[49] Solche Veränderungen, oft als menschliche Ökodynamik bezeichnet, treten immer dann besonders klar zutage, wenn zuvor unbesiedelte Orte okkupiert werden. Sobald diese Orte bewohnt und besiedelt sind, beginnt die Transformation der natürlichen Umwelt.[50] In diesem Sinne bieten Inseln einzigartige, wichtige Einsichten, mit welchen Auswirkungen auf Landschaft, Flora und Fauna zu rechnen ist.

Erkennbar ist auch, wie schnell diese Prozesse ablaufen. Es ist deshalb bemerkenswert, dass es zu den nordatlantischen Beispielfällen Island, Grönland und Färöer-Inseln offenkundige Parallelen auch im Südpazifik gab. Ungefähr für dieselbe Zeit sind auf den dortigen Inseln ähnliche Kolonisierungserfahrungen zu verzeichnen, die ebenfalls enge Bezüge zu Veränderungen in den globalen Klimamustern aufweisen.

Ab ca. 800 n. Chr. kam es zu einem abrupten Absinken der Oberflächentemperaturen des Meerwassers im Bereich des Westpazifischen Warmwasserkörpers (West Pacific Warm Pool), einem riesigen Meeresgebiet mit den weltweit wärmsten Wassertemperaturen, das sich südlich von Japan über Indonesien weit in den Bereich des tropischen Westpazifiks hinein erstreckt. Durch diese Temperaturveränderungen verlagerten sich die Niederschlagszonen nach Norden. Die Luftfeuchtigkeit auf den Südseeinselgruppen Vanuatu, Samoa, Tonga und Fidschi sank, und das Resultat war die trockenste Periode seit 2000 Jahren. Die Inselbewohner, die dort schon fast 1500 Jahre sesshaft waren, hatten zuvor noch nicht versucht, die weiter nördlich gelegenen Inseln zu erkunden – und falls doch, dann war es bei vorübergehenden Versuchen ohne dauerhafte Spuren geblieben. Das änderte sich nun im Zuge einer grundlegenden Veränderung der Wettermuster. Denn jetzt gab es günstige Winde, die Erkundungsfahrten bis in die Randgebiete Polynesiens möglich machten.[51] Diese Fernfahrten zu und von den Inseln wurden weitgehend in Doppelrumpfkanus unternommen. Und wie Computermodelle dieser Reiseaktivitäten zeigen, erfolgten Entdeckung und Besiedlung neuer Orte geplant und systematisch, nicht rein zufällig.[52]

Radiokarbonanalysen belegen Migrationswellen zunächst zu den Cookinseln und anschließend weiter nach Ostpolynesien, in die riesigen Gebiete zwischen Hawaii, Rapa Nui und Neuseeland. Nach und nach wurden ganze Inselgruppen kolonisiert – nicht nur mit Menschen, sondern auch mit Nutztieren wie Schweinen, allerdings auch mit blinden Passagieren wie Ratten.[53] Wie im Nordatlantik führte die Besiedlung zu Veränderungen der Vegetation, als Wald gerodet wurde, um Ackerland zu gewinnen, Brennholz oder beides. Am Ende war auch hier Bodenerosion unvermeidbar. Wasserstoffisotope aus Blattwachs als Biomarker bestätigen, dass auf diesen Inseln über einen längeren Zeitraum deutlich mehr Regen fiel. Damit ist der Grund für die Attraktivität der neuen Inseln bestätigt; sie dienten als echte Alternative zu den Heimatinseln, wo das Leben durch die Klimaveränderungen immer schwieriger wurde.[54]

Hier könnte auch die Erklärung für soziale Veränderungen in anderen pazifischen-Inselgruppen zu dieser Zeit liegen. Zunehmende Trockenheit machte es immer lohnender, das Regenwasser, wenn es denn regnete, aufzufangen und zu speichern. Somit waren Investitionen in den Bau von Kanälen, Aquädukten und Ackerterrassen nicht nur naheliegend, sie waren auch bitter nötig.[55] Solche Projekte erforderten allerdings ein hohes Maß an Kooperation. Zum einen ging es um die erforderlichen Ressourcen für den Bau und Unterhalt solcher Vorhaben, zum anderen um eine gerechte Verteilung der Vorteile und Einkünfte. Dies wiederum bot einen Kontext für den Übergang von kleinen zerstreuten Gruppen zu größeren Bevölkerungseinheiten, in denen sich im Laufe der Zeit Schichten und Hierarchien herausbildeten.[56]

Änderungen des Lebensstils lassen sich im Zeitraum der mittelalterlichen Klimaanomalie (Warmzeit) auch in anderen Teilen der Südhalbkugel belegen. Die Erwärmung begann hier jedoch später als auf der Nordhalbkugel.[57] Neben paläologischen Temperaturrekonstruktionen deuten auch andere archäologische Belege darauf hin, dass die menschliche Bevölkerung auf dem australischen Kontinent um das Jahr 1000 rasch zunahm. Bei diesem Bevölkerungswachstum könnten zwar auch Migrationsbewegungen eine Rolle gespielt haben, doch Studien zu anderen Zeiträumen legen den Schluss nahe, dass umfassende demographische Veränderungen bei den Ureinwohnern Australiens durch starke Umweltveränderungen ausgelöst wurden.[58]

Als Jäger und Sammler nutzten die Aborigines ihre Mobilität, aber auch Technologien, um damit zurechtzukommen, dass sie bei der Verfügbarkeit von Ressourcen hohen Risiken ausgesetzt waren.[59] Im Falle der Bevölkerungsexpansion um das Jahr 1000 sieht es allerdings so aus, als hätte die leichtere Verfügbarkeit von Wasser und Nahrungsmitteln bei ihnen die Neigung zu einer eher sesshaften Lebensweise gefördert.[60] Günstige Wetterbedingungen bedeuteten, dass mehr Menschen sicher zusammenleben konnten, statt sich weit zerstreuen zu müssen, um genügend Nahrung zu finden. Hier liegt auch der Grund dafür, dass für diesen Zeitraum in weiten Gebieten der unteren Breitengrade überraschend wenig archäologische Zeugnisse vorliegen.[61] Um nur ein Beispiel für das Ausmaß der Veränderungen anzuführen: Massive Regenfälle im südlichen Zentralaustralien in den Jahren um 1050 bis 1100 führten dazu, dass sich der Lake Callabonna (heute ein ausgetrockneter Salzsee) mit rund zehn- bis zwölfmal so viel Wasser füllte als bei seinem historisch bekannten Höchststand. Mit anderen Worten, die lokale Bevölkerung erhielt damals völlig neue Möglichkeiten, wie sie leben, kooperieren und gedeihen konnte.[62]

Gesellschaftliche und Umweltveränderungen zeigten sich ab ca. 900 auch an Orten in der Karibik, wo nach Jahrhunderten der Trockenheit ein deutlich höheres Niederschlags- und Feuchtigkeitsniveau zu verzeichnen war. Damals stieg auch der Meeresspiegel an, was die Inselbewohner zwang, ins Landesinnere zu ziehen – etwa nach Coralie auf Grand Turk Island im Archipel der Turks- und Caicos-Inseln, die erste Taíno-Kolonie auf den Bahamas.[63] Die üppigen Regenfälle führten zu landwirtschaftlichen Überschüssen. Zu den weitergehenden Folgen gehörte nicht zuletzt die Zunahme des Austauschs zwischen den Inselgruppen einerseits und den Inseln und dem südamerikanischen Kontinent andererseits. Die Kontaktausweitung zeigte sich auch in größeren Veränderungen des Töpferstils, zum Beispiel auf den Antillen. Dieser Kulturwandel wird meistens als Beleg für einen massiv gestiegenen Austausch zwischen den Inseln gewertet, zugleich aber auch als Folge des Glaubensverlustes gegenüber traditionellen Gottheiten. Dass diese die zuvor herrschende Trockenheit geduldet und nichts dagegen unternommen hatten, wurde nun als Ausdruck von Feindseligkeit, wenn nicht gar Grausamkeit, interpretiert.[64] Hinzu kam, dass eine ganze Reihe neuer Pflanzen- und Tierarten in weiten Teilen der Karibik eingeführt worden waren, die sich ausgebreitet hatten und nun als Katalysatoren für Veränderungen dienten. Zum einen reduzierten sie die zuvor gegebene massive Abhängigkeit der lokalen Bevölkerungen von Fischen, Krabben und Vögeln, deren Bestände sich daraufhin erholten; zum anderen wurden die Inselwälder abgeholzt, um Platz zu schaffen für die neuen Tiere und Pflanzen.[65]

Ähnliches geschah ungefähr zur selben Zeit etwa auch im «American Bottom», einer Schwemmlandschaft im Mississippital zwischen der Mündung von Missouri und Kaskaskia (heute ungefähr auf Höhe von St. Louis). In dieser Region, in der verstreute Einzelhöfe und kleine Dörfer vorherrschten, war Cahokia eine der größeren Siedlungen. Und diese Kleinstadt wuchs von etwa 900 an geradezu explosionsartig und wurde zur wichtigen Metropole, die Migranten von weither anzog. Es hatte dort, wie oft gesagt wurde, eine Art «Urknall» gegeben, der auch zu einer kulturellen Blüte führte – in der Keramik ebenso wie bei anderen Künsten.[66] Zentral auf einer riesigen 6,5 Meter hohen Plattform gelegen und auf diese Weise vor Hochwassern geschützt, profitierte Cahokia vom fruchtbaren Umland im breiten Flusstal, das ideale landwirtschaftliche Bedingungen bot. Dauerhafte Seen und Sümpfe enthielten große Fischschwärme, die für die Ernährung der Bevölkerung von Cahokia von zentraler Bedeutung waren. Die vielen Flüsse deckten den Wasserbedarf mühelos und dienten als Verkehrsadern und Handelswege.[67]

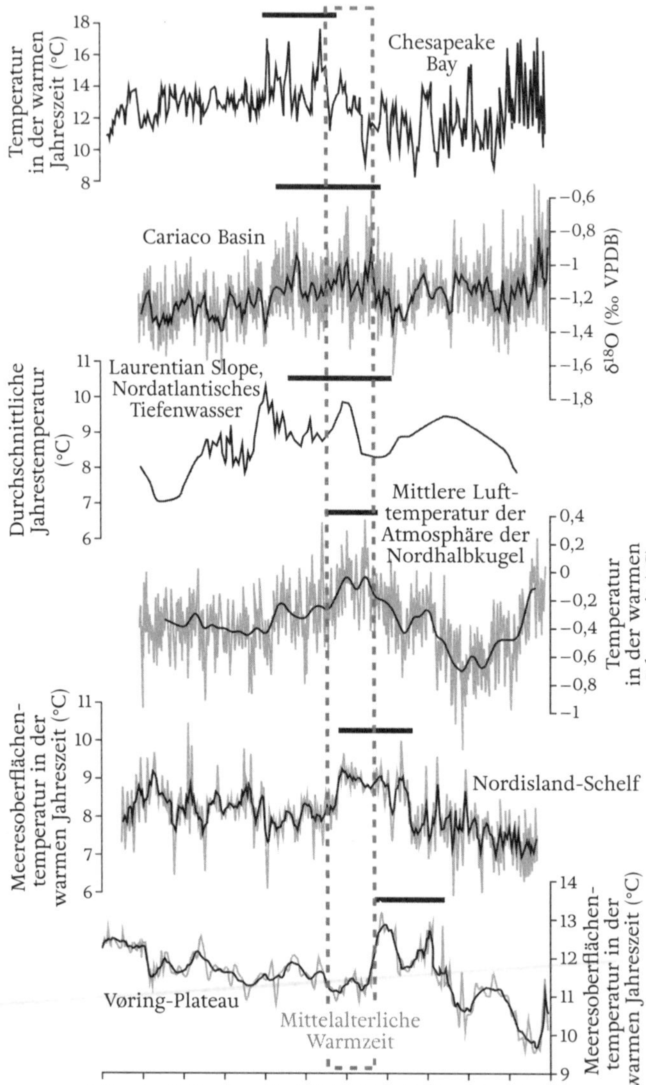

Temperaturprofile an sechs Standorten im Nordatlantik von 200 v. Chr. bis 2000 n. Chr.

Die Möglichkeit, sich in Zeiten massiven Bevölkerungswachstums exponentiell in alle Richtungen auszudehnen, war, mit anderen Worten, ein Vorteil, den andere, geographisch stärker eingeengte Orte nicht besaßen.

Die Mittelalterliche Warmzeit war kein einheitliches Phänomen und durch regionale wie zeitliche Unterschiede und Phasenverschiebungen geprägt. Immer wieder gab es Störungen, kleinere Probleme und Pendelausschläge. Die offensichtlichsten Störungen waren Vulkanausbrüche, etwa die hochexplosive «Jahrtausenderuption» im Changbai-Gebirge in der heutigen Grenzregion zwischen China und Nordkorea, die sich in den 940er Jahren ereignete. Ein weiterer großer, bislang unbekannter Ausbruch im Bereich der Tropen wurde erst kürzlich identifiziert. Er könnte Teil eines «vergessenen» Eruptionsclusters Anfang des 12. Jahrhunderts gewesen sein; in ganz Europa kam es damals zu Ernteausfällen und schlechtem Wetter. Die Aschewolke verdunkelte den Mond so sehr, dass der Schein, einem Chronisten zufolge, beim Anbruch der Nacht «komplett ausgelöscht war und man weder Licht noch die Kugel noch überhaupt etwas sehen konnte» – ein klarer Hinweis auf eine Staubwolke aus vulkanischen Gesteinsmaterial.[68]

Außerdem gab es Naturkatastrophen epischen Ausmaßes. Am 19. Juli 1048 trat der Gelbe Fluss mit einer gigantischen Flutwelle am Nordufer aus seinem Flussbett und höhlte sich ein neues, 700 Kilometer langes Flussbett bis zum Golf von Bohai aus. Zigtausende ertranken und wurden zu «Fisch- und Schildkrötenfutter», wie die Zeitgenossen sagten. Es folgte eine Hungersnot, die so schrecklich war, dass «Väter und Söhne sich gegenseitig auffraßen». Mindestens eine Million Menschen verloren ihre Behausungen, was zu enormen sozialen, wirtschaftlichen, politischen und ökologischen Problemen führte. Nach Aussagen mancher Historiker dauerte diese schwere Krise 80 Jahre an, bevor ein normales Leben wieder möglich wurde.[69]

Die Katastrophe von 1048 illustriert, wie wichtig Stabilität ist – für die Durchsetzung neuer Landwirtschaftstechniken, für das demographische Wachstum und für die dadurch hervorgerufenen gesellschaftlichen Veränderungen. Dass das Niederschlagsniveau nicht nur vorübergehend, sondern für längere Zeit deutlich höher war als in der Vergangenheit, trägt auch zur Erklärung von Veränderungen in der Anasazi-Kultur (auch Ältere Pueblo-Kultur genannt) in der Gegend des Vierländerecks im Südwesten der heutigen USA bei (dort, wo sich die Bundesstaaten Utah, Colorado, Arizona und New Mexico berühren). Hier begann vor rund tausend Jahren eine vom natürlichen Regen begünstigte Landwirtschaft, in der vor allem Mais angebaut wurde. Das ist insofern von großer Bedeutung, als die indigene Pueblo-Bevölkerung sich zu mindestens 60 Prozent von Mais ernährte.[70]

Eine höhere Nahrungsmittelproduktion war schon für sich genommen gut. Aber genauso wichtig waren ihre gesellschaftlichen Folgen. Dass mehr Nahrung verfügbar war, führte zu den üblichen Prozessen: Die Elite kontrollierte Ressourcen und Rituale, es wurden regionale Handelsnetze geschaffen und ausgeweitet, und es kam zur politischen, sozialen und wirtschaftlichen Zentralisierung – und natürlich auch zum Bevölkerungswachstum.[71] Ausdruck dieser Entwicklung waren die verschachtelten Pueblo-Großhäuser im Chaco Canyon, gelegen im San-Juan-Becken im Nordwesten New Mexicos. Sie dienten als Wohnsitz der Mächtigen, als Verwaltungszentrum oder als Zeremonienort – oft in Kombination aller drei Aspekte.[72]

Zunehmende Komplexität in diesen Gemeinschaften trug zum Ausbau der Beschaffungsnetzwerke bei, die ab ca. 900 vom Chaco Canyon ausgingen. Meeresmuscheln aus dem Golf von Kalifornien, Kupfer aus dem Westen Mexikos und Kakao aus Mittelamerika waren immer öfter und in immer größerer Menge verfügbar, als sich der geographische Horizont und die Konsumanforderungen der Elite erweiterten.[73] Papageien wie die Scharlach- und Soldatenaras, deren lange bunte Federn sich als Zeichen für Prestige, Reichtum und geistlichen Status besonderer Wertschätzung erfreuten, wurden nun in großer Zahl aus Mittelamerika importiert. Bei den Anasazi-Gemeinschaften spielten diese Federn eine Schlüsselrolle in den Ritualen, die dazu beitrugen, den Gruppenzusammenhalt und die Solidarität zu stärken. Zugleich wurden mit den Ritualen aber auch die Hierarchien gestützt, Macht und Status der höchsten sozialen Schichten zementiert und erweitert.[74]

Zentralisierungs- und Expansionsprozesse führten zu Druck auf örtliche und fernere Ressourcen. Um diesen Druck zu mindern, gab es Möglichkeiten ökologischer Eingriffe. In den Anden zum Beispiel, in der Nähe von Cusco, wurden große Anpflanzungen der schnell wachsen Andenerle (*Alnus acuminata*) vorgenommen, die sich auch in schlechten, ausgelaugten Böden wohlfühlt. Diese Forststrategie der präkolumbianischen Völker belegt, dass es damals schon ein wohldurchdachtes, umfassendes, großräumiges Waldmanagement gab – um die Bodenerosion zu reduzieren und, soweit möglich, schnellen Holznachschub zu sichern. Im peruanischen Hochland von Ancash kam ebenfalls eine ökologisch durchdachte Strategie zur Anwendung – ein ausgeklügelter Komplex hydraulischer Bewässerungssysteme, der ungefähr um diese Zeit entstand, wahrscheinlich als Ergebnis einer Kooperation ländlicher Gemeinden.[75] Man wollte offenbar die Landschaft neu ordnen, um das Umweltrisiko zu senken, und einen nachhaltigen Umgang mit den natürlichen Ressourcen erreichen.

Entscheidend war das ökologische Bewusstsein, aber es ging auch um die Entwicklung und Verbesserung von Technologien. Solche Prozesse wurden manchmal durch die Ankunft neuer Kolonisierungsmächte vorangetrieben. In den Anden brachte der Wari-Staat (auch Huari-Staat, benannt nach dem Hauptort Huari) eine Vielzahl neuer Ideen mit, als er ab ca. 600 territorial expandierte und andere Völker unter seine Kontrolle brachte. Die wichtigste Neuerung war die Anlage von Terrassenkulturen in der Landwirtschaft im höheren Bergland. Ergänzt wurde dies durch den Bau eines hochentwickelten Kanalsystems, das pro Sekunde 400 Liter Wasser bewältigen konnte. Das war an Orten, an denen ein beträchtlicher Bedarf an Wasserversorgung bestand, von großer Bedeutung. Um einen Eindruck der betreffenden Größenordnungen zu vermitteln: Das Wirtschaftszentrum des konkurrierenden, aber verbündeten Nachbarstaats Tiwanaku lag in Chan Chan. Die Menschen, die in dieser städtischen Siedlung lebten, benötigten schätzungsweise 250 Millionen Liter

Wasser pro Jahr, um die Bevölkerung zu versorgen und die landwirtschaftliche Produktion zu ermöglichen. Diese Anforderungen erforderten einen heiklen Balanceakt, denn es war auch der Wasserbedarf der weiter stromaufwärts gelegenen Felder zu bedenken sowie der Bedarf anderer Bevölkerungsgruppen, zum Beispiel der Tumilaca.[76]

In solch heiklen Kontexten konnten Bevölkerungsexpansionen, Wasserkonkurrenz, Raubbau an der Natur und natürlich auch leichte Verschiebungen der Wettermuster zu existenziellen Bedrohungen werden. Wie ernst solche Risiken waren, lässt sich am Niedergang von Chan Chan und am Zusammenbruch des Tiwanaku-Staates im 10. Jahrhundert erkennen.[77] Manche Historiker haben den Fall Chan Chan und die Schrumpfung von Tiwanaku auf die Rückkehr der Dürrezeit zurückgeführt, doch weist die plötzliche und dramatische Abwanderung der Menschen aus den kulturellen Zentren in eine andere Richtung. Hier hatte man es versäumt, sich rechtzeitig an veränderte Umstände anzupassen. Man hatte einfach zu lange über seine Verhältnisse und Möglichkeiten gelebt.[78]

Es war daher kein Zufall, dass die Chimú, praktisch die Erben der Wari, viel Zeit und Energie auf große Infrastrukturprojekte verwendeten. Dazu gehörte der Bau des größten Kanalsystems der westlichen Hemisphäre entlang der besonders trockenen Küstenregion Perus, die das Chicama- mit dem Mochetal verband. Ziel war es, die Wasserversorgung von Chan Chan und Umgebung zu sichern, woraufhin beides erneut aufblühte. Diesmal wurde – als klares Zeichen, dass man aus der Vergangenheit gelernt hatte – der Kanal noch weiter fortgeführt, als die Bevölkerung der Stadt und deren Bedürfnisse wuchsen.[79] Solche Schritte wären auch in anderen Zeiten wichtig gewesen, aber in Phasen, die von El-Niño-bedingter langer Trockenheit geprägt waren, bekamen sie existenzielle Bedeutung.[80]

Andere Orte in Südamerika erlebten von ca. 800 an andere Klimaveränderungen. An den bewaldeten Steilhängen in mittleren Andenlagen – im Norden Perus zum Beispiel – regnete es in dieser Zeit ungewöhnlich viel. Es war in dieser Gegend so nass, dass der Maisanbau anscheinend zugunsten von Kartoffeln, Kürbis und Bohnen aufgegeben wurde.[81] Ungefähr zu dieser Zeit begann der Aufstieg der Chachapoya-Kultur, aber es war auch die Zeit, als die Wari ihren Einfluss in dieser Region ausdehnten. Ein Schlüsselelement für den Erfolg der Wari war die Einführung eines weitverbreiteten Bierkonsums, verstärkt durch die Einnahme halluzinogener Substanzen. Auf diese Weise war die massenhafte Teilnahme an euphorischen Erlebnissen der Bewusstseinserweiterung möglich.[82]

Vergleichbare klimabedingte Anpassungen gab es auch im östlichen Amazonasgebiet, wo die Veränderungen des südamerikanischen Monsunregensystems zu einer substanziellen Verschiebung von feuchten zu trockenen Wetterbedingungen führten. Auch hier kam es daraufhin zu kompletten Ernährungsumstellungen und zu veränderten Lebensmustern. Sichtbar wurde dies in den verstreuten Siedlungen der sogenannten Guarita-Kultur.[83] Im südlichen Bergland Brasiliens erlebten die Küstensiedlungen nicht nur eine Ausweitung der Handelsnetze und der Keramikverteilung, es kam dort zwischen ca. 800 und 1100 auch zu einem Bevölkerungsboom.[84]

Solche Expansionen stoßen bei Archäologen und Historikern auf Begeisterung. Ob die Ergebnisse für alle Beteiligten immer so großartig waren, ist eher zu bezweifeln. In Japan zum Beispiel war eine bemerkenswerte Warmzeit, die im späten 12. Jahrhundert begann, von demographischem Wachstum und höherer Bevölkerungsdichte geprägt. Doch diese Entwicklung hatte ihren Preis: eine kräftig sinkende Lebenserwartung. Zum Teil lag dies an regelmäßigen Konflikten und blutigen Kriegen, die bereits ein deutlicher Hinweis auf Ressourcenkämpfe sind. In Japan war diese Konfliktlage mit dem Aufstieg einer Kriegerkaste verbunden.[85] Es gibt jedoch noch eine weitere – ebenso wichtige wie naheliegende – Erklärung: Wo Menschen so dicht zusammenleben, verbreiten sich Krankheiten, wobei die Infektionslage oft noch durch tierische Überträger wie Nutztiere, Nagetiere oder Parasiten verschärft wird. Schlechte Entwässerung und unhygienische Lebensbedingungen schufen ein infektiöses Umfeld, das gefährlich und oft tödlich war. Neuere Untersuchungen von Skelettresten zeigen, dass die Lebenserwartung umso stärker sank, je mehr die Städte wuchsen.[86]

Seltsamerweise gab es langfristig gesehen auch Profiteure von Krankheitsepidemien, konkret von Pockenausbrüchen, die durch Intensivierung des Handels, zunehmende Annäherung und eine stetige Zunahme von Wirtsorganismen beschleunigt wurden. Nach Ansicht einiger Wissenschaftler bedeuteten häufige Pockenausbrüche auch «endemische Belastungen in der Kindheit», wodurch sich Schritt für Schritt eine Immunität aufbauen konnte.[87] Anders gesagt, wer in jungen Jahren die Krankheit überlebte, baute eine Widerstandskraft auf, die sich später im Leben als hilfreich erwies.

Während phylogenetische Analysen, historische DNA und paläopathologische Untersuchungen zu Pockenerkrankungen (noch) nicht allzu viel zu den Pocken selbst beitragen können, hat man zur epidemischen Verbreitung der Krankheit und zu den Verbreitungswegen schon eine Menge herausgefunden. Im frühen Mittelalter breiteten sich die Pocken weiträumig in Gebieten am Indischen Ozean aus. Der große Universalgelehrte al-Bīrūnī schrieb, die Pocken würden von den Winden aus Sri Lanka herübergeweht. Dass die Hindu-Göttin Shitala (in deren Zuständigkeit die Pocken fallen) um diese Zeit in Bengalen als Objekt der Verehrung auftaucht, zeigt, dass sich damals ein Bewusstsein für die Übertragungswege von Infektionskrankheiten entwickelte, verbunden mit großen Sorgen.[88] Ein «reiches Schrifttum» über die Pocken verbreitete sich vom 7. bis 11. Jahrhundert entlang der Seidenstraßen, in einer Zeit intensivierter kommerzieller, politischer und kultureller Kontakte. Auch dies ist ein Beleg dafür, wie vermehrte Kontakte zur Verbreitung von Krankheiten beitragen – wenngleich damit noch nichts über Infektionsniveaus oder Sterblichkeitsraten gesagt ist.[89] Die Verbreitung von Ideen zur Therapie und zu Heilungstechniken sowie von medizinischem Wissen war ein wichtiges Charakteristikum der Regionen, die damals in Asien auf dem Land- und Seeweg miteinander verbunden waren.[90] Bis heute tragen vernetzte Handelswege nicht nur zur Verbreitung von Gütern, Menschen und Ideen bei, sondern auch zur Verbreitung von Krankheit und Tod.

Zwischen dem indischen Subkontinent, Südostasien, China und darüber hinaus hatten schon lange Verbindungen bestanden. Zeugnisse aus dem indischen Gupta-Reich belegen im 5. und 6. Jahrhundert lokale, regionale und Fernkontakte diplomatischer, kommerzieller und anderer Art.[91] Es gibt auch Hinweise auf maritime Verbindungen: Der Überlieferung nach lebten zum Beispiel im 6. Jahrhundert Gemeinschaften aus Südindien in chinesischen Hafenstädten. Tamilische Inschriften einer Handelszunft in Takaupa im heutigen Thailand verweisen auf Handelsbeziehungen im 9. Jahrhundert quer über den Golf von Bengalen hinweg. Kupferplatten aus der Mitte des 9. Jahrhunderts mit Inschriften in verschiedenen Sprachen – in Alt-Malayalam, Arabisch, Mittelpersisch und Judäo-Persisch – zeigen, wie kosmopolitisch die Welt im Bereich des Indischen Ozeans zu dieser Zeit war. Es gab all diese Querverbindungen, aber ihr Umfang war letztlich doch eher bescheiden.[92]

Das änderte sich ab ca. 900 dramatisch, als Vernetzungen und Austausch rasant zunahmen. Klimaveränderungen spielten dabei anscheinend eine Schlüsselrolle. Höhlenablagerungen und anderen Indikatoren ist zu entnehmen, dass es rund dreihundert Jahre lang regelmäßige und beständige Monsunregenfälle gab, mit nur einer kurzen Unterbrechung in den Jahren 1030 bis 1070. Dieses Intermezzo wird meistens einem Oort-Minimum der Sonnenaktivität zugeschrieben, einer Periode deutlich unterdurchschnittlicher solarer Aktivität.[93] Doch wie in anderen Regionen auch kam es viel mehr als auf Temperatur- und Niederschlagsveränderungen auf die Stabilität der Klimamuster an. Es stimmt zwar, dass die Erhöhung der Niederschlagsmengen insofern einen wesentlichen Unterschied machte, als sie in weiten Teilen Asiens die Reisproduktion förderte – was zu erhöhter Kalorienaufnahme, zur Freisetzung von Arbeitskapazitäten und zu Bevölkerungswachstum führte.[94] Doch war die große Seltenheit kurz- oder langfristiger klimatischer Veränderungen nicht weniger bedeutsam, denn sie kam einer Art «Starthilfe» für eine neue Ära in der Geschichte Asiens gleich, die geprägt war von der gleichzeitigen Entstehung großer zentralisierter Staaten.[95]

Im frühen Mittelalter entstand in Süd-, Südost- und Ostasien eine ganze Gruppe größerer Reiche. Ein gutes Beispiel ist die Machtentfaltung der Song-Dynastie in China von der Mitte des 10. Jahrhunderts an. Diese Herrscher konnten große Teile des Landes konsolidieren, das nach dem Kollaps der Tang-Dynastie Anfang des 10. Jahrhunderts in viele Teile zerfallen war. Man konnte im Verlauf dieses Prozesses auch feste Beziehungen zu benachbarten Staaten wie dem Königreich Dali herstellen, das in der heutigen südwestchinesischen Provinz Yunnan lag.[96] Der Erfolg der Song-Dynastie beruhte zu einem guten Teil auf profanen bürokratischen Reformen. Förderlich für den Wirtschaftsboom war zum Beispiel, dass die Einbindung der Kaufleute in die politische Entscheidungsfindung verstärkt wurde. Auch die Investitionen und Verbesserungen im Bildungssystem zahlten sich aus, ebenso wie eine breitere Wissensvermittlung mittels Erhöhung der Buchproduktion. All dies beeinflusste auch die kaiserliche Außenhandelspolitik in einem Zeitalter des Wandels.[97] Günstige und stabile Klimabedingungen waren wichtig, aber es waren vor allem die Geldpolitik, die Urbanisierung, der Aufstieg dynamischer Marktstädte und die Netzwerke, die solche Städte regional und darüber hinaus miteinander verbanden, mit deren Hilfe die Song-Kaiser ein großes Imperium schufen.[98]

Dieser Erfolg spiegelte sich im Aufstieg auch anderer Dynastien, die einander anspornten und miteinander wetteiferten. Das wirklich Frappierende daran ist, dass sie als Gruppe aufstiegen und sich wechselseitig – direkt oder indirekt – beflügelten. Die Erfolgsgeschichten des tamilischen Chola-Reiches in Indien, des Königreichs Bagan im heutigen Myanmar (Burma), des historischen Königreichs der Khmer in Kambodscha (Angkor), des buddhistischen Staates Srivijaya mit Zentrum in Sumatra und von Đại Việt im heutigen Vietnam ereigneten sich alle ungefähr zur selben Zeit – als Teil einer raschen Erweiterung geographischer, kommerzieller und kultureller Horizonte im Bereich des Indischen Ozeans und in anderen Teilen Asiens.

Die Intensität dieser Verbindungen war schon im 10. Jahrhundert so groß, dass man nicht nur zarte Anzeichen für einen Fernhandelsaustausch findet. Wir besitzen Zeugnisse auch dafür, dass Gesandte aus arabischen Ländern, aus Chola in Indien, aus Srivijaya in Sumatra und aus den Herrschaftsgebieten der Champa im südlichen Zentralvietnam am chinesischen Kaiserhof in Kaifeng empfangen wurden.[99] Festtafeln im Nahen Osten waren mit chinesischem Porzellan von solch hoher Qualität geschmückt, schrieb ein Zeitgenosse, «dass man das Wasser hindurchfunkeln sehen kann, obwohl es sich um Keramik handelt».[100]

Viele dieser Kontakte fußten auf Handelsinteressen, aber sie kamen auch durch Neugier und Bedarf an Informationen zustande, manchmal über Entfernungen von einigen Tausend Kilometern. Der Maharadscha von Srivijaya, schrieb der arabische Geograph al-Masʿūdī, «herrscht über ein grenzenloses Reich. (…) Das schnellste Gefährt könnte die Tour über die Inseln, die unter seiner Herrschaft stehen, nicht in zwei Jahren schaffen. Die Länder dieses Königs produzieren alle Arten von Gewürzen und Aromen, und kein anderer Souverän dieser Welt zieht so viel Reichtum aus seinem Land.»[101]

Von zentraler Bedeutung für die Schaffung dessen, was sich zu einem globalen Handelsnetz entwickelte, das weite Teile Asiens, Nordafrikas und Europas umspannte, war die Chola-Dynastie im Süden Indiens. Deren Ursprünge sind unklar. Entweder trat sie an die Stelle der Pallava-Dynastie, die ungefähr dasselbe Gebiet bis zum 9. Jahrhundert beherrscht hatte, oder sie profitierte bei ihrem Aufstieg vom guten Timing: Es gab ja nun infolge verbesserter Niederschläge eine stabile Landwirtschaft.[102] In jedem Fall waren die Cholas beeindruckende Herrscher. Aber sie hatten auch Glück.[103]

Vom späten 10. Jahrhundert an kam es in den Gebieten des Chola-Reiches zu einer ganzen Reihe baulicher Veränderungen. Am auffälligsten war der Übergang von kleinen hinduistischen Schreinen und Andachtsorten zu grandiosen religiösen Bauten. Zusätzlich zu den Aufwendungen für den Bau riesiger Tempel, wie etwa in Gangaikonda Cholapuram im heutigen indischen Bundesstaat Tamil Nadu, wurden Hunderte von Musikern, Tänzerinnen, Schauspielern und Schauspielerinnen, Goldschmieden, Textrezitatoren und weiteren Akteuren beschäftigt, um Macht, Glanz und Reichtum der Herrscher hervorzuheben, ebenso wie den göttlichen Schutz, unter dem diese standen.[104]

Die Chola-Herrscher waren sehr darauf bedacht, vom maritimen Handel zu profitieren. Ein Herrscher drängte seine Kaufleute sogar, ausländischen Besuchern gegenüber großzügig zu sein, ihnen Gastfreundschaft und Geschenke angedeihen zu lassen, um sicherzustellen, dass das Chola-Reich bevorzugt behandelt wurde.[105] Inschriften aus dem zweiten und dritten Jahrzehnt des 11. Jahrhunderts zeigen, dass die Chola-Herrscher sich Südostasien intensiver zuwandten – vermutlich, um Kontrolle über den Regional- und Fernhandel zu gewinnen. Es war wohl eine Situation, in der man vor der Wahl stand, selbst zu expandieren oder sich von anderen verdrängen zu lassen. Die Expansion nach Südostasien war also wichtig, um nicht Srivijaya das Feld zu überlassen. Dieser Staat hatte es nämlich in der Hand, den Handel durch die Straße von Malakka zu blockieren und/oder höhere Wegzölle zu kassieren. Ohne eine aktive Politik in den Regionen Srivijayas wäre der Handelsverkehr der Cholas somit Gefahr gelaufen, abgewürgt zu werden.[106]

Das Chola-Königreich entwickelte sich schnell und reagierte zudem auf die Öffnung anderer Regionen der Welt. Die Monetarisierung war ein Schlüsselelement im Rahmen einer ganzen Reihe von Schritten, die der Stärkung bürokratischer Kontrolle über die Landwirtschaft dienten. Parallel dazu verlief die Ausbreitung kultureller Normen. Durch die Ausweitung des Shiva-Kultes in allen Chola-Territorien wurden kulturelle Normen vereinheitlicht und die Herausbildung einer gemeinsamen Identität gefördert.[107] Wie auch andere Dynastien in Südasien nach der Gupta-Zeit, zum Beispiel die Paramāras, Cāllukyas und Rāṣṭrakūṭas, waren die Chola-Herrscher darauf bedacht, ihre Genealogien mit der antiken Vergangenheit zu verbinden. Man suchte Verbindungen zu den heiligen Texten der Puranas, um auf diese Weise die eigene Autorität zu untermauern – am auffälligsten in einer Reihe von Kupfertafeln, die 1905 im Schrein des Vāṭaraṅyeśvara-Tempels im Norden des heutigen Bundesstaats Tamil Nadu gefunden wurden.[108]

Von entscheidender Bedeutung waren auch die Schritte, die verschiedene aufeinanderfolgende Herrscher und Verwalter unternahmen, um für unerwartete Krisen gewappnet zu sein. Angesichts der massiven Abhängigkeit von den Monsunregenfällen wurde intensiv in den Bau von Wassertanks investiert, um das Wasser zu speichern.[109] Auch Anpassung und Innovation waren wichtig. Dafür kann die Verlegung der Hauptstadt von Uraiyur zunächst nach Thanjavur und dann nach Gangaikonda Cholapuram als Beispiel dienen, aber auch die Umsetzung einer grundlegenden Grundsteuerreform, die sich danach richtete, wie die Felder bewässert wurden. Beides sollte wahrscheinlich die Krone stärken und ihre zentralen Einnahmen optimieren.[110]

Ähnlich lagen die Dinge in Angkor, wo massive Vorratsspeicher gebaut wurden, um einen riesigen Zustrom an neuen Einwohnern versorgen zu können. Schätzungen zufolge wuchs die Einwohnerzahl der Stadt in Spitzenzeiten auf 750 000; es entstand «der größte städtische Komplex mit geringer Bevölkerungsdichte in der vorindustriellen Welt».[111] Die Stadt, deren Zentrum und Vororte mehr als tausend Quadratkilometer Fläche bedeckten, war großzügig mit prächtigen Tempelanlagen, Sälen für rituelle Tänze und Palastkomplexen bestückt, die Südindien kulturell stark verpflichtet waren. Hier verbanden sich hinduistische und buddhistische Einflüsse zu einem neuen Amalgam.[112] Typisch für Angkor waren umfassende hydraulische Wassersysteme, die der Wasserversorgung der Einwohner, aber auch als Präventivmaßnahme gegen ein plötzliches Ausbleiben der Niederschläge dienten.[113] Das war nicht nur für die soziale und politische Stabilität von großer Bedeutung, sondern auch für die Sicherstellung der Lebensmittelversorgung für eine Bevölkerung, deren schiere Größe gleichbedeutend war mit einem erhöhten Risiko selbst bei moderaten klimatischen Veränderungen wie Trockenperioden und Überflutungen.[114]

In anderen Fällen, wie in Bagan und Đại Việt, war die Wasserversorgung kein so großes Problem, weil es dort größere Flusssysteme gab. Gleichwohl wurde die These vertreten, überdurchschnittliche Regenfälle, die mehrere Jahrhunderte andauerten, hätten dazu beigetragen, im Hochland die dürrebedingte Sterblichkeitsrate deutlich zu senken. Das höhere Niederschlagsniveau ermutigte Migration, wodurch wiederum in Städten und Regionen mehr als genug Arbeitskräfte und Kapazitäten zur Verfügung standen, um lokal wie überregional die Produktivität zu steigern.[115]

Alle diese Staaten hatten das Glück, ohne offensichtliche Konkurrenten expandieren oder aber Rivalen problemlos absorbieren zu können. Doch irgendwann ließ sich ein direktes Zusammentreffen nicht mehr vermeiden. Es kam zur Konkurrenz um Ressourcen und Status. Marktdruck konnte unabhängig von den Regimen die Preise nach unten treiben, aber die Rivalität bei der Kontrolle über Güter und Produkte, vor allem über Verkehrsknotenpunkte, führte zu Streit, manchmal auch zu militärischen Konfrontationen. Das Interesse der burmesischen Könige an Häfen, die als Transitstationen zwischen dem Indischen Ozean und China dienen konnten, trug dazu bei, die Missstimmung im 11. Jahrhundert punktuell zu verschärfen. Und ein Ringen um die Kontrolle über die Häfen führte bald darauf zu verschiedenen Konflikten zwischen Angkor und Champa.[116]

Die ineinander verzahnten Welten im Bereich des Indischen Ozeans waren an sich nichts Neues, denn schon in der Antike gab es enge Kontakte, die die Küsten und das Landesinnere vieler Teile Asiens mit Afrika, dem Mittelmeerraum und Europa verbanden. Was nun jedoch dieses System auf ein neues Niveau hob, waren die Größenordnungen der Aktivitäten: Der gleichzeitige Aufstieg von Staaten und Königreichen mit imperialen Ambitionen führte zur Beschleunigung eines kommerziellen und kulturellen Austausches, dessen Ausmaß wirklich bemerkenswert war. Das war schon im 9. und 10. Jahrhundert nicht mehr zu übersehen, als Schiffe, vollgeladen mit Töpferwaren aus China, Bronzen aus Indien, polierten Spiegeln aus Java und Glas aus Ägypten, hin und her flitzten – und gelegentlich auch auf dem Meeresgrund landeten.[117]

In dieser Situation wuchsen auch Neugier und Interesse an anderen Teilen der Welt. Ein chinesischer Kaiser wollte wissen, wie man Elefanten und Nashörner fängt. «Dazu nutzen wir», antwortete ein Gesandter, «andere Elefanten als Lockvögel, um so weit in ihre Nähe zu gelangen, dass wir sie mit einem großen Lasso fangen können. Um ein Nashorn zu fangen, klettert ein Mann mit Pfeil und Bogen auf einen großen Baum. Dort hält er Ausschau nach dem Tier, bis er es erlegen und töten kann. Die jungen Nashörner werden nicht erlegt, weil man sie einfangen kann.»[118]

Wir wissen von Rhinozeroshörnern, Elefantenstoßzähnen und Rattanmatten, von Seidenstoffen, Textilien und Sonnenschirmen, die im China der Song-Dynastie von Händlern aus benachbarten Ländern wie Champa (heute Teil Vietnams) importiert wurden. Champa diente auch als Zwischenstation für den Fernhandel mit Gütern wie Stoffen aus Java und Gewürzen aus dem Nahen Osten. Es ist verlockend, hier nur die Exotik und Vielfalt der ausgetauschten Waren zu betrachten. Man sollte aber auch bedenken, dass engere Kontakte Anreize zur Standardisierung boten. Das betraf zum Beispiel die Keramikherstellung in Đại Việt, Angkor und Java, die sich im Laufe der Zeit an das chincsische Design anpasste.[119]

Auch in Südafrika erblühten vom 8. bis 12. Jahrhundert Staaten und Kulturen – wie die Kleinkönigreiche Toutswemogala und Mapungubwe im Limpopo-Shashi-Becken im heutigen Botswana.[120] Beide lagen im Süden von Groß-Simbabwe, einem weiteren, vom 11. Jahrhundert an aufblühenden Zentrum im Süden Afrikas. Groß-Simbabwe, die Hauptstadt des Munhumutapa-Reiches, das Teile der heutigen Staaten Simbabwe und Mosambik umfasste, war von einer imposanten Stadtmauer umgeben, in der fast eine Million Steine verbaut sind. Bemerkenswert sind auch die Specksteinfiguren von Vögeln mit menschlichen Lippen, die auf Säulen entlang der Einfriedung aufgestellt waren.[121] Diese Mauern dienten vor allem als Machtdemonstration, weniger zur Verteidigung. Innerhalb der Mauern wohnten die mächtigsten Mitglieder einer Gemeinschaft, die viele Tausend Mitglieder umfasste. Der Hügelkomplex, der älteste Teil der Einfriedungen, war auch das spirituelle Zentrum und überdies der Ort für die königlichen Rituale. Es ging dabei um die Besänftigung der Ahnen und um Opfer für die Götter, mit der Bitte um günstiges Wetter. In Groß-Simbabwe aufgefundene Waren und Luxusgegenstände aus Persien, Syrien und China belegen, dass auch

Südafrika am Aufstieg der Fernhandelsnetze in dieser Epoche beteiligt war.[122]

Gleiches gilt auch für andere Gesellschaften, Kulturen, Völker und Orte in Afrika. Die Insel Kilwa im heutigen Tansania spielte eine zentrale Rolle im Handelssystem des Indischen Ozeans, denn sie verband die Swahili-Küste und speziell Ostafrika nicht nur mit den maritimen Handelswegen, sondern auch mit Südafrika. Kilwas exponierte Stellung hatte teilweise mit der Lage am südlichen Ende der Route zu tun, auf der Schiffe unter Nutzung der Monsunwinde von Nord nach Süd segeln konnten. So wurde Kilwa zum Handelszentrum für Elfenbein, Holz und vor allem Gold aus den Minen im heutigen Mosambik. Es gab einen reichen Handel mit Importgütern aus weit entfernten Ländern, bis hin nach China. Das belegen Tonscherben aus der Zeit ab dem 11. Jahrhundert.[123] Kilwa war, mit den Worten von Ibn Baṭṭūṭa, «eine der schönsten Städte der Welt». Festgehalten wurde allerdings auch, dass der dortige muslimische Sultan und die Inselbewohner in ständigem Streit mit den Bewohnern des Festlands lebten.[124]

Kilwa war nur eine von vielen kleinen Städten entlang der ostafrikanischen Küste zwischen Somalia und Mosambik sowie Nordmadagaskar, in denen typischerweise Moscheen, Grabstätten aus Korallen und die Häuser jener Elite zu finden waren, die unmittelbar in den Handel zwischen Hinterland und Indischem Ozean eingebunden war.[125] Glasperlensammlungen bieten einen besonders wichtigen Beleg für die Verbindungen zwischen dem Golf und Südasien. In Ostafrika und Madagaskar in großer Zahl aufgefundene Münzen aus dem Ägypten der Fatimiden, die auf das 10. und 11. Jahrhundert zu datieren sind, verweisen hingegen nicht nur auf die Nord-Süd-Handelsachse. Sie führen auch zu dem Schluss, dass wahrscheinlich Madagaskar und die Komoren das Kristall für die wunderschönen Wasserkrüge lieferten, die um diese Zeit in Nordafrika hergestellt wurden.[126]

Die einzelnen Städte unterschieden sich erheblich in Größe und Sozialstruktur, aber sie waren alle Teil eines größeren Netzes wechselseitiger Abhängigkeit, das den regionalen Handel förderte, verbunden durch sprachliche Ähnlichkeiten und den Islam, der sich bis zum 12. Jahrhundert weithin ausgebreitet hatte. Zusammengehalten wurden sie auch durch Rituale, die dazu beitrugen, die Beziehungen zwischen verschiedenen Herrschern und Völkern aufzubauen und zu vertiefen. Unter solchen Ritualen waren Feste mit am wichtigsten.[127]

Die fortlaufende Entwicklung dieser Handelsnetze brachte Herausforderungen und Chancen. Orte wie Unguja Ukuu auf Sansibar wurden Opfer ihres eigenen Erfolges: Landwirtschaftlich bedingte Ablagerungen, die im Zuge der Versorgung einer wachsenden Bevölkerung entstanden waren, aber auch Essensabfälle und eine allgemeine Vermüllung führten zu immer stärkerer Sedimentbildung im Hafen. Diese Verlandung trug schließlich zum Niedergang und letztlich zur Aufgabe eines Ortes bei, der einst zu den wichtigsten Handelszentren Ostafrikas gehört hatte.[128]

Anderswo führte die Ausweitung überregionaler Handelsverbindungen dazu, dass Staaten versuchten, Handelsmonopole zu gewinnen und aufrechtzuerhalten, um die eigenen Interessen zu schützen und die Macht ihres politischen Zentrums durchzusetzen. Hier lag einer der Gründe, warum die Regierungen der Song-Dynastie in China regelmäßig in den Außenhandel eingriffen, Verbote verhängten, Reformen ankündigten und Bewegungen von Gütern und Händlern genauestens überwachten. Diese Einstellung griff auch in anderen Bereichen um sich, als die Menschen reicher – und manchmal auch mutiger – wurden. Es entstand zum Beispiel eine Gelehrtenklasse, die das höfische und offizielle Leben kommentierte, Geschichte als Spiegel der Gegenwart betrachtete und sich eigene intellektuelle Netzwerke schuf – eine bedeutsame Entwicklung und eine Art Nebenprodukt der gesellschaftlichen Horizonterweiterung, letztlich aber auch ein Resultat stärkerer überregionaler Kontakte.[129]

Der Zeitraum von rund 800 bis rund 1200 brachte für die ganze Welt grundlegende Veränderungen – als eine Periode, in der die positiven Auswirkungen der klimatischen Reorganisation noch dadurch verstärkt wurden, dass es kaum nennenswerte vulkanische Aktivitäten gab. Die Migration in neue Regionen, die Entwicklung hydraulischer

Techniken in Bewässerungssystemen und die Ausweitung der landwirtschaftlichen Produktion waren nur einige der Strategien, mit denen man versuchte, mit neuen Fragen und Problemen zurechtzukommen – die jedoch je nach Region unterschiedlich ausfielen.

In einigen Fällen hatte der ökologisch bedingte Austausch von Saatgut signifikante Folgen. Zum Beispiel geht man davon aus, dass die Übernahme von dürreresistentem, schnell reifendem Champa-Reis in China nach einer Dürreperiode in den Flusstälern des Jangtse und Hui zu Beginn des 11. Jahrhunderts dazu beitrug, dass man besser gegen zukünftige Wetterschocks gewappnet war. Die neue Reisart bedeutete nicht nur die sichere Versorgung einer wachsenden Bevölkerung, sondern mittelbar auch politische Stabilität.[130] So überrascht es kaum, dass es zu dieser Zeit in Ostasien auch zu anderen Eingriffen in die Natur kam, um sich vor Klimaveränderungen zu schützen. So wurden zum Beispiel riesige Bewässerungsnetze für die Landwirtschaft angelegt, Staudämme gebaut und die Entwaldung vorangetrieben, um neue Gebiete für die landwirtschaftliche Nutzung zu gewinnen.[131]

Wirtschaftliche Expansion, landwirtschaftliche Produktion und Bevölkerungswachstum waren aber nicht nur in vielen Teilen Asiens, Afrikas, Nord- und Südamerikas von Bedeutung, sondern auch in Europa. Dort nahm die Bevölkerung zwischen 800 und 1200 sehr stark zu, wenngleich manche Schätzungen, die von einer Verdreifachung oder gar Vervierfachung ausgehen, sicher zu hoch gegriffen sind.[132] Einige Historiker haben angemerkt, dass dieses ständige Wachstum einem Wettlauf zwischen den Menschen und ihrer ökologischen Umwelt gleichkam. Erstere hatten rastlos damit zu kämpfen, mit den Bedürfnissen einer immer größeren Bevölkerung Schritt zu halten. Das musste fast unweigerlich in die Krise führen.[133]

Dabei kam es nicht allein auf die absoluten Zahlen an, entscheidend waren vielmehr Verteilung und Dichte der Bevölkerung. In Städten wie Hangzhou und Kaifeng wohnten damals laut gängigen Schätzungen eine Million Menschen. Diese Zahl mag handlich und angemessen hoch sein, aber man weiß es nicht genau. Doch steht zweifelsfrei fest, dass dort sehr viele Menschen auf engem Raum zusammenlebten.[134] Wie in anderen Großstädten anderer Regionen und zu anderen Zeiten auch waren die praktischen Bedürfnisse enorm – Lebensmittel, Wasser, Brennstoffe, ganz zu schweigen von Komfort- und Luxusgütern. Das setzte nicht nur die ökologischen Ressourcen unter Druck, es erforderte auch effiziente und robuste Nachschubketten. Aber genau das stellte ein großes Problem für Orte wie Bagan dar (später unter dem Namen Arimaddana-pura bekannt, was etwa «Die Stadt, die auf den Feinden herumtrampelt» bedeutet): Die Stadt hatte ständig mit Meeresfluten und Flussverlandungen zu kämpfen.[135]

In Angkor, einer Stadt mit 3000 Tempeln, darunter dem großartigen Tempelkomplex von Angkor Wat, half ein ausgeklügeltes System von Wasserspeichern und Kanälen, die Versorgung der Einwohner ebenso sicherzustellen wie die Bewässerung der landwirtschaftlichen Flächen. Solche Systeme hingen nicht nur davon ab, dass große Mengen an Arbeitskräften für den Bau zur Verfügung standen, sie benötigten auch eine ständige Wartung und Pflege, damit nicht Sand und Abfälle die Kanäle zusetzten.[136] Das bedeutete hohe Arbeitskosten, erforderte Überwachung und Koordination und natürlich auch technische Fertigkeiten. Das Wassersystem sollte dazu dienen, klimatische Risiken zu vermindern, aber es schuf dafür neue ganz anderer Art: Jegliche Schwäche der zentralisierten Macht, jede Herausforderung dieser Macht konnte schnell so weit eskalieren, dass Probleme für die Wasserversorgung entstanden, was die Bevölkerung in Gefahr brachte. Und damit stand ziemlich schnell die Überlebensfähigkeit der ganzen Stadt auf dem Spiel.

Wie leicht städtische Siedlungen schon durch relativ moderate Wetterschwankungen in die Bredouille gebracht werden konnten, zeigte sich Mitte des 12. Jahrhunderts in der Levante, wo jedes Ausbleiben des Regens Sorgen und Verzweiflung auslöste und wo jeder Regen begeistert gefeiert wurde. Als Nūr al-Dīn, damals ein bekannter und wichtiger Führer, Baalbek erreichte, «geschah es durch Vorherbestimmung und himmlische Gnade, dass die Himmel ihre Schleusen öffneten und Regen, Tau, Güsse und schwere Schauer herausließen; es dauerte vom Dienstag bis zum folgenden Dienstag.

Die Wasserläufe flossen über, die Becken des Hawran füllten sich, die Mühlen begannen zu arbeiten, und Felder und Pflanzen, die verdorrt waren, sandten frische grüne Triebe aus.» Dieser günstige Zufall brachte Nūr al-Dīn politisches Kapital ein, denn die Leute sagten, die Regenfälle seien das Resultat seines «gesegneten Einflusses, seiner Gerechtigkeit und seines aufrechten Verhaltens» gewesen.[137]

Die Menschen in Mossul waren Ende der 1170er Jahre weniger gut dran, als Dürre und Hunger so überhandgenommen hatten, dass die Bürger forderten, der Weinverkauf müsse verboten werden, weil der Regenmangel die göttliche Strafe für die Sünde all jener sei, die es wagten, Alkohol zu trinken. Und was die Lage noch verschlimmerte: Starke Winde fachten Sandstürme an, die den Himmel «so verdüsterten, dass man die, mit denen man zusammen war, kaum noch erkennen konnte». Das veranlasste die Menschen, den ganzen Tag zu beten und Gott um Vergebung anzuflehen. «Sie dachten, der Tag des Jüngsten Gerichts sei gekommen.»[138]

Die Pendelausschläge des Schicksals sind in einem Traktat des Arztes ʿAbd al-Laṭīf al-Baghdādī festgehalten, das einen Einblick in das ägyptische Leben zu Beginn des 13. Jahrhunderts gibt. Das Werk beginnt zwar mit Berichten vom Überfluss – darunter ein denkwürdiges Rezept für eine Riesenpastete aus drei gebratenen Lämmern und rund 90 Hühnern und anderen Vögeln, ideal geeignet für ein großes Familienpicknick mit Freunden –, aber dann folgen erschütternde Einzelheiten über plötzlichen Nahrungsmangel und die Ausbreitung von Krankheiten. So viele starben, heißt es, dass die Schädel «in Lagen übereinandergestapelt wurden. (...) Für den Betrachter ähnelten sie einem Stapel frisch geernteter Wassermelonen.» Als ʿAbd al-Laṭīf einige Tage später die Schädel nochmals sah, hatte «die Sonne das Fleisch von ihnen abgesengt, und sie waren jetzt weiß». Nun sahen sie aus wie «gestapelte Straußeneier».[139] Es gehörte also nicht viel dazu, dass aus Zeiten des Überflusses Szenen des Schreckens werden konnten – in dicht gedrängten Städten, in denen plötzliche Versorgungskrisen nicht sofort aufgefangen werden konnten.

Die anhaltende Dürre war für manche damalige Kommentatoren

eine Quelle der Verwunderung – vor allem für jene, die Berichte gelesen hatten, wie es früher gewesen war. Wilhelm von Tyrus (1130 bis 1186) etwa, Erzbischof, Kanzler des Königreichs Jerusalem und ein wichtiger Chronist in der Zeit der Kreuzzüge, war höchst erstaunt, als er einen Bericht las, den Gaius Solinus Jahrhunderte zuvor über Teile des damaligen Römischen Reiches geschrieben hatte. «Solinus' Aussage, dass Judäa für seinen Wasserreichtum berühmt sei, überrascht mich sehr», schrieb Wilhelm Mitte des 12. Jahrhunderts. Er selbst hatte es schließlich mit großer Trockenheit zu tun und mit Haushalten, die inständig auf Regen hofften, weil sie davon abhängig waren. Sonst mussten sie sehen, wie sie irgendwie durchkamen. «Ich kann mir keinen Reim darauf machen», schrieb Wilhelm, «außer dass er entweder nicht die Wahrheit gesagt oder sich das Antlitz der Erde seit jener Zeit verändert hat.»[140]

Letzteres war der Fall, wie auch wissenschaftliche Belege bestätigen. Analysen von See- und Höhlenablagerungen, Pollen und Baumjahresringen zeigen, dass es in der zweiten Hälfte des 12. Jahrhunderts in Anatolien, Syrien und auf dem Balkan deutlich trockener und kälter wurde.[141] Zunehmende Trockenheit scheint in dieser Zeit auch ein klimatisches Merkmal vieler Teile Zentralasiens gewesen zu sein. Es gibt viele Belege dafür, dass Siedlungen in den Jahrzehnten bis 1200 zusammenschrumpften – in einem Zeitraum, in dem auch in den mongolischen Hochebenen lange, schädliche Dürrephasen zu verzeichnen waren.[142] Kaum überraschend war dies auch eine Zeit beträchtlicher Turbulenzen und Instabilität unter den Nomadenvölkern. Es kam zu intensiven Konkurrenzkämpfen um die schwindenden Ressourcen – ein klarer Hinweis darauf, dass sich die Lage als immer gravierender entpuppte.[143]

Ein dramatischer und anscheinend plötzlicher Bevölkerungsschwund um 1200 in und um Djenne-Djeno – eine Stadt im heutigen Mali, in der Flussebene von Niger und Bani gelegen – lässt ebenfalls auf klimatische Faktoren schließen. In den vorangegangenen Jahrzehnten hatte die Stadt eine außergewöhnliche Blüte von Kunst und Architektur erlebt, die nun abrupt zu Ende ging. Auch andere größere Städte in der Flussebene des Niger wie Dia und Akumbu schrumpften um 1200 beträchtlich.[144] Leider fehlen hier genaue paläoklimatische Daten, darum müssen Hypothesen zum Klimaeinfluss auf diese Stadtentwicklungen höchst spekulativ bleiben. Sie werden sogar noch zweifelhafter, wenn man bedenkt, dass die Schwesterstadt von Djenne-Djeno, Djenne, nur wenige Kilometer entfernt gelegen und Heimat der berühmten großen Moschee, offenbar nicht unter diesem Negativtrend zu leiden hatte – weder zur selben Zeit noch später.[145]

Tatsächlich kann ein Bevölkerungskollaps auch das Ergebnis von Krankheiten und Seuchenausbrüchen sein. Vielleicht spielten auch innere politische Streitigkeiten eine Rolle oder eine grundlegende politische Instabilität. Wir wissen es nicht. Aber wenn man an den schon besprochenen Niedergang von Cahokia im Mississippital denkt, dann wurde auch dort die These vertreten, es handle sich um eine Art Ökozid, verursacht durch die Erschöpfung der natürlichen Ressourcen (vor allem Holz). Andere Wissenschaftler waren der Ansicht, die aus Fäkalienresten gewonnenen Belege für einen demographischen Niedergang könnten in Beziehung gesetzt werden zu Veränderungen der sommerlichen Niederschlagsmuster um das Jahr 1200. Durch Letztere seien die Maiserträge – und damit auch der Maisverzehr – gesunken, und das Leben sei insgesamt schwieriger geworden. Wieder andere Historiker führten wesentlich banalere Erklärungen für den Bevölkerungsschwund ins Feld, die vielleicht sogar am plausibelsten sind: Die gesellschaftlichen Führer von Cahokia hätten versucht, mehr und mehr Macht an sich zu reißen, hätten dadurch Rebellionen provoziert, und es sei zu Kämpfen zwischen den Siedlungen gekommen. Daraus sei schließlich ein erbitterter Bürgerkrieg entstanden. Die Notwendigkeit für Gruppen, die zuvor friedlich zusammengearbeitet hatten, zum Selbstschutz Verteidigungsanlagen zu errichten, erklärt jedenfalls, warum die Städte im Mississippital damals befestigt wurden – mit Wällen, Palisaden und Gräben. Mit Veränderungen des Niederschlagsniveaus lassen sich solche Befestigungsanlagen eher nicht erklären.[146] Natürlich können Ressourcenverknappungen infolge sich verändernder Regenmuster die Situation noch zusätzlich verschärft haben, aber als direkte und hauptsächliche Ursache des Bevölkerungskollapses reichen klimatische Veränderungen in diesem Fall nicht aus.

Solche genauen Unterscheidungen sind wichtig, nicht zuletzt, weil heute gern nach Beispielen für Gesellschaften gesucht wird, die offenbar Raubbau an der Natur betrieben, die Umwelt zerstörten und so ihren eigenen Niedergang verursachten – um daraus Lektionen für die eigene Gegenwart abzuleiten. Auch im Falle Angkors zeigt sich bei genauem Hinsehen, dass nicht die langen Dürren und die vielen Jahre mit intensiven Monsunniederschlägen, alle gut dokumentiert, das eigentliche Problem waren, das zum Niedergang der Stadt führte. Es war vielmehr der ständige Wechsel zwischen diesen Extremwetterlagen, der langfristig nicht mehr zu bewältigen war. Es gab jahrzehntelang Dürren und anschließend jahrzehntelang Überflutungen, das belegen die Jahresringe von Bäumen und andere archäologische Funde eindeutig. Aber unter solchen Umständen ist eine sinnvolle gesellschaftliche Planung einer solchen Stadt sehr schwierig und auf Dauer unmöglich. Die komplexen sozioökonomischen Systeme, die erforderlich waren, um das Leben in einer so großen Stadt zu regeln, brachen schließlich zusammen.[147]

Historiker gaben auch zu bedenken, dass eine neue Phase der Stärkung maritimer Handelsverbindungen, speziell im Mekongdelta, die Eliten in Angkor bewogen haben könnte, sich aus dem Landesinneren stärker in Richtung Küste umzuorientieren, um mehr vom Handel und dessen Erträgen profitieren zu können. Unter einer solchen Neuausrichtung litten dann vor allem die hydraulischen Netze, die Angkor zu einer der bedeutendsten Städte Asiens gemacht hatten. Ein Mangel an Expertise, Arbeitskräften, Investitionen, Führung und Aufsicht führte zum Niedergang dieses lebenswichtigen Systems. Auch die hohen Kosten für Bau und Unterhalt von Tempeln und für die öffentlichen Dienste erwiesen sich als große Belastung. Die Khmer-Herrscher hatten sich zuvor zu einer regelrechten «Bauorgie» verstiegen. König Jayavarman VII. (Regierungszeit 1181 bis 1218) forcierte ein Bauprogramm, das «von keinem Monarchen eines anderen Landes je erreicht wurde». Zu diesem Programm gehörte ein Netz von mehr als hundert Hospitälern, die alle ein eingefriedetes

Gelände bekamen, einen mit Steinwegen gesäumten Teich und ein «Bibliotheksgebäude». Hinzu kamen ein spiritueller Rückzugsraum, eine Bühne für Rituale und ein Speicher für Kräuter, Gewürze und Kostbarkeiten. Diese Speicher wurden dreimal im Jahr aus den Lagerhäusern des Königs neu bestückt. All diese Bauten waren innerhalb von vier Jahren nach dem Regierungsantritt des Königs vollendet. Und es muss wohl nicht eigens erwähnt werden, dass sie enorme Summen verschlangen.[148]

Es brauchte nicht viel, um bei einer derart irrationalen Überschwänglichkeit gute Zeiten in schlechte zu verwandeln. Und im frühen 14. Jahrhundert war der Kipppunkt erreicht. Es war eine schwierige Periode in der Geschichte der Khmer. Jayavarmans Tempel waren weitgehend entweiht, die Kunstwerke zerstört. Die rituellen Begräbnisse von Buddha-Ikonen wurden mit Statuen ausgeführt, die sorgfältig in Sand eingebettet waren, um sie zu schützen.[149] Die Lebenshaltungskosten stiegen zu schnell an, und so schwand das Vertrauen in die alten Verfahrensweisen. Die harte Realität, dass die schönen Fassaden nicht mehr zu halten waren, führte zum schleichenden Niedergang. Es war kein plötzlicher klimabedingter Kollaps.[150]

Für den Niedergang des südasiatischen Königreiches Bagan gibt es viele ineinander verschlungene Gründe, aber die zwingendste Erklärung, warum es zu einem ähnlichen Ablauf der Geschichte wie im Khmer-Königreich Angkor kam, ist wohl die, dass auch Bagan Opfer seines eigenen Erfolgs wurde. Mehreren aufeinanderfolgenden Herrschern im 11. und 12. Jahrhundert war es gelungen, Ideen zu fusionieren, die verschiedene Völker und Kulturen zusammenbanden. Und sie hatten auch Mittel und Wege gefunden, diese Ideen in monumentaler Architektur zum Ausdruck zu bringen, sowie durch Kunst, Literatur und Sprache und durch ganz weltliche Maßnahmen wie die Standardisierung der Gewichte und die Monetarisierung der Wirtschaft.[151] Die Herrscher in Bagan investierten beträchtliche Ressourcen in die religiöse Patronage buddhistischer Klöster und Institutionen. Im Gegenzug wurde ihre eigene Macht und Autorität von dort nicht angefochten, sondern bestätigt. Bauwerke wie die Ananda-, Shwesandaw- und Thatbinnyu-Tempel in Bagan – um nur drei der rund 2000 Tempel zu nennen, die zwischen dem 10. und dem 13. Jahrhundert errichtet wurden – waren als Machtdemonstration gedacht, nicht nur als Bindeglieder zum buddhistischen Kreislauf der Reinkarnation. Die königlichen Schenkungen wurden durch Zuwendungen der Eliten ergänzt, die sich dadurch einen Statusgewinn erhofften. Zudem sollten ihre diesbezüglichen Verdienste in diesem Leben sicherstellen, dass sie auch im nächsten Leben gut oder gar besser bedacht wurden.[152]

Unweigerlich neigte sich so im Laufe der Zeit die Waagschale zulasten der weltlichen Autorität immer weiter auf die Seite der mönchischen Einrichtungen. Je mehr Land, landwirtschaftliche Erzeugnisse und Steuereinkünfte in die Hände der buddhistischen Glaubensvertreter gelangten, desto weniger Macht und Kontrolle hatte die Krone über Land, das nominell ihr gehörte – und desto weniger waren die Herrscher in der Lage, eigene Zukunftsinvestitionen zu tätigen, sei es im Handel, im Militär oder für Projekte, mit denen Gunst und Loyalität der Magnaten gesichert werden konnten.[153] Bagan hatte davon profitiert, dass günstige Klimabedingungen eine extensive und intensive Landwirtschaft ermöglichten. Es gab deshalb eine stabile und ausreichende Nahrungsmittelversorgung, was wiederum den Urbanisierungsprozess mit seiner Arbeitsteiligkeit und Spezialisierung förderte. Es kam zu einer großartigen kulturellen Blüte, und im Königreich entwickelten sich dynamische lokale, regionale und sogar interkontinentale Handelsverbindungen.

Diese Erfolge und Entwicklungen forderten natürlich irgendwann ihren Tribut – von dem sich das Land dann nicht mehr erholen sollte. Natürlich wäre es eine grobe Vereinfachung, wollte man behaupten, Bagan und Angkor seien allein an ihren Exzessen zugrunde gegangen. Trotzdem kann man nicht die Augen vor den Auswirkungen verschließen, die die Ausplünderung der finanziellen Ressourcen hatte. Letztlich lief es ja darauf hinaus, dass der königliche Reichtum schrittweise auf die religiösen Institutionen übertragen wurde. Insgesamt ist jedenfalls die wichtigste und plausibelste Erklärung für den Niedergang dieser großen Städte und Reiche in

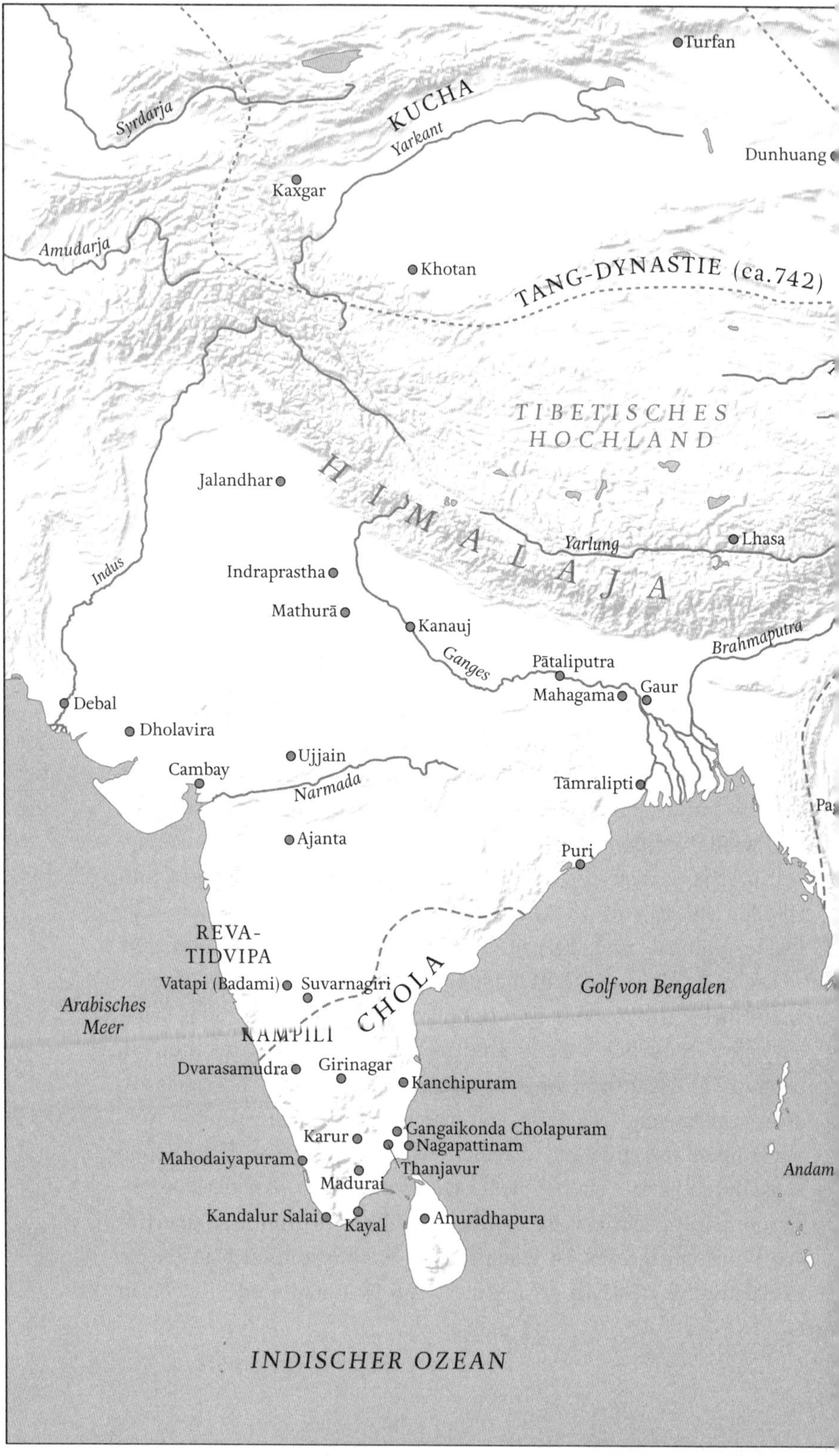
Turfan
Syrdarja
KUCHA
Yarkant
Dunhuang
Kaxgar
Amudarja
Khotan
TANG-DYNASTIE (ca. 742)
TIBETISCHES
HOCHLAND
Jalandhar
HIMALAJA
Yarlung
Lhasa
Indus
Indraprastha
Mathurā
Kanauj
Brahmaputra
Ganges
Pātaliputra
Gaur
Mahagama
Debal
Dholavira
Ujjain
Cambay
Narmada
Tāmralipti
Ajanta
Puri
REVA-
TIDVIPA
CHOLA
Vatapi (Badami)
Suvarnagiri
Golf von Bengalen
Arabisches
Meer
KAMPILI
Dvarasamudra
Girinagar
Kanchipuram
Gangaikonda Cholapuram
Karur
Nagapattinam
Mahodaiyapuram
Thanjavur
Madurai
Kandalur Salai
Kayal
Anuradhapura
INDISCHER OZEAN

Der Aufstieg der Reiche in Süd- und Südostasien ca. 1000 n. Chr.

Süd- und Südostasien, dass sie, jede auf ihrer Weise, zum Opfer des eigenen Erfolges wurden.[154]

Verschiebungen der Konsummuster zusammen mit der Unfähigkeit oder Unwilligkeit, sich an geänderte Umstände anzupassen, können auch als Erklärung für das Scheitern der norwegischen Wikinger-Gemeinschaften auf Grönland ins Feld geführt werden. Im Zuge eine Abkühlungsprozesses vom frühen 14. Jahrhundert an weitete sich das arktische Packeis aus, sank das Niederschlagsniveau deutlich, wurden die landwirtschaftlichen Wachstumsphasen kürzer und die Lebensbedingungen für Nutztiere schwieriger. Jede einzelne dieser Veränderungen stellte eine große Herausforderung dar und erst recht aber alle zusammen. Verräterisch ist allerdings, dass die norwegischen Grönländer sich nicht gemüßigt sahen, die an arktische Bedingungen gut angepassten Gegenstände und Techniken der Inuit zu übernehmen: etwa eine spezielle Walfangharpune, die durch bewegliche anstelle von festen Widerhaken den Walen das Losreißen deutlich erschwerte, oder das Kajak. Ob dies aus Stolz oder aufgrund fest verankerter Vorurteile geschah, ist letztlich unerheblich. Auf jeden Fall schauten die Wikinger auf die Inuit herab und hielten sich von ihnen fern. Knochennachweise und Genomanalysen bestätigen, dass eine Vermischung dieser beiden Bevölkerungsgruppen so gut wie überhaupt nicht vorkam.[155]

Letztlich war aber die mangelnde Anpassungsbereitschaft nicht so wichtig wie ökonomische Entwicklungen, die zwar anderswo stattfanden, für die Norweger auf Grönland jedoch gravierende Folgen hatten. Es handelte sich um Marktveränderungen. Der Hauptwert Grönlands hatte darin bestanden, dass es Exportquelle für Felle, Walrosshäute und -stoßzähne war. Doch seit Beginn des 13. Jahrhunderts entwickelten sich neue Handelswege, die Nowgorod (und über Nowgorod auch die russischen Städte) mit dem Weißen Meer verbanden. Dabei entstanden neue Quellen für Tierhäute und Felle, die mit den Lieferungen aus dem Nordatlantik konkurrierten. Hanfseile boten zudem eine billigere und leichter verfügbare Alternative zu den steiferen, aus Walrosshautstreifen geflochtenen Seilen, die zuvor den Markt beherrscht hatten. Und der Handel mit

Walrossstoßzähnen brach ein, weil mehr Elfenbein von Elefanten aus Afrika auf den Markt kam – und weil zudem kulturelle Geschmacksveränderungen zu Buche schlugen: Bei der Produktion religiöser Devotionalien setzte man nicht mehr so stark auf Elfenbein wie zuvor.[156] Und als nun zusätzlich zu den ökonomischen auch die klimatischen Bedingungen noch schwieriger wurden, wurde das Leben für die norwegischen Gemeinschaften auf Grönland nochmals prekärer. Denn sie waren jetzt auch Angriffen seitens der Inuit (von den Wikingern «Skrælinge» genannt) ausgesetzt. Diese packten die Gelegenheit beim Schopf und setzten sich endlich gegen die Eindringlinge zur Wehr. Auch der Konkurrenzkampf um Siedlungsorte und die schwindenden natürlichen Ressourcen spielte mit Sicherheit eine Rolle. Die ständigen Überfälle der Inuit waren verheerend und demoralisierend.[157]

So, wie sich das globale Klima ab um 800 rekonfiguriert hatte, begannen sich die Klimamuster nun, rund vier Jahrhunderte später, erneut zu wandeln – allmählich, nicht plötzlich, und regional unterschiedlich. Die Auswirkungen machten sich zuerst im östlichen Mittelmeerraum und in Zentralasien bemerkbar, dort bereits im späteren 12. Jahrhundert. Ihnen entsprachen Veränderungen, die sich ungefähr um dieselbe Zeit auch in den Randregionen des Pazifiks zeigten. Die neuen Wetterbedingungen fielen mit einer neuen Migrations- und Siedlungswelle in der Südsee zusammen – von Polynesien ausgehend nach Hawaii, Neuseeland (in der Maori-Sprache Aotearoa genannt) und Rapa Nui (Osterinsel).[158] In dieser Zeit kam auch der einzige nachweisbare Kontakt zwischen polynesischen und südamerikanischen Bevölkerungsgruppen zustande – sei es, dass eine oder mehrere Gruppen von Polynesiern über den ganzen Pazifik gesegelt und erfolgreich zurückgekehrt waren, sei es, dass sich Südamerikaner aufgemacht und um 1200 die polynesischen Inseln erreicht hatten.[159]

Die Ursachen für die Bevölkerungszerstreuung über den ganzen Pazifik waren komplex. Gewiss spielte eine Klimaveränderung (in Richtung größerer Trockenheit) eine wichtige Rolle. Doch auch die Sitte der Primogenitur – um Ressourcen und Besitz nicht durch Erbgänge zu zersplittern, wird alles auf den Erstgeborenen der Familie konzentriert – könnte viele ermutigt haben, sich auf die Suche nach neuen Chancen zu begeben.[160] Wie auch immer, neue Siedlungen brachten ökologische Veränderungen mit sich, vor allem auf bislang unbesiedelten Inseln. Dabei konnte es zu Entwaldungen kommen und zum Zusammenbruch von Vogel- und Säugetierpopulationen infolge menschlicher Eingriffe wie Jagd und Rodung. Hinzu kamen Schäden für die einheimischen Spezies, weil die neuen Siedler Haus- und Nutztiere einführten – und auch die Pazifikratte mitbrachten.[161]

Ende des 13. Jahrhunderts wurde das Leben auf vielen Pazifikinseln prekär. Die gut belegte Zunahme der Tropenstürme, fallende Meeresspiegel und der schnelle Schwund der Nahrungsmittelressourcen in den Küstengebieten führten bei vielen Inselgemeinschaften zu großen Veränderungen. Die Perlmuschelernte und der Perlenhandel im gesamten Südpazifikraum durch die Bewohner der Cookinseln kamen zum Erliegen, und anscheinend gingen die Fischbestände besonders in der Nähe der Osterinsel stark zurück. Einbuchtungen an der Küste, die zuvor komfortable Lebensräume geboten hatten, wurden zu brackigen kleinen Seen oder Sümpfen, etwa auf den Salomoninseln. In Neuseeland bedeutete der Temperaturrückgang, dass man keine Süßkartoffeln mehr anbauen konnte, die dort um 1250 von den ersten Siedlern eingeführt worden waren. Stattdessen musste man sich auf die Wurzeln des Adlerfarns verlassen.[162]

Wenn wir an das Mittelalter denken, neigen wir dazu, uns auf Westeuropa zu konzentrieren. Dann wird dieser Zeitraum zu einer Epoche der Könige und Barone, der Bauern und Priester und des Aufstiegs von Institutionen wie Kirche und Handwerkszünften. Wenn wir jedoch eine globalere Perspektive einnehmen, dann wirft diese Epoche auch wichtige ökologische Fragen auf. Dann geht es um die Ausbeutung natürlicher Ressourcen, die Rolle des technologischen Wandels bei der Steigerung landwirtschaftlicher Erträge oder um die Übernahme neuer Pflanzen, wie im Falle des dürreresistenten Champa-Reises in China. Und es geht um Fragen des Klimawandels,

Philippinen-
see
Marianen
Hawaii-Inseln
Philippinen
P A Z I F I S C H E R O Z E A N
Palau
Karolinen
Marshallinseln
Linien-
Inseln
Gilbertinseln
Kiribati
Indonesien
Neuguinea
Salomonen
Tuvalu
Tokelau
Marquesas
Samoa
Korallen-
meer
Vanuatu
Fidschi
Gesellschafts-
Inseln
Tuamotu-
Archipel
Tonga
Neu-
kaledonien
Cook-
Inseln
Australien
Austral-
Inseln
Gambier-
Inseln
Tasmanische
See
Neuseeland/
Aotearoa
0 500 1000 km
Ozeanien

um Veränderungen der Wetterbedingungen und die daraus entstehenden gesellschaftlichen Herausforderungen.

Insgesamt gesehen war der Zeitraum von ca. 800 bis ca. 1250 die Epoche einer tiefgreifenden Intensivierung von Kontakten und Verbindungen – sei es zwischen miteinander verzahnten und wechselseitig voneinander abhängigen Welten in Asien, Afrika und Europa, sei es zwischen eher kleinen Gemeinschaften in Nord- oder Südamerika, die als zentrale, aber unabhängige Drehscheiben für ihr Umfeld fungierten, aber kaum oder gar keinen Austausch untereinander hatten. In diesem langen Zeitraum herrschten kaum je friedliche und harmonische Bedingungen, die ununterbrochenes wirtschaftliches und demographisches Wachstum ermöglicht hätten. Man könnte sogar sagen, dass das genaue Gegenteil der Fall war. Reiche und Dynastien stiegen auf und gingen unter, Staaten kämpften gegeneinander, wurden eingegliedert oder erobert – oder gerieten ins Abseits, wenn neue Konkurrenten auf dem Markt erschienen, die dieselben Güter schneller und billiger liefern konnten.

Gleichwohl kann man sich, wie im Falle anderer Epochen, kaum der Beobachtung entziehen, dass die Beachtung des ökologischen Gleichgewichts und ein nachhaltiger Umgang mit der Umwelt die Basis waren für alles, was kulturell, politisch, sozioökonomisch, diplomatisch und militärisch in den einzelnen Königreichen, Staaten und Regionen geschah. Eine verlässliche Nahrungsmittel- und Wasserversorgung war zu allen Zeiten zentral, ganz besonders wichtig jedoch in Phasen großen Bevölkerungswachstums. Viele Gesellschaften hatten mit der Begrenztheit natürlicher Ressourcen zu kämpfen. Wenn diese erschöpft waren oder unter Druck gerieten, weil Raubbau betrieben wurde, Niederschlagsmuster sich änderten oder weil Konflikte, Krankheiten und Zusammenbrüche der Infrastruktur – etwa bei Hochwasserschutzmaßnahmen – ein System an seine Grenzen brachten, immer dann waren Katastrophen im Anmarsch. Dies sollte uns zum Nachdenken bringen, wenn wir auf unsere eigene Gegenwart und Zukunft blicken. Wir sollten dies aber auch beachten, wenn es um die Erklärung der Vergangenheit geht.

DREIZEHNTES KAPITEL

Seuchen und die Entstehung einer neuen Welt

(1250 bis 1450)

Die Zeit selbst ist unseren Fingern entglitten.
Petrarca, *De rebus familiaribus* (1348)

Im 12. Jahrhundert erlebte der Ferne Osten eine Reihe von Umbrüchen. Auf den Untergang der chinesischen Tang-Dynastie zwei Jahrhunderte zuvor war eine neue Blüte unter der Song-Dynastie sowie in mehreren anderen unterschiedlich großen Staaten in Ost-, Süd- und Südostasien gefolgt. Königreiche wie Đại Việt im heutigen Nordvietnam, Dali in der heutigen Provinz Jünnan und Goryeo auf der koreanischen Halbinsel waren Teil eines Mosaiks von Staaten, die gemeinsam aufstrebten und vom zunehmenden Handel und dem kulturellen, politischen und gelegentlich auch militärischen Wettstreit profitierten.[1]

Das Geflecht der Beziehungen war uneben, komplex und labil. Im Jahr 1127 wurde die Stadt Kaifeng von Jurchen-Nomaden geplündert, einer der dramatischsten Momente der Weltgeschichte. Kaifeng war seinerzeit eine der größten Städte der Welt, möglicherweise sogar die bevölkerungsreichste, sicher aber eine der prächtigsten. Das berichtet zumindest Meng Yuanlao in seiner Schrift *Der Traum von Hua in der Östlichen Hauptstadt*, in der er unter anderem die Freundlichkeit der Bewohner und die Vielfalt des städtischen Lebens vor dem

Untergang von Kaifeng beschreibt. «Der Friede dauerte von Tag zu Tag an, der Menschen waren viele, und alles war in Fülle», schreibt Meng. «Junge Menschen mit lockigem Haar übten sich in nichts als in Musik und Tanz; alte Menschen mit grauem Haar kannten weder Schild noch Speer. Die Jahreszeiten und Feste folgten aufeinander, alle mit ihren eigenen Freuden.»[2]

Es folgte die Vernichtung. Kaiser Huizong und seine Familie wurden gefangen genommen und in die Mandschurei verschleppt, die Heimat der Jurchen. «Einst lebte ich im Himmel, in Palästen aus Perlen und Türmen aus Jade», schrieb Kaiserin Zhu, die auf dem Weg in den kalten Norden von ihren Peinigern vergewaltigt wurde. «Heute lebe ich zwischen Gras und Dornen, mein blaues Gewand von Tränen durchnässt. Ich hasse Schneetreiben.»[3] Es war eine Katastrophe, klagte die Dichterin Li Qingzhao:

Vorsichtiger hättest du sein sollen,
Gewarnt durch die Vergangenheit.
Die alten Geschichtsbücher
Waren da, du hättest sie lesen können,
Doch du hast nichts gesehen.[4]

Das Ereignis wirkte bis hinein in die Steppe, wo sich Mongolenstämme wie die Naimanen, Keraiten und Qungrat unterwerfen und den Jurchen Tribut zahlen mussten. Die Mongolen wurden «beinahe ausgelöscht», wie ein führender Historiker schreibt.[5]

Ein besonders zäher Mongolenführer bereitete der Unterdrückung im ausgehenden 12. Jahrhundert ein Ende. Der Erfolg Temüdschins hatte viele Gründe – er war charismatisch und entschlossen, verfügte über besondere Führungsqualitäten und dachte strategisch. Doch vor allem verdankte er seinen Aufstieg der Heirat mit Börte, Tochter eines Stammesführers der Qungrat, die den Mongolen und Temüdschin besonderen Status verlieh. Um Temüdschin ruhigzustellen, entführten die vorherrschenden Merkiten seine Frau und vergewaltigten sie vermutlich; kurz darauf brachte sie ihren ersten Sohn Dschötschi zur Welt. Temüdschin reagierte klug, er erkannte

Dschötschi als seinen eigenen Sohn an und machte ihn später zum Herrscher über das Territorium der Merkiten.[6]

In den beiden Jahrzehnten nach 1180 festigte Temüdschin seine Stellung, möglicherweise auch im Zuge einer Phase extremer Trockenheit, die das Leben in der Steppe schwierig machte und jemandem wie ihm, der die Schwächung der mächtigen Gruppen ausnutzen wollte, sehr zupasskam.[7] Im Jahr 1203 wurde er zum starken Mann des Orchon-Tals; dort standen Hunderte *balbal*-Stelen, und eine davon trug eine Inschrift, die verhieß, wer dieses Tal beherrsche, der werde über alle Nomadenstämme herrschen. Für die Nomaden war dies der Mittelpunkt der Welt, und durch die Eroberung dieses Tals gewann Temüdschin nicht nur an Ansehen, sondern auch an *sülde* – eine Quelle der Kraft und Macht, die ihm das Mandat für weitere Eroberungen gab.[8]

All das brauchte er auch, denn die Reiche in der Steppe konnten nur überleben, wenn sie sich ausdehnten: Expansion war nicht nur wünschenswert, sondern unabdingbar für den Selbsterhalt. Aufgrund der fließenden Stammesstrukturen mussten die Anführer ihre Anhänger, Unterstützer, Rivalen und potenziellen Gegenspieler mit ständig neuen Belohnungen zufriedenstellen, ob mit Tributzahlungen oder Beute aus Eroberungen.[9]

Im Jahr 1206 war Temüdschin der Herr der Steppen, und er baute seine Macht durch militärische Gewalt, dynastische Beziehungen, unermüdliche Expansion und Beseitigung seiner Widersacher immer weiter aus. In diesem Jahr berief er eine Versammlung der Mongolenfürsten und aller von ihm unterworfenen Stämme ein, wo er zum oberster Herrscher oder Dschingis Khan ernannt wurde.[10] Wer ihn nicht als Großkhan anerkannte, bekam die Folgen zu spüren: Er ließ seine Gegner «am Wagenrad messen» (eine Methode zur Auswahl der Hinzurichtenden) und enthaupten oder verschenkte sie als Sklaven an seine mongolischen Unterstützer.[11]

Sich die Vormacht in der Steppe zu erstreiten, war eine Sache – aber es war eine ganze andere, von dort aus das größte Landimperium der Menschheitsgeschichte zu erobern. In den folgenden Jahrzehnten unterwarfen die Mongolen nach und nach die Westliche

Xia-Dynastie, die Jin-Dynastie, das Königreich Dali und die Song-Dynastie im heutigen China, worauf 1258 auch die koreanische Ch'oe-Dynastie fiel. Schließlich blieb in Ostasien nur noch Japan. Im Westen verbreiteten sich die Mongolen wie ein Steppenbrand, noch vor dem Tod Dschingis Khans im Jahr 1227 unterwarfen sie ganz Zentralasien, und ein gutes Jahrzehnt später waren sie in Mitteleuropa angekommen.

Für diesen Erfolg gibt es viele Erklärungen, darunter der selektive Einsatz extremer Gewalt als Instrument der Einschüchterung und Unterwerfung, die organisatorischen Fähigkeiten der hochmobilen Kundschafter auf der Suche nach neuen Zielen, die logistisch geniale Art und Weise der Informationsbeschaffung, neue Techniken wie die Artillerie und überlegene Innovation auf dem Schlachtfeld.[12]

Doch der eigentliche Treibstoff des Erfolgs könnte eine extrem regenreiche Phase in der Mongolei gewesen sein, die von 1211 bis 1225 dauerte und die feuchteste seit 1110 Jahren war. Die Niederschläge ließen das Gras üppiger wachsen, die verfügbaren Weideflächen dehnten sich dramatisch aus, und die Region war in der Lage, mehr Menschen zu tragen. Damit wurde eine sprunghafte Vergrößerung der Vieh- und vor allem der Pferdeherden möglich. Bei aller Genialität als Kriegsherren hatten Dschingis Khan und seine Nachfolger auch das Glück, dass ihnen zur rechten Zeit gewaltige Ressourcen zur Verfügung standen, mit denen sie ihre Feinde besiegen und ihr Reich ausdehnen konnten.[13]

Wie wichtig dieses Zusammentreffen war, lässt sich daran ablesen, was passierte, als sich zwischen 1226 und 1231 mit den Ausbrüchen des Reykanes und Reykjaneshryggur auf Island sowie des Zao und Aso auf den japanischen Inseln Honshū und Kyūshū, die einen messbaren Anstieg von Säure in den Eisbohrkernen der nördlichen Erdhalbkugel hinterließen, die Bedingungen verschlechterten. Diese und mögliche Veränderungen des El-Niño-Musters im Pazifik waren vermutlich für einen Temperaturrückgang verantwortlich, der sich in Baumringen in Skandinavien und dem Hochland von Tibet ablesen lässt.[14]

In Korea war es eine Zeit des Mangels. Japan machte Anfang der

1230er Jahre ein Martyrium durch, auf eine der schwersten Hungersnöte in der Geschichte der Inseln folgte eine Epidemie, die als «barbarische Krankheit» (*ibyō*) in die Geschichte einging, und Überschwemmungen, die Leichenberge am Flussufer von Kyoto hinterließen. Ganz Japan war betroffen, überall herrschte «traurige Klage», wie ein Adliger in seinem Tagebuch festhielt. Wahrscheinlich wurde Japan nicht überall gleichermaßen getroffen, doch die Daten von Volkszählungen und Steuereinnahmen lassen vermuten, dass diese vier Jahre des Leids die Bevölkerung um 20 Prozent dezimierten.[15]

In Nowgorod im heutigen Russland zerstörte zur selben Zeit der Frost die Ernte, und es verhungerten so viele Menschen, dass man sie nicht begraben konnte, wie ein Chronist schreibt. «So groß war der Zorn Gottes, dass die Menschen nicht nur die Verstorbenen aßen, sondern dass die Lebenden einander umbrachten und aßen; sie aßen das Fleisch von Pferden, Hunden, Katzen und anderen Tieren. Sie aßen, was immer sie finden konnten – Moos, Baumrinde und Blätter.» Wir wissen nicht, was das für die Mongolen bedeutete, doch die Tatsache, dass ihre gewaltigen Eroberungszüge, die Unterwerfung der Xia-Dynastie und die Vernichtung der Jin genau in diese Zeit fielen, lässt vermuten, dass diese Staaten bereits geschwächt waren, dass die Mongolen ihnen nur den Todesstoß versetzten – die Beute aus diesen Eroberungen waren eher Fallobst als goldene Früchte.[16]

Die Mongolen errichteten dennoch beeindruckend große und effiziente Verwaltungsstrukturen, um ihre Herrschaft über die neu eroberten Gebiete, Völker und Städte zu festigen. Oft handelte es sich um die Weiterentwicklung von Systemen, denen die Mongolen selbst ausgesetzt waren und die sie nun auf das gesamte Reich übertrugen, darunter der Kurierdienst, mit dem sie Informationen schnell und zuverlässig aus dem Zentrum und dorthin brachten. Dieser Dienst namens *yām* war eine Abwandlung des chinesischen Kommunikationswesens *yi* (oder *li*) und wurde von uigurischen und kitanischen Beratern eingeführt, die am Hof der Mongolen eine herausragende Stellung genossen.[17]

Ein weiterer Schlüssel zum Erfolg der Mongolen war die Einbindung der regionalen Eliten – eine Maßnahme, die dem verbreiteten Bild der brutalen und blutrünstigen Eroberer zuwiderläuft.[18] Aufgrund des üblen Leumunds der Mongolen kamen einige Wissenschaftler zu dem Schluss, ihre Invasion habe derart viele Menschenleben gefordert, dass dies Auswirkungen auf den Kohlenstoffzyklus gehabt und den Anteil des Kohlendioxids in der Atmosphäre gesenkt habe – eine Behauptung, die die Presse prompt zu Schlagzeilen wie «Warum Dschingis Khan gut für den Planeten war» veranlasste.[19]

Es verdichten sich die Hinweise, dass die Mongolen nicht nur ideale klimatische Voraussetzungen vorfanden, sondern dass sie gerade in Zentralasien auf sinkende Einwohnerzahlen und schrumpfende Städte trafen, zum Teil verursacht durch ökologische Probleme und Wassermangel nach einer langen Phase der Trockenheit, die zu einer Veränderung der Lebensweise und mancherorts sogar zur Aufgabe von Städten zwangen.[20]

Auch besteht kein Zweifel, dass die Mongolen zum Teil mit extremer Gewalt vorgingen, doch entscheidender war die «Pax Mongolica» – ein Begriff, der die Stabilität ihrer Herrschaft nach der explosiven Expansionsphase erklären soll. Die Mongolen zerstörten die Welt nicht etwa, sondern unter ihrer Herrschaft intensivierte sich der Handel in Eurasien – eine Tatsache, die nicht recht zu den blutrünstigen Darstellungen von Dschingis Khan und seinen Nachfolgern passen will, die sich bis heute halten.[21]

So erhielt ein Khan den Auftrag, «eine Brücke der Gerechtigkeit» über das Land der Mongolen zu bauen, «denn wo Gerechtigkeit herrscht, da herrscht Wohlstand».[22]

Die durch die Eroberungen geschaffene vernetzte Welt erleichterte den Handel, den die Mongolenführer aktiv förderten.[23] Die Mongolen waren eifrige Städtebauer. Im Jahr 1220 gründeten sie ihre Hauptstadt Karakorum und errichteten dort unter anderem einen prächtigen Palast.[24] Weitere Gründungen folgten an den großen Flüssen Zentralasiens und an den Küsten des Schwarzen und des Asowschen Meers.[25]

Wie wir aus unserer eigenen Erfahrung mit der Coronapandemie wissen, können größeres Handelsvolumen, vermehrte Reisen und die engere Vernetzung von Menschen aus unterschiedlichen Regionen die Ausbreitung von Krankheiten begünstigen. So ging zum Beispiel das Bevölkerungswachstum im China der Song-Dynastie und die Ausdehnung des zentral verwalteten Staatsgebiets mit einer Zunahme und zunehmenden Schwere von Epidemien einher.[26] Ähnlich im Europa des 11. Jahrhunderts; die Lepra ist zwar auf dem Kontinent schon früher belegt, doch dass gerade in dieser Zeit eine Vielzahl von Leprahäusern gegründet wurde, lässt sich wohl am ehesten mit der Intensivierung des gesellschaftlichen und wirtschaftlichen Austauschs erklären.[27]

Auch der Aufstieg des Mongolenreichs scheint Hand in Hand mit der Ausdehnung von Erregern und Krankheiten gegangen zu sein. Berichte schildern die vielen Todesopfer von Belagerungen durch die Mongolen, etwa bei der Erstürmung von Kaifeng im Jahr 1232 oder von Bagdad im Jahr 1258, zwei Schlüsselmomenten bei der Etablierung ihrer Macht in Ost- beziehungsweise Westasien. Während der Belagerung von Bagdad starben so viele Menschen an der «Pestilenz», dass die vielen Toten nicht begraben werden konnten und einfach in den Tigris geworfen wurden. Wenn der Mongolenführer Hülegü während der Vorbereitung auf den Angriff im Vorjahr mindestens fünfmal sein Lager verlegt hatte, dann vielleicht auch deshalb, weil er Ausbrüchen der Krankheit entgehen wollte.[28] Literarische Quellen und eine Netzwerkanalyse von Autoren aus dem Damaskus des 13. Jahrhunderts zeigen, dass damals auch andere Regionen des Nahen Ostens von Epidemien heimgesucht wurden.[29]

Diese Quellen blieben lange unbeachtet, genau wie Material, das den Bevölkerungsrückgang und die politische Instabilität in Ostafrika und Äthiopien zu dieser Zeit dokumentiert.[30] In den vergangenen Jahren haben Historiker die Frage aufgeworfen, ob nicht die Pest teilweise oder ganz für diese Entwicklungen verantwortlich sein könnte. Gegen Mitte des 14. Jahrhunderts wurden zum Beispiel in Ghana die Stadt Akrokrowa sowie eine Reihe nahe gelegener Orte verlassen, und das neue Siedlungsmuster lässt auf plötzliche und traumatische Ereignisse schließen, die so gravierend waren, dass sie das Leben der Menschen von Grund auf veränderten. Dies geschah just zu der Zeit, als der Schwarze Tod in anderen Teilen Afrikas, im Nahen Osten und in Europa wütete.[31]

Neuere Untersuchungen gehen der Frage nach, wie die Mongolen unwissentlich das perfekte Umfeld schufen, in dem sich die Pest von Regionen wie dem Tian-Shan-Gebirge in Zentralasien, wo sie endemisch vorkommt, über die Handelsrouten ausbreiten konnte. Dabei identifizierten sie die Ernährungsgewohnheiten der Mongolen und ihren Bedarf an Fellen und Lederwaren als wichtige Faktoren.

Monica Green vermutet, dass der entscheidende Überträger Murmeltiere waren: Das Fleisch der Tiere wurde von Ernährungsratgebern der Zeit als besonders nahrhaft gepriesen, und ihr Fell galt als warm und wasserfest. Da Murmeltiere als Träger des Pestbakteriums *Yersinia pestis* bekannt sind, scheinen Ernährung und Bekleidung der Mongolen bei der Verbreitung des Erregers eine entscheidende Rolle gespielt zu haben.[32] Die Ausbreitung der Pest könnte mit der stärkeren Nutzung der Murmeltiere in ihrem ursprünglichen Lebensraum zusammenhängen oder mit einer Veränderung der Umweltbedingungen, die eine Wanderung der Tiere und anderer Träger in neue Lebensräume anstieß und sie in die Nähe menschlicher Siedlungen brachte.[33]

Neue Verfahren haben die Sequenzierung des Erbguts von *Y. pestis* und die Rekonstruktion seines phylogenetischen Baums ermöglicht.[34] Dieser zeigt, dass sich der Erreger kurz vor Beginn der Pestwelle in vier Zweige aufspaltete, ein Moment, den Genetiker als «Big Bang» bezeichnen. Die Ursachen und Umstände sowie die genaue Datierung dieser Aufspaltung sind ungewiss, doch einige Wissenschaftler sehen den Übergang des Erregers auf den Menschen in den ersten beiden Jahrzehnten des 13. Jahrhunderts vor dem Hintergrund des Kontakts zwischen Mongolen und Uiguren oder Kara Kitai.[35]

Eine andere Hypothese sieht einen Zusammenhang mit dem Ausbruch des Vulkans Samalas auf der Insel Lombok im heutigen Indonesien im Frühsommer 1257.[36] Dieser Ausbruch war einer der stärksten des vergangenen Jahrtausends, wenn nicht der stärkste, und wurde daher gut erforscht.[37] Lombok wurde von einer dicken Tephraschicht bedeckt, bis zu 50 Meter hohe pyroklastische Ströme begruben etwa die Hälfte der Insel unter sich.[38] Außerdem hatte diese Eruption offenbar bedeutende Auswirkungen auf das Klima, über ein Jahrzehnt hinweg scheint der Anteil von Beryllium-10 in der Stratosphäre deutlich gesunken zu sein. Die unmittelbare Folge könnte ein El-Niño-artiges Ereignis oder die Verstärkung bereits bestehender klimatischer Anomalien gewesen sein.[39]

Die wichtigste dieser Anomalien war eine Phase der ungewöhnlich starken Sonneneinstrahlung, die Ende der 1240er Jahre ihren Höhepunkt erreichte mit Werten, die seither nicht wieder übertroffen wurden. Dies hatte spürbaren Einfluss auf das Weltklima, in Asien verstärkten sich die Monsunregenfälle, an der Westküste Nord- und Südamerikas herrschte schwere Trockenheit; auch in England war das Wetter unberechenbar, in manchen Jahren tobten schwere Stürme, in anderen herrschte «unerträgliche Hitze», die sich in Missernten und steigenden Getreidepreisen niederschlug. Der Ausbruch des Samalas fachte die Probleme weiter an. In England geriet König Heinrich III. unter Druck durch die Barone, als ungünstige Witterung und Panikreaktionen die Getreidepreise in die Höhe trieben und Flüchtlinge vom Land in die Stadt und vor allem nach London strömten. Es dauerte nicht lange, und «[Leichen lagen] in allen Himmelsrichtungen, aufgedunsen vor Hunger, zu fünft und zu sechst in Schweineställen, auf Misthaufen und im Straßenkot, ihre Körper bis zum Tode ausgemergelt». Missernten verknappten die Versorgung, doch erst die Reaktionen darauf machten aus einer schwierigen Situation eine echte Notlage.[40]

Es war eine Zeit der heftigen Vulkanaktivität. Die Ausbrüche des Zao in Japan (1227) und des Rekjanes auf Island (1227 und 1231) hinterließen deutlichere Spuren in Baumringen als der des Samalas, was vermutlich am Zeitpunkt des Letzteren liegt.[41] Für die Jahre 1241 und 1269 wurden unlängst zwei weitere Ausbrüche unbekannter Herkunft identifiziert. Der massenhafte Ausstoß von Aerosolen in die Atmosphäre scheint bestehende Probleme weiter verschärft zu haben.[42] In Westeuropa, Sibirien und Japan zählten die Sommer der Jahre 1258 und 1259 auf der Nordhalbkugel zu den kältesten des vergangenen Jahrtausends.[43]

Vulkanausbrüche waren aber nur ein Faktor, ein anderer war die Sonne. Auf die Phase der erhöhten Sonnenintensität folgte eine Zeit stark verringerter Sonnenfleckenaktivität, das Wolf-Minimum.[44] In mehreren Untersuchungen wurde nachgewiesen, dass Kohlendioxidwerte und Temperaturen ab 1260 acht Jahrzehnte lang deutlich niedriger waren als zuvor und danach.[45] Der Einfluss der Sonnenminima auf die Temperaturen ist begrenzt, und der Unterschied beträgt meist weniger als 0,3 Grad Celsius.[46] Doch diese Minima fielen mit den Vulkanausbrüchen von 1269, 1276 und 1286 und einer Abschwächung des El-Niño-Systems, des Monsuns und der Nordatlantischen Oszillation zusammen. Mit gravierenden Auswirkungen: Feuchtere Luft gelangte an die Pazifikküste von Süd- und Nordamerika und beendete dort eine lange Phase der Trockenheit, während gleichzeitig ab den 1280er Jahren der Monsunregen in Süd- und Südostasien plötzlich zurückging, was mit Missernten und Hunger verbunden war.[47]

Im Nordwesten Europas wurde das Wetter unbeständiger, die Wahrscheinlichkeit von Missernten nahm zu, genau wie die Bedrohung von Mensch und Tier durch Seuchen. Dieser Druck wurde noch vergrößert durch das Bevölkerungswachstum und die damit einhergehende wirtschaftliche Ausbeutung empfindlicher Ökosysteme. Ein gutes Beispiel ist ein Sandgürtel, der von Breckland in England über die Nordsee nach Kontinentaleuropa und Russland reicht.[48] Falsche Nutzung oder Überbeanspruchung der obersten lockeren Sandschichten machen die Böden anfälliger für Hochwasser und Sandschwemmen, die das Ackerland sehr schnell unfruchtbar machen können.[49] Wie ein führender Wissenschaftler erklärt, stellte sich die Gefahr der Versorgungsengpässe just dann ein, als die betroffenen Gesellschaften besonders schlecht damit umgehen konnten.[50]

Berichte aus Schottland, England und Irland zeichnen das Bild einer schwierigen und unberechenbaren Lage; in der zweiten Hälfte des 13. Jahrhunderts kam es wiederholt zu Missernten und Hungersnöten. Ein Bericht vermerkt «schlechte Erträge der Erde, schlechten Fang aus dem Meer sowie Turbulenzen in der Luft, an denen viele Menschen krank wurden und starben». Viele andere Quellen dokumentieren die Herausforderungen durch Stürme, Insektenplagen, Dauerregen und Kälte.[51]

Erhaltene Wirtschaftsdaten vermitteln einen Eindruck vom Ausmaß der wirtschaftlichen Folgen in dieser Phase: Der Umsatz internationaler Messen wie denen von St. Giles in Winchester und St. Ives brach zwischen 1285 und den 1340er Jahren um 75 Prozent ein, der Überseehandel stürzte ab, und die Pachterträge in der Londoner Cheapside halbierten sich während der ersten drei Jahrzehnte des 14. Jahrhunderts.[52] Dazu kam eine Epidemie der Schafräude, die 1279 die englische Wollproduktion halbierte und Regionen unter Druck setzte, die für ihre Produktion hochwertige Wolle benötigten – zum Beispiel Flandern, wo in der Folge Unruhen ausbrachen.[53]

Es wird vermutet, dass die Ausbreitung der Räude – die durch den Kot der Milbe *Psoroptes ovis* übertragen wird und eine schwere Hautkrankheit hervorruft – sowie harte Winter, verregnete Sommer und Missernten im Schottland der 1290er Jahre den Zorn gegen König Eduard I. von England schürten, vor allem als dessen Kanzler Hugh de Cressingham 1296/97 die Steuern erhöhen wollte. Der Unmut gegen die Engländer entlud sich in den von William Wallace angeführten Revolten, die weite Teile des folgenden Jahrzehnts bestimmten.[54]

Auch Ostasien erlebte im Jahrhundert nach 1260 immer wieder Kältephasen, vor allem in den 1270er, 1310er und 1350er Jahren, wie zahlreiche Dokumente und Klimabefunde aus Korea, Japan und China bestätigen.[55] In weiten Teilen Chinas waren die Jahrzehnte von 1300 bis 1360 eine Zeit ständiger Naturkatastrophen: Die Küstenregion wurde immer wieder von Supertaifunen heimgesucht, der Jangtse und der Gelbe Fluss traten wiederholt über die Ufer, und zur Jahrhundertmitte forderten mehrere Epidemien Hunderttausende Menschenleben. Der Yuan-Chronik zufolge kam 1308 bei heftigen Schneestürmen in der mongolischen Steppe eine Unzahl von Tieren um, und fast eine Million Menschen flüchteten nach Süden, wo sie von den Almosen des Hofs überleben mussten. Im selben Jahr wurde fast die Hälfte der Bewohner der Region Yue im Jangtse-Delta ein Opfer von Hunger und Seuchen, und in der Provinz Jangtse starben so viele Menschen, dass sich «die Leichen stapelten. Väter verkauften ihre Söhne, Männer ihre Frauen, und ihre Klagen waren so laut, dass sie die Erde erbeben ließen.»[56]

Das stellte den Kaiser und seinen Hof vor einige Schwierigkeiten, denn diese häufigen und schweren Schläge untergruben seine Autorität, das Mandat des Himmels. Auch deshalb gab sich der Yuan-Kaiser 1297 den Titel Dade (大德 oder «Große Tugend»), in der Hoffnung, dieser leidvollen Strähne auf diese Weise ein Ende zu setzen.[57] Die Gefahr für die kaiserliche Macht war keineswegs nur ideeller Natur: Missernten bedeuteten sinkende Steuereinnahmen, und die Verteilung von Lebensmitteln und Hilfsleistungen stellte eine zusätzliche Belastung für die Staatsfinanzen dar. Das schwächte die Stellung des Kaisers gegenüber dem Adel, der regelmäßige Zuwendungen erwartete. Im Jahr 1307 war Kaiser Wuzong kaum imstande, die Hälfte der versprochenen Summe zu bezahlen, denn «die kaiserliche Schatulle [war] leer». Vier Jahre später konnte er gar nur noch ein Drittel dieser Summe aufbringen, und bis 1317 hatte sich dieser Betrag ein weiteres Mal halbiert.[58] Innerhalb eines Jahrzehnts waren die Zahlungen an die Empfänger also um 90 Prozent eingebrochen.

Wie zu erwarten führten Not und Angst zu gesellschaftlichen und politischen Unruhen. In den Jahrzehnten nach 1260 wurden weite Teile des Nahen und Mittleren Ostens von einer ungewöhnlichen Anzahl an Unwettern heimgesucht, darunter heftige Stürme wie jener, der 1319/20 in Damaskus zahlreiche Häuser zerstörte. Als derselbe Sturm mit Staub, Hagel und Gewitter auf Aleppo traf, entwurzelte er Eichen und Olivenbäume und zerstörte Weinberge. Wie immer bei solchen Ereignissen traf es besonders die Armen, die erst ihr Zuhause verloren und dann nicht die Mittel für einen Neuanfang hatten; dazu kam die Verteuerung der Rohstoffe, Waren und Lebensmittel als weitere Folge der Unwetter.[59]

Kein Wunder, dass gesellschaftliche Unruhen in dieser Zeit an der Tagesordnung waren. Die Auswirkungen zeigten sich besonders zu Beginn des 14. Jahrhunderts in einer Phase rascher klimatischer Umschwünge, der sogenannten Dante-Anomalie. Rekonstruktionen zeigen, dass die Sommer der Jahre 1302 bis 1307 besonders trocken waren, begleitet von zahlreichen Stadtbränden in Europa. Zu dieser Zeit ergriff man Maßnahmen, um künftigen Risiken vorzubeugen; so kaufte zum Beispiel die Stadt Siena den Hafen Talamone, um die Versorgung mit Lebensmitteln zu gewährleisten, und andere Städte investierten in eine robustere Infrastruktur wie neue und tiefere Brunnen.[60]

Dennoch erlebte der Kontinent im darauffolgenden Jahrzehnt so viele Schwierigkeiten, dass Historiker von der «vermutlich schlimmsten Agrar- und Ernährungskrise Nord- und Mitteleuropas in den vergangenen zwei Jahrtausenden» sprachen. Wie so oft war das Problem nicht ein einzelner Ernteausfall, sondern eine Reihe aufeinanderfolgender Missernten. In den Jahren 1315, 1316 und 1317 ließen sintflutartige Regenfälle die Getreideernte auf 40, 60 beziehungsweise 10 Prozent der sonst üblichen Mengen sinken.[61] Es war so kalt, dass in Norditalien der Wein in den Fässen gefror, Brunnen und Quellen vereisten und viele Bäume erfroren, wie Chronisten berichten. In der Folge, und vermutlich auch aufgrund des erhöhten Verbrauchs von Feuerholz, stieg der Preis für Holz stark an.[62] Historiker schätzen, dass 10 bis 15 Prozent der europäischen Bevölkerung in diesen Jahren an Hunger und damit verbundenen Erkrankungen starben, und kommen zu dem Schluss, dass es «gemessen an der relativen Sterblichkeit die schwerste Ernährungskrise der europäischen Geschichte» war.[63]

Diese Erschütterungen führten in vielen Teilen Nordeuropas zu Unruhen. In Frankreich rotteten sich im Jahr 1320 Horden von Männern, Frauen und Kindern zusammen, um Burgen, königliche Beamte, Priester und Leprakranke anzugreifen und schließlich vor allem im Languedoc Juden zu verfolgen. Der Antisemitismus hatte in Europa bereits eine lange Geschichte und brach sich etwa während des ersten Kreuzzugs Mitte der 1090er Jahre Bahn, als Kreuzfahrer auf dem Weg nach Konstantinopel und Jerusalem in Köln und Nürnberg wüteten.[64] Auch diesmal wurden Juden angegriffen, weil man in ihnen die Schuld für das Elend gab oder weil man sie für reich und wehrlos hielt. Die Pogrome der frühen 1320er Jahre folgten einem Muster, das bereits in der Einleitung erwähnt wurde: Wenn die Vegetationsperiode im vorangegangenen Fünfjahreszeitraum ungewöhnlich kühl ausfiel, stieg die Wahrscheinlichkeit gewalttätiger Übergriffe um ein bis 1,5 Prozent. Mit anderen Worten, je schlechter die Witterung, umso eher wurden Minderheiten Ziel von Angriffen.[65]

Das war in anderen Teilen der Welt kaum anders: In Ägypten wurden 1321 Kirchen und Klöster geplündert, und man beschuldigte Christen, sie hätten versucht, Moscheen anzuzünden; einige wurden verhaftet und gefoltert, um ihnen Geständnisse abzupressen.[66] Genau wie im China der Yuan-Dynastie waren Klimaschocks eine große Herausforderung für die Herrschenden. Im islamischen Ägypten antwortete der Sultan auf das Ausbleiben des Nilhochwassers mit der Verfolgung von Minderheiten (darunter Christen) sowie einem härteren Vorgehen gegen Prostitution, Alkoholkonsum und den Verstoß gegen Kleidervorschriften.[67] Er ordnete den Bau neuer und die Reparatur alter Moscheen an, verteilte Geld an die Armen der Stadt und räumte der geistlichen Obrigkeit mehr Befugnisse ein, um sie ruhigzustellen.[68]

Andere waren in dieser Situation zurückhaltender, vielleicht bewusst. Papst Johannes XX. forderte 1320 in einem Dekret, «Zauberer, die Gottes Herde verseuchen, mögen aus dem Haus Gottes fliehen». Wer den «Dämonen opfert oder sie anbetet» oder «einen Pakt mit ihnen geschlossen» habe, müsse bestraft werden. Aufrufe dieser Art gehörten natürlich zum üblichen Instrumentarium der Kirchenobrigkeit, die mit Ketzereivorwürfen ihre Macht festigte. Trotzdem fallen die Parallelen zu anderen Notzeiten auf, vor allem, wie wir noch sehen werden, zur systematischen Hexenverfolgung Ende des 17. Jahrhunderts.[69]

So traumatisch das zweite und das dritte Jahrzehnt des 14. Jahrhunderts auch waren, fällt vor allem die Robustheit und Überlebensfähigkeit der Stadtbevölkerung auf. Städte wie Florenz, Pisa und Lucca wurden von Hunger, Landflucht und steigenden Getreidepreisen getroffen, und zwar nicht nur zwischen 1314 und 1322, sondern immer wieder bis Ende der 1330er Jahre.[70] Die Einwohner von Kairo freuten sich über den Besuch von Mansa Musa, Herrscher des Königreichs Mali in Westafrika, der nach Berichten eines Zeitgenossen 1324 auf dem Weg nach Mekka so viel Gold in der Stadt gelassen haben soll, dass der Wert des Edelmetalls stark fiel.[71] Ob etwas Wahres daran ist oder sich der sinkende Goldpreis vielmehr auf die Erholung der Wirtschaft nach der Krise zurückführen lässt – die Rückkehr zur Normalität zeigt, dass es möglich war, selbst die schwierigsten Prüfungen durchzustehen.[72]

So kam es, dass im Europa der ersten Jahrzehnte des 14. Jahrhunderts die Missernten und ihre Folgen nicht einmal das bedeutendste ökologische und epidemiologische Ereignis waren. Noch schlimmer war die Rinderpest, die vermutlich aus dem Fernen Osten kam und sich aufgrund der größeren Vernetzung weiter Teile Eurasiens unter der Herrschaft der Mongolen ausbreiten konnte. Ab 1315 tobte die Seuche in Mitteleuropa; in den folgenden fünf Jahren dezimierte sie die Herden in Deutschland, Frankreich, den Niederlanden und Dänemark, um dann 1319 auf die Britischen Inseln überzuspringen. In England und Wales fielen ihr fast zwei Drittel aller Rinder zum Opfer, wobei einige Regionen einen Totalverlust erlebten und andere kaum oder gar nicht betroffen waren. Viele Besitzer gerieten angesichts des Geschehens in Panik und versuchten, ihre Tiere um jeden Preis loszuschlagen, ehe sie erkrankten – mit offensichtlichen Folgen für den Rinderpreis und die ländliche Wirtschaft insgesamt.[73]

Für ländliche Gemeinden, die ohnehin schon unter den Missernten der Vorjahre zu leiden hatten, war der Verlust vernichtend. Doch auch die langfristigen Folgen waren fatal. Rinder, vor allem Ochsen, übernahmen wichtige Arbeiten in der Landwirtschaft, vor allem beim Pflügen der Felder, und ihr Ausfall bedeutete, dass die Ernte künftig schmaler ausfiel oder dass mehr menschliche Arbeitskraft nötig war, um die Erträge konstant zu halten. Ob es sich bei der Seuche um Milzbrand, Maul- und Klauenseuche oder Rinderpest handelte, ist genau genommen unklar, es steht jedoch fest, dass die Kälte der 1310er Jahre und die schlechte Versorgung die Rinder krankheitsanfälliger gemacht hatte – vor allem Kühe, deren Immunsystem während der neun Monate der Schwangerschaft oder Laktation im Jahr tendenziell geschwächt ist.[74]

Dieses Zusammentreffen zweier Krisen hatte gravierende Folgen. Zwar scheinen Städte wie Dresden, Hamburg und viele Teile Englands so robust gewesen zu sein, dass sie bis Mitte oder Ende der 1320er Jahre zur Normalität zurückkehren konnten, doch einige Wissenschaftler fragen sich, ob die über ein Jahrzehnt anhaltende Unterversorgung mit Proteinen zu einer Mangelernährung bei Jugendlichen führte, die ihre Immunsysteme schwächte und sie anfälliger für künftige Erkrankungen machte. Wenn das stimmt, dann könnten die Witterungsbedingungen und das Krankheitsumfeld eine der Ursachen für das Massensterben durch die Pest der 1340er Jahre gewesen sein.[75] Beweise für diese These zu finden, ist nicht einfach und erfordert detaillierte Daten zur Sterblichkeit sowie die Analyse von Skelettfunden, anhand derer sich die Mangelernährung empirisch nachweisen ließe. Tatsache ist jedenfalls, dass die Rückkehr von ungünstiger Witterung, Missernten und Krankheit in den 1340er Jahren noch schlimmere Folgen hatte.

Der Eroberungszug der Mongolen in Eurasien zog einen weitreichenden ökologischen Umbau der Steppen und anderer Landstriche nach sich. Wichtigste Ursache war der gestiegene Bedarf an Weideland und eine Politik, mit der die Umwidmung von Äckern zu Weideflächen erzwungen werden konnte. Einige Berichte preisen einzelne Beamte, weil sie die Mongolenführer überzeugten, das neu eroberte Land nicht in Weiden umzuwandeln; andere berichten davon, dass dort, wo einst Städte blühten, Maulbeerbäume wuchsen, Getreide wogte und Weinstöcke reiche Frucht trugen, nun Rinder und Pferde weideten und Heu eingebracht wurde. Optimale Bedingungen wie ein feuchtes und mildes Wetter ließen das Gras gedeihen, förderten aber auch die Verbreitung von Nagern wie Murmeltieren, Erdhörnchen und Mäusen, die im Grasland heimisch sind.[76]

Eine extreme Trockenphase zwischen 1336 und 1339 scheint eine

Reihe von fatalen Kettenreaktionen ausgelöst zu haben. Aufgrund des Niederschlagsmangels, der durch die Auswertung von Baumringen bestätigt wird, ging die Vegetation stark zurück. Die Nagerpopulationen geriet unter Druck, Nahrungs- und Wassermangel erhöhten die Sterblichkeit, und gleichzeitig wurden sie anfälliger für Flöhe, die Krankheitserreger übertragen. Die starke Zunahme von Bestattungen in zwei christlichen Friedhöfen am Yssykköl im heutigen Kasachstan und Grabsteine aus den Jahren 1338 und 1339 mit der Inschrift «Tod durch Seuche» zeugen davon, dass die Flöhe einen neuen Wirt gefunden hatten und der Erreger von Nagetieren auf den Menschen übergegangen war.[77]

Wie ein führender Wissenschaftler nachwies, war es für die Pest gar nicht so einfach, sich auszubreiten: Der ursprüngliche Herd war weit entfernt von Räumen mit hoher Bevölkerungsdichte, und die Krankheit musste mehrere Spezies, große Entfernungen und sogar mehrere Klimazonen überwinden, um sich effektiv ausbreiten zu können. Dass Ratten die Pest weitertrugen, ist weithin bekannt, doch wahrscheinlich gab es eine Reihe von Faktoren, die ab Ende der 1330er Jahre die Ausbreitung der Pest begünstigten. Dazu gehören sogenannte Kulturfolger, die in und um menschliche Siedlungen herum leben und sich von Essensresten ernähren, aber auch weitere biologische Gruppen wie Hasen und Kaninchen sowie Wiederkäuer wie Rinder, Kamele, Ziegen und Schafe.[78]

Auch Raubvögel, die sich von Nagetieren ernähren, trugen die Erreger weiter, genau wie Fleisch- und Aasfresser wie Wölfe, Füchse, Schakale und Hyänen, die in Eurasien verbreitet waren und infizierte Tiere fraßen. Da die im Flohkot lebenden *Y. pestis* nachweislich auch im Erdreich und in Pflanzen überleben, gab es zahlreiche Übertragungswege, und weil der Erreger in einer Rattenkolonie hundert Jahre lang überleben kann, hält sich die Krankheit hartnäckig, sobald sie sich einmal festgesetzt hat. Einige der Städte, die vom Schwarzen Tod heimgesucht wurden, darunter zum Beispiel Konstantinopel, erlebten in den fünf Jahrhunderten nach 1340 mehr als 230 Ausbrüche; das heißt, sie erlebten im Durchschnitt alle zwei Jahre eine Epidemie.[79]

Der wichtigste Überträger der Pest war jedoch der Mensch selbst. Die hypervernetzte Welt, wie sie der mongolische Eroberungszug geschaffen hatte, ermöglichte ein hohes Maß an wirtschaftlichem und kulturellem Austausch und die rasche Weitergabe von Information entlang der Handelsrouten. Über diese Verbindungen wurden nicht nur Waren wie Teppiche und Kleidung transportiert, sondern auch Flöhe, Zecken und Läuse – und mit ihnen Krankheitserreger. Auch der Fernhandel mit Lebensmitteln im Allgemeinen und Hirse im Besonderen bot perfekte Bedingungen für mitreisende Nagetiere, ihre Parasiten und damit auch das Bakterium.[80]

Gerade wir sollten uns nicht wundern, dass die Verbindungen, die den Austausch von Waren, Ideen und Informationen ermöglichten und den Machterhalt der Mongolen in Eurasien sicherten, genau diejenigen waren, über die sich auch Krankheit und Tod ausbreiteten. In den letzten Jahren haben wir erfahren müssen, wie leicht man über der ausschließlich gesellschaftlichen, wirtschaftlichen und weltpolitischen Betrachtung der Globalisierung vergisst, dass sich auf Luft-, See- und Landwegen auch Pandemien ausbreiten – und zwar rasend schnell.

Im Falle der Pest, die in den 1340er Jahren über Europa, Nordafrika und den Nahen Osten hereinbrach, scheinen Getreidelieferungen eine zentrale Rolle gespielt zu haben. Eine Schlüsselstellung kam Italien zu, wo sich die Anbaubedingungen seit Ende des 13. Jahrhunderts verschlechtert hatten und die Mongolen mit Getreideimporten in die Lücke stießen; die Goldene Horde hatte Anbaugebiete erobert, die über die Häfen am Schwarzen Meer bestens angebunden waren. Den Mongolen bescherte dies einen Wirtschaftsboom und machte Südeuropa abhängig von deren Getreideimporten.[81] Der Konkurrenzkampf zwischen Venedig und Genua entzündete sich in einem Krieg, der sich durch das letzte Jahrzehnt des 13. Jahrhunderts zog, ehe er mit dem Sieg Genuas ein vorläufiges Ende fand.[82]

Auch das Bevölkerungswachstum in weiten Teilen Europas brachte Risiken mit sich, gerade Städte wurden anfälliger für plötzliche und schwere Krisen. So geschehen 1329 und 1330, als in Italien schlechte Ernten und steigende Preise zu Unruhen führten. In

Florenz konnten die Stadtväter die Anarchie gerade noch abwenden, indem sie Getreide importierten und den Bürgern subventioniertes Brot verkauften. Die Menschen auf dem Land waren kaum besser dran – im Gegenteil. Die Erbteilung und Verpachtung von Land in kleinen Parzellen standen dem großflächigen Anbau entgegen und behinderten die Innovation. In Zeiten der Not hatten die Menschen daher keine Rücklagen und flüchteten sich oft in die Städte, in der Hoffnung, dass sie dort zu essen bekamen. Hier mussten nun noch mehr Menschen ernährt werden, die Brotpreise stiegen, und die Lage wurde kritisch.[83]

Ab Ende der 1330er Jahre häuften sich die Krisen. Im Jahr 1338 zogen Heuschrecken über Mitteleuropa hinweg wie ein Schneesturm, berichtet ein Chronist. Die Schwärme seien so dicht gewesen, dass sie die Sonne verdunkelten, und so laut, dass man sein eigenes Wort nicht mehr verstehen konnte. Die Insekten vernichteten alles: «Wo sie auch landeten, blieb keine Saat, kein Obst, kein Heu und keine andere Frucht der Erde, denn sie fraßen alles.» Infolge der Invasion verendeten außerdem viele «Schweine, Hunde und andere Tiere». Um der Plage etwas entgegenzusetzen, «hielten die Geistlichen und Bürger Prags Prozessionen mit heiligen Relikten und Bannern ab und baten Gott, diesem Unheil Einhalt zu gebieten».[84] Im Jahr darauf fielen in Teilen Italiens Heuschrecken ein, deren Eier «so groß waren wie die von Fledermäusen»; sie zerstörten Felder und hinterließen Hunger und Krankheit.[85]

Der Abbruch der Beziehungen zwischen den Mongolen und den italienischen Seerepubliken Anfang der 1340er Jahre kam denkbar ungelegen, denn er fiel in einen Moment, in dem «ganz Eurasien außergewöhnlichem ökologischem Druck ausgesetzt war».[86] Nicht alle Regionen waren gleichermaßen betroffen; so zeigt die Auswertung von Baumringen, dass zum Beispiel in Nordskandinavien und Zentralschweden deutlich unwirtlichere Bedingungen herrschten als etwa in Nowgorod und Südfinnland.[87]

Der Aufstieg Janibek Khans zum neuen Führer der Goldenen Horde, die das Schwarze Meer kontrollierte, ließ den Konkurrenzkampf zwischen Venedig und Genua 1342 wieder aufflammen. Beide

Städte versuchten, ihre Handelsverträge zu erneuern und mehr für sich herauszuschlagen, am besten natürlich auf Kosten des jeweils anderen. Doch die Verhandlungen wurden auf Eis gelegt, und nach der Ermordung eines seiner Untertanen verhängte Janibek gar ein Embargo.[88]

Dieses hatte zwei Folgen. Erstens verschärften die Blockade und der gleichzeitige Angriff der Mongolen auf den Genueser Handelsstützpunkt Kaffa die Versorgungslage Mitte der 1340er Jahre weiter, und das ausgerechnet, als ungewöhnlich regenreiche und kühle Bedingungen die Ernten in Europa und vor allem in Italien beeinträchtigten.[89] Zweitens stoppte das Handelsembargo die Ausbreitung der Erreger, die in der Ladung der Schiffe und vielleicht auch in der Mannschaft mitreisten. Mit dem Frieden, den die Goldene Horde 1347 mit Venedig und Genua schloss, kam also nicht nur neues Getreide nach Italien, sondern auch der Tod.[90]

Man nahm lange an, dass China weitgehend von der Pest verschont blieb, doch das genauere Studium lange vernachlässigter Quellen lässt Zweifel daran aufkommen.[91] Europa, der Nahe Osten, Nordafrika und vielleicht auch Teile des südlichen Afrikas wurden jedoch verwüstet. Geschätzte 40 bis 60 Prozent der Bevölkerung fielen der Seuche zum Opfer, womit die Pest «die Großkatastrophe mit der höchsten bekannten Sterblichkeit ist, mit Ausnahme der Pocken- und Masernepidemien unter den indigenen Völkern Amerikas nach dem Erstkontakt in der Frühen Neuzeit».[92] Bevölkerung und Wirtschaft brachen derart ein, dass die Metallverarbeitung aussetzte und in Eisbohrkernen für diese Zeit keine Bleispuren in der Atmosphäre mehr nachweisbar sind – das einzige Mal in den vergangenen 2000 Jahren.[93]

«Dieses Pestjahr liegt schwer auf dem Menschengeschlecht», klagte der Dichter Petrarca, dessen Geliebte Laura von der Seuche dahingerafft wurde, in seinem Briefgedicht *Ad Se Ipsum*. «Ach, verstorben sind die lieben Freunde, vorbei die angenehmen Gespräche, plötzlich verblichen die lieben Gesichter.» Die Pandemie war das «gewaltigste, schrecklichste und fürchterlichste Sterben, von dem

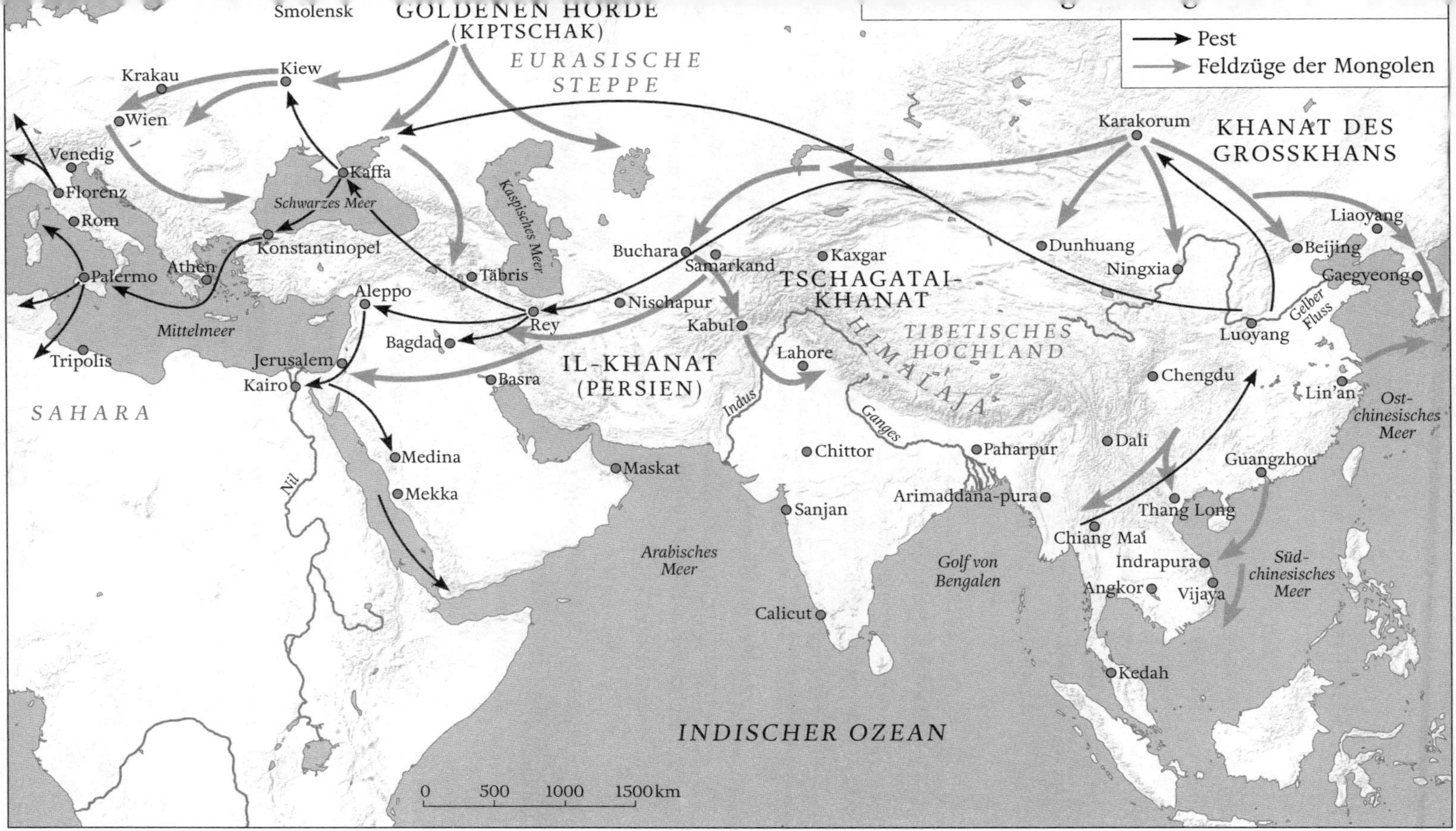
Pest
Feldzüge der Mongolen
GOLDENEN HORDE
(KIPTSCHAK)
EURASISCHE
STEPPE
KHANAT DES
GROSSKHANS
TSCHAGATAI-
KHANAT
IL-KHANAT
(PERSIEN)
TIBETISCHES
HOCHLAND
HIMALAJA
SAHARA
INDISCHER OZEAN
Smolensk
Kiew
Krakau
Wien
Venedig
Florenz
Rom
Palermo
Tripolis
Athen
Konstantinopel
Kaffa
Schwarzes Meer
Kaspisches Meer
Mittelmeer
Täbris
Aleppo
Jerusalem
Kairo
Nil
Bagdad
Rey
Basra
Medina
Mekka
Nischapur
Buchara
Samarkand
Kaxgar
Kabul
Lahore
Indus
Ganges
Chittor
Sanjan
Calicut
Maskat
Arabisches
Meer
Golf von
Bengalen
Paharpur
Arimaddana-pura
Karakorum
Dunhuang
Ningxia
Beijing
Liaoyang
Gaegyeong
Gelber
Fluss
Luoyang
Lin'an
Ost-
chinesisches
Meer
Chengdu
Dali
Guangzhou
Thang Long
Chiang Mai
Indrapura
Vijaya
Angkor
Süd-
chinesisches
Meer
Kedah
0
500
1000
1500 km

je berichtet wurde und das man sich vorstellen konnte». «Die Zeit selbst ist unseren Fingern entglitten» – als Zeugen der Coronapandemie teilen wir vielleicht Petrarcas Beobachtung.[94]

Die Pest suchte Europa nicht überall auf gleiche Weise heim. Rekonstruktionen zeigen, dass zum Beispiel in Frankreich der warme, trockene Süden besonders betroffen war, wo der Erreger aus dem Hafen von Marseille gekommen sein könnte. Das heutige Belgien und die Niederlande blieben dagegen zumindest bei den ersten Wellen vom Schlimmsten verschont.[95] Aus der Tatsache, dass die Pest in polnischen Chroniken kaum erwähnt wird und die Zahlung des Zehnten während der 1340er und 1350er Jahre weitgehend konstant blieb, schließen Historiker, dass die Pest dort wenige bis keine Opfer gefordert haben könnte – was die Frage aufwirft, wie die Auswirkungen in anderen Regionen ausgesehen haben mochten.[96] Einige Städte wurden dadurch gerettet, dass die Obrigkeit eine strenge Selbstisolation der Einwohner verhängte. In Mailand wurden dank solcher Präventionsmaßnahmen nur drei Haushalte infiziert, der Rest der Bevölkerung blieb verschont.[97] Kulturelle, ökologische, wirtschaftliche und klimatische Faktoren erklären, warum der Schwarze Tod in vielen Teilen Europas wütete, während er andere verschonte.[98]

Als im Hafen von Alexandria 1347 ein Schiff voller Leichen anlegte, gesteuert von einigen wenigen überlebenden Matrosen, die wenig später selbst starben, brach auch hier die Seuche los – «schlimmer als jede, die die islamische Welt je gesehen hat». Wie ein Flächenbrand fraß sich die Pandemie durch die Stadt und tötete täglich Hunderte, um wenig später auf die übrigen Dörfer und Städte des Landes überzugreifen. Betroffen war auch Kairo, wo auf dem Höhepunkt täglich 7000 Menschen starben.[99]

Mit ihren beengten Wohnverhältnissen, ihren unhygienischen Lebensbedingungen und ihren großen Rattenpopulationen begünstigten die Städte die Verbreitung der Krankheit. Es ist interessant, dass in den Vereinigten Staaten die Verbreiterung der Straßen, die Instandhaltung der Gebäude und die Abkehr vom Baumaterial Holz im 20. Jahrhundert sofort Auswirkungen auf die Größe der Rattenkolonien hatte und binnen zwei Jahren einen Rückgang der Ratten um 80 Prozent bewirkte. Dass die Anlage der Städte in direktem Zusammenhang mit der Ausbreitung von Seuchen steht, lässt interessante Schlüsse über die Entwicklung von Pandemien zu. Doch auch wenn die Vorstellung von schmutzigen Häusern und mangelnder Hygiene unser Bild dieser Zeit bestimmt (und von Historikern des Mittelalters oft unhinterfragt übernommen wird), kümmerten sich viele Städte durchaus um die Probleme und Anforderungen an die Infrastruktur, die mit der wachsenden Bevölkerung einhergingen: Sie investierten in Präventionsmedizin und Abfallbeseitigung, kümmerten sich um Bestattung und die Umweltverschmutzung durch das Handwerk und hielten öffentliche Einrichtungen wie Brunnen, Kanäle, Brücken und Straßen instand.[100]

Auch in Alexandria wurden Maßnahmen ergriffen, mit denen die Ausbreitung von Infektionskrankheiten unterbunden werden sollte; dass diese der Pest nichts anhaben konnten, demonstriert die Robustheit des Erregers und seine Fähigkeit, sich immer neue Wirte zu suchen. Der zahlenmäßige Rückgang der Handwerker und Textilhersteller in Alexandria in den Jahrzehnten nach 1340 lässt den Schluss zu, dass die Seuche die Hälfte der Bevölkerung dahinraffte.[101] In Kairo wurden dagegen umfassende Reformen durchgeführt, was uns daran erinnert, welchen Einfluss demographische Katastrophen auf die Stadtplanung und den Bau, die Nutzung und den Erhalt von Gebäuden haben können.[102]

In Kairo hing die Sterblichkeit stark vom sozioökonomischen Hintergrund ab, Arme starben eher als Bürger mit Zugang zu medizinischer Versorgung, besserer Ernährung, größerem Wohnraum und besseren hygienischen Verhältnissen. Am höchsten war die Sterberate jedoch unter denen, die vom Land in die Stadt geflohen waren, um dem Trauma zu entgehen oder angesichts der hohen Lebensmittelpreise nicht zu verhungern – sie starben in Kairo in Scharen. Nicht anders als in Dijon in Frankreich, wo Neuankömmlinge mit größerer Wahrscheinlichkeit starben als Menschen, die bereits in der Stadt lebten oder kurz vor Beginn der Seuche hierhergezogen waren.[103]

Die Flucht der Menschen vor der schwierigen Lage beschleunigte vermutlich die Ausbreitung der Pest, so wie in späteren Epochen die Jerusalempilger.[104] Auch die veränderte Landnutzung scheint in vielen Teilen Europas zur Verbreitung der Seuche beigetragen zu haben: Die rasche Verstädterung und das Bevölkerungswachstum der vorangegangenen Jahrhunderte erzeugten einen Umweltdruck nicht nur durch die Ausbeutung von landwirtschaftlichen Ressourcen, sondern auch durch neue Anbaupraktiken. Selbst geringfügige Veränderungen konnten schwerwiegende Folgen haben. So werden beispielsweise in der modernen Landwirtschaft im Namen der Effizienz Hecken beseitigt, mit der Folge, dass die Zahl und Vielfalt der Vögel abnimmt und sich Schädlinge stärker vermehren. Wir wissen zwar nicht, wie im 14. Jahrhundert Hecken gepflegt wurden oder ob es sie überhaupt gab, doch diese und ähnliche Dinge könnten dazu beigetragen haben, dass sich die Pest mit derart rasanter Geschwindigkeit ausbreitete.[105]

Das Katastrophengemisch der 1340er Jahre wurde noch explosiver durch die Tatsache, dass die 1340er Jahre eines der militärisch turbulentesten Jahrzehnte der Geschichte waren, und zwar nicht nur in Europa, sondern auch im Nahen und Mittleren Osten und in Nordafrika. Es war eine Zeit der erbitterten Kriege zwischen England und Frankreich sowie zwischen Schottland und England; zwischen Florenz und Pisa sowie einmal mehr zwischen Genua und Venedig; das Byzantinische Reich wurde von einem blutigen und langwierigen Bürgerkrieg zerrissen und stemmte sich gleichzeitig gegen die wachsende Bedrohung durch die Osmanen; weiter im Osten führten Streitigkeiten zwischen rivalisierenden Nachfahren Dschingis Khans dazu, dass sich die Goldene Horde, deren Territorium nördlich des Schwarzen und des Kaspischen Meers lag, mit der Il-Khane-Dynastie in Persien und der Levante anlegte; Letztere war überdies in einen zähen Konflikt mit den Mamluken in Ägypten verwickelt.

Der Bedarf an Soldaten, Ressourcen und Proviant hätte schon unter normalen Umständen eine enorme Belastung dargestellt. Doch in einer Zeit, in der vieles auf unberechenbare Witterung und ungewisse Ernten hindeutet, ergab sich eine fatale Mischung. Ein tödlicher Erreger traf auf einen zerrütteten Handel, eine schrumpfende Wirtschaft und chaotische politische Verhältnisse. Diese Probleme schaukelten sich gegenseitig auf und erzeugten einen enormen Abwärtssog; die gewaltige Sterblichkeit war nur eine der Folgen.[106]

Eine weitere Folge war ein Kulturwandel. Unter dem Eindruck einer neuen Sorge um Gesundheit und Lebenserwartung und den Verlust von geliebten Menschen gaben viele ihr Geld lieber aus, als es zu sparen. Dies verschärfte sich durch wiederholte Pestwellen, die eine Erholung auf allen Gebieten verhinderten und die Überlebenden stets aufs Neue in heftige Unruhe versetzten.[107] Als Ende der 1350er Jahre, gerade als das Leben wieder zur Normalität zurückzukehren schien, eine weitere Pestwelle über Deutschland hinwegrollte, wurde sie von einem neuen Maß von Angst und Schrecken begleitet.[108]

In Schottland hatten die Menschen Berichte vom «bösen Tod Englands» gehört und sahen darin «die strafende Hand Gottes». Die Seuche erreichte die Schotten 1349, just als diese sich sammelten, «um ganz England zu erobern».[109] Es war die erste von vier verheerenden Wellen, die eine gewaltige Zahl von Menschen hinwegfegten – ein Drittel der Überlebenden der ersten Welle starb dann 1362/63, ein Drittel der Verbleibenden 1380, und weitere Tote folgten 1401. Dabei war die Pest nur eine von vielen Krankheiten, auch wenn sie besondere Aufmerksamkeit erhielt. So grassierte zum Beispiel 1402 im Osten Schottlands eine Ruhrepidemie, und viele starben «an überlaufenden Gedärmen».[110]

Auch Ägypten wurde immer wieder von Pestwellen heimgesucht: In den Jahren 1403, 1407, 1412, 1430 und 1460 starben jeweils Tausende, manchmal Zehntausende. «Die meisten Städte in Oberägypten wurden ausgelöscht», schrieb der arabische Historiker al-Maqrīzī nach der Epidemie von 1412, «Kairo und seine Umgebung haben die Hälfte ihres Wohlstands verloren. Zwei Drittel der Bevölkerung Ägyptens starb an Hunger und Pest.»[111] Auch in den Städten des Osmanischen Reichs, in Thessaloniki, Aleppo, Damaskus und Trapezunt, kehrte die Pest fast fünf Jahrhunderte lang wieder und wieder zurück – ein Grund, warum das Reich im Ruf stand, ein «krankes Land und Volk» oder «der kranke Mann Europas» zu sein.[112]

Aufgrund der stark eurozentrischen Sicht auf die mittelalterliche Geschichte im Allgemeinen und die Pest im Besonderen werden die Auswirkungen der Seuche jenseits von Europa oft übersehen. Ein führender Historiker bezeichnet unser Wissen über den Schwarzen Tod in Ost-, Süd- und Zentralasien sowie dem Nahen Osten und Nordafrika als «bestenfalls bruchstückhaft».[113] Das ist insofern problematisch, als genetische Untersuchungen nahelegen, dass im heutigen südlichen Afrika gefundene *Y.-pestis*-Bakterien von Varianten abstammen, die seinerzeit die Pandemie auslösten. In Westafrika scheint die Seuche für die Aufgabe von Siedlungen verantwortlich zu sein und könnte mindestens 50 Prozent der Bevölkerung ausgelöscht haben. Das könnte auch kulturelle Sprünge erklären, etwa die plötzliche Verehrung des heiligen Sebastian und des heiligen Rochus von Montpellier – Heiligen, die in Europa mit der Pest in Zusammenhang stehen – in Äthiopien.[114]

Außerhalb Europas wurde vergleichsweise wenig geforscht, und der Schaden in den schlecht untersuchten Regionen ist kaum zu ermessen. Doch selbst in Regionen mit einer besseren Quellenlage wird gern übersehen, inwieweit die Pandemie die nach den mongolischen Eroberungszügen hergestellten Beziehungen wieder zerstörte. So wurden zum Beispiel auch Städte auf dem Gebiet der Goldenen Horde von der Pest heimgesucht, etwa in den 1340er Jahren Kaffa, vermutlich ein Einfallstor der Pest nach Europa, oder im Jahr 1364 Saray.[115]

Die Dezimierung der Arbeitskräfte muss auch in den Steppen die landwirtschaftliche Produktion getroffen und Ernte und Viehzucht beeinträchtigt haben. Das schlug sich nicht nur im Handel nieder, sondern auch auf die Versorgung von Städten, die von Getreide-, Fleisch- und Milchlieferungen abhingen und deren Textilproduktion auf die Nomaden und ihre Rohstoffe angewiesen war. Die Schaffung neuer Präge- und Münztypen und die spätere Einführung leichterer Silbermünzen waren offenbar eine Reaktion auf den starken wirtschaftlichen Druck, der durch die Seuche entstand.[116] Genau wie die explodierenden Preise für Menschen, die von Mongolen versklavt und nach Italien verkauft wurden, wo man nach dem Massensterben in den 1350er Jahren händeringend nach Arbeitskräften suchte. Die Tatsache, dass viele dieser Zwangsarbeiter von ihren eigenen Angehörigen verkauft worden waren, lässt ahnen, wie verzweifelt die Lage rund um das Schwarze Meer seinerzeit gewesen sein muss.[117]

Die Goldene Horde scheint bis etwa 1359 «ein geordnetes, stabiles und funktionierendes politisches System gewesen zu sein», wie ein Historiker meint; danach «lässt sie sich allerdings nur noch mit einem Wort umschreiben: Anarchie».[118] In den zunehmenden Machtkämpfen spiegelte sich die Tatsache, dass es weniger zu verteilen gab als in der Vergangenheit und dass die Ressourcen rasch weniger wurden. Das plötzliche Aufflammen der Rivalitäten äußerte sich zum einen in internen Auseinandersetzungen und zum anderen im raschen Vordringen anderer Mächte in das Gebiet der Mongolen. In der zweiten Hälfte des 14. Jahrhunderts drängten litauische Kräfte weit nach Süden und nahmen Landstriche und Städte ein, und im Jahr 1400 reichte ihre Herrschaft bis an die Küste des Schwarzen Meers.[119]

Das war einer der wenigen Fälle, in denen sich ein Staat die Lage zunutze machen konnte. Ansonsten brachen überall Fernverbindungen zusammen, der Horizont verkürzte sich, Gesellschaften igelten sich ein. All das hatte sich schon in den 1330er Jahren angedeutet, mit dem zunehmenden Bekenntnis Zentralasiens zum Islam und dem Abschied von einer kosmopolitischeren und liberaleren Politik, die in der mongolischen Gesellschaft zwar keine zentrale Rolle spielte, aber immerhin vorhanden war.[120] Diese Entwicklung nahm nach Beginn der Pandemie an Fahrt auf. Das Verschwinden von Sprachen wie Syrisch, Wolgabulgarisch (verwandt mit dem heutigen Tschuwaschischen) und Standardtürkisch in der zweiten Hälfte des 14. Jahrhunderts erklärt sich ebenfalls am besten im Zusammenhang mit dem Rückzug auf eine gemeinsame Identität in einer Zeit des Drucks und der Belastung.[121]

In Ägypten hatte der Verlust von Arbeitskräften durch die Pest besonders verheerende Folgen. Das Problem war die Bewässerung, denn zur Instandhaltung des Bewässerungssystems war ein Heer von Arbeitern nötig. Berichte aus dem Mittelalter sprechen von mehr als 100 000 Arbeitern, die in Ober- und Unterägypten bei der Wartung der Kanäle und Dämme gebraucht wurden, und auf lokaler Ebene waren es noch einmal deutlich mehr – es könnte gut sein, dass jedes Jahr die Hälfte der Männer zwischen 15 und 50 mitwirkte, die Kanäle von Schlick und Treibgut zu befreien und die Dämme zu befestigen. Die plötzliche Dezimierung der Bevölkerung durch die Seuche hatte daher schwere Folgen, sowohl für die Dörfer als auch für die überregionalen Netze der Wasserversorgung, und mancherorts wurde das Bewässerungssystem gänzlich unbrauchbar.[122]

In allen von der Pest betroffenen Regionen versuchten Landbesitzer und frühere Nutznießer der Überschüsse natürlich, ihren Status zu halten und auch weiterhin die Früchte der landwirtschaftlichen Produktion abzuschöpfen. In England nutzten wohlhabendere Dorfbewohner die Gelegenheit, Teile der Allmende in Besitz zu nehmen, und bald begannen diese neuen kleinen Eliten damit, größere und von der Straße zurückgesetzte Häuser zu bauen, um ihren Status in einer zunehmend von Schichten geprägten Dorfgesellschaft zu markieren.[123]

Anders als in Europa, wo in der Folge der Pest eine soziale Revolution ihren Anfang nahm und Bauern und Arbeiter ihre gestärkte Verhandlungsposition erfolgreich zur Verbesserung ihrer Lebensbedingungen nutzten, gelang es der Elite in Ägypten, ihre Interessen zu verteidigen. Auf lange Sicht schadete das allerdings der Wirtschaft, weil es die soziale Mobilität und Innovation erstickte und in die Stagnation führte. Der Hauptgrund für diese unterschiedliche Entwicklung war ironischerweise, dass der Mamlukenstaat in Nordafrika stärker zentralisiert und besser verwaltet war als die zerrisseneren Gesellschaften Europas. Unter bestimmten Umständen konnte dies ein Vorteil sein, doch nun erwies es sich als Achillesferse, weil es Reformen verhinderte und den Fortschritt unterband.[124]

Das Ende der Pest schob eine Reihe bedeutender Veränderungen an, die zum Teil auch biologischer Natur waren. Funde in Londoner

Friedhöfen zeigen, dass die Menstruation bei Frauen früher einsetzte – ein Hinweis, dass sich die Lebensbedingungen nach der Pest wieder verbesserten.[125] Es begann ein regelrechter Heiratsboom, die Überlebenden hatten es eilig, Partner zu finden, und die Folge war eine Überfruchtbarkeit.[126]

Auch in der Kultur hinterließ die Pest ihre Spuren. So wurden zum Beispiel große Anstrengungen unternommen, Pesterfahrungen festzuhalten, etwa in medizinischen Abhandlungen, die die Symptome und Auswirkungen der Krankheit darstellten, aber auch in der liturgischen Poesie sephardischer Juden, die das Leid der Pestzeit festhielt.[127]

Man entwickelte Systeme zur Pesterkennung, wenngleich mit sehr gemischtem Erfolg. Während das Osmanische Reich mit regelmäßigen Epidemien zu kämpfen hatte, beobachteten die Behörden von Mailand die Seuche mit extremer Wachsamkeit, insbesondere nachdem Norditalien in den 1360er Jahren von einer weiteren verheerenden Welle heimgesucht worden war; laut Petrarca war dieser Ausbruch sogar noch schlimmer als der von 1348, und er nahm ihm seinen geliebten Sohn Giovanni. Ein Netzwerk von Frühwarnstationen meldete neue Fälle insbesondere entlang der Handelsrouten, Bergpässe und den Grenzen der Lombardei. Während der ersten Hälfte des 16. Jahrhunderts versagten diese Überwachungssysteme allerdings, weil anhaltende Kriege zwischen den norditalienischen Städten und andere Turbulenzen die Staatskassen belasteten und die Aufmerksamkeit ablenkten – mit dramatischen Folgen. Die Angst vor der Pest war nicht unbegründet, denn 1524 starb die Hälfte der Einwohner von Mailand, und die Stadt brauchte viele Jahre, um sich von diesem Schlag zu erholen. Das Projekt stieß allerdings auch auf Misstrauen, viele Menschen weigerten sich, Berichten über neue Pestfälle Glauben zu schenken, und hielten sie für die Erfindung von Ärzten, Bestattern und anderen, die angeblich weiterhin «ihre Wucherpreise» verlangen wollten.[128]

Es dauerte lange, bis die Gesellschaften den Bevölkerungseinbruch Mitte des 14. Jahrhunderts verkraftet hatten. Um 1550 hatte Norditalien rund 5,5 Millionen Einwohner – rund 40 Prozent mehr als ein Jahrhundert zuvor, aber immer noch deutlich weniger als vor der Ankunft der Pest.[129] Dass der Rückschlag auch zweihundert Jahre später noch nicht wieder aufgeholt war, zeigt, wie heftig dieser Sturm gewesen war.

Für die Überlebenden gab es allerdings auch so etwas wie einen Pest-Bonus. Aufgrund der vielen Todesfälle gab es mit einem Mal mehr «Karren, Wagen, Pferde, Ochsen, Esel, Boote, Schiffe, Schuppen und Scheunen» pro Kopf.[130] Der Bevölkerungsschwund durch Klimaschwankungen, Ernteausfälle, Seuchen und Kriege eröffnete paradoxerweise oft Möglichkeiten für langfristiges Wachstum, vor allem in Europa, und hier vor allem im Norden. Für einige war die Pest ein regelrechter Segen.[131]

Die ungewöhnliche Konstellation, die zur Pest führte, erklärt auch, warum scheinbar ähnliche Phasen keinen ähnlichen Verlauf nahmen. Mitte des 15. Jahrhunderts brachte der neuerliche Rückgang der Sonnenfleckenaktivität während des sogenannten Spörer-Minimums eine weitere Phase ungewöhnlicher Kälte nach Nordwest- und Mitteleuropa, und besonders unwirtlich waren die Bedingungen während der 1430er Jahre.[132] Der Wein gefror in den Flaschen, und die Jahre 1432, 1433, 1434, 1436, 1437 und 1438 brachten in England, Deutschland, Frankreich, den Niederlanden und anderswo Missernten und Preissteigerungen bei Lebensmitteln und Feuerholz. Gutsherren aus Südengland berichteten 1438 von einem deutlichen Geburtenrückgang bei Schafen und einer erhöhten Sterblichkeit der Tiere.[133]

Nach gewaltigen Ausbrüchen eines bislang nicht identifizierten Vulkans und des unterseeischen Vulkans Kuwae im Südpazifik (der sogar den Ausbruch des Tambora von 1815 übertraf) froren in den 1450er Jahren in den Alpen die Seen zu, und in Irland schlugen die Bäume erst im Mai aus; Chronisten berichteten, die Sonne habe an Kraft verloren, sie scheine schwächer und bläulicher, und die Luft sei dunstiger – ganz wie zu Zeiten des Staubschleiers im 6. Jahrhundert.[134] Die Vulkanausbrüche klingen in mündlichen Überlieferungen aus Ozeanien nach, wo man noch Jahrhunderte später erzählte, der Ausbruch des Kuwae sei das Werk eines mächtigen Zauberers gewesen, der durch eine List zum Inzest mit seiner Mutter verführt worden sei und aus Rache diese Katastrophe entfesselt habe.[135]

Auch anderswo stellten extreme Wetterereignisse die Menschen vor große Herausforderungen – während eines heftigen Sturms, der im Januar 1362 in England wütete, wurde ein Mönch aus einem Fenster geweht, Menschen, die sich in Kirchen in Sicherheit gebracht hatten, wurden von herabfallenden Balken getötet, und viele berühmte Gebäude wurden beschädigt. Über die Auswirkungen schwerer Stürme in vormodernen Zeiten wissen wir wenig, doch wir erinnern uns, dass im Oktober 1987 ein heftiger Orkan allein in Großbritannien 15 Millionen Bäume entwurzelte[136] und im Dezember 1999 ein weiterer Sturm in Mitteleuropa 400 000 Telefon- und Strommasten sowie Bäume mit einem Volumen von 138 Millionen Ster Holz umknickte.[137] Der Schaden, den ein Sturm anrichtet, hängt stark von Baumsorten, Windrichtung und -geschwindigkeit, Verwurzelung, Baumdichte und -höhe sowie von Forsttechniken ab, doch das Ausmaß kann gewaltig sein und zahlreiche Aspekte der Natur betreffen, die Lebensräume von Tieren und Pflanzen zerstören, ganze Landschaften verändern und gesellschaftliche und wirtschaftliche Umbrüche zur Folge haben.[138]

Die Jahrhunderte nach dem Mongolensturm, der Intensivierung der wirtschaftlichen und kulturellen Verflechtungen in Asien, Europa und Afrika und der verheerenden Seuche waren eigentümlicherweise das Vorspiel zu einer langen Phase der allmählichen Konsolidierung. Staaten und Völker, die sich lange an der Peripherie der etablierten politischen Zentren und ihrer Netzwerke befunden hatten, waren mit einem Mal in der Lage, Chancen zu nutzen, um zu expandieren und bis dahin unbekannte Regionen zu erforschen. Das Ergebnis war eine neue Welt.

VIERZEHNTES KAPITEL

Die Erweiterung der ökologischen Horizonte

(1400 bis 1500)

So groß war der Hunger,
dass sich die Azteken selbst verkauften.
Annalen des Chimalpahin **(frühes 17. Jahrhundert)**

Im Gefolge der Pest entstanden neue Staaten, Welten und Wechselbeziehungen. In Europa war das nachfolgende Jahrhundert eine Zeit der Innovation in Militär und Verwaltung, und Staaten bekriegten sich nahezu unentwegt. Im Hundertjährigen Krieg zwischen England und Frankreich, der kurz vor der Pandemie begonnen hatte, wurden neue Techniken und Taktiken entwickelt, und die Notwendigkeit, die Staatseinnahmen aufzubessern und die Armeen zu finanzieren, war ein Motor für die Zentralisierung der Macht und die Professionalisierung all derjenigen, die Steuern eintreiben, über den Haushalt wachen und die Mittel verteilen sollten.[1]

Auch für diejenigen, die aus den neuen Chancen Kapital zu schlagen vermochten, war es eine Zeit des Umbruchs. Die Herzöge von Burgund konnten beispielsweise ihr Territorium und ihren Einfluss ab Ende des 14. Jahrhunderts rasch ausweiten und gingen geschickte Bündnisse mit den Königen von England und den Magnaten in Brügge und Gent ein. So stieg Burgund zu einer wirtschaftlichen und kulturellen Vormacht Westeuropas auf.[2] Einen ähnlichen Aufstieg erlebte das Großfürstentum Litauen; auf die militärischen Erfolge vor der Pandemie folgten wichtige Siege, etwa bei der Schlacht auf dem Schnepfenfeld 1380, die Eroberung von Territorien bis zum Schwarzen Meer und die Besetzung der Halbinsel Krim 1398.[3]

Auch im Südosten änderte sich die Lage rasch. In den 1340er Jahren nahm hier ein serbisches Reich unter der Herrschaft von Stefan Dušan Gestalt an. Dem kam es zupass, dass sein Schwager, der mächtige Mladen Šubić, der Pest erlag und damit den Weg zur Eroberung von Bosnien und Dalmatien frei machte. Zudem versank das Byzantinische Reich in einem zwei Jahrzehnte langen Bürgerkrieg und war kaum in der Lage, die Städte und Gebiete im Norden des Reichs zu verteidigen. Neue Gelegenheiten boten sich auch für die Osmanen, die sich Anfang der 1350er Jahre auf dem europäischen Festland festsetzten und von da aus auf den Balkan vorrückten, mit der Schlacht an der Mariza im Jahr 1371 und der für die Serben identitätsstiftenden Schlacht auf dem Amselfeld 1389.[4]

Diese Erfolge eröffneten den Osmanen den Weg zur Einnahme Konstantinopels im Jahr 1453. Die Armeen des Sultans drangen bis weit nach Europa vor. 1529 standen sie vor Wien, doch wie es das Schicksal so wollte, versanken ihre schweren Geschütze nach heftigen Regenfällen im Schlamm. Hätten sie ihren Feldzug zwei Monate früher begonnen oder wäre ihnen das Wetter gewogen geblieben, dann hätten sie Wien womöglich erobert, und die Geschichte Europas hätte einen ganz anderen Verlauf genommen.[5]

Dennoch blieb der Vormarsch der Osmanen in Europa nicht folgenlos. Die Anwesenheit einer derart existenziellen Bedrohung für die christlichen Staaten des Kontinents führte zu einer gewissen Einigung: Unter dem Eindruck der Osmanischen Gefahr verringerte sich die Zahl der Waffengänge zwischen den europäischen Fürsten, und zwischen Anfang des 16. und Ende des 17. Jahrhunderts wurden die Kriege im Durchschnitt um 50 Prozent kürzer. Das ist umso bemerkenswerter, als der Aufstieg der Osmanen mit der Reformation und der Zersplitterung Europas in katholische und protestantische Staaten zusammenfiel. Die militärische Macht der Osmanen und die Dynamik der Expansion des Islam und der Türken stellten die Rolle der Kirche und die moralische Stellung ihrer Führer infrage, und die Gefahr weiterer Invasionen bereitete den Boden für die Kooperation zwischen den Meistgefährdeten. Ausgerechnet die Osmanen trugen also zur Entstehung eines Zusammenhalts bei, der dem Protestantismus half, auf eine Weise Fuß zu fassen, wie es früheren Reformationsbewegungen versagt geblieben war. Das hatte tiefgreifende Auswirkungen auf die Religion, Politik und Wirtschaft in Europa.[6]

Auch andernorts expandierten die Osmanen, etwa ins Persien der Safawiden, deren Herrscher Schah Ismail I. für seinen Schnauzbart und sein Können als Bogenschütze bekannt war und von dem es hieß, er sei «mutig wie ein Kampfhahn». Ismail verbrachte seine Zeit überwiegend auf der Jagd «oder in Gesellschaft rosiger Jünglinge, mit einem Weinkelch in der Hand Musik und Gesang lauschend».[7] In einem Blitzfeldzug brachten ihm die Osmanen 1514 eine vernichtende Niederlage bei und eroberten unter anderem Täbris, das für seine legendäre Bibliothek, seine Miniaturmaler und Teppichknüpfer bekannt war. Mit diesem Sieg hielten sich die Osmanen im Osten den Rücken frei und hatten damit Kräfte zur Verfügung, mit denen sie in Ägypten einmarschieren konnten. Das Land am Nil fiel 1517, und damit schufen die Osmanen ein wahres Weltreich auf drei Kontinenten – Europa, Afrika und Asien.[8]

Die Begegnung zwischen Osmanen und Europäern fällt in das Zeitalter der Entdeckungen, wie Historiker die Fahrten der Europäer über den Atlantik und nach Asien Ende des 15. und Anfang des 16. Jahrhunderts genannt haben. Diese Bezeichnung sagt viel über die gängige Geschichtsschreibung aus, die einen europäischen Standpunkt einnimmt, statt ausgewogenere und sinnvollere Zusammenhänge zu suchen. Das osmanische Blickfeld öffnete sich in dieser Phase gleichzeitig nach Osten und nach Europa. Mit der Eroberung Nordafrikas erschlossen sie sich Seewege ins Rote Meer und in die Welt des Indischen Ozeans – ein dynamisches Netz, das Süd- und Südostasien, den Persischen Golf und Ostafrika miteinander verband und jahrhundertelang Verbindungen bis nach China, Japan und Ozeanien hatte.[9]

Der Aufbau dieser Verbindungen war begleitet von einer raschen und kontinuierlichen Expansion an der Nordwestküste des Indischen Ozeans entlang, etwa der Eroberung Adens, Mochas und Basras – die ein neues Tor zum Osten aufstieß –, und an den Küsten des Sudan und Eritreas.[10] Die Herrschaft über diese Gebiete war zwar oft unsicher, und die Osmanen waren auf die Unterstützung von Regionalfürsten angewiesen, doch diese Eroberungen gingen Hand in Hand mit einem rasch wachsenden Forschungsinteresse an Völkern bis nach Südindien, Sri Lanka und Malakka.[11]

Auch andere weiteten in dieser Zeit ihre Horizonte, zum Beispiel die Salomonische Dynastie des christlichen Äthiopiens, die ihre Macht weiter ausdehnte und festigte. Zu Beginn des 15. Jahrhunderts herrschten die *nägäśt*, die äthiopischen Könige, über den damals größten Staat am Horn von Afrika und unterhielten diplomatische Beziehungen mit Venedig, Rom, Valencia und anderen Städten. Dabei ging es nicht darum, europäische Technik oder militärische Unterstützung zu erbitten oder die eigene Unterwürfigkeit zu demonstrieren, wie westliche Geschichtsschreiber lange annahmen, sondern um das selbstbewusste Auftreten einer ehrgeizigen und erfolgreichen Macht, die sich auf Augenhöhe mit den Mächten der Zeit sah.[12]

Nirgends wurde dies deutlicher als in der Einladung Papst Eugens IV. an den «Priesterkönig Johannes, Kaiser der Äthiopier», zum Konzil von Florenz, das zwischen 1438 und 1445 tagte und das jahrhundertealte Schisma überwinden sollte, das die Kirche in Ost und West spaltete. Die Einladung wurde mit einer knappen Absage in Gəʿəz beantwortet, der alten äthiopischen Kirchensprache – eine Geste, mit der die Äthiopier ihre Autonomie unterstrichen. Zwar kam 1441 eine Delegation unter Ṗetṛos nach Florenz und traf dort auch den Papst, doch die Botschaft, die vermutlich in Amharisch überbracht und von dort erst ins Arabische und dann ins Lateinische übersetzt wurde, war unmissverständlich: Die äthiopische Kirche sei nicht wie so viele andere unter Einschüchterungen, Ketzerei oder schlechter Führung in die Knie gegangen. Das habe sie allerdings nicht dem Papst zu verdanken. Dessen «Vorgänger auf dem römischen Bischofsstuhl» hätten wenig Interesse an den «Lämmern Christi» gezeigt und sich in mehr als achthundert Jahren nicht zu einem Besuch herabgelassen, anders als die ersten Nachfolger Christi. Aus alldem sprach das Selbstbewusstsein eines Staates, der auf eine ehrwürdige Tradition verweisen konnte.[13]

Auch andernorts war ein Zeitalter der Entdeckungen angebrochen. Lange bevor die Europäer über den Atlantik segelten, unternahmen die Seefahrer Ozeaniens in ihren Katamaranen regelmäßige Fahrten über mehrere Tausend Kilometer Entfernung und sprangen über ein «Inselmeer», wie es ein führender Wissenschaftler nannte – ein Mosaik aus Völkern, Ökosystemen und Ressourcen. Ab Mitte des 14. Jahrhunderts intensivierte sich der Austausch auch in der Welt des Indischen Ozeans und an der Ostküste Afrikas.[14]

In der chinesischen Provinz Anhui führte der unablässige Umweltdruck ab den 1320er Jahren zu Hunger, Epidemien und so schweren Dürren, dass «der Boden aufsprang wie der Panzer einer Schildkröte».[15] Die Aufstände gegen die Yuan-Dynastie nahmen zu, denn deren Kaiser waren «schwach und kamen ihrem Auftrag nicht nach», wie ein Bauer namens Zhu Yuanzhang klagte. «Die Nahrung ist knapp, wir essen Gras und Baumrinde.» Zhu fand großen Zulauf unter den Hungrigen, und in den 1350er Jahren war er zu einem der Anführer einer rasch wachsenden Revolte geworden. 1368 verjagte er die Yuan, bestieg als Kaiser Hongwu oder «umfassendes Kriegertum» den Thron und stiftete damit eine Dynastie, die er Ming nannte, oder «Große Helligkeit».[16] Einige Historiker erkennen hierin ein Paradebeispiel für den Zusammenhang zwischen dem Klimawandel und dem Sturz einer Dynastie in China.[17]

Während die Yuan und Song dem Seehandel große Priorität gegeben hatten, wählten die neuen Herrscher der Ming-Dynastie einen ganz anderen Weg. 1371, drei Jahre nach der Machtübernahme durch Hongwu, verboten sie den Seehandel und untersagten den Küstenbewohnern, in irgendeiner Form Segel zu setzen. Der Außenhandel und der Kontakt zu Menschen außerhalb Chinas war allein dem Kaiserhof vorbehalten.[18]

Was nicht bedeutete, dass die Ming-Dynastie den Kontakt mit dem Rest der Welt abgeschnitten hätte. Im Gegenteil, in der ersten Hälfte des 15. Jahrhunderts investierte sie viel Zeit und Geld in die

Flotte unter dem Oberbefehl von Zheng He, um damit ein Zeichen ihrer Macht zu setzen. Berichte von Ma Huan, der einige der Erkundungsfahrten begleitete, bieten einen aufschlussreichen Einblick in die Rituale, den Reichtum und den Austausch der vernetzten Handelszentren entlang der Malabar- und der Koromandelküste Indiens und des heutigen Sri Lankas; wie er schrieb, suchten die Menschen dort die Strände nach jedem Regen nach wertvollen Steinen ab, die sie als «versteinerte Tränen Buddhas» bezeichneten.[19]

Wie andere Befehlshaber dieser Expeditionen war auch Zheng He Muslim – vermutlich war das eine Voraussetzung, um das Oberkommando für Fahrten in unlängst zum Islam bekehrte Länder zu erhalten. Im Laufe des 14. Jahrhunderts hatte die Zahl muslimischer Grabsteine im Südosten Chinas zugenommen, möglicherweise durch Flüchtlinge, die während der Zeit der Unruhen aus Champa in Südvietnam nach Surabaya, Gresik, Cirebon und andere «frühe Zentren der islamischen Propaganda», wie ein Wissenschaftler sie nennt, auf Java geflohen waren.[20]

Kaiser Yongle, der Zheng He entsandt hatte, gab 1407 Anweisung, die Sicherheit der Muslime im Ming-Reich zu gewährleisten: «Kein Beamter, kein Angehöriger des Militärs oder der Verwaltung soll Muslime herabwürdigen, beleidigen oder drangsalieren. Wer diese Anweisung missachtet, bekommt die Folgen zu spüren.» Das ist nicht nur ein Hinweis auf die Geschwindigkeit, mit der sich der Islam im 14. und frühen 15. Jahrhundert ausbreitete, sondern auch auf die Konflikte, die die Neuankömmlinge und ihr neues Gedankengut mit sich brachten.[21]

Die Flotten segelten zwar auch nach Ostafrika, doch das besondere Interesse der Expeditionen galt Südostasien. Ma Huan schrieb ausführlich über das Königreich Majapahit, das sein Zentrum auf Java hatte und große Teile Südostasiens miteinander vernetzte. Es hatte sein goldenes Zeitalter im 14. Jahrhundert unter dem hinduistischen König Hayam Wuruk erlebt, das in einem Text namens *Nagarakṛtāgama* geschildert wird. Der Text beschreibt den Bau von Tempeln und Palästen sowie Rituale zu Ehren der Ahnen und zur Feier der Mondphasen und zeichnet ein lebendiges Bild von Kunst und Handwerk sowie einer hochqualifizierten Handwerkerschicht. Das Königreich unterhielt nicht nur zu China Beziehungen, sondern auch zu Dutzenden Städten von Südthailand über die Malaiische Halbinsel, Sumatra und das Sulu-Archipel bis in den Pazifik. Auch wenn diese Küstenregionen Tribute entrichteten, waren sie vermutlich keine Vasallen, wie es das *Nagarakṛtāgama* behauptet; die Beziehungen zeugen vielmehr von einem Zeitalter, in dem sich die Horizonte weiteten.[22]

In Südasien zeigt sich ein ähnliches Bild. Babur, Gründer des Mogulreichs, marschierte auf der Suche nach Macht, Reichtum und Abenteuer 1505 erstmals gen Süden und nach Indien. «Ich hatte nie ein heißes Klima kennengelernt und nie etwas von Hindustan gesehen (…). Ich begegnete einer ganz neuen Welt – fremden Pflanzen, fremden Bäumen, fremden Tieren und Vögeln, fremden Stämmen und Völkern mit fremden Gepflogenheiten und Gebräuchen. Es war wahrhaft verblüffend.»[23]

Was nicht heißt, dass er der Magie erlag – im Gegenteil, er beschrieb Indien als einen «Ort von geringem Zauber. Es gibt keine schönen Menschen, keine elegante Gesellschaft, keine Poesie, keine Wissenschaft, keine Etikette, keinen Adel und keine Männlichkeit. Die Künste haben weder Harmonie noch Ebenmaß. Es gibt keine guten Pferde, Braten, Trauben, Melonen oder sonstigen Früchte. Es gibt kein Eis, kein kaltes Wasser und auf den Märkten kein gutes Essen oder Brot. Es gibt keine Bäder und keine Koranschulen. Es gibt keine Kerzen, keine Fackeln und keine Kandelaber.»[24] Wie andere Zeitgenossen erlebte er die Begegnung mit einer fremden Welt oft als unangenehm und stellte unvorteilhafte Vergleiche mit den vertrauten Orten an, die er zurückgelassen hatte.

Es mag nicht weiter verwundern, dass die Klimaaufzeichnungen aus der zweiten Hälfte des 14. und den ersten Jahrzehnten des 15. Jahrhunderts unauffällig sind: Es scheint eine lange Phase der Stabilität ohne größere Ausschläge gewesen zu sein. Der Bevölkerungseinbruch infolge der Pest und die damit einhergehende weniger intensive Landnutzung könnten erklären, warum es in Asien, Europa und Afrika eine Zeit der Kontinuität war; doch an der Tatsache, dass ähnliche Muster auch in Regionen auftreten, die von der Pest verschont wurden, lässt sich ablesen, wie wichtig ein über Jahrzehnte hinweg stabiles Klima war.[25]

So begannen zum Beispiel in Polynesien die Häuptlinge der Insel Tongapatu im Archipel Tonga mit dem anbrechenden 15. Jahrhundert, ihre Macht zu zentralisieren; in der Folge wurden Bauern zu tributpflichtigen Leibeigenen, und es entstand eine kleine Elite unter dem Tu'i Tonga, dem obersten Herrscher. Auf Tonga entstand in dieser Phase eine Monumentalarchitektur mit Hügeln, Altären und Komplexen aus Steingräbern, und auch auf anderen Inseln der Region erlebte die Kultur einen Wandel, Importe vor allem von Stein nahmen zu, und mündliche Überlieferungen berichten vom Aufstieg neuer Häuptlingsfamilien und der Entstehung neuer Rituale.[26] Die Deutung dieser Entwicklungen ist umstritten, doch die schlüssigste Erklärung ist die Expansion der Tonga-Kultur und vielleicht sogar eine direkte Herrschaft.[27]

Wie sich diese Entwicklungen auf Hawaii niederschlugen, das erstmals um 1200 unserer Zeitrechnung besiedelt wurde, ist unklar. Aus mündlichen Überlieferungen und archäologischen Funden kann man schließen, dass es häufigen Kontakt zwischen diesen Inseln und Zentralpolynesien gegeben haben muss, doch dieser endete etwa zur Zeit der Expansion von Tonga. Ob es sich dabei um Zufall handelt oder nicht, Hawaii blieb isoliert, bis James Cook im 18. Jahrhundert hier vor Anker ging und die Inseln wieder in das weltumspannende Handelsnetz eingliederte.[28]

Hawaii ist eine Ausnahme, denn andernorts standen die Zeichen der Zeit auf Integration und Konsolidierung. So formten zum Beispiel in Mittelamerika die Azteken (Eigenbezeichnung Mexica) mit einer Mischung aus Eroberungen und Diplomatie ein neues Reich, das zur Vormacht von Zentralmexiko aufstieg.[29] Die Welt der Azteken basierte auf der Kontrolle der Ressource Wasser, wie das Kanalsystem ihrer auf einer Insel im See Texcoco gelegenen Hauptstadt Tenochtitlán und der Handel mit Gütern rund um den See belegen.[30] Auch ihre Dokumente, Lieder und Glaubensvorstellungen zeigen, dass das Wasser ein zentrales Element der Identität der Völker in diesem aufstrebenden Reich war.[31]

Der Wasserhaushalt war entscheidend für die Überlebensfähigkeit der Azteken und ihrer Hauptstadt, die auf dem Höhepunkt etwa 200 000 Einwohner gehabt haben könnte. Diese Zahl von Menschen ließ sich nur durch Investitionen in die Wasserversorgung und die Erschließung von landwirtschaftlichen Nutzflächen durch künstliche Inseln im See ernähren.[32] Damit reagierte man auch auf die unsicheren Umweltbedingungen im hoch gelegenen Tal von Mexiko, wo im Winter Frost droht und die Regenzeit verspätet einsetzen kann.[33]

Die Herrscher der Azteken versuchten zwar, in zentralen Maisspeichern Vorräte vorzuhalten, um gegen ungünstige Witterung und Hunger gewappnet zu sein, doch gelegentlich reichten auch diese nicht aus. Die Hungersnot des Jahres Ce Tochtli oder «Eins Kaninchen» (1454) unter der Herrschaft von Moctezuma I. (ca. 1440 bis 1469) war die Folge eines knappen Jahrzehnts der Klimaschwankungen mit Frost, Dürre, Heuschreckenplagen und Missernten, in deren Folge sich die Speicher lehrten. In den Städten Tenochtitlán, Texcoco, Chalco und Xochimilco grassierten Hunger und Krankheiten, und viele Menschen wanderten ab.[34]

Der Chronist Chimalpahin schrieb später, im Jahr 1454 «verdursteten die Menschen. Aus Chalco kamen Füchse, wilde Tiere, Echsen und so weiter und fraßen die Menschen. So groß war der Hunger, dass sich die Azteken selbst verkauften. Sie flohen in die Wälder, wo sie ein unglückliches und armseliges Dasein fristeten. Vier Jahre lang gab es nichts zu essen im Land, die Azteken verkauften sich, und zwei Divisionen sollen sich in die Sklaverei begeben haben (...). Sie legten sich in Löcher und starben, wo sie waren, und die Tiere fraßen sie, denn es war niemand da, sie zu bestatten.»[35]

Einige Historiker glauben, diese Hungersnot könnte ein Grund für die weitere Expansion der Azteken und vor allem die Eroberung der an der Golfküste gelegenen Region Totonacapán gewesen sein.[36] Es ist durchaus denkbar, dass die Feldzüge der Azteken mit dieser traumatischen Erfahrung zusammenhängen, bei der sie sogar ihre

Kinder in die Sklaverei verkauften; es fällt jedenfalls auf, dass sie danach ihre Dämme, Kanäle und Aquädukte ausbauten und mit neuen künstlichen Inseln ihre Anbauflächen erweiterten. Die Intensivierung der Landwirtschaft war eine folgerichtige Antwort auf diese katastrophalen Ereignisse.[37]

Welche Folgen die Trockenheit andernorts gehabt haben könnte, ist schwerer einzuschätzen. Auf der Halbinsel Yucatán scheint die Dürre hinter dem inneren Konflikt und dem politischen Zusammenbruch von Mayapan zwischen 1441 und 1461 zu stehen, der bedeutendsten Stadt der Region nach dem Niedergang von Chichen Itza vier Jahrhunderte zuvor. Das Ausbleiben der Niederschläge war ein Problem, doch der eigentliche Motor der Veränderungen waren der Einbruch der Handelsbeziehungen, die Einschränkungen der Mobilität und die Zunahme der Gewalt. Der Aufstieg eines widerstandsfähigeren Netzwerks aus kleineren Staaten wiederum zeigt, dass der Untergang der einen neue Chancen für die anderen bedeutete.[38]

Auch Südamerika erlebte sein eigenes Zeitalter der Entdeckungen. Hier waren es die Chimú, die mit dem beginnenden 13. Jahrhundert neue Territorien und Völker unter ihre Kontrolle brachten. Das Herzland der Chimú-Kultur war die Stadt Chan Chan im Moche-Tal im heutigen Peru, die mit ihren 30000 bis 40000 Einwohnern landwirtschaftliche Produkte aus dem Umland bezog. In Chan Chan gab es Paläste, Plätze, Tempel und dreieckige Bauten, die die Spanier später *audiencias* nannten und in denen die Adeligen und ihre Familien lebten. Die Stadt befand sich in der Nähe der Pazifikküste und war umgeben von Sümpfen, Feldern, Wüsten und Bergen.[39]

Etwa um 1310 expandierten die Chimú nach Norden ins Jequetepeque-Tal und eroberten das strategisch wichtige Farfán, um dann ihre Kontrolle über das südlich gelegene Casma-Tal zu festigen. Dort errichteten sie die neue Provinzhauptstadt Manchan am Schnittpunkt bedeutender Handelswege nach Süden, Norden und Osten.[40] Wie so viele Gesellschaften der Vergangenheit kannte auch die Chimú-Kultur Tier- und Menschenopfer für die Götter. In Huanchaquito-Las Llamas, nördlich von Chan Chan, hat man beispielsweise

Überreste eines Massenopfers von etwa 140 Kindern und 200 Lamas und Alpakas gefunden, das in der Zeit um 1450 vollzogen wurde. Stratigraphische Hinweise zeigen, dass diese Opfergabe auf eine Phase schwerer Niederschläge und möglicherweise auch Überflutungen folgte; diese standen vermutlich in Zusammenhang mit dem El-Niño-System, das die Meeresströmungen und damit den Fischfang an der peruanischen Küste stört und in der Küstenregion zu Überschwemmungen führt. Das Opfer könnte ein Versuch gewesen sein, die ungünstige Witterung zu beeinflussen und freundlichere Bedingungen wiederherzustellen.[41]

Auch anderswo in Südamerika wurden Opfergaben aus dieser Zeit gefunden, die offenbar eine Reaktion auf Unwetter und Naturkatastrophen waren. Bei einer archäologischen Expedition auf dem Gipfel des Vulkans Misti wurden beispielsweise die Überreste mehrerer Kinder gefunden, die rituell getötet und mit Figuren aus Gold, Kupfer, Silber und Austernschalen sowie Ton- und Holzgefäßen beigesetzt worden waren. In den Religionen der präkolumbianischen Andenvölker verbanden sich Vorstellungen von Landschaften, Ahnen und Stammeszugehörigkeit; dazu gehörten auch Opfer wie die sogenannte *capacocha*-Zeremonie, in der den Göttern wertvolle Güter und Menschen dargebracht wurden. Einschneidende Momente und Katastrophen wie Unwetter, die die Ernte zerstörten, wurden als Zeichen gedeutet, dass die Götter zürnten und mit Gaben beschwichtigt werden mussten. Hintergründe und Datum dieses Opfers sind unbekannt, doch einige Wissenschaftler sehen einen Zusammenhang mit einem Ausbruch des Misti und den folgenden Klimaschwankungen.[42]

Auch die Inka waren erfolgreiche Reichsgründer. Ab 1400 unserer Zeitrechnung schufen sie das größte Reich auf amerikanischem Boden vor Ankunft der Europäer. Das gelang ihnen dank einer Mischung aus Bündnissen (die sie unter reichlichem Konsum des Maisbiers *chicha* zelebrierten), Einschüchterung und Gewalt, mit der sie schließlich um 1470 auch die Chimú unterwarfen.[43] Ihren Aufstieg verdanken die Inka vor allem anhaltend wärmeren Bedingungen, die landwirtschaftlichen Anbau auch in höheren Regionen zuließen, etwa rund um ihre 3500 Meter hoch gelegene Hauptstadt Cuzco. Investitionen in den Bau von Terrassenfeldern, die für alle Hochlandgesellschaften wichtig sind, waren der Grundstein für ihren Erfolg und ihre Widerstandsfähigkeit; das gilt auch für die Entwicklung der Forstwirtschaft und den Anbau einer Reihe von Getreiden mit ungewöhnlich hohem Protein- und Ölgehalt.[44]

Außerdem knüpften die Inka Handelsnetze, die für die ideologische, kulturelle, wirtschaftliche und politische Kontrolle eine zentrale Rolle spielten und den Inka ein Monopol beim Erwerb und der Verteilung von Handelsgütern, Metall, Töpferwaren und Luxusgütern sicherten. Erfolgreich waren die Inka teils durch die Vereinnahmung von lokalen Eliten, die von ihrer Herrschaft profitierten, teils durch eine milde Form der Herrschaft, die heilige Stätten unangetastet ließ (wie zum Beispiel Palmitopamba in der Nähe der Stadt Yumbo im heutigen Kolumbien), aber auch durch direkte Herrschaft.[45]

Das bedeutendste Projekt der Inka, das bis heute überdauert, war ein gewaltiges Wege- und Straßennetz (*qhapaq ñan*), das von Zwangsarbeitern angelegt wurde; es umfasste schätzungsweise 30 000 Kilometer von Küsten- und Gebirgswegen mit Wegstationen (*tampukuna*) und Posten von Staffelläufern (*wasi*).[46] Damit sollte der Austausch von Gütern, Personen und Information zwischen den Provinzen und der Hauptstadt verbilligt und beschleunigt, die Kontrolle über das Reich verbessert und der Handel angekurbelt werden.[47] Die Dynamik dieser Handelsnetze und der Aktivität ganz allgemein lässt sich am starken Anstieg des Milbenvorkommens ab Mitte des 15. Jahrhunderts ablesen; dieser lässt auf die Zunahme von großen Pflanzenfressern wie Lamas schließen, die im Patacancha-Tal und darüber hinaus von Karawanen als Lasttiere eingesetzt wurden.[48]

Die Bedeutung des Wegenetzes beschränkt sich nicht auf die Zeit des Inkareichs, sondern wirkte sich auch auf die wirtschaftliche Entwicklung in der Zeit nach der spanischen Eroberung aus. Die Wege hoben den Lebensstandard, zum Beispiel durch bessere Löhne, Ernährung und Bildung, insbesondere für Frauen. Land in der Nähe der Wege erzielte höhere Preise, weil es an Transport und

Handel angeschlossen war, und sorgte für die Festschreibung von Eigentumsrechten und den Bau von Schulen, die der Alphabetisierung der Bevölkerung dienten.[49]

Das erinnert an die Handelswege der Seidenstraße, die kreuz und quer über den asiatischen Rücken verliefen. Auch hier entwickelten Ortschaften entlang der Hauptrouten deutlich stärkere wirtschaftliche Aktivität als abgelegenere Orte, und noch viele Jahrhunderte später lassen sich hier Spuren einer stärkeren Durchmischung der Bevölkerung erkennen.[50] Solche langfristigen Auswirkungen sind entscheidend für das Verständnis umfassenderer und globaler Muster der Ungleichheit und helfen uns zu verstehen, wie stark die Welt von heute noch durch die Welt der Vergangenheit geprägt ist.

Insgesamt waren das 14. und das 15. Jahrhundert eine Übergangszeit, eine Abfolge immer neuer Zeitalter der Entdeckung und Eroberung – zumindest für diejenigen, die sich Macht über andere verschaffen konnten. Anders sah die Sache für Kulturen und Gesellschaften aus, deren Bräuche und Lebensformen hinweggefegt wurden, ob durch Eroberung oder durch Anpassung. So war zum Beispiel Cahokia eine blühende Kultur, deren Landwirtschaft auf den fruchtbaren Böden am Mittellauf des Mississippi («American Bottom») gedieh. Um 1400 war diese Kultur jedoch verschwunden, die Bevölkerung hatte sich zerstreut, und der in der Nähe des heutigen St. Louis gelegene zentrale Ort mit seinen etwa hundert Begräbnishügeln war verlassen.

Als Erklärung für diesen Niedergang dient unter anderem ein Klimawandel mit veränderten Niederschlägen und Überschwemmungen, Bodenerosion, Rodung der Wälder durch Überbewirtschaftung oder Umweltverschmutzung durch mangelhafte Entsorgung der Abwässer.[51] Die archäologischen Funde und Umweltdaten (unter Einbezug etwa von Baumringen, Fäkalien und Pollen) deuten auf einen Ökozid hin, also auf den Raubbau an der Natur bis zu einem Punkt, an dem der Zusammenbruch unvermeidlich wurde.

Im Falle von Cahokia verlor das politische Zentrum offenbar über Jahrzehnte und vielleicht sogar Jahrhunderte hinweg an Bedeutung, was den Schluss zulässt, dass es keinen plötzlichen Kipppunkt gab, an dem das Zusammenspiel von Faktoren eine dramatische und unumkehrbare Veränderung bewirkt hätte.[52] Der Niedergang war vielmehr ein langwieriger sozioökonomischer und kultureller Prozess. Die Macht wurde dezentralisiert, und es entstanden regionale Eliten mit eigenen Wohnbezirken und Hügeln.[53]

Auch im Süden Brasiliens fiel ein robustes Handelsnetz in sich zusammen, und im südlichen Afrika könnten es seit Ende des 13. Jahrhunderts wiederholte Dürren gewesen sein, die die Wanderung der Hima und Tutsu Richtung Viktoriasee und der Luo Richtung Nil befördert haben. Ein Jahrhundert später, als der Nil in Kairo so niedrig war, dass man ihn zu Fuß überqueren konnte, folgten weitere Wanderungen.[54]

Andernorts brachten neue Herrscher den Wandel. Ein Beispiel ist Timur, der bekannteste Nachfolger der Mongolenfürsten, der Ende des 14. und Anfang des 15. Jahrhunderts Länder, Städte und Völker unter seine Herrschaft brachte. Wie alle Großreiche zentralisierte auch das von Timur Ressourcen und zog Arbeitskräfte, Geld und Wissen aus allen vier Himmelsrichtungen ins Zentrum. Das ermöglichte den Bau architektonischer Wunderwerke wie der prächtigen Bibi-Chanum-Moschee, der Ulugh-Beg-Madrasa und des Mausoleums von Timur selbst, alles in Samarkand im heutigen Usbekistan – ganz zu schweigen von der Kunst, der Literatur und den Wissenschaften, die das Mäzenatum des Reichs förderte.[55]

Nicht immer setzten Eroberungen, Expansion und Machtwechsel zentripetale Kräfte frei – genauso konnten sie Schockwellen auslösen, die ein Reich auseinanderbrechen ließen. Ein Beispiel ist Timurs brutale Plünderung Delhis im Jahr 1398, mit der das Sultanat zersplitterte, das sich eine Vorherrschaft über weite Teile des indischen Subkontinents aufgebaut hatte. Sein Untergang verhalf einer Reihe von Stadtstaaten zur Blüte und gestattete ihnen die Intensivierung regionalen Austausches, da die Steuereinnahmen nun nicht mehr nach Norden flossen, sondern vor Ort verteilt wurden. Delhis Verlust war ein Gewinn für Gujarat, Orissa und für die Malabar- und die Koromandelküste.[56]

Auch der Rückzug der Mongolen nach dem Sturz der Yuan-Dynastie machte den Weg für andere frei. In Korea ergriff die Macht General Yi Seong-gye, der in den 1390er Jahren eine umfassende Bodenreform durchführte. Das Problem war die Konzentration des Landbesitzes in der Hand einiger weniger reicher Familien, buddhistischer Klöster und Minderheiten. Wie der oberste Berater des neuen Herrschers sagte: «Früher gehörte das Land dem Staat, und der Staat verpachtete es an die Bauern (...). Es gab niemanden, der kein Land bekam, und niemanden, der kein Land bestellte.» Yi, der sich nach der Machtübernahme Taejo nannte, verbrannte in einer dramatischen Geste sämtliche Grundbücher und begann mit einer Neuverteilung von Land und Privilegien.[57]

Natürlich ging es ihm dabei auch darum, seine Rivalen zu schwächen, doch zunächst war das Ziel, die Landnutzung zu intensivieren und die landwirtschaftliche Produktion zu steigern. Einer von Taejos Enkeln, König Sejong «der Große», nahm sich der Angelegenheit mit besonderem Eifer an und ließ ein Bauernhandbuch verfassen, das den Bauern die Bedeutung des richtigen Zeitpunkts für die Aussaat, den korrekten Einsatz von Düngemitteln, die Unkrautbekämpfung und die richtige Pflugtechnik im Herbst nahebringen sollte. «Bauern sind die Wurzeln aller Nationen der Welt», hieß es im Vorwort, und weiter: «Da Bauern alle Lebensmittel und Kleidung herstellen, muss unsere Regierung ihnen besondere Priorität einräumen.»[58]

Einen ähnlichen Standpunkt vertrat die Lê-Dynastie von Đại Việt, als sie 1428 an die Macht kam – ein Ereignis, das sie mit der «Großen Verkündung des Siegs über die Ming» feierte, in der es unter anderem hieß: «Unser Groß-Việt ist ein wahrhaft kultiviertes Land» mit seinen eigenen Gepflogenheiten, Landschaften und Menschen.[59] Wie in Korea bestimmte ein neuer Kodex Maßnahmen zum Schutz des bäuerlichen Eigentums und der Allmende, und wer gegen diese Anordnungen verstieß, wurde mit 80 Stockhieben bestraft. Maßnahmen dieser Art waren kein Ausdruck der Güte – sie sollten im Gegenteil sicherstellen, dass die Steuern direkt an die Krone gingen und nicht an jene, die ihr Vermögen verschleiern und sich den

Forderungen des Staates widersetzen könnten. Daher wurden auch jene mit 80 Stockhieben bestraft, «die staatliche Reisfelder bewirtschaften, aber ihre Abgaben nicht innerhalb der gesetzten Frist entrichten».[60]

Wie ein führender Historiker der europäischen Renaissance schreibt, hatten sich Ende des 15. Jahrhunderts die Horizonte dramatisch erweitert. Auf Gemälden, die in Brügge entstanden, sind Teppiche aus dem Osmanischen Reich, Schmiedearbeiten aus Spanien und Porzellan und Seide aus China zu sehen. Gemälde wie die Arnolfini-Hochzeit von Jan van Eyck (1434) deuten nicht nur die Größe der Handelsnetze an, die Kontinente miteinander verbanden, sondern auch den Konkurrenzkampf, der wiederum eine Voraussetzung des Wachstums und der Demonstration von Status ist. Was auf den ersten Blick aussieht wie das bloße Porträt eines Ehepaars, ist auch eine «Zurschaustellung von Besitz» – deshalb auch die teuren kostbaren Gegenstände auf dem Gemälde.[61]

Die Verbindungen zwischen Asien, Afrika und Europa waren nicht auf Anweisungen von oben hin geknüpft worden, außer natürlich in Phasen der Eroberung und Expansion. Diese konnten zwar den regionalen und überregionalen Handel ankurbeln, vor allem aber dienten sie dazu, das Netz vom politischen Zentrum auszuwerfen und Ressourcen dorthin zu ziehen, statt Exporte zu fördern. Es gab Ausnahmen, wie die Song-Dynastie in China und die ersten Jahrzehnte des Mongolenreichs. Doch in erster Linie wurde der Handel von den Händlern, Mittelsmännern und Schiffseignern angekurbelt sowie von Bewohnern von Oasen und Städten, deren Wirtschaft vom Hinterland profitierte und die günstig genug gelegen waren, um vom Handel mit seltenen, teuren und begehrten Gütern zu profitieren.[62]

Das sind die Ursprünge dessen, was einige Historiker als kapitalistische Weltwirtschaft bezeichnet haben.[63] Zwischen 1500 und 1800 dehnte sich der Welthandel in beispielloser Weise aus und wuchs um durchschnittlich ein Prozent pro Jahr, während die Menge der auf dem Seeweg transportierten Güter in diesem Zeitraum um

2300 Prozent stieg. Zum Ausdruck kommen darin vor allem das Bedürfnis, Status zu erwerben und zur Schau zu stellen, sowie die Fähigkeit des Handelskapitals, dieses Bedürfnis zu befriedigen und weiter zu nähren.[64]

Dass solche Anforderungen ein Ökosystem belasten, wusste man schon in der Antike, und ab dem 16. Jahrhundert wurde dies immer lauter und häufiger betont. In Deutschland hatte die Rodung der Wälder schon viel früher so große Ausmaße angenommen, dass der Schutz des Waldes zur Regel wurde und seine Abholzung nur mit besonderer Genehmigung erlaubt war. In den 1230er Jahren verbot der Salzburger Erzbischof Eberhard von Regensberg die Umwandlung der Kirchenwälder in Ackerland, um die Bäume nachwachsen zu lassen.[65] Einige Jahrzehnte später erklärte Kaiser Heinrich VII., «die Zerstörung der Wälder des Reichs» und ihre Urbarmachung für die Landwirtschaft seien ein großes Unheil und hätten «ihm und dem Land großen Schaden verursacht».[66]

Schon zu Beginn des 15. Jahrhunderts versuchte Venedig, die Holzlieferungen vom italienischen Festland zu sichern – ein Hinweis darauf, wie verwundbar sich Staaten durch den übermäßigen Verbrauch natürlicher Rohstoffe machten. Da die Lagunenstadt keine eigenen Wälder besaß, war sie für Engpässe und Preissteigerungen besonders anfällig. In den 1530er Jahren, während einer ungewöhnlich kalten Phase, klagten die Behörden beispielsweise, dass der Staatsapparat und das Handwerk zum Erliegen gekommen seien: «Unsere Prägeanstalt kann ebenso wenig arbeiten wie Glasbläser, Färber, Schmiede und andere Handwerker.» Diese Situation war nicht nur schwierig, sondern auch gefährlich.

Der englische König Heinrich VIII. klagte zur Mitte seiner Regentschaft über dasselbe Problem. In einem Gesetz trug er der «großen und absehbaren Wahrscheinlichkeit der Knappheit» durch den «Niedergang von Wäldern und Forsten» Rechnung. Ein Jahrhundert später merkte ein Beobachter an, dass zwar viele Menschen Holz fällten, dass aber «kaum jemand Wälder aufforstet oder erhält». Früher habe es zehnmal so viele Wälder gegeben. Das sei gefährlich, denn: «Kein Holz, kein Königreich.»[67]

In vielen Teilen der Welt teilte man diese Sorge – aus gutem Grund. Da Reichtum und Macht weitgehend auf landwirtschaftlichen Produkten basierten, hatten Herrscher jeden Anlass, Wälder zu roden und neues Ackerland urbar zu machen. Dieses ernährte Dörfer, steigerte die Produktion und brachte Steuern ein, die in Form von Erntefrüchten abgeführt wurden.[68]

Freilich gab es auch Ausnahmen, wie Tuluva-König Krishnadevaraya (Regentschaft 1509 bis 1529), dessen Gedicht *Āmuktamālyada* über die Staatskunst die Herrscher zum Schutz und Erhalt ihrer Wälder anhielt. Rodungen zur Ausweitung der Landwirtschaft sollten unterbunden werden, denn sie verletzten die Rechte der «Stammesvölker, die in den Wäldern und Bergen leben».[69] Diese Sorge um die Rechte von Ureinwohnern war in jener Zeit ausgesprochen selten, zumal im Zusammenhang mit Ereignissen, die sich zu jener Zeit in anderen Weltgegenden abspielten.

Auch die Portugiesen erweiterten im 15. Jahrhundert ihre geographischen und kulturellen Horizonte. In der populären Geschichtsschreibung werden die Verdienste für die Fahrten entlang der afrikanischen Westküste und zu den Inselgruppen Madeira, den Kanaren und den Azoren dem Prinzen Heinrich aus dem Hause Avis zugeschrieben, dessen Spitzname «der Seefahrer» einen Hinweis auf seine Rolle beim Engagement Portugals in neuen Welten gibt. Er war jedoch eher ein Koordinator der Interessen von Kartographen, Bankiers, Reedern und Händlern, die hinter dem Aufbau von Zuckerplantagen auf Madeira standen und dabei erstmals muslimische und später afrikanische Sklaven einsetzten. Im Jahr 1444 ging Lançarote de Freitas mit seinem Unternehmen Companhia de Lagos erstmals auf Menschenfang; schon bald segelten die Schiffe weiter nach Süden, motiviert angetrieben durch die Profite, die sich mit Malagueta-Pfeffer (auch bekannt als «Paradiessamen» und ein Ersatz für den teuren indischen Pfeffer) und auf dem Goldmarkt von Elmina im heutigen Ghana erzielen ließen.[70]

Diese Fahrten und Gewinne motivierten zu weiteren und längeren Expeditionen. Im Jahr 1475 überquerten die portugiesischen Schiffe erstmals den Äquator, und zwei Jahrzehnte später erreichten sie die Südspitze Afrikas. Die Krone profitierte davon, wenn die Fahrten mit lukrativer Fracht – ob Menschen, Lebensmittel oder Gold – heimkehrten, denn sie kassierte ein Fünftel des Wertes als Steuern. Jahrzehnte später berichteten Chronisten wie Fernão Lopes de Castanheda, die portugiesischen Herrscher des ausgehenden 15. Jahrhunderts seien auch deshalb eifrige Förderer des Seehandels gewesen, weil sie den Gewürz-, Medikamenten- und Schmuckhandel der Venezianer und Ägypter, der das Rote Meer passierte, an sich reißen wollten.[71]

Einer der beteiligten Abenteurer war Christoph Kolumbus, ein ausgesprochen religiöser Mann, der mit den Einnahmen aus dem Asienhandel die Rückeroberung des Heiligen Landes von den Muslimen finanzieren wollte. Dazu fasste er den ehrgeizigen Plan, nicht Richtung Süden und Osten nach Asien zu segeln, sondern Richtung Westen, über den Atlantik, um auf diesem Weg zu den reichen Märkten Chinas, Japans, Indiens und Südostasiens zu gelangen. Als er in Portugal keine Unterstützer für sein Vorhaben fand, wandte er sich an Ferdinand und Isabella, die Katholischen Könige der vereinigten Königreiche von Kastilien und Aragón. Schließlich stach er am 3. August 1492 im südspanischen Palos de la Frontera in See.[72]

Kolumbus' Bericht von den Menschen und Orten, die er in der Karibik entdeckt hatte, wirkte mitreißend. Neben «Gold und Erzen», die er gefunden haben wollte, beschrieb er eine natürliche Umgebung, die ideal zur Entwicklung schien. Die Insel, die er «Hispaniola» nannte, sei ein wahres «Naturwunder»: «Ihre zahlreichen Gebirge, weiten Ebenen und fruchtbaren Landschaften eignen sich in hervorragender Weise zur Anlage von Pflanzungen, zur Viehzucht und zur Errichtung von Städten und Ortschaften.» Eine weitere Insel, die er «Juana» nannte (Kuba), sei «über die Maßen fruchtbar» und gesegnet mit natürlichen Häfen.[73] Sein besonderes Augenmerk galt den Nutzpflanzen, die die Einheimischen anbauten, darunter Baumwolle, Bohnen und Mais; Letzterer sei «gesotten, geröstet oder als ‹Polenta› zerrieben von hervorragendem Geschmack».[74] Er versicherte seinen Auftraggebern, «dass mir Eure Hoheiten aufs Wort glauben können, dass es auf der weiten Welt keine besseren Menschen und kein schöneres Land geben kann».[75]

Andere, die Kolumbus auf seinem Weg über den Atlantik folgten, bestätigten die Berichte über den natürlichen Reichtum. Der Venezianer Zuan Caboto (besser bekannt als John Cabot) brach fünf Jahre nach Kolumbus in Bristol auf, um nach den Gewürzinseln von Südostasien zu suchen; stattdessen landete er an der Nordostküste Kanadas. Die fischreichen Gewässer des Nordatlantiks waren seit zwei Jahrhunderten bekannt, doch diese Region übertraf alles bislang Dagewesene. Das Meer «wimmelte vor Fischen», wie der Mailänder Gesandte in London an seinen Herzog schrieb. Kabeljau komme in solchen Mengen vor und sei so leicht zu fangen, dass man keine Netze brauche, man könne die Fische einfach mit Körben ins Boot heben. Die Tatsache, dass der Gewinn aus dem ersten Kabeljaufang, den Hugh Elyot 1502 nach Europa brachte, dem Jahreseinkommen eines wohlhabenden Landguts entsprach, war ein Beleg dafür, dass sich in den Weltregionen, die den Europäern nun offenstanden, ein Vermögen machen ließ.[76]

Trotz aller Begeisterung gab es auch einige Enttäuschungen und Missverständnisse. So schrieb der Jesuit und Naturforscher José de Acosta Ende des 16. Jahrhunderts, nach der Lektüre der großen Philosophen und Dichter sei er überzeugt gewesen, «dass ich bei meiner Ankunft am Äquator die furchtbare Hitze nicht würde ertragen können». Doch stattdessen habe er «solche Kälte» verspürt, «dass ich gelegentlich hinaus in die Sonne treten musste, um mich warm zu halten». Das ließ ihn an seiner Bildung zweifeln. «Ich lachte über Aristoteles' meteorologische Theorien und seine Philosophie.» Der griechische Gelehrte hatte offenkundig nicht die geringste Ahnung von dem, was er da beschrieb.[77] Auch anderen bereitete das Kopfzerbrechen. Es lag auf der Hand, dass sich die Alten, «geleitet durch ihre eigenen Schlüsse», in vielem geirrt hatten, wie Bernabé Cobo schrieb; die neuen Bewohner Amerikas wüssten aus Erfahrung, dass Temperaturen und Klima der Welt «das Gegenteil» dessen waren, was die Gelehrten der Antike vermutet hatten.[78]

Die unwirtlichen Bedingungen, die auf weiten Teilen des amerikanischen Doppelkontinents herrschten, gaben Anlass zu zahlreichen Spekulationen. Einige mutmaßten, Südamerika sei von Löchern und Höhlen durchsetzt, die mit Wasser gefüllt seien, und die Kraft der Sonne lasse dieses Wasser verdunsten und als kühlenden Dampf aufsteigen; andere meinten, die stärkeren Regenfälle wirkten der Hitze entgegen und seien für ein kühleres Klima verantwortlich. Wieder andere waren schlicht ratlos, denn obwohl sich die amerikanischen Tropen auf demselben Breitengrad befanden wie die afrikanischen, war es hier viel kälter. «Was der Grund für diesen Unterschied ist, das weiß ich nicht», schrieb ein Beobachter.[79]

Die Neuankömmlinge gingen davon aus, dass das Klima ihnen schaden oder sie gar vernichten könnte. Frühe Berichte aus der Neuen Welt betonten, dass die Umwelt eine ganz andere sei und – so der englische Naturphilosoph Richard Eden – «voll ansteckender Luft und extremer Hitze». Diese neue Umwelt sei derart fremd, so Eden, «dass es die Form und Eigenschaften europäischer Dinge», zum Beispiel Weizen und Vieh, verändere.[80] Einige fürchteten, Amerikafahrer wären von «der Veränderung der Luft, der Ernährung und des Trinkwassers» überfordert und müssten «schwere Krankheiten» erleiden.[81]

Dies wiederum legte die Saat für eine ökologische Hierarchie, aus der sich später die Vorstellung unterschiedlicher Menschenrassen entwickeln sollte. Der in England angebaute Tabak sei «bekömmlicher für unsere körperliche Verfasstheit» als der aus Amerika, meinte der Botaniker John Gerard.[82] Nach Vorstellung einiger Europäer waren in Amerika angebaute Dinge kleiner, gefährlicher und minderwertiger als diejenigen, die sie zu Hause anbauten. Auch die Tiere seien in Amerika «weniger aktiv, weniger vielfältig und weniger kräftig», schrieb der Comte de Buffon im 18. Jahrhundert; es gebe weniger Arten, und die Tiere ganz allgemein seien «denen auf dem alten Kontinent an Größe unterlegen».[83]

Diese Vorstellungen setzten sich fest und prägten das Denken über Jahrhunderte hinweg. Der Niederländer Cornelius de Pauw, ein Zeitgenosse de Buffons, behauptete etwa: «Europäer, die nach

Amerika gehen, degenerieren, genau wie die Tiere; ein Beleg, dass das Klima für die Besserung von Mensch und Tier nicht geeignet ist.» Das Klima und die natürliche Umwelt Nordamerikas stünden der Vernunft selbst entgegen. «Amerika hat noch keinen einzigen guten Dichter, keinen fähigen Mathematiker und keinen herausragenden Mann in irgendeiner Kunst oder Wissenschaft hervorgebracht», schrieb Guillaume Raynal, ein weiterer Zeitgenosse de Buffons.[84] Dieser fällte ein nicht weniger vernichtendes Urteil über die Menschen Nordamerikas: Die Ureinwohner und die Einwanderer bildeten ein eigenes neues Volk, schrieb er, doch dieses sei keineswegs beeindruckend und zeichne sich vor allem durch «seine Dummheit und die vernachlässigbaren Fortschritte der Zivilisiertesten unter ihnen auf dem Gebiet der Künste» aus.[85]

Diese Ansichten teilte natürlich nicht jeder. Alexander Hamilton verspottete «Männer, die als tiefgründige Philosophen verehrt werden» und trotzdem so dumm sein konnten, «um allen Ernstes zu behaupten, dass alle Tiere und mit ihnen die menschliche Art in Amerika degenerieren, und dass selbst Hunde nicht mehr bellen, nachdem sie eine Weile lang unsere Luft geatmet haben». Aus Behauptungen dieser Art spreche die «anmaßende Überheblichkeit» der Autoren und der Europäer ganz allgemein. Außerdem ließen sie sich ganz einfach widerlegen, man müsse sich nur die wissenschaftlichen Daten ansehen, doch leider mache sich kaum jemand die Mühe, diese zu erheben, geschweige denn über sie nachzudenken.[86] Thomas Jefferson stimmte zu: Die Griechen hätten Jahrhunderte benötigt, «um einen Homer; die Römer, um einen Virgil; die Franzosen, um einen Racine und Voltaire; die Engländer, um einen Shakespeare und Milton hervorzubringen». Amerika sei eine junge Nation und brauche mehr Zeit, um Dichter dieser Genialität hervorzubringen.[87]

Wenn sich die Europäer den amerikanischen Doppelkontinent als «Neue Welt» vorstellten, dann vergaßen sie darüber natürlich die Einheimischen, die seit vielen Jahrtausenden dort lebten. In der Vorstellung der europäischen Eroberer und Siedler war Amerika ein jungfräuliches Land, das nur darauf wartete, ausgebeutet zu werden.

Die Einheimischen und ihre Kulturen waren für sie nicht von Interesse.

Die erste Welle der Atlantiküberquerer, die als *conquistadores* oder Eroberer bekannt wurden, folgte dem Lockruf des schnellen Reichtums durch mobiles Raubgut – vor allem Gold, Silber und Edelsteine, die von den Azteken und Inkas geraubt wurden und sich in solchen Mengen an den Anlegestellen von Sevilla stapelten, dass sie mit Weizen verglichen wurden, der von der Ernte eingebracht worden war. Nach dieser ersten Plünderungswelle wurde Amerika jedoch vor allem als Landschaft interessant, die sich bewirtschaften und ausbeuten ließ.

Die Energie und Grausamkeit, mit der dieser Prozess vonstattenging, hat eine ganz eigene Geschichte, die vor allem mit Sklaverei und abstrusen Rassenvorstellungen verbunden ist. Im Zentrum der Verbrechen steht die Misshandlung der Ureinwohner genauso wie die von Afrikanern, die aus ihren Familien gerissen, unter unmenschlichen Bedingungen über den Atlantik verschleppt und von ihren «Herren», die damit sehr reich wurden, zur Arbeit gezwungen wurden.

Die Enttäuschung über die vorgefundenen Umweltbedingungen, die viele Besucher und Siedler von Süd- und Nordamerika zum Ausdruck brachten, wirft eine Frage auf: Was veranlasste die Europäer überhaupt, auf der anderen Seite des Atlantiks zu expandieren und nicht näher an der Heimat? Portugiesische und spanische Pflanzer hatten in der zweiten Hälfte des 15. und der ersten des 16. Jahrhunderts erfolgreich Plantagen auf Madeira, den Azoren und São Tomé angelegt – warum setzten sie das nicht in Westafrika fort? Die Gegend war schließlich mit einem besseren Klima gesegnet als die andere Seite des Atlantiks, der Boden war bestens für den Anbau von Zuckerrohr, Reis und Baumwolle geeignet, die in der Karibik und auf dem amerikanischen Festland so lukrative Gewinne abwarfen. Außerdem gab es in Westafrika viele Arbeitskräfte, wie sich schon am Umfang des Sklavenhandels ablesen lässt. Und vor allem war Westafrika näher an Europa, und der Handel hätte deutlich weniger Transportkosten verursacht.

Ein englischer Beamter sagte später: «Was in Amerika gedeiht, gedeiht auch in Westafrika.» Und wie andere schrieben: «Die Nähe, der sichere Weg von England an die afrikanische Küste, verglichen mit der Atlantiküberquerung», machte Plantagen in Westafrika deutlich attraktiver, ganz abgesehen davon, dass hier wahrscheinlich dreimal so viel Zuckerrohr produziert werden konnte.[88]

Einige Wissenschaftler haben die mangelnde Fruchtbarkeit und die Übersäuerung der Böden sowie die Niederschlagsmuster als Gründe angeführt, warum sich die Region nicht für den Anbau von Nutzpflanzen für den Export geeignet haben könnte. Die Tatsache, dass diese ab Mitte des 19. Jahrhunderts erfolgreich hier eingeführt wurden, lässt jedoch vermuten, dass es andere Gründe gab, weshalb die Europäer diesen Standort zur Zeit ihrer Seeexpansion ausschlugen. São Tomé und ähnliche Orte hätten ein Einfallstor für vergleichbare Entwicklungen anderswo an der afrikanischen Küste werden können, doch statt in die Landwirtschaft zu investieren, zogen es die Europäer vor, hier nur ihre Arbeitskräfte zu beziehen.[89]

Einige Historiker sehen die Ursache im Krankheitsumfeld der afrikanischen Tropen. Die Europäer waren im Gegensatz zur einheimischen Bevölkerung nicht gegen Malaria und Gelbfieber immun. In Westafrika stießen sie auf einen «strafenden Engel mit dem Flammenschwert des tödlichen Fiebers», mit dem Ergebnis, dass Besucher und Siedler «verbrannten und starben».[90] In der Neuen Welt schlug das biologische Pendel dagegen zugunsten der Europäer aus, denn hier waren es die Ureinwohner, die an den von den Neuankömmlingen und ihren Tieren eingeschleppten Krankheiten starben.[91]

Noch bedeutsamer scheint allerdings die Tatsache, dass die Staaten in Westafrika zu hoch entwickelt waren, um eine einfache Kolonisierung in Betracht zu ziehen – zumindest für die nächsten Jahrhunderte. Selbst im 19. Jahrhundert waren die Europäer kaum in der Lage, mehr als «einen Kanonenschuss weit» ins Landesinnere vorzudringen. Königreiche wie Kongo, Benin, Oyo und andere widersetzten sich den Vorstößen erfolgreich und sahen keine Gefahr in einer Handvoll von Europäern fern ihrer Heimat, deren Siedlungen sich auf einige wenige Stützpunkte an der Küste beschränkten und deren Handel nicht auf Zwang, sondern auf Verhandlungen basierte.[92]

Die Europäer erkannten das Potenzial Afrikas durchaus, wie ein Historiker meint. Allerdings gelang es ihnen nicht, sich Zugang zu den Goldminen zu verschaffen und die gewünschten Plantagen anzulegen. Aufgrund des Widerstands der Afrikaner «blieb den Europäern nur die zweitbeste Alternative, Sklaven auf Schiffen zu verschleppen, statt sie in afrikanischen Pflanzungen oder Bergwerken einzusetzen». In späteren Jahrhunderten sollte sich das ändern, doch in der Zeit der europäischen Aktivitäten in Süd- und Nordamerika war «der Sklavenhandel ein Symptom der Stärke, nicht der Schwäche Afrikas».[93]

Es gibt viele Gründe, warum Amerika besiedelt wurde – falsche Informationen, übertriebene Erwartungen, der Konkurrenzkampf zwischen den Siedlern und natürlich der Drang der Europäer, in dieser zumindest für sie neuen Welt neue Entdeckungen zu machen, auch wenn sie dabei oft enttäuscht wurden. Ein entscheidender Faktor ist jedoch so banal, dass er häufig übersehen wird. Die verschiedenen Entdeckerzeitalter, die im 15. und in späteren Jahrhunderten alle Teile der Welt erfassten, speisten sich aus zahlreichen und komplexen Motiven, und das Bild des idealistischen Entdeckers, der Wissen über die Welt und ihre Bewohner sammelt, gehört nur am Rande dazu. In dieser Phase der Geschichte war der Profit der Motor. Er war es, der zum Umbau der Macht, zur Überformung der Natur und schließlich zum Klimawandel selbst führte.

FÜNFZEHNTES KAPITEL

Die Verschmelzung von Alten und Neuen Welten

(1500 bis 1700)

Eine neue schwere Seuche kam über das Land
und brachte den Einheimischen Tod und Verderben.
Diego Muñoz Camargo (Ende 16. Jahrhundert)

Die neuen Handelsrouten über den Atlantik waren nur ein Abschnitt eines sehr viel größeren Geflechts von Verbindungen zwischen den großen Landmassen der Erde. Fünf Jahre nachdem Kolumbus nach Westen aufgebrochen war, umsegelte Vasco da Gama das Horn von Afrika, fuhr die Ostküste Afrikas bis nach Malindi hinauf, überquerte von dort den Indischen Ozean und legte im heutigen Kerala in Südindien an. Andere folgten ihm nach und segelten über den Subkontinent hinaus nach Sri Lanka, Südost- und Ostasien. Schon wenige Jahrzehnte später kreuzten Schiffe den Pazifik in alle Richtungen und bauten etwas auf, das man mit Fug und Recht als Welthandel beschreiben kann.

Dies ging Hand in Hand mit dramatischen ökologischen Veränderungen, die in Umfang und Auswirkungen ebenfalls global waren. Historiker beschäftigen sich meist mit den von den Kräften der Kolonialisierung bewirkten politischen Veränderungen oder mit den gesellschaftlichen und wirtschaftlichen Konsequenzen des intensivierten Kontakts und der Integration auf lokaler, regionaler und interkontinentaler Ebene, doch auch die Überformung der natürlichen Umwelt hatte kaum zu überschätzende Folgen. Flora und Fauna wurden an neue Orte verpflanzt, mal gezielt, mal unbeabsichtigt. Durch Klimabedingungen gezogene ökologische Grenzen wurden zu Grenzen der menschlichen Interaktion. Und während die Alte Welt die Neue Welt ausbeutete und nach ihrem Bild neu gestaltete, veränderte sich die Wahrnehmung der Natur so dramatisch, dass sie unser gesamtes Geschichtsverständnis verzerrte.

So assoziieren wir heute Tomaten meist mit der italienischen Küche oder bestenfalls Spanien mit seinem alljährlichen Tomatenfest «La Tomatina» in Valencia. Paprika verbinden wir mit dem ungarischen Nationalgericht Gulasch, Ananas mit dem tropischen Afrika oder Südostasien, Chilischoten mit Indien, Erdnüsse mit den Soßen aus Thailand und Malaysia und Kartoffeln mit dem klassischen Sonntagsbraten. Doch keine dieser Früchte und Knollen kommt ursprünglich aus Europa, Afrika oder Asien, sie stammen sämtlich aus Mittel- und Südamerika.[1]

Hier geht es um mehr als nur um die Versorgung mit einer größeren Vielfalt von Lebensmitteln oder um die Verteilung von Anbaufrüchten in verschiedene Teile der Welt – es handelt sich um nichts weniger als eine ökologische Revolution. Zur Ausbeutung und Nutzung dieser Ressourcen wurden Landschaften und Ökosysteme umgepflügt und menschliche Lebensformen auf den Kopf gestellt, alles, um die nötigen Arbeitskräfte bereitzustellen und Ackerfrüchte zu produzieren, Erze zu fördern, Rohstoffe abzubauen und Waren zu erzeugen und an diejenigen zu liefern, die es sich leisten konnten. Das wiederum war der Motor des Wirtschaftswachstums und sozialen Wandels vor allem in den Machtzentren, die entstanden, um die wichtigsten Ressourcen zu kontrollieren, Handelsrouten militärisch zu sichern und sich vor der Konkurrenz im In- und Ausland zu schützen.

So entstanden Weltreiche, vor allem mit Mittelpunkt in Europa, die unermüdlich expandierten, um immer neue Rohstoffvorkommen auszubeuten, ob in Form von Erzen oder landwirtschaftlichen Erzeugnissen. Das ging mit einer umfassenden Umgestaltung von

Landschaften einher: Bergwerke wurden in die Erde gegraben und Wälder und Steppen in Felder und Plantagen verwandelt. Die Folgen für die Umwelt waren gewaltig, aber auch die Wirtschaft war betroffen, denn ein Boom bei der Förderung von wertvollen Mineralien oder dem Anbau von Ackerfrüchten führte oft zu Angebotsschwemmen, die nicht leicht aufzufangen waren und die Preise in den Keller fallen ließen. Überangebot und Preisverfall hatten allerdings auch ihre Vorteile, denn sie verbreiterten den Zugang zu bestimmten Gütern, waren ein Motor des gesellschaftlichen Wandels und bereiteten den Boden für die Industrielle Revolution der Europäer, die immer mehr Waren zu immer günstigeren Preisen erhielten. So kam ein Kreislauf in Gang, der das verfügbare Einkommen steigen ließ und immer weitere Teile der Gesellschaft an einer Besitzkultur teilhaben ließ, wie sie auf dem bereits erwähnten Arnolfini-Porträt dargestellt ist.[2] Den Preis dafür zahlte die Neue Welt, wo die Gewinne weder gesellschaftlich noch ökologisch gerecht oder gleichmäßig verteilt wurden.

Ein gutes Beispiel dafür ist der Zucker, einst ein Luxusprodukt, das den Eliten vorbehalten war. Auf Madeira, den Kanaren und São Tomé wurden Zuckerrohrplantagen errichtet, dann brachten die Flamen und Holländer das Süßgras nach Brasilien und auf eine Karibikinsel nach der anderen. Später explodierte die Produktion in Louisiana und vor allem auf Kuba, das im 19. Jahrhundert die produktivste Zuckerinsel der Welt war. Auch Java im heutigen Indonesien war bis dahin zu einem wichtigen Produktionszentrum aufgestiegen, genau wie Formosa vor der chinesischen Küste, Mauritius und Réunion im Indischen Ozean und Fidschi im Pazifik; und schließlich wurde auf den gewaltigen Plantagen Brasiliens Zuckerrohr für die Massenproduktion des «nachhaltigen» Kraftfahrzeugtreibstoffs Ethanol angebaut.[3]

Zucker war nur ein Rohstoff von vielen – neben Baumwolle, Kaffee, Kakao, Kautschuk, Holz, Fellen und weiteren, die einen ähnlichen Weg der massenhaften Ausbeutung gingen. Diese stand auf vier Beinen: erstens der Zwangsenteignung von Grund und Boden, wobei das fruchtbarste Land für die Produktion von Marktfrüchten verwendet wurde; zweitens der Verfügbarkeit von Arbeitskräften zur Aussaat, Pflege, Ernte und Verarbeitung der Pflanzen; drittens der logistischen Infrastruktur zum Transport der Güter sowie dem institutionellen Rahmen zur Sicherung des Eigentums am Herkunftsort, auf dem Transportweg und nach der Ankunft; und viertens der Existenz von Märkten mit wachsendem Appetit und der nötigen Kaufkraft.

Nach Ansicht einiger Historiker nährten die Erzeugnisse und Waren, die über den Atlantik zurück nach Europa kamen, die Industrielle Revolution und den Aufstieg Europas.[4] Die Entdeckungsfahrten von Christoph Kolumbus und die Erschließung des Seehandels mit Asien wenig später haben lange Zeit großen Eindruck auf Wirtschaftswissenschaftler gemacht. «Die Entdeckung Amerikas und die eines Weges nach Ostindien um das Kap der Guten Hoffnung sind die beiden größten und wichtigsten Ereignisse, die die Geschichte der Menschheit verzeichnet», schrieb Adam Smith 1776 in *Der Wohlstand der Nationen*. Diese Entdeckungen schufen eine «Verknüpfung der entferntesten Teile der Welt miteinander, durch die Möglichkeit, sich gegenseitig in der Not beizustehen, wechselseitig ihre Genüsse zu vermehren und ihre Gewerbetätigkeit zu erhöhen.» Auch wenn es so klingen mag, war Smith kein naiver Globalisierungsbefürworter; er glaubte nicht daran, dass der Wohlstand gerecht verteilt würde. «Zu der Zeit, als jene Entdeckungen gemacht wurden, war die Überlegenheit der Macht auf Seiten der Europäer zufällig groß.» Das hätten sie auf brutale Weise genutzt und in diesen fernen Ländern «jede Art von Ungerechtigkeit unbestraft» begangen.[5]

Smiths Interesse galt in erster Linie den politischen und wirtschaftlichen Veränderungen, die sich durch die neuen interkontinentalen Handelsrouten ergaben. In den 1770er Jahren, als er *Der Wohlstand der Nationen* verfasste, waren die Europäer schon fast drei Jahrhunderte lang in alle Himmelsrichtungen unterwegs auf der Suche nach Rohstoffen, Waren und landwirtschaftlichen Erzeugnissen, die sie sich mit Gewalt aneignen oder billig erwerben und andernorts teurer verkaufen konnten. Der spätere Prozess der Kolonialisierung wurde moralisch ummäntelt, in religiöse und rassistische Vorstellungen gehüllt, mit Geschichtsinterpretationen gerechtfertigt und mit dem Deckmantel der Wissenschaft versehen. Doch die wahren Motoren der Expansion waren seit den 1490er Jahren Kapital- und Wirtschaftsinteressen.

Es ist daher kein Wunder, dass die Kolonialisierung, die so vielen Menschen Elend und Unrecht brachte, in den Nutznießerländern ganz andere Resultate zeitigte. Wer sich am Handel bereicherte, der wollte sein Vermögen beschützen und dazu die Besteuerung durch die Krone einschränken oder dem Staat Möglichkeiten nehmen, in den Handel einzugreifen und Unternehmer, Kapitalgeber oder Anleger mit sonstigen Maßnahmen zu schaden. Die Versklavung, Ermordung und Enteignung von Menschen in vielen Teilen der Welt ging in Europa interessanterweise mit einer Stärkung und Ausweitung von Rechten einher. Von den Monarchen unabhängige Parlamente, Gerichte und Institutionen wurden eingerichtet, oft mit dem ausdrücklichen Zweck, die Macht des Königs zu beschneiden und die Interessen der Eliten zu schützen. Diese waren entschlossen, ihre Unabhängigkeit zu bewahren und ihr Vermögen zu nutzen, um weitere politische, gesellschaftliche und wirtschaftliche Reformen voranzutreiben.[6]

Das Ziel dieser Reformen bestand natürlich darin, die Muskeln des Wachstums weiter zu stärken und den institutionellen Rahmen zu verbessern. Sie fielen unterschiedlich aus, und im Norden Europas, vor allem in England und den Niederlanden, waren die Interessengruppen deutlich erfolgreicher als im Süden, in Spanien und Portugal, vor allem ab 1650. Das relative Geschick, mit dem die Abgeordneten im nördlichen Europa Sondersteuern abwenden, teure Kriege verhindern und die Staatsverschuldung einschränken konnten, half auch dabei, die eigenen Zinsen zu drücken und so einen Vorteil im Welthandel zu erlangen. Außerdem verringerte es das Risiko und begünstigte langfristige Investitionen.[7]

Das Ergebnis war ein Nord-Süd-Gefälle auch in Europa, ein Auseinanderdriften der sozioökonomischen und politischen Verhältnisse Nord- und Südeuropas und der Beginn einer langsamen, aber stetigen Demokratisierung im Norden.[8] Der Weg von der absoluten

Monarchie zur größeren politischen Teilhabe lässt sich jedoch zu jenen anfänglichen Schüben zurückverfolgen, als die Europäer mit ihrer «Überlegenheit der Macht» auf Kosten der Menschen in anderen Teilen der Welt Profite machten.

Die erste Welle der Entdecker suchte nach leicht zu transportierenden Werten wie Gold, Silber und Edelsteinen. Doch schon bald wandten sie sich der Eroberung von Gemeinwesen zu, die besonders lukrative Beute verhießen, in Amerika in erster Linie die Staaten der Azteken und der Inkas. Beide wurden von einer relativ kleinen Zahl von Spaniern besiegt, die ihr Land auf der Suche nach Ruhm und Reichtum verlassen hatten. Die Eroberer verdankten den Erfolg ihrer militärischen Technologie, die durch jahrhundertelange Kriege in Europa geschärft war, vor allem ihren Feuerwaffen; doch sie waren nicht allein kriegsentscheidend. Auch Pferde gaben den Europäern einen entscheidenden Vorteil bei der Kommunikation, dem Transport und bei Gefechten. Dass es den Europäern gelang, Bündnisse mit Einheimischen einzugehen und sich Rivalitäten zunutze zu machen, war ebenfalls ein wichtiger Grund dafür, dass eine Handvoll Spanier scheinbar robuste und ausgeklügelte Strukturen zu Fall bringen konnte.[9]

Danach strömten die Schätze aus Mittel- und Südamerika nach Spanien, und einige der Schiffe waren so schwer beladen, dass sie Gold als Ballast verwendeten.[10] Gold und Silber landeten in solchen Massen in Sevilla an, dass die Zollhäuser (Casa de Contratación) «keinen Platz mehr dafür hatten und sie den Hof überschwemmten».[11] Diese Beute war Teil eines einmaligen und einzigartigen Wohlstandstransfers und wurde möglich durch die umfassende Eroberung von zentralisierten Machtstrukturen, die ihrerseits Reichtümer aus allen Regionen ihres Reichs anhäuften, oftmals in Form von Tributzahlungen. Nach dieser Plünderungsphase war jedoch ein neues Modell nötig, um auch weiterhin Einnahmen aus den eroberten Gebieten zu generieren, sei es durch Plantagen oder durch Bergwerke wie das in Potosí, aus dem mehr als ein Jahrhundert lang die Hälfte der weltweiten Silberförderung stammte. Dieses Modell basierte auf Massenarbeit.[12]

Schon Kolumbus hatte in Erwägung gezogen, die Einheimischen in der Karibik als Arbeitskräfte heranzuziehen und dabei auch Gewalt einzusetzen: Sie seien «bereit, zu gehorchen, zu arbeiten und alles Nötige zu vollführen. Mithin wäre es angezeigt, sie dazu zu verwenden, Städte und Ortschaften zu errichten.»[13] Viele Historiker gehen nur am Rande auf die Versklavung der Einheimischen in Mittel- und Südamerika ein, wenn sie diese überhaupt erwähnen. Andere dagegen beziffern die Zahl der indigenen Zwangsarbeiter auf Hunderttausende oder gar Millionen.[14] Und das obwohl Königin Isabella entsetzt auf die Versklavung der Indigenen reagierte und ihre Freilassung und Rücksendung in ihre Heimat gefordert hatte; 1501 hatte sie sogar erklärt, die Einheimischen seien freie Untertanen, die gut behandelt werden und Tributzahlungen an die Krone entrichten sollten.[15]

Priester wie Bartolomé de las Casas teilten diese Ansicht. Ihrer Vorstellung nach hatte Gott alle Menschen gleich geschaffen und ihnen dieselbe Fähigkeit gegeben, ihn als den Allmächtigen zu erkennen. Dies wurde auch mehrfach in Gesetzen festgeschrieben, etwa den Leyes de Burgos aus dem Jahr 1512, der päpstlichen Bulle von Papst Paul III. aus dem Jahr 1537 und weiteren Gesetzen des spanischen Königs aus den 1540er Jahren.[16] Aber wie so oft in der Geschichte der Kolonialisierung klaffte ein tiefer Graben zwischen den Verlautbarungen der Gesetzgeber auf der einen Seite und den harten Realitäten auf der anderen.

Die Ankunft der Europäer mit ihren Forderungen und Ansprüchen stieß auf den erbitterten Widerstand der einheimischen Bevölkerung. Die erste Siedlung der Spanier in der Neuen Welt, La Navidad auf der Insel Hispaniola, erbaut aus den Planken der Karavelle Santa María, wurde von den Taino zerstört. Mancherorts leisteten die Einheimischen passiven Widerstand, etwa indem sie gegen die Inbesitznahme von Land protestierten und sich weigerten, ihre jährliche Aussaat auszubringen. Diese Art der Selbstverteidigung, die der zeitgenössische Chronist Gonzalo Fernández de Oviedo als «bösartigen Plan» bezeichnete, kostete allerdings nicht nur die Siedler das

Leben, sondern auch die Einheimischen selbst. In ihrer Verzweiflung verzehrten die Spanier alle domestizierten Tiere, die sie auftreiben konnten, auch diejenigen, die sie selbst mitgebracht hatten. Schließlich machten sie sich sogar über Eidechsen, Salamander und Schlangen her, «von denen es», wie es in einem Bericht heißt, «hier viele gibt, aber keine giftigen». Was sich bewegte, «endete im Feuer, gebraten oder gekocht».[17]

Nach Erfahrungen wie diesen trafen die Europäer ihre Vorkehrungen. So führten sie zum Beispiel Arten ein, die sie als verlässliche Eiweißquelle kannten – allen voran Schweine mit ihrer schnellen Vermehrungsrate, ihrer kurzen Tragzeit und großen Würfen, denen man fast alles zu fressen geben konnte. Zusammen mit den ebenfalls eingeführten Schafen, Ziegen und Rindern brachten sie eine gewaltige Umwälzung in Gang. Ein Augenzeuge beschrieb Anfang des 17. Jahrhunderts «riesige Viehherden von Pferden, Maultieren, Ochsen, Kühen, Schafen und Ziegen», die «zu jeder Jahreszeit frische Weiden haben» und sich in alle Richtungen ausdehnen, «so weit das Auge sehen kann».[18]

Das hatte dramatische Auswirkungen auf die einheimischen Arten, aber auch die Böden und Pflanzen. Mancherorts führte die Überweidung zu Bodenerosion und einer drastischen Verschlechterung des Erdreichs; die Weiden verarmten, Durchschnittsgewicht und Fortpflanzungsquote des Viehs sanken, die Herden schrumpften, womit wiederum weniger Eiweiß, Häute und Wolle zur Verfügung standen. Auch Rodungen wirkten verheerend, der Wasserkreislauf wurde empfindlich gestört, das Land konnte für langfristige Besiedlung ungeeignet werden, und Steppengräser breiteten sich aus. Vom Menschen verursachte Veränderungen der natürlichen Umwelt, egal, ob sie gezielt oder unbeabsichtigt herbeigeführt wurden, hinterließen tiefe Narben auf dem amerikanischen Doppelkontinent.[19]

Die Folgen waren derart weitreichend, dass manche Historiker von «ökologischem Imperialismus» sprechen. Einheimische Ökosysteme wurden von Neuankömmlingen mit ihren fremden Gepflogenheiten, Lebensweisen und Ansprüchen besetzt und umgekrempelt – ganz zu schweigen von ihren Tieren, deren «Fressverhalten,

Hufe und Kot» ebenso wie «die Samen der Unkräuter, die sie mit sich führten», in den kolonisierten Gebieten «das Erdreich und die Flora für immer veränderten».[20]

Die Europäer importierten eigene Ökosysteme oder schleppten sie unwissentlich ein. Neben ihren Nutztieren und -pflanzen, die sich ausdehnten, einheimische Arten verdrängten oder sich mit diesen kreuzten, brachten sie Unkräuter und Schädlinge mit, die ebenfalls tiefgreifende Auswirkungen auf die Menschen, Orte und Lebewesen hatten, mit denen sie in Berührung kamen.[21] Nicht zu vergessen die Krankheitserreger. Die Einheimischen hatten mit vielen der von den Europäern eingeschleppten Krankheiten bis dahin keinen Kontakt gehabt, und ihr Immunsystem wurde vollkommen unvorbereitet getroffen.

Pocken und Masern wüteten unter der Bevölkerung Mittelamerikas, die Wellen der 1520er Jahre kosteten zahllose Menschen das Leben. Erschütternde Berichte schildern Berge von verwesenden Leichen, die nicht beigesetzt werden konnten.[22] Ähnlich verheerend war die Cocoliztli-Epidemie der 1540er Jahre, Berichte und chemische Analysen eines Friedhofs im Süden Mexikos deuten auf einen vernichtenden Bevölkerungsverlust hin.[23] Untersuchungen der Leichen ergaben, dass sich die Verstorbenen mit der Salmonellenart S. paratyphi C infiziert hatten, die eine fieberhafte Darmerkrankung verursacht und möglicherweise von asymptomatischen oder genesenen Europäern eingeschleppt wurde. Zeitgenössische Berichte zeigen allerdings, dass sowohl Einheimische als auch Europäer starben, was auf einen besonders virulenten Erreger schließen lässt.[24]

Im Jahr 1576 folgte eine weitere verheerende Infektionskrankheit. «Eine neue schwere Seuche kam über das Land und brachte den Einheimischen Tod und Verderben», schrieb Diego Muñoz Camargo. Es seien so viele Menschen gestorben, dass «die einheimische Bevölkerung nahezu ausgelöscht wurde». Die Pandemie sei von ominösen Zeichen am Himmel begleitet worden: «drei Kreise in der Sonne, ähnlich drei blutenden oder explodierenden Sonnen, deren Farben ineinander verliefen».[25]

Auch andere berichteten von den apokalyptischen Ausmaßen

des Leids. Der Franziskaner Juan de Torquemada schrieb von einem «großen Sterben und einer Pestilenz», die in den spanischen Kolonien Mittelamerikas wütete. «Sie war so furchtbar, dass sie fast das gesamte Land vernichtete. Das Land, das wir Neuspanien nennen, war weitgehend verödet.» Es seien so viele Menschen gestorben, dass «niemand gesund oder stark genug war, um die Kranken zu pflegen oder die Toten beizusetzen. In den Städten und Dörfern wurden von morgens bis abends große Gruben ausgehoben, und die Geistlichen waren den ganzen Tag damit beschäftigt, die Toten herbeizuschaffen und hineinzuwerfen, ohne Bestattungszeremonie, denn sie kamen einfach nicht dazu. In der Nacht wurden die Gruben mit Erde bedeckt.» Torquemada schätzt, dass mehr als zwei Millionen Menschen starben.[26] Moderne Untersuchungen bestätigen seine Schätzungen. Eine geht davon aus, dass die Pandemie der 1540er Jahre etwa 80 Prozent der indigenen Bevölkerung auslöschte und dass die Sterblichkeit drei Jahrzehnte später 45 Prozent betrug.[27]

Einige Europäer sahen in den Seuchen eine Strafe Gottes für die Einheimischen mit ihren heidnischen und geradezu teuflischen Religionen.[28] Umso mehr versuchten sie, mit aller Härte das Christentum durchzusetzen. Ganz nebenbei gab dies den Missionsorden die Gelegenheit, mehr Geld für die Evangelisierung ihrer Schäflein zu fordern – man darf eine Krise schließlich nicht ungenutzt verstreichen lassen.[29]

Doch nicht nur die Seuchen wirkten verheerend, sondern eine Verkettung von Faktoren wie Zwangsarbeit, Versklavung, Zwangsumsiedlung und Unterernährung, die das Immunsystem schwächten und noch anfälliger für Krankheiten machten. «Seit 40 Jahren haben die Spanier nichts anderes getan, als diese Menschen zu zerfleischen, zu töten, zu peinigen, zu kränken, zu martern und zu vernichten, und das auf ungewöhnliche, neue und vielfältige Arten der Grausamkeit, dergleichen man nie zuvor gesehen, gelesen oder gehört hat», schrieb Bartolomé de las Casas über die Anfangstage der europäischen Besiedlung in einem Bericht, mit dem er die Daheimgebliebenen über die Zustände in der Neuen Welt aufklären wollte.[30]

Ähnlich äußerte sich Jerónimo de Mendieta im weiteren Verlauf des 16. Jahrhunderts. Die indigene Bevölkerung werde «jeden Tag durch Unmenschlichkeit und Grausamkeit weiter dezimiert». Die Gier der Spanier sei so groß, dass die Siedler «mitleidlos zusehen, wie sie wie die Fliegen sterben», und sie auch noch «für die kurze Zeit, die sie noch am Leben sind, weiter ausbeuten, denn schon bald wird keiner von ihnen mehr übrig sein». Gewaltige Landstriche wurden von der Gier entvölkert, und es blieb keine Spur von den Menschen, die einst dort gelebt hatten.[31] Hinzu kam ungünstige Witterung, die den Neuankömmlingen und Einheimischen das Leben noch schwerer machte.[32]

Gerüchte von prunkvollen Städten, die nur auf die Eroberung warteten, lockten in den 1540er Jahren spanische Expeditionen ins heutige New Mexico. Dabei gingen die Eroberer mit solcher Gewalt gegen die Pueblo-Indios vor, dass eine königliche Untersuchungskommission eingesetzt wurde, um die Verbrechen aufzuklären. Zeitgenössische Chronisten berichten, die Konflikte seien noch verschärft worden durch die Witterung. Um sich «vor der extremen Kälte zu schützen», hätten die Spanier die Indios vertrieben, ihre Hütten niedergebrannt und das Brennmaterial geplündert.[33]

Die Eroberer waren nach Ansicht von Historikern nicht auf die Wetterbedingungen vorbereitet und hatten keine warme Kleidung mitgebracht. Als sie Proviant, Decken und Truthähne (um aus den Federn Umhänge herzustellen) raubten, kam es zu Konfrontationen und Gewalt. Bei einem besonders berüchtigten Vorfall im Jahr 1599 töteten spanische Soldaten und ihre einheimischen Hilfstruppen in Acoma Pueblo fast tausend Männer, Frauen und Kinder, offenbar «auf der Suche nach Schutz vor der Kälte, die noch mehr Leid verursachte als der Hunger».[34]

Schuld daran war auch eine außergewöhnliche Kältephase im Südosten und Südwesten der heutigen Vereinigten Staaten. Im heutigen Kalifornien waren die Winter der 1540er Jahre eisig und brachten große Mengen Schnee, und nach der Besiedlung der späteren englischen Kolonie Virginia machte ein Wechsel von Dürren und Stürmen den Siedlern das Leben schwer – ein Augenzeuge nannte die

Region «ein Land der Unfruchtbarkeit und des Todes».[35] In South Carolina wurden die Engländer durch Mangel an Nahrungsmitteln, die Feindseligkeit der Guale und die ungünstige Witterung gezwungen, eine erste Siedlung aufzugeben; ein Zeitgenosse berichtet, es habe die ganze Zeit geregnet, und das Getreide sei nicht reif geworden. «Hier sind wir also, verlassen, alt, müde und krank.»[36]

Im ausgehenden 16. Jahrhundert brachten die Ausbrüche des Fuego de Colima in Mexiko (1576), der Andenvulkane Nevado del Ruiz (1595) und Huaynaputina (1600) sowie ein großer Ausbruch unbekannter Herkunft um 1592 neue Unbilden. Keiner dieser Ausbrüche war an sich außergewöhnlich, doch ähnlich wie die maschinengewehrartige Ausbruchsserie des 6. Jahrhunderts leitete auch diese eine Phase der raschen und starken Abkühlung in Eurasien und Nordamerika ein. Im Jahr 1601 lagen die Temperaturen auf der Nordhalbkugel etwa 1,8 Grad Celsius unter dem langfristigen Mittel; die Auswertung von Baumringen zeigt, dass die Sommer die kältesten seit zwei Jahrtausenden waren, und das Jahrzehnt das kälteste dieses Zeitraums.[37]

Ende des 17. Jahrhunderts wurde das Zentrum Nordamerikas von einer Katastrophe nach der anderen heimgesucht, und die Bedingungen waren so schwierig, dass sich viele Spanier fragten, ob es sich noch lohne, die eroberten Gebiete zu halten. Florida sei ein «Ödland», warnte ein Beobachter, und die Landwirtschaft mache «viel Arbeit» und bringe «wenig Ernte». Das Siedlungsprojekt im Norden Neuspaniens sei ein Fehler, wie Alonso Suárez de Toledo dem spanischen König Philipp II. vorrechnete: «Florida zu halten bringt nur Kosten, denn es ist und war nicht lohnend und kann seine eigene Bevölkerung nicht ernähren. Alles muss von außen gebracht werden.»[38] Wie zur Bestätigung verschwand die erste Siedlung der Engländer auf Roanoke vor der Küste des heutigen North Carolina auf mysteriöse Weise, nachdem die Siedler dort entweder getötet worden, verhungert oder geflohen waren.[39] Kein Wunder, dass Suárez de Toledo seinem König berichten konnte, dass die Spanier in Nordamerika zwar viele Probleme hätten, dass die Engländer jedoch nicht dazu gehörten.[40]

Nicht alle Teile des Kontinents waren gleichermaßen von der Kälte betroffen, und je nach Region entwickelten die Menschen ganz unterschiedliche Strategien. Die Irokesen, die in der Region der Großen Seen lebten, gingen von kälteempfindlichen Bohnen zur Jagd auf Rotwild über, dessen Häute sie auch für Kleidung verwenden konnten; das hatte allerdings einen verstärkten Konkurrenzkampf um Jagdgründe zur Folge.[41] Andere Irokesengruppen wanderten ab und verteilten ihre Ressourcen in diesen Notzeiten über ein dezentralisiertes Klan- und Verwandtschaftssystem. Wieder andere wie die Algonquin der Chesapeake- und Potomac-Region konzentrierten dagegen die Macht in der Hand einer Erbelite und bauten eine gesellschaftliche, wirtschaftliche und politische Hierarchie auf, die sich deutlich von früheren Organisationsformen unterschied.[42] Veränderte Siedlungsmuster in den Waldregionen des Südwestens und Ostens lassen auf eine zunehmende Bevölkerungsdichte und Befestigung der Dörfer schließen – Hinweise auf die Herausbildung von Hierarchien, aber auch auf Gewalt und einen verstärkten Konkurrenzkampf um Ressourcen.[43] Von diesen Veränderungen berichten auch zahlreiche mündliche Überlieferungen verschiedener Stämme Nordamerikas, die von einer Reihe von Klima- und Umweltkrisen handeln und sie als Lektion der Widerstandsfähigkeit und des Siegs über Widrigkeiten festhalten.[44]

Die Geschichte dieser indigenen Völker wurde natürlich nicht durch den Austausch mit europäischen Siedlern geprägt, sondern durch die komplexen Beziehungen untereinander.[45] Anders in den Regionen, die von den Europäern erobert und beherrscht wurden. Hier nahm die Bevölkerungskatastrophe ein atemberaubendes Ausmaß an: Exakte Zahlen fehlen, Schätzungen gehen jedoch davon aus, dass um das Jahr 1500 rund 1,5 Millionen Menschen im Tal von Mexiko lebten; 70 Jahre später waren es nur noch 325000 und Mitte des 17. Jahrhunderts möglicherweise nur noch etwa 70000. Das heißt, zwischen der Ankunft der Spanier im Jahr 1519 und dem Jahr 1650 brach die indigene Bevölkerung um 95 Prozent ein.[46]

Dieser drastische Verlust veranlasste indigene Chronisten wie

Hernando de Alvarado Tezozómoc und Domingo Chimalpahin, die mündlichen Überlieferungen ihrer Vorfahren niederzuschreiben. Sie sorgten sich, dass niemand mehr übrig sein würde, der sich an Ereignisse aus der Zeit vor der Ankunft der Europäer erinnerte.[47] Heutige Kommentatoren interessieren sich für andere Aspekte dieses massiven Bevölkerungseinbruchs und sehen ihn als Ursache für dramatische ökologische und klimatische Veränderungen. Eine Untersuchung kam zu dem Schluss, der Bevölkerungsverlust habe einen erheblichen Rückgang der Landwirtschaft bewirkt, zig Millionen Hektar von ehemaligen landwirtschaftlichen Nutzflächen seien in ihren Urzustand zurückgefallen, mit messbaren Auswirkungen auf die Kohlendioxidkonzentration in der Atmosphäre und die Temperaturen des 16. und 17. Jahrhunderts.[48]

Die Hypothese, dass das durch Gewalt, Hunger und Krankheiten verursachte «große Sterben» der indigenen Bevölkerung Nord- und Südamerikas einen Klimawandel bewirkt haben könnte, ist zwar scharfsinnig, bleibt jedoch spekulativ. Erstens stützt sie sich auf Annahmen über die Bevölkerungszahlen vor 1492 und in den folgenden anderthalb Jahrhunderten, die nur schwer exakt zu ermitteln sind, weshalb manche Modelle eine Fehlerspanne von hundert Prozent vorsehen.[49] Zweitens ist keineswegs sicher, dass es in Amerika zu einer Wiederbewaldung kam, und wenn ja, wo und mit welchen Folgen; und selbst wenn Wälder zurückgekommen wären und die Biomasse dort zugenommen haben sollte, waren das 16. und 17. Jahrhundert in Asien eine Zeit massiver Rodungen, die die mögliche Ergrünung Amerikas aufgewogen haben könnte.[50]

Die offensichtlichste Schwäche der These ist jedoch, dass Daten aus Eisbohrkernen einen deutlichen Rückgang des Kohlendioxids in den 1590er Jahren ausweisen, nicht aber in den 1540ern und/oder 1570ern, den beiden Jahrzehnten, in denen in Mittelamerika besonders verheerende Pandemien wüteten. Die Plötzlichkeit dieses Rückgangs lässt vermuten, dass die Ursache weniger eine Bevölkerungskatastrophe und eine veränderte Landnutzung waren, sondern eher andere, nicht menschengemachte Faktoren, zum Beispiel Vulkanausbrüche, die für diese Zeit belegt sind.

Weniger umstritten sind wohl die Auswirkungen des massiven Bevölkerungsverlusts in Nord- und Südamerika auf Europa und Asien. Die ökologische Dividende der Neuen Welt war ein entscheidender Faktor des transatlantischen Handels, beginnend mit dem Zucker und gefolgt von Tabak, der als medizinisches Wundermittel galt. Die Besiedlung und Eroberung erfolgte nicht zufällig, sondern planvoll und war eng verknüpft mit der Ausbeutung von neuem Land und dem Wohlstand, den dieses generieren konnte.[51]

Voraussetzung waren jedoch Arbeitskräfte für die Pflanzung, Ernte und Verarbeitung der Marktfrüchte. Das galt vor allem für Pflanzen wie das Zuckerrohr, die das ganze Jahr über Arbeit verlangten: Es mussten Furchen gezogen, Setzlinge gesteckt, Unkraut gejätet und schließlich das Rohr geschnitten werden; damit es nach der Ernte nicht zu gären anfing, musste es binnen 24 Stunden verarbeitet werden, das heißt, es wurde gepresst, gefiltert und in mehreren Gängen gekocht und einreduziert, ein Prozess, der oft mit dem Höllenfeuer verglichen wurde. Die Europäer sahen von Anfang an Zwangsarbeit und Sklaverei als naheliegende Lösung für ihr Arbeitskräfteproblem. In Brasilien verschleppten sie dazu Zehntausende Einheimische aus dem Hinterland von Bahia; dabei kam es auch immer wieder zum Streit unter den Europäern um die Sklaven. Der massive Einbruch der einheimischen Bevölkerung stellte sie daher vor Probleme. In Bahia grassierte in den 1550er Jahren die Ruhr, ein Jahrzehnt später die Beulenpest, gefolgt von mehreren Pockenwellen, die viele der Einheimischen töteten; dazu kamen Hungersnöte, weil unter dem Druck der sinkenden Bevölkerungszahlen der Anbau von Nahrungsmitteln vernachlässigt wurde.[52] «Die Zahl der Menschen, die in den vergangenen 20 Jahren in Bahia gestorben sind, übersteigt jede Vorstellung», schrieb ein jesuitischer Missionar. «Niemand hätte sich vorstellen können, dass so viele Menschen aufgezehrt würden, noch dazu in so kurzer Zeit.»[53]

Südamerika wurde nicht gleichmäßig vom Bevölkerungsverlust getroffen. Die Uferregionen von Flüssen und Seen begünstigten die Verbreitung von Erregern, die durch Wasser übertragen wurden, weshalb die Menschen hier stärker gefährdet waren als im Inneren des Kontinents, wo es Wälder mit größeren Wildbeständen gab und die Böden oft die Erwirtschaftung von Überschüssen ermöglichten. Das erklärt auch, warum sich die Spanier an der Atlantikküste Nordamerikas noch ein Jahrhundert nach der ersten Besiedlung konstanten Auseinandersetzungen mit der einheimischen Bevölkerung ausgesetzt sahen: Der Bevölkerungseinbruch war regional begrenzt, und in den Küstenregionen «kam es nicht zu einer massiven Entvölkerung», wie ein führender Historiker schrieb.[54]

Schon vor den ersten Wellen der Bevölkerungskatastrophe hatten sich die europäischen Siedler Gedanken über die Beschaffung von Arbeitskräften gemacht. Hintergrund war die Entwicklung des «Plantagenkomplexes» zur Massenproduktion von Zucker und anderen Marktfrüchten, mit dem die Italiener und Portugiesen auf Atlantikinseln wie den Kanaren erste Erfahrungen gesammelt hatten.[55] Bei der wirtschaftlichen und ökologischen Ausbeutung dieser Inseln hatte der Zugang zu den Sklavenmärkten Westafrikas eine wesentliche Rolle gespielt, und nun sollte er auch auf der anderen Seite des Atlantiks zu Profiten verhelfen.[56]

Schon Anfang des 16. Jahrhunderts wurden Afrikaner in großer Zahl in die Neue Welt verschleppt. Auf den Zuckerrohrplantagen von Hispaniola arbeiteten so viele, «dass das Land an ein Bild von Äthiopien erinnert», so ein spanischer Autor.[57] Dennoch hatten die neuen Siedler Bedenken, große Schiffsladungen von Zwangsarbeitern und Sklaven einzuführen, auch weil sie fürchteten, auf diese Weise könne der Islam in die Neue Welt exportiert werden. «In einem Land wie diesem, in dem erst seit Kurzem ein neuer Glaube gesät wird, darf die Ausbreitung der Mohammedaner oder einer anderen Sekte nicht zugelassen werden», erklärte ein königliches Dekret aus dem Jahr 1543.[58] Diese Furcht hatte schon vor der Überfahrt von Kolumbus dazu geführt, dass Afrikaner zwangsgetauft wurden, ehe sie nach Spanien und Portugal gebracht wurden. Die «Götzenanbeter» wurden evangelisiert, um sie zu guten Christen zu machen oder zumindest die von ihnen ausgehende Bedrohung einzudämmen.[59]

Schwerer als die mögliche Ausbreitung des Islam wog jedoch die Furcht der europäischen Siedler vor einer zahlenmäßigen Überlegenheit der Sklaven. Schon 1503 sprachen sich Nicolás de Ovando, der Gouverneur von Hispaniola, und andere für das vollständige Verbot von afrikanischen Sklaven aus, weil sie, so die Begründung, flohen, bei den Einheimischen unterkamen und diesen «schlechte Gewohnheiten» beibrachten.[60] Behauptet wurde, muslimische Afrikaner seien geübt darin, Rebellionen anzuzetteln und die Einheimischen anzustiften. Solche Sorgen waren nicht unbegründet, und die ersten größeren Aufstände der 1520er Jahre veranlassten die spanische Krone zu Dekreten, die den Verkauf muslimischer afrikanischer Sklaven ohne Lizenz verboten.[61]

Eine Alternative war, Menschen durch Anreize freiwillig zur Auswanderung zu bewegen. In England gab es diese Überlegungen schon seit Beginn der Tudorzeit, vor allem zur Ansiedlung in Irland. In der Vorstellungswelt der Engländer war die Nachbarinsel eine Wildnis, die nur darauf wartete, zivilisiert zu werden. Siedler sollten das «Unkraut der irischen Gesellschaft» ausmerzen und Irland zu «unserer Neuen Welt» machen.[62]

Die Propaganda zeichnete die Natur auf der anderen Seite des Atlantiks in rosigen Farben als jungfräuliche Erde, die nur darauf wartete, bestellt zu werden. Die Berichte von Thomas Harriot und anderen konzentrierten sich auf die Rohstoffe und landwirtschaftlichen Erzeugnisse, die man in den Wäldern Nordamerikas ab- beziehungsweise anbauen konnte, und wurden in Europa genauestens studiert. In England hatte Königin Elisabeth I. ein persönliches Interesse an den Möglichkeiten, die diese neuen Länder boten, vor allem als Quelle für Einkünfte, die dem Land dienen und es vor seinen katholischen Gegenspielern im In- und Ausland schützen konnten.[63]

Anfangs machte sich nur eine bescheidene Zahl von Nordeuropäern freiwillig auf den Weg über den Atlantik. In den 1580er Jahren unternahmen die Engländer erste erfolglose Versuche, in Amerika Fuß zu fassen, und im Laufe des nächsten halben Jahrhunderts ließen sich Siedler in Virginia, Neuengland, Bermuda, Barbados und den Kleinen Antillen nieder. Die Siedlungen waren noch sehr spärlich; Historiker haben vorgerechnet, dass in dieser Zeit mehr Engländer in Nordafrika von den Mauren versklavt wurden als den Weg in die Neue Welt fanden.[64]

Im Laufe des 17. Jahrhunderts nahm der Strom der Siedler jedoch stetig zu. In vielen Fällen betrieben sie Landwirtschaft nicht mithilfe von Zwangsarbeitern, die sie durch Gewalt und Terror im Zaum hielten, sondern durch Kooperation und Handel. Dennoch entging den frühen Siedlern nicht, dass sie nur deshalb eine Chance erhalten hatten, weil die einheimische Bevölkerung durch Krankheiten dezimiert worden war. In einer Charta aus dem Jahr 1620, die Anspruch auf das spätere Neuengland erhob, erklärte König Jakob I., «durch Gottes Fügung» habe in den letzten Jahren «eine wunderbare Seuche» geherrscht, die zur «völligen Verwüstung und Entvölkerung des ganzen Landes» beigetragen habe.[65] Bei der Seuche, die der Kolonisierung den Weg ebnete, könnte es sich um Leptospirose gehandelt haben, und Ursache war vermutlich die Verseuchung des Trinkwassers durch aus Europa eingeschleppte Ratten.[66] Die Not förderte allerdings auch die regionale Zusammenarbeit, denn der Konkurrenzkampf um Ressourcen flaute ab, und die Überlebenden hatten verstärkt Anreize, Handel zu treiben und Kompromisse zu schließen, während sie neue Kräfte sammelten.[67]

In den Augen der Europäer musste es sich bei solchen Ereignissen um göttliche Vorsehung handeln. Gleichzeitig waren sie sich bewusst, wie wichtig es ist, Arbeitskräfte zur Verfügung zu haben, mit denen sie dieses Gottesgeschenk auch nutzen konnten. Viele der Berichte über die Neue Welt, ihr Klima und ihre Natur waren skurril, anekdotisch und oft schlicht falsch, doch man unternahm alles, um ihren Reichtum zu vermitteln. In den 1630er Jahren schrieb beispielsweise der Jurist und Puritaner John Winthrop in einem Brief an Empfänger nach London, die Winter in Boston seien zwar «streng und lang», doch «die Eingeborenen sind fast alle an den Pocken gestorben, und der Herr hat uns die Besitzurkunde überlassen». Wem dieser Anreiz nicht genügte, der hörte vielleicht auf den Prediger Francis Higginson, der wissen ließ, dass es «kaum einen gesünderen Ort auf der Welt gibt, der unseren englischen

Körpern besser bekommt», als Massachusetts: «Manch einer, der im alten England schwach und krank war, wurde hier gänzlich geheilt und ist gesund und kräftig geworden.»[68]

Das Klima von Neuengland sei «bestens geeignet» für alle, die in England geboren und aufgewachsen sind, und das Land «wie gemacht für die Entwicklung und Besiedlung durch unsere englische Nation», schrieb Thomas Morton, der durch die Veröffentlichung eines Buchs über seine Erlebnisse in Nordamerika im Jahr 1637 zu einer Berühmtheit wurde. «Die Engländer und Schotten» hätten einen weiteren Vorteil gegenüber anderen, schrieb der Chronist Philip Vincent etwa zur selben Zeit: «die Fähigkeit, die Gott den Bewohnern der Britischen Inseln gegeben hat, mehr Kinder zu zeugen und aufzuziehen als jede andere Nation der Welt».[69]

Die Erwähnung der «guten Zeuger» lässt darauf schließen, wie wichtig es war, das Problem des Arbeitskräftemangels in den Griff zu bekommen. Kinder waren zwar eine naheliegende Lösung, doch das brauchte Zeit, und man musste die hohe Kindersterblichkeit einkalkulieren, die die Bevölkerungszahlen niedrig hielt. Eine schnellere Lösung war die Lohnknechtschaft, eine Art Arbeitsvertrag, in dem Arbeitnehmer einwilligten, eine bestimmte Zeit lang für einen Arbeitgeber zu arbeiten, wenn dieser ihnen die Überfahrt bezahlte.[70]

In England und in gewissem Maße auch in Frankreich waren die Frage nach der Verfügbarkeit von Arbeitskräften und deren Auswanderung nach Übersee Teil umfassenderer sozioökonomischer Veränderungen des 16. Jahrhunderts. Durch Fortschritte und Produktionssteigerungen in der Landwirtschaft wurde die Arbeit auf dem Land knapp. Das Handelskapital stellte rasch eine Verbindung zwischen dem daraus folgenden Überschuss an Arbeitskräften und der neuen Nachfrage in der Neuen Welt her und bot Knechtschaftsverträge an, die in der Regel eine feste Laufzeit von vier oder fünf Jahren hatten und an deren Ende eine vereinbarte Summe ausbezahlt wurde.[71] Francis Bacon und andere Autoren des frühen 17. Jahrhunderts waren wenig beeindruckt von der Qualität dieser Arbeitskräfte, die teils freiwillig, teils unter Zwang auf den Plantagen der Neuen Welt arbeiteten. Bacon beschrieb sie als

«Abschaum und verurteilte Straftäter», und andere bezeichneten sie als «Vagabunden», die an nichts anderem interessiert seien als an «Huren, Stehlen und anderen Ausschweifungen».[72]

Das sahen freilich nicht alle so. Indem man Kohorten unqualifizierter Tagelöhner in die Kolonien schickte, stützte man nicht nur den dortigen Arbeitsmarkt, sondern schaffte sich in England, Schottland und Irland auch potenzielle Unruhestifter vom Hals. Obendrein sorgte man dafür, dass die Kolonien vom Mutterland abhängig blieben. Auf den Britischen Inseln gebe es «viele Tausend Nichtstuer, die nicht zum Arbeiten gebracht werden können», schrieb der Geograph und Schriftsteller Richard Hakluyt Anfang des 17. Jahrhunderts. Sie seien «entweder Aufrührer, oder sie fallen mit Raub, Diebstahl und anderen Liederlichkeiten der Gemeinschaft zur Last». Wenn man sie nicht außer Landes schicke, dann endeten sie am Galgen.[73]

Knechtschaftsverträge für die Armen (ob Aufrührer oder nicht) waren eine Form des Kredits, mit dem die Auswanderer Geld auf die Erträge ihrer künftigen Arbeit aufnehmen konnten. Ihre Ankunft wurde «von den Pflanzern, die billige Arbeitskräfte suchten, freudig begrüßt», so ein Abgeordneter des Oberhauses im Jahr 1640.[74] Es war eine Lösung, die Arbeitern und Landbesitzern gleichermaßen nutzte.

Die Pflanzer sahen oft keinen Unterschied zwischen den Lohnknechten aus Europa und den Sklaven aus Afrika und bezeichneten Erstere oft als «weiße Sklaven».[75] Mancherorts waren die Afrikaner eine kleine Minderheit: Bis 1645 hatten sich rund 24000 Menschen auf Barbados niedergelassen, dem ersten Wachstumsmotor der Plantagenwirtschaft. Drei Viertel davon waren Europäer, darunter einstige oder aktuelle Lohnknechte.[76] Afrikaner waren allerdings begehrter, was sich auch im Preis niederschlug: Sie kosteten fast das Doppelte, was auch damit zu tun hat, dass sie ihren Käufern unbefristet als Arbeitskräfte zur Verfügung standen.[77]

Historiker haben darauf verwiesen, dass viele Afrikaner in der Neuen Welt großes Ansehen genossen und aufgrund ihres Wissens und ihrer Erfahrung in bestimmten Bereichen sehr geschätzt waren. Westafrikaner aus den Regionen Wolof, Fula und Mandinga, in denen Pferde- und Rinderzucht betrieben wurden, fanden bis weit ins 17. Jahrhundert hinein Verwendung in der Viehhaltung. Auch Erfahrungen im Bergbau und in der Perlenfischerei waren gefragt. Ähnlich hatten auch die spanischen Siedler in Mittelamerika die technischen Fähigkeiten der indigenen Bevölkerung im Bergbau genutzt, und in Südamerika schätzte man die landwirtschaftlichen Kenntnisse der Arawak so hoch ein, dass man ihnen versprach, sie als «freies Volk» zu behandeln – eine Zusage, die freilich rasch vergessen war.[78]

Die starke Abhängigkeit von unfreien Arbeitskräften prägte das europäische Engagement in der Neuen Welt. Bergbau und Landwirtschaft verlangten Arbeitskräfte. Politische Krisen in England verschärften die Nachfrage. Der lange und blutige Bürgerkrieg der 1640er Jahre brachte Oliver Cromwell an die Spitze des Landes, und mit ihm eine neue Haltung gegenüber dem Ausland. In seiner Entschlossenheit, alle Königstreuen und Gegenspieler zu vernichten, überfiel Cromwell Irland, nahm katholischen Landbesitzern drei Millionen Hektar Land und verteilte sie unter seinen Getreuen. Außerdem entsandte er 1651 eine Flotte nach Barbados, die der Eroberung von Jamaika wenig später den Boden bereitete und Spanien schwächen sollte, indem ihm wertvolle Besitzungen in der Karibik genommen wurden.[79]

Mit seinen kolonialen Ambitionen veränderte England seine Haltung zu «Westindien». Schon im 16. Jahrhundert war die indigene Bevölkerung der Karibik und Mittelamerikas durch Zwangsarbeit, Unterernährung und Seuchen weitgehend dezimiert.[80] Auf der Suche nach einer Lösung für den Arbeitskräftemangel blickte man nach Afrika. Dabei ging es nicht nur um Mengen: Die Spanier in Neuspanien und anderen Kolonien behaupteten, ein Afrikaner sei so produktiv wie vier einheimische Arbeiter, und dieser Unterschied schlug sich in den Preisen nieder. Unabhängig davon, ob Afrikaner körperlich wirklich stärker waren oder nicht, «beginnen sie mit der Arbeit um drei Uhr morgens und enden um elf Uhr nachts», wie ein

Beobachter der 1650er Jahre festhielt; die Einheimischen arbeiteten dagegen «von acht oder neun Uhr morgens bis sechs Uhr abends».[81]

Die Entscheidung der Engländer, sich mit der Eroberung von Karibikinseln direkt ins Weltgeschehen einzumischen, kurbelte den transatlantischen Sklavenhandel deutlich an. Verstärkend kam eine Gelbfieberepidemie hinzu, die 1647 begann und sich durch die Karibik und Mittelamerika ausbreitete. Um die neuen Honigtöpfe auszubeuten, brauchte man Arbeitskräfte.

Die Lebenserwartung der Europäer, die nach Jamaika und auf andere Karibikinseln kamen, war miserabel, und in den anderthalb Jahrhunderten nach der Eroberung der Insel durch die Engländer im Jahr 1655 sank sie sogar noch weiter.[82] Das Gelbfieber machte den Europäern besonders zu schaffen, mehr noch als den Afrikanern, auch wenn Letztere keineswegs immun waren, wie man gelegentlich liest.[83] Hinzu kamen andere Seuchen, etwa Typhus, Pocken, Grippe und Malaria. Die Atlantikküste von Nord- und Südamerika sowie die Inseln der Karibik erwiesen sich als perfekte Brutstätten für die Anophelesmücke und die Ägyptische Tigermücke, die Malaria und Gelbfieber übertragen.[84]

Dieses für die Erreger so günstige und die meisten Menschen so ungünstige ökologische Umfeld prägte das politische, wirtschaftliche und militärische Geschehen, nicht nur in dieser Region, sondern bis nach Europa. Die Seuchen waren der Preis für den «Columbian Exchange» – den Transfer von Menschen, Nahrungsmitteln, Ideen und Krankheitserregern, der nach der Entdeckungsfahrt von Christoph Kolumbus im Jahr 1492 in Gang kam. Seuchen töteten viele Millionen Menschen und zogen die Grenzen der in den folgenden Jahrhunderten entstehenden «Mückenreiche», wie ein Historiker sie nannte: Wo die Mücken herrschten, dahin ging nur, wer dumm oder mutig genug war oder wem nichts anderes übrig blieb.[85] Die Europäer waren also nicht die einzigen Siedler, die die Welt veränderten – die Insekten wirkten mit.

Bis Mitte des 17. Jahrhunderts war der Menschenhandel mit Afrikanern überschaubar, er belief sich auf rund 2700 Seelen im Jahr – eine Zahl, die jedoch nichts über den Schrecken und das Trauma derjenigen aussagt, die verschleppt und Tausende Kilometer von ihrer Heimat entfernt unter menschenunwürdigen Bedingungen zur Arbeit gezwungen wurden.[86] Von da an stieg diese Zahl dramatisch, und es begann eine Umwälzung, die nichts weniger als die «Afrikanisierung der Karibik» nach sich zog.[87] Fruchtbares Ackerland, der effiziente Einsatz von Kapital auf der Suche nach Profit, der Aufbau des Atlantischen Dreieckshandels, die Entwicklung von Lieferketten und der Menschenhandel wirkten zusammen und eröffneten Gelegenheiten für einige wenige, während sie zahllosen anderen Menschen unsägliches Leid brachten.

SECHZEHNTES KAPITEL

Die Ausbeutung von Natur und Mensch

(1650 bis 1750)

In Gottes Namen, erobern Sie die Insel schnell!
William Beckford (1758)

Mit ihrem Engagement in der Karibik erhoben die Engländer die Kolonialisierung zur Staatsangelegenheit. Schon bald gründeten sie neue Institutionen zur Koordinierung ihrer Auslandsinvestitionen. Die wichtigste war die 1660 ins Leben gerufene Königlich Afrikanische Gesellschaft (Royal African Company). Auch wenn sie sich an der wenige Jahrzehnte zuvor gegründeten Ostindien-Gesellschaft und der Levante-Gesellschaft orientierte, dauerte es nicht lange, ehe sie ihr Geschäft mit Erzen und Agrarprodukten um den Sklavenhandel erweiterte. 1663 gab König Karl II. der Royal African Company die Lizenz «zum Kauf und Verkauf, Handel und Tausch mit Negersklaven, Gütern, Waren und sämtlichen Objekten, die in Westafrika verkauft oder gefunden werden».[1]

Die Auswirkungen auf die Ökologie der Karibik, Amerikas und Afrikas waren dramatisch. Die Zahl der jährlich verschleppten Menschen aus Afrika stieg stark an, im Laufe des 17. Jahrhunderts verzehnfachte sie sich und erreichte Mitte des 18. Jahrhunderts mehr als 80 000 pro Jahr. Schon 1680 entfiel die Hälfte des europäischen Handels mit Afrika auf den Menschenhandel, und ein Jahrhundert später, in den 1780er Jahren – dem Höhepunkt der transatlantischen Verschleppungen, auf dem mehr als 900 000 Menschen von der afrikanischen Ostküste aus verschifft wurden –, waren es mehr als 90 Prozent.[2]

Angetrieben wurde die Nachfrage von den Gewinnen, die sich mit den arbeitsintensiven Nutzpflanzen Tabak, Baumwolle, Indigo und Zucker machen ließen. Die Kapitalerträge waren gewaltig, innerhalb von 18 Monaten hatte sich die Anschaffung eines Zwangsarbeiters bereits bezahlt gemacht – «mit Gottes Segen», wie ein Besucher der Karibik es ausdrückte.[3] Die Verlockungen des Geldes waren auch ein Motor für technische und politische Veränderungen. Reeder bauten befestigte Schiffe, die besonders darauf ausgelegt waren, Aufstände der transportierten Afrikaner zu verhindern.[4]

Englische Schiffseigner ergriffen die Gelegenheit, um in den Bau größerer, besserer und schnellerer Schiffe zu investieren und ihre Flotten zu vergrößern. Allein im Jahrhundert nach 1570 versiebenfachte sich die Tonnage der englischen Handelsflotte.[5] War das erste Jahrhundert des Transatlantikhandels von Spaniern und Portugiesen beherrscht worden, brachten sich die Engländer (beziehungsweise später Briten) nun in Stellung, um die Vormacht im Sklaventransport zu werden – im 18. Jahrhundert transportierten sie rund 2,5 Millionen Menschen oder 40 Prozent der Gesamtzahl.[6] Die Holländer sahen nicht tatenlos zu, zwischen 1500 und 1700 vervierfachten sie die Tonnage ihrer Flotte und engagierten sich so stark im Menschenhandel, dass einige Zeitgenossen behaupteten, sie «wickelten den gesamten Handel» der Kolonien im Westatlantik ab und versorgten Barbados und andere Inseln «mit Negern, Kupfer, Kesseln und allem, was man zur Zuckerherstellung braucht».[7]

Das war die Voraussetzung für den Aufbau von Handelsmarinen und Seestreitkräften, die später der Grundstein der imperialen Macht und der Weltreiche wurden. In England beziehungsweise Großbritannien wuchs die Nachfrage nach Seeleuten schneller als die Bevölkerung, und es eröffneten sich neue Perspektiven. Einst eine isolierte Gegend Nordeuropas, verwandelten sich die Britischen Inseln in ein globales Zentrum, dessen Bevölkerung mit Menschen, Sprachen, Rohstoffen und Klimaverhältnissen in allen Winkeln der Welt in Kontakt kam.[8]

Der Fernhandel war Teil des Atlantischen Dreieckshandels: Textilien und Fertigprodukte aus Europa wurden gegen versklavte Menschen in Afrika getauscht; diese wurden über den Atlantik transportiert, und auf dem Rückweg brachten die Schiffe Zucker, Tabak und Baumwolle nach Europa. Dieser Handel spielte auch eine Rolle bei der Entstehung des Versicherungsgeschäfts, das wiederum auf eine korrekte Risikobewertung angewiesen war. So wurden mathematische Modelle erdacht, in die Faktoren wie die Kompetenz und Erfahrung eines Kapitäns, die gewählte Route und der Wert der Fracht einflossen. Dies ermöglichte es Finanzmärkten und Handelszentren wie London und Amsterdam schließlich, zu wirtschaftlichen Kraftwerken aufzusteigen.[9]

Diese und andere Effizienzen hatten verheerende Folgen, etwa indem sie den Preis für versklavte Afrikaner drückten. Im Jahrzehnt nach 1664 fiel der Durchschnittspreis in der Karibik um 25 bis 30 Prozent, während sich das Angebot verdoppelte. Das heißt, Zwangsarbeiter wurden immer billiger, was die Nachfrage nach ihnen weiter ankurbelte.[10] Das wiederum schlug sich in der Einstellung der Sklavenhalter nieder, die ihre Mitmenschen zunehmend wie frei verfügbare Wegwerfprodukte behandelten. Wie ein Pflanzer im 18. Jahrhundert sagte: «Es ist billiger, die Sklaven bis zum Äußersten anzutreiben und sie durch magere Kost und harte Arbeit abzunutzen, ehe sie nutzlos werden und nicht mehr arbeiten können. Dann kauft man neue, die ihre Stelle einnehmen.» Es ist eine Ironie der Geschichte, dass ausgerechnet der anglikanische Geistliche und Dichter John Newton, der mit afrikanischen Männern, Frauen und Kindern handelte und nie ein Wort gegen den Sklavenhandel sagte, das Kirchenlied «Amazing Grace» schrieb – es sollte im 20. Jahrhundert zu einer Hymne der Bürgerrechtsbewegung werden, weil es darin heißt: «Meine Ketten sind fort, Ich bin frei, Gott der Herr hat mich befreit.»[11]

Ein führender Historiker schrieb, die Zwangsarbeiter seien «systematisch durch Arbeit umgebracht» worden, und bezeichnete die Karibik als «Schlachthof».[12] Nichts anderes waren auch die Schiffe, auf denen die Afrikaner über den Atlantik transportiert wurden; um

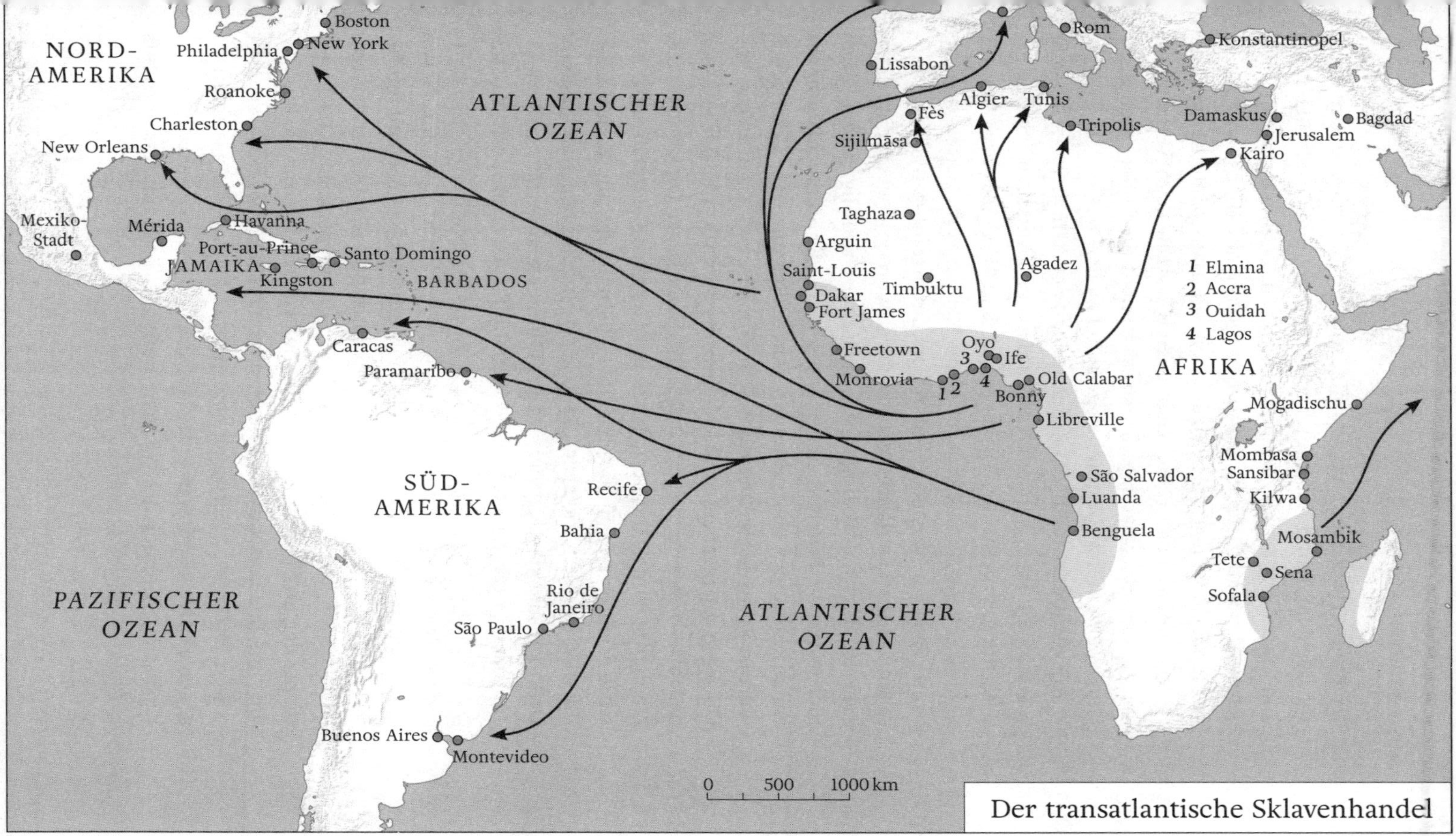

Der transatlantische Sklavenhandel

die Profite zu maximieren, wurden so viele Menschen wie möglich auf engstem Raum zusammengepfercht, bei schlechter Belüftung und unter entsetzlichen, unhygienischen Bedingungen, die wie geschaffen waren für die Ausbreitung von Infektionskrankheiten. Auf einer Überfahrt starben zum Beispiel 200 Gefangene, weil die Pocken ausbrachen – eine Kleinigkeit, die man beim Verladen offenbar übersehen hatte, weil man sich nicht die Mühe machte, die Menschen auf ihre Gesundheit zu untersuchen.[13]

Aus Sicht der Händler war der Tod auf See natürlich ein schlechtes Geschäft. Im 17. Jahrhundert starben auf spanischen Schiffen geschätzte 30 Prozent der Afrikaner auf dem Weg über den Atlantik, und auf englischen 20 Prozent. Diese Zahlen verbesserten sich, als beim Verladen strengere Kontrollen durchgeführt und die Menschen auf der Überfahrt besser versorgt wurden – was nichts daran änderte, dass die Bedingungen menschenunwürdig waren. Auch hier waren die Briten Vorreiter und senkten die Sterblichkeit in der ersten Hälfte des 18. Jahrhunderts auf 10 Prozent.[14] Die Gefangenen wurden jeden Tag an Deck gebracht, um frische Luft zu atmen und Übungen zu machen; wer sich weigerte, wurde mit der Peitsche bestraft.[15] Währenddessen wurden die Lager unter Deck von Exkrementen gereinigt, mit Teer, Tabak und Schwefel ausgeräuchert und schließlich mit Essig geschrubbt – Maßnahmen, die man damals für sinnvoll hielt, die aber wenig gegen Infektionen ausrichteten.[16] Dennoch sind sie Ausdruck der Bemühungen, Todesfälle zu vermeiden oder, korrekter gesagt, die Rentabilität der Transporte zu steigern.

Der Prozess der Optimierung ging unermüdlich weiter. Neben technischen Entwicklungen, die sich effizienz- und damit profitsteigernd auswirkten, machte die Seefahrt eine ganze Reihe weiterer Fortschritte. Dazu zählt unter anderem die Verbesserung der Logistik bei der Ausstattung der Schiffe sowie der Häfen und Siedlungen, die zum Teil Tausende Kilometer voneinander entfernt waren. Hier waren erstklassige Verwalter und Beamte gefragt, die aus ihren eigenen Fehlern und denen der anderen lernten, was wiederum der Professionalisierung der Wirtschaft und des Staatsapparats Vorschub leistete. Ihr exakter Beitrag ist kaum zu beziffern, doch ihre Bedeutung ist unbestritten.[17]

Das funktionierte nicht, wo die Verantwortung auf den Schultern Einzelner ruhte, Rechenschaft weitgehend unbekannt war und fehlende Aufsicht unwiderstehliche Versuchungen gedeihen ließ. So im spanischen Pazifikhandel zwischen Manila und Acapulco von 1570 bis 1815: Die Schiffe wurden regelmäßig überladen, Beamte waren korrupt, und bestochene Kapitäne trafen unkluge Entscheidungen, weshalb Schiffe oft verspätet ablegten, auf ungünstige Monsunwinde und Meeresströmungen trafen und häufiger Schiffbruch erlitten. Da sämtliche Galeonen der Krone gehörten, war der Verlust von Schiffen wie der *San José* im Jahr 1694, die Fracht im Wert von 2 Prozent des Bruttoinlandsprodukts des gesamten spanischen Weltreichs an Bord hatte, mit katastrophalen Folgen für die spanische Wirtschaft verbunden.[18]

In Nordeuropa war das Verhältnis von Staat und Wirtschaftsinteressen ein anderes, wenn auch nicht ganz eindeutiges: Schließlich war Königin Elisabeth I. selbst eine der Ersten, die in den Menschenhandel investierte, nachdem Sir John Hawkins sie überzeugte, «dass Neger auf Hispaniola gute Ware und an der Küste von Guinea leicht zu beschaffen sind» und dass sich damit die königliche Schatulle aufbessern ließ.[19]

Überladene Sklavenschiffe bedeuteten nicht nur Gewinn, sondern auch eine weitere Entmenschlichung der Transportierten. Seit einigen Jahren beschäftigt sich die Forschung eingehend mit Rassismus, Sklaverei und den Begründungen, mit denen die Misshandlung von Menschen anderer Hautfarbe, Religion oder Sexualität gerechtfertigt wurde; sie ermöglicht uns heute ein ganz neues Verständnis dieser Zeit.[20]

Die Vorstellungen der Europäer bauten lange auf dem Gedankengut der klassischen Antike auf, als deren Erben man sich begriff. So schrieb beispielsweise Herodot, «aus einem weichlichen Boden pflegen verweichlichte Männer hervorzugehen, da es nicht demselben Lande gegeben sei, eine bewunderungswürdige Frucht hervorzubringen und Männer, die tapfer im Kriege [sind]».[21] Hart zu sein, bedeutete, aus einem Land zu kommen, das den Menschen harte Arbeit abverlangte; Orte, die ein verhältnismäßig leichtes Leben ermöglichten, brachten müßige Menschen hervor.

Auch Montesquieu ließ sich von dieser Lektüre beeinflussen, und er griff Ansichten von Plinius, Strabo und Vitruvius auf. «Unter kalten Himmelsstrichen hat man eine größere Lebenskraft», schrieb Montesquieu 1748 in seinem Essay «Von dem Geist der Gesetze». Die Menschen hätten «größeres Selbstvertrauen, das heißt größeren Mut», und damit «größeres Bewusstsein der eigenen Überlegenheit» als Menschen in warmen Ländern. «Die Völker in den heißen Ländern sind furchtsam wie alte Leute», schrieb er weiter. Asiaten zeichneten sich durch «geistige Trägheit» aus, «ihr Geist ist keiner Handlung, keiner Anstrengung, keiner Anspannung fähig».[22]

Aus solchen und ähnlichen Verallgemeinerungen spricht der Versuch, den Aufstieg der europäischen Weltreiche durch das kühlere Klima in Europa zu erklären und zu rechtfertigen. Man ging vom Recht europäischer Männer aus, über andere Menschen und Kulturen auf fernen Kontinenten zu herrschen. Tropenbewohner benötigten einen weisen Herrscher, so Montesquieu, im Gegensatz zu den Europäern, die natürlich in der besten Position waren, anderen ihre Weisheit zu vermitteln. Kälte spanne die «Fibern unseres Körpers» an, schrieb er, und mache «mutig wie junge [Männer]». Im Gegensatz zu den Menschen in anderen Teilen der Welt, die den Verlockungen des Luxus erlägen, hätten Menschen aus kalten Ländern «wenig Empfänglichkeit für die Genüsse». Ein Russe sei sogar derart derb und gegen Annehmlichkeiten gefeit, dass man ihm schon «die Haut abziehen [muss], um in ihm Schmerzempfindung zu erzeugen».[23]

Montesquieu musste allerdings geistige Handstände vollführen, um zu erklären, warum die Menschen in nördlichen Breiten über ein besseres Temperament verfügen, eine überlegene Rasse sein und über andere herrschen sollten. Wenn er recht hatte, warum hatten dann während der Zeit des Römischen Reichs in Nordeuropa Barbaren gehaust, und warum hatte es im Vergleich zum Mittelmeerraum so wenig Kultur, Wissenschaften und Philosophie hervorgebracht? Wie immer hatte Montesquieu eine Antwort parat: Die Germanen «hielten sich gegen die Römer mit einer bewundernswerten Klugheit dank ihrer gröberen Konstitution bis zu dem Augenblicke, wo sie aus ihren Wäldern hervorbrachen, um das Römerreich zu zerstören». Mit anderen Worten: Der kühle Norden hatte gesiegt.[24]

Montesquieu wusste natürlich auch, dass Menschen in heißen Weltgegenden Reiche errichtet hatten. Also unterschied er kurzerhand die Leistung derer, die dank ihrer körperlichen und geistigen Konstitution mit Ausdauer ausgestattet waren, also die Europäer, von Menschen in wärmeren Klimaregionen. Tropenbewohner litten unter Feigheit, weshalb sie am Ende fast immer zu Sklaven geworden seien. Die Reiche, die vor der Ankunft von Kolumbus in Mexiko und Peru entstanden, seien ihrem Wesen nach unterlegen gewesen, erklärte er. Sie seien «despotisch» – vermutlich im Gegensatz zu den Europäern.[25]

Das war jedoch noch harmlos verglichen mit dem, was über die Menschen aus Afrika geschrieben wurde, und mit der Art und Weise, wie man sie behandelte. Afrikaner, die zur Arbeit in den Plantagen verkauft wurden, mussten sich von den Käufern inspizieren lassen wie Tiere, und sie wurden sogar als «schwarzes Vieh» bezeichnet.[26] Mitte des 18. Jahrhunderts stützte sich ein Justizminister auf das Urteil des Obersten Gerichts, um zu erklären, «ein Negersklave ist genauso Eigentum wie alles andere».[27]

Ähnliche Ansichten wurden im berüchtigten *Zong*-Prozess geäußert. Der Kapitän der *Zong* hatte das Schiff überladen, und nach einigen Navigationsfehlern wurde das Trinkwasser an Bord knapp. Als dann auch noch Krankheiten grassierten, ließ er mehr als 130 Afrikaner, viele von ihnen gefesselt, über Bord werfen, und alle ertranken. Die Schiffseigner, ein Unternehmen in Liverpool, zogen vor Gericht, um den Schaden von der Versicherung bezahlen zu lassen. Richter Lord Mansfield, ein renommierter Seerechtsexperte, kam zu dem Schluss, bei den Ertrunkenen verhalte es sich wie bei Pferden, die man über Bord geworfen hätte. Es handele sich also nicht um Mord, sondern um den Umgang mit überzähligem Frachtgut.[28]

Die Profiteure des Menschenhandels machten sich keine Gedanken über die Herkunft des Geldes, mit dem sie ihre prächtigen Landsitze bauten und mit Kunstsammlungen und allen erdenklichen Annehmlichkeiten ausstatteten.[29] Einer von Lord Mansfields Zeitgenossen beschrieb England als ein Land, «dessen Größe auf dem Handel gründet» – also nicht etwa auf Blut, Schweiß, Tränen und Leben versklavter Männer, Frauen und Kinder aus Afrika, die auf Zucker- und Tabakplantagen in der Karibik und Virginia schufteten.[30]

Andere verschlossen nicht nur die Augen, sondern gaben sich der Phantasie hin. «Möge ein intelligenter und gebildeter Mann ihren bedauernswerten Zustand in Afrika mit dem angenehmen und leichten Leben vergleichen, das sie in den Kolonien genießen», verkündete ein Abgeordneter vor dem Kolonialausschuss des französischen Parlaments. Die Afrikaner sollten dankbar sein, dass «sämtliche Bedürfnisse des Lebens gedeckt» seien und sie «in einer Behaglichkeit leben, wie sie in den meisten Teilen Europas unbekannt ist». Sie würden ärztlich versorgt, lebten im Kreise ihrer Lieben und «in Frieden mit ihren Kindern».

Verlogener hätte das Bild kaum sein können. Die Zwangsarbeiter wussten es besser, wenn sie die Europäer, die alles ausbeuteten, was sie in die Hände bekamen, verfluchten. Von einem Afrikaner auf Barbados ist der Ausspruch überliefert: «Der Teufel ist ein Engländer. Er lässt den Neger arbeiten, er lässt das Pferd arbeiten, und er lässt den Esel, das Holz, das Wasser und den Wind arbeiten.»[31]

Andere empfanden Mitgefühl angesichts des Leids und der Verzweiflung der Afrikaner. «Mein Herz wollte bluten für die Elenden», gestand der Arzt eines Sklavenschiffs.[32] Manche beschrieben ihre Trauer, als sie sahen, wie «Väter von Söhnen, Männer von Frauen, Brüder von Brüdern» losgerissen wurden. Es sei unmöglich, von solchen Szenen nicht angerührt zu werden: «Welches Herz, wie hart es auch sein mag, wird beim Anblick dieser Menschen nicht von Trauer erfüllt?»[33] Unerträglich sei es, die «täglich an den Körpern der armen Neger verübte Barbarei zu sehen und die durchdringenden Schreie und schmerzlichen Klagen zu hören, die täglich in Stadt und Land an unser Ohr dringen.»[34]

Reaktionen wie diese stießen jedoch nur selten längeres Nachdenken an, meist blieb es bei einem Anflug von Mitleid. Man war abgehärtet, und einige erzogen ihre Kinder dazu, später selbst Sklaventreiber zu werden. «Das erste Spielzeug, das sie in die Hand bekommen, ist meist eine Peitsche, mit der sie sich an einem Pfosten üben können, in Nachahmung dessen, was sie täglich an den nackten Körpern dieser Elenden verübt sehen, bis sie ein Alter erreichen, in dem sie die Kraft haben, dies selbst auszuführen.»[35]

Daneben setzte sich der Topos der afrikanischen Barbarei fest, auch wenn man dazu die Geschichte und Gegenwart etwa der westafrikanischen Zivilisationen ausblenden musste. So hatten zum Beispiel niederländische Autoren noch im 17. Jahrhundert Benin-City voller Bewunderung geschildert. Sie beschrieben die «gut 120 Fuß breiten Straßen», das Palastviertel, das «mindestens so groß wie Haarlem und von einer beachtlichen Mauer umschlossen» war, und den Palast selbst, der so weitläufig war, «dass er kein Ende hatte» und es ermüdete, ihn abzuschreiten.[36]

An die Stelle solcher Berichte traten Darstellungen eines gefährlichen und barbarischen Kontinents. Derselbe Schiffsarzt, der sich so entsetzt über die Misshandlung der Sklaven äußerte, war der Ansicht, dass die übrigen Afrikaner «sie sicher verhungern lassen würden», wenn sie nicht verkauft würden.[37] Ähnliche Ansichten vertrat zum Beispiel der Sklavenhändler Richard Miles in einer Anhörung vor einem Ausschuss des britischen Parlaments. Miles hatte «einige Hundert oder Tausend Sklaven gekauft» und behauptete, andernfalls wären viele von ihnen «bei der Bestattung großer Männer geopfert worden». Ein anderer Menschenhändler bestätigte, wenn er Sklaven kaufe, dann rette er sie damit «vor dem Opfertod oder einer anderen Form des Mordes». Dieser abstrusen Logik zufolge war der Sklavenhandel keine Qual, sondern eine Form der Rettung.[38]

Händler, Anleger und Grundbesitzer bereicherten sich an der Zwangsarbeit – zum Beispiel auf Barbados, wo sich die Preise für Ackerland binnen weniger Jahre fast verzwanzigfachten, während die dünn besiedelte Insel durch den Anbau von Zuckerrohr Mitte des 17. Jahrhunderts zu «einem der reichsten Orte unter der Sonne» wurde.[39] Das lag vor allem daran, dass die Afrikaner weitaus produktiver waren als ihre «Herren», zumal in den Tropen. Nirgends wurde das deutlicher als in Westafrika selbst, das für die meisten Europäer ein Ort war, «dem man entfloh oder in dem man starb», wie ein Historiker schrieb.[40] Anfang des 18. Jahrhunderts starb die Hälfte der Mitarbeiter der Royal African Company im Jahr nach ihrer Ankunft in der Region, und bis zur Mitte des 19. Jahrhunderts kam nur jeder zehnte dorthin entsandte Engländer lebend wieder nach Hause.[41] So groß war das Risiko, das man einging, um reich zu werden.

Vor allem die Malaria endete für die Europäer oft tödlich. Ihr Erreger ist ein einzelliger Parasit, der durch Insektenstich übertragen wird. Die beiden häufigsten Stränge sind die verhältnismäßig milde *P. vivax* und die weitaus tödlichere Variante *P. falciparum*, wobei Letztere zur Vermehrung höhere Temperaturen benötigt. Zu den klassischen Symptomen und Folgen gehören Fieber, Schüttelfrost, Übelkeit und in schweren Fällen Bewusstseinstrübung, Koma und Tod. Wiederholte Infektionen schwächen die Gesundheit und das Immunsystem und machen damit anfälliger für andere Krankheiten. Die Bewohner des südlichen Afrika haben Immunität in verschiedenen Formen entwickelt, darunter die Sichelzellenanämie, die die Wahrscheinlichkeit der Erkrankung an zerebraler Malaria nach einer Infektion mit *P. falciparum* um 90 Prozent reduziert. Andere Formen der Immunität sind HbC-Allele oder eine hohe Konzentration von Malaria-Antikörpern im Blut.[42]

Durch den Sklavenhandel wurde *P. falciparum* mehrfach in die Karibik und nach Südamerika eingeschleppt, wie genetische Untersuchungen belegen, die anhand der mitochondrialen DNA eine Beziehung zwischen afrikanischen und südamerikanischen Haplotypen rekonstruieren.[43] Auch Siedler aus Portugal und Spanien könnten den Erreger mitgebracht haben, denn zur Zeit der Conquista war die Krankheit auf der Iberischen Halbinsel heimisch.[44] Schon vor Kolumbus oder durch den späteren Pazifikhandel könnten verschiedene Stränge auch aus Asien und dem Westpazifik in die Neue

Welt gekommen sein – das würde die große genetische Vielfalt von *P. vivax* in Amerika erklären.[45]

In den Kolonien Nordamerikas scheint der Erreger erst in den 1680er Jahren aufgetreten zu sein, dann jedoch mit voller Wucht. Eine Reihe von Epidemien erfasste die südlicheren der britischen Kolonien auf dem Festland, allen voran Virginia und South Carolina und hier besonders die Stadt Charleston. *P. falciparum* setzte sich fest und wütete unter den Siedlern; in Christ Parish in South Carolina starben beispielsweise 86 Prozent der Einwohner vor dem 20. Lebensjahr und mehr als die Hälfte vor dem fünften.[46]

Die Ausbreitung der Malaria ist abhängig von drei Variablen: dem Parasiten selbst, den Stechmücken – von denen sich einige Arten vorzugsweise von menschlichem Blut ernähren – sowie den klimatischen Bedingungen. Letztere hängen wiederum eng mit dem Lebensraum der Mücken zusammen, die zu ihrer Vermehrung und Verbreitung Wasser und Wärme benötigen. Die 1680er Jahre waren eine Zeit des besonders turbulenten und ungewöhnlichen Wetters, 1681, 1683/84 und 1686 bis 1688 kam es zu großen El-Niño-Ereignissen.[47] Dieses zeitliche Zusammentreffen hat die Frage aufgeworfen, ob sich *P. falciparum* auch dank dieser Anomalien in Nordamerika festgesetzt haben könnte.[48]

Die Ankunft der Malaria hatte über Jahrhunderte hinweg gravierende Folgen. Der Süden der späteren Vereinigten Staaten war bis weit ins 20. Jahrhundert Malariagebiet, was die Lebenserwartung und Produktivität beeinträchtigte und der Armut in den Südstaaten Vorschub leistete.[49] Die Krankheit trug dazu bei, dass in der zweiten Hälfte des 17. Jahrhunderts unter den Pflanzern von Virginia und anderen Kolonien ein Wandel einsetzte. Anfangs hatten die Pflanzer englische Lohnknechte vorgezogen, weil diese ihre Sprache sprachen und mit den Praktiken der englischen Landwirtschaft vertraut waren. Schon vor Ankunft der Malaria war die Nachfrage nach Arbeitskräften größer als das Angebot, doch danach mieden die Landarbeiter die südlichen Kolonien, wenn sie die Wahl hatten. Dazu kam, dass in den Jahrzehnten nach 1650 eine intensive Landnahme begann und Millionen Hektar zusätzlich unter den Pflug genommen wurden, was die Nachfrage nach billigen, effektiven Arbeitskräften weiter steigen ließ. Hier kamen auch sich verhärtende rassistische Vorurteile ins Spiel, was sich zum Beispiel darin äußerte, dass die Begriffe «Neger und Sklave im täglichen Gebrauch nahezu synonym» wurden, wie der Prediger Godwyn Morgan 1680 erklärte. Als wolle er der Nachwelt erläutern, was das für ihn und seine Zeitgenossen bedeutete, fügte er hinzu: «Neger und Christen, Engländer und Heiden, werden durch dieselben verderbten Gewohnheiten zu Gegensätzen.»[50]

Mit den afrikanischen Arbeitskräften konnten die Siedler in den Kolonien daher gleich mehrere Fliegen mit einer Klappe schlagen. Als die Malaria die Bevölkerung dezimierte, wuchs die Nachfrage nach Zwangsarbeitern stark. Wobei die Käufer nicht irgendwelche Afrikaner suchten, sondern solche aus besonders malariaverseuchten Landstrichen, da diese eine stärkere Immunität gegen die Krankheit hatten. Das Ergebnis war eine «Malariaprämie», wie ein Historiker es nannte – ein höherer Preis für Arbeiter, die eine Infektion sehr wahrscheinlich überleben und sich damit als bessere «Investition» erweisen würden. Afrikaner der Goldküste galten als besonders robust und wenig krankheitsanfällig, die aus dem Niger-Delta galten als weniger zäh.[51]

Obwohl man die Afrikaner genau aufgrund ihrer gesundheitlichen Überlegenheit nach Amerika importierte, wurde ihre Herkunft und Hautfarbe dort zu einem Zeichen der Minderwertigkeit. Die Menschen, die unter unmenschlichen Bedingungen nach Amerika verschleppt und dort zu einem Leben im Elend gezwungen wurden, waren nicht nur der Grundstein für das Vermögen und den Status ihrer «Herren», sondern sie übernahmen auch Arbeiten, für die diese nicht geeignet waren. Die Versklavten waren nicht nur in keinerlei Hinsicht «minderwertig», sondern im Gegenteil nicht nur physisch stärker, sondern auch genetisch besser vorbereitet auf die Neue Welt als diejenigen, die sie kauften.

In einem weiteren unwirklich anmutenden Schritt schrieben die englischen Kolonialherren in Nordamerika die Entrechtung ihrer Mitmenschen in Gesetzen fest, um die Versklavung zu rechtfertigen und rechtlich zu verankern. Eine Kolonie nach der anderen verabschiedete Sklavengesetze, die die Sklaverei als einen lebenslangen und aufgrund der «Rassenzugehörigkeit» erblichen Zustand definierten und die Zwangsarbeiter zum Eigentum ihrer «Herren» machten. Wer Menschen «kaufte», hatte nicht nur das Anrecht auf sie und ihre Arbeit, sondern auch auf die ihrer Nachfahren.[52]

Vorreiter war Virginia, wo 1662 der rechtliche Status «aller in diesem Land geborenen Kinder nach Zustand der Mutter frei oder unfrei» sein sollte. Das wurde als *partus sequitur ventrem* bezeichnet – das Kind folgt der Gebärmutter – und bedeutete unter anderem, dass auch die Kinder von Frauen, die von ihren «Herren» oder anderen Europäern vergewaltigt wurden, zu einem Leben in Sklaverei verdammt waren. So wurde der Akt der sexuellen Gewalt, der zu ihrer Zeugung führte, unsichtbar gemacht.[53]

Die Fruchtbarkeitskontrolle wurde zu einem festen Bestandteil im Leben versklavter Frauen. Sie lernten, mithilfe von Kräutern den Abstand der Geburten zu kontrollieren, Geburten zu verhüten oder die Phasen der Schwangerschaft zu verfolgen.[54] Ein Grund dafür war auch die Tatsache, dass geschätzte 54 Prozent der Kinder entweder tot zur Welt kamen oder in der frühen Kindheit starben.[55] Was kaum jemand weiß: Entsetzliche und meist ohne Einwilligung durchgeführte Experimente an afrikanischstämmigen Frauen legten in der ersten Hälfte des 19. Jahrhunderts die Grundlage für die moderne Gynäkologie und Geburtskunde.[56] Was nicht bedeutet, dass den Frauen der Nutzen dieser Erkenntnisse zugutegekommen wäre: In den Vereinigten Staaten ist der Unterschied bei der Kindersterblichkeit zwischen afrikanisch- und europäischstämmigen Müttern heute sogar noch größer als in der ersten Hälfte des 19. Jahrhunderts, und in der afrikanischstämmigen Bevölkerung ist die Müttersterblichkeit drei- bis viermal so hoch.[57]

Die Mason-Dixon-Linie, die historische Grenze zwischen den Nord- und den Südstaaten der USA, war nicht nur eine politische und wirtschaftliche, sondern auch eine epidemiologische Grenze: *P. falciparum* wütete südlich davon, und genau hier war die Sklaverei nicht nur verbreitet, sondern wurde als Recht verteidigt, was schließlich zum Amerikanischen Bürgerkrieg der 1860er Jahre führte.[58] Wir haben bereits angesprochen, welchen Einfluss das Klima auf die Entstehung der fruchtbaren Böden im Süden der heutigen Vereinigten Staaten und auf den Ausgang von Wahlen hatte. Das geht jedoch noch weiter: Regierungsbezirke, in denen zum Zeitpunkt der Abschaffung der Sklaverei im Jahr 1865 große Populationen von versklavten Menschen lebten, wählen heute eher Republikaner, lehnen die Förderung benachteiligter Gruppen ab und bringen rassistische Ansichten gegen afrikanischstämmige Menschen zum Ausdruck, wie neuere Untersuchungen zeigen.[59]

Die Ausweitung der Zwangsarbeit beschleunigte den ökologischen Umbau weiter Bereiche der Neuen Welt, wobei die von Sklaven erwirtschafteten Erträge überwiegend der Alten Welt zugutekamen. Importiert wurden etwa Kaffee, Tee und Kakao, Silber und andere Rohstoffe, die aus Boden und Bergflanken geholt wurden, oder der Kabeljau, der vor der Küste von Neufundland gefangen und in Europa auf den Tisch gebracht wurde.[60] Viele Bereiche der Wirtschaft florierten. So erlebte beispielsweise die Indigoförderung einen sprunghaften Anstieg von gut 2200 Kilogramm im Jahr 1746 auf mehr als 62 000 Kilogramm nur zwölf Monate später. Sprünge wie dieser wurden ermöglicht durch die Konsolidierung von Besitzungen, die die Massenproduktion gestatteten, vor allem aber durch die Vergrößerung des Heeres der Zwangsarbeiter. Auf Jamaika etwa verdoppelte sich deren Zahl zwischen 1740 und 1774, nicht eingerechnet die vielen Zehntausend, die zwar auf der Insel ankamen, aber nicht überlebten. Die schiere Zahl der Afrikaner, die über den Atlantik transportiert wurden, sowie die günstigen klimatischen und wirtschaftlichen Bedingungen drückten den Preis der Zwangsarbeit; auf diese Weise kam ein schwungvoller Kreislauf in Gang, es wurden immer mehr Sklaven eingesetzt, die immer mehr produzierten.[61]

Der damit einhergehende Handel war so bedeutend, dass er in den Auseinandersetzungen um die Vorherrschaft in Europa genauso eine zentrale Rolle spielte wie beim Aufstieg und Konkurrenzkampf der aufstrebenden Weltreiche. Siege der britischen Flotte über die französische in Westafrika und der Karibik zehrten nicht nur am Haushalt der Franzosen, sondern erschwerten ihnen auch die Finanzierung weiterer Einsätze gegen die Briten. Nach dem Siebenjährigen Krieg (1756 bis 1763) forderte Großbritannien von Frankreich, entweder die Karibikinseln Guadeloupe und Martinique oder die französischen Besitzungen in Kanada abzutreten. Die Briten maßen Nordamerika großen strategischen Wert bei, doch der englische Abgeordnete William Burke hielt das für absurd: Kanada produziere «nichts als Felle und Häute» und biete «kaum Profit für englische Händler».[62] Auf Guadeloupe würden dagegen Zucker, Baumwolle, Tabak und anderes angebaut, die Insel werfe pro Jahr vierzigmal so viel für den Handel ab wie Kanada.[63] Dennoch gelang es den Franzosen, Guadeloupe zu behalten, ebenso wie Martinique und St. Lucia – allerdings um den Preis all ihrer Besitzungen in Nordamerika, mit Ausnahme des Louisiana-Territoriums westlich des Mississippi.

Die Kontrolle der Ressourcen war ein zentrales Anliegen. Die «Neger und Waren» der von den Franzosen kontrollierten Insel Martinique seien «mehr als vier Millionen Pfund Sterling wert», rechnete der Abgeordnete William Beckford Premierminister William Pitt dem Älteren 1758 vor. «In Gottes Namen, erobern Sie die Insel schnell!», rief er aus.[64] Als Plantagenbesitzer verfolgte Beckford eigene Interessen, außerdem hatte er das Ohr des Premierministers. Dieser hielt große Stücke auf ihn und sagte, Beckford habe «mehr für die Regierung getan als jeder Minister in England» – sehr zur Verwunderung anderer Abgeordneter, die Beckford für einen «tumben Hanswurst» hielten.[65] Wie andere Besitzer von Zuckerrohrplantagen war Beckford besorgt, dass Großbritannien Steuern erheben würde, um den Krieg zu finanzieren, und das ausgerechnet zu einer Zeit, als ihre Gewinne durch «den niedrigen Zuckerpreis, die hohen Frachtkosten und die teuren Versicherungen» gefährdet waren. Pitt willigte ein, strich gegen den Willen seines Schatzkanzlers die Zuckersteuer und sicherte sich auf diese Weise die Unterstützung nicht nur Beckfords, sondern vieler anderer Plantagenbesitzer. Es zahlt sich eben aus, Freunde an den richtigen Stellen zu haben.[66]

Die Mengen an Zucker, die nach Europa importiert wurden, verbilligten das Produkt, und ein immer größerer Teil der Bevölkerung kam in den Genuss von Rohrzucker. Das wiederum motivierte viele Menschen, mehr Geld zu verdienen, um es für Luxusgüter ausgeben zu können, die früher nicht verfügbar oder unbezahlbar gewesen wären. Das war der Kern einer «Revolution des Fleißes», die Produktivität und Einkommen steigen ließ.[67] Einige Historiker sehen zudem eine Verbindung zu weiteren gesellschaftlichen Reaktionen, zum Beispiel dem wachsenden Interesse an neuen Ideen, das auch damit zusammenhing, dass sich mit Innovation und Technik gut verdienen ließ.[68]

Der zunehmende Strom der Güter, Rohstoffe und Lebensmittel, die aus Amerika nach Europa flossen, verteilte nicht nur ökologische Dividenden von einem Teil der Welt in den anderen, sondern führte auch zu einem globalen Nord-Süd-Gefälle. Der europäische Fortschritt war nicht nur deshalb möglich, weil die Europäer andere Teile der Welt beherrschen oder deren Ökosysteme umformen und ausbeuten konnten, sondern auch, weil diese Erträge weitere Vorteile mit sich brachten. Das Entscheidende war nicht die Menge der Güter, die nach Europa kam, sondern die Vielfalt und Neuheit der Waren, die im Zeitalter der Entdeckungen verfügbar wurden. Die Eliten sicherten sich den Großteil der Gewinne aus dem Überseehandel, doch die waren gar nicht so wesentlich. Viel wichtiger war, dass der Zugewinn an Vielfalt, die das Leben süßer und anregender machte, für Reich und Arm gleichermaßen verfügbar wurde.[69]

Wieder ist die Geschichte des Zuckers besonders aufschlussreich. Im Jahr 1700 importierte England rund 10000 Tonnen, ein Jahrhundert später waren daraus 150000 Tonnen geworden. Der Pro-Kopf-Verbrauch verzwanzigfachte sich zwischen 1663 und 1775.[70] Damit war nicht nur ein einstiges Luxusprodukt besser verfügbar, sondern das bedeutete auch einen Kalorienschub für die arbeitende Bevölkerung Europas. Einige Historiker glauben, dass allein die Zunahme der Zuckerimporte den Lebensstandard in England zwischen 1600 und 1850 um erstaunliche 8 Prozent steigen ließ.[71]

Die Verfügbarkeit des Zuckers ist auch in anderer Hinsicht bedeutsam. Dass man nun zum Beispiel den bitteren Tee süßen konnte, führte zu einer wahren Explosion der Nachfrage des Aufgussgetränks aus China. Im Verlauf des 18. Jahrhunderts stieg der Teekonsum um das Vierhundertfache. Die Ostindien-Gesellschaft investierte in den Direkthandel mit Ostasien und nahm die Produktion in Indien auf. Diese Verpflanzung von Naturprodukten in neue Anbauregionen hat ihre Parallele im Kaffee, der ursprünglich aus Äthiopien und dem Jemen stammt und nach 1700 von den Holländern in Java in Südostasien und Surinam in Südamerika, von den Franzosen auf Martinique und Saint-Domingue in der Karibik und von den Engländern auf Jamaika angebaut wurde; Letzteres produzierte um 1800 ein Drittel des Kaffees der Welt.[72]

In einigen Fällen hatten diese Verpflanzung von Marktfrüchten und die Erschließung neuer Märkte unerwartete Nebenwirkungen. Hohe Tee- und Tabaksteuern ließen einen schwunghaften Schmuggel aufkommen, je nach Schätzung kamen zwischen 50 und 90 Prozent des Tabaks auf illegalem Weg auf den Markt.[73] Die Gewinne aus der Schmuggeltätigkeit lassen sich natürlich nicht exakt beziffern, doch die seemännischen Fähigkeiten der Matrosen, die unbemerkt in abgelegene Buchten gelangen mussten, legten den Grundstein für eine Branche, die das Ziel hat, den Steuerbehörden immer einen Schritt voraus zu sein. Es ist vielleicht kein Wunder, dass Großbritannien auf diesem Gebiet bis heute glänzt: Noch 2021 sind die britischen Steuerparadiese Kaimaninseln, Bermudas und Jungferninseln weltweit führend auf dem Gebiet der Geldwäsche.[74]

Die schier unersättliche Nachfrage nach Tee, die im 19. Jahrhundert dramatisch weiter stieg, führte unter anderem zum Anbau von Opium in Bengalen. Dieses wurde auf Auktionen in Kalkutta gegen Tee aus Kanton (Guangzhou) getauscht, um ein Verbot der Qing-Kaiser zu umgehen.[75] Der Opiumhandel wurde irgendwann so wichtig für die Staatskasse, dass die Briten zum Mittel des Krieges griffen, um vorteilhafte Handelsbedingungen, die Kontrolle über das chinesische Zollwesen, den Zugang zu Häfen wie Shanghai und schließlich sogar die direkte Herrschaft über Hongkong zu erzwingen. Für China war es das «Jahrhundert der Demütigung», eine Vorstellung, die bis heute das chinesische Verständnis der Weltpolitik prägt.[76] Einmal mehr sind die Auswirkungen der neuen globalen Verbindungen, der Anreize einer Finanzwelt, die das Handelskapital bereitstellte, sowie der neuen Muster von Angebot und Nachfrage nach Rohstoffen auf die Ökologie und Politik kaum zu überschätzen.

Wie im Falle des Zuckers drückte das größere Angebot auf die Preise und machte Tee und Kaffee leichter verfügbar – mit gewaltigen Auswirkungen auf das Sozialleben. «Es gibt keinen bürgerlichen Haushalt, in dem man keinen Kaffee angeboten bekommt», schrieb ein Beobachter aus Paris im 18. Jahrhundert. «Kein Krämer, kein Koch, kein Zimmermädchen kommt morgens ohne Milchkaffee zum Frühstück aus. Auf Märkten und in den Straßen und Gassen der Hauptstadt haben Frauen ihre Stände aufgestellt, um Passanten ihren *café au lait* zu verkaufen.»[77]

Das hob nicht nur die Lebensqualität, sondern beflügelte auch den Gedankenaustausch, die Innovation und die Zusammenarbeit. Kein Wunder, dass Tee- und Kaffeehäuser eine so zentrale Rolle bei der Entwicklung der Börse, der Versicherungsbranche, der politischen Öffentlichkeit und der Verbreitung von Printmedien spielten. Es war das Zeitalter der Aufklärung – ein Begriff, der an die Brillanz der europäischen Denker erinnert, aber die Pflanzer und Plantagenarbeiter vergisst, die aus dieser Geschichte nicht wegzudenken sind.[78]

Zucker, Kaffee und Tee sind nur drei der Güter, die diese Zeit des sich intensivierenden Welthandels prägten; auch Tabak, Holz oder Felle kurbelten den vorindustriellen Kapitalismus an, der auf der geographischen und ökologischen Ungleichheit und Ausbeutung basierte.[79] Zwischen 1791 und 1800 stieg der Export der Baumwolle aus den Vereinigten Staaten nach Großbritannien um das Dreiundneunzigfache, und bis 1820 noch einmal um das Siebenfache.[80] Einer der Gründe war die Erfindung der Egreniermaschine zur Entkörnung der Baumwolle, ein weiterer die immense Nachfrage in Großbritannien für den heimischen Bedarf und den Textilexport. Dazu kam, dass sich das Territorium der Vereinigten Staaten nach dem Kauf von Louisiana 1803 verdoppelte. Im Jahr 1848 folgte dann die Annexion von Texas – Land, das zum Baumwollanbau und als Belohnung für politische Verbündete verwendet werden konnte. Auf diese

Weise entstand etwas, das ein Historiker als «militärisch-baumwoll-industriellen Komplex» bezeichnet hat.[81] Genau wie während anderer Phasen der transatlantischen Expansion waren Handel und Großgrundbesitz sowie deren gezielte und unermüdliche Suche nach Kapitalerträgen das treibende Element.[82]

Der Preis für die Umwelt war oftmals hoch. Die Überbewirtschaftung laugte die Böden aus, verringerte ihre Fruchtbarkeit und führte zu Erosion. Schon zu Beginn des 18. Jahrhunderts konnte man lesen, dass sich Äcker in «dürre, steinige Rinnen und ausgespültes Ödland» verwandelten, «verbraucht und nicht mehr fruchtbar wie einst». In den 1730er Jahren schrieb ein Geistlicher auf Barbados, die Erde sei «eine trockene Kruste, verbrannt und vernarbt», und ein Zeitgenosse beschrieb die «große Trockenheit, die vielen Leute, die fortgehen, sowie das Elend und die Armut» einer Insel, auf der ein Jahrhundert zuvor noch gewaltige Vermögen angehäuft wurden und auf der Hunger und Katastrophen nun unvermeidlich erschienen.[83] Eric Williams, einer der einflussreichsten Historiker der Karibik, ist allerdings der Ansicht, der ökologische Verfall sei in Wirklichkeit ein Segen gewesen, denn er ließ die Erträge sinken und ebnete so der Abschaffung der Sklaverei den Weg. Den Ausschlag gab nicht die Menschlichkeit, sondern die wirtschaftliche Realität.[84]

Die Plantagenwirtschaft der Karibik barg auch andere Umweltrisiken, etwa Schlammlawinen, die für Arbeiter und Ökosysteme gleichermaßen gefährlich waren. Die Rodung verstärkte die Bodenerosion und vergrößerte zudem die Gefahr durch Wirbelstürme, denn die Bäume hatten Flora und Fauna als natürlicher Schutz gedient.[85] Wie Untersuchungen zeigen, bleibt das Erbe der Umweltzerstörung aus der Kolonialzeit bis heute eine wichtige Ursache der klimatischen und biologischen Anfälligkeit der Region.[86]

Das Erfolgsgeheimnis Europas, insbesondere Nordeuropas, war der Zugang zu Millionen von sogenannten *ghost acres*, Landstrichen, die mit natürlichen Bodenschätzen gesegnet waren oder sich zum Anbau von Marktfrüchten eigneten, die viele Tausend Kilometer entfernt gebraucht wurden oder begehrt waren. Kalorien, Energie und Rohstoffe wurden nach Europa umgeleitet und ermöglichten dort ein andernfalls undenkbares Wirtschafts- und Bevölkerungswachstum, während sie das Land für andere Nutzungsformen freisetzten.[87]

Allerdings durchschaute man die Zusammenhänge damals kaum und hielt den Segen für selbstverständlich. Käufer und Verkäufer hatten keine Vorstellung davon, woher ihre Waren, Materialien oder Rohstoffe kamen, und es interessierte sie auch nicht. Ein Beispiel ist die europäische Hutmode der zweiten Hälfte des 17. Jahrhunderts. Oft wird Jakob I. als derjenige genannt, der diese Mode aufkommen ließ, als er zum Anlass seiner Krönung zum König von England im Jahr 1603 20 Castorhüte bestellte. Nach dem schwedischen Erfolg im Dreißigjährigen Krieg kamen Kavaliershüte auf, deren Stil der neuesten französischen Mode entsprach. Das kurbelte die Nachfrage nach Biberfell an, das Faltungen dauerhaft hält, oder alternativ nach Vikunjafellen aus den Anden. Binnen kürzester Zeit waren die Biber in weiten Teilen Europas weitgehend ausgerottet, und der Rohstoff musste anderswo besorgt werden, vor allem im heutigen Kanada und Peru. Millionen von Biberfellen wurden aus Nordamerika nach Europa importiert, allein England führte zwischen 1700 und 1770 mehr als 20 Millionen ein.[88]

Andere Bestandteile der Hüte, zum Beispiel das zur Versteifung verwendete Gummiharz oder die als Zierde aufgesteckten Straußenfedern setzten Pflanzen und Tiere in Westafrika, im Sudan und in der Levante unter Druck, wo es diese Dinge im Überfluss zu geben schien. Dies alles war Teil eines Prozesses, der als «unsichtbare Globalisierung» bezeichnet wurde – also der Zentralisierung von Rohstoffen und der Ausweitung von Lieferketten, Hand in Hand mit Überkonsum und Raubbau. Die Käufer bemerkten davon nichts.[89]

Die Nachfrage nach elfenbeinernen Klaviertasten und Billardkugeln in den Salons der aufblühenden Mittelschicht Europas und Nordamerikas dezimierte im 19. Jahrhundert die afrikanischen Elefanten. Biber wurden nicht nur wegen ihres Fells gejagt, sondern auch wegen des Bibergeils aus ihren Castorbeuteln, das als Medikament gegen Fieber, Kopfschmerzen, Krämpfe, Epilepsie und Geisteskrankheit eingesetzt wurde. Der Walfang lieferte Barte, aus denen man Korsette herstellte, und Öl, das verkocht als Lampenöl und Schmiermittel für Schusswaffen, Uhren, Näh- und Schreibmaschinen verwendet wurde; in der Folge brachen die Walpopulationen im Atlantik zusammen, und Walfänger errichteten ihre Stationen auf den Falklands und im Pazifik, um neue Quellen zu erschließen.[90]

Mit dem Kautschukboom kam eine weitere Welle der Plantagenwirtschaft und der Intensivierung der Monokultur. Die Nachfrage wuchs infolge der zunehmenden Verwendung des Materials und der Erfindung der Vulkanisierung, die Kautschuk von einem plastischen in ein elastisches Material verwandelt. Der Boom konzentrierte sich auf den Amazonasregenwald, wo die Kautschukbäume wuchsen – bis der Naturforscher Sir Henry Wickham Zigtausende Samen ausschmuggelte und in den Botanischen Garten von Kew Gardens in London brachte. Von dort kamen sie nach Süd- und Südostasien und trugen zum Aufbau von Kautschukplantagen bei, die nicht nur eine zentrale Rolle in der regionalen und globalen Wirtschaft spielten, sondern auch zu Massenmigration durch die bekannte Praxis der Lohnknechtschaft führten.[91]

Solche und ähnliche Entwicklungen förderten den Aufstieg der westlichen Welt zur Vorherrschaft. Für die meisten Europäer war dies nicht nur eine Geschichte der Aufklärung, sondern auch die eines begründeten Anspruchs, so als handele es sich um das natürliche Produkt einer Höherentwicklung, die der Rest der Welt niemals erreichen würde, und sogar das Ergebnis einer «rassischen» Überlegenheit. Dahinter stand jedoch die kalte Wirklichkeit der Ausbeutung von Ressourcen sowie des Auf- und Ausbaus von Lieferketten, wobei man nicht lange fragte, wer verlor, während man selbst gewann.

Das war nichts Neues. Auch frühere Gesellschaften kannten das Problem des Überkonsums, des Raubbaus an natürlichen Rohstoffen und der nicht nachhaltigen Belastung von Ökosystemen. Zentralisierte Staaten hatten schon immer auf dem Prinzip basiert, Ressourcen aller Art – Mineralien, Erze, Tiere, Lebensmittel, Steuern,

Arbeitskräfte und so weiter – von der Peripherie ins Zentrum zu holen. Das Neue in den Jahrhunderten nach Kolumbus war jedoch, dass diese Zyklen nun globale Maßstäbe annahmen. Zur Ausbeutung der Natur wurden Grenzen nicht mehr nur in Nachbarregionen ausgedehnt, sondern über Meere und Kontinente hinweg.

Das wiederum wurde möglich durch Fortschritte, die wir oft übersehen, weil sie uns wenig glanzvoll erscheinen. Zum Beispiel auf dem Gebiet der Schiffslogistik mit neuen Hafenanlagen, die rasche Be- und Entladung und den effizienten Weitertransport von Waren ermöglichten; oder in der Preiskalkulation beim Kauf von Waren im Ursprungsland, die sich auf die Sammlung und Auswertung von Informationen zum Beispiel über die Größe der Ernte, den Wert von Rohstoffen oder das Wetter stützte.

Berechnungen dieser Art wurden unentwegt angestellt, und zwar nicht nur von den Europäern. So verknappten beispielsweise angolanische Menschenhändler vor Ort gezielt ihr Angebot, um die Preise nach oben treiben zu können. Dazu kamen Seuchen, Krankheiten und Unterernährung, die zahlreiche Leben kosteten: Schätzungsweise sechs Millionen Männer, Frauen und Kinder, die nie einen Fuß auf ein Sklavenschiff setzten, verloren ihr Leben durch den transatlantischen Menschenhandel.[92]

Die Saison für den Handel mit afrikanischen Gefangenen in der Neuen Welt wurde wiederum von der Regenzeit vorgegeben, denn in dieser Zeit waren die Küstenstädte vom Landesinneren aus nur schwer zu erreichen, und die Händler hatten Schwierigkeiten, ihre Ware zu transportieren. Während der tropischen Regenzeit in Afrika und Südamerika war die Überfahrt gefährlicher, und Sandbänke vor der westafrikanischen beziehungsweise Riffe vor der südamerikanischen Küste stellten je nach Jahreszeit weitere Gefahren dar.

Doch die Beziehung zwischen Sklaverei und klimatischen Bedingungen geht noch weiter. Atlantische Regenfälle hatten nicht nur Einfluss auf die Ernte selbst, sondern auch auf ihre Verteilung, sie gaben die Vegetationsperiode und den Jahreslauf der Landwirtschaft vor. Das war natürlich für die heimische Produktion wichtig, aber auch für den Verkauf von Marktfrüchten nach Europa und für die

Versorgung der Sklaven. Auch Menschenhändler hatten also ihre Saison: Am besten lief das Geschäft im September und Oktober, unmittelbar nach der Yamsernte, und am schlechtesten im Mai und Juni, der Pflanzzeit der Yamswurzeln. Dieser jahreszeitliche Rhythmus kam den Händlern entgegen, denn er entsprach Mangelzeiten in Westafrika und erleichterte ihnen die Ausstattung der Schiffe vor der Überfahrt. Wie ein Agent der Royal African Company sagte: «Die beste Ankunftszeit für die Neger ist zwischen Dezember und Juni, das ist eine gesunde Zeit und bietet reichlich Proviant. Im Rest des Jahres ist es umgekehrt.» Realitäten wie diese bestimmten den transatlantischen Sklavenhandel.[93]

Klima und Witterung spielten auch in anderer Hinsicht eine Rolle. So hatten zum Beispiel höhere Temperaturen Auswirkungen auf die Niederschlagsmenge und damit die landwirtschaftliche Produktion. Ein Temperaturanstieg von nur einem Grad Celsius bedeutete einen deutlichen Rückgang des Exports von Zwangsarbeitern, was wahrscheinlich den höheren Proviantkosten zu verdanken ist. In trockenen Regionen waren diese Tendenzen noch deutlicher, da hier die landwirtschaftliche Produktion besonders sensibel auf Niederschlags- und Temperaturschwankungen reagiert. Höhere Temperaturen bedeuteten außerdem mehr Seuchen und Lebensmittelknappheit und damit eine höhere Sterblichkeit, eine Tendenz, die ebenfalls in ökologisch empfindlicheren Regionen und solchen mit hohem Erregeraufkommen stärker ausgeprägt war.[94]

Die Europäer hatten, wie schon erwähnt, kaum eine Vorstellung davon, woher die Waren kamen, die ihr Leben interessanter, aufregender und abwechslungsreicher machten. Was eigentlich kein Wunder ist, denn diese Blindheit zeichnet die gesamte Geschichtsschreibung aus. So feierten Historiker zum Beispiel jahrhundertelang die Ankunft der Pilgerväter mit der *Mayflower* in der Bucht von Plymouth im Jahr 1620 als Meilenstein in der Geschichte der Vereinigten Staaten. Die Landung der *White Lion*, mit der 1619 die ersten afrikanischen Sklaven am Old Point Comfort in Hampton, Virginia, landeten, war ihr dagegen bestenfalls eine Fußnote wert, wenn sie überhaupt Erwähnung fand. Die Gründung zahlreicher renommierter Hochschulen der Vereinigten Staaten, darunter Princeton, Yale, Georgetown und Harvard, verdankte sich den Früchten der Sklaverei, und die University of Virginia beschäftigte selbst Zwangsarbeiter.[95] Auch die Politik der Vereinigten Staaten bereicherte sich an den Früchten der Sklaverei, zwischen der ersten Sitzung des Kongresses im Jahr 1789 bis in die 1920er saßen über 1700 Sklavenhalter im Parlament des Landes.[96]

Nicht alle waren blind für die neue Welt, die sich mit dem Fernhandel auftat. «Ich werde meinen Tee nie mehr mit Zucker trinken», schrieb Proviantmeister Aaron Thomas, nachdem er mit eigenen Augen gesehen hatte, unter welch unmenschlichen Bedingungen Zucker hergestellt wurde. «Das ist nichts anderes als Negerblut.»[97] Auch andere sahen, dass die Ausbeutung von Menschen und Natur ein zentraler Baustein der Kolonialherrschaft war. Ein Geschäftsmann des 18. Jahrhunderts schrieb: «Wenn der Negerhandel verloren ist, dann sind die Kolonien verloren.»[98] Man stand also vor einer einfachen Wahl: Reichtum und Ruhm – oder Mitgefühl und weniger Einkünfte.

Daniel Defoe, der Autor von *Robinson Crusoe*, machte eine ähnliche Gleichung auf: «Kein Afrikahandel, keine Neger», schrieb er. Und dann: «Keine Neger, kein Zucker, Ingwer, Indigo und so weiter. Kein Zucker und so weiter, keine Inseln, kein Kontinent. Kein Kontinent, kein Handel.»[99] Er hätte noch hinzufügen können: «Kein Weltreich, kein Aufstieg des Westens.» Defoe war kein Kritiker der Sklaverei, im Gegenteil – dieser Kommentar stammt aus einer leidenschaftlichen Apologie des britischen Handels: Sklaven waren lebenswichtig für den Handel, und in den Augen Defoes rechtfertigte das die Vergehen an afrikanischen Männern, Frauen und Kindern.[100] Die Quaker nahmen dagegen eine moralische Haltung ein. So fragte zum Beispiel der Architekt Joseph Woods im Jahr 1784, was besser sei: «wenn Tausend unschuldige Menschen entwürdigt und zerstört werden oder wenn die Europäer mehr für ihren Rum, Reis und Zucker zahlen müssen?» Wer diese Waren kaufe, der «lade einen Teil dieser Schuld auf sich», so ein Zeitgenosse.[101] Die meisten zogen es jedoch vor wegzusehen – oder sich direkt am Handel zu bereichern.

Die «Entdeckung» Amerikas war keine Entdeckung, und trotz seines Ehrenplatzes in den Geschichtsbüchern war Kolumbus nicht einmal der erste Europäer, der den Atlantik überquerte. Das hinderte die Neuankömmlinge nicht daran, diese Welt umzuformen, umzubenennen und als ihr Anrecht zu betrachten. Die neuen Namen, die den Triumph der Europäer zum Ausdruck brachten, wurden über die der Einheimischen gelegt. Kontinente, Länder und Staaten tragen die Namen der Eroberer und neuen Herren, ob Amerika oder Kolumbien, benannt nach Amerigo Vespucci und Kolumbus; Pennsylvania, benannt nach William Penn; Venezuela – «Klein-Venedig», weil die Stelzenhütten der Einheimischen die Spanier an die italienische Stadt erinnerten.

Die Vorstellung von einem «Entdeckerzeitalter», einer Goldenen Zeit, in der sich die Europäer voller Neugierde, Forscherdrang, Abenteuerlust und Wissensdurst auf den Weg machten, lässt vergessen, dass diese Erweiterung der Horizonte von Handelskapital und Profithunger getrieben war. Natürlich waren auch Gelehrte an Bord, die sich von den neuen Möglichkeiten inspirieren ließen; aber wie zu allen Zeiten hing wissenschaftliche Forschung davon ab, dass Geld und Zeit zur Verfügung standen, die es den Forschern gestatteten, ihre geistigen Schwingen zu entfalten, statt Getreide anzubauen.

Dieses Modell prägt den amerikanischen Doppelkontinent und Afrika bis heute. So sind zum Beispiel Regionen in Süd- und Nordamerika, in denen während der Kolonialzeit arbeitskräfteintensive Marktfrüchte angebaut wurden, bis heute Orte der großen Ungleichheit und mangelnden Rechtsstaatlichkeit. Andere Regionen, die sich für weniger intensiven Anbau zum Beispiel von Weizen eigneten, sind dagegen heute egalitärer, und die Bevölkerung hat mehr Rechte. Die einfache Erklärung dafür ist, dass weniger arbeitskräfteintensive Anbaufrüchte weniger Profit brachten, weshalb es hier weniger Anlass zur Konkurrenz und mehr zur Kooperation gab. Das ist einer der Gründe für den engen Zusammenhang zwischen der wirtschaftlichen Entwicklung eines Landes und seiner Entfernung vom Äquator.[102]

Bei alledem kam es natürlich auf die Kombination von Temperatur,

Niederschlag und Bodenbeschaffenheit an, die wiederum darüber entschied, was an einem bestimmten Ort angebaut werden konnte und was nicht. Aber auch die Anwesenheit von Krankheitserregern spielte eine Rolle. Wären es afrikanische Seefahrer gewesen, die als Erste den Atlantik überquert und die dortigen Bedingungen genutzt hätten, so wie es die Europäer taten, dann hätten die vergangenen fünf Jahrhunderte einen ganz anderen Verlauf genommen.

Ob es in diesem Szenario keinen transatlantischen Sklavenhandel gegeben hätte, ist allerdings eine ganz andere Frage. Wenn die Europäer Millionen von Menschen über das Meer transportieren konnten, dann auch deshalb, weil es in Afrika bereits Sklavenmärkte gab, die sie einfach und schnell anzapfen konnten – auch wenn ihre Nachfrage das Angebot sehr schnell übertraf. Schon 1516 forderten einige afrikanische Führer ein Ende der Versklavung, denn bereits damals war klar, wie verheerend sie in ihren Regionen wirkte. Die Sklaverei in Afrika war nicht nur eine transatlantische Angelegenheit. Etwa zwei Millionen der geschätzten sieben Millionen Menschen, die von den Osmanen versklavt oder verkauft wurden, kamen aus dem subsaharischen Afrika. Belegt sind Karawanen mit Tausenden Gefangenen, und Aufzeichnungen lassen auf Verkäufe von ganzen 10 000 Menschen pro Jahr in die Hafenstädte am Roten Meer schließen.[103]

Langfristig hatte die Sklaverei vernichtende Auswirkungen auf Afrika. Um 1800 lebten nur halb so viele Menschen auf dem Kontinent, wie dort ohne den Sklavenhandel hätten leben können.[104] Das bedeutete, dass die Arbeitskräfte, die ihren Beitrag zum ökologischen Umbau Afrikas oder zu anderen produktiven Aktivitäten hätten leisten können, anderswo beschäftigt waren und anderen zu Profit verhalfen.[105] Auch das Ende des Sklavenhandels brachte nicht sofort Besserung; wenn zum Beispiel Kriegsgefangene in einigen Teilen des Kontinents zuvor verkauft worden waren, dann wurden in Ermangelung dieser Option nun viele von ihnen erschossen.[106]

Die Sklaverei hatte jedoch noch weitere weitreichende gesellschaftliche und politische Auswirkungen auf den Kontinent. Um die Menschenhändler an der Küste mit Gefangenen beliefern zu können, waren dauernde Plünderungen nötig, und die Folge war ein teuflischer Kreislauf aus Versklaven oder Versklavtwerden. Das wiederum hatte weitere Konsequenzen, etwa den Anstieg der Nachfrage nach Waffen, vor allem Schusswaffen – ein Sektor, auf dem die Europäer zum Zeitpunkt des intensiveren Kontakts mit Afrika einen Vorsprung hatten, nicht zuletzt aufgrund der zahlreichen innereuropäischen Kriege, die einen Anreiz für die Entwicklung verlässlicher Schusswaffen boten.[107]

Die Nachfrage nach Schusswaffen, ob für Raubzüge oder zur Verteidigung, intensivierte wiederum den Sklavenhandel und förderte die Entstehung hochzentralisierter Staaten mit militärischen Eliten wie der Königreiche Oyo, Dahome und Aschanti, deren Schicksal eng mit der europäischen Expansion verknüpft war.[108]

Einige dieser Staaten festigten sich, während andere, wie das Jolof-Reich, unter dem Druck der Menschenhändler zerbrachen. Dieser war so groß, dass einige der Fürsten Westafrikas klagten, es würden nicht mehr nur Angehörige von Minderheiten und Menschen von niederem Status verkauft, sondern auch Angehörige der Elite und sogar der Königsfamilien.[109]

In diesem Zeitalter der zunehmenden Gewalt und Unsicherheit ist es wohl nicht verwunderlich, dass die Bande zwischen Dörfern schwächer wurden, Gemeinschaften sich einigelten und das Vertrauen verloren ging.[110] Gesellschaften implodierten, ethnische Differenzierungen verstärkten sich. Untersuchungen zeigen, dass diese Fragmentierung in Westafrika bis heute nachwirkt und sich unter anderem in mangelnder Kooperationsbereitschaft, geringem Vertrauen und schlechter Wirtschaftsleistung niederschlägt. Regionen, aus denen viele Menschen in die Neue Welt verschleppt wurden, sind durch die Folgen der Sklaverei bis heute benachteiligt. Das heißt, die Menschen und Regionen Afrikas bezahlten nicht nur in der Vergangenheit einen hohen Preis, sondern sie zahlen ihn bis heute.[111]

Die Sklavenjagd führte zu einem erheblichen Geschlechts- und Altersungleichgewicht in der Bevölkerung, denn die Menschenhändler waren vor allem an Männern im arbeitsfähigen Alter interessiert. Die Anweisungen, die Cesar Lawson, Kapitän eines Sklavenschiffs, von einer Liverpooler Handelsgesellschaft erhielt, waren typisch: Sein Schiff sei «für eine Fracht von 400 Negern ausgelegt», und man wolle «nur Männer, wenn Sie sie beschaffen können, aber auf jeden Fall so wenig Frauen wie irgend möglich». Dabei solle Lawson «sorgfältig vorgehen und gut gebaute und starke Männer auswählen; kaufen Sie keine, die älter sind als 24». Die Auftraggeber instruierten den Kapitän weiter, das Schiff «sehr sauber» zu halten und für Disziplin an Bord zu sorgen. Außerdem solle er sicherstellen, dass Offiziere und Mannschaft die Afrikaner «nicht misshandeln oder anderweitig bedrängen». In der Welt der Sklaverei war dies ein seltener Ausdruck von Menschlichkeit.[112]

Die Erforschung der Auswirkungen auf die Geschlechterverteilung in den Herkunfts- und Zielorten der Verschleppten wird erschwert durch die Tatsache, dass der Anteil der Frauen und Kinder je nach Ort ein anderer war und sich im Laufe der Zeit veränderte. In Amerika waren Preisunterschiede zwischen Männern und Frauen deutlich geringer als in Afrika, auch weil die Pflanzer bald erkannten, dass auch Afrikanerinnen gute Arbeiterinnen waren.[113] Auf einigen Pflanzungen übernahmen Frauen sogar den Großteil der Feldarbeit. Aber auch abseits der Felder wurde die Arbeit von Geschlechterrollen geprägt. Männer wurden häufiger als Mechaniker, Schmiede, Schreiner, Fassbinder, Maurer und so weiter eingesetzt und Frauen eher als Köchinnen, Pflegerinnen und Hebammen – Tätigkeiten, die mit weniger Ansehen und materiellem Lohn verbunden waren als die der Männer, was wiederum die Modelle und Erwartungen in der Sklavenbevölkerung und darüber hinaus prägte.[114]

Vergewaltigung und sexuelle Phantasien waren unter Sklavenhaltern und weißen Siedlern verbreitet, und nach Ansicht einiger Wissenschaftler nahmen Missbrauch und Gewalt im Laufe der Zeit eher zu als ab.[115] Frauen, die sich fügten – weil sie auf materielle Vorteile hofften oder meinten, eine Wahl zu haben, die sie nicht hatten –, durften nicht erwarten, dass ihre Kinder in Freiheit leben würden, wobei es auch hier je nach Region große Unterschiede gab und Partnerinnen und Kinder in der spanischen Karibik eher freigelassen wurden als anderswo.[116]

Natürlich gab es erhebliche Unterschiede in der Behandlung der versklavten Menschen, die nicht nur von der Persönlichkeit des «Besitzers» abhingen, sondern auch von der Größe der Plantage, dem Ort und der Art der Arbeit. Wer im Haus der Sklavenhalter arbeitete, bekam in der Regel bessere Mahlzeiten, Kleidung und Unterkunft als die Feldarbeiter und war Krankheiten, Hitze, Kälte, Schlangenbissen und so weiter weniger ausgesetzt. Auf diese Weise entstanden Hierarchien unter den Gefangenen, die von der Nähe zu ihren Ausbeutern abhingen.[117]

Auch in Afrika hat der Sklavenhandel bis heute gravierende Nachwirkungen. So beobachten Wissenschaftler zum Beispiel das Vorherrschen der Polygynie in Regionen wie Guinea, Togo und Benin, aus denen besonders viele Männer verschleppt wurden – hier ist der Anteil der Männer, die mehrere Frauen haben, dreimal so hoch wie in ostafrikanischen Ländern. Ursache ist vermutlich die Verzerrung der Geschlechteranteile durch die Vorliebe für männliche Zwangsarbeiter in der Karibik und Brasilien, den größten Importeuren, während in Ostafrika die Nachfrage nach Frauen größer war, die im Nahen Osten und in Indien als Hausarbeiterinnen und Konkubinen in die Sklaverei verkauft wurden.[118]

In Regionen, die während der Kolonialzeit intensiv christlich missioniert wurden, ist dieses Muster offenbar weniger stark ausgeprägt.[119] Das ist insofern wichtig, als das Verbot der Polygynie die Fruchtbarkeit senkt, die privaten Rücklagen vergrößert, einen deutlichen Anstieg des Bruttoinlandsprodukts pro Kopf sowie mehr Gleichberechtigung für Frauen bewirkt, wie Modelle zeigen. Das wiederum wirft ganz eigene Fragen über die Auswirkungen der Sklaverei und der Phase nach deren Abschaffung im 19. Jahrhundert auf.[120] Regionen, in denen die Polygynie praktiziert wird, zeichnen sich dagegen durch eine hohe Aids-Rate, Gewalt und Kindersterblichkeit aus.[121] Es gibt jedoch auch erfreulichere Aspekte: Hier ist der Anteil der Frauen an der Arbeitsbevölkerung höher, Frauen nehmen eher an Wahlen teil, und die Bevölkerung ist Frauen in Führungsrollen gegenüber aufgeschlossener.[122]

Unter Europäern war das Gefühl verbreitet, ein Anrecht auf die eigene dominierende Stellung zu haben. So schrieb beispielsweise der englische Philosoph John Locke Ende des 17. Jahrhunderts, jeder Mensch habe dasselbe Recht auf natürliche Ressourcen, da diese «von der freiwilligen Hand der Natur erzeugt werden»; wer jedoch das Land bestelle, der solle auch sein Eigentümer sein. Nach Ansicht von Locke veränderte die menschliche Arbeit den Status des Landes selbst, sie «entrückt» es dem «Zustand, den die Natur vorgesehen [hat]», und macht es zu etwas, «was das gemeinschaftliche Recht anderer Menschen ausschließt». Das heißt, Arbeit ist die Grundlage des Eigentums.[123]

Vorstellungen wie diese fanden natürlich Anklang bei europäischen Siedlern in aller Welt, vor allem wenn sie in Gegenden kamen, in denen es keine Landwirtschaft gab oder die von Nomaden und Stammesvölkern bewohnt wurden. So konnte der puritanische Geistliche Solomon Stoddard aus Boston 1722 behaupten, es sei vollkommen vernünftig, den Einheimischen das Land wegzunehmen, da diese «außer zur Jagd keinen Gebrauch von ihm machen». In diesem konkreten Falle erhielten die Einheimischen eine symbolische Summe für ihr Land – sie sollten sich glücklich schätzen, wie Stoddard fand, denn in ihren Händen hatte das Land schließlich gar keinen Wert. Die Siedler würden ihm dagegen durch «unsere Verbesserungen» einen Wert verleihen.[124]

Auch in anderen Teilen der Welt bemühten holländische und britische Juristen und Philosophen die humanistische Vorstellung, dass nur dasjenige Land Privateigentum sein konnte, das von seinem Besitzer bestellt wurde. Alles andere war *terra nullius* – jungfräuliches Land, das man einfach in Besitz nehmen konnte.[125] Ein weiteres Beispiel stammt aus Assam in Indien, wo die britischen Behörden alles Land, auf dem keine Marktfrüchte angebaut wurden, zu «Ödland» deklarierten. Damit galt es als herrenloses Land, das von den Siedlern beansprucht werden konnte, in der Regel kostenlos.[126] Dieses Denken findet sich auch in der Gesetzgebung der Vereinigten Staaten wieder, etwa im Homestead Act (1862), der jedem erwachsenen Bürger das Recht gab, 65 Hektar staatlich vermessenes

Land zu beanspruchen, unter der Voraussetzung, dass er oder sie es «kultivierte». Andere Gesetze gestatteten den Siedlern, der indigenen Bevölkerung ihr Land wegzunehmen, wenn es für Landwirtschaft und Viehzucht geeignet schien.[127]

Hier geht es nicht nur um die Ausbeutung der Natur durch den Menschen oder die Ausbeutung des Menschen durch den Menschen. Auch Insekten prägten die gesellschaftlichen, wirtschaftlichen und politischen Veränderungen, genau wie Krankheitserreger, Niederschlagsmuster und Bodenbeschaffenheit, und zwar nicht nur in der Neuen Welt, sondern auch darüber hinaus. Eines war jedoch klar: Die Intensivierung des Austauschs hatte dramatische Auswirkungen. Es schien unvermeidlich, dass sich mit dem Aufkommen neuer Technologien das vertraute Muster der Ausbeutung, Ungleichheit und mangelnden Nachhaltigkeit fortsetzen würde. Die Frage war nur, wer Erfolg haben und wer den Preis bezahlen würde.

SIEBZEHNTES KAPITEL

Die Kleine Eiszeit

(1550 bis 1800)

Es herrschte große Not in den Städten und Dörfern Indiens (…).
Die Menschen begannen, einander zu essen.
Abū 'l-Fażl, *Ā'īn-i Akbarī*
(Ende 16. Jahrhundert)

Im April 1939 legte das Gletscherkomitee der Amerikanischen Geophysischen Gesellschaft einen Bericht vor, in dem es hieß, die Gletscher seien im Verlauf des vorigen Jahrhunderts schneller vorgedrungen und stärker gewachsen als in der Vergangenheit. Man müsse deshalb zu dem Schluss kommen, dass wir «in einer Zeit der neuerlichen, wenngleich moderaten Vergletscherung leben – einer ‹kleinen Eiszeit›».[1] Das Komitee blickte weit in die Zukunft und erwartete eine globale Abkühlung über einen Zeitraum von «rund 4000 Jahren», doch der Gedanke der Kleinen Eiszeit weckte das Interesse von Historikern, die darunter die Zeit zwischen dem 16. und 19. Jahrhundert verstehen.[2]

Auch wenn es schwierig ist, angesichts der Spanne regionaler Abweichungen einen ungefähren Anfangs- und Endpunkt zu benennen, sind viele Wissenschaftler der Ansicht, dass sich mithilfe der Daten von Baumringen, Gesteinsschichten und Gletschern ein Jahrhunderte überspannendes Bild der sich verändernden Klimabedingungen zeichnen lässt.[3] Dabei werden oft drei Phasen der abgeschwächten Sonnenfleckenaktivität als Ursache der klimatischen

Veränderungen in diesem Zeitraum genannt – das Spörer-Minimum (1420 bis 1550), das Maunder-Minimum (1645 bis 1715) und das Dalton-Minimum (1790 bis 1830).[4] Diese Kleine Eiszeit zeichne sich durch deutlich niedrigere Durchschnittstemperaturen in Europa aus und sei etwa daran zu erkennen, dass die Kanäle in den Niederlanden zufroren oder das Eis der Ostsee frühzeitig die Häfen von Tallinn und Stockholm blockierte.[5] Rekonstruktionen ergaben, dass die Durchschnittstemperaturen in Schweden und der Schweiz zwei beziehungsweise fünf Grad Celsius unter dem Normalwert lagen.[6]

Einigen Wissenschaftlern zufolge sind die gut hundert Jahre zwischen dem Ende des 16. und dem Ende des 17. Jahrhunderts die einzige Phase in der gesamten Geschichte der Menschheit, in der sich die Süd- und die Nordhalbkugel gleichermaßen abkühlten.[7] Andere vertreten die Auffassung, dass die Kleine Eiszeit mit einer Abschwächung der Monsunregenfälle in Süd- und Ostasien, höherer Luftfeuchtigkeit in Zentralasien und vermehrten Niederschlägen im Indopazifik zusammenhängt.[8] Die Vorstellung der Kleinen Eiszeit als globales Phänomen hat sich festgesetzt und ist unter Historikern genauso beliebt wie unter Laien.[9]

Das verwundert nicht, zumal dies eine Zeit der gesellschaftlichen, wirtschaftlichen, politischen und ökologischen Umbrüche war. Insbesondere das 17. Jahrhundert wurde als «globale Krise» beschrieben; in weiten Teilen Europas, Asiens, Afrikas und Amerikas herrschten Unruhen, und in den 1640er Jahren war Krieg so verbreitet wie erst wieder in den 1940er Jahren.[10] Ein Historiker erklärt, die klimatischen Ausschläge und Missernten, Mangel, Hunger, Seuchen und Konflikte des 17. Jahrhunderts entfalteten eine «fatale Synergie» mit dramatischen Auswirkungen für die gesamte Menschheit.[11]

Das unwirtlichere Klima und die damit einhergehenden Probleme wurden für zahlreiche Umwälzungen verantwortlich gemacht. So soll die Kleine Eiszeit nicht nur die Lebensweise der Menschen verändert haben, sondern auch den Hausbau und den gesellschaftlichen Umgang der Menschen untereinander. In Schweden wird der Wechsel von offenen Kaminen zu Kachelöfen, die weniger Holz verbrauchen und die Wärme besser halten, mit der Abkühlung in

Nordeuropa in Verbindung gebracht, vor allem mit der Notwendigkeit, die Raumtemperaturen und den Wohnkomfort zu erhöhen. Mit dem Trend weg von großen, multifunktionalen Räumen hin zu Fluren und kleinen Zimmern sei der Gedanke der Privatheit und Intimität in persönlichen Beziehungen aufgekommen sowie der Individualität und des Ausschlusses derer, die nicht zum Gespräch eingeladen wurden.[12]

Auch in der europäischen Kunst scheint die Kleine Eiszeit ihre Spuren hinterlassen zu haben, Gemälde aus der Zeit zwischen 1550 und 1849 zeigen mehr Wolken und Dunkelheit als die Bilder aus früherer oder späterer Zeit.[13] Gemälde wie *Die Jäger im Schnee*, das Pieter Bruegel der Ältere 1565 malte, wurden zum Sinnbild einer historischen Phase, die sich durch ihre besondere Kälte auszeichnen soll.[14] Auch bestimmte soziale Verhaltensweisen und geschmackliche Vorlieben der Frühen Neuzeit, etwa in der Mode oder bei Getränken, wurden auf die Kleine Eiszeit zurückgeführt; so wird beispielsweise die zunehmende Beliebtheit des Biers damit erklärt, dass sich der Weinbau in der Zeit der Abkühlung nach Süden verlagert habe und der Wein knapp und teuer geworden sei.[15]

Auch die Hexenverfolgung wird mit dem Klimawandel, schlechtem Wetter und insbesondere Hagelschlag in Verbindung gebracht, wobei vor allem Frauen zu Sündenböcken für Missernten, Not und die Verteuerung des Getreides gemacht wurden.[16] Zwar muss man Schätzungen aus dem 18. Jahrhundert, denen zufolge in den zwei vorangegangen Jahrhunderten neun Millionen Hexen hingerichtet worden sein sollen, nicht ernst nehmen, doch es besteht kein Zweifel, dass in der zweiten Hälfte des 16. und der ersten Hälfte des 17. Jahrhunderts die Verfolgung und das Leid von Frauen außergewöhnliche Ausmaße annahmen.[17]

Einige Historiker glauben, dass das schlechte Wetter Ende des 16. Jahrhunderts eine Welle der klinischen Depression ausgelöst haben könnte; die «Modekrankheit» der Melancholie erfasste Königsfamilien und intellektuelle Kreise in England, Frankreich und Spanien. Die Winterdepression passt in eine Zeit der langen Winter und verregneten Sommer und nährte eine Vielzahl von literarischen

Texten, angefangen bei Montaignes Essay «Über Trauer». Die schwierige Witterung ließ offenbar sogar die Zahl der Selbstmorde steigen, wobei nach volkstümlicher Vorstellung der Selbstmord umgekehrt eine Ursache für schlechtes Wetter sein sollte.[18] Für den Luzerner Stadtschreiber Renward Cysat und viele seiner Zeitgenossen lagen die Ursachen der Probleme und Veränderungen auf der Hand. Wenn das Wetter um 1600 «jetzt ein Zytt lang ye lenger ye strenger und härber sich erzeigen», dann war das «leider umb unserer Sünden willen». Das solle «uns und den nachkommenden zuor warnung und besserung» sein.[19]

Anhaltende Kältephasen schlagen sich in der landwirtschaftlichen Produktion nieder: Ein Rückgang um nur ein Grad Celsius über einen Zeitraum von wenigen Jahren hat zur Folge, dass die Sonnenenergie pro Fläche um 10 Prozent abnimmt. In gemäßigten Zonen kann eine Verringerung der Sonneneinstrahlung durch abgeschwächte Sonnenaktivität oder den Staub von Vulkanausbrüchen die Vegetationszeit drastisch verkürzen. Kälte bringt zudem oft höhere Niederschläge und beeinträchtigt das Bodenbiom, was wiederum die Zersetzung von organischem Material verlangsamt und die Fruchtbarkeit des Bodens verringert.[20]

Daneben besteht ein enger Zusammenhang zwischen dem Klima und der Anfälligkeit für Seuchen – Wissenschaftler weisen darauf hin, dass niedrigere Temperaturen die Verbreitung von Krankheiten begünstigen, vor allem weil sie oft mit Mangelernährung einhergehen, die wiederum das Immunsystem schwächt. China erlebte beispielsweise zwischen 1370 und 1970 fast 6000 Epidemien, wobei ungewöhnliche Kälte die Wahrscheinlichkeit eines Ausbruchs um 35 bis 40 Prozent erhöhte.[21]

Bestimmte Ereignisse und Entwicklungen der Kleinen Eiszeit lassen sich nach allgemeinem Dafürhalten durch die ungewöhnliche Kälte und ein gewandeltes Klima ganz allgemein erklären. Die Häufung der Stürme im ausgehenden 16. Jahrhundert und die Zunahme von Orkanen um 400 Prozent wurden als Grund für den Untergang der Spanischen Armada im Jahr 1588 genannt, als die Böen Wirbelsturmstärke erreichten. Wie ein Autor schrieb, zerstörte der Wind mehr spanische Schiffe als sämtliche englischen Kanonen zusammengenommen.[22] Schweden verlor seinen Status als europäische Großmacht in einer Serie eisiger Winter des ausgehenden 17. und beginnenden 18. Jahrhunderts, als die schwedische Armee «von Kälte und Krankheit gebrochen» die Besitzungen auf dem Baltikum aufgeben musste und das russische Heer Finnland besetzte.[23]

So attraktiv die Kleine Eiszeit als Erklärung für Kulturwandel, Verhaltensänderungen und Kriegsglück ist, so problematisch ist sie auch. Zum einen ist es schlicht falsch, dass in allen Teilen der Welt gleichzeitig und über einen längeren Zeitraum hinweg niedrigere Temperaturen herrschten, und schon gar nicht jahrhundertelang. So hält auch ein Bericht der Weltklimakonferenz fest, dass es keine Belege für die These einer weltweiten Kleinen Eiszeit gibt.[24]

Selbst im 17. Jahrhundert lag das Klima auf der Nordhalbkugel über lange Phasen im Normalbereich, auch in Jahrzehnten der großen Kriege und verheerenden Pestepidemien.[25] Selbst wenn die Temperaturen unter dem Durchschnitt lagen, wie in Nordeuropa während der 1590er Jahre, blieb dieser Rückgang in anderen Teilen des Kontinents aus, und in Süditalien und dem östlichen Mittelmeerraum lassen die Daten von Baumringen keinerlei Ausschläge erkennen.[26]

Meeresbodenanalysen, die Ausdehnung des Meereises und Isotope aus Eisbohrkernen aus dieser Zeit zeigen keine dauerhafte, über mehrere Jahrhunderte anhaltende Tendenz.[27] Selbst die Ausdehnung der Alpengletscher zwischen 1400 und 1800, die Zeichen einer neuen Kaltphase sein soll, ist weder ungewöhnlich noch deutlich größer als ein oder zwei Jahrhunderte zuvor.[28] Wie es zwei führende Wissenschaftler diplomatisch ausdrückten, bleiben Belege für eine Kleine Eiszeit «schwer greifbar», selbst in Nordeuropa und dem Nordatlantik.[29]

Ähnlich verhält es sich mit der Sonnenaktivität. Es mag naheliegend sein anzunehmen, dass eine Verringerung der Sonnenfleckenaktivität und -einstrahlung regionale und globale Folgen für die klimatischen Bedingungen auf der Erde hat. Genauere Untersuchungen zeigen jedoch, dass diese Auswirkungen gering bis vernachlässigbar waren. Während großer Minima wie dem Maunder-Minimum sank die Durchschnittstemperatur um rund 0,3 Grad Celsius.[30] Untersuchungen zu künftigen Sonnenminima gehen davon aus, dass sich dieser Wert an der Obergrenze bewegt, und halten eine Spanne von 0,09 bis 0,26 Grad Celsius für wahrscheinlicher. Das hat auch Folgen für die Theorie der Kleinen Eiszeit.[31]

Und selbst dort, wo die Kleine Eiszeit ganz offensichtlich ihre Spuren hinterlassen zu haben scheint, stellt sich die Sachlage in einem größeren Zusammenhang oft ganz anders dar. So greifen wir zum Beispiel Bruegels *Die Jäger im Schnee* heraus und übersehen sein Gemälde *Die Kornernte*, das im selben Jahr entstand und auf dem der Künstler einen warmen Sommer, reiche Ernte und goldenes Licht malte. Es stimmt zwar, dass nordeuropäische Landschaftsmaler wie Hendrick Avercamp eine Vielzahl von Winterszenen malten, doch andere taten das nicht. Es könnte durchaus sein, dass diese verschneiten Landschaften nicht Ausdruck einer allgemeinen Abkühlung sind, sondern des Zeitgeschmacks von Käufern und Künstlern.[32] Auch künstlerische Sujets unterliegen Moden: Während Ende des 16. Jahrhunderts Schnee und Eis beliebt waren, zogen holländische Kunstfreunde ein Jahrhundert später, während der kühlsten Phase des Maunder-Minimums, sonnige und lichtdurchflutete Szenen vor.[33]

Auch der Zusammenhang zwischen der Hexenverfolgung und der Kälte scheint auf den ersten Blick überzeugend. Schließlich sprach Papst Innozenz VIII. in seiner «Hexenbulle» aus dem Jahr 1484 davon, dass die Zauberer «die Weinberge, Obstgarten, Wiesen, Weiden, Getreide, Korn und andern Erdfrüchten, verderben, ersticken und umkommen machen», und der zwei Jahre später veröffentlichte *Hexenhammer* befand, dass «Dämonen und ihre Schüler solche Hexentaten an der Erregung von Blitzen, Hagelschlägen und Gewittern zeigen können».[34] Mehrere Historiker sind jedoch der Ansicht, dass die Hexenverfolgungen des späten 16. und frühen 17. Jahrhunderts weniger eine Antwort auf ungünstige Witterung waren als auf die zunehmenden Fälle von Syphilis und der mit ihr einhergehenden verstörenden Geisteskrankheit; dass Männer versucht haben könnten, die Medizin als männliche Domäne zu bewahren; oder dass es sich um eine Reaktion auf einen wirtschaftlichen Abschwung im Zusammenhang mit Missernten, auf eine Abschwächung des Handels, auf gestiegene Abgabenlast oder auf politische Rivalitäten gehandelt haben könnte.[35] Aktuelle Untersuchungen zu Massenpsychosen werfen zudem die Frage auf, ob es sich beim «Hexenwahn» dieser Zeit nicht um einen sich selbst verstärkenden Teufelskreis aus Anklagen und Gegenanklagen gehandelt haben könnte.[36]

Ein anderer Fall ist die Niederlage des Schwedenkönigs Karl XII. in der Schlacht bei Poltawa im Jahr 1709 und die folgenden Rückschläge, die für Schweden so fatale Folgen hatten. Die Kälte war sicherlich ein Faktor, doch entscheidender war, dass sich die Schweden mit ihrer kostspieligen Kriegsführung überfordert, dass sie den Krieg bis nach Russland getragen und dass sie dabei ihre Nachschublinien gefährdet hatten. Dazu kam eine Reihe strategisch naiver Fehler auf dem Schlachtfeld, die den König, seine Generäle und seine Soldaten unnötigen Gefahren aussetzten. Daher ist es vermutlich kein Wunder, dass die Dinge in den kommenden Jahren eine ungute Wendung nahmen, und das eigentlich Überraschende ist, dass die Konsequenzen nicht noch schlimmer ausfielen.[37]

Die konkreten Auswirkungen niedrigerer Temperaturen auf Einzelereignisse, Moden und die großen Bögen der Geschichte sind nicht leicht zu erkennen und verlangen sorgfältige Untersuchung. Genau wie die Bewertung von Klimaveränderungen in einer langen Phase der Schwankungen und regionalen Unterschiede. In einigen Jahrzehnten – allen voran in den 1590er, 1680er und 1810er Jahren – gibt es Hinweise auf erhebliche Störungen der Klimamuster durch Vulkanausbrüche, starke El Niños oder eine Kombination aus beidem. Doch man kann eine Phase von fünf Jahrhunderten nicht so behandeln, als sei sie homogen und habe überall auf der Welt dieselben Auswirkungen gehabt.

Es ist korrekt, dass die Temperaturen zu Beginn des 15. Jahrhunderts deutlich sanken. Interessanterweise scheint der Grund dafür allerdings keine Abschwächung von Klima- oder Sonnenmustern gewesen zu sein, sondern im Gegenteil ihre Verstärkung: Der Golfstrom führt warmes Wasser aus den Tropen in nördlichere Breiten, wo es auf kälteres arktisches Wasser trifft, sich abkühlt, dichter wird, in die Tiefe sinkt und auf dem globalen Förderband weitertransportiert wird. Ende des 14. Jahrhunderts wurde der Golfstrom jedoch kräftiger und führte ungewöhnliche Mengen von Warmwasser nach Norden; die Zirkulation wurde stärker, ungewöhnliche Mengen Meereis brachten Massen von kaltem Wasser in den Nordatlantik, der Salzgehalt sank, und der Golfstrom schwächte sich ab.[38] Dies wiederum brachte eine Phase der Abkühlung, verstärkt durch eine Reihe heftiger Vulkanausbrüche, deren Aschewolken die Abschwächung der Sonnenstrahlung zwischen 1400 und dem beginnenden 16. Jahrhundert weiter verschärfte.[39]

Es ist also wichtig, in einem langen Zeitraum, der oft als geschlossene Einheit behandelt wird, unterschiedliche Phasen, Ursachen und Wirkungen zu differenzieren. Dabei gibt es tatsächlich wichtige Entwicklungen, die den Jahrhunderten vor Beginn der Industriellen Revolution einen gewissen Zusammenhalt verleihen. Mit der Verbindung der großen Landmassen durch neue Schifffahrtswege über den Atlantik und Pazifik begann ein neuer Austausch von Waren, Lebensmitteln und Ideen, und Menschen reisten über den halben Erdball, ob freiwillig oder versklavt. Wie wir im Falle von Süd- und Nordamerika und sowie der Karibik gesehen haben, hatte das spürbare ökologische Folgen, es entstanden neue Verbreitungswege für Krankheiten wie Pocken, Malaria und Gelbfieber von der Alten in die Neue Welt sowie Syphilis in die Gegenrichtung.

Die Ausbreitung dieser und anderer Krankheiten wurde begünstigt durch heftige Ressourcen- und Machtkämpfe vor allem in Europa; hier rangen die Staaten nicht nur um die Vormachtstellung auf dem eigenen Kontinent, sondern auch um eine vorteilhafte Position auf anderen. Die Folge war eine dramatische Eskalation der militärischen Konflikte. In den zwei Jahrhunderten zwischen 1500 und 1700 herrschte in 95 Prozent der Jahre ein Krieg zwischen mindestens zwei europäischen Mächten. Das lag auch an der Erfindung und ständigen Weiterentwicklung neuer Kriegsgeräte, vor allem der Artillerie. Die Einführung der Kanone machte die Entwicklung neuer Verteidigungsstrategien und Festungen erforderlich, denn herkömmliche Burgen und Stadtmauern boten keinen Schutz mehr. Also schüttete man unter anderem gewaltige Erdwälle auf, die oft mit Stein befestigt waren und dem Geschützfeuer widerstanden. Die Tatsache, dass man diese Festungen an zahlreichen Orten auch fernab von Siedlungen errichten konnte (was allerdings kostspielig war), veränderte die Kriegsführung und Anforderungen auf dem Schlachtfeld, und man benötigte mehr und besser ausgebildete Soldaten. Das verlangte eine Professionalisierung der Armeen, mehr Kriegsgerät und vor allem mehr Geld.[40] Diese militärische Revolution machte das 17. Jahrhundert zum «Jahrhundert des Soldaten», wie ein Beobachter es nannte, und war ein entscheidender Faktor für den Aufstieg des Westens.[41]

Militärische Innovationen hingen wiederum eng mit gesellschaftlichem, wirtschaftlichem und institutionellem Wandel zusammen. In den Jahrzehnten und Jahrhunderten nach Kolumbus' Überfahrt gingen Wellen der Zentralisierung durch Europa. Dafür gab es eine Reihe von Ursachen, doch die wichtigste war vermutlich der fortwährende Krieg. Um immer mehr Soldaten in die Schlacht schicken zu können, benötigte man immer mehr Geld, weshalb der Hunger nach Steuern schier unersättlich wurde. Zwischen 1500 und 1780 verzwanzigfachten die europäischen Großmächte ihre Steuereinnahmen. Durchschnittlich 80 Prozent des Staatshaushalts ging an das Militär, und in Kriegszeiten überstiegen die Ausgaben oft die Einnahmen, was wiederum eine Revolution auf dem Gebiet der staatlichen Kreditaufnahme anschob.[42]

In der Folge wurden nicht nur die Armeen besser ausgerüstet und ausgebildet. Mit der Umleitung von immer mehr Ressourcen ins Zentrum wuchsen auch die Beamtenapparate, die Steuern eintrieben und verteilten. Staaten, die Zeit und Energie in den Aufbau von Institutionen, Beamtenausbildung, Meritokratie und Korruptionsbekämpfung steckten, hatten mehr Erfolg als diejenigen, die das nicht taten. Wer auf diesem Gebiet säumig war, riskierte nicht nur Misserfolge, sondern lief Gefahr, Beute der Nachbarn zu werden, wie das mit Polen geschah. Die Schaffung von Kapazitäten hing von Institutionen unter der Leitung von Berufsbeamten ab, die nach Kompetenz und Qualifikation ausgewählt wurden – zumindest theoretisch. Diese Institutionen trugen dazu bei, die Macht und Autonomie der Herrscher zu beschränken, und waren ein Schritt zu größerer Rechenschaft und Demokratie.[43] Daher sehen einige Historiker in der relativen Schwäche der englischen Krone eine «wesentliche Voraussetzung für den Erfolg der Unternehmungen Englands in Übersee».[44]

Der Aufbau eines effizienten Staatsapparats verlief langsam und konnte viele Jahrzehnte und sogar Jahrhunderte in Anspruch nehmen. Es gab zweifelsohne Beschleunigungen, die nicht nur die Rolle des Staates betrafen, sondern auch die Verstädterung, Gesundheit und natürliche Umwelt. Der französische Staat verdreifachte beispielsweise zwischen 1600 und 1640 seine Einnahmen – eine beachtliche Leistung, die allerdings mit einer dramatischen Wanderungsbewegung der Bevölkerung einherging. Das Zentrum zog nämlich nicht nur Geld an, sondern auch Menschen, die in der Hauptstadt neue Chancen wahrnehmen wollten oder der Provinz den Rücken kehrten, weil es dort keine mehr gab. 60 Prozent des gesamten französischen Bevölkerungszuwachses in der ersten Hälfte des 17. Jahrhunderts entfielen auf Paris. Für die Geschäftsleute der Stadt wirkten das Tempo und Ausmaß der Verstädterung und der Zuwachs der Kundschaft wie ein Aufputschmittel, während sich für andere der Markt in Luft auflöste wie eine Fata Morgana.[45]

Besonders ausgeprägt war die Zentralisierung des Staates und der Steuereinnahmen in jenen Ländern Nord- und Westeuropas, die im Atlantikhandel aktiv waren, was einmal mehr die Bedeutung der Seewege nach Afrika, Amerika und Asien unterstreicht.[46] Die Verstädterung wiederum hatte unerwartete Nebenwirkungen, vor allem in Gestalt von Seuchen. Europas Städte waren unhygienische «Todesfallen» und ein ideales Biotop für Krankheitserreger. Während des 17. Jahrhunderts wurden in London in vielen Jahren doppelt so viele Todesfälle wie Geburten registriert.

Wider Erwarten ging das Wachstum der Stadtbevölkerung mit steigenden Löhnen einher, die Ballung kurbelte die Nachfrage nach Waren an und ließ das Angebot in der Stadt und auf dem Land steigen. Einigen stockte angesichts der Geschwindigkeit der Verstädterung der Atem, und König Jakob I. meinte gar 1616, die gesamte Bevölkerung des Landes werde in der Hauptstadt zusammengeballt. «England ist bald nur noch London, das ganze Land verödet, während alle elend in der Stadt hausen.» Das sei keine Ausnahme, meinte er – damit werde London nur wie Italien, vor allem Neapel.[47] Der englische Architekt John Evelyn bezeichnete das London der 1660er Jahre als «Vorort der Hölle», erfüllt von «rußigen und schmutzigen Schwaden», die in den Lungen schmerzten und dafür sorgten, dass «in dieser einen Stadt mehr Katarrh, Husten und Schwindsucht wüten als auf der ganzen übrigen Erde».[48]

Paris war allerdings nicht besser. Ein Zeitgenosse klagte, die Stadt sei «immer schmutzig» und Besucher würden «von einem schwarzen, stinkenden Öl bedeckt, das, wo es einmal klebt, von keiner Kunst der Welt wieder abzuwaschen ist». Paris sei so grotesk, dass es den Spitznamen «vagina populorum» verdiene.[49] Aber so sehr sich viele auch beschwerten, die Verstädterung war eine Voraussetzung für die Beschleunigung von Produktion und Konsum, ein Schlüssel für die Beziehung zum Rest der Welt und schließlich ein Motor der Industriellen Revolution.[50]

Wie wir noch sehen werden, kurbelte die Nachfrage nach Gütern und Lebensmitteln den Welthandel an. Das hatte seinen ökologischen Preis, doch den zahlten ja die Hunderte und Tausende Kilometer entfernten Herkunftsorte, die man nicht sah und nicht entschädigen musste. Entscheidend war das Verhältnis der Städte zu ihrem jeweiligen Hinterland und ihre Fähigkeit, immer mehr Menschen aufzunehmen. Die Städte befeuerten zwar die Nachfrage, förderten Innovation und zogen Arbeitskräfte an, doch sie waren abhängig von der Provinz und ihrer landwirtschaftlichen Produktion. Metropolen waren oft sehr anfällig für extreme Witterung, aber das Risiko ließ sich abfedern, wenn die Stadt über Zugang zum Meer oder zu Flusssystemen und über etablierte Fernverbindungen verfügte.[51]

Durch Unwetter und langfristigen Klimawandel verursachte Schwankungen bei der Produktivität und Verfügbarkeit von Lebensmitteln, Tierfutter und Holz – teuer zu transportierende Massenprodukte – hatten direkte Auswirkungen für die Menschen in Stadt und Land. Hunger schlug sich auf Sterblichkeit, Krankheiten und Furchtbarkeit nieder und führte zu Stadtflucht und Bevölkerungsrückgang. So verloren beispielsweise der Balkan und Anatolien im Laufe des 17. Jahrhunderts die Hälfte ihrer Einwohner, einige Regionen sogar bis zur 80 Prozent, und zahlreiche Dörfer wurden einfach aufgegeben.[52] Mangel musste nicht einmal zu Hungersnöten führen, um Auswirkungen auf das Leben in der Stadt und die Beziehung von Stadt und Land zu haben. Wenn die landwirtschaftliche Produktion sank, hatten Bauern weniger zu verkaufen und verdienten weniger. Die Preise von Gütern und Dienstleistungen in den Städten stiegen, die Nachfrage wurde gedämpft. In der Folge schwanden Beschäftigungsmöglichkeiten in der Stadt, und das Leben wurde weniger profitabel. Wenn man die Temperatur- und Ernteentwicklung ins Verhältnis zu den Weizenpreisen der Vergangenheit setzt, wird klar, dass das Klima ein starker Wachstumsmotor war. Zugleich erklärt sich, warum das Wachstum im Europa der Frühen Neuzeit so ungleichmäßig verlief.[53]

Diese Unebenheiten zeigen einmal mehr, dass Europa nicht überall gleichermaßen von der Kleinen Eiszeit betroffen war. So setzte sich beispielsweise im Winter 1539 ein Hochdruckgebiet über West- und Mitteleuropa fest, während über dem Atlantik und Westrussland Tiefdruckgebiete verharrten. In einer russischen Chronik heißt es: «Der Frühling war kalt und der Sommer verregnet, der Roggen ging nicht auf und gefror im Frühling, und die Wiesen an Flussufern und Seen waren überschwemmt (...). Im Herbst regnete es viel, und im November zeigte sich die Sonne zwei Wochen lang nicht.» Ganz anders in Mitteleuropa, wo der Bodensee so weit austrocknete, dass man den Grund sehen konnte, und mancherorts die Schifffahrt eingestellt werden musste. In Portugal und Deutschland wüteten Waldbrände, und 1540 verzeichnete Deutschland so viele Stadtbrände wie nie seit Beginn des Jahrtausends. Tiere starben an der Hitze, Bäume litten unter der Dürre, Weinlese und Getreideernte fielen dürftig aus, ohne Wasser standen die Mühlräder still, und die Preise gingen durch die Decke.[54]

Verteuerungen haben viele Gründe, angefangen bei skrupellosen Händlern, die Waren horten, um Profit aus der Nachfrage und der Panik zu schlagen. Außerdem wurden nur unzureichende Maßnahmen zur Linderung des Leids getroffen, die mageren Ressourcen wurden schlecht verteilt, und man suchte keine alternativen Bezugsquellen für Lebensmittel. Verzweiflung griff um sich. In Indien kam es 1556, kurz nach dem Aufstieg Akbars zum Großmogul, zu «einer großen Not in den Städten und Dörfern (…). Die Menschen begannen, einander zu essen, einige taten sich zusammen und verschleppten einen von ihnen, um ihn gemeinsam zu verzehren.»[55]

Einige Wissenschaftler mutmaßen, dass sich der Golfstrom in den 1560er Jahren spürbar veränderte und die sogenannte Grindelwald-Schwankung anstieß, ein Wachstum der Alpengletscher, das etwa in dieser Zeit einsetzte. Im Mittelmeerraum nahmen die Niederschläge ab, in Nordwesteuropa nahmen sie zu, vor allem im Frühling und Sommer, und die Vegetationsperiode verkürzte sich um sechs Wochen.[56] Die Auswirkungen könnten auch weiter südlich noch zu spüren gewesen sein; die mündlichen Überlieferungen der Shona aus dem Norden Simbabwes und aus Mosambik lassen vermuten, dass dort in den 1560er Jahren Dürren, Heuschreckenplagen, Hungersnöte und Seuchen umgingen.[57] In China sanken die Durchschnittstemperaturen über einen langen Zeitraum hinweg, und zwischen 1569 und 1644 waren nur drei Jahre wärmer als üblich.[58]

Es war allerdings nicht unmöglich, sich an die veränderten Umstände anzupassen, und vielerorts erwies sich das nicht einmal als besonders schwierig. In Nordeuropa stellten viele Bauern zum Beispiel vom kälteempfindlicheren Weizen auf Gerste, Hafer und Roggen um.[59] Andere Umstände wirkten jedoch tiefer. In den Jahren 1569 bis 1573 brachten lange und kalte Winter starken Regen und Überschwemmungen nach fast ganz Europa. Wochenlang herrschten so eisige Temperaturen, dass Seen und Flüsse zufroren und die Ostsee zwischen Dänemark und Finnland eine geschlossene Eisdecke hatte.

Darunter litt die Ernte, worauf die Getreidepreise in Mitteleuropa in Höhen stiegen, die sie erst 1877 wieder erreichten. Städte und Dörfer im Landesinnern litten stärker als die an der Küste oder mit Zugang zum Meer.[60] Es war eine schwere Zeit in Südosteuropa und dem Nahen Osten, wo Mangel und Not 1574/5 die größte Hungerkatastrophe seit hundert Jahren verursachten.[61]

In Italien kamen Heuschreckenschwärme hinzu, bis Papst Pius V. auf dem Petersplatz in Rom einen Prozess abhielt, zu dem die Heuschrecken «in solcher Zahl erschienen, dass sie die Sonne verdunkelten». Der Papst exkommunizierte die Insekten, woraufhin sie «sich bald verzogen und nie mehr gesehen wurden».[62] Angesichts des Hungers und der hohen Preise ging die Furcht vor Unruhen um, etwa in Süddeutschland, wo die Lage besonders schlimm war.[63] Vielleicht war die Sorge umso größer, weil das Klima einige Jahrzehnte lang stabil gewesen war und die Menschen schlechter auf den Umgang mit Krisen vorbereitet waren. So wirkten Kälte und Missernten wie «ein Donnerschlag nach einer langen Phase des wirtschaftlichen Sonnenscheins».[64]

Die heftigsten Auswirkungen bekamen jedoch die Niederlande zu spüren, wo der Unmut gegen die spanische Herrschaft hochkochte, verschärft durch die Feindseligkeiten zwischen Protestanten und Katholiken. Schon in den Jahren vor der Witterungskrise hatte es immer wieder Versorgungsengpässe gegeben. Die Auswirkungen von Missernten wurden durch den Krieg zwischen Dänemark und Schweden verschärft, der alternative Handelswege verschloss. In einigen Teilen Flanderns verdreifachte sich der Weizenpreis im Jahr 1565 innerhalb von nur sechs Monaten. Regierungsangehörige hatten bereits vor Unruhen gewarnt, als religiöse Auseinandersetzungen aufbrachen. Kirchen gingen in Flammen auf, und protestantische Horden zerstörten Altäre und Mobiliar von katholischen Gotteshäusern. Dieser Bildersturm vergiftete die Beziehungen in den Niederlanden, und die Stimmung wurde nicht besser, als Anfang der 1570er Jahre Tausende Menschen ein Opfer von Orkanen und Sturmfluten wurden. Der Höhepunkt der Unruhen kam 1576 mit der Plünderung Antwerpens durch spanische Soldaten, die nach einer an der Witterung gescheiterten Belagerung von Leiden ihren Sold nicht erhalten hatten. Die Brutalität dieses Angriffs einte die nördlichen Provinzen der Niederlande in der Utrechter Union, die schließlich der Republik der Sieben Vereinigten Niederlande den Boden bereitete.[65]

In diesem Fall wurden bereits brodelnde Krisen durch eine Vielzahl von Faktoren verstärkt, mit langfristigen Auswirkungen. Eine ähnliche Kettenreaktion wurde zwischen 1580 und 1600 durch Ausbrüche einer Reihe von äquatornahen Vulkanen in Gang gesetzt – des Billy Mitchell in Melanesien (1580), des Kelut und des Ruang auf Java (1586 und 1593), des Nevado del Ruiz in Kolumbien (1595) und des Huaynaputina in Peru (1596), wobei Letzterer der schwerste je registrierte Ausbruch in Südamerika war.[66] Die Ausbrüche hinterließen so starke Spuren in Eisbohrkernen und Baumringen der Nordhalbkugel, dass einige Wissenschaftler mutmaßen, es müsse anderswo einen weiteren und bislang unbekannten Ausbruch gegeben haben.[67] Wie dem auch sei, die Folge war der stärkste kurzzeitige Temperatureinbruch der vergangenen sechs Jahrhunderte, wenn nicht mehr.[68]

Weltweit kam es zu heftigen Klimaschwankungen. In Skandinavien begann 1587 eine Folge langer und eisiger Winter mit einem Jahr ohne Sommer – dem legendären *fimbulvetr* der nordischen Mythologie.[69] Über weiten Teilen Italiens gingen im Herbst 1589 so heftige Regenfälle nieder, dass Kampanien, die Toskana und Rom unter Wasser standen und die Aussaat beeinträchtigt wurde. In den 1590er Jahren wuchs sich die missliche Lage zu einer Krise aus, als die Ernteerträge um zwei Drittel einbrachen und die Lagerbestände zur Neige gingen. Neapel, Bologna, Mantua und andere Städte verwiesen alle diejenigen der Stadt, die eine Bürde werden konnten – Ausländer, Studenten, Arme –, um die Versorgung ihrer Bürger zu sichern, die Überbevölkerung abzuwenden und die Gefahr von Plünderungen und Aufständen einzudämmen.[70] In den Städten stieg die Sterblichkeit, in und um Bologna fiel die Bevölkerung um ein Fünftel, und die Zahl der Geburten sank um 44 Prozent.[71]

Die Po-Ebene und andere Landstriche erlebten die schwerste

Hungersnot und den stärksten Bevölkerungseinbruch seit den Tagen der Pest. Die Katastrophe war ein Anstoß für langfristige Veränderungen. Bauern stellten auf intensivere Anbauformen um und entschieden sich gegen Vielfalt und für kalorienhaltigere Sorten, indem sie verstärkt Mais anbauten.[72]

Andernorts trug die Krise zur Einigung Europas bei. So wurde zum Beispiel das Baltikum in südeuropäische Handelsnetze eingebunden, weil die dortigen Stadtstaaten händeringend ihre Notversorgung sichern wollten. Städte wie Genua, Venedig und Livorno bauten starke Beziehungen zum Ostseeraum auf und importierten nicht nur Getreide, sondern auch Lebensmittel wie Bohnen, Pökelfleisch und eingesalzenen Fisch, ebenso wie Erze, Textilien und Felle. Dieser Handel wurde überwiegend von den Niederländern eingefädelt, die auch den Transport übernahmen. Deren Investitionen der 1590er Jahre zahlten sich schon damals aus, aber vor allem einige Jahrzehnte später, nachdem sich die Beziehung zu Spanien wieder stabilisiert hatte. Gewinne von hundert Prozent beschleunigten die Entwicklung der nordeuropäischen Wirtschaft und vor allem des niederländischen Kapitalismus.[73] Das waren die kuriosen Nebenwirkungen der Katastrophen beziehungsweise der Reaktionen darauf.

Spanien befand sich im Zuge der dauernden Kriegsbelastung und der verlangsamten Ausbeutung seiner Überseegebiete wirtschaftlich bereits auf dem absteigenden Ast. Getroffen wurde es ebenfalls durch ein knappes Jahrzehnt der überdurchschnittlichen Niederschläge und ungünstigen Witterung, auf das ein Jahrzehnt der Dürre folgte. Schätzungen gehen davon aus, dass die Klimaschwankungen dort bis zu 600 000 Menschen das Leben kosteten – ein Bevölkerungseinbruch, von dem sich Spanien erst ein Jahrhundert später wieder erholen sollte. Auch die Viehhaltung wurde stark in Mitleidenschaft gezogen, ein Drittel der Schafe verendete, mit gravierenden Folgen für die Textilherstellung. Die Lage verschärfte sich durch massive Steuererhöhungen, mit denen die Krone ihre Schuldenlast abtragen wollte, die ihre Spielräume einschränkte und sie anfällig für schlechte politische und strategische Entscheidungen machte. Wie bereits erwähnt, begann man darüber zu diskutieren, ob es sich noch lohnte, das Weltreich zu erhalten, oder ob man es aufgeben sollte, weil es zu teuer war. Ein Autor verglich Spanien 1621 mit einem schwer kranken Patienten: Manchmal müsse man eben «einen Arm amputieren», um das Überleben zu sichern.[74]

Auch Schottland, Schweden und Österreich wurden in den 1590er Jahren von Missernten getroffen, und in Österreich kam es zu mehreren Aufständen, als sich die Lage verfinsterte. In Irland konnten sich die Menschen vor Hunger kaum auf den Beinen halten und erinnerten an Gespenster. Auch in England war die Lage ernst, in den 1590er Jahren wüteten Hunger und Überschwemmungen, und in den 1600er Jahren herrschte so strenger Frost, dass die Themse zufror und auf dem Eis «Frostmärkte» abgehalten wurden. Zu Orkanen gesellten sich Sandstürme, die langfristig erhebliche ökologische Auswirkungen auf die Atlantikküste Westeuropas hatten.[75] Literaturwissenschaftler weisen darauf hin, dass William Shakespeare in seinen Tragödien und Komödien der 1590er und 1600er Jahre Himmels- und Wetterphänomenen besondere Beachtung schenkte, und vermuten, dass das Klima für das Publikum der Zeit ein wichtiges Thema war.[76]

In Südostafrika war der Klimastress des ausgehenden 16. Jahrhunderts ein politischer Faktor. Ein portugiesischer Missionar meinte, die Region werde seit Ende der 1580er Jahre von «Strafen» heimgesucht, darunter Hungersnot, eine schwere Pockenepidemie und Heuschrecken, die «alle Felder, Gärten und Palmenhaine kahlfraßen» und auf zwei Jahre versehrten. Das schwächte die Häuptlinge der Tonga von Sambesi, provozierte gesellschaftliche Instabilität, verschärfte regionale Konflikte und öffnete den Portugiesen das Tor zur Intervention. Zunächst beschränkten sie sich auf militärische Unterstützung der Händler, die sich bis dahin auf die Küstenregionen konzentrierten, aber schon bald erzwangen sie Landkonzessionen, Zugang zu Rohstoffen und Mitsprache bei der Erbfolge der Region. Das diente letztlich der kolonialen Expansion und hatte die wirtschaftliche Verarmung der Kulturen Simbabwes zur Folge.[77]

Auch andere Teile Afrikas wurden von ökologischen Umbrüchen getroffen, allen voran der Südrand der Sahara, der sich 300 Kilometer weiter nach Süden verschob. Damit dehnte auch die Tsetsefliege ihren Lebensraum aus, die Bevölkerung wich zurück, und die landwirtschaftliche Kapazität sank. Die genaue Datierung dieser Ereignisse ist besonders relevant, wenn es darum geht, einen Zusammenhang zum Untergang des Songhai-Reichs und der Eroberung von Timbuktu durch marokkanische Streitkräfte im Jahr 1591 herzustellen.[78] Die Marokkaner hatten schon Jahrzehnte zuvor begonnen, sich die Kontrolle über die Oasen und Handelsnetze im Süden zu verschaffen, um mit ihren zunehmenden militärischen Ambitionen und Kapazitäten Zugang zu Gold- und Salzvorkommen zu erhalten.[79] Dass Timbuktu seine Bedeutung und Größe nicht wiedererlangte, lässt sich zumindest teilweise mit dem Voranschreiten der Wüste erklären – ein Grund für die Abwanderung von Menschen aus Regionen, die gegen Ende des 16. Jahrhunderts besonders stark vom Klimawandel betroffen waren.[80]

In China verursachten Überschwemmungen, ungewöhnlich kalte Witterung und Versorgungsengpässe in den 1580er Jahren die schlimmste Hungersnot seit hundert Jahren. Die Lage verschlimmerte sich durch Epidemien – darunter vermutlich die Hirnhautentzündung –, die in den dicht besiedelten Städten grassierten. Dort standen die Häuser, wie ein Beobachter klagte, «so eng gedrängt, dass es keinen Platz mehr gibt, und die Märkte sind mit Kot und Dreck verschmutzt». Beste Bedingungen, damit «Malariafieber, Diarrhö und Epidemien einander die Hand geben konnten».[81] Der jesuitische Missionar Matteo Ricci schrieb, Ende der 1590er Jahre seien «alle Flüsse im Norden Chinas zugefroren» – eine Zeit, in der die Durchschnittstemperaturen deutlich unter dem Normalwert lagen.[82]

In Süd- und Südostasien fielen erheblich weniger Niederschläge als üblich. Aus spanischen Steuerlisten der Philippinen geht hervor, dass die Bevölkerung zwischen 1591 und 1608 um 25 Prozent geschrumpft sein muss.[83] Abū al-Fazl berichtet in *Akbarnāma*, Anfang der 1590er Jahre verkündeten die Astrologen «Mangel und Tod», und der Großmogul Akbar ergriff Notmaßnahmen, um die Versorgung aller sicherzustellen.[84] Anfangs funktionierte das auch, doch als sich die Trockenheit über mehrere Jahre hinzog, forderte sie auch hier einen hohen Tribut. Eine türkische Quelle spricht von einer «furchtbaren Hungersnot» und «allgemeiner Not», die durch Seuchen noch verschlimmert wurde. Viele Menschen starben, die Städte und Dörfer waren verwaist, «die Straßen waren voller Leichen», und einige verfielen dem Kannibalismus.[85]

Ähnlich war die Lage im Osmanischen Reich, wo die Hungerhilfe anfangs griff, auch wenn zahlreiche Städte durch ihr Hinterland nur ungenügend versorgt wurden und viele Regionen auf dem Balkan, in Anatolien und in Teilen des Nahen Ostens schwer zu erreichen waren. Als die Trockenheit jedoch nicht endete und sich zur längsten Dürre des östlichen Mittelmeerraums in den vergangenen 600 Jahren auswuchs, wurde es auch hier zunehmend schwierig.

Die Inflation trieb die Preise in die Höhe, verwüstete die Wirtschaft, und als die Regierung mit Steuererhöhungen und Abwertung der Münzen reagierte, brach das Chaos aus. Die Menschen flüchteten aus den Städten aufs Land, Unzufriedenheit machte sich breit, und Seuchen grassierten, vor allem die Pest. Regionalfürsten griffen nach der Macht, Banditen trieben ihr Unwesen, die staatliche Ordnung brach zusammen. Mancherorts lehnten sich Abtrünnige auf, etwa im Südosten der heutigen Türkei, wo ein Mann namens Kara Yazıcı («schwarzer Schreiber») einige Landstriche und Ortschaften unter seine Kontrolle brachte. Diese und andere Aufstände wurden schließlich unterdrückt, doch einige Historiker sehen in den Ereignissen der 1590er und 1610er Jahre den Auslöser für einen grundlegenden Wandel im Osmanischen Reich. Dazu gehörten insbesondere die deutliche Beschneidung der Macht des Sultans und der politische und wirtschaftliche Aufstieg der Janitscharenkorps zu einem wichtigen Machtfaktor im Reich.[86]

Die späten 1590er Jahre und das angehende 17. Jahrhundert waren in Russland eine traumatische Zeit, die als *Smuta* oder «Zeit der Wirren» in die Geschichtsbücher einging. Auch hier kam es nach einer Reihe von Missernten zu chronischen Versorgungsengpässen und politischen Unruhen. Der deutsche Offizier Conrad Bussow äußerte sich entsetzt über das, was er sah: «Ich habe mit eigenen Augen gesehen, dass Menschen auf der Straße lagen, die im Sommer

Gras und im Winter Heu wie das Vieh gefressen haben», schrieb er in seiner *Moskowitischen Chronik*. Tote hatten Heu und Kot im Mund, weil sie offenbar nach allem gegriffen hatten, nur um zu überleben. «Unzählige Kinder sind von ihren Eltern, und die Eltern von ihren Kindern, auch der Gast vom Wirt und umgekehrt (...) getötet, geschlachtet, gekocht worden. Das Menschenfleisch wurde kleingehackt, in Piroggen verbacken und auf dem Markt als Tierfleisch verkauft und gegessen.» Die Menschen strömten vom Land in die Stadt in der Hoffnung, dass sie dort zu essen bekämen. Bussows Behauptung, allein in Moskau sei eine halbe Million Menschen ums Leben gekommen, ist vermutlich übertrieben, doch die Sterblichkeit war hoch, und ein Drittel der Bevölkerung könnte verhungert sein.[87]

So groß die Verwerfungen waren, muss man doch betonen, dass die ungewöhnlichen klimatischen Bedingungen in vielen Fällen nur bestehende Probleme verstärkten, aber nicht die eigentliche Ursache für die Katastrophe waren. Der wahre Grund war vielerorts das ausufernde Wachstum der Städte, die mit Beginn der Krise aus den Fugen gingen, weil immer mehr Menschen auf der Suche nach Schutz und Lebensmitteln vom Land herbeiströmten. Wenn die Kapazitäten der Landwirtschaft ausgeschöpft waren, dann brauchte es keine apokalyptischen Wetterextreme, um eine Gesellschaft in den Abgrund zu stoßen; wie viele Berichte aus aller Welt zeigen, war das Problem nicht Kälte, Regen oder Dürre an sich, sondern die Tatsache, dass diese Zustände länger als üblich anhielten, als die Menschen gewohnt waren, und dass sie die Menschen außerstande waren, sich schnell genug darauf einzustellen.

Es ist vermutlich kein Wunder, dass sich der Zorn gegen diejenigen richtete, die von der Knappheit und den hohen Preisen profitierten – oder von denen man dies zumindest annahm. Im Osmanischen Reich kochte die Wut auf Spekulanten hoch, die Getreide horteten und Geschäfte mit dem Leid ihrer Mitmenschen machten.[88] In Russland wetterte man gegen den «Teufel der Gier, der von Gott gesandt wurde, das ganze Land zu bestrafen».[89] In England suchte man die Schuld auch bei Ausländern, wie etwa ein Gedicht zeigt, das 1593 an die Mauer eines niederländischen Friedhofs geschmiert wurde und den ausländischen Händlern die Schuld für die hohen Preise gab. Es schloss mit der finsteren Warnung, sie sollten auf «ihre Sachen, ihre Kinder und ihre geliebten Frauen» aufpassen, denn «wie die Juden verzehrt ihr uns, als wären wir euer Brot».[90]

Doch Spekulation und Preistreiberei waren nur die Symptome der Krise, nicht ihre Ursachen. In vielen Fällen waren es tiefer liegende Probleme, die dazu führten, dass sich eine schwierige Situation zur Katastrophe auswuchs. In Russland kam es durch eine Kombination aus Inflation, Steuererhöhungen, kostspieligen Kriegen und schlechter Führung durch polarisierende oder unschlüssige Zaren zu heftigen Rangeleien innerhalb der Elite; noch dazu hatte sich die Bevölkerung im Laufe des 16. Jahrhunderts nahezu verdoppelt.[91] Weil Klöster Grundbesitz anhäufen und Steuernachlässe erwirken konnten, wurden Preise und Märkte verzerrt; dieser Missstand wurde erst zu Beginn des 18. Jahrhunderts behoben, als Zar Peter der Große den Landbesitz der Klöster begrenzte, Mönchen ein festes Einkommen zuwies und die Geistlichkeit zu verkleinern suchte.[92]

Der Klimastress brachte vielerorts ganz einfach ein volles Fass zum Überlaufen. Die Probleme, die das Osmanische Reich Ende des 16. und Anfang des 17. Jahrhunderts erlebte, hängen auch damit zusammen, dass es gleichzeitig gegen Österreicher und Perser Krieg führte – und das zu einer Zeit, als Kriege immer kostspieliger wurden und immer mehr Soldaten an der Front und im Nachschub verlangten. Angesichts dieses immensen Ressourcenverbrauchs wurden die Spielräume kleiner, zumal bei der Ernte.[93]

In dieser Zeit kamen auch andere Reiche durch schlechte Führung und militärische Überdehnung zu Fall, und nicht durch das Klima. Ein Beispiel ist der Niedergang der Taungu-Dynastie im Jahr 1599. Das Reich war das vielleicht größte in der Geschichte Südostasiens, es umfasste weite Teile der heutigen Länder Burma, Thailand, Kambodscha und Vietnam und war durch Eroberungen, diplomatisches Geschick und Bündnisse zustande gekommen. Der regionale und globale Verfall des Silberpreises könnte die Wirtschaft des Reichs belastet haben, doch Belege dafür sind rar. Ausschlaggebend könnte auch der schwache Monsun gewesen sein, der zu Lebensmittelknappheit und steigenden Preisen führte, oder eine Rattenplage, die 1596 die Hauptstadt heimsuchte. Doch die prosaischere Antwort ist vermutlich, dass sich das Reich «überhitzte», wie es ein Historiker ausdrückte, und ein Opfer seines eigenen Erfolgs wurde – eine freundliche Umschreibung für die Tatsache, dass seine Struktur zu schwach war, dass es sich nicht halten ließ und dass das Zentrum nicht in der Lage war, die Peripherie zu beherrschen.[94]

Wenn die Straßen der Hauptstadt Pegu, «vor allem diejenigen, die zu den Tempeln führen, mit Schädeln und Leichen der elenden Peguaner übersät» waren, wie ein Besucher im Jahr nach der Plünderung durch die vereinten Armeen der Taungu-Dynastie schrieb, dann war einer der Gründe der Hunger. Doch viele der Toten waren auch Opfer von Straßenkämpfen, und wieder andere «waren auf Geheiß des Königs getötet worden. Er ließ sie in den Fluss werfen, der wegen der vielen Leichen selbst mit kleinen Booten kaum noch befahrbar ist.» Ein anderer europäischer Beobachter schrieb: «In den vormaligen Palästen der mächtigen Fürsten hausen Tiger und andere wilde Tiere», und über der einst prächtigen Stadt lag eine unheimliche Stille – «das tiefste Schweigen, das sich der Mensch nur vorstellen kann».[95]

Die vielen Krisen der Zeit boten allerdings auch Chancen. In England verabschiedete das Parlament 1598 und 1601 Gesetze zur Armenhilfe. Kirchengemeinden erhielten den Auftrag, sich um die Mittellosen zu kümmern und die Kosten dafür zu tragen, eine Maßnahme, die sich als revolutionär und haltbar erwies. Die Überlegungen dahinter waren schon viel älter, doch der Gedanke, Haushalte zu besteuern, um Not leidenden Mitbürgern zu helfen, prägte nun die Einstellungen zu Sozialstaat, Gemeinschaft, Geld und dem Aufbau eines «robusten sozialen Netzes», das Bedürftige auffing, wenn nichts anderes mehr half.[96]

Andere versuchten auf ihre Weise, Kapital aus der Situation zu schlagen. Christliche Geistliche und Missionare in Nordamerika nutzten das ungewöhnliche Wetter, um den Glauben der Einheimischen in Zweifel zu ziehen und sie zu bekehren. Die Franziskaner, die Anfang des 17. Jahrhunderts unter den Timucua in Florida lebten, sollten Fragen stellen wie «Habt ihr Regen gemacht?» oder «Habt ihr mit eurem Aberglauben einen Regen oder ein Gewitter beschworen?». Die Einheimischen wurden angehalten, keine ihrer traditionellen Regenzeremonien abzuhalten, denn «es wird nicht regnen, ehe sie nicht den Herrn unseren Gott verehren».[97]

Mit Wettbewerben unter indigenen Regenmachern wollten Europäer die Köpfe und Herzen der Menschen gewinnen. Auch sie selbst, die Christen, wurden häufig gefragt, ob sie mit Gebeten zu ihrem Gott Einfluss auf das Wetter nehmen konnten. «Wenn wir an euren Gott glauben, wird es dann schneien?», fragten die Innu aus Quebec einen französischen Jesuiten Anfang des 17. Jahrhunderts. «Es wird schneien», lautete seine Antwort. Und auf die nachfolgenden Fragen – «Wird der Schnee tief? Finden wir Elche? Werden wir Elche erlegen?» – antwortete der Jesuit: «Ja, denn Gott ist allwissend, er ist allmächtig, und er ist gut. Er wird euch helfen, wenn ihr Zuflucht bei ihm sucht, wenn ihr den Glauben annehmt und wenn ihr ihm gehorcht.» Das schien die Zuhörer zu beeindrucken. «Wir werden darüber nachdenken», erwiderten sie, gingen zurück in die Wälder und vergaßen, was sie gehört hatten.[98]

Aber es brauchte keine europäischen Missionare, damit die Menschen ihre Glaubensvorstellungen und ihren Umgang mit der Natur überdachten. Ende der 1620er Jahre brachte eine Kombination aus El Niño und Hochdruckgebieten über den Azoren erneut ungewöhnliche Wetterbedingungen, die sich einige Jahre lang auf der ganzen Welt auswirkten. In Indien fiel der Monsunregen in den vier Jahren von 1628 bis 1631 aus, und 1632 folgten außergewöhnlich heftige Niederschläge. In Indien und Burma waren die Auswirkungen katastrophal, einigen Schätzungen zufolge könnten allein in Gujarat drei Millionen Menschen gestorben sein. Der Bevölkerungseinbruch riss ein tiefes Loch in die Staatskasse, aufgrund des Steuerausfalls in einigen Provinzen fehlte auf Jahrzehnte hinaus das Geld für Verwaltungsausgaben.[99] Das fiel ausgerechnet in eine Zeit, in der sich die Niederländische Ostindien-Kompanie als politische und wirtschaftliche Kraft etablierte, einen Großteil des lukrativen Gewürzhandels an sich riss und damit Hafenstädte wie Demak, Japara und Surabaya im heutigen Indonesien zugrunde richtete.

Schließlich fielen diese an Sultan Agung, den Herrscher von Mataram in der Region des heutigen Yogyakarta auf Java, der in seinem Hof eine einzigartige Kultur aus Islam, Hinduismus und Buddhismus pflegte.[100] In den 1630ern trat der Islam in den Vordergrund; Agung gab den javanesischen Saka-Kalender zugunsten des islamischen Mondkalenders auf, förderte den Islamunterricht und betonte die Bedeutung der Pilgerfahrt. Grund mag Agungs eigener Glaube gewesen sein, doch es fällt auf, dass seine Neuausrichtung auf eine Reihe von Aufständen in Zentraljava und vor allem an der heiligen Stätte Tembayat folgte.[101] Man könnte vermuten, dass es nach der Not der frühen 1630er Jahre darum ging, die hungernde und unruhige Bevölkerung zu versöhnen – Turbulenzen jeglicher Art sind immer ein starkes Motiv für sie Suche nach Erklärungen und Lösungen.[102]

Auch dieses Muster hatte, wie gesagt, globale Auswirkungen. Bis sich Mitte der 1630er Jahre wieder normale Bedingungen einstellten, starben geschätzte 30 Millionen Menschen an Hunger und damit verbundenen Krankheiten. In Potosí in Südamerika mussten nach Überschwemmungen die Silberbergwerke geschlossen werden, in Mexiko überfluteten verheerende Regenfälle zwischen 1629 und 1634 die Felder, spülten das Erdreich fort und machten Reisen und den Transport von Waren und Lebensmitteln nahezu unmöglich.[103] In Mitteleuropa war 1628 ein weiteres «Jahr ohne Sommer», im Berner Oberland schneite es 23 Mal, Ernten vielen aus, und in den Alpen und am Rhein nahm die Hexenjagd zu.[104]

Weitaus schlimmer waren jedoch Krieg, Hunger und Seuchen, die die Bevölkerung dezimierten, Gesellschaften umwälzten und sie auf Jahrhunderte hinaus prägten. Von 1618 bis 1648 versanken weite Teile Mitteleuropas in einem Religionskrieg zwischen Protestanten und Katholiken. Ab 1635 bekriegten sich Spanien und Frankreich über 20 Jahre lang, und im folgenden Jahrzehnt wurde England von einem Bürgerkrieg zerrissen. Die 1640er Jahre waren eine Zeit des unentwegten Leids, der inneren Aufruhr und der Kriege. «Überall auf der Welt, zum Beispiel in Frankreich, England, Deutschland, Polen, im Großfürstentum Moskau und im Osmanischen Reich», gab es Revolten und Aufstände, schrieb der schwedische Diplomat Johan Adler Salvius. Er konnte sich diese Welle der Gewalt nur durch «eine allgemeine Stellung der Sterne» erklären – ein Gedanke, der in dieser Zeit vielen naheliegend schien.[105]

Die Pest kehrte zurück, von Nordfrankreich sprang sie 1623 auf England, die Niederlande und Deutschland über, und 1629/30 erreichte sie Italien. Besonders hoch war die Sterblichkeit in den größeren Städten Norditaliens, wo 30 bis 35 Prozent der Einwohner oder rund zwei Millionen Menschen starben.[106] Eine noch schlimmere demographische Katastrophe traf das Heilige Römische Reich Deutscher Nation, wo 35 bis 40 Prozent der Bevölkerung Krieg und Seuchen zum Opfer fielen.[107] Die Kombination aus beidem bewirkte bis ins 18. oder gar 19. Jahrhundert eine Einebnung der sozialen Unterschiede im Land. Ohne den Krieg wäre Deutschland möglicherweise dem allgemeinen Trend zu wachsender Ungleichheit gefolgt. So war Deutschland zwar egalitärer, doch es fand sich auf der falschen Seite des neuen Wohlstandsgefälles in Europa wieder und lief ab Mitte des 19. Jahrhunderts der Entwicklung hinterher.[108]

In Italien war die Situation nicht besser, vor allem als in den 1650er Jahren eine neue Pestwelle über das Land rollte und allein im Königreich Neapel rund eine Million Todesopfer forderte – je nach Schätzung zwischen 30 und 43 Prozent der Bevölkerung. Das war deutlich mehr als in Nordwesteuropa: In England tötete die Pest nur etwa 8 bis 10 Prozent der Bevölkerung, und in Frankreich nur unwesentlich mehr. In Italien wütete die Seuche vor allem deshalb so furchtbar, weil sie so schnell zuschlug, weil durch die Dezimierung der Stadtbevölkerung die Produktionskapazitäten kollabierten und weil der Tod von Angehörigen der Handelselite in Städten wie Venedig und Genua die Wirtschaft kurz- und langfristig lähmte. Zudem sah sich die italienische Produktion genau zu diesem Zeitpunkt der erstarkenden Konkurrenz aus Nordeuropa gegenüber. Hier wirkte der Unterschied in der Sterblichkeit besonders nachhaltig, denn der Norden hatte nicht nur weniger Leid zu tragen, sondern er fand sich auch in einer Position wieder, in der er aus den neuen Chancen Kapital schlagen konnte.[109] Es war ein entscheidender Moment, in dem das Nord-Süd-Gefälle in Europa kippte, der Norden den Süden erst einholte und dann überflügelte, um schließlich davonzuziehen. Um 1650 waren die Löhne in England etwa 10 Prozent höher als in Italien; um 1800 betrug der Unterschied atemberaubende 150 Prozent.[110]

Schuld daran waren allerdings nicht allein Kriege und Seuchen. Der spanische Überseehandel war seit Anfang des 17. Jahrhunderts stark geschrumpft und hatte eine Finanzkrise mit Dominoeffekt ausgelöst, die Genua und sein Bankwesen in die Knie zwang. Grund für das Erlahmen war, dass in den aufstrebenden Gesellschaften der Neuen Welt der Binnenhandel stärker wurde und die dortigen Beamten, Grundbesitzer und Händler in der Lage waren, ihre eigenen Ressourcen zu erschließen. Wurden in den 1610ern pro Jahr noch 30000 Tonnen Waren nach Spanien ausgeführt, war es drei Jahrzehnte später nur noch die Hälfte. Auch andere Ökonomien befanden sich im Übergang, teils beschleunigt durch Kriege mit ihren Auswirkungen auf Angebot und Nachfrage. In Venedig brach die Produktion in den ersten Jahrzehnten des 17. Jahrhunderts um die Hälfte ein, genau wie die Exporte aus der Toskana; ähnliche Rückschläge erlitt der Verkauf von englischen Wollwaren auf dem europäischen Markt.[111]

Viele Zeitgenossen machten sich Gedanken über die Schwere der Unruhen und Krisen. «Gott der Allmächtige liegt in diesen Tagen im Streit mit der Menschheit und hat dem bösen Geist die Zügel über die ganze Erde überlassen», schrieb der Historiker James Howell Mitte des 17. Jahrhunderts. Seit mehr als einem Jahrzehnt hätten sich «nicht nur in Europa, sondern auf der ganzen Welt die absonderlichsten Revolutionen und schrecklichsten Dinge seit Adams Sündenfall ereignet». Es kam Howell so vor, als sei «die ganze Welt aus den Angeln».[112]

Hinzu kam einmal mehr besonders heftiges Wetter. El Niño trat nicht wie üblich etwa alle fünf Jahre auf, sondern 1638, 1639, 1641 und 1642, und in den folgenden 20 Jahren weitere acht Mal. Im Westen Nordamerikas herrschte anhaltende Trockenheit, und im Tal von Mexiko wurden Prozessionen abgehalten, um die Gottesmutter Maria um Regen zu bitten. Überall auf der Welt waren die Bedingungen schwierig: In Skandinavien herrschte der kälteste jemals gemessene Winter, in Südostasien brach die Reisernte ein, in Indien und Zentralasien grassierte der Hunger, und in vielen Teilen Ostasiens, wo der Monsun extrem schwach ausfiel, herrschte das Chaos.[113] Diese ungewöhnlichen Bedingungen wurden noch verschärft durch zwei Vulkanausbrüche, des japanischen Komagatake im Jahr 1640 und vor allem des philippinischen Melibengoy im Jahr darauf, die dafür sorgten, dass sich die Trockenheit um mindestens drei weitere Jahre verlängerte.[114]

Eine besondere Herausforderung war diese Zeit für China, wo der Sturz der Ming-Dynastie oft auf schlechte Witterung und Klimawandel zurückgeführt wird.[115] Die Gründe sind nicht allzu schwer zu erkennen. Im Jahr 1640 fiel die Ernte nach Heuschreckenplagen dürftig aus, die Versorgung war schlecht, die Preise stiegen, und Seuchen gingen um. In den folgenden drei Jahren (1641 bis 1644) erlebte das Land die schlimmste Dürre seit fünfhundert Jahren.[116] Der Zeitgenosse Zeng Yuwang, der das Leid beschrieb, überlässt nur wenig der Phantasie. Zuerst fielen die Heuschrecken ein – es waren so viele, dass sie kniehoch in den Höfen saßen und Zeng sich im Freien einen Fächer vors Gesicht halten musste, um überhaupt noch atmen zu können. «Ich konnte kaum stehen unter dem Gewicht der Heuschrecken, die sich an meinen Fächer, meine Kleider und meinen Hut klammerten.»

1642 folgte dann eine verheerende Hungersnot. Zeng schrieb: «Auf dem Heimweg sah ich überall Tote auf den Feldern und zahllose Kinder allein am Straßenrand (...). Der Gang auf diesem endlosen Weg von Leichen war ein Albtraum, wie ich ihn schlimmer nie erlebt habe. Als wir uns dem Dorf näherten, sahen wir sechs oder sieben Personen, die die Rinde von den Ulmen schälten.»[117]

In Suzhou, dem Wirtschaftsmotor der Ming-Dynastie, wo man zu Beginn des 17. Jahrhunderts alles kaufen konnte und die florierenden Einkaufsstraßen und prächtigen Anwesen der Händler von großem Wohlstand zeugten, war die Lage besonders trist. «Die meisten Residenzen der Stadt sind leer und verfallen», schrieb der Gelehrte Ye Shaoyuan, der das Trauma der Zeit ausführlich schilderte. «Ertragreiche Bauernhöfe und schöne Anwesen stehen zum Verkauf, doch sie finden keine Käufer. Einst war Suzhou wohlhabend, und seine Einwohner neigten zur Verschwendung. Es liegt in der Natur der Dinge, dass auf eine Phase des Wohlstands eine Zeit der Flaute folgt, doch ich hätte mir niemals träumen lassen, dass ich zu Lebzeiten Zeuge eines derartigen Untergangs werden würde.»[118]

Die Sorgen wurden noch durch Berichte geschürt, dass Rebellen in Scharen zu den Waffen griffen. Nach Jahren der Aufstände und Unruhen erhielten aufrührerische Ming-Beamte wie Li Zicheng und Zhang Xianzhong immer mehr Zulauf unter den Bauern, denen sie eine Reform des Grundbesitzes und des Steuerwesens versprachen. Ganz abgesehen davon waren sie Banditen, die ihren Anhängern reiche Beute bescherten.[119] Ende der 1630er Jahre ging die Zahl der Rebellen in die Zigtausend, sie eroberten Städte, kontrollierten Provinzen und rückten schon bald auf Beijing selbst vor. In einem Staat, in dem Unordnung als Zeichen der göttlichen Ungnade galt, häuften sich besorgniserregende Vorzeichen. Dazu zählten ein Erdbeben Anfang 1644, ungewöhnlich gefärbte Birnen an den Bäumen, bedrohliche Winde, die sich vor der alljährlichen Verehrung des Konfuzius erhoben, sowie die Tatsache, dass in Beijing keine Kinder mehr zur Welt kamen.[120]

Als die Rebellen im Frühjahr 1644 vor der Hauptstadt standen und schließlich durch die Tore einfielen, entschuldigte sich Kaiser Chongzhen bei seinen Angehörigen, dass sie einer so unglückseligen Sippe angehörten, befahl seiner Frau, Selbstmord zu begehen, wies seine jüngeren Familienmitglieder an, sich zu verkleiden und zu fliehen, und hängte sich an einem Baum auf. Angeblich hinterließ er einen Brief, in dem er schrieb: «Ungenügende Tugenden und schwaches Fleisch haben die Strafe des Himmels auf sich gezogen.»

Zwar trügen die Schuld seine Beamten, doch «ich muss sterben und schäme mich, vor meine Ahnen zu treten. Daher nehme ich meine Krone ab und verberge mein Gesicht hinter meinen Haaren.» Das war das Ende der Ming-Dynastie, die fast drei Jahrhunderte lang in China geherrscht hatte.[121]

Auch wenn das unwirtliche Klima der 1640er Jahre mit Hunger und Seuchen den Kaiser sein Ansehen, seine Glaubwürdigkeit und seine Autorität kostete, hatte der Untergang der Ming-Dynastie in Wirklichkeit tiefere Gründe und hatte sich schon länger angebahnt. Die Bevölkerung hatte sich zwischen 1400 und 1644 von rund 70 Millionen auf über 200 Millionen fast verdreifacht, und nach einer Anhebung des Militäretats verwendete der Staat 76 Prozent der Einnahmen auf sein Heer, das er in kostspielige Einsätze vor allem an der Nordgrenze schickte.[122]

Verschwenderische Hofführung mit 3000 Hofdamen und 30 000 Eunuchen ging Hand in Hand mit Bestechlichkeit, was angesichts der schlechten Löhne und der zahlreichen günstigen Gelegenheiten kein Wunder war. Eunuchen kassierten die Pachtzinsen des Kaisers, verwalteten die Staatseinnahmen, leiteten die kaiserlichen Lagerhäuser und führten die Geheimpolizei. Ihr Sold verursachte hohe Fixkosten, und das System war ineffizient, auch aufgrund der hohen Provisionen für die Eunuchen. Während sie immer mächtiger wurden, schirmten sie den Kaiser von der Realität ab. So hieß es in einem beliebten Lied auf den Kaiser aus den 1630er Jahren:

> Du wirst alt, deine Ohren sind taub, deine Augen sind blind
> Du siehst niemanden, du hörst nichts
> Wie kannst du so hoch stehen? Komm herunter auf die Erde.[123]

Die Probleme im China der Ming-Dynastie verschärften sich noch durch einen Teufelskreis aus Verzweiflungstaten, schlechten Entscheidungen und Pech. Im Rahmen der Sparmaßnahmen wurde der Kurierdienst im Jahr 1629 um 30 Prozent verkleinert, doch das erschwerte den Kampf gegen die Rebellen, weil die Informationen und Befehle langsamer und spärlicher flossen. Zu den Massen der

Armen, Hungrigen und Unzufriedenen gesellten sich Beamte, die bei ähnlichen Einsparungen ihre Stellen verloren hatten. Das zunehmende Bandenunwesen stiftete Verwirrung und Chaos, und bis in die höchsten Verwaltungsebenen machte sich das Gefühl breit, dass der Kaiser inkompetent war. Ein weiterer Faktor waren Umwälzungen im internationalen Handel, die man weder beeinflussen konnte noch durchschaute: China war die große Silberkasse der Welt gewesen und hatte über Manila die «Silberschiffchen» aus Süd- und Mittelamerika bezogen. Doch seit dem Beginn des 17. Jahrhunderts war die Konkurrenz in Süd- und Südostasien stärker geworden; die Entscheidung der Japaner, den Handel mit Macao einzustellen, versperrte den Zugang zu einem wichtigen Markt, und die Einnahme von Melaka durch die Niederlande schlug sich ebenfalls auf die chinesischen Silberimporte nieder.[124]

Die Flutung der Silberminen von Potosí im Jahr 1626, die Verkleinerung der chinesischen Handelsflotte und der Verlust zahlreicher Schiffe in den Stürmen und an den Klippen des Pazifiks trugen ebenfalls zu den Problemen bei. So sank etwa 1638 mit dem Flaggschiff *Nuestra Señora de la Concepción* das größte Schiff der damaligen Zeit.[125] Verluste wie diese waren ein schwerer Schlag für die spanische Krone, die das Monopol auf den Trans-Pazifik-Handel hatte, und blieben nicht folgenlos. Das Jahr 1640 markierte die Wende und beendete die Zeit des raschen Wachstums und der üppigen Gewinne, die in den 1580er Jahren begonnen hatte. Die Exporte aus Acapulco, dem wichtigsten amerikanischen Hafen für den Handel mit Manila, wurden radikal eingeschränkt. Um der Bestechung Einhalt zu gebieten, beschlossen die Spanier, die Zahl der Schiffe auf der Pazifikroute zu begrenzen – und zwar auf ein einziges.[126] Für China war das so, als würde man einem Kranken den Sauerstoffhahn zudrehen.

Als wäre das alles noch nicht genug, trugen Schwierigkeiten in den Provinzen zum Zusammenbruch des zentralen Steuerwesens bei. Auch die landwirtschaftliche Produktion stürzte ab: Schätzungen zufolge reduzierte sich die Anbaufläche von 80 Millionen Hektar zu Beginn des 17. Jahrhunderts auf weniger als ein Drittel gegen Ende der Ming-Dynastie.[127] China war in einem Teufelskreis gefangen, aus dem es nicht herausfand, weil es nicht auf die größer werdenden Probleme reagieren konnte.

In dieser Lage war das turbulente Klima Ende der 1630er und Anfang der 1640er Jahre keine Hilfe; aber es war auch nur ein Faktor von vielen, die gemeinsam das Ende der Dynastie besiegelten. In anderen Teilen der Welt sah die Geschichte ganz ähnlich aus, auch hier führten etwa zu dieser Zeit Kriege, Seuchen und Hunger zu politischen Herausforderungen, wirtschaftlicher Schrumpfung und Bevölkerungsverlust. Es ist nicht weiter schwer, ein prekäres Gleichgewicht zu erschüttern.

Trotzdem war das Bild nicht überall dasselbe. Japan und die Niederlande wurden mit ähnlichen Klimabedingungen konfrontiert, ohne dass es dort zu katastrophalen Epidemien, Hungersnöten und Revolutionen gekommen wäre. Das Geheimnis des Erfolgs lag im Alltag: Beamte und Verwaltungen waren kompetent genug, Probleme abzusehen, die anstehenden Schwierigkeiten einzuschätzen und entsprechend zu planen.[128] Das heißt, das Klima wurde dort zum Problem, wo es bereits andere Probleme gab.

Als Historiker sollte man der Versuchung widerstehen, große Zäsuren und Ereignisse zu suchen, die als Wendepunkt herhalten können. Der Untergang der Ming-Dynastie schlug große Wellen und hatte Symbolwirkung, damals wie auch im Rückblick. Doch in Wirklichkeit sind solche Brüche für die meisten Zeitgenossen viel ambivalenter. Wer auf dem Thron saß, war für die meisten Menschen vermutlich weniger wichtig als Steuerforderungen der Regional- und Zentralregierung. Der Aufstieg der Qing-Dynastie machte sich vielleicht noch am ehesten in neuen Frisurenmoden, Gepflogenheiten und Freizeitaktivitäten bemerkbar, die vom Hof aus ins Land getragen wurden: Unter der Elite kamen Felle und andere Produkte aus den Grenzregionen in Mode, und die gestiegene Nachfrage der Städter nach Pilzen aus der Mongolei, Süßwasserperlen aus der Mandschurei oder exotischen Speisen aus Südostasien und Ozeanien setzte den Markt für eine ganze Reihe von Produkten unter Druck.[129]

Trotzdem bewirkten die Herausforderungen der «allgemeinen Krise» des 17. Jahrhunderts wichtige Veränderungen. An erster Stelle standen Maßnahmen, mit denen man künftige Risiken abfedern und verhindern wollte, dass man von mehreren Problemen gleichzeitig gebeutelt würde. Man konnte die Kommunikation und Effizienz verbessern; Zeit, Energie und Ressourcen in die Agrarwissenschaft investieren; oder neue Territorien erschließen beziehungsweise erobern, von denen man sich eine Lösung für eines der ältesten Probleme der Menschheitsgeschichte erhoffte: Was konnte man tun, wenn Städte so schnell wuchsen, dass ihr Hinterland nicht Schritt hielt? Wie wir gesehen haben, hatten die Westeuropäer eine Lösung in den Eroberungen der Neuen Welt gefunden. Andere versuchten nun, es ihnen gleichzutun.

ACHTZEHNTES KAPITEL

Über große und kleine Abweichungen

(1600 bis 1800)

«Ich bin erstaunt über meine eigene Mäßigung.»
Robert Clive (1772)

Die Erschließung von Handelsrouten, die Europa, Afrika, Nord-, Mittel- und Südamerika und Asien miteinander verbanden, führte zu einer ganzen Reihe von kommerziellen, sozialen, politischen, biologischen und ökologischen Revolutionen. Die Nachfrage nach Rohstoffen und Handelsgütern, das Gewinnstreben als Motor und die Beschleunigung des Austausches brachten immer mehr Menschen in immer engeren Kontakt miteinander. Dabei schritt die Vernetzung der Welt unablässig voran, wurden regionale Netzwerke, die sich überlappten, zu einer globalisierten Wirtschaft verknüpft.

Wer die sich bietenden Gelegenheiten nutzen wollte, musste in Fähigkeiten und Fertigkeiten investieren. Das Sammeln von Informationen musste organisiert, das Wissen systematisiert werden. Die Schifffahrtsrouten etwa wurden bei den Niederländern standardisiert, indem ein formelles Aufgabenbuch mit Anordnungen an alle Seeleute erstellt wurde. Zweimal pro Jahr, ab 1630 sogar dreimal, segelten ganze Handelsflotten aus den Häfen, um kollektive Sicherheit zu ermöglichen. Natürlich war man auch auf optimale Windbedingungen geeicht, denn in einer Welt, in der Zeit Geld war, barg das Segeln bei widrigen Windbedingungen nicht nur erhöhte Risiken, es führte auch zu höheren Kosten. Im Durchschnitt schafften die

Segelschiffe bei Ostwind 218 Kilometer pro Tag, bei Westwind nur 167. Winde indes gehörten zu den unvorhersagbaren Wetterzyklen. Westwinde etwa waren in den 1730er und frühen 1750er Jahren normal, weniger hingegen in den 1740er Jahren und nach 1755.[1]

Wissen, das kommerziellen und strategischen Wert hatte, wurde geheim gehalten. Die Schiffskapitäne in den ersten Reisewellen von Europa nach Nord- und Südamerika und nach Asien hatten Order, Seekarten anzufertigen, diese aber gegenüber potenziellen Rivalen zu verbergen. Die Venezianer waren verzweifelt bemüht, an Berichte über die Entdeckungsreise des Portugiesen Pedro Álvares Cabral zu gelangen, der im Jahr 1500 rund um das Kap der Guten Hoffnung nach Indien segelte. Das war sehr schwierig, weil der König «jedem das Todesurteil angedroht hat, der [den Bericht] herausgibt». Kluge Geheimdienstarbeit indes löste das Problem innerhalb von drei Monaten. Ein führender Venezianer schrieb nach Hause, er habe nicht nur die Karten mit den Routen nach Indien in die Hände bekommen, sondern auch Karten für den weiteren Seeweg darüber hinaus.[2]

Auch anderes Material wurde geheim gehalten, etwa ein im 17. Jahrhundert verfasster Text des Botanikers Georg Eberhard Rumphius, der von der Niederländischen Ostindien-Kompanie nach Südostasien entsandt worden war, um Wissen über die dortige Pflanzenwelt zu sammeln. Sein Katalog mit dem Titel *Het Amboinsche kruidboek* umfasste mehr als 7000 Seiten. Beschrieben wurden über tausend Pflanzenarten aus dem gesamten indonesischen Archipel. Doch es handelte sich nicht um einen altruistischen Beitrag zur modernen Wissenschaft. Der Bericht galt vielmehr als so sensibles und wirtschaftlich so wichtiges Material, dass eine Publikation mehrere Jahrzehnte lang verboten war. Das Werk erschien erst 1741, rund 40 Jahre nach Rumphius' Tod.[3]

Es bildete sich ein neues Weltgefühl heraus, ein neues Weltbild, in welches das neue Wissen eingepasst wurde – sehr bald nachdem europäische Seeleute Amerika erreicht hatten beziehungsweise rund um die Südspitze Afrikas gesegelt waren, um Zugang zur Welt des Indischen Ozeans und darüber hinaus zu gewinnen. In den 1490er

Jahren erfolgte eine schnelle und systematisch geplante Erkundung der Ozeane, der Küsten und der fremden Völker. Innerhalb weniger Jahrzehnte hatten spanische und portugiesische Entdecker und Seefahrer Amerika, Indien und die Philippinen erreicht; sie waren um das Kap der Guten Hoffnung gesegelt, waren in Kontakt mit den Völkern der Anden, Mittelamerikas, Asiens und Ozeaniens gekommen und hatten die ganze Welt umschifft. Gelehrte und Wissenschaftler hielten fest und schrieben nieder, welchen Völkern sie begegnet waren, welche geographischen Landschaften sie entdeckt und welche naturkundlichen Beobachtungen sie gemacht hatten. Sie stellten enzyklopädische Werke von außergewöhnlicher inhaltlicher Breite und von großem Umfang zusammen. Allein Francisco Hernández de Córdoba, der in Begleitung von Malern und Kupferstechern in die Neue Welt aufgebrochen war, um alles genau festzuhalten, was er sah und erkundete, trug 30 Bände zusammen.[4]

Solche Unternehmungen wurden von den iberischen Herrschern vorangetrieben und finanziert. Doch waren sie weniger darauf aus, mit anderen zu teilen, was ihre Forscher und Entdecker herausfanden, sondern sahen darin eher die Chance zu verstehen, wie sie in weit entfernten Ländern neue Imperien errichten konnten, statt, wie bisher üblich, Nachbargebiete zu annektieren. Dabei unterschieden sich das spanische und das portugiesische Modell in vielen Punkten voneinander. Die Portugiesen setzten auf militärische Kontrolle in speziellen Enklaven, während die Spanier sich auf die Gründung neuer Wissenszentren an neuen Orten konzentrierten. Fast alle größeren Städte im spanischen Weltreich waren mit Krankenhäusern, Druckerpressen und sogar Universitäten ausgestattet. Den Anfang machte 1538 Santo Domingo in der heutigen Dominikanischen Republik; 1539 folgte Michoacán in Mexiko und etwas mehr als ein Jahrzehnt darauf Lima.[5]

Die Unterstützung der Gelehrsamkeit in Übersee verfolgte noch einen weiteren Zweck, wie der Dominikanermönch Tommaso Campanella um 1600 hervorhob: «Diese Gelehrsamkeit wird den, der sie besitzt, zum Herrn der Meere, des Landes und der Völker machen, und sie wird das Imperium weit besser darstellen als alles andere, was man sich denken kann, um einen König zum großen Herrscher zu machen», schrieb er. «Denn Gott selbst will, dass Seine Werke bekannt werden, und Er wird sie dem geben, der sie kennt.» Imperien waren mit anderen Worten Manifestationen göttlichen Wohlgefallens. Daher war es nicht nur interessant, sondern geradezu eine Herrscherpflicht, Gottes Werke zu verstehen und zu kontrollieren.[6]

Solche rosigen Vorstellungen vom Wert des Wissens und der Gelehrsamkeit bedürfen jedoch dringend der Kontextualisierung – in einem Zeitalter, das eher von Intoleranz und Vorurteilen geprägt war, wie sich geradezu exemplarisch an der Inquisition zeigt, aber auch an der Reformation in Europa im späteren 15. Jahrhundert und weit darüber hinaus. Als zwischen Katholiken und Protestanten Gewalt ausbrach, als Juden schrecklicher Verfolgung ausgesetzt waren, als zahllose unschuldige Opfer in ganz Europa der Hexerei und Ketzerei beschuldigt wurden, da gerieten auch Wissenschaft und Gelehrsamkeit zwischen die Fronten und wurden zu Kampffeldern. Katholische Herrscher ordneten unter Androhung von Geld- und Gefängnisstrafen die vollständige Aushändigung des lutherischen Schrifttums an, die Päpste erstellten Listen verbotener Bücher. Auf diesem Index landeten auch Titel, die aufgrund ihres Verlagsortes als anstößig galten oder weil deren Verleger schon andere Werke veröffentlicht hatten, die als ketzerisch verurteilt wurden.[7]

Es muss auch betont werden, dass das europäische Engagement in neuen Teilen der Welt und die wachsende Vertrautheit mit neuen Völkern und Kulturen nicht zu Beziehungen führten, die von gegenseitigem Respekt geprägt gewesen wären – fast genau das Gegenteil war der Fall. Wie wir schon gesehen haben, entwickelten sich die Einstellungen gegenüber Männern, Frauen und Kindern aus Afrika immer mehr in Richtung Herablassung, Brutalität und Unterdrückung. Auch die Behandlung der indigenen Völker in ganz Amerika zeichnete sich vor allem durch Anspruchsdenken, Manipulation und Ungleichheit aus. Dieses unselige Erbe besteht bis heute fort.

Eine solche Weltsicht brauchte ihre Zeit, um zu gären, sich zu entwickeln und sich zu verhärten – aber letztlich waren genau solche Verhärtungen das Ergebnis: rassistische Ansichten und Vorurteile über andere Teile der Welt, wie in Stein gemeißelt. Es bedurfte oft großer Unverfrorenheit, um das europäische Überlegenheitsgefühl auch unter klimatischen Bedingungen hervorzuheben, die feindlich, krankheitsträchtig oder unerträglich heiß waren. Manche Leute hatten ihre ganz eigenen Theorien darüber, wer wo gedeihe und warum. «Je kräftiger und frischer» jemand sei, spekulierte der englische Arzt und Reiseschriftsteller John Fryer, desto schwerer werde es ihm oder ihr fallen, sich an die Lebensumstände in Indien anzupassen. «Doch für alte Männer und Frauen scheint es hier passender zu sein.» Andere Diagnosen fielen düsterer aus. Ein anderer englischer Arzt bedauerte im späteren 17. Jahrhundert: «Wir sind hier wie exotische Pflanzen (...) wir passen nicht zu diesem Boden.»[8]

Was Asien anging, so war die vermeintliche «Exotik» kein Hindernis für die wachsende Überzeugung, dass die Europäer unter allen Völkern der Welt auf einzigartige Weise privilegiert seien. Das verstehe sich von selbst, schrieb Voltaire. Europäer hätten ihre «große Überlegenheit an Geist und Mut gegenüber den östlichen Nationen unter Beweis gestellt». Vorgefasste Meinungen und Vorurteile gegenüber anderen, aber auch gegenüber den Europäern selbst, wurden zur Routine. «Europa ist zwar der kleinste, aber der beste Teil der Welt», schrieb der deutsche Geograph Johann Georg Hager im späten 18. Jahrhundert. Es könne kein Zweifel bestehen, behauptete sein Zeitgenosse, der Naturforscher Johann Reinhold Forster, dass Europa den «vorzüglichen Gipfel der Vervollkommnung» erreicht habe.[9]

Wer anderswo lebte, verdiente Verachtung – eine Einstellung, die durch eine Flut von Reiseliteratur bestärkt wurde, verfasst von einer neuen Klasse gelehrter Gentlemen, die auf der Suche nach wissenschaftlichen Erkenntnissen und neuem Wissen auf Weltreise gingen und sich hochnäsig darüber beschwerten, dass die «harte und gefährliche Arbeit», Völker und Orte zu erkunden, meistens die Erwartungen nicht erfülle. Timbuktu etwa sei nicht die großartige Wüstenstadt, die Wohlstand und Weisheit beherberge, sondern für einen europäischen Besucher eine einzige Enttäuschung – «Auf den ersten Blick präsentierte sich die Stadt als nichts als eine Masse unansehnlicher Lehmhäuser. Nichts war um sie herum zu sehen als immense Sandebenen von weißgelblicher Farbe.»[10]

Rassistisches Denken entwickelte sich zu verächtlichen Karikaturen der Kulturen anderer Völker. Die Perser seien kaum in der Lage, anständig mit Messer und Gabel zu essen; auch Teller und Servietten seien Mangelware, schrieb ein Reisender im frühen 19. Jahrhundert. Die Mongolen seien gutmütig, offen und zutraulich, sie zeigten nichts «von dem Lügengeist, der Feigheit und Niederträchtigkeit der Inder», sagte der Philosoph Georg Wilhelm Friedrich Hegel in einer Vorlesungsreihe, die er um diese Zeit in Berlin hielt.[11]

In der europäischen Vorstellungswelt wurde das Osmanische Reich mit Pest und Krankheit gleichgesetzt, so lange, bis man – wie wir schon gesehen haben – routinemäßig nur noch vom «kranken Mann am Bosporus» sprach und damit sowohl ein vermeintlich sklerotisches politisches System als auch buchstäblich ein krankes Land meinte, das nicht mehr in der Lage sei, mit Krankheiten vernünftig umzugehen.[12] Krankheit, Trägheit und Perversion vermengten sich zu einem einheitlichen Bild, wenn man an die Türken dachte. Konstantinopel, die osmanische Hauptstadt, sei «nicht nur zu einer Brutstätte für jegliche Art östlicher Laster» geworden, stellte der britische Premierminister David Lloyd George 1919 fest, sondern auch «die Quelle, aus der das Gift von Korruption und Intrigenwirtschaft sich weit ausgebreitet hat».[13] Solche Ansichten waren weithin üblich.

Sie wurden auch zum zentralen Bestandteil einer Umformung des Geschichtsbildes, das die «westliche Zivilisation» auf Kosten aller anderen feierte und zum Maßstab erhob. «Ein einziges Bücherregal in einer guten europäischen Bibliothek», schrieb der berühmte britische Historiker Thomas B. Macaulay 1836, sei «so viel wert wie die ganze einheimische Literatur aus Indien und Arabien». Für das Bildungswesen in Indien gab er den Ratschlag, es sei von zentraler Bedeutung, dass die Briten alles daransetzten, «eine Klasse herauszubilden, die als Dolmetscher zwischen uns und den Millionen fungieren kann, die wir regieren – eine Klasse aus Personen, die von Geblüt und Hautfarbe indisch sind, aber englisch, wenn es um Geschmack, Ansichten; Moral und Verstand geht». Indien benötige zur Regierung des Landes Nichtinder, und dies sei nur erreichbar, wenn man eine neue «Klasse» schaffe und ausbilde, der man ihr indisches Wesen («Indianness») abgewöhnt und die man dazu gebracht habe, wie Europäer zu denken. Englisch zu können sei «besser, als Sanskrit oder Arabisch zu können». Außerdem sei Englisch viel leichter zu lernen als Griechisch. Und wenn man bedenke, wie leicht intelligente englische Jungen Herodot und Sophokles meisterten, wie schwer könne es dann «einem Hindu fallen, Hume und Milton zu lesen».[14]

Das angemaßte Recht, über andere Völker zu herrschen, fand seinen Widerhall im Anspruch, über die Natur zu herrschen. Wie wir schon gesehen haben, wurden die Inseln in der Karibik ebenso wie die versklavten Menschen, die aus Afrika dorthin verschifft worden waren, brutal ausgebeutet, um Ernten zu erzielen, die mit hohem Profit verkauft werden konnten – insbesondere Zucker, Kaffee, Baumwolle und andere auf Geld und Vermarktung ausgerichtete Früchte. Die menschlichen Kosten dieser Wirtschaftspolitik waren katastrophal; in manchen Fällen waren auch die ökologischen Kosten dramatisch hoch. Ein Historiker sprach hier von einer «umgekehrten Tonsur»: Die Wälder seien «kahl geschoren» worden, bis auf den Bergspitzen nur noch ein paar Baumgruppen als «Haarbüschel» übrig waren. Die Erschöpfung des Bodens durch landwirtschaftlichen Raubbau wurde durch die Entwaldung noch verstärkt. So war das Land Regen und Hitze ungeschützt ausgesetzt, wodurch noch mehr Nährstoffe verlustig gingen. Als nachhaltiges Wirtschaften konnte man dies jedenfalls nicht bezeichnen, und ökonomisch klug war es auch nicht. Es dauerte nicht lange, bis man Brennholz importieren musste, um die Öfen für die Zuckerherstellung überhaupt noch beheizen zu können. Schließlich wurde sogar Holz aus England importiert![15]

Anfangs war solch ökologischer Raubbau noch auf eine relativ kleine Anzahl von Gebieten begrenzt, vor allem im Nordosten Brasiliens und in der Karibik. Insgesamt gesehen war die europäische Ausbeutung der amerikanischen Territorien sogar erstaunlich zurückhaltend. Das lag vor allem daran, dass diese Kolonien nicht errichtet wurden, um die Produktion zu erhöhen, sondern um den Rohstoffhandel zu kontrollieren. Tatsächlich wurden in manchen Fällen massive Restriktionen eingeführt, um die Exporte aus den Kolonien zu beschränken. Auf diese Weise ließen sich die finanziellen Einkünfte der Krone am besten maximieren. Zum Beispiel wurden die Monopolkonzessionen für Brasilholz (Paubrasilia echinata) nur einmal alle drei Jahre per Auktion vergeben. Es handelte sich um einen Baum, dessen rote Farbe von Harz und Rinde zum Einfärben von Textilien in Europa heiß begehrt und so wertvoll war, dass sogar der Name dieses riesigen Landes von dieser Holzart abgeleitet ist. Das Exportvolumen war strikt begrenzt, und der portugiesische König verordnete 1605 die Todesstrafe für alle, die beim Holzschmuggel erwischt wurden. Auch der Diamantenhandel unterlag ähnlich strikter Kontrolle. Das ging sogar so weit, dass alle, die nicht direkt im Bergbau beschäftigt waren, sich an den Fundstellen nicht aufhalten durften – insbesondere die Priester, deren Beteiligung am Diamantenschmuggel berüchtigt war.[16]

Tatsächlich besteht eine der bemerkenswertesten Eigenschaften der Neuen Welt, als Ganzes betrachtet, darin, dass sie von den europäischen Siedlern so wenig ausgebeutet wurde. Spanische Oliven- und Weinproduzenten sowie portugiesische Salzhersteller betrieben eine erfolgreiche Lobbyarbeit dafür, dass die Produktion in Amerika unterbunden wurde, um die Preise der heimischen Ware in Europa hochzuhalten. Vor 1778 erhielt Spanien aus Amerika jährlich nur rund 150 000 Tierhäute; dann sorgten Änderungen in der Handels- und Steuerpolitik dafür, dass sich die Handelsdynamik komplett veränderte. Im folgenden Jahr wurden bereits 800 000 Felle über den Atlantik gebracht, 1783 waren es schon 1,4 Millionen. Und dies war nur ein Teil der insgesamt zehnfachen Vergrößerung des kolonialen Handelsvolumens zwischen 1778 und 1796. Tatsächlich wurde in den amerikanischen Kolonien nicht «jungfräuliches Land» massiv ausgebeutet. Vielmehr wurde das Potenzial der Kolonien, seit Kolumbus den Atlantik überquert hatte, rund drei Jahrhunderte lang nur zu einem Bruchteil ausgeschöpft.[17]

Ein Ergebnis dieser Umstände war, dass es in Nord-, Mittel- und Südamerika in den Jahrhunderten nach 1492 zwar zu verbreiteten Umweltveränderungen kam, nur eben nicht zu vom Menschen gemachten. Im Gegenteil, es war eine Zeit größerer Wiederbewaldung und in vielen Regionen auch eine Zeit, in der die Wildbestände wieder zunahmen. Ein beträchtlicher Bevölkerungsrückgang infolge von Krankheiten, Hunger, Krieg und Vertreibung bedeutete eben auch, dass kultiviertes Land wieder zuwuchs. Davon profitierten die Wildpflanzen, während Nutzpflanzen wie Früchte und Nüsse stark zurückgedrängt wurden. Parallel erholten sich auch Tierbestände, die aus Ernährungs- und Statusgründen massiv bejagt worden waren – zum Beispiel Vögel, deren Federn begehrte Prestigeobjekte oder Zahlungsmittel gewesen waren, oder Raubtiere wie Jaguare, die nun von erweiterten Jagdgründen profitierten, nachdem die Menschenpopulation, die sie gejagt hatte, ausgedünnt und die Siedlungen, die sie verdrängt hatten, verlassen worden waren. Jene Tiere hingegen, deren Schicksal und Anzahl an den Menschen und dessen Erfolge gebunden waren, wie Puter, Hunde und Lamas, gerieten in Schwierigkeiten, als ihre Eigentümer, Züchter und Halter ausstarben. Eines der kuriosesten Ergebnisse der europäischen Besiedlung Amerikas war – mit Ausnahme der wenigen Gegenden und Orte, die sich ganz der Kultivierung einer kleinen Anzahl wirklich wertvoller Agrarprodukte widmeten – ein Zuwachs an wildem natürlichen Leben, Flora wie Fauna, in riesigen Gebieten. Insgesamt waren Nord-, Mittel- und Südamerika um 1800 dichter bewaldet als dreihundert Jahre zuvor.[18]

Dramatische ökologische Veränderungen hatten nicht immer mit Eingriffen von Europäern zu tun. Die Völker der indigenen Welt – die das heutige Kalifornien, Nevada, Utah, Arizona, New Mexico, Sonora und Baja California mit dem Colorado-Delta umfasst und noch weiter in Richtung Ostküste ausgreift – waren schon lange Bestandteil von Regionen gewesen, die nur durch geographische Grenzen voneinander getrennt waren: durch Flüsse, Berge und Wüsten. Wirtschaftlich waren diese Völker miteinander verzahnt oder auch abgetrennt – je nach verfügbaren Werkzeugen, Handelswaren und

Viehbestand. Ihre Ernährungsweise basierte auf ähnlichen pflanzlichen und tierischen Ressourcen, wobei entscheidend wiederum die Verfügbarkeit von Wasser war. Auch gab es Verkehrs- und Kommunikationsnetze.

Im Laufe der Zeit begannen sich diese Beziehungen und natürlichen Gleichgewichte zu verändern – als Nebenwirkung dessen, was wesentlich weiter östlich auf dem nordamerikanischen Kontinent geschah, vor allem aber, weil Pferde eingeführt worden waren. Das brachte dynamische Veränderungen in weite Landstriche Nordamerikas. Es entwickelten sich nicht nur neue Überfallstrategien, sondern es bildeten sich auch neue Konföderationen heraus unter den Irokesen (die sich selbst Haudenosaunees nannten, «Leute des Langhauses»), den Tscherokesen, Comanchen, Navajos, Apachen und anderen Stämmen – zum einen als Reaktion auf den Druck, der von europäischen Siedlern ausging, zum anderen, um je nach Notwendigkeit eigene Territorien zu verteidigen oder andere zu erobern, Gebiete, die von anderen indigenen Völkern bewohnt wurden. Es ging aber auch um den Drang, die Macht der Eliten innerhalb eines Systems zu verankern, das einige Historiker als «Gewaltherrschaften» bezeichnet haben.[19]

Die Erschließung neuer Landstriche war nicht auf Amerika beschränkt. In Indien etwa kamen im späten 16. Jahrhundert, im Zuge der Ausweitung der territorialen Grenzen des Mogulreiches, ziemlich liberale Ideen ins Spiel, die mit der Eingliederung zahlreicher Minderheiten in das Mogulreich zu tun hatten, wo nun Inklusivität gefragt war. Kaiser Akbar war nicht nur dafür verantwortlich, dass an seinem Hof Dschainas willkommen waren, er ließ sich auch von deren Philosophie und Praxis der Lebensgestaltung beeinflussen. So führte Akbar begeistert den Vegetarismus ein. «Es ist nicht in Ordnung, dass ein Mensch seinen Magen zum Grab für Tiere macht», erklärte er und fügte hinzu, er werde den Fleischverzehr verbieten, sofern das praktikabel sei. Jedenfalls, sagte er, «fand ich schon seit meinen frühesten Jahren, wann immer ich Fleischgerichte für mich kochen ließ, dass sie ziemlich fad schmeckten und mich nicht erfreuten. Dieses Gefühl hat mich nun die Notwendigkeit des Tierschutzes erkennen lassen, und ich esse jetzt keine tierischen Produkte mehr.»[20]

Diese Haltung sollte man aber nicht mit Naturschutz oder einem nachhaltigeren Umgang mit der Natur verwechseln. Die Hauptmotivation der Mogulherrscher bestand darin, militärische Erfolge zu suchen, die öffentliche Ordnung durchzusetzen, ihr Grundsteueraufkommen zu erhöhen und neue Territorien zu annektieren. Die Ausdehnung ihres Reiches bis nach Bengalen im späten 16. Jahrhundert ist ein gutes Beispiel dafür, wie sich all diese Motivationsstränge verbanden: Ehrgeizige lokale Herrscher wurden durch lange, hartnäckige Militärkampagnen zur Unterwerfung gezwungen. Die jeweiligen Bevölkerungen – von denen viele noch Waldgöttinnen anbeteten – wurden verdrängt, als neue Siedler sich um die Gewährung von Land bemühten, bevor sie begannen, den Dschungel zu roden und das Land für den Reisanbau urbar zu machen. Dafür hatten die bisherigen Waldbewohner einen heftigen Preis zu zahlen. Sie bewohnten ja nicht irgendwelche wilden und unwegsamen Randgebiete, sondern sie spielten eine höchst bedeutsame Rolle beim Sammeln und Anbau von Gewürzen, Harzen und anderen Produkten des Waldes. Dafür benötigte man Wissen und Fähigkeiten, die nicht leicht zu erwerben waren.[21] Und dieses Wissen war nun in Gefahr.

Die meisten der neuen «Pioniere» waren Muslime. Sie errichteten kleine Moscheen, um ihren neuen Siedlungen und Gemeinschaften einen Mittelpunkt zu geben, als sie wilde Feuchtgebiete, Marschland und Wälder in eine gezähmte Landschaft verwandelten. Das Ergebnis war die landwirtschaftliche Erschließung ganzer neuer Regionen, die schließlich Nahrungsmittel und Produkte in riesigen Mengen lieferten – was hohe Steuern einbrachte, von denen sich das Mogulreich im 17. Jahrhundert gut finanzieren und auf diese Weise seine Dynamik erhalten konnte.[22]

Nach denselben Prinzipien funktionierte auch das China der Qing-Dynastie, die Mitte des 17. Jahrhunderts an die Macht kam – ein China, das flächenmäßig weitgehend dem heutigen entspricht. Die neuen Herrscher waren in der Lage, die Ordnung im Lande schnell und wirksam wiederherzustellen – nach all dem Chaos, das in der Endphase der vorangegangenen Ming-Dynastie geherrscht hatte. Das spricht natürlich Bände über die Ursachen der strukturellen Probleme und Kalamitäten, die dem Land in den 1640er Jahren so sehr zu schaffen gemacht hatten. Als die administrativen Reformen griffen, füllten sich die Schatztruhen des Staates genauso schnell wie die landwirtschaftliche Produktion stark nach oben schoss. Im Laufe der nächsten zwei Jahrhunderte stieg die kultivierte Landfläche von rund 40 Millionen Hektar auf rund 80 Millionen an – das heißt, Jahr für Jahr wurden 20000 Hektar neues Ackerland gewonnen.[23]

Doch dafür war ein beträchtlicher ökologischer Preis zu zahlen. Die intensive Entwaldung und die enorme Ausdehnung der Landwirtschaft führten zu einem hohen Maß an erodierten und ausgelaugten Böden. Dies hatte schlimme Auswirkungen auf den Gelben Fluss und den Großen Kanal. Diese Folgen erwiesen sich nicht nur als umweltschädlich, sondern obendrein auch als wirtschaftlich katastrophal. Die Kosten für die Instandhaltung des Kanals verfünffachten sich von den 1730er Jahren an im Laufe eines Jahrhunderts. In den 1820er Jahren gingen dafür rund 20 Prozent aller Staatsausgaben drauf.[24] Das war auf jeden Fall ein schlechter Einsatz von Kapital und Arbeitskräften, und solche Ineffizienz führte dazu, dass das China der Qing-Dynastie eine denkbar schlechte Ausgangsposition im globalen Wettbewerb einnahm, wie er sich im 19. Jahrhundert entfaltete.

Die Qing-Dynastie erlebte eine Periode territorialer Ausdehnung in alle Richtungen – nach Westen, Norden und Süden. Ende des 17. Jahrhunderts hatte die Dynastie ihre Kontrolle über große Teile der Mongolei und Xinjiangs wie auch über Taiwan gefestigt und weitete ihren Einfluss nun auch auf tibetisches Gebiet aus.[25] 1759 erklärte Kaiser Qianlong (er regierte von 1735 bis 1796), alle rivalisierenden Staaten und Königreiche seien nunmehr unterworfen. Er habe «ewigen Frieden und Sicherheit an den Grenzen» erreicht.[26]

Viele der Länder, in die die Qing-Chinesen einmarschiert waren, boten nicht gerade einen besonderen Reichtum der Natur. Expansion im Innern brachte Ehre und Respekt ein, aber die Eroberung von Steppengebieten, Gebirgen und Wüsten – und darum handelte es sich weitgehend bei den neu besetzten Gebieten – brachte keinen offenkundigen Gewinn. Und wenn Erträge erzielt wurden – wann und wo auch immer –, hatten sie stets ihren Preis, denn die Güter mussten ja zu den Verbrauchern und Kunden gebracht werden. Dünn besiedelte Regionen zu bewirtschaften, die fernab von den kleinen und großen Städten lagen, bedeutete, dass der Transport von Massengütern mit großem Volumen (wie zum Beispiel landwirtschaftlichen Ernten) teuer war und sich aufs Ganze gesehen finanziell nicht mehr lohnte. Folglich konzentrierte sich die Aufmerksamkeit fast ausschließlich auf exotische und Luxusgüter, etwa auf Pelze und Frischwasserperlen. Diese Güter waren leicht, wertvoll und boten den besten finanziellen Ertrag.[27]

In anderen Teilen der Welt entstanden entlang der Handelswege große Städte. Lima zum Beispiel, Panama, Havanna, Buenos Aires, Rio de Janeiro und Manila wuchsen, weil große Silbervorkommen in Süd- und Mittelamerika abgebaut und nach Europa verschifft wurden.[28] Die Expansionen des 17. und 18. Jahrhunderts bedeuteten generell, dass weite Teile der Welt sich gegenseitig befruchteten, enger zusammenrückten und sich stimulierten. In China geschah dergleichen jedoch nicht. Hier wurden keine neuen Städte gegründet. Es gab nur sehr begrenzte Umsiedlungen der Bevölkerung, freiwillig oder gewaltsam erzwungen. Und die Expansionserträge waren in erster Linie existenzieller Art, weniger wirtschaftlich motiviert. Diese Gleichung konnte nicht aufgehen. Hohe Kosten, niedrige Produktion und geringe Löhne, all das zehrte am Wachstum. Das China der Qing-Dynastie geriet auf eine Bahn, die in scharfem Kontrast zu den europäischen Mächten stand.

Dort hatten akute Ängste zu beträchtlichen Anstrengungen geführt, die Erträge zu steigern, die Widerstandskräfte zu stärken und die Risiken zu senken, die von möglichen Klimaschocks ausgingen. Die Traumata aus der Zeit Mitte des 17. Jahrhunderts hatten als Anreiz gedient, sich intensiv Gedanken darüber zu machen, wie man die Bodenerträge erhöhen konnte. Der Engländer Walter Blith zum Beispiel war ein leidenschaftlicher Befürworter des Bodenmanagements. Er drängte die Bauern, sich diesem Thema sorgfältiger zu widmen. Er bot seinen Rat an und versprach, ganz im Stil eines modernen Marketinggurus, die Ernteerträge würden sich verdoppeln oder gar verdreifachen, es sei sogar das Fünf- oder Zehnfache der bisherigen Erwartungen möglich. Und dies ist nur ein Beispiel von vielen für das wachsende Interesse an der Agronomie und der Frage, wie man sich gegen zukünftige landwirtschaftliche Ausfälle absichern kann.[29]

Die Verheerungen des Dreißigjährigen Krieges, nicht zuletzt in Form der massiven Verluste an Menschenleben durch Krieg, Seuchen und Hunger, spielten möglicherweise eine entscheidende Rolle dabei, dass die Menschen zur Besinnung kamen und sich auf das Wesentliche konzentrierten. So war es wahrscheinlich kein Zufall, dass im 17. Jahrhundert junge Gelehrte wie Ludwig von Seckendorff intensiv über Bodenverhältnisse, Fruchtbarkeit des Landes und die rechtlichen Bedingungen beim Landbesitz nachdachten – und dass sie überdies der Ansicht waren, diese Gegenstände seien so wesentlich, dass jeder Herrscher darüber Bescheid wissen sollte, um sein Land erfolgreich regieren zu können. Hier ging es nicht mehr nur um die Abmilderung potenzieller Bedrohungen durch die Naturgewalten, sondern – damit eng verbunden – auch um Fragen, wie groß die Zahl der Arbeitskräfte sein müsste und welche potenziellen Gewinne von einer höheren Produktivität zu erwarten seien. Der einflussreiche Nationalökonom Johann Heinrich Gottlob von Justi schrieb im 18. Jahrhundert, «dass ein Land in der Tat niemals zu viel Einwohner haben kann, wenn nämlich Commerzien, Manufakturen und Gewerbe darin blühen». Es sei wichtig, Wege zu finden, wie man die Existenz einer höheren Bevölkerungsdichte sichern könne. Dann seien die Herrscher auch in der Lage, höhere Einnahmen zu erzielen.[30]

Solche Lektionen stießen bei all jenen auf Widerhall, die verstanden, wie eng Wissenschaft, Politik und Wirtschaft miteinander zusammenhängen. Die Landwirtschaft, schrieb etwa der preußische König Friedrich der Große an seinen Brieffreund Voltaire, «ist die erste aller Künste; ohne sie gäbe es keine Kaufleute, keine Könige, keine Höflinge, Dichter und Philosophen». Und: «Domänenland urbar zu machen, interessiert mich mehr, als Menschen zu töten.»[31]

Solche Ansichten waren allerdings auch geeignet, die weitverbreiteten Sorgen bezüglich der landwirtschaftlichen Produktion zu überspielen, vor allem die besorgte Frage, ob das Angebot mit der Nachfrage Schritt halten könne. Allein London sei in den hundert Jahren seit der Regierungszeit von Königin Elisabeth I. (1558 bis 1603) auf das Siebenfache angewachsen, vermerkte der Ökonom und Philosoph William Petty (1623 bis 1687) und fragte sich, was wohl geschehen werde, wenn die Stadt in diesem Tempo weiterwüchse. Werde es dann noch genug «Brot und Schnaps (...) Obst, Gartensachen, Heu, Holz und Kohle» geben?[32]

Eine mögliche Lösung des Problems bestand in der Gründung neuer Kolonien, um deren Ressourcen zu nutzen. Dabei fand dann auch ein gewisser Lernprozess statt: Die von England in Irland gemachten Erfahrungen sollten als Schablone für das Vorgehen in Nordamerika, und speziell in Kanada, dienen, wenn es darum ging, eine vorhandene Bevölkerung von ihrem Land zu vertreiben – bis hin zur ethnisch und religiös begründeten Gewaltanwendung und der Verbreitung von Vorstellungen eigener Überlegenheit und Vorrechte.[33]

Eine andere Methode, der Produktivität einen Schub zu verleihen, bestand darin, das Land intensiver zu bewirtschaften – durch höheren Arbeitskräfteeinsatz und Innovationen. Im China der Qing-Dynastie wurden beispielsweise riesige Mengen Dünger eingeführt, vorwiegend aus Raps, Baumwollsamen und Sojakuchen – um 1750 rund drei Milliarden Kilo pro Jahr. Dies war Teil einer Revolution in der Landbewirtschaftung, aber auch im Konsum, im Wohlfahrts- und Gesundheitswesen. In puncto Lebenserwartung und Lebensstandard wurde das Niveau von Europa nicht nur erreicht, sondern sogar übertroffen, mit Ausnahme Südostenglands, dort waren die Verhältnisse ungefähr gleich. Besonders eindrucksvoll erscheint diese Entwicklung in China nicht zuletzt, wenn man bedenkt, dass sich unter der Qing-Dynastie die Bevölkerung im 18. Jahrhundert mehr als verdoppelte.[34]

Ein Beispiel dafür, wie Bevölkerungswachstum auch auf andere Weise vonstattengehen konnte, war der als «Columbian Exchange» bekannte Austauschprozess zwischen Süd-, Mittel- und Nordamerika und den anderen Kontinenten nach 1492. Der Begriff wird von Historikern gern benutzt, um die neuen Verbindungen zu charakterisieren, die in den Jahrzehnten nach der Entdeckung Amerikas durch Kolumbus entstanden. Aber er ist unbefriedigend, vor allem, weil er suggeriert, dass bei diesem Austausch von Pflanzen, Tieren und Menschen eine gewisse gegenseitige Symmetrie gegeben war. Tatsächlich aber verlief bei den Menschen die Bewegung fast nur in eine Richtung: Millionen Afrikaner wurden gegen ihren Willen nach Nord-, Mittel- und Südamerika gebracht, und weitere Millionen überquerten den Atlantik als Siedler aus Europa. Die Zahl derer, die in die andere Richtung strebten, hielt sich dagegen in sehr engen Grenzen; es handelte sich um Besucher, die als Würdenträger kamen, oder aber um Zwangsarbeiter.[35]

Die Silberimporte aus Amerika ermöglichten zwar echte Transformationen in Europa, aber insgesamt erhielt die Neue Welt wesentlich mehr von der Alten Welt als andersrum. Neben den unfreiwilligen und freiwilligen Übersiedlern waren es vor allem zahllose Pferde, Schafe, Schweine, Gänse, Katzen, Ratten und anderes mehr, die über den Atlantik transportiert wurden. Den umgekehrten Weg nahmen allein Eichhörnchen, Puten und Meerschweinchen. Kakao, Mais, Tabak, Ananas, Bohnen und Chilipfeffer wurden aus Amerika eingeführt, aber viele Pflanzen und Ackerfrüchte kamen auch aus Europa, Afrika und Asien nach Amerika – darunter Zitrusfrüchte, Reis und Bananen, die sich dort alle einen festen Platz auf dem Speiseplan eroberten.[36]

Die Ernährungsgewohnheiten aus der Alten Welt hatten, wenigstens anfangs, große Bedeutung für die indigene Bevölkerung der Neuen Welt – und unangenehme Folgen. Als in den 1580er Jahren die Einheimischen in 190 Gemeinden wegen der hohen Sterblichkeitsraten und Gesundheitsprobleme in ihren Reihen befragt wurden, gaben sie zu Protokoll, man habe in der Zeit vor der Ankunft der Spanier weniger gegessen, weniger Salz zu sich genommen und weniger Alkohol getrunken. Außerdem, behaupteten sie, seien damals auch die Hygienestandards höher gewesen. Ferner wurde gesagt, die bewährten Heilmittel der örtlichen Heiler seien wirksamer gewesen als die medizinischen Methoden der neuen Siedler. Zudem habe das Verbot der Polygamie die Geburtenrate gesenkt. Es war einfach eine Tatsache, dass die Ankunft der Europäer das Ende eines Zeitalters der Mäßigung einläutete. An dessen Stelle trat ein Zeitalter der Exzesse – mit den entsprechenden Folgen.[37]

Gleichwohl gab es Lebensmittel, wenn auch nicht sehr viele, die sich durchsetzten, nachdem sie aus Amerika importiert worden waren. Maniok und Mais wurden erstmals im 16. Jahrhundert von portugiesischen Händlern ostwärts über den Atlantik gebracht und besonders in Westafrika von den dortigen Bauern sehr geschätzt, vor allem, weil sie dürreresistent waren. Maniok als stärkehaltige Pflanze war nicht nur dürreresistent und sehr ertragreich, sondern – besser noch – auch gegen Heuschrecken resistent und überdies gut zu lagern. Anbau und Verarbeitung waren allerdings arbeitsintensiv: Die Wurzelknollen mussten gewässert, zerkleinert und ausgepresst werden, ehe man sie trocknen ließ und dann zu Mehl zermahlte. Dieser Prozess war unverzichtbar, um Stoffwechselprodukte auszusondern, die beim Abbau durch Pflanzenenzyme hochgiftige Blausäure produzieren können. Wird dies nicht beachtet, kann der Verzehr zu Lähmungen und Vergiftungen führen.[38]

Auch Mais machte sich auf afrikanischen Böden gut; er erbrachte in derselben Zeit, die Hirse für eine Ernte benötigte, gleich zwei Ernten. Überdies ließ sich Mais leicht lagern und war kaum verderblich. Er wurde in Benin, Ghana, Nigeria, Togo, Kamerun und Angola ein so unverzichtbares Grundnahrungsmittel, dass Mais heute oft für eine einheimische Pflanze gehalten wird, obwohl sie ein relativ neuer Import aus der Neuen Welt war.[39] Beide Anbaupflanzen waren als reiche Energielieferanten gerade in jenen Regionen von entscheidender Bedeutung, aus denen eine große Zahl der Menschen kam, die als Sklaven nach Amerika verkauft wurden. Ironischerweise spielten sie somit auch eine Rolle im Sklavenhandel. Denn dank Maniok und Mais mussten nun weniger Menschen hungern; die Abhängigkeit von Frauen in der landwirtschaftlichen Produktion nahm zu, und weil Vorratslager an Lebensmitteln angelegt werden konnten, reduzierten sich generell die Anforderungen an die Arbeitskräfte vor Ort. So konnten Reservoirs von entbehrlichen männlichen Arbeitskräften entstehen, die von Sklavenhändlern gnadenlos «abgeschöpft» wurden.

Noch wichtiger als Mais und Maniok war jedoch eine dritte aus Amerika importierte Nutzpflanze, deren Einfluss auf die Weltgeschichte kaum zu überschätzen ist – nicht zuletzt, weil sie dabei half, die Risiken von Wetterschocks und Klimaveränderungen abzumildern. Man kann sogar mit Fug und Recht behaupten, dass sie an der Veränderung des menschlichen Lebens genauso großen Anteil hatte wie einige der bedeutendsten medizinischen Entdeckungen der Geschichte. Oder dass sie genauso viel zur Veränderung der wirtschaftlichen Ergebnisse beitrug wie epochale Ereignisse von der Größenordnung der Industriellen Revolution. Sie bot Sicherheit gegen Hungersnöte und Krankheiten. Sie hatte Einfluss auf die Gesundheit insgesamt, trieb die Urbanisierung an und reduzierte politische Konflikte. Kurz, die bescheidene Kartoffel veränderte die Welt.

Kartoffeln bieten mehr Kalorien, Vitamine und Nährstoffe pro Hektar Ackerfläche als jede andere Feldfrucht. Die Schale einer mittelgroßen Kartoffel enthält 45 Prozent der empfohlenen täglichen Dosis von Vitamin C – anders als Weizen, Hafer, Gerste, Reis oder Mais, die überhaupt kein Vitamin C enthalten. Eine mittelgroße Kartoffel enthält auch einen signifikanten Anteil der empfohlenen täglichen Dosis an Vitamin B_6, ferner Thiamin, Riboflavin, Nikotinsäure, Magnesium, Eisen und Zink. Außerdem benötigen Kartoffeln weniger Fläche und produzieren über zehnmal mehr Kalorien als etwa Weizen. Ein Hektar Kartoffeln produziert normalerweise dreimal mehr pflanzliche Energie als ein Hektar Hafer, Weizen oder Gerste.[40]

Kartoffeln gedeihen auch in Böden, die sich nicht für den Anbau von Weizen oder Reis eignen. Und sie können, was noch wichtiger ist, zwischen anderen Nutzpflanzen angebaut werden oder in der Brachzeit zwischen unterschiedlichen Getreideanbauphasen. Sie sind robust in Schlechtwetterphasen, und sie trugen zu einer Diversifizierung der landwirtschaftlichen Produkte bei, wodurch drohende Hungersnöte abgewendet werden konnten. Weil Kartoffeln relativ leicht zu lagern sind, bieten sie auch die Möglichkeit, Vorräte für die winterliche Ernährung von Mensch und Tier anzulegen. Gerade Letzteres ist wichtig: Mit Kartoffeln als Tierfutter kann man mehr Schweine und Rinder halten – was die Möglichkeiten des Fleischkonsums erweitert. Mehr Tiere produzieren zudem mehr Mist, der wiederum als Dünger auf den Feldern die Ernteerträge erhöht.[41]

Kartoffeln, die in den Anden schon seit Jahrtausenden angebaut wurden, stießen in Europa nicht sofort auf Begeisterung, nachdem die Spanier sie im 16. Jahrhundert von dort mit nach Europa gebracht hatten. Das hatte unter anderem damit zu tun, dass Kartoffeln zur Familie der giftigen Nachtschattengewächse gehören, teilweise aber auch damit, dass das verfärbte Aussehen der Knollen Assoziationen zu Lepra aufkommen ließ. Zunächst wurden die Pflanzen um 1600 in Europa nur zögerlich angenommen und zuerst in Spanien, Italien, England und Deutschland angebaut. Um diese Zeit wurden sie von Seeleuten auch in afrikanische, asiatische und ozeanische Häfen gebracht. Der flächendeckende Kartoffelanbau in Europa, Indien und China begann erst im späten 17. und frühen 18. Jahrhundert.[42]

Zu dieser Zeit schrieb man der Kartoffel weithin schon fast wundersame Eigenschaften zu. Zar Peter der Große hatte Ende der 1690er Jahre Europa bereist und von dort einen Sack Kartoffeln nach Russland geschickt – mit der Anweisung, die Knollen sollten an Bauern in verschiedenen Bezirken verteilt werden. Ein paar Jahrzehnte später gab der Regierende Senat des Zarenreiches einen Erlass heraus, man solle «Erdäpfel, die in England Kartoffeln genannt werden», anbauen – nicht nur, um sie flächendeckend einzuführen, sondern auch, weil Ernteeinbrüche bei Getreide in Finnland und Sibirien in den 1760er Jahren zu Hungersnöten und Krankheiten geführt hatten. Es brauchte allerdings seine Zeit, bis sich die Kartoffel durchsetzen konnte, zum Teil auch, weil manche der Überzeugung waren, die Kartoffel sei die «verbotene Frucht», die Adam und Eva im Paradies gegessen hatten (dabei könnte die französische Bezeichnung *pomme de terre*, Erdapfel, eine Rolle gespielt haben). «Wer immer sie isst, ist ungehorsam gegen Gott», verkündeten einige Traditionalisten in Russland, «er verstößt gegen das Heilige Testament und wird niemals das Himmelreich erben.»[43]

Andere waren pragmatischer. «Die auf einem Kartoffelfelde erzeugte Nahrung», schrieb Adam Smith in *The Wealth of Nations* (*Der Wohlstand der Nationen*), «übertrifft den Ertrag eines Weizenfeldes bei Weitem.» Smith war überzeugt: «Einen sprechenderen Beweis seiner Nahrhaftigkeit und Zuträglichkeit für den menschlichen Körper hat kein anderes Nahrungsmittel aufzuweisen.» Die stärksten Männer in London und die schönsten Frauen in den Dominions, sagte er, seien jene aus der «untersten Volksklasse Irlands (...), die fast nur von jener Wurzel lebt».[44]

Einführung und Verbreitung der Kartoffel hatten in vielen verschiedenen Bereichen bemerkenswerte Auswirkungen. Die militärischen Dokumente von mehr als 13000 französischen Soldaten, die zwischen 1658 und 1770 geboren wurden, zeigen, dass die durchschnittliche Körpergröße der erwachsenen Männer in diesem Zeitraum um mehr als einen Zentimeter zunahm – als Folge einer Ernährung in jungen Jahren, die nachweislich eine höhere Kalorieneinnahme zur Folge hatte, speziell durch Kartoffelmahlzeiten.[45]

Noch bemerkenswerter ist die Tatsache, dass die Einführung der Kartoffel in Europa die landwirtschaftliche Produktivität erhöhte und so die Notwendigkeit reduzierte, immer mehr Land unter den Pflug zu nehmen. Dadurch entspannte sich auch der Konkurrenzkampf um die Kontrolle über das Land. Man könnte zwar argumentieren, die massenhafte Verfügbarkeit billiger Nahrungsmittel senke auch die Kosten für den Unterhalt großer Armeen und mache dadurch das Kriegsführen attraktiver, aber ein geringerer Wert des Landes verringert normalerweise die Wahrscheinlichkeit gewaltsamer Konflikte – weil der Anreiz, zu den Waffen zu greifen, niedriger ist als die Wahrscheinlichkeit, einen Krieg zu gewinnen. Statistische Modelle legen den Schluss nahe, dass die Einführung der Kartoffel dramatisch zur Abnahme von Konflikten beitrug, nicht nur in Europa, sondern auch in anderen Kontinenten und Regionen, wo die Kartoffel importiert wurde.[46] Die Einführung der Süßkartoffel, zunächst im südlichen Teil Chinas, später auch im Norden, trug zur Verringerung von Bauernaufständen bei, vor allem weil nun eine Art Rückversicherung gegen außergewöhnlichen Niederschlag geben war, der zu Ernteausfällen bei anderen Feldfrüchten führte.[47]

Indem der Kartoffelanbau das landwirtschaftliche Risiko ungünstiger Wetterbedingungen – ob vorübergehend oder als Teil langfristiger Klimaveränderungen – abmilderte, ergaben sich neue Möglichkeiten für größere Bevölkerungen. Es gab weniger Nahrungsmittelknappheit, ein gestiegenes Kalorienniveau, eine verbesserte Gesundheit und eine höhere Lebenserwartung. Außerdem konnte so eine größere Bevölkerungsdichte besser versorgt werden, was als Triebfeder für den Aufstieg und die zunehmende Größe der Städte im 17. und 18. Jahrhundert wirkte. Schätzungen zufolge war die Kartoffel für rund 25 Prozent des Bevölkerungswachstums in diesem Zeitraum verantwortlich – und für einen noch höheren Anteil der Urbanisierung.[48] Das war insofern von zentraler Bedeutung, als den Städten eine entscheidende Rolle bei der Förderung des Handelsaustausches, der Stimulation der Nachfrage und bei Innovationsanreizen zukam (und weiterhin zukommt).

Wenn die Ernährungslage generell als Wachstumsantrieb für die Städte auf der ganzen Welt eine so große Rolle spielte, dann gilt dasselbe auch für hohe Löhne. Auch diese sind ein fundamentaler Faktor, wenn man eine historische Entwicklung erklären will, die von Historikern als «Große Divergenz» (Great Divergence) bezeichnet wird und die hier bereits erörtert wurde. Gemeint ist die abweichende wirtschaftliche und politische Entwicklung Europas seit dem 16. und insbesondere im 18. und 19. Jahrhundert gegenüber den lange Zeit führenden (und zudem wesentlich größeren) Mächten im asiatischen Raum, vor allem China und Indien. Diese Sonderentwicklung Europas wird manchmal auch als «europäisches (Wirtschafts-) Wunder» bezeichnet.

Für diese Entwicklung gab es viele Gründe. Einige Historiker, die das Wachstum der Städte in Europa untersucht haben, heben hervor, dass der Kontinent als Teil des Römischen Reiches noch über tausend Jahre später die alten römischen Verkehrs- und Handelswege nutzen konnte.[49] Andere schauten auf die Auswirkungen des Protestantismus und darauf, welche tiefgreifenden Veränderungen dessen Aufstieg im europäischen Bildungswesen nach sich zog. Vor allem ergab sich fortan eine Divergenz zwischen den Ländern im Norden und Westen Europas und denen im Süden und Osten. Martin Luther war ein leidenschaftlicher Anwalt der Schulbildung für Mädchen und Jungen gewesen. Er bestand darauf, dass alle Menschen in der Lage sein sollten, die Heilige Schrift selbst zu lesen. Es sei eine Schande, argumentierte er in seiner *Predigt, dass man Kinder zur Schulen halten soll* (1530), dass manche Eltern so selbstsüchtig, dumm und unchristlich seien, dass sie ihre Kinder in Unwissenheit hielten oder aus der Schule nähmen. Durch dieses Handeln, sagte er, machten sie sich zu Gehilfen des Teufels. Solche Ermahnungen hatten Langzeitfolgen. Denn die protestantischen Städte und Länder verfolgten eine Bildungspolitik für alle Kinder und trieben den Bau neuer Schulen voran. Verblüffend war, dass in den Ländern mit protestantischen Mehrheiten bereits um 1900 praktisch alle Kinder lesen, schreiben und rechnen konnten, während dies in keinem einzigen der Länder mit katholischer Mehrheit der Fall war, darunter auch einige, die sogar noch weit hinterherhinkten.[50] Dieses Muster zeigte sich bei Untersuchungen zwischen 1910 und 1938 auch in den Vereinigten Staaten, wo die Bildungsergebnisse in Regionen mit hohen protestantischen Bevölkerungsanteilen deutlich besser waren.[51]

Der Aufstieg von Institutionen aller Art in Europa war bedeutsam, ebenso die Einführung der Druckerpresse und die Ausweitung der Buchproduktion. Auf diese Weise wurden Ideen und Wissen immer mehr Menschen zugänglich gemacht. Auch die Gründung von Universitäten hatte große Bedeutung, nicht zuletzt, weil hier in wachsender Zahl Juristen ausgebildet wurden. Klare rechtliche Ordnungen hatten einen positiven Einfluss auf wirtschaftlichen Austausch, weil die mit dem Handel verbundenen Unsicherheiten und

Unwägbarkeiten deutlich reduziert wurden. Es entstand im Wirtschaftsleben ein beträchtliches Maß an Vertrauen und Verlässlichkeit, und auf dieser Grundlage nahmen Volumen und Geschwindigkeit des Austausches zu.[52]

Mit dem Risiko von Handelsbeziehungen sanken auch die Kapitalkosten, was wiederum den Wettbewerb stimulierte. Die Zinsen in Europa, insbesondere in Großbritannien und in den Niederlanden, waren deutlich niedriger als in China: Adam Smith vermerkte in den 1770er Jahren, dass in London Zinssätze von 3 bis 4,5 Prozent als normal gelten, während sie nach seinen Aussagen in China bei bis zu 12 Prozent liegen.[53] Das stimmte nicht ganz. Tatsächlich lagen die Zinsen in China bei 2 Prozent pro Monat, also 24 Prozent jährlich, und bisweilen sogar bei 50 Prozent im Jahr.[54] Es gab zwar regionale Unterschiede in Süd-, Südost- und Ostasien sowie, je nach Zeitraum, Fluktuationen, aber es ist völlig klar, dass die Kosten für Kredite und Geschäftstätigkeit im Vergleich zu Europa extrem hoch waren. Dies trug dazu bei, dass das Wirtschaftswachstum abgedämpft und Innovation abgewürgt wurde.[55]

Gefördert und beflügelt wurden Wirtschaftswachstum und Innovationen durch den Wettbewerb – und Konkurrenz war in Europa reichlich vorhanden, wo sich durch die politische Fragmentierung Möglichkeiten eröffneten, Ideen zu testen und zu verfeinern, die Reaktionen zu schärfen und Veränderungen voranzutreiben. Das zeigte sich etwa am Beispiel der fast ununterbrochenen Kriege, die – wie bereits erwähnt – zu Fortschritten in der Militärtechnologie führten. Entscheidend wurde der militärische Vorsprung Europas, als das Zeitalter der Kolonisierung Afrikas, Asiens und Ozeaniens anbrach. Der Wettbewerb spornte auch wissenschaftliche Entdeckungen und Fortschritte an. Dabei waren Frauen allerdings benachteiligt, was oft verschwiegen wird. Besonders in Nordeuropa und in Großbritannien trieben männliche Forscher und Unternehmer die Innovationen voran. Sie schufen und unterhielten Netzwerke, in denen Erfindungen geteilt und gefeiert wurden, und stellten Kapital für die wirtschaftliche Verwendung zur Verfügung.[56] Frauen waren aus diesen Zirkeln ausgeschlossen. Sie mussten ihre Werke anonym veröffentlichen – insofern sie sie überhaupt publizieren konnten.[57]

Der geschlossene Kreislauf von Männern, Wissenschaft, Geld sowie Wirtschafts- und Karrierechancen war in Großbritannien besonders effizient. Alle Schlüsselelemente, die schließlich zur Industriellen Revolution führten, kamen hier zusammen: ein hohes Einkommensniveau auf der Kapitalseite und ein hohes Qualifikationsniveau aufseiten der Arbeitskräfte. Die Arbeiter in Großbritannien waren weit produktiver und wurden auch besser bezahlt als anderswo in Europa, und das hieß: Neue Erfindungen wurden hier früher, schneller und umfassender eingeführt als irgendwo sonst auf der Welt. Was hier zählte, waren weniger Schulbildung, Lese- und Schreibfähigkeit, sondern vielmehr der kompetente Umgang mit Maschinen – eine Fertigkeit, die in Großbritannien auf einzigartige Weise ausgeprägt war.[58] Ständig nahmen geschickte Arbeiter kleine Verbesserungen an den Maschinen vor – was sich beispielsweise an der «Spinning Jenny» zeigt, einer einfachen und billigen handbetriebenen Spinnmaschine, im verbesserten Einsatz von Metallen für die Getriebe früher Textilmaschinen oder in der Standardisierung der Maschinenmotoren, die es ermöglichte, Ersatzteilvorräte anzulegen, was wiederum Zeit und Geld im Falle einer Panne oder eines Ausfalls sparte.[59]

Das Ergebnis war, dass die Landarbeiter jene in anderen Ländern in puncto Zeitaufwand und Arbeitstempo weit in den Schatten stellten. Während es Ende des 18. Jahrhunderts in England ungefähr sieben Tage dauerte, ein Weizenfeld von einem Hektar Größe abzuernten, nahm derselbe Vorgang in Frankreich sechzehn Tage in Anspruch. Diese Effizienz ermöglichte höhere Löhne und noch einiges mehr, unter anderem einen höheren Kalorienkonsum als in Frankreich. Manche Historiker spekulierten sogar, dass sich die englischen Arbeiter, weil sie bessere Löhne erhielten, auch mehr Fleisch leisten konnten, was sich positiv auf die Gehirnentwicklung der Nachkommen auswirkte – und möglicherweise dazu führte, dass die englischen Arbeiter nicht nur wohlhabender und produktiver waren als die Arbeiter in anderen Ländern, sondern auch noch klüger.[60]

«Die Fabrikarbeiter Englands essen Fett und trinken Süßes; sie leben besser, und es ergeht ihnen besser als den Arbeitern und Tagelöhnern in irgendeinem anderen Land Europas», schrieb Daniel Defoe 1726. «Sie bekommen bessere Löhne für ihre Arbeit und geben mehr Geld für ihre Rücken und Bäuche aus als in jedem anderen Land.» Defoe hätte noch hinzufügen können, dass höhere Löhne nicht nur mehr Freizeit bedeuteten, sondern auch dazu motivierten, neue Fähigkeiten zu erlernen – vom Lesen, Schreiben und Rechnen bis hin zu handwerklichen Fertigkeiten. All dies war in einer Wirtschaft, die sich schnell weiterentwickelte, von großem Vorteil.[61]

In China sah das ganz anders aus. Dort fehlte unverkennbar der Druck für Innovationen und Wettbewerb. Vor allem war nur ein winziger Bruchteil der ländlichen Bevölkerung überhaupt in Lohnarbeit beschäftigt, in der Endphase der Ming-Dynastie vielleicht 1 bis 2 Prozent.[62] Hinzu kam, dass die Territorialgewinne der Qing-Dynastie im späten 17. und 18. Jahrhundert und die so triumphal verkündete Pax Manchurica – als Symbol der himmlischen Ordnung – sich im Laufe der Zeit eher als Achillesferse entpuppten. Das erfolgreiche Streben nach natürlichen Grenzen wie Gebirgen und Wüsten bedeutete, dass alle Nachbarn, die eine Bedrohung oder Konkurrenten hätten sein können, und alle Parallelreiche nun weit entfernt und außer Sichtweite waren. Das Militär hatte sich nur mit kleineren Bedrohungen auseinanderzusetzen, die gut zu beherrschen waren, egal ob sie von Korea, Südostasien, Innerasien oder von Kosaken ausgingen, die sich weit vorgewagt hatten.

Keine dieser Gefahren war Anlass für tiefgreifende Veränderungen in militärischer Technologie oder Taktik. Und was noch wichtiger war, keine gab den Anstoß für administrative, gesellschaftliche oder wirtschaftliche Reformen. Auch nicht dafür, in Innovationen, Produktivität oder Industrie zu investieren. Doch das waren genau die Bereiche, die für den Aufstieg des Westens zentrale Bedeutung hatten. Europas Spaltungen und die fragmentierte politische Geschichte seit den Zeiten des Römischen Reiches sorgten überall für starke Konkurrenz. Lange waren Kriege und Spaltungen in Europa Ursachen der Schwäche gewesen, jetzt aber wurden sie zu Europas

Stärke. Während Europa, so könnte man sagen, forsch in die Zukunft galoppierte, blieb China in der Vergangenheit stecken.[63]

Ein höheres Maß an Widerstandskraft gegen unvorhersehbare Wetterbedingungen ließ Gesellschaften besser mit Nahrungsmittelknappheit und Umbrüchen zurechtkommen – mit Notlagen, die zuvor oft durch Klimaveränderungen ausgelöst worden waren. Trotzdem gab es weiterhin ungewöhnliche Wetterereignisse mit dramatischen Folgen. Zum Beispiel einen außerordentlich schweren Sturm in Südengland im Dezember 1703. Daniel Defoe nannte ihn den «größten, der Dauer nach längsten, der Ausdehnung nach weitesten aller Stürme und Unwetter, die seit Anbeginn der Zeit verzeichnet sind». Das Unwetter führte zum Verlust von dreizehn Schiffen der Royal Navy mit 8000 Seeleuten an Bord – was die englische Überlegenheit auf See zu einem kritischen Zeitpunkt gefährdete: Es tobte gerade der Spanische Erbfolgekrieg, bei dem es um die Kontrolle im Herzen des europäischen Kontinents ging.[64]

Abfolgen von ungewöhnlich häufigen und schweren Stürmen auf dem Atlantik in den 1760er und 1770er Jahren trugen dazu bei, dass sich ganze Handelsnetze neu organisierten und politische Allianzen verschoben. Eine katastrophale Wirbelsturmsaison im Jahr 1766, mit sechs verheerenden Hurrikanen im Karibischen Becken, die eine massive Hungersnot zur Folge hatten, veranlasste die Bewohner der spanischen Karibikinseln, in den Städten der englischen Kolonien auf dem nordamerikanischen Festland Zeitungsanzeigen mit verzweifelten Hilfsappellen zu schalten. Die daraufhin einsetzende amerikanische Hilfe zog umgehend Warnungen der britischen Regierung nach sich. Diese sah die Lieferungen von Mehl und anderen Hilfsgütern als Handelsverkehr mit dem Feind an und forderte offiziell, dass dieser Handel umgehend einzustellen sei.[65]

Eine weitere brutale Hurrikansaison im Jahr 1772 hinterließ erneut eine Spur der Verwüstung in der Karibik. In Havanna wurden Häuser, Läden, Werkstätten, Krankenhäuser und die zivile Infrastruktur zerstört, woraufhin auch schwere Ernteausfälle zu verzeichnen waren. Dies bot Kaufleuten aus Philadelphia, mit den Worten eines Wirtschaftshistorikers, «die Gelegenheit ihres Lebens». Fünf der sechs reichsten Männer der Stadt, damals das führende Finanzzentrum an der amerikanischen Ostküste, waren bereits im Handel mit Spanien engagiert, und man begann sich allmählich zu fragen, was denn die Kolonien in Nordamerika überhaupt mit Großbritanniens europäischen Rivalitäten zu tun hätten. Verschärft wurde die in dieser Frage gipfelnde politische Abwendung durch wachsendes Missfallen wegen hoher Steuerforderungen der Briten und wegen ihrer nicht verfassungskonformen Gewaltanwendung gegen ebendiese Kolonien.[66] All diese Probleme führten im Oktober 1774 zur Einberufung eines «Kontinentalkongresses», bei dem Vertreter von zwölf der dreizehn britischen Kolonien auf nordamerikanischem Boden zusammenkamen. Sie verabschiedeten eine «Declaration of Colonial Rights», eine Erklärung zu den Kolonialrechten, die einen Boykott britischer Waren vorschlug, und sandten eine Liste mit Beschwerden nach London. Auch der britische König Georg III. erhielt eine Petition.[67]

Die Amerikaner begannen sich nun immer stärker an den Gegebenheiten und Gelegenheiten vor ihrer Haustür zu orientieren, sei es in der Karibik, sei es in Louisiana (vormals französische, seit 1762 spanische Kolonie), wo auch New Orleans unter ernsthafter Nahrungsmittelknappheit litt. Repräsentanten des neuen Kontinentalkongresses wurden in die Häfen der französischen Karibikinseln entsandt, und zu den spanischen Karibikinseln wurden neue Gesprächskanäle geschaffen, um die Möglichkeiten eines Handelsaustausches auszuloten: Tabak aus Amerika gegen Schießpulver aus Spanien. Im Oktober 1775 verabschiedete der Kontinentalkongress eine Resolution, die Exporte in ausländische Häfen im Austausch für Waffen, Munition, Schießpulver und Geldzahlungen autorisierte. Dies alles war besonders wichtig, wenn man bedenkt, dass sich die Spannungen zur britischen Kolonialmacht massiv verschärften und Monate zuvor ein Handelsboykott gegen britische Waren in Kraft getreten war. Führende Figuren in den nordamerikanischen Kolonien, etwa John Adams aus Massachusetts, der zu den Gründervätern und Unterzeichnern der amerikanischen Unabhängigkeitserklärung gehörte und später zum zweiten Präsidenten der USA gewählt wurde, waren überzeugt: «Es wird kaum Schwierigkeiten beim Handel mit Frankreich und Spanien geben, große Probleme beim Handel mit Portugal und einige Probleme beim Handel mit Holland.»[68]

Die Erkenntnis, dass die ökologischen und ökonomischen Anfälligkeiten im Süden Nordamerikas und in der Karibik den britisch-amerikanischen Kolonisten kommerziell wie politisch große Chancen boten und dass genau hier eine Achillesferse der Briten lag, war von enormer Bedeutung. Sie ist ein bei den Historikern nur selten beachteter wichtiger Bestandteil der Vorgeschichte zur Unabhängigkeitserklärung vom 4. Juli 1776. Die amerikanischen Embargos für die britische Handelsschifffahrt schnitten Jamaika und andere britische Kolonien ab und schufen dort Engpässe und Leid. Verschlimmert wurde die Lage noch durch einen vorzeitigen heftigen Hurrikan im Juni des Jahres. Auf den französischen Karibikinseln hingegen herrschte Hochstimmung, als die Händler gute Deals abschlossen, Abmachungen für zukünftige Geschäfte festhielten und ihre Lagerhäuser bis unters Dach mit Gütern füllten.[69]

Es gab eine Menge guter Gründe, warum Franzosen und Spanier später, in der zweiten Hälfte der 1770er Jahre, aufseiten der amerikanischen Patrioten in den Unabhängigkeitskrieg eingriffen. Einer, und nicht der unwichtigste, war, dass alle Beteiligten von engeren Handelsbeziehungen im Westatlantik und in der Karibik profitierten – die viel damit zu tun hatten, dass man sich gemeinsam gegen Wetterschocks absichern wollte.

Nicht alle hatten so viel Glück, als es darum ging, Lösungen für derartige Probleme zu finden. Die Klimabedingungen in Indien waren in der zweiten Hälfte des 18. Jahrhunderts eine sehr große Herausforderung und führten ständig zu unterdurchschnittlichen Ernten. Die landwirtschaftliche Produktivität war ungewöhnlich niedrig, die Getreidepreise dafür überdurchschnittlich hoch. Regelmäßige kriegerische Auseinandersetzungen zwischen den Potentaten Südindiens trieben die Preise für Agrarprodukte noch weiter in die Höhe. Hinzu kamen die Lasten der hohen Pachtzahlungen. Durch den Verfall der Zentralautorität verschlimmerte sich die Lage noch mehr. Das führte zu nominell höheren Löhnen, die aber leider nichts wert waren, weil die Lebenshaltungskosten rasanter stiegen. So sank die Wettbewerbsfähigkeit Indiens kontinuierlich – und das zu einer Zeit, als in Großbritannien und anderswo in Europa der Trend in die andere Richtung ging. Noch 1750 zeichnete Indien für rund ein Viertel der weltweiten wirtschaftlichen Produktion verantwortlich; um 1900 waren es gerade noch 2 Prozent.[70]

Der steile Niedergang lässt sich wenigstens zum Teil auch dadurch erklären, dass ein Investitionsstau ebenso zur britischen Kolonialpolitik gehörte wie Zollschutzbestimmungen, die ausländische Güter bevorzugten, und ein kontinuierlicher Entzug von Ressourcen und Arbeitskräften durch die Britische Ostindien-Kompanie, die sich bis zur Mitte des 18. Jahrhunderts in großen Teilen des indischen Subkontinents eine dominante Stellung erarbeitet hatte.[71] Diese Kombination erwies sich als tödlich, als 1768 eine schwache Monsunregensaison in Bengalen und Bihar zu großen Ernteausfällen führte. Der Provinzvorsteher von Bishunpur vermerkte: «Aus Reisfeldern sind Felder mit trockenem Stroh geworden.»[72]

Doch für das sich nun entfaltende Unheil interessierten sich die örtlichen Verwalter der East India Company kaum. Ihr einziges Interesse galt der Eintreibung von Abgaben, um ihre finanziellen Vorgaben zu erfüllen, damit die Aktionäre der Gesellschaft ihren Reichtum vermehren konnten. Die Aufmerksamkeit konzentrierte sich also ganz auf das Einsammeln von Schuldverschreibungen. Noch Anfang 1770 wurde vermeldet, es laufe alles nach Plan und entspreche den Erwartungen. Im Januar hieß es zwar, ein kleiner Nachlass bei der Grundsteuer könnte erforderlich werden, aber Anfang Februar berichteten die Verantwortlichen, sie hätten «bislang noch keine Ausfälle bei den Steuereinnahmen und fälligen Zahlungen feststellen» können.[73]

Zu dieser Zeit war der Reispreis allerdings schon auf das Zehnfache gestiegen, und in Berichten hieß es, das Ausmaß des Hungers sei bereits so schlimm, dass die Menschen versuchten, ihre Kinder zu verkaufen, um irgendwie an Geld zu kommen. Mangelernährung und Krankheiten griffen um sich, und die Zahl der Toten stieg auf ein fast unvorstellbares Maß. Mehr als 76000 Menschen starben allein in Kalkutta zwischen Juli und September 1770, jeder fünfte Bengali überlebte das Jahr nicht. Das waren mehr als eine Million Menschen. Ein Zeitgenosse schrieb: «Jetzt hilft nur noch die Gnade Gottes.»[74]

Einige Offizielle der East India Company versuchten zwar noch, Hilfsmaßnahmen zu organisieren, und richteten Verteilstellen für die Nahrungsmittelausgabe an die Hungernden ein. Aber sie standen auf verlorenem Posten. Andere hingegen nutzten die Chance, sich schamlos zu bereichern. Sie kauften Reisvorräte auf, was die Preise noch weiter in die Höhe trieb, und verkauften das Gehortete dann zu Wucherpreisen. Viele machten auf diese Weise ein «großes Vermögen». Ein Angestellter, der zuvor nur ein bescheidenes Gehalt erhalten hatte, verdiente – auf heutige Verhältnisse umgerechnet – durch die Katastrophe einige Millionen Pfund, die prompt nach Großbritannien transferiert wurden. Einige Politiker, zum Beispiel Horace Walpole, waren entsetzt über die Berichte, die aus Indien kamen, doch die Investoren rieben sich die Hände. Der Aktienkurs für Papiere der East India Company schoss in die Höhe, woraufhin die Bosse sich veranlasst sahen, Dividenden in Höhe von 12,5 Prozent auszuschütten – es waren die höchsten, die die Gesellschaft jemals auszahlte.[75]

Der Vorfall sollte Konsequenzen haben, nicht zuletzt, weil die Hungersnot zu einem Einbruch der Grundstückspreise in Bengalen führte, wodurch dann auch die Einnahmen der Aktionäre ausblieben. Die Folge war ein Ausverkauf der Aktien, was in Verbindung mit unverkauften Teelagerbeständen und hohen Schulden der Gesellschaft zu einem steilen Abstieg und zu dramatischen Vermögensverlusten führte. Das alles geschah so schnell und mit solcher Wucht, dass sich ein Vergleich mit dem Zusammenbruch großer Investmentbanken in der Finanzkrise von 2008 aufdrängt. Nun musste der Staat also als Retter einspringen, und die Führungsfiguren der East India Company wurden ins Parlament zitiert, um ihr Handeln zu rechtfertigen. Robert Clive, der etwas mehr als ein

Jahrzehnt zuvor die Kontrolle über die Finanzen der Gesellschaft in Bengalen übernommen und sich dort ohnehin schon massiv bereichert hatte, besaß die Chuzpe zu verkünden, tatsächlich sei es doch so gewesen, dass er noch viel stärker hätte zulangen können. «Ich bin erstaunt über meine eigene Mäßigung», gab er zu Protokoll. Die Abgeordneten waren sprachlos.[76]

Dass Gier eine schwierige Lage zur Katastrophe machte, sollte im 20. Jahrhundert, abermals in Bengalen, seine düstere Parallele finden. Erneut waren Millionen Menschen der tödlichen Kombination aus schlechtem Wetter, Missernten, inkompetenter Verwaltung und den Folgen räuberischer Spekulation ausgesetzt. In beiden Fällen waren es menschliche Entscheidungen, die entscheidend dazu beitrugen, dass eine komplizierte Situation eine dramatische Entwicklung nahm. Das Resultat war in beiden Fällen ein Massensterben der schlimmsten Art.

Manchmal ist es auch die zufällige zeitliche Abfolge von Naturereignisse, die Problemlagen noch weiter verschärft. Dafür ist der Vulkanausbruch in der Laki-Spalte auf Island im Jahr 1783 ein gutes Beispiel. Zwischen dem 8. Juni und 25. Oktober folgten damals zehn Ausbrüche aufeinander, die vulkanisches Material in die Stratosphäre schleuderten, und sie setzten sich sogar noch bis zum Februar des Folgejahres fort. Die Auswirkungen auf Island waren schon schlimm genug: 80 Prozent der Schafe, fast derselbe Anteil der Pferde und die Hälfte der Rinder verendeten – hauptsächlich, weil das Weidegras durch den Vulkan vergiftet worden war. Rund ein Fünftel der Bevölkerung starb, als Hunger und «Nebelleiden» (Móðuharðindin) die Insel mehrere Jahre lang fest im Griff hielten.[77] Doch die Auswirkungen waren noch in einem weit größeren Umkreis spürbar, wobei es in vielen Teilen Europas zu einer ungewöhnlichen Häufung schwerer Atemwegserkrankungen kam. Die Menschen in England klagten im Sommer 1783 häufig über akute Kopfschmerzen und Asthmaanfälle, und es gab eine hohe Sterblichkeitsrate.[78] In den Sommermonaten herrschte, wie Benjamin Franklin beobachtete, «ein beständiger Nebel über ganz Europa und einem großen Teil Nordamerikas». Und er fügte hinzu: «Die Sonnenstrahlen konnten anscheinend wenig ausrichten, um ihn aufzulösen.» Seine Vermutung lautete, dies sei wahrscheinlich eine Folge erhöhter vulkanischer Aktivität auf Island.[79]

Die vulkanische Nebelwolke breitete sich auch nach Osten und Südosten aus. Mitte Juni erreichte sie Berlin, Padua und Rom, Ende Juni St. Petersburg, Moskau und Tripoli im Libanon. Im Altaigebirge in Zentralasien und in Ostasien war die Wolke dann Anfang Juli angekommen.[80] In vielen Teilen Europas war dieser Sommer ungewöhnlich warm. Modellsimulationen kommen zu dem Ergebnis, dass die hohen Temperaturen auf ein großes Hochdruckgebiet über Nordeuropa zurückgingen, was dazu führte, dass die polare Kaltluft um West- und Mitteleuropa sowie um den Mittleren Osten einen großen Bogen machte. Im Gefolge der Anomalie regnete es in der Sahelzone und in Nordafrika sowie in China und Südasien deutlich weniger als üblich. Es ist also durchaus möglich, dass die Wetterbedingungen ohne die isländischen Vulkanausbrüche auf der ganzen Nordhalbkugel sogar noch problematischer gewesen wären.[81]

In der Folgezeit kam es auf der Nordhalbkugel zu einem beträchtlichen Temperaturabfall; die Jahre 1784 bis 1786 waren dort die kältesten in der zweiten Hälfte des 18. Jahrhunderts. Messungen ergaben, dass der Winter 1783/84 im kanadischen New Brunswick der kälteste seit 250 Jahren war. Die Häfen und Kanäle der Chesapeake Bay bei Washington, D.C., waren wegen Vereisung so lange geschlossen wie noch nie seit dem Beginn der historischen Aufzeichnungen. Im Mississippi trieben in der Nähe von New Orleans im Februar 1784 eine Woche lang Eisschollen. Im Nordwesten Alaskas herrschten mit die kältesten Bedingungen des vergangenen Jahrtausends, und ungewöhnlich tiefe Temperaturen wurden auch aus Paris und Prag gemeldet sowie im ganzen Bereich vom Libanon bis nach Japan. Zu den gestörten Wettermustern dieser Zeit gehörten auch Dürren und Frost in Mexiko in den Jahren 1784/85.[82]

Um all diese Wetteranomalien zu erklären, wurde auch die These vertreten, sie seien weniger durch die isländischen Eruptionen als vielmehr durch ein sehr ausgedehntes Ereignis der El-Niño-Südlichen-Oszillation (ENSO) in den Jahren 1782 bis 1784 hervorgerufen worden, gekoppelt mit einer Negativphase der Nordatlantischen Oszillation (NAO).[83] Neuere Forschungen haben allerdings gezeigt, dass große Vulkanausbrüche in hohen Breitengraden – wie im Falle der Laki-Ausbrüche – im Pazifik ernsthafte klimatische Störungen in Gang setzen können. Besonders massiv können solche Anstöße und Auswirkungen geraten, wenn ohnehin bereits ENSO-Ereignisse oder El-Niña-Episoden begonnen haben.[84] Zeitpunkt und Ausmaß der Laki-Eruption waren deshalb nicht nur für sich genommen von Bedeutung, sondern auch als Verstärker für andere Klimatrends, die sich zu dieser Zeit bereits zusammenbrauten.

Dass manche Teile der Welt mit dieser Periode unruhiger und ungewöhnlicher Wetterbedingungen deutlich schlechter zurechtkamen als andere, zeigt erneut, wie schädlich bereits vorhandene Probleme im Kontext klimatischer Herausforderungen sein können. Als Maxime gilt deshalb: In Wetterturbulenzen sollte man im Normalfall eher einen Katalysator als die primäre Ursache ohnehin anstehender Veränderungen sehen. Zum Beispiel traten in den frühen 1780er Jahren Hungersnöte in Indien auf, die Millionen Tote zur Folge hatten und manche Gebiete sogar gänzlich entvölkerten.[85] Während in vielen Berichten der Regenmangel und seine Auswirkungen auf die Nahrungsmittelproduktion ausführlich kommentiert wurden, erhielten die nicht klimatisch bedingten Probleme, vor allem die Feindseligkeiten und Kriege in Süd- und Westindien, kaum die gebührende Aufmerksamkeit. Es fällt vor allem ins Gewicht, dass weniger Land beackert wurde, weil die Männer Krieg führten. Von Bedeutung war auch, dass bei den Auseinandersetzungen häufig Ernten auf dem Feld bewusst in Brand gesteckt wurden, um dem Feind das Leben so schwer wie möglich zu machen. All dies verstärkte die klimatischen Herausforderungen, weil nun keine Sicherheitsspielräume und Reserven mehr vorhanden waren. Die Bevölkerung war Klima- und Ernährungsnotlagen ungeschützt ausgesetzt.[86]

Es gab weitere ähnliche Fälle. In Japan zum Beispiel folgten auf ein schwaches Erntejahr 1782 vier katastrophale Hungerjahre, wobei sich die Lage durch den Ausbruch des Vulkans Asama zwischen Mai und August 1783 noch verschlimmerte. Große Teile der für die Nahrungsmittelproduktion wichtigen Kantoebene, in der auch die Verwaltungshauptstadt des Shoguns, Edo (das heutige Tokio), lag, wurden mit Vulkanasche bedeckt. Manche Güter meldeten einen kompletten Ernteausfall.[87] Die Asche drang auch in die Wasserwege, die für die Bewässerung der Reisfelder unverzichtbar waren, wodurch die Schlickbildung, ohnehin schon ein großes, arbeitsintensives Problem, die Dorfbewohner endgültig überforderte. Die Lage geriet zur tödlichen Katastrophe.[88] Menschen waren gezwungen, Pferde, Katzen und Gras zu essen, Hunger und Krankheiten breiteten sich immer weiter aus, und in wenig mehr als vier Jahren starben Millionen von Menschen. Es entstand ein chronischer Arbeitskräftemangel, der sich nicht zuletzt darin zeigte, dass in den zwei Jahrzehnten nach der sogenannten Tenmei-Hungersnot die Löhne auf das Fünffache stiegen, während die Reispreise im Wesentlichen stabil blieben.[89]

Der Vulkanausbruch und das schlechte Wetter waren aber nur der letzte Tropfen, der das Fass zum Überlaufen brachte. Denn zuvor hatte man die landwirtschaftliche Ausbeutung des Landes bis an die Grenze des ökologisch gerade noch Möglichen vorangetrieben. Es hing bereits zu viel davon ab, dass die erwarteten Ernteerträge auch tatsächlich erzielt wurden und die Bewässerungsanlagen reibungslos arbeiteten. Bereits moderate Abweichungen vom Normalbetrieb führten in den angespannten Systemen dazu, dass riesige Bevölkerungen dem Risiko ausgesetzt waren, zu hungern, zu erkranken – und zu sterben.

In Ägypten löste der Klimaschock des späten 18. Jahrhunderts eine ganze Reihe von sozioökonomischen und politischen Veränderungen aus, die schon seit Jahrzehnten herangereift waren. Seit den 1760er Jahren waren die lokalen Eliten in dieser osmanischen Provinz immer selbstbewusster gegenüber der Zentralmacht aufgetreten und hatten ihren Landbesitz erfolgreich ausgebaut, nicht zuletzt durch ihre Kontrolle über die Steuereintreibung. Hier galt die Maxime, bei der Bevölkerung so viel wie möglich zu kassieren, um anschließend so wenig wie möglich an den Staat weiterzuleiten. In den 1770er Jahren hatte sich diese Elite bereits eine Machtbasis aufgebaut, die es ermöglichte, zwar nicht als unabhängiger Staat zu agieren, aber doch mit dem Osmanischen Reich in gewisser Weise zu konkurrieren. Man entsandte Privatarmeen ins osmanische Syrien – als Versuch, den eigenen Einfluss und das eigene Vermögen noch weiter zu vergrößern.[90]

Die außergewöhnliche Hochdruckphase des Jahres 1783 und die Auswirkungen der Laki-Eruptionen verstärkten die vorhandenen Probleme. Das Ausbleiben der Nilfluten, wodurch die Bewässerungsleistung um rund 20 Prozent sank, löste eine intensive Dürreperiode aus, verbunden mit Hunger und schwachen Ernteerträgen. Ein Chronist schrieb: «Das Getreide wurde knapp (...) der Weizenpreis war völlig außer Kontrolle (...) und die Armen litten schwer unter Hunger.» Gesetzlosigkeit, Gewalttaten und Banditentum nahmen immer mehr zu, und Krankheiten breiteten sich aus. Die Reichen nutzten die Gelegenheit, um ihre Dominanz noch weiter auszubauen – teilweise auch, weil sie ängstlich darauf bedacht waren, in einer Zeit der Unsicherheit ihr sinkendes Einkommen zu schützen. In Konstantinopel wiederum war man nun fest entschlossen, die ägyptischen Magnaten auf das rechte Maß zurechtzustutzen und die eigene Kontrolle über die reichste Provinz des Reiches wiederherzustellen.[91]

Man entwickelte Pläne für eine militärische Besetzung Ägyptens, um die Eliten zu schwächen, den Mamluken-Emir abzusetzen und eine striktere Kontrolle über die Provinzverwaltung zu etablieren. Eine mächtige Streitmacht wurde 1786 unter dem Kommando von Gazi Hasan Pascha in Marsch gesetzt, einem erfahrenen Offizier, der das Vertrauen der Herrscher in Konstantinopel besaß. Die Mission war auf Anhieb erfolgreich. Doch bevor alle gesetzten Ziele erreicht werden konnten, wurden die Truppen im folgenden Jahr zurückbeordert, weil die russische Zarin Katharina die Große ihren Soldaten befohlen hatte, am Schwarzen Meer und auf der Krim in die Offensive zu gehen. Die osmanischen Versuche, die Russen zurückzutreiben, blieben erfolglos – wie auch die gut gemeinten Pläne in Ägypten. Denn dort kehrten, mit den Worten eines führenden Historikers, «die rebellischen ländlichen Anführer zurück und machten unmittelbar dort weiter, wo sie vorher aufgehört hatten»: Sie verankerten in der Politik ein System der «Vetternwirtschaft, das Ägypten für mindestens weitere 150 Jahre prägen sollte».[92]

Es gab jedoch auch Orte, die von den klimatischen Umwälzungen profitierten. Nachweise aus der Region zwischen dem Nigerknie und verschiedenen Teilen der Flussgebiete des Volta in Burkina Faso und Ghana verweisen auf eine Periode feuchter Witterungsbedingungen, ebenso wie die Tatsache, dass der Tschadsee und der Ngamisee im heutigen Botswana in den 1780er Jahren sehr hohe Wasserstände aufwiesen. Schwere Regenfälle bringen natürlich ihre eigenen Probleme mit sich. Sie setzen die Felder unter Wasser und sorgen für raue See, was in den frühen 1780er Jahren an der Küste Guineas geschah. Diese Dekade war, wie Baumjahresringe in Südafrika zeigen, die feuchteste seit zwei Jahrhunderten.[93]

Auf diese unruhige Wetterphase folgte in den Jahren 1789 bis 1793 eine El-Niño-Episode, die so stark ausfiel, dass sie als «Mega-Niño» bezeichnet wurde. Von derart massiven El-Niño-Ereignissen gab es in den vergangenen zwei Jahrtausenden nur eine Handvoll.[94] Neuere Forschungen anhand von klimatologischen Daten aus dem Westpazifik differenzieren hier und kommen zu dem Schluss, dass es sich eigentlich um zwei Ereignisse handelte, die ineinander übergingen: zunächst eine extrem starke La-Niña-Phase von 1788 bis 1790, die dann in eine starke El-Niño-Phase umschlug, die von 1791 bis 1794 andauerte.[95] In diesem Fall handelte es sich tatsächlich um eine globale Reorganisation des gesamten Wettersystems, mit globalen Folgen – einige von ihnen hatten Langzeitwirkung, einige waren dramatisch, und einige waren beides.

Kalte und feuchte Bedingungen machten zum Beispiel die Besiedlung Südostaustraliens durch die Briten zu einem prekären Unterfangen. Beamte, die den Auftrag hatten, in Sydney eine neue Verwaltung aufzubauen, beklagten das garstige, stürmische Wetter, das ihnen das Leben schwer machte. Es sei fast unmöglich, im strömenden Regen und bei böigen Winden Ziegelsteine zu produzieren. Neu geschaffene Straßen seien im Nu fast unpassierbar. «Es schüttete wie aus Kübeln, sodass sich alle Hohlräume und alle Gräben, die man um die Siedlung herum gegraben hatte, ständig mit Wasser füllten», schrieb ein Beobachter. «Es entstanden große Schäden in den elenden verschlammten Mietwohnungen», von Sträflingen errichtet, die man dorthin verschifft hatte, um eine neue Welt aufzubauen – allerdings, wie es aussah, eine nicht gerade vielversprechende.[96]

Der Verlust eines sehr wichtigen Nachschubschiffes auf See versetzte der Moral nicht nur einen weiteren Tiefschlag, er machte auch drastische Rationierungen und die Einführung des Kriegsrechts erforderlich. Im September 1790 hörte der Regen endlich auf, und es schien alles besser zu werden, aber nun kamen Hitzewellen, die mit einer «Backofenglut» verglichen wurden. Erneut war es fast unmöglich, Nahrungsmittel anzubauen, denn nun fehlten die Niederschläge. Im November 1791 wurden Wasserbeschränkungen eingeführt, denn es gab nur noch einen einzigen kleinen Frischwasserfluss, der in die Bucht von Sydney mündete. Das Projekt, Australien zu einer Kolonie zu machen, erschien als unbedachte Eselei – bis dann endlich Mitte des Jahres 1794 stabiles Wetter einsetzte. Aber das Unternehmen hatte lange auf der Kippe gestanden; man war ins Zweifeln gekommen, ob das Ganze überhaupt einen Versuch wert sei.[97]

Es ist wohl nur eine hübsche Anekdote, aber in der Tat trugen die regnerischen Wetterbedingungen der späten 1780er Jahre in der Südsee dazu bei, dass ein heute berühmter historischer Augenblick der Nachwelt überhaupt bekannt wurde. Kapitän William Bligh und eine Handvoll Seeleute waren in einem offenen Boot auf See ausgesetzt worden, nachdem auf ihrem Schiff, der *Bounty*, einem Segelschiff der Royal Navy, das zu einer botanischen Mission in die Südsee entsandt worden war, eine Meuterei ausgebrochen war. In dem Tagebuch, das Kapitän Bligh während der anschließenden langen Irrfahrt führte, erwähnte er nicht nur die Kälte, sondern auch die regelmäßigen Regenfälle. Dadurch gingen die Wasservorräte der kleinen Crew niemals zur Neige, und ohne sie hätte Bligh niemals das rettende Ufer erreicht. Erst später wurde «Die Meuterei auf der Bounty» zu einer der bekanntesten Episoden der Geschichte. In einem normalen Jahr, vermerkte ein Klimahistoriker, hätte Bligh in der Südsee wahrscheinlich keine Überlebenschance gehabt. Dann wäre es bei einer kurzen Notiz geblieben, dass Kapitän Bligh und die *Bounty* spurlos verschwunden seien, ein weiterer Schiffsverlust unter vielen, nicht weiter der Rede wert.[98]

Die Auswirkungen der Klimaumwälzungen betrafen in anderen Teilen der Welt weit mehr Menschen als eine Handvoll Seeleute. In Indien starben 1791 bei einer Hungerkatastrophe so viele Menschen, dass diese in die Folklore von Bijapur unter der Bezeichnung *Doji bara* («Totenschädelhungersnot») einging, weil sich so viele Knochen unbestatteter Opfer am Straßenrand fanden. Zensuszahlen aus der Präsidentschaft Madras, aus Andhra Pradesh, Hyderabad, dem Dekkan und anderen Teilen Indiens geben einen schockierenden Einblick in das Ausmaß des Sterbens: Die Zahl der Toten ging abermals in die Millionen.[99]

Eine lange Trockenperiode in Natal und Zululand, die 1789 begann, führte zur Mahlatule-Hungersnot (*mahlatule* bedeutet wörtlich: «die Zeit, als wir gezwungen waren, Gras zu essen»). Es war die schlimmste Hungerperiode bis Mitte des 19. Jahrhunderts, aber sie diente trotzdem als Anlass zur Reorganisation und Konsolidierung der politischen Macht und beschleunigte den Aufstieg des Zulu-Königreichs.[100] In Nordamerika förderte zu dieser Zeit eine Reihe milder, trockener Winter die Wanderungsbewegungen der indigenen Völker, darunter die Cree, die Blackfoot und die Gros Ventre – vielleicht weil die höheren Temperaturen zur Ausdehnung des Weidelands für die Pferde beitrugen. Jedenfalls wurden die Herden größer, und das führte zu wachsender Konkurrenz um das beste Weideland. Das milde Wetter förderte allerdings auch die Ausbreitung von Krankheiten wie den Pocken. Eine weitere Herausforderung stellte das neue wetterbedingte Verhalten der Bisonherden dar, die sich auf einer größeren Fläche verteilten – und deren Bestände überdies durch eine Rinderseuche stark dezimiert wurden.[101]

An der Ostküste Nordamerikas vergrößerte die deutliche Erwärmung das Verbreitungsgebiet der Gelbfiebermücke (*Aedes aegypti*), woraufhin Gelbfieber in Philadelphia auftrat, viel weiter nördlich als je zuvor. Dies führte in den inzwischen von Großbritannien unabhängigen Vereinigten Staaten zu einem Parteienstreit zwischen den Föderalisten (als Regierungspartei) und den Republikanern, die sich gegenseitig für diesen Ausbruch verantwortlich machten. Die Föderalisten argumentierten, eine zu nachsichtige Einwanderungspolitik habe dazu geführt, dass das Geldfieber aus Haiti eingeschleppt worden sei, während die Gegenseite die schlechten hygienischen Zustände in Philadelphia dafür verantwortlich machte, aber auch die schlechte Arbeit der Regierung (unter George Washington und Alexander Hamilton) und eine noch schlechtere Moral. Unter dem Druck dieses Disputes sah sich die Regierung gezwungen, schnell zu handeln, um ihre Kompetenz unter Beweis zu stellen. Das führte zu neuen Investitionen in die zivile Infrastruktur, in die Katastrophenhilfe und in die Verbesserung des Gesundheitswesens.[102]

In Europa lagen Veränderungen in der Luft. Auf einen kalten und harten Winter 1787/88 in Frankreich folgte ein spätes und nasses Frühjahr, was zu Folge hatte, dass die Getreidepreise um 50 Prozent anstiegen – ein Preis, den die Landbevölkerung nicht mehr zahlen konnte und der auch der weiteren Wirtschaft große Probleme bereitete. Als die Ernährungskosten durch die Decke gingen, sank der Weinabsatz dramatisch, alles Geld wurde nun für den Kauf von Brot gebraucht. Im Sommer 1788 kamen im ganzen Land Unruhen auf; in den besonders betroffenen Gebieten, der Provence, der Picardie, der Bretagne, im Franche-Comté, im Languedoc und Poitou, kam es zu kleineren Aufständen und zu massivem Unmut. Schlimme Gewitterstürme mit Hagelkörnern, die so groß waren, dass sie Hasen töten und Rebhühner aus den Bäumen jagen konnten, verursachten schwere Schäden an Weinstöcken und in Weizenfeldern. Insgesamt wurde die Lage so schlimm, dass geschätzt jeder fünfte Pariser von wohltätigen Gaben abhängig war, um überleben zu können.[103]

Der französische König Ludwig XVI. versuchte, die Lage zu beruhigen. Er verbreitete Aufrufe an seine Untertanen im ganzen Land, sie sollten «Beschwerdehefte» (*Cahiers de Doléances*) verfassen und diese in Paris vorlegen. In nur drei Monaten zu Beginn des Jahres 1789 wurden mehr als 25000 solcher Hefte eingereicht – ein klarer Hinweis auf das Ausmaß der Probleme, die sich da zusammenbrauten. Im Winter 1788 wurden außerdem gezielte Schritte unternommen, um die Nahrungsmittelknappheit zu beseitigen. Es wurden Handelsprivilegien für amerikanische Mehlimporte vergeben, die auch einen Erlass der Frachtsteuern beinhalteten, und es wurden Vorzugspreise vereinbart. Diese Konzessionen wurden im April 1789 nochmals verlängert.

Die Auswirkungen dieser Maßnahmen in den Vereinigten Staaten fasste ein Historiker treffend zusammen: «Des städtischen Kaufmanns Freud war des Grenzsiedlers Leid.» Die Getreideverschiffung über den Atlantik war ein unverhofftes Geschenk für amerikanische Bauern, Händler und Reeder – allerdings zulasten der lokalen Bevölkerungen, die nun plötzlich mit Mangellagen konfrontiert waren und höhere Preise zahlen mussten, wenn nicht gar beides auf sie zukam.[104] Weil in den späten 1780er Jahren die Migration in die Gemeinden der Grenzregionen New Yorks, Vermonts und Pennsylvaniens schlagartig zugenommen hatte, wurde die Getreideversorgung dort nun noch problematischer, zumal ein bitterkalter Winter hinzukam, verbunden mit Warnungen vor kommenden Missernten. Anfang Juni 1789 hieß es daraufhin in einer Zeitung in Vermont: «Ein großer Mangel an unverzichtbarem BROT (...) wird sich in der nächsten Saison noch schlimmer bemerkbar machen als jetzt schon.»[105]

In Frankreich waren Unmut und Widerstand inzwischen alltäglich geworden. Sie reichten von kleineren Vergehen wie Wilderei bis zu gewalttätigen Protesten, etwa den Réveillon-Unruhen in Paris Ende April 1789, die eine klare Vorahnung des noch Kommenden vermittelten. Flugblätter wie «Was niemand bisher zu sagen wagte» zirkulierten, in denen zu lesen war, dass der Staat seine erste und vornehmste Pflicht versäume, dafür zu sorgen, dass alle genug Brot zu essen hätten. In einem anderen mit dem Titel «Vier Schreie eines Patrioten der Nation» ging es schon unverblümter zur Sache. Die Bürger müssten sich umgehend bewaffnen, die Aristokraten gehörten in die Verbannung. Was nütze es, wenn man den «Menschen, die Hungers sterben, Frieden und Freiheit» predige? «Und welchen Nutzen hätte eine kluge Verfassung für ein Volk aus Skeletten?»[106]

Die Französische Revolution setzte Europa in Brand, und dazu noch große Teile der Welt. In den Jahren nach dem Sturm auf die Bastille am 14. Juli 1789 entwickelte sich Frankreich nicht zu einem egalitären Königreich, sondern zu einem vermeintlichen Weltreich – mit Ambitionen in Ägypten und Indien, ganz zu schweigen von einer Reihe spektakulärer militärischer Siege, die Napoleon Bonaparte zum Herrn über große Teile des europäischen Kontinents machten. Das hatte auch außerhalb Europas Rückwirkungen, nicht zuletzt in der Revolution von 1791 in Saint-Domingue (Haiti), die mit der Unabhängigkeit des Inselstaats endete.

Dass Frankreich nicht in der Lage war, Haiti zurückzuerobern, seine einst profitabelste Kolonie, hatte viel mit dem Organisationsvermögen und der charismatischen Führungsrolle von Toussaint Louverture zu tun – und mit der Entschlossenheit der Bewohner Haitis, wenigstens für sich selbst Freiheit, Gleichheit und Brüderlichkeit zu erringen. Ein wichtiger Faktor war allerdings auch das Gelbfieber, das einer aus Frankreich entsandten Streitmacht, die in Haiti die alte Ordnung wiederherstellen sollte, schwer zusetzte. Das Unvermögen, eine Kolonie zurückzuerlangen, die damals der wertvollste Grund und Boden auf der ganzen Welt war, die den Großteil des weltweiten Bedarfs an Zucker und Kaffee deckte und die für 40 Prozent des französischen Außenhandels verantwortlich zeichnete, war für das Mutterland ein verheerender Schlag. Er führte dazu, dass Frankreich 1803 in Panik ein riesiges Landgebiet in der Mitte Nordamerikas, Louisiana, an die Vereinigten Staaten von Amerika verkaufte, um das dringend benötigte Geld für die Fortführung der Militäroperationen in Europa zu beschaffen.[107] Dieser Deal hatte, global und geopolitisch gesehen, immense Folgen. Er veränderte die politische Landschaft Nordamerikas fundamental. Denn der Blick der gerade erst unabhängig gewordenen Vereinigten Staaten (an der Atlantikküste) richtete sich fortan nach Westen und Süden. Und das bedeutete nichts anderes, als dass nun der Grundstein gelegt war für die Eroberung riesiger Teile eines ganzen Kontinents, die erst 1890 offiziell für beendet erklärt wurde.

Ironischerweise verlieh der Aufruhr in Frankreich Großbritannien viele neue Impulse. Die Gewaltorgien der Revolution und die Umwälzungen, in die große Teile Europas bald – und schon vor dem Aufstieg Napoleons – hineingezogen wurden, machten das Vereinigte Königreich, und speziell London, zum Anziehungspunkt für Talente aus aller Welt. Hier sammelten sich Fähigkeiten, Kapital und Verbindungen aus den Niederlanden, Deutschland und natürlich auch aus Frankreich. Wie ein Historiker es so elegant formulierte, waren die Neuankömmlinge wie Bienen, die Pollen mit sich brachten, um eine neue Blüte zu entfachen. So wurden die Grundlagen gelegt für Großbritanniens raketenhaften industriellen Aufstieg[108] – als unvorhergesehene Folge großer Veränderungen in Politik, Ideenwelt und Klimaverhältnissen.

NEUNZEHNTES KAPITEL

Industrie, Rohstoffe und die natürliche Welt

(1800 bis 1870)

> Nebel überall, Nebel stromauf, wo der Fluss zwischen Buschwerk und Wiesen dahinfließt; Nebel stromab, wo er sich schmutzig zwischen Reihen von Schiffen und dem Uferunrat der großen, unsauberen Stadt durchwälzt.
>
> **Charles Dickens, *Bleak House* (1853)**

Die Beschäftigung mit neuen Teilen der Welt war für einige Gelehrte Anlass, sich intensiver und genauer mit dem auseinanderzusetzen, was aus Geographie, Geschichte und Wissenschaft zu lernen war. Der Philosoph David Hume, der um die Mitte des 18. Jahrhunderts schrieb, untersuchte zum Beispiel, was die antiken Autoren Horaz, Juvenal und Diodorus Siculus über das Wetter und Klima im alten Rom und in anderen Teilen des Römischen Reichs gesagt hatten. Es wäre ein Gewinn gewesen, schrieb Hume, «wenn die Alten schon Thermometer benutzt hätten». Trotzdem stellte er, als er die antiken Berichte mit den Verhältnissen seiner eigenen Zeit verglich, fest, dass «die Winter in Rom heute deutlich gemäßigter sind als früher».[1]

In seiner eigenen Zeit, schrieb Hume, friere der Tiber nur noch so oft zu wie der Nil – nämlich gar nicht mehr. Auch zeige Ovids Beschreibung, wonach das Schwarze Meer jedes Jahr vereist sei, dass entweder die klimatischen Verhältnisse damals völlig anders gewesen seien, oder aber Ovid gelogen habe. Es biete sich nur eine Erklärung an, schloss Hume: «Offenkundig» sei das Treiben der Menschen dafür verantwortlich, dass der Planet sich erwärmt habe. Das müsse, fuhr er fort, in erster Linie durch Entwaldung geschehen sein und durch das Fällen von Bäumen, «die früher Schatten auf die Erde warfen und die Sonnenstrahlen nicht durchdringen ließen».[2]

Die Frage der von Menschen verursachten Klimaveränderungen beschäftigte auch viele Siedler in Nordamerika, darunter auch einige Gründerväter der Vereinigten Staaten. In den 1760er Jahren schrieb Benjamin Franklin an den späteren Präsidenten der Yale-Universität, Ezra Stiles, und teilte ihm seine Beobachtung mit, dass die Temperaturen als Folge der Entwaldung milder würden. «Wenn die Wälder in einem Land abgeholzt sind», schrieb er, «wirkt die Sonne stärker auf den Erdboden ein.» Die Sonnenwärme bringe «große Schneeflächen schneller zum Schmelzen, als wenn sie von Bäumen beschattet würden». Es seien zwar noch «regelmäßige und ständige Beobachtungen» über viele Jahre hin nötig, und es müssten auch in verschiedenen Teilen des Landes noch Messungen durchgeführt werden, um mit Sicherheit sagen zu können, dass tatsächlich eine Erwärmung stattfinde, aber Franklin selbst war bereits überzeugt, dass es so war – und dass vor allem die Menschen dafür verantwortlich seien.[3]

In demselben Brief berichtete Franklin, der sich als politischer Repräsentant Pennsylvanias 1757 bis 1763 in London aufhielt, auch darüber, dass er kurz vor seiner Rückreise in Cambridge gemeinsam mit dem befreundeten Chemieprofessor John Hadley naturwissenschaftliche Experimente zur Temperaturmessung unternommen habe. Solche wissenschaftlichen Kontakte waren ein Nebenprodukt der schnell expandierenden globalen Handelsnetze in einem neuen Zeitalter der weltweiten Informationssammlung, in dem die Europäer damit begannen, ausgehend von ihren Entdeckungsreisen umfassende wirtschaftliche Kontakte aufzubauen – als Anfang und Vorstufe zu Regionalherrschaft und Kolonialismus. Der Handel sowie politische und militärische Prioritäten hatten den Weg gebahnt, nun folgte die wissenschaftliche Erfassung der Welt – direkt auf dem Fuße oder mit etwas Abstand. Im Zeichen immer größeren Wohlstands konnten solche Forschungen an Universitäten und anderen Wissenschaftseinrichtungen sowie durch Stipendienvergabe gut finanziert werden. Individuelle wissenschaftliche Neugier galt als fördernswert.

Im Jahr 1768 erhielt zum Beispiel Kapitän James Cook von der britischen Admiralität den Auftrag für eine Reise in den Pazifischen Ozean, wo er den Venustransit vor der Sonne im Juni 1769 genau vermessen sollte. Missionen wie diese seien lobenswert, hatte der englische Gelehrte Samuel Johnson schon zwei Jahrzehnte früher geschrieben, weil sie, anders als Expeditionen, die «mit kaufmännischen Absichten» unternommen würden, oder solche, die militärische Zwecke verfolgten, allein durch die Freude an Wissen und Erkenntnis motiviert seien – Erkenntnis um der Erkenntnis willen.[4] Solche Gedanken wirkten bestärkend, sogar nobel. Aber sie maskierten auch die Tatsache, dass zumindest die Leiter solcher Forschungsexpeditionen meistens noch andere Motive hatten. In diesem Fall hatte Kapitän Cook den geheimen Auftrag, den Südpazifik nach einem bislang unentdeckten neuen Kontinent («Terra australis») abzusuchen, über dessen Existenz viel spekuliert wurde. Seine mögliche Entdeckung galt als strategisch wichtig für Großbritanniens globale Interessen.[5]

Wetterfragen, Klimabeschreibungen und Klimaveränderungen beschäftigten einige Größen dieser Zeit permanent und immer wieder. Thomas Jefferson etwa, ein weiterer Gründervater der Vereinigten Staaten, hatte ein geradezu obsessives Interesse an solchen Fragen und Daten. Am 1. Juli 1776, während er noch mit der Abfassung der amerikanischen Unabhängigkeitserklärung beschäftigt war, begann er ein Wettertagebuch. In den folgenden 50 Jahren notierte er dann zweimal täglich die Temperaturen. Noch am Morgen des 4. Juli 1776, kurz bevor die «Declaration of Independence» verkündet wurde, besuchte Jefferson das Haushaltswarengeschäft Sparhawk's in Philadelphia, um sich ein neues Thermometer zuzulegen.[6] Aus seinem Tagebuch wissen wir, dass er zum Zeitpunkt, als der Text der Unabhängigkeitserklärung im Kongress vorgelegt wurde, noch damit beschäftigt war, die Umgebungstemperatur zu messen.

Es waren 72,5 Grad Fahrenheit (22,5 Grad Celsius).[7] In der Geburtsstunde der USA dachte einer der Hauptarchitekten des neuen Staates über Luftfeuchtigkeit und Luftdruck nach. Anscheinend war er etwas unzufrieden, zumindest was seine Ausrüstung betraf, denn am nächsten Tag marschierte er erneut zu Sparhawk's, um ein neues Barometer zu kaufen, damit seine Messergebnisse noch genauer würden.[8]

Eine von Jeffersons Lieblingstheorien hatte mit dem Klimawandel in Nordamerika im späten 18. Jahrhundert zu tun. Als er seine «Daten zur Einschätzung des Klimas in Virginia» 1785 in einem Buch zusammenfasste, hielt er darin Beobachtungen zu plötzlichen Temperaturveränderungen und zur Auswirkung von Frost auf Pflanzen und Tiere fest. Seine Schlussfolgerung lautete: «Ein Wandel in unserem Klima (...) ist deutlich spürbar. Hitze und Kälte werden deutlich moderater, was selbst Leute mittleren Alters schon aus ihrer Erinnerung bestätigen können. Schneefälle sind weniger häufig und weniger tief.» «Die Älteren informieren mich, dass die Erde früher jedes Jahr rund drei Monate schneebedeckt war», aber das sei jetzt nicht mehr der Fall. Auch frören die Flüsse nicht mehr so oft zu wie früher.[9]

Jeffersons Messungen und Ansichten passten zur vorherrschenden wissenschaftlichen Meinung in Nordamerika, dass sich das Klima dort schnell verändere. Hugh Williamson von der Harvard-Universität hatte schon fast zwei Jahrzehnte früher geschrieben: «Unsere Winter sind nicht mehr so intensiv kalt, und unsere Sommer nicht mehr so unangenehm warm.» Zurückzuführen sei dies auf eine Veränderung der Landnutzung, weg von den Wäldern und hin zu offenen Feldern. Dies verleihe der Erde eine harte, glatte Oberfläche. Und so, wie «die Oberfläche eines Spiegels oder eines jeden polierten Metalls Licht und Hitze reflektiert», sei auch hier das Ergebnis eine Erwärmung des Landes und der Temperaturen. Das sei für die Zukunft eine gute Nachricht: «Die Entwaldung des Landes wird die Kälte unserer Winter abmildern, [und] sie wird auch die Wärme unserer Sommer vergrößern.» Sobald die Bäume gefällt seien, «werden uns Frost oder Schnee nur noch selten heimsuchen».[10] Der Klimawandel sei «so schnell und so konstant», schrieb auch der frühere Harvard-Professor Samuel Williams 1794 in seiner Naturgeschichte Vermonts, dass er «Gegenstand der allgemeinen Beobachtung und Erfahrung» sei. Und nicht nur das, fügte er hinzu, er sei auch «in allen Teilen der Vereinigten Staaten» zu beobachten. Es gebe keinen Raum für Zweifel mehr, der Klimawandel sei eine Tatsache.[11]

Das sei alles Unsinn, erwiderte Noah Webster (1758 bis 1843), der berühmte Publizist, Sprachreformer und Verfasser des amerikanischen Standardwörterbuchs, das noch heute seinen Namen trägt. Webster setzte sich detailliert mit solchen Aussagen und mit den angeführten Beweisen auseinander. «Mr. Jefferson hat anscheinend keine anderen Belege für seine Meinungen als die Beobachtungen älterer und mittelalter Leute», schrieb er und fügte hinzu, dass es mehr als genug Beweise dafür gebe, dass sich das Klima nicht verändert habe. Die Behauptungen von Leuten wie Samuel Williams, die Temperaturen seien in den letzten anderthalb Jahrhunderten um zehn bis zwölf Grad Fahrenheit gestiegen, seien nicht plausibel und sollten jeden rationalen Kommentator zu dem Schluss bringen, dass solche Ansichten vor «unüberwindbaren Hindernissen» stünden, wenn man sie sauber begründen wolle. Das alles sei recht unzuverlässig.[12]

Webster ging es also weniger um eine Leugnung des Klimawandels als um wissenschaftliche Genauigkeit: Derart weitreichende Behauptungen müssten sauber belegt sein. Tatsächlich waren damals auch schon genau gegenteilige Thesen aufgestellt worden, nämlich dass die Erde sich nicht erwärme, sondern eher abkühle. Ein Pionier dieser Sichtweise war der französische Naturforscher Georges-Louis Leclerc de Buffon (1707 bis 1788), der sich hauptsächlich mit Fragen wie der Lage der Ozeane und Kontinente, der Veränderungen des Meeresspiegels und der Entstehung von Gebirgen beschäftigte. Seine Werke wurden in der zweiten Hälfte des 18. Jahrhunderts weithin gelesen. Buffon vertrat die Ansicht, die Erde habe sich seit ihrer Entstehung kontinuierlich abgekühlt, und dieser Prozess werde andauern. Die Trockenlegung von Marschland, die Entwaldung und die Urbanisierung hätten zweifellos zu einem Temperaturanstieg geführt, aber letztlich werde es kein Halten geben, bis die Erde in ferner Zukunft zum Eisball geworden sei.[13]

Andere Gelehrte trieb weniger eine Erwärmung oder Abkühlung der Erde um als das Bevölkerungswachstum und der Druck durch Nahrungsmittelknappheit – ein Thema, das seit den 1770er Jahren für beträchtliche Diskussionen gesorgt hatte. Die tödliche Hungersnot in Bengalen; das Auftreten der Hessenfliege, einer Gallmückenart, die für große Schäden in den Weizenfeldern gesorgt hatte; die großen Wirbelstürme in der Karibik; der Amerikanische Unabhängigkeitskrieg; eine Reihe von Missernten in Großbritannien und Irland – das alles rief Ängste und Sorgen hervor: wie sich dies auf die Armen auswirken werde, ob Kolonien überhaupt noch sinnvoll seien, und welches Katastrophenpotenzial die Zukunft noch berge.

Im Jahr 1798 publizierte der britische Nationalökonom Thomas Robert Malthus sein düsteres Traktat *On the Principle of Poplulation* (*Das Bevölkerungsgesetz*). «Die Kraft der Bevölkerungsvermehrung», schrieb er, «ist um so vieles stärker als die der Erde innewohnende Kraft, Unterhaltsmittel für den Menschen zu erzeugen, dass ein frühzeitiger Tod in der einen oder anderen Gestalt das Menschengeschlecht heimsuchen muss.» Je mehr Menschen lebten, desto schwieriger werde es, genügend Nahrungsmittel für alle zu produzieren. Zum Glück, fuhr Malthus fort, seien «die Laster der Menschheit» oft die besten Mittel der Bevölkerungskontrolle – vor allem die Kriege, die so vielen den Tod brächten, dass die Anzahl der zu versorgenden Menschen auf diese Art und Weise gedeckelt werde. Unweigerlich werde das aber nicht immer funktionieren – denn der Mensch könne einfach nicht mitten im Überfluss leben, weil er sich dann sofort weiter vermehre. Folglich drohe immerfort das Gespenst «gewaltiger, unvermeidbarer Hungersnöte» – als «Lösung» der Konkurrenzsituation zwischen allen verfügbaren Nahrungsmitteln und der Gesamtzahl der Menschen auf der Welt.[14]

Solche Sorgen veranlassten den Präsidenten der Royal Society, den Botaniker Sir Joseph Banks (1742 bis 1820), nach Wegen zu suchen, wie man Nutzpflanzen aus wärmeren Klimazonen frostresistent machen könnte. Angesichts der Überzeugung sehr vieler Wissenschaftler, die Welt befinde sich in einem Klimawandel – wobei es, wie gesehen, gravierende Meinungsverschiedenheiten gab, ob es sich um eine Erwärmung oder eine Abkühlung handle –, erhielt die Aufgabe, die Banks sich stellte, zusätzliche Dringlichkeit. Es stehe «außer Frage», schrieb der schottische Chemiker John Leslie 1804, dass «das Klima in ganz Europa einen milderen Charakter angenommen hat». Es sei klar, argumentierte er, dass «unsere Erde immer wärmer werden muss», das liege an der Kraft der Sonnenstrahlen. Es könne also kein Zweifel bestehen, dass das Klima in Mittel- und Nordeuropa aus natürlichen Gründen «allmählich milder geworden» sei. Mit dem Menschen habe dies allerdings nichts zu tun. Falls aber doch, dann spiele dieser nur eine marginale Rolle dabei. Der Mensch habe «überhaupt keinen Einfluss auf die Veränderung der Durchschnittstemperaturen».[15]

Da waren sich Wissenschaftler wie Samuel Williams jedoch nicht so sicher. Seiner Meinung nach nahm «die Wärme der Erde» aufgrund der Kolonisierung und der vom Menschen inspirierten ökologischen Veränderungen in Neuengland «allmählich weiter zu». Mit Leslie teilte er aber die Ansicht, dass die Erderwärmung, wie Buffon und andere meinten, keine vorübergehende Anomalie im Prozess einer Abkühlung ist.[16]

Hypothesen und Kontroversen wie diese reflektierten nicht zuletzt das Bewusstsein dafür, dass die Welt in schnellem Wandel begriffen war. In den ersten Jahrzehnten des 19. Jahrhunderts war eine ganze Reihe tiefgreifender technologischer, politischer, sozioökonomischer und ökologischer Veränderungen zu verzeichnen. Diese veränderten die geographischen Gegebenheiten, beschleunigten den Austausch von Gütern und Menschen und gestalteten ganze Landschaften dramatisch und schnell um. Es war ein Zeitalter wissenschaftlicher Entdeckungen und breiter Informationsvermittlung, ein Zeitalter der Schaffung, Ausweitung und Verbesserung von Transportwegen und von Handels- und Kommunikationsnetzen. Die Produktivität schoss in die Höhe, und eine ganze Reihe industrieller und wissenschaftlicher Revolutionen trug nunmehr ihre Früchte.

Ihre größten Auswirkungen hatten diese Veränderungen in Europa, das im späten 18. Jahrhundert von «schmerzlichen Verlusten geprägt und mit Witwen und Waisen bevölkert» war. Die Hälfte aller Kinder erreichte damals das zehnte Lebensjahr nicht, und nur ein Zehntel der Bevölkerung wurde 60 Jahre oder älter. Missernten, Hungersnöte und Epidemien gehörten zum Alltag, und verschärft wurde diese Lage noch durch Elend in den Städten. Dort war die Sterblichkeitsrate so hoch, dass ständiger Bedarf an Zuwanderern vom Land bestand.[17]

Die Antriebskräfte für den Wandel gingen zum Teil vom Militär aus, als sich die Taktik auf den Schlachtfeldern veränderte. Staaten, die sich zunehmend zu Zentralstaaten entwickelten, hatten immer größeren Bedarf an Soldaten. Im frühen 18. Jahrhundert belief sich die Zahl der Gefallenen selbst in den größeren Schlachten Europas auf wenige Hundert; nur ganz selten war die Zahl der Toten deutlich höher. Als Soldaten nur so viel Munition bei sich hatten, dass sie 15 oder 20 Minuten schießen konnten, und als die Schusswechsel noch relativ langsam abliefen, waren die Heeresgrößen eher klein, das Ausbildungsniveau eher gering. Gegen Ende des Jahrhunderts jedoch konnten Feuergefechte viele Stunden dauern, und die normale Zahl der Gefallenen und Verwundeten in solchen Schlachten bewegte sich nun in der Größenordnung von Zigtausenden.[18] Rund 1,7 Millionen Männer (und ein paar Frauen), die zwischen 1798 und 1815 in den französischen Streitkräften dienten, starben, wobei ein hoher Anteil nicht im Kampf fiel, sondern durch Verwundungen, Infektionen und Krankheiten zu Tode kam.[19]

Großbritannien konnte Waffen und Munition in Massenproduktion herstellen. Ein wichtiger Faktor war dabei, dass die Briten die Salpetervorkommen in Bengalen und Bihar kontrollierten, mit Abstand die reichsten auf der ganzen Welt. Daraus ließen sich riesige Mengen von Nitrat gewinnen – der wichtigste Bestandteil von Schießpulver. In den Jahren 1808 bis 1811, auf dem Höhepunkt der Napoleonischen Kriege, konnten die Briten zur Unterstützung der Guerilleros, die im Spanischen Unabhängigkeitskrieg gegen Napoleon im Einsatz waren, 336 000 Musketen, 100 000 Pistolen und

60 Millionen Patronen liefern, ganz zu schweigen von der Waffen-, Kanonen- und Artilleriegeschützproduktion für den Einsatz der britischen Streitkräfte auf ihren eigenen Feldzügen.[20]

Bemerkenswert ist auch eine andere Auswirkung der Napoleonischen Kriege: Großbritanniens Bedarf an Streitkräften gegen die Franzosen führte zu einem Arbeitskräftemangel; auf dem Höhepunkt des Krieges waren schätzungsweise 350 000 Männer im Einsatz. In den Städten und Regionen, in denen die Rekrutierung am stärksten war, wurden arbeitssparende Technologien wie Dreschmaschinen eingeführt, in die man fortan investierte und die man weiter verbesserte. Dies führte zu langfristigen sozioökonomischen Vorteilen, auch nachdem 1815 wieder Frieden in Europa herrschte.[21]

Die verstärkte Rolle des Staates führte zu Forderungen nach mehr Beteiligungsmöglichkeiten in der Politik. Diese Grundstimmung erreichte im August 1819 einen kritischen Punkt, als sich auf dem St. Peter's Field in Manchester rund 60 000 Menschen versammelten, um dagegen zu protestieren, dass sie und ihresgleichen nicht im britischen Parlament vertreten waren. Damals war das Wahlrecht noch auf eine kleine Minderheit der Eliten beschränkt; nur rund 10 Prozent der erwachsenen Männer und überhaupt keine Frauen durften an den Wahlen teilnehmen, die überdies manchmal nur unregelmäßig stattfanden. Die von den Behörden bestellten Truppen schlugen die Proteste mit brutaler Gewalt nieder. Bei den Kavallerieattacken gab es etliche Tote und viele Verletzte. Der Vorgang wurde – in Anlehnung an die Schlacht von Waterloo – schnell als «Peterloo-Massaker» bekannt, als Musterbeispiel für den harten Gewalteinsatz gegen unbewaffnete Demonstranten.[22]

Die Forderung nach Reformen war durch einige wichtige Faktoren in Gang gekommen, darunter auch wirtschaftliche Stagnation und Arbeitslosigkeit als Folge der fast zwei Jahrzehnte andauernden Napoleonischen Kriege, die 1815 mit der Schlacht bei Waterloo zu Ende gegangen waren. Ein weiterer Faktor waren die Klimabedingungen: Schlechtes, zu feuchtes Wetter hatte zu Ausfällen bei der Getreideernte geführt, mit anschließenden Preisschocks. Die Getreidepreise verdoppelten sich, und in weiten Teilen Europas (sowie in anderen Teilen der Welt) verschärfte sich in diesen Jahren die Armut. Im Winter 1816/17, vermerkte eine führende Zeitung aus Manchester bald darauf, sei die Arbeiterschaft in den großen Industriestädten weitgehend ohne Beschäftigung gewesen und habe unter ernsthafter Lebensmittelknappheit gelitten. Die Kirchengemeinden halfen in der Not, so gut sie konnten, aber im Verhältnis zum wahren Bedarf konnten auch sie nur wenig tun. Großbritannien war, wie eine einflussreiche Zeitung damals schrieb, «eine Nation, die um Brot bettelte – und ein Volk, das dahinsank, weil es nicht genug zu essen bekam».[23]

Die Ursachen für diese Krise lagen zum Teil in den Maßnahmen, die die Regierung nach den Napoleonischen Kriegen zum Wohle der Landbesitzer und der Wohlhabenden ergriffen hatte. Eine davon war die Abschaffung der in Kriegszeiten erhobenen Einkommensteuer, eine weitere die Einführung der Corn Laws, die einen Einfuhrstopp für Getreide verhängten – was unweigerlich zu Preiserhöhungen führte und die Armut der Bevölkerung weiter verschärfte.[24]

Eine weitere Ursache der Probleme indes lag weit entfernt am anderen Ende der Welt. Es war der Vulkan Tambora im heutigen Indonesien, dessen Ausbruch am Abend des 5. April 1815 der heftigste in den vergangenen 10000 Jahren war. Die Auswirkungen vor Ort waren verheerend, als zig Kubikkilometer an Magma und Asche ausgespien und bis zu 43 Kilometer in die Atmosphäre geschleudert wurden. Ein Tsunami breitete sich in alle Richtungen aus. Nach manchen Berichten verwüsteten bis zu vier Meter hohe Wellen etliche Inseln, darunter auch Java. Rund 120000 Menschen in Südostasien verloren ihr Leben in den folgenden Hunger- und Seuchenkatastrophen.[25]

Schon in den drei Jahren vor dem Ausbruch waren die Temperaturen weltweit deutlich gesunken, wobei auch hierfür zwei Vulkanausbrüche mitverantwortlich waren – die Eruptionen des Soufrière in der Karibik (1812) und des Mayon auf den Philippinen (1814). Auch deshalb waren die Auswirkungen des Tambora-Ausbruchs so katastrophal. Hinzu kam 1816 noch ein ungewöhnlich schwaches

Maximum im Sonnenfleckenzyklus. Dass dieser Zyklus der Sonnenaktivität sich in den Oberflächentemperaturen der Erde bemerkbar macht, ist bekannt. Alle Folgen kumulierten weltweit so stark, dass 1816 als «das Jahr ohne Sommer» in die Geschichte einging.[26]

Die Folgen waren wirklich dramatisch. Im Juli 1816 warnte die Londoner Zeitung *The Times* vor den Gefahren des Kommenden: «Sollte das gegenwärtige nasse Wetter anhalten», hieß es, werde es wahrscheinlich Ernteausfälle geben. «Und die Auswirkungen einer solchen Katastrophe zu dieser Zeit können nur ruinös sein, für die Bauern wie für die gesamte Bevölkerung.» In anderen Teilen Europas war die Lage ähnlich. «Trübe Berichte» über die ungewöhnlich feuchte Jahreszeit kamen «aus allen Richtungen des Kontinents. Häuser wurden bei Überschwemmungen weggerissen; dauerhafte Schäden entstanden in den Weinbergen und auf den Getreidefeldern. In mehreren Provinzen in Holland steht das ganze saftig grüne Weideland unter Wasser, und Knappheiten und hohe Preise werden natürlich mit Bangen erwartet. In Frankreich hat das ganze Landesinnere stark unter den Fluten und schweren Regenfällen gelitten.» Die Sterblichkeitsraten stiegen in Teilen Europas deutlich an, vor allem in der Schweiz und der Toskana.[27]

So ist es vielleicht kein Zufall, dass eine Gruppe englischer Schriftstellerinnen und Schriftsteller, die im Sommer 1816 in Genf lebten, darunter Lord Byron, Percy Bysshe und Mary Shelley, in ihren Werken häufig über düstere Stürme, ungewöhnliche Himmelsanblicke, heftige Winde und Regenfälle schrieben. Eines Abends im Juni kam der Gruppe die Idee eines Wettbewerbs, wer die beste Schauergeschichte schreiben könne, um sich und die anderen während des langen, kalten Sommers zu unterhalten. Hier kam Mary Shelley die Idee zu ihrem *Frankenstein* (erschienen 1818), einem der berühmtesten Romane der Weltliteratur. Auch darin kommen an prominenter Stelle immer wieder Himmelsanomalien, Blitzschläge, Donner und Stürme vor.[28]

Ein Ausfall der Getreideernte im amerikanischen Neuengland führte nicht nur zu einer ernsten Versorgungskrise und zu hohen Nahrungsmittelpreisen, sondern auch zu einem Massensterben von

Vieh, weil einfach kein Tierfutter mehr da war. «Noch nie waren die Zeiten so schlimm», schrieb Thomas Jefferson, als sich die Menschen in einem Zustand «beispielloser Not» befanden. Es sei, schrieb er, wahrscheinlich sogar unvermeidlich, dass es in der Folge zu örtlichen Aufständen, Unruhen und zum Zusammenbruch von Recht und Ordnung kommen werde. Die Zeitungen verglichen die Situation mit der biblischen «Hungersnot in Ägypten», aber diese Analogie griff zu kurz, weil sie nicht das ganze Ausmaß der Finanzkrise abbildete, den Aufruhr oder die Aufgabe ganzer Städte. Ein Wirtschaftshistoriker ging sogar so weit zu sagen, der Tambora-Ausbruch sei der «Hauptgrund für die erste größere Wirtschaftskrise der Vereinigten Staaten» gewesen.[29]

Die Eruption verwüstete auch den indischen Subkontinent, denn Verschiebungen der Monsunregenfälle, der Passatwinde und ein dreijähriges Tief im Wärmekreislauf Südasiens führten nicht nur zu Ernteausfällen und zu Problemen im Seehandel, sie veränderten auch die mikrobielle Ökologie im Golf von Bengalen. 1817 verursachten ungewöhnlich frühe und heftige Regenfälle einen heftigen Anstieg der Cholerafälle, was zu einem fast unvorstellbaren Massensterben führte. Die Körper der Toten wurden eingesammelt, schrieb ein Augenzeuge, und Scheiterhaufen brannten ununterbrochen, um Reiche wie Arme einzuäschern. Andere Leichen wurden zur Beute von Geiern und Schakalen. Es war «eine Schmerzensszene, die sich jeglicher Beschreibung entzog».[30]

Schätzungsweise mehr als eine Million Menschen starben infolge des – wie es in einem Bericht aus Jahr 1820 hieß – «krank machenden» Wetters seit 1815. Klimatische Faktoren spielten hier anscheinend tatsächlich eine entscheidende Rolle: Veränderungen der Wassertemperaturen und des Salzgehalts ließen das Zooplankton gedeihen, das als Wirtsorganismus der Cholerabakterien im Wasser dient, und die ungewöhnlichen Überflutungen zur falschen Zeit förderten wiederum die Nahrungsquellen des Bakteriums. Gleichzeitig drangen die Krankheitserreger nun in die Wassersysteme der Küstenregionen ein. Diese Konstellation war in Bengalen ungewöhnlich gefährlich, weil das Land im Flussdelta so tief lag.[31]

Schätzungen zur Zahl der Todesopfer haben unweigerlich eine hohe Fehlerspanne, aber ein weiterer Indikator für die verursachten Verheerungen ist in der weitverbreiteten Panik der Bevölkerung zu sehen. Eine große Zahl von Dörfern und Städten wurde völlig entvölkert, als die Leute flohen. Manche suchten ihre Zuflucht auch bei den traditionellen Rettungsinstanzen und wandten sich Schutz suchend an Göttinnen wie Kali oder Ola Bibi, deren kultische Verehrung in dieser Zeit erheblich zunahm. Das Klima spielte bei diesem Choleraausbruch durchaus eine Rolle, aber natürlich nicht die einzige. Die Ernährungsweise und die sanitären wie hygienischen Verhältnisse waren sogar noch wichtiger. Cholera ist stets vor allem eine Krankheit der Armen.[32] In den frühen 1820er Jahren hatte sich die Seuche über ganz Südostasien bis nach China und Japan sowie westwärts bis nach Persien und Russland ausgebreitet. Dann griff die Cholera auf Europa über, wo sie sich Anfang der 1830er Jahre einnistete.[33]

Krankheit, Armut und schlechte Beschäftigungschancen waren wichtige Faktoren für die großen europäischen Auswanderungswellen. Das Ende der Napoleonischen Kriege bedeutete, dass nun rund 200 000 entlassene Soldaten auf den britischen Arbeitsmarkt strömten – und das zu einer Zeit, als umfangreiche Regierungsaufträge für Ausrüstung und Versorgung des Militärs in großem Stil abgebaut wurden. Es ging um praktisch alles: Uniformen, Gewehrkugeln, Seile und Segeltuch für die Schiffe wurden jetzt kaum noch gebraucht. Viele Lieferungen wurden auch ganz eingestellt.[34] Die Hoffnung auf eine bessere Zukunft war gewaltig. Ein britisches Regierungsprogramm für Ansiedlungen in Südafrika suchte 4000 Freiwillige, die bereit waren, auf einen anderen Kontinent zu wechseln und sich im Albany-Distrikt in der östlichen Kapprovinz niederzulassen. Es gingen mehr als 80 000 Bewerbungen ein.[35]

Das hieß allerdings nicht, dass man Neulinge überall mit offenen Armen aufgenommen hätte. George Washington etwa, der erste Präsident der Vereinigten Staaten, äußerte sich verächtlich über jene, die auf der Suche nach einem besseren Leben an den Küsten Nordamerikas ankamen: Sie seien kaum mehr als «Banditen, die sich jeglicher Autorität widersetzen werden», «wertloses Gesindel», eine Truppe «Wilder».[36] Doch aus Sicht derer, die sich in Europa einer lang anhaltenden Rezession ausgesetzt sahen, wurde die Vorstellung, anderswo den Start in ein neues Leben zu wagen, immer attraktiver – besonders in Ländern wie den USA, wo sich Chancen auf einen echten Neuanfang boten und wo sich Infrastruktur und Lebensbedingungen konstant verbesserten. Dort verkehrten auf den großen Flüssen mehr und mehr Dampfschiffe als Teil neuer Verkehrs- und Transportnetze. Die Fahrtkosten sanken, und die Aussichten auf Wohlstand und Freiheit waren ohnehin verlockend.[37]

Die Zahl derer, die die Britischen Inseln verließen, wurde immer größer. Zwischen 1790 und 1815 emigrierten rund 180 000 Menschen aus England, Schottland und Wales.[38] In den drei folgenden Jahrzehnten stiegen die Zahlen dramatisch an, ehe es in der zweiten Hälfte des 19. Jahrhunderts zu regelrechten Auswanderungswelle kam. In den 70 Jahren nach 1850 emigrierten rund 45 Millionen Menschen von der Alten in die Neue Welt.[39] Dies war für die Entwicklung von Nord-, Mittel- und Südamerika insgesamt von entscheidender Bedeutung. Denn die Neuankömmlinge bildeten nicht nur ein großes Reservoir an neuen Arbeitskräften; sie brachten auch Ideen, Wissen, Kulturen, institutionelle Vorstellungen und Sprachen mit und trugen zu einer schnellen sozioökonomischen und politischen Entwicklung ihrer neuen Heimatländer bei.[40] Dies führte auch in Europa zu Veränderungen. Der Massenexodus verringerte die Zahl der Arbeitskräfte, was Lohnerhöhungen zur Folge hatte. Aber es bot auch Anreize für Innovationen, Mechanisierung und Industrialisierung.[41]

In Berichten, die zurück in die alte Heimat geschickt wurden, war nicht nur von den sich bietenden Möglichkeiten im neuen Land die Rede, sondern auch von den dortigen Freiheiten. Joseph Hollingworth, ein Neuankömmling in Nordamerika, schieb seinen Verwandten im englischen Huddersfield: «In diesem Land gibt es keine Lords, keine Dukes, keine Counts, auch keine Marquis, keine Earls, keine königliche Familie, die zu unterhalten wäre, nicht einmal einen König.» Und nicht nur das. Es gebe auch keine Anzeichen für

Armut: «Ich habe in diesem Land noch nie einen Bettler gesehen, wie ich ihnen in England täglich begegnet bin.» Und was vielleicht noch besser sei: keine Spur von einem Steuereintreiber, «der den Armen noch den letzten Penny aus der Tasche zieht». Es sei auch erstaunlich, dass der Präsident der Vereinigten Staaten seine Ansprachen nicht mit «Meine Lords und Gentlemen» beginne, sondern sich an seine «Mitbürger» wende. Dies sei ein Land der Träume, schloss Hollingworth und bemühte die «Old English Poetry», wie er sie nannte, um seine neue Heimat zu beschreiben – «Ein Land, wo's keine Tyrannei mehr gibt, / Wo wir alle frei sein können.»[42]

Untermauert wurden solche Vorstellungen von Freiheit durch eine ganze Reihe unterschiedlicher und umfassender Ideen zur Natur, zu ökologischen Veränderungen, zur «Verbesserung» unberührten Landes – und auch zur Vertreibung derer, die auf diesem Land bereits wohnten. Die indigenen Völker und Stämme, damals gemeinhin unter der Sammelbezeichnung «Indianer» zusammengefasst, wurden routinemäßig als «Bürger zweiter Klasse» abgetan – wie auch Juden, Roma, Sklaven und «freie Schwarze». Indigene Völker seien der «Abschaum der zivilisierten Gesellschaft», meinten manche, und sie hätten es verdient, «der Habgier des schädlichen Ungeziefers überlassen zu werden». Es sei nur eine Frage der Zeit, bis man sie wie das Ungeziefer «völlig ausgerottet» habe. Auf jeden Fall schien es für viele selbstverständlich zu sein, dass das Land, wo die Indigenen jagten, Ackerbau betrieben und von den Erträgen lebten, von Siedlern übernommen werden solle. Und dann müssten die vorhandenen Gemeinschaften eben weichen, denn eines sei doch sonnenklar, stellte ein Kommentator fest: «Wilde und zivilisierte Menschen können nicht zusammenleben.»[43]

Ansichten wie diese führten zu Diskussionen über Massendeportationen und später auch zu entsprechender Gesetzgebung und Regierungspolitik. So wurden im Südosten der USA die Chickasaw, Choctaw, Muskogee-Creek, Cherokee und andere der First Nations nach Westen vertrieben, ins «Land des Todes», wie es Überlebende nannten. Schon lange sei es die «Politik der Regierung» gewesen, betonte Präsident Andrew Jackson 1829 in seiner Ansprache zur Lage der Union, die indigenen Völker in die «Künste der Zivilisation» einzuführen. Aber solche Bemühungen seien leider völlig gescheitert, was sich aus der Tatsache ablesen lasse, dass sie «ihre wilden Angewohnheiten beibehalten» hätten. Deshalb sei die beste Lösung, wie sie dann 1830 mit dem «Indian Removal Act» Gesetz wurde, diese Völker zur Migration nach Westen zu ermutigen. In der Praxis wurde daraus jedoch eine Zwangsdeportation.[44] Es sei «sehr schade», schrieb der frühere Präsident Thomas Jefferson, «und sogar ein Skandal, dass wir diese Menschen verschwinden lassen, ohne die Spuren ihrer Geschichte aufzubewahren». Aber auch er, einer der Gründervater der Vereinigten Staaten, sprach sich für die Deportation aus, denn diese werde Siedlungsland für weiße Arbeiter frei machen.[45]

Anderswo verlief die Entwicklung ähnlich. In Kanada wurden die First Nations in Reservate verbannt, wobei ihnen das beste Land weggenommen und neuen Siedlern zugeteilt wurde. In Australien bewegten sich die Europäer in den 1830er und 1840er Jahren ins Landesinnere und damit in Gebiete, die einige von ihnen in freudiger Erregung als «so grün und frisch wie der Garten Eden» beschrieben. Vertrieben wurden die indigenen Völker, die Wurundjeri, Bunurong und Wathaurong, die Jahrhunderte auf diesem Weideland gelebt hatten. Der Zugang zu den Wasserstellen wurde ihnen systematisch abgeschnitten, und in einigen Fällen gab es sogar Prozesse wegen unbefugten Betretens des Landes, das einst ihnen gehört hatte.[46] Neuseeland wurde dagegen als Wildnis dargestellt, die nur darauf warte, gezähmt und mit Fleiß und Ausdauer in eine bukolische Idylle verwandelt zu werden. Dass dort schon Menschen lebten, wurde kaum je erwähnt. Nein, neue Welten wollten verwandelt werden. Es fehlten dafür nur noch die Leute, genauer gesagt, die richtigen Leute, die Europäer.

Die Massenmigration veränderte nicht nur die demographischen Verhältnisse und die Bevölkerungsverteilung dramatisch, sondern auch die Welt der Natur. Die Anzahl der neuen Siedler in Australien stieg zwischen 1790 und 1810 von 1000 auf 12000, doch 50 Jahre später lag sie schon bei 1,25 Millionen – ein Anstieg auf mehr als das Hundertfache. Die Bevölkerung in Ontario nahm ungefähr im selben Zeitraum um das Dreiundzwanzigfache zu, von rund 60000 auf 1,4 Millionen. Für Ohio, Indiana, Illinois, Michigan und Wisconsin galt ungefähr dasselbe, mit einem Bevölkerungsanstieg von etwas mehr als 250000 auf insgesamt 7 Millionen. Ähnliche Veränderungen gab es in Alabama, Mississippi, Arkansas sowie in Missouri, Florida, Louisiana und Texas, deren Bevölkerung zusammen von 150000 auf mehr als 4,6 Millionen Menschen anwuchs. Und in den ursprünglichen dreizehn Kolonien plus Vermont und Maine stieg die Zahl zwischen 1791 und 1861 von 3,8 Millionen auf 15,9 Millionen.[47] 1830 bestand Chicago noch aus «rund einem halben Dutzend Häusern», sechs Jahrzehnte später hatte die Stadt 1,1 Millionen Einwohner.[48]

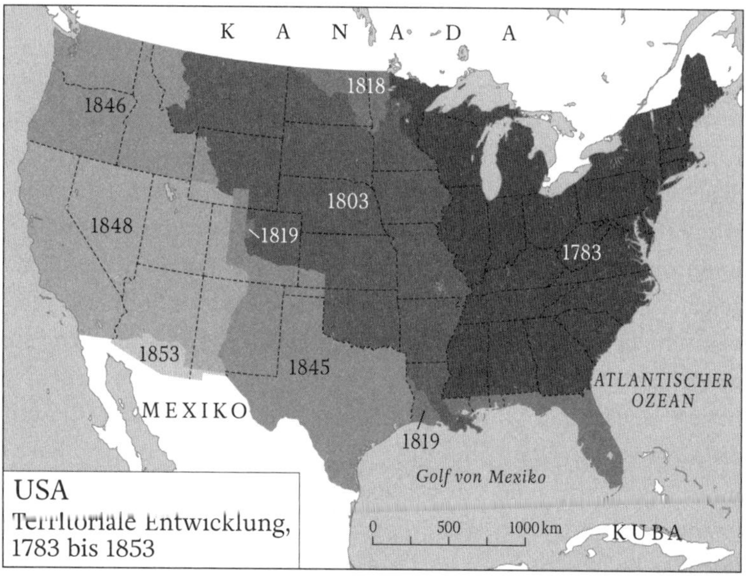

USA
Territoriale Entwicklung, 1783 bis 1853

Dieses Expansionsmuster war nicht auf Amerika und den Westen beschränkt; auch in der Steppenregion im europäischen Teil des russischen Zarenreichs nahm die Bevölkerung zwischen 1700 und 1800 um das Achtfache zu. Bis 1850 verdreifachte sich die Bevölkerungszahl und wuchs dann bis 1914 nochmals auf das Dreifache an – insgesamt ergab sich auf diese Weise ein Anstieg von 380000 auf mehr als 25 Millionen. In diesen Zahlen sind noch nicht einmal die saisonalen Wanderarbeiter enthalten, die jedes Jahr auf die Bauernhöfe kamen. Für diese hohen Zuwächse waren jedoch nicht nur die großen Bevölkerungsbewegungen verantwortlich, auch die hohe Geburtenrate unter den Neusiedlern schlug deutlich zu Buche.[49] Die Abschaffung der Leibeigenschaft in den 1860er Jahren führte dazu, dass sich die strikte Bindung der Menschen an das Land lockerte. In Wellen strömten die befreiten Kleinbauern nun auf der Suche nach neuen Chancen in jene Gebiete, deren Landnutzung sich im Zuge dieser Bewegung veränderte: von Viehwirtschaft und teilnomadischen Lebensweisen zum sesshaften Ackerbau.[50]

Anders war es im China der Qing-Dynastie, wo sich die koloniale Expansion nicht fortsetzte. Die Menschen hatten nur wenig Lust, sich im weit entfernten Xinjiang, in der Inneren Mongolei oder in der Mandschurei als Siedler niederzulassen, in Regionen, die mit Blick auf eine landwirtschaftliche Neugestaltung wenig vielversprechend waren. Diese abgelegenen Gebiete, die China im späten 17. und 18. Jahrhundert aus strategischen Gründen erobert hatte, waren viel zu schwer zu erreichen. Es gab keinen Schiffsverkehr auf Flüssen (auf dem Meer ohnehin nicht), der den Transport von Massengütern in beide Richtungen ermöglicht hätte. Somit konnten in diesen großen Gebieten auch landwirtschaftliche Waren nicht leicht und preiswert abtransportiert werden. Was aber fast noch mehr zählte, war, dass diese Gegenden ohnehin keine guten Bedingungen für einen attraktiven Grenzmarkt boten. Es war kein offenkundiger Mehrwert erkennbar, um ein anspruchsvolles Gelände in große Ackerlandflächen zu verwandeln. Den neuen Besitzern winkten keine Gewinne, und es waren vor Ort auch keine größeren Siedlungen zu versorgen. Hinzu kam die regressive Politik der Qing-Dynastie. So durften speziell die Empfänger von Landzuweisungen dieses Land weder kaufen noch verkaufen, und Arbeitskräfte waren an das Land gebunden. Kurz, es gab für Neusiedler viel zu wenig Anreize und keine guten Chancen.[51]

All das wirkte als Bremse für die soziale, wirtschaftliche und sogar für die politische Entwicklung Chinas im aufregenden 19. Jahrhundert, in dem in anderen Teilen der Welt riesige Reiche Gestalt gewannen. Für Letztere sollten sich auch glückliche klimatische und geologische Zufälle einer weiten Vergangenheit als wichtig erweisen, die zur Bildung von Kohlevorkommen geführt hatten. Es ist der Beginn des Zeitalters fossiler Brennstoffe, eine Epoche, die auch für die heutige Welt noch prägend ist. Zusammen mit der Ausbeutung der Kohlevorkommen veränderten die technologischen Fortschritte, die den Weg für die Industrielle Revolution ebneten, die Produktivität in Europa grundlegend. Insbesondere Großbritannien war gesegnet mit Kohlevorkommen und einer Gemeinschaft von Wissenschaftlern, die Methoden für eine bessere Ausschöpfung der gigantischen Energieressourcen entwickelten, verfeinerten und verbesserten, nicht zuletzt im Kohlebergbau, wodurch die Förderkosten sanken. Die Auswirkungen waren erstaunlich. Im Jahr 1850 verbrauchten 18 Millionen Menschen in Großbritannien genauso viel Energie wie 300 Millionen Menschen in China.[52] Das war auf mehrere Faktoren zurückzuführen, von denen der wichtigste nach Ansicht einiger Historiker der steigende Energiebedarf war, der wiederum auf neue und sich entfaltende Arten der Energienutzung zurückverwies.[53]

Das Ausmaß dieser Nachfrage war eindrucksvoll. In Großbritannien verdoppelte sich die Kohleförderung zwischen 1815 und 1830.[54] In diesem Sinne erwiesen sich die geographische Verteilung und die Lage der Kohlevorkommen für Großbritannien als außerordentlich günstig. China konnte in vielen Punkten mit Europa mithalten – etwa beim Lebensstandard, bei der ausgereiften und kommerzialisierten Landwirtschaft, bei der dynamischen Gemeinschaft der Wissenschaftler und bei der fortgeschrittenen Buchkultur. Aber die chinesischen Kohlevorkommen lagen weit entfernt von den großen Bevölkerungszentren wie dem dicht bevölkerten Jangtse-Delta, wo das Herzstück der Industrie und der Produktion lag.[55]

Die Kohlefelder in Großbritannien dagegen, vor allem in Northumberland und Durham, lagen viel näher an den Städten, in denen der Energiebedarf am höchsten war. Tatsächlich beflügelte die Verfügbarkeit von Kohle das Wachstum der Städte, die billige Arbeitskräfte anzogen und entweder über neue Kanalsysteme miteinander verbunden waren oder an der Küste lagen, also gute Transportbedingungen boten. Industriezentren wie Manchester und Birmingham profitierten ganz offensichtlich davon, aber auch Glasgow und Liverpool, deren Bevölkerungszahlen im Laufe des 18. Jahrhunderts um das Neunzehnfache anstiegen.[56]

Nicht zuletzt beruhte der Erfolg der nord- und mittelenglischen Provinzstädte darauf, dass die Transportkosten für große Kohlemengen, die viel Transportraum einnahmen, ziemlich hoch waren. In Newcastle zum Beispiel kostete die Kohle nur ein Achtel des Preises, der in London zu zahlen war. Und Kohle war nicht nur als billige Energiequelle wichtig, sondern auch, weil mit ihr unmittelbare und beträchtliche Produktivitätsgewinne verbunden waren – vor allem dank der Dampfmaschine und der Eisenbahn. Letztere verband die Städte miteinander, senkte die Kosten für Transport und Warenaustausch und beschleunigte beides noch obendrein.[57] Förderlich war überdies, dass es immer mehr Möglichkeiten und immer größeres Interesse gab, Forschung und Entwicklung neuer Technologien, die eine noch größere Effizienz zum Ziel hatten, finanziell zu unterstützen. Das Kapital stammte aus den Profiten des Überseehandels, und es sollte möglichst profitträchtig wieder angelegt werden.[58]

In diesem Zusammenhang war auch die Versklavung anderer Menschen von großer Bedeutung. Was dabei vor allem zählte, war nicht der Kauf und Verkauf von Sklaven, sondern die guten Erträge ihrer Arbeit in Gestalt von Zucker, Tabak, Kaffee und Baumwolle. Wie neuere Forschungsergebnisse zeigen, wäre Großbritannien ohne Sklavenarbeit deutlich ärmer und viel stärker landwirtschaftlich geprägt geblieben. Weil jedoch jene, die von Sklavenarbeit und Überseehandel profitierten, ihr Kapital in andere Geschäftsfelder und in die technologische Entwicklung investierten, lieferten – mit anderen Worten – die in den Kolonien schuftenden Sklaven den Treibstoff, der die Industrielle Revolution in Großbritannien beschleunigte.[59]

Insgesamt trieben Kapitalpools, neue Ideen und innovative Technologien die Urbanisierung, und vor allem das Wachstum Londons, voran. Durch den hohen Bedarf in den Städten wurde wiederum das Wachstum der Kohleindustrie stimuliert, was seinerseits dazu führte, dass in der Nähe der Schächte neue Städte entstanden. Dort wurden Arbeitskräfte und Kapital benötigt, dort winkten den Investoren Gewinne, und in den neuen Orten wurde zudem der Konsum in Gang gebracht. Die Folge war nicht zuletzt ein Boom des Hausbaus, der von Veränderungen der Lebensgewohnheiten und der Architekturstile begleitet war. Gefordert war nun, als die Beheizung von Holz auf Kohle umgestellt wurde, «ein völlig neuer Haustyp».[60]

In China dagegen erlebten gerade die Regionen mit geringeren Ressourcen und schlechteren Böden das schnellste Bevölkerungswachstum – was den Ressourcendruck verschärfte, statt ihn zu lindern oder aufzulösen.[61] Auch dies markierte einen anderen Entwicklungsverlauf als in Europa, wo durch die neuen überseeischen Kolonien Netze von Rohstoffgewinnung und landwirtschaftlicher Nutzung entstanden waren, die Ressourcen von einem Kontinent auf den anderen verlagerten. Wie wir schon gesehen haben, zählten zu den Waren mit einem besonders hohen Stellenwert leicht verkäufliche Agrarprodukte wie Zucker, Baumwolle und Tabak. Aber es herrschte auch Bedarf an einfacheren Materialien, auch an solchen, die sperrig waren und hohe Transportkosten verursachten. Zum Beispiel Holz. In Europa waren bis zum Jahr 1650 bis zu 200000 Hektar Wald abgeholzt worden – rund 40 Prozent der Gesamtfläche. Noch einmal dieselbe Menge wurde zwischen 1750 und 1850 abgeholzt. Damit wurde das Land weitgehend für andere Nutzungen frei gemacht – ein deutlicher Ausdruck nicht nachhaltigen Wirtschaftens und verfehlter Konsummuster. Die Antwort auch auf dieses Problem war, dass man Abhilfe durch Importe aus dem – teils kolonialen – Ausland suchte.

Ein Schlüsselgebiet für die Holzwirtschaft waren das Baltikum und der Ostseeraum, die lange Zeit den Holzbedarf Westeuropas gedeckt hatten. Baumstämme, wie man sie für Schiffe und größere

Bauwerke benötigte, brauchten 120 Jahre, bis sie ausgewachsen waren. Außerdem waren enorme Mengen dieser Stämme erforderlich: Eine einzige Galeone nahm 2000 Eichenstämme beziehungsweise 20 Hektar Wald in Anspruch. Dieser Holzbedarf entstand nicht zuletzt, weil man die Ostsee als Raum der Handelsschifffahrt erschloss. Das äußerst erfolgreiche Netz der Hansestädte legte sich um den gesamten Ostseeraum; aber auch einige wenige Nordseehäfen gehörten dazu.[62]

Als die Industrialisierung nun so richtig in Fahrt kam, nahm der Holzbedarf rasant zu. Die europäischen Holzimporte stiegen von 2,5 Millionen Kubikmetern im Jahr 1850 auf 15,5 Millionen Kubikmeter sieben Jahrzehnte später. Im selben Zeitraum stiegen die Zellstoffimporte (auch ein Holzprodukt) sogar noch stärker an.[63]

Zugrunde lagen dem massiven Ressourcenabbau radikale Vorstellungen von der Natur, dem Land und dem Recht der Menschen, die Umwelt nach eigenem Gutdünken umzugestalten. Die natürliche Welt wurde zu einem Gegenüber, das gezähmt und besiegt werden musste – eine Vorstellung, die sich aus der Überzeugung speiste, dass es mithilfe des menschlichen Einfallsreichtums, Fleißes und neuer Werkzeuge nunmehr möglich sei, ganze ökologische Systeme neu und zweckmäßiger zu gestalten – und zwar besser und schneller als je zuvor.

Viele Wissenschaftler und Historiker verbinden diese Grundeinstellung ganz spezifisch mit Europa und den religiösen, kulturellen und philosophischen Prägungen des Kontinents. Hegel zum Beispiel tat die Art und Weise, wie die Ostasiaten mit der Natur umgingen, pauschal ab. Ihr kosmologischer Bezugsrahmen hindere sie generell daran, abstrakt und frei denken zu können. Auch seine Ansicht, dass die Menschen Afrikas exemplarisch für «den natürlichen Menschen in seiner ganzen Wildheit und Unbändigkeit» stünden, kam den Ideologen, die die Überlegenheit der Weißen vertraten, sehr zupass. Die Europäer seien einfach dazu bestimmt, die Erde zu erben, und die anderen Völker seien nicht nur minderwertig, sondern auch unwürdig und schlicht nicht in der Lage, diese Aufgabe zu übernehmen. Für Hegel war also der Drang, der Natur «Gewalt anzutun», ein aggressives Statement, das die aufkommende Mehrheitsmeinung reflektierte. Hier verbanden sich weiße Hautfarbe, politische Macht und Vorrechtsdenken zu einem toxischen Gedankengebräu, das die Europäer an der Spitze der gesamten Menschheit sah – und natürlich auch an der Spitze aller lebenden Tiere und Pflanzen.[64]

Die Natur wurde als etwas angesehen, das man nicht nur ausbeuten konnte, sondern das besiegt werden musste, weil es dem menschlichen Fortschritt im Wege stand. Ein amerikanischer Ingenieur etwa schlug in aller Bescheidenheit vor, einen Kanal zwischen dem Schwarzen und dem Kaspischen Meer zu bauen. Dieser würde die Größe des Kaspischen Meers möglicherweise verdoppeln, die Niederschlagsmuster verändern und die Fruchtbarkeit des Bodens in der Steppe verbessern. Ein solches Vorhaben würde «einen großen Triumph einer Nation über die Natur bedeuten» und «die bei Weitem größte Eroberung in den Annalen des materiellen Fortschritts der Menschheit» werden.[65] Dieses Vorhaben würde das Wüstenland in seinen «ursprünglichen Zustand zurückversetzen, als Heimat unzähliger Millionen Menschen und Tiere». Das sei durchaus wichtig, vermerkte daraufhin ein Kommentator, weil «die Welt für ihre gegenwärtige Bevölkerung keineswegs zu groß ist». Das Voranschreiten der Natur zu stoppen, sei ganz wesentlich. Jeder, der dazu seinen Beitrag leisten könne, sei «ein Wohltäter seines Volkes».[66]

Nicht alle waren davon überzeugt, dass das menschliche Treiben so segensreich war, und manche machten sich stattdessen Gedanken über die Nachhaltigkeit und über die langfristigen Schäden, die der Umwelt zugefügt wurden. Alexander von Humboldt etwa gefiel die Kombination von Entwaldung und ausgeweiteter bewässerter Landwirtschaft überhaupt nicht, denn dadurch würden ganze Ebenen zu Wüsten. «Fällt man die Bäume, welche Gipfel und Abhänge der Gebirge bedecken», notierte er, «so schafft man in allen Klimazonen kommenden Geschlechtern ein zweifaches Ungemach: Mangel an Brennholz und Wasser.»[67]

Humboldt stand mit seinen Sorgen und seinem Umweltbewusstsein keineswegs allein da. Die unselige Verbindung von Entwaldung und Trockenheit sei, wie ein Historiker betont, im 19. Jahrhundert «jedem Gebildeten» bekannt gewesen.[68] Neue Länder brächten manchen Menschen Reichtum, anderen Enttäuschungen, bemerkte ein englischer Besucher Australiens. Zwar werde die «angelsächsische Energie letztlich über jedes Hindernis triumphieren», aber dieser Sieg habe durchaus seinen Preis: «Die Natur entzieht, als sei sie beleidigt, dem Land ihre Schönheit; die Weiden verlieren allmählich ihre Frische, einige Flüsse und Seen haben nur noch wenig Wasser, andere trocknen ganz aus.» Wildtiere seien «nirgends mehr zu finden».[69]

Die Besorgnis über die Auswirkungen der Entwaldung wurde zum Gemeingut der Wissenschaft – und der Politik. In Russland wurden Maßnahmen zum Waldschutz schon 1802 ergriffen. Das Ministerium für Staatsdomänen setzte ein Korps ein, um den Schutz der Wälder zu überwachen.[70] Zudem bemühte man sich, Informationen über den früheren Zustand der Territorien zu sammeln, vor allem der Weiten Sibiriens und Zentralasiens, die von der Mitte des 19. Jahrhunderts an unter die Kontrolle des russischen Zarenreichs gelangten. Russischen Wissenschaftlern und Landbesitzern bereitete die zunehmende Trockenheit immer größere Sorgen, und vor allem die regelmäßig wiederkehrenden hartnäckigen und intensiven Dürren. Viele hatten wissenschaftliche Werke aus den Vereinigten Staaten und Europa gelesen und griffen das Thema des Klimawandels als Folge der Entwaldung auf. Das Abholzen habe die Gebiete in Südrussland ungeschützt den Ostwinden ausgesetzt, hieß es in einem Bericht aus den frühen 1840er Jahren. Dies müsse, so lautete die Schlussfolgerung, «der Hauptgrund für die katastrophalen Auswirkungen der Dürren sein, die sich in den letzten Jahren intensiviert haben».[71]

Obwohl die Walujew-Kommission zur Lage der Landwirtschaft in Russland in ihrem 1873 veröffentlichten Bericht feststellte, das Klima sei «härter und trockener» geworden, nachdem so viel Land entwaldet worden sei, waren nicht alle überzeugt, dass es tatsächlich so war oder dass Menschen das Klima überhaupt beeinflussen konnten. Höhere Militäroffiziere, die die Provinzen des Kaiserreiches inspizierten, beklagten, die Rede vom Klimawandel beruhe meistens nur auf anekdotischen Belegen oder auf Kommentaren der örtlichen Bevölkerung, Quellen von nur begrenzter Verlässlichkeit.[72] Gleichwohl war man allgemein überzeugt, dass sich das Klima in den Steppen veränderte, und zwar zum Negativen. Um besser verstehen zu können, wie und warum das so war, wurden im ganzen Zarenreich Wetterstationen zur genaueren Messung eingerichtet. Man versuchte, ein möglichst kohärentes Bild der Lage zu gewinnen, um sich fortan auf Daten statt auf Meinungen stützen zu können.[73]

Ähnliche Sorgen gab es auch anderswo. In Mexiko dachte der Universalgelehrte Michel Chevalier (1806 bis 1879), nachdem Frankreich dort in den 1860er Jahren für kurze Zeit die Kontrolle übernommen hatte, darüber nach, wie man die darniederliegende Wirtschaft des Landes weiterentwickeln könnte. Eines der Hauptprobleme, stellte Chevalier fest, sei, dass die Spanier ein Land, das einst ein wahres Paradies gewesen sei, durch Raubbau in eine «unfruchtbare, desolate Wüstenei» verwandelt hätten. Die Entwaldung, schrieb er, sei eine einzige Katastrophe gewesen, nicht nur, weil sie zu Trockenheit und veränderten Niederschlagsmustern geführt habe, sondern auch, weil dem Land im Laufe der Zeit die Nährstoffe entzogen worden seien. Das habe der Landwirtschaft schwer geschadet. Denn es hatte natürlich Auswirkungen auf die Versorgung der Bevölkerung und führte zu Armut – die Produktivität und Wettbewerbsfähigkeit nahmen ab, was zu wirtschaftlicher Not und dann auch zu politischer Instabilität führte. Chevaliers Vorschlag lautete, man müsse vor allem sehen, «in welchem Ausmaß das Land wiederaufgeforstet werden» könne.[74]

Forstschutz und die Anpflanzung neuer Bäume wurden in der Tat zu einem zentralen Bestandteil der britischen Kolonialpolitik. Den Anfang machten Indien und die «Charter of Indian Forestry» von 1855, die eine Handhabe lieferte, alle Wälder, die nicht Privateigentum waren, zusammenzufassen und zum Staatseigentum zu erklären. Ähnliche Maßnahmen erfolgten bald darauf auch in Australien, Kanada und Afrika, wo «große Teile des Landes» angeblich austrockneten, weil man zu viele Bäume gefällt hatte. Obwohl manche Historiker etwas anderes behaupten, hatten die Motive, warum die Kolonialbehörden die Kontrolle über die Wälder übernahmen, kaum etwas mit Naturschutz zu tun. Tatsächlich bestanden die Kolonialherren darauf, die Holzressourcen weiter auszubeuten, denn das war für die Ausweitung der politischen und ökonomischen Kontrolle der Briten unverzichtbar. Die Folgen für die Völker, die schon seit vielen Generationen in den Wäldern lebten, waren allerdings verheerend.[75]

Obwohl einige deutliche Bedenken hatten, sah die Realität so aus, dass im 19. Jahrhundert und darüber hinaus die Entwaldung in horrendem Ausmaß weiterging. Zwischen 1850 und 1920 wurden weltweit rund 152 Millionen Hektar tropischen Regenwalds in Weideland umgewandelt, davon fast zwei Drittel (rund 94 Millionen Hektar) in Afrika südlich der Sahara sowie in Süd- und Südostasien – also in den Kerngebieten der kolonialen Expansion.[76] Ironischerweise hieß es, wann immer nach rationalen Erklärungen für diese massiven Eingriffe in die Natur gesucht wurde, fast routinemäßig, die indigene Bevölkerung sei eben ein schlechter Treuhänder der Natur; ihr landwirtschaftliches Vorgehen sei primitiv, und darum sei die Neugestaltung von Landschaften durch die Kolonisten nicht nur zum Vorteil der Einheimischen, sondern diese seien selbst dazu überhaupt nicht in der Lage – was natürlich nicht stimmte.[77]

Von 1750 bis 1900 kamen rund 600000 bis 800000 Hektar der fruchtbarsten Ackerböden der Welt unter den Pflug. Die neu besiedelten Regionen in Nord- und Südamerika, Australien, Neuseeland und Südafrika wurden zu wichtigen Lieferanten für Wolle, Fleisch und Getreide; ihre landwirtschaftliche Produktion gehörte zu den größten der Welt. Das war aber nicht nur das Ergebnis von Menschen, die auf neuem Land ihr Glück suchten, es hatte ganz wesentlich auch mit der räuberischen Anwendung pseudo-legaler Besitzansprüche und Landtitel zu tun – und mit der Behauptung, wie entscheidend wichtig es sei, das Land und die Natur zu «verbessern». Damit erlangten die Neuankömmlinge das «Recht», die Kontrolle über das Land zu übernehmen.[78]

In manchen Fällen, wie zum Beispiel in Indien, behaupteten die Kolonialverwaltungen einfach, dass alles unkultivierte Land dem Staat gehöre – und kleideten diese Behauptung in Gesetzesform. Auch dies war ein Aspekt der weithin geltenden Annahme, die indigenen Völker seien unwissend und achtlos, und ihre Politik ruiniere die Wälder. So sahen sich die Briten in der Rolle von Umweltschützern, die die natürliche Welt vor dem vermeintlichen Raubbau und den zerstörerischen Praktiken der Einheimischen schützen mussten. Dabei hatten die indigenen Völker dort schon seit Jahrhunderten oder gar Jahrtausenden gelebt – im Einklang mit der Natur.[79]

Im Laufe der Zeit wurden solche Praktiken sogar noch ausgeweitet – man wollte nicht nur die Kontrolle über das Land, die Indigenen sollten es auch ganz verlassen. Als in den 1870er und 1880er Jahren Nationalparks im amerikanischen Yellowstone-Flusstal, im kanadischen Banff und im neuseeländischen Tongariro gegründet wurden, lag die Idee zugrunde, Naturrefugien ganz ohne menschliche Bewohner zu schaffen. Die Menschen sollten weichen, selbst wenn das hieß, dass sie gewaltsam vertrieben wurden.[80] In manchen Fällen kam es daraufhin zu gewaltsamen Protesten, wie in Deutsch-Ostafrika, wo staatliche Forstschutzverordnungen das Recht vorsahen, die Bewohner aus den neu gegründeten Reservaten zu vertreiben.[81]

Die koloniale Expansion festigte die Macht des globalen Nordens, dessen Nationen auf diese Weise Zugang zu dem besten Land auf der ganzen Welt erhielten. Sie konnten die Landnutzung kontrollieren, die Produktionserträge monopolisieren und Lebensverhältnisse zementieren, die in Wahrheit Armut und beschränkte Freiheiten für jene bedeuteten, die von der Nutzung der Ressourcen und vom «Besitz» des Landes ausgeschlossen waren.[82] Noch heute beinhaltet Naturschutz in Wildnisgebieten – egal ob es um Tiere oder Pflanzen geht – oft, dass Wohltäter mit viel Geld oder üppig subventionierte und gut ausgestattete gemeinnützige Organisationen versuchen, die natürliche Welt zu «bewahren», indem Menschen aus diesen Naturschutzgebieten herausgehalten werden. In einer kuriosen neokolonialen Verdrehung schützen die Reichen aus der entwickelten

Welt die Natur, indem sie sie von Menschen abschotten. Und diese Umzäunung ist oft ganz wörtlich zu verstehen, denn die Natur soll vor der indigenen Bevölkerung geschützt werden. Nur zwei Beispiele, die sich leicht vermehren ließen: die Gründung des Naturschutzgebietes Messok Dja in der Republik Kongo durch den World Wildlife Fund ohne Zustimmung der lokalen Baka-Gemeinschaften, oder aber die Vertreibung von mehr als 70000 Massai von ihren angestammten Gebieten im Norden Tansanias, um ein Wildreservat zu gründen.[83] Tatsächlich profitiert die Wildnis nicht immer und unbedingt davon, dass Nationalparks und Naturreservate geschaffen werden – jedenfalls nicht auf vorhersehbare, überall gleiche Art und Weise.[84]

Hinzu kommt, dass bei aller Sorge über die negativen Auswirkungen menschlicher Eingriffe in Wälder und Boden (und damit auch in landwirtschaftliche Erträge) die Nachfrage nach Gütern und Waren weiterhin unersättlich war und ist – und damit auch katastrophal für die Umwelt. Wie wir schon gesehen haben, wurden Tiere in Nordamerika wegen ihrer Felle bis an den Rand der Ausrottung gejagt, und oft noch darüber hinaus. In Südafrika war das Elfenbein der Antrieb für die Ausweitung der Jagdgebiete: In den späten 1870er Jahren drangen britische und burische Jäger auf der Suche nach noch mehr Elefanten nach Norden vor, ins heutige Simbabwe, ins nördliche Botswana und in den Osten Sambias. Die Exportzahlen für Elfenbein belegen das ungeheure Ausmaß der Schlächterei. In der zweiten Hälfte des 19. Jahrhunderts wurden Jahr für Jahr Tausende von Elefanten getötet.[85]

Elfenbein war nicht nur im viktorianischen Großbritannien und in den Vereinigten Staaten heiß begehrt. Es wurde für Haushalts- und Modeartikel gebraucht, von Kragenknöpfen über Haarbürsten und Waschtischsets bis hin zu Kästchen für Nähutensilien, Zahnstochern und Serviettenringen.[86] Großer Bedarf herrschte auch in den Klavierfabriken, als die Instrumente in Arbeiterkneipen und in Music Halls populär wurden, aber auch als Statussymbole im aufstrebenden Bürgertum – in diesem Punkt gab es keinen Unterschied zwischen Haushalten in Großbritannien und solchen in Bauerndörfern im Mittleren Westen der USA. Auch der Aufstieg von Billard als gesellschaftlicher Zeitvertreib erhöhte die Nachfrage nach Elfenbein. Billardbälle wurden aus den weicheren Zähnen jüngerer Elefanten hergestellt – und überdies auch nur aus Teilen dieser Zähne.[87]

Es wurden Versuche unternommen, diesen gigantischen Handel wieder etwas einzuschränken oder gar ganz zu unterbinden: Der Tswana-König Khama etwa versuchte, die Elefantenjagd zu kontrollieren, indem er die Abgaben für den Abschuss auf seinem Territorium drastisch erhöhte. Auf die Konsumenten in weiter Ferne hatte dies allerdings kaum Einfluss. Deren Vorstellungen von der Natur und der Majestät wilder Tiere sowie vorgefasste Meinungen über Afrika mischten sich zu einem berauschenden Cocktail zur Verherrlichung der Jagd. Großwildjäger wie der Schotte Roualeyn George Gordon-Cumming waren in aller Munde, und der Verkaufserfolg ihrer Memoiren stellten sogar die Romane von Charles Dickens in den Schatten. Es waren tollkühne Geschichten über wagemutige (weiße) Männer, die dank ihres geschickten Umgangs mit dem Gewehr große Tiere an den Rand der Ausrottung treiben konnten.[88]

All dies waren neue Entwicklungen bei der Erschließung von «Geisterflächen» (*ghost acres*). So nannte man in Großbritannien flapsig die Gewinnung neuer kolonialer Gebiete, Ressourcen und Waren in anderen Teilen der Welt – zum Beispiel Agrarflächen und Bergwerke, die dort außer Sichtweite produzieren sollten, was man selbst verbrauchen wollte. Darin waren die Briten bei Weitem am effizientesten. Sie waren am besten organisiert und am entschlossensten, auf allen Kontinenten Klone ihrer selbst zu verbreiten in Südafrika wie in Nordamerika und Australien. Überall wurden politische, juristische und religiöse Institutionen geschaffen, welche die des Mutterlandes getreulich nachahmten und sich in den Händen jener befanden, die die Sprache des Mutterlandes sprachen und dorthin auch enge familiäre Verbindungen hatten. Das Wachstum dieser «Anglosphäre» war explosiv: Die Zahl der Englisch Sprechenden nahm zwischen 1790 und 1930 um das Sechzehnfache zu, von 12 auf 200 Millionen. Dabei war es ja nicht so, dass Spanier, Russen,

Chinesen und andere, die sich um dieselbe Zeit in andere Länder ausdehnten oder ausbeuterische, ganz auf die eigene Zentrale ausgerichtete Politik betrieben, damit keinen Erfolg gehabt hätten. Doch vermehrten sich, wie es ein Historiker so schön formulierte, «die Anglophonen wie die Karnickel». Es waren die Briten, die spektakuläre Erfolge bei der Schaffung einer neuen Infrastruktur zu verzeichnen hatten, die Ressourcen, Waren und Güter in die eine Richtung transportierten und Menschen in die andere. Entgegen konventioneller Überzeugungen und Selbstbilder wurde Großbritannien erst (und nur) im 19. Jahrhundert wirklich «groß».[89]

Natürlich kam dieser Erfolg auf Kosten anderer Völker zustande. In Amerika, Afrika, Asien und Australien wurden lokale Bevölkerungen umgesiedelt oder unterjocht, entweder direkt durch die neu eingetroffenen europäischen Kolonisten oder später durch deren Nachkommen. Ironischerweise war das Streben nach Unabhängigkeit in den Vereinigten Staaten nicht in erster Linie durch eine Zurückweisung Großbritanniens motiviert, auch nicht durch einen Widerwillen gegen britische Herrschaft oder britische Identität. Vielmehr fühlten sich die führenden Vertreter in den amerikanischen Kolonien nicht wie echte Briten behandelt. Man hatte sie spüren lassen, dass sie zweitrangig waren, was sich vor allem darin zeigte, dass ihnen die Beteiligung an politischen Vorgängen im Mutterland und die Vertretung in den Londoner Institutionen verwehrt wurden.[90]

Oberflächlich betrachtet, waren die Vereinigten Staaten ihrem Charakter, ihrer Haltung und ihrem Selbstbild nach ein kompromisslos republikanisches Land. Im Verhalten und in der Praxis jedoch erwies sich das Land als expansive, militaristische und ausbeuterische Macht nach eigenem Recht: Auf den Landerwerb von Frankreich, den Louisiana Purchase von 1803, folgte 1810 die Eroberung Floridas, sodann in den folgenden Jahrzehnten die Ausdehnung nach Westen über den gesamten Kontinent bis zur Pazifikküste, wobei in den 1840er Jahren Mexiko weite Landesteile abgenommen wurden (fast die Hälfte von dessen Staatsgebiet). Die dabei entstandenen Gewinne kamen in erster Linie den Eliten und den kommerziellen Interessen des Landes zugute. Bezahlen mussten die Rechnung die Eroberten, Umgesiedelten oder Unterworfenen.

Die Landgewinnung und die Eröffnung neuer Waren- und Zollgrenzen setzten eine ganze Reihe anderer Veränderungen in Gang: vor allem Investitionen in Verkehrs- und Transportverbindungen und eine Phase schneller Urbanisierung. Ende der 1770er Jahre hatten die drei wichtigsten Siedlungen in Kentucky zusammen 280 Einwohner. 1782 gesellten sich rund 8000 europäische Siedler zu ihnen, und bis 1790 war die Einwohnerzahl schon auf 73 000 gestiegen.[91] Die Entwicklung größerer und schnellerer Dampfschiffe senkte die Frachtkosten und damit auch die Warenpreise, allerdings nicht überall gleichermaßen. In den 1820er Jahren etwa betrugen die Frachtkosten auf dem Flussweg von Philadelphia nach New Orleans rund ein Drittel der Kosten auf dem Landweg. Wenige Jahrzehnte später waren die transatlantischen Schiffstransporte so effizient und preiswert geworden, dass die Frachtkosten für Mehl von Nordamerika nach Liverpool billiger waren als die von Dublin über die Irische See nach Liverpool.[92]

Der Aufstieg der kohlebetriebenen Dampfschiffe mit ihrer Größe, Geschwindigkeit und Verlässlichkeit, auch bei schwerem Seegang, führte zur Schaffung eines globalen Hafennetzes für die Zuladung von Kohle. Dieser Trend trug viel zur Entwicklung neuer Hafen- und Küstenstädte bei, wo Waren aus- und eingeladen werden konnten und die dadurch Bedeutung erlangten.[93] Die Eröffnung des Suezkanals Ende 1869 beschleunigte die Schiffstransporte dann nochmals erheblich; auch dies hatte natürlich Auswirkungen auf die Preise. Die massive Expansion des Eisenbahnverkehrs in Großbritannien, auf dem europäischen Kontinent, in den Vereinigten Staaten und in Kanada wie auch auf den anderen Kontinenten im Laufe des 19. Jahrhunderts war eine ähnliche Erfolgsgeschichte.

Billigere, schnellere und verlässlichere Verbindungen beflügelten nicht nur den Wirtschaftsaustausch. Sie führten auch zu dramatischen sozialen und kulturellen Umbrüchen: Provinzstädte blühten auf, nachdem sie in die Netzwerke integriert worden waren. Man hatte nun in weiten bürgerlichen Kreisen Zugang zu Kunst, Musik und Literatur – zuvor ein Gebiet der Reichen. Das elementare Bildungsniveau wuchs, vor allem die Lesefähigkeit, die in Frankreich in den 1830er Jahren um ein Fünftel und nochmals um je 20 Prozent in den 1840er und 1850er Jahren stieg. In den größeren Städten Europas wurden in der zweiten Hälfte des 19. Jahrhunderts in schneller Folge Museen eröffnet, was in immer weiteren Kreisen der Gesellschaft ein Interesse an Geschichte und an Diskussionen über Gegenwart und Vergangenheit weckte.

Das gefiel nicht immer allen. Als Reiseveranstalter wie Thomas Cook aus der aufstrebenden Tourismusindustrie Kapital schlugen und die Massen in Bewegung setzten, beschwerten sich Einzelne, die Besuchermengen verdürben nun anderen das Kunst- und Kulturerlebnis. Englische Touristen, lautete eine gängige Beschwerde, seien anscheinend überall. «Man kann sich», schrieb Heinrich Heine, «keinen italienischen Zitronenbaum mehr denken, ohne eine Engländerin, die daran riecht, und keine Galerie ohne ein Schock Engländer, die, mit ihrem Guide in der Hand, darin umherrennen und nachsehen, ob noch alles vorhanden, was in dem Buche als merkwürdig erwähnt ist.» Dies änderte nichts daran, dass all dies zu einem immer dichteren Verbindungsnetz führte: Die Entfernungen zwischen den Regionen schrumpften, und die kulturellen Horizonte weiteten sich.[94]

Hinzu kamen die Auswirkungen technologischer Durchbrüche. Die Erfindung eines konzentrierten Fleischextrakts durch Justus von Liebig erwies sich nicht nur als kommerziell lukrativ (weshalb sich viele Nachahmer fanden), sondern spielte auch eine wichtige Rolle bei der Erhöhung des Fleischanteils an der Ernährung in den Großstädten. Eine weitere wichtige Voraussetzung dafür war die mechanische Kühlung, die von den 1870er Jahren an den Fleischtransport hochprofitabel und wesentlich effizienter machte als zuvor.[95] Fleisch und Proteine wurden im späten 19. und frühen 20. Jahrhundert zunehmend Bestandteile der Ernährung in Londoner Arbeiterhaushalten. Dies wirkte sich positiv auf die Gesundheit der Erwachsenen und die Gehirnentwicklung der Kinder aus.[96]

Der Fleischkonsum nahm auch in Teilen Asiens zu. In Japan bekam mit der Meiji-Restauration von 1868 Rindfleisch einen neuen gesellschaftlichen Stellenwert. Das Kaiserreich China wurde vom britischen Fleischbaron William Vestey erschlossen, dessen Familienfirma ein globales Handelsnetz für gekühlte Rinderhälften aufgebaut hatte. Dieser Handel hatte enormes Langzeitpotenzial – auch wenn eine Untersuchung im Jahr 1912 der Idee des Fleischexports nach Asien eine kalte Dusche verabreichte: Die Asiaten seien, «sofern sie nicht ohnehin Vegetarier sind, zu arm, um importiertes Fleisch zu kaufen».[97]

Es gab klare Gewinner und Verlierer bei der Beschleunigung und Vertiefung der Globalisierung, die für das 19. Jahrhundert charakteristisch war. Die größten Nutznießer waren die Briten, vor allem im Hinblick auf die Hebung des Lebensstandards und die Verfügbarkeit von Waren und Gütern. In den 1890er Jahren absorbierte Großbritannien 60 Prozent des Fleisches und bis zu 40 Prozent des Weizens, die weltweit gehandelt wurden.[98] Auch die britischen Haushalte mit niedrigem Einkommen profitierten. Die Aufhebung der Corn Laws und der Anstieg der Weizenimporte aus Amerika führten dazu, dass sich der Preis für einen Laib Brot zwischen 1840 und 1880 halbierte.[99]

Ständig verbesserte Maschinen führten zu Produktionssteigerungen, zu höherer Effizienz und zu Kostenreduktionen. Die Weizenexporte aus den Vereinigten Staaten stiegen in den drei Jahrzehnten nach 1840 von 5 Millionen auf 100 Millionen Hektoliter. Die Einführung mechanischer Mähmaschinen verdoppelte die Produktivität, während dampfgetriebene Getreideheber bedeuteten, dass jetzt in zehn Stunden 500 000 Bushel (rund 175 000 Hektoliter) Weizen verladen werden konnten; die Kosten für ein Hektoliter lagen bei rund 15 Cent.[100] Mit der Mechanisierung reduzierte sich der menschliche Arbeitsaufwand, der für Produktion und Ernte von einem Hektar Weizen nötig war, von 150 auf 9 Stunden. Neue Zuchtverfahren in den USA ermöglichten, dass sich zwischen 1860 und 1890 die Milchfetterträge pro Kuh verdoppelten und Ackergäule um die Hälfte größer (und stärker) wurden.[101]

Die finanziellen Erträge dieser Produktivitätsgewinne landeten in den Taschen derer, die Investitionskapital besaßen oder sich die Massenproduktion auf andere Weise zunutze machen konnten – zum Beispiel US-Farmer mit riesigen Ackerflächen und Rinderherdenbesitzer in Australien und Südamerika. Auch die Aktionäre der Eisenbahngesellschaften kassierten fette Dividenden. Sie brachten jedoch Not und Verzweiflung über jene, die unter diesen Verhältnissen wie Zitronen ausgepresst wurden, etwa die Getreidebauern in Großbritannien, die mit der Importflut nicht mithalten konnten, oder die Landarbeiter, die das Land verlassen und sich in den Städten neue Arbeit suchen mussten. Dort aber herrschten schlechte hygienische Verhältnisse, und es gab einen hohen Anteil an Armen und Kranken – Lebensverhältnisse, wie sie in Charles Dickens' *Bleak House* und anderen Romanen sozialkritischer Autoren angeprangert wurden.

Ähnlich geringe Vorteile von der globalen wirtschaftlichen Entwicklung hatten Teile der Welt, die entweder insgesamt zurückgeblieben waren oder deren «harte» Infrastruktur – Straßen, Schulen, Krankenhäuser und Eisenbahnen – nicht gut genug ausgebaut war. Auch bei den «weichen» Investitionen gab es dort Nachholbedarf, etwa beim Auf- und Ausbau von Institutionen, im Bildungswesen und bei der Ausweitung örtlicher Kapazitäten. Staaten, die auf dem Papier nicht einer Kolonialherrschaft unterlagen, zum Beispiel in Südamerika, verhielten sich trotzdem wie klassische Rohstofflieferanten und Satellitenstaaten: Rohstoffe wurde in die Industrieländer exportiert, und für den heimischen Konsum verließ man sich auf Importe. Für Indien und Südasien waren die Veränderungen der Weltwirtschaft kein reiner Segen, denn zwischen 1810 und 1860 verlor Indien, als die Preise nach unten getrieben wurden, einen Großteil seines heimischen Textilmarkts an Großbritannien. Dies hatte dramatische Folgen, weil der Getreidepreis im selben Zeitraum relativ stark anstieg.[102]

Während also die Europäer im preiswerten Nahrungsmittelüberfluss schwelgen durften, hatten andere viel weniger Glück. In Indien starben zwischen 1875 und dem Beginn des Ersten Weltkriegs bis zu 16 Millionen Menschen an Hunger – es war eine einzige Katastrophe, die sich lange hinzog, weil die Kolonialverwalter sie als Teil des normalen Lebens betrachteten, überdies mit für sie positiven Nebenwirkungen. Hochverschuldete kleine Landbesitzer konnten von ihrem Gut vertrieben und das Wachstum der indischen Bevölkerung konnte bequem unter Kontrolle gehalten werden.[103] Sehr viele Menschen starben in Hungersnöten, oft in Zeiten, in denen weiterhin große Mengen Weizen aus Indien exportiert wurden, insbesondere nach Großbritannien. Von welch geringer Bedeutung das war, zeigt das unverhohlen verächtliche Schreiben eines Beamten an den Vizekönig: «Sie vermehren sich immer noch so schnell, dass sie jeden Arbeitsplatz, der sich ihnen bietet, überfüllen.»[104]

Doch ergaben sich Probleme unerwartet auch für Großbritannien – im Zeichen einer Embargopolitik der Nordstaaten gegen die Südstaaten im amerikanischen Bürgerkrieg (1861 bis 1865). Ende der 1850er Jahre waren die Vereinigten Staaten der größte Baumwollproduzent der Welt; exportiert wurden jährlich rund 3,5 Millionen Ballen Baumwolle, die weitgehend auf Plantagen im tiefen Süden mithilfe von Sklaven geerntet wurden. Als die Nordstaaten die Häfen der Konföderierten blockierten, wurde dieser Baumwollexport weitgehend abgewürgt. 1861/62 konnten nur noch 20000 Ballen exportiert werden – eine Reduktion um fast 99 Prozent.[105] In Großbritannien war die Sklaverei zwar durch den «Abolition Act» von 1833 abgeschafft worden, aber die britische Gesamtwirtschaft war massiv von der Textilindustrie abhängig – und damit indirekt auch von der Sklavenwirtschaft auf den Plantagen der Südstaaten.

Man profitierte von den amerikanischen Baumwollimporten, war jedoch auch mit der eigenen Textilproduktion gänzlich von ihnen abhängig. Als nun der Baumwollnachschub ausblieb und sich Materialknappheit abzeichnete, machte man sich in England große Sorgen um die Aufrechterhaltung der öffentlichen Ordnung. Es kam tatsächlich in vielen Textilstädten zu Ausschreitungen der arbeitslosen Hungernden, wie auch in anderen Teilen Europas. «Keine Krise in modernen Zeiten wurde mit so großer Angst verfolgt», schrieb die Londoner *Times* in den frühen 1860er Jahren und meinte damit den amerikanischen Bürgerkrieg. «Zudem hat kein europäischer

Krieg und keine europäische Revolution die Interessen Englands je so ernsthaft bedroht.»[106]

Solche Ängste wurden durch radikale Ideen, die selbst eng mit langfristigen sozioökonomischen Problemlagen verknüpft waren, noch weiter geschürt. Die schnelle und umfassende Urbanisierung Europas hatte die literarischen und politischen Landschaften des Kontinents nachhaltig verändert, und hier zeigten sich nun auch die Auswirkungen einer ganzen Reihe von Revolutionen, die 1848 in Europa stattfanden. Für Karl Marx und Friedrich Engels waren die revolutionären Unruhen der 1840er Jahre Ausdruck des Klassenkampfes der Unterdrückten gegen jene, die die Produktionsmittel kontrollierten. Tatsächlich waren sie aber wohl eher Ausdruck ernsthafter Ernährungskrisen, die zu Hungersnöten und daraus folgenden Aufständen führten, vor allem Mitte der 1840er Jahre in Irland, Flandern und Schlesien. Die sich über weite Teile des Kontinents ausbreitende Gewalt resultierte daraus, dass die Regierungen Investitionsprogramme zurückgenommen hatten, was vom Frühjahr 1847 an Bergbau und Metallproduktion massiv negativ beeinflusste. Die Folge waren erneute Proteste und Forderungen nach Reformen sowie – darüber hinaus – nach mehr Freiheit und Rechten. All dies kulminierte in den Revolutionen von 1848.[107]

Schnell wandte sich deshalb die britische Aufmerksamkeit Indien als alternativer Bezugsquelle für Baumwolle zu. Das kam kaum überraschend, hatte man dort doch schon wiederholt Versuche unternommen, die Baumwollproduktion in Gang zu bringen – was meistens jedoch an der schlechten Qualität der indischen Baumwolle gescheitert war. Auch hatten die unterentwickelten Transportnetze zu höheren Kosten beigetragen.

Die Erfindung und weitverbreitete Anwendung der Whitney-Egreniermaschine hatte in den Vereinigten Staaten zu einer Revolution ganz anderer Art geführt: 1801 hatte ein Baumwollpflücker durchschnittlich 28 Pfund pro Tag geschafft; Ende der 1820er Jahre war das Produktionsniveau auf mehr als das Vierfache angewachsen, etwas mehr als 132 Pfund pro Tag. Über rund ein Jahrzehnt hatte sich der Ertrag dann weiter auf 341 Pfund pro Tag gesteigert. Die

Sklaven, die gezwungen waren, in diesem atemberaubenden Tempo zu arbeiten, bereicherten damit auch die Fabrikbesitzer in Städten wie Manchester auf der anderen Seite des Atlantiks – und, in geringerem Maße, auch die Arbeiter in den Textilfabriken, als die Effizienz in den Baumwollspinnereien zwischen 1820 und 1860 um das Sechs- bis Zehnfache stieg. Solche Gewinne machten die Sklavenarbeit sogar noch lukrativer. Sie sorgten dafür, dass die Sklavenhalter im amerikanischen Süden noch reicher wurden, und bestärkten sie in ihrer Entschlossenheit, an der Quelle ihres Reichtums – der Zwangsarbeit – so lange wie irgend möglich festzuhalten.[108]

Die Baumwolllieferkrise der frühen 1860er Jahre sorgte dafür, dass die Preise für indische Baumwolle fast um das Fünffache stiegen. Massenhaft wurde nun Land urbar gemacht, als die Produzenten versuchten, aus den hohen Preisen Kapital zu schlagen. Mehr als eine Million Hektar Land wurde für den Baumwollanbau genutzt, wobei auf vielen Äckern dafür andere Nutzpflanzen weichen mussten. Eine neu gebaute Eisenbahnlinie zog sich durch Berar, die Provinz im Herzen des indischen Subkontinents, wo die Stadt Khangaon schnell zu dem wurde, was ein Zeitgenosse als «größten Baumwollaußenposten des Britischen Empires» bezeichnete.[109]

Auch andere versuchten, die Gelegenheit beim Schopf zu packen, unter anderem in Zentralasien, wo zu dieser Zeit einige Russen den Ehrgeiz hatten, die einheimische Bevölkerung zu «unseren Negern» zu machen – was in unverblümter Deutlichkeit keinen Zweifel an ihren Absichten lässt. Davon abgesehen boomte während des amerikanischen Bürgerkriegs auch die Baumwollproduktion in Zentralasien; im Zeitraum von 1861 bis 1864 stieg die Produktion um das Vierfache.[110] Hinzu kam noch Unterägypten, wo 40 Prozent des gesamten fruchtbaren Bodens in Baumwollfelder verwandelt wurden; Gleiches galt auch für einen Großteil des expansiven persönlichen Landbesitzes des osmanischen Vizekönigs von Ägypten, Sa'id Pascha.[111]

All diese Maßnahmen, die die geänderte Marktlage ausnutzten, zahlten sich unmittelbar aus. Aber sie hatten auch einen hohen Preis. Denn zum einen kamen aus den Vereinigten Staaten, als der

Bürgerkrieg zu Ende war, wieder große Mengen Baumwolle auf den europäischen Markt, was dazu führte, dass die Preise schnell in den Keller sanken. Zum anderen weitete der stark expandierte Baumwollanbau die Sklavenarbeit auf den Feldern auch auf andere Teile der Welt aus. Besonders das Nildelta wurde nun zur Heimat einer großen Zahl von Sklaven aus Ostafrika. Die Bemühungen, der Sklaverei auf dem einen Kontinent ein Ende zu setzen, führten dazu, dass sie in anderen Kontinenten neu erblühte.[112]

Das Streben nach hohen Gewinnen hatte auch dazu geführt, dass viele Leute sich sehr viel Geld geliehen hatten, um Saatgut, Gerätschaften, Lebensmittel und Arbeitskräfte zu finanzieren. An mögliche Risiken hatten sie nicht gedacht und sich teilweise übernommen. Als nun die Baumwollpreise fielen, gerieten sie schwer unter Druck. Sie hatten große Schwierigkeiten, ihre Kredite zu bedienen und Schulden abzuzahlen. In Ägypten kam es zu Pleitewellen, massenhaften Landaufgaben und zu einer wachsenden Zahl landloser Arbeiter. Die Polarisierung der sozialen Verhältnisse auf dem Land nahm zu, je mehr Ungleichheit dort entstand.

Ziemlich genau dasselbe geschah in Indien. Verschuldung, Vertreibung und Verzweiflung bildeten – zusammen mit steigenden kolonialen Steuerforderungen, die den Bauern immer weniger Luft zum Atmen ließen – den Hintergrund für die «Deccan Riots» von 1875, Bauernaufstände im südindischen Landesteil Dekkan gegen Geldverleiher, die sie mit Wucherzinsen knebelten. Auch die zig Millionen Hungertoten der 1870er Jahre werden von Historikern mit dieser Problemkonstellation in Verbindung gebracht. Aufgrund falscher Einschätzungen des Bodens in Berar, zum Teil aber auch wegen der Inkompetenz der Kolonialbeamten, die der Baumwolle den Vorzug vor dem Getreide gaben, wurde nur wenig in die Bewässerung investiert. Weil die Löhne nicht mit den Preisen Schritt halten konnten, kam es zu Unterernährung und zu erhöhter Anfälligkeit für Krankheiten. Während wiederholte Hungersnöte in den 1890er Jahren zahllose Familien in den Ruin trieben, konnten jene Gewinne machen, die Lebensmittel horteten – und in den Jahren der akuten Krise sogar weiter exportierten.[113] Dass die Todesraten dabei in Berar besonders hoch waren, ist eine Pointe für sich.[114]

So kann es also kommen, wenn in einer Mischung aus Profitsucht und Ausbeutung der Natur nicht auf Nachhaltigkeit geachtet wird. Sobald die Belastung der Natur den Kipppunkt überschritten hat, rächt sich die Natur, und die Menschen sind die Leidtragenden.

ZWANZIGSTES KAPITEL

Das Zeitalter der Turbulenz

(1870 bis 1920)

> Eine tapfere Gruppe von Engländern ist ihren Bemühungen, Westafrika wenigstens in den Grenzbereich der Zivilisation zu holen, zum Opfer gefallen.
> **_Daily Telegraph_ (London) vom 18. Januar 1897**

Ebenso ernst und schockierend wie die Folgen der wirtschaftlichen Katastrophe auf dem Baumwollmarkt für die betroffenen Menschen waren auch die ökologischen Auswirkungen der hektischen Landschaftsveränderungen, die durch die Jagd nach dem schnellen Geld ausgelöst worden waren. Wälder wurden abgeholzt, um Platz für Baumwollplantagen zu schaffen, was für Flora und Fauna Kettenreaktionen zur Folge hatte. Verschärfend kamen noch die lukrativen Kopfgelder hinzu, die für den Abschuss von Tigern, Panthern, Wölfen, Bären und Hyänen gezahlt werden mussten – Raubtiere, die in der natürlichen Rangordnung ganz oben standen und deren Verschwinden zu größeren Umweltveränderungen führte. Schlimmer noch, das Land, das auf diese Weise freigelegt wurde, erwies sich oft als ungeeignet für die Landwirtschaft, oder aber es wurde durch Raubbau so geschwächt, dass die Erträge eintrockneten – wie im wahrsten Sinne des Wortes auch die Flüsse, Seen und Wasserquellen. Die Ursache dafür konnte Bodenerosion sein, aber auch eine Veränderung der regionalen Niederschlagsmuster infolge der Abholzung.[1]

Die Geschichte der Baumwollindustrie wiederholte sich in Ablauf und Folgen immer wieder, besonders seit der zweiten Hälfte des 19. Jahrhunderts, nachdem die globalen Märkte stärker zusammengewachsen waren, die Transportnetze verbessert und die Informationsübermittlung beschleunigt worden waren. Zum Beispiel schoss der Bedarf an Rohgummi (Kautschuk) steil in die Höhe, als der amerikanische Chemiker Charles Goodyear seine Pionierarbeit auf dem Gebiet der Vulkanisierung abgeschlossen hatte, jenem chemischen Prozess, der Elastizität, Härte und Widerstandskraft von Gummi verbessert. Und dann noch einmal, als der britische Tierarzt John Boyd Dunlop 1888 den pneumatischen Autoreifen weiterentwickelt und perfektioniert hatte.[2] Die Gummiproduktion stieg in Wellen steil an, von 2500 Tonnen im Jahr 1851 auf mehr als 20 000 Tonnen 30 Jahre darauf. 1900 wurden bereits 50 000 Tonnen produziert, und am Vorabend des Ersten Weltkriegs lag die Jahresproduktion schon bei fast 120 000 Tonnen. In dieser Zeit wurde Kautschuk zur «wichtigsten, marktsensibelsten und gefragtesten neuen Ware auf dem Weltmarkt». Man brauchte Gummi für Fahrrad- und Autoreifen, aber auch für eine unbegrenzte Palette weiterer Waren und Produkte, von Schuhsohlen bis zur Isolierung von Elektrokabeln.[3]

Auch diese vielseitige Verwertbarkeit gab einen Anstoß, die Landnutzung schnellstens zu verändern, um vom Nachfrageboom zu profitieren – und hohe Gewinne zu machen. Es war kaum verwunderlich, dass der Umfang der Veränderungen epische Ausmaße annahm. Riesige Regenwälder in Südostasien mussten weichen, damit dort Kautschukplantagen angelegt werden konnten, mit Samen, die aus dem Amazonasgebiet kamen (der Kautschukbaum hat den botanischen Namen *Hevea brasiliensis*). Ende der 1890er Jahre waren in den malaiischen Bundesstaaten Melaka (Malakka) und Selangor 145 Hektar mit Kautschukbäumen bepflanzt, 1910 bereits 220 000 Hektar. Auch in anderen Bundesstaaten waren inzwischen Plantagen angelegt worden, zum Beispiel in Perak. Nur vier Jahre später waren schon mehr als 445 000 Hektar Urwald für den Kautschukanbau gerodet worden. Bis 1914 wurde von der Malaiischen Halbinsel mehr Kautschuk exportiert als aus ganz Südamerika zusammen.

In Niederländisch-Ostindien (heute Indonesien) folgte die Entwicklung im selben Zeitraum demselben Muster: 245000 Hektar Anbaufläche 1914, fünf Jahre später fast das Doppelte. In den 1930er Jahren waren dann schon Millionen Hektar der artenreichsten Regenwälder der Welt zerstört und durch Kautschukplantagen ersetzt, weil Unternehmer erkannt hatten, dass billiges Land zur Grundlage riesiger Vermögen werden kann – vor allem, nachdem mit der Fließbandproduktion von Automobilen ein riesiger und ständig steigender Gummibedarf entstanden war. Die erregte Freude darüber, zu den erfolgreichen Pionieren zu gehören, vor allem aber darüber, gigantische Erträge einzustreichen, war mit Händen zu greifen. Es war ein Gefühl, so ein Besitzer einer neuen Plantage, mit der «Moral eines Konquistadors» zu agieren. Dies bringt perfekt auf den Punkt, welche Einstellungen in der Branche vorherrschten und wie der Ausbeutungsprozess vonstattenging. Nord- und Südamerika waren schon abgeholzt, jetzt waren andere Teile der Welt an der Reihe.[4]

Wann immer Nutzpflanzen – und Flora und Fauna generell – in andere Gebiete umgesiedelt werden, muss sich die natürliche Umwelt neu konfigurieren. Im Zeichen stark integrierter globaler Märkte, durch effiziente und billige Transportverbindungen immer enger vernetzt, konnten solche Natureingriffe nun immer schneller und gründlicher vorgenommen werden als je zuvor in der Menschheitsgeschichte. Die Erkundung unbekannter Länder brachte, weil die Erkundung vorwiegend durch die Suche nach neuen Rohstoffquellen motiviert war, stets dieselben Ergebnisse. Der zentrale Gedanke, der all dies motivierte, lautete, dass unkartierte Teile der Welt nicht nur eine von Wilden bewohnte Wildnis seien, sondern auch die Basis grenzenlosen Reichtums, der nur noch gehoben werden musste.[5] Der schottische Afrikaforscher David Livingston sagte, die europäische Expansion trage drei Elemente in die ganze Welt hinaus, die überall willkommen geheißen würden: «Christentum, Handel und Zivilisation».[6] Die Verzahnung von rassistischen Vorstellungen eigener Überlegenheit gegenüber dem Rest der Welt, religiöser Tugend und Kapitalismus war ein Kernelement des Selbstverständnisses der Europäer, vor allem der Briten.[7]

Kautschuk war nur eine Ware unter vielen. Andere pflanzenbasierte Exportartikel waren Kakao, Kaffee und Tabak, deren Pflanzen ebenfalls in andere Gegenden der Welt transferiert wurden. In vielen Gegenden war ein neuer Plantagenbetrieb allerdings nur möglich, wenn genug Chinin zur Verfügung stand – das erste wirksame Medikament zur Behandlung von Malaria, das selbst pflanzlichen Ursprungs ist, gewonnen aus der Rinde von Chinarindenbäumen (*Cinchona*). Diese stammen ursprünglich aus den Anden, wurden aber seit den 1820er Jahren auf der ganzen Welt verbreitet.[8]

Die sich im Laufe des 19. Jahrhunderts beschleunigende Ressourcenausbeutung war nicht auf Erntepflanzen und Bäume beschränkt. Auch Mineralien und Metalle wurden im Zuge der Entwicklung neuer Technologien in großem Stile nachgefragt. Und mit der immer schnelleren Fabrikproduktion stieg auch der Rohstoffbedarf immer rapider an. Ein gutes Beispiel ist Zinn, ein Metall, dem in etlichen Industriebranchen eine Schlüsselrolle zukam. Gebraucht wurde es bei der Textilproduktion ebenso wie beim mechanischen Maschinenbau oder in der Waffenindustrie. Der Hauptverwendungszweck jedoch waren Blechbüchsen zur Konservierung von Lebensmitteln – eine Verwendung, die bald schon unverzichtbar war, weil so überschüssige Lebensmittel leicht in die Städte transportiert werden konnten. Bei der Urbanisierung, Industrialisierung und Globalisierung (und selbst beim Militär) spielten Konservendosen eine zentrale Rolle.[9] Die Zinnvorkommen in Europa waren bald erschöpft, und so musste anderswo danach gesucht werden, vorzugsweise in Südostasien. Wie beim Kautschuk stiegen auch bei Zinn die Exportmengen explosionsartig an.

Die industrielle Automatisierung bedeutete, dass die Tagesproduktion an Zinndosen pro Arbeitskraft, die im Jahr 1847 noch bei 60 lag, weniger als drei Jahrzehnte später schon 1000 betrug. Zwischen 1874 und 1914 stieg die Produktion nochmals um das Vierfache an. In den folgenden Jahrzehnten wurde der Zinnbedarf fast unersättlich. 1962 produzierten zum Beispiel allein die Vereinigten Staaten fast 50 Milliarden Blechdosen, was einem Jahresverbrauch von mehr als 250 Dosen pro Person entsprach.[10]

Ebenfalls sehr begehrt war Walöl, das aus angeliefertem Walfischspeck gewonnen wurde. Dieses Öl wurde zunächst hauptsächlich für Lampen verwendet, weshalb schon zwischen 1500 und 1800 rund 162000 Grönlandwale ihr Leben lassen mussten. In den arktischen Gebieten des Nordatlantiks war der Walfang zwar schon lange Bestandteil der Wirtschaft, doch die Industrielle Revolution ließ die Nachfrage nach Walöl enorm steigen. Wegen seiner niedrigen Viskosität wurde es als ideales Schmiermittel für Maschinen aller Art gebraucht. Es trocknete nicht ein, klumpte nicht und verursachte auch keinen Rost an den Metallteilen.[11]

Die Vereinigten Staaten wurden zum Epizentrum der globalen Walfangindustrie. In den 1840er Jahren waren hier mehr als drei Viertel der weltweiten Walfangflotten beheimatet, vor allem, weil zu Beginn des 19. Jahrhunderts durch übermäßige Bejagung die Bestände an Grönland- und Glattwalen im Nordatlantik bereits so stark dezimiert waren, dass man anderswo auf Beutefang gehen musste.[12] Diese Verlagerung führte nicht zuletzt zur Öffnung des zentralen Pazifikbeckens als Walfang- und Wirtschaftsraum. Auf diese Weise wurden die pazifische Küstenregionen Südamerikas in die globalen Handelsnetze integriert.[13]

Die globale Jagd nach neuen Waren bezog nun auch einen Rohstoff ein, der in Südamerika reichlich vorhanden und als Naturdünger heiß begehrt war: Guano, die Exkremente wilder Vögel und Fledermäuse. Der hohe Düngewert von Guano war schon Jahrhunderte vor der Ankunft der Europäer in Amerika bekannt. Die Vögel versammelten sich in derart großen Schwärmen in ihren Brutgebieten an der Küste des heutigen Peru, dass man es, wie ein Beobachter sagte, nur glauben konnte, wenn man es «mit eigenen Augen gesehen» hatte. Die Inkakönige hatten unter Androhung der Todesstrafe verboten, die Vögel in der Brutsaison zu stören – so wertvoll war Guano schon damals. (Das Wort «Guano» stammt übrigens aus der indigenen Quechua-Sprache und bedeutet «Mist».) Jedes Jahr wurden auf den Feldern in der Andenregion große Mengen an Guano verstreut, um das Wachstum der Ackerpflanzen zu fördern.[14]

Im Zeitalter naturwissenschaftlicher Fortschritte, als nicht zuletzt in die agrarökonomische Pflanzen- und Bodenkunde investiert wurde, um neue Wege zur landwirtschaftlichen Produktionssteigerung zu finden – auch aus Sorge um die zukünftige Ernährung der Weltbevölkerung –, nahm der Wert von Guano als Dünger nochmals erheblich zu. Analysen und Experimente, die Alexander von Humboldt im frühen 19. Jahrhundert an Guanoproben durchführte, die er von seinen Erkundungsreisen an der Pazifikküste Südamerikas mitgebracht hatte, ergaben verblüffend hohe Konzentrationen von stickstoffreicher Harnsäure. Diese Entdeckung versetzte die Fachwelt in großes Erstaunen und stieß eine weltweite Jagd nach Fundorten an, die für den Export nach Europa und in die Vereinigten Staaten ausgebeutet werden konnten.[15]

Vorkommen auf den Britischen Inseln, in der Karibik, in Kanada und Südwestafrika wurden abgeschöpft, doch es waren die Küsten und Inseln Perus (ab 1821 ein unabhängiger Staat), die die größten Mengen an Guano aufweisen konnten. Zwischen 1840 und 1879 wurden dort 13 Millionen Tonnen Guano gesammelt und exportiert. Der Exportwert lag bei schätzungsweise 100 bis 150 Millionen Pfund Sterling. Größtes Importland war Großbritannien, doch Lieferungen aus Peru gingen auch an Bauern, Landbesitzer und Pflanzer in den Niederlanden, Deutschland und in den Vereinigten Staaten sowie auf karibische Inseln, nach Mauritius und Réunion im Indischen Ozean und sogar nach China.[16]

In Joseph Conrads Roman *Lord Jim* (1900) erzählt eine Figur ganz aufgeregt von seinen Plänen, ein Vermögen zu machen. Er wolle einen billigen alten Dampfer kaufen und zu einer «Guano-Insel» fahren, von der bislang nur er Kenntnis habe. Die Insel biete zwar keinen sicheren Ankerplatz und es gebe dort auch häufig Wirbelstürme, aber sie verspreche eben auch unsäglichen Reichtum.[17] In einer Geschichte, die in den 1850er Jahren in einer Zeitung in San Francisco erschien, hieß es gar, wenn man bei einem Schiffstransport von Guano die Ladeluken offen lasse, würden an den Balken grüne Triebe ausschlagen, die Masten würden zu wachsen beginnen und ein Tisch aus Kirschbaumholz werde nach einiger Zeit Früchte tragen. Die Düngekraft von Guano sei so stark, dass Kakerlaken zu riesiger Größe heranwüchsen. Sie hätten dann eine solche Kraft, dass sie «den Schiffsanker lichten und das Segelschiff in Fahrt bringen» könnten. Der Erzähler dieses Seemannsgarns zieht am Ende das Fazit: «Wenn es um Wachstumskräfte geht, geht nichts über Guano.»[18]

Auch andere Schätze warteten darauf, gehoben zu werden. Erkundungsreisende entdeckten bald riesige Salpetervorkommen in der Wüste Atacama. Wie Guano sind auch die Nitrate der Salpetersäure ein wertvolles Düngemittel, aber sie haben noch eine weitere lukrative Eigenschaft: Sie sind explosiv. Deshalb weckten die Bestände großes Interesse bei Bergbaugesellschaften und Armeen. Die Artillerien legten im Laufe des 19. Jahrhundert enorm an Schlagkraft zu, besonders nachdem Alfred Nobel das hochexplosive Nitroglyzerin transportfähig gemacht hatte – in Form von Dynamitstangen, die man kontrolliert zur Explosion bringen konnte. Dadurch wurde Schießpulver obsolet. Es setzte ein Wettlauf um sichere Nitrat-Lagerstätten ein, die im Idealfall auch noch groß und preiswert waren. Und so konzentrierte sich das Interesse schon bald auf die Atacama-Wüste an der peruanischen und chilenischen Pazifikküste. Sie gehört zu den trockensten Orten der Erde, und hier entstanden im Laufe von Jahrmillionen große Mengen Natriumnitrat.[19]

Wie in anderen Fällen hatte auch die Rohstoffausbeutung in Südamerika beträchtliche Nebenwirkungen. Jene, die vom Naturreichtum in Kolonialgebieten am meisten profitierten, ließen die Muskeln spielen, um sicherzustellen, dass die Produktions- und Gewinnverhältnisse auch in Zukunft so blieben. Handelsblockaden gegen Buenos Aires durch britische und französische Kriegsschiffe in den 1840er Jahren fanden ihre Entsprechung im Vordringen der Vereinigten Staaten auf mexikanisches Gebiet. Im Mexikanisch-Amerikanischen Krieg von 1846 bis 1848 nahmen die USA ihrem Nachbarland mehr als eine Million Quadratkilometer des Staatsterritoriums ab. Der Sturm auf die «Halls of Montezuma» im Jahr 1847 – gemeint ist die Eroberung von Schloss Chapultepec in Mexiko-Stadt – war den Amerikanern so wichtig, dass er in der offiziellen Hymne der US-Marines an prominenter Stelle vorkommt.

Die Ambitionen der Vereinigten Staaten reichten sogar noch weiter. Die 1856 vom Kongress verabschiedeten «Guano-Gesetze» («Guano Islands Act») verliehen amerikanischen Bürgern das Recht, im Namen der Regierung (unbewohnte und von niemandem beanspruchte) Inseln in Besitz zu nehmen, die Vorkommen von Guano aufwiesen.[20] Mehrere dieser Gebiete befinden sich noch heute in den Händen der USA, darunter die Midwayinseln, die zunächst eine Bedeutung als Telegraphenstation und als Zwischenlandeplatz für Flüge zwischen den USA und Asien besaßen, dann aber vor allem als Schauplatz einer der Entscheidungsschlachten im Zweiten Weltkrieg zwischen den Vereinigten Staaten und Japan (im Juni 1942) berühmt wurden.[21]

Eine ganz andere Nebenwirkung hatte der Wettlauf um Rohstoffe auf Peru selbst. Im Zeichen des plötzlichen Wohlstands durch die Einnahmen mit Guano und Nitrat und in der irrigen Annahme, dass es immer so weitergehen werde, wurden vom Staat und von Privatpersonen Unmengen Geld ausgegeben. Neue Eisenbahnlinien, Straßen, Krankenhäuser und Kanalisationen in den Städten bezeugten den neuen Reichtum – wie auf privater Konsumebene edle Weine, Zigarren und Kleidungsstücke. Das Beste aus aller Welt war gerade gut genug. Doch der Überschwang, das übermäßige Geldausgeben und die hohe Kreditverschuldung stießen schon bald an ihre Grenzen, als Peru nach einem kostspieligen Bürgerkrieg von 1856 bis 1858 (es ging um die liberale Verfassung des Landes) in den Jahren 1864 bis 1866 in Feindseligkeiten mit Spanien hineinstolperte (den sogenannten Chincha-Inselkrieg, nachdem Spanien einige peruanische Guano-Inseln beschlagnahmt hatte). Die Salpetervorkommen in der Atacama-Wüste wurden anschließend selbst zum Gegenstand eines erbitterten Krieges zwischen Chile auf der einen und Peru und Bolivien auf der anderen Seite, des Pazifikkrieges von 1879 bis 1884, auch «Salpeterkrieg» genannt – «einer der größten bewaffneten Konflikte, die jemals in Südamerika ausgefochten wurden».[22]

Wenn neue Technologien, Zutaten oder Materialien plötzlich zu einer hohen Nachfrage führen, haben solche Nachfragebooms bisweilen kuriose Folgen. Die Entdeckung des britischen Marineoffiziers James Lind, dass Zitrusfrüchte gut sind gegen die Mangelkrankheit Skorbut, hatte zur Folge, dass die Royal Navy Unmengen an Zitronen aufkaufte – genug, um allein in den Jahren 1795 bis 1814 ihren Seeleuten 7,2 Millionen Liter Zitronensaft zur Verfügung stellen zu können.[23] Also stieg die Zitronenproduktion massiv an, besonders in Sizilien, von wo Mitte der 1880er Jahre jährlich 2,5 Millionen Kisten nach New York gelangten. Der Zitronenanbau in Sizilien brachte pro Hektar mehr als sechzigmal mehr ein als der Anbau von Weizen und anderen Feldfrüchten. Dies bot – in Verbindung mit einem unterentwickelten Rechtssystem, einem geringen Vertrauensniveau in der Bevölkerung, einem hohen Maß an Armut und einer Reihe von Landreformen in der ersten Hälfte des 19. Jahrhunderts – ideale Bedingungen für die Gründung und den Aufstieg einer ganz speziellen, aber weltbekannten sizilianischen Institution: der Mafia. Diese Gruppe von Sizilianern sicherte sich ihren Anteil an den hohen Gewinnmargen und konnte dabei von den labilen Verhältnissen des Staates profitieren. Somit trug Linds Lösung für das Skorbutproblem der Seeleute ungewollt zum Aufstieg der Organisierten Kriminalität in Sizilien bei.[24]

Dank der verrückten Nachfrage nach Kautschuk, Guano und Nitraten kam es zu einer langfristigen Vertiefung der Handelsbeziehungen zwischen Europa, den Vereinigten Staaten und Südamerika – allerdings mit weitreichenden Folgen. 1842 wurde bei Kartoffeln in Philadelphia und New York erstmals eine ungewöhnliche Fäulnis festgestellt, später auch in Teilen Europas: die sogenannte Kartoffelfäule, deren Verursacher ein parasitärer Pilz (*Phytophthora infestans*) war – was man damals allerdings noch nicht wusste. Besonders schwer betroffen vom Ernteausfall durch die Fäulnis war Irland, zum Teil, weil die Bevölkerung auf Kartoffeln als Grundnahrungsmittel angewiesen war und mit Kartoffeln auch die Pacht an die englischen Grundbesitzer bezahlte; zum Teil aber auch, weil sich bereits Armut verfestigt hatte. Diese hatte viel damit zu tun, dass das Ackerland überbeansprucht war und die Kleinbauern von den nicht im Land lebenden britischen Kolonialherren rücksichtslos ausgepresst wurden. Hinzu kamen rückständige landwirtschaftliche Methoden und eine falsche Regierungspolitik. Die Auswirkungen waren dramatisch: Eine Million Männer, Frauen und Kinder verhungerten oder starben unter elendigen Bedingungen. Für viele gab es oft nur einen Ausweg: auswandern. Ein Historiker formulierte zugespitzt, man habe damals nur die Wahl gehabt «zwischen Jenseits und Neuer Welt». Auf diese Weise gelangten Millionen Iren in die Vereinigten Staaten.[25]

Neuere DNA-Sequenzierungen des Fäulnispilzes legen den Schluss nahe, dass der Ursprungsort in der Andenregion lag. Auf der ganzen Welt verbreitet wurde die Fäulnis über den peruanischen Export neuer Kartoffelsorten. Dass dies überhaupt möglich war, lag allerdings vor allem auch daran, dass das Land damals so stark in den Welthandel eingebunden war.[26] Irlands Bevölkerungszahl sank zwischen Mitte der 1840er Jahre und den frühen 1850er Jahren um fast 40 Prozent. Weit über eine Million Menschen emigrierten, die meisten nach Nordamerika.[27] Wie zu erwarten, hinterließ das abgrundtiefe Leid Wunden, die über Generation nicht verheilten. Sie beeinflussten die Ansichten über das Wesen der britischen Herrschaft, förderten Sektierertum und einen rebellischen Geist.[28] Die schnelle Entstehung großer irischer Communitys in den Vereinigten Staaten führte Mitte des 19. Jahrhunderts zu lebhaften politischen Debatten in den USA. Denn viele der schon länger dort Lebenden stellten die Frage, ob derart große Einwanderungswellen nicht zu großen Einfluss hätten – auf die Wirtschaft und den Wohlstand aller, vor allem aber auch auf die staatlichen Institutionen.[29]

Dass in den späten 1840er Jahren so viele Menschen aus Irland kamen, die deutlich weniger gebildet waren als frühere irische Einwanderer, zeigte sich nicht zuletzt darin, dass das Bildungsniveau punktuell stark absank und die Kinder der Neuankömmlinge zunächst Nachholbedarf in der Schule und anschließend schlechte Berufschancen hatten.[30] Der irische Bevölkerungsanteil in den USA nahm zu, aber diese Menschen pflegten den Stolz auf ihre irischen Wurzeln – was sich bis in die Gegenwart bei kulturellen Events wie dem St. Patrick's Day zeigt. Fast 40 Millionen US-Amerikaner geben heute an, dass sie irischen Ursprungs seien – das ist ein Vielfaches der heutigen Bevölkerung Irlands. Und der Einfluss dieser Bevölkerungsgruppe auf die Ergebnisse von Präsidentschafts- und Kongresswahlen ist seit anderthalb Jahrhunderten beträchtlich (man denke nur an den Kennedy-Clan).[31]

Im Zuge dieser dramatischen demographischen Entwicklung veränderten sich beide Länder. Und all dies lässt sich zurückverfolgen auf eine Pflanzenkrankheit aus Südamerika, die sich über den intensiven globalen Handel als blinder Passagier verbreitet hatte. Pflanzen von einem Ende der Welt ans andere zu bringen, birgt immer ein Risiko – in diesem Fall sogar mit welthistorischem Ausmaß. Aber generell ist stets damit zu rechnen, dass auch Krankheitserreger von regem Handelsverkehr profitieren.

Der Exodus nach der irischen Hungerkatastrophe war Teil einer viel weiter gehenden Migrationsbewegung, die eng mit der Ausbeutung von Nahrungsmitteln, Bodenschätzen und natürlichen Rohstoffen zusammenhing. Wie die Sklaverei in Süd-, Mittel- und Nordamerika gezeigt hat, waren Produkte wie Zucker, Tabak, Kaffee, Kakao und Baumwolle, mit denen große Geschäfte gemacht wurden, für sich genommen nur wenig wert. Erst die Arbeitskräfte, die das Pflanzen, Kultivieren, Ernten und die Verarbeitung übernahmen, erhöhten den Wert. Die im 19. Jahrhundert erzielten Fortschritte waren eingebunden in eine vernetzte und komplexe Reihe von technologischen Entwicklungen, vertieften Handelsverbindungen, verstärkten Ambitionen und vermehrtem Wissenstransfer. Vor allem jedoch wurden dafür riesige Mengen von Arbeitskräften benötigt. Doch diese befanden sich meistens an den «falschen» Orten, nicht dort, wo sie gebraucht wurden.

Wälder abzuholzen, Landflächen zu bearbeiten und neue Plantagen einzurichten hieß deshalb unweigerlich, dass Arbeitskräfte aus nah und fern herangeholt werden mussten. Man kann das 19. Jahrhundert unter dem Blickwinkel betrachten, wie es die natürliche Umwelt veränderte, aber man sollte darüber nicht vergessen, dass es dabei auch zu massiven Veränderungen der menschlichen Umwelt kam. Nicht nur Nutzpflanzen, auch Menschen wurden weltweit verpflanzt. Überraschend ist allerdings, wie viele dieser menschlichen Umsiedlungen unfreiwillig geschahen.

Die zweite Hälfte des 19. und die Anfangsjahre des 20. Jahrhunderts sind in unserer Vorstellung oft dadurch geprägt, dass verarmte Europäer ihre wenigen Habseligkeiten einpackten und über den Atlantik segelten, wo in Amerika ein neues Leben auf alle wartete, die bereit waren, hart zu arbeiten – mit neuen Chancen, sich eine sichere Existenz aufzubauen, vor allem nach dem Ende des amerikanischen Bürgerkrieges und, damit einhergehend, der Sklaverei.

Die Auswanderung von Europa nach Amerika in der zweiten Hälfte des 19. Jahrhunderts war unbestritten substanziell und wichtig, aber in den Dekaden ab etwa 1850 waren in und um Asien herum noch weit größere Bevölkerungsbewegungen zu verzeichnen. Fast 30 Millionen Inder migrierten, oft auf Veranlassung der britischen Kolonialbehörden, in den Gebieten rund um den Indischen Ozean und den Südpazifik. In vielen Fällen waren Schuldverschreibungen im Spiel: Kredite gegen Arbeit. Fast vier Millionen Menschen zogen von Indien nach Malaysia, und mehr als die doppelte Anzahl nach Ceylon (heute Sri Lanka). Mehr als 15 Millionen kamen nach Burma und eine weitere Million in andere Teile Südostasiens und auf Inseln im Indischen und Pazifischen Ozean sowie nach Afrika.[32]

Wanderungsbewegungen dieses Ausmaßes waren auch in China zu verzeichnen. 50 Millionen Chinesen fanden in Südostasien eine neue Heimat: in Niederländisch-Ostindien, Französisch-Indochina, Thailand, Australien und Neuseeland sowie auf den Inseln im Pazifischen und Indischen Ozean. All dies sorgte ebenfalls für größere Verschiebungen in den globalen Bevölkerungsmustern. In ganz Amerika, Südost- und Nordasien kam es zu massiven Bevölkerungszuwächsen, zwischen 1850 und 1950 um das Vierfache. Während diese Entwicklungen weitgehend parallel verliefen, gab es auch einige grundlegende Unterschiede: Vor allem die Siedlungsdichte nahm in Südostasien wesentlich stärker zu als in den Vereinigten Staaten, denn dort kam rund die gleiche Zahl von Einwanderern in ein Gebiet, das nur halb so groß war.[33] Um 1900 lebten auf Mauritius mehr Inder als Afrikaner und in Natal mehr Inder als Europäer. 40 Prozent der Bevölkerung Hawaiis war japanischen, fast 20 Prozent chinesischen Ursprungs.[34]

Diese enormen Wanderungsbewegungen waren vor allem dadurch motiviert, dass es an Arbeitskräften auf Plantagen, in Bergwerken und für die Verarbeitung von Materialien, Mineralien und Metallen mangelte. Abermals war ein Großteil dieser Migrationen nicht freiwillig. In ganz Polynesien wurde die Bevölkerung dadurch verheert, dass erwachsene Männer gegen ihren Willen und unter Einsatz von Gewalt abtransportiert wurden, um in Peru Guano einzusammeln und für den Export vorzubereiten.[35] Indische und chinesische «Kulis» wurden unter Vorspiegelung falscher Tatsachen oder mit Gewalt über den Atlantik nach Amerika gebracht, um dort als Zwangsarbeiter (offiziell, um in Knechtschaft das Geld für die Überfahrt abzuarbeiten) Eisenbahnstrecken, Landstraßen und Hafenanlagen zu bauen. Andere Zwangsarbeit wurde in Krankenhäusern verrichtet, in Haushalten oder auf Feldern, wo die Männer als Erntehelfer schuften mussten.[36]

Die sexuelle Ausbeutung und Vergewaltigung von Frauen war weit verbreitet, wozu auch westliche Vorstellungen beitrugen, dass die Asiaten zu Trägheit, Vergnügungssucht und Promiskuität neigten. Unter anderem wurde so nicht nur die Vorstellung gefestigt, Frauen müssten ihren Herren «zu Diensten» sein, sondern auch, dass diese Dienste kaum etwas kosten dürften. «Einige Chinesinnen sehen wirklich sehr gut aus», stellte der britische Diplomat Robert Hart fest, der als Generalinspektor der Kaiserlichen Maritimen Zollbehörde in China tätig war. «Du kannst dir den absoluten Besitz einer Frau für 50 bis 100 Dollar sichern und brauchst dann für den Unterhalt nur noch zwei bis drei Dollar im Monat.»[37] Dies ist nur eines von zahllosen Beispielen, die zeigen, wie Rassismus und die europäische Anspruchshaltung sich wechselseitig bestärkten: Dem Vorrecht des Menschen, über Flora und Fauna zu herrschen und nach Gutdünken damit umzugehen, entspricht dem Vorrecht der Europäer, mit allen anderen Völkern genauso zu verfahren.

Die Abschaffung der Sklaverei in Großbritannien, Europa und

Nordamerika war symbolisch und wirtschaftlich bedeutsam, ansonsten aber veränderte sich kaum etwas; die Einstellungen und das Verhalten blieben gleich. In Indien wurden Arbeiter, die ihr Arbeitspensum nicht schafften oder sich beklagten, geschlagen, in manchen Fällen sogar getötet.[38] Während des Kautschukbooms, der im Kongo von den 1880er bis zu den 1920er Jahren rund vier Jahrzehnte andauerte, war die dortige Bevölkerung gezwungen, um jeden Preis den Stoff für den Export zu sammeln. Dabei waren die Bevölkerungsverluste durch Misshandlungen, Folter, Hunger und Krankheit so hoch, dass für jede zehn Kilogramm Kautschuk, die exportiert wurden, ein Mensch mit seinem Leben bezahlen musste. So schockierend wenig war damals im Kongo ein Menschenleben wert, dass am Ende dieser vier Jahrzehnte die Bevölkerung um 70 Prozent geschrumpft war.[39]

Die Europäer und ihre Nachkommen, die sich in immer umfangreicheren Auswanderungswellen über die ganze Welt verteilt hatten, waren die Hauptnutznießer der Früchte des jeweiligen Landes, aber auch der Früchte der Arbeit. Allerdings profitierten nicht alle im gleichen Maße. Die Erträge gingen weitestgehend an die Kapitaleigner, zum geringen Teil an die Menschen in Europa oder an jene, die mit Europa verbunden waren – und überhaupt nicht an die Arbeiter, die aus Asien, Afrika, Amerika und Ozeanien stammten oder dort lebten. Es war allein der «rücksichtslose Terrorismus» des Kapitalismus – um eine denkwürdige Formulierung von Karl Marx zu zitieren –, der das ökonomische Wachstum beflügelte. Aber all das hatte einen hohen Preis.[40]

Die unablässige Nachfrage nach Waren und Rohstoffen führte natürlich nicht nur zum Druck auf Natur und Umwelt, die massiv umgestaltet wurden, als Wälder abgeholzt, neue Nutzpflanzen eingeführt und angebaut und Berghänge auf der Suche nach Mineralien aufgerissen wurden. Es waren auch sonst große Eingriffe erforderlich, um ganze Heerscharen von Arbeitskräften zu versorgen und unterzubringen. Zum Beispiel musste eine einzige große Farm im Süden Kambodschas täglich zwischen drei und fünf Tonnen Nahrungsmittel an die rund 3000 Arbeitskräfte liefern, die in einer benachbarten Kautschukplantage schufteten. Außerdem waren noch 500 Kühe, 800 Schweine und große Schaf- und Ziegenherden zu versorgen.[41] Dabei sickerten natürlich auch Gewinne an die lokale Wirtschaft durch, aber die nackte Realität war und blieb, dass der Löwenanteil der Gewinne direkt und indirekt an die Reichen abfloss und diese noch reicher machte.

Hinzu kommt, dass Investitionen heikel sein können, weil der Wettlauf, den Bedarf zu befriedigen, manchmal dazu führt, dass ein Überangebot entsteht – dann sinken die Preise, und strahlende Eldorados verwandeln sich in düstere Brachen. Das war früher so und hat sich nicht wesentlich geändert. Auf dem Höhepunkt des Kautschukbooms war Iquitos im peruanischen Amazonasregenwald vorübergehend der teuerste Immobilienstandort der Welt; einige der Grundstückspreise überstiegen angeblich sogar die von New York. Doch als sich anderswo in der Welt neue Kautschukquellen auftaten, ging es mit diesen Werten schnell bergab. Man könnte auch an Irkutsk in Sibirien denken, wo es Ende des 19. Jahrhunderts ein Opernhaus, mehrere Kathedralen und nicht weniger als 34 Schulen gab. Die Hoffnungen auf eine große Zukunft wurden durch die schnelle Industrialisierung, große Investitionen und nicht zuletzt durch Eisenbahnverbindungen und einen steigenden Lebensstandard beflügelt. «Sibirien wird zu einem zweiten Amerika», bemerkte ein zeitgenössischer Besucher. Bis heute haben sich diese Hoffnungen nicht erfüllt.[42]

Und dann gibt es ja auch noch das Problem der Rückstände und Abfallprodukte des Bergbaus, die die menschlichen Gemeinschaften sowie Fauna und Flora vor Ort auf Generationen hinaus belasteten und größere Umweltschäden verursachten. Die Rückstände der Metallindustrie zum Beispiel führten, in Tasmanien ebenso wie im malaiischen Bundesstaat Perak, zur Verschlammung der Flüsse, wobei die gesamten lokalen Flusssysteme betroffen waren.[43] Gewässer auf der ganzen Welt wurden durch metallische Verschmutzungen vergiftet, die unter anderem vom Abbau von Kupfer, Zink, Blei und Zinn stammten.[44] Hochgiftiges Natriumcyanid, das zur Goldkonzentration mit chemischen Mitteln verwendet wird – ein Verfahren, das im späten 19. Jahrhundert entwickelt und dann umgehend in den Goldfeldern von Witwatersrand in Südafrika zum Einsatz kam –, beschädigte die Umwelt nachhaltig.[45] Noch heute werden in Nordamerika, wo mehr als drei Viertel der Landfläche zum Goldschürfen freigegeben sind, jährlich rund hundert Millionen Kilogramm Cyanid eingesetzt. Und nach wissenschaftlichen Schätzungen hinterlässt allein der Goldbergbau pro Jahr rund eine Milliarde Tonnen Gesteinsabraum und andere Rückstände.[46]

Die Überzeugung, die Umgestaltung der natürlichen Umwelt werde mit Sicherheit positive Langzeitfolgen haben, zeigte sich nicht nur als spektakuläre Fehlkalkulation, sie warf auch auf die herrschenden Vorstellungen einer kulturellen und ethnischen Überlegenheit der Europäer ein grelles Licht. Die Ausdehnung der politischen Macht Großbritanniens in Indien führte zu einer ganzen Reihe ehrgeiziger Vorhaben, wie man das aus Sicht der Briten sehr elementare und ineffiziente Geflecht aus Kanälen, kleinen Dämmen und terrassierten Feldern, die durch Wasserkanäle gespeist wurden, «verbessern» könnte. Diese Bewässerungsnetze wurden mit Technologien, die man für weit überlegen hielt, aufgerüstet und im großen Stil ausgeweitet. So, meinte man, könnten weitere Hungerkatastrophen endgültig vermieden werden, die ja regelmäßig vorkamen – zum Beispiel 1837/38, als in den Nordwestprovinzen, Punjab und Rajasthan rund 800 000 Menschen starben, nachdem der Monsunregen ausgeblieben war.[47] Genauso offenkundig wie das Problem sei auch die Lösung: «Alle indischen Hungerkatastrophen werden durch Dürren verursacht», hieß es in einem Bericht der Indian Famine Commission, die in der zweiten Hälfte des 19. Jahrhunderts eingesetzt worden war, nachdem mehr als fünf Millionen Inder an Hunger und Krankheit gestorben waren. Um dem ein Ende zu setzen, müssten «ohne Zweifel zuallererst Bewässerungswerke in Angriff genommen werden».[48]

Das Problem bestand, wie ein britischer Ingenieur feststellte, vor allem darin, dass «in einem Jahr ein Teil der ganzen Ernte (...) dadurch zerstört wird, dass Flüsse über die Ufer treten», und «im anderen Jahr, weil der Regen ausbleibt». Die Antwort sei also klar: Ganz Indien müsse mit neuen Bewässerungssystemen aufgerüstet werden. Aber das sei eine Aufgabe «von einer solchen Größenordnung, dass (...) die Welt noch nichts gesehen hat, was dem auch nur nahekäme».[49] Die Erregung jener, die hier ans Werk gingen und ihre Arbeit laufend kommentierten, war atemlos und voller Selbstlob. Ein 1852 gebauter Staudamm, der in Dowleswaram die Wassermengen des Godavari (des drittgrößten Stroms in Indien) regulieren sollte, wurde mit den Worten beschrieben: «die edelste Errungenschaft der Ingenieurkunst, die bislang in Britisch-Indien zur Geltung kam».[50]

Ähnliche Gedanken und Worte galten auch dem mehr als 1100 Kilometer langen Gangeskanal, der zwei Jahre später eröffnet wurde. Ein hoher Beamter, der dieses Projekt entworfen hatte, sprach voller Stolz davon, «ein paar Hundert Christen im Herzen eines fremden Landes» seien, umgeben von lauter Heiden, in der Lage gewesen, «zum Wohle dieser unaufgeklärten Massen ein Werk der Zivilisation» zu schaffen. Die dunkle Nacht «der falschen Religion, der Tyrannei und des Krieges» und der «bitteren Folgen des Bösen» sei dem hellen Tag «des Christentums, der guten Regierung und des Friedens» gewichen.[51]

In den folgenden drei Jahrzehnten wurden 65000 Kilometer neuer Kanäle gebaut, die rund 5,4 Millionen Hektar Agrarland bewässern sollten. Die Kosten dafür mussten die Inder weitgehend selbst tragen.[52] Beim Eisenbahnbau winkten privaten Investoren staatlich garantierte Dividenden. Das erwies sich als Erfolgsrezept für ein riesiges Bauprogramm für Bahnstrecken, das Indien zum größten Eisenbahnnetz Asiens verhalf, dem viertgrößten der Welt. Es wurden riesige Mengen Stahl und Eisen benötigt, um Schienen, Lokomotiven, Güterwaggons und Eisenbahnwagen zu bauen, aber auch gigantische Mengen Holz, Koks und Kohle für Schwellen und die Befeuerung der Heizkessel. Auf diese Weise sei der Subkontinent gefühlt auf «ein Zwanzigstel seiner früheren Größe» zusammengeschrumpft, sagte ein britischer Ingenieur. Auch habe die «Dampfkraft» viel zum sozialen Fortschritt beigetragen, indem sie «eines der strengsten Kastensysteme der Welt» unterminiert habe. Sie habe die Regionen miteinander verbunden, die Mobilität der Arbeiterschaft ermöglicht und den ganzen Subkontinent modernisiert.[53]

Das Ausmaß dieser Veränderungen war atemberaubend. In Burma wuchs die Landfläche für den Reisanbau auf das Zwölffache. Das Irrawaddy-Delta wurde zu einem der größten Reisanbaugebiete der Welt. Die dortige Bevölkerung stieg im Zeitraum von 1852 bis 1900 von 1,5 auf 4 Millionen an. Ähnliches geschah auch in anderen Kolonialgebieten: bei den Niederländern in Ostindien und den Franzosen am Mekong. Im letzteren Fall wurde die Kanalisation des Flusses durch Ausbaggerung von Schlamm und Erdboden zum größten Erdbewegungsunternehmen in der Geschichte der Menschheit.[54]

Man würde gerne annehmen, dass die Infrastrukturentwicklung zuerst und vor allem dazu gedacht war, der Bevölkerung vor Ort zu helfen. Sie wäre dann ein Projekt aus dem Geiste der Philanthropie gewesen, ein Ausdruck von Großzügigkeit und Pflichtbewusstsein. Doch tatsächlich ging es in erster Linie um das Wohlergehen und die Stärkung des Empire. Die Investitionen in Bewässerungssysteme zum Beispiel dienten einem doppelten Zweck. Die Agrarerträge (und damit auch die kolonialen Steuereinnahmen) sollten gesteigert und die Auswirkungen des Hungers begrenzt werden. Denn Letztere konnten durchaus kostspielig sein. In den 1870er Jahren etwa wurden fast 10 Millionen Pfund Sterling für die Linderung des Hungers aufgewandt – nach heutigen Relationen rund 200 Millionen Pfund.[55]

Auch die Expansion des Eisenbahnsystems diente nicht allein der indischen Bevölkerung. Die Beschleunigung des Güter- und Personenaustausches kam auch der Kolonialverwaltung zugute, da sie eine Steigerung von Steuereinnahmen bedeutete. Zugleich war das Eisenbahnprogramm ein Segen für die britische Stahlindustrie und andere Branchen, die in großen Mengen Rohprodukte nach Indien liefern konnten. Ein wichtiges Motiv für den Ausbau bestand natürlich darin, die Häfen mit dem Landesinneren zu verbinden und so die Export- und Importmengen zu vergrößern und zu beschleunigen. Aber es gab noch ein weiteres wichtiges Motiv: Ein ausgedehntes Eisenbahnnetz würde, schrieb Lord Dalhousie, der indischen Generalgouverneur, 1853 an das britische Parlament, «die Regierung in die Lage versetzen, das Hauptkontingent ihrer militärischen Stärke an jedem Ort des Landes in nur wenigen Tagen zur Geltung zu bringen, während dies jetzt noch Monate erfordert».[56] Die Eisenbahnstrecken förderten den Handel, verbanden die Regionen, beflügelten die Urbanisierung, hoben den Wert des Landes an und trugen auch zur Alphabetisierung der Bevölkerung bei. Vor allem aber stärkten sie Großbritanniens politischen, militärischen und wirtschaftlichen Zugriff auf den indischen Subkontinent (manche würden auch von einem «Würgegriff» sprechen). Dasselbe galt für Russland mit Sibirien, die Vereinigten Staaten mit dem Gebiet vom Mittleren Westen bis zur Pazifikküste und für China mit der Mandschurei.[57]

Während sich die Kolonialmächte den Löwenanteil der Erträge sicherten, profitierten natürlich auch die Leute vor Ort. Farmer, die sehr daran interessiert waren, ihre Situation zu verbessern, boten Unterstützung, Anstöße und sogar Arbeitskräfte für landwirtschaftliche Aufwertungsprojekte.[58] Substanzielle Chancen erhielten jene, die willens und in der Lage waren, sich in Regionen zu begeben, die durch neue Transportverbindungen zur Urbarmachung und Besiedelung freigegeben, oder aber durch umfassende Bewässerungsprojekte instandgesetzt worden waren. Ein gutes Beispiel ist das westliche Punjab, wo Ausmaß und Tempo der ökologischen Transformation dramatisch waren. Eine Million Menschen zog in neue, zwischen 1885 und 1940 für ganze Heerscharen von Arbeitskräften erbaute «Kanalkolonien». Die Arbeiter versorgten 13 Millionen Hektar Land, die – zuvor kaum mehr als Gestrüpp und Wüste – durch neue Bewässerung in üppig grüne Felder verwandelt worden waren. Dadurch wurde das Punjab, mit den Worten eines Historikers, zum «landwirtschaftlichen Wachstumsmotor Indiens». In der Region lag nun die Hälfte des durch Kanäle bewässerten Landes in Britisch-Indien. Entsprechend wurde das Punjab zur Quelle für hohe Steuereinnahmen und auch für Arbeitskräfte; beides stärkte die koloniale Herrschaft über den gesamten Subkontinent.[59] Die Bauern und all jene, die auf dem neuen Land arbeiteten, konnten davon profitieren – doch zugleich bot die neu gewonnene Kontrolle über die Natur auch den Briten gute Ressourcen, um ihren Zugriff auf Indien zu verstärken.[60]

Letzteres war jedoch nicht Sicht der Kolonialverwalter – oder zumindest nicht das, was sie nach London schrieben. In einem wichtigen Bericht aus dem Jahr 1918 heißt es vielmehr, die Investitionen in Indiens landwirtschaftliche Entwicklung seien dringend nötig und so grundlegend gewesen, dass man «die schrecklichen Katastrophen, die von Zeit zu Zeit ganze Landstriche entvölkert haben», jetzt nicht mehr fürchten müsse. Die Eingriffe in die natürliche Umwelt hätten die Risiken des Klimas eliminiert. Ein Ausbleiben der Regenfälle habe früher nicht nur «Entbehrung und Härten» bedeutet, sondern «große Hungersnöte und den Verlust von Menschenleben». Das sei jetzt nicht länger der Fall, weil das Problem vollständig «wissenschaftlich analysiert und ein System entwickelt» worden sei. Die Natur selbst sei nunmehr gezähmt.[61]

Solches Selbstbewusstsein ging Hand in Hand mit der Gewissheit, dass Wissen und Aufklärung von weit her all dem hoch überlegen seien, was vor Ort schon vorhanden und entwickelt worden war. In einem Buch mit dem bescheidenen Titel *A Book of Civilisation* schrieb ein britischer Kolonialbeamter aus Ostafrika: «Die Leute sind hier schlecht ernährt, weil die meisten Afrikaner keine guten Farmer sind, denn sie wissen nicht, wie man einen Boden fruchtbar hält.» Das mache ihn regelrecht wütend, fuhr er, schon fast mit einem Unterton der Verzweiflung, fort. «Wenn Rinder in Afrika endlich so genutzt werden, wie es sein soll – um für die Kinder Milch zu geben, für [sich] selbst Fleisch, und Dünger für [ihre] Felder, und um Karren und Pflüge zu ziehen –, dann, und keinen Augenblick früher, werden die Leute hier endlich gedeihen.»[62]

Solche Ansichten über die angebliche Unterlegenheit indigener Verfahrensweisen waren typisch und weit verbreitet, aber es gab auch Ausnahmen. Als ein britischer Agrarökonom vom britischen Staatssekretär für Indien gebeten wurde, den Zustand der dortigen Landwirtschaft zu beurteilen, lautete seine klare Antwort, er «teile nicht die häufig geäußerte Meinung, die indische Landwirtschaft sei insgesamt primitiv und rückständig», sondern er glaube vielmehr, dass «in vielen Teilen nur wenig oder gar nichts verbessert werden kann». Soweit man über diese Fragen überhaupt allgemeine Aussagen machen könne, bestehe das Problem nicht in «von vornherein schlechten Anbausystemen», sondern darin, dass es in manchen Bezirken des Subkontinents noch keine geeignete Infrastruktur gebe. Außerdem ließen sich weit bessere Resultate erzielen, wenn man – anstatt neue Praktiken aus Großbritannien, Europa oder anderswoher einzuführen – «eine bessere indigene Methode aus einem Teil [Indiens], wo sie bereits praktiziert wird, in einen anderen Teil überträgt, wo dies noch nicht der Fall ist».[63]

Auch die Verachtung für die landwirtschaftliche Praxis in Afrika – und ganz allgemein für die afrikanischen Völker – war nicht einhellig. Ein französischer Botaniker etwa schrieb: «Der einheimische Bauer ist nicht der verachtenswerte Taugenichts, als der er [von vielen zeitgenössischen Kommentatoren] so oft dargestellt wird.» Es werde nicht nur das Beste aus dem Land herausgeholt, die Bauern täten das auch mit Methoden, denen gegenüber die europäischen Bemühungen spektakulär gescheitert seien, dazu noch mit oft hohen finanziellen und ökologischen Kosten.[64] Die britischen Kolonialbeamten, schrieb Archibald Church, Mitglied der parlamentarischen Untersuchungskommission zu den ostafrikanischen Kolonien, «täten gut daran, die einheimischen landwirtschaftlichen Methoden genau zu studieren, bevor sie arrogant annehmen, die Methoden der Europäer seien denen der Afrikaner weit überlegen».[65]

Solche Ansichten waren seltene Beispiele für Offenheit und Unvoreingenommenheit, und sie richteten gegen die etablierten Einstellungen kaum etwas aus. Mit Blick auf Landwirtschaft und den Abbau von Bodenschätzen blieben Politik und Verwaltung bei ihren Meinungen, was dazu führte, dass man die Dinge oft noch verschlimmerte, statt sie zu verbessern. Es wurde nur ein Problem durch ein anderes ersetzt. Zum Beispiel litt die Biodiversität erheblich, wenn Tieren und Pflanzen der Lebensraum genommen wurde, um Platz zu schaffen für landwirtschaftliche Monokulturen.[66] In Indien breitete sich die Malaria entlang der Kanalnetze mit solcher

Intensität aus, dass manche sich die Frage stellten, ob das ganze Ausbauprogramm unter dem Strich überhaupt etwas Positives bringe.[67] Das Graben neuer Kanäle brachte oft Streit über Eigentumsrechte mit sich, und eine schlechte Drainage bedeutete manchmal nicht nur eine ineffiziente Bewässerung, sondern auch, dass ungesunde Lebensbedingungen entstanden, in denen sich Krankheiten ausbreiten konnten.[68]

Großräumige Bewässerungsanlagen waren – wenn auch anfangs sehr vielversprechend – generell problematisch, weil die Gefahren der Staunässe und Bodenversalzung in der modernen Welt noch genauso bestanden wie im alten Mesopotamien und anderswo viele Tausend Jahre zuvor. Und so kam es, dass auch im Punjab die unschöne Realität bald Einzug hielt und zeigte, dass das Kanalsystem eben doch nicht das Allheilmittel war, das man sich erhofft hatte. In den 1940er Jahren waren die Ernteerträge in vielen Teilen des Punjabs bereits um 75 Prozent oder mehr zurückgegangen; mindestens 400 000 Hektar ehemaliger Anbauflächen wurden durch schlechte Bewässerung unfruchtbar gemacht.[69] Das war für sich genommen schon schlimm genug, aber es wurde noch viel schlimmer, wenn man die ganze Infrastruktur einbezog. Schließlich waren Häuser, Schulen, Krankenhäuser, Straßen und anderes mehr gebaut worden, um eine große Bevölkerung zu versorgen, die eigens dorthin gezogen war, in der großen Erwartung, dass sie dort eine langfristig gesicherte Existenz hätte – statt der prekären Lage, in der sie sich nun befand.[70]

Hinzu kamen die Gefahren einer übermäßigen Abhängigkeit von einer einzigen oder zumindest einer hauptsächlich angebauten Nutzpflanze. Das konnte zu wirtschaftlichen Einbrüchen und zu regelrechten Schocks führen. Kakao etwa war in Süd- und Mittelamerika sowie in der Karibik seit dem Anfang des 20. Jahrhunderts angebaut worden, doch eine massive Aufrüstung der Kakaoplantagen in Westafrika in den fünf Jahrzehnten nach 1885 führte dazu, dass diese Region zum wichtigsten Kakaoproduzenten der Welt wurde, bei einer Ausweitung der Erntemengen um fast das Zwanzigfache – von rund 40 000 auf rund 700 000 Tonnen im Jahr. Die Marktverstopfung führte zu einem Preisverfall, der den Konsumenten sicher gelegen kam, weil sie das begehrte kalorienreiche Produkt nun wesentlich günstiger kaufen konnten. Die Aussichten für Plantagenarbeiter und Investoren waren hingegen weit weniger rosig. Verschärft wurde die Lage noch durch eine biologische Anfälligkeit, welche die einseitige wirtschaftliche Abhängigkeit ganzer Länder von den Kakaopflanzungen in ein grelles Licht rückte. In den 1940er Jahren verwüstete eine durch Viren hervorgerufene Pflanzenkrankheit (Cacao-swollen-shoot-Virus) die Plantagen in Westafrika und erschütterte damit zugleich die Lebensgrundlage vieler Menschen und die politische Stabilität. Im ghanaischen Accra kam es zu Aufständen. Verzweifelt versuchte man, der Infektion Herr zu werden, was letztlich dazu führte, dass hundert Millionen Kakaobäume gefällt wurden.[71]

In vielen anderen Teilen Afrikas hatte die menschliche Umgestaltung der natürlichen Umwelt – einerseits durch Einrichtung von Plantagen, andererseits durch Schaffung von Naturreservaten – eine ganze Reihe tiefgreifender Auswirkungen. Das Spektrum reichte von Zwangsumsiedlungen bis zur Konkurrenz um Wasser, Land und Arbeitskräfte. Siedlungsmuster verschoben sich, als Eisenbahnlinien ins Landesinnere gebaut wurden, was zum Wachstum von Kleinstädten und lokalen Märkten führte – mit dem dazugehörigen Druck auf die jeweilige Umwelt.[72] Damit korrelierten Auswirkungen von Viehherden, die neue Regionen kahl fraßen, nachdem sie an angestammten Orten vertrieben worden waren. Hinzu kamen Auseinandersetzungen innerhalb verschiedener Stämme und zwischen ihnen, oftmals ausgelöst durch Entscheidungen der Kolonialverwaltungen, die bestimmte Gruppen gegenüber anderen bevorzugten (und diese sogar bewaffneten).[73]

Vor allem aber waren die Kolonien Orte, an denen die Kolonialmächte Ressourcen für sich beanspruchen konnten. Produkte wie Palmöl, Kautschuk, Baumwolle, Holz, Kaffee, Kakao und Metalle wurden massenhaft für die heimische Wirtschaft in Europa benötigt, vor allem für die industrielle Fertigung von Gütern wie Seife,

Kleidung, Gummireifen oder Transmissionsriemen für die Fabriken. Schon kurz nach seiner Ernennung zum britischen Sonderbeauftragten für Uganda lautete eine der ersten Fragen von Harry Hamilton Johnston: «Welche Ressourcen besitzt dieses Land für die Entwicklung eines profitablen Handels?» Er versuchte natürlich herauszufinden, was Wert hatte und für die Kunden in der Heimat abtransportiert werden konnte.[74]

Die Welt war ein reiches Paradies, dessen Früchte allerdings denen vorbehalten waren, die die Schlüssel zum Garten Eden geerbt hatten. Die Natur konnte gezähmt, die Menschen konnten «zivilisiert» werden. Die Erkenntnisse der Wissenschaft konnten genutzt werden, um Kontrolle aufzuerlegen und aufrechtzuerhalten. All dies nährte die Überzeugung, die Welt biete unbegrenzte Reichtümer, die man für immer und ewig entwickeln und anzapfen könne.

Winston Churchill zum Beispiel erwähnte nach seiner Ostafrikareise im Jahr 1907 nicht die Menschen, denen er in der Region begegnet war, sondern nur die Fruchtbarkeit und die natürliche Schönheit des Landes, die Kühle der Luft, die Qualität der reichen Böden und ein Übermaß an fließendem Wasser. Afrika, fuhr er fort, müsse «das große Zentrum tropischer Produktion werden und eine äußerst wichtige Rolle für die wirtschaftliche Entwicklung der ganzen Welt» spielen. Mit anderen Worten, Afrika sollte so umgestaltet werden, dass es die Bedürfnisse der Menschen jenseits von Afrika erfüllen konnte, nicht die eigenen.[75] Theodore Roosevelt, der anderthalb Jahre später, kurz nach dem Ende seiner Zeit als Präsident der Vereinigten Staaten, einer ganz ähnlichen Reiseroute folgte wie Churchill, äußerte sich unverblümter. Ostafrika, sagte er, sei «ein Land des weißen Mannes, ein Land, das mit weißen Siedlern gefüllt werden sollte».[76]

Hier kamen Vorstellungen und Überzeugungen zum Ausdruck, die sich seit der ersten Überquerung des Atlantiks durch Kolumbus herausgebildet hatten, in Nordeuropa berauschend stark waren und auch von Leuten geteilt wurden, die aus Nordeuropa in andere Teile der Welt ausgewandert waren. Überhöhte Vorstellungen von angelsächsischen Stämmen aus der fernen Vergangenheit waren Bestandteil mythologisierter Geschichtsvorstellungen geworden, die sich darauf beriefen, dass germanische Völker Rom erobert und das Römische Reich beseitigt hätten – Stämme, die dank ihrer ausgeprägten Freiheitsliebe und ihrer Entschlossenheit, die Fesseln des autoritären Staates abzustreifen, diesen Erfolg errungen hätten. Montesquieu hatte im 18. Jahrhundert solche Vorstellungen mit Nachdruck vertreten, und sie waren in Großbritannien und Deutschland auf fruchtbaren Boden gefallen. Besonders verführerisch war dieses Denken jedoch in den Vereinigten Staaten. Der britische Erfolg gegen die Qing-Dynastie im Ersten Opiumkrieg (1839 bis 1842) wurde zum Beispiel vom *New York Herald* bejubelt; dieser Sieg, hieß es dort, sei «nicht ein Sieg für den britischen Imperialismus, sondern ein Triumph für die Angelsachsen».[77] Solche Äußerungen waren umso verblüffender, als damals viele Menschen in den Vereinigten Staaten den britischen Imperialismus durchaus kritisch sahen.

Manche gingen sogar noch weiter. In den 1850er Jahren phantasierte sich ein amerikanischer Kongressabgeordneter die Idylle zusammen, eines Tages würden «die beiden großen Zweige angelsächsischer Herkunft, der eine vom Golf von Bengalen, der andere vom goldenen Golf von Kalifornien her, auf einer schönen sonnigen Inselgruppe im Pazifischen Ozean zusammentreffen und sich die Hand reichen, vereint in Liebe und Frieden auf der ganzen Welt».[78] Manche in den Vereinigten Staaten brachten hemmungslos ihre Dankbarkeit darüber zum Ausdruck, dass es an der Atlantikküste nur Kolonien gegeben habe, die «von der angelsächsischen Rasse besiedelt wurden». Andere hielten nicht damit hinterm Berg, was das ihrer Meinung nach bedeutete: «Die Geschichte rechtfertigt unseren Glauben an menschliche Rassen ebenso wie daran, dass Tiere dem Menschen unterlegen sind.» Dies sagte nicht irgendwer, sondern Edward Everett (1794 bis 1865), der aus einer Pastorenfamilie in Boston stammte, selbst Prediger, aber auch Professor in Harvard und später sogar Präsident der Universität war. In seiner glänzenden politischen Karriere war Everett Gouverneur von Massachusetts, amerikanischer Außenminister, zuvor schon Gesandter der Vereinigten Staaten in Großbritannien und ab 1853 Senator. Everett also sagte: «Die angelsächsische Rasse, von der wir Amerikaner unsere Abstammung herleiten, wird von keiner anderen übertroffen, die es jemals gab.» Natürlich meinte er aber nur einen Teil der Amerikaner – den mit weißer Hautfarbe.[79]

Auch die Briten waren nicht gerade immun gegen eine derart hohe Meinung von sich selbst. Einige argumentierten sogar, Großbritannien habe überhaupt erst mit seiner imperialen Entwicklung Gestalt gewonnen. «England ist dem europäischen Kontinent entwachsen», sagte Benjamin Disraeli, der spätere britische Premierminister, im Jahr 1866. «Es ist nicht länger nur eine europäische Macht; es ist die Metropole eines großen maritimen Empires, das sich bis an die Grenzen des äußersten Ozeans erstreckt. (...) Es ist wirklich mehr eine asiatische als eine europäische Macht.» All das sei Ergebnis der Auseinandersetzung mit anderen Kontinenten, Völkern und Umwelten, und darin spiegele sich das Bewusstsein, wenn nicht gar die Überzeugung, dass die Quellen von Großbritanniens Reichtum in Übersee lägen.[80]

Die britische Herrschaft sei «standhaft progressiv», behauptete die Londoner *Times* einen Monat nach dem Ende des Ersten Weltkriegs, und «in Anlage und Ausführung die segensreichste in der Geschichte der Menschheit». Diese Ansicht teilten viele, auch Gertrude Bell, die britische Forschungsreisende, Schriftstellerin und Geheimdienstmitarbeiterin im Nahen Osten, die ihrem Vater – ebenfalls kurz nach dem Ersten Weltkrieg – schrieb: «Wir sind wirklich ein bemerkenswertes Volk. Wir retten die Überreste unterdrückter Nationen vor der Zerstörung, geben ihnen mühevoll und kostenträchtig gesunde Unterkünfte, unterrichten ihre Kinder, respektieren ihren Glauben» – selbst, wenn sich viele dafür nicht gerade dankbar zeigten.[81]

Sir Michael O'Dwyer, der als Lieutenant Governor von Punjab unrühmlich in die Geschichte einging, als er beim Massaker von Amritsar am 13. April 1919 auf friedliche Demonstranten schießen ließ, welche gegen die Inhaftierung ihrer Führer protestierten, die sich für die Unabhängigkeit Indiens eingesetzt hatten, war sogar noch emphatischer: «Das britische Empire in Indien ist die größte

Leistung unserer Rasse», schrieb er. «Errichtet wurde es mit dem Blut, dem Hirn und der Energie unserer Vorfahren.» Was «INDIEN NIEMALS HATTE, bis die Briten kamen», betonte er, seien «Einheit, Sicherheit, Frieden, Gerechtigkeit, Kommunikationswege und ein öffentliches Gesundheitswesen».[82]

Solches Selbstlob verschleierte, mit welcher Rücksichtslosigkeit Kontrolle ausgeübt wurde, um die Bevölkerung im Zaum – und die ethnischen Gruppen überdies getrennt – zu halten. Wie ein Historiker feststellte, waren indische Regimenter darauf geeicht, «sich gegenseitig zu töten, wenn die Briten dies verlangt hätten». Dieses Kontrollschema wird ausdrücklich durch die Kommentare des britischen Ministers für Indien (1859 bis 1866), Sir Charles Wood, bestätigt. Der Whig-Politiker hatte bereits gezeigt, wes Geistes Kind er war, als er sich als Schatzkanzler heftig gegen Hilfsmaßnahmen für Irland gestemmt hatte, als dort Mitte der 1840er Jahre die große Hungersnot herrschte. Dies sei eine «vom Schicksal gesandte Notlage», behauptete der Erzliberale, die langfristig dafür sorgen werde, dass dort eine bessere Landwirtschaft betrieben werde. Hungersnot und Todeszahlen von apokalyptischem Ausmaß seien eben der Preis, der dafür zu zahlen sei. Seine Einstellungen zu Indien waren kein bisschen aufgeklärter. Der Hauptgrund, warum man die ethnischen Gruppierungen in der Armee getrennt halten müsse, schrieb er, sei doch ganz einfach: «Wenn ein Regiment meutert, dann möchte ich gern, dass das nächste Regiment ihm so fremd ist, dass es nicht zögern würde, auf die Soldaten zu schießen. So würden also, wenn es nötig würde, Sikhs auf Hindus schießen, und Gurkhas auf beide, ohne jeden Skrupel.»[83]

Die überwältigende Vorherrschaft der Kolonialmächte bot fast grenzenlose und unwiderstehliche Versuchungen.[84] Der belgische König Leopold II. behauptete einfach, das Kongobecken gehöre ihm. Diese Anmaßung führte zu einer ganzen Reihe von Krisen, aber nicht in Westafrika, sondern in Europa. Manche hatten einfach etwas dagegen, dass Leopold ihnen mit dieser Aktion die Möglichkeit nahm, dort selbst als Ausbeuter tätig zu werden. Letztlich wurde Leopolds «Besitz», der fünfmal größer war als Frankreich, durch die europäischen Politiker auf einer Konferenz in Berlin (1884/85) abgesegnet. Das Hauptanliegen dort war, dafür zu sorgen, dass Streitigkeiten unter Kolonialmächten friedlich beigelegt wurden – damit nicht deshalb in Europa Krieg geführt werde. Dies reflektierte die allgemeine Einstellung zu Ressourcen, zur Umwelt und zu Menschenleben außerhalb der eigentlichen Welt der Siedler: Alle Früchte seien reif, man müsse nur rasch und beherzt zugreifen.[85]

Afrika war eine der letzten Früchte, die man erntete, was mit hartnäckigen Vorstellungen von diesem Kontinent und seinen vielen Völkern und Kulturen zusammenhing, die von tief sitzenden Vorurteilen und Rassismus geprägt waren. Signifikant war zum Beispiel, dass – wie schon beim transatlantischen Sklavenhandel ab dem 16. Jahrhundert – die Europäer sich herzlich wenig einfallen ließen, um ins Landesinnere vorzudringen. Es ging fast immer nur um die Küstenregionen und das unmittelbare Hinterland. Das ist ein deutliches Zeichen für die Widerstands- und Anpassungsfähigkeit lokaler Führer und zeigt, dass die Konsolidierung ihrer Macht die logische Folge der Bedrohungen war, die von fremden Händlern und den Gelegenheiten ausging, mit denen diese Händler lockten.

Im späten 19. Jahrhundert jedoch, als sich die Industrielle Revolution beschleunigte, kippte die Balance entscheidend zugunsten der Europäer. Das hatte vor allem mit den Fortschritten der Waffentechnik zu tun, denn nun konnte man mit weniger Männern in kürzerer Zeit mehr erreichen. Anfang 1897 zum Beispiel machte sich James Phillips, der Stellvertretende Regierungsbeauftragte (Deputy Commissioner) und Konsul für das Nigerküstenprotektorat, auf den Weg, um den König (Oba) von Benin zu stürzen – mit einem Gefolge, das nur ein halbes Dutzend Beamte, zwei Geschäftsleute und einen Tross von Gepäckträgern umfasste. Sie gerieten in einen Hinterhalt, bei dem Phillips zu Tode kam, und die Angelegenheit wurde in London zur *Cause célèbre* hochstilisiert. «Eine beklagenswerte Katastrophe» habe sich zugetragen, schrieb der Londoner *Daily Telegraph* und lamentierte: «Eine tapfere Gruppe von Engländern ist ihren Bemühungen, Westafrika wenigstens in den Grenzbereich der

Zivilisation zu holen, zum Opfer gefallen.» Die Frage, warum die Interessen und Motive dieser «tapferen Gruppe» vor Ort vielleicht nicht willkommen waren, sparte die Zeitung natürlich aus.[86]

In der gesamten Presse wurde Revanche für die offenkundige Befleckung der Ehre Großbritanniens gefordert. Dem Oba müsse «die heilsame Lektion erteilt» werden, «dass man den Engländern trauen kann und dass man die Freundschaft der Engländer suchen sollte. Wenn Engländer aber in Wut geraten, dann sollte er wissen, dass man sich vor einem englischen Strafgericht besser in Acht nimmt.»[87] Die Strafexpedition, um Phillips zu «rächen», geriet zu einer der schändlichsten kolonialen Episoden, mit Zerstörung, Mord und Diebstahl. Geplündert wurde das kulturelle und politische Erbe Afrikas, nicht zuletzt die berühmten «Benin-Bronzen», die heute in einigen der führenden Museen der Welt stehen. Der Fall wurde in jüngster Zeit zum Präzedenzfall für die Forderung, geraubte Kunstwerke an die Orte und Völker zurückzugeben, denen man sie abgenommen hatte.[88] Damals jedoch erschien es vollkommen legitim, dem Oba und dem Volk von Benin in aller Härte aufzuzeigen, welche Rolle ihnen in der Welt zukam. Nachdem man ihn gefangen genommen hatte, wurden dem Oba kurz und knapp mitgeteilt, dass er nicht mehr Herrscher im eigenen Land sei. «Der weiße Mann», ließ man ihn wissen, «ist der Einzige, der in diesem Land König ist.» Die Bevölkerung sollte zu sehen bekommen, wie ein «Land schwarzer Menschen zu regieren ist». Ein Richter wurde gesandt, um den «Prozess» gegen den Oba zu führen. Sollten Beweise gefunden werden, die ihn mit dem Mord in Verbindung bringen, so der Richter zu dem Oba, «dann werde ich Sie hier hängen».[89]

Der Aufstieg des Westens war anscheinend nicht aufzuhalten, was bei den älteren Mächten bisweilen zur Selbsterforschung und zu Besorgnis führte. In Vietnam zum Beispiel riefen manche dazu auf, sich dem «neuen Wissen» zu öffnen, das von den traditionellen Vorbildern wegführte, hin zu sprachlichen, wirtschaftlichen und politischen Innovationen. «In alten Zeiten», schrieb ein vietnamesischer Autor im Jahr 1904, «war Asien die Quelle der Zivilisation.» Vietnam habe «fruchtbares Land, ein gemäßigtes Klima, genügend

Reis, Seidenraupen und Waldprodukte» besessen, überdies «eine Küste, die länger ist als die meisten». Doch jetzt «haben wir keine Waldprodukte und andere Ressourcen mehr. Wir haben keine Kontrolle mehr über Hunderte Güter und Vorteile unseres Landes, zum Beispiel Leinen, Krepp, Samt, Seide, Schuhe, Sandalen, Taschentücher, Brillen, Schirme» und Dutzende weiterer Dinge, die lang und breit aufgezählt werden.[90]

Andere in den Kolonien sahen die Dinge ähnlich, riefen aber zum Handeln auf. «Asien hat zu lange in Dunkelheit und im Schatten des Todes gesessen», wetterte 1909 eine Gruppe radikaler indischer Revolutionäre im Exil und forderte die Einrichtung eines asiatischen Parlaments, dem «gebildete Inder, Osmanen, Ägypter, Japaner, Chinesen, Araber, Armenier, Parsen, Perser, Siamesen und andere» angehören sollten. Dies sollte ein wichtiger Schritt sein, um sich gegen die Herrschaft der europäischen Imperialmächte zu erheben.[91] In anderen Fällen brachten leidenschaftliche antikolonialistische Rufe nach Veränderung wenigstens flüchtige Erfolge, zum Beispiel in weiten Teilen des russischen Kaiserreichs nach der Abdankung des Zaren im Jahr 1917, als in einer anfänglichen Hoffnungsphase den Minderheiten weitgehende Selbstbestimmungsrechte zugestanden wurden – bevor ziemlich schnell erneute Verfolgungen einsetzten. Neue Dichtungen, Erzähltexte und Kunstwerke erhellten den russischen Teil Zentralasiens für kurze Zeit, bevor dies alles wieder erstickt wurde, als die Sowjetunion sich zum repressiven Zentralstaat entwickelte und allen die Luft zum Atmen nahm, die dem kommunistischen Traum hätten gefährlich werden können. In solchen paranoiden Szenarien galt das Misstrauen schnell und nachhaltig wieder jenen, die ethnisch anders waren oder in peripheren Grenzregionen lebten – oder gar in beide Schubladen passten.[92]

Die antikolonialen Einstellungen verhärteten sich und wurden oft durch laute ökologische Forderungen bestärkt, in denen darauf hingewiesen wurde, wie das Land ausgebeutet, überbeansprucht und degradiert wurde – zum Vorteil von Leuten, die Tausende Kilometer entfernt lebten. «Indiens Rettung», schrieb Mahatma Gandhi 1909, «besteht darin, all das wieder aus den Köpfen zu bekommen, was in den letzten 50 Jahren dort eingepflanzt wurde.» Die Moderne habe Indien nichts als Unglück und Unterdrückung gebracht. «Die Eisenbahnen, Telegraphen, Krankenhäuser, Rechtsanwälte, Ärzte und alles dergleichen müssen wieder verschwinden», fuhr er fort. «Maschinen sind das wichtigste Symbol der modernen Zivilisation, und sie stehen für eine große Sünde.»[93] Die Urbanisierung, sagte Gandhi später voraus, werde zweifellos zu «einem langsamen, aber sicheren Tod für [Indiens] Dörfer und Dorfbewohner» führen.[94]

Wahres Glück könne nur aufkommen, wenn man «das einfache Leben der Bauern» lebe und die Technologie, den Konsum und die Verwüstungen des Kolonialismus ablehne. «Das Britische Empire steht heute», schrieb Gandhi verbittert bald nach dem Ende des Ersten Weltkriegs, «für Satanismus (…), Repression und Terrorismus.» Es werde, fügte er hinzu, «vor keiner Grausamkeit zurückschrecken», um sich selbst zu überhöhen. Es sei die Quelle allen Übels und «Gipfelpunkt der Tyrannei».[95]

Auch anderen kritischen Beobachtern stießen das Tempo und die zerstörerischen Auswirkungen des modernen Lebens übel auf. Der russische Gelehrte Wsewolod Timonow (1862 bis 1936) verurteilte die Art und Weise, wie durch das Streben nach «unmittelbarem Gewinn» die «Harmonie der Natur» zerstört werde. Die Lebensweise der Menschen bedeute nun, dass Fabriken «ihre übel riechenden Abgase in die Atmosphäre ausstoßen und die Freude an der Natur massiv beeinträchtigen». Da könne es doch gar nicht überraschen, schloss er, dass «das Klima ruiniert wird».[96] Leo Tolstoi (1828 bis 1910) schwor dem Alkohol ab, wurde Vegetarier und gab auf der Suche nach einem einfachen, autarken und gedanklich traditionell geprägten Leben den Umgang mit Geld auf – was wiederum Gandhi dazu inspirierte, 1904 in Südafrika eine utopische Kommune zu gründen, die auf denselben Prinzipien und Idealen basierte. Tolstoi hatte in der Tat einen so großen Einfluss auf Gandhi, dass dieser ihm mitteilte, sein Ashram sei zu Ehren des Dichters auf den Namen «Tolstoy Farm» getauft worden.[97] Für Gandhi war die Vorstellung unerträglich, dass Tausende Männer in Fabriken und Bergwerken unter Bedingungen schufteten, die «schlimmer als [die von] Tieren» seien, und Frauen «für einen Hungerlohn» arbeiteten. Das könne man doch nicht «Zivilisation» nennen.[98]

Der Gedanke, dass die Menschheit gefährlich sei – für sich selbst wie für die Umwelt –, fand im 19. Jahrhundert Verbreitung. Der Dichter und Philosoph Ralph Waldo Emerson (1803 bis 1882) forderte Grenzen für den Umgang des Menschen mit der Wildnis in Amerika, und der einflussreiche Diplomat, Naturhistoriker und Umweltschützer George Perkins Marsh (1801 bis 1882) warnte, der Mensch führe «einen fast wahllosen Krieg gegen alle Formen tierischen und pflanzlichen Lebens in seinem Umfeld». Die menschlichen Eingriffe seien so schädlich wie gnadenlos: Indem «der Mensch (...) in der Zivilisation fortschreitet, rottet er Schritt für Schritt alle spontanen Produkte des Bodens, auf dem er lebt, aus oder verändert sie».[99]

Die logische Kulmination solcher Gedanken findet sich in einem berühmten Essay des amerikanischen Wissenschaftshistorikers Lynn White (1907 bis 1987) aus den 1960er Jahren. Whites These lautet, die jüdisch-christliche Weltsicht des Abendlands habe dazu geführt, dass sich die Menschen weniger um ihre Umwelt kümmerten. Denn der Mensch sei der Natur ja überlegen und getrennt von ihr («Macht euch die Erde untertan», heißt es im Buch Genesis). Das Ende vom Lied sei nun, dass Menschen zu den Hauptverursachern ökologischer Krisen geworden seien.[100] Dies ist auch im Hinblick auf das eurozentrische Gedankengut seit der Aufklärung aufschlussreich, in dem «östliche» Glaubenssysteme als umweltfreundlicher charakterisiert werden. Besonders die Menschen in Asien seien beseelt von edlen, fast mystischen Einstellungen zum Leben, zur Spiritualität und zur Natur. Schon das ist, für sich genommen, bei kritischer Betrachtung eine Form des Orientalismus. Tatsächlich waren ja nicht religiöse Traditionen, weder westliche noch östliche, das Problem oder die Quelle des Problems, sondern menschliche Gier und persönliches Gewinnstreben in religiöser Verbrämung.

Nun wäre es zwar falsch zu behaupten, dass die Landschaften unberührt, die Wälder intakt und die Umwelt ungestört gewesen seien, bis die Europäer kamen und dieses Goldene Zeitalter durcheinanderbrachten. Aber es trifft zweifellos zu, dass Eingriffe und

Ausbeutung im Zeitalter des Kolonialismus, erleichtert durch technologische Hilfsmittel und große Massen von Arbeitskräften, dazu führten, dass Land schneller und umfassender als je zuvor abgeholzt und freigelegt wurde. Es ist einfach das schiere Ausmaß, das beispiellos war.[101] Hinzu kommt, wie die neuere Forschung immer wieder hervorhebt, dass Landwirtschaftspolitik (besonders hinsichtlich der Wälder) eng mit der Umsiedlung ganzer Bevölkerungen, mit der Konsolidierung von Macht und mit «Social Engineering» verbunden war, also mit der Ausweitung politischer Kontrolle, besonders in ökologisch und geographisch abgelegenen Gebieten. Zugespitzt gesagt: Herrschaft über die Umwelt und Kolonialherrschaft gingen Hand in Hand.[102]

Nirgends war dies deutlicher als in Nordamerika, wo die indigenen Völker gewaltsam (und manchmal auch mit arglistiger Täuschung) aus ihren Gebieten vertrieben wurden. Die «Indianer» in «geeignete Landstriche westlich des Mississippis» zu bringen, sagte James Barbour (1775 bis 1842), von 1825 bis 1828 Kriegsminister der Vereinigten Staaten, würde «die glücklichsten Vorteile für die indianische Rasse» mit sich bringen – wobei er allerdings vornehm verschwieg, welche Vorteile die freigeräumten Landstriche ihren neuen Besitzern bringen würden. Manche Stämme, etwa die Seneca, Teil der Irokesen, seien selbst schuld, ließen die Offiziellen der USA verlauten, wenn sie unter Zwangsauktionen ihres Eigentums und unter den Härten der Migration zu leiden hätten; es sei schließlich «ihr eigener Fehler» gewesen, sich nicht rechtzeitig um bessere Ersatzgebiete gekümmert zu haben.[103]

Andere Politiker mahnten ein brutaleres Vorgehen an, damit sie sich selbst die besten Ackerböden und Weideländer sichern konnten. Zu Beginn des Black-Hawk-Krieges im Jahr 1832 drängte ein Zeitungsleitartikel den Gouverneur von Illinois, John Reynolds, einen «Vernichtungskrieg zu führen, bis im Nordteil von Illinois kein Indianer (mit seinem Skalp am Kopf) mehr übrig ist».[104] Diese Form der Enteignung erstreckte sich über viele Jahrzehnte. Am 22. April 1889, um nur ein Beispiel zu nennen, signalisierte ein Schuss, dass die Siedler nunmehr das «Recht» hätten, Land in Oklahoma für sich zu reklamieren, welches den Völkern der Creek und Seminolen bei der vorangegangenen Enteignungs- und Migrationswelle zugeteilt worden war. Am Ende des Tages waren 800 000 Hektar in Einheiten zu 64 Hektar vergeben. Bei Sonnenuntergang war auf diese Weise die neue Stadt Oklahoma City mit einer Bevölkerung von bis zu 10 000 Einwohnern gegründet. Rechteckige Straßenmuster waren geplant, die Parzellen abgesteckt, und die Gedanken richteten sich bereits darauf, wer diese neue Stadt regieren solle.[105]

Das furiose Tempo der Veränderungen eröffnete allenthalben verlockende Aussichten, ein Vermögen zu machen und sozial aufzusteigen. Sehr genau nachgezeichnet finden sich dieser Zeitgeist und die gesellschaftlichen Übergänge in Anton Tschechows 1904 uraufgeführtem Drama *Der Kirschgarten*. Der Zwiespalt zwischen Altem und Neuem bestimmt die Atmosphäre des Stückes – die Schwierigkeit, sich an neue Gegebenheiten anzupassen. Die adlige, in Paris lebende Gutsbesitzerin Ranjewskaja tut sich schwer mit der neuen Zeit, verkörpert vom Kaufmann Lopachin, einem Selfmademan, dessen Vater auf dem Gut als Landarbeiter tätig und dessen Großvater dort noch Leibeigener gewesen war. Am Ende kauft Lopachin das Gut, auf dem er seine Kindheit verbrachte. Man hört im Hintergrund schon, wie die schönen alten Kirschbäume gefällt werden; auf dem Gelände sollen jetzt Datschen für Gäste entstehen. Diese Umwidmung der Natur zugunsten moderner Nützlichkeitserwägungen, Bedürfnisse und Geschmäcker zeigt deutlich, was «Fortschritt» und Moderne in diesem Zeitenwandel bedeuten.[106]

Auch dieser «Fortschritt» hatte seinen Preis. Karl Marx zum Beispiel brachte im dritten Buch des *Kapitals* seine Sorge über die rücksichtslose Entschlossenheit zum Ausdruck, «den Erdkörper, die Eingeweide der Erde, die Luft und damit die Erhaltung und Entwicklung des Lebens zu exploitiren» – also den Willen, auf Kosten der Natur Profit zu schlagen.[107] Der Ansturm auf die Ausbeutung des Landes führte zu unmäßigen Renditeerwartungen für Investitionen und zu ökologischer Erschöpfung des Landes. Die Entwicklung Alabamas etwa wurde mit Kapital finanziert, das an weit entfernten Orten beschafft wurde, an der Wall Street, aber auch in vielen europäischen Städten. Das Prärieland mit seinen schwarzen, kalkreichen, fruchtbaren Böden, die vor langer Zeit in früheren Perioden des Klimawandels entstanden waren, war für Investoren besonders attraktiv. Nur wenige scherten sich darum, dass der Übergang zu Monokultur und massiver Bodenausbeutung ganz andere Ergebnisse zur Folge haben würde als die Art und Weise, wie dort zuvor die Creek Landwirtschaft betrieben hatten. Dieses indigene Volk kannte ausgeklügelte Formen der Biodiversität und kombinierte sorgfältig den Anbau verschiedener Nutzpflanzen mit einer rotierenden Bepflanzung, um langfristig und nachhaltig wirtschaften zu können.[108]

Sicher führte Kolonialismus nicht immer und nur zu Raubbau und Einbußen. In Japan zum Beispiel investierten die kaiserlichen Behörden beträchtliche Mittel in die Wiederaufforstung Koreas. In den ersten Jahrzehnten des 20. Jahrhunderts wurden mehr als eine Million Bäume gepflanzt und zudem gesetzliche Schutzbestimmungen für den Wald erlassen. Andere koloniale Großprojekte der Japaner in Korea, wie Staudämme, Häfen und weitere Großbauwerke, die mit hohen Investitionskosten verbunden waren, erinnerten allerdings eher an die Kolonialpolitik der Europäer. Japan ging es bei seiner Waldwirtschaft auch gar nicht um Naturschutz oder eine grundlegende Haltung zum Wald als solchem, sondern darum, dass Holz in der vorindustriellen Wirtschaft des Landes eine so zentrale Rolle gespielt hatte. Ein weiteres, damit verbundenes Motiv war das Selbstbild Japans als «üppig grünes Reich». Es ging also auch um die japanische Identität, Staatskunst und Herrschaft, die unauflöslich damit verbunden waren, dass ein unbegrenzter Zugang zu Holz als Brenn- und Baustoff garantiert war. Dies sicherstellen zu können, zeugte von weiser Voraussicht des Kaisers und seines Hofstaats.[109]

Insgesamt gesehen, war die Geschichte des 19. Jahrhunderts, und besonders der zweiten Jahrhunderthälfte, die einer stark zusammenschrumpfenden Welt, weil Völker und Orte immer näher aneinanderrückten. Dies war das Ergebnis von Eisenbahnbau, der Entwicklung immer größerer, schnellerer und verlässlicherer Schiffe sowie anderer neuer Technologien, zum Beispiel des Telegraphensystems, das eine schnelle Nachrichtenübermittlung ermöglichte. Es war nicht nur ein Zeitalter neuer Infrastrukturen, die die Globalisierung beschleunigten, sondern auch eines, das den schnellen Aufstieg der Städte erlebte, die wie Pilze aus dem Boden schossen und rapide wuchsen, weil so viele Menschen zuströmten. Dass viele der größten Städte an Küsten lagen, war kaum überraschend. Der Zugang zu guten Häfen erlaubte den Schiffen, ihre Ladung schnell, preiswert und effizient an Land zu bringen. Häfen waren die Trichter für den Handelsverkehr: für Waren, natürliche Ressourcen und Mineralien aus dem Hinterland der Kolonien. Zugleich waren sie die Ventile für Industriegüter, die in umgekehrter Richtung transportiert wurden, aus dem industrialisierten Europa zu den neuen Märkten in aller Welt.[110]

Zwar nahm das Bewusstsein zu, dass die Intensivierung von Handel und Konsum ihren Preis hatte, aber es muss wohl nicht eigens betont werden, dass dieser Gesichtspunkt in den Überlegungen der Investoren für den Eisenbahnbau in Nordamerika, Russland und Afrika keine Rolle spielte. Die ökologischen Kosten, die mit Entwaldung, massenhafter Viehwirtschaft, extensivem Ackerbau in Monokulturen oder rücksichtslosem Bergbau einhergingen, spielten für sie keine Rolle. Die Errichtung einer Eisenbahnstrecke in Äquatorialafrika erwies sich als eines der tödlichsten Projekte der Geschichte: Zehntausende starben an Überarbeitung, Krankheiten, Mangelernährung und körperlicher Misshandlung. Doch der Gewinn der französischen Baugesellschaft blieb garantiert und wurde nicht angetastet.[111]

Wer aber verantwortungsvoller und offener war, machte sich auch mehr Gedanken darüber, welch gravierende Folgen Umwelt- und Klimaveränderungen haben konnten. Anstoß waren immer wieder größere Naturphänomene wie etwa das Carrington-Ereignis aus dem Jahr 1859 (benannt nach dem englischen Astronomen und Sonnenforscher, der es beschrieb). Gigantische Sonneneruptionen lösten damals auf der Erde einen massiven magnetischen Sturm aus, der weltweit zum Ausfall der Telegraphenstationen führte. Erinnert sei auch an den dramatischen Vulkanausbruch des Krakataus in Indonesien im Jahr 1883, dessen Explosivkraft geschätzt viermal stärker war als die der stärksten thermonuklearen Bombe, die bislang gezündet wurde – oder vierzigmal stärker als die aller konventionellen Sprengstoffe im gesamten Zweiten Weltkrieg. Solche Ereignisse lenkten den Blick wieder stärker auf Klima- und Wettermuster und waren der Anlass für Forschungen, die sich mit dem Wandel dieser Muster befassten und damit, wie weit all dies mit menschlichen Aktivitäten und Eingriffen in die Landschaft zusammenhing.[112]

Schon seit einiger Zeit waren Wissenschaftler bemüht, Klimaveränderungen besser zu verstehen. Zum Beispiel veröffentlichte der berühmte Astronom William Herschel (1738 bis 1822) im Jahr 1801 einen Artikel, in dem er darauf hinwies, dass die Sonnenfleckenaktivität ein entscheidender Faktor für die Wetterbedingungen auf der Erde sei – und damit auch für Ernteerträge, Weizenpreise und Wirtschaftszyklen. Andere folgten ihm in den anschließenden Jahrzehnten, etwa der Physiker Arthur Schuster (1851 bis 1934), der beobachtete, dass gute Weinjahre anscheinend mit einem elfjährigen Solarzyklus zusammenhingen.[113] Der Wirtschaftswissenschaftler William Stanley Jevons (1835 bis 1882) ging in den 1870er Jahren noch einen Schritt weiter und stellte Verbindungen her zwischen den Sonnenaktivitäten im 18. und 19. Jahrhundert und Preisniveaus, Wirtschaftskrisen und einem Muster «eindeutiger» Wirtschaftszusammenbrüche.[114]

Andere untersuchten die Atmosphäre und ihre Bedingungen. Der französische Physiker und Mathematiker Joseph Fourier (1768 bis 1830) war einer der Ersten, die sich diesem Gegenstand systematisch widmeten. Seine These lautete, dass die Gase der Atmosphäre als Barriere dienen, um die Wärme auf der Erde zu halten – und er stellte die Frage, ob der «Fortschritt der menschlichen Gesellschaft» in der ganzen Welt vielleicht verantwortlich sei für «bemerkenswerte Veränderungen», zum Beispiel «Variationen der Durchschnittstemperaturen».[115] Zu den Wissenschaftspionieren zählte auch die Amerikanerin Eunice Foote (1819 bis 1888), die in den 1850er Jahren feststellte, wie wichtig die Wärmeabsorption verschiedener Gase für die Funktion der Erdatmosphäre ist. Obwohl man sie damals noch nicht als solche (an)erkannte, war sie die Entdeckerin dessen, was wir heute als «Treibhauseffekt» bezeichnen. Foote führte Experimente durch, bei denen sie verschiedene Gaskombinationen in geschlossenen Glaszylindern erhitzte, und sie stellte dabei fest, dass Kohlendioxid und Wasserdampf sich nicht nur schneller erhitzten als andere Gase und Gaskombinationen, sondern auch «wesentlich länger» brauchten, «um sich wieder abzukühlen», wenn man die Wärmequelle abstellte. Foote kam zu dem Schluss: «Eine Atmosphäre dieses Gases würde unserer Erde eine hohe Temperatur verleihen.»[116]

Bis zur Wende zum 20. Jahrhundert hatten weitere Forscher die Grundlagen des Treibhauseffekts aus der Sicht verschiedener Fachdisziplinen herausgearbeitet und beschrieben: John Tyndall (1820 bis 1893), Samuel Pierpont Langley (1834 bis 1906), Thomas Chrowder Chamberlin (1843 bis 1928) und Svante Arrhenius (1859 bis 1927), der als Nobelpreisträger für Chemie wohl der berühmteste von ihnen war. Motiviert waren diese Forschungen allerdings nicht durch die Sorge um einen Anstieg des CO_2-Gehalts in der Atmosphäre. Vielmehr widmeten sich alle genannten Forscher der geologischen und geophysikalischen Vergangenheit der Erde. Arrhenius war nicht besorgt wegen der globalen Erwärmung, ganz im Gegenteil. Er fragte sich, ob die Erderwärmung nicht von Vorteil sei und zu einer «ausgeglicheneren» Umwelt führen könnte, mit einem üppigeren Pflanzenleben und höherer Nahrungsmittelproduktion.[117] Trotz dieser Fortschritte wurde die Klimawissenschaft jahrzehntelang als vermeintliches Randgebiet abgetan. Das sei etwas für Amateure, Spinner und Sonderlinge im akademischen Betrieb – jedenfalls kein Thema für ernsthafte wissenschaftliche Untersuchungen.[118]

Ereignisse wie Solarstürme und Vulkanausbrüche führten im öffentlichen Bewusstsein zu einem gesteigerten Interesse an Sonnenzyklen und vulkanischen Aktivitäten – aber auch populäre Wissenschaftsliteratur und frühe Science-Fiction trugen dazu bei. In solchen Werken ging es überwiegend um vom Menschen verursachte Veränderungen und Eingriffe, insbesondere darum, wie menschliches Verhalten das Klima zum Guten oder zum Schlechten veränderte. Schon in den 1820er Jahren schrieben Autoren wie der russische Schriftsteller Faddei Bulgarin über eine Welt, in der es Wissenschaftlern gelungen war, die arktische Küstenlandschaft Russlands zu erwärmen und in eine maritime Idylle zu verwandeln. Wenige Jahrzehnte später kamen Byron Brooks und Lysander Richards unabhängig voneinander mit der Idee daher, dass die Sahara durch Klimamanipulationen in eine Ackerlandschaft verwandelt worden sei. Britische Autoren spekulierten auch über das Schreckensszenario von Änderungen im Verlauf des Golfstroms, die die Folge wären, wenn der Panamakanal gebaut würde. Die dann unausweichliche Klimakatastrophe werde das Britische Empire zugrunde richten.[119]

In *The Great Weather Syndicate* (1906) von George Griffith entwickelt der Held, Arthur Arkwright, eine Maschine, die das Klima verändern kann und die verspricht, ihn zum «Herrn über das Schicksal der Welt» zu machen, weil sie ihn und sein «Syndikat» in die Lage versetzt, maßgeschneiderte Wetterbedingungen zu schaffen, wenn Interessenten bereit sind, dafür gutes Geld zu zahlen.[120] Über ein ähnliches Thema schrieb auch Jules Verne. Dessen *Sans dessus dessous* (*Der Schuss am Kilimandscharo*, 1889) ist eine beißende Satire auf den Plan rücksichtsloser Investoren, die Erdachse so weit zu begradigen, dass das globale Klima überall gleich ist. Die Jahreszeiten und die unterschiedlichen Längen von Tag und Nacht werden abgeschafft. Zugleich aber wird die Arktis so weit erwärmt, dass das Eis wegschmilzt und der freie Zugriff auf riesige Kohlevorkommen möglich wird – das eigentliche Ziel der ganzen Aktion.[121]

Was Verne und andere indes nicht wissen konnten, war, dass die Meeresspiegel im späten 19. und frühen 20. Jahrhundert nicht nur global anstiegen, sondern dass sich dieser Anstieg auch immer weiter beschleunigte.[122] Neuere Forschungen datieren den Beginn auf das Jahr 1863 und verweisen darauf, dass dieses Phänomen nichts mit einem Abschmelzen des Grönländischen Eisschildes oder mit von Menschen verursachten Faktoren zu tun hat. Vielmehr ist dafür wahrscheinlich das Zusammenspiel verschiedener Meeresströmungssysteme verantwortlich – es geht um die Nordatlantische Umwälzbewegung (Atlantic Meridional Overturning Circulation,

AMOC), die Stärke des Floridastroms und die Stärke und Lage des Golfstroms. Hinzu kommen Veränderungen in den atmosphärischen Windmustern, Auftriebsströmungen und im Luftdruck.[123]

Doch verweisen die literarischen Werke, die mit einem Klimawandel verbundene dystopische (oder utopische) Zukunftswelten heraufbeschworen, auf ein zunehmendes Interesse daran, wie menschliche Aktivitäten sich auf Natur und Umwelt auswirken. Völlig überraschend ist das nicht, zumal an Orten, die schon sehr früh und sehr intensiv industrialisiert wurden. Die Luftverschmutzung in den britischen Städten war so schlimm, dass die Kindersterblichkeit um 8 Prozent anstieg. Die Kohleverbrennung der Industrie im späteren 19. Jahrhundert hatte einen messbaren und höchst schädlichen Einfluss auf das Leben in den Städten.[124] Insgesamt war die industriell verursachte Luftverschmutzung fünfzigmal höher als heute, mit stark negativen Auswirkungen auf den Gesundheitszustand und das Wachstum der Menschen.[125]

Das Leben in der Großstadt war immer schon laut, geschäftig und chaotisch. Charakteristisch für die Städte im 19. Jahrhundert waren jedoch Ausmaß und Tempo ihres Wachstums. Die Einwohnerzahl von Manchester vervierfachte sich zwischen 1801 und 1851, weil immer mehr Menschen auf der Suche nach Arbeit in die Stadt drängten.[126] Eine derart schnelle Expansion in Verbindung mit schlechten sanitären Verhältnissen und hoher Luftverschmutzung beunruhigte Besucher wie Friedrich Engels. Er war über die katastrophale Lage in der Stadt schockiert. Die Folge der Arbeitsbedingungen in den Spinnereien seien «Blutspeien, schweren, pfeifender Atem, Schmerzen in der Brust, Husten, Schlaflosigkeit». Frauen und Mädchen, die Kleidung nähen mussten, waren «fast völlig der freien Luft entzogen», und sie mussten bei so schlechten Beleuchtungsverhältnissen arbeiten, dass viele Probleme mit den Augen bekamen, manche sogar erblindeten. Zusammen mit den kapitalistischen Verhältnissen in den Fabriken und einer Arbeit, die «monoton und entwürdigend» war, war dies nichts anderes als «barbarische Ausbeutung der Arbeiter».[127] Und solche Bedingungen waren überall in Nordwestengland anzutreffen, das, mit den Worten eines Zeitgenossen von Engels, voll von «kleinen Manchesters» war.[128]

Wohlstand und Status schützten dabei nicht immer vor Krankheit. 1841 starb William Harrison nur einen Monat, nachdem er als neunter US-Präsident vereidigt worden war. Sein Tod wurde lange auf eine Lungenentzündung zurückgeführt, die er sich zugezogen habe, als er sich am bitterkalten Tag seiner Vereidigung geweigert hatte, Hut, Mantel und Handschuhe zu tragen. Tatsächlich scheint er jedoch an Typhus gestorben zu sein, höchstwahrscheinlich verursacht durch die schlechten sanitären Verhältnisse in Washington, D.C., konkret dadurch, dass sich die Wasserversorgung des Weißen Hauses aus einem nahe gelegenen sumpfigen Gelände speiste, in das auch städtische Abwässer geleitet wurden. Damals gab es in der Hauptstadt noch keine Kanalisation. Es sieht zudem ganz so aus, als hätten auch zwei Amtsnachfolger Harrisons, die Präsidenten Polk und Taylor, während ihrer Amtszeit unter Krankheiten gelitten, die womöglich dieselbe Ursache hatten.[129]

Eine literarische Gegenreaktion auf das Wachstum der Städte, auf Luftverschmutzung, Krankheiten und Umweltschäden war die Romantik, die vor allem in der Lyrik das Land- und Familienleben als ungestörte Idylle beschwor – ohne schädliche Eingriffe des Menschen. Aber diese Literatur stand in scharfem Kontrast zur Realität der Industrialisierung, die laut William Wordsworth, einem der wichtigsten Vertreter der romantischen Bewegung in England, bedeutete, dass Mütter sich nicht mehr auf «die schöne Kunst der Stickerei» freuen konnten und den Jungen «die kurze Ferienzeit der Kindheit» beschnitten wurde, wenn sie als Arbeiter in die Fabriken getrieben wurden und dann «Gefangene» waren.[130]

Mit anderen Worten, es war nicht schwer zu begreifen, dass die Moderne ihren Preis hatte und dass diese Kosten überdies global ungleich verteilt waren. Während die Luftverschmutzung in erster Linie auf früh und schnell industrialisierte Städte in Nordeuropa und Nordamerika beschränkt war, belasteten Wasser- und Flussverschmutzung vor allem Gegenden, in denen es zu massiver Entwaldung und flächendeckender Urbarmachung von Ackerland gekommen war. Auslöser für massive Bevölkerungsbewegungen waren vor allem Urbanisierung und Arbeitsteilung, wobei auch Zwang und Gewalt, die Regelung von Angebot und Nachfrage sowie die eigenständige Suche nach besseren Chancen eine Rolle spielten. Insgesamt veränderten sich Bevölkerungskonzentration und -verteilung dramatischer und schneller als je zuvor in der Menschheitsgeschichte. Mit den Folgen sind wir zum Teil noch heute konfrontiert. Zu den offenkundigsten und stärksten zählen Krankheitsepidemien.

Durch das gedrängte Leben in den Städten kamen immer mehr Menschen in engen Kontakt miteinander, was nicht nur die Rhythmen des wirtschaftlichen und kulturellen Austauschs beschleunigte, sondern auch die Ausbreitung von Infektionskrankheiten förderte. Und diese betrafen nicht nur die Menschen. Im Herbst 1872 etwa setzte sich in ganz Nordamerika die Pferdegrippe fest. Die ersten Fälle traten in der Nähe von Toronto auf, die Golfküste wurde am Jahresende und die Westküste im folgenden Frühjahr erreicht. Die Sterblichkeitsrate lag bei dieser Krankheit zwar nur bei rund 2 Prozent, aber sie hatte zur Folge, dass die Pferde aufgrund von Erschöpfung nicht arbeiten konnten. Dadurch kam es zu größeren wirtschaftlichen Störungen, nicht zuletzt, weil den Tieren eine zentrale Rolle beim Transport von «Kohle, Ballen und Kisten» zukam. Güter und Dienstleistungen verteuerten sich erheblich – wobei manche glaubten, dass hier auch die Gelegenheit genutzt wurde, um Preise künstlich in die Höhe zu treiben. Bedenklich wurde die Lage auch, weil in dicht besiedelten Städten die Brandgefahr hoch war. Ein Großbrand in Boston etwa konnte wohl nur deshalb so stark wüten, weil es nicht genug Pferde gab, um die Feuerwehrausrüstung rechtzeitig an die Einsatzorte zu bringen.[131]

Auch anderswo hatten Tierseuchen verheerende Folgen, vor allem in Ost- und Südafrika, wo in den 1890er Jahren eine Rinderpest Millionen Rinder, Schafe, Ziegen und andere Nutztiere verenden ließ. Das Ergebnis war eine Hungerkatastrophe, der zwei Drittel der Massai-Bevölkerung zum Opfer fielen. Die sozialen und politischen Strukturen vor Ort wurden geschwächt, es kam zu weitverbreiteter

Gewalt, und es wurde letztendlich der Weg frei gemacht für die Kolonialmacht, die sich auf Kosten der lokalen Eliten ausweitete.[132]

Wie das Unglück der einen zur Gelegenheit für andere wurde, zeigt sich etwa am Ausbruch der Masern auf den Fidschi-Inseln im Jahr 1875. Dadurch wurden deutlich mehr indische Arbeitskräfte benötigt, nicht zuletzt, weil die südasiatischen Bevölkerungen in ihrer Kindheit eine starke Immunität gegen die Masern erlangt hatten.[133] Plantagenarbeiter von den pazifischen Inseln wiesen in Queensland und anderen Teilen Australiens bei Maserninfektionen eine ungewöhnlich hohe Sterblichkeitsrate auf, vor allem im ersten Jahr. So verschoben sich durch Arbeitsmigranten die epidemiologischen Grenzen – im Zuge der Landschaftsumgestaltungen zugunsten eines großflächigen, arbeitsintensiven Anbaus von Baumwolle und anderen Feldfrüchten.[134]

Die Intensivierung der interkontinentalen Verbindungen im 19. Jahrhundert führte zu einer «Vereinigung der Erde im Zeichen der Krankheit», wie es ein Historiker pointiert formulierte. Handelsrouten, Wanderungskorridore und Truppenbewegungen schufen einen «gemeinsamen Markt der Bazillen», die auf der ganzen Welt umherschwirrten.[135] Epidemien und Pandemien waren der Preis für verstärkten menschlichen Austausch, denn die Krankheitserreger verbreiteten sich so von Kontinent zu Kontinent. Häfen wie Bombay, Kapstadt, Singapur, Hongkong und Kalkutta hatten zentrale Bedeutung nicht nur für den Güterumschlag, sondern auch als Übertragungspunkte in einem globalen Infektionsnetz.[136]

Der bedeutendste Knotenpunkt dieses Netzes war wohl Dschidda in der Provinz Mekka. Seit der Zeit des Propheten Mohammed wird von Muslimen aus aller Welt erwartet, dass sie einmal im Leben die große Pilgerreise nach Mekka unternehmen, den Hadsch, zu dem eine ganze Reihe von Ritualen gehört. Diese Reise wurde nun praktisch zum Synonym für Choleraausbrüche, die sich noch intensivierten, seit man mit Dampfern durch den Suezkanal fahren konnte. Im 19. Jahrhundert brach die Cholera in Mekka im Schnitt alle drei Jahre aus; bei den Epidemien von 1831, 1865 und 1893 kamen jeweils Zehntausende ums Leben.[137]

Bei anderen Pilgerreisen kam es zu ähnlichen Ausbrüchen. Auf einer Gesundheitskonferenz im Jahr 1866 galten Pilgerreisen als «die stärkste Ursache für die Entwicklung und Verbreitung von Choleraepidemien».[138] Neben Mekka waren «Orte, wo sich Hindu-Pilger versammeln», als Infektionsbrutstätten unrühmlich bekannt, und das fügte sich bestens in kolonialistische Stereotype ein, denen zufolge Pilger als «dreckig, abergläubisch, von Natur aus irrational und sanitären Maßnahmen abhold» galten.[139]

Besondere Sorge bereiteten Feste, die in Nordindien an wechselnden Orten an den vier heiligen Flüssen abgehalten wurden – in Haridwar am Ganges, Nashik am Godavari, Ujjain am Shipra und Prayagraj (früher Allahabad) am Zusammenfluss von Ganges, Yamuna und dem unsichtbaren mythischen Fluss Sarasvati. Die alle zwölf Jahr stattfindende Kumbh Mela («Fest des Kruges»), das größte religiöse Fest der Welt, zieht unzählige Pilger an. 2019 nahmen schätzungsweise 50 Millionen Menschen teil.[140] Solche Feste wurden zu tödlichen Infektions- und Ansteckungsquellen, zum Beispiel 1867, als sintflutartiger Regen den Boden aufweichte. Es kam zu einer riesigen Choleraepidemie, obwohl die Kolonialbehörden versucht hatten, die Menschenströme zu kontrollieren und alle Pilger mit erkennbaren Symptomen in Quarantäne zu stecken. Die Krankheit war einfach nicht aufzuhalten, obwohl man eigens Steinöfen zur Verbrennung der Exkremente und Latrinengräben gebaut hatte, die laufend mit trockener Erde abgedeckt wurden. Dabei waren diese Maßnahmen anfangs anscheinend so erfolgreich gewesen, dass «kein einziger Angelsachse, eine Rasse, die auf üble Gerüche viel sensibler reagiert als die Einheimischen, [irgendeinen Gestank] wahrnahm». Auch bei den Festen von 1879, 1891 und 1901 kam es zu katastrophalen Ausbrüchen.[141]

Solche Katastrophen spornten die Wissenschaft an. Ärzte und Forscher wie John Snow, Filippo Pacini und Robert Koch kamen den Ursachen der Cholera auf die Spur, entwickelten Behandlungsmethoden und konnten schließlich auch den Erreger identifizieren.[142] Daneben wuchs das bürgerliche Engagement. Einige Gemeinschaften wie die Parsen in Indien gründeten stolz eigene Hospitäler, um die Kranken zu pflegen. Zehn große internationale Konferenzen zwischen 1851 und 1900, auf denen Wissenschaftler aus aller Welt ihre Forschungsergebnisse und Hypothesen vorstellten, belegen ein hohes Maß an medizinischer Zusammenarbeit.[143]

Doch ließen weitere negative Folgen immer stärker vernetzter Verkehrs- und Transportwege und hoher Bevölkerungsverdichtung nicht lange auf sich warten. Im Sommer 1889 traten die ersten Erkrankungsfälle eines hochgradig ansteckenden Grippevirusstamms im zentralasiatischen Buchara auf. Bald darauf wurden im ganzen russischen Kaiserreich weitere Fälle entdeckt. In St. Petersburg wurden Schulen und Fabriken geschlossen, nachdem sich rund ein Fünftel der Bevölkerung infiziert hatte. Schnell breitete sich die Krankheit auch nach Deutschland aus und suchte am Jahresende 1889/90 bereits die Großstädte an der nordamerikanischen Ostküste heim. Anschließend kamen die Menschen zwischen New Orleans und San Francisco an die Reihe – aber auch Konstantinopel war betroffen, wo die Hälfte der Bevölkerung erkrankte. Innerhalb von vier Monaten hatte sich das Virus auf der ganzen Welt ausgebreitet; insgesamt starben rund eine Million Menschen.[144] Einer neuen Hypothese zufolge wurde diese Pandemie vielleicht von einem Corona- statt von einem Influenzavirus verursacht.[145]

Aus Sorge über die Ausbreitung der Krankheit und damit verbundene politisch fragile Zustände und wirtschaftliche Probleme erfolgten dringende Aufrufe zu internationaler Kooperation. Auf einer Konferenz zur Pestprävention im Jahr 1911 zum Beispiel drängte Xi Liang, Vizekönig der Mandschurei im China der Qing-Dynastie, die Delegierten, Sicherheitsmaßnahmen auszuarbeiten, die «zur Rettung von Menschenleben führen, nicht nur in diesem Land, sondern auch in anderen, falls diese schreckliche Krankheit unglücklicherweise woanders ausbrechen sollte». Die Bemühungen, Strategien zur Identifizierung von Infektionskrankheiten und zur Verhinderung ihrer Ausbreitung umzusetzen, wurden zum Schwerpunkt für politische Planer und gemeinnützige Organisationen in anderen Teilen der Welt, aber auch zum Thema der internationalen Zusammenarbeit. Der unglückselige Völkerbund gründete 1924 eine

Agentur, die sich der Organisation des internationalen Gesundheitswesens widmete, und die Rockefeller Foundation stellte für die Krankheitsprävention in China finanzielle Mittel von bis dahin ungesehenem Ausmaß bereit.[146]

Diese Aufmerksamkeit war zum Teil eine Reaktion auf die berühmteste Pandemie des 20. Jahrhunderts, die Spanische Grippe von 1918 bis 1920. Hier hatte das Virus von einer bestimmten Konstellation schwieriger Umstände massiv profitieren können, wobei die Schätzungen der Opferzahlen extrem schwanken, zwischen 17 Millionen und bis zu 100 Millionen Menschen.[147] Massenentlassungen von Soldaten nach dem Ende des Ersten Weltkriegs, aber auch ein geschwächtes Immunsystem der Bevölkerung nach vierjähriger kriegsbedingter Mangelernährung verhalfen dem Virus in Europa, Asien und Afrika zur ungehinderten weltweiten Ausbreitung.[148]

Schlechte Hygienestandards in den Krankenhäusern verschlimmerten die Sache noch weiter. Eine große Zahl der Todesfälle – vielleicht sogar die Mehrzahl – geht vermutlich auf Sekundärinfektionen zurück, etwa auf bakterielle Lungenentzündungen.[149] Auch die Infektionsorte spielten natürlich eine Rolle. Dicht gedrängte Großstädte boten auch in diesem Fall ideale Übertragungswege und wiesen entsprechend hohe Todesraten auf. In Städten, in denen viel Kohle verbrannt wurde, war die Übersterblichkeit nochmals beträchtlich höher als dort, wo die Luft sauberer war. Betroffen waren Zehntausende.[150]

Die Langzeitfolgen der Spanischen Grippe waren beträchtlich, wie neuere Untersuchungen gezeigt haben. In Brasilien etwa hatte die Krankheit tiefgreifende Auswirkungen auf die Kindersterblichkeit, und diese veränderte das statistische Geschlechterverhältnis signifikant.[151] Forschungsbelege aus den Vereinigten Staaten, wo die Kohorte der 1918 bis 1920 Geborenen über viele Jahrzehnte genauer untersucht wurde, zeigen, dass diese Menschen im Vergleich zur Generation, die erst nach der Spanischen Grippe auf die Welt kam, vermehrt mit gesundheitlichen Problemen zu kämpfen hatten, dass sie ein geringeres Einkommen erzielten und dass auch ihre Bildungserfolge geringer waren.[152] Nicht weniger auffällig sind die politischen Folgen. Denn die Spanische Grippe hatte offenbar Einfluss auf das Wählerverhalten und den politischen Extremismus in Deutschland. In den am stärksten von der Pandemie betroffenen Regionen waren die Pro-Kopf-Ausgaben der öffentlichen Haushalte für andere Aufgaben in der darauffolgenden Zeit am niedrigsten. In diesen Gebieten stimmten in den frühen 1930er Jahren deutlich mehr Menschen für Hitler und die Nationalsozialisten.[153]

Die Spanische Grippe sorgte für die höchsten bekannten Todeszahlen der Geschichte, bezogen auf eine einzige Pandemie. Schon lange geht man der Vermutung nach, dass ein Schlüsselfaktor für diese Urgewalt der Seuche der Einsatz von Chlorgas auf den Schlachtfeldern in Belgien und Nordfrankreich gewesen sein könnte, der bei einem Virus, das aus Asien stammte und von Truppen der Alliierten nach Europa eingeschleppt wurde, Mutationen verursachte oder wenigstens beschleunigte.[154] Wahrscheinlich spielte bei der Pandemie auch eine Reihe von Klimaanomalien eine wichtige Rolle, in Form von starken Regenfällen und ungewöhnlich niedrigen Temperaturen, besonders im Herbst 1917 und Herbst 1918. Dies korrespondiert mit der Beobachtung von Historikern, dass einige Schlachten im Ersten Weltkrieg durch extrem schlechtes Wetter beeinflusst wurden – Schützengräben wurden überflutet, Operationen abgebrochen, weil Soldaten und Waffen in Wasser und Schlamm stecken blieben, Opferzahlen gingen rasant in die Höhe.

Verursacht wurden diese heftigen Regenfälle und die Kälte von einem ungewöhnlichen Keil feuchtkalter Meeresluft polaren Ursprungs aus dem Nordatlantik – in einer Konzentration, wie es sie seit einem Jahrhundert nicht mehr gegeben hatte. Auch diese Wetterlage bot dem Grippevirus natürlich ideale Bedingungen, sodass es in Europa gut überleben und sich stark vermehren konnte. Die Infektiosität wurde nicht zuletzt durch Wasserpfützen und Teiche begünstigt, in denen sich vielleicht auch Ausscheidungen von grippeinfizierten Vögeln und Enten fanden – auch dies ein möglicher Ausbreitungsfaktor.[155]

Die Spanische Grippe setzte das Leid des verheerenden Ersten Weltkriegs teilweise fort. 20 Millionen Tote waren das Ergebnis der militärischen Feindseligkeiten in Europa, Afrika und Asien, aber auch der chronischen Versorgungs- und Ernährungskrisen – vor allem im Deutschen Reich, im Osmanischen Reich und im russischen Zarenreich. Aus Russland war vor 1914 rund ein Drittel der globalen Weizenlieferungen gekommen, darum führte die Blockade am Bosporus unweigerlich zu weltweitem wirtschaftlichen Druck. Verschärft wurde der Weizenmangel durch herausfordernde Klimabedingungen zu Beginn des Krieges. Kanada und Australien, ebenfalls große Weizenproduzenten, hatten unter zu trockenem Wetter zu leiden. Dürrebedingt wurde in Australien nur ein Viertel der üblichen Jahresernte eingebracht. Auch die Ernte in Südamerika fiel unerwartet schlecht aus, und ein früher Wintereinbruch mit starkem Frost sorgte in den Vereinigten Staaten für Transportverzögerungen im Gebiet westlich der Großen Seen. In London kam es zu Panik, woraufhin man an den indischen Vizekönig kabelte, er möge alles daransetzen, die Exporte zu steigern, damit es nicht zu einer großen Versorgungskrise komme. Überdies sollten durch diese Zusatzlieferungen die Preise gedämpft werden, denn Farmer und Spekulanten in den Vereinigten Staaten hatten bereits begonnen, die Knappheit auf dem Weltmarkt für überhöhte Preisforderungen zu nutzen.[156]

Die Personalforderungen des Militärs spielten ebenfalls eine Rolle, denn der Rückgang der Getreideproduktion in Russland korrelierte stark mit der Zahl der eingezogenen Soldaten. Die Ausdünnung der Arbeitskräfte schlug sich in den Anbauregionen direkt in Ernteausfällen nieder. Und die landwirtschaftlichen Betriebe reagierten auf Einberufungen zum Militär und die gestiegenen Unsicherheiten im Krieg damit, dass sie Getreidevorräte für den Eigenbedarf zurückhielten und sich weigerten, dieses Getreide zu verkaufen. So wurde der Mangel noch größer. In langen Schlangen standen die Menschen nach Brot an. All dies trug mit Sicherheit dazu bei, die Grundlagen für die Russische Revolution zu legen, nicht zuletzt, weil sich die Unfähigkeit der zaristischen Verwaltung in dieser Krise so überdeutlich zeigte.[157]

In manchen Fällen, insbesondere in Zentralasien, einer Region, die nur schlecht ins Zarenreich integriert war, kam zur Unfähigkeit noch Machtmissbrauch durch örtliche Beamte hinzu. Missmut in der Bevölkerung führte schließlich zu einer ganzen Reihe offener Revolten.[158] Einige Historiker sehen darin erste Anfänge der Russischen Revolution. Besser lassen sich diese Erhebungen jedoch im größeren Kontext der zeitgenössischen Widerstandsbewegungen unter anderem in Südasien, Nordafrika, Westafrika und Irland verstehen – als Aufbegehren gegen die Kolonialherrschaft.[159]

Eine Ursache für dieses weltweite Aufbegehren war die Unersättlichkeit der Forderungen an die kolonialen Gesellschaften durch Kolonialherren, die autoritär regierten und immer stärker auf die Ressourcen ihrer Kolonien zugriffen. Gefordert wurde immer mehr, und das Vorgehen wurde immer maßloser. So führte die schlechte Behandlung der jeweiligen Bevölkerung zu immer mehr Widerstand – stärker noch als vor dem Krieg.[160] In Frankreich wurden im Ersten Weltkrieg mehr als 350 000 Hektar Wald abgeholzt, weil man das Holz für den Bau von Schützengräben, für Baracken in den Camps, als Brennholz und für andere Zwecke brauchte. Das hatte Folgen, nicht nur für die ökologischen Systeme in Frankreich, sondern auch für die kolonialen Forderungen. Finanziell mussten ja die nun ausbleibenden forstwirtschaftlichen Erträge kompensiert werden – das geschah natürlich in den Kolonien.[161]

Kupfer aus Afrika hatte bereits zur Elektrifizierung europäischer Städte beigetragen. Millionen Kilometer Kupferkabel lieferten für alles Mögliche Elektrizität – von eleganten Soiréen bis zum Fabrikausstoß. Nun aber musste das Kupfer auch noch dazu herhalten, im Krieg Tod und Zerstörung in unvorstellbarem Ausmaß zu bringen. Kupfer wurde in den zentralafrikanischen Minen und auch anderswo in riesigen Mengen abgebaut, um die 1,45 Milliarden Artilleriegranaten herstellen zu können, die allein in Westeuropa abgefeuert wurden, ganz zu schweigen von den unzähligen Patronenhülsen und Kugeln für Gewehre und Handfeuerwaffen. Es entstanden dabei in Teilen Nordeuropas Bodenkontaminationen, die noch heute erkennbar sind.[162]

All diese Ressourcen wurden von Kolonialbeamten sichergestellt, die es für ihr Recht hielten, alles auszubeuten, was für den Krieg benötigt wurde. Millionen Menschen aus Indien, Afrika und Indochina wurden eingezogen, um in diesem Krieg zu kämpfen, ganz zu schweigen von den Freiwilligenbataillonen aus Australien, Neuseeland und Kanada. Der Druck auf die Kolonien, für ihre Kolonialherren ins Feld zu ziehen, diente als Katalysator für revolutionäre und antikoloniale Bewegungen, die bereits begonnen hatten, miteinander zu kooperieren – über Netzwerke, die ironischerweise in jenen Städten und Häfen besonders gut funktionierten, die zuvor die Globalisierung gefördert und die wirtschaftliche Übermacht der industrialisierten Welt zementiert hatten.[163]

Die Vereinigten Staaten waren, wie ihr Präsident Woodrow Wilson 1917 sagte, als er zu rechtfertigen versuchte, warum die USA bei diesem Krieg nicht mitmachten, «die einzige der großen weißen Nationen, in der heute kein Krieg herrscht». Und es wäre «ein Verbrechen gegen die Zivilisation», wenn sich dies noch ändern sollte. Auf jeden Fall, sagte er zu einem seiner wichtigsten Berater, sei es für die USA von entscheidender Bedeutung, sich aus dem Konflikt herauszuhalten, weil sie so, wenn endlich wieder Frieden herrsche, helfen könnten, «die vom Krieg verheerten Nationen» wiederaufzubauen. Und das sei überlebenswichtig, weil «die weiße Zivilisation und ihre Herrschaft über die Welt» auf diese Weise unbeeinträchtigt fortgesetzt werden könnten.[164]

Mit dieser Ansicht stand Wilson keineswegs allein. Max Weber (1864 bis 1920), der mit seiner Überzeugung, die landwirtschaftliche Produktivität sei in weniger entwickelten Ländern deshalb so niedrig, weil die Bauern «irrational» seien, noch in den 1950er und 1960er Jahren bei Ökonomen und politischen Planern auf großen Widerhall stieß, schrieb 1917: «An der Westgrenze steht heute ein Auswurf afrikanischer und asiatischer Wilder und alles Räuber- und Lumpengesindel *mit* unter den Waffen.» Was Weber dabei verschwieg: Viele von ihnen verloren in diesen Kämpfen ihr Leben, nur weil eine Gruppe von Kaisern und anderen Führern ihre Obsessionen pflegte und bestimmte Vorstellungen davon hatte, wie das Kräftegleichgewicht der europäischen Mächte auszusehen habe – und weil man bereit war, dafür Krieg zu führen.[165] Noch in den 1930er Jahren sagte der Generalgouverneur von Niederländisch-Ostindien ganz offen: «Wir herrschen hier seit 300 Jahren mit Peitsche und Schlagstock, und wir werden das noch weitere 300 Jahre tun.»[166]

Im größeren Zusammenhang von Natur, Umwelt und Klima sind solche Ansichten insofern wichtig, als sie eindeutig belegen, dass über Jahrhunderte eine Rangfolge herrschte, in der weiße Europäer an der Spitze der Schöpfung standen. Zugleich zeigen solche Aussagen, dass in dieser Vorstellungswelt die Natur komplett jenen zur Verfügung stand, die sich für am besten geeignet und meisten berechtigt hielten, die Früchte des Landes – ob landwirtschaftlicher oder mineralischer Art – zu nutzen und zu kontrollieren. Diese Leute, die weißen Europäer, sahen sich als die besten Treuhänder der natürlichen Welt und ihrer Schätze.

Der Erste Weltkrieg markierte nach Ansicht vieler das Ende des Zeitalters der Imperien und den Anfang vom Ende des Kolonialismus. Wie man diese Entwicklung und Epochenabgrenzung sehen will, liegt letztlich weitgehend im Auge des Betrachters. Denn im Hinblick auf Natur, Umwelt und den von Menschen gemachten Klimawandel erlebte das nun folgende Jahrhundert eine fundamentale Beschleunigung und Intensivierung der Art und Weise, wie Ressourcen ausgebeutet und konsumiert wurden. Die Folgen dieses Raubbaus im 20. Jahrhundert werden noch das Schicksal des 21. Jahrhunderts bestimmen – und auch die weitere Zukunft.

EINUNDZWANZIGSTES KAPITEL

Neue Utopien

(1920 bis 1950)

> Die deutsche Landschaft muss unter allen Umständen erhalten bleiben, denn sie ist und war schon von jeher die Quelle der Kraft und Stärke unseres Volkes.
> **Adolf Hitler (1936)**

Das Jahrhundert, das auf den Beginn des Ersten Weltkriegs folgte, war eine Abfolge von Katastrophen, die in der Menschheitsgeschichte nicht ihresgleichen hat. Millionen von Menschen kamen in Kriegen ums Leben, die in Gerichten, Kanzleien, Präsidentenbüros oder Revolutionslagern ausgeheckt wurden. Millionen wurden Opfer von Verfolgungen und Hass gegen «Rassen», Religionen oder Ethnien. Millionen starben durch Hunger, gezielte Aushungerung oder fehlende medizinische Versorgung. Das Leid der vergangenen mehr als hundert Jahre war das schlimmste der gesamten überlieferten Geschichte, sowohl in seinem Ausmaß als auch in seiner Grausamkeit.

Die Natur zahlte einen ähnlich hohen Preis wie die Menschen. Das vergangene Jahrhundert war eine Zeit ökologischer Umwälzungen, angefangen bei der massenhaften Verstädterung bis hin zur massiven Ausbeutung der Rohstoffe, die nötig waren, um die Bewohner dieser neuen Metropolen mit Lebensmitteln, Energie und Dienstleistungen zu versorgen. Es war eine Zeit, in der sich die Menschheit kaum Gedanken darüber gemacht hat, wie sie lebt, weshalb die Umwelt- und Klimaveränderungen der Gegenwart und Zukunft nicht nur durch unsere heutigen Entscheidungen bestimmt werden, sondern auch durch die der Vergangenheit.

Geprägt wurde diese Dynamik durch den verstärkten Austausch innerhalb und zwischen Regionen und Kontinenten und eine Intensivierung der Globalisierung, deren Wurzeln bis weit vor das moderne Zeitalter zurückreichen. Mit der neuen Technik hatte sie seit dem 18. Jahrhundert an Fahrt aufgenommen, dank der Mechanisierung, Industrialisierung, Beschleunigung und Verbilligung des Transports zu Schiene und zu Wasser war die Welt näher zusammengerückt. Dazu waren Rohstoffe wie Kohle, Eisen, Kupfer und Stahl nötig, die wiederum zur Erschließung von immer neuen Lagerstätten beitrugen.

Diese waren oft schwer zu erreichen oder befanden sich nicht unter der Hoheit derer, die sie gern ausgebeutet hätten. Zum Beispiel das Erdöl. Ende des 19. Jahrhunderts erkannte man seinen Wert als Energiequelle, da es leichter zu fördern und billiger zu transportieren ist als Kohle und zudem über eine höhere Energiedichte verfügt. Erdöl und Erdgas ersetzten die Kohle allerdings nicht, sondern dienten bis weit ins 20. Jahrhundert hinein als Ergänzung. Erst in den 1970er Jahren wurden Dampfmaschinen nicht mehr mit Kohle, sondern mit Diesel betrieben, Öl- und Gasheizungen traten an die Stelle von Kohleöfen, und Kohlenwasserstoffe wurden zur tragenden Säule der Stromerzeugung.[1]

Die ersten Vorkommen wurden in Pennsylvania und am Kaspischen Meer erschlossen, und nach 1907 rückten Burma, Hinterindien und Persien ins Zentrum der Aufmerksamkeit. Die dortigen Funde legten den Grundstein für den Aufstieg von Ölgiganten wie Standard Oil, Burmah, Shell und BP und verhalfen Magnaten wie Alfred Nobel und anderen zu einem Vermögen.[2]

Die Produktion stieg dramatisch, genau wie die Nachfrage. Einer der Treiber war die private Mobilität. Im Jahr 1900 gab es nur etwas mehr als 4000 Automobile in den Vereinigten Staaten; zwanzig Jahre später waren es fast zwei Millionen. Beherrscht wurde der Markt vom Ford T mit seinem Einheitsdesign, der sich kostengünstig am Fließband herstellen ließ und damit für viele Menschen erschwinglich wurde.[3]

In Europa warf die Versorgung mit Erdöl rasch Probleme auf, denn aufgrund seiner geologischen und klimatischen Geschichte verfügte der Kontinent kaum über Lagerstätten. Besonders anfällig war Großbritannien, wie Politikern bald klar wurde. Noch während des Ersten Weltkriegs schrieb Sir Maurice Hankey, Sekretär des Kriegsrates: «Unsere einzigen großen potenziellen Vorräte sind die in Persien und Mesopotamien.» Daher musste «die Sicherung dieser Ölvorkommen ein vorrangiges Kriegsziel» sein.[4]

Das Erdöl prägte die Geschichte des Nahen Ostens. Natürlich gab es auch weitere Vorkommen, zum Beispiel in Venezuela, das bis heute über die größten Reserven der Welt verfügt.[5] Doch es ist unschwer zu erkennen, warum Vertreter der US-Regierung das Erdöl der Region am Persischen Golf in den 1940er Jahren als «größte Trophäe der Geschichte» bezeichneten.[6] Der fehlende Zugang zu Erdöl erklärt viele strategische Entscheidungen des Zweiten Weltkriegs, etwa den missglückten Versuch der Deutschen, sich durch einen Vorstoß in den Kaukasus den Weg zu den Ölfeldern zu öffnen, aber auch den Angriff auf Pearl Harbor durch die Japaner, die sich in den rohstoffreichen Regionen Südostasiens mit Erdöl und Erzen versorgen wollten.[7]

In den folgenden acht Jahrzehnten bestimmten Erdöl und Erdgas die Weltpolitik, sie ermöglichten den Aufstieg der Ölstaaten, finanzierten Spitzenfußball, Formel-1-Rennen und hochdotierte Golfturniere, machten Oligarchen reich und dienen Russland seit seinem Einmarsch in die Ukraine Anfang 2022 als Waffe gegen Europa und den Westen.

In den Vereinigten Staaten bestimmt die Sorge um Energiepreise die Innen-, Außen-, Verteidigungs- und Wirtschaftspolitik, sie steht hinter dem Bau von Pipelines in Nordamerika, der Erteilung von Bohrgenehmigungen und der Entwicklung neuer Verfahren wie des Frackings, die das Land von einem Importeur zu einem Nettoexporteur von Rohöl und Ölprodukten gemacht haben.[8] Die Energieversorgung von Indien und China, die auf Öl- und Gasimporte angewiesen sind, ist ein hochsensibles Thema, das nicht nur die langfristige Zukunft der beiden bevölkerungsreichsten Länder der Erde bestimmt, sondern auch ihre Politik gegenüber Fördernationen und Ölkonzernen.[9]

Ein weiteres Beispiel für einen umkämpften Bodenschatz ist Gold, das vor allem durch Einschläge von Kometen, Meteoriten und Asteroiden auf die Erde kam.[10] Gold gilt seit der Antike als Symbol von Reichtum und Macht, und in der modernen Welt wird es auch aufgrund seiner schwachen elektrischen Leitfähigkeit geschätzt und etwa in der Elektrotechnik verwendet.

Der Abbau von Gold ist ineffizient und extrem umweltschädigend: Bei der Förderung der Menge, die für einen einzigen goldenen Ehering benötigt wird, fallen zwanzig Tonnen Abraum an, die zudem mit den bei der Gewinnung verwendeten Giftstoffen Zyanid und Quecksilber verseucht sind.[11] Die Grasberg-Mine von Papua-Neuguinea, die größte Gold- und zweitgrößte Kupferlagerstätte der Welt, hat die Gewässer der Region bis 2006 mit einer Milliarde Tonnen verseuchter Abfälle vergiftet, und seither ist es noch einmal deutlich mehr geworden, weil die Produktion stark gestiegen ist.[12] Der Goldrausch führte in den vergangenen Jahren zu Übergriffen auf das Land der indigenen Bevölkerung im Amazonasgebiet, aber auch schon früher setzte die Goldsuche wahre Menschenmassen in Bewegung, etwa in Kalifornien, Colorado, Sibirien und Australien. Die Goldgräber veränderten die Landschaft, sie brannten Wälder nieder, um Platz für Siedlungen, Städte und die Infrastruktur des Bergbaus zu schaffen, der Abraum verseuchte die Flüsse dauerhaft, und zur Versorgung mit Proteinen wurden erst sämtliche heimischen Wildtiere ausgerottet und dann Vieh eingeführt.[13]

Ein weiteres Beispiel ist Kupfer, dessen Verwendung und Wert seit Beginn des 20. Jahrhunderts exponentiell gestiegen ist und das nach dem Ausstieg aus der fossilen Wirtschaft die Nachfolge von Erdöl und Erdgas als begehrtester Rohstoff der Welt antreten könnte. Kupfer ist das «Öl des 21. Jahrhunderts», so Goldman Sachs, doch diesen Titel haben auch schon Lithium, seltene Erden, Wasserstoff und nicht natürliche Ressourcen wie Daten erhalten.[14] Die Bedeutung des Kupfers lässt sich daran ablesen, dass in einem durchschnittlichen Pkw mehr als zwanzig Kilogramm Kupfer verbaut werden, in einem Elektroauto bis zu sechsmal so viel.[15]

Die Nachfrage nach Kupfer zog gewaltige Investitionssummen in Abbauregionen wie den Kupfergürtel Zentralafrikas. Dort vermutete man Anfang des 20. Jahrhunderts eine beinahe unerschöpfliche Menge an Erzen; zudem ist das dort vorkommende Kupfer sehr hochwertig. Der Abbau von Kupfer und anderen Erzen war Anstoß für den Bau von Eisenbahnlinien, die das Landesinnere mit der Küste verbinden. Er sorgte auch für gesellschaftliche Veränderungen, denn die Nachfrage nach Arbeitskräften brachte zahlreiche junge Männer in die Abbauregionen. Das hatte Folgen für die Geschlechterrollen in Gesellschaften mit starker männlicher Zuwanderung; für die Landwirtschaft mit ihren überwiegend weiblichen Beschäftigten, aber auch für die Ökosysteme: Beim Abbau und der Verarbeitung der Erze entstanden riesige Abraumhalden, und das Grundwasser wurde durch wasserlösliche Abfälle, Schwebstoffe und Schwefeldioxid verseucht. Erdreich, Flora und Fauna nahmen großen Schaden, und in der Folge entstand ein virulentes Krankheitsumfeld.[16]

Ganze Regionen wurden gerodet, um das Holz der Bäume als Brennmaterial für die Maschinen, als Stützpfeiler für die Bergwerksschächte und als Bahnschwellen zu verwenden. Allein die vier größten Bergwerke in Zentral- und Südafrika verbrauchen pro Jahr 57000 Ster Holz. Der Proteinbedarf der Arbeitskräfte trug zur Zerstörung von Gewässern bei, mit aus Europa importierten Fangmethoden wurden Flüsse und Seen leer gefischt und die Umwelt schwer beschädigt.[17]

Die Kupfernachfrage war abhängig von der Weltwirtschaft, weshalb Arbeitsplätze und Existenzen von unsichtbaren Entwicklungen und fernen Ereignissen abhingen. So vernichtete zum Beispiel die Weltwirtschaftskrise der 1930er Jahre auch in Zentralafrika zahlreiche Arbeitsplätze. Die Ölkrise der 1970er Jahre ließ die Nachfrage erneut stark sinken, woraufhin Zaire und Sambia, die von den Einnahmen aus dem Kupferexport abhängig waren, in eine Schuldenkrise stürzten. Um die Auslandsschulden weiter bedienen zu können, versuchte man, den Preisverfall durch Produktionssteigerungen wettzumachen – mit katastrophalen Folgen für die Umwelt.[18]

Die Liste der Bodenschätze, die ins wohlhabende Europa und die Vereinigten Staaten abtransportiert wurden, war und ist lang. Reiche, hoch entwickelte Volkswirtschaften benötigen gewaltige Mengen an Rohstoffen zu möglichst niedrigen Preisen. Ohne die Lagerstätten Afrikas wäre Europa nach dem Zweiten Weltkrieg nie so schnell und billig aus den Ruinen auferstanden. Billiges Erdöl und Erdgas sind das Lebenselixier des Wirtschaftswachstums, des Lebensstandards und des Massenkonsums, und am stärksten profitieren diejenigen Staaten, die früh mit der Industrialisierung begonnen und Institutionen geschaffen haben, die ihre Investitionen schützen.

Aus der Shinkolobwe-Mine bei Katanga im Süden des Kongo stammte das hochwertigste Uranerz der Welt mit einem Urananteil von 75 Prozent. (Zum Vergleich: Das in den Vereinigten Staaten und Kanada geförderte Erz enthält 0,02 Prozent Uran.) Dieses Bergwerk war so wichtig für das Atomprogramm der Vereinigten Staaten und damit für den Kalten Krieg, dass es als wesentlich für die nationale Sicherheit eingestuft wurde. Der Kongo «bietet natürliche Rohstoffe, die für unsere Wirtschaft von extremer Wichtigkeit sind», schrieben am Manhattan Project beteiligte Wissenschaftler und Beamte; um die Herkunft des Urans für ihren ersten Atomtest zu verschleiern, behaupteten sie, es stamme aus Kanada. In einem Bericht aus dem Jahr 1951 hieß es, das Uran aus dem Kongo sei «von größter Bedeutung für die freie Welt».[19]

Frieden, Freiheit und Wohlstand hingen also von der Beschaffung eines breiten Spektrums von Rohstoffen ab, und umso mehr fällt auf, wie wenige davon in der entwickelten Welt vorkamen, zumal in Europa. Genauso fällt auf, dass vom Abbau dieser Rohstoffe vor allem die Industrienationen profitierten, während die Herkunftsländer wenig von ihrem natürlichen Reichtum hatten. Man spricht auch vom «Ressourcenfluch», womit gemeint ist, dass Länder mit reichen Bodenschatzvorkommen überwiegend autoritär regiert werden und die breite Bevölkerung kaum in den Genuss von Rechten und Gleichheit kommt. Aufgrund der oftmals dramatischen Schwankungen der Rohstoffpreise sind die Einnahmen zudem unkalkulierbar, und die Volkswirtschaften können in Boom-und-Bust-Zyklen stürzen, die im Staatsbankrott enden und die Entwicklung gesellschaftlicher Institutionen weiter beeinträchtigen. Rohstoffreiche Länder geben oft zu wenig für Gesundheit, Bildung und Soziales aus und zu viel für Politikergehälter, Lebensmittel- und Energiesubventionen und Monumentalbauten.[20]

Ein Problem war, dass sich Investitionen auf die für den Abbau wichtigen Regionen und Einrichtungen konzentrierten, während die gesellschaftliche Entwicklung kaum beachtet wurde. Im Kongo, der neben Kupfer und Uran auch reiche Kobalt-, Zinn- und Goldvorkommen hatte, gab es dank des Bergbaus 1960 acht internationale Flughäfen, 30 Großflughäfen und 100 kleinere Flugplätze, doch der Bau von Krankenhäusern, Schulen und anderen Einrichtungen, die der Bevölkerung gedient hätten, wurde vernachlässigt. Örtliche Politiker zu bestechen, um so schnell, reibungslos und billig wie möglich an die Vorkommen heranzukommen, galt als selbstverständlich.[21]

Viele der rohstoffreichen Regionen, nicht nur in Afrika, litten außerdem unter den Folgen der Kolonialherrschaft, die oft eine mangelhafte Verwaltung hinterlassen hatte. Die in die Unabhängigkeit entlassenen Länder erbten gesellschaftliche und politische Strukturen, die Humankapital und Kapazitäten schädigten und die Regierungsarbeit erschwerten, auch weil die Grenzen von Staaten und Provinzen nach Gutdünken der Kolonialmächte gezogen worden waren.[22] In Westafrika und andernorts wirkte allerdings auch noch die vorkoloniale Vergangenheit nach.[23]

Obwohl die Kolonien im Laufe des 20. Jahrhunderts ihre Unabhängigkeit erlangten und das Kolonialzeitalter allmählich in der Vergangenheit verschwand, stellten die Bodenschätze auch weiterhin eine unwiderstehliche Versuchung dar. Das Jahrhundert war geprägt von der Einmischung in die inneren Angelegenheiten unabhängiger Staaten, Beispiele dafür sind vor allem das Engagement der Vereinigten Staaten im Iran und im Nahen Osten sowie die Operationen von Geheimdiensten und deren Beteiligung an politischen Morden im Kongo, in Chile, Mittelamerika und Südostasien.

Dabei ging es nicht immer um Bodenschätze; Hintergrund war oftmals der Kalte Krieg oder geopolitische Theorien, denen zufolge man wohlgesinnte und zuverlässige Führungen einsetzen und feindliche stürzen musste. Genauso oft ging es jedoch darum, sich die Kontrolle über Erz- und Öllagerstätten oder über landwirtschaftliche Anbaugebiete zu sichern. Ein Beispiel ist die Banane, die in der zweiten Hälfte des 19. Jahrhunderts in den Vereinigten Staaten eingeführt wurde. Der Handel expandierte rasch, denn diese Tropenfrucht ist nicht nur schmackhaft, sondern hat auch den Vorteil, dass sie leicht zu transportieren ist und nach der Ernte weiterreift. Weil das Geschäft zudem reichlich Profit abwarf, kauften Unternehmen aus den Vereinigten Staaten in Mittelamerika und der Karibik Hunderttausende Hektar Land und verwandelten sie in Bananenplantagen. Dadurch verschafften sie sich eine derartig mächtige wirtschaftliche und politische Stellung, dass man diese Staaten als «Bananenrepubliken» bezeichnete, weil sie von dieser einen Frucht abhängig waren und weil die amerikanischen Handelsgesellschaften die Regierungen und Behörden in der Tasche hatten. Die United Fruit Company und andere verfügten über derartige Macht, dass sie Anfang des 20. Jahrhunderts nach Belieben Regierungen stürzen und Politiker an die Macht bringen konnten, von denen sie wussten, dass sie die Interessen der Investoren wahrten. Den Anfang machte Honduras, wo von der United Fruit Company angeheuerte amerikanische Söldner 1911 den demokratisch gewählten Präsidenten Miguel R. Dávila stürzten.[24]

Während des Kalten Krieges wurden Interventionen und Staatsstreiche oft von der CIA unterstützt und gelegentlich sogar koordiniert. In Guatemala besaß die United Fruit Company, die heute Chiquita heißt, Millionen Hektar Land, sie war der größte Landbesitzer und Arbeitgeber des Landes, und ihr jährlicher Gewinn betrug das

Doppelte der Staatseinnahmen von Guatemala.[25] Zu den schlechten Löhnen für die Saisonarbeiter kam der institutionalisierte Rassismus – die einheimischen Landarbeiter mussten den Weißen Platz machen und den Hut abnehmen, wenn sie mit ihnen sprachen. Indigene Landarbeiter waren nach Ansicht von United-Fruit-Präsident Sam Zemurray «zu dumm», um aus ihrer Unzufriedenheit einen organisierten Widerstand zu machen. Seine Selbstgefälligkeit erwies sich als Irrtum, als Guatemala eine Landreform ankündigte, um Kleinbauern den Zugang zu den gewaltigen ungenutzten Flächen der United Fruit Company zu verschaffen – 85 Prozent der gesamten Besitzungen des Konzerns lagen brach.[26]

Aus Sorge um das Geschäftsmodell, den Aktienkurs und die Investoren bedrängte die United Fruit Company die amerikanische Regierung mit Warnungen: Wenn man nichts unternehme, dann würde Guatemala zu einem Satellitenstaat der Sowjetunion. Das veranlasste die CIA 1954 zur Operation PBSUCCESS, die den demokratisch gewählten Präsidenten Jacobo Árbenz Guzmán zur Abdankung zwang und an seiner Stelle einen Diktator einsetzte. Die Folge war ein fast vier Jahrzehnte dauernder Bürgerkrieg, in dessen Verlauf Washington eine Reihe von Militärdiktatoren mit Waffen und Geld unterstützte.[27]

Diese und zahllose andere Fälle sind nicht nur für sich genommen wichtig, sondern auch aufgrund der Rolle, die sie bei der raschen Modernisierung, Industrialisierung und Standardisierung in ganz unterschiedlichen Bereichen spielten. Ohne Rohstoffe wäre die Verstädterung niemals so rasch erfolgt, Fernreisen und letztlich auch Massenvernichtungswaffen wären nicht so schnell aufgekommen. Die Rohstoffe hatten auch Auswirkungen auf das Klima, denn das industrielle Wachstum der vergangenen hundert Jahre führte Produktion, Handel und Verbrauch zu neuen Höhen, und damit auch den Ausstoß von Treibhausgasen und Aerosolen, die den Klimawandel ankurbeln.

Eine der auffälligsten Phasen der beschleunigten Erderwärmung fällt in die 1890er bis 1940er Jahre. Auch wenn für viele Regionen keine oder nur sehr ungenügende Daten vorliegen, ergibt sich ein Muster, das oft als Erwärmung des frühen 20. Jahrhunderts bezeichnet wird. In den ersten Jahren des Jahrhunderts wies der Monsun Unregelmäßigkeiten auf, in den 1920er und 1930er Jahren erwärmte sich die Arktis, und die Eisfläche verkleinerte sich, Nordamerika wurde von Hitzewellen überzogen, in Australien herrschte in den späten 1930er und den 1940er Jahren Dürre, und in Europa waren die Winter von 1940 bis 1942 ungewöhnlich kalt. Trotz der dürftigen Datenlage lässt sich ein Anstieg der Durchschnittstemperaturen konstatieren, vor allem in den höheren Breiten Europas, des Atlantiks, des Nordpazifiks und Kanadas.[28]

Der globale Temperaturanstieg lässt auf erhebliche Veränderungen im Energiehaushalt der Erdatmosphäre schließen, die nicht auf eine einzige Ursache zurückzuführen sind, sondern auf ein komplexes Zusammenspiel zahlreicher Faktoren. Dass es in der ersten Hälfte des 20. Jahrhunderts nicht zum Ausbruch eines äquatornahen Vulkans kam, der Asche und Partikel in die Atmosphäre geschleudert und eine Abkühlung bewirkt hätte, ist sicherlich bedeutsam. Die geringfügige Verstärkung der Sonnenintensität könnte ebenfalls eine Rolle gespielt haben, obwohl eine genaue Einschätzung schwierig ist. Auch Strömungen wie die Atlantische Multidekaden-Oszillation und/oder die Pazifische Dekaden-Oszillation könnten an der Erwärmung beteiligt gewesen sein.[29]

Modellrechnungen verweisen allerdings auf einen anderen Faktor in dieser Phase der spürbaren Erwärmung: einen Anstieg der Treibhausgase. Die Modelle lassen den Schluss zu, dass die klimatischen Veränderungen der ersten Hälfte des 20. Jahrhunderts zu einem Gutteil auf menschliche Aktivitäten zurückzuführen sind, was auch daran zu erkennen ist, dass die Erwärmung über dem Festland größer war als über den Ozeanen und dass die Arktis am stärksten betroffen war – wie man das erwarten würde, wenn die Erwärmung auf einen Anstieg der Treibhausgase aus der industriellen Produktion und der Verbrennung von fossilen Brennstoffen zurückginge.[30]

Dieser Anstieg wiederum ist auf Veränderungen in der Lebens- und Arbeitsweise sowie der Kommunikation der Menschen zurückzuführen. Zwar erfassten diese nicht schon die ganze Welt, doch mancherorts waren sie dramatisch. In den Vereinigten Staaten wuchsen die Städte rasant, als neue Transportmittel das Reisen erleichterten, Transportkosten senkten und eine Verlagerung der Produktionsstätten in größere Entfernung zum Wohnort der Kunden möglich wurde. Das Schienennetz wuchs von rund 48 000 Kilometern im Jahr 1860 auf über 250 000 Kilometer im Jahr 1890. In diesem Zeitraum verdoppelte sich die Zugkraft der Lokomotiven, die nun größere Lasten bewegen konnten, und ihre Geschwindigkeit stieg von etwa 20 auf 100 Kilometer pro Stunde. Gleichzeitig expandierten Kommunikationsnetze, mit deren Hilfe die Warenströme koordiniert, die Preise angeglichen und das Wirtschaftswachstum ankurbelt wurden: Bis 1860 waren in den Vereinigten Staaten rund 80 000 Kilometer Telegraphendrähte verlegt worden, 1890 waren es gut 30 Millionen Kilometer.[31]

Das verschob die demographische Verteilung: Regionen rückten näher zusammen, Städte veränderten ihren Charakter und wurden von Agrarmärkten zu Industriezentren. In den Jahren 1880 bis 1920 verdoppelte sich die Zahl der Städte in den Vereinigten Staaten, doch ihr schnelles Wachstum und die demographischen Verschiebungen sind ein besserer Indikator für die Verstädterung der Zeit. Im Jahr 1920 hatten bereits 68 Städte mehr als 100 000 Einwohner, während es vier Jahrzehnte zuvor erst 20 gewesen waren. Während 1880 nur rund ein Viertel der Bürger der Vereinigten Staaten in Städten lebten, war es 40 Jahre später mehr als die Hälfte.[32]

Dieser dynamische Umbau ging mit erheblichen gesellschaftlichen Veränderungen einher, die Arbeitnehmer wechselten von der Landwirtschaft in die Industrie. Innovation, Effizienz und Investitionen in neue Technik und Infrastruktur machten die Vereinigten Staaten zu einem wirtschaftlichen Kraftzentrum, 1900 war die Arbeitsproduktivität hier bereits doppelt so hoch wie in England.[33] Ein Grund war die Mechanisierung und der Aufstieg der Fabrik, die in zahlreichen Branchen von der Textilfertigung bis zur Metallverarbeitung das Handwerk verdrängte. Die Gründe für das Wachstum der Städte sind vielfältig und hängen mit einer Reihe von Faktoren zusammen, zum Beispiel der Weiterentwicklung der Dampfmaschine sowie der Zu- und Binnenwanderung, wobei dieser Prozess auch in den Vereinigten Staaten keineswegs homogen verlief.[34]

Ähnliches spielte sich in Europa und Japan ab, wo Eisenbahnen, Industrialisierung, Verstädterung und die Angleichung von Löhnen und Preisen Ende des 19. und Anfang des 20. Jahrhunderts ebenfalls eine wichtige Rolle spielten.[35]

So dramatisch diese Umwälzungen waren, verblassen sie doch neben dem, was sich in Russland und der Sowjetunion nach den beiden Revolutionen von 1917 und der Machtübernahme durch Lenin und die Bolschewiken abspielte. Der klassische Marxismus betonte nicht nur die Bedeutung des städtischen Proletariats für den Klassenkampf und die Errichtung eines neuen politischen Systems, sondern verlangte auch eine Entwicklung der Produktionsmittel. In der autoritär regierten Sowjetunion wurde daher zentral geplant, und es wurden gigantische Projekte vorangetrieben, die mit erheblichen Kosten für Menschen und Umwelt verbunden waren.

Schon während seines Exils in Sibirien in den 1890er Jahren hatte Lenin erklärt, Mechanisierung und Elektrifizierung seien die Voraussetzung, um aus Russland einen kommunistischen Vorzeigestaat zu machen.[36] Wenn keine drastischen Maßnahmen ergriffen würden, dann bliebe die Sowjetunion ein unbedeutender Agrarstaat mit kleinbäuerlicher Landwirtschaft. Eine rasche Modernisierung des Landes war demnach überlebenswichtig. Der Erfolg der Revolution selbst hing von der Elektrifizierung ab: Auch wenn sie Jahre in Anspruch nahm, würde sie die «Rückkehr des Kapitalismus» verhindern. In seiner Rede vor dem Parteikongress im Dezember 1920 brachte Lenin es auf einen einfachen Nenner: «Kommunismus – das ist Sowjetmacht plus Elektrifizierung des ganzen Landes.»

Die Elektrifizierung war Teil eines umfassenderen Modernisierungsprogramms, das die Sowjetunion vom Analphabetismus befreien sollte, denn man brauche «Menschen, die nicht nur des Lesens und Schreibens kundig, sondern kulturell hochstehende, politisch bewusste, gebildete Werktätige [sind]». Daher hätten «zweihundert unserer besten Wissenschaftler und Techniker» einen Plan ausgearbeitet, der genau vorrechnete, «wie viele Millionen Fass Zement und wie viele Millionen Ziegel wir für die Durchführung der Elektrifizierung brauchen».[37]

Dieser Absichtserklärung folgte eine Reihe gigantischer Bauprojekte, die den ideologischen Traum verwirklichen und der marxistischen Lehre Genüge tun sollten. Viele gingen mit Umweltzerstörungen in gewaltigem Ausmaß einher. Wälder wurden oft völlig unnötig gerodet, es wurde weit mehr produziert, als nachgefragt wurde. In der Landwirtschaft kamen Unmengen von Schädlingsbekämpfungsmitteln zum Einsatz, pro Fläche oft drei- bis fünfmal so viel wie in Westeuropa oder den Vereinigten Staaten. Ein Fluss nach dem anderen wurde aufgestaut, um immer mehr und immer größere Wasserkraftwerke zu errichten und den elektrischen Strom und das Wasser zur Verfügung zu haben, die für die Stahlproduktion und den Aufbau eines Industriestaats nötig waren.[38] Der Agronom Trofim Lysenko, der in den ersten Jahrzehnten der Sowjetunion den Weg in die Korridore der Macht fand, um dort seinen umstrittenen Ansichten zur Durchsetzung zu verhelfen, zitierte als sein Motto gern einen Satz des Pflanzenzüchters Iwan Mitschurin: «Wir können nicht auf Gefälligkeiten aus der Natur warten. Es ist unsere Aufgabe, sie von ihr zu nehmen!»[39]

Trotzki dachte ähnlich. «Gewisse Veränderungen, und nicht einmal geringe, hat der Mensch bereits im Bild der Natur hervorgebracht», schrieb der revolutionäre Idealist. Diese seien allerdings nichts im Vergleich zu dem, was der Mensch noch leisten müsse und werde. Mithilfe der Technik werde er buchstäblich Berge versetzen: «Der Mensch wird sich mit der Neuregistrierung der Berge und Flüsse befassen und die Natur überhaupt ernstlich verändern. Schließlich wird er die Erde, wenn auch nicht nach seinem Vor- und Ebenbild, so doch nach seinem Geschmack umbauen. Wir haben keinen Grund zu der Befürchtung, dass dieser Geschmack ein schlechter sein wird.»[40]

Elektrifizierung und die Verteilung von Ressourcen waren auch entscheidend für den Umbau der Städte, allen voran Moskau. Im

Juni 1931 verkündete das Zentralkomitee der Kommunistischen Partei die Modernisierung der Hauptstadt, mit dem Bau einer U-Bahn, einer modernen Kanalisation, Straßenbeleuchtung, öffentlichen Parkanlagen und neuen Gebäuden, die den Triumph der Arbeiterklasse und der Sowjetunion zur Schau stellen sollten. Die Metro sei ein «Symbol der neuen sozialistischen Gesellschaft», erklärte Lasar Kaganowitsch in seiner Eröffnungsrede. «In jede Stufe der Rolltreppe geht der Geist des neuen Menschen ein, unsere sozialistische Arbeit, hier ist unser Blut, unsere Liebe und unser Kampf für den neuen Menschen, für eine sozialistische Gesellschaft.» Er hatte nicht ganz unrecht, denn wie so viele öffentliche Bauten in Moskau und der Sowjetunion wurde auch die Untergrundbahn von politischen Häftlingen, Klassenfeinden, Intellektuellen, Juden und anderen gebaut, die nicht in diese neue, eigennützige und selbstgefällige Utopie passten.[41]

Alles und jeder wurden dem Fortschritt der Sowjetunion untergeordnet. Zwangsarbeiter aus dem Gulag, deren Reihen durch Denunzierung, Angst und Rachsucht anschwollen, kamen beim Bau eines Kanals zwischen dem Weißen Meer und der Ostsee oder bei der Förderung von Gold und anderen Metallen im arktischen Norden zum Einsatz – Projekte, die Zehntausende Leben kosteten. Über eine Million Gefangene kamen nach Magadan am Ochotskischen Meer im Fernen Osten Russlands, wo Temperaturen bis minus 37 Grad Celsius gemessen wurden; von dort wurden sie in Arbeitslager in Kolyma und auf der Tschuktschen-Halbinsel weiterverfrachtet, um Bodenschätze zu heben, so wie einst die Orthodoxen Bischöfe Missionare hierher gesandt hatten, um Seelen zu fischen.[42]

Die Zwangskollektivierung der Landwirtschaft unter Stalin sollte durch verstärkte Saat und den Einsatz neuester Agrartechnik die Ernteerträge um 20 Prozent steigern, doch die Bauern widersetzten sich den neuen Methoden, dem Zwang und der Sozialisierung ihrer Felder. In der Ukraine und im Süden Russlands kam es zu einer Hungersnot, die 1932/33 bis zu acht Millionen Menschenleben gekostet haben könnte. 1932 in der Ukraine geborene Jungen hatten eine durchschnittliche Lebenserwartung von 30 Jahren; 1933 geborene von fünf Jahren.[43] Die Opfer waren überwiegend Ukrainer, was den Rassismus der sowjetischen Politik widerspiegelt, der sich bis zum russischen Einmarsch in der Ukraine im Jahr 2022 gehalten hat.[44]

Die Sowjetunion kannte viele Formen der Unterdrückung und Ausbeutung. Eine Konstante war die Vorstellung der Natur als etwas, das man zähmen musste und dessen Umbau ein Ausdruck der Genialität und des Fleißes des Proletariats war. Die Natur bot die Rohmaterialien, die zum Aufbau der revolutionären Gesellschaft gebraucht wurden. Granit, Marmor, Eisen und Stahl, die man zur Modernisierung der Städte für das urbane Proletariat benötigte, wurden in räumlich und ideologisch fernen Regionen aus dem Boden geholt; an die Kosten der Ausbeutung verschwendete man keinen Gedanken. «Wenn die Sowjetunion Auto fährt und der Bauer Traktor, dann sollen die werten Kapitalisten einmal versuchen aufzuholen», prahlte Stalin 1929. «Dann werden wir sehen, welche Länder zu den rückständigen gehören und welche zu den fortschrittlichen.»[45]

Zentrale Planwirtschaft und die Vorgabe unrealistischer Ziele führten zu übertriebenen Produktionsangaben (was einen Teufelskreis in Gang brachte, weil der Eindruck entstand, dass unrealistische Ziele einzuhalten waren) und Abkürzungen zulasten der Umwelt, etwa bei der Entsorgung von Abfall oder bei der Gesundheit der Arbeiter und Zwangsarbeiter. So behauptete die Sowjetbürokratie zum Beispiel, 1928 sei eine Gesamternte von 73 Millionen Tonnen eingebracht worden, während es in Wirklichkeit wohl Millionen Tonnen weniger waren. So oder so wurden jährlich zig Millionen Kubikmeter Erde bewegt und Millionen Hektar Land zusätzlich unter den Pflug genommen.[46]

Es wäre falsch zu behaupten, dass sich niemand Gedanken um die Umwelt machte oder dass gar keine Maßnahmen zu ihrem Schutz ergriffen worden wären. Schon im Mai 1918, wenige Monate nach der Machtergreifung durch die Bolschewiken, als das ehemalige Zarenreich im Bürgerkrieg versank, verabschiedete die neue Regierung ein Forstgesetz. Auch wenn es von oben kam und vor allem dazu dienen sollte, «die Forstwirtschaft des Landes zu zentralisieren, den Regionalbehörden zu diktieren und ihren absoluten wirtschaftlichen Gehorsam einzufordern», wie eine Forstzeitschrift zustimmend schrieb, nahm man den Naturschutz ernst.[47]

Einige Agrarwissenschaftler hielten die sowjetische Praxis der Forstwirtschaft für antiquiert. «Überreste zaristischer Praktiken versperren dem Fortschritt den Weg», hieß es in einer Fachzeitschrift der 1920er Jahre. Während in Deutschland eine neue Einstellung gegenüber der Landschaft aufkomme, zeichne sich die sowjetische Forstwirtschaft Mitte der 1920er Jahre durch «veraltete Vorstellungen, technische Rückschrittlichkeit, Trägheit und Schablonendenken» aus, weshalb sie «mit der neuen deutschen Forstwirtschaft nicht Schritt halten kann».[48]

Dass sich der Volkskommissar für Landwirtschaft und der Oberste Rat für Volkswirtschaft nicht einigen konnten, wer die Planvorgaben für die Holzproduktion festsetzen durfte, machte die Sache nicht besser.[49] Auch über Nachhaltigkeit wurde diskutiert: Ein Bericht aus dem Jahr 1926 klagte etwa, dass die Forstwirtschaft «überwiegend von Haushaltsvorgaben bestimmt wird» und zu wenig über die Auswirkungen der Politik in 50 oder 70 Jahren nachgedacht werde.[50] Na und?, erwiderte Fedor Siromolotow, Mitglied des Obersten Rats für Volkswirtschaft: Wenn in Smolensk, Twer oder Nowgorod «alle Wälder abgeholzt werden, dann könnte man dort Weizen anbauen». Das sei kein Verlust, im Gegenteil.[51] Trotzdem wurden bis Anfang 1930 rund drei Millionen Hektar Wald als Schutzgebiete ausgewiesen.[52]

Aus Sorge um die Wasserversorgung wurde in den 1930er Jahren im europäischen Teil der Sowjetunion ein gewaltiges Waldschutzgebiet eingerichtet. In einem 20 Kilometer breiten Gürtel entlang des Dnjepr, des Don, der Wolga, des Ural und der Düna und in schmaleren Korridoren entlang kleinerer Flüsse durften keine Bäume mehr gefällt werden.[53]

Trotz dieser Bemühungen ließen sowjetische Politiker und Vordenker von Anfang an keinen Zweifel daran, dass der Erfolg der Sowjetunion von einem «Sieg» über die Natur abhänge. So feierte Maxim Gorki den Weißmeer-Ostsee-Kanal als Sieg des Proletariats «über die Elemente der harschen Natur des Nordens». Er verschwieg allerdings, dass dieser Sieg mit dem Leben von Zehntausenden Zwangsarbeitern bezahlt wurde, die unter dem Motto «Wir lehren die Natur und erhalten unsere Freiheit» arbeiteten. Technikgläubigkeit, übertriebene Hörigkeit gegenüber den Funktionärsentscheidungen und Repressalien gegen Andersdenkende sorgten dafür, dass sich kein Protest regte gegen Umweltzerstörung, Versalzung der Böden, Bodenerosion und andere Konsequenzen von Aktivitäten, mit denen die Natur den politischen Traktaten, Fachbüchern und Technokraten gefügig gemacht werden sollte.[54]

Probleme dieser Art gab es allerdings nicht nur in autoritären Staaten mit nahezu allmächtigen Diktatoren. In Europa hatte der Erste Weltkrieg den privaten Konsum von Grund auf verändert. In Großbritannien stammten vor 1914 rund 60 Prozent der verzehrten Kalorien aus importierten Lebensmitteln. Während des Krieges gab es zwar nur wenige und kurze Engpässe in der Lebensmittelversorgung, doch das, was die Menschen aßen und sich leisten konnten, änderte sich erheblich. So konsumierten die Briten zum Beispiel mehr Wurst, Speck, Margarine und Kondensmilch und weniger Zucker, Butter, Obst und Gemüse. Der Krieg machte staatliche Eingriffe in die landwirtschaftliche Produktion und Verteilung nötig, vor allem nachdem die deutschen U-Boote bis Herbst 1916 rund zwei Millionen Tonnen Lebensmitteln versenkt hatten. Dies hatte Einfluss auf die Landnutzung, die Verfügbarkeit von bestimmten Lebensmitteln und die Einstellungen zur Ernährung, die sich auch nach dem Krieg hielten.[55]

Um die leeren Staatskassen zu füllen, versuchten die Briten nach 1918, die Steuereinnahmen aus allen Teilen ihres Weltreichs zu steigern. Um die Lebensmittelversorgung zu verbessern, erschlossen sie zusätzliches Ackerland.[56] Außerdem versuchten sie, ihre Abhängigkeit vom Ausland zu verringern, indem sie die Bürger aufforderten, Produkte von heimischen Erzeugern oder aus den eigenen Kolonien zu kaufen. Mitte der 1920er Jahre wurde das Empire Marketing Board ins Leben gerufen, um die Kunden darüber aufzuklären, woher das Essen auf ihrem Teller kam. In einer Zeitungsanzeige mit der Überschrift «Botschaft an die Verbraucher – Kaufen Sie britisch» hieß es zum Beispiel: «Wenn Sie Erzeugnisse aus dem Empire kaufen, dann kaufen Sie Erzeugnisse Ihres Landes und seiner Überseegebiete, und nicht die anderer Länder. Wenn Sie kanadischen Lachs, australisches Obst, neuseeländisches Lamm, südafrikanischen Wein und indischen Tee kaufen, dann kaufen Sie bei Leuten, die alles tun, um Güter aus Ihrem Land zu kaufen und damit hierzulande Arbeitsplätze zu schaffen, Löhne zu bezahlen und den Wohlstand zu mehren.» Beim Einkauf sollten die Kunden immer fragen: «Ist es britisch?» Auch die königliche Familie wurde vor den Karren gespannt, König George V. und Königin Mary brachten ihre persönliche Sympathie zum Ausdruck und ließen die Öffentlichkeit wissen, dass sie für ihren Christmas Pudding 1927 ausschließlich Produkte aus dem britischen Weltreich verwendeten.[57]

Entsprechend wurden große Anstrengungen unternommen, um die Landwirtschaft in den britischen Kolonien zu fördern – mit absehbaren Ergebnissen. Kolonialbeamte hielten große Stücke auf den Pflug und sahen in ihm das Instrument, mit dem Afrikaner ihr Land «verbessern» und modernisieren und wie nebenbei das europäische Modell der patriarchalen Kleinfamilie einführen konnten.[58] Bedauerlicherweise bescherte der Pflug den Menschen weder reiche Ernten noch eine schöne neue Welt, ganz im Gegenteil. In einem Bezirk von Uganda stieg die Zahl der Pflüge von knapp 300 im Jahr 1923 auf über 15000 im Jahr 1937. Die Folge waren Bodenerosion und die Beschädigung von Ökosystemen, die sich früher, unter dem weniger intensiven Feldbau mit der Hacke, immer wieder erholt hatten. In Westafrika nahm das Experiment einen derart katastrophalen Verlauf, dass britische Experten zu dem Schluss kamen, traditionelle Formen der Aussaat und Ernte seien doch effektiver als europäische.[59]

Die Kolonien waren nicht der einzige Ort, an dem nicht nachhaltige Praktiken eingeführt wurden. In den Vereinigten Staaten waren in der zweiten Hälfte des 19. und den ersten Jahrzehnten des 20. Jahrhunderts weite Teile der Great Plains in Acker- oder Weideland verwandelt worden. Begünstigt wurde diese Entwicklung durch den Bau der Eisenbahnen, die Verfügbarkeit von Landmaschinen und schließlich auch den Anstieg der Preise für landwirtschaftliche Erzeugnisse nach Beginn des Ersten Weltkriegs. Doch selbst die beste Konjunktur endet irgendwann, und der Boom der Landwirtschaft hatte seine Risiken, wie europäische Bauern schon in den 1870ern schmerzlich erfahren mussten: Damals führten steigende Erträge, Innovationen bei Düngemitteln und Bodenchemie sowie Importe zu Überangebot und Preisverfall; zwei Jahrzehnte nach dem Höhepunkt des Booms kostete Getreide nur noch die Hälfte, und der Wert des Ackerlands verfiel, vor allem in Großbritannien.[60]

In den Vereinigten Staaten nahmen die Dinge eine deutlich schlimmere Wende, als mit dem Ersten Weltkrieg auch das Goldene Zeitalter der amerikanischen Bauern zu Ende ging. Angespornt durch günstige Kredite, boomende Märkte und den Rat von Experten hatten Bauern aggressiv die Produktion von Weizen, Mais, Rind- und Schweinefleisch ausgeweitet und auf weiter steigende Nachfrage und Preise gesetzt. Der Börsenkrach von 1929 ließ die Blase platzen: Die Preise stürzten ab, die Ernte war wertlos, und viele Bauern brachen unter der Schuldenlast zusammen. Im Jahr 1932 demonstrierte eine halbe Million Bauern im Mittleren Westen, sie errichteten Straßensperren aus Telegraphenmasten, ließen Milch und Getreide verderben und drohten damit, die Städte nicht zu beliefern. Franklin D. Roosevelt, damals Gouverneur des Bundesstaats New York, hatte bereits eine «Verschiebung im Gleichgewicht zwischen Stadt- und Landleben» beobachtet und schlug vor, ein neues Kapitel der amerikanischen Politik aufzuschlagen. Als er seine Kandidatur für das Amt des Präsidenten ankündigte, erklärte er, die Zeit sei reif «für etwas, das in Zukunft noch viel wichtiger werden wird: die staatliche Planung».[61]

Die Krise der Landwirtschaft spitzte sich jedoch weiter zu. Der Mittlere Westen der Vereinigten Staaten erlebte ein extrem trockenes Jahrzehnt, Dürre und Staubstürme verwüsteten die Felder und stürzten Menschen in Armut und Verzweiflung, und als die Banken pleitegingen, folgte weitere Not, wie sie John Steinbeck in seinem

Roman *Die Früchte des Zorns* schildert. Der Wind trug die fruchtbare Ackerkrume davon, die von der Dürre ausgetrocknet und in den Vorjahren bis an die Grenze des Belastbaren ausgebeutet worden war. Die 1930er Jahre waren zwar eine Zeit der ungewöhnlichen Wärme aufgrund eines La-Niña-Musters und der Erwärmung des beginnenden 20. Jahrhunderts, doch die Reduzierung der Vegetationsdecke und die Überbewirtschaftung des Bodens ließen daraus eine Katastrophe werden.[62]

So kam es zu den Staubstürmen, die ein Wissenschaftler als «schlimmstes vom Menschen gemachtes Umweltproblem der gesamten Geschichte der Vereinigten Staaten, ob physisch oder in seiner Auswirkung für Mensch und Wirtschaft», bezeichnete.[63] Einige Stürme waren derart heftig, dass sie an einem einzigen Nachmittag im April 1935 mehr als 300 000 Tonnen fruchtbares Erdreich forttrugen – doppelt so viel wie beim Bau des Panamakanals innerhalb von sieben Jahren ausgebaggert worden war – und die Städte an der Ostküste unter einer Staubschicht versinken ließen.[64]

Nach etwas mehr als zehn Jahren stellten sich wieder bessere Bedingungen ein, doch die Auswirkungen waren dramatisch. Zu Beginn der 1940er Jahre hatten viele Regionen der Great Plains drei Viertel ihres fruchtbaren Mutterbodens verloren. Ein erheblicher Teil der Bevölkerung wanderte ab. Nicht nur Nutzflächen und Bauern waren betroffen: In Bezirken mit starker Bodenerosion war die Schuldenbelastung höher und die Banken schwächer, weshalb weniger Kredit für den gesellschaftlichen und wirtschaftlichen Wiederaufbau zur Verfügung stand. Die Sandstürme entwerteten das Land nicht nur kurzfristig, sondern dauerhaft und erheblich, vor allem in den am schwersten betroffenen Bezirken.[65]

Ein Bericht aus dem Jahr 1936 sah die Hauptschuld nicht beim Klimawandel, sondern bei kurzsichtigen und nicht nachhaltigen menschlichen Entscheidungen. Millionen Hektar von Mutterboden seien «teils durch Überweidung, teils durch Überbewirtschaftung» zerstört worden. Man hatte die Agrarsysteme, Techniken und Erwartungen aus niederschlagsreicheren auf eine halbtrockene Region übertragen, um aus den hohen Weizenpreisen aus der Zeit des Ersten Weltkriegs Profit zu schlagen, und Erfindungen wie der Traktor und der Lkw hatten die Situation weiter verschlechtert.[66] In dieser Situation half es sicher nicht, dass die 1930er Jahre eine Zeit von niederschlagsarmen Frühjahren und Rekordhitzewellen waren, bedingt durch anormale Warmluft- und Hochdruckströmungen auf dem gesamten Kontinent. Es war es nur eine Frage der Zeit, dass sich die Great Plains in eine Staubschüssel (*Dust Bowl*) verwandelten.[67]

Die Staubstürme waren ein großes Thema. Kolumnisten und Wissenschaftsautoren spekulierten, ob die Great Plains zur «amerikanischen Wüste» werden würden. In ihren Ansichten fanden sich Anklänge an die Landvermesser des frühen 19. Jahrhunderts, die zu dem Schluss gekommen waren, die Steppe sei «fast gänzlich ungeeignet für die Bewirtschaftung» und könne sich als Hindernis für die Besiedlung des Westens der Vereinigten Staaten erweisen.[68] Eine Zeitungskolumne mit dem Titel «Erosion als Weltproblem» erklärte, der «Missbrauch der Erde» durch «unqualifizierte Bauern» habe in vielen Teilen der Welt, von Kanada bis Uganda, von Sri Lanka bis Australien, fatale Folgen. In den Zeitungen anderer Länder vertrat man eine ähnliche Auffassung, gerade in Großbritannien machte man sich Sorgen wegen des Zusammenhangs von Bevölkerungswachstum, Getreideanbau und Bodenerosion. Letztere sei kein regionales Phänomen, so Sir Daniel Hall in einer Sonderausgabe der Zeitschrift *Journal of the Royal African Society*, die sich globalen Themen widmete. Das Problem betreffe «die ganze Welt, besonders das Britische Weltreich». Autoren in China, Japan und andernorts bestätigten, wie allgegenwärtig und ernst das Problem war.[69]

Diese pessimistischen und besorgniserregenden Einschätzungen der Umweltzerstörung waren Teil einer breiteren Literatur, die vor den Gefahren der Jagd nach Bodenschätzen und Profit warnte. Das einflussreichste Buch dieser Zeit erschien 1939 unter dem Titel *The Rape of the Earth* und verglich die Zerstörung des Bodens mit einer Krankheit; schuld seien allein die Europäer und ihr Versuch, landwirtschaftliche Praktiken, die in einer Nische des Globus funktionierten, auf die ganze Welt auszuweiten. «Die Natur lehnt sich auf gegen das plötzliche Eindringen einer exotischen Zivilisation in ihr wohlgeordnetes Herrschaftsgebiet.» Das Land, so heißt es im Buch, werde ausgebeutet bis «über die Grenzen jeder Sicherheit» hinaus. Die Zerstörung der Böden schreite voran «mit einer Geschwindigkeit und in einem Ausmaß wie nie zuvor in der Geschichte». Fruchtbare Regionen würden in unbewohnbare Wüsten verwandelt.[70]

Die Autoren verlangten allerdings keinen Antikolonialismus und auch keinen Rückzug der europäischen Siedler von dem Land, das sie in Besitz genommen hatten, im Gegenteil: Weil die Erosion und die mit ihr einhergehenden Probleme die Herrschaft der Europäer erschwerten, mussten sie bekämpft werden, um die Hoheit über diese fruchtbaren Gebiete zu behalten. Ein zeitgenössischer Autor sah ein, dass sich der Zustand des Bodens in Westafrika «mit zunehmendem Einfluss des weißen Mannes» verschlechtert hatte. Vor der Kolonisierung durch die Europäer hätten «Stammeskriege und Seuchen ihren Tribut von Mensch und Tier» gefordert und so den Druck von den Böden genommen. Nach der Befriedung durch die weißen Siedler sei die Bevölkerung gewachsen und mit ihr Überbewirtschaftung, Rodungen, Überweidung und andere Probleme.[71]

Ende der 1930er Jahre gingen einige Wissenschaftler der Frage nach, ob menschliche Aktivitäten auch andere negative Auswirkungen auf die Umwelt haben könnten. Der Maschinenbauer Guy Callendar hielt in einem Artikel fest, im vorangegangenen halben Jahrhundert seien «rund 150 Milliarden Tonnen Kohlendioxid in die Luft ausgestoßen worden». Diese Emissionen hätten einen geringfügigen Temperaturanstieg bewirkt. Das sah er allerdings positiv, da «die Rückkehr der tödlichen Gletscher», die in der Vergangenheit die Erde in Eiszeiten gestürzt habe, «nun auf unbegrenzte Zeit aufgeschoben ist».[72]

Der Zusammenhang zwischen fossilen Emissionen und steigenden Temperaturen, den Callendar herstellte, wurde in der Wissenschaftsgemeinde allerdings nicht allgemein akzeptiert, weil Zweifel an seiner Methode und der Korrektheit seiner Daten bestanden.[73] Bis heute werden die Ursachen der Erwärmung des beginnenden 20. Jahrhunderts und vor allem die Rolle des Menschen kontrovers diskutiert.[74] Das ändert nichts daran, dass auch viele andere Wissenschaftler in den 1930er Jahren eine Erwärmung beobachteten, vor allem in der Arktis auf Grönland und Spitzbergen, wo 1912 eine Wetterstation errichtet worden war.[75]

Inmitten der wachsenden Sorge um den Klimawandel kamen Überlegungen zum Naturschutz auf. In Nordamerika schwärmte man, für «müde, nervöse und überzivilisierte Menschen» sei «ein Ausflug in die Berge wie eine Rückkehr nach Hause». Für sie sei «die Wildnis eine Notwendigkeit, und die Bergwälder und Nationalparks sind nicht nur Holz- und Wasserlieferanten, sondern ein Quell des Lebens».[76] Nationalparks, so Stephen Mather, der erste Direktor des National Park Service, seien «nicht nur Ausflugsziele, sondern Schulen», in denen die Menschen lernten, «dieses Land zu lieben, in dem sie leben».[77]

Besonders eng war die Beziehung zwischen nationalem Selbstverständnis, Glück und Natur in Deutschland, wo im 19. Jahrhundert Vorstellungen von Tierschutz, Waldschutz und einem «Recht auf Natur» weite Verbreitung fanden. Die deutsche Identität spielte dabei eine große Rolle: «Ohne Natur [ist] keine Naturliebe und ohne diese keine Vaterlandsliebe möglich», schrieb der Naturschützer Konrad Guenther 1919, und später behauptete er: «Deutschheit ist Naturverbundenheit.»[78] Vor der Natur sind alle Menschen gleich: «Hier ist kein Unterschied zwischen Hoch und Niedrig, Arm und Reich. Die Natur ist die Mutter aller Menschen in gleicher Weise. Sie verlangt keine Kosten, frei steht sie jedem zur Verfügung.»[79]

Diese idealistischen Ansichten reiften allerdings neben Vorstellungen von «rassischer Reinheit». Adolf Hitler schrieb in *Mein Kampf*: «Die Natur kennt keine politischen Grenzen. Sie setzt die Lebewesen zunächst auf diesen Erdball und sieht dem freien Spiel der Kräfte zu. Der Stärkste an Mut und Fleiß erhält dann als ihr liebstes Kind das Herrenrecht des Daseins zugesprochen.»[80] Über Ansichten wie diese freuten sich Naturschützer, die ihre Umweltvorstellungen auf die Linie der nationalsozialistischen Ideologie bringen wollten. Der Erhalt der Natur werde die Deutschen einen, schrieb Guenther; er war überzeugt, dass Deutsche eine stärkere Naturbindung hätten als alle anderen Länder und dass Naturschutz die «Erhaltung der Lebensluft des führenden Rassegeistes von Deutschland» sei.[81] Und der Naturschützer Wilhelm Lienenkämper entwickelte nach Erlass des Reichsnaturschutzgesetzes im Jahr 1935 die Methodologie für einen Naturschutz aus nationalsozialistischer Sicht.[82]

«Wir werden nicht nur ein Deutschland der Macht aufbauen, sondern auch ein Deutschland der Schönheit», erklärte Hitler.[83] Umso wichtiger sei es, die deutsche Natur «von allen deutschwidrigen Einflüssen frei zu halten», so der Biologe Walther Schoenichen, kurzzeitiger Leiter der Reichsstelle für Naturschutz. Die deutschen Landschaften seien «das Keimbett völkischer Eigenprägung» und wichtig für «die Gesunderhaltung der deutschen Seele».[84] Auch dies schien Hitlers Ansichten zu entsprechen, der verkündet hatte: «Die deutsche Landschaft muss unter allen Umständen erhalten bleiben, denn sie ist und war schon von jeher die Quelle der Kraft und Stärke unseres Volkes.»[85]

Ganz so einfach war die Verbindung aber doch wieder nicht. Aller wohlgemeinten Worte zum Trotz lagen sich die Agrarwissenschaftler oft in den Haaren und hatten weniger Einfluss, als sie zu haben glaubten.[86] Letztlich unternahmen die Nationalsozialisten wenig zum Schutz der Natur: Die Aufforstungen der Zeit waren kaum der Rede wert und oftmals kontraproduktiv. Auch wenn Hitler gern über die Schönheit der Natur schwadronierte, hatte er doch mehr Interesse an den Monumentalbauten in Berlin und dem Bau der Reichsautobahnen. Auf die Frage, was Letztere für die Natur bedeuten, zuckte er nur mit den Schultern. Buchenwälder sollten zwar beim Straßenbau geschützt werden, doch am Ende mussten auch sie den Anforderungen eines so großartigen technischen Vorhabens weichen. So kam es, dass gerade einmal 0,1 Prozent der Baukosten auf den Naturschutz verwendet wurden – kein Zeichen dafür, dass es sich hier um eine Herzensangelegenheit der nationalsozialistischen Führung gehandelt hätte.[87] Dass Hitler den Deutschen Bewegung empfahl, während er selbst bestenfalls bergab durch die Alpen spazierte und sich bergauf fahren ließ, zeugt ebenfalls von einer eher zwiespältigen bis gleichgültigen Haltung gegenüber der Natur.[88]

Wenn es um das Ausland oder Minderheiten ging, war von diesem Zwiespalt gegenüber der Natur allerdings wenig zu spüren. Reinhold Tüxen, Leiter der neu geschaffenen Zentralstelle für Vegetationskartierung, wollte «die deutsche Landschaft von unharmonischer ausländischer Substanz reinigen».[89] Das galt auch für die während des Zweiten Weltkriegs besetzten Gebiete. In einem offiziellen Erlass aus dem Jahr 1942 legte Heinrich Himmler einen «Generalplan Ost» vor. In den besetzten Gebieten sei «zur lebenswichtigen Sicherung des Reiches nicht nur der Einsatz von Machtmitteln und Organisation, sondern gerade von deutschen Menschen als bodenständiger Bevölkerung notwendig. Hier soll in vollkommen fremder Umwelt deutsches Volkstum mit dem Boden verwurzelt und in seinem biologischen Bestand für die Dauer gesichert werden.»[90]

Der Gedanke des «Volkstums» trieb einige Deutsche schon länger um. Bereits während des Ersten Weltkriegs stellte man in Aussicht, dass die Eroberung der Nachbarstaaten dort die Chance zu einem ökologischen Umbau bieten könnte. «An Stelle der mit Stroh und Schindeln gedeckten Lehmkaten dürften im Osten bald reizvolle Dorf- und Kleinstadtbilder, etwa nach dem Vorbild der bisher von der Ansiedelungskommission in Posen geschaffenen, entstehen, vielleicht unter größerer Berücksichtigung des Gartenstadtgedankens, während bei dem teilweisen Aufbau größerer Ortschaften und Städte wohl unschwer die städtebaulichen Sünden vergangener Jahrzehnte ausgemerzt werden können.»[91]

Ähnliche Argumente begleiteten den Einmarsch in Polen Ende 1939. Heinrich Friedrich Wiepking-Jürgensmann, Professor für Garten- und Landschaftsgestaltung, sah voraus, dass «eine Blütezeit für den deutschen Landschafts- und Gartengestalter einsetzen wird, die alles das übersteigt, was selbst die heißesten Herzen unter uns erträumten».[92] Im Jahr darauf griff er das Thema wieder auf: «Unser Bauer ist im Sinne einer höheren Gerechtigkeit lebenstüchtiger als der polnische Baron, und in jedem deutschen Arbeiter fluten und wirken aufbauendere Kräfte als in den Spitzen polnischer Intelligenz. Vier Jahrtausende germanisch-deutscher Menschheitsentwicklung bezeugen eine unumstößliche Beweiskette.»[93]

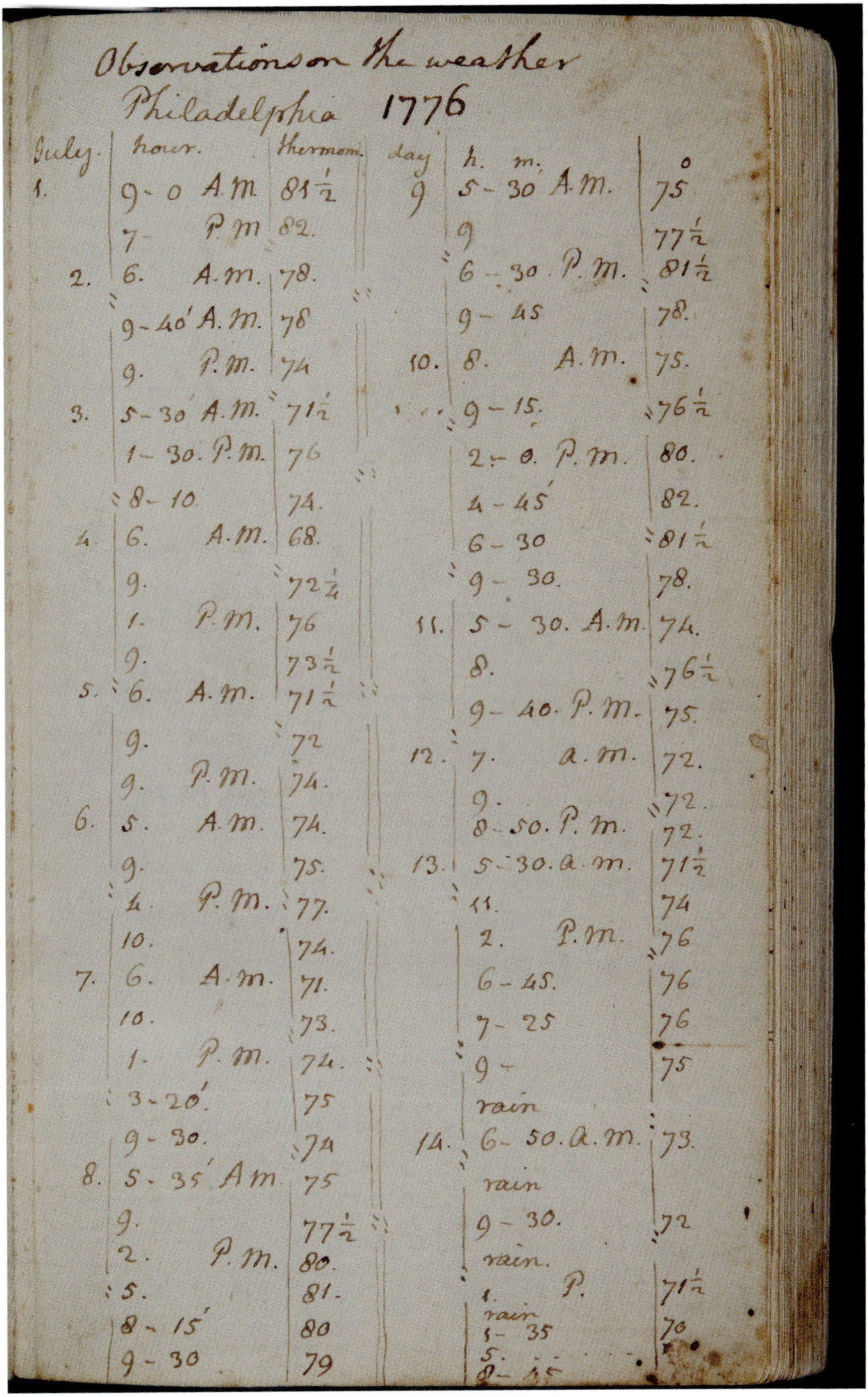

Observations on the weather
Philadelphia 1776

July.	hour.	thermom.
1.	9-0 A.M.	81½
	7- P.M	82.
2.	6. A.M.	78.
	9-40' A.M.	78
	9. P.M.	74
3.	5-30' A.M.	71½
	1-30. P.M.	76
	8-10	74.
4.	6. A.M.	68.
	9.	72½
	1. P.M.	76
	9.	73½
5.	6. A.M.	71½
	9.	72
	9. P.M.	74.
6.	5. A.M.	74.
	9.	75.
	4. P.M.	77.
	10.	74.
7.	6. A.M.	71.
	10.	73.
	1. P.M.	74.
	3-20'.	75
	9-30.	74
8.	5-35' A.M	75
	9.	77½
	2. P.M.	80.
	5.	81.
	8-15'	80
	9-30	79

day	h. m.	°
9	5-30' A.M.	75
	9	77½
	6-30 P.M.	81½
	9-45	78.
10.	8. A.M.	75.
	9-15.	76½
	2-0. P.M.	80.
	4-45'	82.
	6-30	81½
	9-30.	78.
11.	5-30. A.M	74.
	8.	76½
	9-40. P.M.	75.
12.	7. a.m.	72.
	9.	72.
	8-50. P.M.	72.
13.	5-30. a.m.	71½
	11.	74
	2. P.M.	76
	6-45.	76
	7-25	76
	9- rain	75
14.	6-50. a.m. rain	73.
	9-30. rain.	72
	1. P. rain	71½
	1-35	70
	5.	
	8-15	

Eine Seite aus Thomas Jeffersons meteorologischen Aufzeichnungen. Der amerikanische Staatsmann hielt über Jahrzehnte hinweg mehrmals am Tag die Temperatur fest – auch am 4. Juli 1776, an dem er die Unabhängigkeitserklärung mitunterzeichnete.

Diese Messingtafeln befinden sich heute im Britischen Museum. Sie gehören zu den «Benin-Bronzen» aus dem Palast des Oba (Herrschers) von Benin, die 1897 während der britischen Invasion von Soldaten gestohlen wurden.

Guano war ein geschätztes Düngemittel und für so manchen eine Goldgrube. Dieses Bild aus der Mitte des 19. Jahrhunderts zeigt, wie der Vogelkot an der Küste von Peru gesammelt wurde.

Der wegweisende Artikel der amerikanischen Forscherin Eunice Foote über die Auswirkungen der Sonneneinstrahlung (1856). Foote vermutete, dass das Zusammenspiel von Wasserdampf und Kohlendioxid in der Atmosphäre etwas bewirkte, das später als «Treibhauseffekt» bezeichnet wurde.

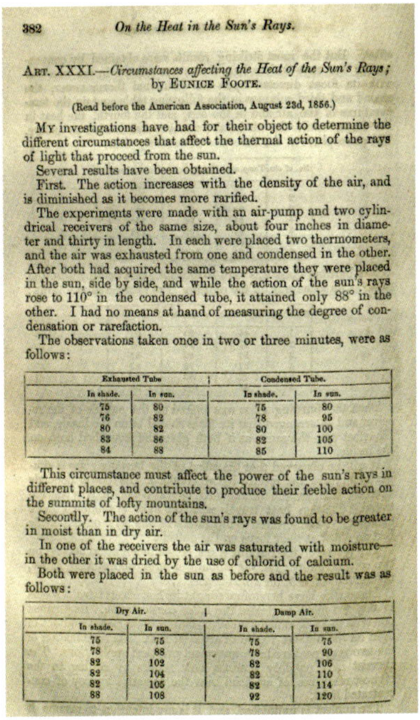

382 *On the Heat in the Sun's Rays.*

ART. XXXI.—*Circumstances affecting the Heat of the Sun's Rays;* by EUNICE FOOTE.

(Read before the American Association, August 23d, 1856.)

MY investigations have had for their object to determine the different circumstances that affect the thermal action of the rays of light that proceed from the sun.

Several results have been obtained.

First. The action increases with the density of the air, and is diminished as it becomes more rarified.

The experiments were made with an air-pump and two cylindrical receivers of the same size, about four inches in diameter and thirty in length. In each were placed two thermometers, and the air was exhausted from one and condensed in the other. After both had acquired the same temperature they were placed in the sun, side by side, and while the action of the sun's rays rose to 110° in the condensed tube, it attained only 88° in the other. I had no means at hand of measuring the degree of condensation or rarefaction.

The observations taken once in two or three minutes, were as follows:

Exhausted Tube		Condensed Tube.	
In shade.	In sun.	In shade.	In sun.
75	80	75	80
76	82	78	95
80	82	80	100
83	86	82	105
84	88	85	110

This circumstance must affect the power of the sun's rays in different places, and contribute to produce their feeble action on the summits of lofty mountains.

Secontly. The action of the sun's rays was found to be greater in moist than in dry air.

In one of the receivers the air was saturated with moisture—in the other it was dried by the use of chlorid of calcium.

Both were placed in the sun as before and the result was as follows:

Dry Air.		Damp Air.	
In shade.	In sun.	In shade.	In sun.
75	75	75	75
78	88	78	90
82	102	82	106
82	104	82	110
82	105	82	114
88	108	92	120

Auch der schwedische Physiker Svante Arrhenius beschäftigte sich mit dem Einfluss der Menschen auf das Klima und sagte die Erderwärmung durch Kohlendioxidemissionen vorher.

Ein großer Teil der neuen Infrastruktur der Sowjetunion wurde von Zwangsarbeitern errichtet. Bei Temperaturen weit unter dem Gefrierpunkt bauten diese Arbeiter in den 1930er Jahren den Weißmeer-Ostsee-Kanal.

In Südostasien entstanden Kautschukplantagen mit atemberaubender Geschwindigkeit. Im 20. Jahrhundert wurden Hunderttausende Hektar Wald gerodet, um die globale Nachfrage zu befriedigen.

Plakat zu Maos unseliger Kampagne «Vernichtet die vier Plagen» Ende der 1950er Jahre. Der Versuch, Stechmücken, Fliegen, Spatzen und Ratten auszurotten, hatte unvorhergesehene Folgen.

Ein Atombombentest im Südpazifik. Diese Tests hatten vermutlich Mitte des 20. Jahrhunderts Auswirkungen auf das Klima.

Die Künstlerin Dagmar Wilson (links) und die Bürgerrechtlerin Coretta Scott King (rechts) bei einer Friedensdemonstration vor dem Gebäude der Vereinten Nationen (1963). Frauen spielten bei der Schaffung des Umweltbewusstseins nach dem Zweiten Weltkrieg eine zentrale Rolle.

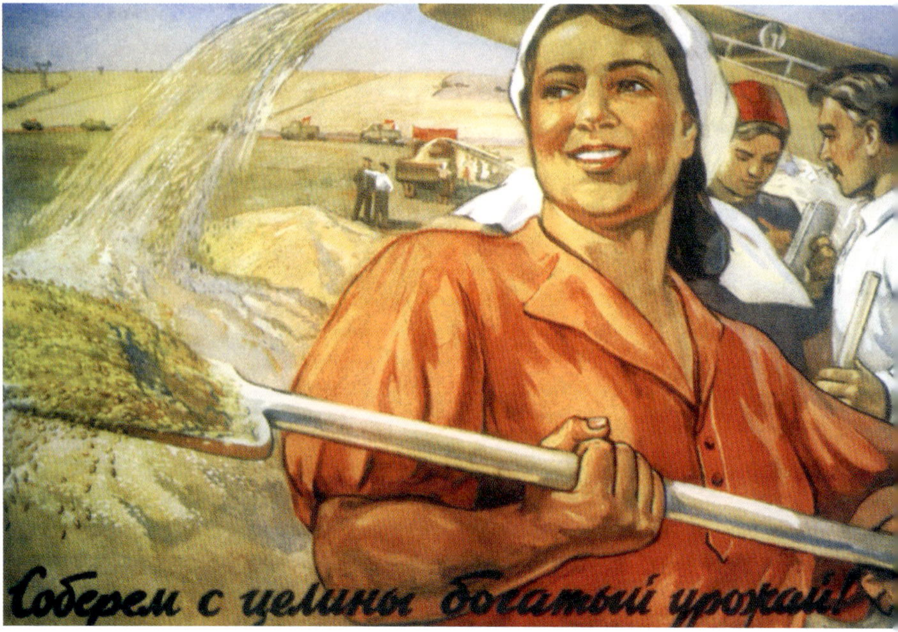

«Lasst uns die reichen unberührten Böden nutzen!» Das fordert ein Plakat zu Nikita Chruschtschows Umbau der sowjetischen Landschaft in den 1950er und frühen 1960er Jahren. Das Projekt scheiterte spektakulär.

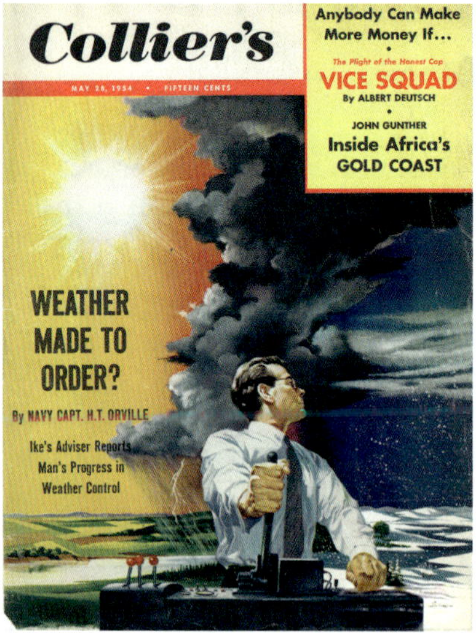

Wetterkontrolle rückte im 20. Jahrhundert in den Mittelpunkt des militärischen und politischen Denkens. Viele glaubten, bald könne man das Wetter beliebig manipulieren.

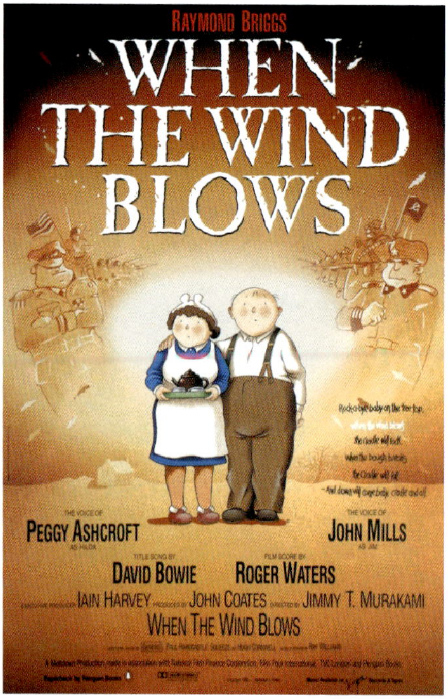

Filmplakat für «Wenn der Wind weht» (1986) – ein düsterer Zeichentrickfilm über ein älteres Ehepaar, das einen Atomangriff erlebt.

Auf dem Erdgipfel von Rio de Janeiro (1992) erklärte der amerikanische Präsident George H. W. Bush: «Unsere Kinder werden uns an den Taten messen, die wir von heute an ergreifen. Wir wollen sie nicht enttäuschen.»

Neue Palmölplantage auf frisch gerodeten Waldflächen. Palmöl wird in zahlreichen Produkten wie Lippenstift und Speiseeis verwendet. Die Rodungen stellen eine große Gefahr für die Artenvielfalt und die Chemie der Böden dar.

Luftverschmutzung ist eine große Gesundheitsgefahr. In Südostasien leben 99,9 Prozent der Bevölkerung in Regionen, in denen die Werte die WHO-Richtlinien übersteigen. In einigen Teilen Indiens beträgt die Feinstaubbelastung das Dreiundzwanzigfache der Obergrenze.

Der Übergang zur klimaneutralen Energieproduktion ist die große Aufgabe des 21. Jahrhunderts. Nach Ansicht von Wissenschaftlern ist eine Begrenzung der Erderwärmung auf 1,5 Grad Celsius gegenüber vorindustriellen Werten, wie sie 2015 im Übereinkommen von Paris beschlossen wurde, faktisch nicht mehr erreichbar.

Reichslandschaftsanwalt Alwin Seifert, der später eine einflussreiche Rolle im bundesrepublikanischen Naturschutz spielen sollte, buchstabierte aus, was das bedeutete: «Wenn der Osten Heimat für Deutsche aus allen Gauen werden und wenn er ebenso blühen und schön werden soll wie das übrige Reich, so genügt es nicht, die Städte von den Folgen polnischer Wirtschaft zu befreien und saubere, gefällige Dörfer zu bauen; dann muß auch die Landschaft wieder eingedeutscht werden.»[94] Diese Aufgabe kam nach Himmlers Ansicht polnischen Arbeitern zu, die jedoch von den deutschen getrennt werden mussten, wohl um diese nicht zu «verunreinigen».

Die vermeintliche «rassische» Überlegenheit wurde oft in den Anspruch auf eine deutsche Führungsrolle beim Umweltschutz gekleidet. «Denn nur der Mensch allein vermag der Landschaft seinen Stempel aufzudrücken», hieß es einer vom SS-Hauptamt herausgegebenen Broschüre mit dem Titel *Der Untermensch* aus dem Jahr 1942: «Darum auf der einen Seite Deutschlands geordnete Fruchtbarkeit, planvolle Harmonie der Felder, wohlüberlegte Sammlung der Dörfer, jenseits dagegen die Zonen des undurchdringlichen Dickichts, der Steppe, der endlosen Urwälder, durch die sich versandende Flüsse mühsam den Weg bahnen. Schlecht genutzter, fruchtbarer Schoß der schwarzen Erde, die ein Paradies sein könnte, ein Kalifornien Europas, und in Wirklichkeit verwahrlost, wüst vernachlässigt, bis zum heutigen Tage mit dem Stempel einer Kulturschande ohne Beispiel gezeichnet, eine ewige Anklage gegen den Untermenschen und sein Herrschaftssystem ist.»[95] Mit anderen Worten standen die Slawen für Chaos, und es war an den Deutschen, die Natur in den Dienst des Menschen zu stellen.

Mit der Realität hatte diese rassistische Selbstüberhebung nichts zu tun. Während des Krieges war die landwirtschaftliche Produktion der Besatzer hochgradig ineffizient und zeichnete sich durch falsche Prioritäten und Entscheidungen aus, die gerade in Westeuropa vorhandene Möglichkeiten ungenutzt ließen oder sich sogar als kontraproduktiv erwiesen.[96]

1945 war der Schrecken des Zweiten Weltkriegs endlich vorüber. Sechs Jahre Blutvergießen forderten zig Millionen Menschenleben, wobei die Zahl der auf dem Schlachtfeld Getöteten sich noch gering ausnimmt neben jener der Menschen, die verhungerten, an Krankheiten starben oder in den Konzentrationslagern der Nationalsozialisten ermordet wurden. Menschliche Grausamkeit und menschlicher Einfallsreichtum bei der Erfindung immer effizienterer Tötungsmaschinen kosteten mehr Männer, Frauen und Kinder das Leben als je zuvor.

Die effizienteste dieser Maschinen war die Atombombe, die so verheerend wirkte, dass sie womöglich eine Phase des relativen Friedens eingeläutet hat – ihr Einsatz, so wusste man im Kalten Krieg, wäre so vernichtend und apokalyptisch, dass er die ganze Welt auszulöschen drohte. Bis heute wurden diese Massenvernichtungswaffen nur zwei Mal eingesetzt: in Hiroshima und Nagasaki.

Die Entwicklung von Atomwaffen ging einher mit der Befürchtung, dass ihre Zerstörungskraft weit über ihre unmittelbaren Ziele hinausreichen würde. Hitler selbst sei nicht in der Lage gewesen, «den revolutionären Charakter der Kernphysik zu begreifen», so sein Rüstungsminister Albert Speer; der Gedanke habe «ganz offenkundig sein Begriffsvermögen» überfordert. Speer befragte, wie er in seinen *Erinnerungen* schreibt, Werner Heisenberg, einen der führenden deutschen Atomphysiker. Er wollte wissen, «ob eine erfolgreiche Kernspaltung mit absoluter Sicherheit unter Kontrolle gehalten werden oder sich als Kettenreaktion fortsetzen könne». Die Tatsache, dass Heisenberg ihm «die letzte Antwort schuldig geblieben war», beunruhigte ihn genauso wie Hitler, der «von der Möglichkeit, dass die Erde sich unter seiner Herrschaft in einen glühenden Stern verwandeln könne, offensichtlich nicht entzückt» war.[97]

Auch die Wissenschaftler, die auf der anderen Seite des Atlantiks am Manhattan Project beteiligt waren, erörterten die Möglichkeit, dass die Zündung einer Atombombe einen Atmosphärenbrand auslösen könnte, hielten es aber für unwahrscheinlich, zumindest bei Bomben der damaligen Größe. In einem Gutachten schrieben drei der beteiligten Wissenschaftler: «Unabhängig von der Temperatur, auf die ein Bereich der Atmosphäre erhitzt wird, ist die Auslösung einer sich selbst fortsetzenden atomaren Kettenreaktion unwahrscheinlich.»[98]

Im Krieg wurden zwar nur zwei Atombomben eingesetzt, doch zwischen 1945 und 1963 wurden mehr als vierhundert solcher Sprengsätze in der Atmosphäre gezündet. Danach einigten sich die Vereinigten Staaten, Großbritannien und die Sowjetunion auf ein Verbot von Kernwaffenversuchen in der Atmosphäre, im Weltraum und unter Wasser. China und Frankreich nahmen danach noch weitere 63 Atombombenversuche vor. Bis 1980 (dem letzten Labortest der Chinesen in Lop Nor) fanden insgesamt 504 Atombombenexplosionen mit einer Sprengkraft von 440 Megatonnen statt.[99]

Die Physiker hatten zwar recht mit ihrer Einschätzung, dass die Explosion einer Atombombe keinen Atmosphärenbrand auslösen würde, doch sie ahnten nicht, was mit dem radioaktiven Staub geschah, der dabei freigesetzt wurde. Statt dass er sich gleichmäßig verteilte und viele Jahre später mit abgeschwächter radioaktiver Strahlung herabrieselte, gab es erhebliche Unterschiede in der geographischen Verteilung des Strahlenmaterials. Der Fallout hing zudem eng mit der Breite zusammen, der Norden war deutlich schneller betroffen als der Süden.[100]

In diesem Zusammenhang ist es interessant, dass die Warmphase des beginnenden 20. Jahrhunderts unmittelbar nach dem Zweiten Weltkrieg endete. In den letzten Kriegsmonaten waren Städte in Japan und Deutschland durch alliierte Bombenabwürfe zerstört worden. Allein in Japan wurden 69 Städte (darunter Hiroshima und Nagasaki) mit einer Gesamtfläche von 461 Quadratkilometern von Superfortress-Bombern vom Typ B-29 bombardiert, und aus den brennenden Städten stiegen gewaltige Rauchsäulen auf. Ähnlich in Deutschland, wo die Alliierten in den Jahren 1944 und 1945 mehr als 80 Prozent ihrer Bomben über Städten abwarfen. Dabei handelte es sich überwiegend um Brandbomben, die nach Erkenntnissen des Luftwaffenkommandos der Vereinigten Staaten vier- bis fünfmal so viel Zerstörungskraft hatten wie Sprengbomben. Bei den Angriffen wurden 20 Prozent aller Wohnhäuser in Deutschland zerstört, und 7,5 Millionen Menschen verloren ihr Zuhause. Die dabei entstehenden Rauchsäulen und Luftströmungen wurden von den Piloten als «schwarze Hölle» beschrieben.[101]

Die gewaltigen Mengen an Ruß, die bei diesen Bränden freigesetzt wurden, scheinen dennoch kaum Auswirkungen auf die Bodentemperaturen gehabt zu haben.[102] Wichtiger war offenbar die nördliche Hadley-Zelle, ein Zirkulationsmuster innerhalb der Troposphäre, die sich in den 1940er Jahren Richtung Äquator verschob und zu einer Abkühlung auf der Nordhalbkugel beitrug.[103] Ein weiterer Grund für die Verlangsamung des Klimawandels und der Erderwärmung zur Mitte des 20. Jahrhunderts scheinen jedoch ausgerechnet die Atombombentests gewesen zu sein.

Dieser Zusammenhang wurde bereits in den 1950er Jahren erörtert, als ein Bericht der Atomenergiebehörde und der Luftwaffe der Vereinigten Staaten die Auswirkungen von radioaktivem Material auf die Ionisierung der höheren Schichten der Erdatmosphäre diskutierte und mutmaßte, «die Aufladung der Atmosphäre mit Partikeln könnte das irdische Wetter beeinflussen».[104] Eine anhaltende Dürreperiode im Mittleren Westen der Vereinigten Staaten und ungewöhnlich kühle und nasse Sommer hatten bereits Ängste vor einem Klimawandel geschürt, genau wie Arbeiten des japanischen Klimaforschers Akio Arakawa und anderer, die Abweichungen des Wetters mit den Atombombentests in Verbindung brachten.[105]

Die Auswirkungen von Wetter- und Klimastörungen waren Teil von Project Sunshine, einem Geheimprojekt der Atomenergiebehörde und der Luftwaffe der Vereinigten Staaten sowie der RAND Corporation, das 1953 zu dem Schluss kam: «Die Gefahren des radioaktiven Abfalls werden auf die eine oder andere Weise den Weg in den Menschen finden.»[106] Nachdem der Fotohersteller Kodak drohte, die Atomenergiebehörde auf Schadenersatz zu verklagen, weil ein über 1500 Kilometer entfernter Atombombentest seine Röntgenfilme kontaminiert hatte, wuchs das Forschungsinteresse an den Folgen der Freisetzung von Strahlenmaterial, vor allem als die Bomben immer größer wurden und in immer größeren Höhen gezündet wurden.[107]

Ein Kongressausschuss, der die Auswirkungen der Atomwaffentests untersuchte, kam 1957 zu dem Schluss, dass «viele menschliche Erfindungen – Schießpulver, Radio, Flugzeuge und das Fernsehen – für Wetter- und Klimaveränderungen verantwortlich gemacht» wurden. Es sei daher «nur natürlich», dass «atomare und thermonukleare Explosionen, die zu den dramatischsten Errungenschaften der Menschheit zählen, auch ihren Teil der Schuldzuweisungen abbekommen würden».[108] Der Bericht räumte zwar ein, dass im zurückliegenden Jahrzehnt eine Zunahme an «ungewöhnlichen und unerwünschten Witterungsverhältnissen» zu beobachten gewesen sei, kam aber zu dem Ergebnis, dass diese Ausschläge nicht außerhalb der üblichen natürlichen Schwankungen lägen. Doch «die Tatsache, dass keine statistisch signifikanten Veränderungen beobachtet wurden», sei «kein Beweis, dass die Explosionen keine physikalisch signifikanten Veränderungen bewirkt haben». Weitere Untersuchungen seien nötig, um eine abschließende Antwort zu finden.[109]

Das spiegelte den wissenschaftlichen Konsens der Zeit wider: Wie im Falle von Guy Callendars Hypothese zu den Auswirkungen der Kohlenstoffemissionen verlangte man mehr Daten und weitere Analysen und wollte keine voreiligen Schlüsse ziehen.[110] Die aktuelle Forschung, die sich zum Teil auf spätere Untersuchungen zu den möglichen Folgen eines Atomkriegs stützt, kommt allerdings sehr wohl zu der Einsicht, dass Explosionen in der Atmosphäre, vor allem von großen Wasserstoffbomben, sowie der von ihnen erzeugte Feinstaub mitverantwortlich sind für die Verlangsamung der Erderwärmung zur Mitte des 20. Jahrhunderts.[111] Paradoxerweise beschäftigten sich die Militärplaner der Zeit nach dem Zweiten Weltkrieg allerdings nicht mit der Frage, ob die neuen Massenvernichtungswaffen das Klima verändern könnten, sondern sie fragten sich, ob sie Waffen zu entwickeln vermochten, mit denen sich das Klima verändern und kontrollieren ließe.

ZWEIUNDZWANZIGSTES KAPITEL

Die Neugestaltung der globalen Umwelt

(Mitte 20. Jahrhundert)

> Wir haben auf Töpfe geschlagen, bis die armen Spatzen erschöpft waren. Das haben wir mehrere Tage lang gemacht.
> Danach gab es viel weniger Spatzen.
> **Student der landwirtschaftlichen Universität Chongqing über den Krieg gegen Schädlinge (1958)**

Der Wunsch, das Wetter zu beeinflussen, ist uralt. Zu allen Zeiten und auf allen Kontinenten haben Gesellschaften versucht, mit ihren Ritualen Regen zu beschwören, die Saat zu schützen oder für reichliche Ernte zu sorgen. Um Gottheiten günstig zu stimmen, brachte man ihnen Speisen und andere Opfer dar oder übte sich in Selbstkasteiung.

Seit dem 19. Jahrhundert setzt man dafür die Mittel der Wissenschaft ein. Besonders groß war das Interesse in den Vereinigten Staaten, wo sich Pioniere mit Regenexperimenten versuchten. Einer davon war ein gewisser James Espy, der erste Meteorologe im Staatsdienst, der große Waldstücke anzündete in der Hoffnung, die aufsteigende Heißluft werde Wolken und damit Regen entstehen lassen. Der Versuch misslang, doch andere Wissenschaftler stellten neue Überlegungen über den Zusammenhang zwischen Artilleriegefechten und Niederschlägen an, die oft auf Schlachten zu folgen schienen.[1]

Diese Ideen führten zu nichts, aber das Interesse der Politik war geweckt, und der amerikanische Kongress stellte dem Landwirtschaftsministerium in der zweiten Hälfte des 19. Jahrhunderts Mittel zur Verfügung für Versuche, mit Sprengstoff Regen aus dem Himmel zu schütteln. Die ersten Experimente schienen sogar Erfolg versprechend und wurden mit weiteren Geldern belohnt, doch dann blieb der Erfolg aus, trotz zwei Monate langem unaufhörlichem Geschützdonner. Ein Beobachter kam zu dem Schluss, dass bei dieser «dümmsten Darbietung, die sich die Menschheit hat ausdenken können», nur Steuergelder verpulvert wurden. Daraufhin wurde das Geld, das bis dahin noch nicht ausgegeben worden war, an die Staatskasse zurücküberwiesen.[2]

Regenmachen wurde zu einer Berufung für Hochstapler, die Bauern ihr Geld abschwatzten, indem sie ihnen das Blaue vom Himmel versprachen. Scharlatane wie Charles Hatfield inszenierten überzeugende Vorführungen von Präparaten, die angeblich erprobt waren und auf neuesten wissenschaftlichen Erkenntnissen basierten.[3]

Wie so oft weckte der Krieg neues Interesse und brachte der Forschung frisches Geld. In Großbritannien gab der Luftfahrtausschuss des Forschungsministeriums während des Ersten Weltkriegs nicht nur Innovationen wie Brandgeschosse gegen Zeppeline, Modellflugzeuge zur Verbesserung der Treffsicherheit und neue hydraulisch getimte Bordkanonen in Auftrag, sondern auch die Herstellung künstlicher Wolken.[4]

Das Interesse an der Meteorologie wuchs schlagartig, als klar wurde, wie wichtig es sein konnte, die Witterungsbedingungen auf dem Schlachtfeld vorhersagen zu können. Mit dem Kriegseintritt der Vereinigten Staaten im Jahr 1917 wurden Tausende Soldaten zu militärischen Wettermeldern ausgebildet – keine leichte Aufgabe angesichts des schlechten Rufs der Meteorologie, die in den Augen eines Physikers nicht mehr war als ein «Ratespiel». Es reichte nicht aus, sich allein auf «Beobachtung, Kartierung und Vorhersage» zu stützen, wie der renommierte Meteorologe Sir Napier Shaw sagte; vielmehr war Spezialwissen in Mathematik und Physik vonnöten. Die Wetterforschung nahm ihren Anfang in den 1920er Jahren, doch sie ließ sich Zeit: In den Jahren 1919 bis 1923 promovierten in den

Vereinigten Staaten mehr als 600 Wissenschaftler in Chemie, jeweils 200 in Botanik und Physik und fast einhundert in Geologie, aber nur zwei in Meteorologie.[5]

Fortschritte in der Luftfahrttechnik weckten das Bedürfnis, Nebel zu zerstreuen, um bessere Landebedingungen für Flugzeuge zu haben. In den 1920er Jahren wurden Versuche mit statisch geladenem Sand durchgeführt, und nachfolgende Experimente zur Wolkenbildung schienen Erfolg versprechend. Die Presse griff das Thema auf, und in der *New York Times* hieß es, Wettermachen sei zwar «seit einem Jahrhundert die Domäne der Quacksalber», doch der Forschungsansatz des Militärs sei nicht nur vielversprechend, sondern habe das Zeug, «die Geographie und die Geschichte» und letztlich «die Zukunft der Menschheit zu verändern».[6]

In den 1920er Jahren versiegte das Interesse des Militärs und mit ihm der Geldstrom. Doch das wissenschaftliche Interesse an der Entstehung und Beeinflussung des Wetters blieb bestehen. Die American Meteorological Society wurde gegründet, zur «Förderung und Verbreitung der Kenntnisse der Meteorologie, darunter der Klimatologie, sowie ihrer Entwicklung und Anwendung auf den Gebieten Gesundheit, Landwirtschaft, Technik und Transport zu Land und auf Binnengewässern, der Navigation der Luft und der Meere und in andere Branchen».[7] Dampftransfer, Eiskristallbildung und der Einsatz von Kalziumchloridpulver waren nur einige wenige Ideen, die erörtert und von Wissenschaftlern in Schweden, den Vereinigten Staaten, Deutschland und der Sowjetunion erprobt wurden. Dem Turkmenischen Regeninstitut der Sowjetunion soll es zum Beispiel mittels chemischer Reaktionen am Boden und in der Luft gelungen sein, «Regen aus einem wolkenlosen Himmel» zu zaubern.[8]

Während des Zweiten Weltkriegs wurden Forschungen zur Größe von Regentropfen durchgeführt, die eine neue Welle der Untersuchungen zur Wetterbeeinflussung anstießen, zunächst sogar mit Erfolg. Wissenschaftler des Labors von General Electric in Schenectady im Bundesstaat New York stellten fest, dass man mithilfe von Silberiodid und Trockeneis Regen stimulieren konnte, weil diese der

Feuchtigkeit in der Luft Kondensationskeime boten; das nannte man auch «Wolken impfen».[9] Diese aufregenden Ergebnisse veranlassten einige Technikpioniere zu der Behauptung, «die Kontrolle des Wetters durch den Menschen» sei «eine wissenschaftliche Möglichkeit der Zukunft», und schon bald sei es möglich, «per Knopfdruck einen Sturm zu neutralisieren oder von seinem Kurs abzubringen».[10]

Anderen ging es weniger darum, Stürme zu beherrschen, als um die Frage, wie man diese neue Technik als Waffe einsetzen konnte. Vannevar Bush, der während des Zweiten Weltkriegs das Amt für wissenschaftliche Forschung und Entwicklung geleitet und eine Schlüsselrolle im Manhattan Project gespielt hatte, fragte sich, ob sich statt Regen auch Schnee erzeugen lasse – schließlich hätte es doch eindeutig strategische und militärische Vorteile, wenn man einfach Tausende Tonnen Schnee auf feindliche Truppen fallen lassen könnte.[11]

1947 wurde ein wissenschaftliches Forschungsprogramm ins Leben gerufen, das «die Manipulation von Naturgewalten zum Nutzen der Menschheit» erforschen sollte. Ziel des Programms mit dem Codenamen Project CIRRUS war es, das Verständnis von Wettermustern voranzubringen, um die Vorhersage zu verbessern und durch Ausbringung von Trockeneisgranulat, Silberkeimen oder Wassertropfen in Haufenwolken Regen zu erzeugen. Ein Geheimbericht gab das Ziel vor, die Möglichkeit der Wettermanipulation aus strategischer und taktischer Sicht zu erforschen. Das Projekt hatte allerdings seine Kritiker, und ein Mitglied des Forschungsbeirats meinte, man solle das Geld lieber für «Klappern und Schlangenhäute» ausgeben, weil man damit eher Niederschlag produzieren könne.[12]

Die beteiligten Wissenschaftler waren allerdings optimistischer, sowohl was die Experimente selbst als auch was ihre Bedeutung anging. Irving Langmuir, der 1932 den Chemienobelpreis erhalten hatte und die Forschungslabors von General Electric leitete, hatte keinen Zweifel daran, dass viel auf dem Spiel stand. Im August 1950 war er auf der Titelseite des Nachrichtenmagazins *Time* abgebildet, unter der Überschrift: «Kann der Mensch die Atmosphäre beherrschen?».[13] Im Dezember desselben Jahres erklärte er in einem Interview, Regenmachen und Wetterkontrolle könnten «als Waffe so mächtig sein wie die Atombombe». Schon 30 Milligramm Silberiodid könnten «unter den richtigen Bedingungen dieselbe Wirkung haben wie eine Atombombe».[14]

Das Potenzial der Wettermanipulation sei gewaltig, fand auch Howard Orville, ein ehemaliger Marineoffizier, der von Präsident Eisenhower zum Leiter des Beirats zur Wetterkontrolle berufen worden war. «Es mag heute nach Phantasie klingen», schrieb Orville in der Zeitschrift *Collier's*, doch in der nicht allzu fernen Zukunft «könnte es Wirklichkeit werden», dass Flugzeuge in den Himmel geschickt werden, damit sie über Texas oder sonst wo Windhosen und Wirbelstürme aufbrechen. Es könnte sogar möglich werden, «das gesamte Wetter in einem erstaunlichen Ausmaß zu beeinflussen». Alles, was man dazu brauchte, war die Unterstützung der Öffentlichkeit und Geld für die Forschung. Wenn man beides habe, dann könne man «vielleicht irgendwann das Wetter auf Bestellung machen».

Orville führte aus, was das bedeutete. «Russland wäre im Nachteil, (...) da das Wetter in der Regel von West nach Ost zieht.» Wenn man Klimamuster beeinflussen könne, dann komme das nicht nur den Bürgern zu Hause zugute, sondern es ließe sich auch als Waffe einsetzen. Wer an den Schalthebeln des Wetters sitze, könne «den Feind mit Regen überfluten oder seine Ernte vernichten, indem er seinen Feldern den Regen vorenthält».[15]

Als sich Anfang der 1950er Jahre der Kalte Krieg verschärfte, wurde das Thema eifrig diskutiert. Man könne die Sowjetunion durch «Regengüsse» schwächen, indem man Wolken über ihrem Staatsgebiet impfe, wie der Wissenschaftsautor Frank Carey meinte; und wenn der gegenteilige Effekt gewünscht werde, dann könne man auch «verheerende Dürren verursachen und die Ernte vertrocknen lassen, indem man diese Wolken ‹überimpft›». Mit Orville freute er sich, dass «Russland kaum etwas tun kann, um Vergeltung zu üben, weil das Wetter überwiegend von Westen nach Osten zieht».[16] Der spätere Präsident Lyndon Johnson, damals Senator von Texas, hatte eine noch ambitioniertere Vision: Man stelle sich vor, dass «die Herren der Unendlichkeit vom Weltraum aus absolute

Kontrolle über das Wetter haben, Dürren und Überschwemmungen verursachen, die Gezeiten und die Meereshöhe verändern, den Golfstrom umlenken und gemäßigte Klimazonen in kalte verwandeln können».[17]

Doch bei allem Optimismus blieben die Experimente enttäuschend. Die Wolkenimpfung funktionierte zwar im Prinzip, doch es war schwierig bis unmöglich, signifikante Regenmengen zu erzeugen – ob als Waffe oder als Spritze für die Landwirtschaft.[18] Die Forschungsgelder flossen zwar weiter, doch eher aus der Sorge, dass andere bei der Wettermanipulation die Nase vorn haben könnten. Das nämlich, warnte Orville, hätte gravierende Konsequenzen: «Wenn eine verfeindete Nation das Problem der Wetterkontrolle löst und vor uns in der Lage ist, großflächige Wettermuster zu kontrollieren, dann könnte das schlimmere Folgen haben als ein Atomkrieg.» Und zum Neujahrstag 1958 warnte ein Meinungsartikel auf der Titelseite der *New York Times*: «New York City könnte hundert Meter tief unter Eis oder unter Wasser liegen, je nachdem, ob die Temperatur angehoben oder gesenkt wird.»[19] Henry Houghton vom MIT fand, man könne nur «erschauern bei dem Gedanken, dass die Sowjets als Erste eine Möglichkeit der Wetterkontrolle entdecken»; eine Verbesserung des Klimas in der Sowjetunion könnte «unsere Wirtschaft und Widerstandsfähigkeit erheblich schwächen», egal, ob sie gezielt herbeigeführt werde oder ob es zufällig dazu komme.[20]

Diese Sorgen wurden verstärkt durch die technischen Fortschritte der Sowjetunion, nicht nur auf dem Gebiet der Atomwaffen, sondern auch mit seinem Raumfahrtprogramm, das im Oktober 1957 den Satelliten Sputnik in die Erdumlaufbahn schoss. Sputnik erwischte die Vereinigten Staaten auf dem falschen Fuß und löste in einigen Kreisen Panik aus, und zwar nicht nur, weil es der Sowjetunion zu einem «Propagandasieg» verhalf, wie einige meinten, sondern auch, weil es zeigte, über welche Trägersysteme für ihre Atomsprengköpfe die Sowjetunion inzwischen verfügte.[21]

Nun befürchtete man, dass die Sowjets auch auf dem Gebiet der Wettermanipulation mit großen Schritten vorankamen.

1946 hatten Dürren und überdurchschnittliche Temperaturen vor allem im Juni in vielen der produktivsten Regionen der Sowjetunion zu Ernteausfällen geführt.[22] Bis 1948 herrschte eine Hungersnot, die mehr als eine Million Menschen das Leben kostete, nachdem der Krieg gerade 24 bis 27 Millionen Tote gefordert hatte.[23] Der Staat reagierte mit einem Programm, das ein Historiker als «das größte ökotechnische Projekt der Welt» bezeichnet hat: einem Plan, das Klima der Sowjetunion zu verändern.[24]

Der am 20. Oktober 1948 verkündete «Große Stalin-Plan zur Umwandlung der Natur» war ein Versuch, dem von Menschen gemachten Klimawandel entgegenzuwirken.

Wenn man Stalins Ansichten zu den Auswirkungen des Menschen auf die Natur kennt, dann war es ein Wunder, dass der Plan überhaupt verabschiedet wurde. «Das geographische Milieu», hatte Stalin 1938 geschrieben, «ist unbestreitbar eine der ständigen und notwendigen Bedingungen der Entwicklung der Gesellschaft, und es übt natürlich auf die Entwicklung der Gesellschaft seine Wirkung aus.» Doch trotz aller gesellschaftlichen Umbrüche hätten sich in den vergangenen 3000 Jahren «die geographischen Bedingungen in Europa entweder gar nicht oder derart unbedeutend verändert», dass die Veränderungen keine Rolle spielten. «Für einigermaßen bedeutsame Veränderungen des geographischen Milieus sind Millionen von Jahren erforderlich», während in der Gesellschaft «einige Hundert oder ein paar Tausend Jahre sogar für überaus bedeutsame Veränderungen der menschlichen Gesellschaftsordnung» ausreichten. Das geographische Milieu konnte also nicht die Hauptursache der gesellschaftlichen Veränderungen sein.[25]

Der «Große Stalin-Plan» sah dennoch vor, sechs Millionen Hektar Land aufzuforsten und acht Waldgürtel anzulegen, um das Erdreich zu stabilisieren, einen Schutzwall gegen die trockenen Winde aus Zentralasien zu bilden, Südrussland abzukühlen und dort Niederschläge zu begünstigen. 1950 folgten weitere Gesetze, die den ökologischen Umbau mit Staudammprojekten, Wasserkraftwerken, einem Kanalsystem und zusätzlichen Wäldern vorantreiben sollten.[26]

Dieser Plan war nicht nur ehrgeizig, sondern er war auch ein Herzstück der Sowjetpropaganda: «Welches kapitalistische Land könnte ein Projekt von einem derart gewaltigen Maßstab anpacken?», fragte der Forstminister. «Einer solchen Aufgabe wäre keines gewachsen. Sie denken nicht an die Menschen, sondern nur an ihre Geldsäcke, die sie behüten wollen. Der Diebstahl an den eigenen und fremden Leuten – das ist das Programm der bourgeoisen Nationen.»[27]

Die Ergebnisse konnten mit diesem Selbstbewusstsein nicht mithalten. Die zentrale Planung der vermeintlich großen Umgestaltung der Natur erwies sich, wie so oft bei Großprojekten der Sowjetunion, als miserabel, was auch persönlichen Auseinandersetzungen und endlosen Grabenkämpfen in der Bürokratie geschuldet war. Ganz abgesehen davon war die Wissenschaft hinter den Zielen und Methoden nicht annähernd so fortschrittlich wie behauptet.[28] So kam es, dass das Projekt nur Tage nach Stalins Tod im März 1953 zu den Akten gelegt, das Forstministerium geschlossen und die Belegschaft nach Haus geschickt wurde.[29]

Eine neue Ära sei angebrochen, verkündete Nikita Chruschtschow, als er im Februar 1956 in seiner berühmten Geheimrede auf dem XX. Kongress der Kommunistischen Partei in Moskau mit Stalins Herrschaft abrechnete. Warum war so viel schiefgelaufen? «Weil Stalin nie ins Land reiste, sich nicht mit Arbeitern und Kolchosbauern traf und die tatsächliche Lage vor Ort nicht kannte.» Er habe keine Ahnung von der Situation auf dem Land gehabt, 1928 sei er zum letzten Mal in einem Dorf gewesen. «Das Land und die Landwirtschaft kannte er nur aus Filmen. Und die Filme beschönigten, lackierten den Zustand in der Landwirtschaft. In vielen Filmen wurde das Kolchosleben so dargestellt, dass die Tische sich unter den Truthähnen und Gänsen bogen.» Kein Wunder, dass Stalins Programmen kein Erfolg beschieden war.[30]

Chruschtschow warf Stalin außerdem vor, er habe Parteimitglieder aufgrund falscher und frei erfundener Anschuldigungen foltern und ermorden lassen, in der Außenpolitik Fehler begangen und einen gefährlichen Personenkult betrieben. Fünf Stunden lang mussten die erschrockenen Parteimitglieder sich das anhören. Stalin habe sich selbst für ein Genie gehalten, sagte Chruschtschow mehrfach –

ein Genie, das «Kollektivität in der Führung und in der Arbeit absolut nicht ertrug, der sich brutale Gewalt gegenüber allem erlaubte, was sich nicht nur gegen ihn richtete, sondern was ihm, bei seiner launenhaften und despotischen Neigung, seinen Konzeptionen zu widersprechen schien». Stalin, so Chruschtschow, «handelte nicht mit dem Mittel der Überzeugung, der Erklärung, der geduldigen Arbeit mit den Menschen, sondern durch das Aufzwingen seiner Konzeptionen, indem er die absolute Unterordnung unter seine Meinung forderte». Für die Probleme der sowjetischen Landwirtschaft sei Stalin persönlich verantwortlich zu machen, und diese würden nun korrigiert. Es sei an der Zeit für eine neue Politik, sowohl auf der Weltbühne als auch im Umgang mit der Umwelt zu Hause.[31]

Einige von Chruschtschows Initiativen waren ausgesprochen ehrgeizig. In den Vereinigten Staaten verfolgte man die Arbeit der verschiedenen sowjetischen Forschungseinrichtungen zur Wolkenphysik mit Argusaugen, Wissenschaftler und Geheimdienste stellten Material zusammen, um herauszufinden, wer mit welchem Erfolg woran arbeitete.[32] Sowjetforscher, so wurde berichtet, beschäftigten sich mit der Schmelze der Polkappen sowie mit «gewaltigen staatlichen Projekten, die das gesamte Zirkulationssystem auf der Nordhalbkugel stören könnten». Ein Ingenieur namens Arkadi Markin habe sogar vorgeschlagen, einen Damm über die Beringstraße zu bauen, durch den «wärmeres Wasser aus dem Pazifik in den kälteren Arktischen Ozean» und manchmal auch in Gegenrichtung gepumpt werden könne. Dieser würde «die kalten Meeresströmungen von Grönland, Labrador und anderswo abschalten und die Temperatur in New York, London, Berlin, Stockholm und Wladiwostok um einige Grad Celsius steigen lassen. Wie der Atomphysiker Edward Teller, der «Vater der Wasserstoffbombe», sagte: «Die Russen können uns auch ohne Krieg durch ihre zunehmende wissenschaftliche und technische Überlegenheit besiegen.» Die Sowjetunion «könnte in der Wissenschaft so rasche Fortschritte erzielen und uns so weit hinter sich lassen, dass wir nichts dagegen ausrichten können (...). Was für eine Welt wird das sein, in der sie diese neue Kontrolle haben und wir nicht?»[33]

Solche und ähnliche Bedenken wurden gern im Kongress vorgetragen, um Mittel für hanebüchene «geotechnische» Projekte zu bekommen, etwa «die Einfärbung der Polkappen, mit dem Ziel, das Eis zu schmelzen und das Regionalklima zu verändern», oder für einen gigantischen Weltraumspiegel, der die Sonnenstrahlen wie «ein riesiges Vergrößerungsglas» bündeln und «Frostschäden auf Obstplantagen verhindern, Eisberge im Atlantik schmelzen, zugefrorene Häfen freitauen oder Städte und andere Gebiete nachts beleuchten» könnte.[34]

Und dann war da noch die Atomenergie, «die größte aller Zerstörungskräfte», wie sie Präsident Eisenhower 1953 in seiner Rede «Atome für den Frieden» vor der Vollversammlung der Vereinten Nationen nannte. Trotzdem könne aus ihr «eine große Wohltat für die ganze Menschheit» werden, mit ihrer Hilfe könne man «Wüsten erblühen lassen, die Frierenden wärmen, die Hungrigen ernähren und das Leid der Welt lindern».[35] Energie würde so billig, dass man bald kein Geld mehr dafür verlangen könne, wie Regierungsvertreter meinten.[36]

Nach Ansicht von Edward Teller war mit der Atomkraft der Moment gekommen, Korrekturen an einem «mit kleineren Mängeln behafteten Planeten» vorzunehmen. Die neue Disziplin der Geotechnik gebe nicht nur die Gelegenheit, «die Versäumnisse der Natur zu beheben», sondern sie eröffne schier grenzenlose Möglichkeiten. «Wir werden die Erdoberfläche nach unserem Gusto verändern», sagte er. Mithilfe neuer Technik, darunter auch Atomsprengsätze, werde der Mensch «viele Landschaften neu gestalten». Mehr noch, mithilfe der Atomenergie könne man zum Beispiel Fische genetisch manipulieren und «neue Arten mit größerem Nährwert» hervorbringen. Und mit Hochdruckexplosionen ließe sich Kohle «in den härtesten, seltensten und schönsten Stoff der Erde verwandeln: Diamanten». Der Militärhistoriker Ralph Sanders meinte daher, wer in hundert Jahren die Erde besuche, werde die «geographischen Orientierungspunkte» kaum noch wiedererkennen, geschweige denn all die anderen Veränderungen, die man bis dahin vorgenommen habe.[37]

Sowjetische Wissenschaftler taten sich mit ähnlich vollmundigen Versprechungen hervor. Die «Allmacht des menschlichen Genies», so Arkadi Markin, werde «atemberaubende Ergebnisse» hervorbringen, atomare Sprengungen würden die Natur umgestalten und «neue Täler durch Bergketten schlagen», neue Inseln und «Kanäle, Stauseen und Meere» entstehen lassen. Nikolaj Rusin und Liya Flit sahen Großes vorher. In ihrem Buch *Mensch gegen Klima* schrieben sie: «Wir stehen erst an der Schwelle des Siegs über die Natur.» Sie träumten davon, das Klima von Nordafrika zu manipulieren und die Sahara zu bewässern, was nach Ansicht eines anderen sowjetischen Autors «Abermillionen von fruchtbaren Hektaren und zwei oder gar drei Ernten pro Jahr» einbringen würde; das sei ein wichtiger Schritt «im nationalen Befreiungskampf der afrikanischen Völker».[38]

Doch die Schöne Neue Welt ließ auf sich warten. Weil die Wissenschaft nicht wie verheißen den Fortschritt beflügelte oder mit fürchterlichen neuen Waffen die Menschheit zur Einigung zwang, wurden einige Beobachter ungeduldig und kamen zu dem Schluss, dass die Revolution weder bevorstand noch so dramatisch ausfallen würde wie angekündigt. Ein amerikanischer Regierungspolitiker mokierte sich über die Behauptung, «ein paar Gramm eines bestimmten biologischen Materials» reichten aus, «um 200 Millionen Menschen zu töten» – das sei «reine Phantasie ohne jede Faktenbasis». Aussagen eines Berichts über die Möglichkeiten biologischer Kriegsführung, den das amerikanische Verteidigungsministerium 1946 in Auftrag gegeben hatte, wurden als «verstiegen, falsch und im Licht des aktuellen wissenschaftlichen Forschungsstands unangemessen schrill» abgetan, und ein weiteres Dokument warnte davor, allzu weit in die Zukunft zu blicken und zu glauben, «Science-Fiction-Krieg sei Realität oder werde es in den kommenden zehn Jahren sein».[39]

Ein Bericht, der Mitte der 1960er Jahre für den Nationalen Forschungsrat der Akademie der Wissenschaften der Vereinigten Staaten verfasst wurde, räumte zwar ein, dass die Arbeit der zurückliegenden Jahrzehnte «hochinteressante» Erkenntnisse hervorgebracht habe und Mut für «künftige Anstrengungen auf dem Gebiet der

Wettermanipulation» mache. Doch unterm Strich kam er zu dem Schluss, dass es für die «Anbahnung groß angelegter Programme zur Manipulation des Wetters zu früh» sei. Es seien noch «grundsätzliche Fragen» zu klären, ehe man auf diesem Gebiet mit Fortschritten rechnen könne. So weit sei man bestenfalls in einigen Jahrzehnten, so die Autoren.[40]

Die Öffentlichkeit stand Experimenten, mit denen die natürliche Umwelt verändert werden sollte, inzwischen oft nicht nur skeptisch, sondern sogar ablehnend gegenüber. Dazu kam die Angst vor der nuklearen Auslöschung. Prominente Intellektuelle wie der Mathematiker John von Neumann warnten, dass der Eingriff des Menschen in das Klima schlimmere Folgen haben könnte als ein Atomkrieg. Schon der Titel seines Artikels, «Können wir die Technik überleben?», ist ein Hinweis auf die zunehmende Sorge, dass die Wissenschaft Monster hervorbringen könnte, die sie weder verstand noch beherrschte.[41]

Für wen das noch kein Anlass zur Beunruhigung war, der sorgte sich vielleicht über die zahlreichen Presseberichte über radioaktive Strontiumisotope in der Milch. Sogar der *Playboy* warnte in einem Leitartikel, dass Kinder «frühzeitig sterben» oder mit «grotesken Mutationen» zur Welt kommen könnten. In einer Aktion, die das Vertrauen wiederherstellen sollte, ließ sich Präsident Kennedy dabei filmen, wie er ein Glas Milch trank und erklärte, im Weißen Haus komme das Getränk zu jeder Mahlzeit auf den Tisch.[42]

Wenn die Wissenschaft denn überhaupt auf die möglichen Folgen der Geotechnik eingegangen war, dann hatte sie sie heruntergespielt. Wenn man mit Atomsprengungen neue Kanäle durch Südamerika oder Afrika sprengen oder Häfen in Alaska anlegen würde, dann wäre der radioaktive Fallout «vernachlässigbar», behauptete Teller. Unterirdische Zündungen hätten kaum Auswirkungen, das radioaktive Material bleibe schließlich tief unter der Erdoberfläche.[43]

Das waren irreführende Behauptungen. Zahlreiche für das Militär und die Öffentlichkeit produzierte Filme machten klar, dass das Potenzial der Atomenergie nicht ausschließlich positiv war, sondern dass diese neue Kraft großes Leid verursachen konnte. *Ope-*

ration Plumbbomb aus dem Jahr 1957 zeigte, was mit Schweinen passierte, die einem Atomtest ausgesetzt wurden. Der Film *Atomic Tests in Nevada* aus dem Jahr 1955 begann mit Bildern des nächtlichen St. George in Utah. «Es ist fünf Uhr morgens», sagte eine Stimme. «Um diese Zeit ist alles still. Alles ist geschlossen. Alle schlafen.» Ehe der Ort erwachte und die Menschen zur Arbeit gingen, wurde der Himmel mit einem Mal gleißend hell. Dann standen die Bürger auf und gingen ihrem Alltag nach. «Nichts Aufregendes», erklärte die Stimme wenig überzeugend – die Bewohner kannten das längst aus den vielen früheren Tests. Wer den Film sah, musste allerdings den Eindruck bekommen, dass dies ein Zeitalter der Angst und nicht der Hoffnung war.[44]

Proteste vor Höhentests über Johnston Island im Pazifik, die Kontroverse um das «Project Chariot» – einen Plan, mithilfe von Atomsprengsätzen einen neuen Hafen anzulegen – und die Explosion einer Bombe namens «Sedan» in Nevada, bei der mehr als 13 Millionen Amerikaner (rund 7 Prozent der damaligen Bevölkerung) radioaktiver Strahlung ausgesetzt waren, führte zur Verabschiedung strengerer Richtlinien.[45] Im April 1963 legte Präsident John F. Kennedy sein National Security Memorandum 235 vor, das «die Durchführung groß angelegter wissenschaftlicher und technischer Experimente mit erheblichen oder anhaltenden Auswirkungen auf die physische oder biologische Umwelt» regeln sollte, und wenige Monate später folgte der Vertrag über das Verbot von Kernwaffenversuchen. Beide fielen in eine Zeit der zunehmenden Anti-Atom-Proteste, die durch die Kubakrise 1962 und die Angst vor einem Dritten Weltkrieg verstärkt wurden. Dazu kam der Kyschtym-Unfall in der sowjetischen Atomanlage Mayak, wo im September 1957 bei der Explosion eines Tanks große Mengen Strahlenmaterial freigesetzt wurden. Es war der schwerste Atomunfall seiner Zeit und bleibt bis heute der drittschwerste nach Tschernobyl und Fukushima.[46] Wie wir sehen werden, gab es damals noch weitere Faktoren, die eine Annäherung zwischen den Vereinigten Staaten und der Sowjetunion geboten erscheinen ließen.[47]

Nicht nur die Vereinigten Staaten und die Sowjetunion bemühten sich um die Umgestaltung der natürlichen Umwelt und die Manipulation des Wetters. Ein Jahr nachdem die US-Regierung ihre Programme zur Wolkenimpfung angekündigt hatte, nahm man auch in Australien, Frankreich und Südafrika die Forschung auf. Ein weiteres Jahr später führten mindestens zwölf Länder Experimente durch, und Ende 1950 waren daraus rund 30 geworden.[48]

Bis zum Ende des Jahrzehnts hatte sich die Zahl zwar wieder verringert, weil sich die Investitionen nicht auszahlten, doch der Wunsch, Einfluss auf die physische Umwelt zu nehmen, war ungebrochen. In Indien war die Unabhängigkeit der Moment eines groß angelegten Umbaus der Natur, mit dem die indische Gesellschaft modernisiert werden sollte. Soweit zumindest die Hoffnung von führenden Wissenschaftlern wie Sardar Bahadur Sir Datar Singh, der unter den Briten stellvertretender Leiter des Landwirtschaftlichen Forschungsrats gewesen war. «Seit Jahrhunderten verwenden indische Bauern Pflug und Sichel, seit Jahrhunderten leiden sie unter unmenschlicher Schinderei», schrieb er. «Die Zeit ist gekommen, dieses Bild zu verändern. An die Stelle der primitiven Landwirtschaft, die noch auf die Mohenjo-Daro-Phase vor fünftausend Jahren zurückgeht, müssen wissenschaftlicher Fortschritt und wissenschaftliche Technik treten, um den Bauern mehr Freizeit für Bildung und Kultur zu geben.»[49]

Das geschah zum Beispiel durch Projekte wie das Programm «Grow More Food», das die heimische Getreideproduktion zwischen 1947 und 1951 ankurbeln sollte. Außerdem wurde das Getreide im September 1948 der staatlichen Kontrolle unterstellt.[50] Daneben versuchte man, das Land mit einer Reihe von Großprojekten in die Moderne zu katapultieren. Vor der Unabhängigkeit gab es in Indien gerade einmal 30 Staudämme mit einer Höhe von mehr als 30 Metern; nun sollten die Dämme «zum Symbol für die Ziele des neuen Indiens» werden, und «der Segen, den sie bringen», sei «das Geschenk dieser Generation an die Nachwelt», wie ein Politiker es ausdrückte. Dämme, Kanäle, Überlandleitungen und Straßen waren nicht nur Motoren des Fortschritts, sondern eine Möglichkeit, von den Launen der Natur und vor allem des Wetters unabhängiger zu werden. Dämme sollten Indien und die Inder noch «vor dem schlimmsten Monsun» schützen. Daher standen sie für die Zukunft eines Volkes, das keine eigenen Projekte entwickeln konnte, ehe es «zu einer unabhängigen Nation wurde».[51]

Über den Preis für Menschen und Umwelt, der mit diesen gigantischen Bauprojekten einherging, sprach man nicht. Bis zu 40 Millionen Menschen wurden bei Staudammprojekten umgesiedelt, und weitere 10 Millionen bei anderen Großprojekten. Böden wurden versalzen, Wälder und Felder überflutet, Flüsse aufgestaut oder umgeleitet und der natürliche Wasserhaushalt gestört – all das hatte Auswirkungen, die sich jedoch erst im weiteren Verlauf des 20. Jahrhunderts bemerkbar machten.[52]

Beim Dammbau ging es allerdings nicht nur um Ruhm und Ansehen: Gerade in den Vereinigten Staaten war man der Ansicht, dass Dämme den Hunger verhinderten und dem Frieden dienten. Präsident Harry S. Truman sah gewaltige Dämme vom Jangtse bis zur Donau und schob alle Zweifel beiseite. «Das ist alles machbar», erklärte er einem Berater. «Lassen Sie sich von niemandem das Gegenteil einreden.» Mit Staudämmen «müssen viele Millionen Menschen keinen Hunger mehr leiden und werden nicht mehr herumgeschubst, und deswegen gibt es viel weniger Grund für Kriege».[53]

Bei seinem Plädoyer für Dämme dachte Truman allerdings weniger an Indien. In seiner Vorstellungswelt war der Subkontinent «proppenvoll mit Armen und Kühen, die auf der Straße herumwandern. Da sitzen die Hexen und die Armen auf Kohlen oder baden im Ganges.» Das sagte er zumindest zu Chester Bowles, dem ehemaligen demokratischen Gouverneur von Connecticut, als dieser 1951 Interesse an der Entsendung als Botschafter nach Indien anmeldete.[54]

Dennoch waren Truman und viele seiner Nachfolger begeisterte Förderer ausländischer Projekte und unterstützten Staudämme am Nil, Tigris, Jordan, Indus, Mekong, Irrawaddy und Ganges. Geleitet wurden sie von einer «technokratischen Kriegerelite», verkörpert durch Ingenieure wie Harvey Slocum, Architekt der 226 Meter hohen Bhakra-Talsperre im indischen Bundesstaat Himachal Pradesh, die neun Milliarden Kubikmeter Wasser zurückhielt; in aller Bescheidenheit sah sich Slocum in einer Reihe mit «Napoleon, Eisenhower, Alexander dem Großen und den großen Generälen».[55]

Dämme boten benachbarten oder verfeindeten Staaten auch eine Möglichkeit, zusammenzuarbeiten – oder sich herauszufordern. Nach der Teilung und der Gründung der beiden Staaten Indien und Pakistan im Jahr 1947 schnitt Indien die Region Bari Doab von der Wasserversorgung ab. Die Folge waren gewalttätige Auseinandersetzungen, die sich zu einem Krieg und massiven Wanderungen von Hindus und Muslimen von einem Teil Südasiens in den anderen auszuwachsen drohten. Der Streit geriet außer Kontrolle und wurde vor die Vereinten Nationen gebracht. Dort erklärte Pakistan, «das Überleben von Millionen von Menschen» hänge von diesem Wasser ab, und diesen Menschen den Zugang dazu zu verweigern sei «ein internationales Vergehen und verstößt gegen die Pflichten eines Mitgliedsstaats der Vereinten Nationen». Indien beanspruchte dagegen das Recht «an Gewässern, die durch unser Staatsgebiet fließen», und erklärte, durch die besonderen Umstände der Teilung komme internationales Recht in diesem Fall nicht zur Anwendung.[56]

David Lilienthal, ehemaliger Leiter der Atomenergiekommission der Vereinigten Staaten, kam zu dem Schluss, die Kaschmir-Frage sei «möglicherweise ohne Krieg nicht zu lösen». Indien benötige mehr Wasser, um nicht zu verhungern, und Pakistan sei besorgt um seine Zukunft. Mit gesundem Menschenverstand und Technik lasse sich der Konflikt jedoch beilegen. Die Situation würde sich viel besser darstellen, wenn das gesamte Indussystem nach dem Vorbild der Tennessee Valley Authority in den Vereinigten Staaten «als Ganzes entwickelt – gestaltet, gebaut und geleitet» werde.[57] Ähnliche Anstrengungen zur Vermittlung bei Auseinandersetzungen um die Gewässernutzung unternahmen die Vereinigten Staaten in Vietnam; auch diesen Konflikt wollte Präsident Lyndon B. Johnson mit einem Staudamm- und Bewässerungsprojekt am Mekong beilegen.[58]

Die Problemlösungsansätze waren genauso beschränkt wie ihr Erfolg, und in einigen Fällen verschlimmerten sie die Lage noch. Im Verlauf des Kalten Krieges hatte sich die Rivalität zwischen den Vereinigten Staaten und der Sowjetunion immer weiter verschärft, und die Arena war die ganze Welt. Für die Vereinigten Staaten und Westeuropa war der Nahe Osten aufgrund seiner geographischen Lage und seiner gewaltigen Ölreserven ein Brennpunkt. Besondere Aufmerksamkeit erhielt der Iran, der als «schwacher Posten in der Verteidigungslinie der freien Welt» geschützt werden musste. Ein Problem war, dass drei Viertel der iranischen Bevölkerung Pachtbauern waren, die kein eigenes Land und kaum Vermögen besaßen; ein weiteres, dass Kredite oft nur zu Wucherzinsen von bis zu 75 Prozent erhältlich waren.[59]

Es wurden große Anstrengungen zur Modernisierung des Landes unternommen. Federführend war die Ford Foundation, die größte gemeinnützige Organisation der Vereinigten Staaten mit besten Beziehungen in die höchsten Regierungskreise: Stiftungspräsident Paul Hoffmann, der die Projekte im Iran betreute, hatte auch die Umsetzung des Marshallplans geleitet, die Initiative zum Wiederaufbau Westeuropas nach dem Zweiten Weltkrieg. Die Stiftung förderte die Gründung von Mikrokreditanstalten, stellte die Verbindung zwischen Landwirten und dem europäischen Markt her und schob Projekte zur Verbesserung von Anbaumethoden, der Bürgerbeteiligung und der Kreditwürdigkeit an. Dazu kam die staatliche Entwicklungshilfe der Vereinigten Staaten, die zwischen 1946 und 1953 rund 27 Millionen Dollar betrug. Nachdem der demokratisch gewählte Präsident Mohammed Mossadegh 1953 auf Betreiben der CIA gestürzt worden war, stieg diese auf über 120 Millionen Dollar, plus Geld für einen Staudamm bei Karadsch in der Nähe von Teheran.[60]

Das politische Establishment des Iran hatte bei Reformen wenig zu gewinnen und viel zu verlieren und stand diesen Projekten weitgehend gleichgültig gegenüber. Tatsächlich bewirkten die Modernisierungsbemühungen das Gegenteil dessen, was beabsichtigt war: langfristige Abhängigkeit vom Westen; hohe Militärausgaben vor allem durch den Kauf von Waffen in den Vereinigten Staaten, die nicht nur die amerikanischen Konzerne bereicherten, sondern auch die wirtschaftliche und politische Macht in der Hand der iranischen

Elite konzentrierten; und wachsender Unmut in weiten Kreisen der iranischen Bevölkerung, der von der marxistischen Tudeh-Partei und religiösen Führern wie Ajatollah Chomeini ausgenutzt wurde, die die Ungleichheit im Iran anprangerten und die Vereinigten Staaten dafür verantwortlich machten.[61]

Ähnlich war die Lage in Afghanistan, einem Land, das sich während der ersten Hälfte des 20. Jahrhunderts gut in Stellung gebracht hatte und nach dem Ende des Zweiten Weltkriegs über Reserven von hundert Millionen Dollar verfügte. Dennoch bezeichnete Premierminister Mohammed Daoud sein Land als rückschrittlich und erklärte: «Dagegen müssen wir etwas unternehmen, oder wir werden als Nation untergehen.» Er wollte unbedingt einen Staudamm, doch ein Großprojekt im Helmand-Tal verwirklichte nicht die afghanischen Träume, sondern wurde zum Albtraum. Der Grundwasserspiegel stieg, und die Versalzung wurde schnell zum Problem. Man zahlte Unsummen für die Gehälter der Bauarbeiter und Ingenieure, und die Kosten trugen die Bauern, die obendrein Steuern für die Tilgung eines amerikanischen Kredits bezahlen mussten. Vor allem befeuerte das Projekt die Konkurrenz durch die Sowjetunion, die darauf bedacht war, ihren Einfluss in der Region zu wahren. Sie errichtete den Jalalabad-Damm, baute den Amudarja aus und vergab dazu einen Kredit, der dreimal so hoch war wie der amerikanische und dessen Rückzahlungsbedingungen Afghanistan nie und nimmer einhalten konnte. Das alles höhlte die Glaubwürdigkeit des Königs und seiner Regierung aus und bereitete den Boden für die Turbulenzen im weiteren Verlauf des 20. Jahrhunderts.[62]

In ihrem Kampf um die Köpfe, Herzen und Mägen der Menschen nahmen Amerikaner und Sowjets in anderen Teilen der Welt ähnliche Eingriffe in die Landschaft vor. Oft blieben die Ergebnisse weit hinter den Erwartungen zurück. Da Lateinamerika als «fruchtbarer Boden der kommunistischen Agitation» galt, bemühte man sich, in den Vereinigten Staaten entwickelte Praktiken und Methoden hier einzuführen. In Venezuela waren dies neue Anbauverfahren unter Einsatz von Kunstdünger, Pläne zur Lebensmittelversorgung und die Optimierung von Lieferketten. Dabei ging es darum, die Wirtschaft zu stabilisieren, die Gewerkschaften zu schwächen und die venezolanische Mittelschicht mit Supermärkten und anderen Anreizen des modernen Lebens zu ködern. Der Umbau nährte jedoch den Widerwillen und den Verdacht, dass Venezuela in eine «Plantage von Wirtschaftssklaven» verwandelt werden sollte, wie ein Radiomoderator es ausdrückte. Der Plan amerikanischer Industrieller, sich ein Monopol auf die venezolanische Lebensmittelversorgung zu sichern, erhärtete den Verdacht, dass Venezuela eine amerikanische Kolonie werden sollte.

So kam es, dass der Ölmagnat und Philanthrop Nelson Rockefeller, das bekannteste Gesicht der amerikanischen Interessen und Aktivitäten, zum «Staatsfeind Nr. 1» erklärt wurde, und zwar nicht von der venezolanischen Linken, sondern von der Zentralbank. Es wurden Brandanschläge auf amerikanische Unternehmen verübt, und die Demonstranten verlangten ein Ende der «Plünderung unseres Kontinents» durch US-amerikanische Investoren.[63]

Der Systemwettlauf zwischen den Vereinigten Staaten und der Sowjetunion hatte auf allen Kontinenten politische, wirtschaftliche und militärische, aber auch ökologische Konsequenzen. In seiner Antrittsrede nach der Wiederwahl als Präsident erklärte Harry S. Truman 1949: «Mehr als die Hälfte der Menschheit lebt heute am Rande des Elends.» Das bedeute Hunger und Leid. Um es auf den Punkt zu bringen, sagte er: «Sie haben nicht genug zu essen.»[64] Seine Berater hatten Truman etwas mitgeteilt, das ihm gefiel: Die Vereinigten Staaten hätten «eine mächtige Waffe» in ihrem Arsenal, nämlich «gewaltige technische Ressourcen, die die Menschen im Ausland begeistern» und die Produktion von «Lebensmitteln, Kleidung und anderen Konsumgütern» ankurbeln könnten.[65]

Der Nationale Sicherheitsrat und andere warnten Truman, vorsichtig vorzugehen und auf keinen Fall die Anhebung des Lebensstandards in Asien zu versprechen.[66] Damit werde er sich nur Ärger einhandeln. Man solle lieber akzeptieren, «dass die Uhren der Geschichte in allen Teilen der Welt eine andere Zeit anzeigen», wie es ein führender Diplomat später ausdrückte.[67] Die amerikanische

Politik wurde von der Sorge umgetrieben, die Sowjetunion könne die Armut der Welt ausnutzen, um die kommunistische Sache zu stärken und Staaten in die Revolution zu treiben. Vor allem in Asien lebten die Menschen «zusammengepfercht in einem riesigen Dorf», wie der Entwicklungsberater Isidor Lubin Anfang der 1950er zu Präsident Truman sagte. Das sei eine einzige «Brutstätte der blutigen Revolution».[68]

Das wurde zu einem zentralen Thema der amerikanischen Außenpolitik. Bald nach dem Ende des Zweiten Weltkriegs besuchte der ehemalige Präsident Herbert Hoover mehr als 40 Länder und berichtete über ihre Schwierigkeiten mit Versorgung und Hunger. Im Bericht des von ihm geleiteten Hungerausschusses hieß es, dass allein in Indien 230 Millionen Menschenleben in Gefahr seien, wenn die Getreideversorgung nicht gesichert sei. Innerhalb der darauffolgenden Jahre erhielten Dutzende Länder Kredite, Entwicklungshilfe und Berater, in über 35 Ländern arbeiteten mehr als 2000 technische Experten. Einer der Gründe für diese zahlreichen Initiativen, die sich überwiegend auf die landwirtschaftliche Produktion richteten, war die Annahme, dass Überbevölkerung, Mangel und Hunger zu politischer Instabilität und kommunistischen Aufständen führten, eine Annahme, die eng mit den Vorstellungen des Kalten Krieges und der nationalen Sicherheit der Vereinigten Staaten verknüpft war.[69]

Es gab allerdings auch ein echtes Interesse daran, das Leben anderer Menschen zu verbessern und sie an dem amerikanischen Entwicklungsmodell teilhaben zu lassen, das sich als so erfolgreich erwiesen hatte – zumindest für die eigentlichen Nutznießer, die Nachfahren der europäischen Einwanderer. Dank zahlreicher Innovationen war in den 1930ern und 1940ern ein Goldenes Zeitalter der landwirtschaftlichen Produktivität angebrochen; die Entwicklung von Kunstdünger, Pflanzenschutzmitteln, Hochertragssorten, Landwirtschaftsmaschinen, Antibiotika und vielem mehr hatte dazu geführt, dass sich die jährlichen Zuwachsraten Mitte des 20. Jahrhunderts verdoppelten und verdreifachten.[70] Das ist umso erstaunlicher, als die landwirtschaftliche Produktion der Vereinigten Staaten – die von 70 Millionen Tonnen im Jahr 1910 auf 100 Millionen im Jahr 1965 und fast 140 Millionen zehn Jahre später stieg – auf immer weniger Raum erzielt wurde, da sich die Anbaufläche von 32 Millionen Hektar im Jahr 1954 auf knapp 22 Millionen im Jahr 1970 verkleinerte.[71]

Diese Erfolgsgeschichte fand ihren Weg in die öffentliche Diskussion und die Regierungspolitik. Anfang 1941 hatte der Verleger Henry Luce in der Zeitschrift *Life* geschrieben, das Amerikanische Jahrhundert bringe das «Schicksal» mit sich, nicht nur die amerikanische Lebensweise «mit allen Völkern» zu teilen, sondern auch «unsere großartigen Industrieprodukte». Vor allem sei es «unsere Pflicht als Land, die Völker der Welt zu ernähren, die aufgrund des weltweiten Zusammenbuchs der Zivilisation in Hunger und Elend leben».[72] Präsident Truman schlug in seiner Antrittsrede 1949 in dieselbe Kerbe: «Die Vereinigten Staaten sind führend in der Entwicklung von industrieller und wissenschaftlicher Technik», erklärte er. «Unsere Ressourcen an technischem Wissen wachsen ständig weiter und sind unerschöpflich. Ich bin der Überzeugung, dass wir friedliebende Völker an unserem technischen Wissensschatz teilhaben lassen und ihnen helfen sollten, ihren Traum von einem besseren Leben zu verwirklichen.»[73]

Auch wenn Truman erklärte, «der alte Imperialismus hat in unseren Plänen keinen Platz», zeichneten sich diese Anstrengungen durch ihren neokolonialen Eifer aus. Was als Versuch begann, die Entwicklungsländer zu unterstützen, verwandelte sich in etwas anderes. Die Nachkriegszeit war nicht einfach für amerikanische Bauern, und als sich die Landwirtschaft in den zuvor vom Krieg erschütterten Regionen erholte, schrumpften ihre Exportmöglichkeiten. Die staatlichen Lagerhallen waren voll, allein die Lagerung kostete die Regierung eine Million Dollar pro Tag, und bis Anfang der 1950er Jahre stiegen die Kosten auf eine halbe Milliarde Dollar pro Jahr. Ein Programm mit dem Namen «Food for Peace» sollte daher gleich mehrere Probleme auf einen Streich lösen: die Menschen in Entwicklungsländern, vor allem in Asien, mit der Ernte amerikanischer Bauern ernähren und den Hunger «abschaffen»;

die Tür für amerikanische Werte aufstoßen und für sowjetische Werte zuschlagen; die Gefahr von Unruhen und Revolution bannen; amerikanische Bauern unterstützen; die Silos leeren und die Kosten senken.[74]

Das klang zu schön, um wahr zu sein, und das war es auch. Als die Amerikaner ihre Überschüsse auf den Markt warfen, drückten sie die Preise und schadeten den Bauern in aller Welt, was wiederum Investitionen in die Landwirtschaft und in ländliche Regionen beeinträchtigte. Obwohl der indische Premierminister Jawaharlal Nehru 1948 angekündigt hatte, dass «alles warten kann, außer der Landwirtschaft», zwang ihn das schwache Wachstum der heimischen Produktion im folgenden Jahr, mit den Vereinigten Staaten über Importe zu verhandeln.[75] Die jährliche Einfuhr stieg steil und stetig. Zwischen 1954 und 1960 stieg der Import von amerikanischem Weizen nach Indien von 200 000 auf über vier Millionen Tonnen. Nehru machte gute Miene zum bösen Spiel, und wenn er nach den Problemen der ländlichen Gemeinden gefragt wurde, antwortete er: «Niedrige Preise sind besser als hohe Preise.»[76]

In Wirklichkeit schadete das billige Getreide der heimischen Produktion, erhöhte die Abhängigkeit von Importen, erschöpfte die ausländischen Währungsreserven und brachte die gesellschaftliche und wirtschaftliche Entwicklung nicht etwa voran, sondern setzte die Wirtschaft unter Druck. Letztere zeigte Ende der 1950er Jahre Anzeichen einer Krise – genau wie von der Ernährungs- und Landwirtschaftsorganisation der Vereinten Nationen und einigen amerikanischen Regierungsbeamten vorhergesehen.[77] Damit nicht genug: Nach der Unterzeichnung des Programms PL 480, das den amerikanischen Export von Lebensmitteln in verschuldete Länder gestattete, wurde das Getreide in Rupien bezahlt, deren Wert von der amerikanischen Regierung künstlich hochgehalten wurde. Bis in die 1970er Jahre stieg das Defizit so weit, dass die Vereinigten Staaten ein gutes Drittel der Geldmenge Indiens kontrollierten und damit über einen gewaltigen Hebel verfügten – und ein wirtschaftliches und politisches Problem hatten.[78]

Wie in Venezuela erreichten die Vereinigten Staaten mit dieser

Machtstellung das Gegenteil dessen, was sie beabsichtigt hatten. Trotz einer Dürre und schlechten Ernte im Jahr 1957 wurden indische Bauern von der Regierung gezwungen, ihr Getreide billig zu verkaufen; kein Wunder, dass linke Parteien, die Bodenreformen versprachen, in einigen Bundesstaaten Zulauf erhielten und im Bundesstaat Kerala Kommunisten an die Regierung gewählt wurden.[79]

Die Alarmglocken schrillten, zumal Nehru 1955 der Sowjetunion einen öffentlichkeitswirksamen Besuch abgestattet hatte. Der indische Premierminister war 1927 zum ersten Mal nach Moskau gereist und hatte dort beobachtet, dass die Sowjetunion und Indien vor ähnlichen Aufgaben standen. Später bekannte er, er sei beeindruckt von den Fünf-Jahres-Plänen und einem Industrialisierungsprogramm, das zwar von «Mängeln, Fehlern und Rücksichtslosigkeit» getrübt, aber doch «ein leuchtendes und ermutigendes Phänomen in einer finsteren und trostlosen Welt» sei.[80] Bei seinem Besuch führten die Sowjets Nehru durch Kolchosen und Fabriken und versprachen ihm landwirtschaftliche Gerätschaften, darunter Hunderte Traktoren, Mähdrescher und andere Maschinen, um mit der Landwirtschaftshilfe die Freundschaft zu zementieren.

Das war nur ein Beispiel von vielen: Von Kambodscha bis Äthiopien, vom Sudan bis Nepal wurden mit sowjetischen Hilfen und Krediten Entwicklungsprojekte finanziert, oftmals Modernisierungsprogramme, die Brachland in produktive Felder verwandelten.[81] Dazu kamen die Bemühungen der Sowjetunion, antikoloniale Bewegungen in aller Welt zu unterstützen, um den Einfluss des Westens in strategisch wichtigen oder rohstoffreichen Regionen zu schwächen.[82]

Das alles schien eine Kampfansage an die Vision von Freiheit und Demokratie zu sein, wie sie die Vereinigten Staaten vertraten. Einige Großvorhaben – zum Beispiel der Assuan-Staudamm, der zum Entsetzen des amerikanischen Außenministeriums von der Sowjetunion finanziert wurde – setzten tatsächlich Zeichen. Doch sowjetische Ökonomen, Agrarwissenschaftler und Entwicklungsexperten klagten häufig, dass sie nicht die nötigen Ressourcen zur Verfügung hätten, um in den Ländern, in die sie entsandt worden waren, wirklich etwas zu bewegen – zumal im Vergleich zu den Mitteln, die ihre amerikanischen Kollegen und Konkurrenten einsetzen konnten.[83]

Auch in der Sowjetunion selbst blieb im Jahrzehnt nach Stalins Tod die Leistung hinter den Verheißungen zurück. Trotz seines angespannten Verhältnisses zu Stalin, zumal in dessen letzten Lebensjahren, war Nikita Chruschtschow zum Strippenzieher und schließlich zum Ersten Sekretär des Zentralkomitees aufgestiegen. In den Monaten nach Stalins Tod begann er seine «Neulandkampagne» zur Rundumerneuerung der sowjetischen Landwirtschaft. In der gesamten Sowjetunion, vor allem aber in Sibirien und Kasachstan, wollte er Millionen Hektar Land in eine industrielle Landwirtschaft überführen und damit nicht nur die Natur vollkommen verändern, sondern auch die Ernährung der Bevölkerung, die 1953 weniger Fleisch und Milch konsumierte als 1914.[84]

Diese Herangehensweise hatte ihre Wurzeln zum Teil im Zweiten Weltkrieg und der sich verändernden Bevölkerungsstruktur. In einigen Teilen der Sowjetunion hatte sich das Geschlechterverhältnis so weit verschoben, dass auf einen Mann zwei und mancherorts sogar drei Frauen kamen – zum einen, weil im Krieg mehr Männer als Frauen ums Leben gekommen waren, und zum anderen, weil Männer, die von der Front nach Hause kamen, in die Städte zogen, wo die Arbeitsbedingungen und Löhne besser waren als auf dem Land.[85]

Die neue Politik war aber auch Chruschtschows Erfahrungen und seiner Sicht der Landwirtschaft geschuldet. Wie er Anfang 1954 betonte, waren die sowjetischen Statistiken derart falsch, dass man kaum etwas mit ihnen anfangen konnte. Zwei Jahre zuvor seien nicht etwa 130 Millionen Tonnen Getreide eingebracht worden, wie die Funktionäre behaupteten, sondern ein Drittel weniger, 92 Millionen Tonnen. Außerdem werde deutlich weniger Getreide produziert als noch vor dem Zweiten Weltkrieg. Daher müssten gewaltige Flächen – mehr als 40 Millionen Hektar – zusätzlich unter den Pflug genommen werden, und es müssten Großbetriebe geschaffen werden, um Größenvorteile nutzen zu können.[86] Damit sollte mehr Getreide für den menschlichen Verzehr erzeugt werden, aber auch für Tierfutter, um damit mehr Protein in Form von Fleisch, Milch und Eiern gewinnen und den Lebensstandard heben zu können.[87]

Ein wesentliches Element der Planung war der Mais. Chruschtschow war über ein Jahrzehnt lang in der Ukraine gewesen und hatte erlebt, wie dort 1949 dank des Maisanbaus eine weitere Hungersnot abgewendet werden konnte. Nun sah er im Mais den Schlüssel zu einer neuen revolutionären Phase der Sowjetunion. Mais habe «grenzenloses Potenzial als Tierfutter» und sei die «entscheidende Voraussetzung» für die Steigerung der Produktion von Proteinen und Milcherzeugnissen.[88] Die energische Zentralplanung brachte sofort Resultate, zwischen 1953 und 1955 verfünffachte sich der Maisanbau, und über die darauffolgenden sieben Jahre verdoppelte er sich noch einmal.[89]

In Chruschtschows Programm ging es allerdings nicht nur darum, neue Flächen urbar zu machen und neue Getreidesorten anzubauen. Zur Steigerung der Produktion und zur Modernisierung der Landwirtschaft wurden auch Genetik, Bodenchemie, Technik und Buchhaltung mobilisiert. Chruschtschow war ein Missionar. Als ihm bei einem Staatsbesuch in Ägypten ein Politiker die bewährten Anbaumethoden des Landes erklären wollte, fiel er dem Mann ins Wort: «Das ist alles dummes Zeug. Ihr verschwendet eure Zeit. Die chemische Landwirtschaft ist die Lösung.»[90] Die neue Technik werde die Lebensqualität verbessern. «Die sowjetischen Menschen sollen essen können, so viel sie wollen», verkündete er. «Und zwar nicht nur Brot, sondern gutes Brot, dazu ausreichend Fleisch, Milch, Butter, Eier und Obst.»[91]

Im Umbau der sowjetischen Landwirtschaft sah Chruschtschow die Erfüllung eines politischen Schicksals. «Im Konkurrenzkampf mit Amerika wird der Sieg unser sein, Genossen», erklärte er. «Unsere Wirtschaft, die auf der Lehre von Marx und Lenin aufbaut, entwickelt sich ohne die Bourgeoisie, ohne Großgrundbesitzer und ohne die Ausbeutung des Menschen durch den Menschen.»[92] Eine Delegation, die 1955 nach Nordamerika reiste, bestätigte ihm dies. In dem Bericht, den sie nach ihrer Rückkehr vorlegte, hieß es: «Wir haben die gewaltigen Vorteile unseres sozialistischen Systems klarer erkannt.» Es sei vor allem die «Vernichtung der Kleinbauern» in den Vereinigten Staaten, die Chruschtschows Überzeugung bekräftigte, dass sich die Landwirtschaft in vielen Teilen der Welt «in der Hand einer kleinen Gruppe kapitalistischer Grundbesitzer konzentriert». Für die Amerikabesucher gab es keinen Zweifel: «Wir haben einen gewaltigen Vorteil gegenüber den Vereinigten Staaten.»[93]

Was nicht stimmte. Die Sowjetunion befand sich klimatisch im Hintertreffen, die Bedingungen waren für die Landwirtschaft ungünstig: Rund 80 Prozent der Anbauflächen befanden sich in den am wenigsten produktiven Temperaturzonen – viermal so viele wie in den Vereinigten Staaten. Dort befand sich ein Drittel der Anbauflächen in den am besten geeigneten Temperaturzonen, während dies in der Sowjetunion nur 4 Prozent waren. Auch bei den Niederschlägen war Nordamerika im Vorteil, die relative Nähe der Ozeane sorgte für eine höhere Luftfeuchtigkeit. Schätzungen gehen davon aus, dass 56 Prozent der Fläche der Vereinigten Staaten die für den Getreideanbau ideale Kombination aus Feuchtigkeit und Temperatur aufwiesen, während es in der Sowjetunion nur 1,4 Prozent waren.[94]

Das war nicht die einzige Schwierigkeit für die Sowjetunion im Vergleich zu den Vereinigten Staaten und dem kapitalistischen Westen, dessen Lebensstil auf Überfluss, freier Konsumwahl und Niedrigpreisen basierte. Effizienz der Lieferketten, Standardisierung der Qualität, Wettbewerb zwischen Anbietern und winzige Gewinnspannen hatten westliche Supermärkte zu einem Erfolgsmodell und einem Schaufenster für den Rest der Welt gemacht. Die Regale, die sich unter der Last der Waren bogen, waren ausgezeichnete Propaganda und eine Waffe im Kalten Krieg: Während sich Experten vor allem auf Raketen, Technik und Ideologie konzentrierten, lieferte die Ausbeutung der Natur Ergebnisse, die einfacher zu verstehen waren und den Bürgern mehr sagten als hochtrabende Systemdebatten.

Das wussten auch die Amerikaner: Veranstaltungen wie die Handelsmesse von Zagreb im Jahr 1957 waren eine «wirkungsvolle Propaganda für die Demokratie in Osteuropa», wie John Logan, Leiter des Supermarktverbandes der Vereinigten Staaten, sagte. Ein weiteres Beispiel war die Ausstellung im Sokolniki-Park in Moskau im Jahr 1959, mit der die Sowjets das neue Tauwetter in ihrer Beziehung zu den Vereinigten Staaten begehen wollten. Die amerikanischen Planer nutzten die Gelegenheit, «die Entscheidungs- und Meinungsfreiheit und den freien Austausch von Gütern und Ideen» zur Schau zu stellen, die den Westen auszeichneten und im krassen Gegensatz zur Sowjetsphäre standen. Während seines Besuchs verwies der damalige Vizepräsident Richard Nixon auf die Vielzahl der Geräte wie Elektroherde und Putzroboter, «die unseren Hausfrauen das Leben erleichtern». Chruschtschow zahlte es Nixon zwar heim, indem er ihn auf die «typische kapitalistische Einstellung gegenüber der Frau» hinwies, doch es war offenkundig, dass die amerikanische Wirtschaft Ergebnisse erzielte, wie sie die Sowjetunion nicht vorweisen konnte. Bei einem Gegenbesuch in den Vereinigten Staaten im selben Jahr musste der stellvertretende Ministerpräsident Anastas Mikojan einräumen: «Solche Geschäfte haben wir in Russland nicht.»[95]

Chruschtschow bestand wiederholt darauf, die Sowjetunion müsse die Vereinigten Staaten «einholen und überholen», sowohl in der Menge der Landwirtschafts- und Industrieerzeugnisse als auch in der Innovation in Wissenschaft und Technik.[96] Kolonialstaaten seien «erpicht» auf die im Westen zur Schau gestellte Überfülle, und man musste ihnen demonstrieren, dass das sozialistische Modell nicht nur mithalten konnte, sondern überlegen war.[97]

Die Gesellschafts- und Wirtschaftspolitik der Sowjetunion wurde jedoch nicht nur von der Konkurrenz mit dem Westen geprägt, sondern auch von der Sorge, was ein Scheitern der Reform, Modernisierung und Anpassung im Innern bedeuten könnte. In seinen Memoiren erinnerte sich Chruschtschow später, dass die Anhebung des Lebensstandards entscheidend war, um zu Hause für Stabilität und Kontinuität zu sorgen: Schlechte Wohnverhältnisse, fade Ernährung und Versorgungsengpässe konnten schnell zu Unruhen führen, wie 1953 in Ostdeutschland und 1956 in Ungarn und Polen geschehen. Daneben ging die Sorge um, dass eine Lockerung der von Stalin erbarmungslos verschärften Überwachung unabsehbare

Folgen haben könnte. «Wir hatten Angst, die Kontrolle über das Land zu verlieren», schrieb Chruschtschow in seinen Erinnerungen. «Wir wollten nicht von einer Flutwelle hinfortgespült werden.»[98]

Der Umbau der sowjetischen Landwirtschaft war also Teil einer umfassenden Neuausrichtung der Sowjetunion und ihrer Satellitenstaaten.[99] Ende der 1950er Jahre wurden ehrgeizige neue Bauprogramme aufgelegt, um Wohnungen bereitzustellen, die nicht nur die Lebensqualität verbesserten, sondern auch eine Privatsphäre boten, aus der man den Staat aussperren konnte, zumindest theoretisch.[100] Modemarken wie Moda Polska in Polen und einflussreiche Zeitschriften wie *Sibylle* in Ostdeutschland deuteten auf eine Hinwendung zur Konsumgesellschaft. Sie waren ein stillschweigendes Eingeständnis, dass man über die Fixierung auf die Produktion die Bedürfnisse der Bürger, vor allem der Frauen, vernachlässigt hatte. Man bemühte sich, Konsumgüter herzustellen, die die «Frauenarbeit» erleichterten, und eine führende Tageszeitung zielte mit einer neuen, «Heim und Familie» betitelten Seite auf die weibliche Leserschaft, die sich für Mode, Gestaltungstipps und Haushaltsgeräte interessierte. Chruschtschows Aussage in seiner Rede auf dem XXII. Parteitag der Kommunistischen Partei im Jahr 1961 markierte eine Abkehr von Lenins Lehre: «Privateigentum der Arbeiter an einer Vielzahl von Dingen steht nicht im Widerspruch zum Aufbau des Kommunismus.»[101]

Wenn das nicht überzeugend war, dann war es die Neulandkampagne noch weniger. Die Hunderttausenden neuen Siedler, die nach Kasachstan entsandt wurden, belasteten dort die Infrastruktur, sorgten für soziale Spannungen und führten schließlich etwas herbei, das als «der schlimmste Ökozid der Sowjetgeschichte» bezeichnet wurde: die Abzweigung der Zuflüsse des Aralsees zur Bewässerung von Feldern, die sich als so schlecht durchdacht wie fatal erwies.[102] Der Aralsee (einst das viertgrößte Binnengewässer der Welt) schrumpfte von 68 000 Quadratkilometern auf 8000 Quadratkilometer im Jahr 2010, vom freigelegten Seeboden trägt der Wind pro Jahr 45 Millionen Tonnen mit Salz kontaminierten Staub davon, die Staubwolken erreichen eine Länge von bis zu 400 und eine Breite von 40 Kilometern. Fünf Millionen Menschen sind direkt betroffen, jede zweite Frau leidet infolgedessen an schweren gynäkologischen Erkrankungen.[103] Der Umbau des Aralseebeckens war eine umfassende Katastrophe.[104]

Chruschtschows Masterplan zum Umbau der Natur endete mit einer Demütigung. Im Jahr 1963 musste Moskau Washington um Getreideimporte ersuchen, ein Beleg für das Scheitern der Landwirtschaftsreform und für «die größte Schwäche aller kommunistischen Länder, nämlich ihre Unfähigkeit, ihre Bevölkerung zu ernähren», wie es ein amerikanischer Senator ausdrückte. Andere Senatoren wollten die Chance aggressiver nutzen. «Im Kalten Krieg sind Lebensmittel genauso Waffen wie Geschütze und Bomben», erklärte Strom Thurmond; mit dem Verkauf von Weizen gestatte man der Sowjetunion lediglich, ihre Aufrüstung fortzusetzen. Er schien es für besser zu halten, die Sowjetunion durch Aushungerung zur Demokratie zu bringen.[105]

Das Debakel kostete Chruschtschow seinen Posten. Im Oktober 1964 wurde er abgesetzt, seine Kollegen und einstigen Unterstützer hielten ihm seine «verrückten Pläne» vor, insbesondere seine Besessenheit mit dem Maisanbau. Aktuelle Untersuchungen entlasten Chruschtschow allerdings: Die Sowjetunion, die er modernisieren wollte, war durch Krisen in der Landwirtschaft und ganz allgemein zerrüttet, und wer Chruschtschow seine politische Agenda zum Vorwurf macht, übersieht die Verantwortung anderer, die seine Pläne zur monumentalen Umgestaltung des Landes unterstützten oder duldeten.[106]

In der Sowjetunion lief es zwar nicht nach Plan, doch immer noch besser als in China. Seit der Xinhai-Revolution im Jahr 1911, die mit der Abdankung des letzten Kaisers Puyi und der Einführung der Republik endete, befand sich das Land in Aufruhr. Der demütigende Friedensvertrag nach dem Ersten Weltkrieg führte zu einer Reihe von Krisen und dem Aufstieg der Kommunistischen Partei. Es begann ein Bürgerkrieg, der den Widerstand gegen die Japaner schwächte, die 1931 die Mandschurei besetzten und sechs Jahre später im Massaker von Nanking je nach Schätzung zwischen 40000 und 300000 Menschen töteten. Mehr noch, auf der Alliierten-Konferenz von Jalta im Februar 1945, noch vor Ende des Zweiten Weltkriegs, erhob Stalin Anspruch auf die Häfen Dalian und Lüshun und verlangte unter anderem weitreichenden Zugriff auf die Eisenbahnen des Landes – Forderungen, denen Churchill und Roosevelt zustimmten, ohne die Chinesen zu konsultieren.[107]

Stalin bot den chinesischen Kommunisten unter Mao Tse-tung kaum Unterstützung – eher im Gegenteil. Im August 1945 kontaktierte er Mao, um sicherzustellen, dass die Kommunisten weitere Auseinandersetzungen mit den chinesischen Regierungstruppen vermieden. Mao nahm sich das zu Herzen und gab wenige Wochen später eine Anweisung heraus: «Wir müssen den Bürgerkrieg beenden, alle Parteien müssen sich unter der Führung Chiang Kai-sheks vereinen, um ein modernes China aufzubauen.» Stalin ging es vor allem darum, die Amerikaner zum Abzug ihrer Truppen aus Ostasien zu bewegen, doch er interessierte sich auch für die Industrieregion der Mandschurei, die im Herbst dieses Jahres systematisch von sowjetischen Truppen geplündert wurde. Wie ein Augenzeuge berichtete: «Sie haben alles gestohlen, was sie fanden. Mit Hämmern haben sie Badewannen und Toiletten herausgebrochen und Stromkabel unter dem Putz herausgerissen.» Als sie fertig waren, «sahen die Fabriken aus wie abgenagte Gerippe, keine Maschine war mehr da». Der Wert der Beute wurde auf zwei Milliarden Dollar geschätzt.[108]

Während sich die Fronten des Kalten Krieges schon verhärteten, wurden in Washington einige folgenschwere Entscheidungen getroffen. Anders als Westeuropa, dessen Wiederaufbau mit massiven Geldspritzen unterstützt wurde, sollte China wenig bis gar nichts bekommen. George Marshall, der Architekt des Wiederaufbaus in Europa, wurde von Präsident Truman nach China geschickt mit der Anweisung, die Regierung von Chiang Kai-shek nicht zu unterstützen und stattdessen eine Einigung mit Mao und seinen Kommunisten zu suchen. Er war überzeugt von Stalins scheinbarem Desinteresse an China und der Zusicherung, dass die «chinesische

Demokratie» unter Mao den «amerikanischen Weg» gehen werde. Mao und seine Anhänger hatten mit einer solchen Zusage nichts zu verlieren und alles zu gewinnen. Und tatsächlich verhängte Washington ein Waffenembargo, das Chiang Kai-shek schwächte und seine Gegner stärkte, die jetzt Gewehre, Maschinengewehre, Flugzeuge und Artillerie aus Moskau erhielten.[109]

Das Ergebnis war so vorhersehbar wie dramatisch. Unsicherheit und Vertrauensverlust ließen die Preise steigen, 1947 waren die Lebenshaltungskosten 30000 Mal so hoch wie noch ein Jahrzehnt zuvor. Die chinesische Wirtschaft versank im Chaos, und die Behörden kollabierten, weil der Staat die Beamtengehälter nicht mehr bezahlen konnte, was wiederum der Korruption Vorschub leistete und den Zusammenbruch des Staates beschleunigte. Das alles spielte den Kommunisten in die Hände, die 1948 in einem atemberaubenden Landgewinn eine Stadt nach der anderen eroberten und 1949 vor den Toren Beijings standen.[110] Eine neue Welt war geboren.

Wie diese Welt aussehen würde, war noch unklar. Während Mao Tse-tung die Kontrolle über Festlandchina gewann, diskutierten chinesische Gelehrte, Autoren und Strategen, wie es den Europäern gelingen konnte, zu Weltmächten aufzusteigen, China zu überholen und im sogenannten Jahrhundert der Demütigungen zu unterdrücken. Es kursierten radikale Überlegungen, was nötig war, um das Land zu modernisieren und wieder zum Giganten von einst zu machen. Einer der prominentesten Vordenker war Sun Yat-sen, der Anfang 1912 zum ersten provisorischen Präsidenten der Republik China gewählt worden war. Für Sun waren die Vereinigten Staaten ein Vorbild, das es nachzuahmen galt. An das amerikanische Volk gerichtet, schrieb er: «Um unseren Erfolg zu gewährleisten, haben wir die Absicht, unseren neuen Staat nach dem Ihren zu gestalten.» Dafür gebe es viele Gründe, «allen voran, dass die Vereinigten Staaten der Vorkämpfer für Freiheit und Demokratie sind».[111]

Sun schrieb ein Buch über Chinas «lebensbedrohlichen Probleme». Dazu zählte er auch die Briten, die all diejenigen als Verbündete und Freunde behandelten, «die ihnen zu Diensten sein können»; doch «wenn ihre Freunde zu schwach sind, um ihnen noch von Nutzen zu sein, werden sie ihren Interessen geopfert». Die Briten behandelten ihre Freunde nicht besser als die chinesischen Bauern ihre Seidenwürmer – sie benutzten sie und töteten sie.[112] Sun machte sich ausführliche Gedanken darüber, was China jetzt benötigte. In einem Vortrag, den er 1924 hielt, erklärte er, China müsse eine moderne Industrienation werden, mit Städten von der Größe Londons und New Yorks, einem Eisenbahnnetz von 160 000 und einem asphaltierten Straßennetz von 1,5 Millionen Kilometern. Damit würde aus einer schlecht angebundenen Agrarnation ein Kraftzentrum werden. Wasserkraftwerke am Jangtse und am Gelben Fluss könnten eine Leistung von hundert Millionen Pferdestärken bereitstellen. Das würde ausreichen, um «Eisenbahnen, Automobile, Düngemittelfabriken und alle nur erdenklichen Fertigungsbetriebe» mit Energie zu versorgen. Für China war die Zeit gekommen, mehrere Entwicklungsschritte auf einmal zu nehmen und seinen Platz unter den fortschrittlichen Ländern der Welt einzunehmen.[113]

Mao fand zwar Gefallen an dem Gedanken, dass sich China nach dem Vorbild der Vereinigten Staaten entwickeln sollte, und verkündete, «die chinesische Demokratie muss den amerikanischen Weg gehen». Doch nach der Konsolidierung seiner Macht und vor allem nach dem Koreakrieg, in dem er Kim Il-sung mit Hunderttausenden Soldaten unterstützte, änderten sich seine Vorstellungen radikal. Eine führende Tageszeitung beschrieb die Vereinigten Staaten als «durch und durch finster, korrupt und grausam». Das Land sei ein «Garten Eden für einige wenige Millionäre, aber eine Hölle für viele Millionen Arme»; mit anderen Worten war es «der Quell der Finsternis, Grausamkeit, Dekadenz, Korruption, Laster und der Unterdrückung des Menschen durch den Menschen».[114]

Mao orientierte sich nun an einem anderen Vorbild. Eine Anweisung aus dem Dezember 1950 machte klar: «Hasst Amerika. Verachtet Amerika. Schaut herab auf Amerika.»[115] Inspirieren ließ sich Mao fortan von Moskau. «Lernt von der Sowjetunion» war ein Motto, das nach Unterzeichnung des Freundschaftsvertrags zwischen Mao und Stalin im Jahr 1950 die Runde machte; Russisch sollte an chinesischen Schulen zum Pflichtfach werden; China sollte nicht mehr in die amerikanischen, sondern in die russischen Fußstapfen treten. Voller Optimismus verkündete Mao: «Das Heute der Sowjetunion ist unser Morgen.»[116]

Umso mehr wurden China und Mao von der Entstalinisierung der Sowjetunion durch Chruschtschow erschüttert. Die Machtübernahme durch die Kommunisten war mit schweren Unruhen und Gewalt einhergegangen, die Mao nicht nur geduldet, sondern aktiv gefördert hatte. Er hatte das Ziel vorgegeben, «Konterrevolutionäre» ausfindig zu machen, wobei dieser Begriff möglichst weit ausgelegt wurde, um auch Wohlhabende, kleine Landbesitzer und Lehrer zu erfassen. Ganze Städte konnten in diese Gruppe fallen: Schanghai, nach New York die Stadt mit der größten ausländischen Bevölkerung, sei «eine unproduktive Stadt, eine parasitische Stadt». Die Folge war eine Orgie der Gewalt und Zerstörung, angestachelt von Maos Motto «Konterrevolutionäre zu töten macht glücklicher als ein guter Regenguss».[117]

Nicht nur Stalin konnte man vorwerfen, ein Tyrann zu sein, zu Gewalt anzustacheln und keinerlei Reformen durchzuführen, die der Bevölkerung zugutekamen – auf Mao traf das genauso zu. Auf dem VIII. Parteitag der Kommunistischen Partei, der im September 1956 stattfand, ein halbes Jahr nach Chruschtschows Auftritt, kritisierten die Delegierten den Persönlichkeitskult und rückten die Bedeutung der kollektiven Führung in den Vordergrund. Dass die «Mao-Tse-tung-Gedanken» nicht mehr zentrales Dogma des chinesischen Kommunismus sein sollten, war ein Zeichen dafür, dass die Position des Großen Vorsitzenden geschwächt war.[118]

Mao spürte, dass der Wind nun aus einer neuen Richtung wehte, und reagierte schnell und entschlossen auf den neuen Ton aus Moskau. Das sowjetische Modell sei kein Vorbild, erklärte er nun und schalt all jene, «die alles nachahmen und mechanisch kopieren». Die Sowjetunion habe viele Fehler gemacht, vor allem in Bezug auf das Land und die Landbevölkerung – etwas, das man China nicht vorwerfen könne. Diese Behauptung war so dreist wie das, was er nun verlangte: eine umfassende Reform der Kommunistischen Partei selbst. Laut Mao war sie vom rechten Weg abgekommen;

selbstsüchtige Funktionäre hatten Freiheiten unterdrückt und das Volk seiner Stimme beraubt. Nun sei es wichtig, «hundert Blumen blühen, hundert Denkschulen diskutieren zu lassen».[119] Es war eine eindrucksvolle Demonstration der Überlebenskünste Maos.

Mao musste allerdings mehr tun, als sich und seine Vision von China neu zu positionieren. Nachdem er Chruschtschow und dessen Demontage Stalins übertrumpft hatte, musste er nun klare, einfache und umsetzbare Ziele vorgeben. Dazu gehörte ein 1956 vorgestellter Langzeitplan zur «Chemisierung, Mechanisierung und Elektrifizierung» Chinas mit dem Ziel, die landwirtschaftliche Produktion zu steigern – analog zu dem, was Chruschtschow in der Sowjetunion unternahm. In einem offiziellen Bericht hieß es: «Die Sicherung der Ernährung durch Getreideselbstversorgung muss oberste Entwicklungsstrategie sein, und dieser Grundsatz darf nie erlahmen.»[120]

Mao brachte es auf einen massentauglichen Nenner: «Der Mensch muss sich die Natur Untertan machen» (*Ren ding sheng tian*). Es gebe keinen Grund zu der Annahme, dass der Mensch Astronomie, Geologie und Natur *nicht* beeinflussen kann, erklärte er in einem Seitenhieb auf Stalins berühmten Aufsatz, in dem dieser das Gegenteil behauptet hatte.[121] Die Natur konnte und musste gezwungen werden, sich dem Willen ihrer menschlichen Herren zu beugen. «Wenn wir dem Berg befehlen, dass er sich verneigt, dann muss er sich verneigen! Wenn wir dem Fluss befehlen zu weichen, dann muss er weichen!», verkündete Mao.[122] «Die Fähigkeit des Menschen, die Natur zu verstehen und zu verändern, ist grenzenlos», sagte er bei einer anderen Gelegenheit, worauf einer seiner führenden Jünger anerkennend anmerkte: «Kein anderer Führer der Welt blickt mit solcher Verachtung auf große Berge und mächtige Flüsse.»[123]

Diese Worte sollten die Menschen anspornen. Der Bau von kolossalen Dämmen, Wasserkraftwerken und Bewässerungssystemen wurde in Angriff genommen, angetrieben von Maos Drängen auf dramatische und schnelle Veränderungen.[124] Allein 1958 wurden zum Beispiel fast 600 Millionen Kubikmeter Erde bewegt; im folgenden Jahr wurde innerhalb einer einzigen Woche zwölfmal so viel Erdreich bewegt wie während des Baus des gesamten Panamakanals – das behauptete zumindest die Propaganda. Doch auch wenn das nicht stimmen mag, zeigt sich daran, welche Ressourcen China zu seiner Modernisierung mobilisierte und von welchem Ehrgeiz es angetrieben wurde. Die Ernteerträge, prophezeite Mao, würden steigen, die Produktion werde davongaloppieren, und binnen fünfzehn Jahren werde China Großbritannien und damit das Symbol des westlichen Imperialismus einholen. Wenig später behauptete er gar, dass man dies viel früher erreichen werde, vielleicht schon in zwei oder drei Jahren.[125]

Wer Zweifel an der Logik, den Methoden und den Grundsätzen anmeldete, wurde an den Pranger gestellt und verstoßen. Das war allerdings schon vor den Großprojekten der späten 1950er Jahre gängige Praxis gewesen. So hatte zum Beispiel der Ingenieur Huang Wanli Bedenken wegen des Baus der Sanmenxia-Talsperre am Gelben Fluss geäußert und gewarnt, dass die großen Schlammmengen dieses Flusses, im Volksmund auch «Chinas Leid» genannt, den Damm beschädigen und große Umweltschäden anrichten würden, ganz zu schweigen von den fast 500 000 Menschen, die umgesiedelt werden mussten. Daraufhin wurde Huang als «Rechter» denunziert, die übliche Bezeichnung für alle, die unbequeme Ansichten äußerten, und damit war seine Karriere von einem Tag auf den anderen zu Ende. Ähnlich erging es auch Chen Xing, einem führenden Hydrologen des Landes, der befürchtete, der Damm werde den Grundwasserspiegel heben und das Erdreich versalzen und alkalisieren. Selbst Personen aus dem engsten Umkreis Maos, zum Beispiel sein persönlicher Sekretär Li Rui, der vor den Risiken des «Großen Sprungs nach vorn» warnte, waren nicht vor Verfolgung sicher, sie verloren ihre Stellung und verschwanden aus der Öffentlichkeit.[126]

Viele, die als «Rechte» denunziert wurden, kamen in Lager, oft in fernen Landesteilen, wo sie mit Millionen anderen, die aus den Städten aufs Land geschickt wurden, Bäume fällten, Kanäle anlegten, Straßen und Brücken bauten und neues Land urbar machten. So wurden riesige Gebiete umgestaltet, und die Arbeiter wurden angetrieben von Slogans wie «Vernichtet die Wälder, öffnet das Brachland» oder «Presst Land aus dem Fels, holt Korn aus dem Stein».[127]

Besonders erfolgreiche Dörfer wurden den anderen als Vorbild präsentiert für das, was man mit harter Arbeit und Entsagung erreichen konnte.

So wurde ein Dorf namens Dengjiabao in der Provinz Gansu auf Postern und in Filmen gefeiert, auch wegen seines vorbildlichen Umgangs mit Geschlechterrollen. Die Kommunisten unternahmen schon lange große Anstrengungen, Frauen von «unproduktiven» Hausarbeiten in die kollektivierte Landwirtschaft zu dirigieren. Da Dengjiabao seine Getreideernte zwischen 1952 und 1956 verdoppeln konnte, wollten regionale Funktionäre nun «zehntausend Dengjiabaos» schaffen.[128]

Die Wirklichkeit von Dengjiabao war allerdings eine andere. Ein Funktionär gestand Jahre später: «Das war alles übertrieben. Das war Angeberei.» Nach einem kurzzeitigen Anstieg fiel die Ernte schon bald wieder auf ihr früheres Niveau, aber weil nun die Abgabemengen erhöht worden waren, konnten sich die Dorfbewohner kaum noch selbst ernähren.[129] In dieser Hinsicht konnte man doch etwas aus der Geschichte von Dengjiabao lernen. Genau wie aus der fatalen Entscheidung, den «Großen Sprung nach vorn» mit dem Umbau von Ökosystemen und Versorgungsketten zu verbinden. Die dicht bevölkerten Großstädte Chinas litten schon lange unter Gesundheitsproblemen, insbesondere Epidemien. Als Anfang der 1950er Jahre das Verhältnis zu den Vereinigten Staaten angespannter wurde, behaupteten die Behörden, die Amerikaner würden einen biologischen Krieg führen und mit Erregern infizierte Fliegen, Mücken, Spinnen, Ameisen und andere Insekten über den Städten abwerfen.[130]

Im Rahmen seiner raschen Modernisierung musste China nun vor allem die hygienischen Zustände in den Städten verbessern, um seinen utopischen sozialistischen Ansprüchen gerecht zu werden. So wurde eine landesweite Kampagne unter dem Motto «Vernichtet die vier Plagen» gestartet, angestachelt von Mao, der 1958 auf dem VIII. Parteitag der Kommunistischen Partei erklärte: «Das ganze Volk, schon fünfjährige Kinder, muss zur Ausrottung der vier Plagen mobilisiert werden.» Bei diesen vier Plagen handelte es sich um Ratten, Fliegen, Mücken und Spatzen. Letztere hatte man in die Liste aufgenommen, weil man annahm, dass Spatzen die Ernte fraßen. «Wir haben Leitern gezimmert und ihre Nester aus den Bäumen geworfen, und abends, wenn sie zurück in ihr Nest gekommen sind, haben wir auf Gongs geschlagen», erinnert sich ein Schulkind der Zeit.[131] Zwischen März und November 1959 wurden in ganz China fast zwei Milliarden Spatzen getötet.[132]

Was die Funktionäre nicht bedacht hatten: Spatzen fraßen kein Getreide, sondern Unmengen von Insekten. Bei der Aktion wurden so viele Vögel getötet, dass sie auf Jahre hinaus ein seltener Anblick blieben, und gleichzeitig dezimierten Schädlinge die Ernte. Das wiederum verschärfte die von der raschen Modernisierung, Verstädterung und Industrialisierung geschaffenen Probleme. Das Ergebnis war «die größte von Menschen gemachte Hungerkatastrophe der Geschichte», wie ein Historiker es nannte. Zwischen 1959 und 1961 verhungerte eine schier unvorstellbare Zahl von Menschen – exakte Angaben fehlen, aber Historiker gehen davon aus, dass 35 bis 50 Millionen Menschen infolge der Lebensmittelknappheit ums Leben kamen.[133]

Auch die Schäden für die Umwelt waren verheerend. Mit Beginn der Hungersnot wurden von Vieh über Haustiere bis zu Nagetieren alle erdenklichen Tiere geschlachtet. Auch die Pflanzenwelt wurde in Mitleidenschaft gezogen, denn die Hungernden verzehrten alles, was irgend essbar war. Sie rissen Samen und Wurzeln aus dem Boden, schälten die Rinde von den Bäumen und aßen ihre Blätter. Es dauerte Jahrzehnte, bis sich die Natur wieder erholt hatte.[134] Dazu kamen die Folgen der gewaltigen Rodungen bei der Urbarmachung für den Getreideanbau. In einem seltenen Moment der Offenheit gestand Ministerpräsident Zhou Enlai 1966 sein Bedauern über den entstandenen Schaden: «Ich fürchte, es war ein Fehler, das Wasser aufzustauen und so viele Wälder zu roden. Manche Fehler lassen sich binnen eines einzigen Tages oder Jahres korrigieren, doch die Fehler der Wasser- und Forstwirtschaft lassen sich auch in vielen Jahren nicht wiedergutmachen.»[135]

Im Verlauf des 20. Jahrhunderts wurde die Ausbeutung der Natur durch Innovationen auf zahlreichen Gebieten der Wissenschaft, durch den Bedarf an Lebensmitteln und Energie sowie durch politische Ideologien unermüdlich vorangetrieben. Viele weigerten sich, die Lektionen zu lernen, die anderswo so großes Leid verursacht hatten. «Die Revolution ist eine Kraft, die stärker ist als ein Wirbelsturm», sagte Fidel Castro im Oktober 1963, nachdem Hurrikan Flora über Kuba hinweggezogen war. Winde, Stürme und Wirbelstürme seien «nichts im Vergleich zur Revolution». Das Parteiorgan *Revolución* stimmte zu: «Keine hundert Floras und keine hundert Imperialismen können uns besiegen», erklärte die Zeitung, einen Tag nachdem der Hurrikan auf der Insel gewütet hatte. Und der kubanische Außenminister Raúl Roa bemühte gar den großen Befreier Südamerikas: «Wenn die Natur gegen uns ist, dann werden wir wie Bolívar gegen sie kämpfen.»[136]

Diese kämpferische Rhetorik ist natürlich nicht wörtlich zu verstehen, sondern als Ausdruck der politischen Entschlossenheit in einer schwierigen Situation. Gleichwohl machte sich Mitte des 20. Jahrhunderts kaum jemand Gedanken über Nachhaltigkeit – auch aus dem Optimismus heraus, dass die neue Technik das einläuten werde, was Henry Wallace 1942 das «Jahrhundert des einfachen Mannes» nannte. Wallace, damals Vizepräsident der Vereinigten Staaten, war sich sicher, dass neue Ideen, Erfindungen und Technik die Ernteerträge steigern und der Freiheit zum Sieg verhelfen würden. In einer Rede, die ein Kommentator als «Gettysburg Address des Zweiten Weltkriegs» bezeichnete, sagte er: «Die moderne Wissenschaft hat ein Potenzial, von dem wir nicht einmal träumen.» Eines könne man sich allerdings bereits vorstellen, und zwar, dass es durch Innovationen «technisch möglich» sein werde, «dass alle Menschen der Welt genug zu essen haben».[137]

Zu Beginn der 1960er Jahre sah die Sache allerdings weniger rosig aus. Es gab einige Hoffnungsschimmer, etwa die amerikanische Bürgerrechtsbewegung um Martin Luther King, die für gleiches Recht für alle eintrat, oder die Fortschritte auf dem Gebiet der Weltraumfahrt, dank derer Ende des Jahrzehnts der erste Mensch zum Mond flog. Viele hatten jedoch eher den Eindruck, dass sich am Himmel Sturmwolken zusammenballten. Die Kubakrise erinnerte daran, wie viel auf dem Spiel stand und dass es vom Frieden zur Vernichtung nur ein kleiner Schritt war. Der Vietnamkrieg, der auf Südostasien übergriff, bestätigte diese Sorge.

In diesem Zusammenhang ist es wohl kein Zufall, dass die aufkeimende Gegenkultur nicht nur für bürgerliche Freiheiten und gegen das Konsumdenken kämpfte, sondern ebenso eine ökologische Botschaft hatte. Auch auf den Fluren der Macht wuchs die Sorge, dass der Ressourcenverbrauch, die Lebensweise und der Zwang zum Wirtschaftswachstum auf Kosten der natürlichen Umwelt gingen. Einige Kreise stellten sich angesichts all dessen die Frage, ob sich die Menschheit unter Umständen durch ihre Handlungen und Entscheidungen selbst auslöschen könnte. Es war Zeit für einen tiefgreifenden Wandel.

DREIUNDZWANZIGSTES KAPITEL

Die Zuspitzung der Ängste

(1960 bis 1990)

Angesichts der Größenordnung der direkten Schäden und indirekten Folgen hoffen wir auf eine eingehende und kritische Untersuchung der hier aufgeworfenen wissenschaftlichen Fragen.
TTAPS-Papier zum «Nuklearen Winter», *Science* (1983)

Der Kalte Krieg hatte viele Gesichter, und eines davon war eine neue Einstellung gegenüber Natur und Umwelt. Auch hier ging es um die Bedrohung der menschlichen Existenz. Wie die amerikanische Anthropologin Margaret Mead Ende der 1960er beobachtete, wuchs eine Generation in Angst vor der globalen Zerstörung, einem alles vernichtenden Atomkrieg und der unvermeidlichen Apokalypse auf. Junge Menschen «kennen keine Zeit, in der nicht alles von einem Krieg ausgelöscht zu werden drohte».[1] Zwar wird oft der Slogan «Make Love Not War» zitiert, um die Auswirkungen des Vietnamkriegs auf die Vereinigten Staaten zu illustrieren, doch die Gegenkultur brachte auch ein neues Umweltbewusstsein hervor.

Schon Beat-Autoren wie Jack Kerouac hatten in der Natur eine Möglichkeit erkannt, der stumpfen Realität des amerikanischen Vorstadtlebens zu entkommen. In seinem Roman *The Dharma Bums* (1958; erschienen auf Deutsch 1963 als *Gammler, Zen und hohe Berge*) hat der Erzähler Japhy Ryder die Vision einer «großen Rucksack-Revolution», in der «Tausende oder Millionen junger Amerikaner» ihre bürgerliche Existenz hinter sich lassen und in die Berge gehen, um zu meditieren, Kinder zum Lachen zu bringen und alte Menschen glücklich zu machen, angespornt von dem Gedanken, «allen Menschen und allen Lebewesen eine Vision von der ewigen Freiheit zu schenken».[2] Hier kamen auch Drogen ins Spiel: LSD vermittelte einen höheren Sinn als Maloche, wie Timothy Leary 1966 in New York erklärte. Der Sinn des Lebens bestehe darin, «Gott zu preisen und zu ehren» – das seien schließlich «uralte Ziele», denen man auch heute noch beipflichten könne. Sein Motto war «turn on, tune in, drop out».[3]

Schwarze Aktivistinnen wie Coretta Scott King waren in der Anti-Atom-Bewegung tätig und verbanden die Forderung nach Abrüstung mit dem Kampf um Bürgerrechte. Frauen spielten eine zentrale Rolle, wenn es darum ging, die neuen Anliegen ins öffentliche Bewusstsein zu bringen. Am 1. November 1961 legten rund 50 000 «besorgte Hausfrauen» in mehr als 60 amerikanischen Städten, darunter New York, Chicago, Detroit, St. Louis und Los Angeles, die Arbeit nieder, um vor Atomanlagen zu demonstrieren und einen Stopp der Atomwaffentests zu verlangen.[4]

Sie standen in einer langen Tradition, denn in Nordamerika und Großbritannien hatten Frauen an zentraler Stelle im Naturschutz gewirkt und die Tierschutzbewegung mitbegründet, um gegen Tierversuche und Zoohaltung zu protestieren.[5] Mitte des 20. Jahrhunderts war die Rolle von Frauen stärker eingeschränkt als noch ein Jahrhundert zuvor; Männer beherrschten die Öffentlichkeit, während man von Frauen erwartete, dass sie zu Hause blieben oder traditionell weibliche Berufe als Lehrerinnen, Bibliothekarinnen oder Hauswirtschafterinnen ausübten.[6]

Das änderte sich jedoch in den frühen 1960er Jahren. Frauenzeitschriften wie *American Home*, *Redbook* und *Good Housekeeping* veröffentlichten regelmäßig Artikel über Umweltverschmutzung, den Verstoß gegen Umweltstandards und deren Folgen für die Familien. Wie eine Historikerin sagte: «Das Thema Umwelt erschien als natürliche Ergänzung der Anliegen von Frauen der Mittelschicht in ihrer Rolle als Hausfrauen und Mütter.»[7] Rachel Carsons Buch *Der stumme Frühling* aus dem Jahr 1962 war eine Kampfschrift für all diejenigen, die sich um die Zerstörung der Umwelt sorgten und darin nicht nur eine Gefahr für die Umwelt selbst, sondern für ihre gesamte Lebensweise erkannten.

Carson trauerte einer Zeit nach, «in der alle Geschöpfe in Harmonie mit ihrer Umwelt zu leben schienen», einer Zeit der «blühenden Farmen mit Kornfeldern, deren Gevierte an ein Schachbrett erinnerten, und mit Obstgärten an den Hängen der Hügel». Im Herbst «kläfften Füchse im Hügelland, und lautlos, halb verhüllt von den Nebeln der Herbstmorgen, zog Rotwild über die Äcker». Das alles war zerstört worden von einer industriellen Landwirtschaft, die in großem Maßstab Schädlingsbekämpfungsmittel einsetzte. Es war, als hätte sich «ein böser Zauberbann» auf die Landschaft gelegt, der sich in einer «ungewöhnlichen Stille» manifestierte – «ein stummer Frühling». Chemikalien hatten die Vögel ausgerottet und waren verantwortlich für die plötzlichen und unerklärlichen Todesfälle – betroffen waren «nicht nur Erwachsene, sondern sogar Kinder». Bauern selbst «erzählten von vielen Krankheitsfällen in ihren Familien». Es war unerträglich: «Über allem lag der Schatten des Todes.»[8]

Die Schädlingsbekämpfungsmittel wurden «in Fischen weltabgeschiedener Bergseen gefunden, in Regenwürmern, die im Boden wühlen, in Vogeleiern und – im Menschen selbst. Denn sie werden jetzt von der überwiegenden Mehrheit der Menschen, gleichgültig welcher Altersstufe, im Körper gespeichert. Sie sind bereits in der Muttermilch und wahrscheinlich auch in den Geweben des ungeborenen Kindes vorhanden.» Wem das noch nicht deutlich genug war, der musste sich nur die Widmung ansehen, in der sich Carson bei Albert Schweitzer bedankte und seine trostlose Prophezeiung zitierte: «Der Mensch hat die Fähigkeit, vorauszublicken und vorzusorgen, verloren. Er wird am Ende die Erde zerstören.»[9]

Der stumme Frühling war ein Weltbestseller, auch dank des geschickten Marketings des Verlags, der Vorabexemplare an Frauenvereinigungen und an Frauen in Führungspositionen verschickte. Das Buch beeinflusste auch die politische Debatte und veranlasste Präsident Kennedy, ein Gutachten über den Einsatz von Schädlingsbekämpfungsmitteln in Auftrag zu geben.[10]

Der Kampf gegen Pestizide und andere Formen des Umweltaktivismus stehen im übergreifenden Zusammenhang der Debatte um Wohlstand und Armut, die unter anderem von dem Historiker Arthur Schlesinger und dem Wirtschaftswissenschaftler John Kenneth Galbraith geführt wurde.[11] In seinem 1959 erschienen Buch *Gesellschaft im Überfluss* fragte Galbraith, wie es sein könne, dass viele Menschen zwar wohlhabend seien, dass sie jedoch in Städten lebten «mit schlecht gepflasterten und ungereinigten Straßen, verfallenen Häusern, scheußlichen Reklameschildern und Hochspannungs- oder Telegraphenmasten, deren Leitungen man längst schon unter die Erde hätte verlegen müssen». Wie könne es sein, dass Menschen in Wohlstand lebten und gleichzeitig im «Gestank faulender Abfälle»? War das etwa das «amerikanische Genie»?[12]

Fragen wie diese drangen auch in den Mainstream vor und wurden in Tageszeitungen wie der *New York Times* erörtert. Diese beklagte 1960, in den Vereinigten Staaten gebe es zwar «privaten Wohlstand, wie ihn die Welt nie zuvor gesehen hat», doch «die Bildung ist unterfinanziert. Die Flüsse sind verschmutzt. Es gibt zu wenige Krankenhausbetten. Die Slums wachsen, und es fehlt an Wohnungen für die Mittelschicht. Wir brauchen bessere Parks, Straßen, Gefängnisse und bessere Trinkwasserversorgung. Diese Mängel beeinträchtigen die Lebensqualität.»[13]

Auch führende Politiker setzten sich mit dem Problem auseinander. «Amerika steht heute auf dem Gipfel von Wohlstand und Macht», schrieb Stewart Udall, der unter Kennedy und Johnson Innenminister war. «Dennoch verschwindet das Schöne aus unserem Land, das Hässliche nimmt zu, weite Räume schrumpfen, und die Umwelt wird täglich durch Schmutz, Lärm und Fäule versehrt.»[14] Auch Präsident Lyndon B. Johnson nahm kein Blatt vor den Mund. «Wir waren immer stolz darauf, nicht nur ein starkes und freies Amerika zu sein, sondern auch ein schönes Amerika», sagte er im Mai 1964 in einer Rede an der University of Michigan. «Das Schöne ist heute in Gefahr. Das Wasser, das wir trinken, das Essen, das wir verzehren, die Luft, die wir atmen, sind von Verschmutzung bedroht (...). Grüne Felder und dichte Wälder verschwinden.» Die «Gemeinschaft mit der Natur» werde zerstört. Das bringe große Gefahren: «Denn wenn dieser Kampf verloren ist, wenn unsere natürliche Schönheit zerstört ist, dann lässt sie sich nicht wiederherstellen.»[15] Daher war dringend Handeln geboten.

Die Sorge um die Umweltzerstörung wurde durch die Berichterstattung über den Vietnamkrieg weiter verstärkt. Die Umwelt spielte in diesem Krieg eine wichtige Rolle, die US-Armee setzte Entlaubungsmittel zur gezielten Vernichtung von Wäldern und Reisfeldern ein, um die Versorgung des Vietcong zu behindern und die Guerilla auf diese Weise zu schwächen und zu demoralisieren. Diese Taktik wurde in einem geheimen Forschungsprogramm entwickelt, das herausfinden sollte, wie man sich über Eingriffe in die Natur einen militärischen Vorteil verschaffen konnte.[16]

Zwischen 1962 und 1971 wurden im Rahmen der Operation «Ranch Hand» rund 90 Million Liter Pflanzenvernichtungsmittel über Südvietnam versprüht – Agent Pink, Agent White, Agent Blue und vor allem Agent Orange.[17] Im Jahr 1966 legten Wissenschaftler Protest bei Präsident Johnson ein: «Selbst wenn gezeigt werden könnte, dass diese Chemikalien für den Menschen nicht giftig sind, ist diese Taktik barbarisch, denn sie ist ein unterschiedsloser Angriff auf die gesamte Bevölkerung der Regionen, in denen die Felder zerstört werden.»[18] Eine zweite Petition, die von 5000 Wissenschaftlern, darunter 17 Nobelpreisträgern, unterzeichnet wurde, verlangte die Einstellung des Krieges mit Pflanzenvernichtungsmitteln in Südostasien.[19] Der Biologe Arthur Galston, der die ökologischen und gesundheitlichen Folgen des Einsatzes von chemischen Kampfstoffen in Vietnam für Pflanzen und Menschen intensiv erforscht hatte, prägte für diese Kriegsführung den Begriff «Ökozid».[20]

Dazu kamen Unfälle, die immense Schäden hinterließen und in der nationalen und internationalen Presse große Aufmerksamkeit erhielten. Im Januar flossen nach einer Explosion auf einer Ölbohrinsel von Union Oil vor der Küste von Santa Barbara in Kalifornien pro Stunde 40000 Liter Öl ins Meer; das Leck wurde erst nach elf Tagen geschlossen, bis dahin war das Meer mit 1,4 Millionen Liter Öl verseucht worden.[21] Aktivisten, die sich zu einer Gruppe namens

«Get Oil Out!» zusammenschlossen, verschafften diesem Unfall eine noch größere Öffentlichkeit und machten ihn zu einem «ökologischen Knall, der um die Welt hallt».[22]

Ein weiterer Knall war die Feuersbrunst auf dem Cuyahoga in Cleveland, wo sich im Juni 1969 Öl und andere Schadstoffe entzündeten. Der Unfall war überschaubar und konnte schnell unter Kontrolle gebracht werden, doch er empörte die Öffentlichkeit. «Was für ein Fluss!», rief der Autor eines Artikels im Nachrichtenmagazin *Time* aus. «Schokobraun, ölig und blubbernd vor Gasen, trieft er mehr, als er fließt.» Der Fluss nehme «die Abfälle von Stahlwerken, Chemiefabriken, fleischverarbeitenden Betrieben und anderen Industrieanlagen» auf, so ein Artikel in einer *National Geographic*-Themenausgabe zu «unserer Umweltkrise» aus dem Jahr 1970.[23]

Zu diesen Katastrophen kamen weitere, wie die Havarie des Öltankers *Torrey Canyon* vor Cornwall im Jahr 1967, bei der 160 Millionen Liter Rohöl ausliefen. Sie alle ließen die Forderungen nach Maßnahmen lauter werden. Carl Stokes, der erste schwarze Bürgermeister einer amerikanischen Großstadt, verlangte in einer Kongressanhörung Kontrollen, um «die Vergewaltigung des Cuyahoga» und ihre Auswirkungen auf das Ökosystem der Großen Seen in den Griff zu bekommen.[24] Präsident Richard Nixon, der zum Zeitpunkt des Lecks vor Santa Barbara gerade einmal eine Woche im Amt war, machte klar, dass Veränderungen nötig waren. Amerika müsse «die Ressourcen der Meere und des Festlands effektiver und unter Berücksichtigung des Erhalts» der natürlichen Umwelt für die Gesellschaft der Zukunft nutzen. Es bestehe kein Zweifel, dass diese Vorfälle «das Gewissen des amerikanischen Volkes berührt» haben.[25]

Nixon ahnte einen Umschwung der öffentlichen Meinung, und die *New York Times* wagte schon eine Vorhersage: «Die wachsende Sorge angesichts der ‹Umweltkrise› fegt mit einer Heftigkeit durch die Universitäten, die den Protest der Studenten gegen den Vietnamkrieg in den Schatten stellen könnte.» Studenten organisierten Interessen- und Arbeitsgruppen, sie protestierten gegen unnötiges Verpackungsmaterial und gegen die Rolle der Universitäten bei der Umweltverschmutzung und -zerstörung. «Die Umwelt wird alle anderen großen Themen von heute verdrängen», erklärte ein Student der University of Washington, und ein junger Geologe der University of Colorado meinte: «Gott sei Dank werden sich die Leute bewusst, wie dringend die Krise ist.» Die *New York Times* berichtete weiter, am 22. April 1970 solle ein landesweiter «D-Day» stattfinden, «der ein größeres und sinnvolleres Ereignis sein könnte als die Antikriegsdemonstrationen».[26]

Die Zeitung lag richtig mit ihrer Prognose. Nach einem Aufruf von Gaylord Nelson, Senator aus Wisconsin und einflussreichster Befürworter strenger Umweltschutzauflagen, organisierten Studenten, Wissenschaftler und Umweltschützer gemeinsam den ersten «Earth Day». Am 22. April 1970 gingen rund 20 Millionen Amerikaner auf die Straße, hielten Veranstaltungen zur Umweltkrise ab und trugen so dazu bei, dass das Thema Umwelt in aller Welt ganz oben auf die politische Agenda gesetzt wurde.[27] Der Journalist Alistair Cooke bezeichnete den Earth Day als «die erste massenhafte Mahnung angesichts unseres siechen und schmutzigen Planeten».[28]

Präsident Nixon gelobte, «die Verbesserung der Lebensqualität im neuen Jahrzehnt ganz oben auf die nationale Agenda zu setzen», wie die *New York Times* festhielt.[29] Damit war er allerdings nicht der Erste – sein Vorgänger Lyndon Johnson hatte mehr als 300 Umweltgesetze unterzeichnet, darunter 1963 ein Luftreinhaltungsgesetz, 1965 ein Wasserschutzgesetz und 1964 ein Gesetz zum Schutz der Wildnisgebiete, das mehr als 3,6 Millionen Hektar staatliche Wälder betraf.[30] Nun wurde auch Nixon aktiv, unterzeichnete ein Umweltschutzgesetz, überarbeitete das Luftreinhaltungsgesetz und richtete eine Nationale Umweltschutzbehörde ein, und das alles noch vor Ende 1970.[31]

Auch die Vereinten Nationen verwiesen auf «die dringende Notwendigkeit der Intensivierung nationaler und internationaler Maßnahmen zur Beseitigung von Schäden an der menschlichen Umwelt».[32] Im Vorfeld der ersten Weltumweltkonferenz, die im Juni 1972 in Stockholm stattfand, betonte ein von UNO-Generalsekretär Kurt Waldheim in Auftrag gegebener Bericht die Sensibilität des «Energiehaushalts des Planeten» und die Gefahren «kleiner, aber folgenschwerer Veränderungen, die das Gleichgewicht nachhaltig stören können». Gefragt waren daher «neue Möglichkeiten der globalen Entscheidungsfindung» und ein «neues Bekenntnis zur globalen Verantwortung».[33] Oder einfach gesagt: «Der Mensch muss die Treuhandschaft für die Erde übernehmen.»[34]

«Wir teilen die Sorge um den raschen Verfall der Flora und Fauna», sagte die indische Premierministerin Indira Gandhi in einer Rede auf der Konferenz. «Ein Teil unserer eigenen Tierwelt wurde ausgerottet, Kilometer von Wäldern mit wunderschönen Bäumen, stumme Zeugen der Geschichte, wurden zerstört.» Aber so wichtig es sei, «den aufkommenden Ungleichgewichten in der Umwelt zu begegnen», solle man darüber nicht vergessen, dass auch eine andere Art gefährdet sei: der Mensch. «In seiner Armut ist er von Mangelernährung und Krankheiten gefährdet, in seiner Schwäche durch Krieg, in seinem Reichtum durch die Verschmutzung, die er mit seinem eigenen Wohlstand produziert», erklärte Gandhi. Die Industrienationen seien reich geworden, indem sie andere beherrschten und ihre Ressourcen ausbeuteten. «Wir wollen die Umwelt nicht weiter ausrauben, doch keinen Moment lang dürfen wir die finstere Armut einer großen Zahl von Menschen vergessen. Sind Armut und Bedürftigkeit nicht die größten Verschmutzer?» Man dürfe nicht vergessen, «dass wir in einer geteilten Welt leben».[35]

John F. Kennedys Antrittsrede aus dem Jahr 1961 ist der Nachwelt zwar besonders für seinen Ausspruch «Fragt nicht, was euer Land für euch tun kann – fragt, was ihr für euer Land tun könnt» in Erinnerung geblieben, doch an diesem Tag hatte er auch andere ehrgeizige und weitreichende Versprechungen gemacht: «Jenen neuen Staaten, die wir in den Reihen der Freien willkommen heißen, geloben wir, dafür zu bürgen, dass die eine Form kolonialer Herrschaft nicht überwunden sein wird, um lediglich durch eine noch härtere Tyrannei ersetzt zu werden.» Die Vereinigten Staaten würden allen helfen, die Hilfe brauchten: «Den Menschen in den Hütten und Dörfern auf der halben Welt, die darum ringen, die Fesseln des Massenelends zu sprengen, geloben wir, die bestmögliche Hilfe zur Selbsthilfe zu leisten, so lange, wie dies auch immer nötig sein sollte – nicht, weil es sonst vielleicht die Kommunisten tun würden, und nicht, weil wir ihre Zustimmung erheischen möchten, sondern weil es richtig ist. Wenn eine freie Gesellschaft den vielen nicht helfen kann, die arm sind, kann sie die wenigen nicht retten, die reich sind.»[36]

Das erinnerte an die Zusagen, die Präsident Truman mehr als ein Jahrzehnt zuvor gemacht hatte. Mit seinen Vorstellungen, die Vereinigten Staaten zu einer Kraft des Guten in der Welt zu machen, hatte Truman wie ein Prediger geklungen: «Amerika sieht sich vor einer feierlichen Verpflichtung», sagte er in einer landesweiten Radioansprache im April 1946. Es sei unmöglich, «den Schrei des hungernden Kindes zu überhören. Wir werden den Millionen Menschen, die um einen Kanten Brot betteln, nicht den Rücken kehren (…). Wir wären keine Amerikaner, wenn wir unseren relativen Reichtum nicht mit den Notleidenden teilen würden. Ich bin sicher, dass ich für alle Amerikaner spreche, wenn ich sage: Die Vereinigten Staaten sind entschlossen, alles zu tun, um den Hunger der Hälfte der Welt zu lindern.»[37]

Nach Ansicht vieler Politiker in den Vereinigten Staaten war die eigentliche Ursache des Hungers das anhaltende Bevölkerungswachstum in den Entwicklungsländern – «nicht, weil die Geburtenraten steigen, sondern weil die Sterberate, vor allem die Kindersterblichkeit, so drastisch gesunken ist», wie es in einem Bericht der CIA aus dem Jahr 1974 hieß.[38] Der Zusammenhang von Bevölkerungswachstum, Ressourcendruck und politischer Instabilität beschäftigte die Öffentlichkeit seit Thomas Robert Malthus' berühmter These und wurde nun in Büchern wie *Die Menschheit am Scheidewege* von Edward Murray East (1923), *Population and Peace in the Pacific* von S. Warren Thompson (1946) und vor allem *Die Erde rächt sich* von William Vogt (1948) und *Unsere ausgeplünderte Erde* von Fairfield Osborn (1948) erörtert – Bücher, die ein düsteres Bild der Zukunft zeichneten.[39]

Diese Publikationen hatten großen Einfluss und veranlassten Chester I. Barnard, Präsident der Rockefeller Foundation, zu der Frage, warum seine Stiftung Programme zur Steigerung der Ernteerträge in Mexiko finanziere, wenn doch die Erde bereits an die Grenzen ihrer Tragfähigkeit gekommen sei.[40] Dem folgten mehrere Studien, etwa der von der Rockefeller Foundation in Auftrag gegebene Bericht «World Food Problem», der den «Konflikt zwischen Bevölkerungswachstum und den ungleich verteilten und nicht ausreichenden Ressourcen» herausstrich, oder der «Food Crisis Report», den die Ford Foundation 1959 für die indische Regierung erstellte und der die Krux in der Lücke zwischen der Nahrungsmittelversorgung und der rasch wachsenden Bevölkerung sah.[41]

Die Gefahr der Bevölkerungsexplosion und des massenhaften Hungers war nicht etwas, über das man sich in einigen Jahren und Jahrzehnten Gedanken machen musste, sondern sie drohte hier und jetzt. 1946 erfuhren die Amerikaner, die Situation in Europa und Asien sei so ernst, dass sie «Brot sparen und kein Öl und Fett verschwenden» sollten. Die Botschaft von Präsident Truman war klar: «Jede Scheibe Brot, jede Unze Fett und Öl, die in freiwilliger Entsagung gespart wird, erhält das Leben hungernder Menschen.» Es war ganz einfach: «Wenn wir nicht weniger essen, werden Millionen sterben.»[42]

Diese Botschaft wurde in den 1950er und 1960er Jahren eindringlich wiederholt, auch wenn Paul und Anne Ehrlich 1968 in ihrem Buch *Die Bevölkerungsbombe* zu dem Schluss kamen, dass die Schlacht bereits verloren sei. Die Chance, «die ganze Menschheit zu ernähren, ist vertan», erklärten die Autoren in ihrem Bestseller. «Hunderte Millionen von Menschen werden verhungern.» Im Klappentext hieß es: «Während Sie diese Worte lesen, sterben vier Menschen an Hunger. Die meisten sind Kinder.»[43]

Die Aussicht, dass sich immer mehr Menschen den Planeten teilen müssten, kam zur Angst vor der nuklearen Apokalypse, der Zerstörung der Landschaft und der Vergiftung von Luft und Wasser durch die Industrie hinzu. Die Überbevölkerung drohte nun mit einer neuen Katastrophe. Für einige war die Schuldfrage geklärt. «Die weiße Rasse ist das Krebsgeschwür der Geschichte», schrieb Susan Sontag Mitte der 1960er Jahre. «Die weiße Rasse mit ihren

Ideologien und Erfindungen löscht autonome Zivilisationen aus, wohin sie auch kommt, sie hat das ökologische Gleichgewicht des Planeten gestört und bedroht nun die Existenz des Lebens selbst.» Der Mongolensturm sei nichts gegen «den westlichen Menschen mit seinem Idealismus, seiner großartigen Kunst, seinem Sinn für geistige Abenteuer und seinem die ganze Welt verzehrenden Eroberungsdrang».[44]

Andere schlugen Lösungen vor. Präsident Kennedy sprach davon, ein «Technologietransfer für Länder mit Defiziten in der Ernährung» werde eine wissenschaftliche Revolution anstoßen, «die es in ihrer gesellschaftlichen Reichweite mit der industriellen Revolution aufnehmen kann».[45] Hoffnungen wie diese waren nicht ganz unbegründet: Die Züchtung von Hochertragssorten, die auf große Mengen Kunstdünger und Bewässerung ansprachen, hatten etwas ermöglicht, das als «Grüne Revolution» bezeichnet wurde – auch wenn heute viele Wissenschaftler der Ansicht sind, dass sie weder grün noch eine Revolution war, sondern vor allem ein Mythos.[46] Die ersten Ergebnisse zeigten, dass neue Arten von Zwergweizen, die aus einer Kreuzung von mexikanischen und kurzstieligen japanischen Sorten hervorging, viermal so hohe Erträge erzielten wie herkömmliche Arten, weil sie resistenter gegen Pilzbefall waren und weil Wissenschaftler das Problem der späten Reife in den Griff bekamen. In der Folge wurden ähnliche Versuche unternommen mit der Züchtung von Reissorten, die früh reiften, weniger abhängig von der Tageslichtdauer waren und kürzere, steifere Halme hatten.[47] Mit dem Agrarwissenschaftler Norman Borlaug wurde einer der prominentesten Pioniere mit dem Friedensnobelpreis ausgezeichnet, weil er mit der Entwicklung neuer Getreidesorten dazu beitrug, «die Hungernden der Welt zu ernähren».[48]

Diese Entwicklungen machten Hoffnung, dass die schlimmsten Probleme des Bevölkerungswachstums abgewendet werden könnten. Ende der 1960er versprach die «Wundersaat», wie Präsident Nixon sie nannte, eine Lösung für das Welternährungsproblem.[49] Wie neue Untersuchungen zeigen, standen der Menschheit dank dieser neuen Kreuzungen 11 bis 13 Prozent mehr Kalorien zur Verfügung.[50]

Bedauerlicherweise waren die eigentlichen Nutznießer der höheren Erträge die bereits industrialisierten Länder, die neue Techniken entwickelt und rasch eingeführt hatten.[51] Die Mehrproduktion schuf außerdem eine Reihe neuer und unerwarteter Probleme. Nachdem erst die Angst umgegangen war, dass die Nahrung knapp werden könnte, wurde nun auf einer Expertenkonferenz die Sorge laut, dass zu viel produziert werden könnte und dass die Dritte Welt in eine Phase der Überproduktion eintrat: «Untätige Hände bereiten uns mehr Sorgen als hungrige Münder.»[52]

Es war durchaus angebracht, sich über die sozioökonomischen Konsequenzen Gedanken zu machen. In Südasien sorgten zum Beispiel wachsende Vermögen für eine beschleunigte Konzentration des Landbesitzes, als Bauern mit Zugang zu Kredit und Know-how kleinere Erzeuger aufkauften. In einigen Teilen Indiens und Pakistans verdreifachte sich so der Wert des Landes, und die Polarisierung verschärfte sich, vor allem da, wo die Ungleichheit ohnehin schon groß war.[53] Eine Untersuchung der Vereinten Nationen aus dem Jahr 1974 ergab, dass die Grüne Revolution Hierarchien nicht etwa einebnete, sondern verstärkte.[54]

Die Agrarrevolution wirkte also kontraproduktiv. Eines der Ziele war gewesen, politische Instabilität beizulegen, in der Praxis bewirkte sie jedoch vielfach das Gegenteil. In Indien erhielten in den frühen 1970er Jahren Populisten Zulauf, die Kapital daraus schlugen, dass die Ertragssteigerungen die Kluft zwischen Arm und Reich vergrößerten. In Sierra Leone, ein Land im «Reisgürtel» Westafrikas, profitierten die wohlhabenden und bereits in den Reismarkt integrierten Bauern von den neuen Verfahren, vor allem im Tiefland, wo es die stärker vom Regen abhängigen herkömmlichen Sorten schwerer hatten.[55] Auf den Philippinen konnte das Regime der Familie Marcos mithilfe der Grünen Revolution seine Macht festigen, indem es den Handel mit Saatgut, Chemikalien und Maschinen sowie die Kreditvergabe an sich riss und obendrein die Preise kontrollierte.[56] Mit der Grünen Revolution sollte nicht die Politik, sondern die Technik «Wohlstand und Frieden schaffen», doch einige Historiker sind der Ansicht, dass ihr weder das eine noch das andere gelang.[57]

Ein Grund für ihr Scheitern ist, dass die Grüne Revolution in Teilen der Welt umgesetzt wurde, die für die industrielle Landwirtschaft gar nicht geeignet waren. Wenn man in den Tropen mit ihren heftigen Regenfällen das Land rodet und Getreide anbaut, drohen Erosion und der Verlust von Mutterboden und Nährstoffen.[58] Durch den übermäßigen Einsatz von Schädlingsbekämpfungsmitteln und Kunstdüngern reicherten sich Schwermetalle wie Kadmium, Blei und Arsen im Boden an, und der pH-Wert stieg.[59] Ein Wissenschaftler kam daher zu dem Schluss, «der eigentliche Erfolg» der Grünen Revolution habe darin bestanden, «neue ertragreiche, aber nicht nachhaltige Agrarsysteme der industrialisierten Welt auf die gesamten Tropen zu übertragen».[60] Die Zerstörung der Böden durch diese neuen Verfahren nahm atemberaubende Ausmaße an und betraf weltweit schätzungsweise zwei Milliarden Hektar und 2,6 Milliarden Menschen.[61]

Darüber hinaus hatte die Grüne Revolution gravierende Folgen für Ökosysteme und Gesundheit. Die in den 1960er Jahren und danach in Indien eingeführten neuen Sorten benötigten viel Wasser, und die daraufhin entstehende Bewässerungswirtschaft ist einer der wesentlichen Gründe für den Wassermangel, unter dem das Land heute leidet.[62] Durch den Anbau der neuen und schnell wachsenden Kreuzungen wurde außerdem weniger Hirse, Gerste, Erdnüsse und so weiter angebaut, mit weitreichenden Folgen für das ökologische Gleichgewicht.[63] Durch die Einführung von ausländischen Kreuzungen gingen schätzungsweise 100 000 heimische Reisvarianten verloren.[64] Dazu kam, dass viele Bauern die Schädlingsbekämpfungsmittel ohne ausreichende Schutzkleidung einsetzten – das war vor allem für Frauen eine Gefahr, die in Ländern wie Indien die Hälfte der Arbeitskräfte in der Landwirtschaft stellen und in jungen Jahren besonders empfindlich auf die Chemikalien reagieren.[65]

Ein weiteres Problem waren massive Migrationsbewegungen, angestoßen durch staatliche Politik, durch von der Weltbank finanzierte Programme oder durch die Suche nach Arbeit und Ernährung. In Indonesien zogen 15 bis 20 Millionen Siedler in die Urwälder von

Sumatra, Kalimantan, Sulawesi und Westpapua; das zerstörte nicht nur Ökosysteme, sondern ging auch mit verbreiteten Menschenrechtsverstößen einher und nährte eine gewaltige Holzindustrie, die jährlich rund 750 000 Hektar Wald rodet. Schon in den 1980er Jahren galt dies als «das unverantwortlichste Projekt der Weltbank».[66]

Die rasante Urbanisierung der weniger entwickelten Welt sowie das Wachstum von Metropolen wie Bombay, Manila und Mexiko-Stadt verstärkte die Furcht vor sozialer und politischer Instabilität. Die städtischen Behörden waren gezwungen, die Infrastruktur zu schaffen, um mit der explodierenden Einwohnerzahl fertigzuwerden, was wiederum zulasten der Umwelt ging. Mancherorts ging die Sorge um, dass die Nahrungsmittelproduktion nicht mit dem Bevölkerungswachstum Schritt halten könnte. Als der indische Landwirtschaftsminister C. Subramaniam 1968 einen Vortrag an der Universität Stanford hielt, hörte Paul Ehrlich ungläubig zu. Seiner Ansicht nach hatte Indien keine Chance, «genug Nahrungsmittel zu produzieren, um weitere zwölf Millionen Menschen zu ernähren». Er ging davon aus, dass Millionen Menschen verhungern würden.[67]

Ehrlich glaubte, die einzige Antwort darauf sei Geburtenkontrolle.[68] Die Weltbank vertrat diese Ansicht schon seit den 1950er Jahren und hatte prognostiziert, dass das Realeinkommen der indischen Bevölkerung mit entschlossener Geburtenkontrolle innerhalb von drei Jahrzehnten um 40 Prozent steigen werde.[69] Auch Norman Borlaug war ein leidenschaftlicher Anhänger dieser Politik. Die wenigsten Menschen seien sich «der Dimension und Bedrohung durch das Bevölkerungsmonster» bewusst, befand er im Dezember 1970. Mit der Entwicklung von Hochleistungssorten habe er der Menschheit lediglich Zeit verschafft – 30 Jahre, wie er meinte.[70] Dank düsterer Warnungen dieser Art brachten Staaten Programme zur Geburtenkontrolle auf den Weg, angefangen von Sexualaufklärung über Familienplanung bis hin zu Zwangssterilisierungen.[71]

Das sahen zunächst nicht alle so. «Je mehr Menschen es gibt, umso eher werden wir das größte Ideal der Menschheit verwirklichen – den Kommunismus», so die Überschrift einer chinesischen Zeitung Ende der 1950er Jahre. In den Augen Mao Tse-tungs war Chinas gewaltige Bevölkerung ein Vorteil und trug dazu bei, China vor fremden Einflüssen zu schützen. «Wir sollten keine Angst vor Atomraketen haben», erklärte er einem ungläubigen Nikita Chruschtschow bei seinem Besuch in Moskau 1957. «Egal, welcher Krieg kommt, ob konventionell oder nuklear – wir werden ihn gewinnen. Wenn die Imperialisten den Krieg anfangen, dann verlieren wir vielleicht 300 Millionen Menschen. Na und? Krieg ist Krieg. Die Jahre vergehen, und wir tun alles, um mehr Kinder zu bekommen als je zuvor.»[72] Mao sah keinen Anlass, das Bevölkerungswachstum einzuschränken oder Maßnahmen zur Geburtenkontrolle einzuführen. Wenn in hundert Jahren die Hälfte der Weltbevölkerung in China lebte, dann sei das in Ordnung, denn bis dahin seien alle «studiert» und würden «selbstverständlich Geburtenkontrolle praktizieren».[73]

Anfang der 1970er Jahre ergriff jedoch selbst China Maßnahmen, um einer Bevölkerung Herr zu werden, die seit 1949 um 50 Prozent gewachsen war. Die chinesische Führung begann eine Kampagne zur Familienplanung, hob das Heiratsalter in den meisten Regionen auf Mitte zwanzig an und forderte Mütter auf, sich zwischen den Geburten mehr Zeit zu lassen.[74] Als dies bis 1979 das Bevölkerungswachstum nicht wie erwartet verlangsamt hatte, wurde die Ein-Kind-Politik eingeführt.[75] Im Westen wurde das zwar als Maßnahme der Zwangsmodernisierung durch die Kommunistische Partei gedeutet, doch in Wirklichkeit stammten die Grundideen sämtlich aus dem Westen und der westlichen Wissenschaft.[76] Wie so oft brachte diese Lösung neue Probleme mit sich – bei einer Geburtenrate unterhalb der Bestandserhaltung schrumpft und altert die Bevölkerung, ein Doppelthema, das die Wirtschaft, Gesellschaft und Politik Chinas in Zukunft prägen wird.

Die meisten der erwähnten Sorgen beschäftigen uns auch heute noch: die Gefahr eines Atomkriegs oder eines Reaktorunfalls; die Umweltzerstörung durch das Wirtschaftswachstum; der verantwortungslose Umgang mit Ressourcen; der Druck einer wachsenden Weltbevölkerung auf Infrastruktur und Ernährung; das übermäßige Vertrauen in die eine Technik, die Hoffnungen weckt und sich als

Büchse der Pandora erweisen kann; die dauernden, aber folgenlosen Forderungen von Regierungen und Organisationen nach internationaler Zusammenarbeit; und vor allem tiefsitzende Zukunftsängste. Dazu kommt heute der Klimawandel.

Schon in den 1950er und 1960er Jahren waren erste Wissenschaftler besorgt, dass der Mensch durch Verschmutzung, Schädlingsbekämpfungsmittel und Ausbeutung von Bodenschätzen nicht nur die natürliche Umwelt zerstören, sondern auch das Klima verändern könnte. In einem 1957 veröffentlichten Artikel dokumentierten Roger Revelle und Hans Suess die Zunahme von Kohlendioxid in der Atmosphäre und sagten vorher: «Angesichts des exponentiell wachsenden Energiebedarfs der globalen Industriezivilisation wird die Verbrennung von fossilen Brennstoffen in den kommenden Jahrzehnten weiter zunehmen.» Die beiden Wissenschaftler sahen unheilvolle Konsequenzen: «Die Menschheit führt heute ein geophysisches Experiment in einem Maßstab durch, wie es in der Vergangenheit unmöglich gewesen wäre und wie es sich in Zukunft nicht wiederholen lässt.» Seit Mitte des 19. Jahrhunderts habe die Industrielle Revolution durch Verbrennung von fossilen Brennstoffen «der Atmosphäre und den Ozeanen den konzentrierten organischen Kohlenstoff wieder zugeführt, der über Hunderte Millionen Jahre in Sedimentgestein abgelagert wurde». Revell und Suess wagten nicht, sich die Folgen auszumalen, doch sie waren sicher, dass sie weitreichend sein würden.[77]

Auch andere zu dieser Zeit durchgeführte Untersuchungen kamen zu beunruhigenden Ergebnissen. Wie bereits erwähnt, war die Erforschung von Wettermustern, Klimabedingungen und kurz- und langfristigen Veränderungen spätestens seit Beginn des 20. Jahrhunderts Teil der militärischen Planung. Auf dem Höhepunkt des Kalten Krieges hatte das Pentagon «ein vitales Interesse an den Umweltwissenschaften, da das Militär die Umgebung, in der sie operiert, verstehen, vorhersehen und sogar kontrollieren können muss». Gerade Raketensysteme benötigen so viel Information wie möglich über tiefere und höhere Atmosphärenschichten, Bedingungen in der Ionosphäre, Geodäsie, Erdmagnetismus und vieles mehr.[78]

Man steckte viel Energie und Ressourcen in die Polarforschung, in der Antarktis wurden Ende der 1940er Jahre mit der Operation «High Jump» erste Stützpunkte eingerichtet. Ein Jahrzehnt später folgte «Camp Century» auf Grönland, das den Kohlendioxidgehalt in der Atmosphäre ermittelte, und zwar nicht nur für die Gegenwart, sondern auch die Vergangenheit.[79]

Camp Century war als Standort für das Project «Iceworm» gewählt worden, hier sollten 600 Atomraketen stationiert werden. Unter der Leitung von Henri Bader, der zuvor in Alaska im Eis festgehaltene Kohlendioxidbläschen untersucht hatte, entnahmen Wissenschaftler mithilfe eines Ölbohrturms Bohrkerne aus dem ewigen Eis und fanden darin Belege für Tausende und Zehntausende Jahre zurückliegende Klimabedingungen. Auf diese Weise ließen sich die langfristigen Klimaentwicklungen rekonstruieren und das Ausmaß und die Geschwindigkeit der Veränderungen der Gegenwart mit denen der Vergangenheit vergleichen.[80]

Auch sowjetische Wissenschaftler, allen voran der Geophysiker Jewgeni Fjodorow, untersuchten den Klimawandel und die menschlichen Auswirkungen auf die Umwelt.[81] Die Arbeiten des Klimaforschers Michail Budyko, der die Beziehung zwischen den unteren Schichten der Atmosphäre und der Erdoberfläche erforschte, wurden auch außerhalb der Sowjetunion mit großem Interesse zur Kenntnis genommen.[82] Unter anderem erforschte Budyko die Wärmeerzeugung durch den Menschen und deren Auswirkungen auf das regionale und globale Klima. Er entdeckte die Eis-Albedo-Rückkopplung – die Tatsache, dass die Verkleinerung der polaren Eisfläche die Auswirkungen der Sonneneinstrahlung verstärkt und eine weitere Verkleinerung der Eisfläche bewirkt, was wiederum die Erderwärmung verstärkt.[83] Die aktuelle menschliche Aktivität werde «in naher Zukunft größere klimatische Veränderungen bewirken», schrieb Budyko schon 1969. «An die Stelle natürlicher treten im Laufe der Zeit vom Menschen gemachte Klimaveränderungen.»[84]

Der menschliche Einfluss auf das Klima wurde in der Wissenschaft zunehmend zum Thema. Das American Petroleum Institute, ein Handelsverband für die Öl- und Gasindustrie, beauftragte eine Studie, die festhielt, dass die Zukunftsaussichten Anlass zu «ernsthafter Sorge» gäben – angesichts der Menge an Kohlenstoffdioxid, die durch das Verfeuern fossiler Brennstoffe freigesetzt werde.[85] In einem einflussreichen Artikel, der 1970 in der Zeitschrift *Science* veröffentlicht wurde, ging es nicht nur um fossile Brennstoffe, sondern auch um Staubpartikel und Luftverschmutzung, die sie verursachten, und vor allem um die Verschmutzung durch Städte, die «mit Abstand die weitreichendsten Auswirkungen aller menschlichen Aktivitäten haben». Das «Rauschen» der natürlichen Klimaschwankungen konnte den menschlichen Einfluss leicht übertönen; daher benötige man dringend «ein geeignetes globales Überwachungssystem, das eine frühe Einschätzung dieser Veränderungen gestattet».[86]

Andere Wissenschaftler gingen der Frage nach, wann die aktuelle Zwischeneiszeit enden würde, und wieder andere untersuchten die globalen Klimabedingungen der Vergangenheit und kamen zu dem Schluss, die Welt befinde sich in einer kühlen Phase, die noch 8300 Jahre andauern würde.[87] In dieser Zeit entdeckten Wissenschaftler auch, dass die Ozonschicht durch Lachgas und Fluorchlorkohlenwasserstoffe (FCKWs) zersetzt wurde und dass sie durch die Emissionen künftiger Überschallflüge in großen Höhen weiter zerstört werden könnte. All das richtete den Blick auf das, was die Zukunft bringen könnte.[88]

Die Ängste erreichten auch die Öffentlichkeit. Schon in den 1950er Jahren zeichnete die Boulevardpresse das finstere Bild einer neuen Eiszeit, die einen «Immobilienboom in der Sahara» auslösen könnte.[89] In den 1970er Jahren griff die Presse solche Ideen genüsslich wieder auf. Kältere Winter kündigten eine neue Eiszeit an, versprach die *Washington Post* im Januar 1970, und die *Los Angeles Times* fragte: «Macht sich die Menschheit eine neue Eiszeit?» Wenige Monate später verkündete der *Boston Globe*, man erwarte die neue Eiszeit für den Beginn des 21. Jahrhunderts. Das sind nur einige wenige Beispiele einer bunten Palette von Artikeln aus den Printmedien.[90]

Die Vorstellung, dass eine triste, kalte Welt unmittelbar bevorstehe, hielt sich hartnäckig. Das Nachrichtenmagazin *Time* sah noch

1974 «Hinweise überall», zum Beispiel in den Dürren der Sahelzone, Mittelamerikas, des Nahen Ostens und Indiens, die bereits durch die globale Abkühlung verursacht sein sollten. Die Veränderungen hingen zum Teil mit der Sonnenfleckenaktivität zusammen, doch «auch der Mensch», so hieß es im Artikel, «könnte zum Teil für die Abkühlung verantwortlich sein», vor allem durch «Staub und andere Partikel, die von der Landwirtschaft und Verbrennung in die Atmosphäre freigesetzt werden und das Sonnenlicht immer mehr daran hindern, bis zur Erdoberfläche vorzudringen und diese zu erwärmen».[91] *Newsweek* legte ein Jahr später mit der Behauptung nach, Meteorologen seien sich zwar «uneins über die Ursachen und Auswirkungen der Abkühlung», doch sie seien sich «weitgehend einig, dass diese Entwicklung die landwirtschaftliche Produktion für den Rest des Jahrhunderts beeinträchtigen wird».[92]

Das war allerdings nicht der Fall: Umwelt- und Klimaforscher hüteten sich vor weitreichenden Aussagen über die Gegenwart, von katastrophalen Zukunftsprognosen ganz zu schweigen. Berichte für die Behörde für Wissenschaft und Forschung konstatierten zwar 1974 eine Tendenz zur Abkühlung, erklärten jedoch, die Wissenschaft sei weit davon entfernt, erkennen zu können, ob, wie und wo Emissionen, Luftverschmutzung und Feinstaub das gegenwärtige Klima beeinflussten.[93] Im Jahr darauf kam ein Bericht der Akademie der Wissenschaft der Vereinigten Staaten zu dem Schluss, dass «ein größerer Klimawandel wirtschaftliche und gesellschaftliche Anpassungen in globalem Maßstab verlangen» würde, und wiederholte die Forderung nach weiteren Untersuchungen. Die Akademie räumte ein, dass sich «das Klima der Erde immer verändert» habe und dass man nicht wisse, «wie groß diese Veränderungen in Zukunft ausfallen werden».[94] Diesen Standpunkt vertrat dann auch Außenminister Henry Kissinger in seiner Rede vor der Vollversammlung der Vereinten Nationen im April 1974: Die Wissenschaft müsse dringend «die Möglichkeit klimatischer Veränderungen im Monsungürtel und vielleicht auf der ganzen Welt» erforschen.[95]

Einige Wissenschaftler vertraten ihre Ansichten jedoch mit Nachdruck und auf höchsten Ebenen. Die Autoren eines Artikels zur globalen Abkühlung schrieben 1972 eine Warnung an Präsident Nixon: «Eine globale Verschlechterung des Klimas in einem in der Menschheitsgeschichte beispiellosen Ausmaß ist eine reale Möglichkeit und könnte sehr bald eintreten.» Das Weiße Haus reichte das Papier «zur eingehenden Prüfung» an mehrere staatliche Organe weiter.[96]

Was ein Klimawandel für die Geheimdienste, die nationale Sicherheit und die internationale Lage bedeuten würde, erläuterte ein Jahr darauf ein Bericht der CIA. «Das Klima hat in der geheimdienstlichen Analyse bislang keine übergeordnete Rolle gespielt, da es bis vor Kurzem keine größeren Auswirkungen auf den Status der wichtigen Nationen hatte.» Das habe daran gelegen, dass im 20. Jahrhundert die Bedingungen für die Landwirtschaft besser gewesen seien als im Rest des Jahrtausends, mindestens seit dem 11. Jahrhundert, so die Autoren des Berichts.[97]

Jüngere Ereignisse hatten die Geheimdienste jedoch aufgeschreckt: Dürren in Burma, Costa Rica, Honduras und Pakistan, Missernten in Nordkorea, den Philippinen und der Sowjetunion, Frostschäden in Japan, eine Jahrhundertüberschwemmung der Großen Seen Nordamerikas, ungewöhnlich heftige Regenfälle in Nordvietnam und schlechtes Wetter, Dürren und Überschwemmungen in der Sowjetunion und China Anfang der 1970er Jahre zeigten, dass das Klima doch «ein entscheidender Faktor» war. Vor allem die «Ernährungspolitik», hieß es nun, werde «für alle Staaten ein zentrales Thema werden».[98] Die CIA verwies auf eine wachsende Zahl von wissenschaftlichen Untersuchungen, aus denen hervorging, «dass sich ein globaler Klimawandel anbahnt», der in den 1970er Jahren «weltweit Ernteausfälle zur Folge haben könnte».[99]

In einem weiteren Bericht ging die CIA den möglichen Folgen im Detail nach. «Wenn die Klimaforscher, die eine Abkühlung vorhersagen, recht behalten sollten», dann wäre die Folge «mit großer Wahrscheinlichkeit ein absoluter Nahrungsmangel» in aller Welt; vor allem in der Sowjetunion und China würden die landwirtschaftlichen Erträge aufgrund der verkürzten Vegetationsperiode und des häufigeren Ausfalls des Monsunregens in Süd- und Südostasien sowie in Südchina zurückgehen.[100] «Außerdem geht man davon aus, dass in Phasen der klimatischen Veränderungen extreme Wetterereignisse – ungewöhnlicher Frost und Hitze, schwere Stürme, Überschwemmungen und so weiter – häufiger werden.» Dies alles habe «gewaltige Auswirkungen» nicht nur auf das Gleichgewicht von Ernährung und Bevölkerung, sondern auch auf das «globale Machtgleichgewicht». Das liege vor allem daran, dass die Vereinigten Staaten aufgrund ihrer Geographie weniger anfällig für Klimawandel seien, und dies wiederum könne die antiamerikanische Stimmung in denjenigen Ländern schüren, die bereits von den Vereinigten Staaten abhängig waren oder es noch würden.[101]

Die Autoren des Berichts hielten soziale und politische Unruhen für wahrscheinlich, wenn «Massen auf dem Land» durch Hunger «weniger gefügig» würden und wenn der Lebensstandard der städtischen Mittelschicht im südlichen Afrika, in Ostafrika und Indien durch die Versorgungsengpässe und Preissteigerungen sinken würde.[102] Im schlimmsten Fall müsse man mit «massiver, durch Waffengewalt unterstützte Migration» und mit «atomarer Erpressung» rechnen. Gerade in den armen Ländern würde das «Bevölkerungsproblem» wahrscheinlich «auf äußerst unerfreuliche Weise gelöst» werden – sprich, durch massenhaften Hungertod.[103] Als George Will von der *Washington Post* ein Exemplar des Berichts erhielt, brachte er die Erkenntnisse auf einen einfachen Nenner: Wenn es zum Klimawandel komme, «dann gibt es eine Megazahl von Toten».[104]

Führende Regierungspolitiker der Vereinigten Staaten waren der Ansicht, dass man die landwirtschaftliche, klimatische und wirtschaftliche Macht zum eigenen Vorteil nutzen solle. «Ernährung ist Macht», sagte Nixons Landwirtschaftsminister Earl Butz, sie sei «jetzt eines der wichtigsten Verhandlungsinstrumente».[105] Trotz dieses Trumpfs hatten die Vereinigten Staaten schlechte Karten, wenn es um Energie ging, und diese Tatsache wog politisch schwerer als sämtliche Warnungen vor dem Klimawandel. Sie war auch der Grund, weshalb die Regierung auf Einsparungen beim Verbrauch fossiler Brennstoffe drängte, Investitionen in erneuerbare und saubere Energiequellen forderte und Diskussionen um Nachhaltigkeit anstieß.

Der Grund für die Reduzierung des Verbrauchs von fossilen Brennstoffen waren dann aber weder die Warnungen der Wissenschaftler noch die Berichte der Geheimdienste, sondern die Ereignisse vom Oktober 1973, als ein Bündnis arabischer Staaten am jüdischen Feiertag Jom Kippur Israel überfiel. Um Druck auf die Vereinigten Staaten auszuüben, drosselten die arabischen Mitgliedsstaaten der Organisation erdölexportierender Länder (OPEC) ihre Fördermengen und stellten die Öllieferungen in die Vereinigten Staaten und andere Unterstützer Israels ein. Es folgte eine gewaltige Energiekrise.

Binnen weniger Wochen wurde in den Vereinigten Staaten das Öl knapp, und Präsident Nixon sprach am 7. November in einer Fernsehansprache von einem «ernsten nationalen Problem». Die Vereinigten Staaten seien «in den letzten Jahren floriert», weil sie sich auf die Ölimporte verlassen konnten. Der Krieg im Nahen Osten habe das geändert, und das Land stehe «vor der schwersten Versorgungskrise seit dem Zweiten Weltkrieg». Daher müsse das amerikanische Volk handeln: Kurzfristig bedeute das, «wir müssen weniger Energie verbrauchen – weniger Heizung, weniger Strom, weniger Benzin». Langfristig gelte es, «neue Energiequellen zu erschließen», um in Zukunft auf dem Gebiet der Energie autark zu werden.[106]

Nixon zählte eine Reihe radikaler Maßnahmen auf, die nun wirksam würden. Jeder Haushalt müsse sich einschränken. «Um sicherzustellen, dass das Öl im ganzen Land durch den Winter reicht, müssen wir bei niedrigeren Temperaturen wohnen und arbeiten.» Zu Hause sollten die Bürger «das Thermostat um mindestens drei Grad zurückdrehen» – das empfehle sogar sein Arzt, der meine, eine kühle Umgebung sei «wirklich gesünder» als eine warme. Büros, Fabriken und Geschäfte sollten die Temperatur um fünf Grad senken – «entweder indem sie das Thermostat senken oder die Arbeitszeiten verkürzen».[107]

Auch für die Behörden wurden Einschränkungen angekündigt. «Jedes Amt und jedes Ministerium» werde Energie sparen, Gouverneure sollten die Möglichkeit in Betracht ziehen, das Schuljahr ein wenig zu verschieben (um die längeren Sommertage zu nutzen); die Gemeinden sollten «unnötige Beleuchtung» reduzieren; die Bürger sollten öffentliche Verkehrsmittel benutzen und Fahrgemeinschaften bilden; um Benzin zu sparen, sollten staatliche Fahrzeuge nicht schneller als 80 Kilometer pro Stunde fahren (außer im Notfall); und auf den Autobahnen werde ein Tempolimit eingeführt, das sich am optimalen Verbrauch der Verbrennungsmotoren orientierte. Auf diese Weise sollten pro Tag Hunderttausende Barrel Öl eingespart werden. «Wir müssen alle gemeinsam etwas verändern», sagte Nixon.[108]

Das Land solle sich von der unlängst erfolgten Mondlandung und den technischen Leistungen des Manhattan Projects inspirieren lassen, «um unseren Energiebedarf decken zu können, ohne auf Lieferungen aus dem Ausland angewiesen zu sein». Nixon kündigte einen neuen Plan namens «Project Independence» an und versprach, das Land werde spätestens 1980 in der Lage sein, seinen Energiebedarf aus eigenen Quellen zu decken.[109]

Sorgen um Energieversorgung, Preissteigerungen, Umweltzerstörung, Importabhängigkeit und deren Auswirkungen auf die Wirtschaft und die nationale Sicherheit begleiten uns bis heute. Genau wie die ehrgeizigen Ankündigungen von Regierungen, auf die dann kaum Taten folgen. Die Energiekrise der 1970er Jahre hinterließ zwar tiefe Spuren, allen voran das Tempolimit auf den Landstraßen und Autobahnen, das wenige Wochen nach der Fernsehansprache des Präsidenten eingeführt wurde und bis heute gilt. Erste Untersuchungen errechneten, dass die Amerikaner durch diese Geschwindigkeitsbeschränkungen fast zwei Milliarden Stunden im Jahr verloren, doch auf diese Weise sparten sie nicht nur Energie, sondern retteten auch Menschenleben.[110]

Die Macht der amerikanischen Öllobby behinderte jedoch den Umstieg auf saubere Energiequellen, genau wie der Widerstand der Wähler gegen Steuererhöhungen zur Finanzierung von staatlichen Programmen. Präsident Jimmy Carter brachte das Problem auf den Punkt, als er im November 1977 in einer landesweiten Fernsehansprache den nationalen Energieplan ankündigte: «Die Abgeordneten stehen vor einer schwierigen Wahl. Mit jedem Monat spitzt sich unser Energieproblem zu. In diesem Sommer haben wir mehr

Erdöl und Benzin verbraucht als je zuvor.» Dabei werde das Land immer abhängiger von Importen. So entstehe ein Inflationsdruck, gegen den die Regierung machtlos sei. Carter zitierte seinen Verteidigungsminister Harold Brown mit den Worten: «Der aktuelle Mangel an sicheren Energiequellen ist die größte Bedrohung für unsere Sicherheit und die unserer Verbündeten.» Deshalb habe man ein Energieministerium gegründet, das die Reaktion auf diese Herausforderung lenke.[111]

Man müsse «den Verbrauch senken», erklärte Carter, von «Öl und Gas auf andere Energieträger umstellen» und «die Energieerzeugung hier in den Vereinigten Staaten fördern». Die Regierung werde zwar die heimische Öl- und Gasförderung unterstützen, ebenso aber werde sie mittels Steueranreizen und Strafen versuchen, «die Umstellung von Erdöl und Erdgas auf Kohle, Windkraft, Sonnenenergie, Erdwärme, Methan und andere Energiequellen voranzutreiben». Der Präsident erkannte, dass dies nicht einfach war, zumal das Land vor «langfristigen Zukunftsaufgaben» stehe und Politiker immer nur für kurze Zeit ins Amt gewählt würden. Dennoch hoffte er, «dass wir vielleicht in hundert Jahren den Übergang zu unerschöpflichen Energiequellen geschafft haben».[112]

Carter war nicht der Erste, der Investitionen in die Erforschung und Entwicklung sauberer Energiequellen forderte. Nixon hatte Anfang der 1970er Jahre Gesetze in den Kongress eingebracht, die die Verbesserung der Energieeffizienz und Investitionen in Solarenergie, Erdwärme und Kernfusion zum Ziel hatten.[113] Doch die zur Verfügung gestellten Summen waren lächerlich und reichten nicht aus, um wirtschaftliche Ressourcen zu entwickeln. Carter war dagegen von missionarischem Eifer beseelt. «Die Welt ist nicht auf die Zukunft vorbereitet», erklärte er in einer Fernsehansprache kurz nach seiner Amtseinführung. Er sprach sich zwar für eine verstärkte Nutzung der Kohle aus, aber er gab auch ehrgeizige Ziele zur Isolierung von Wohnhäusern und Neubauten sowie zum Einsatz von Sonnenenergie vor. Das sei nötig, «um unsere Arbeitsplätze, unsere Umwelt, unseren Lebensstandard und unsere Zukunft zu sichern». Es war ganz einfach: «Wenn wir wollen, dass unsere Kinder und

Enkel in einer anständigen Welt leben, dann dürfen wir nicht egoistisch oder ängstlich sein.»[114]

Einige sahen das anders. Das lag unter anderem an den weltpolitischen Turbulenzen der späten 1970er Jahre, als die OPEC die Ölpreise noch einmal um 50 Prozent anhob und drohte, die Volkswirtschaften der Welt in eine neue Rezession zu stürzen. Carters unbeholfene Reaktion machte die Sache nicht besser. «In einer Nation, die einst stolz auf ihren Fleiß, ihre starken Familien, ihre soliden Gemeinschaften und ihren Glauben an Gott war, huldigen heute zu viele Menschen der Selbstsucht und dem Konsum», erklärte er im Juli 1979 in einer Rüge der Wähler, die wenige Monate später zu den Urnen gehen sollten. Er sah «eine zunehmende Missachtung für Staat, Kirchen und Schulen». Das Problem sei die persönliche Gier: «Der Mensch definiert sich nicht mehr über das, was er tut, sondern über das, was er besitzt.»[115] Belehrungen wie diese kamen nicht gut an, und Carter war so unbeliebt wie nie. Das machte sich Ronald Reagan zunutze, der den «gesunden Menschenverstand und Anstand der einfachen Männer und Frauen» verteidigte, «die ihr Leben nach ihrer Fasson leben». Das fiel auf fruchtbaren Grund und brachte Reagan ins Weiße Haus.[116]

Im Rückblick ist es schmerzhaft zu sehen, wie die Chancen des Energiewandels vertan wurden. Im Sommer 1979 kündigte Carter ein Milliardenpaket zur Förderung der Sonnenenergie und anderer erneuerbarer Energiequellen an und verwies stolz auf die Solaranlage, die auf dem Dach des Weißen Hauses installiert worden war. «Im Jahr 2000 wird dieser Solarwarmwasserbereiter, den wir heute einweihen, noch billige und effiziente Energie bereitstellen. In einer Generation wird diese Solaranlage entweder ein Kuriosum, ein Museumsstück oder das Beispiel für einen nicht eingeschlagenen Weg sein, oder es kann ein kleiner Schritt in einem der größten und aufregendsten Abenteuer sein, zu dem das amerikanische Volk je aufgebrochen ist.»[117]

Doch in den kommenden Jahrzehnten führte der Weg nicht in eine Welt der sauberen und erneuerbaren Energie, sondern zu einem gewaltigen Anstieg des Energieverbrauchs, der Nutzung fossiler Brennstoffe, der Treibhausemissionen und der Umweltverschmutzung – angetrieben vor allem durch die Intensivierung des Welthandels und der Globalisierung.

Katalysatoren waren ausgerechnet das amerikanische Präsidialsystem und Programme zur Wettermanipulation, die während des Vietnamkriegs entwickelt worden waren. Der Whistleblower Daniel Ellsberg, ein enttäuschter Wissenschaftler, der an der Aufarbeitung der Rolle der Vereinigten Staaten in Indochina zwischen dem Ende des Zweiten Weltkriegs und dem Ende der 1960er Jahre beteiligt war, spielte der Presse einen Schatz an Dokumenten über die militärischen Aktivitäten der Vereinigten Staaten in Südostasien zu. Als erste Auszüge der sogenannten Pentagon-Papiere in der *New York Times* und der *Washington Post* erschienen, brach ein Sturm der Entrüstung los über das Ausmaß der Geheimoperationen und darüber, dass die Johnson-Regierung die Öffentlichkeit und den Kongress systematisch belogen hatte.[118] Die Veröffentlichungen begannen im Sommer 1971 und wurden fortgesetzt, nachdem der Oberste Gerichtshof entschieden hatte, dass die Versuche der Regierung, die Publikation zu unterbinden, gegen die Verfassung verstieß.[119]

Mit zum Verblüffendsten gehörte die Enthüllung von Bemühungen, während des Vietnamkriegs das Wetter in Südostasien langfristig zu manipulieren. Noch vor der Veröffentlichung der Pentagon-Papiere war ein Artikel erschienen, der behauptete, es sei den «Regenmachern der Air Force» gelungen, mit einem Geheimprojekt unter dem Codenamen «Intermediary Compatriot», das 1967 begonnen habe, «das Wetter gegen die Nordvietnamesen zum Einsatz zu bringen» und während der Regenzeit die Niederschläge über den Urwaldstraßen zu intensivieren.[120]

Dieser Bericht sorgte in Washington für Unruhe, und der Senatsausschuss für Meere und Internationale Umwelt verlangte eine Erklärung vom Verteidigungsminister. Der verweigerte zunächst die Antwort mit Verweis auf die nationale Sicherheit, um dann vor dem Ausschuss auszusagen, dass «wir in Nordvietnam zu keinem Zeitpunkt Aktivitäten dieser Art durchgeführt haben».[121]

Umso peinlicher, als im Sommer 1972 ein Bericht über genau jene Aktivitäten erschien und der Journalist Seymour Hersh das Wie, Wo und Warum dieses Programms detailliert darlegte. Ein eingeweihter Beamter erklärte: «Wir haben versucht, das Wetter zu unseren Gunsten zu beeinflussen.»[122] Gemeint war die Operation «Popeye», wie sie genannt wurde, nachdem «Intermediary Compatriot» öffentlich geworden war.[123] Das Ziel der Operation bestand darin, entlang der Kommunikationslinien in Nordvietnam und Südlaos die Wolken mit Jod zu impfen und «so viel Regen zu erzeugen, dass der Nachschub durch Lastwagen unmöglich gemacht oder zumindest erschwert» wurde.

Erste Experimente wurden unter strengster Geheimhaltung und ohne Wissen der Behörden in Laos durchgeführt; «eingeweiht war nur eine sehr kleine Zahl von amerikanischen Offizieren». In der Testphase wurden «mehr als 50 Experimente mit der Wolkenimpfung durchgeführt». Das Verteidigungsministerium beschrieb die Ergebnisse als «außergewöhnlich erfolgreich», mehr als 80 Prozent der geimpften Wolken produzierten Regen, und die Mengen reichten aus, «um die betroffenen Straßen unbefahrbar zu machen». Ein Camp einer amerikanischen Spezialeinheit in Vietnam wurde «binnen vier Stunden mit zwanzig Zentimetern Regen überflutet», was die Soldaten offenbar auf dem falschen Fuß erwischte.[124]

Erste Berichte hielten fest, die Ergebnisse seien vielversprechend und ließen vermuten, dass man mithilfe dieser Verfahren Einfluss auf feindliche Truppenbewegungen, Nachschub und Kommunikation nehmen könne; dies lasse sich verstärken, wenn man durch die Bombardierung von Brücken und Furten Engpässe schuf. Die Sache war allerdings nicht ohne Nebenwirkungen. «Das Programm würde die Wettermuster der darauffolgenden Monate drastisch verändern», so der Antrag, der mit der Bitte um «unverzügliche Genehmigung» Außenminister Dean Rusk vorgelegt wurde. Außerdem seien «negative Auswirkungen auf Thailand denkbar, wo der normale Niederschlag geringfügig abgeschwächt werden könnte». Doch auch wenn die Veränderungen der Niederschlagsmengen «spürbare Folgen jenseits der Zielgebiete» haben würden, müsse man sich darüber keine

Gedanken machen. Die Geheimhaltung sei in Gefahr, etwa durch «geplante Wetterexperimente in Indien», den Abschuss eines Impfflugzeugs oder die Weitergabe von Information an die Presse. Daher musste die Durchführung vom Präsidenten genehmigt werden.[125]

Durch die späteren Anhörungen im Senat wurde bekannt, dass Operation Popeye «die feindliche Nutzung der Verkehrswege verhindern sollte, indem sie diese aufweichte, entlang der Straßen Erdrutsche provozierte, Furten auswusch und dafür sorgte, dass das Erdreich länger als üblich vom Regen getränkt blieb».[126] Das Programm wurde zwei Tage nach Hershs Enthüllung eingestellt, doch in den vorangegangenen fünf Jahren waren amerikanische Flugzeuge mehr als 2500 Einsätze auf Ziele geflogen, die von Geheimdienstoffizieren in Tan Son Nhut in Südvietnam ausgewählt worden waren; die Kosten betrugen 3,6 Millionen Dollar pro Jahr.[127] Flugzeuge, «deren Aufgabe nicht ausschließlich in der Impfung von Wolken bestand», operierten von Thailand aus, dessen Regierung weder um Erlaubnis gefragt noch über den Zweck der Einsätze informiert wurde.[128]

Diese Enthüllungen waren jedoch nur die Spitze des Eisbergs. Bei weiteren Senatsanhörungen im April 1972 kam heraus, dass die Vereinigten Staaten drei Jahre zuvor Wettermanipulationen auf den Philippinen durchgeführt hatten und dass man mit der Regierung dieses Landes «die mögliche Modifizierung von Wirbelstürmen» erörtert hatte. Angehörige der Marine hatten 1971 Regenwolken vor Okinawa geimpft, um die Dürre zu bekämpfen. Mit Kanada hatte es einen «unverbindlichen Austausch» über die Wolkenimpfung in der Region der Großen Seen gegeben, und mit den Briten hatte man über «Hurrikan-Arbeit» in den Bahamas gesprochen.[129]

Daneben gab es Geheimprojekt «Gromet», das die indische Dürre der Jahre 1966 und 1967 lindern sollte. Präsident Johnson zeigte großes persönliches Interesse an diesem Projekt, er studierte Karten mit den wöchentlichen Niederschlagsmengen und wusste genau, wo Regen fiel und wo er ausblieb. Diesmal konsultierten die Vereinigten Staaten die indische Premierministerin Indira Gandhi, und deren Regierung gab die Zustimmung, ergriff jedoch Maßnahmen, um sicherzustellen, dass die Initiativen und die amerikanische Beteiligung nicht an die Öffentlichkeit gelangten. Später stellte sich heraus, dass dem Einsatz kein Erfolg beschieden und mit dem Beginn des Monsuns im Sommer 1967 auch nicht mehr nötig war.[130]

Art und Ausmaß dieser Wettermanipulationen waren eine Überraschung. Die vom amerikanischen Militär entwickelten Impftechniken kämen «heute in fast allen Ländern der Welt zum Einsatz», erklärte ein Regierungsbeamter den verblüfften Senatoren. Man habe Kooperationen mit Dutzenden Institutionen und zahlreichen Privatunternehmen durchgeführt und sei «in Kontakt mit interessierten Personen in Indien, den Philippinen, Taiwan, Chile, Israel, Rhodesien, Mexiko, Portugal, Frankreich, Italien, Argentinien und Australien».[131]

Das sei «erschütternd», protestierte Claiborne Pell, Leiter der Senatsanhörung, die zum Teil unter Ausschluss der Öffentlichkeit stattfand. «Wenn wir dem militärischen Einsatz dieser Verfahren zur Umweltmodifizierung keine Einschränkungen auferlegen, riskieren wir die Entwicklung weitaus gefährlicherer Verfahren, deren Wirkung wir nicht verstehen und die nicht wiedergutzumachende Schäden an der globalen Umwelt verursachen.»[132] Der Ausschuss empfahl der Regierung, «die Zustimmung anderer Länder zu suchen» und eine internationale Ächtung «des Einsatzes von ökologischer oder geophysischer Modifikation als Kriegswaffe» anzustreben.[133]

Das war besonders wichtig für die Sowjetunion und ihre Beziehungen zu den Vereinigten Staaten. Ende der 1960er Jahre hatte die Sowjetunion ein gewaltiges Programm zur atomaren Aufrüstung begonnen und in ein Raketenabwehrsystem (ABM) investiert, das ihr im Falle einer militärischen Konfrontation einen erheblichen Vorteil verschaffen konnte. Das führte 1969 schließlich zur Aufnahme der Gespräche zur Begrenzung strategischer Rüstung und zur Unterzeichnung des ersten SALT-Abkommens in Moskau drei Jahre später.[134]

Mit dieser Kooperation setzt ein Tauwetter ein, das weitere Annäherungen und Verhandlungen auch auf anderen Gebieten ermöglichte. In den Dartmouth-Konferenzen, die regelmäßig in New Hampshire abgehalten wurden, konnten Politiker und Wissenschaftler Vertrauen aufbauen und den Grundstein für weitere Gespräche zwischen den Vereinigten Staaten und der Sowjetunion legen.[135] Solche Kontakte wurden nun in bilateralen Verhandlungen über die Klimainterventionen genutzt, die im Sommer 1974 begannen und binnen eines Jahres zu einem Vertragsentwurf führten; dieser wurde den Vereinten Nationen vorgelegt und am 10. Dezember 1976 als ENMOD-Konvention (Environmental Modification Convention) verabschiedet.[136] Die Übereinkunft verbot die Beeinflussung der Umwelt für militärische Zwecke, allen voran «technische Eingriffe in die Dynamik, Zusammensetzung oder Struktur der Erde, mitsamt ihren Lebensformen, ihrer Lithosphäre, Hydrosphäre und Atmosphäre, oder in den Weltraum». Als Beispiele führte das Abkommen an: «Erdbeben, Tsunamis; die Störung des ökologischen Gleichgewichts einer Region; Veränderung der Wettermuster (Wolken, Niederschläge, Wirbelstürme und Windhosen); Veränderungen der Klimamuster; Veränderungen in der Ozonschicht; Veränderungen der Ionosphäre».[137]

Als weitere Demonstration der Kooperation und Offenheit verbrachte eine amerikanische Wissenschaftsdelegation im Mai und Juni 1976 drei Wochen in der Sowjetunion, um die Forschung zur Manipulation des Wetters zu erörtern und sich zeigen zu lassen, wie Wolkenimpfung im Kaukasus, in Moldawien, Zentralasien und Ostblockstaaten wie Bulgarien und Ungarn auf über fünf Millionen Hektar Land eingesetzt wurde. Sowjetische Funktionäre und Wissenschaftler behaupteten, diese Experimente seien «sehr erfolgreich» und die Operationen würden «in den kommenden Jahren fortgesetzt und ausgeweitet». Die Gespräche verliefen konstruktiv und freundschaftlich. Man verglich Hagelstürme im Kaukasus und in Colorado und erörterte die Vorteile von Raketen, die kalte Wolken mit Trockeneis impften, sowie optimale Verfahren zur Auflösung von Nebel. Die Amerikaner erhielten Zugang zu mehreren Forschungseinrichtungen in Moskau, Leningrad, Tiflis, Kiew und Naltschik. Besonders beeindruckte die Besucher das Alter der Forschungsleiter: Sie waren alle deutlich jünger als ihre Vorgänger, was man als Zeichen für das zunehmende Interesse der Sowjetbehörden an dieser Forschungsrichtung deutete.[138]

Die persönlichen Begegnungen und der Austausch der Wissenschaftler kamen in den Folgejahren zum Tragen. Von besonderem Interesse waren weniger Programme zur gezielten Beeinflussung des Wetters und der Temperaturen oder die Auswirkungen von Emissionen auf die Atmosphäre, sondern die Modellierung möglicher Konsequenzen eines Krieges zwischen den Vereinigten Staaten und der Sowjetunion. Wie es in einem 1975 veröffentlichten Papier hieß, war es gerade in einem Moment der Entspannung zwischen den Supermächten wichtig, die möglichen Folgen eines Atomkriegs herauszuarbeiten, damit dieses Wissen als Abschreckung gegen den Einsatz dieser Waffen dienen konnte.[139]

Eine unmittelbare Folge eines Atomkriegs wäre, dass der Rauch von Bränden über Monate hinweg «das Vordringen des Sonnenlichts zur Erdoberfläche behindern würde». In diesem Szenario «würde die landwirtschaftliche Produktion auf der Nordhalbkugel wahrscheinlich vollkommen zerstört, und für die Überlebenden der direkten Folgen des Krieges gäbe es keine Nahrungsmittel».[140] Die Untersuchungen machten großen Eindruck. Ein Wissenschaftler schrieb: «In den Vereinigten Staaten ging es bei den heftigsten Klimadiskussionen der 1980er Jahre nicht um Kohlendioxid, sondern um die Möglichkeit eines ‹nuklearen Winters›».[141]

Modelle zu einem Atomkrieg zwischen den Vereinigten Staaten und der Sowjetunion schürten die Ängste weiter. 1983 veröffentlichten Wissenschaftler beider Länder im Abstand von einigen Monaten Hypothesen, die die Öffentlichkeit aufschreckten und klarmachten, was in der Rivalität zwischen den beiden Systemen auf dem Spiel stand. Eine Gruppe von Wissenschaftlern unter der Leitung von Richard Turco veröffentlichte einen Artikel in *Science*, der auf «neuen Daten und verbesserten Modellen» basierte und Untersuchungen zu Staubstürmen auf dem Mars sowie die Auswirkungen von rußhaltigem Rauch aus Großbränden in Wäldern und Städten auswertete. Ein Großteil der Menschheit werde «einen ersten atomaren Schlagabtausch vermutlich überleben», schrieben die Autoren, doch schwere militärische Gefechte führten zu einer «signifikanten Verdunkelung der Erdoberfläche über viele Wochen hinweg, zu monatelangem Frost (...) sowie dramatischen Veränderungen in lokalen Wetter- und Niederschlagsmustern». Das Ergebnis wäre ein strenger «nuklearer Winter». Besonders besorgniserregend: «Wenn in erster Linie Städte ins Ziel genommen werden», so die Autoren, könne aufgrund der «massiven Rauchentwicklung» auch ein «verhältnismäßig kleiner atomarer Schlagabtausch verhältnismäßig große klimatische Auswirkungen haben».[142]

Ein Artikel, der wenig später in der Sowjetunion veröffentlicht wurde, kam zu einem ähnlichen Schluss: Im Falle eines Atomkriegs würde schwarzer Rauch die Erde einhüllen, das Sonnenlicht aussperren und zu einem dramatischen Temperatursturz führen; das Süßwasser würde gefrieren, die Ernte würde vollkommen zerstört, Ökosysteme würden aus dem Gleichgewicht geraten. Die Folge wäre ein Massensterben von Tieren, Pflanzen und Mikroorganismen – alle irdischen Lebensformen wären betroffen.[143]

Geheimdienstanalysten in den Vereinigten Staaten meldeten jedoch Zweifel an. Die sowjetische Forschung zum «nuklearen Winter» basiere «überwiegend auf amerikanischen Überlegungen, Daten und Modellen». Außerdem prognostizierten die sowjetischen Wissenschaftler «durchgängig schwerere klimatische Veränderungen als vergleichbare westliche Untersuchungen».[144]

Man kam zu dem Schluss, dass die Sowjets Ergebnisse ihrer amerikanischen Kollegen übernahmen und überzeichneten, ganz abgesehen davon, dass sie für Berechnungen, die auf dem amerikanischen Supercomputer Cray-1 acht Minuten dauerten, mit ihren riesigen BESM-6-Computern 40 Stunden gebraucht hätten. So schien es naheliegend, dass es sich um eine gezielte Propagandakampagne aus Moskau handelte, mit dem Ziel, die Rüstungskontrollverhandlungen voranzutreiben, eine Reduzierung des Verteidigungshaushalts zu ermöglichen und im Ausland Zwietracht zu säen – alles im Interesse der Sowjetunion.[145]

Ernster zu nehmen war das von Turco geschilderte Basisszenario, demzufolge die Temperaturen nach einem Atomschlag binnen 30 Tagen auf minus 17 Grad Celsius sinken, drei Monate lang unter null bleiben und erst nach einem Jahr wieder zur Normalwerten zurückkehren könnten.[146] Neuere amerikanische Modelle korrigierten einige dieser Annahmen zwar und sprachen von einem «nuklearen Herbst» anstelle eines «nuklearen Winters», doch das Weltuntergangsszenario traf den Nerv der Öffentlichkeit, die zu jener Zeit unter dem Eindruck von Dürre und Hunger in Äthiopien, der Aids-Epidemie, des Reaktorunfalls von Tschernobyl und ähnlicher Katastrophen zu dem Schluss kam, dass der schlimmste Feind des Menschen der Mensch selbst war.[147]

Es gab allerdings auch in der Sowjetunion einige, die die nukleare Bedrohung ernst nahmen. Der Physiker Sergej Kapiza, dessen Vater Pjotr Kapiza den Physik-Nobelpreis gewonnen hatte, nahm im Dezember 1983 auf Einladung der amerikanischen Senatoren Edward Kennedy und Mark Hatfield an einem runden Tisch teil, um die Auswirkungen eines Atomkriegs zu erörtern. Kapiza, der in der Sowjetunion als Moderator einer wöchentlichen Wissenschaftssendung im Fernsehen bekannt war, erinnerte die Runde an die Explosion von Mount Tambora im Jahr 1815 und das Gedicht «Darkness», das Lord Byron im folgenden Jahr geschrieben hatte. In Russland kenne man das Gedicht gut, so Kapiza, weil es von Iwan Turgenew übersetzt worden sei. Darin heißt es:

> Ich hatte einen Traum, der keiner war.
> Die Sonne war erloschen, und die Sterne,
> verdunkelt, schweiften weglos durch den Raum,
> kein Mond, die Erde schwang im Äther, blind
> und eisig sich verfinsternd; kam der Morgen
> und ging und kam – er brachte keinen Tag.[148]

«Atomwaffen sind keine Instrumente des Krieges mehr», erklärte Kapiza in einer Rede vor den Vereinten Nationen eine Woche später, in der er einmal mehr auf Tambora verwies und Byrons Gedicht «als beste literarische Beschreibung eines nuklearen Winters» zitierte.

Außerdem verwies er auf Mary Shelleys Roman *Frankenstein*, der zeige, wie wenig der Mensch die von ihm geschaffene Technik verstehe und beherrsche.[149]

Die Annäherung zwischen den Vereinigten Staaten und der Sowjetunion und die Aufnahme von Abrüstungsgesprächen hatte viele Gründe. Die Persönlichkeiten von Ronald Reagan und von Michail Gorbatschow, der nach seiner Ernennung zum Generalsekretär des Zentralkomitees der Kommunistischen Partei der Sowjetunion frischen Wind in ein altersschwaches System brachte, spielten dabei genauso eine Rolle wie die persönliche Beziehung zwischen den beiden Männern. Fortschritte auf dem Gebiet der Angriffs- und Verteidigungswaffen hatten einen Anteil daran, etwa die breit in der Öffentlichkeit diskutierte Strategische Verteidigungsinitiative (SDI), auch wenn diese nach Ansicht einiger Historiker komplizierter und weniger bedeutsam war als gemeinhin gedacht.[150] Schließlich trugen der sowjetische Einmarsch in Afghanistan und die Schwierigkeiten der Vereinigten Staaten im Nahen Osten, Iran und anderswo sowie der innenpolitische Druck, den sie erzeugten, zum geopolitischen Wandel, zu Abrüstungsverhandlungen und der Zusammenarbeit der Supermächte in den 1980er Jahren bei.

Umweltverschmutzung, die Forderung nach strengeren Umweltschutzgesetzen, bessere Müllentsorgung und schonenderer Umgang mit Ressourcen waren nicht nur in den Vereinigten Staaten und in weiten Teilen des Westens zentrale Themen, sondern auch in der Lokalpolitik, wo sich grüne Bewegungen formierten.[151] Das sogar in der Sowjetunion, wo der Ruf lauter wurde, den Umweltschutz über das Wirtschaftswachstum zu stellen, die Luftqualität zu verbessern, den umweltschädlichen Bergbau einzustellen, Industriemüll zu entsorgen, gegen die Wüstenbildung vorzugehen und den Aral- und Baikalsee zu schützen (die zwei prominentesten Fälle der Naturzerstörung durch den Menschen).[152] Mit Gorbatschows Reformen unter den Schlagworten *Glasnost* («Transparenz») und *Perestroika* («Umstrukturierung») wurden diese Rufe lauter, denn nun konnten Sowjetbürger eher Veränderungen von ihrer Regierung einfordern.

An Großdemonstrationen ließ sich ablesen, dass regionale, nationale und globale Umweltfragen in der Sowjetunion an Bedeutung gewannen.[153]

In anderen Teilen der Welt war Ähnliches zu beobachten. Ein Beispiel dafür ist die Chipko-Bewegung in Nordindien, die gegen die Abholzung im südlichen Vorgebirge des Himalaja protestierte und anderen als Anregung und Warnung diente, dass die Umweltzerstörung allgegenwärtig war und überall bekämpft werden musste.[154] Die 1980er Jahre markierten einen Höhepunkt der weltweiten Abholzung, innerhalb eines Jahrzehnts wurden vor allem im Amazonasbecken zig Millionen Hektar Regenwald gerodet.[155] In jener Zeit formierten sich von Brasilien bis Mexiko, von Westafrika bis zum Nahen Osten, von Kanada bis Mittelamerika Protestbewegungen, die eine Veränderung der westlichen Konsumkultur mit ihrer Umweltzerstörung und ihrer Ausbeutung von Natur und natürlichen Ressourcen verlangten.[156]

Umweltschutz war ein naheliegendes gemeinsames Thema für die Vereinigten Staaten und die Sowjetunion und gab den Supermächten die Gelegenheit, sich als gütige globale Führungsmächte zu zeigen. Bei ihrer ersten Zusammenkunft in Genf im November 1985 einigten sich Reagan und Gorbatschow in einer Reihe von Fragen, sie bestätigten die Ächtung von Chemiewaffen und verabredeten regelmäßige Treffen. Außerdem bekannten sie sich dazu, «durch gemeinsame Forschung und praktische Maßnahmen einen Beitrag zur globalen Aufgabe des Umweltschutzes zu leisten».[157]

Die Gelegenheit dazu erhielten sie schon bald. Zur Angst vor Atomkrieg und Umweltzerstörung gesellte sich die Sorge um eine weitere klimatische Veränderung mit potenziell vernichtenden Folgen: das Ozonloch. Bei der Erforschung der Ozonschicht, die sich in der unteren Stratosphäre befindet und den größten Teil der ultravioletten Strahlung der Sonne zurückhält, hatten Wissenschaftler seit den 1970ern eine Abnahme des Ozongehalts beobachtet und als Schuldige sogenannte Fluorchlorkohlenwasserstoffe (FCKWs) erkannt, die in Treibgasen sowie in Lösungs-, Kühl- und Brandbekämpfungsmitteln verwendet wurden; die Wirtschaft verhinderte jedoch, dass Maßnahmen ergriffen wurden.[158] Mitte der 1980er Jahre war die Ursache durch neue Untersuchungen eindeutig geklärt, und die Sorge um das Tempo, mit dem das Ozonloch wuchs, und die Auswirkungen, die dies hatte, fanden ihren Weg in die Medien.[159]

Internationale Bemühungen um eine Reduzierung und ein Verbot von FCKWs führten zur Unterzeichnung der Protokolle von Wien und Montreal im März 1985 beziehungsweise September 1987. Der spätere UNO-Generalsekretär Kofi Annan bezeichnete Letzteres als «die vielleicht erfolgreichste internationale Vereinbarung», die unter Federführung der Vereinten Nationen zustande gekommen sei. Dank dieser Bemühungen wird sich die Ozonschicht in der zweiten Hälfte des 21. Jahrhunderts vermutlich so weit erholt haben, dass die Konzentration von 1980 wiederhergestellt ist.[160]

Das Thema war wichtig für die amerikanisch-sowjetische Diskussion der Zeit. Bei einem Treffen in Washington, wenige Monate nach der Unterzeichnung des Protokolls von Montreal, einigten sich Reagan und Gorbatschow darauf, «gemeinsame Untersuchungen zu globalen Klima- und Umweltveränderungen durchzuführen», unter anderem «durch Zusammenarbeit auf Gebieten von gemeinsamem Interesse, zum Beispiel dem Schutz und Erhalt des Ozons in der Stratosphäre.[161]

Auch wenn solche Aussagen oft nicht mehr waren als nette Gesten und bloße Absichtserklärungen, waren die 1980er Jahre in vieler Hinsicht ein Goldenes Zeitalter. Die Beteiligten schienen entschlossen, die großen Probleme durch Zusammenarbeit zu lösen, und hatten den Optimismus, dass man auf globale Probleme globale Lösungen finden würde. Neben dem Protokoll von Montreal wurden weitere größere Initiativen unterzeichnet, etwa das Übereinkommen über die biologische Vielfalt, das möglich wurde, nachdem die Vereinten Nationen 1988 zustimmten, eine Konferenz für Umwelt und Entwicklung abzuhalten. Die Vollversammlung der Vereinten Nationen erklärte, sie sei «zutiefst besorgt über die anhaltende Zerstörung der Umwelt und der lebenserhaltenden Erdsysteme sowie über Entwicklungen, die, wenn sie sich fortsetzen, das ökologische Gleichgewicht der Erde stören, ihre lebenserhaltenden

Eigenschaften gefährden und in eine ökologische Katastrophe führen könnten». Man erkannte, dass «entschiedenes, sofortiges und globales Handeln nötig ist, um das ökologische Gleichgewicht der Erde zu schützen». Die Frage war nur, welche Maßnahmen wo und von wem ergriffen werden sollten.[162]

Vielen war klar, dass das Problem nicht allein das Ozon war. Im Juni 1988 sagte James Hansen, wissenschaftlicher Leiter des Goddard Institute for Space Studies der NASA, in einer Anhörung des Senats aus: «Wir haben den Treibhauseffekt erkannt, und er verändert unser Klima schon heute.» Auf einer Pressekonferenz brachte er es im Anschluss auf den Punkt: «Es ist Zeit, mit dem Quatschen aufzuhören.» Man brauche Taten, nicht Worte.[163]

Doch es folgten nur Worte. Dem späteren Präsidenten George H. W. Bush war der Klimawandel immerhin wichtig genug, um ihn 1988 im Wahlkampf zum Thema zu machen: «Ich bin Umweltschützer und war es schon immer», behauptete er. «Wer meint, dass wir gegen den Treibhauseffekt machtlos sind, der vergisst den ‹White-House-Effekt›.» Er versprach, die Sowjetunion, China und andere an einen Tisch zu bringen, um über die Erderwärmung zu sprechen.[164]

Das klang ermutigend: Auf der Konferenz der Vereinten Nationen über Umwelt und Entwicklung, dem sogenannten Erdgipfel, der im Juni 1992 in Rio de Janeiro stattfand, sollten Möglichkeiten gefunden werden, um den «gefährlichen menschlichen Eingriffen in das Klimasystem» Einhalt zu gebieten, Treibhausemissionen zu reduzieren und dabei Zugeständnisse «für diejenigen Länder, vor allem Entwicklungsländer, zu machen, deren Wirtschaft besonders auf die Produktion, den Einsatz und den Export von fossilen Brennstoffen angewiesen ist». Die in Rio versammelten Nationen hielten zwar fest, dass «in der Vorhersage des Klimawandels viele Unwägbarkeiten bleiben», doch sie erkannten an, dass «die globale Natur des Klimawandels die breitest mögliche Kooperation aller Ländern und ihre Beteiligung an einer effektiven und angemessenen internationalen Reaktion» verlangte.[165] Das sei ein echter Durchbruch, so US-Präsident Bush. Es sei höchste Zeit für «konkrete Maßnahmen zum Schutz des Planeten», denn «unsere Kinder werden uns an den Taten messen, die wir von heute an ergreifen. Wir wollen sie nicht enttäuschen.»[166]

Wie die Weltklimakonferenz von Toronto im Jahr 1988, die mit der unverbindlichen Absichtserklärung der Beteiligten endete, ihren Kohlendioxidausstoß bis 2005 um 20 Prozent zu senken, brachte der Erdgipfel von Rio vor allem leere Versprechungen. Die von den 192 Teilnehmerstaaten unterzeichnete Abschlusserklärung sollte die «Konzentration von Treibhausgasen in der Atmosphäre auf ein Niveau beschränken, das eine gefährliche menschliche Beeinflussung des Klimasystems verhindert», doch was seinerzeit als wegweisende Einigung gefeiert wurde, beinhaltete kaum Greifbares.[167]

Das war eine verpasste Gelegenheit, zumal das Ende des Kalten Krieges eine Chance gewesen wäre. Präsident Bush sprach in Rio von einer «beispiellosen Ära des Friedens, der Freiheit und der Stabilität, die gemeinsames Handeln in Umweltfragen so möglich macht wie nie zuvor». Trotzdem wurden kaum Fortschritte erzielt. Auch das Kyoto-Protokoll von 1997, das erstmals von «unterschiedlichen Verantwortlichkeiten» sprach und reicheren Ländern, die früher mit der Industrialisierung begonnen hatten, eine größere Aufgabe zuwies, war unbefriedigend.[168] Obendrein weigerten sich die Vereinigten Staaten, der größte Verbraucher von fossilen Brennstoffen, das Protokoll zu unterzeichnen, und der Senat schmetterte die Ratifizierung mit 95 zu 0 Stimmen ab.[169]

Das lag auch daran, dass sich Bush zwar nach außen hin als Klimaschützer gab, in Wirklichkeit jedoch «kein persönliches Interesse» an dem Thema hatte, wie ein Journalist 1992 berichtete. «Er ließ sich nie von Wissenschaftlern informieren und machte nie Gebrauch von seiner Richtlinienkompetenz, selbst dann nicht, als Meinungsverschiedenheiten zwischen Angehörigen seiner Regierung publik wurden oder Führer anderer Industrienationen Maßnahmen zusagten.» Stattdessen delegierte Bush sämtliche Entscheidungen an seinen Stabschef John Sununu, «der die Prognosen zur Erderwärmung für Panikmache hielt».[170]

Aber nicht nur Präsident Bush wusste, dass man Wähler gewann, wenn man zum Thema Klima das Richtige sagte, und Wähler verlor, wenn man das Richtige tat. Sein Nachfolger Bill Clinton verhielt sich in dieser Hinsicht nicht besser. In Telefonaten mit dem britischen Premierminister Tony Blair beteuerte er, Klimawandel sei «ein echtes Problem». Keine Frage, es müsse «etwas passieren», etwa dass man saubere Energie verwende, Pkws effizienter mache und Emissionen reduziere. Doch angesichts der Spaltung des Kongresses sei es schwer, eine breite Einigung darüber zu erzielen, dass der Klimawandel ein Problem ist, weshalb es nahezu aussichtslos sei, sinnvolle Maßnahmen zu seiner Bekämpfung zu ergreifen.[171]

Vielleicht ist es naiv zu glauben, dass internationale Initiativen je zu einem sinnvollen Ergebnis führen, auch wenn aktuelle Untersuchungen zeigen, dass die globalen Temperaturen dank des Montreal-Protokolls bis Mitte des 21. Jahrhunderts um ein Grad weniger gestiegen sind (über der Arktis sogar drei bis vier Grad Celsius), als dies ohne das Protokoll der Fall gewesen wäre.[172] Sicher ist jedoch, dass die Erfolgsaussichten schwanden.

Im Sommer 1989 kam eine Kettenreaktion in Gang, die mit dem Fall der Berliner Mauer, der Wiedervereinigung Deutschlands, dem Sturz der kommunistischen Regierungen in ganz Europa, dem Zerfall der Sowjetunion in seine Teilrepubliken und dem Untergang der Sowjetunion im Dezember 1991 endeten. Rückblickend wäre dies eine Chance für Annäherungen und Einigungen gewesen, doch die Geschichte nahm eine andere Wende. Für russische Nationalisten war der Untergang der Sowjetunion ein Moment der Schande – «die größte Katastrophe des 20. Jahrhunderts», wie es Präsident Wladimir Putin 2005 nannte.[173] Der Zusammenbruch hatte gewaltige Auswirkungen auf den Rest der Welt, wenngleich aus ganz unterschiedlichen Gründen; er löste zwei Erdbeben aus. Erstens wurden die natürlichen Rohstoffe, die Jahrzehnte lang der wirtschaftlichen und politischen Kontrolle aus Moskau unterstanden hatten, mit einem Mal auf den globalen Markt geworfen. Zweitens prägte der Schock über das, was 1989 in Osteuropa und der Sowjetunion passierte, in den folgenden Monaten und Jahren das Denken in Beijing, das im Sommer desselben Jahres während der Studentenproteste auf dem Platz des Himmlischen Friedens unter ähnlichen Forderungen nach Reformen und bürgerlichen Freiheiten ins Wanken geriet. Das Ergebnis war eine umfassende Neuausrichtung der chinesischen Innen-, Außen- und Wirtschaftspolitik.

Diese beiden Entwicklungen sind in ihrer Bedeutung kaum zu überschätzen. Sie summierten sich zu einem Umbruch, der dem nach der Ankunft der Europäer in der Neuen Welt im Jahr 1492 gleichkommt. Die Jahrzehnte nach 1989 waren die intensivste Phase des Handels und der Integration – sprich Globalisierung – der Geschichte. Die Folgen für das globale Klima waren ohne Beispiel in der Geschichte der Menschheit und der Erde und werden die Welt auf Generationen hinaus prägen.

VIERUNDZWANZIGSTES KAPITEL

An der ökologischen Grenze

(1990 bis heute)

Einen weiten Raum für Träume und Leben
Eröffnen uns die künftigen Jahre.
Russische Nationalhymne

In den letzten Jahrzehnten des 20. Jahrhunderts stieg die Nachfrage nach natürlichen Ressourcen massiv und unaufhaltsam. Die Suche nach billig und leicht auszubeutenden Rohstoffvorkommen erstreckte sich auf die ganze Welt. Als in den Vereinigten Staaten und Frankreich die Bauxitvorräte schwanden, wurden Jamaika und Guinea zu den wichtigsten Zulieferern der Aluminiumproduktion. Dazu kamen Eisen aus Westafrika, Phosphate aus Marokko und Senegal, Kupfer und Gold aus Papua-Neuguinea und Nickel aus Neukaledonien, dessen Exporte sich zwischen 1950 und 1976 verhundertfachten.[1]

Die Intensivierung des Welthandels hat sich nicht nur fortgesetzt, sondern weiter beschleunigt, begünstigt durch den Ausbau von Transportnetzen, über die Güter schneller und billiger um die Welt befördert werden als je zuvor. Technische Innovationen ermöglichten den Austausch von Wissen, die Harmonisierung von Informationen (und Preisen) und neue Formen des Handels und ließen die Menschheit so näher zusammenrücken. Das zeichnete sich schon ab, ehe die digitale Revolution Bestellungen in Echtzeit erlaubte: Die Öffnung des sowjetischen Luftraums für die internationale

Luftfahrt im Jahr 1985, ein Ergebnis des Tauwetters zwischen Ost und West und Moskaus Devisenbedarf in Zeiten der Konjunkturflaute, reduzierte nicht nur die Flugzeit zwischen Europa und Asien, sondern bereitete auch den Boden für eine rasche wirtschaftliche Zusammenarbeit, indem sie den regelmäßigen Kontakt zwischen Unternehmen gestattete.[2]

Das Ende des Kalten Krieges war ein Katalysator für den Ausbau von Geschäftsbeziehungen und das Wachstum der Wirtschaft. Nach dem Zusammenbruch der Sowjetunion konnten ihre reichen Ressourcen ohne ideologische Hemmnisse und Bedingungen auf dem Weltmarkt verkauft werden, und westliche Investitionen in der ehemaligen Sowjetunion verbesserten dort die Effizienz, steigerten die Produktion, finanzierten die Erschließung neuer Rohstoffvorkommen und drückten die Preise. Der Zusammenbruch ließ außerdem die Produktion der russischen Industrie einbrechen und ihre Emissionen sinken; Preissteigerungen und der Verfall der Kaufkraft reduzierten zudem den Verbrauch von Tierprodukten, weshalb sich die Rinder- und Schweinehaltung zwischen 1992 und 2011 halbierte. Der Umbau der Landwirtschaft wurde eingestellt, große Agrarflächen offen gelassen und der Agrarhandel umstrukturiert, was einen erheblichen Rückgang der russischen Treibhausemissionen zur Folge hatte.[3] Auch wirtschaftliche und politische Ungewissheiten in Zusammenhang mit der Produktion von fossilen Brennstoffen könnten in den zwei Jahrzehnten nach 1991 den spürbaren Rückgang von Methanemissionen bewirkt haben.[4] Das Ende der Sowjetunion war eine schlechte Nachricht für politische Idealisten, aber eine gute für das Klima, zumindest kurzfristig.

Auch andere Weltregionen wurden von erdbebenartigen Veränderungen erschüttert. Chinas Einbindung in den Weltmarkt geht zwar zurück auf den Besuch Präsident Nixons in Beijing Anfang der 1970er Jahre und die Gewährung des Meistbegünstigtenstatus unter Präsident Carter, doch die eigentliche Veränderung begann mit der Entscheidung der chinesischen Führung, das Land Anfang der 1990er Jahre für ausländische Investoren zu öffnen. Mit einem Mal stand ein riesiges Heer von billigen Arbeitskräften zur Verfügung, und es öffnete sich ein Markt von mehr als einer Milliarde Menschen, der sich in den darauffolgenden Jahren rasant ausweitete.

Die Wirtschaft wuchs in schwindelerregendem Tempo. In den drei Jahrzehnten nach 1990 vervierfachte sich das Volumen der Weltwirtschaft, eine erstaunliche Expansion für eine so kurze Zeit, die zudem von regelmäßigen Schlägen begleitet wurde – der Irakkrieg des Jahres 1990, die Krise der asiatischen Tigerstaaten 1998, die Anschläge des 11. September 2001 und ihre Folgen, die Finanzkrise von 2008 und die Coronapandemie (die einigen Schätzungen zufolge allein die US-Wirtschaft 16 Billionen Dollar gekostet haben könnte).[5] Die Ausweitung internationaler und globaler Handelsabkommen und die Investitionen in Logistik – gewaltige Transportschiffe mit einer Kapazität von mehr als 20 000 Containern und entsprechende Hafenanlagen – förderten die weitere Integration der Märkte, den Aufbau interkontinentaler Lieferketten und das globale Wirtschaftswachstum.

Die Mitgliedschaft in der Welthandelsorganisation (WTO) ließ Zölle und Preise sinken, was vielerorts die Konjunktur ankurbelte – zumindest für diejenigen, die sich in der Position befanden, davon zu profitieren. In Kolumbien etwa fielen die Einfuhrzölle nach dem Beitritt zur WTO 1995 um mehr als drei Viertel und in Indien von 80 auf durchschnittlich 30 Prozent. Während sich das Volumen der US-Wirtschaft zwischen 1990 und 2020 fast verdreifachte, wuchs die chinesische Wirtschaft im selben Zeitraum um das Fünfundvierzigfache, und das Bruttoinlandsprodukt Chinas stieg von 310 Milliarden Dollar auf über 14 Billionen. Um einen kleinen Eindruck von der Dimension zu vermitteln: 1985 waren in China 20 000 Pkws zugelassen, heute sind es über 240 Millionen.[6]

Eine Reihe politischer, wirtschaftlicher, gesellschaftlicher und technischer Revolutionen haben unsere Welt seit Anfang der 1990er Jahre bis zur Unkenntlichkeit verändert. Die vielleicht wichtigste Veränderung betraf jedoch die natürliche Umwelt, die Zerstörung ökologischer Systeme und die Auswirkungen auf das aktuelle und künftige Klima. So gingen durch die intensive Landwirtschaft allein im Mittleren Westen der Vereinigten Staaten seit 1860 fast 60 Milliarden Tonnen der oberen Bodenschichten und damit organisches Material und Nährstoffe verloren – ein Prozess, der mit sinkenden Ernteerträgen und steigenden Kosten für die Landwirtschaft einhergeht.[7] Weltweit gehen jedes Jahr geschätzte 36 Milliarden Tonnen Erdreich durch Erosion verloren, und im südlichen Afrika, in Südamerika und Südostasien weisen die Schätzungen für die kommenden Jahre steil bergauf.[8] Schädlingsbekämpfungsmittel, Schwermetalle und Kunststoffe beeinträchtigen nicht nur die Bodenqualität und Erträge, sondern schaden auch der menschlichen Gesundheit, wenn sie über die Ernährung in den Körper gelangen.[9]

Die nicht nachhaltige Ausbeutung von Ressourcen hat offensichtliche Folgen, sobald diese Ressourcen ausgeschöpft sind. Das zeigt sich deutlich etwa beim Grundwasser. Der High-Plains-Aquifer, ein bedeutender Grundwasserleiter unter den Great Plains Nordamerikas, entstand vor rund 65 Millionen Jahren aus Sedimenten der Rocky Mountains, die von Flüssen in Richtung Mississippi transportiert wurden. Dieser Grundwasserleiter enthält genug Wasser, um den Bundesstaat Colorado fast 14 Meter tief unter Wasser zu setzen. Neues Grundwasser wird heute jedoch nur noch durch Niederschläge gebildet, die in den Boden einsickern. Das Grundwasser wird vor allem zur Bewässerung der «Kornkammer der Welt» verwendet und schneller verbraucht als nachgebildet. Neu ist das nicht: Schon 1978 warnte Shelby Smith, Vizegouverneur von Kansas, sein Bundesstaat habe «große Wasserprobleme» und eine Krise sei «absehbar». Die Ausbeutung hat sich zwar seither verlangsamt, doch einige Abschnitte des Grundwasserleiters sind inzwischen vollkommen erschöpft. So hieß es unlängst in einem Bericht, der High-Plains-Aquifer sei über Jahrmillionen hinweg entstanden, doch nun werde er «in der Lebensspanne eines einzigen Menschen ausgeschöpft».[10]

Ein weiteres Beispiel ist die Abholzung. In den letzten Jahren des 20. Jahrhunderts gingen zig Millionen Hektar Wald verloren, der größte Teil der neuen landwirtschaftlichen Nutzflächen wurde durch die Abholzung von Tropenwäldern gewonnen.[11] In den Tropen dienen 99 Prozent der Rodungen dem Ausbau der Landwirtschaft.[12]

In Südostasien werden große Flächen für Palmölplantagen gerodet; das beliebteste Pflanzenöl der Welt ist in den Vereinigten Staaten in der Hälfte aller abgepackten Produkte zu finden, darunter Lippenstift, Seife und Speiseeis.[13] Das ist ein klassisches Beispiel dafür, wie ein Fortschritt auf der einen Seite einen Rückschritt auf der anderen bedeuten kann: Die Rodungen wurden auch deshalb vorangetrieben, weil Palmöl in der Europäischen Union als «Biosprit» verwendet wurde.[14]

Ähnlich verhält es sich im Amazonasgebiet, wo massive Rodungen durchgeführt wurden, um die globale Nachfrage nach Lebensmitteln zu befriedigen. Rund 63 Prozent des Verlusts der Waldflächen gehen auf das Konto der Milch- und Fleischproduktion, wobei Weideflächen in Brasilien ein besonderes Problem sind.[15] Zwar verlangsamte sich die Abholzung in den ersten Jahren des 21. Jahrhunderts, doch 2021 erreichten illegale Brandrodungen den höchsten Stand seit 15 Jahren, und das noch bevor die Regierung unter Präsident Jair Bolsonaro die Durchsetzung der Umweltgesetzgebung abschwächte.[16] In den Ländern des Kongobeckens, in Kamerun, Zentralafrika, den beiden Kongos, Äquatorialguinea und Gabun – Heimat des zweitgrößten tropischen Regenwaldes der Welt –, gingen zwischen 2000 und 2014 durch Rodung und Holzeinschlag geschätzte 6,5 Millionen Hektar Wald verloren, und diese Verluste werden sich weiter beschleunigen, wenn sich die Einwohnerzahl dieser Region wie prognostiziert bis Ende des 21. Jahrhunderts verfünffacht.[17]

Auch die Milch- und Fleischindustrie hat den Verlust des Urwalds vorangetrieben. In Brasilien hat sich die Anbaufläche für Soja seit 2000 auf 34 Millionen Hektar verdoppelt, was neben dem Verlust von Waldflächen auch die Savannenlandschaft des Cerrado beeinträchtigt, eine Region mit großer biologischer Vielfalt, die das Tiefland Südamerikas mit Süßwasser versorgt.[18] Rund drei Viertel des weltweit angebauten Sojas werden an Tiere verfüttert, vor allem Hühner und Schweine, um die Nachfrage der immer reicheren und vernetzteren Weltbevölkerung zu decken, die seit 1960 von drei auf acht Milliarden angewachsen ist.[19] Der Bezug zwischen unseren langfristigen Ernährungsgewohnheiten und der Zerstörung von

Ökosystemen ist unschwer zu erkennen, und der Druck könnte angesichts der stark steigenden Nachfrage nach Fleisch, Milch und Eiern weiter zunehmen.[20]

Die Folgen der Rodungen sind weit über den Teller der Importnationen von Palmöl oder Soja hinaus zu spüren. Zum einen leben rund 1,6 Milliarden Menschen vom Wald, vor allem in Entwicklungsländern.[21] Und zum anderen hat der Verlust des Waldes dramatische Auswirkungen auf die Lebensräume von Tieren und Pflanzen sowie auf die biologische Vielfalt: Nach den Zahlen des Umweltprogramms der Vereinten Nationen leben 80 Prozent aller Amphibien-, 75 Prozent aller Vogel- und 68 Prozent aller Säugetierarten in Wäldern.[22] Der Verlust von Landschaften hat also gravierende Folgen für alle Lebensformen.

Die Rodungen haben zudem erheblichen Einfluss auf das Klima. So nimmt man an, dass die Palmölplantagen in Indonesien im ersten Jahrzehnt des 21. Jahrhunderts für 2 bis 9 Prozent der Emissionen aus der tropischen Landnutzung verantwortlich sind.[23] Der jährliche Verlust von durchschnittlich mehr als drei Millionen Hektar Wald in Südostasien im Zeitraum von 2001 bis 2019 bedeutete, dass pro Jahr über 420 Millionen Tonnen Kohlenstoff in die Atmosphäre gelangten. Dazu kommt, dass Wälder in immer höheren Lagen und an immer steileren Hängen abgeholzt werden, wo die Kohlenstoffdichte höher ist als in tieferen Lagen.[24]

Die Produktivität des Amazonasregenwalds ist seit den 1980er Jahren rückläufig, und die zunehmende Sterblichkeit der Bäume sowie die gegenseitige Verstärkung von Waldbränden, Dürren und verringerter Verdunstung beeinträchtigen Luftfeuchtigkeit, Niederschläge und Überlebensfähigkeit des Waldes.[25] Die Veränderungen waren so massiv, dass das Amazonasgebiet inzwischen mehr Kohlenstoff ausstößt, als es aufnimmt, vor allem im Osten, wo sich die menschlichen Aktivitäten konzentrieren.[26] Die Wirkung von weiteren Stoffen wie Methan, Lachgas, flüchtigen organischen Verbindungen und Aerosolen, die bei der Einschätzung der aktuellen und künftigen Lage im Amazonasgebiet oft übersehen werden, ist ebenfalls zu berücksichtigen.[27]

Zwar führen die Zukunftsmodelle zu sehr unterschiedlichen Prognosen, eine Reihe aktueller Untersuchungen warnt jedoch, dass das Amazonassystem mit seiner wichtigen Rolle für das Weltklima zunehmend Gefahr laufe, plötzlich zusammenzubrechen, was gravierende Konsequenzen für uns alle hätte.[28] Zu den Rodungen kommen die häufiger und heftiger werdenden Waldbrände in aller Welt. Im Jahr 2021 wurde pro Minute die Fläche von zehn Fußballfeldern ein Raub der Flammen, allein in Russland gingen fünf Millionen Hektar Wald verloren (plus eine Million, die gerodet wurde).[29] Ein aktueller Bericht geht davon aus, dass extreme Brände in den kommenden Jahrzehnten deutlich häufiger werden und dass die zunehmenden Brände in der Arktis das Auftauen der Permafrostböden beschleunigen; die aufgetauten Torfböden sind ebenfalls brandgefährdet, und die Freisetzung des in ihnen gebundenen Kohlendioxids beschleunigt die Erderwärmung weiter.[30] Auf der Weltklimakonferenz in Glasgow im November 2021 sagten 141 Länder zu, «den Verlust der Wälder und die Zerstörung der Böden bis 2030 aufzuhalten und umzukehren».[31] Angesichts der Entwicklung der zurückliegenden Jahre, Jahrzehnte und Jahrhunderte ein sehr ehrgeiziges Ziel.

Aber nicht nur die Umnutzung von Boden und Wäldern verändert Ökosysteme und die Lebensräume von Pflanzen und Tieren dramatisch, sondern auch der Welthandel. Wie wir gesehen haben, bewirken neue Handelswege gewaltige ökologische Transformationen. Die hypervernetzten globalen Handels- und Transportnetze führen nicht nur Produzenten und Verbraucher zusammen, sondern begünstigen auch die Expansion und Invasion fremder Arten, die einheimische Arten verdrängen, Nahrungsketten zerreißen und Ökosysteme schnell und umfassend zerstören.[32]

Diese Invasionen haben auch direkte Auswirkungen auf die wirtschaftliche Produktivität und damit die Gesundheit und das Wohl von uns Menschen. Auf Guam verursacht beispielsweise eine Baumschlangenplage über 200 Stromausfälle pro Jahr, weil sich die Tiere in Transformatoren verirren; die Reparaturkosten und der Schaden durch verlorene Produktivität gehen in die Millionen.[33] Auf Hawaii drückt die Ausbreitung des Pfeiffroschs die Immobilienpreise in den besonders betroffenen Regionen, da sich die menschlichen Bewohner durch die Balzrufe der Frösche gestört fühlen.[34]

Der Asiatische Eschenprachtkäfer, der eigentlich aus Ostasien stammt, wurde erstmals 2002 in Michigan und Ontario als Ursache für Baumsterben identifiziert; zwei Jahre später waren bereits 15 Millionen Bäume unrettbar erkrankt. Der Schädling bedroht alle rund acht Milliarden Eschen in den Vereinigten Staaten, ihr Verlust würde einen Schaden von 280 Milliarden Dollar für die Forstwirtschaft bedeuten, und die Beseitigung abgestorbener Bäume in Stadtgebieten würde noch einmal mit 20 bis 60 Milliarden Dollar zu Buch schlagen.[35] Dazu kommen der Asiatische Laubholzbockkäfer und der Zitrusbockkäfer, die eigentlich in Südostasien beheimatet sind und geschätzte 30 Prozent des städtischen Baumbestands (oder rund eine Milliarde Bäume) im Wert von 669 Milliarden Dollar vernichten könnten; auch in Russland töten diese Käfer bereits Eschen und breiten sich in Richtung Westen und Europa aus.[36] In die britische Grafschaft Kent wurden die Käfer bereits eingeschleppt, vermutlich in Transportkisten aus Holz. Sie konnten erst nach sechs Jahren der gezielten Verfolgung durch Landwirtschafts- und Forstbehörden ausgerottet werden.[37] Nicht zu vergessen der in Amerika heimische Eulenfalter *Spodoptera frugiperda*, der Mais, Hirse, Reis und andere Getreidearten befällt; 2016 wurde er erstmals in Westafrika gesichtet, und inzwischen gilt er als der sich am schnellsten ausbreitende Schädling der Welt.[38]

Es gibt rund 1300 solcher Schädlinge und Erreger, und wenn sie nicht an der Ausbreitung gehindert werden, können sie der Landwirtschaft jährlich Schäden in Höhe Hunderter Milliarden von Dollar verursachen. Die höchsten Kosten drohen China, den Vereinigten Staaten, Indien und Brasilien, doch gemessen am Bruttoinlandsprodukt ist die Mehrheit der 20 Staaten des südlichen Afrikas besonders gefährdet.[39] Schädlinge vernichten nicht nur Ökosysteme – Termiten etwa können auch Gebäude zerstören, und da sie ihr Verbreitungsgebiet rapide ausweiten, werden sie dies in den kommenden Jahrzehnten immer häufiger tun. Das schlägt sich sogar auf das Klima nieder, denn diese Tiere produzieren erhebliche Mengen des Treibhausgases Methan.[40]

Dazu kommen Pflanzenkrankheiten durch parasitische Pflanzen, Viren, Pilze und Bakterien, denen jährlich weltweit geschätzte 10 Prozent der Lebensmittelproduktion zum Opfer fallen. Sie werden in der Regel mit Chemikalien und Antibiotika bekämpft, doch diese verlieren durch die natürliche Entwicklung von Resistenzen allmählich ihre Wirkung.[41] Nicht zu vergessen, dass verschiedene Agrarprodukte in den vergangenen Jahrzehnten messbar an Nährwert eingebüßt haben, vermutlich durch den Einsatz von Kunstdünger, Schädlingsbekämpfungsmitteln und aggressive, auf Ertragssteigerungen abzielende Anbaumethoden.[42]

Die größten Auswirkungen auf die Umwelt und das Klima hat jedoch die Konzentration der menschlichen Bevölkerung. Das Zusammenleben auf engem Raum beschleunigt zwar den Austausch, doch Städte sind eher Zentren des Konsums als der Produktion. Sie müssen mit Lebensmitteln, Trinkwasser und Energie versorgt werden, die meist nicht aus der unmittelbaren Umgebung kommen, sondern aus großer Entfernung herantransportiert werden. Fabriken befinden sich in Stadtnähe, um Zugang zu Arbeitskräften, Transport, Energie und digitaler Infrastruktur zu haben, doch die von ihnen verarbeiteten Rohstoffe werden in der Regel aus weit entfernten Regionen geliefert.

Transport ist für rund ein Viertel der Verbrennungsabgase verantwortlich, und in Industrienationen ist dieser Wert noch höher: In den Vereinigten Staaten entfallen 29 Prozent aller Emissionen auf den Transport, und in Kalifornien sogar 41 Prozent. Mancherorts erzeugt ineffiziente Produktion allerdings noch mehr Emissionen als der Ferntransport von Gütern – Handel hat nicht nur sozioökonomische Vorteile, sondern kann sogar Emissionen verringern, wenn die Güter an unterschiedlichen Orten auf «weniger schmutzige» Weise hergestellt werden.[43]

Wenn die Verstädterung zahlreiche Umweltprobleme mit sich bringt, dann nicht nur aufgrund der Konsumbedürfnisse der dichten Bevölkerung. Stadt ist ursprünglich ein Synonym für «Zivilisation» (vom lateinischen *civitas* für Stadt). Obwohl städtische Räume nur etwa 3 Prozent der Erdoberfläche ausmachen, lebt dort aufgrund der zunehmenden Verstädterung heute mehr als die Hälfte der Weltbevölkerung, und bis 2050 soll der Anteil auf 70 Prozent steigen.[44] Das heißt, dass in den kommenden drei Jahrzehnten weitere 2,5 Milliarden Menschen in Städten leben werden, mit naheliegenden Auswirkungen auf die Nachfrage nach allen erdenklichen Ressourcen, die Infrastruktur, die Treibhausemissionen und die Erwärmung.[45]

Schon den in zurückliegenden drei Jahrzehnten schritt die Verstädterung in atemberaubendem Tempo voran. In China hat sich die Bautätigkeit in städtischen Räumen von 1990 bis 2010 vervierfacht, und auf Satellitenaufnahmen kann man erkennen, dass zum Beispiel im Raum Chengdu die bebaute Fläche zwischen 1996 und 2002 um 300 Prozent wuchs.[46] Der Anteil der Stadtbevölkerung Chinas stieg innerhalb von 40 Jahren von 18 auf fast 60 Prozent, Hunderte Millionen von Menschen zogen vom Land in die Städte – es war die größte und schnellste Urbanisierung der Menschheitsgeschichte.[47] Schätzungen gehen davon aus, dass in China allein in den Jahren 2011 bis 2013 mehr Beton verbaut wurde als in den Vereinigten Staaten im gesamten 20. Jahrhundert.[48]

Auch in anderen Teilen der Welt – in Nigeria, Indien, Brasilien und Indonesien – vollzieht sich die Verstädterung beeindruckend schnell, Städte wie Mexiko, Lagos, Manila, Mumbai, Jakarta, Dhaka und Kairo haben heute mehr als 20 Millionen Einwohner. Projektionen aus der Zeit vor der Coronapandemie gingen davon aus, dass sich die zehn Städte, in denen das Bruttoinlandsprodukt in den kommenden 15 Jahren am stärksten wachsen wird, in Indien befinden.[49] Es bleibt abzuwarten, ob sich diese Prognosen bewahrheiten. Klar ist jedoch, dass die Verstädterung je nach Kontinent und Region einen anderen Verlauf nimmt. In Nord- und Südamerika und der Karibik leben mehr als 80 Prozent der Menschen in städtischen Räumen, im südlichen Afrika sind es dagegen nur etwa 40 Prozent.[50]

Städte sind Orte der gesellschaftlichen und wirtschaftlichen Ungleichheit. Für mehr als zwei Drittel der Stadtbevölkerung weltweit haben sich die Einkommensunterschiede seit 1980 vergrößert. Das heißt, dass fast drei Milliarden Menschen in Städten leben, in denen die Chancen und Zukunftsaussichten heute schlechter sind als noch vor einer Generation.[51] Auch wenn sich die Lebensbedingungen der Elendsviertel in den vergangenen 15 Jahren verbessert haben, leben rund eine Milliarde Menschen – ein Viertel der Stadtbevölkerung der Welt – in improvisierten oder überfüllten Behausungen ohne sauberes Trinkwasser und Kanalisation und ohne Schutz vor Vertreibung.[52]

Städte sind nicht nur Zentren des Konsums, sie produzieren auch gewaltige Mengen Abfall und belasten die Infrastruktur wie die Natur durch Hitzeentwicklung, Wasserknappheit, Energiebedarf und Abwasser.[53] Diese Herausforderungen können eine Stadt nicht nur überfordern, sondern auch die Gesundheit ihrer Einwohner gefährden. In den dicht besiedelten Vierteln von Lagos hat beispielsweise weniger als die Hälfte der Bevölkerung Zugang zu Toiletten mit Wasserspülung und verwendet offene Latrinen, oft ohne die Möglichkeit zum Händewaschen.[54] In reichen Ländern haben Städte das Geld, um den Abfall – aus den Augen, aus dem Sinn – zu beseitigen, wie New York City, das sich die Entsorgung seiner drei Millionen Tonnen Müll in Verbrennungs- und Recyclinganlagen oder Mülldeponien Jahr für Jahr mehr als 450 Millionen Dollar kosten lässt.[55] Diese Möglichkeit haben die meisten der weltgrößten Städte nicht; eine Müllentsorgung ist hier oft nur ansatzweise oder gar nicht vorhanden.

Im Mittelpunkt der Diskussion um Emissionen stehen die fossilen Brennstoffe; die Müllbeseitigung wird oft übersehen, obwohl sie für rund 20 Prozent der menschlichen Emissionen verantwortlich ist, vor allem durch die Gärung organischer Abfälle auf Mülldeponien.[56] Man geht davon aus, dass die Müllmenge bis 2050 doppelt so schnell wachsen wird wie die Bevölkerung, womit auch die Konzentration des Klimagases Methan in der Atmosphäre deutlich zunehmen wird. Satellitenaufnahmen von Müllhalden in Delhi, Mumbai, Lahore und Buenos Aires lassen vermuten, dass die Emissionen dieser Städte deutlich höher sind als angegeben, ein weiterer Grund für Maßnahmen zur Verringerung der Klimafolgen.[57]

Die Forschung bekräftigte auch die Bedeutung der Suche nach «Super-Emittenten», auf die ein unverhältnismäßig großer Teil der Emissionen entfällt und die sich besonders für Maßnahmen anbieten. Da 70 Prozent der Treibhausemissionen von Städten produziert werden, sind ihre Abfälle ein guter Ansatzpunkt. Mehr als die Hälfte dieser Emissionen entfallen auf gerade einmal 25 Megastädte, die sich mit Ausnahme von Moskau und Tokio sämtlich in China befinden.[58]

Im Zusammenspiel mit der raschen Industrialisierung von Billiglohnländern und der Intensivierung des Welthandels beeinträchtigt die Verstädterung die Luftqualität, mit gravierenden Auswirkungen für die Gesundheit. In Indien, Pakistan, Bangladesch und Nepal hat die Feinstaubbelastung seit Beginn des Jahrhunderts um 47 Prozent zugenommen, einige Teile Indiens melden eine $PM_{2,5}$-Konzentration von 107 $\mu g/m^3$ – das Zwanzigfache des von der Weltgesundheitsorganisation empfohlenen Richtwerts. In einigen Provinzen östlich von Kinshasa in der Demokratischen Republik Kongo oder in Mixco in Guatemala liegt die Lebenserwartung aufgrund der Luftverschmutzung dreieinhalb Jahre unter dem Erwartungswert, und in Südostasien, wo 99,9 Prozent der Bevölkerung Schadstoffbelastungen über den WHO-Richtlinien ausgesetzt sind, sinkt die durchschnittliche Lebenserwartung um anderthalb Jahre – ein Verlust von insgesamt 960 Millionen Personenjahren. Im weltweiten Durchschnitt sind die Auswirkungen der Feinstaubbelastung auf die Lebenserwartung dreimal so groß wie die von Alkohol, sechsmal so groß wie die von Aids und neunundachtzigmal so groß wie die von Krieg und Terrorismus.[59]

Wenn die Luftqualität in reichen Ländern deutlich besser ist, dann liegt das auch an den strengeren Umweltauflagen, aber vor allem daran, dass die Produktion ausgelagert wurde und andere Länder die damit einhergehende Umweltverschmutzung und ihre gesundheitlichen Folgen zu tragen haben. Trotzdem haben die Städte Europas, der Vereinigten Staaten, Kanadas und Australiens aufgrund ihres Konsums, Lebenswandels und Energieverbrauchs deutlich höhere

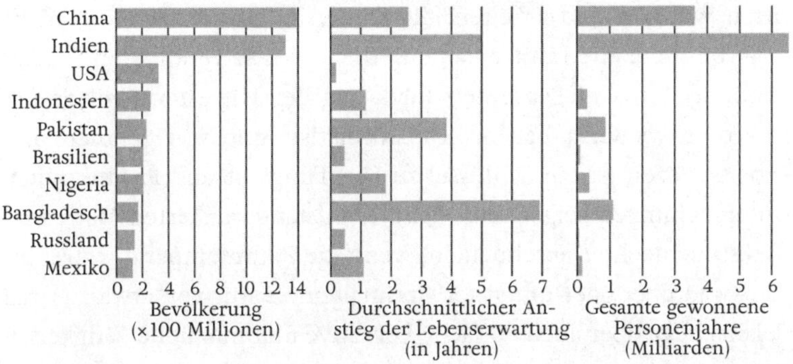

Potenzieller Anstieg der Lebenserwartung durch permanente Reduzierung von Feinstaub ($PM_{2,5}$). Ausgehend von der Konzentration im Jahr 2020 auf die Richtlinie der WHO in den zehn bevölkerungsreichsten Ländern.

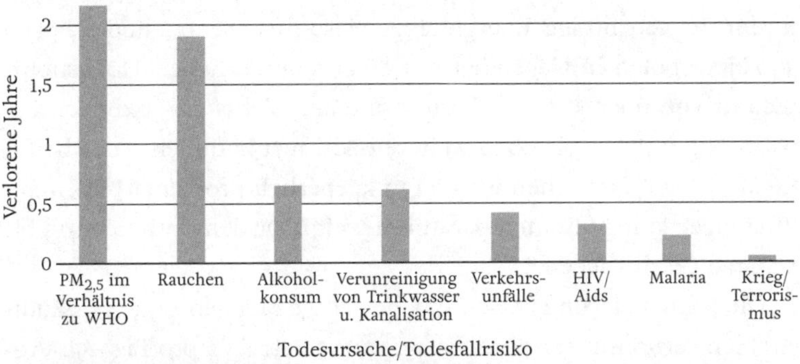

Globaler Einfluss von $PM_{2,5}$ auf die Lebenserwartung und davon unabhängige Todesursachen / Todesfallrisiken.

Treibhausemissionen pro Kopf.[60] Das heißt, die Reichen schädigen Umwelt und Klima direkt und indirekt mehr als die Armen.

Ein Gerät steht dafür wie kein anderes: die Klimaanlage. Ein prominenter Wirtschaftswissenschaftler geht so weit, die Klimaanlage in ihren Auswirkungen auf die Demographie und Politik der Vereinigten Staaten der zweiten Hälfte des 20. Jahrhunderts neben die Bürgerrechtsbewegung zu stellen.[61] Dank der Möglichkeit, die Raumtemperatur zu regulieren, können Menschen plötzlich an

Orten wohnen und arbeiten, die früher aufgrund der Hitze nicht für größere Städte infrage kamen. Allein in den Vereinigten Staaten könnten Klimaanlagen einen Rückgang der Hitzesterblichkeit um 80 Prozent bewirkt haben.[62] Die Klimatisierung von Schulen und Arbeitsplätzen ist ein Schlüssel zu Lernfähigkeit und Produktivität: Untersuchungen zeigen, dass Schüler in standardisierten Mathematiktests schlechter abschneiden, wenn die Raumtemperatur drei bis vier Grad über oder unter der Optimaltemperatur von etwa 23 Grad Celsius liegt; aber auch einfache kognitive und manuelle Tätigkeiten wie Autofahren werden durch Hitzebelastung beeinträchtigt.[63]

Mithilfe von Klimaanlagen schaffen Menschen ein künstliches Klimaumfeld, das unabhängig von der natürlichen Umgebung ist. Das bedeutet, dass Städte an eigentlich ungeeigneten Standorten entstehen können und ihre Zukunft auf Klimaanlagen und die zu ihrem Betrieb nötige Energie angewiesen ist. Schon heute liegen 350 Metropolen in Gegenden mit einer sommerlichen Höchsttemperatur von über 35 Grad Celsius, und angesichts der aktuellen Erwärmung werden bis 2050 weitere 600 hinzukommen – das heißt, 1,6 Milliarden Menschen werden in körperlich problematischen Bedingungen mit Außentemperaturen weit über den optimalen 15 bis 20 Grad Celsius leben.[64]

Die Klimatisierung verschlingt gewaltige Mengen Energie: Saudi-Arabien verbrennt beispielsweise 700 000 Barrel Öl pro Tag – 70 Prozent seines Energieverbrauchs –, um die Innenräume des Landes zu kühlen.[65] Weltweit entfallen heute 10 Prozent des Stromverbrauchs auf Klimaanlagen und Ventilatoren; bis Ende des Jahrzehnts wird sich der Verbrauch dieser Geräte vermutlich verdrei- oder vervierfachen, und Schätzungen gehen davon aus, dass bis 2050 mehr als neun Milliarden Kühlgeräte im Einsatz sind.[66] Angesichts dieser Tatsache ist das rasche Bevölkerungswachstum in heißen und trockenen Regionen wie dem Süden und den westlichen Bergregionen der Vereinigten Staaten, in denen überdies die Wasser- und Energieversorgung gefährdet und die Infrastruktur überlastet ist, kaum nachvollziehbar.[67]

Offenbar treffen wir unsere Entscheidungen in dem Vertrauen darauf, dass uns die Welt von morgen so gewogen sein wird wie die von heute. Nur so ist zu erklären, dass in den Vereinigten Staaten fast vier Millionen Wohnhäuser in Regionen gebaut wurden, die akut von Überschwemmungen und tropischen Wirbelstürmen bedroht sind; allein in Florida befindet sich jedes sechste Einfamilienhaus im Überschwemmungsgebiet. Daher sind Wohnhäuser in diesen Risikogebieten um mindestens 44 Milliarden Dollar überbewertet, und das noch vor Einbeziehung des ansteigenden Meeresspiegels sowie der Zunahme schwerer Stürme und anderer Gefahren.[68]

Gefahrengebiete aufzusuchen, statt sie zu meiden, ist jedoch kaum widersprüchlicher als viele andere unserer Entscheidungen. Etwa drei Viertel der Energie, die wir erzeugen, wird in Form von Abwärme vergeudet; diese trägt zwar nicht direkt zur Erderwärmung bei, doch die Verschwendung ist Ausdruck dafür, wie wir mit unserer Welt ganz allgemein umgehen.[69] So werden beispielsweise in Großbritannien jährlich fast 10 Millionen Tonnen Lebensmittel im Wert von 20 Milliarden Britischen Pfund weggeworfen. Auf dem Weg dieser Lebensmittel vom Acker, der Weide oder dem Supermarkt in den Mülleimer wird Energie für Aussaat, Düngung, Schädlingsbekämpfung, Ernte beziehungsweise Futter, Weide, Schlachtung und Transport zur Ladentheke und zum Kühlschrank und schließlich zum Komposthaufen oder Abfalleimer aufgewendet. Allein diese Ineffizienz ist für 36 Millionen Tonnen Treibhausgase pro Jahr verantwortlich.[70]

Daten des Umweltprogramms der Vereinten Nationen und der Klimaschutzgruppe WRAP ergeben, dass im Jahr 2019 weltweit rund 931 Millionen Tonnen Lebensmittel verschwendet wurden – das entspricht 23 Millionen Vierzigtonnern, die aneinandergereiht den Erdball sieben Mal umrunden würden. Fast zwei Drittel dieser Verschwendung entfallen auf private Haushalte; im weltweiten Durchschnitt werden pro Kopf 74 Kilogramm Lebensmittel weggeworfen, wobei kaum ein Unterschied zwischen Ländern mit hohen und mittleren Einkommen besteht.[71] Geschätzte 8 bis 10 Prozent der globalen Treibhausemissionen gehen auf nicht konsumierte Lebensmittel zurück.[72] Unsere Unfähigkeit, Mahlzeiten effizient zu planen, kommt Pflanzen, Tiere, Erdreich, Atmosphäre und natürlich auch uns selbst teuer zu stehen.

Die Textilbranche ist für rund 10 Prozent der globalen Treibhausemissionen verantwortlich – mehr als die Luft- und die Schifffahrt zusammengenommen.[73] Einige Schätzungen gehen davon aus, dass der Anteil der Bekleidungsindustrie an der globalen Kohlenstoffbilanz bis 2050 auf ein Viertel steigen könnte.[74] Ein erheblicher Teil der Energie und Ressourcen der Textilproduktion wird jedoch verschwendet: Allein die Briten sollen ungetragene Kleidung im Wert von fast 50 Milliarden Dollar in ihren Schränken liegen haben.[75] Das ist allerdings nur die Spitze des Eisbergs: Auf die ganze Welt hochgerechnet, wird jede Sekunde eine Lastwagenladung von abgelegten oder unverkäuflichen Textilien auf Müllhalden deponiert oder verbrannt.[76] Davon landen mindestens 39 000 Tonnen in der Atacama-Wüste, einer der trockensten Regionen der Welt, wo es Jahrhunderte dauert, bis sie biologisch abgebaut sind, wenn sie denn überhaupt abgebaut werden.[77]

Die Textilproduktion verbraucht zudem Unmengen an Wasser: Bei der Herstellung eines einzigen T-Shirts werden 2700 Liter Trinkwasser verbraucht – so viel, wie Sie in zweieinhalb Jahren trinken; eine Jeans benötigt 7500 Liter Wasser oder das Trinkwasser für sieben Jahre.[78] Das bleibt nicht folgenlos in einer Welt, in der schon 2010 ein Viertel der Bevölkerung von Wassermangel betroffen war (in der Europäischen Union waren 17 Prozent der Fläche und 10 Prozent der Bevölkerung betroffen).[79] Die Belastung steigt rasch, Schätzungen zufolge wird der Bedarf schon Ende des Jahrzehnts 40 Prozent größer sein als das Angebot – und das ohne Einbeziehung der Folgen, die der Klimawandel auf die Ressourcen hat.[80] Dazu kommt, dass Wasser in der mangelhaften Infrastruktur versickert – in England und Wales waren es zwischen März 2020 und März 2021 geschätzte drei Milliarden Liter pro Tag; in Europa gehen auf diese Weise geschätzte 20 bis 40 Prozent des verfügbaren Trinkwassers verloren.[81]

Mit Beispielen für die Auswirkungen unseres Lebenswandels ließen sich viele Bücher füllen. Eine Untersuchung der Trinkgewohnheiten in Barcelona zeigte beispielsweise, dass Flaschenwasser die Umwelt 3500-mal so stark belastet wie Trinkwasser aus dem Hahn und dass bei der Umstellung große Mengen an Energie und Rohstoffen eingespart werden könnten.[82] Pro Jahr werden rund 500 Milliarden Plastikflaschen hergestellt – mehr als 60 für jeden heute lebenden Menschen. Aber nur die Hälfte der gut 20 000 Flaschen, die jede Sekunde verkauft werden, werden später recycelt, und davon werden wiederum nur 7 Prozent zu neuen Flaschen verarbeitet.[83] Ein leitender Manager des Coca-Cola-Konzerns, der pro Jahr rund 100 Milliarden Einwegflaschen produziert, gab an, das Unternehmen werde nicht auf diese Wegwerfflaschen verzichten, weil sie bei den Kunden beliebt seien: «Das Geschäft ist kein Geschäft, wenn es sich nicht nach den Wünschen der Kunden richtet.»[84]

Kundenwünsche lassen sich kurzfristig befriedigen, ohne dass man nach dem Preis fragen muss. Aufgrund der Beliebtheit von Kreuzfahrten laufen immer neue und immer größere Kreuzfahrtschiffe vom Stapel, die den Kunden die Reise ihres Lebens verheißen. Eine Analyse hat gezeigt, dass allein Carnival Corporation, der weltgrößte Kreuzfahrtanbieter, 2017 an den Küsten Europas mehr schädliche Abgase freisetzte als alle 260 Millionen Pkws Europas zusammengenommen – mit offensichtlichen Folgen für die Flora und Fauna des Meeres und der Küstenregionen sowie die menschliche Gesundheit, insbesondere in beliebten Kreuzfahrthäfen wie Venedig, Palma de Mallorca und Barcelona.[85] Dazu droht ein Boom des Weltraumtourismus, der die Ozonschicht gefährdet und womöglich fünfhundertmal mehr Ruß freisetzen wird als die gesamte Luftfahrtbranche.[86]

Das Digitalzeitalter steht nicht nur für eine Revolution der Kommunikation, Information und Vernetzung, sondern hat auch Bewegung in die Preise gebracht und so den Konsum angekurbelt: Internethändler zahlen keine Mieten in teuren Innenstadtlagen, sie brauchen kein Personal, das die Regale auffüllt und ansprechend gestaltet, und sie müssen ihren Sitz nicht in dem Land haben, in dem ihre Kunden leben. Angesichts der neuen Leichtigkeit, mit der wir mit unseren Mobiltelefonen Bestellungen aufgeben können, ist es kein Wunder, dass der Aufstieg einiger der größten Unternehmen der Welt – von Apple bis Alphabet, von Alibaba bis Amazon, von Meta bis Verizon – direkt oder indirekt mit dieser neuen Form des Austauschs zusammenhängt. So machte zum Beispiel Alibaba 2019 an seinem alljährlichen Singles' Day, dem 11. November, binnen 90 Sekunden einen Umsatz von etwa 13 Milliarden Dollar und verschickte 1,29 Milliarden Bestellungen.[87] Im Jahr darauf wurden am selben Tag fast vier Milliarden Sendungen verschickt.[88] Im Laufe dieses Jahres verbrauchte China mehr als neun Millionen Tonnen Plastikverpackungen – das entspricht dem Körpergewicht von 130 Millionen Erwachsenen, und um die Kohlendioxidemissionen zu neutralisieren, müssten 700 Millionen Bäume gepflanzt werden.[89]

Auch andere Sektoren zeichnen sich durch Ineffizienz und Verschwendung aus. Viele Medikamente werden entsorgt, weil ihre Haltbarkeit aufgrund physischer oder chemischer Zersetzung begrenzt ist – daher verdirbt die Hälfte aller Arzneimittel und Impfstoffe vor ihrer Verwendung.[90] Aufgrund der Kosten der Inhaltsstoffe, der Herstellung und des Transports sowie der Schwierigkeit, die Kühlkette aufrechtzuerhalten, haben Länder mit einer unzureichenden Transport- und Energieinfrastruktur, heißem Klima, schwierigem Gelände oder großer Landbevölkerung deutlich mehr Probleme bei der Versorgung mit Medikamenten und Impfstoffen. Die Folgen betreffen Einkommen und Sozialentwicklung genauso wie das Bemühen um politische Liberalisierung.[91]

Auch das Militär hat einen gewaltigen Energiebedarf, selbst in Friedenszeiten. Ein neues Kampfflugzeug vom Typ F-35A verbraucht bei einem normalen Trainingsflug sechs Liter Kerosin pro Kilometer und produziert mit einer einzigen Tankfüllung 28 Tonnen Kohlendioxid. In Kriegszeiten steigt der Preis für Gesellschaft und Umwelt drastisch: Seit dem Beginn des Afghanistankriegs im Jahr 2001 entfallen 80 Prozent des Energieverbrauchs aller Behörden der Vereinigten Staaten auf die Armee. Die US Army verbraucht mehr fossile Brennstoffe und produziert mehr Treibhausemissionen als jede andere Institution der Welt; der Hauptanteil entfällt auf Flugbenzin, der Rest auf Fahrzeuge und Schiffe, aber auch Heizung, Beleuchtung und Elektrizität der 560 000 Anlagen, 275 000 Gebäude in 800 Stützpunkte auf elf Millionen Hektar Land in den Vereinigten Staaten und im Rest der Welt.[92]

Das Militär der Vereinigten Staaten stellt die Armeen aller anderen Länder weit in den Schatten, und diese Überlegenheit hat ihren Preis. Um den Zusammenhang zwischen Klimawandel und Krieg ging es im Übrigen schon auf einer Konferenz, die 1988 in Toronto abgehalten wurde; in der Abschlusserklärung hielten die Delegierten fest, dass menschliche Aktivitäten «ein unbeabsichtigtes, unkontrolliertes und globales Experiment» darstellten, «das in seinen Konsequenzen nur von einem Atomkrieg übertroffen werden könnte».[93]

Diese Botschaft dringt erst ganz allmählich durch. Eine Auswertung von 130 000 Fernsehsendungen, die zwischen September 2017 und September 2018 von den vier großen Fernsehsendern Großbritanniens ausgestrahlt wurden, ergab, dass die Wörter «Klimawandel» und «Erderwärmung» 3125- beziehungsweise 799-mal fielen. Zum Vergleich: Das Wort «Soße» wurde 3942-mal genannt, «Käse» fast 33 000-mal und «Hund» 105 245-mal.[94] In einer neuen Zählung, die im Herbst 2021 veröffentlicht wurde, lag «Klimawandel» knapp vor «Goldfisch» und kurz hinter «Shakespeare». Immerhin wurde es doppelt so häufig verwendet wie das Wort *«motherfucker»*.[95] Das lässt vermuten, dass das Bewusstsein für den Zustand der Welt von morgen vielleicht nicht ganz so ausgeprägt ist, wie man sich das wünschen würde.

Den Daten der Weltorganisation für Meteorologie zufolge waren die Jahre 2010 bis 2020 das wärmste Jahrzehnt seit Beginn der Wetteraufzeichnungen in den 1880er Jahren.[96] In diesen Zeitraum fällt außerdem eine Jahrhundertdürre in Europa, die in den am stärksten betroffenen Regionen Ernteausfälle von bis zu 40 Prozent verursachte.[97] Im Südwesten der Vereinigten Staaten waren die Jahre seit Beginn des 21. Jahrhunderts die trockensten seit mindestens 1200 Jahren – einige Wissenschaftler sprechen von einer Megadürre mit Temperaturen weit über und Niederschlägen weit unter dem langjährigen Mittel. In Lake Mead und Lake Powell, den beiden größten Stauseen Nordamerikas, sank der Pegel auf den tiefsten Stand seit ihrer Einweihung.[98] In der Arktis war das Jahr 2019 das wärmste seit Beginn der Aufzeichnungen; es gingen fast 660 Milliarden Tonnen Eis verloren, mehr als doppelt so viel wie im Jahresdurchschnitt der beiden vorhergehenden Jahrzehnte.[99] Die Gletscherschmelze in den Anden Perus, die mit an Sicherheit grenzender Wahrscheinlichkeit auf menschliche Aktivitäten zurückzuführen ist, erhöht die Überschwemmungsgefahr für die Dörfer und Städte der Region.[100] Auch die drei schweren Wirbelstürme und zwei tropischen Stürme, die Anfang 2022 in einem Zeitraum von nur sechs Wochen mit hohen Windgeschwindigkeiten und heftigen Niederschlägen auf Madagaskar, Malawi und Mosambik trafen, sind ein Produkt des von Menschen gemachten Klimawandels.[101]

Diese Einzelereignisse sind umso bedeutsamer, weil sie Teil eines weltumspannenden Musters der Erwärmung sind. Wie wir gesehen haben, gab es in der Vergangenheit immer wieder Wärme- und Kältephasen – die Kleine Eiszeit, die Mittelalterliche Klimaanomalie oder das Klimaoptimum der Römerzeit –, doch diese waren stets auf bestimmte Regionen oder höchstens Kontinente begrenzt und betrafen nie den gesamten Planeten. Im Gegensatz dazu weisen die vergangenen 150 Jahre eine globale Geschlossenheit auf. Auf 98 Prozent der Erde war das 20. Jahrhundert das wärmste der vergangenen zwei Jahrtausende. Das ist ohne Beispiel und kein Zufall.[102]

Ursachen der beschleunigten Erwärmung sind die Ausbeutung der Natur, die Industrie, die Verstädterung und das Bevölkerungswachstum, und all dies geht einher mit dem gewaltigen Einsatz von Energie, insbesondere fossiler Energie. Auch wenn in den zurückliegenden Jahren große Summen in erneuerbare Energieformen (Wasserkraft, Erdwärme und vor allem Windkraft und Sonnenenergie) investiert wurden, stammen rund 80 Prozent der in aller Welt verwendeten Energie aus der Verbrennung von fossilen Rohstoffen.[103] Dabei wird Kohlendioxid freigesetzt, das die Wärme in der Atmosphäre zurückhält, die Durchschnittstemperaturen auf der

Erde ansteigen lässt und damit den sogenannten Treibhauseffekt in Gang bringt.

In den vergangenen Jahrzehnten ließen Bevölkerungswachstum, Verstädterung, neue Produktions- und Transporttechnik sowie die Intensivierung des Handels den Energieverbrauch immer weiter steigen. Wie der Journalist David Wallace-Wells sagt, wurden rund 85 Prozent aller fossilen Rohstoffe seit dem Zweiten Weltkrieg verbrannt – und mehr als die Hälfte seit der letzten Episode von *Seinfeld* im Jahr 1998. So kommt es, dass sich so viel Kohlendioxid in der Atmosphäre befindet wie seit vielen Millionen Jahren nicht mehr.[104]

Inwieweit menschliche Aktivitäten mit dem natürlichen Klimawandel zusammenspielen oder diesen verändern, ist Gegenstand zahlreicher Debatten, auch weil die Auswertung komplexer Daten technisch schwierig ist. So hieß es zum Beispiel zu Beginn des 21. Jahrhunderts, die Erwärmung habe sich verlangsamt und der Anstieg der Temperaturen an der Erdoberfläche, in der Troposphäre und in den oberen Meeresschichten sei so schwach, dass man von einer «Pause der globalen Erwärmung» sprechen könne. Die Ursachen dafür sind genauso umstritten wie die Frage, ob es dieses Phänomen überhaupt gab oder ob es sich hier um das Produkt einer selektiven Auswahl und Messung handelte.[105]

Diskussionen dieser Art bestätigen all diejenigen, die nicht an einen menschengemachten Klimawandel glauben wollen. Doch ein Überblick über fast 90000 Fachartikel, die seit 2012 veröffentlicht wurden, ergab einen Konsens von mehr als 99 Prozent der auf diesem Gebiet forschenden Wissenschaftler, dass der aktuelle Klimawandel in der Tat von Menschen verursacht wird. Auf den 117. Kongress der Vereinigten Staaten scheint dies dennoch wenig Eindruck zu machen: Mehr als ein Viertel der Abgeordneten des Repräsentantenhauses und des Senats, und mehr als die Hälfte der republikanischen Abgeordneten, haben in Aussagen die wissenschaftlichen Erkenntnisse zum Klimawandel entweder in Zweifel gezogen oder ganz zurückgewiesen.[106]

Die Wahrscheinlichkeit, dass die wesentlichen Veränderungen – etwa das zunehmende Energieungleichgewicht der Erde – auf natürliche Weise und nicht durch menschliche Aktivitäten zustande gekommen sein könnten, ist mit weniger als einem Prozent verschwindend gering.[107] Eine Untersuchung nach der anderen zeichnet ein überzeugendes und beängstigendes Bild. So schmelzen zum Beispiel zwei große Gletscher der Antarktis schneller als zu irgendeinem anderen Zeitpunkt in den vergangenen 5500 Jahren.[108] Klimamodelle mit Daten aus der Zeit vor 15 Millionen Jahren, als der Kohlendioxidanteil in der Atmosphäre und die globalen Temperaturen denjenigen ähnelten, die für das Ende des 21. Jahrhunderts erwartet werden, lassen vermuten, dass weite Teile des antarktischen Eisschilds in einer Kettenreaktion abschmelzen werden.[109] Das heißt, dass das Westantarktische Eisschild mit großer Wahrscheinlichkeit zusammenbrechen und dass das schmelzende Eis den Meeresspiegel weltweit um mindestens drei bis vier Meter steigen lassen wird.[110]

Der Thwaites-Gletscher, der als Klimaindikator gilt, wird zwar auch durch warme Unterströmungen abgeschmolzen, doch Temperaturanomalien wie das Frühjahr 2020 – das wärmste seit Beginn der Aufzeichnungen mit Temperaturen von 4,5 Grad Celsius über dem langjährigen Mittel – machen einen plötzlichen Zusammenbruch wahrscheinlicher.[111] Die Eisschmelze war seit Beginn der 1990er Jahre so stark, dass sich die Erdachse durch die Umverteilung des Wassers verschoben hat. Diese Verschiebung ist jedoch nicht nur auf die Erwärmung der Erde und der Polregionen zurückzuführen, sondern, wie aktuelle Untersuchungen zeigen, auch auf den Schwund von Grundwasser zum Beispiel im Norden Indiens, wo 2010 rund 351 Milliarden Kubikmeter Wasser entnommen wurden.[112]

Nicht alle Probleme gehen jedoch auf das Konto von Menschen. Tundrabrände im arktischen Alaska beschleunigen das Auftauen der Permafrostböden und setzen gewaltige Mengen an gefrorener organischer Materie und Kohlenstoff frei, die wiederum die Atmosphäre aufheizen.[113] Die Waldbrände, die im Sommer 2021 in Sibirien tobten, stellten alle anderen auf dem Planeten in den Schatten und hüllten weite Teile Russlands in eine «gewaltige, dicke und ätzende Decke», wie die NASA schrieb; außerdem setzten sie geschätzte 505 Millionen Tonnen Kohlenstoff frei.[114] Das entspricht etwa den

Bränden, die 2016 während der extremen Dürre des El Niño im Amazonasgebiet wüteten.[115]

Diese Ereignisse und andere Motoren der Erwärmung verstärken sich gegenseitig: Die Luft erwärmt sich, mehr Wasser aus Meeren, Seen und Flüssen verdunstet und steigt in die Atmosphäre auf, hält dort mehr Wärme fest und verstärkt so die Erwärmung. Diesen Selbstverstärkungseffekten kann man kaum noch entkommen. Wenn die Kohlendioxidkonzentration hoch genug ist, werden die Haufenschichtwolken, die in den Subtropen vorherrschen und in niederen Breiten 20 Prozent der Ozeane bedecken, instabil und verschwinden, was weitere Erwärmung zur Folge hat.[116] Wissenschaftler haben zahlreiche solcher «Kipppunkte» identifiziert, bei deren Überschreitung eine gefährliche Situation durch Kettenreaktionen außer Kontrolle gerät.[117]

Weitere Beispiele für kritische Schwellen sind der Zusammenbruch der Eisschilde, der Verlust fast aller Berggletscher, das Auftauen der Permafrostböden und die Freisetzung von Kohlenstoff sowie der massive Verlust von Wäldern auf der Nordhalbkugel durch Waldbrände.[118] In Grönland sind innerhalb eines Jahrzehnts 3,5 Billionen Tonnen Oberflächeneis geschmolzen.[119] Der Punkt ohne Wiederkehr ist überschritten, weiterer Eisverlust ist unvermeidlich, egal, welche Maßnahmen wir heute zur Eindämmung der Emissionen ergreifen. Die Prognosen sind düster, eine aktuelle Untersuchung geht davon aus, dass der Meeresspiegel im besten Falle bis Ende des Jahrhunderts um knapp 30 Zentimeter steigt und im schlimmsten Falle um fast einen Meter. Mit drastischen Folgen für Hunderte Millionen von Menschen, die in Küstennähe weniger als einen Meter über dem Meeresspiegel leben.[120]

Ein weiteres Beispiel sind Ozeane und andere Gewässer. Hitzewellen im Meer werden häufiger, heftiger und länger und zerstören Korallenriffe, Tangwälder und Seegrasweiden.[121] Die Erwärmung der Meere wirkt sich negativ auf die Populationen von Fischen und Weichtieren aus.[122] Dazu kommen die Verheerungen des industriellen Fischfangs, der die Raubfischbestände auf 10 Prozent der vorindustriellen Menge dezimiert und den Ökosystemen der Meere schweren Schaden zugefügt hat.[123] Die Erwärmung wird die Ozeane weiter verändern, zum einen, weil die zusätzliche Wärme den Stoffwechsel beschleunigt, weshalb Raubfische mehr fressen müssen, und zum anderen, weil große Spezies aus ihren heutigen Lebensräumen abwandern.[124]

In den Meeren und Binnengewässern sinkt der Sauerstoffgehalt, seit 1980 um 5,5 Prozent an der Oberfläche und fast 20 Prozent in der Tiefsee. Der im Wasser gelöste Sauerstoff ist entscheidend für die biologische Vielfalt, die Regulierung der Treibhausemissionen und die Qualität des Trinkwassers.[125] Und da Meere 90 Prozent der Treibhausgase aufnehmen, hat ihr Sauerstoffverlust durch die globale Erwärmung nicht nur Folgen für Ökosysteme, sondern er wird sich über Jahrhunderte fortsetzen, selbst wenn sofort alle Kohlendioxidemissionen auf null gesenkt würden.[126] Einige Untersuchungen zeigen, dass der kritische Punkt für die Meere bereits überschritten sein könnte.[127]

Der Klimawandel ist also nichts, über das wir uns in Zukunft Gedanken machen müssen: Er hat Probleme geschaffen, mit denen wir uns schon heute auseinandersetzen müssen.

Einige Veränderungen sind schon jetzt erkennbar. Experimente zeigen zum Beispiel, dass höhere Nachttemperaturen die Qualität und Erträge von Reis mindern.[128] Bei Mais und Soja, zwei wichtigen Anbaufrüchten in Nordamerika, reduziert jeder Tag, an dem die Temperatur den Idealwert von 29 Grad Celsius um ein einziges Grad übersteigt, die Ernteerträge um ein halbes Prozent. Das heißt, mit zunehmender Erderwärmung wird der Anbau schwieriger, und Lebensmittel werden teurer. Untersuchungen gehen davon aus, dass, basierend auf den aktuellen Klimamodellen, bis 2050 gewaltige finanzielle und Ertragseinbußen zu erwarten sind.[129]

Algen, die in Meeren, Seen und Flüssen vorkommen, können unter wärmeren Bedingungen giftige Blüten bilden, die anderen Organismen in der Nahrungskette schaden.[130] Die Algenpest, die eine Fläche von Tausenden Quadratkilometern bedecken kann, wird auch durch das Eisen in den Aerosolen von Rauch und Asche begünstigt, wie die Blütenbildung im Südlichen Ozean nach den australischen Buschbränden von 2019 und 2020 zeigte.[131]

Die Erwärmung bewirkt auf vielerlei Weise eine Umverteilung des Lebens, und zwar mit beispielloser Geschwindigkeit. So spielen zum Beispiel Zugvögel eine wichtige Rolle bei der Verteilung von Samen, die sie je nach Reifezeit der Früchte von Norden nach Süden und von Süden nach Norden transportieren. Eine aktuelle Untersuchung zeigte, dass 86 Prozent der Pflanzenarten einer Probe durch nach Süden ziehende Vögel verteilt wurden und 35 Prozent von nach Norden ziehenden. Eine andere Untersuchung beobachtete einen Einbruch der Hummelpopulation durch das Verschwinden ihrer Nahrungsquellen, was wiederum Folgen für die Insektenbestäubung und damit für den Obst- und Gemüseanbau und für zahlreiche andere Pflanzen hat.[132] Mit der Verschiebung von Klimagrenzen in Richtung der kühleren nördlichen Breiten verändern sich die Lebensräume, Nahrungsketten und Ökosysteme schon heute.[133]

Dazu gehören natürlich auch Infektionskrankheiten. In den Tropen sind Stechmücken das ganze Jahr über aktiv, in anderen Regionen ruhen sie während der kühleren Jahreszeiten. Mit den steigenden Temperaturen in Herbst und Winter verlängert sich die aktive Zeit der Stechmücken, und sie wandern weiter nordwärts, was deshalb wichtig wird, weil viele Mückenarten Erreger verbreiten, die unter anderem die St.-Louis-Enzephalitis, die Östliche Pferdeenzephalomyelitis, Dengue- und West-Nil-Fieber auslösen.[134] Im Worst-Case-Szenario werden durch die Erderwärmung und die Nordverschiebung des Krankheitsgürtels bis zum Jahr 2078 rund 8,5 Milliarden Menschen oder 90 Prozent der erwarteten Weltbevölkerung im Verbreitungsgebiet von Malaria und Dengue leben.[135]

Die Coronapandemie des Jahres 2020 hat uns daran erinnert, wie verheerend der Übergang von Erregern vom Tier auf den Menschen sein kann. Spezialisten wussten schon früher, dass rund 60 Prozent aller menschlichen Infektionen und 75 Prozent aller neuartigen Infektionskrankheiten tierischen Ursprungs sind. Die Handels- und Transportnetze, die das Rückgrat der modernen Globalisierung sind, befördern nicht nur Güter und Menschen, sondern sie verbreiten auch Erreger mit nie da gewesener Geschwindigkeit, wie uns das Coronavirus so eindrücklich vor Augen geführt hat.[136]

Daraus können wir wichtige Lektionen zur Prävention mitnehmen, doch wir sollten uns klarmachen, dass sich in einer wärmer werdenden Welt nicht nur die Krankheitsumgebungen verändern, sondern auch die Krankheiten selbst. Fast 60 Prozent der bekannten Infektionskrankheiten werden durch Klimagefahren wie Dürren, Starkregen, Überschwemmungen und steigende Meeresspiegel verstärkt, da sie die Vermehrung der Erreger und ihrer Wirte begünstigen. Außerdem können Klimafolgen die menschliche Reaktion auf Erreger beeinträchtigen, etwa durch eine Schwächung des Immunsystems infolge von Hitzestress, durch schlechteren Zugang zu medizinischer Versorgung aufgrund von Extremwetter oder durch Mangelernährung, ob aufgrund der schlechteren Versorgung oder der abnehmenden Qualität der Lebensmittel.[137]

Das alles ergibt ein wenig erfreuliches Bild der Welt von heute und morgen. Zahlreiche Modelle prognostizieren einen dramatischen Anstieg der Meeresspiegel aufgrund der Eisschmelze in Grönland und der Antarktis.[138] Andere gehen davon aus, dass sich die Gefahr tropischer Wirbelstürme bis 2050 verdoppelt und auch Regionen mit hoher Bevölkerungsdichte erreicht, die bislang weitgehend verschont geblieben sind. Das bedroht viele Millionen von Menschen gerade in ärmeren Ländern wie Kambodscha, Laos, Mosambik und zahlreichen pazifischen Inselnationen.[139] In Alaska könnte der Klimawandel bis Ende des Jahrhunderts extreme Ausmaße annehmen, die Zahl der Gewitter könnte sich verdreifachen, Extremwetter könnte Überschwemmungen und Schlammlawinen auslösen, Blitzschlag könnte immer mehr Waldbrände verursachen.[140] Und in Europa könnten schwere und von Starkregen begleitete Stürme bis Ende des Jahrhunderts vierzehnmal so häufig auftreten.[141]

Weitere Prognosen gehen davon aus, dass bis 2053 ein Viertel der Vereinigten Staaten – von der Nordgrenze von Texas und Louisiana über Iowa, Indiana und Illinois, wo heute mehr als hundert Millionen Menschen leben – Sommertemperaturen von über 50 Grad Celsius erleben wird.[142] Untersuchungen zeigen, dass die Sommer in den gemäßigten Breiten der Nordhalbkugel bereits länger geworden sind, während sich Frühling, Herbst und Winter verkürzt haben – ein Muster, das sich ohne Klimamaßnahmen so weit fortsetzen könnte, dass sechsmonatige Sommer die Regel werden.[143] Die Wahrscheinlichkeit, dass auf der Nordhalbkugel gleichzeitig mehrere Hitzewellen Regionen von der Größe des Iran oder der Mongolei (Länder von der Größe Westeuropas) betreffen, hat sich seit 1980 versechsfacht, und in den Monaten Mai bis September sind diese Wellen länger und heißer geworden.[144] Besonders betroffen von den Extremen ist der Mittelmeerraum, und wenn die Treibhausemissionen und die Erwärmung unverändert weiter steigen, dann könnte Mailand bis 2100 monatelang unter Sommertemperaturen von 50 Grad Celsius ächzen und in Italien könnten die Durchschnittstemperaturen um acht Grad Celsius über den heutigen liegen, so Luca Mercalli, Präsident der Meteorologischen Gesellschaft Italiens.[145]

Ohne Klimaanlagen, die sich nicht jeder leisten kann, stellen Bedingungen wie diese den Menschen vor große Herausforderungen. Hitze lässt die Zahl der Selbstmorde steigen und beeinträchtigt die psychische Gesundheit sowie die kognitiven und sprachlichen Fähigkeiten, wobei die räumliche Wahrnehmung und die Aufmerksamkeitsspanne besonders in Mitleidenschaft gezogen werden.[146] Wenn Feuchtigkeit hinzukommt, wird die Lage besonders gefährlich. Selbst eine geringfügige Erwärmung birgt Gefahren für Hunderte Millionen von Menschen in den dicht besiedelten Regionen in Südwestasien, im Indus- und Gangestal und in Ostchina, denn Temperaturen jenseits der Kühlgrenztemperatur tolerieren selbst gesunde Menschen nur für wenige Stunden.[147]

Die Meere und Seen leiden schon heute unter der Hitze, und ihre Zusammensetzung wird sich weiter verändern. In der Arktis sinkt der Salzgehalt, und in der Beaufortsee, dem größten maritimen Süßwasserreservoir der Nordhalbkugel, stieg der Süßwassergehalt seit Anfang des Jahrhunderts um 40 Prozent. Der Eintritt dieses Süßwassers in den Nordatlantik hat Folgen für die Nordatlantische Umwälzbewegung (AMOC), besser bekannt unter dem Namen Golfstrom, die wiederum das Klima der Nordhalbkugel mitbestimmt.[148]

In den vergangenen Jahrzehnten hat sich der Golfstrom abgeschwächt, und heute ist er schwächer als zu irgendeinem anderen Zeitpunkt des vergangenen Jahrtausends. Als Ursache hierfür gilt die von Menschen gemachte Erderwärmung.[149]

Dann ist da noch das Kaspische Meer, das größte Binnengewässer der Erde, dessen Wasserspiegel Schätzungen zufolge bis Ende des Jahrhunderts um mindestens neun Meter sinken wird. Das bedeutet einen Verlust der Wasserfläche von 25 Prozent oder von rund 93000 Quadratkilometern, was etwa der Größe Portugals entspricht. Durch die Gletscherschmelze in Zentralasien, einer an sich trockenen Region, steht kurzfristig mehr Wasser zur Verfügung, doch der Höhepunkt wird noch in diesem Jahrzehnt überschritten sein. Die Zukunft wirft bereits ihre Schatten voraus, in Kasachstan gingen während der Dürre des Jahres 2012 rund eine Million Hektar Ackerland verloren, und die Hitzewelle des Jahres 2021 verursachte ein massives Viehsterben.[150]

Die Gletscher des Himalaja werden um schätzungsweise ein Drittel schrumpfen, wenn die Treibhausemissionen sinken, und um zwei Drittel, wenn nicht. Aus den Gletschern beziehen nicht nur die rund 240 Millionen Menschen in der Himalajaregion selbst ihr Trinkwasser, sondern auch 1,65 Milliarden Menschen an den zehn großen Flüssen, die direkt oder indirekt von den Gletschern gespeist werden; ihre Kulturen, Sprachen, Religionen, Wissenssysteme und natürlich auch ihr Leben sind unmittelbar bedroht.[151]

Selbst wenn konsequente Maßnahmen zur Einschränkung der Erderwärmung umgesetzt werden, leben rund 1,5 Milliarden Menschen schon bald in einem Klima, das nach allgemeinem Dafürhalten für menschliches Leben ungeeignet ist – in Worst-Case-Szenarien wären es sogar 3,5 Milliarden Menschen oder rund 30 Prozent der erwarteten Erdbevölkerung.[152] Kein Wunder, dass Sorgen über die möglichen Reaktionen aufkommen – massive Migrationen und Krieg.[153]

Dabei ist schwer abzuschätzen, welche Regionen als erste oder am stärksten betroffen sein werden und wie sich die Probleme entwickeln. Zwölf der siebzehn am stärksten vom Wassermangel bedrohten Länder liegen im Nahen Osten und in Nordafrika, wo sich die Sterblichkeit durch Hitzebelastung in den letzten Jahrzehnten des 21. Jahrhunderts verdoppeln bis versiebenfachen wird – vorausgesetzt, die Erderwärmung kann begrenzt werden, ansonsten wird es deutlich mehr.[154] In Südostasien werden bis 2050 Küstenstriche, in denen heute fast 50 Millionen Menschen leben, zum Gezeitengebiet – ganz zu schweigen von den 77 Prozent der Bevölkerung, die in Küstennähe oder an tief gelegenen Flussmündungen leben.[155] Oder vielleicht sollte man den Blick auf die Länder der westlichen Sahelzone richten, die zu den am stärksten gefährdeten der Welt zählen; hier haben der Temperaturanstieg der vergangenen fünf Jahrzehnte, die Abnahme der Niederschlagsmengen und die zunehmende Zahl und Heftigkeit von extremen Wetterereignissen die Armut, das Bevölkerungswachstum und die politische Destabilisierung verschärft. In das Machtvakuum stießen das Organisierte Verbrechen, Terrorgruppen und gewalttätige Akteure wie Ableger von IS und al-Qaida.[156]

Angesichts der gewaltigen Probleme denken viele Staaten darüber nach, wie sie den Auswirkungen des Klimawandels begegnen können. Schon 2010 veröffentlichte das Verteidigungsministerium der Vereinigten Staaten einen Bericht, in dem es hieß, der Klimawandel werde «unser Operationsumfeld und unsere Aufgaben bestimmen». Weiter warnte der Bericht: «Laut Einschätzungen der Geheimdienste wird der Klimawandel in aller Welt erhebliche geopolitische Folgen haben und zu Armut, Umweltzerstörung und der Schwächung ohnehin instabiler Regierungen beitragen. Der Klimawandel wird die Nahrungs- und Wasserknappheit verstärken, die Verbreitung von Seuchen begünstigen und Massenmigrationen bewirken oder verschärfen.»[157] Die Regierung der Vereinigten Staaten hat erhebliche Summen in Ausschüsse, Gutachten und die Erarbeitung von Plänen investiert – in dem Bewusstsein, wie Präsident Obama es 2016 formulierte, dass «der Klimawandel eine signifikante und wachsende Gefahr für die nationale Sicherheit darstellt, und zwar im In- und Ausland».[158]

Eines der größeren Probleme sind die Kosten für den Erhalt militärischer Einrichtungen in Zeiten des Klimawandels. Die Frage kam erstmals 1990 auf, und 2018 gab das Pentagon an, bislang habe rund die Hälfte der Einrichtungen die Auswirkungen des Klimawandels zu spüren bekommen. Ein Jahr später räumte das Verteidigungsministerium ein, dass Dutzende von Einrichtungen der Armee von wiederholten Überschwemmungen, Dürren, Waldbränden und Wüstenbildung betroffen waren.[159]

Auch andere Länder stehen vor großen Herausforderungen. Mehr als 80 Prozent des russischen Erdgases, 15 Prozent der Ölförderung des Landes, Lagerstätten von Erzen und seltenen Erden sowie Anlagen im Wert von 250 Milliarden Dollar befinden sich in der Arktis. Der Klimawandel und das Auftauen des Permafrostbodens wird geschätzte 20 Prozent der Gebäude und der übrigen Infrastruktur betreffen und Ausgaben von fast 85 Milliarden Dollar nötig machen.[160] Grund sind unter anderem die in der zweiten Hälfte des 20. Jahrhunderts verwendeten Betonpfeiler, deren Tragfähigkeit auf dem aufweichenden Untergrund nicht mehr ausreicht.[161] Ein Gutachten ergab, dass ein Anstieg der Temperatur von 1,5 Grad Celsius gegenüber dem heutigen Mittel fast die gesamte Stadt Jakutsk sowie die Straßen und Bahnlinien der Region verformen würde.[162] Auch in anderen Teilen der Welt warnen Untersuchungen vor den Gefahren, die Temperaturveränderungen für die Gebäudefestigkeit bedeuten.[163]

Einem aktuellen Bericht des Ministeriums für Ökologie und natürliche Ressourcen der Russischen Föderation zufolge sind Moskau und andere Großstädte vom Anstieg der Temperatur sowie von der Verschmutzung des Trinkwassers und der Luft bedroht, und im Norden des Landes droht mit dem schmelzenden Permafrostboden «die Freisetzung gefährlicher chemischer, biologischer und radioaktiver Substanzen in menschliche Lebensräume».[164] Die Zunahme der Milzbranderkrankungen und der von Zecken übertragenen Enzephalitis und Borreliose in Sibirien ist ein weiterer Grund, sorgenvoll in die Zukunft zu blicken.[165]

Diese Sorgen sind real und spielen eine zunehmende Rolle in unserem Alltag, vor allem dem der kommenden Generation. In einer Umfrage unter jungen Erwachsenen (im Alter von 16 bis 25 Jahren) aus zehn Ländern gab mehr als die Hälfte an, der Klimawandel löse in ihnen Gefühle der Trauer, Sorge, Wut, Ohnmacht, Hilflosigkeit und Schuld aus. Fast 50 Prozent gaben an, diese Gefühle beeinträchtigten sie in ihrem Alltag, und 75 Prozent blickten mit Sorge in die Zukunft. Auch wenn Ängste von jungen Menschen ein komplexes Thema sind, erkannten die Forscher, dass die Klimakrise und die Untätigkeit der Erwachsenen psychologische Belastungen mit Desorientierung und einem Gefühl des Vertrauensbruchs und Verlassenwerdens auslösen.[166]

Diese Sorgen übersetzen sich allerdings nicht notwendig in Handlungen: Auf britischen Musikfestivals, die überwiegend von jungen Erwachsenen besucht werden, fallen jedes Jahr 23 500 Tonnen Müll an, darunter Plastikflaschen, zurückgelassene Zelte und Essensreste. Die Besucher des Glastonbury Festivals von 2022 unterzeichneten zwar einen «Grünen Schwur» und jubelten Greta Thunberg zu, als sie davor warnte, dass sich die Welt auf den Abgrund und eine «totale Naturkatastrophe» zubewege, ließen dann aber 2000 Tonnen Abfall zurück – zehn Kilogramm pro Kopf.[167]

Allerdings geben viele junge Erwachsene an, aus Angst vor dem Klimawandel weniger Kinder bekommen zu wollen.[168] Dazu gehören offenbar auch der Herzog und die Herzogin von Sussex. Als sie in einem *Vogue*-Interview erklärten, «diese Welt ist nur geliehen», «wir sollten der kommenden Generation etwas Besseres hinterlassen» und «wir sollten gemeinsam einen Teil des Schadens beheben oder zumindest den Klimawandel verlangsamen», wurde dies als Aussage gedeutet, dass sie im Sinne des langfristigen Wohls der Erde nicht mehr als zwei Kinder bekommen wollten. So interpretierte das zumindest eine britische Organisation zur Geburtenkontrolle, die Harry und Meghan als «Vorbild für andere Familien» hinstellten und ankündigten, ihnen einen Preis verleihen zu wollen.[169]

In einer Zeit, in der 52 Prozent der landwirtschaftlichen Nutzflächen ausgelaugt sind und die Hälfte der Weltbevölkerung unter den Auswirkungen leidet, kann man schon pessimistisch werden.[170] Das Ziel, die Erderwärmung auf die im Klimaübereinkommen von Paris vereinbarten 1,5 Grad Celsius zu beschränken, ist kaum zu erreichen, wenn es nicht bereits verpasst wurde.[171] Angesichts der aktuellen Prognosen schätzt eine neuere Untersuchung die Wahrscheinlichkeit für das Erreichen des Ziels auf gerade einmal 0,1 Prozent.[172] Nicht umsonst sagte UN-Generalsekretär António Guterres im Sommer 2022, das Übereinkommen liege auf der Intensivstation, und in den letzten Monaten sei «sein Puls schwächer geworden».[173] Derzeit lebt schon rund ein Drittel der Weltbevölkerung unter klimatischen Bedingungen, die an mehr als 20 Tagen im Jahr lebensbedrohlich sind. Bis zum Jahr 2100 wird dies die Hälfte sein, wenn die Treibhausemissionen nicht drastisch verringert werden, und drei Viertel, wenn sie weiter steigen.[174]

Inzwischen stellen Wissenschaftler Hypothesen auf, ab welcher Temperaturschwelle mit einem massenhaften Artensterben zu rechnen ist, und machen klar, dass selbst überschaubare Klimaveränderungen dramatische Auswirkungen auf Tier- und Pflanzenarten haben. Andere ermitteln, ob das sechste Massensterben nicht nur möglich, sondern bereits im Gange ist, und wieder andere warnen, wir sollten uns mit der Möglichkeit vertraut machen, dass es sich um das «Endspiel» der Menschheit handeln könnte. Kein Wunder, dass einige drastischere Maßnahmen erwägen, um die Politik zu zwingen, diese Probleme anzupacken, statt immer nur Lippenbekenntnisse abzugeben.[175]

Im Sommer 2022 erreichten die Temperaturen in Großbritannien, Frankreich und auf der Iberischen Halbinsel Rekordwerte, der Juli war der trockenste seit Beginn der Aufzeichnungen, und die Gemeinsame Forschungsstelle der Europäischen Kommission sprach vom trockensten und heißesten Sommer des vergangenen halben Jahrtausends.[176] Die Quelle der Themse trocknete aus, der Rheinpegel fiel stellenweise unter 30 Zentimeter, der Schiffstransport wurde eingestellt, und in Frankreich wurden Atomreaktoren mangels Kühlwasser heruntergefahren oder abgestellt. Politiker hatten abstruse Ratschläge zur Bewältigung der Krise parat: Der spanische Ministerpräsident Pedro Sánchez empfahl, zu Geschäftsgesprächen keine Krawatte zu tragen, und die Schweizer Bundesrätin Simonetta Sommaruga riet Paaren zu gemeinsamem Duschen, um

Wasser zu sparen. Auch wenn in einigen Ländern später strengere Maßnahmen beschlossen wurden (vor allem wegen der steigenden Energiepreise), ließen diese Reaktionen kaum darauf schließen, dass Politiker die Dimension der aktuellen Herausforderungen verstanden hatten und wirkungsvolle Maßnahmen ergreifen würden – von zukünftigen Problemen ganz zu schweigen.[177]

Für die Zukunft sind wirtschaftliche Erschütterungen durch Missernten, Lebensmittel- und Wasserknappheit, steigende Preise, Massenmigration, eskalierende Gewalt und Kriegsgefahr zu erwarten. Die apokalyptischen Beschreibungen dieser Szenarien können einem das Blut in den Adern gefrieren lassen. Wenn nichts zur Reduzierung der Treibhausemissionen unternommen werde, dann würden auf der Erde Temperaturen herrschen, «wie sie seit Jahrmillionen nicht erreicht wurden, mit potenziell katastrophalen Folgen», so der Internationale Währungsfonds im Oktober 2020. Zu diesen Folgen gehörten Störungen der wirtschaftlichen Aktivität, sinkende Produktivität, die Zunahme von Infektionskrankheiten, die Verschlechterung der Allgemeingesundheit und der Verlust von Menschenleben.[178] «Wen interessiert es schon, ob Miami in hundert Jahren sechs Meter unter Wasser steht?», fragte ein Investmentbanker im Sommer 2022. Die «durchschnittliche Kreditlaufzeit» seiner Bank betrage sieben Jahre, «und was im siebten Jahr mit dem Planeten passiert, ist unserer Kreditbuchhaltung egal».[179] Andere reagieren betont kaltblütig: «Der Klimawandel wird sicher die eine oder andere Auswirkung auf die Währungspolitik haben», meinte ein Manager der Europäischen Zentralbank.[180] Und Larry Fink von Blackrock erklärte: «Klimarisiko ist Investitionsrisiko.»[181]

Wie groß das Finanzrisiko sein wird, das zur existenziellen Bedrohung für Menschen, Tiere und Pflanzen hinzukommt, ist angesichts der vielen Unbekannten und Unwägbarkeiten schwer abzuschätzen. Einige Wissenschaftler sprechen davon, dass in vielen Ländern das Durchschnittseinkommen bis 2100 um drei Viertel sinkt, wenn sich der Klimawandel unverändert fortsetzt. Am schlimmsten sind natürlich die armen Länder betroffen, wo die medizinische Grundversorgung, die Infrastruktur und die staatlichen Institutionen ohnehin schon weniger robust sind als in reicheren Ländern.[182]

Zu den besonders gefährdeten Ländern zählen auch solche, die dank der Auslagerung der Produktion aus wohlhabenden Ländern unter starker Umweltverschmutzung leiden. Es ist eine Form des Neokolonialismus, wenn reiche Länder die billigen Arbeitskräfte und niedrigen Umweltstandards der ärmeren Länder ausbeuten und ihre Bedürfnisse auf deren Kosten befriedigen. In den Jahren 1970 bis 2017 wurden weltweit schätzungsweise 2,5 Billionen Tonnen Rohstoffe abgebaut und verwendet; davon verbrauchten reiche Nationen drei Viertel und arme Nationen weniger als 1 Prozent.[183]

Wie ungleich die Verteilung ist, zeigt sich etwa daran, dass New York City mehr Energie verbraucht als alle Staaten des südlichen Afrikas zusammengenommen.[184] Obwohl ein Fünftel der Weltbevölkerung in Afrika lebt, ist der Kontinent nur für 3 Prozent der Treibhausemissionen verantwortlich – der Pro-Kopf-Ausstoß ist niedriger als auf jedem anderen Erdteil. Es sagt viel über die Ungleichverteilung in der modernen Welt aus, dass Afrika zwar über 60 Prozent der besten Solarressourcen verfügt, aber nur 1 Prozent der installierten Solaranlagen, obwohl dies auf dem Kontinent die billigste Energieform wäre.[185]

Das sind nur einige Aspekte der umfassenderen klimatischen, geographischen, wirtschaftlichen und gesellschaftlichen Ungleichheit. Während man sich in den reichen Ländern Gedanken über die künftigen finanziellen Auswirkungen des Klimawandels machen kann, leiden die ärmeren Länder schon heute unter den Folgen der Erderwärmung und den fehlenden Mitteln zu ihrer Bekämpfung. Die Afrikanische Entwicklungsbank geht davon aus, dass das Bruttoinlandsprodukt pro Kopf des Kontinents aufgrund des Klimawandels und seiner Auswirkungen bereits um 5 bis 15 Prozent weniger wächst.[186]

Die ärmsten 50 Prozent der Weltbevölkerung produzieren genauso viele Emissionen wie das reichste Prozent.[187] Reiche US-Bürger haben einen deutlich größeren CO_2-Fußabdruck als ärmere, weil sie in größeren Häusern wohnen und mehr Wärme und Strom verbrauchen; betuchte Stadtviertel können bis zu fünfzehnmal mehr Emissionen produzieren als ärmere Viertel in der direkten Nachbarschaft.[188] Dies hat auch eine ethnische Dimension: Untersuchungen zeigen, dass zumindest in den Vereinigten Staaten Menschen dunklerer Hautfarbe schlechtere Luft atmen und größeren Gesundheitsrisiken ausgesetzt sind, weil sie in der Regel näher an Schadstoffquellen leben.[189]

Entwicklungsländer sind stärker von Naturkatastrophen, Extremwetter und Erwärmung betroffen als reiche, wenngleich Letztere besser aufgestellt wären, um mit Schicksalsschlägen fertigzuwerden.[190] Noch ungerechter ist, dass die Einkommen in armen Ländern durch den Klimawandel sinken, in den reichen Ländern jedoch steigen könnten. Als wäre das Unheil nicht schon groß genug, vergrößert die Erderwärmung die Ungleichheit weiter.[191] Und auch in den armen Staaten öffnet sich die Schere weiter, weil die Einkommensschwächsten am stärksten unter dem Klimawandel leiden.[192]

Selbst wenn die 2015 in Paris vereinbarten Ziele erreicht werden sollten und sich die Erderwärmung auf zwei Grad Celsius begrenzen ließe, wird in den Tropen die Belastung durch gefährliche Temperaturen um 50 bis 100 Prozent zunehmen, und in den mittleren Breiten, die mehr tödliche Hitzewellen erleben, sogar um 300 bis 1000 Prozent.[193] Schon eine Erwärmung um ein Grad Celsius – eine Schwelle, die wir längst hinter uns gelassen haben – löst in der Natur eine Reihe von katastrophalen Kettenreaktionen aus.[194] Und als wäre das alles noch nicht genug, wird der Klimawandel die Geopolitik verändern. Während viele Menschen in den kommenden Jahrzehnten unter der Veränderung von Lebensräumen leiden, wird sie für andere neue Möglichkeiten eröffnen. Von den 22 Ländern, denen der Klimawandel zugutekommt, befindet sich die Hälfte auf dem Gebiet der früheren Sowjetunion sowie in Zentral- und Osteuropa, darunter das Baltikum, die Ukraine, Armenien, Weißrussland und Russland.[195]

Diese Vorteile stellen sich allerdings nicht automatisch ein, wie ein Bericht des Ministeriums für Ökologie und natürliche Ressourcen der Russischen Föderation zeigt: Die Russen, so heißt es darin, sollten sich auf Epidemien, Missernten, Hunger, Schädlinge, Waldbrände sowie den Austritt chemischer, biologischer und radioaktiver Substanz einstellen und damit rechnen, dass die Reparatur der Schäden an Städten und Infrastruktur des größten Landes der Erde erhebliche Kosten verursachen werde.[196]

Einige sehen allerdings lieber die gute als die schlechte Seite. So meinte der russische Präsident Wladimir Putin, der Klimawandel sei doch eine gute Sache, weil die Russen nun weniger Geld für Pelzmäntel ausgeben und reichere Ernten einfahren würden.[197] Tatsächlich stiegen die russischen Agrarexporte dank der Investitionen in Technik, Effizienz und Bodenforschung zwischen 2000 und 2018 um das Sechzehnfache. Die Weizenexporte verdoppelten sich zwischen 2015 und 2020, womit Russland zum weltgrößten Weizenexporteur wurde und heute ein Viertel des Weltmarktes beherrscht.[198]

Auch auf die Gefahr hin, die Hintergründe zu vereinfachen, könnte man argumentieren, dass diese ökologischen Segnungen die strategischen Erwägungen beeinflussten, die im Februar 2022 hinter dem Einmarsch in die Ukraine und der Erpressung Europas mit Rohstoffen standen. Bei diesen Segnungen handelte es sich zum einen um die Erdöl-, Erdgas- und Rohstoffvorkommen und zum anderen um die für die Deckung des Kalorienbedarfs der Welt so wichtigen landwirtschaftlichen Erträge. Sie könnten Russland zu dem Selbstbewusstsein verholfen haben, dass es ökologisch gesehen immer bessere Karten haben wird, während der Rest der Welt immer schlechter dasteht. Wie es ein ehemaliger Geheimdienstmitarbeiter ein Jahr vor dem Überfall auf die Ukraine sagte: «Globale ökologische Verwerfungen sind vermutlich die meistunterschätzte Sicherheitsbedrohung des 21. Jahrhunderts.»[199] Wenn Staaten oder andere Akteure Ressourcen zurückhalten oder Kriege um sie führen, dann verschärft dies andere Belastungen und Probleme – vor allem solche, die durch den Klimawandel entstehen. Letztere verlangen unsere Aufmerksamkeit.

SCHLUSS

Das verlorene Paradies

Vielleicht hat der Sommer 2022 sogar die größten Skeptiker davon überzeugt, dass mit dem Weltklima etwas nicht stimmt. Rekordhitze in Europa, Jahrhundertdürre in Afrika, das Achtfache der normalen Regenmenge in Pakistan und zig Millionen Menschen auf der Flucht, Überschwemmungen im Death Valley, wo in drei Stunden so viel Regen fiel wie sonst in einem Dreivierteljahr, der stärkste je gemessene Regen in Korea mit Niederschlagsmengen von fast 15 Zentimetern pro Stunde, das feuchteste Jahr in der neueren Geschichte Australiens, Wintertemperaturen in Paraguay über 40 Grad Celsius und in Südafrika knapp darunter, eine lange und schwere Dürre in China, gefolgt vom heißesten Sommer seit Beginn der Aufzeichnungen, und die vielleicht schwerste je gemessene Hitzewelle der Welt – das Klima beherrschte überall die Schlagzeilen.[1]

Einige wollten sich trotzdem nicht überzeugen lassen. Der britische Brexit-Unterhändler Lord Frost meinte: «Die aktuelle Beweislage kann die Behauptung, dass wir uns in einem ‹Klimanotstand› befinden, nicht bestätigen.» Es sei absurd, dass man der modernen Welt den Einsatz von «mittelalterlicher Technik wie Windräder» empfehle: «Wir haben uns daran gewöhnt, dass uns die Regierung, Intellektuelle und NGOs belehren, wir müssten Opfer für den Planeten bringen. Wir sollen nicht mehr reisen, in der Region bleiben, weniger essen, kein Fleisch mehr, das Licht ausmachen und keine Last mehr sein.» Mit anderen Worten: Alles Unsinn.[2]

Ähnlichen Ansichten begegnet man überall auf den Fluren der Macht, vor allem in demokratischen Ländern, wo Meinungs- und Pressefreiheit hoch im Kurs stehen. In einer Senatsanhörung zum Klimawandel gab der Vorsitzende Ted Cruz zum Besten: «In den vergangenen 18 Jahren hat es keine nennenswerte Erwärmung gegeben.» Aktuelle Modelle zur Ermittlung der Klimaentwicklung seien «grundfalsch» und «widersprechen den Belegen und Daten».[3] Der Klimawandel sei ein «Schwindel», erklärte der ehemalige amerikanische Präsident Donald Trump, der früher gesagt hatte, der Klimawandel sei kein Schwindel: «Die Leute reden [heute] eben über Klimawandel. Das Klima hat sich schon immer gewandelt.» Er versicherte den Bürgern, sie müssten sich keine Sorgen machen, und wie Cruz sprach er Wissenschaftlern, die das Gegenteil behaupteten, die Glaubwürdigkeit ab.[4]

Die beiden britischen Konservativen, die 2022 Premierminister wurden, waren sich einig, dass erneuerbare Energien keine Priorität seien. Man solle sicherstellen, «dass unsere Felder zum Anbau von Agrarprodukten verwendet werden, und nicht für Solaranlagen», erklärte Rishi Sunak. Seine Vorgängerin Liz Truss stimmte zu: «Ich bin dafür, dass die Bauern Essen produzieren und ihre Äcker nicht mit Solarpanelen vollstellen. Wir brauchen Ernten.»[5] Wobei unklar war, warum nicht beides gleichzeitig möglich sein sollte: Selbst wenn die britische Regierung die für 2035 zugesagten Solarkapazitäten verfünffachen würde, nähmen die Solaranlagen nur 0,5 Prozent der landwirtschaftlichen Nutzfläche des Landes ein – oder etwa die Hälfte der Fläche, die heute von Golfplätzen beansprucht wird.[6] Die Botschaft ist unmissverständlich: Wir müssen erneuerbare Energien, Klimawandel und Zukunftssorgen nicht ernst nehmen.

Unterstützt werden solche Überzeugungen von einer Energiebranche, die Falschinformationen verbreitet und die Erkenntnisse der Klimaforschung nach Belieben verzerrt, ob aus Mutwillen, aufgrund von politischen Interessen, ausländischer Einmischung oder echten Vorbehalten. Die Auswertung von Millionen Twitter-Profilen zeigt, dass ein Viertel der ursprünglichen Tweets zum Klimawandel von Bots stammt, deren Betreiber Zwietracht in den sozialen Medien säen wollen. Bots verbreiten unverhältnismäßig häufig «Klimaleugnung», wobei 38 Prozent der pseudowissenschaftlichen Tweets automatisch generiert und dann von menschlichen Nutzern und anderen Bots an ein immer größeres Publikum weiterverbreitet werden.[7]

Klimaskeptiker verweisen zu Recht darauf, dass Zukunftsprognosen oft Spekulation sind, und sie wollen die Besorgnis dämpfen, indem sie – wieder zu Recht – darauf verweisen, dass Wirtschaftswachstum, neue Technologien und Anpassung die künftigen Probleme lindern und zum Teil vielleicht sogar lösen könnten.[8] Aber auch das verlangt Glauben und Zutrauen, und wie wir in diesem Buch gesehen haben, ist in der Vergangenheit sehr vielen Gesellschaften, Völkern und Kulturen diese Anpassung nicht gelungen. Im Gegenteil, in der Geschichte des menschlichen Fortschritts wurde der Stab immer wieder fallen gelassen und von anderen wieder aufgegriffen.

Die Frage ist nicht so sehr, ob wir uns anpassen sollen, sondern eher, wie, wo und wann. In dieser Hinsicht gibt es viele gute Nachrichten und Anlass zu Optimismus. Entscheider müssten beispielsweise gar nicht viel tun, um der gewaltigen Verschwendung von Ressourcen – Lebensmittel, Wasser, Energie – beizukommen, zumal wenn sie von Regelungen und Investitionen unterstützt werden. Und das muss gar nicht viel kosten. In Australien ging beispielsweise der Wasserverbrauch zwischen 2001 und 2009 um 40 Prozent zurück, während das Bruttoinlandsprodukt um fast ein Drittel wuchs.[9] Mit einem Plan zur nationalen Luftreinhaltung, der 2013 in China auf den Weg gebracht wurde, sowie einem «Kampf gegen die Umweltverschmutzung» im Jahr darauf konnte die Feinstaubbelastung bis 2020 um fast 40 Prozent gesenkt werden. In Beijing waren es sogar 55 Prozent, was für die Bürger einen Anstieg der durchschnittlichen Lebenserwartung um rund 4,5 Jahre bedeutet.[10]

Das Verbot von Glühbirnen und die Umstellung auf Leuchtdioden haben in der Europäischen Union bereits spürbare Einsparungen gebracht; in ärmeren Ländern könnte man Schätzungen zufolge mit dieser Maßnahme pro Jahr Elektrizität im Wert von 40 Milliarden Dollar und 320 Millionen Tonnen Kohlendioxid einsparen.[11] Bei allem Pessimismus haben viele Länder große Fortschritte gemacht. So haben die Staaten der Europäischen Union ihre Treibhausemissionen zwischen 1990 und 2019 um ein Viertel gesenkt, und im kommenden Jahrzehnt könnten sie um weitere 15 Prozent sinken.[12]

Auch die Vereinigten Staaten, die größte Volkswirtschaft der Welt, sind mit Maßnahmen auf Bundesebene und in den einzelnen Staaten auf dem Weg, die Emissionen so weit zu senken, dass sie bis 2030 mindestens 24 und vielleicht sogar 35 Prozent unter denen des Jahres 2005 liegen werden – und das trotz des Wachstums von Bevölkerung, Wirtschaft und Handel. Auch wenn diese Werte hinter den Zielen des Pariser Klimaübereinkommens von 2015 zurückbleiben, sind sie doch ein Zeichen des Fortschritts.[13] Das Gesetz zur Inflationsbekämpfung aus dem Jahr 2022 war die größte Klima- und Energieinvestition in der Geschichte der Vereinigten Staaten und wurde von einigen Beobachtern als entscheidender Schritt zur Beschleunigung des Ausstiegs aus der Kohlendioxidökonomie gelobt, von dem in Zukunft so viel abhängen wird.[14]

Maßnahmen wie diese lassen sich schnell umsetzen und erweitern. Viele Industrienationen könnten mit Sonne und Wind 90 Prozent ihres Energiebedarfs decken, auch ohne neue Speicherkapazitäten.[15] Der US-Bundesstaat Kalifornien produzierte zum Beispiel im Frühjahr 2021 so viel saubere Energie aus erneuerbaren Energiequellen, dass er damit 95 Prozent seines Eigenbedarfs decken konnte, und wenn man das Atomkraftwerk Diablo Canyon hinzunimmt, erzeugte er sogar erstmals einen Überschuss.[16] Und in Großbritannien funktionierte das Stromnetz im Jahr 2019 zwei Wochen lang ohne Kohlekraftwerke – zum ersten Mal seit 150 Jahren.[17]

Eine Untersuchung von 29000 fossilen Kraftwerken in mehr als 200 Ländern ergab, dass eine kleine Gruppe von «Super-Emittenten» – rund 5 Prozent der Kraftwerke – für rund 75 Prozent der in der Stromerzeugung anfallenden Emissionen verantwortlich ist. Die Emissionen sänken drastisch, wenn diese Kraftwerke effizienter gemacht oder wenn sie von Kohle oder Öl auf Gas umgestellt würden.

Und mithilfe der bereits vorhandenen Technik zur Kohlendioxid-Rückhaltung ließen sich die Emissionen halbieren.[18]

Es gibt weitere Gründe für Optimismus. Einige Wissenschaftler halten die bestehenden Klimamodelle für allzu pessimistisch, weil sie das Worst-Case-Szenario herausstreichen, vor allem, wenn es um die Kosten der grünen Energie geht. Eine aktuelle Untersuchung zeigt zum Beispiel, dass ein rascher Übergang zu sauberer Energie ein «grüneres, gesünderes und sichereres globales Energiesystem mit weniger Luftverschmutzung, weniger Klimaschäden und größerer Preisstabilität» schaffen und obendrein «Einsparungen in Höhe von vielen Billionen Dollar» bringen würde. Das klingt doch nicht schlecht.[19]

Außerdem werden ständig neue Vorschläge gemacht, wie sich Umweltschäden verringern lassen. Wenn man etwa die Flughöhe von weniger als 2 Prozent aller Flüge anheben oder senken würde, dann ließen sich die Klimaschäden durch Kondensstreifen, die beim Kontakt der heißen Abgase mit der kalten Luft entstehen, deutlich verringern – denn nur dieser kleine Anteil ist für 80 Prozent der Störung des Austauschs zwischen Sonneneinstrahlung und Wärmeabstrahlung verantwortlich. Die Kosten wären minimal, nach Berechnungen von Wissenschaftlern würden die Kursänderungen den Kerosinverbrauch um nur 0,1 Prozent anheben.[20]

Untersuchungen der Klimaemissionen von Schiffen, die mehr als 90 Prozent des Welthandels transportieren, haben ergeben, dass eine Drosselung der Geschwindigkeit um 10 Prozent eine Verringerung der Emissionen um 13 Prozent bedeuten würde, da die Maschinen weniger beansprucht werden; pro Fahrt ließen sich so bis zu 40 Prozent Energie einsparen. Außerdem würde dies den Unterwasserlärm dämpfen, was der Meeresfauna nutzt und die Zahl der Zusammenstöße mit Walen deutlich verringern dürfte.[21]

Das sind nur einige wenige Beispiele dafür, wie sich mit guter Forschung und klarem Denken tief hängende Früchte ernten lassen. Es gibt viele weitere. So trägt das unkontrollierte Urinieren von Rindern zu Treibhausemissionen sowie zur Verschmutzung von Böden und Trinkwasser bei, wobei die Emissionen umso größer sind, je größer die Weide ist. Wenn man den Tieren beibringt, ihren Miktionsreflex zu kontrollieren und in eine Latrine zu urinieren, nehmen die Umweltfolgen spürbar ab.[22]

Ein weiteres Beispiel ist ein neu entwickelter Emulgator auf Pflanzenbasis, der reich an Proteinen und Antioxidantien ist und anstelle von Ei in Mayonnaise, Suppen oder Soßen verwendet werden könnte; damit ließen sich die Hühnerhaltung und ihre Auswirkungen reduzieren.[23] Und wenn man nur 20 Prozent des Rindfleischs durch pflanzliche Imitate oder Kunstfleisch ersetzen würde, dann ließen sich die jährlichen Rodungen und die damit verbundenen Kohlendioxidemissionen halbieren.[24]

Inzwischen gibt es auch neue und weniger umweltschädigende Verfahren zum Abbau langlebiger organischer Schadstoffe (POPs), die als wasser-, öl- und schmutzabweisende Schichten auf Textilien oder Töpfe aufgetragen werden.[25] Bestimmte Bakterien können helfen, Plastikmüll in Seen abzubauen und aus dem Ökosystem zu entfernen.[26] Die gentechnische Beschleunigung der Photosynthese von Sojabohnen verbessert die Effizienz der chemischen Reaktionen und steigert die Erträge ohne Qualitätsverlust; das ist nicht nur für Sojabohnen interessant, sondern auch für andere Nutzpflanzen.[27]

Das sind nur einige der neuen Wunder der Wissenschaft. Oft genug bringt uns die Technik allerdings zwei Schritte voran und einen zurück. Bei aller Begeisterung wird oft übersehen, dass der Umstieg von fossilen auf vermeintlich klimaneutrale Energien den Druck auf andere Ressourcen verstärkt. So begrüßenswert die Einführung der Windkraft ist – wenn man ein Viertel aller weltweit erzeugten Elektrizität auf diesem Wege erzeugen wollte, bräuchte man mindestens 450 Millionen Tonnen Stahl, und zu dessen Herstellung müsste man mehr als 600 Millionen Tonnen Kohle verbrennen.[28] Vielleicht bieten neuen Materialien die Lösung: Forscher der Michigan State University haben zum Beispiel Rotoren aus Kunstharz hergestellt, das sich leicht abbauen und in Form von Gummibärchen recyclen lässt.[29]

Bei der Umstellung auf Elektroautos wird gern vergessen, dass sie die Nachfrage nach Strom steigen lassen und die Umwelt ebenfalls durch Schadstoffe belasten. Reifenabrieb ist einer der größten Verursacher von Mikroplastik, das nicht nur am Straßenrand in hohen Konzentrationen gefunden wird, sondern auch in Flüssen und Seen und sogar in der Arktis; Reifen und Bremsen erzeugen jedes Jahr rund sieben Millionen Tonnen Kleinstpartikel.[30] Autoreifen produzieren sogar mehr Feinstaub als die Abgase moderner Fahrzeuge – bis zu 1800-mal so viel.[31] Das spielt auch deshalb eine Rolle, weil Fahrzeuge mit großen Batterien und einer Reichweite von bis zu 500 Kilometern deutlich schwerer sind als Autos mit Verbrennungsmotoren und daher einen um 8 Prozent höheren Reifenabrieb haben.[32]

Die Überlegungen zum Klimawandel und zur Ausbeutung der Natur können durchaus kleinteilig bis kleinlich geraten. Wird es Sportarten, die im Freien stattfinden, weiterhin geben – zum Beispiel Cricket, die zweitbeliebteste, aber am stärksten vom Klimawandel betroffene Sportart der Welt?[33] Wird in Europa noch Wintersport möglich sein, wenn der Schnee in den Alpen verschwindet?[34] Sollte man sich ein Haus am Strand kaufen, wenn die Schmelze von 110 Billionen Tonnen Eis auf Grönland den Meeresspiegel um 27 bis 78 Zentimeter steigen lässt?[35]

Werden die berühmten Nachtklubs auf Ibiza verwaisen, wenn die Temperaturen in Spanien in Höhen schnellen, die andere Ziele attraktiver und gesünder erscheinen lassen?[36] Wird die Karibik noch so idyllisch blau sein, wenn sich die toxische Algenblüte, die bereits von Afrika über den Atlantik reichte, weiter ausbreitet?[37] Wird die «mediterrane Ernährung» verschwinden, weil die Oliven an den Bäumen vertrocknen und das Olivenöl unerschwinglich wird? Und wenn ja, was bedeutet das für unsere Lebenserwartung, wenn diese von unserer Ernährung abhängt?[38]

Werden Touristen das Taj Mahal, die Chinesische Mauer oder die Felsenstadt Petra besuchen, wenn sie sich dabei in Lebensgefahr begeben? Was bedeutet es für den Islam, wenn die Pilgerfahrt nach Mekka – eine der Säulen des Islam – aufgrund der Hitze lebensge-

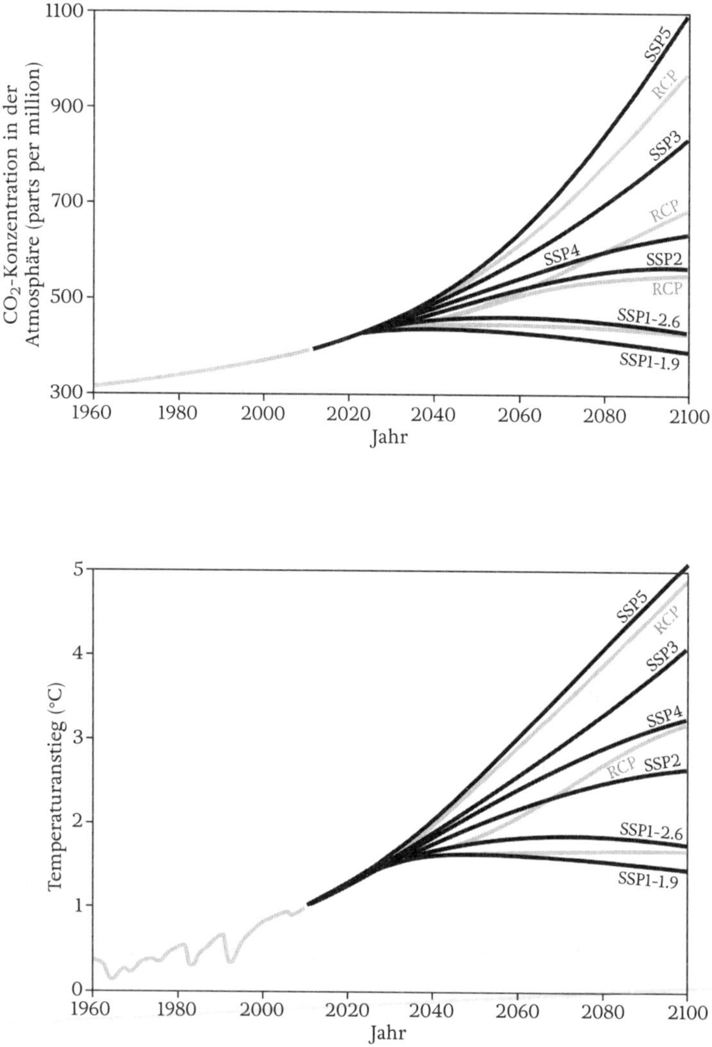

Prognostizierte CO_2-Konzentration in der Atmosphäre und Temperaturerhöhung bis zum Jahr 2100.

fährlich wird? Was wird aus dem Kumbh Mela in Indien, wenn der heilige Ganges zu einem Rinnsal verdorrt oder ganz austrocknet?[39]

Wie sollen wir bei unseren Entscheidungen die Geburtenrate einkalkulieren, die in weiten Teilen der entwickelten Welt und der gemäßigten Klimazonen rasch zurückgeht? Sinkt damit der Ressourcen- und Energieverbrauch und damit die Umweltbelastung, und wenn ja, wann und wie?

Vielleicht werden diese Fragen überhaupt keine Rolle mehr spielen, denn es kann gut sein, dass der Klimawandel und die mit ihm verbundenen Schrecknisse, die in diesem Jahrhundert auf uns warten, gar nicht die größte Bedrohung für die menschliche Existenz sind. Klimaprognosen gehen von einer linearen Entwicklung aus und zeigen auf, wohin aktuelle Faktoren und Trends führen könnten. Es könnte allerdings vieles passieren, das diese Projektionen auf einen Schlag hinfällig macht. Zum Beispiel ein großer Krieg.

In den vergangenen Jahren wurde über den Zusammenhang zwischen Klimawandel und Gewalt diskutiert, insbesondere über künftige Kriege um Trinkwasser und andere Ressourcen, die durch Erwärmung oder übermäßigen Verbrauch immer knapper werden. Die Möglichkeit eines Atomkriegs wurde weitgehend vergessen, bis Wladimir Putin zu Beginn des Einmarschs in die Ukraine die Atomstreitkräfte Russlands in Alarmbereitschaft versetzte. In den vergangenen drei Jahrzehnten schien der Einsatz von Atomwaffen unvorstellbar, zum einen wegen der verheerenden Folgen und zum anderen, weil viele annahmen, dass das Gleichgewicht des Schreckens, das nach dem Zweiten Weltkrieg das strategische Kalkül in Washington und Moskau bestimmte, seit dem Ende des Kalten Krieges aufgehoben sei.

Doch inzwischen ist die Gefahr eines Atomkriegs erneut sehr groß. UN-Generalsekretär António Guterres sagte im August 2022: «Die Menschheit ist nur ein Missverständnis oder eine Fehlkalkulation von der atomaren Auslöschung entfernt.»[40] Neue Berechnungen mithilfe aktueller Klimamodelle zeigen, dass der Rauch, der beim Einsatz einer ausreichenden Menge von Sprengköpfen entsteht, die Ozonschicht innerhalb von 15 Jahren weitgehend zerstören würde.[41]

Selbst ein relativ begrenzter Atomkrieg zum Beispiel zwischen Indien und Pakistan würde die Ernte vor allem in mittleren und höheren Breiten, also etwa in Russland und den Vereinigten Staaten, so weit beeinträchtigen, dass weltweit 7 Prozent weniger Kalorien zur Verfügung stünden.[42]

Auch andere Ereignisse könnten dem menschlichen Leben auf der Erde zusetzen. Sonnenwinde können das Magnetfeld der Erde stören, Sonnenstürme das Stromnetz beschädigen und allein in den Vereinigten Staaten Schäden in Höhe von mehr als einer Billion Dollar verursachen, die auf Jahre hinaus nachwirken. Das Risiko ist so groß, dass die Vereinigten Staaten die Vorhersage von Weltraumwetter in Form von «Sonneneruptionen, kosmischer Strahlung und Störungen des Erdmagnetfeldes» vorantreiben. Präsident Obamas Erlass zur «Koordinierung der Maßnahmen zur Vorbereitung der Nation auf Weltraumwetterereignisse» aus dem Jahr 2016 schaltete das Verteidigungs-, Sicherheits-, Innen-, Wirtschafts- und Energieministerium sowie die NASA zusammen, mit dem Ziel, «das Ausmaß des wirtschaftlichen Schadens und menschlichen Leids zu minimieren».[43]

Sonnenstürme sind ein großes Problem. Im Juli 2012 wurde ein koronaler Massenauswurf mit einer Ausgangsgeschwindigkeit von etwa 2500 Kilometern pro Sekunde erfasst. Hätte er eine Woche früher stattgefunden, wäre er der Erde viel näher gekommen. Die Auswirkungen auf Satelliten, Flugverkehr, Energieerzeugung und möglicherweise die menschliche Gesellschaft als Ganze wären schwerwiegend gewesen – denn wir verlassen uns auf moderne Technologien, die extrem anfällig für jede Art der elektromagnetischen Störung sind.[44]

Dazu kommen «Mondfluten», die nach Prognosen von Experten der NASA Mitte der 2030er Jahre eintreten können, wenn der Mondzyklus die Gezeiten verstärkt und Erdbeben auslösen kann; oder durch Tsunamis in den großen Weltmeeren oder sogar an den Küsten des Mittelmeerraums, wo nach Prognosen der UNESCO bis 2030 mit hundertprozentiger Wahrscheinlichkeit ein Tsunami zu erwarten ist.[45]

Auch die Gefahr von Einschlägen ist real. Der Asteroid, der zunächst 1989FC hieß und dann in 4581 Asclepius umbenannt wurde, passierte die Erde im März 1989 mit einem Abstand von 680 000 Kilometern. Wäre er sechs Monate früher aufgetaucht, hätte er die Erde getroffen, und die Wirkung wäre verheerend gewesen (der Einfallswinkel und der Ort des Einschlags hätten den Ausschlag dafür gegeben, wie schlimm die Sache ausgegangen wäre).[46] Ein anderer Asteroid, 99942 Apophis, galt nach seiner Entdeckung im Jahr 2004 als eine der gefährlichsten Bedrohungen für unseren Planeten. Erst vor Kurzem kam die NASA zu dem Schluss, dass er die Erde sicher nicht treffen wird – zumindest nicht in den nächsten hundert Jahren.[47] Die Entwicklung und der Einsatz des Double Asteroid Redirection Tests (DART), eines planetarischen Abwehrsystems, durch die NASA im Jahr 2021 geben Einblick in das Ausmaß der Bedrohung, die von extraterrestrischen Objekten ausgeht.[48]

Die mit Abstand größte Gefahr für das Weltklima geht jedoch von Vulkanen aus. So viel Zeit, Geld und Energie in die Planung für die Erderwärmung gesteckt wurde, so wenig wurde in die Vorbereitung auf große Vulkanausbrüche investiert. Und das, obwohl durchschnittlich alle rund 625 Jahre ein Ausbruch der Stärke sieben auf dem Vulkanexplosivitätsindex (VEI) zu erwarten ist, und alle 14300 Jahre ein Ausbruch der Stärke acht – deutlich häufiger, als lange angenommen.[49]

Der letzte Ausbruch der Stärke sieben war der des Mount Tambora im Jahr 1815 – das heißt, die Uhr tickt. Und sie könnte schneller ticken als in der Vergangenheit, denn jüngste Untersuchungen zeigen, dass Vulkanismus eng mit der Schmelze der Eisschilde und dem Anstieg der Meeresspiegel zusammenhängt, weil offenbar ein ursächlicher Zusammenhang zu dem auf Erdkruste und -mantel lastenden Gewicht besteht.[50] Sollte das zutreffen, dann könnte der nächste große Ausbruch schneller kommen als erwartet und riesige Mengen von Asche und Gasen in die Atmosphäre schleudern. Damit wäre die ganze Diskussion um den Klimawandel hinfällig, die Temperaturen würden jäh sinken, Ernten ausfallen und Pflanzen, Tiere und Menschen sterben. Schätzungen zufolge liegt die Wahrscheinlichkeit eines großen Ausbruchs vor 2100 bei eins zu sechs – also viele hundert Mal höher als die eines Meteoriteneinschlags.[51]

Die Öffentlichkeit weiß so wenig über die Auswirkungen von Vulkanausbrüchen, dass sie zwar vom Ausbruch des Unterseevulkans Hunga Tonga-Hunga Ha'apai in Tonga am 15. Januar 2022 erfuhr, aber kaum etwas über dessen wissenschaftliche Bedeutung. Der Ausbruch hatte die Gewalt von hundert Hiroshima-Bomben,[52] seine Aschewolke stieg höher in die Atmosphäre auf als bei jedem bekannten Ausbruch, und das erhitzte Meerwasser wurde nach Aussagen von NASA-Experten zum «Hypertreibstoff eines Megagewitters», mit 600 000 Blitzen in drei Tagen.[53] Es war der stärkste Vulkanausbruch der Moderne, und im Unterschied zu Festlandsvulkanen, deren Eruption eine Abkühlung bewirkt, wurde bei der des Hunga Tonga-Hunga Ha'apai so viel Wasser in die Atmosphäre verdampft, dass dies zur Erderwärmung und der Verstärkung bestehender Klimatrends beitragen könnte.[54]

Die Frage ist nicht, ob es zu größeren Vulkanausbrüchen kommen wird, sondern wann. Im März 2021 warnte der US Geological Survey, der Mauna Loa auf Hawaii, der größte aktive Vulkan der Welt, erwache «immer mehr aus dem Schlaf». Es hieß zwar, eine Eruption stehe «nicht unmittelbar» bevor, aber es sei jetzt an der Zeit, die «persönlichen Planungen für den Fall einer Eruption zu überprüfen». Ahnungsvoll wurde das Update des US Geological Survey in der Überschrift mit einem Benjamin-Franklin-Zitat garniert: «Wer bei der Vorbereitung versagt, bereitet sein Versagen vor.»[55] Auch wenn massive Ausbrüche einzelner Vulkane die allgemeine Vorstellungskraft beschäftigen, könnte es sein, dass eine Kette von Explosionen aus kleineren aktiven Vulkanen eine noch größere Gefahr für die globalen Temperaturen, die Lieferketten und die Reise- und Kommunikationsnetze bedeuten würden.[56]

Auch andere Phänomene können aktuelle Projektionen hinfällig machen und die Richtung des Klimawandels verändern. Mehr als 50 Nationen unterhalten derzeit Programme zur Manipulation des Klimas, etwa zur Auflösung von Nebel, der Verstärkung von Niederschlägen und der Verhinderung von Hagelschlag.[57] «Wolkenimpfung ist eine der vielversprechendsten Lösungen für Saudi-Arabien», erklärte Ayman Ghulam, CEO des Nationalen Meteorologischen Zentrums in Riad; Saudi-Arabien ist mit durchschnittlich hundert Millimetern Niederschlag im Jahr eines der Länder, die vom Klimawandel am stärksten betroffen sein könnten.[58] Russland griff 2016 zur Wolkenimpfung, damit die Moskauer Militärparade zum 1. Mai unter wolkenlosem Himmel stattfinden konnte, genau wie China vor den Olympischen Spielen von Beijing, damit die Athleten ideale Bedingungen vorfanden und das Land im bestmöglichen Licht erschien.[59]

China ist besonders aktiv in der Klima- und Wetterbeeinflussung und provoziert Regen mithilfe von «niederfrequenten hochintensiven Schallwellen, die den Wolkenkörper durch Vibrationen anregen» – ein kostengünstiges Verfahren, das sich aus der Ferne steuern lässt.[60] Nachdem sich die Niederschläge mittels Kunstregen zwischen 2012 und 2017 um 230 Milliarden Kubikmeter anheben ließen, kündigten die Funktionäre einen Ausbau dieser Aktivitäten an und präsentierten 2020 eine Reihe von «Erfolgen in der Grundlagenforschung und der Entwicklung von Schlüsseltechnologien», mit denen sich auf einer Fläche von 5,5 Millionen Quadratkilometern Regen erzeugen und auf einer Fläche von 580 000 Quadratkilometern Hagel unterdrücken lasse. Dies diene dem «Schutz und der Wiederherstellung der Natur» sowie der Bekämpfung von Waldbränden und der Linderung von Hitze und Dürre.[61]

Wieder einmal ist die Natur etwas, das es zu «zähmen» gilt – also etwas, das man dem menschlichen Willen unterwerfen kann, und nicht etwas, das Grenzen vorgibt und Anpassung erforderlich macht. Aus der Beschreibung der Wolken «als luftgestützter Wasserspeicher» spricht die Vorstellung, dass Wetter, Klima und Natur in erster Linie unseren Anforderungen zu genügen haben; das wiederum passt zu dem Gedanken, dass man die Ökologie «modernisieren» könne und dass sich Umwelthindernisse durch Wissen, Technik und schiere Willenskraft abbauen oder ganz beseitigen ließen.[62]

Wissenschaftler in aller Welt achten heute sehr sorgfältig auf ihre

Sprachwahl. So verwendete zum Beispiel ein Bericht der Akademie der Wissenschaften der Vereinigten Staaten aus dem Jahr 2015 statt der Begriffe «Geotechnik» oder «Klimatechnik» die Bezeichnung «KlimaIntervention», um den Unwägbarkeiten Rechnung zu tragen, die mit einer Manipulation atmosphärischer Bedingungen einhergehen.[63]

Auch die Vereinigten Staaten sind auf dem Gebiet der Klimamanipulation sehr rege, seit Beginn des Jahrhunderts verzeichnete die Nationale Behörde für Ozeane und Atmosphäre mehr als 850 Programme.[64] Allerdings übertrieben die Berichte nach Ansicht einiger Wissenschaftler oft die erzeugte Niederschlagsmenge, und Aktivitäten dieser Art verursachen natürlich auch Umweltschäden, vor allem wenn Wolken mit Silberiodid geimpft werden.[65]

Viele der Operationen, in den Vereinigten Staaten wie anderswo, unterliegen der Geheimhaltung, weshalb wenig über ihre Ziele, ihr Ausmaß, ihre Methoden und ihre möglichen Auswirkungen auf andere Länder bekannt ist, deren Witterung und Niederschläge von diesen künstlichen Eingriffen betroffen sein könnten.[66] Chinesische Projekte etwa, so heißt es in einem Pressebericht, «verändern Wettermuster, um gewaltige Mengen Wasser von einem Ort, an dem es reichlich vorkommt, über den Himmel an einen niederschlagsärmeren Ort umzuleiten» – mit erheblichen potenziellen Konsequenzen für die Ökosysteme beider Orte und vermutlich auch anderer Regionen.[67]

Ein Bericht des amerikanischen Nationalen Forschungsrats hält fest, dass «aktuelle Beobachtungssysteme nicht ausreichen, um die Auswirkungen dieser Programme zu quantifizieren». Vor allem seien ihre «politischen, gesellschaftlichen, juristischen, wirtschaftlichen und ethischen Dimensionen» ungeklärt. Es gebe «erhebliches Potenzial für unvorhergesehene, unkontrollierbare und unerwünschte Konsequenzen» der menschlichen Eingriffe in natürliche Wettersysteme.[68] Mit anderen Worten: Wir könnten mit unseren «Interventionen» alles noch viel schlimmer machen.

Niemand weiß, wie weit die geheime Forschung inzwischen gediehen ist. Schon vor 30 Jahren gab es Vorschläge zum Umgang mit den Auswirkungen der Erderwärmung. Eine interdisziplinäre Gruppe von amerikanischen Wissenschaftlern erörterte 1992 in einem Dokument eine Reihe möglicher Maßnahmen, angefangen von Energiesparbirnen und benzinsparenden Fahrzeugen, über den Einsatz erneuerbarer Energien und die Reparatur von Lecks in Gasleitungen bis hin zur Abschaffung des Nassreisanbaus, der Einsparung von Stickstoffdünger und der Reduzierung von Wiederkäuern.

Es gab auch kreativere Vorschläge. So sollten zum Beispiel «Weltraumspiegel» in der Erdumlaufbahn stationiert werden, um die Sonneneinstrahlung zu regulieren; mit Kanonen sollte in der Stratosphäre eine Staubwolke erzeugt werden, die einen Teil des Sonnenlichts ins All zurückwirft; alternativ überlegte man, Milliarden mit Aluminium überzogene Wasserstoffballons in die Stratosphäre zu bringen oder durch die Verbrennung von Schwefel auf Schiffen niedrige Meereswolken zu simulieren; oder man wollte Eisen ins Meer kippen, um die Bildung von Phytoplankton anzuregen, das Kohlendioxid aufnimmt. «Wir müssen mehr über Maßnahmen dieser Art in Erfahrung bringen, denn im Falle der Erderwärmung könnten sie erforderlich werden», so ein Bericht. Und weiter: «Zwar wissen wir bislang wenig über mögliche Nebenwirkungen», doch immerhin seien «einige der Optionen relativ kostengünstig in der Umsetzung».[69]

Mehrere dieser Ideen schienen vielversprechend, dennoch erklärte der Nationale Forschungsrat 2003, es gebe «noch immer keine überzeugenden wissenschaftlichen Belege für die Wirksamkeit internationaler Versuche der Klimabeeinflussung».[70] Da es jedoch «Entwicklungen und Fortschritte» gebe, empfahl der Rat ein nationales Programm zur Erforschung der Wetterbeeinflussung und möglicher Nebenwirkungen.[71]

Ein gutes Jahrzehnt später ließen die Fortschritte eine technische Einschätzung zu. Ein Bericht gab einen Überblick über Ideen zur Kohlendioxid-Rückhaltung und aktuelle Überlegungen zur Abkühlung des Planeten durch Sonnenreflektoren. Wie der 2015 veröffentlichte Bericht festhielt, sollte «aktuell nichts» unternommen werden. Dagegen sollten andere Maßnahmen zur Bekämpfung der

Erderwärmung ernst genommen werden, rieten die Wissenschaftler und empfahlen weitere Untersuchungen, wie sich die Erderwärmung verlangsamen oder umkehren lassen könnte. Die eindeutig beste Option sei jedoch die drastische Reduzierung der Kohlendioxidemissionen.[72]

Doch selbst wenn solare Geotechnik einsetzbar wäre, so ein Nachfolgebericht aus dem Jahr 2021, dann würde sie die Ursachen des Klimawandels und der Erderwärmung – den Anstieg der Treibhausgase in der Atmosphäre – genauso wenig beheben wie damit zusammenhängende Probleme, zum Beispiel die Versauerung der Meere.[73] Dennoch werden die Klimamanipulation und ihre möglichen Folgen für das Leben auf der Erde weiter erforscht.[74] Man darf annehmen, dass diese Forschung in den kommenden Jahren noch ausgeweitet wird und vielleicht sogar bessere Vorschläge hervorbringt, wie sich das Schlimmste abwenden lässt. Und vermutlich werden in den kommenden Jahren und Jahrzehnten auch einige dieser Verfahren getestet werden, aller Nebenwirkungen zum Trotz.

Unsere heutigen Probleme unterscheiden sich zwar in vieler Hinsicht von denen unserer ersten menschlichen Vorfahren, doch eines hat sich nicht geändert: die Tatsache, dass unsere natürliche Umwelt und ihr Klima den Rahmen für unsere Existenz vorgeben. Dennoch glauben wir heute, dass wir mithilfe der Technik diesen Rahmen sprengen und mit Eingriffen in die Natur alle Hindernisse überwinden können, die unseren Lebensraum und unsere Lebensweise bestimmen.

Dieser Optimismus hat seinen Preis. Nach Angaben der Vereinten Nationen sind 52 Prozent der landwirtschaftlichen Nutzflächen der Welt heute ausgelaugt, und wenn sich diese Entwicklung fortsetzt, wird diese Fläche bis 2050 so groß wie Südamerika sein.[75] Der «Erdüberlastungstag» – ein theoretisches Datum, ab dem der weltweite Ressourcenverbrauch eines Jahres die natürliche Reproduktion dieser Ressourcen übersteigt und der an das Thema Nachhaltigkeit erinnern soll – wird jedes Jahr weiter vorgezogen: Lag er in den 1990er Jahren noch im Oktober, fiel er 2022 in den Juli.[76]

Natürlich ist es nicht unvorstellbar, dass sich die Menschheit anpassen kann, zum Beispiel durch eine Korrektur unserer Lebensweise; technischen Fortschritt und neue Ideen; oder mehr Zusammenarbeit, angestoßen durch eine aufgeklärte Führung oder durch eine Krise. Allerdings sollten wir uns bewusst sein, dass sich die Unwissenheit über oder die mangelnde Anpassung an unsere natürliche Umwelt sowie deren Folgen wie ein roter Faden durch unsere Geschichte ziehen.

In diesem Sinne sind Umweltfaktoren wie das Klima keine Akteure in der Geschichte der Menschheit, die hin und wieder überraschend auftreten und ein Reich oder eine Gesellschaft in den Untergang stürzen. Vielmehr sind sie die Bühne, auf der unser Leben spielt und die unser Handeln, unsere Lebensräume, unsere Lebensweise und unsere ganze Existenz vorgibt. Und wie bei anderen Bühnen auch nehmen wir allzu oft nur die Handlung wahr – die Worte und Taten der menschlichen Akteure – und vergessen darüber den Ort, an dem sie stattfindet. Akteure kommen und gehen, doch wenn das Theater schließt, dann ist für alle das Spiel aus.

Wie Pflanzen und alle anderen Tiere gedeihen Menschen in Lebensräumen, die für sie geeignet sind – in ungeeigneten Lebensräumen ist das Leben schwierig bis unmöglich. Wir verfügen über die einmalige Fähigkeit, diese Lebensräume zu verändern und nach unseren Bedürfnissen zu gestalten, sei es durch den Bau von Städten, die Einrichtung von Bewässerungssystemen, mit denen wir Nutzpflanzen anbauen können, wo sonst keine wachsen würden, oder durch die Schaffung künstlicher Ökosysteme durch Innovation, Experiment und Technik. Die Geschichte der Menschheit ist eine Geschichte des Erfindungsreichtums, der Widerstandsfähigkeit und der Anpassung.

All das kann uns allerdings in einem falschen Gefühl der Sicherheit wiegen und die Illusion erzeugen, dass schwierige Zeiten irgendwann auch wieder enden und wir zur «Normalität» zurückkehren – Historiker erinnern uns daran, dass es sich hier um Wunschdenken handelt. Der eigentliche Grund für unsere aktuellen und kommenden Probleme ist, dass wir über unsere Verhältnisse leben und darauf angewiesen sind, dass alles gut geht, weil wir für Fehler keinen Spielraum mehr haben. Wie dieses Buch zeigt, hat dies unsere Vorfahren genauso verwundbar gemacht wie uns heute.

Die Menschheit nimmt nur einen winzigen Moment in der Geschichte unseres Planeten ein. Wir teilen die Erdgeschichte nach Massensterben ein, die wir uns als Apokalypsen ausmalen, doch der Natur ist es gleichgültig, wer geht und wer bleibt, und sie begünstigt keine Lebensform: Immer geht es um Anpassung und Überleben. Wir sollten nicht vergessen, dass wir unsere Anwesenheit auf der Erde früheren Klimaveränderungen und zufälligen Umständen verdanken, die für unsere Existenz geeignete Nischen auf diesem Planeten geschaffen haben.

Das Klima prägt das Schicksal der Erde von Anbeginn der Zeit, Klimawandel bestimmt die Lagerstätten von Rohstoffen wie Kohle, Erdöl und Erdgas, die für den Menschen so wichtig sind, für andere Tiere und Pflanzen jedoch keine Rolle spielen (abgesehen natürlich von den Konsequenzen, die sich aus ihrer Verwendung durch den Menschen ergeben). Die Welt wird sich weiterhin um ihre eigene Achse und um die Sonne drehen, egal, wie viele oder wie wenige dies wahrnehmen und genießen.

Eines ist jedoch klar: Wenn es uns und künftigen Generationen nicht gelingt, die Erderwärmung zu stoppen oder uns an sie anzupassen, dann gehen wir den Weg einer unüberschaubaren Zahl von Arten der Vergangenheit. Unser Verlust ist ein Gewinn für andere Tiere und Pflanzen.

In *Paradise Lost* beschrieb der englische Dichter John Milton die Folgen der Vertreibung des Menschen aus dem Paradies. Im Garten Eden war das Klima perfekt, doch aus Zorn über die Kurzsichtigkeit, die Gier und den Ungehorsam von Adam und Eva, den Urahnen der Menschheit, rief Gott «seine mächtigen Engel / Bei ihrem Namen» und erteilte ihnen den Auftrag, die Erdachse zu verschieben und das Klima so zu verändern, dass «bittere Kälte» und «Hitze» mit «Eis bewehrt und Schnee und Hagelschauer / und Bö und Brise» über die

Menschheit hereinbrachen. So gesehen sind die Menschen schon von Beginn an verantwortlich für klimatische Unbilden.[77]

In seinem späteren Epos *Paradise Regained* machte sich Milton Gedanken über die Rückkehr in den Garten Eden. Damit stand er in einer langen Tradition. Schon im 2. Jahrhundert stellte sich Irenäus von Lyon die Wiederkunft Christi vor und die Fülle, die sie den Gläubigen bescheren würde: «Es werden Tage kommen, wo Weinstöcke wachsen werden, jeder mit 10000 Reben, und an einer Rebe 10000 Zweige, und an einem Zweige 10000 Schoße und an jedem Schoß 10000 Trauben und an jeder Traube 10000 Beeren, und jede Beere wird ausgepresst 1000 Liter Wein geben (...). Ähnlich werde auch ein Weizenkorn 10000 Ähren hervorbringen und jede Ähre 10000 Körner haben und jedes Korn 10 Pfund weißes, reines Mehl geben. Und dementsprechend alle übrigen Obstsorten und Samen und Kräuter.» Es muss also niemand Hunger leiden.[78]

Ähnliche Verheißungen finden sich fast überall in der Weltliteratur, auch in den Upanischaden, in denen es heißt: «Diese Erde ist aller Wesen Honig, dieser Erde sind alle Wesen Honig.» Oder im Koran, wo geschrieben steht, die Bewohner des Paradieses «haben darin Früchte, und sie haben, was sie erbeten».[79] In Thomas Morus' *Utopia* müssen die Menschen kaum noch arbeiten, um zu essen, und einige indigene Völker Nordamerikas stellten sich einen idealen Ort in der Vergangenheit vor, an dem es Essen und die Schätze der Natur in Hülle und Fülle gab.[80]

In der wirklichen Welt spielen wir allerdings mit unserer Zukunft. Wir nutzen natürliche Ressourcen für Nahrung, Kleidung und Behausung, und daneben missbrauchen wir die Natur als Müllhalde für unseren Dreck – Kohlendioxid, Plastik und zahllose andere Schadstoffe. In seinem Bericht zu einer «Ökonomie der Artenvielfalt» aus dem Frühjahr 2021 sieht der Wirtschaftswissenschaftler Partha Dasgupta dies als Beleg für unsere Kurzsichtigkeit und Dummheit: «Die Staaten der Welt verschärfen des Problem, indem sie Menschen für die Ausbeutung der Natur besser entlohnen als für deren Schutz und indem sie nicht nachhaltigen wirtschaftlichen Aktivitäten den Vorrang geben.»[81]

Dasgupta zeigt, dass wir weit über unsere Verhältnisse leben. «Wir benötigen 1,6 Erden, um unseren heutigen Lebensstandard zu halten» – eine Zahl, die zum Ausdruck bringt, wie wenig Gedanken wir auf unsere Probleme verwenden, wie wenig wir zu ihrer Lösung unternehmen und wie «umfassend unsere Institutionen versagen».[82] Recht behalten wird unterm Strich der britische Rechnungshof, der unlängst meinte, die Lösung des Klimaproblems sei ganz einfach: Am Ende werde nicht der Mensch, sondern die Natur die Nettoemissionen auf null bringen.[83] Sie tut dies mit einer katastrophalen Entvölkerung, ob durch Hunger, Seuchen oder Krieg. Wenn dann weniger Menschen fossile Brennstoffe verfeuern, Wälder abholzen und Rohstoffe ausbeuten, wird der menschliche Fußabdruck drastisch schrumpfen, und wir kommen dem nachhaltigen Paradies unserer erträumten Vergangenheit näher. Vielleicht gelingt uns dies mit friedlichen Mitteln – ein Historiker würde allerdings nicht darauf wetten.

ANMERKUNGEN

Einleitung

1 J. Milton, *Paradise Lost*, Hg. S. Orgel und J. Goldberg (Oxford, 2004), S. 4–6; dt. *Das verlorene Paradies*, Übers. H. H. Meier (Stuttgart, 2. Aufl. 2008), S. 6–8 (1. Buch, V. 1–8, 76 f.). **2** «Secretary General's remarks to Climate Summit Preparatory Meeting», 30. Juni 2019; https://www.un.org/sg/en/content/sg/statement/2019-06-30/secretary-generals-remarks-climate-summit-preparatory-meeting. **3** The White House, «Remarks by the President in State of Union Address», 20. Januar 2015; https://obamawhitehouse.archives.gov/the-press-office/2015/01/20/remarks-presidentbarack-obama-prepared-delivery-state-union-address. **4** Address of His Holiness Pope Francis, «The Energy Transition and Care of our Common Home», 14. Juni 2019. **5** «Statement by HE Xi Jinping, President of the People's Republic of China, at the General Debate of the 75th Session of the United Nations General Assembly», *China Daily*, 23. September 2020. **6** «Transcript: Greta Thunberg's Speech at the UN Climate Action Summit», NPR (National Public Radio), 23. September 2019; https://www.youtube.com/watch?v=GMYhpYTDLZg. **7** F. Braudel, *La méditerranée et le monde méditerranéen à l'époque de Philippe II*, Bd. 1: La Méditerannée: L'espace et l'histoire (Paris, 1949), S. 27; dt. *Das Mittelmeer und die mediterrane Welt in der Epoche Philipps II.*, Übers. G. Seib, 3 Bde., Frankfurt / Main, 1990, Bd. 1, S. 20–23. **8** A. Watson, *Agricultural Innovation in the Early Islamic World: The Diffusion of Crops and Farming Techniques, 700–1100* (Cambridge, 2008). **9** D. Zhang u. a., «Climatic Change, Wars and Dynastic Cycles in China over the Last Millennium», *Climate Change* 76 (2006), S. 459–477; D. Zhang u. a., «Climate Change and War Frequency in Eastern China over the Last Millennium», *Human Ecology* 35 (2007), S. 403–414. **10** Kalidasa, *Meghadūtam: With the Kātāyani Sanskrit Commentary and English translation*, Übers. C. Maharaj (Varanasi, 1973); Kalidasa, *Werke*, Übers. J. Mehlig (Leipzig, 1983), S. 231–252; I. Rajamani, «Monsoon Feelings», in I. Rajamani, M. Pernau und K. Butler Schofield (Hg.), *Monsoon Feelings: A History of Emotions in the Rain* (New Delhi, 2018), S. 11–43. **11** Zur Zwangsarbeit vgl. Uzbek Forum for Human Rights, *Tashkent's Reforms Have Not Yet Reached Us: Unfinished Work in the Fight against Forced Labour in Uzbekistan's 2019 Cotton Harvest* (Berlin, 2019). **12** Central Asia Bureau for Analytical Reporting, «Насколько опасен воздух в Центральной Азии», 15. Januar 2020; https://cabar.asia/ru/naskolko-opasen-vozduh-v-tsentralnoj-azii-obyasnyaem-na-grafikah. **13** J. Itriarte, «Geometry by Design: Contribution of Lidar to the Understanding of Settlement Patterns of the Mound Villages in SW Amazonia», *Journal of Computer Applications in Archaeology* 3.1 (2020), S. 151–169. **14** O. Lokawalo Thabeng, E. Adam und S. Merlo, «Spectral Discrimination of Archaeological Sites Previously Occupied by Farming Communities Using In Situ Hyperspectral Data», *Journal of Spectroscopy* (2019), S. 1–21. **15** N. Athfield u.a., «Influence of marine sources on ^{14}C Ages: isotopic data from Watom Island, Papua New Guinea inhumations and pig teeth in light of new dietary standards», *Journal of the Royal Society of New Zealand* 38.1 (2008), S. 1–23. **16** O. Amichay u.a., «A bazaar assemblage: reconstructing consumption, production and trade from mineralised seeds in Abbadi Jerusalem», *Antiquity* 93 (2019), S. 199–217. **17** J. Warner u.a., «Investigating the influence of temperature and seawater δ^{18}O on Donax obesulus (Reeve, 1854) shell δ^{18}O», *Chemical Geology* 588 (2022), S. 1–14. **18** Y. Aono und K. Kazui, «Phenological Data Series of Cherry Tree Flowering in Japan and its Application to Reconstruction of Springtime Temperatures», *International Journal of Climatology* 28 (2008), S. 905–914. **19** A. Tarand und O. Nordli, «The Tallinn Temperature Series Reconstructed Back Half a Millennium by Use of Proxy Data», *Climatic Change* 48 (2001), S. 189–199. **20** G. Hole u.a., «A Driftwood-Based Record of Arctic Sea Ice during the Last 500 Years from Northern Svalbard Reveals Sea Ice Dynamics in the Arctic Ocean and Arctic Peripheral Seas», Journal of Geophysical Research: Oceans 126 (2021), S. 1–20. **21** C. Prud'homme u.a., «Central Asian Modulation of Northern Hemisphere moisture transfer over the Late Cenozoic», *Communications Earth and Environment* 2 (2021), S. 1–8. **22** S. Liu u.a., «Sedimentary ancient DNA reveals a threat of warming-induced alpine habitat loss to Tibetan plateau plant diversity», *Nature Communications* 12 (2021), S. 1–9. **23** M. McCormick u.a., «Climate Change during and after the Roman Empire: Reconstructing the Past from Scientific and Historical Evidence», *Journal of Interdisciplinary History* 43.2 (2012), S. 169–220. **24** R. Anderson, N. Johnson und M. Koyama, «Jewish Persecutions and Weather Shocks: 1100–1800», *Economic Journal* 127 (2015), S. 924–958. **25** M. Waldinger, «The Economic Effects of Long-Term Climate Change: Evidence from the Little Ice Age», Centre for Climate Change Economics and Policy, Working Paper 239 (2015); J. Martínez-González u.a., «Assessing climate impacts on English economic growth (1645–1740): An econometric approach», *Climatic Change* 160 (2020), S. 233–249. **26** N. Stehr und H. van Storch, «Von der Macht des Klimas: Ist der Klimadeterminismus nur noch Ideengeschichte oder relevanter Faktor gegenwärtger Klimapolitik?», *Gaia* 9 (2000), S. 187–195. **27** D. Arnold und R. Guha (Hg.), *Nature, Culture, Imperialism: Essays on the Environmental History of South Asia* (Delhi, 1995), S. 1–20. **28** Gute Beispiele sind: J. Diamond, *Collapse: How Societies Choose to Fail or Succeed* (London, 2005); dt. *Kollaps. Warum Gesellschaften überleben oder untergehen* (Frankfurt/Main 2005); D. Webster, *The Fall of the Ancient Maya: Solving the Mystery of the Maya Collapse* (London, 2002); K. Harper, *The Fate of Rome: Climate, Disease and the End of an Empire* (London, 2017); dt. *Fatum. Das Klima und der Untergang des Römischen Reiches* (München, 2020). **29** J. Tainter, «Collapse, sustainability, and the environment: How authors choose to fail or succeed», *Reviews in Anthropology* 37 (2008), S. 342–371. **30** D. Degroot u.a., «Towards a rigorous understanding of societal responses to climate change», *Nature* 591 (2021), S. 539–550. **31** Herodotus, *The Histories*, Hg.

R. Waterfield und C. Dewald (Oxford, 1998), 7.34–35, S. 420; dt. Herodot, *Historien*, Übers. J. Feix (Düsseldorf, 2004), S. 454. **32** J. Woodruff u. a., «Depositional evidence for the Kamikaze typhoon changes in typhoon climatology», *Geology* 43 (2015), S. 91–94; R. Sasaki, *The Origin of the Lost Fleet of the Mongol Empire* (College Station, TX, 2008). **33** Vgl. zu Napoleons Angriff A. Roberts, *Napoleon the Great* (London, 2014), und D. Lieven, *Russia against Napoleon: The Battle for Europe, 1807–1814* (London, 2009); dt. *Russland gegen Napoleon. Die Schlacht um Europa* (München, 2011); zu Hitlers Angriff A. Beevor, *Stalingrad* (London, 2007; dt. München, 2010), und D. Stahel, *Kiev, 1941: Hitler's Battle for Supremacy in the East* (London, 2012). **34** D. Chakrabarty, «The Climate of History: Four Theses», *Critical Inquiry* 35 (2009), S. 197–222. **35** Eine gute Einführung in den Themenkomplex bieten: R. Hide, D. Boggs und J. Dickey, «Angular momentum fluctuations within the earth's liquid core and torsional oscillations of the core–mantle system», *Geophysical Journal International* 143 (2000), S. 777–786; R. Gross, I. Fukumori und D. Menemenlis, «Atmospheric and oceanic excitation of decadal-scale Earth orientation variations», *Journal of Geophysical Research* 110 (2005), S. 1–15; J.-E. Lee u. a., «Hemispheric sea ice distribution sets the glacial tempo», *Geophysical Research Letters* 44.2 (2017), S. 1008–1014; E. Zorita, S. Wagner und F. Schenk, «The Global Climate System», in S. White, C. Pfister und F. Mauelshagen (Hg.), *The Palgrave Handbook of Climate History* (London, 2018), S. 21–26. **36** M. McPhaden, S. Zebiak und M. Glantz, «ENSO as an Integrating Concept in Earth Science», *Science* 314 (2006), S. 1740–1745. **37** A. Turner und H. Annamalai, «Climate change and the South Asian summer monsoon», *Nature Climate Change* 2 (2012), S. 587–595; P. Borah u. a., «Indian monsoon derailed by a North Atlantic wavetrain», *Science* 370 (2020), S. 1335–1338. **38** J. Luterbacher u. a., «Circulation Dynamics and its Influence on European and Mediterranean January–April Climate over the Past Half Millennium: Results and Insights from Instrumental Data, Documentary Evidence and Coupled Climate Models», *Climatic Change* 101 (2010), S. 201–234. **39** J. Hansen u. a., «Ice melt, sea level rise and superstorms: evidence from paleoclimate data, climate modelling and modern observations that 2 °C global warming could be dangerous», *Atmospheric Chemistry and Physics* 16 (2016), S. 3761–3812. **40** S. McIntosh, «Deciphering solar magnetic activity: On the relationship between the sunspot cycle and the evolution of small magnetic features», *Astrophysical Journal* 792 (2014), S. 1–19. **41** I. Usoskin, «A history of solar activity over millennia», *Living Reviews in Solar Physics* 14.3 (2017), S. 1–97. **42** I. Usoskin u. a., «The Maunder minimum (1645–1715) was indeed a grand minimum: A reassessment of multiple datasets», *Astronomy and Astrophysics* 581 (2015), S. 1–19. **43** J. Proctor u. a., «Estimating global agricultural effects of geoengineering using volcanic eruptions», *Nature* 560 (2018), S. 480–483. **44** C. Oppenheimer, *Eruptions that Shook the World* (Cambridge, 2011), S. 64–66; G. Stenchikov u. a., «Volcanic signals in oceans», *Journal of Geophysical Research* 114 (2009), S. 1–13. **45** S. Wilson u. a., «Kīlauea lava fuels phytoplankton bloom in the North Pacific Ocean», *Science* 365 (2019), S. 1040–1044. **46** D. Arnold, «The Indian Ocean as a Disease Zone, 1500–1950», *South Asia: Journal of South Asian Studies* 14.2 (1991), S. 1–21. **47** E. Predybaylo u. a., «El Niño/Southern Oscillation response to low-latitude volcanic eruptions depends on ocean pre-conditions and eruption timing», *Communications Earth & Environment* 1 (2020), S. 1–13. **48** M. Toohey u. a., «Disproportionately strong climate forcing from extratropical explosive volcanic eruptions», *Nature Geoscience* 12 (2019), S. 100–107. **49** M. Burton, G. Sawyer und D. Granieri, «Deep Carbon Emissions from Volcanoes», *Reviews in Mineralogy & Geochemistry* 75 (2013), S. 323–354. **50** L. Bollinger u. a., «Seasonal modulation of seismicity in the Himalaya of Nepal», *Geophysical Research Letters* 34 (2007), S. 1–5; D. Panda u. a., «Seasonal modulation of deep slow-slip and earthquakes on the Main Himalayan Thrust», *Nature Communications* 9 (2018), S. 1–8. **51** C. Liu, A. Linde und S. Sacks, «Slow earthquakes triggered by typhoons», *Nature* 459 (2009), S. 833–836. **52** M. Harvey u. a., «The evolution of a tropical biodiversity hotspot», *Science* 370 (2020), S. 1343–1348. **53** McCormick u. a., «Climate Change during and after the Roman Empire», *Journal of Interdisciplinary History* 43.2 (2012), S. 169–220, bes. S. 174–191; E. Le Roy Ladurie, *Times of Feast, Times of Famine: A History of Climate since the Year 1000* (1971; frz. Original Paris, 1967); H. H. Lamb, *Climate: Past, Present and Future* (London, 1972); dt. *Klima und Kulturgeschichte: Der Einfluss des Wetters auf den Gang der Geschichte* (Reinbek, 1989); G. Parker, *Global Crisis: War, Climate Change and Catastrophe in the Seventeenth Century* (London, 2013). **54** R. Neukom, «No evidence for globally coherent warm and cold periods over the preindustrial Common Era», *Nature* 571 (2019), S. 550–554. **55** E. Xoplaki u. a., «Modelling Climate and Societal Resilience in the Eastern Mediterranean in the Last Millennium», *Human Ecology* 46 (2018), S. 363–379. **56** B. Stenni u. a., «Antarctic climate variability on regional and continental scales over the last 2000 years», *Climate of the Past* 13 (2017), S. 1609–1634. **57** IMF, *World Economic Outlook: Seeking Sustainable Growth – Short-term Recovery, Long-term Challenges* (Washington, DC, 2017), S. 117–183. **58** D. Thonralley, «Anomalously weak Labrador sea convection and Atlantic overturning during the past 150 years», *Nature* 556 (2018), S. 227–230; vgl. zu AMOC M. Buckley und J. Marshall, «Observations, inferences, and mechanisms of the Atlantic Meridional Overturning Circulation: A Review», *Reviews of Geophysics* 54 (2016), S. 5–63. **59** N. Boers, «Observation-based early-warning signals for a collapse of the Atlantic Meridional Overturning Circulation», *Nature Climate Change* 11 (2021), S. 680–688; L. Jackson u. a., «Global and European climate impacts of a slowdown of the AMOC in a high resolution GCM», *Climate. Dynamics* 45 (2015), S. 3299–3316. **60** T. Lenton u. a., «Climate», *Nature* 575 (2019), S. 592–595. **61** P. Crutzen, «Geology of mankind», *Nature* 415 (2002), S. 23. **62** Subcommission on Quarternary Stratigraphy, Working Group on the «Anthropocene», Results of Binding Vote by AWG, 21 May 2019. **63** J. Brigham-Grette, «Pliocene Warmth, Polar Amplification, and Stepped Pleistocene Cooling Recorded in NE Arctic Russia», *Science* 340 (2013), S. 1421–1427; J. Blundon und S. Arndt (Hg.), *State of the Climate in 2019*, Special Supplement, *Bulletin of the American Meteorological Society* 101 (2020); O. Dumitru, «Constraints on global mean sea level during Pliocene warmth», *Nature* 574 (2019), S. 233–236. **64** US National Oceanic and Atmospheric Administration, «Carbon dioxide peak for 2022 more than 50% higher than pre-industrial levels», 3. Juni 2022; https://phys.org/news/2022-06-carbon-dioxide-peak-higher-pre-industrial.html. **65** A. Braakman-Foglmann u. a., «Observing the disintegration of the A68A iceberg from space», *Remote Sensing of Environment* 270 (2022), S. 1–9. **66** S. Kulp und

B. Strauss, «New elevation data triple estimates of global vulnerability to sea-level rise and coastal flooding», *Nature Communications* 10 (2019), S. 1–12. **67** UK Office for Science, *Future of the Sea: Current and Future Impacts of Sea Level Rise on the UK* (London, 2017). **68** J. Hinkel u. a., «Coast Flood Damage and Adaptation Costs under 21st Century Sea-Level Rise», *Proceedings of the National Academy of Sciences of the USA* 111 (2014), S. 3292–3297. **69** IMF, *World Economic Outlook: A Long and Difficult Ascent* (Washington, DC, 2020), S. 86. **70** UNICEF, *The Climate Crisis is a Child Rights Crisis* (New York, 2021). Vgl. https://www.unicef.de/informieren/aktuelles/presse/-/report-klimawandel-auswirkungen-auf-kinder/277206. **71** D. Welsbey u. a., «Unextractable fossil fuels in a 1.5 °C world», *Nature* 597 (2021), S. 230–234. **72** B. Lomborg, «Welfare in the 21st century: Increasing development, reducing inequality, the impact of climate change and the cost of climate policies», *Technological Forecasting & Social Change* 156 (2020), S. 1–35. **73** US Department of Transportation, National Highway Traffic Safety Administration, «The Safer Affordable Fuel-Efficient (SAFE) Vehicles Rule for Model Year 2021–2026 Passenger Cars and Light Trucks», Draft Environmental Impact Statement, S. 5–30. **74** Vgl. z. B. «Trump administration sees a 7-degree rise in global temperatures by 2100», *Washington Post*, 28. September 2018. **75** World Health Organisation, *Ambient Air Pollution: A Global Assessment of Exposure and Burden of Disease* (Genf, 2016), S. 33. **76** C. Wiedinmyer, R. Yokelson und B. Gullett, «Global emissions of trace gases, particulate matter and hazardous air pollutants from open burning of domestic waste», *Environmental Science & Technology* 18 (2014), S. 9523–9530. **77** P. Landrigan, «The Lancet Commission on pollution and health», *Lancet* 391 (2018), S. 462–512. **78** India State-Level Disease Burden Initiative Air Pollution Collaborators, «Health and economic impact of air pollution in the states of India: The Global Burden of Disease Study 2019», *Lancet Planetary Health* (2020), S. 1–14. **79** I. Flores, «Afghanistan's Air is Deadlier Than its War», *Foreign Policy*, 26. Mai 2019. **80** S. Khomenko, «Premature mortality due to air pollution in European cities: A health impact assessment», *Lancet Planetary Health* (2021), S. 1–14. **81** K. Vohra u. a., «Global mortality from outdoor particulate pollution generated by fossil fuel combustion: Results from GEOM-Chem», *Environmental Research* 195 (2021), S. 1–8. **82** D. De Silva u. a., «Firm behaviour and pollution in small geographies», *European Economic Review* 136 (2021), S. 1–33. **83** M. Shehab und F. Pope, «Effects of short-term exposure to particulate matter air pollution on cognitive performance», *Scientific Reports* 9 (2019), S. 1–10. **84** A. Reuben u. a., «Association of Air Pollution Exposure in Childhood and Adolescence with Psychopathology at the Transition to Adulthood», *JAMA Network Open* 4 (2021), S. 1–14; P. Mok u. a., «Exposure to ambient air pollution during childhood and subsequent risk of self-harm: A national cohort study», *Preventive Medicine* 152 (2021), S. 1–7. **85** M. Prunicki u. a., «Air pollution exposure is linked with methylation of immunoregulatory genes, altered immune cell profile and increased blood pressure in children», *Scientific Reports* 11 (2021), S. 1–12. **86** Weltbank, *The Global Health Cost of PM2.5 Air Pollution: A Case for Action Beyond 2021*; https://openknowledge.worldbank.org/handle/10986/36501. **87** IPBES (Intergovernmental Science-Policy Platform on Biodiversity and Ecosystem Services), *The Global Assessment Report on Biodiversity and Ecosystem Services* (Paris, 2019).

88 N. Welden, «The environmental impacts of plastic pollution», in T. Letcher (Hg.), *Plastic Waste and Recycling: Environmental Impact, Societal Issues, Prevention, and Solutions* (London, 2020), S. 195–222. **89** National Federation of Women's Institutes, *In a Spin: How our Laundry is Contributing to Plastic Pollution* (2018). **90** P. Ross u. a., «Pervasive distribution of polyester fibres in the Arctic Ocean is driven by Atlantic inputs», *Nature Communications* 12 (2021), S. 1–9. **91** K. Cox u. a., «Human Consumption of Microplastics», *Environment, Science and Technology* 53 (2019), S. 7068–7074; A. Ragusa u. a., «Plasticenta: First evidence of microplastics in human placenta», *Environment International* 146 (2021), S. 1–8; J. Zhang u. a., «Occurrence of Polyethylene Terephthalate and Polycarbonate Microplastics in Infant and Adult Feces», *Environment, Science and Technology Letters* 8:11 (2021), S. 989–994; H. Leslie u. a., «Discovery and quantification of plastic particle pollution in human blood», *Environment International* 163 (2022), S. 1–8. **92** E. Nic Lughadha, «Extinction risk and threats to plants and fungi», *Plants People Planet* 2 (2020), S. 389–408. **93** F. Sánchez-Bayo und K. Wyckhuys, «Worldwide decline of the entomofauna: A review of its drivers», *Biological Conservation* 232 (2019), S. 8–27. **94** IPBES, *Global Assessment Report*, S. 11. **95** S. Ryding u. a., «Shape-shifting: Changing animal morphologies as a response to climatic warming», *Trends in Ecology & Evolution* (2021), S. 1–13. **96** B. Ahmed u. a., «Maternal heat stress reduces body and organ growth in calves: Relationship to immune status», *JDS Communications* 2 (2021), S. 295–299. **97** E. Stokstad, «New global study reveals the ‹staggering› loss of forests caused by industrial agriculture», *Science*, 13. September 2018; G. Pecl u. a., «Biodiversity redistribution under climate change: Impacts on ecosystems and human well-being», *Science* 355 (2017). **98** K. Chandra u. a., *Assemblages of Lepidoptera in Indian Himalaya through Long Term Monitoring Plots* (Kolkata, 2019). **99** S. Chalkin, S. Dubiner und J. Belmaker, «Cold-water species deepen to escape warm water temperatures», *Global Ecology & Biogeography* (2021). **100** R. Almond, M. Grooten und T. Peterson (Hg.), *Living Planet Report 2020: Bending the Curve of Biodiversity Loss*, World Wildlife Fund (Gland, 2020). **101** K. Rosenberg, «Decline of the North American avifauna», *Science* 366 (2019), S. 120–124; IPBES, *Global Assessment Report*, S. 24. **102** E. Schulz u. a., «Climate-driven, but dynamic and complex? A reconciliation of competing hypotheses for species' distributions», *Ecology Letters* 25 (2022), S. 1–14. **103** V. Danneyrolles u. a., «Scale-dependent changes in tree diversity over more than a century in eastern Canada: Landscape diversification and regional homogenization», *Journal of Ecology* 109 (2021), S. 273–283. **104** M. Dornelas u. a., «A balance of winners and losers in the Anthropocene», *Ecology Letters* 22 (2019), S. 847–854. **105** B. Leung u. a., «Clustered versus catastrophic global vertebrate declines», *Nature* 588 (2020), S. 267–271. **106** G. Ceballos, P. Ehrlich und R. Dirzo, «Biological annihilation via the ongoing sixth mass extinction signaled by vertebrate population losses and declines», *Proceedings of the National Academy of Sciences of the USA* 114 (2017), S. 6089–6096. **107** K. Martin u. a., «The biogeographic differentiation of algal microbiomes in the upper ocean from pole to pole», *Nature Communications* 12 (2021), S. 1–14. **108** Vgl. etwa J. Memmott, N. Waser und M. Price, «Tolerance of pollination networks to species extinctions», *Philosophical Transactions of the Royal Society of London B* 271 (2004), S. 2605–2611; J. Herrera, J. Moody und C. Nunn, «Predictions of primate–parasite coextinction», *Philosophical Transactions of the Royal Society of London B* 376 (2021), S. 1–8. **109** R. Cowie, P. Bouchet und B. Fontaine, «The Sixth Mass Extinction: Fact, fiction or speculation?», *Biological Reviews* (2022), S. 1–24. **110** C. Bradshaw u. a., «Underestimating the Challenges of Avoiding a Ghastly Future», *Frontiers in Conservation Science* 1 (2021), S. 1–10. **111** L. Borck, «Constructing the Future History: Prefiguration as Historical Epistemology and the Chronopolitics of Archaeology», *Journal of Contemporary Archaeology* 5.2 (2018), S. 229–238. **112** L. Zhao, «Global multi-model projections of local urban climates», *Nature Climate Change* (2021), S. 1–19. **113** N. Grimm, «Global change and the ecology of cities», *Science* 319 (2008), S. 756–760. **114** Liqun Sun u. a., «Dramatic uneven urbanisation of large cities throughout the world in recent decades», *Nature Communications* 11 (2020), S. 1–9. **115** H. Ritchie und M. Roser, «Urbanization», *Our World in Data*, https://ourworldindata.org/urbanization#how-manypeople-will-live-in-urban-areas-in-the-future. **116** R. Geyer, J. Jambeck und K. Law, «Production, use, and fate of all plastics ever made», *Science Advances* 3 (2017), S. 1–5. **117** E. Elhacham u. a., «Global human-made mass exceeds all living biomass», *Nature* 588 (2020), S. 442–444. **118** Aristoteles, *Politik*, I. 2, Übers. O. Gigon (Zürich, 1971) oder F. F. Schwarz (Stuttgart, 2010). **119** Ibn *Faḍlān*, *Book of Ahmad ibn* Faḍlān, in *Ibn Fadlan and the Land of Darkness: Arab Travellers in the Far North*, Übers. P. Lunde und C. Stone (London, 2011), S. 12. **120** R. Keller und M. Turek, *American Indians and National Parks* (Tucson, AZ, 1998), S. 132–184. **121** S. Garnett u. a., «A spatial overview of the global importance of Indigenous lands for conservation», *Nature Sustainability* 1 (2018), S. 369–734; W. Walker, «The role of forest conversion, degradation, and disturbance in the carbon dynamics of amazon Indigenous territories and protected areas», *Proceedings of the National Academy of Sciences of the USA* 117 (2020), S. 3015–3025. **122** J. Cruikshank, *Do Glaciers Listen? Local Knowledge, Colonial Encounter and Social Imagination* (Vancouver, 2005); N. Zappia, *Traders and Raiders: The Indigenous World of the Colorado Basin, 1540–1859* (Chapel Hill, NC, 2014), bes. S. 28–42. **123** M. Burke, S. Hsiang und E. Miguel, «Global non-linear effect of temperature on economic production», *Nature* 527 (2015), S. 235–239.

Erstes Kapitel
Die Welt seit Anbeginn der Zeit

1 N. Sleep u. a., «Initiation of Clement Surface Conditions on the Earliest Earth», *Proceedings of the National Academy of Sciences of the USA* 98 (2001), S. 3666–3672. **2** C. Stringer, «The origin and evolution of *Homo sapiens*», *Philosophical Transactions of the Royal Society B* 371 (2016), S. 1–12. **3** E. Crist, «On the Poverty of our Nomenclature», *Environmental Humanities* 3 (2013), S. 129–147; D. Kidner, «Why ‹anthropocentrism› is not anthropocentric», *Dialectical Anthropology* 38 (2014), S. 465–480. **4** P. Sossi, «Redox state of Earth's magma ocean and its Venus-like early atmosphere», *Science Advances* 6 (2020), S. 1–8; A. Morbidelli, «Building Terrestrial Planets», *Annual Review of Earth and Planetary Sciences* 40 (2012), S. 251–275. **5** B. Hess, S. Piazolo und J. Harvey, «Lightning strikes as a major facilitator of prebiotic phosphorus reduction on early Earth», *Nature Communications* 12 (2021), S. 1–8. **6** R. Riding, P. Fralick und L. Liang, «Identification of an Archean marine oxygen oasis», *Precambrian Research* 251 (2014), S. 232–237. Vgl. auch Y. Bromberg, «Quantifying structural relationships of metal-binding sites suggests origins of biological electron transfer», *Science Advances* 8 (2022), S. 1–13. **7** B. Schirrmeister, M. Gugger und P. Donoghue, «Cyanobacteria and the Great Oxidation Event: Evidence from genes and fossils», *Paleontology* 58 (2015), S. 769–785; J. Klatt u. a., «Possible link between Earth's rotation rate and oxygenation», *Nature Geoscience* 14 (2021), S. 564–570; J. Meixnerová u. a., «Mercury abundance and isotopic composition indicate subaerial volcanism prior to the end-Achean ‹whiff› of oxygen», *PNAS* 118 (2021), S. 1–6. **8** A. Walsh, T. Ball und D. Schultz, «Extreme sensitivity in Snowball Earth formation to mountains on Paleo-Proterozoic supercontinents», *Scientific Reports* 9 (2019), S. 1–7. **9** R. Mitchell u. a., «Orbital forcing of ice sheets during Snowball Earth», *Nature Communications* 12 (2021), S. 1–9. **10** T. Johnson u. a., «Giant impacts and the origin and evolution of continents», *Nature* 608 (2022), S. 330–335. **11** R. Kopp u. a., «The Paleoproterozoic Snowball Earth: A climate disaster triggered by the evolution of oxygenic photosynthesis», *Proceedings of the National Academy of Sciences of the USA* 102 (2005), S. 11131–11136. **12** S. Poulton u. a., «A 200-million-year delay in permanent atmospheric oxygenation», *Nature* 592 (2021), S. 232–236. **13** P. Hoffman u. a., «Snowball Earth climate dynamics and Cryogenian geology-geobiology», *Science Advances* 3 (2017), S. 1–43. **14** C. Simpson, «Adaptation to a viscous Snowball Earth Ocean as a path to complex multicellularity», *American Naturalist* (2021), S. 590–609. **15** Z. Zhu, «The temporal distribution of Earth's supermountains and their potential link to the rise of atmospheric oxygen and biological evolution», *Earth and Planetary Science Letters* 580 (2022), S. 1–10. **16** S. Evans, M. Droser und D. Erwin, «Developmental processes in Ediacara macrofossils», *Proceedings of the Royal Society B* 288 (2021), S. 1–10. **17** J.-B. Hou, N. Hughes und M. Hopkins, «The trilobite upper limb branch is a well-developed gill», *Science Advances* 7 (2021), S. 1–8. **18** P. Sheehan, «The Late Ordovician Mass Extinction», *Annual Review of Earth and Planetary Sciences* 29 (2001), S. 331–364. **19** D. Bond und S. Grasby, «Late Ordovician Mass Extinction caused by volcanism, warming, and anoxia, not cooling and glaciation», *Geology* 48 (2020), S. 777–781; vgl. auch A. Pohl, «Vertical decoupling in Late Ordovician anoxia due to reorganization of ocean circulation», *Nature Geoscience* (2021), S. 1–13. **20** H. Yndestad, «The influence of the lunar nodal cycle on Arctic climate», *Journal of Marine Science* 63 (2006), S. 401–420. Zur Entstehung des Mondes vgl. S. Desch und K. Robinson, «A unified model for hydrogen in the Earth and Moon: No one expects the Theia contribution», *Geochemistry* 79 (2019), S. 1–16. **21** H. Byrne u. a., «Tides: A key environmental driver of osteichthyhan evolution and the fish-tetrapod transition?», *Proceedings of the Royal Society A* 476 (2020), S. 1–19. **22** N. Kronfeld-Schor, «Chronobiology by moonlight», *Proceedings of the Royal Society B* 280 (2013), S. 1–11. **23** P. Kaniewska u. a., «Signaling cascades and the importance of moonlight in coral broadcast mass spawning», *ELife* 4 (2015), S. 1–14. **24** A. Sinclair, «Lunar cycle and timing of mating season in Serengeti wildebeest», *Nature* 267 (1977), S. 832–833; T. Yonezawa u. a., «Lunar cycle influences spontaneous delivery in cows», *PLOS ONE* 11

(2016), S. 1–8. **25** L. Nash, «Moonlight and behaviour in nocturnal and cathemeral primates, especially Lepilemur leucopus: Illuminating possible anti-predator efforts», in S. Gursky und K. Nekaris (Hg), *Developments in Primatology: Progress and Prospects* (Berlin, 2007), S. 173–187. **26** B. Phulan, «Foraging behaviour of four albatross species by night and day», *Marine Ecology Progress Series* 340 (2007), S. 271–286. **27** G. Norevik, «The lunar cycle drives migration of a nocturnal bird», *PLOS Biology* 17 (2019), S. 1–13. **28** L. Casiraghi u. a., «Moonstruck sleep: Synchronization of human sleep with the moon cycle under field conditions», *Science Advances* 7 (2021), S. 1–8. **29** C. Helfrich-Förster u. a., «Women temporarily synchronize their menstrual cycles with the luminance and gravimetric cycles of the Moon», *Science Advances* 7 (2021), S. 1–13. **30** R. Foster und T. Rosenberg, «Human responses to the geophysical daily, annual and lunar cycles», *Current Biology* 18 (2008), S. 784–794. **31** T. Wehr, «Bipolar mood cycles and lunar tidal cycles», *Molecular Psychiatry* 23 (2018), S. 923–931. **32** X. Zhang, «Lunar tide in the thermosphere and weakening of the northern polar vortex», *Geophysical Research Letters* 41 (2014), S. 8201–8207. **33** S. Burgess, «High-precision geochronology confirms voluminous magmatism before, during and after Earth's most severe extinction», *Science Advances* 1 (2015), S. 1–14. **34** S. Burgess, «Initial pulse of Siberian Traps Sills as the trigger of the end-Permian mass extinction», *Nature Communications* 8 (2017), S. 1–6. **35** M. Benton, «Hyperthermal-driven mass extinctions: Killing models during the Permian-Triassic mass extinction», *Philosophical Transactions of the Royal Society A* 376 (2018), S. 1–19; J. Fan u. a., «A high-resolution summary of Cambrian to Early Triassic marine invertebrate biodiversity», Science 367 (2020), S. 272–277; P. Viglietti u. a., «Evidence from South Africa for a protracted end-Permian extinction on land», *PNA* 118 (2021), S. 1–8; C. Mays und S. McLoughlin, «End-Permian Burnout: The role of Permian-Triassic wildfires in extinction, carbon cycling and environmental change in Eastern Gondwana», *Palaios* 37 (2022), S. 292–317. **36** J. Davies u. a., «End-Triassic mass extinction started by intrusive CAMP activity», *Nature Communications* 8 (2017), S. 1–8. **37** C. Fox u. a., «Molecular and isotopic evidence reveals the end-Triassic carbon isotope excursion is not from massive exogenous light carbon», *Proceedings of the National Academy of Sciences of the USA* 117 (2020), S. 30171–30178; vgl. auch K. Kaiho u. a., «Volcanic temperature changes modulated volatile release and climate fluctuations at the end-Triassic mass extinction», *Earth and Planetary Science Letters* 579 (2022), S. 1–12; C. Fox u. a., «Flame out! End-Triassic mass extinction polycyclic aromatic hydrocarbons reflect more than just fire», *Earth and Planetary Science Letters* 584 (2022), S. 1–13. **38** Vgl. etwa P. Olsen, «Arctic ice and the ecological rise of the dinosaurs», *Science Advances* 26 (2022), S. 1–9. **39** S. Singh u. a., «Niche partitioning shaped herbivore macroevolution through the early Mesozoic», *Nature Communications* 12 (2021), S. 1–13. **40** L. Alvarez u. a., «Extraterrestrial Cause for the Cretaceous-Tertiary Extinction», *Science* 208 (1980), S. 1095–1108. **41** A. Garde u. a., «Searching for giant, ancient impact structures on Earth: The Mesoarchean Maniitsoq structure, West Greenland», *Earth and Planetary Science Letters* 337/338 (2012), S. 192–210. **42** N. Artemieva und J. Morgan, «Quantifying the Release of Climate-Active Gases by Large Meteorite Impacts with a Case Study of Chicxulub», *Geophysical Research Letters* 44 (2017), S. 180–188; M. Range u.a., «The Chicxulub Impact Produced a Powerful Global Tsunami», *AGU Advances* 3 (2022), S. 1–21. **43** D. Degroot, «‹A Catastrophe Happening in Front of our Very Eyes›: The Environmental History of a Comet Crash on Jupiter», *Environmental History* 22 (2017), S. 32–33. **44** A. Siraj und A. Loeb, «Breakup of long-period comet as the origin of the dinosaur extinction», *Scientific Reports* 11 (2021), S. 1–5. **45** G. Collins u.a., «A steeply-inclined trajectory for the Chicxulub impact», *Nature Communications* 11 (2020), S. 1–10. **46** R. DePalma u.a., «Seasonal calibration of the end-cretaceous Chicxulub impact event», *Scientific Reports* 11 (2021), S. 1–8. **47** B. Schoene, «U-Pb constraints on pulsed eruption of the Deccan Traps across the end-Cretaceous mass extinction», *Science* 363 (2019), S. 862–866; C. Sprain u.a., «The eruptive tempo of Deccan volcanism in relation to the Cretaceous–Paleogene boundary», *Science* 363 (2019), S. 866–870. **48** K. Kaiho und N. Oshima, «Site of asteroid impact changed the history of life on Earth: The low probability of mass extinction», *Scientific Reports* 7 (2017), S. 1–12. **49** M. Carvalho u.a., «Extinction at the end-Cretaceous and the origin of modern Neotropical rainforests», *Science* 372 (2021), S. 63–68. **50** M. Gutjahr u.a., «Very large release of mostly volcanic carbon during the Paleocene–Eocene Thermal Maximum», *Nature* 548 (2017), S. 573–577. **51** M. Huber, «A hotter greenhouse?», *Science* 321 (2008), S. 353–354. **52** A. Winguth u.a., «Climate Response at the Paleocene–Eocene Thermal Maximum to Greenhouse Gas Forcing – A Model Study with CCSM3», *Journal of Climate* 23 (2010), S. 2564–2584. **53** F. McInerney und S. Wing, «The Paleocene–Eocene Thermal Maximum: A Perturbation of Carbon Cycle, Climate, and Biosphere with Implications for the Future», *Annual Review of Earth and Planetary Sciences* 39 (2011), S. 489–516; S. Kender, «Paleocene/Eocene carbon feedbacks triggered by volcanic activity», *Nature Communications* 12 (2021), S. 1–10. **54** Ebd.; vgl. auch C. Jaramillo u.a., «Effects of rapid global warming at the Paleocene–Eocene boundary on Neotropical vegetation», *Science* 330 (2010), S. 957–961. **55** V. Lauretano u.a., «Eocene to Oligocene terrestrial Southern Hemisphere cooling caused by declining pCO2», *Nature Geoscience* (2021), S. 1–16. **56** B. Mason, D. Pyle und C. Oppenheimer, «The size and frequency of the largest explosive eruptions on Earth», *Bulletin of Vulcanology* 66 (2004), S. 735–748; O. Bachmann, M. Dungan und P. Lipman, «The Fish Canyon Magma Body, San Juan Volcanic Field, Colorado: Rejuvenation and Eruption of an Upper-Crustal Batholith», *Journal of Petrology* 43 (2002), S. 1469–1503. **57** K. Sieh u.a., «Australasian impact crater buried under the Bolaven volcanic field, Southern Laos», *Proceedings of the National Academy of Sciences of the USA* 117 (2020), S. 1346–1353. **58** E. de la Vega u.a., «Atmospheric CO_2, during the Mid-Piacenzian Warm Period and the M2 glaciation», *Scientific Reports* 10 (2020), S. 1–8; R. Zhang, D. Jiang und Z. Zhang, «Causes of mid-Pliocene strengthened summer and weakened winter monsoons over East Asia», *Advances in Atmospheric Sciences* 12 (2015), S. 1016–1026. **59** N. Zhang u.a., «The dominant driving force for supercontinent breakup: Plume push or subduction retreat?», *Geoscience Frontiers* 9 (2018), S. 997–1007; L. Chen u.a., «Subduction tectonics vs. Plume tectonics – Discussion on driving forces for plate motion», *Science China Earth Sciences* 63 (2020), S. 315–328. **60** D. van Hinsbergen, «A record of plume-induced plate rotation triggering subduction initiation», *Nature Geoscience* 14 (2021), S. 626–630. **61** N. Mortimer u.a.,

«Zealandia: Earth's Hidden Continent», *GSA Today* 27 (2017), S. 27–35. **62** D. van Hinsbergen u. a., «Orogenic architecture of the Mediterranean region and kinematic reconstruction of its tectonic evolution since the Triassic», *Gondwana Research* 81 (2020), S. 79–229. **63** J. Flynn u. a., «A new fossil mammal assemblage from the southern Chilean Andes: Implications for geology, geochronology, and tectonics», *Journal of South American Earth Sciences* 15 (2002), S. 285–302; R. Enay und E. Cariou, «Ammonite faunas and palaeobiogeography of the Himalayan belt during the Jurassic: Initiation of a Late Jurassic austral ammonite fauna», *Palaeogeography, Palaeoclimatology, Palaeoecology* 134 (1997), S. 1–38. **64** M. Pontoppidan u. a., «Large-scale regional model biases in the extratropical North Atlantic storm track and impacts on downstream precipitation», *Quarterly Journal of the Royal Meteorological Society* 145 (2019), S. 2718–2732. **65** G. Jung, M. Prange und M. Schulz, «Influence of topography on tropical African vegetation coverage», *Climate Dynamics* 46 (2016), S. 2535–2549. **66** W. Sun, «Northern Hemisphere Land Monsoon Precipitation Increased by the Green Sahara During Middle Holocene», *Geophysical Research Letters* 46 (2019), S. 9870–9879. **67** A. Crosby, *The Columbian Exchange: Biological and Cultural Consequences of 1492* (Westport, CT, 1972); J. Diamond, *Guns, Germs and Steel: A Short History of Everybody for the Last 13,000 Years* (London, 1997); dt. *Arm und Reich. Die Schicksale menschlicher Gesellschaften* (Frankfurt/Main, 1999, erw. Neuausg. 2006). **68** Z. Zhang u. a., «Aridification of the Sahara desert caused by the Tethys Sea shrinkage during the Late Miocene», *Nature* 513 (2014), S. 401–404; A. Holbourn u. a., «Changes in Pacific Ocean circulation following the Miocene onset of permanent Antarctic ice cover», *Earth and Planetary Science Letters* 365 (2013), S. 38–50. **69** D. Garcia-Castellanos u. a., «Catastrophic flood of the Mediterranean after the Messinian salinity crisis», *Nature* 462 (2009), S. 778–781; P.-L. Blanc, «The opening of the Plio-Quaternary Gibraltar Strait: Assessing the size of a cataclysm», *Geodinamica Acta* 15 (2002), S. 303–317. **70** P. Mann, L. Gahagan und M. Gordeon, «Tectonic setting of the world's giant oil and gas fields», in M. Halbouty (Hg.), *Giant Oil and Gas Fields of the Decade, 1990–1999* (Tulsa, OH, 2003), S. 15–105. **71** G. Feulner, «Formation of most of our coal brought Earth close to global glaciation», *Proceedings of the National Academy of Sciences of the USA* 114 (2017), S. 11333–11337. **72** K. Pomeranz, *The Great Divergence: China, Europe and the Making of the Modern World Economy* (Princeton, 2000). **73** D. Zizzamia, «Restoring the Paleo-West: Fossils, Coal, and Climate in Late Nineteenth Century America», *Environmental History* 24 (2019), bes. S. 133–139. **74** B. Rogers, «The Processes and People in the Rise of Instant Cities and their Evolution into the Twenty-First Century», in G. Bakken (Hg.), *The World of the American West* (London, 2010), S. 267–307. **75** F. Egli, N. Schmid und T. Schmidt, «Electoral response to the decline of coal mining in the United States», *SSRN* (2020), S. 1–54. **76** S. Dutch, «Geology and Election 2000: Overview»; https://stevedutch.net/research/elec2000/geolelec2000.htm. **77** Ein guter Überblick findet sich bei D. Yergin, *The Prize: The Epic Quest for Oil, Money & Power* (New York, 2008, 1. Aufl. 1991). **78** E. Rogan, *The Fall of the Ottomans: The Great War in the Middle East, 1914–1920* (London, 2015); dt. *Der Untergang des Osmanischen Reichs. Der Erste Weltkrieg im Nahen Osten 1914–1920* (Darmstadt, 2021); D. Fieldhouse, *Western Imperialism in the Middle East, 1914–1958* (London, 2006). **79** P. Frankopan, *The Silk*

Roads: A New History of the World (London, 2015), S. 357–376; dt. *Licht aus dem Osten. Eine neue Geschichte der Welt* (Berlin, 2015), S. 458–507; D. Yergin, *The Prize: The Epic Quest for Oil, Money and Power* (New York, 1991), S. 333–349; J. Toland, *The Rising Sun: The Decline and Fall of the Japanese Empire, 1936–1945* (New York/London, 1970). **80** M. Willbold, T. Elliott und S. Moorbath, «The tungsten isotopic composition of the Earth's mantle before the terminal bombardment», *Nature* 477 (2011), S. 195–198. **81** D. Siegel, J. Barnes und B. Metzger, «Collapsars as a major source of r-process elements», *Nature* 569 (2019), S. 241–244. **82** C. McLeod und B. Shaulis, «Rare Earth Elements in Planetary Crusts: Insights from the Chemically Evolved Igneous Suites on Earth and the Moon», *Minerals* 8 (2018), S. 1–24. **83** C. McLeod und M. Krekeler, «Source of Extraterrestrial Rare Earth Elements: To the Moon and Beyond», *Resources* 6 (2017), S. 1–28. **84** Vgl. etwa S. Sagan, *The Limits of Safety: Organisations, Accidents, and Nuclear Weapons* (Princeton, 2020). **85** S. Baum, R. de Neufville und A. Barrett, «A Model for the Probability of Nuclear War», Global Catastrophic Risk Institute Working Paper 18–1 (2018), S. 1–39. **86** «Hawaii missile alert: False alarm sparks panic in US State», BBC News, 14. Januar 2018. **87** Siehe unten, S. 779f.

Zweites Kapitel
Über den Ursprung unserer Spezies

1 K. Langergraber, «Generation times in wild chimpanzees and gorillas suggest earlier divergence times in great ape and human evolution», *Proceedings of the National Academy of Sciences of the USA* 109 (2012), S. 15716–15721; O. Venn u. a., «Strong male bias drives germline mutation in chimpanzees», *Science* 344 (2014), S. 1272–1275. **2** A. Beaufet u. a., «Preliminary paleohistological observations of the StW 573 (‹Little Foot›) skull», *eLife* (2021), S. 1–8. Vgl. auch D. Granger u. a., «Cosmogenic nuclide dating of *Australopithacus* at Sterkfontein, South Africa», *Proceedings of the National Academy of Sciences of the USA* 119 (2022), S. 1–7. **3** K. Carlson u. a., «The pectoral girdle of StW 573 (‹Little Foot›) and its implications for shoulder evolution in the Hominina», *Journal of Human Evolution* (2021), S. 1–28. **4** B. Villmoare u. a., «Early *Homo* at 2.8 Ma from Ledi-Geraru, Afar, Ethiopia», *Science* 347 (2015), S. 1352–1355; vgl. jetzt jedoch H. Püschel u. a., «Divergence-time estimates for hominins provide insight into encephalization and body mass trends in human evolution», *Nature Ecology & Evolution* (2021), S. 1–24. **5** W. Kimbel und B. Villmoare, «*Australopithacus* to *Homo*: The transition that wasn't», *Proceedings of the Royal Society B* 371 (2016), S. 1–10. **6** B. Wood und J. Baker, «Evolution in the genus *Homo*», *Annual Review of Ecology, Evolution and Systematics* 42 (2011), S. 47–69. **7** F. Spoor u. a., «Reconstructed *Homo habilis* type OH 7 suggests deep-rooted species diversity in early *Homo*», *Nature* 519 (2015), S. 83–86. **8** Vgl. etwa H. Dunsworth, «Origin of the Genus *Homo*», *Evolution: Education and Outreach* 3 (2010), S. 353–366. **9** E. Vrba, «Role of Environmental Stimuli in Hominid Origins», in W. Henke und I. Tattersall (Hg.), *Handbook of Paleoanthropology* (New York, 2007), S. 1837–1886. **10** S. Antón, R. Potts und L. Aiello, «Evolution of early *Homo*: An integrated biological perspective», *Science* 345 (2014), S. 1–15. **11** A. Harries u.a., «Contemporaneity of *Australopithacus*, *Paranthropus* and early *Homo erectus* in South Africa», *Science* 368 (2020), S. 1–21. **12** R. Potts u.a., «Environmental and behavioural evidence pertaining to the evolution of early *Homo*», *Current Anthropology* 53 (2012), S. 299–312. **13** J. Ferrero u.a., «Earliest archaeological evidence of persistent hominin carnivory», *PLOS ONE* 8 (2013), S. 1–10; D. Braun u.a., «Early hominin diet included diverse terrestrial and aquatic animals 1.95 Ma in East Turkana, Kenya», *Proceedings of the National Academy of Sciences of the USA* 107 (2010), S. 10002–10007. **14** C. Broadhurst, S. Cunnane und M. Crawford, «Rift Valley lake fish and shellfish provided brain-specific nutrition for early Homo», *British Journal of Nutrition* 79 (1998), S. 3–21. **15** M. Raghanti u.a., «A neurochemical hypothesis for the origin of hominids», *Proceedings of the National Academy of Sciences of the USA* 115 (2018), S. 1108–1116. **16** J. Gowlett, C. Gamble und R. Dunbar, «Human evolution and the archaeology of the social brain», *Current Anthropology* 53 (2012), S. 693–722; A. Pinson u.a., «Human TKL1 implies greater neurogenesis in frontal neocortex of modern humans than Neanderthals», *Science* 377 (2022), S. 1–12. Einen guten Überblick gibt A. Barona, «The archaeology of the social brain revisited: Rethinking mind and material culture from a material engagement perspective», *Adaptive Behaviour* (2020), S. 1–16. **17** H. Christian, «Global frequency and distribution of lightning as observed from space by the Optical Transient Detector», *Journal of Geophysical Research* 108 (2003), S. 4–15. **18** J. Gowlett, «The discovery of fire by humans: A long and convoluted process», *Philosophical Transactions of the Royal Society B* 371 (2016), S. 1–12. **19** H. de Lumley, «Il y a 400000 ans: La domestication du feu, un formidable moteur d'hominisation», *Comptes Rendus Paleveol* 5 (2006), S. 149–154. **20** M. Maslin und B. Christiansen, «Tectonics, orbital forcing, global climate change and human evolution in Africa: Introduction to the Africa paleoclimate», *Journal of Human Evolution* 53 (2007), S. 443–464; S. Kaboth-Bahr u.a., «Paleo-ENSO influence on African environments and early modern humans», *Proceedings of the National Academy of Sciences of the USA* 118 (2021), S. 1–6. **21** A. Bergström u.a., «Origins of modern human ancestry», *Nature* 590 (2021), S. 229. **22** A. Barash u.a., «The earliest Pleistocene record of a large-bodied hominin from the Levant supports two out-of-Africa dispersal events», *Scientific Reports* 12 (2022), S. 1–9. **23** R. Ferring u.a., «Earliest human occupations at Dmanisi (Georgian Caucasus) dated to 1.85–1.78Ma», *Proceedings of the National Academy of Sciences of the USA* 108 (2011), S. 10432–10436. **24** R. Zhu u.a., «Early evidence of the genus Homo in East Asia», *Journal of Human Evolution* 55 (2008), S. 1075–1085; R. Larick, «Early Pleistocene ^{40}Ar/^{39}Ar ages for Bapang Formation hominins, Central Java, Indonesia», *Proceedings of the National Academy of Sciences of the USA* 98 (2001), S. 4866–4871; M. Arzarello, «Evidence of earliest human occurrence in Europe: The site of Pirro Nord (Southern Italy)», *Naturwissenschaften* 94 (2007), S. 107–112. **25** Stringer, «Origin and evolution of *Homo sapiens*», S. 1–12; A. Gómez-Robles, «Dental evolutionary rates and its implications for the Neanderthal–modern human divergence», *Science Advances* 5 (2019), S. 1–9; X. Ni u.a., «Massive cranium from Harbin in northeastern China establishes a new Middle Pleistocene human lineage», *The Innovation* (2021), S. 1–7. **26** D. Reich u.a., «Genetic history of an archaic hominin group from Denisova Cave in Siberia», *Nature* 468 (2010), S. 1053–1060; J. Krause u.a., «The complete mitochondrial DNA genome of an unknown hominin from southern Siberia», *Nature* 464 (2010), S. 894–897; I. Hershkovitz u. a., «A Middle Pleistocene *Homo* from Nesher Ramla, Israel», *Science* 372 (2021), S. 1424–1428; J. Teixeira u. a., «Widespread Denisovian ancestry in Island Southeast Asia, but no evidence of substantial super-archaic hominin admixture», *Nature Ecology & Evolution* (2021), S. 1–11. **27** P. Qin und M. Stoneking, «Denisovan Ancestry in East Eurasian and Native American Populations», *Molecular Biology & Evolution* 32 (2015), S. 2665–2674; B. Bonifante, «A GWAS in Latin Americans identifies novel face shape loci, implicating VPS13B and a Denisovan introgressed region in facial variation», *Science Advances* 7 (2021), S. 1–18; P. Zhang u. a., «Denisovans and Homo sapiens on the Tibetan Plateau: Dispersals and adaptations», *Trends in Ecology & Evolution* (2021); D. Zhang, «Denisovan DNA in Late Pleistocene sediments from Baishiya Karst Cave on the Tibetan Plateau», *Science* 370 (2020), S. 584–587. **28** M. Hajdinjak u. a., «Initial Upper Paleolithic humans in Europe had recent Neanderthal ancestry», *Nature* 592 (2021), S. 253–257. **29** H. Zeberg und S. Pääbo, «A genomic region associated with protection against severe COVID-19 is inherited from Neanderthals», *Proceedings of the National Academy of Sciences of the USA* 118 (2021), S. 1–5. **30** A. Steegmann, F. Cerny und T. Holliday, «Neanderthal cold adaptation: Physiological and energetic factors», *American Journal of Human Biology* 14 (2002), S. 566–583. **31** J.-J. Hublin und W. Roebroeks, «Ebb and flow or regional extinctions? On the character of Neanderthal occupation of northern environments», *Comptes Rendus Palevol* 8 (2009), S. 503–509. **32** B. Vernot u. a., «Unearthing Neanderthal population history using nuclear and mitochondrial DNA from cave sediments», *Science* 372 (2021), S. 1–8. **33** J.-J. Hublin, «The origin of Neanderthals», *Proceedings of the National Academy of Sciences of the USA* 106 (2009), S. 16022–16027. **34** A. Bartsiokas und J.-L. Arsuaga, «Hibernation in hominins from Atapuerca, Spain half a million years ago», *L'Anthropologie* 124 (2020), S. 1–34. **35** M. Conde-Valverde u. a., «Neanderthals and *Homo sapiens* had similar auditory and speech capacities», *Nature Ecology & Evolution* (2021), S. 1–19. **36** D. Garrigan und M. Hammer, «Reconstructing human origins in the genomic era», *Nature Reviews Genetics* 7 (2006), S. 669–680. **37** M. Lahr, «Genetic and Fossil Evidence for Modern Human Origins», in P. Mitchell und P. Lane (Hg.), *The Oxford Handbook of African Archaeology* (Oxford, 2013), S. 327–329. **38** C. Stringer, *The Origins of our Species* (London, 2012), S. 173–174, 229–233; A. Timmermann u. a., «Climate effects on archaic human habitats and species successions», *Nature* 604 (2022), S. 495–501. **39** Y. Kedar, G. Kedar und R. Barkai, «The influence of smoke density on hearth location and activity areas at Lower Paleolithic Lazaret Cave, France», *Scientific Reports* 12 (2022), S. 1–14. **40** E. Böhm u. a., «Strong and deep Atlantic meridional overturning circulation during the last glacial cycle», *Nature* 517 (2015), S. 73–76; D. Sigman, M. Hain und G. Haug, «The polar ocean and glacial cycles in atmospheric CO_2 concentration», *Nature* 466 (2010), S. 47–55. **41** J. Bassis, S. Petersen und L. MacCathles, «Heinrich events triggered by ocean forcing and modulated by isostatic adjustment», *Nature* 542 (2017), S. 332–334. **42** S. Crump u. a., «Ancient plant DNA reveals High Arctic greening during the Last Interglacial», *Proceedings of the National Academy of Sciences of the USA* 118 (2021). **43** C. Turney u. a., «Early Last Interglacial ocean warming drove substantial ice mass loss from Antarctica», *Proceedings of the National Academy of Sciences of the USA* 117 (2020), S. 3996–4006. **44** R. Jones u. a., «Delayed maximum northern European summer temperatures during the Last Interglacial as a result of Greenland Ice Sheet melt», *Geology* 45 (2017), S. 23–26. **45** J. Smith, «Palaeoenvironments of eastern North Africa and the Levant in the Late Pleistocene», in E. Garcea (Hg.), *South-Eastern Mediterranean Peoples between 130,000 and 10,000 Years Ago* (Oxford, 2010), S. 6–17. **46** H. Groucutt u. a., «Multiple hominin dispersals into Southwest Asia over the past 400,000 years», *Nature* (2021), S. 1–15. **47** S. Tucci und J. Akey, «A map of wanderlust», *Nature* 538 (2016), S. 179–180. **48** R. Dennell und W. Roebroeks, «An Asian perspective on early human dispersal from Africa», *Nature* 438 (2005), S. 1099–1104; J. Saarinen, «Pliocene to Middle Pleistocene climate history in the Guadix-Baza Basin, and the environmental conditions of early *Homo* dispersal in Europe», *Quaternary Science Reviews* 268 (2021), S. 1–18; M. Belmaker, «On the road to China: The environmental landscape of the Early Pleistocene in Western Eurasia and its implication for the dispersal of Homo», in C. Norton und D. R. Braun (Hg.), *Asian Palaeoanthropology: From Africa to China and Beyond*, Vertebrate Palaeobiology and Palaeoanthropology Series (Dordrecht, 2011), S. 31–40. **49** J. Shea, «Transitions or turnovers? Climatically-forced extinctions of *Homo sapiens* and Neanderthals in the East Mediterranean Levant», *Quaternary Science Reviews* 27 (2008), S. 2253–2270. **50** W. Rose und C. Chesner, «Dispersal of ash in the great Toba eruption, 75 ka», *Geology* 15 (1987), S. 913–917. **51** M. Williams u. a., «Environmental impact of the 73 Ka Toba super-eruption in South Asia», *Palaeogeography, Palaeoclimatology, Palaeoecology* 284 (2009), S. 295–314. **52** A. Robock u. a., «Did the Toba Volcanic Eruption of ~74k BP produce Widespread Glaciation?», *Journal of Geophysical Research* 114 (2009), S. 1–9; S. Ambrose, «Late Pleistocene Human Population Bottlenecks, Volcanic Winter, and Differentiation of Modern Humans», *Journal of Human Evolution* 34 (1998), S. 623–651. **53** B. Black u. a., «Global climate disruption and regional climate shelters after the Toba supereruption», *Proceedings of the National Academy of Sciences of the USA* 118 (2021), S. 1–35. **54** C. Lane, B. Chorn und T. Johnson, «Ash from the Toba supereruption in Lake Malawi shows no volcanic winter in East Africa at 75ka», *Proceedings of the National Academy of Sciences of the USA* 110 (2013), S. 8025–8029. **55** M. Haslam u. a., «The 74 ka Toba super-eruption and southern Indian hominins: Archaeology, lithic technology and environments at Jwalapuram Locality 3», *Journal of Archaeological Science* 37 (2010), S. 3370–3384. **56** C. Timmreck u. a., «Aerosol size confines climate response to volcanic super-eruptions», *Geophysical Research Letters* 37 (2010), S. 1–5. **57** C. Fernandes u. a., «Absence of Post-Miocene Red Sea Land Bridges: Biogeographic Implications», *Journal of Biogeography* 33 (2006), S. 961–966; C. Clarkson u. a., «Human Occupation of Northern Australia by 65,000 Years Ago», *Nature* 547 (2017), S. 306–310. **58** J. Thompson u. a., «Early human impacts and ecosystem reorganization in southern-central Africa», *Science Advances* 7 (2021), S. 1–13. **59** M. Ziegler u. a., «Development of Middle Stone Age innovation linked to rapid climate change», *Nature Communications* 4 (2013), S. 1–9. **60** F. d'Errico u. a., «*Nassarius kraussianus* shell beads from Blombos Cave: evidence for symbolic behaviour in the Middle Stone Age», *Journal of Human Evolution* 48 (2005), S. 3–24. **61** R. Vogelsang, «New Excavations of Middle Stone Age

Deposits at Apollo 11 Rockshelter, Namibia: Stratigraphy, Archaeology, Chronology and Past Environments», *Journal of African Archaeology* 8 (2010), S. 185–218. **62** Y. Sahle und A. Brooks, «Assessment of complex projectiles in the early Late Pleistocene at Aduma, Ethiopia», *PLOS ONE* 14 (2019), S. 1–18. **63** J. Shea, «Neanderthals and early *Homo sapiens* in the Levant», in Garcea, *South-Eastern Mediterranean Peoples*, S. 126–143. **64** J. Miller und Y. Wang, «Ostrich eggshell beads reveal 50,000-year-old social network in Africa», *Nature* 601 (2022), S. 234–239. **65** D. Leder, «A 51,000-year-old engraved bone reveals Neanderthals' capacity for symbolic behaviour», *Nature Ecology & Evolution* 5 (2021), S. 1273–1282; A. Pitarch Martí, «The symbolic role of the underground world among Middle Paleolithic Neanderthals», *Proceedings of the National Academy of Sciences of the USA* 118 (2021), S. 1–6. **66** C. Henshilwood, F. d'Errico und I. Watts, «Engraved ochres from the Middle Stone Age level at Blombos Cave, South Africa», *Journal of Human Evolution* 57 (2009), S. 27–47. **67** A. Brumm, «Oldest cave art found in Sulawesi», *Science Advances* 7 (2021), S. 1–13. **68** M. Aubert, «Earliest hunting scene in prehistoric art», *Nature* 576 (2019), S. 442–445; zur Datierung der Höhlenfunde in Europa vgl. H. Fewlass, «A ^{14}C chronology for the Middle to Upper Palaeolithic transition at Bacho Kiro Cave, Bulgaria», *Nature Ecology & Evolution* 4 (2020), S. 794–801. **69** J. Kind u. a., «The smile of the Lion Man: Recent excavations in Stadel Cave (Baden-Württemberg, south-western Germany) and the restoration of the famous Upper Palaeolithic figurine», *Quartär* 61 (2014), S. 129–145. **70** A. Cooper u. a., «A global environmental crisis 42,000 years ago», *Science* 371 (2021), S. 811–818; vgl. dazu aber auch A. Picin u. a., «Comment on ‹A global environmental crisis 42,000 years ago›», *Science* 374 (2021), S. 1–4. **71** Y. Kedar, G. Kedar und R. Barkai, «Hypoxia in Paleolithic decorated caves: The use of artificial light in deep caves reduces oxygen concentration and induces altered states of consciousness», *Time and Mind: The Journal of Archaeology, Consciousness and Culture* 14 (2021), S. 1–36. **72** D. Wolf u. a., «Climate deteriorations and Neanderthal demise in interior Iberia», *Scientific Reports* 8 (2018), S. 1–10; S. Pederzani, «Subarctic climate for the earliest *Homo sapiens* in Europe», *Science Advances* 7 (2021), S. 1–10. **73** A. Timmermann, «Quantifying the potential causes of Neanderthal extinction: Abrupt climate change versus competition and interbreeding», *Quaternary Science Reviews* 238 (2020), S. 1–14; L. Slimak u. a., «Modern human incursion into Neanderthal territories 54,000 years ago at Mandrin, France», *Science Advances* 8 (2022), S. 1–16. **74** P. Mellars und J. French, «Tenfold Population Increase in Western Europe at the Neanderthal-to-Modern Human Transition», *Science* 333 (2011), S. 623–627. **75** Y. Kaifu, «Archaic hominin populations in Asia before the arrival of modern humans: Their phylogeny and implications for ‹Southern Denisovans›», *Current Anthropology* 58 (2017), S. 418–433. **76** P. Roberts u. a., «Isotopic evidence for initial coastal colonization and subsequent diversification in the human occupation of Wallacea», *Nature Communications* 11 (2020), S. 1–11; vgl. auch N. Bourgon, «Trophic ecology of a Late Pleistocene early modern human from tropical Southeast Asia inferred from zinc isotopes», *Journal of Human Evolution* 161 (2021), S. 1–10. **77** J. Choin u. a., «Genomic insights into population history and biological adaptation in Oceania», *Nature* 592 (2021), S. 583–589; A. Fairbairn, «Pleistocene Occupation of New Guinea's Highland and Subalpine Environments», *World*

Archaeology 38 (2017), S. 371–386. **78** Clarkson u. a., «Human Occupation of Northern Australia by 65,000 Years Ago», S. 306–310; S. Florin u. a., «Pandanus nutshell generates a palaeoprecipitation record for human occupation at Madjedbebe, northern Australia», *Nature Ecology & Evolution* 5 (2021), S. 295–303. **79** P. Clark u. a., «The Last Glacial Maximum», *Science* 325 (2009), S. 710–714. **80** F. Sirocko, *Wetter, Klima, Menschheitsentwicklung. Von der Eiszeit bis ins 21. Jahrhundert* (Darmstadt, 2010), bes. S. 71–82. **81** S. Blockley u. a., «Dating human occupation and adaptation in the southern European last glacial refuge: The chronostratigraphy of Grotta del Romito (Italy)», *Quaternary Science Reviews* 184 (2018), S. 5–25. **82** G.-C. Weniger, «Late Glacial rapid climate change and human response in the Westernmost Mediterranean (Iberia and Morocco)», *PLOS ONE* 14 (2019), S. 1–33. **83** C. Spötl u. a., «Increased autumn and winter precipitation during the Last Glacial Maximum in the European Alps», *Nature Communications* 12 (2021), S. 1–9. **84** R. Cheddadi u. a., «Putative glacial refugia of *Cedus atlantica* deduced from Quaternary pollen records and modern genetic diversity», *Journal of Biogeography* 36 (2009), S. 1361–1371; K. Cuffey u. a., «Large arctic temperature change at the Wisconsin-Holocene transition», *Science* 270 (1995), S. 455–458. **85** A. Seltzer u. a., «Widespread six degrees Celsius cooling on land during the Last Glacial Maximum», *Nature* 593 (2021), S. 228–232. **86** P. Wang und X. Sun, «Last glacial maximum in China: Comparison between land and sea», *Catena* 23 (1994), S. 341–353. **87** P Zhao u. a., «Modeling the East Asian climate during the last glacial maximum», *Science in China Series D: Earth Sciences* 46 (2003), S. 1060–1068. **88** A. Bouzouggar, R. Barton und S. Blockley, «Re-evaluating the age of the Iberomaurusian in Morocco», *African Archaeological Review* 25 (2008), S. 3–19. **89** Mercader u. a., «Phytoliths from archaeological sites in the tropical forest of Ituri, Democratic Republic of Congo», *Quaternary Research* 54 (2000), S. 102–112. **90** J. Louys und P. Roberts, «Environmental drivers of megafauna and hominin extinction in South East Asia», *Nature* 586 (2020), S. 402–424; H. Bocherens u. a., «Flexibility of diet and habitat in Pleistocene South Asian mammals: Implications for the fate of the giant fossil ape *Gigantopithecus*», *Quaternary International* 434 (2017), S. 148–155. **91** A. Barnosky, «Assessing the Causes of Late Pleistocene Extinctions on the Continents», *Science* 306 (2004), S. 70–75; C. Bradshaw u. a., «Relative demographic susceptibility does not explain the extinction chronology of Sahul's megafauna», *ELife* (2021), S. 1–43; J. Cantalapiedra u. a., «The rise and fall of proboscidean ecological diversity», *Nature Ecology & Evolution* 5 (2021), S. 1266–1272. **92** G. Prescott u. a., «Quantitative global analysis of the role of climate and people in explaining late Quaternary megafaunal extinctions», *Proceedings of the National Academy of Sciences of the USA* 109 (2012), S. 4527–4531. **93** C. Sandom u. a., «Global late Quaternary megafauna extinctions linked to humans, not climate change», *Proceedings of the Royal Society B* 281 (2014), S. 1–9. **94** N. Munro u. a., «The emergence of animal management in the southern Levant», *Scientific Reports* 8 (2018), S. 1–11; J. Dembitzer u. a., «Levantine overkill: 1.5 million years of hunting down the body size distribution», *Quaternary Science Reviews* 276 (2022), S. 1–10. **95** D. Lorenzen u. a., «Species-specific responses of Late Quaternary megafauna to climate and humans», *Nature* 479 (2011), S. 359–364. **96** C. Doughty u. a., «Megafauna extinction, tree species range reduction, and carbon storage in

Amazonian forests», *Ecography* 39 (2016), S. 194–203. **97** S. Rule u. a., «The Aftermath of Megafaunal Extinction: Ecosystem Transformation in Pleistocene Australia», *Science* 335 (2012), S. 1483–1486. **98** T. Pico u. a., «Glacial isostatic adjustment directed incision of the Channeled Scabland by Ice Age megafloods», *Proceedings of the National Academy of Sciences of the USA* 119 (2022), S. 1–6. **99** P. Clark, «Global climate evolution during the last deglaciation», *Publications of the National Academy of Sciences of the USA* 109 (2012), S. 1134–1142. **100** J. Benjamin, «Aboriginal artefacts on the continental shelf reveal ancient drowned cultural landscapes in northwest Australia», *PLOS ONE* 15 (2020), S. 1–31. **101** A. Williams, «Sea-level change and demography during the last glacial termination and early Holocene across the Australian continent», *Quaternary Science Reviews* 182 (2018), S. 144–154. **102** G. Goebel, M. Waters und D. O'Rourke, «The Late Pleistocene Dispersal of Modern Humans in the Americas», *Science* 319 (2008), S. 1497–1502; J. Dobson, G. Spada und G. Galassi, «The Bering Transitory Archipelago: Stepping stones for the first Americans», *Comptes Rendus. Géoscience* 353 (2021), S. 55–65. **103** V. Moreno-Mayar, «Early human dispersals within the Americas», *Science* 362 (2018), S. 1–11. **104** Vgl. etwa W. Stinnesbeck, «The earliest settlers of Mesoamerica date back to the late Pleistocene», *PLOS ONE* 12 (2017), S. 1–20; M. Araújo Castro e Silva u. a., «Deep genetic affinity between coastal Pacific and Amazonian natives evidenced by Australasian ancestry», *Proceedings of the National Academy of Sciences of the USA* 118 (2021), S. 1–3. **105** C. Ardelean u. a., «Evidence of human occupation in Mexico around the Last Glacial Maximum», *Nature* 584 (2020), S. 87–92; A. Somerville, I. Casar und J. Arroyo-Cabrales, «New AMS Radiocarbon Ages from the Preceramic Levels of Coxcatlan Cave, Puebla, Mexico: A Pleistocene Occupation of the Tehuacan Valley», *Latin American Antiquity* (2021), S. 1–15; T. Rowe u. a., «Human Occupation of the North American Colorado Plateau ~37,000 Years Ago», *Frontiers in Ecology and Evolution* 10 (2022), S. 1–22. **106** J. Colella, «Whole-genome resequencing reveals persistence of forest-associated mammals in Late Pleistocene refugia along North America's North Pacific coast», *Journal of Biogeography* 48 (2021), S. 1153–1159. **107** Vgl. etwa L. Bourgeon, A. Burke und T. Higham, «Earliest human presence in North America dates to the Last Glacial Maximum: New radiocarbon dates from Bluefish Caves, Canada», *PLOS ONE* 12 (2017), S. 1–15; T. Dillehay u. a., «New Archaeological Evidence for an Early Human Presence at Monte Verde, Chile», *PLOS ONE* 10 (2015), S. 1–27. **108** D. Shakun und A. Carlson, «A global perspective on Last Glacial Maximum to Holocene Climate Change», *Quaternary Science Reviews* 29 (2010), S. 1801–1816. **109** J. Annan und J. Hargreaves, «A new global reconstruction of temperature changes at the Last Glacial Maximum», *Climate of the Past* 9 (2013), S. 367–376; P. Holden u. a., «A probabilistic calibration of climate sensitivity and terrestrial carbon change in GENIE-1», *Climate Dynamics* 35 (2009), S. 1–22. **110** N. Thiagarajan u. a., «Abrupt pre-Bølling-Allerød warming and circulation changes in the deep ocean», *Nature* 511 (2014), S. 75. **111** W. van Ziest, U. Baruch und S. Bottema, «Holocene palaeoecology of the Hula area, northern Israel», in E. Kaptijn und L. Petit (Hg.), *A Timeless Vale: Archaeological and Related Essays on the Jordan Valley in Honour of Gerrit van der Kooij on the Occasion of his Sixty-Fifth Birthday* (Leiden, 2009), S. 29–64. **112** N. Goring Morris und A. Belfer-Cohen, «Neolithization processes in the Levant: The outer envelope», *Current Anthropology* 52 (2011), S. 195–208. **113** C. Nolan u. a., «Past and future global transformation of terrestrial ecosystems under climate change», *Science* 361 (2018), S. 920–923. **114** C. Parmesan und M. Hanley, «Plants and climate change: Complexities and surprises», *Annals of Botany* 116 (2015), S. 849–864. **115** Ebd. sowie V. Masson-Delmotte u. a., «Information from paleoclimatic archives», in T. Stocker u. a. (Hg.), *Climate Change 2013 – The Physical Science Basis* (Cambridge, 2013), S. 383–464. **116** A. Carlson u. a., «Geochemical proxies of North American freshwater routing during the Younger Dryas cold event», *Proceedings of the National Academy of Sciences of the USA* 104 (2007), S. 6556–6561. **117** G. Brakenridge, «Core-collapse supernovae and the Younger Dryas/terminal Rancholabrean extinctions», *Icarus* 215 (2011), S. 101–106. **118** F. Thackeray, L. Scott und P. Pieterse, «The Younger Dryas interval at Wonderkrater (South Africa) in the context of a platinum anomaly», *Palaeontologia Africana* 54 (2019), S. 30–35; M. Sweatman, «The Younger Dryas impact hypothesis: Review of the impact evidence», *Earth-Science Reviews* 218 (2021), S. 1–22. **119** N. Sun, «Volcanic origin for Younger Dryas geochemical anomalies ca. 12,000 cal BP», *Science Advances* 6 (2020), S. 1–9. Zur Datierung vgl. F. Reinig u. a., «Precise date for the Laacher See eruption synchronises the Younger Dryas», *Nature* 595 (2021), S. 66–69. **120** P. Schultz u. a., «Widespread glasses generated by cometary fireballs during the late Pleistocene in the Atacama Desert, Chile», *Geology* (2021), S. 1–5. **121** J. Steffensen u. a., «High-Resolution Greenland Ice Core Data Show Abrupt Climate Change Happens in Few Years», *Science* 321 (2008), S. 680–684. **122** J. Severinghaus u. a., «Timing of abrupt climate change at the end of the Younger Dryas interval from thermally fractionated gases in polar ice», *Nature* 391 (1998), S. 141–146. **123** J. Fan u. a., «The manifestation of the Younger Dryas event in the East Asian summer monsoon margin: New evidence from carbonate geochemistry of the Dali Lake sediments in northern China», *The Holocene* 28 (2018), S. 1082–1092. **124** R. Newnham und D. Lowe, «Fine-resolution pollen record of late-glacial climate reversal from New Zealand», *Geology* 28 (2000), S. 759–762. **125** J. Bakke u. a., «Rapid oceanic and atmospheric changes during the Younger Dryas cold period», *Nature Geoscience* 2 (2009), S. 202–205. **126** Z. An, S. Colman und W. Zhou, «Interplay between the Westerlies and Asian monsoon recorded in Lake Qinghai sediments since 32 ka», *Scientific Reports* 2 (2012), S. 1–7; X. Huang, P. Meyers und J. Yu, «Moisture conditions during the Younger Dryas and the early Holocene in the middle reaches of the Yangtze River, central China», *The Holocene* 22 (2012), S. 1473–1479. **127** M. Talbot u. a., «An abrupt change in the African monsoon at the end of the Younger Dryas», *Geochemistry, Geophysics, Geosystems* 8 (2007), S. 1–16. **128** R. Guthrie, «New carbon dates link climate change with human colonization and Pleistocene extinctions», *Nature* 441 (2006), S. 207–209; vgl. auch J. Louys, «No evidence for widespread island extinctions after Pleistocene hominin arrival», *Proceedings of the National Academy of Sciences of the USA* 118 (2021), S. 1–8. **129** M. Theuerkauf und H. Joosten, «Younger Dryas cold stage vegetation patterns of central Europe – climate, soil and relief controls», *Boreas* 41 (2012), S. 391–407; F. Mayle und L. Cwynar, «Impact of the Younger Dryas Cooling Event upon Lowland Vegetation of Maritime Canada», *Ecological Monographs* 65 (1995), S. 129–154; S. Mulitza u. a., «Sahel megadroughts triggered by glacial slowdowns of Atlantic meridional overturning», *Paleoceanography* 23 (2008), S. 1–11. **130** D. Anderson u.a., «Multiple lines of evidence for possible Human population decline/settlement reorganization during the early Younger Dryas», *Quaternary International* 242 (2011), S. 570–583. **131** J. Fernández-López de Pablo u.a., «Palaeodemographic modelling supports a population bottleneck during the Pleistocene–Holocene transition in Iberia», *Nature Communications* 10 (2019), S. 1–13. **132** Y. Nakazawa u.a., «Human responses to the Younger Dryas in Japan», *Quaternary International* 242 (2011), S. 416–433. **133** A. Belfer-Cohen und O. Bar-Yosef, «Early sedentism in the Near East: A bumpy ride to village life», in I. Kujit (Hg.), *Life in Neolothic Farming Communities: Social Organization, Identity and Differentiation* (New York, 2000), S. 19–37. **134** H. Cheng u.a., «Timing and structure of the Younger Dyas event and its underlying climate dynamics», *Proceedings of the Nationals Academy of Sciences of the USA* 117 (2020), S. 23408–23417; J. Partin u.a., «Gradual onset and recovery of the Younger Dryas abrupt climate event in the tropics», *Nature Communications* 6 (2015), S. 1–9. **135** Steffensen, «High-Resolution Greenland Ice Core Data», S. 680–684. **136** M. Walker, «Formal definition and dating of the GSSP (Global Stratotype Section and Point) for the base of the Holocene using the Greenland NGRIP ice core, and selected auxiliary records», *Journal of Quaternary Science* 24 (2009), S. 3–17. **137** S. Raghuraman, D. Paynter und V. Ramaswamy, «Anthropogenic forcing and response yield observed positive trend in Earth's energy imbalance», *Nature Communications* 12 (2021), S. 1–10. **138** N. Barton und A. Bouzouggar, «Hunter-gatherers of the Maghreb 25,000–6,000 Years Ago», in Mitchell und Lane (Hg.), *Oxford Handbook of African Archaeology*, S. 432–434. **139** E. Rybin u.a., «Стратиграфия и культурная последовательность стоянки Толбор-21 (Северная Монголия): итоги работ 2014–2016 гг. И дальнейшие перспективы исследований» in *Теория и практика археологических исследований* 20 (2017), S. 158–168; E. Novgorodova, *Древняя Монголия: Некоторые проблемы хронологии и этнокультурной истории* (Moskau, 1989). **140** L. Humphrey und E. Bocaege, «Tooth Evulsion in the Maghreb: Chronological and Geographical Patterns», *African Archaeological Review* 25 (2008), S. 109–123. Der früheste Fund einer menschlichen Begräbnisstätte, in einer Höhle in Kenia, stammt aus der Zeit vor 78000 Jahren. Vgl. M. Martinón-Torres, «Earliest known human burial in Africa», *Nature* 593 (2021), S. 95–100; N. Rahmani, *Le Capsien typique et le Capsien supérieur. Evolution ou contemporanité, les données technologiques* (Oxford, 2003), bes. S. 291–301. **141** G. Barker, *The Agricultural Revolution in Prehistory: Why Did Foragers Become Farmers?* (Oxford, 2006); L. Janz, D. Odsuren und D. Bukhchulun, «Transitions in Palaeoecology and Technology: Hunter-Gatherers and Early Herders in the Gobi Desert», *Journal of World Prehistory* 30 (2017), S. 1–80. **142** A. Rosen und I. Rivera-Collazo, «Climate change, adaptive cycles and the persistence of foraging economies during the late Pleistocene/Holocene transition in the Levant', *Proceedings of the National Academy of Sciences of the USA* 109 (2012), S. 3640–3645; G. Wilcox, «The distribution, natural habitats and availability of wild cereals in relation to their domestication in the Near East: Multiple events, multiple centres», *Vegetation History and Archaeobotany* 14 (2005), S. 534–541. **143** O. Bar-Yosef und A. Belfer-Cohen, «Facing environmental crisis. Societal and cultural changes at the transition from the Younger Dryas to the Holocene in the Levant», in R. Cappers und S. Bottema (Hg.), *Transition from Foraging to Farming in South-West Asia: Dawn of Farming in the Near East* (Berlin, 2002), S. 55–66. **144** E. Ellis u. a., «People have shaped most of territorial nature for a least 12,000 years», *Proceedings of the National Academy of Sciences of the USA* 118 (2021), S. 1–8. **145** M. Maslin, C. Stickley und V. Ettwein, «Holocene Climate Variability», in K. Cochran u. a. (Hg.), *Encyclopaedia of Ocean Sciences*, 6 Bde. (Amsterdam, 2019), Bd. 4, S. 513–519.

Drittes Kapitel
Die Wechselbeziehung von Mensch und Umwelt

1 P. Richerson, R. Boyd and R. Bettinger, «Was Agriculture Impossible during the Pleistocene but Mandatory during the Holocene? A Climate Change Hypothesis», *American Antiquity* 66 (2001), S. 387–411. **2** Z. Qiu u. a., «Late Pleistocene–Holocene vegetation history and anthropogenic activities deduced from pollen spectra and archaeological data at Guxu Lake, eastern China», *Scientific Reports* 10 (2020), S. 1–14. **3** E. Duarte u. a., «A progressively wetter early through middle Holocene climate in the eastern lowlands of Guatemala», *Earth and Planetary Science Letters* 561 (2021), S. 1–13. **4** H.-S. Park u. a., «Mid-Holocene Northern Hemisphere warming driven by Arctic amplification», *Science Advances* 5 (2019), S. 1–11. **5** S. Höpker u. a., «Pronounced northwest African monsoon discharge during the mid- to late-Holocene», *Frontiers in Earth Science* 7 (2019), S. 1–17. **6** R. Cheddadi u. a., «Early Holocene greening of the Sahara required Mediterranean winter rainfall», *Proceedings of the National Academy of Sciences of the USA* 118 (2021), S. 1–7. **7** N. Roberts u. a. «Human responses and non-responses to climatic variations during the last Glacial–Interglacial transition in the eastern Mediterranean», *Quarternary Science Reviews* 184 (2018), S. 47–67. **8** A. Moore und G. Hillman, «The Pleistocene to Holocene transition and human economy in southwest Asia: The impact of the younger Dryas», *American Antiquity* 57 (1992), S. 482–494. **9** A. Rosen und I. Rivera-Collazo, «Climate change, adaptive cycles, and the persistence of foraging economies during the late Pleistocene / Holocene transition in the Levant», *Proceedings of the National Academy of Sciences of the USA* 109 (2012), S. 3640–3645. **10** K. Wright, «The Social Origins of Cooking and Dining in Early Villages of Western Asia», *Proceedings of the Prehistoric Society* 66 (2000), S. 89–121. **11** T. Molleson, «The Eloquent Bones of Any Hureyra», *Scientific American* 271 (1994), S. 60–65; dies., «Bones of Work at the Origins of Labour», in S. Hamilton, R. Whitehouse und K. Wright (Hg.), *Archaeology and Women: Ancient and Modern Issues* (Walnut Creek, CA, 2007), S. 185–198. **12** Y. Garfinkel, *Dancing at the Dawn of Agriculture* (Austin, TX, 2003). **13** A. Macintosh, R. Pinhasi und J. Stock, «Prehistoric women's manual labor exceeded that of athletes through the first 5500 years of farming in Central Europe», *Science Advances* 3 (2017), S. 1–12; A. Macintosh, R. Pinhasi und J. Stock, «Lower limb skeletal biomechanics track long-term decline in mobility across ~6150 years of agriculture in Central Europe», *Journal of Archaeological Science* 52 (2014), S. 376–390. **14** J. Peterson, *Sexual Revolutions: Gender and Labor at the Dawn of Agriculture* (Walnut Creek, CA, 2002);

D. Bolger, «The Dynamics of Gender in Early Agricultural Societies of the Near East», *Signs* 35 (2010), S. 503–531. **15** O. Bar Yosef, «Facing climatic hazards: Palaeolithic foragers and Neolithic farmers», *Quaternary International* 428 (2017), S. 64–72; K. Daly u. a., «Herded and hunted goat genomes from the dawn of domestication in the Zagros Mountains», *Proceedings of the National Academy of Sciences of the USA* 118 (2021), S. 1–9. **16** S. Colledge, J. Conolly und S. Shennan, «Archaeobotanical Evidence for the Spread of Farming in the Eastern Mediterranean», *Current Anthropology* 45 (2004), S. 35–58. **17** M. Zeder, «The Origins of Agriculture in the Near East», *Current Anthropology* 52 (2011), S. 221–235. **18** B. Smith, «Low-Level Food Production», *Journal of Archaeological Research* 9 (2001), S. 1–43. **19** C. Doughty, «The development of agriculture in the Americas: An ecological perspective», *Ecosphere* 1 (2010), S. 1–11. **20** Z. Zhao, «New Archaeobotanic Data for the Study of the Origins of Agriculture in China», *Current Anthropology* 52 (2011), S. 295–306. **21** D. Cohen, «The Beginnings of Agriculture in China: A Multiregional View», *Current Anthropology* 52 (2011), S. 273–294. **22** F. Bocquentin, «Pour une approche anthropologique de la transition Épipaléolithique-Néolithique au Proche-Orient», *Bulletin du Centre de Recherche Français à Jérusalem* 17 (2006), S. 41–51; E. Schotsmans u. a., «New insights on commemoration of the dead through mortuary and architectural use of pigments at Neolithic Çatalhöyük. Turkey», *Scientific Reports* 12 (2022), S. 1–19. **23** N. Ezgi Altınışık u. a., «A genomic snapshot of demographic and cultural dynamism in Upper Mesopotamia during the Neolithic Transition», *Science Advances* 8 (2022), S. 1–17. **24** H. Hauptmann und K. Schmidt, «Anatolien vor 12 000 Jahren. Die Skulpturen des Frühneolithikums», in Badisches Landesmuseum Karlshruhe, *Vor 12 000 Jahren in Anatolien. Die ältesten Monumente der Menschheit* (Karlsruhe, 2007), S. 67–73. **25** O. Dietrich u. a., «The role of cult and feasting in the emergence of Neolithic communities: New evidence from Göbekli Tepe», *Antiquity* 86 (2012), S. 674–695; H. Hauptmann, «Eine frühneolitische Kultfigur aus Urfa», in U. Esin u. a. (Hg.), *Köyden Kente: yakındoğu'da ilk yerleşimler* (Istanbul, 2003), S. 623–626; M. Zhilin u. a., «Early art in the Urals: New research on the wooden sculpture from Shigir», *Antiquity* 92 (2018), S. 334–350. **26** H. Thomas u. a., «The mustatils: Cult and monumentality in Neolithic north-western Arabia», *Antiquity* 95 (2021), S. 1–22. **27** R. Rainio u. a., «Prehistoric Pendants as Instigators of Sound and Body Movements: A Traceological Case Study from Northeast Europe, c.8200 cal BP», *Cambridge Archaeological Journal* 31 (2021), S. 639–660. **28** S. Bowles und J.-K. Choi, «Coevolution of farming and private property during the early Holocene», *Proceedings of the National Academy of Sciences of the USA* 110 (2013), S. 8830–8835. **29** A. Goring-Morris und A. Belfer-Cohen, «A Roof over One's Head: Developments in Near Eastern Residential Architecture across the Epipalaeolithic–Neolithic Transition», in J. Boquet-Appel und O. Bar-Yosef (Hg.), *The Neolithic Demographic Transition and its Consequences* (Dordrecht, 2008), S. 239–286. **30** W. Van Neer u. a., «Aquatic fauna from the Takarkori rock shelter reveals the Holocene central Saharan climate and palaeohydrography», *PLOS ONE* 15 (2020), S. 1–34. **31** B. Barich, «Hunter-Gatherer-Fishers of the Sahara and the Sahel 12,000–4,000 Years Ago», in P. Mitchell und P. Lane (Hg.), *The Oxford Handbook of African Archaeology* (Oxford, 2013), S. 449. **32** R. Bettinger u. a., «The transition to agriculture in northwestern China», *Developments in Quaternary Sciences* 9 (2007), S. 83–101. **33** K. Prufer u. a., «Linking late Paleoindian stone tool technologies and populations in North, Central and South America», *PLOS ONE* 14 (2019), S. 1–20. **34** A. Luquin u. a., «Ancient lipids document continuity in the use of early hunter-gatherer pottery through 9,000 years of Japanese prehistory», *Proceedings of the National Academy of Sciences of the USA* 113 (2016), S. 3991–3996. **35** J. Roset, «Céramique et néolithisation en Afrique saharienne», in J. Guilaine (Hg.), *Premiers Paysans du monde: Naissances des agricultures* (Paris, 2000), S. 263–290; E. Huysecom u. a., «Ounjougou (Mali): A history of Holocene settlement at the southern edge of the Sahara», *Antiquity* 78 (2004), S. 579–593. **36** Barich, «Hunter-Gatherer-Fishers», S. 447–448. **37** R. Haaland und G. Haaland, «Early Farming Societies along the Nile», in Mitchell and Lane (Hg.), *Oxford Handbook of African Archaeology*, S. 541–553. **38** O. Nieuwenhuyse, M. Daskiewicz und G. Schneider, «Investigating Late Neolithic ceramics in the northern Levant: the view from Shir», *Levant* (2018), S. 1–20. **39** S. Shoda, «Pottery use by early Holocene hunter-gatherers of the Korean peninsula closely linked with exploitation of marine resources», *Quaternary Science Reviews* 170 (2017), S. 164–173. **40** E. Weiss, M. Kislev und A. Hartmann, «Autonomous cultivation before domestication», *Science* 312 (2006), S. 1608–1610. **41** F. Borrell, A. Junno und J. Barceló, «Synchronous Environmental and Cultural Change in the Emergence of Agricultural Economies 10,000 Years Ago in the Levant», *PLOS ONE* 10 (2015), S. 1–19. **42** Bar-Yosef, «Facing climatic hazards», S. 69; P. Roscoe, «Settlement fortification in village and ‹tribal› society: Evidence from contact-era New Guinea», *Journal of Anthropological Archaeology* 27 (2008), S. 507–519. **43** A. Palmisano u. a., «Holocene regional population dynamics and climatic trends in the Near East: A first comparison using archaeo-demographic proxies», *Quaternary Science Reviews* 252 (2021), S. 1–27. **44** J. Bocquet-Appel und S. Naji, «Testing the hypothesis of a worldwide Neolithic demographic transition: Corroboration from American cemeteries», *Current Anthropology* 47 (2006), S. 341–364. **45** E. Page u. a., «Reproductive trade-offs in extant hunter-gatherers suggest adaptive mechanism for the Neolithic expansion», *Proceedings of the National Academy of Sciences of the USA* 113 (2016), S. 4694–4699. **46** Ebd.; E. Herrera, «Metabolic adaptations in pregnancy and their implications for the availability of substrates to the fetus», *European Journal of Clinical Nutrition* 54 (2000), S. 47–51. **47** R. McLaughlin u. a., «Late Glacial and Early Holocene human demographic responses to climatic and environmental change in Atlantic Iberia», *Proceedings of the Royal Society B* 376 (2020), S. 1–8. **48** J. Brooke, *Climate Change and the Course of Global History: A Rough Journey* (New York, 2014), S. 220. **49** J. Lukacs, «Sex differences in dental caries rates with the origin of agriculture in South Asia», *Current Anthropology* 37 (1996), S. 147–153; J. Lukacs und L. Largaespada, «Explaining sex differences in dental caries rates: Saliva, hormones and ‹life history› etiologies», *American Journal of Human Biology* 18 (2006), S. 540–555. **50** Brooke, *Climate Change*, S. 202. **51** A. Masclans u. a., «A sexual division of labour at the start of agriculture? A multi-proxy comparison through grave good stone tool technological and use-wear analysis», *PLOS ONE* 16 (2021), S. 1–41. **52** Brooke, *Climate Change*, S. 192–193. **53** Bolger, «Dynamics of Gender», S. 503–531; Masclans, «Sexual division of labour»,

S. 1–41. **54** Page, «Reproductive trade-offs», S. 4694. **55** G. Fournié, D. Pfeiffer und R. Bendrey, «Early animal farming and zoonotic disease dynamics: Modelling brucellosis transmission in Neolithic goat populations», *Royal Society Open Science* 4 (2017), S. 1–11; E. Dounias und A. Froment, «When forest-based hunter-gatherers become sedentary: Consequences for diet and health», *Unasyiva* 224 (2006), S. 26–33. **56** J. Webb, «Climate, Ecology and Infectious Human Disease», in S. White, C. Pfister und F. Mauelshagen (Hg.), *The Palgrave Handbook of Climate History* (London, 2018), S. 358. **57** W. McNeill, *Plagues and Peoples* (Oxford, 1977). **58** R. McCaa, «Spanish and Nahuatl Views on Smallpox and Demographic Catastrophe in Mexico», *Journal of Interdisciplinary History* 25 (1995), S. 397–431. Vgl. auch A. Crosby, *The Columbian Exchange: Biological and Cultural Consequences of 1492* (Westport, CT, 2003). **59** J. Webb, *Humanity's Burden: A Global History of Malaria* (Cambridge, 2009), S. 18–41; G. Berniell-Lee u. a., «Genetic and demographic implications of the Bantu expansion: Insights from human paternal lineages», *Molecular Biology and Evolution* 26 (2009), S. 1581–1589. **60** Vgl. unten S. 494 f. **61** W. Taylor u. a., «Evidence for early dispersal of domestic sheep into Central Asia», *Nature Human Behaviour* (2021), S. 1–11. **62** D. Zohary, M. Hopf und E. Weiss, *Domestication of Plants in the Old World: The Origin and Spread of Domesticated Plants in Southwest Asia, Europe, and the Mediterranean Basin* (Oxford, 2012), S. 4–5. **63** M. Furholt, «Mobility and Social Change: Understanding the European Neolithic Period after the Archeaogenetic Revolution», *Journal of Archaeological Research* 29 (2021), S. 1–55. **64** I. Lazaridis, «The evolutionary history of human populations in Europe», *Current Opinion in Genetics & Development* 53 (2018), S. 21–27. **65** D. Ju und I. Mathieson, «The evolution of skin pigmentation-associated variation in West Eurasia», *Proceedings of the National Academy of Sciences of the USA* 118 (2021), S. 1–8. **66** N. Crawford u. a., «Loci associated with skin pigmentation identified in African populations», *Science* 358 (2017), S. 1–17. **67** P. Richerson und R. Boyd, «Institutional evolution in the Holocene: The rise of complex societies», in W. Runciman (Hg.), *The Origins of Social Institutions* (Oxford, 2001), S. 218–219. Vgl. auch J. Diamond, *Guns, Germs, and Steel* (New York, 1997), S. 137–138; dt. *Arm und Reich. Die Schicksale menschlicher Gesellschaften* (Frankfurt / Main, 1999, erw. Neuausg. 2006); J. Astini u. a., «Predicting Outcrossing in Maize Hybrid Seed Production», *Agronomy Journal* 101 (2009), S. 373–380. **68** S. di Lernia, «The Emergence and Spread of Herding in Northern Africa», in Mitchell und Lane (Hg.), *Oxford Handbook of African Archaeology*, S. 527–540. **69** D. Fuller, «Finding Plant Domestication in the Indian Subcontinent», *Current Anthropology* 52 (2011), S. 347–362; B. Smith, «The Cultural Context of Plant Domestication in Eastern North America», *Current Anthropology* 52 (2011), S. 471–484. **70** D. Cohen, «The Beginnings of Agriculture in China», *Current Anthropology* 52 (2011), S. 273–293. **71** R. Bettinger, L. Barton und C. Morgan, «The Origins of Food Production in North China: A Different Kind of Agricultural Revolution», *Evolutionary Anthropology* 19 (2010), S. 9–21. **72** G. Schmidt und A. LeGrande, «The Goldilocks abrupt climate change event», *Quaternary Science Reviews* 24 (2005), S. 1109–1110. **73** L. Matero u. a., «The 8.2 ka cooling event caused by Laurentide ice saddle collapse», *Earth and Planetary Science Letters* 473 (2017), S. 205–214. **74** A. Zerboni und K. Nicoli, «Enhanced zoogeomorphological processes in arid North Africa on the human-impacted landscape of the Anthropocene», *Geomorphology* 331 (2019), S. 22–35. **75** Y. Dixit u. a., «Abrupt weakening of the Indian summer monsoon at 8.2 kyr BP», *Earth and Planetary Science Letters* 391 (2014), S. 16–23. **76** J. Park u. a., «The 8.2 ka cooling event in coastal East Asia: High-resolution pollen evidence from southwestern Korea», *Scientific Reports* 8 (2018), S. 1–9. **77** di Lernia, «The Emergence and Spread of Herding in Northern Africa», S. 534–535. **78** Crawford u. a., «Loci associated with skin pigmentation», S. 1–17. **79** P. Flohr u. a., «Evidence of resilience to past climate change in Southwest Asia: Early farming communities and the 9.2 and 8.2 ka events», *Quaternary Science Reviews* 136 (2016), S. 23–39. **80** M. Brami und V. Heyd, «The origins of Europe's first farmers: The role of Hacılar and Western Anatolia, fifty years on», *Praehistorische Zeitschrift* 86 (2011), S. 165–206. **81** P. Biehl, «Rapid change versus long-term social change during the Neolithic–Chalcolithic transition in Central Anatolia», *Interdisciplinaria Archaeologica. Natural Sciences in Archaeology* 3 (2012), S. 75–83. **82** M. Roffet-Salque u. a., «Evidence for the impact of the 8.2-kyBP climate event on Near Eastern early farmers», *Proceedings of the National Academy of Sciences of the USA* 115 (2018), S. 8705–8709. Zur Verwendung von Pflanzenfasern für Textilien an dieser Stätte, die auf rund 6700 v. Chr. zu datieren sind, vgl. A. Rast-Eicher, S. Karg und L. Bender Jørgensen, «The use of local fibres for textiles at Neolithic Çatalhöyük», *Antiquity* 95 (2021), S. 1129–1144. **83** I. Hodder (Hg.), *Religion in the Emergence of Civilization: as a Case Study* (Cambridge, 2010). **84** J. van der Plicht u. a., «Tell Sabi Abyad, Syria: Radiocarbon chronology, cultural change and the 8.2 ka event», *Radiocarbon* 53 (2011), S. 229–243. **85** O. Nieuwenhuyse u. a., «The 8.2 Event in Upper Mesopotamia», in P. Biehl und O. Nieuwenhuyse, *Climate and Cultural Change in Prehistoric Europe and the Near East* (Albany, NY, 2016), S. 67–93. **86** P. Bryn u. a., «Explaining the Storegga Slide», *Marine and Petroleum Geology* 22 (2005), S. 11–19. **87** V. Gaffney u. a., «Multi-proxy evidence for the impact of the Storegga Slide Tsunami on the early Holocene landscapes of the southern North Sea», *Geosciences* 10 (2020), S. 1–19. **88** J. Walker u. a., «A great wave: The Storegga tsunami and the end of Doggerland?», *Antiquity* 94 (2020), S. 1409–1425. **89** Vgl. dazu I. Morris, *Geography is Destiny: Britain and the World, a 10,000 year history* (London, 2022). **90** K. Rydgren und S. Bondevik, «Moss growth patterns and timing of human exposure to a Mesolithic tsunamic in the North Atlantic», *Geology* 43 (2015), S. 111–114. **91** R. Sutter, «The Pre-Columbian Peopling and Population Dispersals of South America», *Journal of Archaeological Research* 29 (2021), S. 93–151. **92** A. Ortíz, «Dental morphological variation among six pre-Hispanic South American populations», *Dental Anthropology* 26 (2013), S. 20–32. **93** S. Perez u. a., «Peopling time, spatial occupation and demography of Late Pleistocene–Holocene human population from Patagonia», *Quaternary International* 425 (2016), S. 214–223. **94** Brooke, *Climate Change*, S. 175. **95** Ebd., S. 180; I. Usokin u. a., «Solar activity during the Holocene: The Hallstatt cycle and its consequence for grand minima and maxima», *Astronomy & Astrophysics* 587 (2016), S. 1–10. **96** Sutter, «Pre-Columbian Peopling and Population Dispersals of South America», S. 100; M. Carré, «Holocene history of ENSO variance and asymmetry in the eastern tropical Pacific», *Science* 345 (2014), S. 1045–1048. **97** K. Cobb u. a., «Highly variable El Niño–Southern Oscillation throughout the Holocene», *Science* 339

(2013), S. 67–70. **98** Brooke, *Climate Change*, S. 177. **99** P. DeMenocal u. a., «Coherent and low latitude climate variability during the Holocene warm period», *Science* 288 (2000), S. 2198–2202. **100** K. Manning und A. Timpson, «The demographic response to Holocene climate change in the Sahara», *Quaternary Science Reviews* 101 (2014), S. 28–35. **101** S. Kröpelin, «The geomorphological and paleoclimatic framework of prehistoric occupation in the Wadi Bakht area», in J. Lindstädter (Hg.), *Wadi Bakht. Landschaftsarchäologie einer Siedlungskammer im Gilf Kebir*, Sonderheft von *Africa Praehistorica* 18 (2005), S. 51–65. **102** S. di Lernia, «Dry Climatic Events and Cultural Trajectories: Adjusting Middle Holocene Pastoral Economy of the Libyan Sahara», in F. Hassan (Hg.), *Droughts, Food and Culture* (London, 2002), S. 225–250. **103** S. Höpker u. a., «Pronounced Northwest African Monsoon Discharge during the Mid- to Late Holocene», *Frontiers in Earth Science* 7 (2019), S. 1–17. **104** E. D'Atanasio u. a., «The peopling of the last Green Sahara revealed by high-coverage resequencing of trans-Saharan patrilineages», *Genome Biology* 19 (2018), S. 2–15. **105** A. Holl, «Dark Side Archaeology: Climate Change and Mid-Holocene Saharan Pastoral Adaptation», *African Archaeological Review* 37 (2020), S. 491–495. **106** B. Shuman u. a., «Predictable hydrological and ecological responses to Holocene North Atlantic variability», *Proceedings of the National Academy of Sciences of the USA* 116 (2019), S. 5985–5990. **107** Y. Zhao, A. Yu und C. Zhao, «Holocene climatic shifts in north eastern North America», *The Holocene* 20 (2010), S. 877–886. **108** N. Roberts u. a., «The mid-Holocene climatic transition in the Mediterranean: Causes and consequences», *The Holocene* 21 (2011), S. 3–13. **109** Y. Huo, W. Peltier und D. Chandan, «Mid-Holocene in South and Southeast Asia: Dynamically downscaled simulations and the influence of the Green Sahara», *Climate of the Past* 17 (2021), S. 1645–1664. **110** Z. Feng, C. An und H. Wang, «Holocene climatic and environmental changes in the arid and semi-arid areas of China: A review», *The Holocene* 16 (2006), S. 119–130. **111** N. Leonard u. a., «Holocene sea level instability in the southern Great Barrier Reef, Australia: High-precision U-Th dating of fossil microatolls», *Coral Reefs* 35 (2016), S. 625–639.

Viertes Kapitel
Die ersten Städte und Handelsnetze

1 L. Stephens u. a., «Archaeological assessment reveals Earth's early transformation through land use», *Science* 365 (2019), S. 897–902. **2** X. Li u. a., «Increases of population and expansion of rice agriculture in Asia, and anthropogenic methane emissions since 5000 BP», *Quaternary International* 202 (2008), S. 41–50; A. Timson u. a., «Reconstructing regional population fluctuations in the European Neolithic using radiocarbon dates: A new case-study using an improved method», *Journal of Archaeological Science* 52 (2014), S. 549–557. **3** W. Ruddiman, «Geographic Evidence of the Early Anthropogenic Hypothesis», *Anthropocene* 20 (2017), S. 4–14. **4** W. Ruddiman, «The anthropogenic greenhouse era began thousands of years ago», *Climatic Change* 61 (2003), S. 261–293; P. Verburg u. a., «Upscaling Regional Emissions of Greenhouse Gases from Rice Cultivation: Methods and Sources of Uncertainty», *Plant Ecology* 182 (2006), S. 89–106. **5** W. Ruddiman u. a., «The early anthropogenic hypothesis: A review», *Quaternary Science Reviews* 240 (2020), S. 1–14. **6** S. Varvus u. a., «Glacial Inception in Marine Isotope Stage 19: An Orbital Analog for a Natural Holocene Climate», *Scientific Reports* 8 (2018), S. 1–12. **7** J. Chapman, B. Gaydarska und M. Nebbia, «The Origins of Trypillia Megasites», *Frontiers in Digital Humanities* 6 (2019), S. 1–20. **8** A. Shukurov u. a., «Productivity of Premodern Agriculture in the Cucuteni-Trypillia Area», *Human Biology* 87 (2015), S. 235–282. **9** R. Hofmann u. a., «Governing Tripolye: Integrative architecture in Tripolye settlements», *PLOS ONE* 14 (2019), S. 1–54. **10** T. Harper, «Demography and climate in Late Eneolithic Ukraine, Moldova and Romania: Multiproxy evidence and pollen-based regional corroboration», *Journal of Archaeological Science: Reports* 23 (2019), S. 973–982. **11** J. Chapman und B. Gaydarska, «Low-density urbanism: The case of the Trypillia group of Ukraine», in M. Fernández-Götz und D. Krausse (Hg.), *Eurasia at the Dawn of History: Urbanisation and Social Change* (Cambridge, 2016), S. 81–105. **12** N. Rascovan u. a., «Emergence and Spread of Basal Lineages of *Yersinia pestis* during the Neolithic Decline», *Cell* 176 (2019), S. 295–305. **13** S. Kadrow, «The concept of the ‹stage of reduction and concentration of settlements› in Neolithic studies: Demography, settlements and social conflict», *Documenta Praehistorica* 47 (2020), S. 232–244. **14** R. Wuthnow, *Meaning and Moral Order: Explorations in Cultural Analysis* (Berkeley, 1987); S. Kadrow, «The concept of the ‹stage of reduction and concentration of settlements' in Neolithic studies›», *Documenta Praehistorica* 47 (2020), S. 232–244. **15** P. Bellwood, «Holocene Population History in the Pacific Region as a Model for Worldwide Food Producer Dispersals», *Current Anthropology* 52 (2011), S. 363–378. **16** C. Hunt und R. Rabett, «Holocene landscape intervention and plant food production strategies in island and mainland Southeast Asia», *Journal of Archaeological Science* 51 (2014), S. 22–33. **17** M. Sanger und Q.-M. Ogden, «Determining the use of Late Archaic shell rings using lithic data: ‹Ceremonial villages› and the importance of stone», *Southeastern Archaeology* 37 (2018), S. 232–252. **18** M. Sanger, «Coils, slabs, and molds: Examining community affiliation between Late Archaic shell ring communities using radiographic imagery of pottery», *Southeastern Archaeology* 36 (2017), S. 95–109. **19** D. Davis u. a., «Deep learning reveals extent of Archaic Native American shell-ring building practices», *Journal of Archaeological Science* 132 (2021), S. 1–12. **20** M. Robbeets u. a., «Triangulation supports agricultural spread of the Transeurasian languages», *Nature* (2021), S. 1–20. **21** W. Haak u. a., «Massive migration from the steppe was a source for Indo-European languages in Europe», *Nature* 522 (2015), S. 207–211. **22** F. Clemente, «The genomic history of the Aegean palatial civilizations», *Cell* 184 (2021), S. 2565–2586. **23** A. Juras u. a., «Mitochondrial genomes reveal an east to west cline of steppe ancestry in Corded Ware populations», *Scientific Reports* 8 (2018), S. 1–10. **24** I. Olalde u. a., «The Beaker phenomenon and the genomic transformation of northwest Europe», *Nature* 555 (2018), S. 190–196. **25** L. Papac u. a., «Dynamic changes in genomic and social structures in third millennium BCE central Europe», *Science Advances* 7 (2021), S. 1–18. **26** M. Pearson, «Beaker people in Britain: Migration, mobility and diet», *Antiquity* 90 (2016), S. 620–637. **27** N. Yoffee, *Myths of the Archaic State: Evolution of the Earliest Cities, States and Civilisations* (Cambridge, 2005), S. 62, 214. **28** Vgl. dazu R. Carneiro, «A theory of the origin of the state», *Science* 169 (1970), S. 733–738;

Brooke, *Climate Change*, S. 189. **29** P. Akkermans und G. Schwartz, *The Archaeology of Syria: From Complex Hunter-Gatherers to Early Urban Societies (ca. 16,000–300 BC)* (Cambridge, 2003), S. 154 ff.; D. Wengrow, «The evolution of simplicity: Aesthetic labour and social change in the Neolithic Near East World», *Archaeology* 33 (2001), S. 168–188; J. Clarke u. a., «Climatic changes and social transformations in the Near East and North Africa during the ‹long› 4th millennium BC: A comparative study of environmental and archaeological evidence», *Quaternary Science Reviews* 136 (2016), S. 104. **30** A. Sherratt, «Cash Crops before Cash: Organic Consumables and Trade», in C. Godsen und J. Hather (Hg.), *The Prehistory of Food: Appetites for Change* (London, 1999), S. 13–34. **31** A. Stevenson, «The Egyptian Predynastic and State Formation», *Journal of Archaeological Research* 24 (2016), S. 421–468; V. Tripathi, «Metals and Metallurgy in the Harappan Civilization», *Indian Journal of History of Science* 53 (2018), S. 279–295; L. Liu und X. Chen, *The Archaeology of China: From the Late Paleolithic to the Early Bronze Age* (Cambridge, 2012), S. 169–252. **32** T. Kohler, «Greater post-Neolithic wealth disparities in Eurasia than in North America and Mesoamerica», *Nature* 551 (2017), S. 619–622. **33** M. Borgerhoff Mulder u. a., «Pastoralism and Wealth Inequality», *Current Anthropology* 51 (2010), S. 35–48. **34** E. Smith u. a., «Wealth Transmission and Inequality among Hunter-Gatherers», *Current Anthropology* 51 (2010), S. 19–34. **35** Vgl. zur Terminologie M. Frangipane, «Different Trajectories in State Formation in Greater Mesopotamia: A View from Arslantepe (Turkey)», *Journal of Archaeological Research* 26 (2018), S. 3–63. **36** J. Ur, «Cycles of Civilization in Northern Mesopotamia», *Journal of Archaeological Research* 18 (2010), S. 390–393. **37** J. Ur, P. Karsgaard und J. Oates, «Urban development in the ancient Near East», *Science* 317 (2007), S. 1188. **38** M. Liverani, *Uruk: The First City* (London, 2006). **39** D. Katz, «Ups and Downs in the Career of Enmerkar, King of Uruk», in O. Drewnowska und M. Sandowicz (Hg.), *Fortune and Misfortune in the Ancient Near East* (Winona Lake, IN, 2017), S. 201–210. **40** M. Civil, «Remarks on D-GI$_4$ (AKA ‹Archaic World List C› or ‹Tribute›)», *Journal of Cuneiform Studies* 65 (2013), S. 20. **41** M. Hudson, «The dynamics of privatization, from the Bronze Age to the present», in M. Hudson und B. Levine (Hg.), *Privatization in the Ancient Near East and Classical World* (Cambridge, MA, 1996), S. 37. **42** G. Algaze, *Ancient Mesopotamia at the Dawn of Civilisation* (Chicago, 2008), S. 190. **43** C. Lamberg-Karlovsky, *Beyond the Tigris and Euphrates: Bronze Age Civilisations* (Beer-Sheva, 1996), S. 82 ff. **44** J. Manning, «Egypt», in P. Bang und W. Scheidel (Hg.), *The Oxford Handbook of the State in the Ancient Near East and Mediterranean* (Oxford, 2013), S. 61–93. **45** B. Pennington, «Landscape change in the Nile Delta during the fourth millennium BC: A new perspective on the Egyptian Predynastic and Protodynastic periods», *World Archaeology* 52 (2021), S. 550–565. **46** C. Renfrew und L. Bin, «The emergence of complex society in China: The case of Liangzhu», *Antiquity* 92 (2018), S. 975–990. **47** E. Childs-Johnson, «The Art of Working Jade and the Rise of Civilization in China», in E. Childs-Johnson und F. Gu, *The Jade Age and Early Chinese Jade in American Museums* (Beijing, 2009), S. 291–393. **48** P. Michalowski, «The Domestication of Stranger Kings: Making History by List in Ancient Mesopotamia», in J. Bains, H. van der Blom, T. Rood und W. Chen (Hg.), *Historical Consciousness and the Use of the Past in the Ancient World* (Sheffield, 2019), S. 15–38; Y. Pines, «Chu identity as seen from its manuscripts:

A re-evaluation», *Journal of Chinese History* 2 (2017), S. 1–26. **49** Vgl. etwa D. Johnson, «God's punishment and public goods: A test of the supernatural punishment hypothesis in 186 world cultures», *Human Nature* 16 (2005), S. 410–446; sowie ders., «The wrath of academics: Criticisms, applications, and extensions of the supernatural punishment hypothesis», *Religion, Brain Behaviour* 8 (2018), S. 320–350. **50** H. Whitehouse u. a., «Complex societies precede moralizing gods throughout world history», *Nature* 568 (2019), S. 226–229. **51** D. Keightley, «What did make the Chinese ‹Chinese›?», in ders., *These Bones Shall Rise Again: Selected Writings on Early China* (Albany, NY, 2014), S. 78–79. **52** J. Watts u. a., «Ritual human sacrifice promoted and sustained the evolution of stratified societies», *Nature* 532 (2016), S. 228–231. **53** D. Katz, «Sumerian funerary rituals in context», in N. Laneri, *Performing Death: Social Analyses of Funerary Traditions in the Ancient Near East and Mediterranean* (Chicago, 2007), S. 169–170. **54** S. Pollock, «Feast, funerals and fast food in early Mesopotamian states», in T. Bray (Hg.), *The Archaeology and Politics of Food and Feasting in Early States and Empires* (New York, 2003), S. 17–38. **55** A. Baadsgaard u. a., «Human sacrifice and intentional corpse preservation in the Royal Cemetery of Ur», *Antiquity* 85 (2011), S. 27–42. **56** J. Ur, «Households and the Emergence of Cities in Ancient Mesopotamia», *Cambridge Archaeological Journal* 26 (2014), S. 249–268; H. Nissen, *The Early History of the Ancient Near East* (Chicago, 1988), S. 83–85. **57** R. Redding, «A Tale of Two Sites: Old Kingdom Subsistence Economy and the Infrastructure of Pyramid Construction», in B. De Cupere, V. Linseele und S. Hamilton-Dyer (Hg.), *Archaeology of the Near East X: Proceedings of the 10th Meeting of the ICAZ Working Group «Archaeozoology of Southwest Asia and Adjacent Areas»* (Leuven, 2014), S. 307–322. **58** I. Diakonoff, «The Rise of the Despotic State in Ancient Mesopotamia», in I. Diakonoff (Hg.), *Ancient Mesopotamia: Socio-economic History* (Moskau, 1969), S. 173–203. **59** R. Ellison, «Diet in Mesopotamia: The Evidence of the Barley Ration Texts (c.3000–1400 BC)», *Iraq* 43 (1981), S. 35–45. **60** B. Foster, «The Sargonic Period: Two Historiographical Problems», in G. Barjamovic u. a., *Akkade is King: A Collection of Papers by Friends and Colleagues Presented to Aage Westenholz* (Leiden, 2011), S. 127–138. **61** S. Pollock, *Ancient Mesopotamia: The Eden That Never Was* (Cambridge, 1999), S. 123–148. **62** Ebd., S. 72–73. **63** O. Bar-Yosef, «The Walls of Jericho: An Alternative Interpretation», *Current Anthropology* 27 (1986), S. 157–162. **64** P. Butterlin und S. Rey, «Mari and the Development of Complex Defensive Systems in Mesopotamia at the Dawn of History», in R. Frederiksen, S. Müth, P. Schneider und M. Schnelle (Hg.), *Focus on Fortifications: New Research on Fortifications in the Ancient Mediterranean and the Near East* (Oxford, 2016), S. 23–33. **65** A. Gnirs, «Ancient Egypt», in K. Raaflaub und N. Rosenstein (Hg.), *War and Society in the Ancient and Medieval Worlds: Asia, the Mediterranean, Europe and Mesoamerica* (Washington, DC, 1999), S. 71–104. **66** J. Scott, *Against the Grain: A Deep History of the Earliest States* (New Haven, 2017), S. 152–153; vgl. auch N. Clark, «(Un)Earthing Civilization: Holocene Climate Crisis, City-State Origins and the Birth of Writing», *Humanities* 9 (2020), S. 1–16. **67** G. Algaze, «Demographic Trends in Early Mesopotamian Urbanism», in C. Maner, M. Horowitz und A. Gilbert (Hg.), *Overturning Certainties in Near Eastern Archaeology* (Leiden, 2017), S. 25–33. **68** Algaze, *Ancient Mesopotamia*, S. 81. **69** P. Beaujard, *The Worlds of the Indian Ocean: A Global History* (Cambridge, 2019), S. 56. **70** J.-J. Glassner, *La Mésopotamie* (Paris, 2002), S. 13–19, 220–224. **71** D. Schmandt-Besserat, «The Token System of the Ancient Near East: Its Role in Counting, Writing, the Economy and Cognition», in I. Morley und C. Renfrew (Hg.), *The Archaeology of Measurement: Comprehending Heaven, Earth and Time in Ancient Societies* (Cambridge, 2010), S. 27–34. **72** D. Schmandt-Besserat, «The Evolution of Writing», in J. Wright (Hg.), *International Encyclopedia of Social and Behavioural Sciences* (Amsterdam, 2014). **73** Vgl, jedoch B. Ansumali Mukhopadhyay, «Interrogating Indus inscriptions to unravel their mechanisms of meaning conveyance», *Humanities and Social Sciences Communications* 5 (2019), S. 1–37. **74** M. Oelschlaeger, *The Idea of Wilderness: From Prehistory to the Age of Ecology* (New Haven, 1991), S. 36–38. **75** Vgl. etwa A. Gardiner, *Ancient Egyptian Onomastica* (London, 1947); R. Hallock und B. Landsberger, *Materialien zum Sumerischen Lexikon* (Rom, 1956). **76** Keightley, «What did make the Chinese ‹Chinese›?», S. 80. **77** J. Clayton, A. De Trafford und M. Borda, «A Hieroglyphic Inscription Found at Jebel Uweinat Mentioning Yam and Tekhebet», *Sahara* 19 (2008), S. 129–135; Bruce Beyer-Williams, «Kush in the Wider World during the Kerma Period», in G. Emberling und B. Beyer-Williams (Hg.), *The Oxford Handbook of Ancient Nubia* (Oxford, 2021), S. 179–200. **78** G. Possehl, «Sociocultural complexity without the state: The Indus civilization», in G. Feinman und J. Marcus (Hg.), *Archaic States* (Santa Fe, NM, 1998), S. 261–291. **79** A. Green, «Killing the Priest-King: Addressing Egalitarianism in the Indus Civilization», *Journal of Archaeological Research* (2020), S. 1–50. **80** T. Pozorski und S. Pozorski, «Early complex society on the north and central Peruvian coast: New archaeological discoveries and new insights», *Journal of Archaeological Research* 26 (2018), S. 353–386. **81** M. Moseley, «Maritime foundations and multilinear evolution: Retrospect and prospect», *Andean Past* 3 (1992), S. 5–42; J. Haas und W. Creamer, «Crucible of Andean Civilization: The Peruvian Coast from 3000 to 1800 BC», *Current Anthropology* 47 (2006), S. 745–775. **82** R. Shady, «Los orígenes de la civilización y la formación del estado en el Perú: Las evidencias arqueológicas de Caral-Supe», in R. Shady und C. Leyva (Hg.), *La cuidad sagrado de Caral-Supe: Los orígenes de la civilización andina y la formación des estado prístino en el antiguo Perú* (Lima, 2003), S. 93–100. **83** Pozorski und Pozorski, «Early complex society», S. 375–376. **84** J. Haas u. a., «Evidence for maize (Zea mays) in the Late Archaic (3000–1800 BC) in the Norte Chico region of Peru», *Proceedings of the National Academy of Sciences of the USA* 110 (2013), S. 4945–4949. **85** Brooke, *Climate Change*, S. 183–184; J. Richardson und D. Sandweiss, «Climate Change, El Niño and the Rise of Complex Society on the Peruvian Coast during the Middle Holocene», in D. Sandweiss und J. Quilter (Hg.), *El Niño, Catastrophism and Culture Changes in Ancient America* (Washington, DC, 2008), S. 59–75. **86** J. Haas und W. Creamer, «Why Do People Build Monuments? Late Archaic Platform Mounds in the Norte Chico», in R. Burger und R. Rosenswig (Hg.), *Early New World Monumentality* (Gainesville, FL, 2012), S. 289–312; R. Burger und L. Salazar, «Monumental Public Complexes and Agricultural Expansion on Peru's Central Coast during the Second Millennium BC», ebd., S. 399–430. **87** Haas und Creamer, «Crucible of Andean Civilization», S. 751. **88** R. Burger und K. Makowski, *Arqueología del Período Formativo en la Cuenca Baja de Lurín* (Lima, 2009). **89** B. Gaydarska, M. Nebbia und J. Chapman, «Trypillia Megasites in Context: Independent Urban Development in Chalcolithic Eastern Europe», *Cambridge Archaeological Journal* 30 (2020), S. 97–121. **90** J. Cooper, *Reconstructing History from Ancient Inscriptions: The Lagash–Umma Border Conflict* (Malibu, CA, 1983). **91** E. Stone, «Mesopotamian cities and countryside», in D. Snell (Hg.), *A Companion to the Ancient Near East* (Malden, MA, 2005), S. 141–154. **92** S. Dalley, «The Natural World in Ancient Mesopotamian Literature», in J. Parham und L. Westling (Hg.), *A Global History of Literature and the Environment* (Cambridge, 2016), S. 25–26. **93** Vgl. etwa A. Frank und W. Thompson, «Afro-Eurasian Bronze Age Economic Expansion and Contraction Revisited», *Journal of World History* 16 (2005), S. 115–172. **94** A. Podany, *Brotherhood of Kings: How International Relations Shaped the Ancient Near East* (Oxford, 2010). **95** M. Van De Mieroop, «In Search of Prestige: Foreign contacts and the rise of an elite in early Dynastic Babylonia», in E. Ehrenberg (Hg.), *Leaving No Stones Unturned: Essays on the Ancient Near East and Egypt in Honour of Donald P. Hansen* (Winona Lake, IN, 2002), S. 125–138; L. Liu, «‹The products of minds as well as of hands›: Production of prestige goods in the Neolithic and Early States Periods of China», *Asian Perspectives* 42 (2003), S. 1–40. **96** W. Thompson, «Climate, Water and Political-Economic Crises in Ancient Mesopotamia and Egypt», in A. Hornborg und C. Crumley (Hg.), *The World System and the Earth System: Global Socioenvironmental Change and Sustainability since the Neolithic* (Walnut Creek, CA, 2006), S. 165 f. **97** G. Algaze, «Initial Social Complexity in Southwestern Asia: The Mesopotamian Advantage», *Current Anthropology* 42 (2001), S. 199–233. **98** B. Lander, *The King's Harvest: A Political Ecology of China from the First Farmers to the First Empire* (New Haven, 2021), S. 25–28. **99** *Enki and the World Order*, in J. Black u. a. (Hg.), *The Literature of Ancient Sumer* (Oxford, 2004), S. 220–221. **100** *Myths from Mesopotamia: Creation, the Flood, Gilgamesh, and Others*, Übers. S. Dalley (Oxford, 2008), S. 257; dt. *Das babylonische Weltschöpfungsepos Enuma Elîš*, Hg. T. R. Kämmerer und K. A. Metzler (Münster, 2012). **101** Ebd., S. 269–270. **102** *The Rig Veda*, Übers. W. Doniger (London, 2005), 1:32, S. 150–156; dt. *Rig-Veda. Das Heilige Wissen Indiens* (1923), Übers. K. F. Geldner, Hg. P. Michel (Wiesbaden, 2008). **103** Genesis, 1,1–2, 1,26. **104** Genesis, 1,28–30, 3,17–19.

Fünftes Kapitel
Leben über die eigenen Verhältnisse

1 M. Van De Mieroop, *The Ancient Mesopotamian City* (Oxford, 1997), S. 68–78. **2** D. Frayne, *The Royal Inscriptions of Mesopotamia: Sargonic and Gutian Periods*, 2 Bde. (Toronto, 1993), Bd. 2, S. 23. **3** A. Grayson, *Assyrian and Babylonian Chronicles* (Locust Valley, NY, 1966), S. 1–3. **4** J.-J. Glassner, *Mesopotamian Chronicles* (Atlanta, 2004), S. X; dt. https://de.wikipedia.org/wiki/Chronik_der_frühen_Könige_(ABC_20). **5** A. Westenholz, «The Old Akkadian Period: History and Culture», in P. Attinger und M. Wäfler (Hg.), *Mesopotamien. Akkade-Zeit und Ur III-Zeit* (Göttingen, 1999), S. 17. **6** J. Westenholz, *Legends of the Kings of Akkade: The Texts* (Winona Lake, IN, 1997), S. 221–262, 300–331; dt. M. Haul, *Stele und Legende. Untersuchungen zu den keilschriftlichen Erzählwerken über die Könige von Akkade* (Göttingen, 2009). **7** Black u. a. (Hg.), *Literature of Ancient Sumer*, «The Cursing of Agade», S. 122; dt.

https://altorientale-mythologie.blogspot.com/2018/03/der-fluch-uber-akkade.html. **8** H. Arz, J. Kaiser und D. Fleitmann, «Paleoceanographic and paleoclimatic changes around 2200 BC in sediment cores from the northern Red Sea», in H. Meller u.a. (Hg.), *2200 BC: A Climatic Breakdown as a Cause for the Collapse of the Old World?* (Halle, 2015), S. 53–61. **9** T. Watanabe, «Oman corals suggest that a stronger winter shamal season caused the Akkadian Empire (Mesopotamia) collapse», *Geology* 47 (2019), S. 1141–1145. **10** S. Carolin u.a., «Precise timing of abrupt increase in dust activity in the Middle East coincident with 4.2ka social change», *PNAS* 116 (2019), S. 67–72. **11** H. Weiss u.a., «The Genesis and Collapse of Third Millennium North Mesopotamian Civilization», *Science* 261 (1993), S. 995–1004. **12** H. Weiss, «4.2 ka BP Megadrought and the Akkadian Collapse», in H. Weiss (Hg.), *Megadrought and Collapse: From Early Agriculture to Angkor* (Oxford, 2017), S. 93–160. **13** Brooke, *Climate Change*, S. 292 f. Zu den Gutäern, «Cursing of Agade», in Black u.a. (Hg.), *Literature of Ancient Sumer*, S. 119; dt. https://altorientale-mythologie.blogspot.com/2018/03/der-fluch-uber-akkade.html. **14** C. Kuzucuoğlu und C. Marro, *Sociétés humaines et changement climatique à la fin du troisième millénaire: une crise a-t-elle eu lieu en Haute Mésopotamie? Actes du Colloque de Lyon 5–8, Dezember 2005* (Lyon, 2007). **15** M. Walker u.a., «Formal subdivision of the Holocene Series/Epoch: A Discussion Paper by a Working Group of INTIMATE (Integration of ice-core marine and terrestrial records) and the Subcommission on Quaternary Stratigraphy (International Commission on Stratigraphy)», *Journal of Quaternary Science* 27 (2012), S. 649–659. **16** The International Commission on Stratigraphy, «Collapse of civilizations worldwide defines youngest unit of the Geologic Time Scale», www.stratigraphy.org. Siehe auch M. Walker u.a., «Formal Subdivision of the Holocene Series/Epoch: A Summary», *Journal of the Geological Society of India* 93 (2019), S. 135–141. **17** Einen guten Überblick bieten M. Ran und L. Chen, «The 4.2 ka BP climatic event and its cultural responses», *Quaternary International* 521 (2019), S. 158–167. **18** R. Bradley und J. Bakke, «Is there evidence for a 4.2 ka BP event in the northern Atlantic region?», *Climate of the Past* 15 (2019), S. 1665–1676. **19** M. Griffiths u.a., «End of Green Sahara amplified mid- to late Holocene megadroughts in mainland Southeast Asia», *Nature Communications* 11 (2020), S. 1–12. **20** Siehe D. Rousseau u.a., «Special issue – the 4.2ka climatic event», *Climate of the Past* 15 (2019). **21** G. Middleton, «Bang or whimper», *Science* 361 (2018), S. 1204 f. **22** V. Villalba-Mouco, «Genomic transformation and social organization during the Copper Age–Bronze Age transition in southern Iberia», *Science Advances* 7 (2021), S. 1–18. **23** Y. Dixit, D. Hodell und C. Petrie, «Abrupt weakening of the summer monsoon in northwest India», *Geology* 42 (2014), S. 339–342; S. Prasad und Y. Enzel, «Holocene paleoclimates of India», *Quaternary Research* 66 (2006), S. 442–453. **24** A. Singh u.a., «Counter-intuitive influence of Himalayan river morphodynamics on Indus Civilisation urban settlements», *Nature Communications* 8 (2017), S. 1–14. **25** L. Giosan u.a., «Fluvial landscapes of the Harappan civilization», *PNAS* 109 (2012), S. 1688–1694. **26** L. Giosan u.a., «Neoglacial climate anomalies and the Harappan metamorphosis», *Climate of the Past* 14 (2018), S. 1669–1686. **27** G. Robbins Schug u.a., «Infection, Disease and Biosocial Processes at the End of the Indus Civilization», *PLOS ONE* 8 (2013), S. 1–20. **28** N. Scroxton u.a., «Circum-Indian ocean hydroclimate at the mid- to late Holocene transition: The Double Drought hypothesis and consequences for the Harappan», *Climate of the Past* (2020). **29** T. Sengupta u. a., «Did the Harappan settlement of Dholavira (India) collapse during the onset of the Meghalayan stage drought?», *Journal of Quaternary Science* 35 (2020), S. 382–395. **30** Robbins Schug u. a., «Infection, Disease and Biosocial Processes», S. 9–11. **31** H. Zhang u. a., «Hydroclimatic variations in southeastern China during the 4.2 ka event reflected by stalagmite records», *Climate of the Past* 14 (2018), S. 1805–1817. **32** H. Zhang, «Collapse of the Liangzhu and other Neolithic cultures in the lower Yangtze region in response to climate change», *Science Advances* 7 (2021), S. 1–9. **33** Q. Qu u. a., «Outburst flood at 1920 BCE supports historicity of China's Great Flood and the Xia dynasty», *Science* 353 (2016), S. 579–582. **34** L. Tan u. a., «Great flood in the middle-lower Yellow River reaches at 4000 a BP inferred from accurately-dated stalagmite records», *Science Bulletin* 63 (2018), S. 206–208; Q. Sun u. a., «Climate as a factor for Neolithic cultural collapses approximately 4000 years BP in China», *Earth Science Reviews* 197 (2019), S. 1–21. **35** H. Xu, «Introduction to the Xia period: Definitions, Themes and Debate», in E. Childs-Johnson, *The Oxford Handbook of Early China* (Oxford, 2020), S. 161–175. **36** Ran und Chen, «Climatic event», S. 164 f. **37** Carolin u. a., «Precise timing of abrupt increase in dust activity», S. 67–72. **38** Siehe z. B. C. Renfrew, «Systems Collapse as Social Transformation: Catastrophe and Anastrophe in Early State Societies», in C. Renfrew und K. Cooke (Hg.), *Transformations: Mathematical Approaches to Culture Change* (New York, 1979), S. 481–506. **39** A. Otto, «Archaeological perspectives of the localization of Naram-Sin's Armanum», *Journal of Cuneiform Studies* 58 (2006), S. 1–25. **40** P. Michalowski, «The Kingdom of Akkad in Contact with the World», in K. Radner, N. Moeller und D. Potts (Hg.), *The Oxford History of the Ancient Near East*, Bd. 1: *From the Beginnings of the Old Kingdom Egypt and the Dynasty of Akkad* (Oxford, 2020), S. 725. **41** G. Barjamovic, «Mesopotamian Empires», in Bang and Scheidel (Hg.), *Oxford Handbook of the State in the Ancient Near East*, S. 129–132. **42** G. Leick, *Mesopotamia: The Invention of the City* (London, 2003), S. 106 f. **43** I. Schrakamp, «The Kingdom of Akkad: A View from Within», in Radner, Moeller und Potts (Hg.), *Oxford History of the Ancient Near East*, S. 627–632. **44** L. Oppenheim, *Ancient Near Eastern Texts Relating to the Old Testament* (Princeton, 1969), S. 266. **45** S. Dalley, «The Epic of Atrahasis», in *Myths from Mesopotamia: Creation, the Flood, Gilgamesh, and Others*, über. v. S. Dalley (London, 2009), S. 7–31; dt. https://altorientale-mythologie.blogspot.com/2017/11/atrahasis-mythos.html. **46** 1. Mose 6–8. **47** 1. Mose 1 8,6–19,27. **48** T. Buch u. a., «A Tunguska sized airburst destroyed Tall el-Hammam a Middle Bronze Age city in the Jordan Valley near the Dead Sea», *Scientific Reports* 11 (2021), S. 1–63. **49** K. El-Rouayheb, *Before Homosexuality in the Arab-Islamic World, 1500–1800* (Chicago, 2005), S. 124 f. **50** «Cursing of Agade», in Black u. a. (Hg.), *Literature of Ancient Sumer*, S. 119. **51** J. Assmann, *Ägypten. Eine Sinngeschichte.* München 1996, S. 122 ff. **52** R. Faulkner, «The Admonitions of an Egyptian Sage», *Journal of Egyptian Archaeology* 51 (1965), S. 56; dt. https://de.wikipedia.org/wiki/Papyrus_Leiden_I_344. **53** F. Welc und L. Marks, «Climate change and the end of the Old Kingdom in Egypt around 4200 BP: New geoarchaeological evidence», *Quaternary international* 324 (2014), S. 124–133. **54** Ebd.; K. Butzer, «Collapse, environment, and society», *PNAS* 109 (2012), S. 3632–3639. **55** Faulkner, «Admonitions», S. 53–62. **56** N. Strudwick, «The Old Kingdom and First Intermediate Period», in I. Shaw und E. Bloxam, *Oxford Handbook of Egyptology* (Oxford, 2020), S. 619–637. **57** X. Zhou u. a., «5,200 year old cereal grains from the eastern Altai mountains redate the trans-Eurasian crop exchange», *Nature Plants* 6 (2020), S. 78–87; N. Boivin und D. Fuller, «Shell middens, ships and seeds: exploring coastal subsistence, maritime trade and the dispersal of domesticates in and around the ancient Arabian Peninsula», *Journal of World Prehistory* 22 (2009), S. 113–180; R. Gutaker u. a., «Genomic history and ecology of the geographic spread of rice», *Nature Plants* 6 (2020), S. 492–502. **58** D. Fuller und N. Boivin, «Crops, cattle and commensals across the Indian Ocean: current and potential archaeobiological evidence», *Études Océan Indien* 42 (2009), S. 13–46; A. Scott u. a., «Exotic foods reveal contact between South Asia and the Near East during the second millennium BCE», *PNAS* 118 (2021), S. 1–10. **59** I. Pugach u. a., «Genome-wide data substantiates Holocene gene flow from India to Australia», *PNAS* 110 (2013), S. 1803–1808. **60** H. Vandkilde, «Bronzization: The Bronze Age as Pre-Modern Globalization», *Prähistorische Zeitschrift* 9 (2016), S. 103–123. **61** R. Wright, *The Ancient Indus: Urbanism, Economy, and Society* (Cambridge, 2010), S. 221 ff. **62** A. Sen, *Poverty and Famines: An Essay on Entitlement and Deprivation* (Oxford, 1981).

Sechstes Kapitel
Das erste Zeitalter der Verbundenheit

1 C. Woods, «Sons of the Sun: The Mythological Foundations of the First Dynasty of Uruk», *Journal of Ancient Near Eastern Religions* 12 (2012), S. 78–96. **2** *Law Collections from Mesopotamia and Asia Minor*, hg. v. M. Roth (Atlanta, GA, 1997), S. 20. **3** P. Barmash, *The Laws of Hammurabi: At the Confluence of Royal and Scribal Traditions* (Oxford, 2020), S. 138; dt. E. Ebeling, Altassyrische Gesetze, S. 380–410. **4** T. Bryce, «Anatolian States», in Bang und Scheidel (Hg.), *Oxford Handbook of the State in the Ancient Near East*, S. 161–179. **5** C. Broodbank, *An Island Archaeology of the Early Cyclades* (Cambridge, 2000), S. 341–349. **6** J. Bennet, «Bronze Age Greece», in Bang und Scheidel (Hrg.), *Oxford Handbook of the State in the Ancient Near East*, S. 235–258. **7** Ebd.; C. Renfrew, *The Emergence of Civilisation: The Cyclades and the Aegean in the Third Millennium BC* (London, 1972), S. 225 ff.; E. Tsafou und J. García-Granero, «Beyond staple crops: exploring the use of ‹invisible› plant ingredients in Minoan cuisine through starch grain analysis on ceramic vessels», *Archaeological and Anthropological Sciences* 13 (2021), S. 1–16. **8** Beyer-Williams, «Kush in the Wider World», S. 183–185. **9** A. Grayson, *Assyrian Royal Inscriptions* (Wiesbaden, 1972), S. 8. **10** A. Holl, «The dawn of African pastoralisms: An introductory note», *Journal of Anthropological Archaeology* 17 (1998), S. 81–96. **11** E. Coulibaly, *Savoir et savoir-faire des anciens métallurgistes d'Afrique* (Paris, 2006). **12** M. Brass, «The Emergence of Mobile Pastoral Elites during the Middle to Late Holocene in the Sahara», *Journal of African Archaeology* 17 (2019), S. 53–75. **13** V. Shinde, «An Ancient Harappan Genome Lacks Ancestry from Steppe Pastoralists or Iranian Farmers», *Cell* 179 (2019), S. 729–735. **14** M. Silva u. a., «A genetic chronology for the Indian Subcontinent points to heavily sex-biased dispersals», *BMC Ecology and Evolution* 17

(2017), S. 1–18. **15** Siehe z. B. Haak u. a., «Massive migration from the steppe was a source for Indo-European languages in Europe», S. 207–211; W. Chang u. a., «Ancestry-constrained phylogenetic analysis supports the Indo-European steppe hypothesis», *Language* 91 (2015), S. 194–244. **16** V. Naraimhan u. a., «The formation of human populations in South and Central Asia», *Science* 365 (2019), S. 1–16. **17** P. de Barros Damgaard, «The first horse herders and the impact of early Bronze Age steppe expansions into Asia», *Science* 360 (2018), S. 1–9. Siehe vor allem C. Renfrew, *Archaeology and Language: The Puzzle of Indo-European Origins* (Cambridge, 1987). **18** Zu den genetischen Spuren der verschiedenen Einwanderungswellen siehe G. Poznik u. a., «Punctuated bursts in human male demography inferred from 1,244 worldwide Y-chromosome sequences», *Nature Genetics* 58 (2016), S. 593–599. **19** A. Basu u. a., «Ethnic India: a genomic view, with special reference to peopling and structure», *Genome Research* 13 (2003), S. 2277–2790. **20** Siehe A. Parpola, *The Roots of Hinduism: The Early Aryans and the Indus Civilization* (New York, 2015). **21** K. Plofker, ‹Humans, Demons, Gods and their Worlds: The Sacred and Scientific Cosmologies of India›, in K. Raaflaub und R. Talbert (Hg.), *Geography and Ethnography: Perceptions of the World in Pre-Modern Studies* (Chichester 2010), S. 33; *Athara Veda*, 12.1. **22** F. Baird und R. Helmbeck, *Philosophic Classics: Asian Philosophy* (London, 2005), S. 3. **23** J. Bourriau, «The Second Intermediate Period (c. 1650–1550 BC)», in I. Shaw (Hg.), *The Oxford History of Ancient Egypt* (Oxford, 2000), S. 188 ff. **24** C. Stantis u. a., «Who were the Hyksos? Challenging traditional narratives using strontium isotope ($^{87}Sr/^{86}Sr$) analysis of human remains from ancient Egypt», *PLOS ONE* 15 (2020), S. 1–14; A.-L. Mourad, *Rise of the Hyksos: Egypt and the Levant from the Middle Kingdom to the Early Second Intermediate Period* (Oxford, 2015). **25** M. Bietak, «From where came the Hyksos and where did they go?», in M. Marée (Hg.), *The Second Intermediate Period (Thirteenth – Seventeenth Dynasties)* (Leuven, 2010), S. 139–181. **26** T. Schneider, *Ausländer in Ägypten während des Mittleren Reiches und der Hyksoszeit* (Wiesbaden, 1998). **27** O. Goldwasser, «How the Alphabet was Born from Hieroglyphs», *Biblical Archaeology Review* 36 (2010), S. 40–53; F. Höflmayer, «Early alphabetic writing in the ancient Near East: the ‹missing link› from Tel Lachish», *Antiquity* (2021), S. 1–15. **28** I. Shaw, «Egyptians, Hyksos and military technology: Causes, effects or catalysts?», in A. Shortland (Hg.), *The Social Context of Technological Change: Egypt and the Near East, 1650–1550 BC* (Oxford, 2001), S. 59–71. **29** G. Beckman und H. Hoffner, *Hittite Diplomatic Texts* (Atlanta, GA, 1996), S. 42 f.; S. Thieme, «The ‹Aryan› Gods of the Mitanni Texts», *Journal of the American Oriental Society* 80 (1960), S. 301–317. **30** D. Anthony, *The Horse, the Wheel and Language: How Bronze-Age Riders from the Eurasian Steppes Shaped the Modern World* (Princeton, 2007), S. 48–50. **31** De Barros Damgaard, «First horse herders», S. 1–9. **32** W. Kirfel, *Das Purdna vom Weltgebäude* (Bonn, 1954); D. Pingree, «The Mesopotamian Origin of Early Indian Mathematical Astronomy», *Journal for the History of Astronomy* 4 (1973), S. 1–12. **33** R. Burger, *Chavín and the Origins of Andean Civilization* (London, 1992); R. Burger und L. Salazar, «The Manchay culture and the coastal inspiration for highland Chavín civilization», in W. Conklin und J. Quilter (Hg.), *Chavín Art, Architecture and Culture* (Los Angeles, CA, 2008), S. 85–105. **34** S. Heggarty und D. Beresford-Jones, «Agriculture and language dispersals: limitations, refinements, and an Andean exception», *Current Anthropology* 51 (2010), S. 163–191. **35** S. Pozorski und T. Pozorski, «Early Cultural Complexity on the Coast of Peru», in H. Silverman und W. Isbell (Hg.), *The Handbook of South American Archaeology* (New York, 2008), S. 607–631. **36** J. Li u. a., «When peripheries were centres: a preliminary study of the Shimao-centred polity in the loess highland, China», *Antiquity* 92 (2018), S. 1008–1022. **37** R. Bagley, «Shang Archaeology», in M. Loewe und E. Shaughnessy (Hg.), *The Cambridge History of Ancient China from the Origins of Civilization to 221 BC* (Cambridge, 1999), S. 124–231. **38** R. Thorp, *Early Bronze Age China: Shang Civilization* (Philadelphia, 2006). **39** D. Keightley, «The Shang: China's first historical dynasty», in Loewe und Shaughnessy (Hg.), *Cambridge History of Ancient China*, S. 232–291. **40** M. Vlok u. a., «Forager and farmer evolutionary adaptations to malaria evidenced by 7000 years of thalassemia in Southeast Asia», *Scientific Reports* 11 (2021), S. 1–15; K. Klieman, *The Pygmies Were our Compass: Bantu and Batwa in the History of Western Central Africa, Early Times to c.1900 CE* (Portsmouth, NH, 2003). **41** J. Webb, «Malaria and the Peopling of Early Tropical Africa», *Journal of World History* 16 (2005), S. 269–291. **42** D. Dominey-Howes, «A re-analysis of the Late Bronze Age eruption and tsunami of Santorini, Greece, and the implications for the volcano – tsunami hazard», *Journal of Volcanology and Geothermal Research* 130 (2004), S. 107–132; S. Nomikou u. a., «Post-eruptive flooding of Santorini caldera and implications for tsunami generation», *Nature Communications* 7 (2016), S. 1–10; NASA Jet Propulsion Laboratory, «Thera / Santorini Eruption», 1. Dezember 1989. **43** I. Babkin und I. Babkina, «The Origin of the Variola Virus», *Viruses* 7 (2015), S. 1100–1112. **44** D. Henderson, «The eradication of smallpox – An overview of the past, present and future», *Vaccine* 29 (2011), S. 7–9; ders., *Smallpox: The Death of a Disease* (Amherst, NY, 2009). **45** E. Strouhal, «Traces of a smallpox epidemic in the family of Ramesses V of the Egyptian 20th dynasty», *Anthropologie* 34 (1996), S. 315–319. **46** R. Grove, *Green Imperialism: Colonial Expansion, Tropical Island Edens and the Origins of Environmentalism* (Cambridge, 1995), S. 19. **47** S. Liu u. a., «Did China import metals from Africa in the Bronze Age?», *Archaeometry* 60 (2018), S. 105–117; W.-d. Sun u. a., «Origin of the mysterious Yin-Shang bronzes in China indicated by lead isotopes», *Scientific Reports* 6 (2016), S. 1–9. **48** I. Singer, «A political history of Ugarit», in W. Watson und N. Wyatt (Hg.), *Handbook of Ugaritic Studies* (Leiden, 1999), S. 603–733. **49** E. Cline, *1177 BC: The Year Civilisation Collapsed* (Princeton, 2014), S. 154 f. **50** Ebd., S. 155. **51** Y. Cohen und I. Singer, «Late synchronism between Ugarit and Emar», in Y. Amit u. a. (Hg.), *Essays on Ancient Israel in its Near Eastern Context: A Tribute to Nadav Na'aman* (Winona Lake, IN, 2006), S. 123–139. **52** W. Edgerton, «The Strikes in Ramses III's Twenty-Ninth Year», *Journal of Near Eastern Studies* 10 (1951), S. 137–145. **53** J. Janssen, *Commodity Prices from the Ramessid Period: An Economic Study of the Village of the Necropolis Workmen at Thebes* (Leiden, 1975). **54** M. Feldman u. a., «Ancient DNA sheds light on the genetic origins of early Iron Age Philistines», *Science Advances* 5 (2019), S. 1–10. **55** Singer, «Political history of Ugarit», S. 3. **56** J. Pritchard, *Ancient Near Eastern Texts Related to the Old Testament* (Princeton, 1969). **57** J. Wilson, «The War against the Peoples of the Sea», in J. Pritchard (Hg.), *Ancient Near Eastern Texts Relating to the Old Testament* (Princeton, 1969), S. 262 f. **58** B. Drake, «The influence of climatic change on the Late Bronze Age Collapse and the Greek

Dark Ages», *Journal of Archaeological Science* 39 (2012), S. 1862–1870; D. Kaniewski und E. Van Campo, «3.2 ka BP Megadrought and the Late Bronze Age Collapse», in Weiss (Hg.), *Megadrought and Collapse*, S. 161–182. **59** S. LaMoreaux, «Worldwide environmental impacts from the eruption of Thera», *Environmental Geology* 26 (1995), S. 172–181. **60** R. Drews, *The End of the Bronze Age* (Princeton, 1993). **61** T. Bryce, «The secession of Tarhuntassa», in D. Groddek und M. Zorman (Hg.), *Tabularia Hethaeorum. Hethitologische Beiträge Silvin Košak zum 65. Geburtstag* (Wiesbaden, 2007), S. 119–129. **62** E. Cline, *1777 BC: The Year Civilization Collapsed* (Princeton, 2014), S. 167–180; A. Nur, «Poseidon's Horses: Plate Tectonics and Earthquake Storms in the Late Bronze Age Aegean and Eastern Mediterranean», *Journal of Archaeological Science* 27 (2000), S. 43–63. **63** Zur Anfälligkeit vgl. N. Taleb, *Antifragile: Things that Gain from Disorder* (New York, 2012). **64** H. Lee, V. Padmanabhan und S. Whang, «The Bullwhip Effect in Supply Chains», *MIT Sloan Management Review* 38 (1997), S. 93–102. **65** T. Kidder u. a., «Multi-method geoarchaeological analyses demonstrates exceptionally rapid construction of Ridge West 3 at Poverty Point», *Southeastern Archaeology* 40 (2021), S. 1–16. **66** T. Kidder, E. Henry und L. Arco, «Rapid climate change-induced collapse of hunter-gatherer societies in the lower Mississippi River valley between ca. 3300 and 27880 cal yr BP», *Science China Earth Sciences* 61 (2018), S. 178–189. **67** T. Kidder, «Climate change and the archaic to woodland transition (3000–2500 BP) in the Mississippi River Basin», *American Antiquity* 71 (2006), S. 195–231. **68** N. Heller u. a., *The Tchefuncte Culture and the Early Woodland Period in Coastal Louisiana: New Analysis of the Tchefuncte, Bayou Jasmine, Lafayette Mounds, and Little Woods Sites* (New Orleans, 2013). **69** Li Feng, *Early China: A Social and Cultural History* (Cambridge, 2014), S. 66–111. **70** S. Bedford und M. Spriggs (Hg.), *Debating Lapita: Distribution, Chronology, Society and Subsistence* (Canberra, 2019); M. Spriggs und D. Reich, «An ancient DNA Pacific journey: a case study of collaboration between archaeologists and geneticists», *World Archaeology* 51 (2019), S. 620–639. **71** E. Cochrane, «The Evolution of Migration: the Case of Lapita in the Southwest Pacific», *Journal of Archaeological Method and Theory* 25 (2018), S. 520–558.

Siebtes Kapitel
Die Natur und das Göttliche

1 Dalley, «Epic of Atrahasis», S. 9–14; dt. Übersetzung nach G. Pettinato, *Das altorientalische Menschenbild und die sumerischen und akkadischen Schöpfungsmythen* (Heidelberg, 1971), S. 102 f.; https://altorientale-mythologie.blogspot.com/2017/11/atrahasis-mythos.html. **2** Ebd., S. 13 f. **3** Ebd., S. 9–35. **4** I. Finkel, *The Ark before Noah: Decoding the Story of the Flood* (London, 2014). **5** Dalley, «Epic of Atrahasis», S. 31–35. **6** N. Yoffee, «The collapse of ancient Mesopotamian states and civilization», in N. Yoffee und G. Cowgill (Hg.), *The Collapse of Ancient States and Civilizations* (Tucson, AZ, 1988), S. 44–68. **7** J. Tainter, «Problem Solving: Complexity, History, Sustainability», *Population and Environment: A Journal of Interdisciplinary Studies* 22 (2000), S. 3–41. **8** Grove, *Green Imperialism*, S. 18 f. **9** Oelschlaeger, *Idea of Wilderness*, S. 39. **10** Dalley, «The Natural World in Ancient Mesopotamian Literatur», S. 21–36. **11** Brooke, *Climate Change*, S. 211 f. **12** F. Rochberg, «Observing and Describing the World through Divination and Astronomy», in Radner und Robson (Hg.), *Oxford Handbook of Cuneiform Culture*, S. 631. **13** J. Ur, «Physical and Cultural Landscapes of Assyria», in E. Frahm (Hg.), *A Companion to Assyria* (Hoboken, NJ, 2017), S. 21 f. **14** J. Ur, «Sennacherib's Northern Assyrian Canals: New Insights from Satellite Imagery and Aerial Photography», *Iraq* 67 (2005), S. 317–345. **15** S. Ergenzinger u. a., «The Reconstruction of Environment, Irrigation and Development of Settlement in the Habur in North-east Syria», in J. Bintliff, D. Davidson und E. Grant (Hg.), *Conceptual Issues in Environmental Archaeology* (Edinburgh, 1988), S. 108–128. **16** E. Frahm, *Einleitung in die Sanherib-Inschriften* (Wien, 1997), S. 151–154. **17** K. Kessler, «Royal Roads and Other Questions of the Neo-Assyrian Communication System», in S. Parpola und R. Whiting (Hg.), *Assyria 1995: Proceedings of the 10th Anniversary Symposium of the Neo-Assyrian Text Corpus Project* (Helsinki, 1997), S. 129–136; Ur, «Physical and Cultural Landscapes of Assyria», S. 26. **18** B. Oded, *Mass Deportations and Deportees in the Neo-Assyrian Empire* (Wiesbaden, 1979), S. 20. **19** S. Parpola (Hg.), *State Archives of Assyria*, 19 Bde. (Helsinki, 1987 ff.), Bd. 19, S. 17. **20** K. Radner, «How did the Neo-Assyrian King Perceive his Land and its Resource?», in R. Jas (Hg.), *Rainfall and Agriculture in Northern Mesopotamia* (Leiden, 2000), S. 233–246. **21** 2. Könige 18; K. Radner, «Economy, Society and Daily Life in the Neo-Assyrian Period», in Frahm (Hg.), *Companion to Assyria*, S. 211. **22** British Museum, *I Am Ashurbanipal: King of the World, King of Assyria* (London, 2018). **23** D. Wiseman, «A new stela of Aššur-nasir-pal II», *Iraq* 14 (1952), S. 31 f.; J. Bottéro, *Everyday Life in Ancient Mesopotamia* (Edinburgh, 2001), S. 70. **24** A. Thomason, «Representations of the North Syrian Landscape in Neo-Assyrian Art», *Bulletin of the American Schools of Oriental Research* 323 (2001), S. 63–96. **25** S. Dalley, *The Mystery of the Hanging Garden of Babylon: An Elusive World Wonder Traced* (Oxford, 2013). **26** T. Wilkinson, *Archaeological Landscapes of the Near East* (Tucson, AZ, 2003), S. 11–14. Zum Untergang der Assyrer J. Postgate, «The Four ‹Neo-Assyrian› Tablets from Šēḫ Ḫamad», *State Archives of Assyria Bulletin* 7 (1993), S. 109–124. **27** A. Sachs und H. Hunger, *Astronomical Diaries and Related Texts from Babylon*, 3 Bde. (Wien, 1988–1996). **28** U. Koch, «Sheep and Sky: Systems of Divinatory Interpretation», *Oxford Handbook of Cuneiform Culture*, S. 448–469. **29** E. Leichty, *The Omen Series Šumma Izbu* (Locust Valley, NY, 1970), S. 202. **30** H. Hunger, *Astrological Reports to Assyrian Kings* (Helsinki, 1992), S. 82; Koch, «Sheep and Sky», S. 449. **31** D. Keightley, «Oracle-Bone Inscriptions of the Late Shang Dynasty», in W. T. de Bary (Hg.), *Sources of East Asian Tradition*, 2 Bde. (New York, 2008), Bd. 1, S. 15. **32** K. Chang, «Shang Shamans», in W. Peterson (Hg.), *The Power of Culture: Studies in Chinese Cultural History* (Hong Kong, 1994), S. 10–36. **33** F. Li, *Early China: A Social and Cultural History* (Cambridge, 2013), S. 102. **34** Keightley, «The Shang: China's First Historical Dynasty», S. 266–268, 281. **35** Ebd., S. 252. **36** Keightley, «Oracle-Bone Inscriptions», S. 19. **37** Ebd., S. 21. **38** Karlgren, *Book of Odes*, S. 276, 244. **39** E. Shaughnessy, «Western Zhou History», in Loewe and Shaughnessy (Hg.), *Cambridge History of Ancient China*, S. 310 f. **40** B. Watson, D. Nivison und I. Bloom, «Classical Sources of Chinese Tradition», in de Bary (Hg.), *Sources of East Asian Tradition*, Bd. 1, S. 28. **41** B. Karlgren, *The Book of Odes* (Stockholm 1950), 258, S. 225; dt. *Schi-King. Das kanonische Liederbuch der*

Chinesen, Übers. V. von Strauß (Heidelberg, 1888), S. 469f. **42** C. Hsu und K. Linduff, *Western Chou Civilisation* (New Haven, 1988), S. 283f. **43** Sima Qian, *Records of the Grand Historian*, Übers. B. Watson (New York, 1969), S. 230f. **44** F. Rochberg, «Observing and Describing the World through Divination and Astronomy», in K. Radner und E. Robson (Hg.), *The Oxford Handbook of Cuneiform Culture* (Oxford, 2011), S. 629f. **45** W. van Soldt, *Solar Omens of Enuma Anu Enlil: Tablets 23(24)–29(30)* (Leiden, 1995), S. 29. **46** S. Parpola, *Letters from Assyrian and Babylonian Scholars* (Helsinki, 1993), Text 100: r-1–11, S. 77. **47** J. Hughes, «Sustainable agriculture in Ancient Egypt», *Agricultural History* 66 (1992), S. 17. **48** Hesiod, *Works and Days*, Übers. A. Stallings (London, 2018), S. 12–14; dt. *Werke und Tage*, Übers. H. Gebhardt, bearbeitet v. E. Gottwein; https://www.gottwein.de/Grie/hes/erg.php. **49** L. von Falkenhausen, «The economic role of cities in Eastern Zhou China», *Archaeological Research in Asia* 14 (2018), 161–169. **50** I. Bloom, «Confucius and the *Analects*», in de Bary (Hg.), *Sources of East Asian Tradition*, Bd. 1, S. 29–32, Confucius, *Analects*, 16.8. **51** Lao-tse, *Tao te king*, Übers. Richard Wilhelm. **52** W. de Bary und I. Bloom (Hg.), *Sources of Chinese Tradition*, 2 Bde. (1999), Bd. 1, S. 93. **53** Mo-tse, «Honoring the Worthy», in de Bary (Hg.), *Sources of East Asian Tradition*, Bd. 1, S. 43. **54** M. Sivaramakrishnan, «Ecopoetics and the Literature of Ancient India», in Parham and Westling (Hg.), *Global History of Literature and the Environment*, S. 68. **55** *Rig Veda*, 6.70. Zur Entstehung und Datierung der Veden siehe M. Witzel, «Early Indian history: linguistic and textual parameters», in G. Erdosy (Hg.), The Indo-Aryans of Ancient South Asia: Language, Material Culture and Ethnicity (Berlin, 1995), S. 307–352; dt. Der Rig-Veda, Übers. Karl Friedrich Geldner (Cambridge, MA, 1951); http://www.thombar.de/6_lk.htm. **56** *Atharvaveda*, 6.56, 4.17. **57** Ebd., 8.7.10, 8.2.25, 19.38.1. **58** *Yajurveda*, 38.22, 6.33. **59** Ebd., 13.37, 13.49. **60** *Rigveda*, 5.80. **61** S. Olivelle, *The Early Upanisads: Annotated Text and Translation* (New York, 1998). Zur Entstehungszeit der Upanischaden siehe auch S. Radhakrishnan, *The Principal Upaniṣads* (New Delhi, 2004), S. 20–22. **62** *The Thirteen Principal Upanishads*, Übers. F. Müller, überarbeitet von S. Navlakha (London, 2000), *Maitrāyaṇīya Upaniṣad*, S. 132. **63** N. Sundaraswaran, «Environmental and ecological awareness in the Rāmāyana and the Mahābhārata», *Samskrtakairali* 5 (2016–17), S. 105–116. **64** *Rigveda*, 10.121. **65** G. Flood, *An Introduction to Hinduism* (Cambridge, 1996), S. 6. **66** H. Bechert, *Die Datierung des historischen Buddha*, 3 Bde. (Göttingen, 1991–1997). **67** R. Gethin, *The Foundations of Buddhism* (Oxford, 1998), S. 59–84. **68** Siehe z. B. J. Bronkhorst, *Greater Magadha: Studies in the Culture of Early India* (Leiden, 2007). **69** *The Sutta-Nipāta*, Übers. H. Saddhatissa (London, 1994), Vers 136; dt. «Der Verworfene», https://legacy.suttacentral.net/de/snp1.7. **70** *Dīgha Nikāya*, *Dialogues of the Buddha*, Hg./Übers. T. Rhys Davids und E. Carpenter, 3 Bde. (1890–1911), Bd. 3, S. 180ff. **71** *Khuddakapāṭha*, 8. **72** L. Schmithausen, «The early Buddhist tradition and ecological ethics», *Journal of Buddhist Ethics* 4 (1997), S. 11. **73** A. Embree, S. Hay und W. de Bary (Hg.), *Sources of Indian Tradition*, 2 Bde. (New York, 1988), Bd. 1, S. 46. **74** *Ācārāṇga Sūtra*, 1.1. **75** *Sūtrakṛtāriga*, 1.1–9. **76** *Uttarādhyayana Sūtra*, 19.67–74. **77** *Sūtrakṛtāriga*, 1.1–9. **78** R. Thapar, *Early India: From the Origins to AD 1300* (Berkeley, 2005), S. 29–32, 280–282. **79** M. Fisher, *An Environmental History of India: From the Earliest Times to the Twenty-First Century* (Cambridge, 2018), S. 60f. **80** S. Sahni, *Environmental Ethics in Buddhism: A*

Virtues Approach (London, 2008), S. 47f. **81** Kūtadanta Sutta, *Dīgha Nikāya*, 1, S. 141; dt. Übersetzung nach Karl Eugen Neumann: https://www.palikanon.com/digha/d05.htm. **82** M. McLish, *The History of the Arthaśāstra: Sovereignty and Sacred Law in Ancient India* (Cambridge, 2019), S. 1f. **83** *Kaustiaki Upaniṣad*, 1.2; dt. Übersetzung nach Paul Deussen; https://wiki.yoga-vidya.de/Kaushitaki_Upanishad. **84** M. Burley, *Rebirth and the Stream of Life* (London, 2016), S. 102. **85** Herodot, *The Histories*, 2.123, S. 144; dt. *Historien. 2 Bde. Griechisch-Deutsch*, Hg. Josef Feix (Berlin, 2011), S. 307, 309. **86** Iamblichus, *De vita Pythagorica*, hg. v. G. Clark (Liverpool, 1989), Bd. 14, S. 25. **87** Empedokles, *The Extant Fragments*, hg. v. M. Wright (London, 1995), 108, S. 139; dt. *Die Fragmente der Vorsokratiker*, Übers. H. Diels (Hildesheim, 1951/52). **88** R. Stoneman, *The Greek Experience of India: From Alexander to the Indo-Greeks* (Princeton, 2019), S. 341f. **89** J. Hughes, *Environmental Problems of the Greeks and Romans* (Baltimore, 2014), S. 53. **90** Plato, *Timaeus*, hg. v. R. Bury (Cambridge, MA, 2014), 30b, S. 54. **91** Hughes, *Environmental Problems*, S. 53. **92** Aristotle, *Politics*, hg. v. H. Rackham (Cambridge, MA, 2014), 1.3, S. 20–22, 36. **93** Plato, *Phaedrus*, hg. v. C. Emlyn-Jones (Cambridge, MA, 2022), S. 356. **94** Xenophon, *Oikonomikos*, hg. v. E. Marchant (Cambridge, MA, 1997), Bd. 5, S. 428. **95** J. Hughes, «Theophrastus as Ecologist», in W. Fortenbaugh und R. Sharples (Hg.), *Theophrastean Studies: Fifteen Papers on Natural Science, Physics and Metaphysics, Ethics, Religion and Rhetoric* (New Brunswick, NJ, 1998), S. 67–75. **96** R. Foltz und M. Saadi-nejad, «Is Zoroastrianism an Ecological Religion?», *Journal for the Study of Religion, Nature and Culture* 1 (2007), S. 414–417. **97** Herodot, *Historien*, 1.138, S. 133; Strabo, *Geography*, 15.3, Hg./Übers. H. Jones, 2 Bde. (Cambridge, MA, 1930), Bd. 2, S. 178; Foltz and Saadi-nejad, «Is Zoroastrianism an Ecological Religion?», S. 421. **98** M. Boyce, *Zoroastrianism: Its Antiquity and Constant Vigour* (Costa Mesa, CA, 1992). **99** J. Duchesne-Guillemin, *The Hymn of Zarathustra, Being a Translation of the Gathas Together with Introduction and Commentary*, Übers. M. Henning (Boston, MA, 1992), *Yasna*, 50, S. 29–33; dt. *Die Gathas des Zarathustra*, Übers. H. Lommel (Basel/Stuttgart 1971); https://homepage.ruhr-uni-bochum.de/michael.luetge/Gathas.htm. **100** L. Mills, «The Pahlavi Texts of the Yasna Haptanghaiti (Y. XXXV–XLI (XLII)) for the First Time Critically Translated», *The Journal of the Royal Asiatic Society of Great Britain and Ireland* 37.1 (1905), S. 64; dt. Avesta – die heiligen Bücher der Parsen, Übers. F. Wolff (Straßburg, 1910); http://www.avesta.org/yasna/yasna_de.htm. **101** Duchesne-Guillemin, *Yasna*, 29. **102** Mills, «The Pahlavi Texts of the Yasna Haptanghaiti», S. 66–69. **103** A. Amanat, «Environment and Culture: An Introduction», *Iranian Studies* 49 (2016), S. 928f. **104** E. Frahm, «Assyria in the Hebrew Bible», in E. Frahm (Hg.), *A Companion to Assyria* (Hoboken, NJ, 2017), S. 556–569. **105** Jesaja, 45,1. Allerdings ergeben sich chronologische Probleme, wenn man die Befreiung der Juden aus der babylonischen Gefangenschaft mit der Herrschaft von Kyros in Zusammenhang bringt. Siehe D. Edelman, *The Origins of the Second Temple: Persian Imperial Policy and the Rebuilding of Jerusalem* (London, 2005). **106** E. Davis, *Scripture, Culture, and Agriculture: An Agrarian Reading of the Bible* (Cambridge, 2009). **107** S. Kramer, «The ‹Babel of Tongues›: A Sumerian Version», Journal of the American Oriental Society 88 (1968), S. 108–111. **108** E. Bloom und K. Weingart, «The Joseph Story: Diaspora Novella or North-Israelite Narrative?», *Zeitschrift für die alttestamentliche Wissenschaft* 129 (2017), S. 501–521; I. Knohl, «Joseph and the Famine: The Story's Origins in Egyptian History»; https://www.thetorah.com/article/joseph-and-thefamine-the-storys-origins-in-egyptian-history. **109** T. Levy, T. Schneider und W. Propp (Hg.), *Israel's Exodus in Transdisciplinary Perspective: Text, Archaeology, Culture and Geoscience* (New York, 2015). **110** S. Garfinkle, «Ancient Near Eastern City States», in Bang und Scheidel (Hg.), *Oxford Handbook of the State in the Ancient Near East*, S. 107. **111** Oelschlaeger, *Idea of Wilderness*, S. 47. **112** D. Green, «The Garden of Eden in the Hebrew Bible», in Parham and Westling (Hg.), *Global History of Literature and the Environment*, S. 55 f. **113** Psalm 23,1–4. **114** Oelschlaeger, *Idea of Wilderness*, S. 49. **115** 5. Mose 11.8–12; Green, «The Garden of Eden in the Hebrew Bible», S. 56 f. **116** 2. Mose 24,15–16; 1. Mose 9,13. **117** Hesekiel 29,9–15; T. Tvedt, *The Nile: History's Greatest River* (London, 2021), S. 22 f. **118** K. Jaspers, *Vom Ursprung und Ziel der Geschichte* (München, 1949). **119** B. Wittrock, «Social Theory and Global History: The Three Cultural Crystallizations», *Thesis Eleven* 65 (2001), S. 27–50; B. Schwartz, «The age of transcendence», *Daedalus* 104 (1975), S. 1–7. **120** S. Eisenstadt, «Introduction: The Axial Age Breakthroughs – Their Characteristics and Origins», in S. Eisenstadt (Hg.), *The Origins and Diversity of Axial Age Civilizations* (Albany, NY, 1986), S. 29–39. **121** I. Provan, *Convenient Myths: The Axial Age, Dark Green Religion and the World That Never Was* (Waco, TX, 2013); D. Mullins u. a., «Systematic Assessment of ‹Axial Age› Proposals Using Global Comparative Historical Evidence», *American Sociological Review* 83 (2018), S. 596–626. **122** R. Bellah, *Religion in Human Evolution: From the Paleolithic to the Axial Age* (Cambridge, MA, 2011). **123** N. Baumard u. a., «Increased Affluence Explains the Emergence of Ascetic Wisdoms and Moralizing Religions», *Current Biology* 25 (2015), S. 10–15. **124** B. Karlgren, «The Book of Documents», *Museum of Far Eastern Antiquities, Bulletin* 20 (Stockholm, 1950), S. 33. **125** Ebd., S. 29, 85–91; J. Li, *Chinese Civilisation in the Making, 1766–1221 BC* (New York, 1996), S. 85–91. **126** M. Elvin, «Who Was Responsible for the Weather? Moral Meteorology in Late Imperial China», *Osiris* (1998), S. 213–227. **127** J. Snyder-Reinke, *Dry Spells: State Rainmaking and Local Government in Late Imperial China* (Cambridge, MA, 2009), S. 24 ff.; A. Birrell, *Chinese Mythology: An Introduction* (Baltimore, 1993), S. 72–83. **128** M. Bloch, «The Ritual of the Royal Bath in Madagascar: The Dissolution of Death, Birth and Fertility into Authority», in D. Cannadine und S. Price (Hg.), *Rituals of Royalty: Power and Ceremonial in Traditional Societies* (Cambridge, 1987), S. 271–297; C. Geertz, *Negara: The Theatre State in Nineteenth-Century Bali* (Princeton, 1980). **129** T. Lewis, «A History of Buddhist Ritual», in J. Powers (Hg.), *The Buddhist World* (London, 2015), S. 325. **130** B. Ruppert, «Buddhist Rainmaking in Early Japan: The Dragon King and the Ritual Careers of Esoteric Monks», *History of Religions* 42 (2002), S. 143–174. **131** V. Scarborough, «Ecology and Ritual: Water Management and the Maya», *Latin American Antiquity* 9 (1998), S. 135–159. **132** R. Ishihara, «Rising clouds, blowing winds: Late Classic Maya rain rituals in the Main Chasm, Aguateca, Guatemala», *World Archaeology* 40 (2008), S. 178 f. **133** S. Schaafsma und K. Taube, «Bringing the rain: an ideology of rain making in the Pueblo Southwest and Mesoamerica», in J. Quilter (Hg.), *A Pre-Columbian World: Searching for a Unitary Vision of Ancient America* (Washington DC, 2006), S. 235 f., 256–259. **134** M. Cosmopoulos, *Bronze Age Eleusis and the Origins of the Eleusinian Mysteries* (Cambridge, 2015), S. 1 f. **135** Elvin, «Three thousand years of unsustainable growth», S. 17. **136** S. Dhammika, *Nature and the Environment in Early Buddhism* (Singapore, 2015), S. 14. **137** S. Brancaccio, «Aṇgulimāla or the Taming of the Forest», *East and West* 49, 105–118. **138** Dhammika, *Nature and the Environment*, S. 30; dt. Übersetzung der Edikte nach Wolfgang Schumacher, https://www.palikanon.com/diverses/asoka/asoka1.htm sowie https://de.wikipedia.org/wiki/Ashoka-Edikte. **139** R. Thapar, *Ashoka and the Decline of the Mauryas* (New Delhi, 1997), S. 250. **140** S. Dhammika, *Middle Land, Middle Way: A Pilgrim's Guide to the Buddha's India* (Kandy, 2008), S. 150. **141** S. Olivelle, *King, Governance and Law in Ancient India: Kauṭilya's Arthaśāstra* (Oxford, 2013), S. 25–31; M. McLish, *The History of the Arthaśāstra: Sovereignty and Sacred Law in Ancient India* (Cambridge, 2019), S. 140–154. **142** Olivelle, *Kauṭilya's Arthaśāstra*, S. 99 f. **143** Ebd., S. 152–154. **144** Fisher, *Environmental History of India*, S. 68 f. **145** Xenophon, *Oikonomikos*, Bd. 5, S. 429.

Achtes Kapitel
Die Pioniere der Steppe und die Entstehung von Imperien

1 S. Crossley Kyle, *Hammer and Anvil: Nomad Rulers at the Forge of the Modern World* (Lanham, MD, 2019), S. 10 f. **2** S. Mitchell, *Horse Nations: The Worldwide Impact of the Horse on Indigenous Societies* (Oxford, 2015). **3** R. Sommer u. a., «Holocene survival of the wild horse in Europe: A matter of open landscape?», *Journal of Quaternary Science* 26 (2011), S. 805–812; E. Sandoval-Castellanos u. a., «Coat colour adaptation of post-glacial horses to increasing forest vegetation», *Nature Ecology & Evolution* 1 (2017), S. 1816–1819. **4** M. Leonardi u. a., «Late Quaternary horses in Eurasia in the face of climate and vegetation change», *Science Advances* 4 (2018), S. 1–11. **5** A. Outram u. a., «The Earliest Horse Harnessing and Milking», *Science* 323 (2009), S. 1332–1335. **6** I. Lazaridis u. a., «Genomic insights into the origin of farming in the ancient Near East», *Nature* 536 (2016), S. 419–424; W. Taylor u. a., «Early Pastoral Economies and Herding Transitions in Eastern Eurasia», *Scientific Reports* 10 (2020), S. 3; S. Librado u. a., «The origins and spread of domestic horses from the Western Eurasian steppes», *Nature* (2021), S. 1–19. **7** V. Gening, G. Zdanovich und V. Gening, *Синташта: археологические памятники арийских племен Урало-Казахстанских степей* (Tscheljabinsk, 1992); K. Jones-Bley, «The Sintashta ‹chariots›», in J. Davis-Kimball u. a. (Hg.), *Kurgans, Ritual Sites, and Settlements: Eurasian Bronze and Iron Age* (Oxford, 2000), S. 135–140; D. Owen, «The first equestrian: An Ur III glyptic scene», *Acta Sumerologica* 13 (1991), 259–273; ders., «A Thirteen Month Summary Account from Ur», *Bulletin of the School of Oriental and African Studies* 43 (1980), S. 57–70. **8** J. Oates, «A note on the early evidence for horse and the riding of equids in Western Asia», in M. Levine, C. Renfrew und K. Boyle (Hg.), *Prehistoric Steppe Adaptation and the Horse* (Cambridge, 2003), S. 115–138. **9** S. Smith, «State and empire in the Middle and New Kingdoms», in J. Lustig (Hg.), *Anthropology and Egyptology: A Developing Dialogue* (Sheffield, 1997), S. 66–89. **10** B. Sandor, «Tutankhamun's chariots: secret treasures of engineering mechanics», *Fatigue & Fracture of Engineering Materials & Structures* 27 (2004), S. 637–646. **11** A. Waley, *The Book of Songs* (London, 1954), S. 128 f.

12 E. Shaughnessy, «Historical Perspectives on the Introduction of the Chariot into China», *Harvard Journal of Asiatic Studies* 48 (1988), S. 189–237. **13** E. Shaughnessy, *Sources of the Western Zhou* (Berkeley, 1991), S. 81. **14** A. Pleterski, *Mitska stvarnost koroških knežjih kamnov* (Ljubljana, 1997), S. 39 f. **15** R. Sharma, «The Aryan Problem and the Horse», *Social Scientist* 21 (1993), S. 3–16. **16** W. Taylor, «A Bayesian chronology for early domestic horse use in the Eastern Steppe», *Journal of Archaeological Science* 81 (2017), S. 49–58. **17** R. Zaroff, «Aśvamedha – A Vedic horse sacrifice», *Studia Mythologica Slavica* 8 (2005), S. 74–78. **18** Taylor u. a., «Early pastoral economies», S. 12; W. Taylor und T. Tuvshinjragal, «Horseback riding, asymmetry, and changes to the equine skull: evidence for mounted riding in Mongolia's late Bronze Age», in L. Bartosiewicz und E. Gal (Hg.), *Care or Neglect? Evidence of Animal Disease in Archaeology* (Oxford, 2018), S. 134–154; U. Dietz, «Horseback riding: Man's access to speed», in Levine, Renfrew und Boyle (Hg.), *Prehistoric Steppe Adaptation and the Horse*, S. 189–199. **19** Taylor u. a., «Early pastoral economies», S. 11. **20** K. Privat, «Preliminary report of palaeodietary analysis of human and faunal remains from Bolshekaragansky kurgan 25», in D. Zdanovich (Hg.), *Аркаим Некрополь (по материалам кургана 25 больщекараганского могильника)* (Tscheljabinsk, 2002), S. 166–171. **21** Taylor u. a., «Early pastoral economies», S. 13; X. Belauzaran u. a., «Horse-meat for human consumption – Current research and future opportunities», *Meat Science* 108 (2015), S. 74–81. **22** E. Kuzmina, *Откуда пришли индоарии?* (Moskau, 1994). **23** A. Ventresca Miller u. a., «Pasture usage by ancient pastoralists in the northern Kazakh steppe informed by carbon and nitrogen isoscapes of contemporary floral biomes», *Archaeological and Anthropological Sciences* 11 (2019), S. 2151–2166. **24** W. Honeychurch, *Inner Asia and the Spatial Politics of Empire: Archaeology, Mobility, and Culture Contact* (New York, 2015), S. 109–220. **25** M. Frachetti, «Seeds for the soul: ideology and diffusion of domesticated grains across inner Asia», in V. Mair und J. Hickman, *Reconfiguring the Silk Road: New Research on East – West Exchange in Antiquity* (Philadelphia, 2014), S. 41–53. **26** R. Spengler u. a., «Early agriculture and crop transmission among Bronze Age mobile pastoralists of Central Eurasia», *Proceedings of the Royal Society B* 281 (2014), S. 1–7. **27** N. Miller, R. Spengler und M. Frachetti, «Millet cultivation across Eurasia: Origins, spread, and the influence of seasonal climate», *The Holocene* 26 (2016), S. 1566–1575. **28** M. Frachetti, «Multiregional emergence of mobile pastoralism and nonuniform institutional complexity across Eurasia», *Current Anthropology* 53 (2012), S. 2–38. Zum «transeurasischen Handelsnetz» siehe A. Sherratt, «The Trans-Eurasian Exchange: The Prehistory of Chinese Relations with the West», in V. Mair (Hg.), *Contact and Exchange in the Ancient World* (Honolulu, 2006), S. 30–61; T. Larsen Høisæter, «Polities and nomads: the emergence of the Silk Road exchange in the Tarim Basin region during late prehistory (2000–400 BCE)», *Bulletin of the School of Oriental and African Studies* 80 (2017), S. 339–363. **29** G. Gnecchi-Ruscone u. a., «Ancient genomic time transect from the Central Asian steppe unravels the history of the Scythians», *Scientific Advances* 7 (2021), S. 1–14. **30** J. Davis-Kimball, V. Bashilov und L. Yablonsky (Hg.), *Nomads of the Eurasian Steppe in the Early Iron Age* (Berkeley, 1995). **31** R. Spengler u. a., «Linking agriculture and exchange to social developments of the Central Asian Iron Age», *Journal of Anthropological Archaeology* 48

(2017), S. 295–308. **32** B. Hanks, «Archaeology of the Eurasian Steppes and Mongolia», *Annual Review of Anthropology* 39 (2010), S. 469–486. **33** S. Wilkin u. a., «Economic Diversification Supported the Growth of Mongolia's Nomadic Empires», *Scientific Reports* 10 (2020), S. 1–12. **34** W. Honeychurch und C. Makarewicz, «The Archaeology of Pastoral Nomadism», *Annual Review of Anthropology* 45 (2016), S. 341–359. **35** Herodot, *Historien*, 4.127, S. 595. **36** Siehe z. B. U. Brosseder und B. Miller, *Xiongnu Archaeology: Multidisciplinary Perspectives of the First Steppe Empire in Inner Asia* (Bonn, 2011); N. Kradin und A. Ivliev, *Истопия Киданьской Импери ляо* (Moskau, 2014); H.-G. Hüttel und U. Erdenebat, *Karabalgasun and Karakorum: Two Late Nomadic Urban Settlements in the Orkhon Valley* (Ulaanbaatar, 2010). **37** L. Yuqi u. a., «Early irrigation and agropastoralism at Mohuchahangoukou (MGK), Xinjiang, China», *Archaeological Research in Asia* 12 (2017), S. 23–32. **38** Huan Kuan, *Yan Tie Lun*, zitiert in Y. Yu, *Trade and Expansion in Han China: A Study in the Structure of Sino-Barbarian Economic Relations* (Berkeley, 1967), S. 40; Ammianus Marcellinus, *Rerum Gestarum Libri*, 31.2, 3, S. 382. Priscus, *Testimonia*, Fragment 49, in R. Blockley (Hg. und Übers.), *The Fragmentary Classicising Historians of the Later Roman Empire: Eunapius, Olympiodorus, Priscus, and Malchus*, 2 Bde. (Liverpool, 1981–83), Bd. 2, S. 356; A. Porter, *Mobile Pastoralism and the Formation of Near Eastern Civilisations* (Cambridge, 2011), S. 293. **39** C. Hao, «Competing Narratives: A comparative study of Chinese sources with the Old Turkic Inscriptions», in C. Hao (Hg.), *Competing Narratives between Nomadic People and their Sedentary Neighbours* (Ipartelep, 2019), S. 60; T. Anikeeva, «Geography in the Epic Folklore of the Oghuz Turks», in ebd., S. 39. **40** Herodot, *Historien*, 4.46, S. 537. **41** D. Sneath, *The Headless State: Aristocratic Orders, Kinship Society, and Misrepresentations of Nomadic Inner Asia* (New York, 2007). **42** N. Anfinset, *Metal, Nomads and Culture Contacts, the Middle East and North Africa* (London, 2010), S. 81–87. **43** W. Honeychurch, «From Steppe Roads to Silk Roads», in R. Amitai und M. Biran (Hg.), *Nomads as Agents of Cultural Change: The Mongols and their Eurasian Predecessors* (Honolulu, 2014), S. 50–89. Siehe auch T. Barfield, *The Perilous Frontier: Nomadic Empires and China* (Oxford, 1992). **44** A. Khazanov, *Nomads and the Outside World* (Cambridge, 1984), S. 75, 104. **45** Y. Liu, «Exotica as prestige technology: the production of luxury gold in Western Han society», *Antiquity* 91 (2017), S. 1588–1602; S. Andreeva, «Re-making Animal Bodies in the Arts of Early China and North Asia: Perspectives from the Steppe», *Early China* (2022), S. 1–53. **46** J. Rawson, «Carnelian beads, animal figures and exotic vessels: traces of contact between the Chinese states and Inner Asia, ca. 1000–650 BC», in M. Wagner und W. Wang (Hg.), *Bridging Eurasia* (Berlin, 2010), S. 1–41. **47** T. Hayashi, «Griffin motif: from the West to East Asia via the Altai», *Parthica* 14 (2012), S. 49–64. **48** K. Peng und Y. Zhu, «New Research on the Origins of Cowries used in Ancient China», *Sino-Platonic Papers* 68 (1995), S. 1–18; M. Dwivedi, «Tools of Economic Connectivity in Early Historic South Asia», in S. von Reden (Hg.), *Handbook of Ancient Afro-Eurasian Economies*, 2 Bde. (Berlin, 2022), Bd. 2, insbes. S. 501–503. **49** Y. Li, «On the Function of Cowries in Shang and Western Zhou China», *Journal of East Asian Archaeology* 5 (2003), S. 1–26. **50** D. Potts, *Nomadism in Iran: From Antiquity to the Modern Era* (Oxford, 2014), S. 419–430. **51** Z. B. B. Arbuckle und E. Hammer, «The Rise of Pastoralism in the Ancient Near East», *Journal of Archaeological Research* 27 (2019),

S. 391–449. **52** N. Di Cosmo, «The ‹Birth› of the Silk Road between Ecological Frontiers and Military Innovation», in J. Lerner und Y. Shi (Hg.), *Silk Roads: From Local Realities to Global Narratives* (Oxford, 2020), S. 11–20. **53** Ebd. **54** Ebd. Siehe auch N. Di Cosmo, *Ancient China and its Enemies: The Rise of Nomadic Power in East Asian History* (Cambridge, 2002), insbes. S. 138–155. **55** Thucydides, *History of the Peloponnesian War*, hg. v. C. Smith, 4 Bde. (Cambridge, 2014), Bd. 1, I.7–8, S. 12–14. **56** J. Bennett, «Retrodicting the Rise, Spread, and Fall of Large-Scale States in the Old World», *SocArViv Preprint* (2021), S. 1–27. **57** S. Turchin u. a., «War, space, and the evolution of Old World complex societies», *PNAS* 110 (2013), S. 16384–16389. **58** S. Turchin, «A theory for the formation of large empires», *Journal of Global History* 4 (2009), S. 191–217. **59** N. Kradin, «Nomadism, Evolution and World-Systems: Pastoral Societies in Theories of Historical Development», *Journal of World-Systems Research* 8 (2002), S. 368–388; W. Scheidel, «The Xiongnu and the comparative study of empire», in B. Miller und U. Brosseder (Hg.), *Xiongnu Archaeology: Multidisciplinary Perspectives of the First Steppe Empire in Inner Asia* (Bonn, 2011), S. 111–120; M. Byington, *The Ancient State of Puyŏ in Northeast Asia: Archaeology and Historical Memory* (Cambridge, MA, 2020). **60** Turchin u. a., «War, space, and the evolution of Old World complex societies», S. 16384–16389. **61** W. Scheidel, «The scale of empire: territory, population, distribution», in S. Bang, C. Bayly und W. Scheidel (Hg.), *The Oxford World History of Empire*, 2 Bde. (Oxford, 2021), Bd. 2, S. 91–110. **62** T. Currie u. a., «Duration of agriculture and distance from the steppe predict the evolution of large-scale human societies in Afro-Eurasia», *Humanities and Social Sciences Communications* 7 (2020), S. 1–8. **63** W. Scheidel, *Escape from Rome: The Failure of Empire and the Road to Prosperity* (Princeton, 2019), S. 281–290. **64** C. Yu Ko, M. Koyama und T.-H. Sng, «Unified China and Divided Europe», *International Economic Review* 59 (2018), S. 285–327. **65** H. Root, «Network assemblage of regime stability and resilience: Comparing Europe and China», *Journal of Institutional Economics* 13 (2017), S. 523–548. **66** J. Fernández-Villaverde u. a., «The Fractured Land Hypothesis», NBER Working Paper 27774 (2020), S. 1–64; zu Lü Buwei siehe J. Sellmann, *Master Lü's Spring and Autumn Annals (Lüshi Chunqiu)* (Albany, NY, 2002), S. 107. **67** D. Gifford-Gonzalez, «Animal disease challenges to the emergence of pastoralism in sub-Saharan Africa», *African Archaeological Review* 17 (2000), S. 95–139. **68** A. Wink, *The Making of the Indo-Islamic World, c.700–1800 CE* (Cambridge, 2020), insbes. S. 8–123. **69** A. Wink, «From the Mediterranean to the Indian Ocean: Medieval History in Geographic Perspective», *Comparative Studies in Society and History* 44 (2002), S. 419. **70** A. Wink, *Making of the Indo-Islamic World*, S. 18–20. **71** A. Wink, *Al-Hind: The Making of the Indo-Islamic World*, Bd. 1: *Medieval India and the Expansion of Islam, 7th–11th Centuries* (Leiden 1990), S. 181–185 **72** A. Wink, «From the Mediterranean to the Indian Ocean», S. 420. **73** M. Mate, *A History of Water Management and Hydraulic Technology in India (1500 BC to 1800 AD)* (Delhi, 1998), S. 77. **74** Ibn Baṭṭūṭa, al-Riḥla, Übers. H. Gibb, *The Travels of Ibn Battuta*, 4 Bde. (Cambridge, 1994), Bd. 3, S. 204; dt. *Die Reisen des Arabers Ibn Baṭūṭa durch Indien und China*, Übers. H. von Mžik (Hamburg, 1911), S. 60 und 159; https://archive.org/details/diereisedurchindoomuam; Wink, *Making of the Indo-Islamic World*, S. 21. **75** *Bābur-Nāma*, Übers. Thackston, *Memoirs of Babur, Prince and Emperor* (London, 2006), S. 334; Wink, *Making of the Indo-Islamic*

World, S. 20. **76** J. Das Gupta, *Bengal in the Sixteenth Century* AD (Calcutta, 1914), S. 104. **77** Kauṭilya, *Arthaśāstra* 2.30; S. Olivelle, «Long-distance trade in ancient India: Evidence from Kauṭilya, *Arthaśāstra*», *Indian Economic and Social History Review* 57 (2020), S. 41 f. **78** J. Gommans, *Mughal Warfare: Indian Frontiers and High Roads to Empire, 1500–1700* (London, 2002); ders., «Warhorse and Post-Nomadic Empire in Asia, c. 1000–1800», *Journal of Global History* 2 (2007), S. 1–21. **79** Frankopan, *Licht aus dem Osten*, S. 337 ff. **80** M. Green, «Climate and Disease in Medieval Eurasia», in *Oxford Research Encyclopedia of Asian History* (Oxford, 2018). **81** M. Green und L. Jones, «The Evolution and Spread of Major Human Diseases in the Indian Ocean World», in G. Campbell und E. Knoll (Hg.), *Disease Dispersion and Impact in the Indian Ocean World* (London, 2020), S. 25–57. **82** C. Stanish, «The origin of state societies in South America», *Annual Review of Anthropology* 30 (2001), S. 41–64. **83** C. Spencer und E. Redmond, «Primary State Formation in Mesoamerica», *Annual Review of Anthropology* 33 (2004), S. 173–199. **84** R. González Lauck, «Observaciones en torno a los contextos de la escultura olmeca en La Venta, Tabasco», in M. Uriarte und K. Staines Cicero (Hg.), *Acercarse y mirar: Homenaje a Beatriz de le Fuente* (Mexico City, 2004), S. 75–106. **85** K. Taube, «Los significados del jade», *Arqueología Mexicana* 133 (2015), S. 49–55. **86** A. Christenson, *Popul Vuh: Literal Poetic Version Translation and Transcription* (Winchester, 2003), S. 77 f.; dt. *Popol Vuh. Das Buch des Rates*, Übers. W. Cordan; http://12koerbe.de/arche/cordan-2.htm. **87** Ebd., S. 197 f. **88** S. McIntosh, «Pathways to Complexity: An African Perspective», in S. McIntosh (Hg.), *Beyond Chiefdoms: Pathways to Complexity in Africa* (Cambridge, 1999), S. 1–30. **89** S. Falconer und C. Redman, *Polities and Power: Archaeological Perspectives on the Landscapes of Early States* (Tucson, AZ, 2009); R. McIntosh, *Ancient Middle Niger: Urbanism and the Self-Organising Landscape* (Cambridge, 2005); G. Connah, *African Civilisations: An Archaeological Perspective* (Cambridge, 2001). **90** McIntosh, «Pathways to Complexity: An African Perspective», S. 1–30. **91** K. Macdonald u. a., «New Light on the Tichitt Tradition: A Preliminary Report on Survey and Excavation at Dhar Nema», in S. Mitchell, A. Haour und J. Hobart (Hg.), *Researching Africa's Past: New Contributions from British Archaeologists* (Oxford, 2003), S. 73–80. **92** A. LaViolette und J. Fleischer, «The Archaeology of Sub-Saharan Urbanism: Cities and their Countrysides», in A. Brower Stahl (Hg.), *African Archaeology: A Critical Introduction* (Oxford, 2004), S. 327–352. **93** A. Holl, «Coping with uncertainty: Neolithic life in the Dhar Tichitt-Walata, Mauritania (ca. 4000–2300 BP)», *Comptes Rendus Geoscience* 341 (2009), S. 703–712. **94** M. Ould Kattar, «Les sites Gangara, la fin de la culture Tichitt et l'origine de Ghana», *Journal des Africanists* 65 (1995), S. 31–41; K. Macdonald, «Before the Empire of Ghana: pastoralism and the origins of cultural complexity in the Sahel», in G. Connah (Hg.), *Transformations in Africa: Essays on Africa's Later Past* (Leicester, 1998), S. 71–103. **95** J. Monroe, «‹Elephants for Want of Towns›: Archaeological Perspectives on West Africa Cities and heir Hinterlands», *Journal of Archaeological Research* 26 (2018), S. 387–446. **96** Herodot, *Historien* 4.45, S. 535 ff. **97** Cicero, *De legibus*, hg. v. C. Keyes (Cambridge, MA, 2000), I, S. 300; Plutarch, «De Herodoti malignitate», *Moralia*, Übers. L. Pearson (Cambridge, MA, 1965). **98** D. Leslie und K. Gardiner, *The Roman Empire in Chinese Sources* (Rom, 1996), S. 98. **99** Zaroff, «Aśvamedha», S. 79–81. **100** Polybios, *Histories*,

Hg. C. Habicht, 8 Bde. (Cambridge, MA, 2014), Bd. 1.3, S. 8f.; dt. *Geschichte*, Hg. K. Hoenn / Übers. H. Drexler, 2 Bde. (Zürich, 1961–1963), Bd. 1, S. 3. **101** R. Sugirtharajah, *The Bible and Asia: From the Pre-Christian Era to the Postcolonial Age* (Cambridge, MA, 2013), S. 28–30. **102** N. Cohn, *Cosmos, Chaos, and the World to Come: The Ancient Roots of Apocalyptic Faith* (New Haven, 1993), S. 77–104, 26–28. **103** A. Mariaselvam, *The Song of Songs and Ancient Tamil Love Poems: Poetry and Symbolism* (Rom, 1988). **104** Sugirtharajah, *The Bible and Asia*, S. 44f. **105** Pausanias, *Beschreibung von Griechenland*, Übers. H. Chr. Schubert, 2 Bde. (Stuttgart 1857–1863), Bd. 1, 4.32.4, S. 333. **106** Empedokles, *Extant Fragments*, 117, 127. **107** D. Pingree, «On the Greek Origin of the Indian Planetary Model Employing a Double Epicycle», *Journal for the History of Astronomy* 2 (1971), S. 80–85; ders., «The Recovery of Early Greek Astronomy from India», *Journal for the History of Astronomy* 7 (1976), S. 109–123. **108** A. Deter-Wolf u. a., «The world's oldest tattoos», *Journal of Archaeological Science: Reports* 5 (2016), S. 19–24. **109** C. Reed, «Tattoo in Early China», *Journal of the American Oriental Society* 120 (2000), S. 360–376. **110** J. Huehnergard und H. Liebowitz, «The Biblical Prohibition against Tattooing», *Vetus Testamentum* 63 (2013), S. 59–77. **111** C. Jones, «Stigma: Tattooing and Branding in Graeco-Roman Antiquity», *Journal of Roman Studies* 77 (1987), S. 139–155. **112** S. Temin, «Price Behavior in Ancient Babylon», *Explorations in Economic History* 39 (2002), S. 46–60. **113** G. Campbell, *Africa and the Indian Ocean World from Early Times to Circa 1900* (Cambridge, 2019), S. 43f. **114** J. Dorey u. a., «Holocene population expansion of a tropical bee coincides with real human colonisation of Fiji rather than climate change», *Molecular Ecology* 30 (2021), S. 1–38. **115** M. Hurles u. a., «The Dual Origin of the Malagasy in Island Southeast Asia and East Africa: Evidence from Maternal and Paternal Lineages», *American Journal of Human Genetics* 76 (2005), S. 894–901. **116** A. Adelaar, «Asian roots of the Malagasy: a linguistic perspective», *Bijdragen tot de Taal-Land en Volkenkunde*, 151 (1995), S. 325–356. **117** R. Grollemund u. a., «Bantu expansion shows that habitat alters the route and pace of human dispersals», *PNAS* 112 (2015), S. 13296–13301. **118** S. Pollegoni u. a., «Ancient Humans Influenced the Current Spatial Genetic Structure of Common Walnut Populations in Asia», *PLOS ONE* 10 (2015), S. 1–16. **119** R. Spengler u. a., «Exaptation Traits for Megafaunal Mutualisms as a Factor in Plant Domestication», *Frontiers in Plant Science* 12 (2021), S. 1–14. **120** R. Power u. a., «Asian Crop Dispersal in Africa and Late Holocene Human Adaptation to Tropical Environments», *Journal of World Prehistory* 32 (2019), S. 353–392. **121** F. Aubalie, «Pathways of diffusion of some plants and animals between Asia and the Mediterranean region», *Revue d«Ethnoécologie* 1 (2012), S. 1–26.

Neuntes Kapitel
Die Römische Warmzeit

1 D. Crawford, «Ptolemy, Ptah and Apis in Hellenistic Memphis», in D. Crawford, J. Quaegebeur und W. Clarysse (Hg.), *Studies on Ptolemaic Memphis* (Leuven, 1980), S. 1–41. **2** J. Manning u. a., «Volcanic suppression of Nile summer flooding triggers revolt and constrains interstate conflict in ancient Egypt», *Nature Communi-*

cations 8 (2017), S. 1–9. Zu Landverkäufen vgl. J. Manning, *Land and Power in Ptolemaic Egypt: The Structure of Land Tenure* (Cambridge, 2003). **3** G. Hölbl, *Geschichte des Ptolemäerreiches: Politik, Ideologie und religiöse Kultur von Alexander dem Großen bis zur römischen Eroberung* (Darmstadt, 1994). **4** P. Horden und N. Purcell, *The Corrupting Sea: A Mediterranean History* (Oxford, 2000). **5** J. McConnell u. a., «Extreme climate after massive eruption of Alaska's Okmok volcano in 43 BCE and effects on the late Roman Republic and Ptolemaic Kingdom», *Proceedings of the National Academy of Sciences of the USA* 117 (2020), S. 15443–15449. **6** Manning, «Volcanic suppression of Nile summer flooding», S. 1–9. **7** McConnell, «Extreme climate after massive eruption», S. 15443–15449. **8** S. Strunz und O. Braeckel, «Did volcano eruptions alter the trajectories of the Roman Republic and the Ptolemaic Kingdom? Moving beyond black-box determinism», *Proceedings of the National Academy of Sciences of the USA* 117 (2020), S. 32207–32208. **9** S. Ager, «Familiarity Breeds: Incest and the Ptolemaic Dynasty», *Journal of Hellenic Studies* 125 (2005), S. 1–34; dies., «The Power of Excess: Royal Incest and the Ptolemaic Dynasty», *Anthropologica* 48 (2006), S. 165–186. **10** M. Chauveau, *L'Egypte au temps de Cléopatre* (Paris, 1997). **11** L. Borges, *Le Conflit propagandiste entre Octavien et Marc Antoine: De l'usage politique de la uituperatio entre 44 et 30 a. C. n* (Brüssel, 2016). **12** W. Scheidel, *Escape from Rome: The Failure of Empire and the Road to Prosperity* (Princeton, 2019), S. 51–88. **13** Horden und Purcell, *The Corrupting Sea* (Oxford, 2000). **14** N. Roberts u. a., «The Mid-Holocene climatic transition in the Mediterranean: Causes and consequences», *The Holocene* 21 (2011), S. 3–13. **15** V. Nieto-Moreno u. a., «Tracking climate variability in the western Mediterranean during the Late Holocene: A multiproxy approach», *Climate of the Past* 7 (2011), S. 1395–1411; vgl. auch G. Margaritelli u. a., «Persistent warm Mediterranean surface waters during the Roman period», *Scientific Reports* 10 (2020), S. 1–10. **16** K. Harper und M. McCormick, «Reconstructing the Roman climate», in W. Scheidel (Hg.), *The Science of Roman History* (Princeton, 2018), S. 11–52. **17** M. McCormick u. a., «Climate Change during and after the Roman Empire: Reconstructing the Past from Scientific and Historical Evidence», *Journal of Interdisciplinary History* 43.2 (2012), S. 169–220; vgl. auch P. Erdkamp, *The Grain Market in the Roman Empire* (Cambridge, 2005). **18** Fan Ye, in J. Holmgren, *Chinese Colonisation of Northern Vietnam: Administrative Geography and Political Development in the Tongking Delta, First to Sixth Centuries AD* (Canberra, 1980), S. 5 f. **19** K. DuVal, «The Mississippian Peoples' Worldview», in K. Raaflaub und R. Talbert (Hg.), *Geography and Ethnography: Perceptions of the World in Pre-Modern Studies* (Chichester 2010), S. 90; B. Smith, «The Archaeology of the Southeastern United States: From Dalton to De Soto, 10,500–500 BP», *Advances in World Archaeology* 5 (1986), S. 21, 35–51. **20** G. Cowgill, *Ancient Teotihuacan: Early Urbanism in Central Mexico* (New York, 2015). **21** D. Carballo, «The Social Organisation of Craft Production and Interregional Exchange at Teotihuacan», in K. Hirth und J. Pilsbury (Hg.), *Merchants, Markets, and Exchange in the Pre-Columbian World* (Washington, DC, 2013), S. 113–140. **22** L. Manzanilla, «Cooperation and tensions in multiethnic corporate societies using Teotihuacan, Central Mexico, as a case study», *Proceedings of the National Academy of Sciences of the USA* 112 (2015), S. 9210–9215; B. Álvarez-Sandoval et al., «Genetic evidence supports the multiethnic character of Teopancazco, a neighborhood center of Teotihuacan, Mexico

(AD 200–600)», *PLOS ONE* 10 (2015), S. 1–19; N. Sugiyama u. a., «¿Artistas mayas en Teotihuacan?», *Arqueología Mexicana* 142 (2016), S. 8. **23** J. Urrutia-Fucugauchi, «Archaeomagnetic dating of the eruption of Xitle volcano, Basin of Mexico: Implications for the Mesoamerican centers of Cuicuilco and Teotihuacan», *Arqueología Iberoamericana* 30 (2016), S. 23–29. **24** S. Sugiyama, «Worldview Materialized in Teotihuacan, Mexico», *Latin American Antiquity* 4 (1993), S. 103–129. **25** Scheidel, *Escape from Rome*, S. 308–311. **26** Cicero, *De officiis*, 1, 72 f.; dt. *Vom pflichtgemäßen Handeln*, Übers. R. Nickel (Düsseldorf, 2008), S. 63. **27** Cicero, «Ad Quintum fratrem», 1,1,44; dt. *Werke*, Hg. Liselot Huchthausen (Berlin, Weimar, 1989), Bd. 1, Übers. E. Ibendorff, S. 22. **28** Cicero, *De officiis*, 1,151; dt. *Vom pflichtgemäßen Handeln*, S. 125. **29** Plinius d. Ä., *Historia naturalis*, Hg. D. Eichholz, 10 Bde. (Cambridge, MA, 1962), Buch 36,109–110. **30** J. Watts Belser, «Opulence and Oblivion: Talmudic Feasting, Famine and the Social Politics of Disaster», *Association for Jewish Studies Review* 38 (2014), S. 89–107. **31** E. Zanda, *Fighting Hydra-Like Luxury: Sumptuary Regulation in the Roman Republic* (London, 2011). **32** K. Lapatin, «Luxus», in C. Mattusch (Hg.), *Pompeii and the Roman Villa: Art and Culture around the Bay of Naples* (London, 2008), S. 31–52. **33** Juvenal, Satire 10, 81; S. Morton Brand (Hg.), *Juvenal and Persius* (Cambridge, MA, 2004), S. 372. **34** Seneca, *Briefe an Lucilius*, 104, 6; Übers. R. Nickel (Düsseldorf, 2009), S. 409. **35** J. McConnell u. a., «Lead pollution recorded in Greenland ice indicates European emissions tracked plagues, wars, and imperial expansion during antiquity», *Proceedings of the National Academy of Sciences of the USA* 115 (2018), S. 5726–5731. **36** Hughes, *Environmental Problems of the Greeks and Romans* (Baltimore, 2014), S. 68. **37** Plinius d. Ä., *Historia naturalis*, Buch 33,1 und 9, S. 2–4. **38** Platon, *Kritias*, 111 b; dt. *Sämtliche Werke*, 7 Bde., Hg. Walter F. Otto u. a., Übers. F. Schleiermacher und H. Müller (Reinbek bei Hamburg, 1959), Bd. 5, S. 221. Vgl. Auch A. Taylor, *Plato: Timaeus and Critias* (Cambridge, MA, 1929), S. 272. **39** Theophrastus, *De causis plantarum*, 5,14, Hg. und Übers. B. Einarson und G. Link, 3 Bde. (Cambridge, 2014), Bd. 3, S. 130–132. **40** Lucretius, *De rerum natura*, Buch 5, V. 821–830; dt. *Von der Natur*, Übers. H. Diels (3. Aufl. Berlin, 2014), S. 469. **41** Columella, *On Agriculture [De re rustica]*, Hg. und Übers. H. Boyd (Cambridge, MA, 1941), S. 2–4; dt. *Zwölf Bücher über Landwirtschaft*, Hg. und Übers. W. Richter, 3 Bde. (München 1981–1983). Vgl. dazu allgemein Hughes, *Environmental Problems*. **42** J. Mehta, *Vedic Wisdom: Selected Verses from the Vedas for Material Gain and Spiritual Happiness* (New Delhi, 2012), S. 140. **43** Der Midrasch Kohelet, Übers. A. Wünsche (Leipzig, 1980), S. 102 (Kommentar zum Buch Prediger/Kohelet 7,13). **44** Kaibara Ekken, *Ekken zenshū*, in W. T. de Bary, C. Gluck und A. Tiedemann (Hg.), *Sources of Japanese Tradition, 1600–1868* (New York, 2006), S. 99 f. **45** W. Harris, «Defining and detecting Mediterranean deforestation, 800 BCE to 700 CE', in W. Harris (Hg.), *The Ancient Mediterranean Environment between Science and History* (Leiden, 2013), S. 173–194. **46** N. Morley, «Population size and social structure», in P. Erdkamp (Hg.), *The Cambridge Companion to Ancient Rome* (Cambridge, 2013), S. 29–44. **47** Einige Kommentare über Bevölkerungstrends und -zahlen finden sich bei P. Turchin und W. Scheidel, «Coin hoards speak of population declines in Ancient Rome», *Proceedings of the National Academy of Sciences of the USA* 106 (2009), S. 17276–17279. **48** B. Graham und R. Van Dam, «Modelling the Supply of Wood Fuel in Ancient

Rome», in A. Izdebski und M. Mulryan (Hg.), *Environment and Society in the Long Late Antiquity* (Leiden, 2018), S. 148–149. **49** P. Squatriti, «Rye's Rise and Rome's Fall: Agriculture and Climate in Europe during Late Antiquity», ebd., S. 160. **50** P. Halstead, «The Contribution of Zooarchaeology», in P. Erdkamp und C. Holleran (Hg.), *The Routledge Handbook to Diet and Nutrition in the Roman World* (London, 2019), S. 64–76. **51** P. Malanima, «Energy Consumption in the Roman World», in Harris (Hg.), *Ancient Mediterranean Environment*, S. 13–36. Vgl. auch V. Smil, *America is Not a New Rome* (Cambridge, MA, 2010), S 107–113; D. Van Limbergen, «What Romans ate and how much they ate of it: Old and new research on eating habits and dietary proportions in classical antiquity», *Revue Belge de Philologie et d'Histoire* 96 (2018), S. 1049–1092. **52** W. Harris, «Bois et déboisement dans la Méditerranée antique», *Annales Histoire Science Sociale* 66 (2011), S. 105–140. **53** R. Gowland und P. Garnsey, «Skeletal evidence for health, nutritional status and malaria in Rome and the Empire», in H. Eckardt (Hg.), *Roman Diasporas: Archaeological Approaches to Mobility and Diversity in the Roman Empire* (Portsmouth, 2010), S. 1; Hughes, *Environmental Problems*, S. 104. **54** D. Van Limbergen, «What Romans ate and how much they ate of it: Old and new research on eating habits and dietary proportions in classical antiquity», *Revue Belge de Philologie et d'Histoire* 96 (2018), S. 1049–1092. **55** Cassius Dio, *Römische Geschichte* 58,15. **56** C. Lo Giudice, «L'impiego degli animali negli spettacoli romani: *venatio* e *damnatio ad bestias*», *Italies* 12 (2008), S. 361–395. **57** A. Rodrigues u. a., «Forgotten Mediterranean calving grounds of grey and North Atlantic right whales: Evidence from Roman archaeological records», *Proceedings of the Royal Society B* 285 (2018), S. 1–9. **58** Malanima, «Energy Consumption», S. 22–24. **59** A. Marzano, *Harvesting the Sea: The Exploitation of Marine Resources in the Roman Mediterranean* (Oxford, 2013). **60** S. Corcoran, *The Empire of the Tetrarchs: Imperial Pronouncements and Government AD 284–324* (Oxford, 2000), S. 205–233. **61** P. Erdkamp, «War, Food, Climate Change, and the Decline of the Roman Empire», *Journal of Late Antiquity* 12 (2019), S. 437 f. **62** D. Edwards, «Meroe and the Sudanic Kingdoms», *Journal of African History* 39 (1998), S. 175–193. Vgl. auch J. Goody, *Technology, Tradition and the State in Africa* (London, 1971). **63** M. Elvin, «Three thousand years of unsustainable growth: China's environment from archaic times to the present», *East Asian History* 6 (1993), S. 24. **64** Ebd., S. 25. **65** M. Hinkel, «The water reservoirs in Ancient Sudan», in C. Bonnet (Hg.), *Etudes Nubiennes*, 2 Bde. (Genf, 1994), Bd. 2, S. 171–176. **66** J. Crow, J. Bardill und R. Bayliss, *The Water Supply of Byzantine Constantinople* (London, 2008). **67** G. Sürmelihindi u. a., «Carbonates from the ancient world's longest aqueduct: A testament of Byzantine water management», *Geoarchaeology* 36 (2021), S. 643–659. **68** V. Scarborough, «Ecology and Ritual: Water Management and the Maya», *Latin American Antiquity* 9 (1998), S. 135–145. **69** P. Harrison, «Aspects of Water Management in the Southern Lowlands», in V. Scarborough und B. Isaac (Hg.), *Aspects of Water Management in the Prehispanic New World* (Greenwich, CT, 1993), S. 71–120. **70** W. Jongman, J. Jacobs und G. Klein Goldewijk, «Health and wealth in the Roman Empire», *Economics and Human Biology* 34 (2019), S. 138–150. **71** W. Scheidel, «Germs for Rome», in C. Edwards und G. Woolf (Hg.), *Rome the Cosmopolis* (Cambridge, 2003), S. 158–176. **72** McConnell u. a., «Lead pollution», S. 5728; K. Harper, «Pandemics and passages to late antiquity: Rethinking the plague of c.249–

270 described by Cyprian», *Journal of Roman Archaeology* 28 (2015), S. 223–260; S. Huebner, «The ‹Plague of Cyprian›: A revised view of the origin and spread of a 3rd CE pandemic», *Journal of Roman Archaeology* 34 (2021), S. 151–174. **73** W. Scheidel, «A model of demographic and economic change in Roman Egypt after the Antonine plague», *Journal of Roman Archaeology* 15 (2002), S. 97–114; vgl. jedoch auch W. Scheidel, «Roman wellbeing and the economic consequences of the Antonine Plague», in E. Lo Cascio (Hg.), *L'impatto della ‹peste Antonina›* (Bari, 2012), S. 265–295. **74** B. Rossignol und S. Durost, «Volcanisme global et variations climatiques de courte durée dans l'histoire romaine (Ier s. av. J.-C.–IVème s. ap. J.-C.): Leçons d'une archive glaciaire (GISP2)», *Jahrbuch des römisch-germanischen Zentralmuseums Mainz* 54 (2007), S. 395–438. **75** McCormick u. a., «Climate Change during and after the Roman Empire», S. 169–220. **76** K. Harper, *The Fate of Rome: Climate, Disease and the End of an Empire* (Princeton, 2017), S. 15; dt. *Fatum. Das Klima und der Untergang des Römischen Reiches* (München, 2020), S. 36. **77** A. Izdebski, «Realising Consilience: How Better Communication between Archaeologists, Historians and Natural Scientists Can Transform the Study of Past Climate Change in the Mediterranean», *Quaternary Science Reviews* 136 (2016), S. 5–22. **78** Erdkamp, «War, Food, Climate Change», S. 448. **79** F. Virkus, *Politische Strukturen im Guptareich (300–500 n. Chr.)* (Wiesbaden, 2014); D. Bhandarkar, B. Chhabra und G. Gai, *Inscriptions of the Gupta Kings* (Neu Delhi, 1981). **80** Vgl. dazu grundlegend N. Taleb, *Fooled by Randomness: The Hidden Role of Chance in Life and the Markets* (London, 2007). **81** S. Esmonde Cleary, *The Roman West, AD 200–500: An Archaeological Study* (Cambridge, 2013), S. 455–482. **82** P. Sarris, «Integration and Disintegration in the Late Roman Economy: The Role of Markets, Emperors, and Aristocrats», in L. Lavan (Hg.), *Local Economies? Production and Exchange of Inland Regions in Late Antiquity* (Leiden, 2015), S. 167–188. **83** P. Erdkamp, «War, Food, Climate Change, and the Decline of the Roman Empire», *Journal of Late Antiquity* 12 (2019), S. 422–465. **84** P. Sheppard u. a., «Annual precipitation since 515 BC reconstructed from living and fossil juniper growth of Northeast Qinghai Province, China», *Climate Dynamics* 23 (2004), S. 869–881. **85** P. Heather, *The Fall of the Roman Empire: A New History of Rome and the Barbarians* (Oxford, 2006). **86** M. McCormick, «Radiocarbon dating the end of urban services in a late Roman town», *Proceedings of the National Academy of Sciences of the USA* 116 (2019), S. 8096–8098; A. Boozer, «The Urbanisation of Egypt's Western Desert under Roman Rule», in M. Sterry und D. Mattingly (Hg.), *Urbanisation and State Formation in the Ancient Sahara and Beyond* (Cambridge, 2020), S. 147–186; C. Wickham, *The Inheritance of Rome: A History of Europe from 400 to 1000* (London, 2009). **87** D. Edwards, «The Archaeology of Sudan and Nubia», *Annual Review of Anthropology* 36 (2007), S. 211–228. **88** S. Hakenbeck u. a., «Practising pastoralism in an agricultural environment: An isotopic analysis of the Hunnic incursions on Pannonian populations», *PLOS ONE* 12 (2017), S. 1–25. **89** Z. Safrai, «Where are the fifth-century coins?», *Israel Numismatic Journal* 18 (2011–2014), S. 198–208. **90** D. Fuks u. a., «Dust clouds, climate change and coins: Consiliences of paleoclimate and economy in the Late Antique southern Levant», *Journal of the Council for British Research in the Levant* 49 (2017), S. 205–233. **91** U. Schamiloglu, «Climate Change in Central Eurasia and the Golden Horde», *Golden Horde Review* 1 (2016), S. 9f. **92** E. Cook, «Megadroughts,

ENSO, and the invasion of Late-Roman Europe by the Huns and Avars», in Harris (Hg.), *Ancient Mediterranean Environment*, S. 89–102. **93** Y. Zou, «The decline of Pingcheng: Climate change impact, vulnerability and adaptation in the Northern Wei dynasty, China», *Journal of Historical Geography* 58 (2017), S. 12–22. **94** D. Wang, *Longmen's Stone Buddhas and Cultural Heritage: When Antiquity Met Modernity in China* (Lanham, MD, 2020). **95** A. Sen, *Poverty and Famines: An Essay on Entitlement and Deprivation* (Oxford, 1981). Vgl. auch P. Slavin, «Climate and famines: A historical reassessment», *WIREs Climate Change* 7 (2016), S. 433–447.

Zehntes Kapitel
Die Krisenzeit der Spätantike

1 Z. Zhang u. a., «Periodic temperature-associated drought/flood drives locust plagues in China», *Proceedings of the Royal Society B* 276 (2009), S. 823–831; L. Stige u. a., «Thousand-year-long Chinese time series reveals climatic forcing of decadal locust dynamics», *Proceedings of the National Academy of Sciences of the USA* 103 (2007), S. 16188–16193. **2** Z. Zhang und D. Li, «A possible relationship between outbreaks of the oriental migratory locust (*Locusta migratoria manilensis* Meyen) in China and the El Niño episodes», *Ecological Research* 14 (1999), S. 267–270. **3** R. Brázdil u. a., «Past locust outbreaks in the Czech lands: Do they indicate particular climate patterns?», *Theoretical and Applied Climatology* 116 (2014), S. 343–357. **4** Vgl. etwa *Chandogyya Upaniṣad*, die «Gesungene Upanischade», Bestandteil des Samaveda; dt. *Upanishaden. Die Geheimlehre des Veda*, Hg. P. Michel/Übers. P. Deussen, 2. Aufl. (Wiesbaden, 2007). **5** Plinius d. Ä., *Historia naturalis*, 1,11; D. Camuffo und S. Enzi, «Locust Invasions and Climatic Factors from the Middle Ages to 1800», *Theoretical and Applied Climatology* 43 (1991), S. 48 f. **6** N. Stenseth, «Plague dynamics are driven by climate variation», *Proceedings of the National Academy of Sciences of the USA* 103 (2006), S. 13110–13115. **7** R. Sallares, A. Bouwman und C. Anderung, «The Spread of Malaria to Southern Europe in Antiquity: New Approaches to Old Problems», *Medical History* 48 (2004), S. 311–328. **8** A. Richter, *Letters and Epistolary Culture in Early Medieval China* (Seattle, 2013), S. 90 f. **9** A. Cheptsow-Lusty u. a., «Tracing 4,000 Years of Environmental History in the Cuzco Area, Peru, from the Pollen Record», *Mountain Research and Development* 18 (1998), S. 159–172. **10** S. Ingram, «Settlement ecology in the precontact North American Southwest», in L. Kellett und E. Jones (Hg.), *Settlement Ecology of the Ancient Americas* (Abingdon, 2017), S. 85–110. **11** C. C. Routson, u. a., «Second century megadrought in the Rio Grande Headwaters, Colorado: How unusual was medieval drought?», *Geophysical Research Letters* 38 (2011), L22703 (A.d.Ü.). **12** A. Osborn, «Snowblind in the Desert Southwest: Moisture Islands, Ungulate Ecology, and Alternative Prehistoric Overwintering Strategies», *Journal of Anthropological Research* 49 (1993), 135–164. **13** B. Onac u. a., «Late Holocene droughts and cave ice harvesting by Ancestral Puebloans», *Scientific Reports* 10 (2020). **14** F. Ljungqvist, «A new reconstruction of temperature variability in the extra-tropical northern hemisphere during the last two millennia», *Geografiska Annaler: Series A. Physical Geography* 92 (2010), S. 339–351. **15** M. Lachniet, «AD 550–600 Collapse at Teotihuacan», in

H. Weiss (Hg.), *Megadrought and Collapse: From Early Agriculture to Angkor* (Oxford, 2017), S. 195f. **16** G. Cowgill, «An update on Teotihuacan», *Antiquity* 82 (2008), S. 962–975; P. Plunket und G. Urunuela, «Social and cultural consequences of a late Holocene eruption of Popocatepetl in central Mexico», *Quaternary International* 151 (2006), S. 19–28. **17** U. Büntgen, «2500 Years of European Climate Variability and Human Susceptibility», *Science* 331 (2011), S. 578–582. **18** Y. Garcin u. a., «Early anthropogenic impact on Western Central African rainforests 2,600 y ago», *Proceedings of the National Academy of Sciences of the USA* 115 (2018), S. 3261–3266; P. Giresse u. a., «Understanding the 2500 yr BP rainforest crisis in West and Central Africa in the framework of the Late Holocene: Pluridisciplinary analysis and multi-archive reconstruction», *Global Planetary Change* 192 (2020), S. 1–19. **19** D. Seidensticker u. a., «Population collapse in Congo rainforest from 400 CE urges reassessment of the Bantu Expansion», *Science Advances* 7 (2021), S. 1–13. **20** P. Squatriti, «Rye's Rise and Rome's Fall: Agriculture and Climate in Europe during Late Antiquity», in A. Izdebski und M. Mulryan (Hg.), *Environment and Society in the Long Late Antiquity* (Leiden, 2018), S. 160–169. **21** W. Swartz, «There's No Place Like Home: Xie Lingyun's representation of his estate in ‹Rhapsody on Dwelling in the Mountains›», *Early Medieval China* 21 (2015), S. 21–37. **22** I. Nilsson, «Nature Controlled by Artistry: The Poetics of the Literary Garden in Byzantium», in H. Bodin und R. Hedlund (Hg.), *Byzantine Gardens and Beyond* (Uppsala, 2013), S. 15–29; D. Fairchild Ruggles, *Islamic Gardens and Landscapes* (Philadelphia, 2008); HRH The Prince of Wales, *Highgrove: An English Country Garden* (London, 2015); C. Clunas, *Fruitful Sites: Garden Culture in Ming Dynasty China* (London, 2004), S. 16–18. **23** J. Elverskog, *The Buddha's Footprint: An Environmental History of Asia* (Philadelphia, 2020), S. 51–53; L. Lancaster, «Buddhism and Ecology: Collective Cultural Perceptions», in M. Tucker und D. Williams (Hg.), *The Interconnection of Dharma and Deeds* (Cambridge, MA, 1997), S. 3–20. **24** F. Orsini, «Clouds, Cuckoos and an Empty Bed: Emotions in Hindi–Urdu *Barahmasas*», in I. Rajamani, M. Pernau und K. Butler Schofield (Hg.), *Monsoon Feelings: A History of Emotions in the Rain* (New Delhi, 2018), S. 97–136. **25** R. Inden, «Imperial Purānas. Kashmire as Vaisnava Center of the World», in R. Inden, J. Walters und D. Ali (Hg.), *Querying the Medieval: Texts and the History of Practices in South Asia* (Oxford, 2000), S. 29–98. **26** B. Goodman-Tchernov und J. Austin, «Deterioration of Israel's Caesarea Maritima's ancient harbor linked to repeated tsunami events identified in geophysical mapping of offshore stratigraphy», *Journal of Archaeological Science: Reports* 3 (2015), S. 444–454; H. Dey, B. Goodman-Tchernov und J. Sharvit, «Archaeological evidence for the tsunami of January 18, A.D. 749: A chapter in the history of Early Islamic Qâysariyah (Caesarea Maritima)», *Journal of Roman Archaeology* 27 (2014), S. 357–373. **27** Ammianus Marcellinus, *Res gestae*, 26,10, 16–17; dt. *Römische Geschichte*, Übers./Hg. W. Seyfarth, 4 Bde. (Berlin, 1968–1971), Bd. 4, S. 49. **28** R. Ott u. a., «Reassessing Eastern Mediterranean Tectonics and Earthquake Hazard from the 365 CE Earthquake», *AGU Advances* 2 (2021), S. 1–18. Zur Glaubwürdigkeit von Ammianus' Bericht vgl. G. Kelly, «Ammianus and the Great Tsunami», *Journal of Roman Studies* 94 (2004), S. 141–167. **29** D. Pedrazzi u. a., «The Ilopango Tierra Blanca Joven (TBJ) eruption, El Salvador: Volcano-stratigraphy and physical characterization of the major Holocene event of Central America», *Journal of Volcano-*

logy and Geothermal Research 377 (2019), S. 81–102. **30** V. Smith u. a., «The magnitude and impact of the 431 CE Tierra Blanca Joven eruption of Ilopango, El Salvador», *Proceedings of the National Academy of Sciences of the USA* 117 (2020), S. 26061–26068. **31** E. Cook, «Megadroughts, ENSO and the invasion of Late-Roman Europe by the Huns and Avars», in W. Harris (Hg.), *The Ancient Mediterranean Environment between Sciences and History* (Leiden, 2013), S. 88–102. **32** M. McCormick u. a., «Climate Change during and after the Roman Empire: Reconstructing the Past from Scientific and Historical Evidence», *Journal of Interdisciplinary History* 43.2 (2012), S. 191–195. **33** Polybius, *The Rise of the Roman Empire*, Übers. I. Scott-Kilvert (London, 1979), 6, 5, S. 304; dt. *Geschichte*, Hg. K. Hoenn / Übers. H. Drexler, 2 Bde. (Zürich, 1961–1963), Bd. 2, S. 529. **34** U. Büntgen u. a., «Cooling and societal change during the Late Antique Little Ice Age from 536 to around 660 AD», *Nature Geoscience* 9 (2016), S. 231–236. **35** M. Sigl u. a., «Timing and climate forcing of volcanic eruptions for the past 2500 years», *Nature* 523 (2015), S. 543–549. **36** S. Helama u. a., «Volcanic dust veils from sixth century tree-ring isotopes linked to reduced irradiance, primary production and human health», *Scientific Reports* 8 (2018), S. 1–11. **37** Smith, «Magnitude and impact», S. 26061–26068; R. Dull u. a., «Radiocarbon and geologic evidence reveal Ilopango volcano as source of the colossal ‹mystery› eruption of 539/40 CE», *Quaternary Science Reviews* 222 (2019), S. 1–17. **38** L. Mani, A. Tzachor und P. Cole, «Global catastrophic risk from lower magnitude volcanic eruptions», *Nature Communications* 12 (2021), S. 1–5. **39** S. Fecht, «Undersea volcanism may help explain medieval year of darkness», 18. 12. 2019; https://phys.org/news/2019-12-undersea-volcanism-medieval-year-darkness.html. **40** K. Harper, *The Fate of Rome: Climate, Disease and the End of an Empire* (Princeton, 2017), S. 219; dt. *Fatum. Das Klima und der Untergang des Römischen Reiches* (München, 2020), S. 319. Vgl. auch Sigl u. a., «Timing and climate forcing of volcanic eruptions», S. 543–549. **41** P. Sarris, «Climate and Disease», in E. Hermans (Hg.), *A Companion to the Global Early Middle Ages* (Amsterdam, 2020), S. 511–538. **42** M. Toohey u. a., «Climatic and societal impacts of a volcanic double event at the dawn of the Middle Ages», *Climate Change* 136 (2016), S. 401–412. **43** Helama, «Volcanic dust veils», S. 2. **44** T. Newfield, «The Climate Downturn of 536–50», in S. White, C. Pfister and F. Mauelshagen (Hg.), *The Palgrave Handbook of Climate History* (London, 2018), S. 470. **45** Sarris, «Climate and Disease», S. 515. **46** R. Sinensky u. a., «Volcanic climate forcing, extreme cold and the Neolithic Transition in the northern US Southwest», *Antiquity* 96 (2021), S. 123–141. **47** M. Axboe, «Guld og gulder», in T. Capelle und C. Fischer (Hg.), *Ragnarok. Odins verden* (Silkeborg, 2005), S. 41–56. **48** B. Gräslund und N. Price, «Twilight of the gods? The ‹dust veil event› of AD 536 in critical perspective», *Antiquity* 86 (2012), S. 431–432; Price und Gräslund, «Excavating the Fimbulwinter? Archaeology, geomythology and the climate event(s) of AD 536», in F. Riede (Hg.), *Past Vulnerability: Volcanic Eruptions and Human Vulnerability in Traditional Societies Past and Present* (Aarhus, 2015), S. 109–132. **49** B. Gräslund, «Fimbulvintern. Ragnarök och klimatkrisen år 536–7», *Saga och Sed* (2007), S. 93–123. **50** Vgl. Büntgen, «Cooling and societal change», S. 231–236; Harper, *Fate of Rome*, S. 42–45; dt. *Fatum*, S. 73–78. **51** F. Virkus, *Politische Strukturen im Guptareich (300–550 n. Chr)* (Wiesbaden, 2004), S. 166–169; J. Mitchiner (Hg.), *The Yuga*

Purana (Kolkata, 2002), S. 103; R. Stoneman, *The Greek Experience of India: From Alexander to the Indo-Greeks* (Princeton, 2019), S. 163 f. **52** J. Elverskog, *Buddhism and Islam on the Silk Road* (Philadelphia, 2010), S. 29 f.; R. Singh, «The decline of Pātaliputra with special reference to geographical factors», *Proceedings of the Indian History Congress* 36 (1975), S. 51–62. **53** Sarris, «Climate and Disease», S. 528. **54** F. Chayette, «The Disappearance of the Ancient Landscape and the Climate Anomaly of the Early Middle Ages: A Question to be Pursued?», *Early Medieval Europe* 16 (2008), S. 127–165; P. Sarris, *Empires of Faith: The Fall of Rome to the Rise of Islam* (Oxford, 2011), S. 75 f. **55** M. Ramakrishna Bhat, *Varāhamihira's Brhat Samhita* (Delhi, 1997), S. 328 f. **56** P. Dundas, «Floods, Taxes, and a Stone Cow: A Jain Apocalyptic Account of the Gupta Period», *South Asian Studies* 30 (2014), S. 230–244. **57** Wu Jing, *The Essentials of Governance*, Hg. / Übers. H. De Weerdt, G. Dudbridge und G. van Beijeren (Cambridge, 2020), VIII, S. 279 f. **58** A. Wright, *The Sui Dynasty: The Unification of China, AD 581–617* (New York, 1978), S. 48–149; M. Lewis, *The Earliest Chinese Empires* (Cambridge, 2009). **59** L. Beramendi-Orosco u. a., «High-resolution chronology for the Mesoamerican urban center of Teotihuacan derived from Bayesian statistics of radiocarbon and archaeological data», *Quaternary Research* 71 (2009), S. 99–107; D. Carballo und M. Robb, «Lighting the World: Teotihuacan and Urbanism in Central Mexico», in M. Robb u. a., *Teotihuacan: City of Water, City of Fire* (San Francisco, 2017), S. 12–19. **60** Pedrazzi u. a., «The Ilopango Tierra Blanca Joven (TBJ) eruption», S. 81–102. **61** J. Blomster (Hg.), *After Monte Albán: Transformation and Negotiation in Oaxaca, Mexico* (Boulder, CO, 2008); C. Elson, «Su transición de un centro secundario a un cacicazgo en la época Clásica tardía», in N. Robles Garcia und A. Riviera Guzmán (Hg.), *Memoria de la quinta mesa redonda de Monte Albán* (Mexico City, 2011), S. 345–374. **62** M. Etayo-Cadavid u. a., «Marine radiocarbon reservoir age variation in *Donax obesulus* shells from northern Peru: Late Holocene evidence for extended El Niño», *Geology* 41 (2013), S. 599–602; B. Culleton, «Intrashell Radiocarbon Variability in Marine Mollusks», *Radiocarbon* 48 (2006), S. 387–400. **63** I. Shimada, *Pampa Grande and the Mochica Culture* (Austin, TX, 1994), S. 122–131. **64** Galvez und Briceño, «The Moche in the Chicama Valley», in J. Pillsbury (Hg.), *Moche Art and Archaeology in Ancient Peru* (Washington, DC, 2001), S. 141–157. **65** T. Dillehay, «Town and Country in Late Moche Yimes: A View from Two Northern Valleys», in Pillsbury, *Moche Art*, S. 259–823; L. Castillo, «Los últimos Mochicas en Jequetepeque», in S. Uzeda und E. Mujica (Hg.), *Moche: Hacia el final del milenio*, 2 Bde. (Lima, 2003), Bd. 2, S. 65–123. **66** Vgl. dazu E. Benson, *The Worlds of the Moche on the North Coast of Peru* (Austin, TX, 2012), S. 131 f. **67** I. Shimada u. a., «Cultural impacts of severe droughts in the prehistoric Andes: Application of a 1,500-year ice core precipitation record», *World Archaeology* 22 (1991), S. 247–271. **68** C. Robin, «Joseph, dernier roi de Himyar (de 522 à 525, ou une des années suivantes)», *Jerusalem Studies in Arabic and Islam* 34 (2008), S. 1–124. **69** D. Phillipson, *Foundations of an African Civilisation: Aksum and the Northern Horn, 1000 BC–AD 1300* (Addis Ababa, 2012), S. 209. **70** J. Phillips and J. Ford, «The Aksumite quarries at Gobedra Hill and Adi Tsehafi», in D. Phillipson (Hg.), *Archaeology at Aksum, Ethiopia, 1993–7* (London, 2000), S. 229–246. **71** K. Butzer, «Rise and Fall of Axum, Ethiopia: A geoarchaeological interpretation», *American Antiquity* 46 (1981), S. 471–495; F. Sulas

u. a., «State formation and water resources management in the Horn of Africa», *World Archaeology* 41 (2009), S. 2–15. **72** Phillipson, *Foundations of an African Civilisation*, S. 210; D. Phillipson, «Aksum, the entrepot, and highland Ethiopia, 3rd–12th centuries», in M. Mango (Hg.), *Byzantine Trade, 4th–12th Centuries: The Archaeology of Local, Regional, and International Exchange* (Farnham, 2009), S. 353–368. **73** Phillipson, *Foundations of an African Civilisation*, S. 210–212. **74** Helama, «Volcanic dust veils», S. 7–9. **75** Procopius, *Hyper ton polemon*, 2, 22–23, in *History of the Wars, Secret History, Buildings*, Hg./Übers. H. Dewing, 7 Bde. (Cambridge, MA), Bd. 1, S. 450–472. **76** M. Meier, «The ‹Justinianic Plague›: The Economic Consequences of the Pandemic in the Eastern Roman Empire and its Cultural and Religious Effects», *Early Medieval Europe* 24 (2016), S. 267–292; K. Harper, «Invisible Environmental History: Infectious Disease in Late Antiquity», *Late Antique Archaeology* 12 (2018), S. 116–131. **77** J. Haldon u. a., «Lessons from the past, policies for the future: Resilience and sustainability in past crises», *Environment Systems and Decisions* 40 (2020), S. 287–297. **78** L. Mordechai u. a., «The Justinianic Plague: An inconsequential pandemic?», *Proceedings of the National Academy of Sciences of the USA* 116 (2019), S. 25546–25554; L. Mordechai und M. Eisenberg, «Rejecting Catastrophe: The Case of the Justinianic Plague», *Past & Present* 244 (2019), S. 3–50. **79** C. Wickham, *Framing the Middle Ages: Europe and the Mediterranean, 400–800* (Oxford, 2004), S. 548; vgl. dazu auch J. Banaji, *Agrarian Change in Late Antiquity: Gold, Labour and Aristocratic Dominance* (Oxford, 2001). **80** M. Keller u. a., «Ancient Yersinia pestis genomes from across Western Europe reveal early diversification during the First Pandemic (541–750)», *Proceedings of the National Academy of Sciences of the USA* 116 (2019), S. 12363–12372. **81** P. Sarris, «Viewpoint: New Approaches to the ‹Plague of Justinian›», *Past & Present* 254 (2022), S. 333. **82** G. Bar-Oz u. a., «Ancient trash mounds unravel urban collapse a century before the end of Byzantine hegemony in the southern Levant», *Proceedings of the National Academy of Sciences of the USA* 116 (2019), S. 8239–8248. **83** D. Fuks, «The rise and fall of viticulture in the Late Antique Negev Highlands reconstructed from archaeobotanical and ceramic data», *Proceedings of the National Academy of Sciences of the USA* 117 (2020), S. 1–12; Sarris, «Climate and Disease», S. 517. **84** R. Hoyland, *Arabia and the Arabs from the Bronze Age to the Coming of Islam* (London, 2001), S. 231–232; H. Munt, «Arabic and Persian Sources for Pre-Islamic Arabia», in G. Fisher (Hg.), *Arabs and Empires before Islam* (Oxford, 2015), S. 441 f. **85** Y. Park u. a., «Ancient familial Mediterranean fever mutations in human pyrin and resistance to *Yersinia pestis*», *Nature Immunology* 21 (2020), S. 857–867. **86** H. Yu u. a., «Palaeogenomic analysis of black rat (Rattus rattus) reveals multiple European introductions associated with human economic history», *bioRxiv* (2021); auch in *Nature Communications* (2022). **87** Seidensticker, «Population collapse in Congo rainforest», S. 7. **88** Vgl. zum zentralasiatischen Ursprung P. de Barros Damgaard u. a., «137 ancient human genomes from across the Eurasian steppes», *Nature* 557 (2018), S. 369–374; M. Keller, C. Paulus und E. Xoplaki, «Die Justinianische Pest. Grenzen und Chancen naturwissenschaftlicher Ansätze für ein integratives Geschichtsverständnis», *Evangelische Theologie* 81 (2021), S. 385–400. **89** M. Green, «Taking ‹pandemic› seriously: Making the Black Death global», in M. Green (Hg.), *Pandemic Disease in the Medieval World: Ret-*

hinking the Black Death (Kalamazoo, MI, 2014), S. 1–61. **90** Sarris, «Climate and Disease», S. 511–537; H.-S. Lee, «Environment, Epidemic and Power in Early Medieval China – Epidemics and Authority's Strategies in the Northern and Southern Dynasties of Early Medieval China», *Saengtae Whankyeong kwa Yeoksa (Korean Journal of Ecological and Environmental History)* 1 (2015), S. 82–128. **91** H. Pottier, «L'empereur Justinien survivant à la peste bubonique (542)», *Travaux et Mémoires* 16 (2010), S. 685–691; Harper, *Fate of Rome*, S. 260; dt. *Fatum*, S. 373 f. **92** M. Morony, «Economic Boundaries? Late Antiquity and Early Islam», *Journal of the Economic and Social History of the Orient* 47 (2004), S. 166–194. **93** D. Stathakopoulos, «Population, Demography, and Disease», in E. Jeffreys, J. Haldon und R. Cormack (Hg.), *The Oxford Handbook of Byzantine Studies* (Oxford, 2008), S. 310–312. **94** J. Koder, «Climatic Change in Fifth and Sixth Centuries?», in P. Allen und E. Jeffreys, *The Sixth Century: End or Beginning* (Sydney, 1996). **95** F. Iversen, «Big bang, lordship or inheritance? Changes in the settlement structure on the threshold of the Merovingian Period, South-Eastern Norway», in J. Klapste (Hg.), *Hierarchies in Rural Settlements* (Turnhout, 2013), S. 341–358; A. Tvauri, «The impact of the climate catastrophe of 536–7 AD in Estonia and neighbouring areas», *Estonian Journal of Archaeology* 18 (2014), S. 30–56. **96** F. Iversen, «Estate Division: Social Cohesion in the Aftermath of AD 536–7», in F. Iversen und H. Petersson (Hg.), *The Agrarian Life of the North, 2000 BC–AD 1000* (Oslo, 2017), S. 41–75. Vgl auch D. Löwenborg, «An Iron Age shock doctrine – Did the AD 536–7 event trigger large-scale social changes in the Mälaren valley area?», *Journal of Archaeology and Ancient History* 4 (2012), S. 3–29; Büntgen u. a., «Cooling and societal change», S. 23–26. **97** A. Cameron, «The Theotokos in Sixth-Century Constantinople: A City Finds its Symbol», *Journal of Theological Studies* 29 (1978), S. 79–108; K. Sessa, «The New Environmental Fall of Rome: A Methodological Consideration», *Journal of Late Antiquity* 12 (2019), S. 240–243. **98** M. Meier, *Das andere Zeitalter Justinians. Kontingenzerfahrung und Kontingenzbewältigung im 6. Jahrhundert n. Chr* (Göttingen, 2004), S. 307 ff.; ders., «The ‹Justinianic Plague›», S. 284–287. **99** Gregor von Tours, *Libri Historiarum* X, Hg. B. Krusch und W. Levison (Hannover, 1951), 10,25; dt. *Zehn Bücher Fränkische Geschichte*, 2 Bde., Übers. W. Giesebrecht (Leipzig, 2. Aufl. 1878), Bd. 2, S. 231. C. Rohr, «Signa apparuerunt, quae aut regis obitum adnunciare solent aut regiones excidium: Naturerscheinungen und ihre ‹Funktion› in der *Historia Francorum* Gregors von Tours», in D. Groh, M. Kempe und F. Mauelshagen (Hg.), *Naturkatastrophen: Beiträge zu ihrer Deutung, Wahrnehmung und Darstellung in Text und Bild von der Antike bis ins 20. Jahrhundert* (Tübingen, 2003), S. 65–78. **100** A. Stoclet, «*Consilia humana, ops divina, superstitio:* Seeking Succor and Solace in Times of Plague, with Particular Reference to Gaul in the Early Middle Ages», in L. Little (Hg.), *Plague and the End of Antiquity: The Pandemic of 541–750* (Cambridge, 2012), S. 137 f. **101** K. Høilund Nielsen, «Endzeiterwartung – expecting the End of the World», *Neue Studien zur Sachsenforschung* 5 (2015), S. 23–50. **102** K. Sessa, «The New Environmental Fall of Rome: A Methodological Consideration», *Journal of Late Antiquity* 12 (2019), S. 240–243. **103** P. Jenkins, *Climate, Catastrophe, and Faith: How Changes in Climate Drive Religious Upheaval* (New York, 2021). **104** D. Keys, *Catastrophe: An Investigation into the Origins of the Modern World* (London, 1999), S. 182 f.; Sarris, «Climate and Disease», S. 531 f. **105** *The History of Theophylact Simocatta: An English Translation with*

Introduction and Notes, Übers./Hg. M. Whitby und M. Whitby (Oxford, 1986), 5.10, S. 147; dt. *Geschichte*, Übers. P. Schreiner (Stuttgart 1985), S. 155. **106** G. Zanchetta u. a., «Beyond one-way determinism: San Frediano's miracle and climate change in Central and Northern Italy in late antiquity», *Climatic Change* 165 (2021), S. 1–21.

Elftes Kapitel
Das Goldene Zeitalter der Reiche

1 J. Howard-Johnston, *The Last Great War of Antiquity* (Oxford, 2021). **2** J. Howard-Johnston, *Witnesses to a World Crisis: Historians and Histories of the Middle East in the Seventh Century* (Oxford, 2010), bes. S. 436–444. **3** *Chronicon Pashcale 284–628 AD*, Übers. M. Whitby und M. Whitby (Liverpool, 1989), S. 169 f. **4** *The Armenian History attributed to Sebeos*, Hg./Übers. R. Thomson und J. Howard-Johnston, 2 Bde. (Liverpool, 2001), S. 131, 90. **5** C. Zuckerman, «La Petite Augusta et le Turc: Epiphania-Eudocie sue les monnaies d'Héraclius», *Revue Numismatique* 150 (1995), S. 113–126. **6** M. Whittow, «Byzantium's Eurasian Policy in the Age of the Türk Empire», in N. Di Cosmo und M. Maas (Hg.), *Empires and Exchanges in Eurasian Late Antiquity: Rome, China, Iran and the Steppe, ca. 250–750* (Cambridge, 2018), S. 271–286; J. Howard-Johnston, «The Sasanians' Strategic Dilemma», in H. Börm und J. Wiesehöfer (Hg.), *Commutatio et contentio: Studies in the Late Roman, Sasanian and Early Islamic Near East in Memory of Zeev Rubin* (Düsseldorf, 2010), S. 37–70. **7** D. Sinor, «The establishment and dissolution of the Türk empire», in D. Sinor (Hg.), *The Cambridge History of Early Inner Asia* (Cambridge, 1990), S. 285–316. **8** R. Payne, «The Silk Road and the Iranian Political Economy in Late Antiquity», *Bulletin of the School of Oriental and African Studies* 81 (2018), S. 227–250. E. de la Vaissière, *Sogdian Traders* (Leiden, 2005), S. 209 f. **9** K. Rezakhani, *ReOrienting the Sasanians: East Iran in Late Antiquity* (Edinburgh, 2017); P. Sarris, *Empires of Faith: The Fall of Rome to the Rise of Islam* (Oxford, 2011), S. 157 f. **10** W. Pohl, *Die Awaren: Ein Steppenvolk in Mitteleuropa, 567–822 n. Chr* (München, 1988); W. Pohl (Hg.), *Von den Hunnen zu den Türken – Reiterkrieger in Europa und Zentralasien* (Berlin, 2021). **11** D. Graff, «Strategy and contingency: The Tang defeat of the Eastern Turks», in N. Di Cosmo (Hg.), *Warfare in Inner Asian History* (Leiden, 2002), S. 33–71. **12** J. Skaff, *Sui-Tang China and its Turko-Mongol Neighbours: Culture, Power, and Connections, 580–800* (Oxford, 2012), S. 58. **13** Ebd., S. 149 f. **14** E. de la Vaissière, «Oncles et frères: Les qaghans Ashinas et le vocabulaire turc de la parenté», *Turcica* 42 (2010), S. 267–278. **15** N. Di Cosmo, C. Oppenheimer und U. Büntgen, «Interplay of environmental and socio-political factors in the downfall of the Eastern Türk Empire in 630 CE», *Climatic Change* 145 (2017), S. 390. **16** Di Cosmo, Oppenheimer und Büntgen, «Interplay of environmental and socio-political factors», S. 383–395; J. Fei, J. Zhou und Y. Hou, «Circa AD 626 volcanic eruption, climatic cooling, and the collapse of the Eastern Turkic Empire», *Climatic Change* 81 (2007), S. 469–475. **17** Q. Ma u. a., «How Do Multiscale Interactions Affect Extreme Precipitation in Eastern Central Asia?», *Journal of Climate* 34 (2021), S. 7475–7491. **18** S. Begzsuren u. a., «Livestock responses to droughts and severe winter weather in the Gobi Three Beauty National Park, Mongolia», *Journal of Arid Environment* 59

(2004), S. 785–796; Di Cosmo, Oppenheimer und Büntgen, «Interplay of environmental and socio-political factors», S. 388. **19** C. Field u. a., *Managing the Risks of Extreme Events and Disasters to Advance Climate Change Adaptation: Special Report of the Intergovernmental Panel on Climate Change* (Cambridge, 2012), S. 501; Di Cosmo, Oppenheimer und Büntgen, «Interplay of environmental and socio-political factors», S. 392. **20** J.-Q. Fang und G. Liu, «Relationship between climatic change and the nomadic southward migrations in eastern Asia during historical times», *Climatic Change* 22 (2012), S. 151–168. **21** Di Cosmo, Oppenheimer und Büntgen, «Interplay of environmental and socio-political factors», S. 391–392; Z. Batjargal, *Lessons learnt from the Dzud, 1999–2000*, United Nations Development Programme (Ulanbaatar, 2000), S. 41. **22** Field u. a., *Managing the Risks*, S. 502; J. Janzen, «Mobile Livestock-Keeping in Mongolia: Present Problems, Spatial Organisation, Interactions between Mobile and Sedentary Population Groups and Perspectives for Pastoral Development», *Geography Research Forum* 25 (2005), S. 62–82. **23** Di Cosmo, Oppenheimer und Büntgen, «Interplay of environmental and socio-political factors», S. 390. **24** Ebd., S. 392. Vgl. auch D. Sneath, *The Headless State: Aristocratic Orders, Kinship Society, and Misrepresentations of Nomadic Inner Asia* (New York, 2007), und N. Di Cosmo, *Ancient China and its Enemies: The Rise of Nomadic Power in East Asian History* (Cambridge, 2004). **25** J. Skaff, «Ideological interweaving in Eastern Eurasia: Simultaneous Kingship and Dynastic Competition, 580–755», in Di Cosmo und Maas, *Empires and Exchanges*, S. 386 f. **26** E. de la Vaissière, «Ziebel Qaghan Identified», in C. Zuckerman, *Constructing the Seventh Century, Travaux et Mémoires* 17 (2014), S. 741–748. **27** De la Vaissière, «Oncles et frères», S. 267–278; Skaff, *Sui-Tang China*, S. 150–153. **28** Vgl. Skaff, *Sui-Tang China*, S. 105 ff. **29** D. McMullen, «Bureaucrats and Cosmology: The Ritual Code of T'ang China», in D. Cannadine und S. Price (Hg.), *Rituals of Royalty: Power and Ceremonial in Traditional Societies* (Cambridge, 1987), S. 181–236. **30** G. Heck, «‹Arabia without Spices›: An Alternative Hypothesis: The Issue of ‹Makkan Trade and the Rise of Islam›», *Journal of the American Oriental Society* 123 (2003), S. 547–576; J. Schiettecatte und C. Robin, *L'Arabie à la veille de l'Islam: un bilan clinique* (Paris, 2009). **31** U. von Freeden, «Das Ende engzelligen Cloisonnés und die Eroberung Südarabiens durch die Sasaniden», *Germania*, 78 (2000), S. 97–122. **32** Howard-Johnston, *Witnesses to a World Crisis*, S. 436–460. **33** L. Little, «Life and Afterlife of the First Plague Pandemic», in Little (Hg.), *Plague and the End of Antiquity: The Pandemic of 541–750* (Cambridge, 2012), S. 8. **34** Koran, Sure 2,81 f. **35** T. Macintosh-Smith, *Arabs: A Three Thousand Year History of Peoples, Tribes and Empires* (New Haven, CT, 2019), S. 340–346. **36** R. Nicholson, *A Literary History of the Arabs* (London, 1998), S. 418. Bei dem Dichter handelt es sich um ʿAbd ar-Raḥman, den ersten Emir von Córdoba (731–788); zum Gedicht vgl. María Rosa Menocal, *Die Palme im Westen. Muslime, Juden und Christen im alten Andalusien* (Berlin, 2003), S. 83 (A.d.Ü.). **37** A. Watson, «The Arab agricultural revolution and its diffusion, 700–1100», *Journal of Economic History* 34 (1974), S. 8–35; ders., *Agricultural Innovation in the Early Islamic World: The Diffusion of Crops and Farming Techniques* (Cambridge, 1983). **38** M. Decker, «Plants and progress: Rethinking the Islamic agricultural revolution», *Journal of World History* 20 (2009), S. 187–206. **39** D. Fuks, O. Amichay und E. Weiss, «Innovation or preservation? Abbasid aubergines, archaeobotany, and the Islamic Green Revolution», *Archaeological and Anthropological Sciences* 12 (2020), S. 1–16. **40** John of Nikiu, *Khronike*, Übers. R. Charles, *The Chronicle of John of Nikiu* (London, 1916), 120.17–28, S. 193f. **41** A. Gariboldi, «Social conditions in Egypt under the Sasanian Occupation (619–29 AD)», *La Parola del Passato: Rivista di Studi Antichi* 64 (2009), S. 321–350. **42** S. Stark, *Die Alttürkenzeit in Mittel-und Zentralasien: Archäologische und historische Studien* (Wiesbaden, 2008), S. 287–314. **43** A. Izdesbki, *A Rural Economy in Transition: Asia Minor from Late Antiquity into the Early Middle Ages* (Warschau, 2013). **44** M. Jacq-Hergoualc'h, *Malay Peninsula: Crossroads of the Maritime Silk Road* (Leiden, 2002), S. 233–257. **45** O. Wolters, *The Fall of Srivijaya in Malay History* (Ithaca, NY, 1970), S. 9–10. **46** H. Kulke, «‹Kadātuan Śrīvijaya› – Empire or Kraton of Śrīvijaya? A Reassessment of the Epigraphical Evidence», *Bulletin de l'École Française d'Extrême-Orient* 80 (1993), S. 159–181. **47** V. Lieberman, *Strange Parallels: Southeast Asia in Global Context, c.800–1830*, 2 Bde. (Cambridge, 2010–2012). Vgl. auch T. Maxwell, *The Gods of Asia: Image, Text and Meaning* (Delhi, 2007). **48** R. Hoyland, «Physiognomy in Islam», *Jerusalem Studies in Arabic and Islam* 30 (2005), S. 361–402; A. Al-Azmeh, «Barbarians in Arab Eyes», *Past & Present* 134 (1992), S. 3–18; Hippocrates, «Airs, Waters, Places», in ders., *Ancient Medicine*, Hg./Übers. W. Jones, 11 Bde. (Cambridge, 1923–2018), Bd. 1, S. 12–23, 104–132; Aristotle, *Politics*, 7.6, Hg. H. Rackham (Cambridge, MA, 2014), S. 564–566; dt. *Politik*, Übers. O. Gigon (Zürich, 1971) oder F. F. Schwarz (Stuttgart, 2010). **49** D. Phillipson, «Trans-Saharan gold trade and Byzantine coinage», *Antiquaries Journal* 97 (2017), S. 145–169. **50** Ibn Qutayba, *Kitāb al-maʿarif*, in J. Hopkins und N. Levtzion (Hg.), *Corpus of Early Arabic Sources for West African History* (Cambridge, 1981), S. 15. **51** Al-Yaʿqūbī, *Tārīkh*, ebd., S. 21. **52** P. Hardy, «Medieval Muslim Philosophers on Race», in J. Ward und T. Scott (Hg.), *Philosophers on Race: Critical Essays* (Oxford, 2002), S. 38–62; R. Schine, «Conceiving the Pre-Modern Black-Arab hero: On the Gendered Production of Racial Difference in Sīrat al-amīrah dhāt al-himmah», *Journal of Arabic Literature* 48 (2017), S. 298–326. **53** D. Goldenberg, *The Curse of Ham: Race and Slavery in Early Judaism, Christianity, and Islam* (Princeton, 2003). **54** Al-Yaʿqūbī, *Tārīkh*, S. 21. **55** Al-Masʿūdī, *Akhbār al-zamān*, in Hopkins und Levtzion (Hg.), *Corpus of Early Arabic Sources*, S. 35. **56** Al-Iṣṭakhrī, *Kitāb Masālik al-mamālik* (Buch der Wege und Provinzen), ebd., S. 40. **57** Al-Bīrunī, *Kitāb al-jamāhir fī maʿrifat al-jamāhir*, ebd., S. 59. **58** T. Insoll, «Syncretism, Time and Identity: Islamic Archaeology in West Africa», in D. Whitcomb (Hg.), *Changing Social Identity with the Spread of Islam: Archaeological Perspectives* (Chicago, 2004), S. 89–101. **59** S. Takezawa und M. Cissé, «Discovery of the Earliest Royal Palace in Gao and its Implications for the History of West Africa», *Cahiers d'Études Africaines* 208 (2012), S. 813–844. **60** M. Gomez, *African Dominion: A New History of Empire in Early and Medieval Africa* (Princeton, 2018), S. 21–23; D. Lange, «From Mande to Songhay: Towards a Political and Ethnic History of Medieval Gao», *Journal of African History* 35 (1994), S. 275–301. **61** L. Sebastian, *The Chaco Anasazi: Sociopolitical Evolution in the Prehistoric Southwest* (Cambridge, 1992). **62** T. Pauketat, *Ancient Cahokia and the Mississippians* (Cambridge, 2004). **63** L. Carlson und W. Keegan, «Resource depletion in the prehistoric northern West Indies», in S. Fitzpatrick (Hg.), *Voyages of Discovery: The Archaeology of Islands* (Westport, CT, 2004), S. 85–107. **64** L. Newsom und E. Wing,

On Land and Sea: Native American Uses of Biological Resources in the West Indies (Tuscaloosa, AL, 2004). **65** B. Marshak, «The archaeology of Sogdiana», *Silk Road* 1 (2003), S. 2–8; G. Azarpay, *Sogdian Painting: The Pictorial Epic in Oriental Art* (Berkeley, 1981). **66** P. Owczarek u. a., «Relationships between loess and the Silk Road reflected by environmental change and its implications for human societies in the area of ancient Panjikent, central Asia», *Quaternary Research* (2017), S. 1–11. **67** J. Safran, *The Second Umayyad Caliphate: The Articulation of Caliphal Legitimacy in al-Andalus* (Cambridge, MA, 2000). **68** F. Grenet und E. de la Vaissière, «The Last Days of Panjikent», *Silk Road Art and Archaeology* 8 (2002), S. 155–196. **69** D. Gutas, *Greek Thought, Arabic Culture: The Graeco-Arabic Translation Movement in Baghdad and Early ʿAbbāsid Society (2nd–4th/8th–10th Centuries)* (London, 1998), S. 34–52. **70** K. van Bladel, «Eighth-Century Indian Astronomy in the Two Cities of Peace», in B. Sadeghi u. a. (Hg.), *Islamic Cultures, Islamic Contexts: Essays in Honor of Professor Patricia Crone* (Leiden, 2015), S. 257–294; R. Yoeli-Tlaim, *Reorienting Histories of Medicine: Encounters along the Silk Roads* (London, 2021). **71** J. Montgomery, *Al-Jāḥiẓ: In Praise of Books* (Edinburgh, 2013), S. 5. **72** R. Irwin (Hg.), *Night and Horses and the Desert: An Anthology of Classical Arabic Literature* (London, 2002), S. 68. **73** Koran, Sure 13,23. **74** Koran, Sure 29,58 und 39,20. **75** Koran, Sure 36, 56 f. **76** 2. Mose 16,1–36; 4. Mose 11,1–9. **77** Lukas 5,1–11. **78** Matthäus 14,13–21; Markus 6,31–44; Lukas 9,12–17; Johannes 6,1–14. **79** S. Tlili, «I Invoke God, Therefore I Am: Creation's Spirituality and its Ecologic Impact in Islamic Texts», in J. Parham und L. Westling, *A Global History of Literature and the Environment* (Cambridge, 2017), S. 107–22. **80** I. Özdemir, «Toward an Understanding of Environmental Ethics from a Qur'anic Perspective», in R. Foltz, M. Denny und A. Baharuddin (Hg.), *Islam and Ecology: A Bestowed Trust* (Cambridge, 2003), S. 3–38. **81** Al-Buḥturī, *Dīwān al-Buḥturī* (Kairo, 1963), Bd. 3, S. 1631. **82** G. Dawkes u. a., «The form and abandonment of the city of Kuik-Marden, Otrar oasis, Kazakhstan in the Early Islamic period», *Journal of Islamic Archaeology* 6 (2020), S. 137–152; R. Sala und J. Deom, «Medieval tortkuls of northern Tienshan and mid-low Syrdarya in the role of Eurasian steppes nomads in the development of world military art», in N. Masanov (Hg.), *Proceedings of the International Conference Almaty 22–23 April 2010, in Commemoration of N. E. Masanov* (Almaty, 2010), S. 263–286. **83** B. Yang u. a., «Late Holocene climatic and environmental changes in arid central Asia», *Quaternary International* 194 (2009), S. 68–78; Q. Pei und D. Zhang, «Long-term relationship between climate change and nomadic migration in historical China», *Ecology and Society* 19 (2014), S. 1–17; S. Fowell u. a., «Mid- to late Holocene paleoclimate evolution of the Lake Telmen Basin, north central Mongolia, based on palynological data», *Quaternary Research* 59 (2003), S. 353–363. **84** D. Waines, «‹Luxury goods› in medieval Islamic societies», *World Archaeology* 34 (2003), S. 571–580. **85** *Annals of the Caliphs' Kitchens: Ibn Sayyār Al-Warrāq's Tenth-Century Baghdadi Cookbook*, Übers. N. Nasrallah (Leiden, 2007), S. 29. **86** Ebd., S. 35 f. **87** Ebd., S. 30. **88** Al-Thaʿālibī, *Yatīmat al-Dahr*, zitiert in *Annals of the Caliphs' Kitchens*, S. 42. **89** M. Campopiano, «Fiscalité et structures économiques et sociales en Irak de la conquête arabe à la crise du califat abbasside (VIIe–Xe siècles)», in S. Gilotte und E. Voguet (Hg.), *Terroirs d'Al-Andalus et du Maghreb VIIIe–XVe siècle: Peuplements, ressources et sainteté* (Paris, 2015), S. 51–77. **90** C. Robinson, *Em-*

pire and Elites after the Muslim Conquest: The Transformation of Northern Mesopotamia (Cambridge, 2000), S. 44–50. **91** B. van Bavel, «New Perspectives on Factor Markets and Ancient Middle Eastern Economies: A Survey», *Journal of the Economic and Social History of the Orient* 57 (2014), S. 145–172. **92** W. Toonen u. a., «A hydromorphic reevaluation of the forgotten river civilisations of Central Asia», *Proceedings of the National Academy of Sciences of the USA* 117 (2020), S. 32982–32988. **93** R. Adams, *Land Baghdad: A History of Settlement on the Diyala Plain* (Chicago, 1965), S. 97–106. **94** M. Campopiano, «Cooperation and Private Enterprise in Water Management in Iraq: Continuity and Change between the Sasanian and Early Islamic Periods (Sixth to Tenth Centuries)», *Environment and History* 23 (2017), S. 385–407. **95** A. Popovic, *La Révolte des esclaves in Iraq au IIIe/IXe siècle* (Paris, 1976), S. 13–25. **96** B. van Bavel, M. Campopiano und J. Dijkman, «Factor Markets in Early Islamic Iraq, c. 600–1100 AD», *Journal of the Economic and Social History of the Orient*, 57 (2014), S. 262–289. **97** Campopiano, «Fiscalité», S. 51–77. **98** H. Kennedy, *When Baghdad Ruled the World: The Rise and Fall of Islam's Greatest Dynasty* (Cambridge, MA, 2005), S. 194. **99** M. Canard, «Baghdad au IVe siècle de l'Hégire (Xe siècle de l'ère chrétienne)», *Arabica* 9 (1962), S. 267–287. **100** Bar Hebraeus, *Ktābā d-maktbānūt zabnē*, Hg./Übers. E. Budge, *The Chronography of Gregory Abul Faraj*, 2 Bde. (Oxford, 1932), Bd. 1, S. 164. **101** Matthias von Edessa, A. E. Dostourian (Hg./Übers.), *Armenia and the Crusades, Tenth to Twelfth Centuries: The Chronicle of Matthew of Edessa* (Lanham, MD, 1993), Bd. 1, S. 19. **102** R. Ellenblum, *The Collapse of the Eastern Mediterranean: Climate Change and the Decline of the East, 950–1072* (Cambridge, 2012); X. Wang, «Climate, Desertification, and the Rise and Collapse of China's Historical Dynasties», *Human Ecology* 38 (2010), S. 157–172. **103** S. Raphael, *Climate and Political Climate: Environmental Disasters in the Medieval Levant* (Leiden, 2013), S. 60. **104** A. Allouche, *Mamluk Economics: A Study and Translation of al-Maqrīzī's Ighāthah* (Salt Lake City, UT, 1994), S. 33; Raphael, *Climate and Political Climate*, S. 60. **105** Campopiano, «Cooperation and Private Enterprise», S. 385–407. **106** J. Brooke, *Climate Change and the Course of Global History: A Rough Journey* (New York, 2014), S. 358. Zum Klima als Faktor beim Niedergang der Tang-Dynastie vgl. etwa P. Zheng u. a., «A Test of Climate, Sun, and Culture Relationships from an 1810-Year Chinese Cave Record», *Science* 322 (2008), S. 940–942; H. Cheng, R. Edwards und G. Haug, «Simulated warm periods of climate over China during the last two millennia: The Sui-Tang warm period versus the Song-Yuan warm period», *Journal of Geographical Research: Atmospheres* 120 (2015), S. 2229–2241. **107** D. Johnson, «The Last Years of a Great Clan: The Li Family of Chao Chün in Late T'ang and Early Sung», *Harvard Journal of Asiatic Studies* 37 (1977), S. 5–102. **108** N. Tackett, *The Destruction of the Medieval Chinese Aristocracy* (Cambridge, MA, 2014). **109** Ebd., S. 188. **110** P. Lorge, «Introduction», in P. Lorge (Hg.), *Five Dynasties and Ten Kingdoms* (Hong Kong, 2011), S. 5–7. **111** R. Gill u. a., «Drought and the Maya collapse», *Ancient Mesoamerica* 18 (2007), S. 283–302. **112** S. Thompson u. a. (Hg.), *Mayan Folktales. Cuentos folklóricos mayas* (Westport, CT, 2007), S. XXV. **113** G. Jones, *The Conquest of the Last Maya Kingdom* (Stanford, 1998). **114** P. Harrison, *The Lords of Tikal: Rulers of an Ancient Maya City* (London, 1999). **115** M. Golitko u. a., «Complexities of collapse: The evidence of Maya obsidian as revealed by social network graphical analysis»,

Antiquity 86 (2012), S. 507–523. **116** M. Golitko und G. Feinman, «Procurement and Distribution of Pre-Hispanic Mesoamerican Obsidian 900 BC–AD 1250: A Social Network Analysis», *Journal of Archaeological Method and Theory* 22 (2015), S. 206–247. **117** S. Houston u. a., «A Teotihuacan complex at the Classic Maya city of Tikal, Guatemala», *Antiquity* 95 (2021), S. 1–9. **118** A. Thompson, G. Feinman und K. Prufer, «Assessing Classic Maya multi-scalar household inequality in southern Belize», *PLOS ONE* 16 (2021), S. 1–30. **119** K. Tsukamoto und O. Olguín, «Ajpach' Waal: The hieroglyphic stairway at the Guzmán Group of El Palmar, Campeche, Mexico», in C. Golden, S. Houston und J. Skidmore (Hg.), *Maya Archaeology* (San Francisco, 2015), S. 30–55; O. Esparza Olguín und K. Tsukamoto, «Espacios de la escenografía ritual», in A. Velasco Martínez und M. Vega (Hg.), *Los Mayas: Voces de piedra* (Mexico City, 2011), S. 393–399. **120** V. Tiesler, A. Cucina, und M. Ramírez-Salomon, «Permanent Dental Modifications among the Ancient Maya: Procedures, Health Risks, and Social Identities», in S. Burnett und J. Irish (Hg.), *A World View of Bioculturally Modified Teeth* (Gainesville, FL, 2017), S. 270–824. **121** J. Cerezo-Román und K. Tsukamoto, «The Life Course of a Standard-Bearer: A Nonroyal Elite Burial at the Maya Archaeological Site of El Palmar, Mexico», *Latin American Antiquity* 32 (2021), S. 274–291. **122** M. Canuto u. a., «Ancient lowland Maya complexity as revealed by airborne laser scanning of northern Guatemala», *Science* 361 (2018), S. 1–17. **123** P. Harrison, *The Lords of Tikal: Rulers of an Ancient Maya City* (London, 1999). **124** S. Martin, «In the line of the founder: A view of dynastic politics at Tikal», in J. Sabloff (Hg.), *Tikal: Dynasties, Foreigners, and Affairs of State – Advancing Maya Archaeology* (Santa Fe, NM, 2003), S. 3–45. **125** T. Culbert u. a., «The population of Tikal, Guatemala», in T. Culbert und D. Rice (Hg.), *Precolumbian Population History in the Maya Lowlands* (Albuquerque, 1990), S. 103–121. **126** V. Scarborough u. a., «Water and sustainable land use at the ancient tropical city of Tikal, Guatemala», *Proceedings of the National Academy of Sciences of the USA* 109 (2012), S. 12408–12413. **127** D. Lentz u. a., «Imperial resource management at the ancient Maya city of Tikal: A resilience model of sustainability and collapse», *Journal of Anthropological Archaeology* 52 (2018), S. 113–122. **128** D. Lentz u. a., «Forests, Fields, and the Edge of Sustainability at the Ancient Maya City of Tikal», *Proceedings of the National Academy of Sciences of the USA* 111 (2014), S. 18513–18518. **129** D. Kennett u. a., «Development and Disintegration of Maya Political Systems in Response to Climate Change», *Science* 338 (2012), S. 788–791; D. Hodell, J. Curtis und M. Brenner, «Terminal Classic drought in the northern Maya lowlands inferred from multiple sediment cores in Lake Chichancanab (Mexico)», *Quaternary Science Reviews* 24 (2005), S. 1413–1427; G. Haug u. a., «Climate and the collapse of Maya civilisation», *Science* 299 (2003), 1731–1735. **130** N. Evans u. a., «Quantification of drought during the collapse of the classic Maya civilisation», *Science* 361 (2018), S. 498–501; N. Hodell u. a., «Solar forcing of drought frequency in the Maya lowlands», *Science* 292 (2001), S. 1367–1370. **131** B. Turner und J. Sabloff, «Classic Period collapse of the Central Maya Lowlands: Insights about human-environment relationships for sustainability», *Proceedings of the National Academy of Sciences ot the USA* 109 (2012), S. 13908–13014. **132** B. Cook u. a., «Pre-Columbian deforestation as an amplifier of drought in Mesoamerica», *Geophysical Research Letters* 39 (2012), S. 1–5. **133** S. Fedick und L. Santiago, «Large variation in availability of Maya food plant sources during ancient droughts», *Proceedings of the National Academy of Sciences of the USA* 119 (2021), S. 1–7. **134** D. Lobell u. a., «Nonlinear heat effects on African maize as evidenced by historical yield trials», *Nature Climate Change* 1 (2011), S. 42–45. **135** W. Carleton, D. Campbell und M. Collard, «Increasing temperatures exacerbated Classic Maya conflict over the long term», *Quaternary Science Reviews* 163 (2017), S. 209–218. **136** C. Ting, «Continuity and change in fine-ware production in the eastern Maya lowlands during the Classic to Postclassic transition (AD 800–1250)», *Archaeological and Anthropological Sciences* 10 (2018), S. 1913–1931. **137** H. Haines, P. Willink und D. Maxwell, «Stingray Spine Use and Maya Bloodletting Rituals: A Cautionary Tale», *Latin American Antiquity* 19 (2008), S. 83–98. **138** G. Feinman und L. Nicholas, «After Monte Albán in the Central Valleys of Oaxaca: A Reassessment», in R. Faulseit (Hg.), *Beyond Collapse: Archaeological Perspectives on Resilience, Revitalization, and the Transformation in Complex Societies* (Carbondale, IL, 2016), S. 43–69. **139** D. Lentz u. a., «Molecular genetic and geochemical assays reveal severe contamination of drinking water resevoirs at the ancient Maya city of Tikal», *Scientific Reports* 10 (2020), S. 1–9. **140** R. Markens, M. Winter und C. Martínez López, «Ethnohistory, Oral History, and Archaeology at Macuilxochitl: Perspectives on the Postclassic Period (800–1521 CE) in the Valley of Oaxaca», in J. Blomster (Hg.), *After Monte Albán: Transformation and Negotiation in Oaxaca, Mexico* (Boulder, CO, 2008), S. 193–215. **141** J. Aimers, «What Maya collapse? Terminal Classic variation in the Maya lowlands», *Journal of Archaeological Research* 15 (2007), S. 329–377; A. Demarest, P. Rice und D. Rice, «The Terminal Classic in the Maya Lowlands: Assessing collapses, terminations, and transformations», in A. Demarest, P. Rice und D. Rice (Hg.), *The Terminal Classic in the Maya Lowlands: Collapse, Transition, and Transformation* (Boulder, CO, 2004), S. 545–572. **142** L. Lucero, J. Gunn und V. Scarborough, «Climate change and Classic Maya water management», *Water* 3 (2011), S. 479–494. **143** Lentz u. a., «Imperial resource management», S. 119.

Zwölftes Kapitel
Die Mittelalterliche Warmzeit

1 H. Lamb, «The Early Medieval Warm Epoch and its Sequel», *Palaeogeography, Palaeoclimatology, Palaeoecology* 1 (1965), S. 13–37. **2** T. Wozniak, *Naturereignisse im frühen Mittelalter. Das Zeugnis der Geschichtsschreibung vom 6. bis 11. Jahrhundert* (Berlin, 2020); H. Wanner, *Klima und Mensch. Eine 12000-jährige Geschichte* (Bern, 2016). **3** R. Hoffmann, *An Environmental History of Medieval Europe* (Cambridge, 2014). **4** C. Rohr, C. Camenisch und K. Pribyl, «European Middle Ages», in S. White, C. Pfister und F. Mauelshagen (Hg.), *Palgrave Handbook of Climate History* (London, 2018), S. 247–263. **5** J. Preiser-Kapeller, «A collapse of the Eastern Mediterranean?», *Jahrbuch der Österreichischen Byzantinistik* 65 (2015), S. 201. **6** A. Izdebski, T. Słocyński und G. Koloch, «Exploring Byzantine and Ottoman economic history with the use of palynological data: A quantitative approach», *Jahrbuch der Österreichischen Byzantinistik* 65 (2015), S. 67–110. **7** E. Cook, «Megadroughts, ENSO, and the Invasion of Late-Roman Europe by the Huns and Avars», in W. Harris (Hg.),

The Ancient Mediterranean Environment between Sciences and History (Leiden, 2013), S. 89–92. **8** D. Zhang, «Evidence for the existence of the Medieval Warm Period in China», *Climatic Change* 24 (1994), S. 289–297. **9** Y. Zhang u. a., «‹Medieval Warm Period› on the northern slope of central Tianshan Mountains, Xinjiang, NW China», *Geophysical Research Letters*, 36 (2009), S. 1–5. **10** F. Wang u. a., «Northern Hemisphere millennial temperature variability», *Nature Communications* 13 (2022), S. 1–10. **11** V. Trouet u. a., «Persistent positive North Atlantic oscillation mode dominated the medieval climate anomaly», *Science* 324 (2009), S. 78–80; J. Chen u. a., «Hydroclimatic changes in China and surroundings during the Medieval Climate Anomaly and Little Ice Age: Spatial patterns and possible mechanisms», *Quaternary Science Reviews* 107 (2015), S. 98–111. **12** M. Mann u. a., «Global Signatures and Dynamical Origins of the Little Ice Age and Medieval Climate Anomaly», *Science* 326 (2009), S. 1256–1260; H. Diaz u. a., «Spatial and Temporal Characteristics of Climate in Medieval Times Revisited», *Bulletin of the American Meteorological Society* 92 (2011), S. 1487–1500. **13** J. Vaquero and R. Trigo, «A Note on Solar Cycle Length during the Medieval Climate Anomaly», *Solar Physics* 279 (2012), S. 289–294. **14** N. Graham u. a., «Support for global climate reorganization during the ‹Medieval Climate Anomaly›», *Climate Dynamics* 37 (2011), S. 2017–2045. **15** F. Malamud-Roam u. a., «Holocene paleoclimate records from a large California estuarine system and its watershed region: Linking watershed climate and bay conditions», *Quaternary Science Reviews* 25 (2006), S. 1570–1598; I. Shimada, «The Late Prehistoric Coastal States», in L. Minelli (Hg.), *The Inca World: The Development of Pre-Columbian Peru, AD 1000–1534* (Norman, OK, 2000), S. 49–110. **16** S. Stine, «Extreme and persistent drought in California and Patagonia during mediaeval time», *Nature* 369 (1994), S. 546–549; D. Meko u. a., «Medieval drought in the upper Colorado River Basin», *Geophysical Research Letters* 34 (2007), S. 1–5; H. Mackay, «Spatial variation of hydroclimate in north-eastern North America during the last millennium», *Quaternary Science Reviews* 256 (2021), S. 1019. **17** S. Lüning u. a., «Hydroclimate in Africa during the Medieval Climate Anomaly», *Palaeography, Palaeoclimatology, Palaeoecology* 495 (2018), S. 309–322. **18** S. Lüning, M. Gałka und F. Vahrenholt, «Warming and Cooling: The Medieval Climate Anomaly in Africa and Arabia», *Paleoceanography* 32 (2017), S. 1219–1235. **19** C. Wickham, *Framing the Early Middle Ages: Europe and the Mediterranean, 400–800* (Oxford, 2005). **20** Vgl. dazu generell M. McCormick, *Origins of the European Economy: Communications and Commerce, AD 300–900* (Cambridge, 2001); J. Zanden *The Long Road to the Industrial Revolution: The European Economy in a Global Perspective, 1000–1800* (Leiden, 2009), S. 1–91. **21** S. Reynolds, *Kingdoms and Communities in Western Europe, 900–1300* (Oxford, 1984); ders., *Fiefs and Vassals: The Medieval Evidence Reinterpreted* (Oxford, 1994); C. West, *Reframing the Feudal Revolution: Political and Social Transformation between Marne and Moselle, c.800 – c.1100* (Cambridge, 2013). **22** C. West, *Reframing the Feudal Revolution: Political and Social Transformation between Marne and Moselle, c. 800 – c. 1100* (Cambridge, 2013). **23** P. Brown, *Through the Eye of a Needle: Wealth, the Fall of Rome, and the Making of Christianity in the West, 350–550 AD* (Princeton, 2012). **24** A. Verhulst und G. Bublot, *L'Agriculture en Belgique – hier et aujourd'hui* (Brüssel, 1980), S. 7. **25** G. Duby, *L'Économie rurale et la vie des campagne dans l'Occident médieval* (Paris, 1962), S. 160–164; L. White, *Medieval*

Technology and Social Change (Oxford, 1962). **26** S. Mileson und S. Brookes, *Peasant Perceptions of Landscape: Ewelme Hundred, South Oxfordshire, 500–1650* (Oxford, 2022). **27** T. Andersen, P. Jensen und C. Skovsgaard, «The Heavy Plough and the Agricultural Revolution in Medieval Europe», EHES Working Paper 70 (2014), S. 1–44; D. Acemoglu, S. Johnson und J. Robinson, «Institutions as a Fundamental Cause of Economic Growth», in P. Aghion und S. Durlauf (Hg.), *Handbook of Economic Growth* (Amsterdam, 2005), S. 386–472. **28** M. Rubin, *Cities of Strangers: Making Lives in Medieval Europe* (Cambridge, 2020). **29** T. Whited u. a., *Northern Europe: An Environmental History* (Denver, CO, 2005), S. 45–72; A. Demandt, *Der Baum: Eine Kulturgeschichte* (Köln, 2014). **30** C. Goodson, *Cultivating the City in Early Medieval Italy* (Cambridge, 2021), S. 1. **31** U. Schamiloglu, «Climate Change in Central Eurasia and the Golden Horde», *Golden Horde Review* 1 (2016), S. 12–14. **32** Ibn Faḍḍlān, *Book of Ahmad ibn* Faḍlān, in *Ibn Fadlan and the Land of Darkness: Arab Travellers in the Far North*, Übers. P. Lunde und C. Stone (London, 2011), S. 12. **33** P. Raposeiro, «Climate change facilitated the early colonization of the Azores Archipelago during medieval times», *Proceedings of the National Academy of Sciences of the USA* 118 (2021), S. 1–7. **34** A. Dugmore, C. Keller und T. McGovern, «Norse Greenland settlement: reflections on climate change, trade, and the contrasting fates of human settlements in the North Atlantic islands», *Arctic Anthropology* 44 (2007), S. 12–36; B. Campbell, *The Great Transition: Climate, Disease and Society in the Late-Medieval World* (Cambridge, 2016), S. 34–38. **35** K. Smith, G. Ólafsson und A. Pálsdóttir, «Ritual responses to catastrophic volcanism in Viking Age Iceland: Reconsidering Surtshellir Cave through Bayesian analyses of AMS dates, tephrochronology, and texts», *Journal of Archaeological Science* 126 (2021), S. 1–19. **36** T. Thordarson u. a., «New estimates of sulfur degassing and atmospheric mass-loading by the 934a.d. Eldgjá eruption, Iceland», *Journal of Volcanology and Geothermal Research* 108 (2001), S. 33–54. **37** S. Goodacre, «Genetic evidence for a family-based Scandinavian settlement of Shetland and Orkney during the Viking periods», *Heredity* 95 (2005) S. 129–135; S. Ebenesersdóttir, «Ancient genomes from Iceland reveal the making of a human population», *Science* 360 (2018), S. 1028–1032. **38** B. Wallace, «The Norse in Newfoundland: L'Anse aux Meadows and Vinland», *Newfoundland and Labrador Studies* 19 (2003), S. 5–43. **39** M. Kuitens, «Evidence for European presence in the Americas in AD 1021», *Nature* (2021), S. 1–13; P. Ledger, L. Girdland-Flink und V. Forbes, «New horizons and L'Anse aux Meadows», *Proceedings of the National Academy of Sciences of the USA* 116 (2019), S. 15341–15343. **40** B. Einarsson, *Skálar og rúst á Stöð í Stöðvarfirði Stöð* (Reykjavík, 2019). **41** Dugmore, Keller und McGovern, «Norse Greenland settlement», S. 14–16. **42** S. Sindbæk, «Urbanism and exchange in the North Atlantic/Baltic, 600–1000 CE», in T. Hodos (Hg.), *The Routledge Handbook of Archaeology and Globalisation* (London, 2017), S. 553–565; Frankopan, *Silk Roads*, S. 102–135; dt. *Licht aus dem Osten*, S. 172–202. **43** R. Kovalev, «The Infrastructure of the Northern Part of the ‹Fur Road› between the Middle Volga and the East during the Middle Ages», *Archivum Eurasiæ Medii Aevi* 10 (2001), S. 25–64. **44** S. Socin u. a., «High-resolution dietary reconstruction of victims of the 79 CE Vesuvius eruption at Herculaneum by compound-specific isotope analysis», *Science Advances* 7 (2021), S. 1–9; L. Maravall Buckwalter und J. Baten, «Valkyries: Was gender equality high in the Scandinavian periphery since Viking time? Evidence from enamel hypoplasia and height ratios», *Economics and Human Biology* 34 (2019), S. 181–193. **45** M. Church u. a., «Timing and mechanisms of deforestation of the settlement period in Eyjafjallsveit, southern Iceland», *Radiocarbon* 49 (2007), S. 659–672. **46** X. Keighley u. a., «Disappearance of Icelandic Walruses Coincided with Norse Settlement», *Molecular Biology and Evolution* 36 (2019), S. 2656–2667. **47** T. McGovern u. a., «Landscapes of settlement in northern Iceland: Historical ecology of human impact and climate fluctuation on the millennial scale», *American Anthropologist* 109 (2007), S. 27–51. **48** J. Arnebord, N. Lynnerup und J. Heinemeier, «Human Diet and Subsistence Patterns in Norse Greenland AD c.980–AD c.1450: Archaeological Interpretations», *Journal of the North Atlantic* 3 (2012), S. 119–133. **49** P. Kirch, «The impact of the prehistoric Polynesians on the Hawaiian ecosystem», *Pacific Science* 36 (1982), S. 1–14. **50** P. Kirch, «Hawaii as a Model System for Human Ecodynamics», *American Anthropologist* 109 (2007), S. 8–26. **51** I. Goodwin, S. Browning und A. Anderson, «Climate windows for Polynesian voyaging to New Zealand and Easter Island», *Proceedings of the National Academy of Sciences of the USA* 111 (2014), S. 14716–14721; P. Kirch, *On the Road of the Winds: An Archaeological History of the Pacific Islands before European Contact* (Berkeley, 2017), S. 191–208. **52** J. Flexner, *Oceania, 800–1800 CE* (Cambridge, 2021), S. 11 f. **53** P. Kirch (Hg.), *Tangatatau Rockshelter: The Evolution of an Eastern Polynesian Socio-Ecosystem* (Los Angeles, 2017). **54** D. Sear u. a., «Human settlement of East Polynesia earlier, incremental, and coincident with prolonged South Pacific drought», *Proceedings of the National Academy of Sciences of the USA* 117 (2021), S. 8813–8819. **55** P. Nunn und J. Britton, «Human–Environment Relationships in the Pacific Islands around AD 1300», *Environment and History* 7 (2001), S. 6–8. **56** P. Nunn, «Nature–society interactions in the Pacific Islands», *Human Geography* 85 (2003), S. 219–229. **57** S. Lüning u. a., «The Medieval Climate Anomaly in Oceania», *Environmental Reviews* 28 (2020), S. 45–54. **58** M. Smith u. a., «Human-environment interactions in Australian drylands: Exploratory time-series analysis of archaeological records», *The Holocene* 18 (2008), S. 389–401; I. Davidson, «Prehistoric Australian demography», in B. Meehan und N White (Hg.), *Hunter-Gatherer Demography: Past and Present* (Sydney, 1990), S. 41–58. **59** P. Veth, «Cycles of aridity and human mobility: Risk minimisation among Late Pleistocene foragers of the Western Desert, Australia», in P. Veth, M. Smith und P. Hiscock (Hg.), *Desert Peoples: Archaeological Perspectives* (Malden, MA, 2005), S. 100–115. **60** A. Williams u. a., «Hunter-gatherer response to late Holocene climatic variability in northern and central Australia», *Journal of Quaternary Science* 25 (2010), S. 831–838. **61** M. Smith and J. Ross, «What happened at 1500–1000 cal. BP in central Australia? Timing, impact and archaeological signatures», *The Holocene* 18 (2008), S. 379–388. **62** T. Cohen u. a., «A pluvial episode identified in arid Australia during the Medieval Climatic Anomaly», *Quaternary Science Reviews* 56 (2012), S. 167–171. **63** S. Scudder, «Evidence of Sea Level Rise at the Early Ostionan Coralie Site (GT-3), *c.* AD 700, Grand Turk, Turks and Caicos Islands», *Journal of Archaeological Science* 28 (2001), S. 1221–1233. **64** I. Rouse, *The Tainos: Rise and Decline of the People Who Greeted Columbus* (New Haven, 1992); W. Keegan, «Islands of Chaos», in A. Delpuech und C. Hofman (Hg.), *Late Ceramic Age Societies in the Eastern Caribbean* (Oxford, 1994),

S. 33–44; H. Petitjean Roget, «Contribution à l'Étude du Troumassoïde et du Suazoïde (600–1200 AD). Une hypothèse sur les causes de la régression du Saladoïde aux Petites Antilles», in L. Alofs und R. Dijkhoff (Hg.), *Proceedings of the 19th International Congress for Caribbean Archaeology* (Aruba, 2001), S. 227–238. **65** S. Fitzpatrick und W. Keegan, «Human impacts and adaptations in the Caribbean Islands: An historical ecology approach», *Earth and Environmental Science Transactions of the Royal Society of Edinburgh* 98 (2007), S. 29–45. **66** R. Hall, «Exploring the Mississippian Big Bang at Cahokia», in J. Quilter und M. Miller (Hg.), *A Pre-Columbian World* (Washington, DC, 2006), S. 187–229; C. Antoniuk, «Cahokia's influence in the Yazoo Basin: A ceramic analysis of Early Mississippian features at the Carson site», *Southeastern Archaeology* 40 (2021), S. 116–134. **67** L. Benson, T. Pauketat und E. Cook, «Cahokia's Boom and Bust in the Context of Climate Change», *American Antiquity* 74 (2009), S. 467–483. **68** D. McLean, «Identification of the Changbaishan ‹Millennium› (B-Tm) eruption deposit in the Lake Suigetsu (SG06) sedimentary archive, Japan: Synchronisation of hemispheric-wide palaeoclimate archives», *Quaternary Science Reviews* 150 (2016), S. 301–307; S. Guillet u. a., «Climatic and societal impacts of a ‹forgotten› cluster of volcanic eruptions in 1108–1110 CE», *Scientific Reports* 10 (2020), S. 1–10. **69** L. Zhang, *The River, The Plain, and the State: An Environmental Drama in Northern Song China, 1048–1128* (Cambridge, 2016), S. 1–19. **70** R. Bocinsky, «Exploration and exploitation in the macrohistory of the pre-Hispanic Pueblo Southwest», *Science Advances* 2 (2016), S. 1–11; J. Coltrain und J. Janetski, «The stable and radio-isotope chemistry of southeastern Utah Basketmaker II burials: Dietary analysis using the linear mixing model SISUS, age and sex patterning, geolocation and temporal patterning», *Journal of Archaeological Science* 40 (2013), S. 4711–4730. **71** S. Ortman, «Uniform Probability Density Analysis and Population History in the Northern Rio Grande», *Journal of Archaeological Method and Theory* 23 (2016), S. 95–126. **72** K. Roler Durand, «Function of Chaco-Era Great Houses», *Kiva* 69 (2003), S. 141–169; T. Windes, «This Old House: Construction and Abandonment at Pueblo Bonito», in J. Neitzel (Hg.), *Pueblo Bonito: Center of the Chacoan World* (Washington, DC, 2003), S. 14–32. **73** A. Watson u. a., «Early procurement of scarlet macaws and the emergence of social complexity in Chaco Canyon, NM», *Proceedings of the National Academy of Sciences of the USA* 112 (2015), S. 8238–8243. **74** R. Reina und M. Kensinger, *The Gift of Birds: Featherworking of Native South American Peoples* (Philadelphia, 1991); H. King, *Peruvian Featherworks: Art of the Precolumbian Era* (New York, 2012); B. Malinowski, *Magic, Science and Religion and Other Essays* (Prospect Height, IL, 1948). **75** A. Chepstow-Lusty u. a., «Tracing 4,000 Years of Environmental History in the Cuzco Area, Peru, from the Pollen Record», *Mountain Research and Development* 18 (1998), S. 159–172; A. Chepstow-Lusty und M. Winfield, «Inca agroforestry: Lessons from the past», *Ambio* 29 (2000), S. 322–328; K. Lane, «Engineered highlands: The social organization of water in the ancient north-central Andes (AD 1000–1480)», *World Archaeology* 41 (2009), S. 169–190. **76** P. Williams und D. Nash, «Imperial Interaction in the Andes: Huari and Tiwanaku at Cerro Baúl», in W. Isbell und H. Silverman (Hg.), *Andean Archaeology I* (New York, 2002), S. 243–265. **77** P. Williams, «Rethinking Disaster-Induced Collapse in the Demise of the Andean Highland States: Wari and Tiwanaku», *World Archaeology* 33 (2002), S. 361–374. **78** B. Owen, «Distant Colonies and Explosive Collapse: The Two Stages of the Tiwanaku Diaspora in the Osmore Drainage», *Latin American Antiquity* 16 (2005), S. 45–80; vgl. auch A. Kolata und C. Ortloff, «Climate and collapse: Agro-ecological perspectives on the drought of the Tiwanaku State», *Journal of Archaeological Science* 20 (1993), S. 195–221. **79** G. Huckleberry, A. Caramanica und J. Quilter, «Dating the Ascope Canal System: Competition for Water during the Late Intermediate Period in the Chicama Valley, North Coast of Peru», *Journal of Field Archaeology* 43 (2018), S. 17–30. **80** L. Thompson u. a., «Late Glacial Stage and Holocene tropical ice core records from Huascarán, Peru», *Science* 269 (1995), S. 46–50. **81** M. Bush, N. Mosblech und W. Church, «Climate change and the agricultural history of a mid-elevation Andean montane forest», *The Holocene* 25 (2015), S. 1522–1532. **82** W. Church und A. von Hagen, «Chachapoyas: Cultural development at an Andean cloud forest crossroads», in H. Silverman und W. Isbell (Hg.), *Handbook of South American Archaeology* (New York, 2008), S. 903–926; W. Isbell, «Wari and Tiwanaku: International identities in the central Andean Middle Horizon», ebd., S. 731–759; M. Biwer u. a., «Hallucinogens, alcohol and shifting leadership strategies in the ancient Peruvian Andes», *Antiquity* 96 (2022), S. 142–158. **83** V. Azevedo, «Medieval climate variability in the eastern Amazon-Cerrado regions and its archeological implications», *Scientific Reports* 9 (2019), S. 1–9. **84** A. Toso u. a., «Fishing intensification as response to Late Holocene socio-ecological instability in southeastern South America», *Scientific Reports* 11 (2021), S. 1–14. Vgl. auch S. Lüning u. a., «The Medieval Climate Anomaly in South America», *Quaternary International* 508 (2019), S. 70–87. **85** T. Nagaoka u. a., «Paleodemography of a medieval population in Japan: Analysis of human skeletal remains from the Yuigahama-minami site», *American Journal of Physical Anthropology* 131 (2006), S. 1–14. **86** T. Nagaoka u. a., «A health crisis during the Japanese Medieval Period: A new paleodemographic perspective», *International Journal of Paleopathology* 26 (2019), S. 145–156. **87** V. Lieberman und B. Buckley, «The Impact of Climate Change on Southeast Asia, circa 950–1820: New Findings», *Modern Asian Studies* 46 (2012), S. 1063. **88** M. Green und L. Jones, «The Evolution and Spread of Major Human Diseases in the Indian Ocean World», in G. Campbell und E.-M. Knoll (Hg.), *Disease Dispersion and Impact in the Indian Ocean World* (Basingstoke, 2020), S. 39; R. Nicholas, «The Goddess Śītalā and Epidemic Smallpox in Bengal», *Journal of Asian Studies* 41 (1981), S. 21–44. **89** M. Green, «Climate and Disease in Medieval Eurasia», in D. Ludden (Hg.), *Oxford Research Encyclopedia of Asian History* (New York, 2018). **90** A. Winterbottom und F. Tesfaye (Hg.), *Histories of Medicine and Healing in the Indian Ocean World*, 2 Bde. (Basingstoke, 2016). **91** C. Ferrier, «Sri Lanka and North India during the Gupta Period: Facts and fancy», *Indian Economic and Social History Review* 55 (2018), S. 249–281. **92** M. Smith, «Indianization from the Indian Point of View: Trade and Cultural Contacts with Southeast Asia in the Early First Millennium C.E.», *Journal of the Economic and Social History of the Orient* 42 (1999), S. 1–26; C. Cereti, «The Pahlavi Signatures on the Quilon Copper Plates (Tabula Quilonensis)», in W. Sundermann, A. Hintze und F. de Blois (Hg.), *Exegisti monumenta: Festschrift in Honour of Nicholas Sims-Williams* (Wiesbaden, 2009), S. 31–50. **93** B. Campbell, *The Great Transition: Climate, Disease and Society in the Late-Medieval World* (Cambridge, 2016), S. 41–43. **94** A. Pokharia u. a., «Variable monsoons and human adaptations: Archaeological and palaeoenvironmental records during the last 1400 years in north-western India», *The Holocene* 30 (2020), S. 1332–1344; V. Lieberman, *Strange Parallels: Southeast Asia in Global Context, c. 800–1830*, 2 Bde. (Cambridge 2003–2009), Bd. 2, S. 77–92. **95** Lieberman und Buckley, «Impact of Climate Change on Southeast Asia», S. 1065. **96** M. Bryson, *Goddess on the Frontier: Religion, Ethnicity, and Gender in Southwest China* (Stanford, 2016). **97** Vgl. R. von Glahn, *An Economic History of China: From Antiquity to the Nineteenth Century* (Cambridge, 2016); J. Chafee, «Sung education: Schools, academies, and examinations», in J. Chafee und D. Twitchett (Hg.), *The Cambridge History of China: Sung China, 960–1279 AD*, 5.2 (Cambridge, 2015), S. 286–320; W. Liu, «The making of a fiscal state in Song China, 960–1279», Economic History Review 68 (2015), S. 48–78. **98** Vgl. zur Wirtschaftspolitik der Song-Dynastie R. von Glahn, «Revisiting the Song monetary revolution: A review essay», *International Journal of Asian Studies* 1 (2004), S. 159–178. **99** G. Wade, «An Early Age of Commerce in Southeast Asia, 900–1300 CE», *Journal of Southeast Asian Studies* 40 (2009), S. 232. **100** M. Pirazzoli-t'Serstevens, «Une Denrée recherchée: La céramique chinoise importée dans le golfe arabo-persique, IXe–XIVe siècles», *Mirabilia Asiatica* 2 (2005), S. 77. **101** A. Wink, *Al-Hind: The Making of the Indo-Islamic World*, Bd. 1: *Medieval India and the Expansion of Islam, 7th–11th Centuries* (Leiden, 1990), S. 354. **102** M. Fisher, *An Environmental History of India: From the Earliest Times to the Twenty-First Century* (Cambridge, 2018), S. 75 f. **103** A. Kanisetti, *Lords of the Deccan: Southern India from the Chalukyas to the Cholas* (Delhi, 2022), S. 247 ff. **104** S. Chemburkar, «Dancing architecture at Angkor: ‹Halls with dancers› in Jayavarman VII's temples», *Journal of Southeast Asian Studies* 46 (2015), S. 518. **105** T. Sen, *Buddhism, Diplomacy and Trade: The Realignment of Sino-Indian Relations, 600–1400* (Honolulu, 2003), S. 156–158. **106** J. Miksic und G. Yian Goh, *Ancient South East Asia* (Abingdon, 2017), S. 397 f. **107** S. Balasubrahmanyam u. a., *Later Chola Temples: Kulottunga I to Rajendra III (AD 1070–1280)* (Chennai, 1979); R. Champakalakshmi, «The Study of Settlement Patterns in the Cola Periods: Some Perspectives», *Man and Environment* 14 (1989), S. 91–101. **108** R. Nagaswamy, «Archaeological finds in South India: Esālam bronzes and copper-plates», *Bulletin de l'École Française d'Extrême Orient* 76 (1987), S. 1–68; D. Ali, «Royal Eulogy as World History: Rethinking Copperplate Inscriptions in Cōḷa India», in R. Inden, J. Walters und D. Ali (Hg.), *Querying the Medieval: Texts and the History of Practices in South Asia* (New York, 2000), S. 165–229. **109** T. Srinavasan, *Irrigation and Water Supply; South India, 200 B.C.–1600 A.D.* (Chennai, 1991); K. Rajan, *Ancient Irrigation Technology: Sluice Technology in Tamil Nadu* (Thanjavur, 2008); Y. Subbarayalu, *South India under the Cholas* (New Delhi, 2012). **110** J. Shanmugasundaram u. a., «Societal response to monsoon variability in Medieval South India: Lessons from the past for adapting to climate change», *Anthropocene Review* 4 (2017), 110–135. **111** D. Evans u. a., «A comprehensive archaeological map of the world's largest preindustrial settlement complex at Angkor, Cambodia», *Proceedings of the National Academy of Sciences of the USA* 104 (2007), S. 14277–14282; R. Fletcher u. a., «Redefining Angkor: Structure and Environment in the Largest Low Density Urban Complex of the Pre-Industrial World», *Udaya* 4 (2003), S. 107–125. **112** P. Sharrock, «Garuḍa, Vajrapāṇi and religious change in Jayavarman VII's Angkor», *Journal of Southeast Asian Studies* 40

(2009), S. 111–151. **113** C. Pottier, «Some Evidence of an Inter-relationship between Hydraulic Features and Rice Field Patterns at Angkor during Ancient Times», *Journal of Sophia Asian Studies* 18 (2000), S. 99–119; R. Fletcher u.a., «The Development of the Water Management System of Angkor: A Provisional Model», *Indo-Pacific Prehistory Association Bulletin* 28 (2008), S. 57–66. Vgl. auch T. Maxwell und J. Poncar, *Of Gods, Kings and Men: The Reliefs of Angkor Wat* (London, 2007); Chemburkar, «Dancing architecture at Angkor», S. 514–536 **114** D. Penny u.a., «Vegetation and Land-Use at Angkor, Cambodia», *Antiquity* 80 (2006), S. 599–614. **115** V. Lieberman und B. Buckley, «The Impact of Climate Change on Southeast Asia, circa 950–1820: New Findings», *Modern Asian Studies* 46 (2012), S. 1067; zu Bagan vgl. M. Aung-Thwin, *Pagan: The Origins of Modern Burma* (Honolulu, 1985). **116** Wade, «Early Age of Commerce», S. 245f. **117** P.-Y. Manguin, «Trading ships of the South China Sea: Shipbuilding techniques and their role in the development of Asian trade networks», *Journal of the Economic and Social History of the Orient* 36 (1993), S. 253–280; J. Stargardt, «Indian Ocean Trade in the Ninth and Tenth Centuries: Demand, Distance, and Profit», *South Asian Studies* 30 (2014), S. 35–55. **118** *Chau Ju-kua: His work on the Chinese and Arab Trade in the Twelfth and Thirteenth Centuries, Entitled Chu-fan-chï*, Übers. F. Hirth und W. Rockhill (St Petersburg, 1911), S. 117f. **119** Wade, «Early Age of Commerce», S. 244, 261. **120** M. Hall, *Farmers, Kings and Traders: The People of Southern Africa, 200 AD–1860 AD* (Chicago, 1987), S. 74–90. **121** T. Huffman, «The Soapstone Birds from Great Zimbabwe», African Arts 18 (1985), S. 68–100. **122** S. Chirikure, *Great Zimbabwe: Reclaiming a «Confiscated» Past* (Abingdon, 2021), S. 26–50, 78–107. **123** B. Zhao, «Global Trade and Swahili Cosmopolitan Material Culture: Chinese-Style Ceramic Shards from Sanje ya Kati and Songo Mnara (Kilwa, Tanzania)», *Journal of World History* 23 (2012), S. 49; S. Wynne-Jones, *A Material Culture: Consumption and Materiality on the Coast of Precolonial East Africa* (Oxford, 2016), S. 12–16, 63. **124** J. Fleischer, «Behind the Sultan of Kilwa's Rebellious Conduct: Local Perspectives on an International East African Town», in A. Reid und P. Lane (Hg.), *African Historical Archaeologies* (New York, 2004), S. 91–124. **125** A. LaViolette und J. Fleischer, «Developments in Rural Life on the Eastern African Coast, AD 700–1500», *Journal of Field Archaeology* 43 (2018), 380–398. **126** M. Wood u.a., «Zanzibar and Indian Ocean Trade in the First Millennium CE: The Glass Bead Evidence», *Archaeological and Anthropological Sciences* 9 (2017), S. 879–901; M. Horton, N. Boivin und A. Crowther, «Eastern Africa and the Early Indian Ocean: Understanding Mobility in a Globalising World», *Journal of Egyptian History* 13 (2020), S. 393f. **127** J. Fleischer, «Rituals of Consumption and the Politics of Feasting on the Eastern African Coast, AD 700–1500», *Journal of World Prehistory* 23 (2010), S. 195–217. **128** A. Kotarba-Morley u.a., «Coastal landscape changes at Unguja Ukuu, Zanzibar: Contextualizing the archaeology of an early Islamic port of trade», *Journal of Island and Coastal Archaeology* (2022), S. 1–35. **129** H. De Weerdt, *Information, Territory, and Networks: The Crisis and Maintenance of Empire in Song China* (Cambridge, MA, 2016). **130** C.-C. Wu u.a., «Impact of the early-ripening Champa rice – Are they *aus*?», *Research Square* (2020), S. 1–12; E. Anderson, *The Food of China* (New Haven, 1988); P.-T. Ho, «Early-ripening rice in Chinese history», *Economic History Review* 9 (1956), S. 200–218. Zu Reis im Allgemeinen vgl. R. Spengler u.a., «A Journey to the West:

The Ancient Dispersal of Rice Out of East Asia», *Rice* 14 (2021), S. 1–18. **131** E. Anderson, *Food and Environment in Early and Medieval China* (Philadelphia, 2014). **132** D. Herlihy, «Outline of Population Developments in the Middle Ages», in B. Herrmann, R. Sprandel und U. Dirlmeier (Hg.), *Determinanten der Bevölkerungsentwicklung im Mittelalter* (Weinheim, 1987), S. 1–23. **133** P. Schuster, «Die Krise des Spätmittelalters. Zur Evidenz eines sozial- und wirtschaftgeschichtlichen Paradigmas in der Geschichtsschreibung des 20. Jahrhunderts», *Historische Zeitschrift* 269 (1999), S. 19–55. **134** Vgl. etwa J. Xie, *Chinese Urbanism: Urban Form and Life in the Tang–Song Dynasties* (Singapore, 2020), S. 81. **135** Lieberman, *Strange Parallels*, Bd. 2, S. 91. **136** R. Fletcher, «The water management network of Angkor, Cambodia», *Antiquity* 82 (2008), S. 658–670. **137** Ibn al-Qalānisī, *The Damascus Chronicle of the Crusades, Extracted and Translated from the Chronicle of Ibn al-Qalānisī*, Übers. H. Gibb (London, 1932), S. 297. **138** Ibn al-Athīr, *The Annals of the Saljuq Turks: Selections from al-Kāmil fī'l-ta'rīkh of 'Izz al-Dīn Ibn al-Ibn al-Athīr*, Übers. D. Richards (London, 2002), S. 268–270; S. Raphael, *Climate and Political Climate: Environmental Disasters in the Medieval Levant* (Leiden, 2013), S. 41 f., 74. **139** 'Abd al-Laṭīf al-Baghdādī, *A Physician on the Nile: A Description of Egypt and Journal of the Famine Years*, Übers. T. Mackintosh-Smith (New York, 2021). **140** William of Tyre, *Chronicon*, Hg. R. Huygens, *Willelmi Tyrensis Archiepiscopi*, 2 Bde. (Turnhout, 1986), Bd. 1, 8.4, S. 388 f. **141** E. Xoplaki, «The medieval climate anomaly and Byzantium: A review of the evidence on climatic fluctuations, economic performance and societal change», *Quaternary Science Reviews* 136 (2016), S. 229–252; J. Preiser-Kapeller und E. Mitsiou, «The Little Ice Age and Byzantium within the Eastern Mediterranean, ca. 1200–1350: An Essay on Old Debates and New Scenarios», in M. Bauch und G. Schenk (Hg.), *The Crisis of the 14th Century: Teleconnections between Environmental and Societal Change?* (Berlin, 2019), S. 203 f. **142** W. Klein, «A Christian Heritage on the Northern Silk Road: Archaeological and Epigraphic Evidence of Christianity in Kyrgyzstan», *Journal of the Canadian Society for Syriac Studies* 1 (2001), S. 85–100; W. Toonen u. a., «A hydromorphic reevaluation of the forgotten river civilisations of Central Asia», *Proceedings of the National Academy of Sciences of the USA* 117 (2020), S. 32982–32988; N. Pederson u. a., «Pluvials, droughts, the Mongol Empire, and modern Mongolia», *Proceedings of the National Academy of Sciences of the USA* 111 (2014), S. 4375–4379. **143** N. Di Cosmo, «State formation and periodization in Inner Asian History», *Journal of World History* 10 (1999), S. 1–40. **144** A. Lagamma, *Sahel: Art and Empires on the Shores of the Sahara* (New York, 2020), S. 60, 87–91. **145** S. McIntosh, S. Gallaher und R. McIntosh, «Tobacco Pipes from Excavations at the Museum Site, Jenne, Mali», *Journal of African Archaeology* 1 (2003), S. 171–199. **146** C. Rankin, C. Barrier und T. Horsley, «Evaluating narratives of ecocide with the stratigraphic record at Cahokia Mounds State Historic Site, Illinois, USA», *Geoarchaeology* 36 (2021), S. 369–387; A. White u. a., «Fecal stanols show simultaneous flooding and seasonal precipitation change correlate with Cahokia's population decline», *Proceedings of the National Academy of Sciences of the USA* 116 (2019), S. 5461–5466; K. DuVal, «The Mississippian Peoples' Worldview», in K. A. Raaflaub und R. Talbert, *Geography and Ethnography: Perceptions of the World in Pre-Modern Societies* (Malden, MA, 2010), S. 99 f. **147** B. Buckley u. a., «Climate as a contributing factor in the demise of Angkor, Cambodia», *Proceedings of the Na-*

tional Academy of Sciences of the USA 107 (2010), S. 6748–6752. **148** L. Briggs, *The Ancient Khmer Empire* (Banglamung, 1999), S. 258; P. Sharrock und C. Jacques, «‹The Grief of Kings is the Suffering of their Subjects›: A Cambodian King's Twelfth-Century Network of Hospitals», in C. Salguero (Hg.), *In Buddhism and Medicine: An Anthology of Premodern Sources* (New York, 2017), S. 226–232. **149** Sharrock, «Garuḍa, Vajrapāṇi and religious change», S. 116; M. Masako, «The Discovery of Buddhist Statues at Banteay Kdei Temple, an Angkor Monument in Cambodia: Report on the Discovery of 274 Discarded Buddhist Statues and Four-sided Buddhist Stone Pillar», *Journal of Sophia Asian Studies* 19 (2001), S. 267–284. **150** D. Penny u. a., «Geoarchaeological evidence from Angkor, Cambodia, reveals a gradual decline rather than a catastrophic 15th-century collapse», *Proceedings of the National Academy of Sciences of the USA* 116 (2019), S. 4871–4876. **151** P. Strachan, *Imperial Pagan: Art and Architecture of Old Burma* (Honolulu, 1989); R. Wicks, *Money, Markets, and Trade in Early Southeast Asia: The Development of Indigenous Monetary Systems to AD 1400* (Ithaca, NY, 1992). **152** Aung-Thwin, Pagan: The Origins of Modern Burma, S. 167–181. **153** M. Htin Aung, *A History of Burma* (Cambridge, 1967). **154** Briggs, *Ancient Khmer Empire*, S. 258; vgl. auch Sharrock, «Garuḍa, Vajrapāṇi and religious change», S. 111–151. **155** Dugmore, Keller und McGovern, «Norse Greenland Settlement», S. 14 f.; A. Dugmore u. a., «Cultural adaptation, compounding vulnerabilities and conjunctures in Norse Greenland», *Proceedings of the National Academy of Sciences of the USA* 109 (2012), S. 3658–3663; B. Zhao u. a., «Prolonged drying trend coincident with the demise of Norse settlements in southern Greenland», *Science Advances* 8 (2022), S. 1–8. **156** Dugmore, Keller und McGovern, «Norse Greenland Settlement», S. 18; E. Roesdahl, «Walrus Ivory: Demand, Supply, Workshops, and Vikings», in A. Mortensen und S. Arge (Hg.), *Viking and Norse in the North Atlantic: Select Papers from the Proceedings of the 14th Viking Congress* (Torshavn, 2005), S. 182–191. **157** H. Gulløv, «The nature of contact between native Greenlanders and Norse», *Journal of the North Atlantic* 1 (2008), S. 16–24; Dugmore u. a., «Cultural adaptation», S. 3662. **158** D. Sear u. a., «Human settlement of East Polynesia earlier, incremental, and coincident with prolonged South Pacific drought», *Proceedings of the National Academy of Sciences of the USA* 117 (2020), S. 8813–8819; Flexner, *Oceania*, S. 13. **159** A. Ioannidis u. a., «Native American gene flow into Polynesia predating Easter Island settlement», *Nature* 583 (2020), S. 572–577. **160** Flexner, *Oceania*, S. 14. **161** Ebd., S. 15. **162** P. Nunn, «The A.D. 1300 Event in the Pacific Basin», *Geographical Review* 97 (2007), S. 1–23.

Dreizehntes Kapitel
Seuchen und die Entstehung einer neuen Welt

1 M. Drompp, *Tang China and the Collapse of the Uighur Empire: A Documentary History* (Leiden, 2005); J. Shi, *The Economy of Western Xia: A Study of 11th to 13th Century Tangut Records* (Leiden, 2021). **2** S. West, «The Interpretation of a Dream: The Sources, Evaluation, and Influence of the ‹Dongjing Meng Hua Lu›», *T'oung Pao* 71 (1985), S. 67 f. **3** P. Ebrey, *Emperor Huizong* (Cambridge, MA, 2014), S. 480 f. **4** Li Qingzhao, *Complete poems of Li Ch'ing-chao*, Übers. K. Rexroth (New York, 1982), S. 57. **5** M.

Favreau, *The Horde: How the Mongols Changed the World* (Cambridge, MA, 2020); C. Atwood, «Six Pre-Chinggisid Genealogies in the Mongol Empire», *Archivum Eurasiae Medii Aevi* 19 (2012), S. 5–58. **6** Favreau, *The Horde*, S. 33–36. **7** N. Di Cosmo, «State formation and periodization in Inner Asian history», Journal of World History 10 (1999), S. 1–40. **8** T. Tekin, *A Grammar of Orkhon Turkic* (Bloomington, IN, 1968), S. 229–295; zu *sülde* siehe S. Dmitriev, «Istoriko-etnografiche-skie aspekty politicheskoy kul'tury turko-mongolskikh kochevnikov' (unveröffentlichte Doktorarbeit, Museum of Anthropology and Ethnology, Russian Academy of Sciences, St. Petersburg, 2000); Favreau, *The Horde*. **9** D. Sneath (Hg.), *Imperial Statecraft: Political Forms and Techniques of Governance in Inner Asia, Sixth – Twentieth Centuries* (Bellingham, WA, 2006), passim. **10** I. de Rachewiltz, «The Title Činggis Qan/Qayan Reconsidered», in W. Heissig und K. Sagaster (Hg.), *Gedanke und Wirkung. Festschrift zum 90. Geburtstag von Nikolaus Poppe* (Wiesbaden, 1989), S. 281–298. **11** *The Secret History of the Mongols: A Mongolian Epic Chronicle of the Thirteenth Century*, Übers. I. de Rachewiltz (Leiden, 2004), Kap. 154. Siehe D. Durand-Guédy und T. Masuya, «Seasonal capitals with permanent buildings in the Mongol empire», in D. Durand-Guédy (Hg.), *Turko-Mongol Rulers, Cities and City Life* (Leiden, 2013), S. 224–235. **12** T. May, *The Mongol Art of War: Chinggis Khan and the Mongol Military System* (Barnsley, 2007). **13** N. Pederson u. a., «Pluvials, droughts, the Mongol Empire, and modern Mongolia», *PNAS* 111 (2014), S. 4375–4379. **14** W. Atwell, «Volcanism and Short-Term Climatic Change in East Asian and World History, c.1200–1699», *Journal of World History* 12 (2001), S. 42 f. **15** W. Farris, *Japan's Medieval Population: Famine, Fertility, and Warfare in a Transformative Age* (Cambridge, MA, 2006), S. 34 ff. **16** Atwell, «Volcanism and Short-Term Climatic Change in East Asian and World History», S. 43 f. **17** A. Silverstein, *Postal Systems in the Pre-Modern Islamic World* (Cambridge, 2009), S. 141–164. **18** Siehe z. B. G. Lane, «Persian Notables and the Families Who Underpinned the Ilkhanate», in R. Amitai und M. Biran (Hg.), *Nomads as Agents of Cultural Change: The Mongols and their Eurasian Predecessors* (Honolulu, 2015), S. 182–213. **19** J. Pongratz u. a., «Coupled climate – carbon simulations indicate minor global effects of wars and epidemics on atmospheric CO_2 between AD 800 and 1850», *The Holocene* 21 (2011), S. 843–851; Jon Henley, «Why Genghis Khan was good for the planet», *Guardian*, 26. Januar 2011. **20** Toonen u. a., «Hydromorphic reevaluation», S. 32982–32988; T. Khaidarov u. a., «Biological Aspects of the Historical Urban Development of Jochi Ulus (Latter Half of the 13th–14th Centuries», *Social Sciences* 10 (2015), S. 1047–1053; K. Campbell, «The City of Otrar, Kazakhstan. Using Archaeology to Better Understand the Impact of the Mongol Conquest of Central Asia», in A. Otto, M. Herles und K. Kaniuth (Hg.), *Proceedings of the 11th International Congress on the Archaeology of the Ancient Near East* (Wiesbaden, 2020). **21** Siehe insbes. T. Allsen, *Commodity and Exchange in the Mongol Empire: A Cultural History of Islamic Textiles* (Cambridge, 1997); ders., *Culture and Conquest in Mongol Eurasia* (Cambridge, 2001). **22** G. Lane, *Genghis Khan and Mongol Rule* (Westport, CT, 2004), S. 57 f. **23** T. Masuya, «Seasonal capitals with permanent buildings in the Mongol Empire», in Durand-Guédy (Hg.), *Turko-Mongol Rulers, Cities and City Life*, S. 223–256; P. Jackson, *The Mongols and the Islamic World: From Conquest to Conversion* (New Haven, 2017), S. 95 ff. **24** J. Bemmann u. a., «Mapping Karakorum, the capital of the Mongol Empire», *Antiquity* (2021), S. 1–20; K. Sagaster, «Die mongolische Hauptstadt Karakorum», *Beiträge zur Allgemeinen und Vergleichenden Archäologie* 19 (1999), S. 113–128. **25** V. Egorov, *Историческая география Золотая Орды в XIII–XIV* вв (Moskau, 1985). **26** A. Goldschmidt, «Epidemics and Medicine during the Northern Song Dynasty: Revival of Cold Damage Disorders (Shanghan)», *T'oung Pao* 93 (2007), S. 53–109. **27** Green, «Climate and Disease in Medieval Eurasia». **28** M. Green, «The Four Black Deaths», *American Historical Review* 125 (2020), S. 1601–1631. **29** N. Fancy und M. Green, «Plague and the Fall of Baghdad (1258)», *Medical History* 65 (2021), S. 157–177. **30** M.-L. Derat, «Du lexique aux talismans: occurrences de la peste dans la Corne de l'Afrique du XIIIe au XVe siècle», *Afriques* 9 (2018). **31** G. Chouin und C. Decorse, «Prelude to the Atlantic Trade: New Perspectives», *Journal of African History* 51 (2010), S. 142 f.; R. Hymes, «A Hypothesis on the East Asian Beginnings of the Yersinia pestis Polytomy», in Green (Hg.), *Pandemic Disease in the Medieval World*, S. 285–308; G. Chouin, «Reflections on Plague in African History (14th–19th c.)», *Afriques* 9 (2018), S. 1–47. **32** Green, «Four Black Deaths», S. 1616–1618; J. Masson Smith, «Mongol Campaign Rations: Milk, Marmots, and Blood?», *Journal of Turkish Studies* 8 (1984), S. 223–228. **33** M. Green, «How a microbe becomes a pandemic: a new story of the Black Death», *Lancet Microbe* 1 (2020), S. 311 f. **34** Y. Cui u. a., «Historical Variations in Mutation Rate in an Epidemic Pathogen, Yersinia pestis», *PNAS* 110 (2013), S. 577–582. **35** Fancy und Green, «Plague and the Fall of Baghdad», S. 158. **36** Green, «Four Black Deaths», S. 1629 f. **37** B. Alloway u. a., «Archaeological implications of a widespread 13th Century tephra marker across the central Indonesian Archipelago», *Quaternary Science Reviews* 155 (2017), S. 86–99. **38** R. Mutaqin, «Landscape evolution on the eastern part of Lombok (Indonesia) related to the 1257 CE eruption of the Samalas Volcano», *Geomorphology* 327 (2019), S. 338–350. **39** J. Emile-Geay u. a., «Volcanoes and ENSO over the past millennium», *Journal of Climate* 21 (2008), S. 3134–3148; M. Toohey u. a., «Disproportionately strong climate forcing from extratropical explosive volcanic eruptions», *Nature Geoscience* 12 (2019), S. 100–107; M. Baroni u. a., «Persistent Draining of the Stratospheric 10 Be Reservoir after the Samalas Volcanic Eruption (1257 CE)», *Journal of Geophysical Research: Atmospheres* 29 (2016), S. 7082–7097. **40** B. Campbell, «Global Climates, the 1257 Mega-Eruption of Samalas volcano, Indonesia, and the English Food Crisis of 1258», *Transactions of the RHS* 27 (2017), S. 87–121. **41** Campbell, *Great Transition*, S. 57 f. **42** M. Sigl u. a., «A new bipolar ice core record of volcanism from WAIS Divide and NEEM and implications for climate forcing of the last 2000 years», *Journal of Geophysical Research: Atmospheres* 118 (2013), S. 1151–1169; Sigl u. a., «Timing and climate forcing of volcanic eruptions», S. 543–554. **43** S. Guillet u. a., «Climate response to the Samalas volcanic eruption in 1257 revealed by proxy records», *Nature Geoscience* 10 (2017), S. 123–128. **44** I. Usokin u. a., «Solar activity during the Holocene: the Hallstatt cycle and its consequence for grand minima and maxima», *Astronomy & Astrophysics* 587 (2016), S. 1–10. **45** M. Stuiver und P. Quay, «Changes in atmospheric carbon-14 attributed to a variable Sun», *Science* 207 (1980), S. 11–19; W. Hong u. a., «Calibration curve from AD 1250 to AD 1650 by measurements of tree-rings grown on the Korean peninsula», *Nuclear Instruments and Methods in Physics Re-*

search Section B: Beam Interactions with Materials and Atoms 294 (2013), S. 425–429; A. Fogtmann-Schulz u. a., «Changes in Solar Activity during the Wolf Minimum – New Insights from a High Resolution (14C) Record Based on Danish Oak», *Radiocarbon* 63 (2021), S. 91–104. **46** G. Feulner und S. Rahmstorf, «On the effect of a new grand minimum of solar activity on the future climate of the Earth», *Geophysical Research Letters* 37 (2010), S. 1–5. **47** Campbell, *Great Transition*, S. 199–201. **48** E. Koster, «Aeolian Environments», in E. Koster (Hg.), *The Physical Geography of Western Europe* (Oxford, 2007), S. 139–160. **49** M. De Keyzer, «All we are is dust in the wind: The social causes of a ‹subculture of coping› in the late medieval coversand belt», *Journal for the History of Environment and Society* 1 (2016), S. 1–35; T. Soens, «Threatened by the Sea, Condemned by Man? Flood Risk and Environmental Inequalities along the North Sea Coast, 1200–1800», in G. Massard-Guilbaud und R. Rodger (Hg.), *Environmental and Social Justice in the City: Historical Perspectives* (Cambridge, 2011), S. 91–111. **50** Campbell, *Great Transition*, S. 253–261. **51** R. Oram, «‹The Worst Disaster Suffered by the People of Scotland in Recorded History›: Climate Change, Dearth and Pathogens in the Long Fourteenth Century», *Proceedings of the Society of Antiquaries of Scotland* 144 (2015), S. 223–244. **52** B. Campbell, «The European Mortality Crises of 1346–52 and Advent of the Little Ice Age», in D. Collett und M. Schuh (Hg.), *Famines during the «Little Ice Age» (1300–1800): Socionatural Entanglements in Premodern Societies* (Cham, 2018), S. 23 f. **53** Campbell, *Great Transition*, S. 6. **54** Oram, «Worst Disaster», S. 228. **55** J.-H. Lee, «Climate Change in East Asia and Agricultural Production Activities in Koryŏ and Japan during the Twelfth – Thirteenth Centuries», *International Journal of Korean History* 12 (2008), S. 133–156; Q. Yan u. a., «Simulated warm periods of climate over China during the last two millennia: The Sui-Tang warm period versus the Song-Yuan warm period», *JGR Atmospheres* 120 (2015), S. 2229–2241. **56** T. Li, «The Mongol Yuan Dynasty and the Climate, 1260–1360», in Bauch und Schenk (Hg.), *Crisis of the 14th Century*, S. 157 f., 163. **57** T. Brook, *Troubled Empire: China in the Yuan and Ming Dynasties* (Cambridge, MA, 2010), S. 72. **58** Li, «The Mongol Yuan Dynasty», S. 158, 165. **59** W. Tucker, «Environmental Hazards, Natural Disasters, Economic Loss, and Mortality in Mamluk Syria», *Mamlūk Studies* 3 (1999), S. 114 f. **60** M. Bauch u. a., «A prequel to the Dantean Anomaly: the precipitation seesaw and droughts of 1302 to 1307 in Europe», *Climate of the Past* 16 (2020), S. 2343–2358. **61** P. Slavin, «The Great Bovine Pestilence and its economic and environmental consequences in England and Wales, 1318–50», *Economic History Review* 65 (2021), S. 1239. **62** Camuffo, «When the Lagoon Was frozen over», S. 21 f. **63** B. Campbell, «Nature as historical protagonist», *Economic History Review* 63 (2010), S. 281–314. **64** P. Frankopan, *The First Crusade: The Call from the East* (London, 2012), S. 119 f.; dt. ders., *Kriegspilger. Der Erste Kreuzzug* (Berlin, 2017), S. 183 f. **65** Anderson, Johnson und Koyama, «Jewish Persecutions and Weather Shocks», S. 928 f. **66** S. van Hees, «The Great Fire in Cairo in 1321», in G. Schenk (Hg.), *Historical Disaster Experiences: Towards a Comparative and Transcultural History of Disasters across Asia and Europe* (Cham, 2017), S. 307–326. **67** R. Irwin, *The Middle East in the Middle Ages: The Early Mamluk Sultanate, 1250–1382* (Carbondale, IL, 1986), S. 49 f. **68** E. Chaney, «Revolt on the Nile: Economic Shocks, Religion, and Political Power», *Econometrica* 81 (2013), S. 2033–2053. **69** A. Kors und E. Peters

(Hg.), *Witchcraft in Europe, 400–1700: A Documentary History* (Philadelphia, 2001), S. 119. **70** P. Nanni, «Facing the Crisis in Medieval Florence: Climate Variability, *Carestie*, and Forms of Adaptation in the First Half of the Fourteenth Century», in Bauch und Schenk (Hg.), *Crisis of the 14th Century*, S. 169–189. **71** Ibn Faḍl Allāh al-ʿUmarī, *Masālik al-abṣār fī mamālik al-amṣār*, in Hopkins und Levtzion (Hg.), *Corpus of Early Arabic Sources*, S. 268–271. **72** Zu Mansa Musas Reise siehe H. Collet, «Échos d'Arabie. Le Pèlerinage à La Mecque de Mansa Musa (724–725/1324–1325) d'après des Nouvelles Sources», *History in Africa* 46 (2019), S. 105–135. **73** Slavin, «Great Bovine Pestilence», S. 1242 f. **74** Ebd., S. 1246 f. **75** W. Jordan, *The Great Famine: Northern Europe in the Early Fourteenth Century* (Princeton, 1996), S. 182–188. **76** P. Slavin, «Death by the Lake: Mortality Crisis in Early Fourteenth-Century Central Asia», *Journal of Interdisciplinary History* 50 (2019), S. 69–71. **77** D. Chwolson, *Syrisch-nestorianische Grabinschriften aus Semirjetschie, Neue Folge* (St. Petersburg, 1897); Slavin, «Death by the Lake», S. 62–64, 73; M. Spyrou u. a., «The source of the Balck Death in fourteenth-century central Eurasia», *Nature* 606 (2022), S. 718–724. **78** M. Green, «Taking ‹Pandemic› Seriously: Making the Black Death Global», in Green (Hg.), *Pandemic Disease in the Medieval World*, S. 32–34. **79** N. Varlık, «New Science and Old Sources: Why the Ottoman Experience of Plague Matters», in Green (Hg.), *Pandemic Disease in the Medieval World*, S. 193–228. **80** Green, «Four Black Deaths», S. 1622 f.; Varlık, «New Science and Old Sources», S. 207–216. **81** U. Schamiloglu, «Torgovlya Ulusa Dzhuchi so stranami Sredizemnemor'ya», in *Istoriya Tatar s drevneyshix vremen v semi tomax*, Bd. 3: *Ulus Dzhuchi (Zolotaya Orda). XIII – seredina XV v.* (Kazan, 2009), S. 287–294. **82** V. Ciocîltan, *The Mongols and the Black Sea Trade in the Thirteenth and Fourteenth Centuries* (Leiden, 2012), S. 150 ff. **83** Campbell, «European Mortality Crises», S. 21 f. **84** Brázdil u. a., «Past locust outbreaks», S. 345. **85** Camuffo und Enzi, «Locust Invasions», S. 56. **86** Campbell, «European Mortality Crises», S. 19. **87** H. Helama u. a., «Something old, something new, something borrowed. New insights to human – environment interaction in medieval Novgorod inferred from tree rings», *Journal of Archaeological Science: Reports* 13 (2017), S. 341–350. **88** N. Di Cosmo, «Black Sea Emporia and the Mongol Empire: A Reassessment of the Pax Mongolica», *Journal of the Economic and Social History of the Orient* 53 (2010), S. 83–108; M. Grinberg, «Janibeg's Last Siege of Caffa (1346–1347) and the Black Death: The Evidence and Chronology Revisited», *Tiurkologicheskie Issledovaniya* 1/2 (2018), S. 19–32. **89** M. Bauch und A. Engel, «Die 1340er Jahre als Schlüsseljahrzehnt der ‹Great Transition›. Eine klimahistorische Perspektive auf den Vorabend des Schwarzen Todes», in A. Berner, S. Leenen und S. Maus (Hg.), *Pest! Sonderausstellung des LWL-Museums für Archäologie in Herne* (2019), S. 76–82; J. Esper u. a., «Eastern Mediterranean summer temperatures since 730 CE from Mt. Smolikas tree-ring densities», *Climate Dynamics* 54 (2020), S. 1367–1382. **90** H. Barker, «Laying the Corpses to Rest: Grain, Embargoes, and *Yersinia pestis* in the Black Sea, 1346–48», *Speculum* 96 (2021), S. 91–126. **91** R. Hymes, «Buboes in Thirteenth Century China: Evidence from Chinese Medical Writings», *The Medieval Globe* 8 (2022), S. 3–59. **92** M. Green, «Editor's Introduction», in Green (Hg.), *Pandemic Disease in the Medieval World*, S. 9. **93** A. More, «Next-generation ice core technology reveals true minimum natural levels of lead (Pb) in the atmosphere: Insights from the Black Death», *GeoHealth* 1 (2017), S. 211–219. **94** Petrarch, *Epistolae de rebus familiaribus et variae*, in R. Horrox (Hg. u. Übers.), *The Black Death* (Manchester, 1994), S. 248. Deutsche Übersetzung: F. Friedersdorff, *Franz Petrarcas poetische Briefe* (Tübingen, 1903). Zit. n. K. Bergdolt, «Petrarca und die Pest», Sudhoffs Archiv 76/1 (1992), S. 63–73; https://www.jstor.org/stable/20777365. **95** G. Christakos u. a., *Interdisciplinary Public Health Reasoning and Epidemic Modelling: The Case of Black Death* (Berlin, 2005), S. 217 f. **96** P. Guzowski, C. Kuklo und R. Poniat, «O metodach pomiaru natężenia epidemii i zaraz w preindustrialnej Europie w demografii historycznej», in K. Polek und Ł. Sroka (Hg.), *Epidemie w dziejach Europy: konsekwencje społeczne, gospodarcze i kulturowe* (Kraków, 2016), S. 119–144; P. Guzowski u. a., «Did the Black Death reach the Kingdom of Poland in the middle of the 14th century?», *arXiv*: 2111/02714 – preprint (2021), S. 1–36; A. Izdebski u. a., «Palaeoecological data indicates land-use changes across Europe linked to spatial heterogeneity in mortality during the Black Death pandemic», *Nature Ecology & Evolution* 6 (2022), S. 297–306. **97** O. Benedictow, *The Black Death: The Complete History, 1346–1354* (Woodbridge, 2004), S. 95. **98** A. Izdebski u. a., «Big Data Palaeoecology reveals significant variation in Black Death mortality in Europe», *Research Square* (2021). **99** S. Borsch, «Plague Depopulation and Irrigation Decay in Medieval Egypt», in Green (Hg.), *Pandemic Disease in the Medieval World*, S. 125 f. **100** G. Geltner, «The Path to Pistoia; Urban Hygiene before the Black Death», *Past & Present* 246 (2020), S. 3–33. **101** S. Borsch und T. Sabraa, «Refugees of the Black Death: Quantifying Rural Migration for Plague and Other Environmental Disasters», *Annales de Démographie Historique* 134 (2017), S. 63–93; D. Davis, «The Characteristics of Global Rat Populations», *American Journal of Public Health* 41 (1951), S. 158–163. **102** J. Loiseau, *Reconstruire la maison du sultan, 1350–1450: ruine et recomposition de l'ordre urbain au Caire*, 2 Bde. (Kairo, 2011). **103** Borsch und Sabraa, «Refugees of the Black Death», S. 63–93; P. Galanaud u. a., «Mortality and demographic recovery in early post-black death epidemics: Role of recent emigrants in medieval Dijon», *PLOS ONE* 15 (2020), S. 1–20. **104** W. McNeill, *Plagues and Peoples* (New York, 1967), S. 64 f. **105** K. Puchstein, «Zur Vogelwelt der schleswig-holsteinischen Knicklandschaft mit einer ornithoökologischen Bewertung der Knickstrukturen», *Corax* 8 (1980), S. 62–106; R. Schreg, «Plague and Desertion – A Consequence of Anthropogenic Landscape Change? Archaeological Studies in Southern Germany», in Bauch und Schenk (Hg.), *Crisis of the 14th Century*, S. 240. **106** Campbell, «European Mortality Crises», S. 26–29. **107** Frankopan, *Silk Roads*, S. 191 f.; dt. *Licht aus dem Osten*, S. 280 f. **108** P. Slavin, «Out of the West: Formation of Permanent Plague Reservoir in South-Central Germany (1349–1356) and its Implications», *Past & Present* 252 (2021), S. 3–51. **109** Henry Knighton, *Chronicon Henrici Knighton vel Cnitthon monachi Leycestrensis*, 2 Bde. (London, 1889–95), Bd. 2, S. 62 f. **110** Oram, «Worst Disaster», S. 230 f. **111** Al-Maqrīzī, *Kitāb al-Sulūk li-Maʿrifat Duwal al-Mulūk*, 12 Bde. (Kairo, 1956–73), Bd. 4, S. 227; zit. n. Borsch, «Plague Depopulation», S. 129–135. **112** Varlık, «New Science and Old Sources», S. 201–207. **113** Ebd., S. 196; N. Varlık, *Plague and Empire in the Early Modern Mediterranean World: The Ottoman Experience, 1347–1600* (Cambridge, 2015); R. Singer, «The Black Death in the Maghreb: A Call to Action», *Journal of Medieval Worlds* 2 (2020), S. 115–123.

114 Chouin, «Reflections on Plague in African History», S. 1–47; D. Gallagher und S. Dueppen, «Recognizing plague epidemics in the archaeological record of West Africa», *Afriques* 9 (2018); Derat, «Du lexique aux talismans: occurrences de la peste dans la Corne de l'Afrique du XIIIe au XIe siècle'; M. Green, «Putting Africa on the Black Death Map: Narratives from Genetics and History», *Afriques* 9 (2018). **115** N. Langer, «The Black Death in Russia: Its Effects upon Urban Labor», *Russian History* 2 (1975), S. 53–67. **116** G. Mellinger, «The Silver Coins of the Golden Horde: 1310–1358», *Archivum Eurasiae Medii Aevi* 7 (1987–91), S. 153–211; U. Schamiloglu, «The Impact of the Black Death on the Golden Horde: Politics, Economy, Society, Civilisation», *Golden Horde Review* 5 (2017), S. 331. **117** M. Balard, «Black Sea Slavery in Genoese Notarial Sources, 13th–15th Centuries», in F. Roşu (Hg.), *Slavery in the Black Sea Region, c.900–1900: Forms of Unfreedom at the Intersection between Christianity and Islam* (Leiden, 2022), S. 19–40. **118** Schamiloglu, «Impact of the Black Death», S. 328. **119** R. Frost, *The Oxford History of Poland – Lithuania*, Bd. 1: *The Making of the Polish – Lithuanian Union, 1385–1569* (Oxford, 2015), S. 18–35. **120** M. Biran, «The Chaghadaids and Islam: The Conversion of Tarmashirin Khan (1331–34)», *Journal of the American Oriental Society* 122 (2002), S. 742–752; W. Klein, «Nestorianische Inschriften in Kirgizistan: Ein Situationsbericht», *Symposium Syriacum* 7 (1998), S. 661–669. **121** Schamiloglu, «Impact of the Black Death», S. 336 f. **122** Borsch, «Plague Depopulation», S. 135–148. **123** Mileson und Brookes, *Peasant Perceptions of Landscape*, S. 245–250. **124** S. Borsch, *The Black Death in England and Egypt: A Comparative Study* (Kairo, 2005). **125** S. DeWitte und M. Lewis, «Medieval menarche: Changes in pubertal timing before and after the Black Death», *American Journal of Human Biology* 33 (2020), S. 1–15. Siehe auch S. DeWitte, «Stress, sex, and plague: Patterns of developmental stress and survival in pre- and post-Black death London», *American Journal of Human Biology* 30 (2018), S. 1–15. **126** J. Belich, *The World the Plague Made. The Black Death and the Rise of Europe* (Princeton, 2022), S. 50. **127** S. Einbinder, *After the Black Death: Plague and Commemoration among Iberian Jews* (Philadelphia, 2018). **128** A. Carmichael, «Plague Persistence in Western Europe: A Hypothesis», in Green (Hg.), *Pandemic Disease in the Medieval World*, S. 157–191. **129** G. Pinto, «Dalla tarda antichità alla metà del XVI secolo», in L. Del Panta u. a. (Hg.), *La popolazione italiana dal Medioevo ad oggi* (Rome, 1996), S. 17–71, 59–61. **130** J. Belich, *The World the Plague Made*, S. 88, 123. **131** Ebd., *passim*. **132** C. Camenisch, *Endlose Kälte. Witterungsverlauf und Getreidepreise in den Burgundischen Niederlanden im 15. Jahrhundert* (Basel, 2015). **133** C. Camenisch, «The 1430 s: a cold period of extraordinary internal climate variability during the early Spörer Minimum with social and economic impacts in north-western and central Europe», *Climate of the Past* 12 (2016), S. 2107–2126. **134** M. Bauch, «The Day the Sun Turned Blue: A Volcanic Eruption in the Early 1460 s and its Possible Climatic Impact – a Natural Disaster Perceived Globally in the Late Middle Ages?», in G. Schenk (Hg.), *Historical Disaster Experiences: A Comparative and Transcultural Survey across Asia and Europe* (Heidelberg, 2017), S. 107–138. **135** C. Ballard, «The Lizard in the Volcano: Narratives of the Kuwae Eruption», *Contemporary Pacific* 32 (2020), S. 98–123. **136** P. Brown, «*Ventus vehemens et terribilis per totam Angliam:* Responses and Reactions to a Short-term Crisis in the British Isles», in Bauch und Schenk (Hg.), *Crisis of the 14th Century*,

S. 24–42. **137** C. Pfister u. a., «The meteorological framework and the cultural memory of three severe winter-storms in early eighteenth-century Europe», *Climate Change* 101 (2010), S. 281. **138** J. Allen, «Trees and their response to wind: mid Flandrian strong winds, Severn Estuary and inner Bristol Channel, southwest Britain», *Philosophical Transactions of the Royal Society B* 338 (1992), S. 335–364.

Vierzehntes Kapitel
Die Erweiterung der ökologischen Horizonte

1 I. Wallerstein, *The Modern World System*, Bd. 1: *Capitalist Agriculture and the Origins of the European World Economy in the Sixteenth Century* (New York, 1974). **2** B. Van Loo, *De Bourgondiërs* (Amsterdam, 2019). **3** R. Frost, *The Oxford History of Poland – Lithuania*, Bd. 1: *The Making of the Polish Lithuanian Union, 1385–1569* (Oxford, 2015), S. 28–30; D. Kołodziejczyk, *The Crimean Khanate and Poland – Lithuania* (Leiden, 2011), S. 5–8. **4** Y. Ayalon, *Natural Disasters in the Ottoman Empire: Plague, Famine, and Other Misfortunes* (Cambridge, 2014), S. 21–60; J. Emmert, «The Battle of Kosovo: Early Reports of Victory and Defeat», in W. Vucinich und J. Emmert (Hg.), *Kosovo: Legacy of a Medieval Battle* (Minneapolis, MN, 1991), S. 19–40; D. Djoedjević, «The Tradition of Kosovo and the Formation of Modern Serbian Statehood in the Nineteenth Century», in Vucinich und Emmert (Hg.), *Kosovo*, S. 309–330. **5** R. Bulliet, «The Other Siege of Vienna and the Ottoman Threat: An Essay in Counter-Factual History», *ReOrient* 1 (2015), S. 11–22. **6** M. Iyigun, «Luther and Suleyman», *Quarterly Journal of Economics* 123 (2008), S. 1465–1494. **7** A. Mikhail, *God's Shadow: Sultan Selim, his Ottoman Empire, and the Making of the Modern World* (New York, 2020), S. 248, 265. **8** V. Aksan und D. Goffman (Hg.), The Early Modern Ottomans: Remapping the Empire (New York, 2007). **9** S. Beaujard, «Un seul système-monde avant le 16e siècle? L'océan Indien au cœur de l'intégration de l'hémisphère Afro-Eurasien», in S. Beaujard, L. Berger und S. Norel (Hg.), *Histoire globale, mondialisations et capitalisme* (Paris, 2009), S. 82–148. **10** G. Casale, «The Ottoman ‹Discovery› of the Indian Ocean in the Sixteenth Century», in J. Bentley, R. Bridenthal und K. Wagen (Hg.), *Seascapes: Maritime Histories, Littoral Cultures, and Transoceanic Exchanges* (Honolulu, 2007), S. 87–104. **11** A. Peacock, «Jeddah and the Red Sea Trade in the Sixteenth Century: Arabian Contexts and Imperial Policy», in D. Agius u. a. (Hg.), Human Interaction with the Environment in the Red Sea (Leiden, 2017), S. 290–322; S. Özbaran, «A Turkish Report on the Red Sea and the Portuguese in the Indian Ocean (1525)», in S. Özbaran (Hg.), The Ottoman Response to European Expansion: Studies on Ottoman – Portuguese Relations in the Indian Ocean and Ottoman Administration in the Arab Lands during the Sixteenth Century (Istanbul, 1994), S. 99–110. **12** V. Krebs, *Medieval Ethiopian Kingship, Craft, and Diplomacy with Latin Europe* (Cham, 2021). **13** Ebd., S. 78f. **14** Flexner, *Oceania*, S. 4. **15** T. Brook, «Nine Sloughs: Profiling the Climate History of the Yuan and Ming Dynasties, 1260–1644», *Journal of Chinese History* 1 (2017), S. 54f. **16** E. Farmer, *Zhu Yuanzhang and Early Ming Legislation: The Reordering of Chinese Society Following the Era of Mongol Rule* (Leiden, 1995); T. Brook, *The Troubled Empire: China in the Yuan and Ming Dynasties* (Cambridge, MA, 2010).

17 J. Yin, X. Fang und Y. Su, «Correlation between climate and grain harvest fluctuations and the dynastic transitions and prosperity in China over the past two millennia», *The Holocene* 26 (2016), 1914–1923; C. Gao u. a., «Volcanic climate impacts can act as ultimate and proximate causes of Chinese dynastic collapse», *Communications Earth and Environment* 2 (2021), S. 1–11. **18** Y. Tai u. a., «The impact of Ming and Qing dynasty maritime bans on trade ceramics recovered from coastal settlements in northern Sumatra, Indonesia», *Archaeological Research in Asia* 21 (2020), S. 1–18. **19** Ma Huan, *Ying-yai sheng-lan: The Overall Survey of the Ocean's Shores (1433), translated from the Chinese text edited by Feng Ch'eng-chün*, Übers. J. Mills (Cambridge, 1970), S. 127 f. **20** G. Wade, «Early Muslim expansion in South-East Asia, eighth to fifteenth centuries», in D. Morgan und A. Reid (Hg.), *New Cambridge History of Islam*, Bd. 3: *The Eastern Islamic World, Eleventh to Eighteenth Centuries* (Cambridge, 2011), S. 388 f. Zu den frühen Grabsteinen, s. L. Kalus und C. Guillot, «Réinterprétation des plus anciennes stèles funéraires islamiques nousantariennes: II. La stèle de Leran (Java) datée de 475/1082 et les stèles associées», *Archipel* 67 (2004), S. 17–36. **21** Wade, «Early Muslim expansion», S. 391 f. **22** T. Pigeaud, *Nagarakertagama: Java in the 14th Century: A Study in Cultural History: The Nāgara-Kĕrtāgama by Rakawi Prapanca of Majapahit, 1365 A. D.* (Den Haag, 1960). **23** *Bābur-Nāma*, S. 186. **24** Ebd., S. 350. **25** Siehe aber auch G. Miller u. a., «Abrupt onset of the Little Ice Age triggered by volcanism and sustained by sea-ice/ocean feedbacks», *Geophysical Research Letters* 39 (2012), S. 1–5. **26** Flexner, *Oceania*, S. 28–30; G. Clark, D. Burley und T. Murray, «Monumentality and the development of the Tongan maritime chiefdom», *Antiquity* 82 (2008), S. 994–1008. **27** G. Peterson, «Indigenous island empires: Yap and Tonga considered», *Journal of Pacific History* 35 (2000), S. 5–27. **28** Flexner, *Oceania*, S. 30 f. **29** C. Townsend, *Fifth Sun: A New History of the Aztecs* (New York, 2019). **30** R. Hassig, *Trade, Tribute, and Transportation: The Sixteenth-Century Political Economy of the Valley of Mexico* (Norman, OH, 1993), S. 56–64. **31** C. Dodds Pennock, «Aztecs Abroad? Uncovering the Early Indigenous Atlantic», *American Historical Review* 125 (2020), S. 787–814. **32** D. Kennett und N. Marwan, «Climatic volatility, agricultural uncertainty, and the formation, consolidation and breakdown of preindustrial agrarian states», *Philosophical Transactions of the Royal Society A* 373 (2015), S. 1–17; C. Morehart, «Mapping ancient chinampa landscapes in the Basin of Mexico: a remote sensing and GIS approach», *Journal of Archaeological Science* 39 (2012), S. 2541–2551. **33** A. Palerm, *Obras Hidráulicas Prehispanicas en el Sistema Lacustre del Valle de México* (Mexiko-Stadt, 1973), S. 16–20. **34** R. Hassig, «The Famine of One Rabbit: Ecological Causes and Social Consequences of a Pre-Columbian Calamity», *Journal of Anthropological Research* 37 (1981), S. 172–182; D. Stahle u. a., «Major Mesoamerican droughts of the past millennium», *Geophysical Research Letters* 38 (2011), S. 1–4. **35** A. Kovar, «The Physical and Biological Environment of the Basin of Mexico», in W. Sanders u. a. (Hg.), *The Teotihuacán Valley Project, Final Report, 1: The Natural Environment, Contemporary Occupation and 16th Century Population of the Valley* (University Park, PA, 1970), S. 28 f.; Gill u. a., «Drought and the Maya Collapse», S. 298. **36** N. Davies, *The Aztecs* (London, 1977), S. 93–102. **37** Hassig, «Famine of One Rabbit», S. 178–180. **38** M. Masson, «Resiliency and cultural reconstitution of the postclassic Mayapan confederacy and its aftermath», in J. Hendon, L. Overholtzer und R. Joyce (Hg.), *Mesoamerican*

Archaeology: Theory and Practice (Oxford, 2021), S. 278–314; D. Kennett u. a., «Drought-Induced Civil Conflict among the Ancient Maya», *Nature Communications* 13 (2022), S. 1–10. **39** R. Keating, «Urban Settlement Systems and Rural Sustaining Communities: An Example from Chan Chan's Hinterland», *Journal of Field Archaeology* 2 (1975), S. 215–227; J. Moore und C. Mackey, «The Chimú empire», in Silverman und Isbell (Hg.), *Handbook of South American Archaeology*, S. 784–786. **40** Moore und Mackey, «Chimú empire», S. 789–796. **41** G. Prieto u. a., «A mass sacrifice of children and camelids at the Huanchaquito-Las Llamas site, Moche Valley, Peru», *PLOS ONE* 14 (2019), S. 1–29. **42** D. Socha, J. Reinhard und R. Chávez Perea, «Inca Human Sacrifices on Misti Volcano (Peru)», *Latin American Antiquity* 32 (2021), S. 138–153. **43** R. Covey, «The Inca Empire», in Silverman und Isbell, *Handbook of South American Archaeology*, S. 814–816; T. Bray, «The role of chicha in Inca state expansion: a distributional study of Inca aríbalos», in J. Jennings und B. Bowser (Hg.), *Drink, Power and Society in the Andes* (Tallahassee, FL, 2009), S. 108–132. **44** A. Chepstow-Lusty u. a., «Putting the rise of the Inca Empire within a climatic and land management context», *Climate of the Past* 5 (2009), S. 375–388. **45** M. Malpass und S. Alconini (Hg.), *Distant Provinces in the Inka Empire: Toward a Deeper Understanding of Inka Imperialism* (Iowa City, 2010), S. 75–107, 151–171, 260–278. **46** J. Hyslop, *The Inca Road System* (New York, 1984). **47** Covey, «Inca Empire», S. 816. **48** G. Atchison u. a., «Lost crops of the Incas: Origins of domestication of the Andean pulse crop tarwi, *Lupinus mutabilis*», *American Journal of Botany* 103 (2016), S. 1592–1606; A. Chepstow-Lusty u. a., «Evaluating social economic change in the Andes using oribatid mite abundances as indicators of domestic animal densities», *Journal of Archaeological Science* 34 (2007), S. 1178–1186. **49** A. Franco, S. Galiani und S. Lavado, «Long-term effects of the Inca Road», NBER Working Paper 28979 (2021), S. 1–30. **50** Z. Ahmad und L. Chicoine, «Silk Roads to Riches: Persistence along an Ancient Trade Network», MPRA Paper 105146, Universitätsbibliothek München (2021), S. 1–96. **51** W. Woods, «Population nucleation, intensive agriculture, and environmental degradation: The Cahokia example», *Agriculture and Human Values* 21 (2004), S. 255–561; D. Pompeiani u. a., «The environmental impact of a pre-Columbian city based on geochemical insights from lake sediment cores recovered near Cahokia», *Quaternary Research* 91 (2019), S. 714–728; S. Munoz u. a., «Cahokia's emergence and decline coincided with shifts of flood frequency on the Mississippi River», *PNAS* 112 (2015), S. 6319–6324; White u. a., «Fecal stanols show simultaneous flooding and seasonal precipitation change correlate with Cahokia's population decline», S. 5461–5466. **52** Rankin, Barrier und Horsley, «Evaluating narratives of ecocide with the stratigraphic record at Cahokia Mounds State Historic Site, Illinois, USA», S. 369–387. **53** Benson, Pauketat und Cook, «Cahokia's Boom and Bust», S. 467–483; T. Pauketat und T. Emerson (Hg.), *Cahokia: Domination and Ideology in the Mississippian World* (Lincoln, NB, 1997). **54** Toso, «Fishing intensification», S. 1–14; R. Grove, «El Niño Chronology and the Little Ice Age», in R. Grove und G. Adamson, *El Niño in World History* (London, 2018), S. 53–55. **55** L. Golombek und D. Wilber, *The Timurid Architecture of Iran and Turan*, 2 Bde. (Princeton, 1988). **56** S. Jackson, *The Delhi Sultanate: A Political and Military History* (Cambridge, 1999); E. Barbier, *Emergence of the World Economy: How Economies have Developed* *through Natural Resource Exploitation* (Cambridge, 2011), S. 189 f. **57** Chŏng Tojŏn, «Sambong Chip», zit. n. S. Lee und W. de Bary (Hg.), *Sources of Korean Tradition*, Bd. 1: *From Early Times through the Sixteenth Century* (New York, 1997), S. 328. **58** King Sejong, «Sejong silip», ebd., S. 331. **59** Ung Qua, «Bing Ngo dai cao», zit. n. G. Dutton, J. Werner und J. Whitmore (Hg.), *Sources of Vietnamese Tradition* (New York, 2012), S. 93. **60** N. Huy und T. Tai, *The Lê Code*, 2 Bde. (Athens, OH, 1987), Bd. 1, S. 98 f. **61** L. Jardine, *Worldly Goods* (London, 1996), S. 14–17. **62** Barbier, *Emergence of the World Economy*, S. 165 f. **63** E. Hobsbawm, *Industry and Empire: From 1750 to the Present Day* (London, 1968). **64** F. Trentmann, *Empire of Things: How We Became a World of Consumers, from the Fifteenth Century to the Twenty-First* (London, 2016), S. 23 f. **65** C. Glacken, *Traces on the Rhodian Shore: Nature and Culture in Western Thought from Ancient Times to the End of the Eighteenth Century* (Berkeley, 1967), S. 338. **66** Grove, *Green Imperialism*, S. 26. **67** S. Warde, *The Invention of Sustainability: Nature and Destiny, c.1500–1870* (Cambridge, 2018), S. 80, 67 f. **68** J. Richards, *The Unending Frontier: An Environmental History of the Early Modern World* (Berkeley, 2003), S. 25. **69** A. Murali, «Whose Trees? Forest Practices and Local Communities in Andhra, 1600–1922», in Arnold und Guha (Hg.), *Nature, Culture, Imperialism*, S. 88 f. **70** A. Massing, «Mapping the Malagueta coast: A history of the Lower Guinea Coast, 1460–1510, through Portuguese maps and accounts», *History in Africa* 36 (2009), S. 331–365. **71** S. Freedman, *Out of the East: Spices and the Medieval Imagination* (New Haven, 2008), S. 195 f. **72** W. Phillips und C. Rahn Phillips, *Worlds of Christopher Columbus* (Cambridge, 1992); F. Fernández-Armesto, *1492: The Year the World Began* (London, 2010). **73** C. Kolumbus, *Das Bordbuch. Leben und Fahrten des Entdeckers der Neuen Welt.* Übers. A. Zahorsky (Wiesbaden, 2003), Kindle-Ausgabe, Pos. 4096. **74** Ebd., Pos. 1665. **75** Ebd., Pos. 2907. **76** L. Collingham, *The Hungry Empire: How Britain's Quest for Food Shaped the Modern World* (London, 2017), S. 6 f. **77** J. de Acosta, *Natural and Moral History of the Indies*, Hg. J. Mangan, Übers. F. López-Morillas (Durham, NC, 2002), S. 89; S. White, «Unpuzzling American Climate: New World Experience and the Foundations of a New Science», *Isis* 106 (2015), S. 550. **78** B. Cobo, *Obras del Padre Bernabé Cobo*, Hg. F. Mateos (Madrid, 1964), S. 55; White, «Unpuzzling American Climate», S. 550. **79** Siehe S. White, *A Cold Welcome: The Little Ice Age and Europe's Encounter with North America* (Cambridge, MA, 2017), S. 9–11. **80** R. Eden, *The Decades of the Newe Worlde of West India*, in E. Arber (Hg.), *The First Three English Books on America* (Birmingham, 1885), S. 87, 104; J. Chaplin, «Natural Philosophy and an Early Racial Idiom in North America: Comparing English and Indian Bodies», *William and Mary Quarterly* 54 (1997), S. 239. **81** W. Bradford, *Of Plymouth Plantation, 1620–1647*, Hg. v. S. Morison (New York, 1953), S. 26, 14; Chaplin, «Natural Philosophy and an Early Racial Idiom», S. 239. **82** Chaplin, «Natural Philosophy and an Early Racial Idiom», S. 239. **83** Comte de Buffon, *Buffon's Natural History, Containing a Theory of the Earth, a General History of Man, of the Brute Creation and of Vegetables, Minerals &c. &c.*, 10 Bde. (London, 1910), Bd. 9, S. 86. **84** G. Raynal, *Histoire philosophique et politique des établissements et du commerce des Européens dans les deux Indes* (Paris, 1780). **85** Buffon, *Buffon's Natural History*, Bd. 4, S. 332 f. **86** L. Dugatkin, «Buffon, Jefferson and the theory of New World degeneracy», *Evolution: Education and Outreach* 12 (2019), S. 1–8. **87** Jefferson, *Notes on the State of Virginia*, S. 64. **88** D. Eltis, *The Rise* *of African Slavery in the Americas* (Cambridge, 2012), S. 143. **89** W. Beinart und L. Hughes, *Environment and Empire* (Oxford, 2020), S. 27. **90** A. Crosby, *Ecological Imperialism: The Biological Expansion of Europe, 900–1900* (Cambridge, 1986), S. 138 f. **91** H. French, *Born in Blackness: Africa, Africans, and the Making of the Modern World, 1471 to the Second World War* (New York, 2021), S. 113–115. **92** Beinart und Hughes, *Environment and Empire*, S. 29 f.; siehe auch S. Lovejoy, *Transformations in Slavery: A History of Slavery in Africa* (Cambridge, 2012), S. 37–44. **93** Eltis, *Rise of African Slavery*, S. 148.

Fünfzehntes Kapitel
Die Verschmelzung von Alten und Neuen Welten

1 N. Nunn und N. Qian, «The Columbian Exchange: A History of Disease, Food, and Ideas», *Journal of Economic Perspectives* 24 (2010), S. 163–188. **2** J. de Vries, «The Industrial Revolution and the Industrious Revolution», *Journal of Economic History* 54.2 (1994), S. 249–270; J. van Zanden, «The ‹Revolt of the Early Modernists› and the ‹First Modern Economy›: An Assessment», *Economic History Review* 55 (2002), S. 619–641. **3** S. Beckert u. a., «Commodity frontiers and the transformation of the global countryside: a research agenda», *Journal of Global History* 16 (2021), S. 435 f. **4** D. Acemoglu, S. Johnson und J. Robinson, «The Rise of Europe: Atlantic Trade, Institutional Change, and Economic Growth», *American Economic Review* 95 (2005), S. 546–579. **5** A. Smith, *An Inquiry into the Nature and Causes of the Wealth of Nations*, 2 Bde. (London, 1961), Bd. 2, S. 161; dt. *Der Wohlstand der Nationen* (Norderstedt, 2019), S. 626 f. **6** Acemoglu, Johnson und Robinson, «Rise of Europe», S. 546–579. **7** J. van Zanden, E. Buringh und M. Bosker, «The rise and decline of European parliaments, 1188–1789», *Economic History Review* 65 (2011), S. 835–861. **8** C. lvarez Nogal und L. de la Escosura, «The rise and fall of Spain (1270–1850)», *Economic History Review* 66 (2013), S. 1–37; A. Henriques und N. Palma, «Comparative European Institutions and the Little Divergence, 1385–1800», Centre for Economic Policy Research, Discussion Paper 14124 (2019). **9** H. Thomas, *Conquest: Montezuma, Cortés and the Fall of Old Mexico* (London, 1993); K. MacQuarrie, *The Last Days of the Incas* (London, 2007). **10** A. Reséndez, *A Land So Strange: The Epic Journey of Cabeza de Vaca* (New York, 2007), S. 25. **11** R. Pike, «Seville in the Sixteenth Century», *Hispanic American Historical Review* 41.1 (1961), 6, S. 12 f. **12** H. Cross, «South American Bullion Production and Export, 1550–1750», in J. Richards (Hg.), *Precious Metals in the Later Medieval and Early Modern Worlds* (Durham, NC, 1983), S. 402–404. **13** O. Dunn und J. Kelley (Hg. und Übers.), *The Diario of Christopher Columbus's First Voyage to America, 1492–3* (Norman, OK, 1989), S. 235–237; dt. *Das Bordbuch. Leben und Fahrten des Entdeckers der Neuen Welt*. Übers. A. Zahorsky (Wiesbaden, 2013), Kindle Pos. 2542. **14** A. Reséndez, *Other Slavery: The Uncovered Story of Indian Enslavement in America* (New York, 2016), S. 324. **15** N. Van Deusen, *Global Indios: The Indigenous Struggle for Justice in Sixteenth-Century Spain* (Durham, NC, 2015), S. 2. **16** Ebd., S. 3. **17** L. Paravisini-Gebert, «Food, Biodiversity, Extinctions: Caribbean Fauna and the Struggle for Food Security during the Conquest of the New World», *Journal of West Indian*

Literature 24 (2016), S. 12 f. **18** Ebd., S. 14. **19** E. Melville, *A Plague of Sheep: Environmental Consequences of the Conquest of Mexico* (Cambridge, 1994), S. 99–102. **20** Crosby, *Ecological Imperialism*, S. 159. **21** Ebd., S. 1. **22** R. McCaa, «Spanish and Nahuatl Views on Smallpox and Demographic Catastrophe in Mexico», *Journal of Interdisciplinary History* 25 (1995), S. 397–431; Crosby, *Columbian Exchange*; N. Cook, *Born to Die: Disease and New World Conquest, 1492–1650* (Cambridge, 1998), S. 15–59. **23** C. Warriner u. a., «Disease, Demography, and Diet in Early Colonial New Spain: Investigation of a Sixteenth-Century Mixtec Cemetery at Teposcolula Yucundaa», *Latin American Quarterly* 23 (2012), S. 467–489. **24** Å. Vågene, «*Salmonella enterica* genomes from victims of a major sixteenth-century epidemic in Mexico», *Nature Ecology & Evolution* 2 (2018), S. 520–528. **25** R. Herzog, «How Aztecs reacted to Colonial Epidemics», *JSTOR Daily*, 23. September 2020. **26** F. de Torquemada, *Monarquia Indiana*, 7 Bde. (Mexiko-Stadt, 1969), Bd. 5, S. 642 f. **27** R. Acuña-Soto, L. Calderon Romero und J. Maguire, «Large epidemics of Hemorrhagic Fevers in Mexico, 1545–1815», *American Journal of Tropical Medicine and Hygiene* 62 (2000), S. 733 f. **28** F. Cervantes, *The Devil in the New World: The Impact of Diabolism in New Spain* (New Haven, 1997). **29** H. Cagle, *Assembling the Tropics: Science and Medicine in Portugal's Empire, 1450–1700* (Cambridge, 2018), S. 169–207. **30** Bartolomé de las Casas, *Kurzgefasster Bericht von der Verwüstung der Westindischen Länder*, Übers. M. Sievernich (Frankfurt/Main, 2006), S. 17. **31** G. Icazbalceta, *Códice Mendieta: documentos franciscanos, siglos XVI y XVII*, 2 Bde. (Guadalajara, Mexico, 1971), Bd. 1, S. 26 f., 245. **32** C. Riley, *The Kachina and the Cross: Indians and Spaniards in the Early Southwest* (Salt Lake City, UT, 1999), S. 52, 60. **33** R. Flint (Hg.), *Great Cruelties Have Been Reported: The 1544 Investigation of the Coronado Expedition* (Dallas, 2002), S. 250–269. **34** S. White, «Cold, Drought, and Disaster: The Little Ice Age and the Spanish Conquest of New Mexico», *New Mexico Historical Review* 89 (2014), S. 425–458. **35** S. White, «North American Climate History (1500–1800)», in White, Pfister und Mauelshagen (Hg.), *Palgrave Handbook of Climate History*, S. 302. **36** White, *Cold Welcome*, S. 57 f. **37** Ebd., S. 75–77. **38** Ebd., S. 62. **39** A. Lawler, The Secret Token: Myth, Obsession, and the Search for the Lost Colony of Roanoke (New York, 2018). **40** White, *Cold Welcome*, S. 62. **41** W. Fitzgerald, «Contact, Neural Iroquoian Transformation, and the Little Ice Age», in D. Brose u. a. (Hg.), *Societies in Eclipse: Archaeology of the Eastern Woodland Indians, AD 1400–1700* (Washington DC, 2012), S. 37–48. **42** J. Rice, *Nature and History in the Potomac Country: From Hunter-Gatherers to the Age of Jefferson* (Baltimore, 2009), S. 26–71. **43** S. Potter, *Commoners, Tribute, and Chiefs: The Development of Algonquian Culture in the Potomac Valley* (Charlottesville, VA, 1993), S. 165–168; S. White, «‹Shewing the difference betweene their conjuration, and our invocation on the name of God for rayne›: Weather, Prayer, and Magic in Early American Encounters», *William and Mary Quarterly* 72 (2015), S. 45 f. **44** Siehe T. Wickham, «Narrating Indigenous Histories of Climate Change in the Americas and Pacific», in White, Pfister und Mauelshagen (Hg.), *Palgrave Handbook of Climate History*, S. 390–392. **45** Siehe z. B. S. Sabol, *‹The Touch of Civilization›: Comparing American and Russian Internal Colonization* (Boulder, CO, 2017). **46** D. Jones, «Virgin Soils Revisited», *William and Mary Quarterly* 60 (2003), S. 703–742. **47** Townsend, *Fifth Sun*, S. 11 f. **48** M. Rubino, «Low atmospheric CO2 levels during the Little Ice Age due to cooling-induced terrestrial uptake», *Nature Geoscience* 9 (2016), S. 691–694; A. Koch u. a., «Earth system impacts of the European arrival and Great Dying in the Americas after 1492», *Quaternary Science Reviews* 207 (2019), S. 13–36. **49** Koch u. a., «Earth system impacts», S. 13. **50** D. Degroot, «Climate change and society in the 15th to 18th centuries», *WIREs Climate Change* 9 (2018), S. 10. **51** S. Mancall und T. Weiss, «Was Economic Growth Likely in Colonial British North America?», *Journal of Economic History* 59 (1999), S. 17–40. **52** Richards, *Unending Frontier*, S. 391 f.; siehe auch J. Hemming, *Red Gold: The Conquest of the Brazilian Indians* (London, 1978), S. 143–145. **53** Hemming, *Red Gold*, S. 144. **54** S. Kelton, *Epidemics and Enslavement: Biological Catastrophe in the Native Southeast, 1492–1715* (Lincoln, NB, 2007), S. 76 f. **55** S. Curtin, *The Rise and Fall of the Plantation Complex: Essays in Atlantic History* (Cambridge, 1990). **56** D. Eltis, *The Rise of African Slavery in the Americas* (Cambridge, 2000), S. 57 ff. **57** Zit. n. A. Mikhail, *God's Shadow: Sultan Selim, his Ottoman Empire, and the Making of the Modern World* (New York, 2020), S. 151 f. **58** J. Borja, «Barbarización y redes de endoctrinamiento en los negros: cosmovisiones en Cartagena, siglos XVII y XVIII», in A. Ulloa (Hg.), *Contribución africana a la cultura de las Americas* (Bogotá, 1992), S. 249. **59** S. Diouf, *Servants of Allah: African Muslims Enslaved in the Americas*, 15th anniversary edition (New York, 2013), S. 35 f. **60** Ebd., S. 210 f. **61** Ebd., S. 36 f., 210–50. **62** J. Montaño, *The Roots of English Colonialism in Ireland* (Cambridge, 2011), S. 18; Collingham, *Hungry Empire*, S. 17–22. **63** G. Milton, *Big Chief Elizabeth:* The Adventures and Fate of the First English Colonists in America (London, 2000). **64** N. Matar, *Turks, Moors, and Englishmen in the Age of Discovery* (New York, 1999), S. 92. **65** F. Thorpe, *The Federal and State Constitutions: Colonial Charters, and Other Organic Laws of the States, Territories, and Colonies, Now or Heretofore Forming the United States of America*, 7 Bde. (Washington DC, 1909), Bd. 3, S. 1828 f. **66** J. Marr und J. Cathey, «New Hypothesis for Cause of Epidemic among Native Americans, New England, 1616–1619», *Emerging Infectious Diseases* 16 (2010), S. 281–286. **67** S. Mancall, *Nature and Culture in the Early Modern Atlantic* (Philadelphia, 2017). **68** A. Zilberstein, *A Temperate Empire: Making Climate Change in Early America* (Oxford, 2016), S. 97 f. **69** Ebd., S. 98. **70** D. Galenson, *White Servitude in Colonial America: An Economic Analysis* (Cambridge, 1981); S. Salinger, «Labor, Markets, and Opportunity: Indentured Servitude in Early America», *Labor History* 38 (1997), S. 311–338. **71** Collingham, *Hungry Empire*, S. 49 f.; zu Frankreich siehe S. Boucher, *France and the American Tropics to 1700: Tropics of Discontent?* (Baltimore, 2008). **72** F. Bacon, «Of Plantations», in S. Reynolds, *The Essays or Counsels, Civil and Moral of Francis Bacon* (Oxford, 1890), S. 237; D. Souden, «Rogues, Whores and Vagabonds»? Indentured Servant Emigrants to North America and the Case of Mid-Seventeenth Century Bristol», *Social History* 3 (1978), S. 23–41. **73** R. Hakluyt, *The Original Writings and Correspondence of the Two Richard Hakluyts* (London, 1935), S. 317–319. **74** H. Beckles, «The Hub of Empire: The Caribbean and Britain in the Seventeenth Century», in N. Canny (Hg.), *The Oxford History of the British Empire*, Bd. 1: *The Origins of Empire: British Overseas Enterprise to the Close of the Seventeenth Century* (Oxford, 1998), S. 222 f. **75** H. Beckles, *White Servitude and Black Slavery in Barbados, 1627–1715* (Knoxville, TN, 1989), S. 59–79. **76** Beinart und Hughes, *Environment and Empire*, S. 34. **77** Beckles, «Hub of Empire», S. 232. **78** J. Thornton, *Africa and Africans in* *the Making of the Atlantic World, 1400–1600* (Cambridge, 1992), S. 134–136; J. García Zaldúa und D. Hosler, «Copper Smelting at the Archaeological Site of El Manchón, Guerrero: From Indigenous Practice to Colonial-Scale Production», *Latin American Antiquity* 31 (2020), S. 558–575; L. Gragg, *Englishmen Transplanted: The English Colonization of Barbados, 1627–1660* (Oxford, 2003), S. 19 f. **79** C. Gardina Pestana, *The English Conquest of Jamaica: Oliver Cromwell's Bid for Empire* (New York, 2017). **80** B. Higman, *Concise History of the Caribbean* (Cambridge, 2011), S. 64–80. **81** C. Palmer, *Slaves of the White God: Blacks in Mexico, 1570–1650* (Cambridge, MA, 1976), S. 69 f. **82** T. Burnard, «‹The Countrie Continues Sicklie›»: White Mortality in Jamaica, 1655–1780», *Social History of Medicine* 12 (1999), S. 45–72. **83** M. Espinosa, «The Question of Racial Immunity to Yellow Fever in History and Historiography», *Social Science History* 38 (2014), S. 437–453. **84** J. Powell, A. Gloria-Soria und S. Kotsakiozi, «Recent History of *Aedes aegypti*: Vector Genomics and Epidemiology Records», *BioScience* 68 (2018), S. 854–860; J.-P. Chippaux und A. Chippaux, «Yellow fever in Africa and the Americas: a historical and epidemiological perspective», *Journal of Venomous Animals and Toxins Including Tropical Diseases* 24 (2018), S. 1–14. **85** J. McNeil, *Ecology and War in the Greater Caribbean, 1620–1914* (Cambridge, 2010). **86** Beinart und Hughes, *Environment and Empire*, S. 23. **87** K. Kiple und B. Higgins, «Yellow Fever and the Africanization of the Caribbean», in J. Verano und D. Uberlaker (Hg.), *Disease and Demography in the Americas* (Washington DC, 1992), S. 237–248.

Sechzehntes Kapitel
Die Ausbeutung von Natur und Mensch

1 W. Pettigrew, *A Freedom's Debt: The Royal African Company and the Politics of the Atlantic Slave Trade* (Chapel Hill, NC, 2014). **2** D. Eltis und L. Jennings, «Trade between Western Africa and the Atlantic World in the Pre-Colonial Era», *American Historical Review* 93 (1988), S. 944. **3** L. Gragg, «‹To procure Negroes›: The English slave trade to Barbados, 1627–60», *Slavery and Abolition: A Journal of Slave and Post-Slave Studies* 16 (1995), S. 65. **4** M. Rediker, *The Slave Ship: A Human History* (New York, 2007), S. 291–301. **5** R. Davis, *The Rise of the English Shipping Industry in the Seventeenth and Eighteenth Centuries* (Oxford, 2017), S. 373 f. **6** Lovejoy, *Transformations in Slavery*, S. 48. **7** A. de Pleijt und J. van Zanden, «Accounting for the ‹Little Divergence›: What drove economic growth in pre-industrial Europe, 1300–1800?», *European Review of Economic History* 20 (2016), S. 387–409; Gragg, «‹To procure Negroes›», S. 65. **8** Davis, *Rise of the English Shipping Industry*, S. 374. **9** H. Raynes, *A History of British Insurance* (London, 1948). **10** H. Beckles, «The Economic Origins of Black Slavery in the British West Indies, 1640–1680: A Tentative Analysis of the Barbados Model», *Journal of Caribbean History* (1982), 16, S. 52 f.; H. Beckles und A. Downes, «The Economics of Transition to the Black Labor System in Barbados», *Journal of Interdisciplinary History* (1987), 37, S. 225–247. **11** A. Hochschild, *Bury the Chains: The British Struggle to Abolish Slavery* (London, 2005), S. 65–68. **12** Ebd., S. 67. **13** J. Krikler, «A Chain of Murder in the Slave Trade: A Wider Context of the Zong Massacre», *International Review of Social History*

57 (2012), S. 402 f. **14** H. Klein und S. Engerman, «Long-Term Trends in African Mortality in the Transatlantic Slave Trade», *Slavery and Abolition* 18 (1997), S. 40–44. **15** Krikler, «Chain of Murder in the Slave Trade», S. 410 f. **16** Hochschild, *Bury the Chains*, S. 22. **17** N. Rodger, «War as Economic Activity in the ‹Long› Eighteenth Century», *International Journal of Maritime History* 22 (2010), S. 1–18. **18** F. Arteaga, D. Desierto und M. Koyama, «Shipwrecked by Rents», Centre for Economic Policy Research, Discussion Paper DP15300 (2020), S. 1–50. **19** «The First Voyage of the right worshipfull and valiant knight, Sir John Hawkins», in C. Markham (Hg.), *The Hawkins Voyages* (London, 1878), S. 5. Siehe auch H. Kelsey, *Sir John Hawkins: Queen Elizabeth's Slave Trader* (New Haven, 2003), S. 52–69. **20** Siehe z. B. G. Heng, *The Invention of Race in the European Middle Ages* (Cambridge, 2018). **21** Herodot, *Die Musen des Herodotos von Halikarnassus*, Übers. J. Chr. F. Bähr (Stuttgart, 1863–1866), 9.122. **22** Montesquieu, *Von dem Geiste der Gesetze*, Übers. F. A. von der Heydte (Berlin, 1950). **23** Ebd. **24** Ebd. **25** Ebd. **26** Krikler, «Chain of Murder in the Slave Trade», S. 414. **27** W. Wiecek, *The Sources of Antislavery Constitutionalism in America, 1760–1848* (Ithaca, NY, 1977), S. 24. **28** J. Krikler, «The *Zong* and the Lord Chief Justice», *History Workshop Journal* 64 (2007), S. 36. **29** Siehe z. B. M. Dresser und A. Hann (Hg.), *Slavery and the British Country House* (London, 2013). **30** Krikler, «The *Zong* and the Lord Chief Justice», S. 33. **31** French, *Born in Blackness*, S. 124, 190. **32** Krikler, «Chain of Murder in the Slave Trade», S. 409 f. **33** Gomes Eanes de Zuara, *Crónica de Guiné*, in C. Beazley und E. Prestage (Hg. und Übers.), *The Chronicle of the Discovery and Conquest of Guinea*, 2 Bde. (London, 1896–1899), Bd. 1, S. 81 f. **34** Vincent Brown, *Tacky«s Revolt: The Story of an Atlantic Slave War* (Cambridge, MA, 2020), S. 57. **35** Ebd., S. 58. **36** Zit. n. B. Philips, *Loot: Britain and the Benin Bronzes* (London, 2021), S. 52. **37** Krikler, «Chain of Murder in the Slave Trade», S. 407. **38** Ebd., S. 398, 401. **39** Collingham, *Hungry Empire*, S. 43. **40** K. Davies, *Royal African Company* (London, 1957), S. 299. **41** Beinart und Hughes, *Environment and Empire*, S. 28 f. **42** E. Esposito, «Side Effects of Immunity: The Rise of African Slavery in the US South», *Cahiers de Recherches Économiques du Département d«Économie* (2018), S. 3–5. **43** E. Yalcindag u. a., «Multiple independent introductions of *Plasmodium falciparum* in South America», *PNAS* 109 (2012), S. 511–516. **44** F. Cambournac, «Contribution to the history of malaria epidemiology and control in Portugal and some other places», *Parassitologia* 36 (1994), S. 215–222. **45** J. Taylor u. a., «The evolutionary history of *Plasmodium vivax* as inferred from mitochondrial genomes: parasite genetic diversity in the Americas», *Molecular Biology Evolution* 30 (2013), S. 2050–2064. Siehe auch S. Rodgrigues u. a., «Human migration and the spread of malaria parasites to the New World», *Scientific Reports* 8 (2018), S. 1–13. **46** Esposito, «Side Effects of Immunity», S. 9. **47** Grove, «El Niño Chronology and the Little Ice Age», S. 58 f.; M. Amoroso u. a., «South American dendroecological field week 2016: exploring dendrochronological research in Northern Patagonia», *Tree Ring Research* 74 (2018), S. 120–131. **48** Esposito, «Side Effects of Immunity», S. 7–10. **49** M. Humphreys, *Malaria: Poverty, Race and Public Health in the United States* (Baltimore, 2003). **50** D. Brown und C. Webb, *Race in the American South: From Slavery to Civil Rights* (Edinburgh, 2007), S. 28–31. **51** Esposito, «Side Effects of Immunity», S. 33. **52** Ebd., S. 18 f., 26; W. Wiecek, «The sta-

tutory law of slavery and race in the thirteen mainland colonies of British America», *William and Mary Quarterly* (1977), S. 258–280. **53** J. Morgan, «Partus sequitur ventrem: law, race, and reproduction in colonial slavery», *Small Axe* 22 (2018), S. 1–17. **54** M. Schwartz, *Birthing a Slave: Motherhood and Medicine in the Antebellum South* (Cambridge, MA, 2006). **55** R. Steckel, «A Dreadful Childhood: The Excess Mortality of American Slaves», *Social Science History* 10 (1986), S. 427–465. **56** D. Owens, *Medical Bondage: Race, Gender, and the Origins of American Gynecology* (Athens, GA, 2017). **57** D. Cooper Owens und S. Fett, «Black Maternal and Infant Health: Historical Legacies of Slavery», *American Journal of Public Health* 109 (2019), S. 1342–1345. **58** R. Packard, *The Making of a Tropical Disease: A Short History of Malaria* (Baltimore, 2007), S. 53–66; J. McNeill, «Ecology, Epidemics and Empires: Environmental Change and the Geopolitics of Tropical America», *Environment and History* 5 (1999), S. 177–179. **59** A. Acharya, M. Blackwell und M. Sen, «The Political Legacy of American Slavery», *Journal of Politics* 78 (2016), S. 621–641. **60** J. Hersh und H.-J. Voth, «Sweet Diversity: Colonial Goods and the Welfare Gains from Trade after 1492», CEPR Working Paper (2011), S. 1. **61** M. Mulcahy, *Hubs of Empire: The Southeastern Lowcountry and British Caribbean* (Baltimore, 2014), S. 103, 82, 46. **62** G. Beer, *British Colonial Policy, 1754–65* (New York, 1907), S. 144. **63** R. Naylor, *Canada in the European Age, 1453–1919* (Montreal, 2006), S. 121. **64** Brown, *Tacky's Revolt*, S. 76. **65** S. Gauci, *William Beckford: First Prime Minister of the London Empire* (New Haven, 2013), S. 96. **66** Ebd., S. 91. **67** J. de Vries, «The Industrial Revolution and the Industrious Revolution», S. 249–270; van Zanden, «The ‹Revolt of the Early Modernists› and the ‹First Modern Economy›», S. 619–641; R. Allen, *The British Industrial Revolution in Global Perspective* (Cambridge, 2009), S. 1–22. **68** J. de Vries, «Between Purchasing Power and the World of Goods: Understanding the Household Economy in Early Modern Europe», in J. Brewer und R. Porter (Hg.), *Consumption and the World of Goods* (London, 1993), S. 85–132; H.-J. Voth, «Time and Work in Eighteenth-Century London», *Journal of Economic History* 58 (1998), S. 29–58. **69** Hersch und Voth, «Sweet Diversity», S. 1–52. **70** F. Braudel, *Civilisation and Capitalism, 15th – 18th Century*, 3 Bde. (London, 1981–1985), S. 130; R. Sheridan, *Sugar and Slavery* (Barbados, 1974), S. 21. **71** Hersh und Voth, «Sweet Diversity», S. 21 f.; Nunn und Qian, «The Columbian Exchange», S. 178. **72** Beinart und Hughes, *Environment and Empire*, S. 25. **73** J. Mokyr, «Is There Still Life in the Pessimist Case? Consumption during the Industrial Revolution, 1790–1850», *Journal of Economic History* 48 (1988), S. 69–92. **74** G. Faulconbridge, «British ‹Treasure Island› tax havens face a tempest», Reuters, 7. Juni 2021. **75** J. Lovell, *The Opium War: Drugs, Dreams and the Making of China* (London, 2011). **76** Siehe z. B. Z. Wang, *Never Forget National Humiliation: Historical Memory in Chinese Politics and Foreign Relations* (New York, 2014). **77** Braudel, *Civilisation and Capitalism*, Bd. 1, S. 258. **78** B. Cowan, *The Social Life of Coffee: The Emergence of the British Coffeehouse* (New Haven, 2005); J. van Horn Melton, *The Rise of the Public in Enlightenment Europe* (Cambridge, 2001), und besonders J. Habermas, *Strukturwandel der Öffentlichkeit. Untersuchungen zu einer Kategorie der bürgerlichen Gesellschaft* (Berlin, 1962). **79** Die klassische Untersuchung ist Hobsbawm, *Industry and Empire*; siehe auch S. Mintz, *Sweetness and Power: The Place of Sugar in Modern History* (New York, 1986). **80** S. Beckert, *Empire of Cotton: A Global History* (New York, 2014),

S. 63. **81** Ebd., S. 98–106. **82** D. Watts, «Cycles of Famine in Islands of Plenty», in B. Currey und G. Hugo (Hg.), *Famine as a Geographical Phenomenon* (Dordrecht, 1984), S. 62. Siehe auch J. Weaver, *The Great Land Rush and the Making of the Modern World, 1650–1900* (Montreal, 2003). **83** D. Watts, *The West Indies: Patterns of Development, Culture and Environmental Change since 1492* (Cambridge, 1987), S. 397. **84** E. Williams, *Capitalism and Slavery* (London, 1944). **85** M. Mulcahy, *Hurricanes and Society in the British Greater Caribbean, 1624–1783* (Baltimore, 2006); S. Schwartz, *Sea of Storms: A History of Hurricanes in the Greater Caribbean to Katrina* (Princeton, 2015). **86** K. Douglass und J. Cooper, «Archaeology, environmental justice, and climate change on islands in the Caribbean and southwestern Indian Ocean», *PNAS* 117 (2020), S. 8254–8262. **87** Pomeranz, *The Great Divergence*, S. 211 ff. **88** A. Carlos und F. Lewis, *Commerce by a Frozen Sea. Native Americans and the European Fur Trade* (Philadelphia, 2010), S. 22–26. **89** V. Hyden-Hanscho, «Invisible Globalization: French Hats in Habsburg Vienna, 1650–1750», *Journal of European Economic History* 45 (2016), S. 11–54. Siehe auch M. Francis, «The Strange Career of the Canadian Beaver: Anthropomorphic Discourses and Imperial History», *Journal of Historical Sociology* 17 (2004), S. 202–232. **90** Siehe z. B. E. Dolin, *Leviathan: The History of Whaling in America* (New York, 2007). **91** J. Jackson, *The Thief at the End of the World: Rubber, Power and the Seeds of Empire* (New York, 2008). **92** Siehe J. Miller, *Way of Death: Merchant Capitalism and the Angolan Slave Trade, 1730–1830* (London, 1988); Klein und Engerman, «Long-Term Trends in African Mortality», S. 36–48. **93** S. Behrendt, «Ecology, Seasonality, and the Transatlantic Slave Trade», in B. Bailyn und S. Denault (Hg.), *Soundings in Atlantic History: Latent Structures and Intellectual Currents, 1500–1830* (Cambridge, 2009), S. 44–85. **94** J. Fenske und N. Kala, «Climate and the slave trade», *Journal of Development Economics* 112 (2015), S. 19–32. **95** C. Wilder, *Ebony and Ivy: Race, Slavery, and the Troubled History of America's Universities* (New York, 2013). **96** J. Weil, «More than 1700 congressmen once enslaved Black People», *Washington Post*, 10. Januar 2021. **97** Zit. n. Collingham, *Hungry Empire*, S. 49. **98** Zit. n. Brown, *Tacky's Revolt*, S. 27. **99** S. Earle, *The World of Defoe* (New York, 1977); V. Brown, *The Reaper's Garden: Death and Power in the World of Atlantic Slavery* (Cambridge, MA, 2008), S. 24. **100** J. Holcomb, *Moral Commerce: Quakers and the Transatlantic Boycott of the Slave Labor Economy* (Ithaca, NY, 2016), S. 33. **101** J. Holcomb, «Rejecting the Gain of Oppression: Quaker Abstention and the Abolitionist Cause», in M. Jackson und S. Kozel (Hg.), *Quakers and their Allies in the Abolitionist Cause, 1754–1808* (Abingdon, 2015), S. 99–110. **102** R. Hall und C. Jones, «Why Do Some Countries Produce So Much More Output Per Worker Than Others?», *Quarterly Journal of Economics* 114 (1999), S. 83–116. **103** Belich, *The World the Plague Made*, S. 281. **104** S. Manning, *Slavery and African Life: Occidental, Oriental, and African Slave Trades* (Cambridge, 1990), S. 60–85. **105** W. Whatley und R. Gillezeau, «The fundamental impact of the slave trade on African economies», in S. Rhode, J. Rosenbloom und D. Weiman (Hg.), *Economic Evolution and Revolution in Historical Time* (Stanford, 2011), S. 86–110. **106** G. Ugo Nwokeji, *The Slave Trade and Culture in the Bight of Biafra: An African Society in the Atlantic World* (Cambridge, 2010), S. 117–143. **107** Lovejoy, *Transformations in Slavery*, S. 106–111; W. Hawthorne, «The Production of Slaves Where There Was No State: The Guinea-Bissau Region, 1450–1815», *Slavery & Abolition* 20 (1999), S. 97–124. **108** Brown,

Tacky's Revolt, S. 22–25; W. Richards, «The Import of Firearms into West Africa in the Eighteenth Century», *Journal of African History* 21 (1980), S. 43–59. **109** N. Nunn, «The long-term effects of Africa's slave trades», *Quarterly Journal of Economics* 123 (2008), S. 139–176. **110** N. Nunn und L. Wantchekon, «The slave trade and the origins of mistrust in Africa», *American Economic Review* 101 (2011), S. 3221–3252. **111** W. Whatley und R. Gillezeau, «The Impact of the Transatlantic Slave Trade on Ethnic Stratification in Africa», *American Economic Review* 101 (2010), S. 571–576. **112** H. Thomas, *The Story of the Atlantic Slave Trade: 1440–1870* (New York, 1997), S. 810 f. **113** G. Ugo Nwokeji, «African Conceptions of Gender and the Slave Traffic», *William and Mary Quarterly* 58 (2001), S. 47–68. **114** K. Wood, «Gender and Slavery», in M. Smith und R. Paquette (Hg.), *The Oxford Handbook of Slavery in the Americas* (Oxford, 2010), S. 515–517. **115** E. Baptist, «‹Cuffy›, ‹Fancy Maids›, and ‹One Eyed Men›: Rape, Commodification, and the Domestic Slave Trade in the United States», *American Historical Review* 106 (2001), S. 1619–1650; M. Smith (Hg.), *Sex without Consent: Rape and Sexual Coercion in America* (New York, 2001). **116** Wood, «Gender and Slavery», S. 518 f. **117** D. Berry, *«Swing the Sickle for the Harvest is Ripe»: Gender and Slavery in Antebellum Georgia* (Chicago, 2007), passim, insbes. S. 35–51. **118** J. Dalton und T. Leung, «Why Is Polygyny More Prevalent in Western Africa? An African Slave Trade Perspective», *Economic Development and Cultural Change* 62 (2014), S. 599–632. **119** J. Fenske, «African polygamy: Past and present», *Journal of Development Economics* 117 (2015), S. 58–73. **120** M. Tertilt, «Polygyny, Fertility, and Savings», *Journal of Political Economy* 113(6) (2005), S. 1341–71; ders., «Polygyny, Women's Rights, and Development», *Journal of the European Economic Association* 4 (2006), S. 523–530. **121** G. Bertocchi und A. Dimico, «The long-term determinants of female HIV infection in Africa: The slave trade, polygyny, and sexual behavior», *Journal of Development Economics* 140 (2019), S. 90–105. **122** L. Walters, C. Chisadza und M. Chance, «Slave Trade and Women Political Participation in Africa», University of Pretoria, Department of Economics Working Paper Series 56 (2021), S. 1–34. **123** J. Locke, *Second Treatise of Government and A Letter Concerning Toleration*, Hg. v. M. Goldie (Oxford, 2016), Bd. 5, S. 15 f. Deutsche Übersetzung: *Zwei Abhandlungen über die Regierung*. Übers. Hilmar Wilmanns (Halle, 1906), *Zweite Abhandlung*, § 26 f. **124** S. Stoddard, *An Answer to Some Cases of Conscience Respecting the Country* (1722). **125** Y. Hale Hendlin, «From Terra Nullius to Terra Communis», *Environmental Philosophy* 11 (2014), S. 141–74. **126** G. Chakraborty, «Roots and Ramifications of a Colonial ‹Construct›: The Wastelands in Assam», Occasional Paper 39, Institute of Development Studies Kolkata (2012), S. 9 f. **127** C. Saunt, *Unworthy Republic: The Dispossession of Native Americans and the Road to Indian Territory* (New York, 2020).

Siebzehntes Kapitel
Die Kleine Eiszeit

1 F. Matthes, «Report of Committee on Glaciers, April 1939», *Eos, Transactions, American Geophysical Union* 20 (1939), S. 520. **2** Einige Historiker sehen den Beginn um 1300, z. B. G. Miller u. a., «Abrupt onset of the Little Ice Age triggered by volcanism and sustained by sea-ice/ocean feedbacks», *Geophysical Research Letters* 39 (2012), S. 1–5; B. Fagan, *The Little Ice Age: How Climate Made History, 1300–1850* (New York, 2000). **3** J. Grove, «The Onset of the Little Ice Age», in S. Jones u.a. (Hg.), *History and Climate: Memories of the Future?* (London, 2001), S. 153–185; ders., *Little Ice Ages: Ancient and Modern*, 2 Bde. (London, 2004). **4** C. Camenisch, «The 1430s: A cold period of extraordinary internal climate variability during the early Spörer Minimum with social and economic impacts in north-western and central Europe», *Climate of the Past* 12 (2016), S. 2107–2126; J. Luterbacher, «The Late Maunder Minimum (1675–1715) – Climax of the ‹Little Ice Age› in Europe», in Jones u.a. (Hg.), *History and Climate*, S. 29–54; A. Schurer, S. Tett und G. Hegerl, «Small influence of solar variability on climate over the past millennium», *Nature Geoscience* 7 (2014), S. 104–108. **5** J. de Vries, «Histoire et climat et économie: Des faits nouveaux, une interpretation différente», *Annales Histoire, Science Sociales* 32 (1977), S. 198–226; Tarand und Nordli, «The Talinn Temperature Series», S. 360–407; L. Leijonhufvud u.a., «Five Centuries of Stockholm Winter/Spring Temperatures Reconstructed from Documentary Evidence and Instrumental Observations», *Climatic Change* 101 (2010), S. 109–141. **6** F. Charpentier Ljunqvist, *Global nedkylning: klimatet och männisak under 10 000 år* (Stockholm, 2009). **7** C. Pfister u.a., «Early Modern Europe», in White, Pfister und Mauelshagen (Hg.), *Palgrave Handbook of Climate History*, S. 268. **8** A. Gupta, D. Anderson und J. Overpeck, «Abrupt changes in the Asian southwest monsoon during the Holocene and their links to the North Atlantic Ocean», *Nature* 421 (2003), S. 354–357; D. Oppo, Y. Rosenthal und B. Linsley, «2,000 year-long temperature and hydrology reconstructions from the Indo-Pacific warm pool», *Nature* 460 (2009), S. 1113–1116; W. Liu u.a., «Wet climate during the ‹Little Ice Age› in the arid Tarim Basin, northwestern China», *The Holocene* 21 (2010), S. 409–416. **9** J. Matthews und K. Briffa, «The ‹little ice age›: re-evaluation of an evolving concept», *Geografiska Annaler: Series A, Physical Geography* 87 (2005), S. 17–36. **10** G. Parker, «Crisis and Catastrophe: Global Crisis of the 17th Century Reconsidered», *American Historical Review* 113 (2008), S. 1056. **11** G. Parker, *Global Crisis: War, Climate and Catastrophe in the Seventeenth Century* (London, 2013). **12** G. Eriksdotter, «Did the Little Ice Age Affect Indoor Climate and Comfort?: Re-theorizing Climate History and Architecture from the Early Modern Period», *Journal for Early Modern Cultural Studies* 13 (2013), S. 24–42; R.-M. Söderström, *Bostadskultur, informationsflöden och hantverkare 1740–1820 med utgånspunkt i Bålby (Närke) och Skottberska gården (Blekinge)* (Lund, 2009). **13** H. Neuberger, «Climate in Art», *Weather* 25 (1970), S. 46–66. **14** Fagan, *Little Ice Age*, S. 48; M. Kelly und Ó Gráda, «The Waning of the Little Ice Age: Climate Change in Early Modern Europe», *Journal of Interdisciplinary History* 44 (2014), S. 313. **15** W. Behringer, «‹Kleine Eiszeit› und Frühe Neuzeit», in W. Behringer, H. Lehmann und C. Pfister (Hg.), *Kulturelle Konsequenzen der «Kleinen Eiszeit»* (Göttingen, 2005), S. 415–508. **16** W. Behringer, «Climatic Change and Witch-hunting: The Impact of the Little Ice Age on Mentalities», *Climatic Change* 43 (1999), S. 335–351. **17** B. Levack, «Introduction», in *The Oxford Handbook of Witchcraft in Early Modern Europe and Colonial America* (Oxford, 2013), S. 5. **18** W. Behringer, *Kulturgeschichte des Klimas: von der Eiszeit bis zur globalen Erwärmung* (München, 2007), S. 115–118. **19** C. Pfister, «Climatic Extremes, Recurrent Crises and Witch Hunts:

Strategies of European Societies in Coping with Exogenous Shocks in the Late Sixteenth and Early Seventeenth Centuries», *Medieval History Journal* 10 (2006), S. 33–73. Siehe auch D. Rogger, «Zur Klimageschichte Obwaldens»; https://www.kulturlandschaft-ow.ch/projekte/klimageschichte-obwalden. **20** S. Malanima, «Energy crisis and growth, 1650–1850: the European deviation in a comparative perspective», *Journal of Global History* 1 (2006), S. 112. **21** H. Lee u. a., «Climate change and epidemics in Chinese history: A multi-scalar analysis», *Social Science & Medicine* 174 (2017), S. 53–63; A. McMichael, «Insights from past millennia into climatic impacts on human health and survival», *PNAS* 109 (2012), S. 4730–4737. **22** Fagan, *Little Ice Age*, S. 92 f., XVI. D. Degroot, «Climate Change and Conflict», in White, Pfister und Mauelshagen (Hg.), *Palgrave Handbook of Climate History*, S. 377 f. **23** N. Brown, *History and Climate Change: A Eurocentric Perspective* (London, 2001), S. 296. **24** Contribution of Working Groups I, II and III to the Third Assessment Report of the Intergovernmental Panel on Climate Change, *Climate Change 2001: Synthesis Report* (Cambridge, 2001), S. 173. **25** Kelly und Ó Gráda, «Waning of the Little Ice Age», S. 303 f. **26** G. Alfani, «Climate, Population and Famine in Northern Italy: General Tendencies and Malthusian Crisis, ca. 1450–1800», *Annales de Démographie Historique* 120 (2010), S. 24–26. **27** A. Ogilvie und T. Jónsson (Hg.), *The Iceberg in the Mist: Northern Research in Pursuit of a «Little Ice Age»* (Dordrecht, 2001). **28** J. Grove, «The Initiation of the ‹Little Ice Age› in Regions round the North Atlantic», *Climatic Change* 48 (2001), S. 53–82. **29** A. Ogilvie und T. Jónsson, «‹Little Ice Age› Research: A Perspective from Iceland», *Climate Change* 48 (2001); A. Ogilvie, «Historical climatology, *Climatic Change*, and implications for climate science in the twenty-first century», *Climatic Change* 100 (2010), S. 33–47. **30** M. Owens u. a., «The Maunder minimum and the Little Ice Age: an update from recent reconstructions and climate simulations», *Journal of Space Weather and Space Climate* 7 (2013), S. 1–10. **31** G. Feulner und S. Rahmstorf, «On the effect of a new grand minimum of solar activity on the future climate on Earth», *Geophysical Research Letters* 37 (2010), S. 1–5; Schurer, Tett und Hegerl, «Small influence of solar variability», S. 104–108. **32** Kelly und Ó Gráda, «Waning of the Little Ice Age», S. 313–315. **33** D. Degroot, *The Frigid Golden Age: Climate Change, the Little Ice Age, and the Dutch Republic, 1560–1720* (Cambridge, 2018), S. 263–266. **34** J. Sprenger und H. Institoris, *Der Hexenhammer*. Übers. J. W. R. Schmidt (Berlin und Leipzig, 1923). **35** E. Ross, «Syphilis, Misogyny and Witchcraft in 16th-Century Europe», *Current Anthropology* 36 (1995), S. 333–337; N. Ben-Yehuda, «The European Witch Craze of the 14th to 17th Centuries: A Sociologist's Perspective», *American Journal of Sociology* 86 (1980), S. 1–31. Siehe auch E. Oster, «Witchcraft, Weather and Economic Growth in Renaissance Europe», *Journal of Economic Perspectives* 18 (2004), S. 215–228. **36** H. Trevor-Roper, *The European Witch-Craze of the 16th and 17th Centuries* (London, 1969). Zu psychogenen Erkrankungen siehe R. Bartholomew und R. Baloh, *Havana Syndrome: Mass Psychogenic Illness and the Real Story behind the Embassy Mystery and Hysteria* (Cham, 2020). **37** S. Brown, «Gazing Anew at Poltava: Perspectives from the Military Revolution Controversy, Comparative History, and Decision-Making Doctrines», *Harvard Ukrainian Studies* 31 (2009), S. 107–133. **38** F. Lapointe und R. Bradley, «Little Ice Age abruptly triggered by intrusion of Atlantic waters into the Nordic

Seas», *Science Advances* 7 (2021), S. 1–12. **39** G. Miller u. a., «Abrupt onset of the Little Ice Age triggered by volcanism and sustained by sea-ice / ocean feedbacks», *Geophysical. Research Letters* 39 (2012), S. 1–5; A. Condron, A. Joyce und R. Bradley, «Arctic sea ice export as a driver of deglacial climate», *Geology* 48 (2020), S. 395–399. **40** N. Gennaoili und H.-J. Voth, «State Capacity and Military Conflict», *Review of Economic Studies* 82 (2015), S. 1413 f. **41** G. Parker, *The Military Revolution, Military Innovation and the Rise of the West, 1500–1800* (Cambridge, 1996), S. 1. **42** Gennaioli und Voth, «State Capacity and Military Conflict», S. 1412–1414; H. Bowen, «The Bank of England during the Long Eighteenth Century: 1694–1820», in R. Roberts und D. Kynaston (Hg.), *The Bank of England* (Oxford, 1995), S. 1–18; J. Kim, «How Modern Banking Originated: The London Goldsmith-Bankers' Institutionalisation of Trust», *Business History*, 53 (2011), S. 939–959. **43** Gennaioli und Voth, «State Capacity and Military Conflict», S. 1409–1448. **44** J. Elliott, *Empires of the Atlantic World: Britain and Spain in America, 1492–1830* (New Haven, 2006), S. 112. **45** J. de Vries, «The Economic Crisis of the Seventeenth Century after Fifty Years», *Journal of Interdisciplinary History* 40 (2009), S. 173. **46** Acemoglu, Johnson und Robinson, «Rise of Europe», S. 546–579. **47** C. McIlwain (Hg.), *The Political Works of James I* (Cambridge, 1918), S. 343 f.; Parker, *Global Crisis*, S. 60. **48** J. Evelyn, *Fumifugium; or the Inconvenience of the Aer and Smoak of London Dissipated* (London, 1661), S. 5. **49** Brief von James Howell an Captain Francis Bacon, 30. März 1630, zit. n. Parker, *Global Crisis*, S. 60. **50** N. Voigtländer und H.-J. Voth, «The Three Horsemen of Riches: Plague, War, and Urbanization in Early Modern Europe», *Review of Economic Studies* 80 (2013), S. 774–811. **51** M. Waldinger, «The Economic Effects of Long-Term Climate Change: Evidence from the Little Ice Age», Centre for Climate Change Economics and Policy Working Paper No. 239 (2015), S. 1–46. **52** S. White, *The Climate of Rebellion in the Early Modern Ottoman Empire* (New York, 2011), S. 204–211; «Winter is Coming: The Long-Run Effects of Climate Change on Conflict, 1400–1900», NBER Working Paper 23033 (2017). **53** Waldinger, «Economic Effects of Long-Term Climate Change», S. 1–46. **54** O. Wetter u. a., «The year-long unprecedented European heat and drought of 1540 – a worst case», *Climatic Change* 125 (2014), S. 349–363. **55** Abū al-Faẕl, *Ain-I Akbari*, Übers. H. Blochmann und H. Jarrett, 3 Bde. (Calcutta, 1873–1894), Bd. 2, S. 57. **56** Degroot, *Frigid Golden Age*, S. 33 f. **57** I. Pikirayi, «Environmental data and historical process: historical climatic reconstruction & the Mutapa state, 1450–1862», in W. Beinart und J. McGregor (Hg.), *Social History and African Environments* (Oxford, 2003), S. 60–71; M. Hannaford und D. Nash, «Climate, history, society over the last millennium in southeast Africa», *WIREs Climate Change*, 7 (2016), S. 379. **58** Brook, «Nine Sloughs», S. 40. **59** Degroot, *Frigid Golden Age*, S. 34. **60** S. White, J. Brooke und C. Pfister, «Climate, Weather, Agriculture, and Food», in White, Pfister und Mauelshagen (Hg.), *Palgrave Handbook of Climate History*, S. 340; W. Behringer, «Die Krise von 1570. Ein Beitrag zur Krisengeschichte der Neuzeit», in M. Jakubowski und H. Lehmann (Hg.), *Um Himmels Willen: Religion in Katastrophenzeiten* (Göttingen, 2003), S. 58–136. **61** White, *Climate of Rebellion*, S. 80 f. **62** Camuffo und Enzi, «Locust invasions and climatic factors», S. 63 f. **63** R. Endres, «Zur wirtschaftlichen und sozialen Lage Frankens vor dem Dreißigjährigen Krieg», *Jahrbuch für fränkische Landesforschung* 28 (1968),

S. 5–52. **64** Pfister, «Climatic Extremes, Recurrent Crises and Witch Hunts», S. 51 f. **65** Degroot, *Frigid Golden Age*, S. 161–173; R. Suykerbuyk, *The Matter of Piety: Zoutleeuw's Church of Saint Leonard and Religious Material Culture in the Low Countries (c. 1450–1620)* (Leiden, 2021), S. 240–255. **66** Pfister, «Climatic Extremes, Recurrent Crises and Witch Hunts», S. 33–73; A. Palmer u. a., «Antarctic volcanic flux ratios from Law Dome ice cores», *Annals of Glaciology* 35 (2002), S. 329–332. **67** S. de Silva und G. Zielinski, «Global influence of the AD 1600 eruption of Huaynaputina, Peru», *Nature* 393 (1998), S. 455–458. **68** K. Briffa u. a., «Influence of volcanic eruptions on Northern Hemisphere summer temperature over the past 600 years», *Nature* 393 (1998), S. 450–455. **69** C. Pfister, «Weeping in the Snow: The Second Period of Little Ice Age-type Impacts, 1570–1630», in Behringer, Lehmann und Pfister (Hg.), *Kulturelle Konsequenzen der «Kleinen Eiszeit»*, S. 31–74. **70** G. Alfani, «The Famine of the 1590 s in Northern Italy: An Analysis of the Greatest ‹System Shock› of Sixteenth Century», *Histoire et Mesure* 26 (2011), S. 17–49. **71** Alfani, «Climate, Population and Famine in Northern Italy», S. 34 f. **72** Ebd., S. 36–40; G. Alfani, *Il Grand Tour dei Cavalieri dell'Apocalisse. L'Italia del «lungo Cinquecento» (1494–1629)* (Venedig, 2010). **73** M.-C. Engels, *Merchants, Interlopers, Seamen and Corsairs: The «Flemish» Community in Livorno and Genoa (1615–1635)* (Hilversum, 1997), S. 74 f. **74** G. Darby, *Spain in the Seventeenth Century* (London, 2013), S. 22; White, *Cold Welcome*, S. 81 f. **75** M. Clarke und H. Rendell, «The impact of North Atlantic storminess on western European coasts: a review», *Quaternary International* 195 (2009), S. 31–41. **76** S. Chairi, «Climatic issues in early modern England: Shakespeare's views of the sky», *WIREs Climate Change* 10 (2019), S. 1–10; siehe auch S. Armstrong, «Preposterous nature in Shakespeare's tragedies», in M. Neill und D. Schalkwyk (Hg.), *The Oxford Handbook of Shakespearean Tragedy* (Oxford, 2016), S. 104–119; M. Hulme, «Climate», in B. Smith (Hg.), *The Cambridge Guide to the Worlds of Shakespeare: Shakespeare's World, 1500–1660* (Cambridge, 2016), Bd. 1, S. 29–34. **77** Hannaford und Nash, «Climate, history, society», S. 379 f.; D. Beach, *The Shona and their Neighbours* (Oxford, 1994). **78** Siehe z. B. Degroot, *Frigid Golden Age*, S. 36; Brooke, *Climate Change*, S. 442–444. **79** J. Hunwick, *Timbuktu and the Songhay Empire: Al-Sa'dī's Ta'rīkh al-sūdān down to 1613 and Other Contemporary Documents* (Leiden, 1999); D. Yahya, *Morocco in the Sixteenth Century: Problems and Patterns in African Foreign Policy* (Atlantic Highlands, NJ, 1981). **80** J. Webb, *Desert Frontier: Ecological Change and Economic Change along the Western Sahel, 1600–1850* (Madison, WI, 1995), S. 47 f. **81** H. Dunstan, «The Late Ming Epidemics: A Preliminary Survey», *Late Imperial China* 3 (1975), S. 1–59. **82** Brook, «Nine Sloughs», S. 40; T. Brook, «Comparative pandemics: The Tudor–Stuart and Wanli–Chongzhen years of pestilence, 1567–1666», *Journal of Global History* 15 (2020), S. 363–379. **83** A. Reid, «The Seventeenth Century Crisis in Southeast Asia», *Modern Asian Studies* 24 (1990), S. 649. **84** Grove und Adamson, *El Niño in World History*, S. 61. **85** Nurul Haq, *Zubdat al-tawārīkh*, in H. Elliot (Hg. und Übers.), *The History of India, as Told by its Own Historians: The Muhammadan Period*, 8 Bde. (Cambridge, 1873), Bd. 6, S. 193. **86** White, *Climate of Rebellion*, S. 78–226. **87** C. Bussow, *Zeit der Wirren. Moskowitische Chronik der Jahre 1584 bis 1613* (Berlin, 1991), S. 56. Zur Zahl der Opfer siehe Parker, *Global Crisis*, S. 152. **88** White, *Cold Rebellion*, S. 146 f. **89** R. Smith und D. Christian, *Bread and*

Salt: A Social and Economic History of Food and Drink in Russia (Cambridge, 1984), S. 110. **90** «A rhyme set upon the wall of the Dutch churchyard in London, 5 May 1593», in J. Strype (Hg.), *Annals of the Reformation*, 4 Bde. (Oxford, 1824), Bd. 4, S. 234 f. **91** C. Dunning, *Russia's First Civil War: The Time of Troubles and the Founding of the Romanov Dynasty* (University Park, PA, 2001), S. 13 ff.; S. Bushkovitch, «Taxation, Tax Farming, and Merchants in Sixteenth-Century Russia», *Slavic Review* 37 (1978), S. 381–398. **92** G. Hamburg, *Russia's Path toward Enlightenment: Faith, Politics, and Reason, 1500–1801* (New Haven, 2016), S. 255. **93** Siehe z. B. G. Agoston, «Habsburgs and Ottomans: Defense, Military Change, and Shifts in Power», *Turkish Studies Association Bulletin* 22 (1998), S. 126–141. **94** Lieberman, *Strange Parallels*, Bd. 1, S. 154–163. **95** Zit. n. Reid, «Seventeenth Century Crisis in Southeast Asia», S. 652. **96** J. Healey, *The First Century of Welfare: Poverty and Poor Relief in Lancashire, 1620–1730* (Cambridge, 2014), S. 4–26. **97** White, «Shewing the difference betweene their conjuration, and our invocation», S. 51 f. **98** K. Kupperman, «Environmental Stress and Rainmaking: Cosmic Struggles in Early Colonial Times», *ReVista. Harvard Review of Latin America* 6 (2007). **99** Grove und Adamson, *El Niño in World History*, S. 63 f. **100** A. Reid, *A History of Southeast Asia: Critical Crossroads* (Chichester, 2015), S. 114 f. **101** M. Ricklefs, «Islamising Java: The Long Shadow of Sultan Agung», *Archipel* 56 (1998), S. 469–482. **102** Siehe N. van Doom-Harder und K. de Jong, «The Pilgrimage to Tembayat: Tradition and Revival in Indonesian Islam», *Muslim World* 91 (2001), S. 325–354; C. Guillot, «The Tembayat hill: clergy and royal power in Central Java from the 15th to the 17th century», in H. Chambert-Noir und A. Reid (Hg.), *The Potent Dead: Ancestors, Saints and Heroes in Contemporary Indonesia* (Honolulu, 2002), S. 141–159. **103** T. Wickman, «Narrating Indigenous Histories of Climate Change in the Americas and Pacific», in White, Pfister und Mauelshagen (Hg.), *Palgrave Handbook of Climate History*, S. 397; B. Skopyk, «Rivers of God, Rivers of Empire: Climate Extremes, Environmental Transformation and Agroecology in Colonial Mexico», *Environment and History* 23 (2017), S. 497–500. **104** Pfister, «Climatic Extremes, Recurrent Crises and Witch Hunts», S. 46–63. **105** Parker, «Crisis and Catastrophe», S. 1062. Siehe auch Parker, *Global Crisis*, passim. **106** G. Alfani, «Plague in seventeenth century Europe and the decline of Italy: an epidemiological hypothesis», *European Review of Economic History* 17 (2013), S. 408–430. **107** de Vries, «Economic Crisis of the Seventeenth Century», S. 159 f. **108** G. Alfani, V. Gierok und F. Schaff, «Economic Inequality in Preindustrial Germany, ca. 1300–1850», *Journal of Economic History* 82 (2022), S. 1–39. Siehe auch B. Milanovic, *Global Inequality: A New Approach for the Age of Globalization* (Cambridge, MA, 2016), S. 46–53. **109** G. Alfani und M. Percoco, «Plague and long-term development: the lasting effects of the 1629–30 epidemic on the Italian cities», *Economic History Review* 72 (2019), S. 1175–1201. **110** S. Malanima, «When did England overtake Italy? Medieval and early modern divergence in prices and wages», *European Review of Economic History* 17 (2013), S. 45–70; M. Rota und J. Weisdorf, «Italy and the little divergence in wages and prices: evidence from stable employment in rural areas», *Economic History Review* 74 (2021), S. 449–470. **111** de Vries, «Economic Crisis of the Seventeenth Century», S. 167–174. **112** Parker, *Global Crisis*, S. XXIII. **113** Ebd., S. XXXV f., 14. **114** K. Chen u. a., «One Drought and One Volcanic Eruption Influenced the History of China: The Late Ming Dynasty Mega-drought», *Geophysical Research Letters* 47 (2020), S. 1–9. **115** Siehe z. B. J. Zheng u. a., «How climate change impacted the collapse of the Ming dynasty», *Climatic Change* 127 (2013), 169–182; Chen u. a., «One Drought and One Volcanic Eruption», S. 1–9; J. Zhao u. a., «Role of the Summer Monsoon Variability in the Collapse of the Ming Dynasty: Evidences from Speleothem Records», *Geophysical Research Letters* 48 (2021), S. 1–12. **116** M. Marmé, «Survival through transformation: how China's Suzhou-centred world economy weathered the general crisis of the seventeenth century», *Social History* 32 (2007), S. 144–165. **117** Brook, «Nine Sloughs», S. 28 f. **118** A. Chan, *The Glory and Fall of the Ming Dynasty* (Norman, OK, 1982), S. 235 f. Zu Ye Shaoyuan siehe G. Fong, «Reclaiming Subjectivity in a Time of Loss: Ye Shaoyuan (1589–1648) and Autobiographical Writing in the Ming-Qing Transition», *Ming Studies* 1 (2009), S. 21–41. **119** T. Brook, *The Troubled Empire: China in the Yuan and Ming Dynasties* (Cambridge, MA, 2010), S. 253–255; J. Parsons, *Peasant Rebellions of the Late Ming Dynasty* (Tucson, AZ, 1970), S. 17–21. **120** K. Swope, *The Military Collapse of China«s Ming Dynasty, 1618–44* (Abingdon, 2014), S. 190. **121** Swope, *Military Collapse*, S. 200 f. **122** T. Brook, *Confusions of Pleasure, Commerce and Culture in Ming China* (Berkeley, 1998), S. 153 ff.; M. Marmé, «Locating Linkages or Painting Bull's-Eyes around Bullet Holes? An East Asian Perspective on the Seventeenth-Century Crisis», *American Historical Review* 113 (2008), S. 1062. **123** F. Wakeman, *The Great Enterprise: The Manchu Reconstruction of Imperial Order in Seventeenth Century China* (Berkeley, 1985), S. 16. **124** F. Wakeman, «China and the Seventeenth Century Crisis», *Late Imperial China* 7 (1986), S. 10–14. **125** J. Warren, «Weather, History and Empire: The Typhoon Factor and the Manila Galleon Trade, 1565–1815», in G. Wade und L. Tana (Hg.), *Anthony Reid and the Study of the Southeast Asian Past* (Singapore, 2012), S. 183–220. **126** Arteaga, Desierto und Koyama, «Shipwrecked by Rents», CEPR Discussion Paper 15300 (2020), S. 1–50. **127** Parker, «Crisis and Catastrophe», S. 1059. **128** Marmé, «Survival through transformation», S. 1086; de Vries, «The Crisis of the Seventeenth Century: The Little Ice Age and the Mystery of the Great Divergence», *Journal of Interdisciplinary History* 44 (2014), S. 374 f. **129** J. Schlesinger, *A World Trimmed with Fur: Wild Things, Pristine Places and the Natural Fringes of Qing* (Stanford, 2017), S. 18 ff.

Achtzehntes Kapitel
Über große und kleine Abweichungen

1 D. Degroot, *The Frigid Golden Age: Climate Change, the Little Ice Age, and the Dutch Republic, 1560–1720* (Cambridge, 2018), S. 82–91. **2** L. Jardine, *Worldly Goods* (London, 1996), S. 107. **3** M. Loderichs, *Rumphius' wonderwereld – Zeventiende-eeuwse natuurbeschrijvingen uit Ambon* (Zutphen, 2004). **4** J. Pimentel, «The Iberian Vision: Science and Empire in the Framework of a Universal Monarchy, 1500–1800», *Osiris* 15 (2000), S. 21. **5** Ebd., S. 26. **6** Ebd., S. 23. **7** Jardine, *Worldly Goods*, S. 172 f. **8** M. Pearson, «First Contacts between Indian and European Medical Systems: Goa in the Sixteenth Century», in D. Arnold (Hg.), *Warm Climates and Western Medicine: The Emergence of Tropical Medicine, 1500–1900* (Leiden, 1996),

S. 25–26. **9** J. Osterhammel, *Die Entzauberung Asiens. Europa und die asiatischen Reiche im 18. Jahrhundert* (München, 1998), S. 57. **10** Ebd. S. 87, 124. **11** Ebd., S. 254, ders., *Unfabling the East: The Enlightenment's Encounter with Asia* (Princeton, 2018), S. 139. **12** N. Varlık, «New Science and Old Sources: Why the Ottoman Experience of Plague Matters», in M. Green (Hg.), *Pandemic Disease in the Medieval World: Rethinking the Black Death* (Kalamazoo, MI, 2014), S. 205–206; H.-U. Lammel, «Western European Perception and Representation of Plagues in Eastern Europe, the Ottoman Empire and the Near East, 1650–1800», in S. Cavaciocchi (Hg.), *Economic and Biological Interactions in Pre-Industrial Europe from the Thirteenth to Eighteenth Centuries* (Florenz, 2010), S. 399–421. **13** P. Mansel, *Constantinople: City of the World's Desire, 1453–1924* (London, 1995), S. 382. **14** T. Babington Macaulay, «Minute on Education», in M. Young (Hg.), *Prose and Poetry* (Cambridge, MA, 1967), S. 71–74. **15** S. Miller, *An Environmental History of Latin America* (Cambridge, 2015), S. 84f. **16** Ebd., S. 95–97. **17** Ebd., S. 93f. **18** Ebd., S. 57f. **19** N. Zappia, *Traders and Raiders: The Indigenous World of the Colorado Basin, 1540–1859* (Chapel Hill, NC, 2014), S. 1–20; N. Blackhawk, *Violence over the Land: Indians and Empires in the Early American West* (Cambridge, MA, 2006). **20** Abū al-Faẕl, *Ain-I Akbari*, Übers. H. Blochmann und H. Jarrett, 3 Bde. (Kalkutta, 1873–1894), Bd. 3, S. 394–396. **21** Vgl. etwa K. Morrison und M. Lycett, «Forest products in a wider world: Early historic connections across southern India», in S. A. Abraham u. a. (Hg.), *Connections and Complexity: New Approaches to the Archaeology of South Asia* (Walnut Creek, CA, 2013), S. 127–142. **22** J. Richards, *The Unending Frontier: An Environmental History of the Early Modern World* (Berkeley, 2003), S. 17–38. **23** Y.-C. Wang, *Land Taxation in Imperial China, 1750–1911* (Cambridge, MA, 1973), S. 6f.; J. Schlesinger, *A World Trimmed with Fur: Wild Things, Pristine Places and the Natural Fringes of Qing* (Stanford, 2017), S. 51. **24** K. Pomeranz, «The Transformation of China's Environment, 1500–2000», in E. Burke und K. Pomeranz (Hg.), *The Environment and World History* (Berkeley, 2009), S. 118–164; R. Mostern, «Sediment and State in Imperial China: The Yellow River Watershed as an Earth System and a World System», *Nature and Culture* 11 (2016), S. 125. **25** P. Crossley, H. Siu und D. Sutton, *Empire at the Margins: Culture, Ethnicity, and Frontier in Early Modern China* (Berkeley, 2006). **26** P. Perdue, *China Marches West: The Qing Conquest of Central Eurasia* (Cambridge, MA, 2005), S. 256–299. **27** Schlesinger, *World Trimmed with Fur*, S. 1–15. **28** Miller, *Environmental History of Latin America*, S. 87. **29** P. Warde, *The Invention of Sustainability: Nature and Destiny, c.1500–1870* (Cambridge, 2018), S. 102. **30** Ebd., S. 160. **31** D. Blackbourn, *The Conquest of Nature: Water, Landscape, and the Making of Modern Germany* (London, 2006), S. 31f. (Brief an Voltaire vom 5. Dezember 1775, im Original französisch: «C'est cependant le premier des arts, et sans lequel il n'y aurait ni marchands, ni rois, ni courtisans, ni poëtes, ni philosophes.») **32** Warde, *Invention of Sustainability*, S. 172. **33** A. Rahman, M.-A. Clarke und S. Byrne, «The Art of Breaking People Down: The British Colonial Model in Ireland and Canada», *Peace Research* 49 (2017), S. 15–38. **34** K. Pomeranz, *The Great Divergence: China, Europe and the Making of the Modern World Economy* (Princeton, 2000); ders., «Re-Thinking the Late Imperial Chinese Economy: Development, Disaggregation and Decline, circa 1730–1930», *Itinerario* 22 (2000), S. 29–74. **35** J. Elliott, *The Old World and the New, 1492–1650* (Cambridge, 1970); K. Kupperman (Hg.), *America in*

European Consciousness, 1493–1750 (Chapel Hill, NC, 1995). **36** Miller, *Environmental History of Latin America*, S. 61–63. **37** Ebd., S. 64. **38** L. Collingham, *The Hungry Empire: How Britain's Quest for Food Shaped the Modern World* (London, 2017), S. 67–71; J. Cock, «Cassava: A Basic Energy Source in the Tropics», *Science* 218 (1982), S. 755–762. **39** Collingham, *Hungry Empire*, S. 67. **40** N. Nunn und N. Qian, «The Potato's Contribution to Population and Urbanization: Evidence from a Historical Experiment», *Quarterly Journal of Economics* 126 (2011), S. 599 f. **41** Ebd., S. 601 f. **42** Ebd., S. 602–604. **43** R. Smith und D. Christian, *Bread and Salt: A Social and Economic History of Food and Drink in Russia* (Cambridge, 1984), S. 199–200. **44** A. Smith, *An Inquiry into the Nature and Causes of the Wealth of Nations*, 2 Bde. (London, 1961), S. 67 f.; dt. *Untersuchung über das Wesen und die Ursachen des Wohlstandes*, Übers. F. Stöpel, 4 Bde. (Berlin, 1906), Bd. 1, S. 223–225. **45** Nunn und Qian, «Potato's Contribution to Population and Urbanization», S. 640–643. **46** M. Iyigun, N. Nunn und N. Qian, «The Long-Run Effects of Agricultural Productivity on Conflict», NBER Working Paper 24066 (2017), S. 1–50; D. Acemoglu u. a., «A Dynamic Theory of Resource Wars», *Quarterly Journal of Economics* 127 (2012), S. 283–331. **47** R. Jia, «Weather Shocks, Sweet Potatoes and Peasant Revolts in Historical China», *Economic Journal* 124 (2013), S. 92–118. **48** Nunn und Qian, «Potato's Contribution to Population and Urbanization», S. 593–650. **49** E. Jones, *The European Miracle: Environments, Economies and Geopolitics in the History of Europe and Asia* (Cambridge, 2003). **50** S. Becker und L. Woessman, «Was Weber Wrong? A Human Capital Theory of Protestant Economic History», *Quarterly Journal of Economics* 124 (2009), S. 531–596. **51** P. Lindert, «Voice and Growth: Was Churchill Right?», *Journal of Economic History* 63 (2003), S. 315–350. Zu den generellen Auswirkungen der Reformation außerhalb Europas vgl. den neuen wichtigen Sammelband von U. Rublack (Hg.), *Protestant Empires: Globalizing the Reformation* (Cambridge, 2020). **52** D. Cantoni und N. Yuchtman, «Medieval Universities, Legal Institutions and the Commercial Revolution», NBER Working Paper 17979 (2012), S. 1–59. **53** Smith, *Wealth of Nations*, S. 198. **54** J. Shih, *Chinese Rural Society in Transition: A Case Study of the Lake Tai Area, 1368–1800* (Berkeley, 1992), S. 29 f. **55** J. van Zanden, «The road to the Industrial Revolution: Hypotheses and conjectures about the medieval origins of the ‹European Miracle›», *Journal of Global History* 3 (2008), S. 342 f. **56** J. Mokyr, *The Enlightened Economy: Britain and the Industrial Revolution, 1700–1850* (London, 2011). **57** M. Wiesner-Hanks, *Women and Gender in Early Modern Europe* (Cambridge, 2019), S. 159–228. **58** M. Kelly, J. Mokyr und C. Ó Grada, «The Mechanics of the Industrial Revolution», *Journal of Political Economy* 131 (2023). **59** K. Mokyr, A. Sarid, und K. van der Beek, «The Wheels of Change: Technology Adoption, Millwrights and the Persistence in Britain's Industrialisation», *The Economic Journal* 132 (2022), S. 1894–1926. **60** M. Kelly, K. Mokyr und C. Ó Gráda, «Precocious Albion: A New Interpretation of the British Industrial Revolution», *Annual Review of Economics* 6 (2014), S. 363–389. **61** R. Allen, *The British Industrial Revolution in Global Perspective* (Cambridge, 2009), S. 25–56. **62** Van Zanden, «Road to the Industrial Revolution», S. 348. **63** F. Wakeman, «China and the Seventeenth Century Crisis», *Late Imperial China* 7 (1986), S. 1–26. **64** C. Pfister u. a., «The meteorological framework and the cultural memory of three severe winter-storms in early eighteenth-century Europe», *Climatic Change* 101 (2010), S. 281–310. **65** S. Johnson, «El Niño, Environmental Crisis, and the Emergence of Alternative Markets in the Hispanic Caribbean, 1760 s–70 s», *William and Mary Quarterly* 62 (2005), S. 365–410. **66** Ebd., S. 398–400. **67** «Declaration and Resolves of the First Continental Congress», in J. Vile (Hg.), *The Declaration of Independence: America's First Founding Document in US History and Culture* (Santa Barbara, CA, 2019), S. 14. **68** John Adams an Isaac Smith Sr, 1. Juni 1776, in W. Morgan (Hg.), *Naval Documents of the American Revolution*, 12 Bde. (Washington, DC, 1964–2013), Bd. 5, S. 338. **69** S. Johnson, *Climate and Catastrophe in Cuba and the Atlantic World in the Age of Revolution* (Chapel Hill, NC, 2011), S. 132–136. **70** D. Clingingsmith und J. Williamson, «Mughal Decline, Climate Change and Britain's Industrial Ascent: An Integrated Perspective on India's 18th and 19th Century Deindustrialization», NBER Working Paper 11730 (2005), S. 1–38. **71** J. Nehru, *The Discovery of India* (London, 1947); T. Roy, «Economic History and Modern India: Redefining the Link», *Journal of Economic Perspectives* 16 (2002), S. 109–130. **72** W. Hunter, *The Annals of Rural Bengal* (London, 1868), S. 21. **73** Ebd., S. 22. **74** W. Dalrymple, *The Anarchy: The Relentless Rise of the East India Company* (London, 2019), S. 215–217. **75** Ebd., S. 220–223. **76** Ebd., S. 229–232; Frankopan, *Silk Roads*, S. 275–279; dt. *Licht aus dem Osten*, S. 393–396. **77** T. Thordarson und S. Self, «Atmospheric and environmental effects of the 1783–1784 Laki eruption: A review and reassessment», *Journal of Geophysical Research* 108 (2003), S. 1–29. **78** L. Oman u. a., «Modeling the distribution of the volcanic aerosol cloud from the 1783–1784 Laki eruption», *Journal of Geophysical Research* 111 (2006), S. 1–15. **79** B. Franklin, «Meteorological imaginations and conjectures», *Memoirs and Proceedings of the Manchester Literary and Philosophical Society* 122 (1784), S. 237–240. **80** Thordarson und Self, «Atmospheric and environmental effects of the 1783–1784 Laki eruption», S. 21 f. **81** B. Zambri u. a., «Modeling the 1783–4 Laki Eruption in Iceland: 2. Climate Impacts», *JGR Atmospheres* 124 (2019), S. 6770–6790. **82** Thordarson und Self, «Atmospheric and environmental effects of the 1783–1784 Laki eruption», S. 15–16. Zu Mexico vgl. G. Endfield, *Climate and Society in Colonial Mexico: A Study in Vulnerability* (Malden, MA, 2008), S. 177–181. **83** R. D'Arrigo u. a., «The anomalous winter of 1783–1784: Was the Laki eruption or an analog of the 2009–2010 winter to blame?», *Geophysical Research Letters* 38 (2011). **84** F. Pausata u. a., «Impacts of a high-latitude volcanic eruption on ENSO and AMOC», *Proceedings of the National Academy of Sciences of the USA* 112 (2015), S. 13784–13788; F. Pausata u. a., «ENSO response to high-latitude volcanic eruptions in the Northern Hemisphere: The role of the initial conditions», *Geophysical Research Letters* 43 (2016), S. 8694–8702. **85** R. Grove und G. Adamson, *El Niño in World History* (London, 2018), S. 82 f.; vgl. auch E. Cook u. a., «Asian Monsoon Failure and Megadrought during the Last Millennium», *Science* 328 (2010), S. 486–489. **86** V. Damodaran, «The East India Company, Famines and Ecological Conditions in Eighteenth Century Bengal», in A. Winterbottom, A. Lester und V. Damodaran (Hg.), *The East India Company and the Natural World* (London, 2015), S. 80–101. **87** A. Janetta, «Famine Mortality in Nineteenth-Century Japan: The Evidence from a Temple Death Register», *Population Studies* 46 (1992), S. 428 f. **88** C. Totman, *Early Modern Japan* (Berkeley, 1993), S. 239. **89** M. Ravina, *Land and Lordship in Early Modern Japan* (Stanford, 1999), S. 128–141.

90 D. Crecelius, *The Roots of Modern Egypt: A Study of the Regimes of ʿAli Bey al-Kabir and Muhammad Bey Abu al-Dhahab, 1760–1775* (Minneapolis, MN, 1981), S. 79–91, 159–168. **91** A. Mikhail, «Ottoman Iceland: A Climate History», *Environmental History* 20 (2015), S. 262–284; vgl. auch G. Endfield, *Climate and Society in Colonial Mexico: A Study in Vulnerability* (Malden, MA, 2008). **92** Mikhail, «Ottoman Iceland», S. 275 f. **93** V. Damodaran u. a., «The 1780 s: Global Climate Anomalies, Floods, Droughts and Famines», in S. White, C. Pfister and F. Mauelshagen (Hg.), *The Palgrave Handbook of Climate History* (London, 2018), S. 539 f. **94** R. Grove, «The Great El Niño of 1789–93 and its Global Consequences: Reconstructing an Extreme Climate Event in World Environmental History», *Medieval History Journal* 10 (2007), S. 75–98; vgl. zu Mega-Niños B. Meggers, «Archaeological Evidence for the Impact of Mega-Niño Events in Amazonia during the Past Two Millennia», *Climatic Change* 28 (1994), S. 321–338. **95** J. Gergis und A. Fowler, «A History of El Niño–Southern Oscillation (ENSO) Events since A.D. 1525: Implications for Future Climate Change», *Climatic Change* 92 (2009), S. 343–387. **96** Damadoran u. a., «The 1780 s», S. 531 f. **97** Ebd., S. 532–534. **98** Grove, «The Great El Niño of 1789–93», S. 84 f. **99** Ebd., S. 80–83. **100** Ebd., 86 f.; J. Guy, «Ecological factors in the rise of Shaka and the Zulu kingdom», in S. Marks und A. Atmore (Hg.), *Economy and Society in Pre-Industrial South Africa* (London, 1980), S. 102–119. **101** T. Wickman, «Narrating Indigenous Histories of Climate Change in the Americas and Pacific», in S. White, C. Pfister and F. Mauelshagen (Hg.), *The Palgrave Handbook of Climate History* (London, 2018), S. 393 f. **102** L. Abad und N. Maurer, «Do Pandemics Shape Elections? Retrospective Voting in the 1918 Spanish Flu Pandemic in the United States», CEPR Discussion Paper 15678 (2021), S. 13 f. **103** Grove, «The Great El Niño of 1789–93», S. 91–93. **104** A. Taylor, «The Hungry Year: 1789 on the Northern Border of Revolutionary America», in A. Johns (Hg.), *Dreadful Visitations: Confronting Natural Catastrophe in the Age of Enlightenment* (London, 2013), S. 156 f. **105** Ebd., S. 158. **106** S. Schama, *Citizens: A Chronicle of the French Revolution* (London, 1989), S. 330–332. **107** S. Hazareesingh, *Black Spartacus: The Epic Life of Toussaint Louverture* (New York, 2020); J. Marr und J. Cathey, «The 1802 Saint-Domingue Yellow Fever Epidemic and the Louisiana Purchase», *Journal of Public Health Management and Practice* 19 (2013), S. 77–82; Miller, *Environmental History of Latin America*, S. 112 f. **108** J. Belich, *Replenishing the Earth: The Settler Revolution and the Rise of the Angloworld* (Oxford, 2001), S. 55.

Neunzehntes Kapitel
Industrie, Rohstoffe und die natürliche Welt

1 D. Hume, «Of the Populousness of Ancient Nations», in *Essays: Moral; Political; and Literary*, Hg. E. Miller (Indianapolis, 1987), S. 448 f. **2** Ebd., S. 450 f.; J. Fleming, *Historical Perspectives on Climate Change* (Oxford, 1998), S. 17. **3** B. Franklin, «From Benjamin Franklin to Ezra Stiles, 29 May 1763», in L. Labaree und W. Bell (Hg.), *The Papers of Benjamin Franklin*, bislang 37 Bde. (New Haven, 1959 ff.), Bd. 10, S. 264–267. **4** S. Johnson, «Review of Du Halde's *Description of China*», *Gentleman's Magazine* 12 (1742), S. 320; Fleming, *Historical Perspectives*, S. 24. **5** Vgl. P. Moore,

Endeavour: The Ship and the Attitude that Changed the World (London, 2018). **6** S. Bedini, *Jefferson: Statesman of Science* (New York, 1990), S. 73–75. **7** J. Boyd (Hg.), *The Papers of Thomas Jefferson*, 27 Bde. (Princeton, 1955–1997), Bd. 7, S. 31. **8** Bedini, *Jefferson*, S. 75. **9** T. Jefferson, *Notes on the State of Virginia* (Richmond, VA, 1853), S. 80–90; Fleming, *Historical Perspectives*, S. 26. **10** H. Williamson, «An Attempt to Account for the Change of Climate Which Has Been Observed in the Middle Colonies in North America», *Transactions of the American Philosophical Society* 1 (1769–71), S. 272–280. **11** S. Williams, *The Natural and Civil History of Vermont* (Walpole, NH, 1794), S. 57; Fleming, *Historical Perspectives*, S. 25. **12** N. Webster, «On the Supposed Change in the Temperature of Winter», in N. Webster, *A Collection of Papers on Political, Literary and Moral Subjects* (New York, 1843), S. 144–148. **13** G.-L. de Buffon, «Époques de la nature», in de Buffon, *Histoire Naturelle*, 5 Bde. (Paris, 1778), Bd. 1, S. 240 f. Siehe auch Fleming, *Historical Perspectives*, S. 21–32. **14** T. Malthus, *An Essay on the Principle of Population, as it Affects the Future Improvement of Society. With Remarks on the Speculations of Mr Godwin, M. Condorcet and Other Writers* (London, 1798), S. 44; dt. *Das Bevölkerungsgesetz*, Hg. / Übers. Chr. M. Barth (München 1977), S. 67 f. **15** J. Leslie, *An Experimental Inquiry into the Nature and Propagation of Heat* (London, 1804), S. 180–182. Vgl. auch A. Zilberstein, «Inured to Empire: Wild Rice and Climate Change», *William and Mary Quarterly* 72.1 (2015), S. 149 f. **16** A. Zilberstein, «Inured to Empire: Wild Rice and Climate Change», *William and Mary Quarterly* 72 (2015), S. 127–158. **17** D. Blackbourn, *The Conquest of Nature: Water, Landscape and the Making of Modern Germany* (London, 2006), S. 21. **18** J. Frey, «The Indian Saltpeter Trade, the Military Revolution, and the Rise of Britain as a Global Superpower», *The Historian* 71 (2009), S. 507–554. **19** J. Houdaille, «Pertes de l'armée de terre sous l'empire», *Population* 27 (1972), S. 27–50; ders., «Le problème des pertes de la guerre», *Revue d'Histoire Moderne et Contemporaine* 17 (1970), S. 411–423. **20** C. Hall, «The Royal Navy and the Peninsular War», *Mariner's Mirror* 4 (1993), S. 413–418. **21** J-J. Voth, B. Caprettini und A. Trew, «Fighting for Growth: Labor Scarcity and Technological Progress During the British Industrial Revolution», University of Glasgow, Adam Smith Business School, Working Paper Series 2022–15 (2022), S. 1–62. **22** R. Poole, *Peterloo: The English Uprising* (Oxford, 2019). **23** Ebd., S. 18. **24** P. Pickering und A. Tyrrell, *The People's Bread: A History of the Anti-Corn Law League* (London, 2000). **25** C. Oppenheimer, *Eruptions that Shook the World* (Cambridge, 2011), S. 299–311. **26** S. Cao, Y. Li und B. Yang, «Mt. Tambora, Climatic Changes, and China's Decline in the Nineteenth Century», *Journal of World History* 23 (2012), S. 587–607; E. Skeen, «‹The Year without a Summer›: A Historical View», *Journal of the Early Republic* 1 (1981), S. 51–67; W. Soon und S. Yaskell, «Year without a Summer», *Mercury* 32 (2003), S. 13–22. **27** Oppenheimer, *Eruptions*, S. 313–317. **28** G. D'Arcy Wood, *Tambora: The Eruption that Changed the World* (Princeton, 2014), S. 45–71. **29** Ebd., S. 220–224. **30** Ebd., S. 78–84. **31** Ebd. S. 72–96. **32** M. Harrison, «A Dreadful Scourge: Cholera in early nineteenth-century India», *Modern Asian Studies* 54 (2020), S. 502–553. **33** R. Peckham, *Epidemics in Modern Asia* (Cambridge, 2016), S. 53–63. **34** C. Emsley, *British Society and the French Wars, 1793–1815* (Basingstoke, 1979), S. 173. **35** J. Tosh, «Jeremiah Goldswain's Farewell: Family and Fortune in Early Nineteenth-Century English Emigration», *History Workshop Journal* 77 (2014), S. 26–44;

J. Belich, *Replenishing the Earth: The Settler Revolution and the Rise of the Angloworld* (Oxford, 2001), S. 147. **36** Belich, *Replenishing the Earth*, S. 146. **37** E. Richards, *Britannia's Children: Emigration from England, Scotland, Wales and Ireland since 1600* (London, 2004), S. 110–111. **38** Ebd., S. 118. **39** A. Crosby, *The Columbian Exchange: Biological and Cultural Consequences of 1492* (Westport, CT, 2003), S. 214–215. **40** L. Putterman und D. Weil, «Post-1500 Population Flows and the Long-Run Determinants of Economic Growth and Inequality», *Quarterly Journal of Economics* 125 (2010), S. 1627–1682. **41** T. Hatton und J. Williamson, «Migrations from Europe in the Late Nineteenth Century?», *Population and Development Review* 20 (1994), S. 533–559; eine Fallstudie findet sich bei R. Abramitzky, L. Platt Boustan und K. Eriksson, «Europe's Tired, Poor, Huddled Masses: Self-Selection and Economic Outcomes in the Age of Mass Migration», NBER Working Paper 15684 (2010), S. 1–50. **42** T. Dublin (Hg.), *Immigrant Voices: New Lives in America, 1773–1986* (Urbana, IL, 1993), S. 78–80. **43** C. Saunt, *Unworthy Republic: The Dispossession of Native Americans and the Road to Indian Territory* (New York, 2020), S. XII, 5. **44** D. Martinez, *Documents of American Indian Removal* (Santa Barbara, CA, 2019), S. 41–44. **45** Saunt, *Unworthy Republic*, S. 14, 17. **46** L. Collingham, *The Hungry Empire: How Britain's Quest for Food Shaped the Modern World* (London, 2017), S. 190–192. **47** Belich, *Replenishing the Earth*, S. 82 f. **48** Ebd., S. 1. **49** D. Moon, *The Plough that Broke the Steppes: Agriculture and Environment on Russia's Grasslands, 1700–1914* (Oxford, 2013), S. 16 f. **50** D. Moon, «Peasant Migration, the Abolition of Serfdom and the Internal Passport System in the Russian Empire, c.1800–1914», in D. Eltis (Hg.), *Free and Coerced Migration: Global Perspectives* (Stanford, 2002), S. 324–357. **51** J. Reardon-Anderson, *Reluctant Pioneers: China's Expansion Northward, 1644–1937* (Stanford, 2005), S. 18–84. **52** J. Goldstone, «Efflorescences and Economic Growth in World History: Rethinking the ‹Rise of the West› and the Industrial Revolution», *Journal of World History* 13 (2002), S. 364. **53** G. Clark und D. Jacks, «Coal and the Industrial Revolution», *European Review of Economic History* 11 (2007), S. 39–72; vgl. auch P. Vries, «Are Coal and Colonies Really Crucial? Kenneth Pomeranz and the Great Divergence», *Journal of World History* 12 (2001), S. 407–446. **54** D. Theodoridis, P. Warde und A. Kander, «Trade and overcoming land constraints in British industrialization: An empirical assessment», *Journal of Global History* 13 (2018), S. 328–351. **55** K. Pomeranz, *The Great Divergence: China, Europe and the Making of the Modern World Economy* (Princeton, 2000), S. 60–64; Goldstone, «Efflorescences and Economic Growth», S. 348–353; Belich, *Replenishing the Earth*, S. 11–13; P. Malanima, «Energy crisis and growth, 1650–1850: The European deviation in a comparative perspective», *Journal of Global History* 1 (2006), S. 101–121; P. O'Brien, «Colonies in a Globalizing Economy, 1815–1948», in B. Gillis und W. Thompson (Hg.), *Globalization and Global History* (London, 2006), S. 248–291; P. O'Brien, «European Economic Development: The Contribution of the Periphery», *Economic History Review* 35 (1982), S. 1–18. **56** J. Belich, *The World the Plague Made: The Black Death and the Rise of Europe* (Princeton, 2022), S. 420, 428. **57** R. Allen, *The British Industrial Revolution in Global Perspective* (Cambridge, 2014), S. 80–84; Belich, *The World the Plague Made*, S. 421. **58** O'Brien, «Colonies in a Globalizing Economy», S. 248–291; ders., «European Economic Development», S. 1–18. **59** S. Heblich, S. Redding und H.-J. Voth, «Slavery and the British Industrial Revolution», NBER Working Paper 30451 (2022), S. 1–45. **60** O'Brien, «Colonies in a Globalizing Economy», S. 248–291. **61** K. Pomeranz, «Re-Thinking the Late Imperial Chinese Economy: Development, Disaggregation and Decline, circa 1730–1930», *Itinerario* 22 (2000), S. 29–74. **62** Belich, *The World the Plague Made*, S. 289–300. **63** J. Brolin und A. Kander, «Environmental factors in trade during the great transformation: Advancing the geographical coverage before 1950», *Journal of Global History* 15 (2020), S. 250 f. **64** A. Stone, *Petrified Intelligence: Nature in Hegel's Philosophy* (Albany, NY, 2005). **65** H. Spalding, «The Black Sea and the Caspian», *Van Nostrand's Eclectic Engineering Magazine* 15 (1876), S. 122–127; Moon, *The Plough that Broke the Steppes*, S. 212. **66** «The Black Sea and the Caspian», *The Age*, 7. August 1876. **67** D. Davis, *The Arid Lands: History, Power, Knowledge* (Cambridge, MA, 2015), S. 83. **68** M. Williams, *Deforesting the Earth: From Prehistory to Global Crisis* (Chicago, 2003), S. 430. Siehe auch A. Wulf, *The Invention of Nature: Alexander von Humboldt's New World* (New York, 2016), S. 59 f. **69** H. Haygarth, *Recollections of Bush Life in Australia during a Residence of Eight Years in the Interior* (London, 1864), S. 121. **70** Moon, *The Plough that Broke the Steppes*, S. 173 f. **71** Ebd., S. 120. **72** D. Moon, «Agriculture and the Environment on the Steppes in the Nineteenth Century», in N. Bregfoyle, A. Schrader und W. Sunderland (Hg.), *Peopling the Russian Periphery: Borderland Colonisation in Eurasian History* (Abingdon, 2007), S. 88–90. **73** Moon, *The Plough that Broke the Steppes*, S. 118–138. **74** M. Drolet, «Nature, Science and the Environment in Nineteenth-Century French Political Economy: The Case of Michel Chevalier (1806–79)», *Modern Intellectual History* 15 (2018), S. 711–745. **75** M. Gadgill und R. Guha, *This Fissured Land: An Ecological History of India* (New Delhi, 1992), S. 116 ff. **76** Williams, *Deforesting the Earth*, S. 335. **77** Ebd., S. 354 ff.; Gadgill und Guha, *This Fissured Land*, passim. **78** J. Weaver, *The Great Land Rush and the Making of the Modern World* (Montreal, 2003), S. 88–90. **79** K. Sivaramakrishnan, «Colonialism and Forestry in India: Imagining the Past in Present Politics», *Comparative Studies in Society and History* 37 (1995), S. 16 f. **80** C. Ross, *Ecology and Power in the Age of Empire: Europe and the Transformation of the Tropical World* (Oxford, 2017), S. 246. **81** Ebd., S. 297. **82** P. Hirst und G. Thompson, *Globalization in Question: The International Economy and the Possibilities of Governance* (Cambridge, MA, 1996), S. 31. **83** Survival International, «How will we survive? The destruction of the Congo Basin tribes in the name of conservation» (London, 2017); *Middle East Monitor*, «Tanzania: Maasai people face violence, eviction amid protests over UAE-owned game reserve», 22. Juni 2022. **84** H. Wauchope u. a., «Protected areas have a mixed impact on waterbirds, but management helps», *Nature* 605 (2022), S. 1–19. **85** W. Beinart and L. Hughes, *Environment and Empire* (Oxford, 2020), S. 66 f. **86** P. Lane, «Material Desires, Ecological Anxieties and East African Elephant Ivory from a Long-Term Perspective», *Environmental History* 24 (2019), S. 688–964. **87** Beinart und Hughes, *Environment and Empire*, S. 67 f. **88** Ebd., S. 64–69. **89** Belich, *Replenishing the Earth*, S. 3 f. **90** Ebd., S. 49. **91** Ebd., S. 79. **92** P. Sharp und J. Weisdorf, «Globalization revisited: Market integration and the wheat trade between North America and Britain from the eighteenth century», *Explorations in Economic History* 50 (2013), S. 90. **93** O. Barak, *Powering Empire: How Coal Made the Middle East and Sparked Global Carbonization* (Oakland, CA, 2020). **94** O. Figes, *The Europeans: Three Lives and the Making of a*

Cosmopolitan Culture (London, 2019), S. 43–52, 220–226. **95** H.-J. Teuteberg, *Die Rolle des Fleischextrakts für die Ernährungswissenschaften und den Aufsteig der Suppenindustrie* (Stuttgart, 1990); R. Woods, *The Herds Shot around the World: Native Breeds and the British Empire, 1800–1900* (Chapel Hill, NC, 2017). **96** I. Gazeley und A. Newell, «The First World War and working-class food consumption in Britain», *European Review of Economic History* 17 (2013), S. 71–94. **97** T. Dubois, «Many roads from pasture to plate: A commodity chain approach to China's beef trade, 1732–1931», *Journal of Global History* 14 (2019), S. 22–43. **98** Collingham, *Hungry Empire*, S. 232, 223. **99** Ebd., S. 223. **100** Ebd., S. 218. **101** Belich, *Replenishing the Earth*, S. 3, 113. **102** D. Clingingsmith und J. Williamson, «Mughal Decline, Climate Change and Britain's Industrial Ascent: An Integrated Perspective on India's 18th and 19th Century Deindustrialization», NBER Working Paper 11730 (2005), S. 1–38. **103** S. Ambirajan, «Malthusian population theory and Indian famine policy in the nineteenth century», *Population Studies* 30 (1976), S. 8. **104** Collingham, *Hungry Empire*, S. 221; S. Sweeney, «Indian Railways and Famine, 1875–1914: Magic Wheels and Empty Stomachs», *Essays in Economic and Business History* 26 (2008), S. 146; W. Cosgrove u. a., «Colonialism, international trade, and the nation state», in L. Newman (Hg.), *Hunger in History* (Oxford, 1990), S. 234; D. Hall-Matthews, *Peasants, Famine and the State in Colonial Western India* (London, 2005), S. 8. **105** S. Beckert, «Emancipation and Empire: Reconstructing the worldwide web of cotton production in the age of the American Civil War», *American Historical Review* 109 (2004), S. 1409 f. **106** Ebd., S. 1410; Ross, *Ecology and Power*, S. 29. **107** H. Berger und M. Spoerer, «Economic Crises and the European Revolutions of 1848», *Journal of Economic History* 61 (2001), S. 293–326; P. Wilson (Hg.), *1848: The Age of Revolutions* (Burlington, VT, 2006). **108** E. Baptist, *The Half Has Never Been Told: Slavery and the Making of American Capitalism* (New York, 2016), S. 111–144; French, *Born in Blackness*, S. 8. **109** Beckert, «Emancipation and Empire», S. 1424 f. **110** Ebd., S. 1430. **111** Ebd., S. 1414. **112** K. Cuno, «African Slaves in 19th-Century Rural Egypt», *International Journal of Middle East Studies* 41 (2009), S. 186–188. **113** L. Satya, *Cotton and Famine in Berar, 1850–1900* (New Delhi, 1997), S. 273–300. **114** Ross, *Ecology and Power*, S. 37–39; R. Owen, *Cotton and the Egyptian Economy, 1820–1914: A Study in Trade and Development* (Oxford, 1969), S. 98–102; L. Satya, *Cotton and Famine in Berar, 1850–1900* (New Delhi, 1997), S. 281–296.

Zwanzigstes Kapitel
Das Zeitalter der Turbulenz

1 C. Ross, *Ecology and Power in the Age of Empire: Europe and the Transformation of the Tropical World* (Oxford, 2017), S. 35 f. **2** Ebd., S. 99. **3** Ebd.; vgl. auch H. Hobhouse, *Seeds of Wealth: Four Plants that Made Men Rich* (Oxford, 2003), S. 125–137. **4** Ross, *Ecology and Power*, S. 106 f., 100 f., 111 f.; J. Drabble, *Rubber in Malaya, 1876–1922: The Genesis of the Industry* (Oxford, 1973), S. 216–219. **5** L. Córdoba, «White Blood, Black Gold: The Commodification of Wild Rubber in the Bolivian Amazon, 1870–1920», *Environmental History* 24 (2019), S. 695–702. **6** C. Elkins, *Legacy of Violence: A History of the British Empire* (London, 2022), S. X. **7** J. Mackenzie, «The

Popular Culture of Empire in Britain», in J. Brown und W. Louis (Hg.), *The Twentieth Century* (Oxford, 1999), S. 212–231. **8** P. Curtin, *Disease and Empire: The Health of European Troops in the Conquest of Africa* (Cambridge, 1998), S. 23–28; R. Deb Roy, *Malarial Subjects: Empire, Medicine and Nonhumans in British India, 1820–1909* (Cambridge, 2017); S. Gänger, «Cinchona Harvest, Deforestation, and ‹Extinction› in the Viceroyalty of New Granada, 1752–1811», *Environmental History* 24 (2019), S. 673–679. **9** Ross, *Ecology and Power*, S. 138 f. **10** Ebd., S. 139–155; S. Naylor, «Spacing the Can: Empire, Modernity, and the Globalisation of Food», *Environment and Planning A* 32 (2000), S. 1625–1639. **11** J. Richards, *The Unending Frontier: An Environmental History of the Early Modern World* (Berkeley, 2003), S. 576–622. **12** E. Dolin, *Leviathan: The History of Whaling in America* (New York, 2007). **13** G. Cushman, *Guano and the Opening of the Pacific World: A Global Ecological History* (Cambridge, 2013), S. 41–43. **14** Ebd., S. 8. **15** Ebd., S. 23–27. **16** Ebd., S. 45–48. **17** J. Conrad, *Lord Jim* (London, 1993), Kap. 14, S. 102–108; Cushman, *Guano*, S. 98. **18** R. Dillon, «A Tall Tale about the Guano Trade», *Western Folklore* 11 (1952), S. 125. **19** Cushman, *Guano*, S. 60–74. **20** Ebd., S. 54–56, 81 f.; C. Duffy Barnett, «The Edges of Empire and the Limits of Sovereignty: American Guano Islands», *American Quarterly* 57 (2005), S. 779–803. **21** C. Simmonds, *The Battle of Midway* (Oxford, 2011). **22** Cushman, *Guano*, S. 73. Zu Perus Verschuldung vgl. C. Vizcarra, «Guano, Credible Commitments, and Sovereign Debt Repayment in Nineteenth-Century Peru», *Journal of Economic History* 69 (2009), S. 358–387. **23** J. Baron, «Sailors' scurvy before and after James Lind – a reassessment», *Nutrition Reviews* 67 (2009), S. 315–332. **24** A. Dimico, A. Isopi und O. Olsson, «Origins of the Sicilian Mafia: The Market for Lemons», *Journal of Economic History* 77 (2017), S. 1083–1115. **25** C. Ó Gráda, «The Next World and the New World: Relief, Migration, and the Great Irish Famine», *Journal of Economic History* 79 (2019), 319–355. **26** L. Goméz-Alpizar, I. Carbone und J. Ristaino, «An Andean origin for *Phytophthora infestans* inferred from nuclear and mitochondrial DNA sequences», *Proceedings of the National Academy of Sciences of the USA* 104 (2007), S. 3306–3311; M. Martin u. a., «Genomic characterization of a South American Phytophthora hybrid mandates reassessment of the geographic origins of Phytophthora infestans», *Molecular Biology and Evolution* 33 (2016), S. 478–491; P. Bourke, «Emergence of potato blight, 1843–46», *Nature* 203 (1964), S. 805–808. **27** C. Ó Gráda, *Black '47 and Beyond: The Great Irish Famine in History, Economy, and Memory* (Princeton, 1999). **28** C. Kinealy, *The Great Irish Famine: Impact, Ideology and Rebellion* (Basingstoke, 2001). **29** H. Hirota, *Expelling the Poor: Atlantic Seaboard States and the Nineteenth-Century Origins of American Immigration Policy* (New York, 2017). **30** W. Collins und A. Zimran, «The Economic Assimilation of Famine Irish Migrants to the United States», NBER Working Paper 25287 (2017), S. 1–48. **31** Vgl. z. B. https://www.irishcentral.com/news/census-shows-almost-seven-times-more-irish-americans-than-population-of-ireland-218344001-237779801. **32** A. McKeown, «Global migration, 1846–1940», *Journal of World History* 15 (2004), S. 157 f. **33** Ebd., S. 159. **34** J. Osterhammel, *Die Verwandlung der Welt: Eine Geschichte des 19. Jahrhunderts* (München, 2009), S. 159. **35** H. Maude, *Slavers in Paradise: The Peruvian Slave Trade in Polynesia, 1862–1864* (Stanford, 1981). **36** D. Northrop, *Indentured Labor in the Age of Imperialism, 1834–1922* (Cambridge, 1995); E. Collingham, *Imperial Bodies:*

The Physical Experience of the Raj, c.1800–1947 (Cambridge, 2001), S.140f. **37** M. Driscoll, *The Whites Are Enemies of Heaven: Climate Causasianism and Asian Ecological Protection* (Durham, NC, 2021), S.35. **38** Collingham, *Imperial Bodies*, S.140f. **39** J. Loadman, *Tears of the Tree* (Oxford, 2005), S.140f. **40** K. Marx, *Das Kapital*, Buch 1, Kap. 4, in *Werke*, Bd. 23 (Berlin, 1962), S.760; http://www.mlwerke.de/me/me23/me23_000.htm. **41** Ross, *Ecology and Power*, S.112. **42** J. Belich, *Replenishing the Earth: The Settler Revolution and the Rise of the Angloworld* (Oxford, 2001), S.507f. **43** A. Knighton, «River adjustment to changes in sediment load: The effects of tin mining on the Ringarooma River, Tasmania, 1875–1984», *Earth Surface Processes and Landforms* 14 (1989), S.333–359; Ross, *Ecology and Power*, S.149f. **44** U. Förstner und G. Wittmann, *Metal Pollution in the Aquatic Environment* (Berlin, 1979). **45** R. Eisler und S. Wiemeyer, «Cyanide Hazards to Plants and Animals from Gold Mining and Related Water Issues», *Reviews of Environmental Contamination and Toxicology* 183 (2004), S.21–54. **46** Ebd., S.22; S. Fields, «Tarnishing the Earth: Gold Mining's Dirty Secret», *Environmental Health Perspectives* 109 (2001), S.474–481. **47** W. Beinart und L. Hughes, *Environment and Empire* (Oxford, 2020), S.133–136. **48** *Report of the Indian Famine Commission* (London, 1880), S.9. **49** S. Amrith, *Unruly Waters: How Mountain Rivers and Monsoons Have Shaped South Asia's History* (London, 2018), S.40f. **50** Ebd., S.18. **51** Ebd., S.45; R. Guha (Hg.), *Subaltern Studies III: Writings on South Asian History and Society* (Delhi, 1984), S.69. **52** Beinart und Hughes, *Environment and Empire*, S.134f. **53** Amrith, *Unruly Waters*, S.52–55. **54** Ross, *Ecology and Power*, S.312–314; vgl. zu Niederländisch-Ostindien W. Ravesteijn, *De zegenrijke heeren der wateren: irrigatie en staat op Java, 1832–1942* (Delft, 1997), S.111–206. **55** Guha (Hg.), *Subaltern Studies III*, S.69; Beinart und Hughes, *Environment and Empire*, S.137. **56** Dalhousie an den Court of Directors, 20. April 1853, in S. Settar (Hg.), *Railway Construction in India: Select Documents*, 2 Bde. (Delhi, 1999), Bd. 2, S.23–57; Amrith, *Unruly Waters*, S.52. **57** Vgl. etwa R. White, *Railroaded: The Transcontinentals and the Making of Modern America* (New York, 2011); C. Leonard u.a., «Land prices and railroad building in European Russia, 1860s to the early 1900s», *Russian Journal of Economics* 7 (2021), S.93–104; J. Atack u.a., «Did railroads induce or follow economic growth? Urbanization and population growth in the American Midwest, 1850–1860», *Social Science History* 34 (2010), S.171–197; B. Elleman und S. Kotkin, *Manchurian Railways and the Opening of China: An International History* (Armonk, NY, 2010). **58** Ross, *Ecology and Power*, S.314; P. Schmitthenner, «Colonial Hydraulic Projects in South India: Environmental and Cultural Legacy», in D. Kumar, V. Damodaran und R. D'Souza (Hg.), *The British Empire and the Natural World: Environmental Encounters in South Asia* (Oxford, 2011), S.181–201. **59** Amrith, *Unruly Waters*, S.121–124. **60** D. Gilmartin, *Blood and Water: The Indus River Basin in Modern History* (Berkeley, 2015), S.27–68. **61** *Indian Industrial Commission, 1916–1918* (Kalkutta, 1918), S.4; Amrith, *Unruly Waters*, S.137. **62** C. Brantley, «Kikuyu-Maasai Nutrition and Colonial Science: The Orr and Gilks Study in Late 1920s Kenya Revisited», *International Journal of African History* 30 (1997), S.84. **63** J. Voelcker, *Report on the Improvement of Indian Agriculture* (London, 1893), S.VI; vgl. auch Ross, *Ecology and Power*, S.331. **64** Ross, *Ecology and Power*, S.314. **65** A. Church, *East Africa, a New Dominion: A Crucial Experiment in Tropical Development and its Significance to the British Em-*

pire (London, 1927), S. X. **66** Ross, *Ecology and Power*, S. 314; D. Biggs, *Quagmire: Nation-Building and Nature in the Mekong Delta* (Seattle, 2010), S. 91–195. **67** E. Whitcombe, «The Environmental Costs of Irrigation in British India: Waterlogging, Salinity and Malaria», in D. Arnold und R. Guha (Hg.), *Nature, Culture, Imperialism: Essays on the Environmental History of South Asia* (Delhi, 1995), S. 254–257. **68** Beinart and Hughes, *Environment and Empire*, S. 135. **69** Whitcombe, «Environmental Costs», S. 255. **70** Ross, *Ecology and Power*, S. 317. **71** Ebd., S. 71–95. **72** S. Barraclough und K. Ghimire, *Forests and Livelihoods: The Social Dynamics of Deforestation in Developing Countries* (Basingstoke, 1995); M. Tiffen, M. Mortimore und F. Gichuki, *More People, Less Erosion: Environmental Recovery in Kenya* (Chichester, 1994). **73** L. Hughes, *Moving the Maasai: A Colonial Misadventure* (Basingstoke, 2006). **74** H. Tilley, *Africa as Living Laboratory: Empire, Development, and the Problem of Scientific Knowledge, 1870–1950* (Chicago, 2011), S. 124–126. **75** W. Churchill, «My African Journey» (Rede im National Liberal Club am 18. Januar 1908), in W. Churchill (Hg.), *Winston S. Churchill: Never Give in!* (London, 1990), S. 22. **76** T. Roosevelt, *African Game Trails: An Account of the African Wanderings of an American Hunter-Naturalist* (New York, 1910), S. 148. **77** R. Horsman, *Race and Manifest Destiny: The Origins of Racial Anglo-Saxonism* (Cambridge, MA, 1981), S. 227 und *passim*; Vgl. auch Belich, *Replenishing the Earth*, S. 5 f. **78** Horsman, *Race and Manifest Destiny*, S. 292. **79** Ebd., S. 227. **80** F. Harcourt, «Disraeli's imperialism, 1866–1868: A question of timing», *Historical Journal* 23 (1980), S. 96. **81** Vgl. dazu P. Satia, «Developing Iraq: Britain, India and the Redemption of Empire and Technology in the First World War», *Past & Present* 197 (2007), S. 228–230. **82** A. Anand, *Patient Assassin* (London, 2019), S. 218. **83** G. Morton-Jack, *The Indian Empire at War: From Jihad to Victory. The Untold Story of the Indian Army in the First World War* (London, 2018), S. 58. **84** E. Frankema, J. Williamson und P. Woltjer, «An economic rationale for the West African scramble? The commercial transition and the commodity price boom of 1835–1885», *Journal of Economic History* (2018), S. 231–267. **85** G. Vanthemsche, *Belgium and the Congo, 1885–1980* (Cambridge, 2012). **86** B. Phillips, *Loot: Britain and the Benin Bronzes* (London, 2021), S. 56. **87** Ebd., S. 67. **88** D. Hicks, *The Brutish Museums: The Benin Bronzes, Colonial Violence and Cultural Restitution* (London, 2020). **89** R. Home, *City of Blood Revisited: A New Look at the Benin Expedition of 1897* (London, 1982), S. 112. **90** Tonkin Free School, «A Civilisation of New Learning», in G. Dutton, J. Werner und J. Whitmore (Hg.), *Sources of Vietnamese Tradition* (New York, 2012), S. 369–371. **91** C. Stolte und H. Fischer-Tiné, «Imagining Asia in India: Nationalism and Internationalism (ca. 1905–1940)», *Comparative Studies in Society and History* 54 (2012), S. 65–92. **92** A. Khalid, «The Fascination of Revolution: Central Asian Intellectuals, 1917–27», *Slavic Eurasian Studies* 14 (2007), S. 137–152. **93** M. Gandhi, *Hind Swaraj and Other Writings*, Hg. A. Patel (Cambridge, 1997), S. 131. **94** M. Gandhi, *The Collected Works of Mahatma Gandhi* (Delhi, 1999), S. 409. **95** Morton-Jack, *The Indian Empire at War*, S. 58. **96** D. Weiner, *Models of Nature: Ecology, Conservation and Cultural Revolution in Soviet Russia* (Bloomington, IN, 1988), S. 37. **97** T. Weber, *Gandhi as Disciple and Mentor* (Cambridge, 2004), S. 69–83. **98** M. Gandhi, *Hind Swaraj – or Indian Home Rule* (Madras, 1921). **99** G. Marsh, *Man and Nature; or, Physical Geography as Modified by Human Action* (New York, 1867), S. 41. **100** L. White, «The

Historical Roots of our Ecologic Crisis», *Science* 155 (1967), S. 1203–1207. **101** M. Rangarajan, «Imperial Agendas and India's Forests: The Early History of Indian Forests, 1800–1878», *Indian Economic and Social History Review* 21 (1994), S. 147–167. **102** P. McElwee, *Forests Are Gold: Trees, People and Environmental Rule in Vietnam* (Seattle, 2017); vgl. auch R. Guha, *The Unquiet Woods: Ecological Change and Peasant Resistance in the Himalaya* (Berkeley, 2000). **103** Saunt, *Unworthy Republic*, S. 136–140. **104** Ebd., S. 145. **105** M. Hightower, *1889: The Boomer Movement, the Land Run and Early Oklahoma City* (Norman, OK, 2018). **106** Anton Čechov, *Der Kirschgarten*, Übers. Peter Urban (Zürich, 1973). **107** K. Marx, *Das Kapital*, 3. Buch, Kap. 46, in *Werke*, Bd. 25 (Berlin, 1983), S. 783; http://www.mlwerke.de/me/me25/me25_781.htm **108** Saunt, *Unworthy Republic*, S. 189–197. **109** C. Totman, *The Green Archipelago: Forestry in Preindustrial Japan* (Berkeley, 1989); D. Fedman, *Seeds of Control: Japan's Empire of Forestry in Colonial Korea* (Seattle, 2020). **110** Beinart und Hughes, *Environment and Empire*, S. 149 f.; J. Darwin, *Unlocking the World: Port Cities and Globalization in the Age of Steam, 1830–1930* (London, 2020). **111** J. Daughton, *In the Forest of No Joy: The Congo-Océan Railroad and the Tragedy of French Colonialism* (New York, 2021). **112** Vgl. zum Carrington-Ereignis D. Boteler, «The super storms of August/September 1859 and their effects on the telegraph system», *Advances in Space Research* 38 (2006), S. 159–172; R. Braithwaite, *Armageddon and Paranoia: The Nuclear Confrontation since 1945* (Oxford, 2018), S. 276. **113** W. Herschel, «Observations tending to investigate the nature of the sun, in order to find the causes or symptoms of its variable emission of light and heat, with remarks on the use that may possibly be drawn from solar observations», *Royal Society, Philosophical Transactions* 91 (1801), S. 265–320. **114** W. Jevons, *Investigations in Currency and Finance* (London, 1884), S. 195–243. **115** J. Fourier, «General Remarks on the Temperature of the Terrestrial Globe and the Planetary Spaces», *American Journal of Science and Arts* 32 (1837), S. 1–20; im frz. Original «Mémoire sur les températures du globe terrestre et les espaces planétaires», *Mémoires de l'Academie royal des Sciences de l'Institut de France* 7 (1827), S. 570–604. **116** E. Foote, «Circumstances affecting the Heat of the Sun's Rays», *American Journal of Science and Arts*, Second series, 22 (1856), S. 382 f. **117** S. Arrhenius, «On the Influence of Carbonic Acid in the Air upon the Temperature on the Ground», *Philosophical Magazine and Journal of Science*, 5th series, 41 (1896), S. 8–11. Vgl. dazu Fleming, *Historical Perspectives*, S. 55–82. **118** D. Hart und D. Victor, «Scientific Elites and the Making of US Policy for Climate Change Research, 1957–74», *Social Studies of Science* 23 (1993), S. 658. **119** S. Asselin, «A Climate of Competition: Climate Change as Political Economy in Speculative Fiction, 1889–1915», *Science Fiction Studies* 45 (2018), S. 440–453. **120** J. Fleming, *Fixing the Sky: The Checkered History of Weather and Climate Control* (New York, 2010), S. 31–33. **121** Asselin, «A Climate of Competition», S. 443 f. **122** J. Church und N. White, «A 20th century acceleration in global sea-level rise», *Geophysical Research Letters* 33 (2006), S. 1–4; dies., «Sea-level rise from the late 19th to the early 21st century», *Surveys in Geophysics* 32 (2011), S. 585–602. **123** J. Walker u. a., «Timing of emergence of modern rates of sea-level rise by 1863», *Nature Communications* 13 (2022), S. 1–8. **124** B. Beach und W. Hanlon, «Coal Smoke and Mortality in an Early Industrial Economy», *The Economic Journal* 128 (2018), S. 2652–2675. **125** R. Bailey, T. Hatton und K. Inwood,

«Atmospheric Pollution, Health, and Height in Late Nineteenth Century Britain», *Journal of Economic History* 78 (2018), S. 1210–1247. **126** A. Kidd, *Manchester: A History* (Keele, 2007), S. 21–27. **127** F. Engels, *Die Lage der arbeitenden Klasse in England* (Leipzig, 1845), in *Werke*, Bd. 2 (Berlin, 1972), S. 225–506 (Zitate S. 259, 374, 385–386, 378); http://www.mlwerke.de/me/me02/me02_225.htm. **128** H. Platt, *Shock Cities: The Environmental Transformation and Reform of Manchester and Chicago* (Chicago, 2005), S. 24. **129** J. McHugh und P. Mackowiak, «Death in the White House: President William Henry Harrison's Atypical Pneumonia», *Clinical Infectious Diseases* 59 (2014), S. 990–995. **130** W. Wordsworth, *The Excursion* (London, 1853), S. 300–302; J. Moore und J. Strachan, *Key Concepts in Romantic Literature* (London, 2010), S. 46–51. **131** S. Kheraj, «The Great Epizootic of 1872–73: Networks of Animal Disease in North American Urban Environments», *Environmental History* 23 (2018), S. 495–521. **132** H. Kjekshus, *Ecology Control and Economic Development in East African History: The Case of Tanganyika, 1850 to 1950* (London, 1977), S. 127–143; P. Phoofolo, «Epidemics and Revolutions: The Rinderpest Epidemic in Late Nineteenth-Century Southern Africa», *Past & Present* 138 (1992), S. 112–143. **133** R. Shlomowitz, «Mortality and the Pacific labour trade», *Journal of Pacific History* 22 (1987), S. 34 f. **134** D. Northrop, *Indentured Labor in the Age of Imperialism, 1843–1922* (Cambridge, 1995); R. Shlomowitz, «Epidemiology and the Pacific labor trade», *Journal of Interdisciplinary History* 19 (1989), S. 585–610. **135** E. Ladurie, «A concept: the unification of the globe by disease», *The Mind and Method of the Historian* (Brighton, 1981), S. 28–91. **136** D. Arnold, «The Indian Ocean as a Disease Zone, 1500–1950», *South Asia: Journal of South Asian Studies* 14.2 (1991), S. 10 f.; ders., *Colonizing the Body: State Medicine and Epidemic Disease in Nineteenth-Century India* (Berkeley, 1993). **137** Arnold, «Indian Ocean as a disease zone», S. 8 f. **138** A. Khalid, «Of cholera, colonialism and pilgrimage sites: Rethinking popular responses to state sanitation, c.1867–1900», in B. Pati und M. Harrison (Hg.), *Society, Medicine and Politics in Colonial India* (London, 2018), S. 74. **139** Ebd., S. 75. **140** «Mauni Amavasya: Five crore pilgrims take holy dip at Kumbh till 5 pm», *Times of India*, 4. Februar 2019. **141** Khalid, «Of cholera», S. 78–87. **142** D. Lippi und E. Gotuzzo, «The greatest steps towards the discovery of Vibrio cholerae», *Clinical Microbiology and Infection* 60 (2014), S. 191–195. **143** M. Harrison, «A Question of Locality: The Identity of Cholera in British India, 1860–1890», in D. Arnold (Hg.), *Warm Climates and Western Medicine: The Emergence of Tropical Medicine, 1500–1900* (Amsterdam, 1996), S. 133–159. **144** A. Valeron u. a., «Transmissibility and geographic spread of the 1889 influenza pandemic», *Proceedings of the National Academy of Sciences of the USA* 107 (2010), S. 8778–8781. **145** P. Berche, «The enigma of the 1889 Russian flu pandemic: A coronavirus?», *La Press Médicale* 51 (2022), S. 1–9. **146** M. Brazleton, «Viral Reflections: Placing China in Global Health Histories», *Journal of Asian Studies* 79 (2020), S. 581–583. **147** N. Johnson und J. Mueller, «Updating the accounts: Global mortality of the 1918–1920 ‹Spanish› influenza pandemic», *Bulletin of the History of Medicine* 76 (2002), S. 105–115; P. Spreeuwenberg, «Reassessing the Global Mortality of the 1918 Influenza Pandemic», *American Journal of Epidemiology* 187 (2018), S. 2561–2567. **148** M. Nickol und J. Kindrachuk, «A year of terror and a century of reflection: Perspectives on the great influenza pandemic of 1918–1919», *BMC Infectious Diseases* 19 (2019),

S. 1–10. **149** D. Morens, J. Taubenberger und A. Fauci, «Predominant Role of Bacterial Pneumonia as a Cause of Death in Pandemic Influenza: Implications for Pandemic Influenza Preparedness», *Journal of Infectious Diseases* 198 (2008), S. 962–970. **150** K. Clay, J. Lewis und E. Severini, «Pollution, Infectious Disease, and Mortality: Evidence from the 1918 Spanish Influenza Pandemic», *Journal of Economic History* 78 (2018), S. 1179–1209. **151** A. Guimbeau, N. Menon und A. Musacchio, «The Brazilian Bombshell? The Long-Term Impact of the 1918 Influenza Pandemic the South American Way», NBER Working Paper 26929 (2020), S. 1–46. **152** D. Almond, «Is the 1918 Influenza Pandemic Over? Long-Term Effects of In Utero Influenza Exposure in the Post-1940 U.S. Population», *Journal of Political Economy* 114 (2006), S. 672–712. **153** K. Blickle, «Pandemics Change Cities: Municipal Spending and Voter Extremism in Germany, 1918–1933», Federal Reserve Bank of New York, *Staff Reports* 921 (2020), S. 1–34. **154** M. Humphries, «Paths of infection: The First World War and the origins of the 1918 influenza pandemic», *War in History* 21 (2014), S. 55–81; A. Erkoreka, «Origins of the Spanish influenza pandemic (1918–1920) and its relation to the First World War», *Journal of Molecular and Genetic Medicine: An International Journal of Biomedical Research* 3 (2009), S. 190–194. **155** A. More u. a., «The Impact of a Six-Year Climate Anomaly on the ‹Spanish Flu› Pandemic and WWI», *GeoHealth* 4 (2020), S. 1–8; vgl. auch J. Brown u. a., «Avian influenza virus in water: Infectivity is dependent on pH, salinity and temperature», *Veterinary Microbiology* 136 (2009), S. 20–26. **156** N. Lambert, *The War Lords and the Gallipoli Disaster: How Globalised Trade Led Britain to its Worst Defeat of the First World War* (London, 2021), S. 42–61, 202–209. **157** P. Castañeda Dower und A. Markevich, «Labor Misallocation and Mass Mobilization: Russian Agriculture during the Great War», *Review of Economics and Statistics* 100 (2018), S. 245–259. **158** T. Uyama, «Why in Central Asia, why in 1916? The revolt as an interface of the Russian colonial crisis and the World War», in A. Morrison, C. Drieu und A. Chokobaeva, *The Central Asian Revolt of 1916: A Collapsing Empire in the Age of War and Revolution* (Manchester, 2020), S. 27–45. **159** Vgl. dazu M. Saul und P. Royer, *West African Challenge to Empire, Culture and History in the Volta-Bani Anticolonial War* (Athens, OH, 2001); S. Chowdhury, *The First World War, Anticolonialism and Imperial Authority in British India, 1914–1924* (London, 2019); K. Jeffery, *1916: A Global History* (London, 2016), S. 362–364. **160** Jeffery, *1916*, S. 190–210. **161** D. Brantz, «Environments of Death: Trench Warfare on the Western Front, 1914–1918», in C. Closmann (Hg.), *War and the Environment: Military Destruction in the Modern Age* (College Station, TX, 2009), S. 82. **162** M. Van Meirvenne u. a., «Could shelling in the First World War have increased copper concentrations in the soil around Ypres?», *European Journal of Soil Science* 59 (2008), S. 372–379. **163** T. Harper, *Underground Asia: Global Revolutionaries and the Assault on Empire* (London, 2020), bes. S. 207 ff. **164** A. Link, «That Cobb Interview», *Journal of American History* 72 (1985), S. 9; R. Lansing, *War Memoirs of Robert Lansing, Secretary of State* (Indianapolis, IN, 1935), S. 212 f. **165** P. Mishra, *Bland Fanatics: Liberals, Race and Empire* (London, 2020), S. 45; vgl. zu Webers Nachwirkung in der Entwicklungspolitik R. Allen, *The British Industrial Revolution in Global Perspective* (Cambridge, 2009), S. 7 f. **166** D. Low, *Eclipse of Empire* (Cambridge, 1991), S. 11.

Einundzwanzigstes Kapitel
Neue Utopien

1 O. Melsted und I. Pallua, «The Historical Transition from Coal to Hydrocarbons: Previous Explanations and the Need for an Integrative Perspective», *Canadian Journal of History* 53 (2018), S. 398–401. **2** D. Yergin, *The Prize: The Epic Quest for Oil, Money and Power* (New York, 1991), S. 62–149. **3** R. Casey, *The Model T: A Centennial History* (Baltimore, 2008). **4** Hankey an Balfour, 1. August 1918, Public Records Office, Foreign Office file 800/204. **5** BP, *Statistical Review of World Energy* (2021), S. 16. **6** «Summary of Report on Near Eastern Oil», 3. Februar 1943, in Yergin, *The Prize*, S. 375. **7** J. Marshall, *To Have and to Have Not: Materials and the Origins of the Pacific War* (Berkeley, 2021); A. Toprani, *Oil and the Great Powers: Britain and Germany, 1914–1945* (Oxford, 2019), insbes. S. 231–252. **8** US Energy Information Administration, «Petroleum & Other Liquids»; https://www.eia.gov/dnav/pet/hist/LeafHandler.ashx?n=pet&s=wttntus2&f=4. **9** A. Bhandari, *India and the Changing Geopolitics of Oil* (Abingdon, 2022); A. Kutuleva, *China's Energy Security and Relations with Petrostates: Oil as an Idea* (Abingdon, 2022). **10** M. Willibold, T. Elliott und S. Moorbath, «The tungsten isotopic composition of the Earth's mantle before the terminal bombardment», *Nature* 477 (2011), S. 195–198. **11** Oxfam America, «Valentine's Gold Jewelry Sales Generate 34 Million Tons of Mine Waste», 11. Februar 2005; siehe auch A. Septoff, «How the 20 tons of mine waste per gold ring was calculated», *Earthworks*, 21. Mai 2004. **12** WALHI: Indonesian Forum for Environment, *The Environmental Impacts of Freeport – Rio Tinto's Copper and Gold Mining Operation in Papua* (Jakarta, 2006); M. Alonzo, J. Van Den Hoek und N. Ahmed, «Capturing coupled riparian and coastal disturbance from industrial mining using cloud-resilient satellite time series analysis», *Scientific Reports* 6 (2016), S. 1–12. **13** M. Rohrbough, *Days of Gold: The California Gold Rush and the American Nation* (Berkeley, 1997); E. West, *The Contested Plains: Indians, Goldseekers, and the Rush to Colorado* (Lawrence, KS, 1998); W. Frost, «The Environmental Impacts of the Victorian Gold Rushes: Miners' Accounts during the First Five Years», *Australian Economic History Review* 53 (2013), S. 72–90; M. Singer u. a., «Enduring legacy of a toxic fan via episodic redistribution of California gold mining debris», *PNAS* 110 (2013), S. 18336–18341; M. Bassin, «Expansion and Colonialism on the Eastern Frontier: Views of Siberia and the Far East in Pre-Petrine Russia», *Journal of Historical Geography* 14 (1988), S. 3–21. **14** Goldman Sachs, «Copper is the New Oil» (2021); Hinrich Foundation, «Lithium is ‹new oil› as vehicle market expands», 21. September 2021; The Diplomat, «Rare Earths: Fighting for the Fuel of the Future», 8. Januar 2022; WSP, «Net Zero: Is Hydrogen the New Oil?», 10. November 2021; Forbes, «Data is the New Oil», 15. November 2019. **15** American Resources Policy Network, zit. n. «Wire Harness Recycling», *Assembly*, 1. Juli 2014; International Energy Agency, «The Role of Critical Minerals in Clean Energy Transitions» (2021). **16** Ross, *Ecology and Power*, S. 177–182. **17** Ebd., S. 191–193. **18** Ebd., S. 197. **19** Zit. n. A. Williams, *White Malice: The CIA and the Neocolonisation of Africa* (London, 2021), S. 31 f., 127. **20** Natural Resource Governance Institute, «The Resource Curse: The Political and Economic Challenges of Natural Resource Wealth», *NRGI Reader* (März 2015), S. 1–6; M. Humphreys,

J. Sachs und J. Stiglitz (Hg.), *Escaping the Resource Curse* (New York, 2007). **21** Williams, *White Malice*, S. 127. **22** K. Ochieng' Opalo, *Legislative Development in Africa: Politics and Postcolonial Legacies* (Cambridge, 2019). **23** M. Wilfahrt, *Precolonial Legacies in Postcolonial Politics: Representation and Redistribution in Decentralised West Africa* (Cambridge, 2021). **24** D. Euraque, *Reinterpreting the Banana Republic: Region and State in Honduras, 1870–1972* (Chapel Hill, NC, 1996), S. 44. **25** R. Immerman, *The CIA in Guatemala: The Foreign Policy of Intervention* (Austin, TX, 1982), S. 73–75. **26** Ebd., S. 75–80. **27** N. Cullather, *Secret History: The CIA's Classified Account of its Operations in Guatemala, 1952–1954* (Stanford, 1999). **28** G. Hegerl u. a., «The early 20th century warming: Anomalies, causes, and consequences», *WIREs Climate Change* 9 (2018), S. 1–20. **29** Ebd., S. 5 f.; siehe auch L. Svendsen u. a., «Pacific contribution to decadal surface temperature trends in the Arctic during the twentieth century», *Climate Dynamics* 57 (2021), S. 3223–3243. **30** J. McConnell u. a., «20th-Century Industrial Black Carbon Emissions Altered Arctic Climate Forcing», *Science* 317 (2007), S. 1381–1384; S. Brönnimann, «Early twentieth century warming», *Nature Geoscience* 2 (2009), S. 735 f. **31** S. Kim, «Expansion of Markets and the Geographic Distribution of Economic Activities: The Trends in U. S. Regional Manufacturing Structure, 1860–1987», *Quarterly Journal of Economics* 110 (1995), S. 881–908. **32** S. Kim, «Urban Development in the United States, 1690–1990», *Southern Economic Journal* 66 (2000), S. 855–880. **33** S. Broadberry und D. Irwin, «Labor productivity in the United States and the United Kingdom during the nineteenth century», *Explorations in Economic History* 43 (2006), S. 257–279. **34** J. Atack, R. Margo und S. Rhode, «Industrialization and Urbanization in Nineteenth Century America», NBER Working Paper 25897 (2021), S. 1–52. **35** J. Tang, «Railroad Expansion and Industrialization: Evidence from Meiji Japan», *Journal of Economic History* 74 (2014), S. 863–886; T. Berger, «Railroads and Rural Industrialization: Evidence from a Historical Project Experiment», *Exploration in Economic History* 74 (2019), S. 1–18; C. Lundh, L. Schön und L. Svensson, «Regional wages in industry and labour market integration in Sweden, 1861–1913», *Scandinavian Economic History Review* 53 (2005), S. 71–84; E. Hornung, «Railroads and Growth in Prussia», *Journal of the European Economic Association* 13 (2015), S. 699–736. **36** W. I. Lenin, *Development of Capitalism in Russia* (Moskau, 1956). **37** W. I. Lenin, *Полное собрание сочинений*, 55 Bde. (Moskau, 1975–79), Bd. 36, S. 15 f.; dt. *Werke*, Bd. 31 (Berlin, 1966), S. 513. **38** S. Josephson, «War on Nature as Part of the Cold War: The Strategic and Ideological Roots of Environmental Degradation in the Soviet Union», in J. McNeill und C. Unger (Hg.), *Environmental Histories of the Cold War* (Cambridge, 2010), S. 21–32. **39** D. Weiner, *A Little Corner of Freedom: Russian Nature Protection from Stalin to Gorbachev* (Berkeley, 1999), S. 133. **40** L. Trotzki, *Literatur und Revolution*, Übers. E. Schäfer und H. v. Riesen (Essen, 1994), S. 247. **41** S. Josephson, «‹Projects of the Century› in Soviet History: Large-Scale Technologies from Lenin to Gorbachev», *Technology and Culture* 36 (1995), S. 531 f. **42** Josephson, «War on Nature», S. 31 f.; D. Nordlander, «Origins of a Gulag Capital: Magadan and Stalinist Control in the Early 1930 s», *Slavic Review* 57 (1998), S. 791–812. **43** S. Fitzpatrick, *Stalin's Peasants: Resistance and Survival in the Russian Village after Collectivization* (Oxford, 1994); R. Davies und S. Wheatcroft, *The Years of Hunger: Soviet Agriculture, 1931–1933* (New York, 2004);

A. Applebaum, *Red Famine: Stalin's War on Ukraine* (London, 2017). **44** Zum Rassismus der 1930er Jahre siehe A. Markevich, N. Naumenko und N. Qian, «The Political-Economic Causes of the Soviet Great Famine, 1932–3», NBER Working Papers 29089 (2021), S. 1–34. **45** R. Davies, *The Socialist Offensive: The Collectivization of Soviet Agriculture, 1929–1930* (Cambridge, MA, 1980), S. 395. **46** N. Dronin und E. Bellinger, *Climate Dependence and Food Problems in Russia, 1900–1990: The Interaction of Climate and Agricultural Policy and their Effect on Food Problems* (Budapest, 2005), S. 116; Josephson, «Projects of the Century», S. 533. **47** B. Bonhomme, *Forests, Peasants, and Revolutionaries: Forest Conservation and Organization in Soviet Russia, 1917–1929* (Boulder, CO, 2005), S. 128. **48** S. Brain, «Stalin's Environmentalism», *Russian Review* 69 (2010), S. 98. **49** S. Brain, «The Environmental History of the Soviet Union», in J. McNeill und E. Mauldin (Hg.), *A Companion to Global Environmental History* (Chichester, 2012), S. 232. **50** Brain, «Stalin's Environmentalism», S. 104. **51** Ebd., S. 102. **52** Weiner, *Models of Nature*, S. 252–256. **53** Brain, «Stalin's Environmentalism», S. 110f. **54** Josephson, «Projects of the Century», S. 536. **55** I. Gazeley und A. Newell, «The First World War and working-class food consumption in Britain», *European Review of Economic History* 17 (2013), S. 71–94. **56** E. Frankema, «Raising revenue in the British empire, 1870–1940: how ‹extractive› were colonial taxes?», *Journal of Global History* 5 (2010), S. 447–477. **57** K. O'Connor, «The King's Christmas pudding: globalization, recipes, and the commodities of empire», *Journal of Global History* 4 (2009), S. 127–155. **58** Ross, *Ecology and Power*, S. 339; M. van Beusekom, *Negotiating Development: African Farmers and Colonial Experts at the Office du Niger* (Portsmouth, NH, 2002), S. 40–42. **59** Ross, *Ecology and Power*, S. 339. **60** J. van Zanden, «The first green revolution: the growth of production and productivity in European agriculture, 1870–1914», *Economic History Review* 44 (1991), S. 21–39. **61** N. Cullather, *The Hungry World. America's War against Poverty in Asia* (Cambridge, MA, 2022), S. 46f. **62** B. Cook, R. Miller und R. Seager, «Amplification of the North American ‹Dust Bowl› drought through human-induced land degradation», *PNAS* 106 (2009), S. 4997–5001. **63** W. Lockeretz, «The Lessons of the Dust Bowl: Several Decades before the Current Concern with Environmental Problems, Dust Storms Ravaged the Great Plains, and the Threat of More Dust Storms Still Hangs over Us», *American Scientist* 66 (1978), S. 560. **64** T. Egan, *The Worst Hard Time: The Untold Story of Those Who Survived the Great American Dust Bowl* (Boston, MA, 2006), S. 8; D. Worster, *Dust Bowl: The Southern Plains in the 1930 s* (New York, 1979). **65** R. Hornbeck, «The Enduring Impact of the American Dust Bowl: Short- and Long-Run Adjustments to Environmental Catastrophe», *American Economic Review* 102 (2012), S. 1477–1507. **66** K. Sylvester und E. Rupley, «Revising the Dust Bowl: High above the Kansas Grasslands», *Environmental History* 17 (2012), S. 603–633. **67** T. Cowan u. a., «Factors Contributing to Record-Breaking Heat Waves over the Great Plains during the 1930 s Dust Bowl», *Journal of Climate* 30 (2017), S. 2437–2461. **68** M. Sanderson und R. Scott Frey, «From desert to breadbasket ... to desert again? A metabolic rift in the High Plains Aquifer», *Journal of Political Ecology* 21 (2014), S. 516–532. **69** H. Holleman, *Dust Bowls of Empire: Imperialism, Environmental Politics, and the Injustice of «Green» Capitalism* (New Haven, 2018), S. 47–50. **70** G. Jacks und R. Whyte, *The Rape of the Earth: A World Survey of Soil*

Erosion (London, 1939). **71** L. Stamp, «Land Utilization and Soil Erosion in Nigeria», *Geographical Review* 28 (1938), S. 32–45. **72** G. Callendar, «The artificial production of carbon dioxide and its influence on temperature», *Quarterly Journal of the Royal Meteorological Society* 64 (1938), S. 223–237. **73** E. Hawkins und S. Jones, «On increasing global temperatures: 75 years after Callendar», *Quarterly Journal of the Royal Metereological Society* 139 (2013), S. 1961–1963. **74** S. Tett u. a., «Causes of twentieth-century temperature change near the Earth's surface», *Nature* 399 (1999), S. 569–572; T. Delworth und T. Knutson, «Simulation of early 20th century global warming», *Science* 287 (2000), S. 2246–2250. **75** O. Johannsson, «Die Temperaturverhältnisse Spitzbergens (Svalbard)», *Annalen der Hydrographie und Maritimen Meteorologie* 64 (1936), S. 81–96; R. Scherhag, «Die Erwärmung des Polargebiets», *Annalen der Hydrographie* 67 (1939), S. 57–67. **76** J. Williams, *Turning to Nature in Germany: Hiking, Nudism and Conservation* (Stanford, 2007), S. 220. **77** Ebd. **78** F. Uekötter, *The Green and the Brown: A History of Conservation in Nazi Germany* (Cambridge, 2009), S. 22; Williams, *Turning to Nature*, S. 219; H. Behrens, «Über Kontinuitäten im Naturschutz aus der Zeit des Nationalsozialismus in die DDR bis heute», in *Naturschutz und Rechtsradikalismus. Gegenwärtige Entwicklungen, Probleme, Abgrenzungen und Steuerungsmöglichkeiten.* Hg. G. Heinrich, K.-D. Kaiser, N. Wiersbinski (Bonn, 2015), S. 84. **79** K. Guenther, *Der Naturschutz* (Felsenfeld, 1910), S. 13. **80** A. Hitler, *Mein Kampf* (München, 1925), Bd. 1, S. 141. **81** H. Behrens, «Über Kontinuitäten im Naturschutz», S. 84. **82** Uekötter, *The Green and the Brown*, S. 1. **83** H. Schwenkel (Hg.), *Taschenbuch des Naturschutzes. Ein Ratgeber für Wanderer und Naturfreunde* (Salach / Baden-Württemberg, 1941), S. 37. **84** H.-G. Marian und M. Müller, «Der Kampf um Lebensraum: Braune Ideologen im Umwelt- und Naturschutz». *Blätter für deutsche und internationale Politik* 2 / 2020, S. 86; H.-W. Frohn, «Naturschutz macht Staat – Staat macht Naturschutz», in H. W. Frohn und F. Schmoll (Hg.): *Natur und Staat. Staatlicher Naturschutz in Deutschland 1906–2006* (Münster, 2006), S. 88–93. **85** A. von Vietinghoff-Riesch, *Naturschutz. Eine nationalpolitische Kulturaufgabe* (Neudamm, 1939), S. 58. **86** T. Zeller, «Molding the Landscape of Nazi Environmentalism: Alwin Seifert and the Third Reich», in Brüggemeier, Cioc und Zeller (Hg.), *How Green Were the Nazis?*, S. 147–170. **87** Uekoetter, *The Green and the Brown*, S. 32, 171–176; T. Zeller, «‹The Landscape's Crown›: Landscape, Perceptions, and Modernizing Effects of the German Autobahn System, 1934 to 1941», in D. Nye (Hg.), *Technologies of Landscape: From Reaping to Recycling* (Amherst, MA, 1999), S. 230. **88** Uekoetter, *The Green and the Brown*, S. 32. **89** B. Gehlken, «Das Wirken Reinhold Tüxens und anderer Pflanzensoziologen in der Zeit von 1933 bis 1945», *Notizbuch der Kasseler Schule* 92 / 2021, S. 193–228. **90** K. Meyer, *Generalplan Ost. Rechtliche, wirtschaftliche und räumliche Grundlagen des Ostaufbaues*, Juni 1942, BArch Berlin, R 49 / 157a; http://1000dok.digitale-sammlungen.de/dok_0138_gpo.pdf. **91** H. Koenig, «Zur Frage des Wiederaufbaus zerstörter Ortschaften im Osten und Westen», *Die Gartenkunst* 27 (1914), S. 295, zit. n. C. Gerak, *Die Architektur im «Dritten Reich» und ihre Bedeutung für den Nationalsozialismus – «speerlich, klotzig, troostlos»*, unveröffentlichte Diplomarbeit (Klagenfurt, 2008), S. 127. **92** H. F. Wiepking-Jürgensmann, «Der deutsche Osten. Eine vordringliche Aufgabe für unsere Studierenden», *Die Gartenkunst* 52 (1939), S. 193, zit. n. G. Grönung und J. Wolschke, «Die Landschaftspflege als Instrument nationalsozialistischer Eroberungspolitik», *ARCH+* 81 (1985), S. 47. **93** H. F. Wiepking-Jürgensmann, «Die Landschaftspflege in Schlesien», in *Almanach, herausgegeben aus Anlaß der Einführung der Ämter Handwerkspflege und industrielle Formgebung, Baupflege, Landschaftsgestaltung und der Architektur und Hausratausstellung im Landeshaus*, Hg. Oberpräsident, Verwaltung des Schlesischen Provinzialverbandes (Breslau, 1940), S. 113, zit. n. G. Grönung und J. Wolschke, «Die Landschaftspflege als Instrument nationalsozialistischer Eroberungspolitik», *ARCH+* 81 (1985), S. 55. **94** A. Siefert, «Die Zukunft der ostdeutschen Landschaft», *Flüssiges Obst* XII, 1/2 (1941), S. 108–110. **95** SS-Hauptamt, *Der Untermensch*, S. 3; https://archive.org/details/SSHauptamtDerUntermensch194252S.Scan. **96** H. Klemann und S. Kudryashov, *Occupied Economies: An Economic History of Nazi-Occupied Europe, 1939–1945* (London, 2012); siehe auch A. Tooze, *The Wages of Destruction: The Making and Breaking of the Nazi Economy* (London, 2006); dt. *Ökonomie der Zerstörung. Die Geschichte der Wirtschaft im Nationalsozialismus* (München, 2007). **97** A. Speer, *Erinnerungen* (Frankfurt/Main, 1969), S. 241; https://archive.org/details/albert-speer-erinnerungen. **98** E. Konopinski, C. Marvin und E. Teller, *Ignition of the Atmosphere with Nuclear Bombs: Report LA-602* (Los Alamos, NM, 1946), S. 1. **99** Y. Fujii, «The role of atmospheric nuclear explosions on the stagnation of global warming in the mid 20th century», *Journal of Atmospheric and Solar-Terrestrial Physics* 73 (2011), S. 643–652. **100** T. Higuchi, «Atmospheric Nuclear Weapons Testing and the Debate on Risk Knowledge in Cold War America, 1945–1963», in McNeill und Unger (Hg.), *Environmental Histories*, S. 305 f. **101** A. Robock und B. Zambri, «Did Smoke from City Fires in World War II Cause Global Cooling?», *Journal of Geophysical Research: Atmospheres* 123 (2018), S. 314–325. **102** Ebd. **103** Hegerl, «The early 20th century warming», S. 15; J. Hansen u. a., «Global Surface Temperature Change», *Reviews of Geophysics* 48 (2010), S. 1–29. **104** M. Dörries, «The Politics of Atmospheric Sciences: Nuclear Winter and Global Climate Change», *Osiris* 26 (2011), S. 202. **105** H. Arakawa, «Possible Atmospheric Disturbances and Damages to the Rice-Crops in Northern Japan That May Be Caused by Experimentation with Nuclear Weapons», *Geophysical Magazine* (1954), S. 125–134; H. Arakawa und K. Tsutsumi, «A decrease in the normal incidence radiation values for 1953 and 1954 and its possible cause», *Geophysical Magazine* 27 (1956), S. 205–208; Dörries, «Politics of Atmospheric Sciences», S. 202. **106** US Atomic Energy Commission, US Air Force and Rand Corporation, «Worldwide Effects of Atomic Weapons: Project Sunshine», R-251-AEC, 6. August 1953. **107** S. Edwards, «Entangled histories: Climate science and nuclear weapons research», *Bulletin of the Atomic Scientists* 68 (2012), S. 29 f. **108** Committee on Meteorological Aspects of the Effects of Atomic Radiation, «Meteorological Aspects of Atomic Radiation», *Science* 124 (1956), S. 105–112. **109** Ebd., S. 112. **110** Zur Diskussion des Klimawandels im 20. Jahrhundert siehe M. Dörries, «In the public eye: Volcanology and climate change studies in the 20th century», *Historical Studies in the Physical and Biological Sciences* 37 (2006), S. 87–125. **111** Fujii, «Role of atmospheric nuclear explosions», S. 643–652.

Zweiundzwanzigstes Kapitel
Die Neugestaltung der globalen Umwelt

1 J. Fleming, «The pathological history of weather and climate modification: Three cycles of promise and hype», *Historical Studies in the Physical and Biological Sciences* 37 (2006), S. 6 f. Das Motto zu Beginn des Kapitels findet sich bei J. Shapiro, *Mao's War against Nature: Politics and the Environment in Revolutionary China* (Cambridge, 2001), S. 87. **2** Fleming, «Pathological history», S. 6 f.; J. Townsend, *Making Rain in America: A History* (Lubbock, TX, 1975), S. 11–13. **3** Fleming, *Fixing the Sky*, S. 77–108. **4** S. Heazell, *Most Secret: The Hidden History of Orford Ness* (Stroud, 2013), S. 40. **5** K. Harper, *Weather by the Numbers: The Genesis of Modern Meteorology* (Oxford, 2008), S. 49–52. **6** K. Harper, *Make It Rain: State Control of the Atmosphere in Twentieth-Century America* (Chicago, 2017), S. 37–48. **7** Harper, *Weather by the Numbers*, S. 58. **8** Harper, *Make It Rain*, S. 46–48. **9** V. Schaefer, «A Method for Making Snowflake Replicas», *Science* 93 (1941), S. 239 f.; B. Vonnegut, «The nucleation of ice formation by silver iodide», *Journal of Applied Physics* 18 (1947), S. 593–595; I. Langmuir, «The production of a chain reaction in cumulus clouds at temperatures above freezing», *Journal of Meteorology* 5 (1948), S. 175–181. **10** K. Harper, «Climate control: United States weather modification in the cold war and beyond», *Endeavour* 32 (2008), S. 20; ders., *Make It Rain*, S. 49. **11** Harper, «Climate control», S. 20. **12** K. Harper und R. Doel, «Environmental Diplomacy in the Cold War: Weather Control, the United States and India, 1966–1967», in McNeill und Unger (Hg.), *Environmental Histories*, S. 119; Harper, *Make It Rain*, S. 56–62. **13** *Time*, 28. August 1950. **14** *Charleston Daily Mail*, 11. Dezember 1950. **15** «Weather Made to Order?», *Collier's*, 28. Mai 1954. **16** *Brainerd Daily Dispatch*, 6. Juli 1954. **17** H. Orville, «The Impact of Weather Control on the Cold War», in 85th Congress, *Weather Modification Research: Hearings of the House Committee on Interstate and Foreign Commerce* (Washington, DC, 1958), S. 53. **18** Harper, *Make It Rain*, S. 62–80. **19** «US is Urged to Seek Methods to Control the World's Weather», *New York Times*, 1. Januar 1958. **20** H. Houghton, «Present position and future possibilities of weather control», in *Final Report of the United States Advisory Committee on Weather Control*, cited in Fleming, «Pathological history», S. 17 f. **21** M. Brzezinski, *Red Moon Rising: Sputnik and the Hidden Rivalries that Ignited the Space Age* (New York, 2007). **22** S. Wheatcroft, «The Soviet Famine of 1946–1947, the Weather and Human Agency in Historical Perspective», *Europe-Asia Studies* 64 (2012), S. 987–1005. **23** M. Ellman, «The 1947 Soviet famine and the entitlement approach to famines», *Cambridge Journal of Economics* 24 (2000), S. 603–630. Siehe auch V. Zima, *Голод в СССР 1946–1947 годов: происхождение и последствия* (Moskau, 1996), und N. Ganson, *The Soviet Famine of 1946–1947 in Global and Historical Perspective* (New York, 2009). **24** S. Brain, «The Great Stalin Plan for the Transformation of Nature», *Environmental History* 15 (2010), S. 680. **25** J. Stalin, «Über dialektischen und historischen Materialismus», in *Geschichte der Kommunistischen Partei der Sowjetunion (Bolschewiki). Kurzer Lehrgang* (Moskau, 1938), S. 9. **26** S. Brain, *Song of the Forest: Russian Forestry and Stalinist Environmentalism, 1905–1953* (Pittsburgh, 2011), S. 148–167. **27** Ebd., S. 149. **28** D. Shaw, «Mastering Nature through Science: Soviet Geographers and the

Great Stalin Plan for the Transformation of Nature, 1948–53», *Slavonic and East European Review* 93 (2015), S. 120–146. **29** Brain, «The Great Stalin Plan», S. 691 f. **30** N. Chruschtschow, «Rede des Ersten Sekretärs des CK der KPSS, N. S. Chruschtschow auf dem XX. Parteitag der KPSS» [«Geheimrede»], 25. Februar 1956, Übers. L. Antipow; https://www.1000dokumente.de/?c=dokument_ru&dokument=0014_ent&object=translation&l=de. **31** Ebd. **32** L. Battan, «A Survey of Recent Cloud Physics Research in the Soviet Union», *Bulletin of the American Meteorological Society* 44 (1963), S. 755–771. **33** Orville, «Impact of Weather Control on the Cold War», S. 51–53. **34** Ebd. **35** Draft of Presidential Speech before the General Assembly of the United Nations, 28. November 1953, Eisenhower Presidential Library. **36** G. DeGroot, *Dark Side of the Moon: The Magnificent Madness of the American Lunar Quest* (London, 2007), S. 10. **37** E. Teller, «We're Going to Work Miracles», *Popular Mechanics* 113 (1960), S. 97–101; «How to Be an Optimist in a Nuclear Age», in E. Teller with A. Brown, *The Legacy of Hiroshima* (New York, 1962), S. 84–89; D. O'Neill, *The Firecracker Boys: H-Bombs, Inupiat Eskimos, and the Roots of the Environmental Movement* (New York, 1994), S. 28. **38** Fleming, «Pathological history», S. 18 f. Siehe A. Markin, *Soviet Electric Power: Developments and Prospects* (Moskau, 1956), S. 133–135; N. Rusin und L. Flit, *Man versus Climate* (Moskau, 1960); I. Adabashev, *Global Engineering* (Moskau, 1966), S. 191–197, 162. **39** Zit. n. J. Hamblin, «A Global Contamination Zone: Early Cold War Planning for Environmental Warfare», in McNeill und Unger (Hg.), *Environmental Histories*, S. 103, 95. **40** US Senate Committee on Interior and Insular Affairs, *Hearings before the Subcommittee on Water and Power Resources* (Washington, DC, 1966), S. 26 f. **41** J. von Neumann, «Can We Survive Technology?», in A. Taub (Hg.), *John von Neumann: The Collected Works*, 6 Bde. (Oxford, 1961–1963), Bd. 6, S. 504–519. **42** S. Weart, *The Rise of Nuclear* War (Cambridge, MA, 1988), S. 121. **43** Teller, «How to Be an Optimist in a Nuclear Age», S. 86 f. **44** J. Fay, *Inhospitable World: Cinema in the Time of the Anthropocene* (Oxford, 2018), S. 80–83. **45** Harper und Doel, «Environmental Diplomacy», S. 120 f.; «High Altitude Tests Stirs Wide Protests», *New York Times*, 1. Juni 1962; J. Manaffey, *Atomic Awakening: A New Look at the History and Future of Nuclear Power* (New York, 2009), S. 233 f. **46** V. Tolstikov und V. Kuznetsov, «Кыштымская радиационная авария 1957 года: первые оценки радиационной обстановки после взрыва», *Глобальная ядерная безопасность* 201 (2018), S. 107–115. **47** G. Seaborg, *Kennedy, Khrushchev and the Test Ban* (Berkeley, 1981); R. Strode, «Soviet Policy toward a Nuclear Test Ban: 1958–1963», in M. Mandelbaum (Hg.), *The Other Side of the Table: The Soviet Approach to Arms Control* (New York, 1990), S. 5–40. **48** R. Huschke, «A Brief History of Weather Modification since 1946», *Bulletin of the American Meteorological Society* 44 (1963), S. 428. **49** J. Perkins, *Geopolitics and the Green Revolution: Wheat, Genes and the Cold War* (Oxford, 1997), S. 163. **50** Ebd., S. 166–168. **51** Amrith, *Unruly Waters*, S. 194–196; Central Water and Power Commission, *Major Water and Power Projects of India* (Delhi, 1957), S. 3. **52** Ebd., S. 212 f.; S. Singh, *Taming the Waters: The Political Economy of Large Dams in India* (Oxford, 1997), S. 133–203. **53** Cullather, *Hungry World*, S. 109. **54** A. Rotter, *Comrades at Odds: The United States and India, 1947–64* (Ithaca, NY, 2000), S. 15 f. **55** Cullather, *Hungry World*, S. 112. **56** Amrith, *Unruly Waters*, S. 184–186; «Certified Statement in Accordance with Article 2 of the Regulations Adopted by the General Assembly on 14 December 1946 (Resolution No. 97 (I)) to Give Effect to Article 102 of the Charter of the United Nations». **57** D. Lilienthal, «Another Korea in the Making?», *Collier's*, 4. August 1951, S. 18–20. **58** Cullather, *Hungry World*, S. 112f. **59** V. Nemenchok, «‹That So Fair a Thing Should Be So Frail›: The Ford Foundation and the Failure of Rural Development in Iran, 1953–1964», *Middle East Journal* 63 (2009), S. 263–271. **60** Ebd., S. 263–284. **61** Siehe Frankopan, *Silk Roads*, S. 433ff.; dt. *Licht aus dem Osten*, S. 615ff. **62** Cullather, *Hungry World*, S. 125–127. **63** S. Hamilton, *Supermarket USA: Food and Power in the Cold War Farms Race* (New Haven, 2018), S. 70–96. **64** Harry S. Truman, «Inaugural address», *New York Times*, 21. Januar 1949. **65** Ebd. **66** National Security Council, «NSC-48, the Position of the United States with Respect to Asia», 30. Dezember 1949, in T. Etzold und J. Gaddis (Hg.), *Containment: Documents on American Policy and Strategy* (New York, 1978), S. 265. **67** H. Byroade, «The World's Colonies and Ex-Colonies: A Challenge to America», zit. n. Cullather, *Hungry World*, S. 74. **68** Cullather, *Hungry World*, S. 79; D. Faris, *To Plow with Hope* (New York, 1958), S. 107. **69** Perkins, *Geopolitics and the Green Revolution*, S. 146–154, 119f. **70** Hamilton, *Supermarket USA*, S. 18f.; S. Conkin, *A Revolution Down on the Farm: The Transformation of American Agriculture since 1929* (Lexington, KT, 2008). **71** A. Hale-Dorrell, *Corn Crusade: Khrushchev's Farming Revolution in the Post-Stalin Soviet Union* (New York, 2019), S. 36. **72** H. Luce, «The American Century», *Life*, 17. Februar 1941; Hamilton, *Supermarket USA*, S. 44. **73** Truman, «Inaugural address». **74** Cullather, *Hungry World*, S. 142. **75** M. Swaminathan, *Wheat Revolution: A Dialogue* (London, 1993), S. VII; Perkins, *Geopolitics and the Green Revolution*, S. 168. **76** Cullather, *Hungry World*, S. 144f. **77** Ebd., S. 142–146. **78** Perkins, *Geopolitics and the Green Revolution*, S. 175. **79** Ebd.; F. Frankel, *India's Political Economy, 1947–1977* (Princeton, 1978), S. 157–159. **80** J. Nehru, *Toward Freedom: The Autobiography of J. Nehru* (New York, 1941), S. 230f.; S. Gopal, *Jawaharlal Nehru: A Biography*, 3 Bde. (London, 1975–1984), Bd. 2, S. 202; D. Engerman, «The Romance of Economic Development and New Histories of the Cold War», *Diplomatic History* 28 (2004), S. 30f. **81** Hale-Dorrell, *Corn Crusade*, S. 48–52. **82** Siehe z. B. N. Telepneva, *Cold War Liberation: The Soviet Union and the Collapse of the Portuguese Empire in Africa, 1961–75* (Chapel Hill, NC, 2022). **83** Ebd., S. 48–54; for Aswan, A. Shokr, «Hydropolitics, Economy, and the Aswan High Dam in Mid-Century Egypt», *Arab Studies Journal* 17 (2009), S. 9–31; S. Borzutzky und D. Berger, «Dammed If You Do, Dammed If You Don't: The Eisenhower Administration and the Aswan Dam», *Middle East Journal* 64 (2010), S. 84–102. **84** Hale-Dorrell, *Corn Crusade*, S. 20. **85** Ebd., S. 22. **86** Dronin und Bellinger, *Climate Dependence and Food Problems in Russia*, S. 171–217. **87** A. Hale-Dorrell, «The Soviet Union, the United States, and Industrial Agriculture», *Journal of World History* 26 (2015), S. 305f. **88** Hale-Dorrell, *Corn Crusade*, S. 21, 61f. **89** Ebd., S. 1f. **90** W. Taubman, *Khrushchev: The Man and his Era* (New York, 2003), S. 609; Hale-Dorrell, «The Soviet Union, the United States, and Industrial Agriculture», S. 318. **91** N. Khrushchev, *Строительство коммунизма в СССР и сельское хозяйство*, 8 Bde. (Moskau, 1962–1968), Bd. 1, S. 342; Hale-Dorrell, *Corn Crusade*, S. 29. **92** Khrushchev, *Строительство коммунизма*, Bd. 2, S. 69; Hale-Dorrell, *Corn Crusade*, S. 95. **93** Hale-Dorrell, «The Soviet Union, the United States, and Industrial Agriculture», S. 309–311. **94** Dronin und

Bellinger, *Climate Dependence and Food Problems in Russia*, S. 1 f.; S. Gatrell, *The Tsarist Economy, 1850–1917* (London, 1986); N. Field, «Environmental quality and land productivity: a comparison of the agricultural land base of the USSR and North America», *Canadian Geographer* 12 (1968), S. 1–14. **95** Hamilton, *Supermarket USA*, S. 126. **96** Hale-Dorrell, *Corn Crusade*, S. 33. **97** Hamilton, *Supermarket USA*, S. 119. **98** N. Khrushchev, *Memoirs of Nikita Khrushchev*, Hg. S. Khrushchev, Übers. G. Shriver, 3 Bde. (University Park, PA, 2004–2007), Bd. 2, S. 558; siehe auch Hale-Dorrell, *Corn Crusade*, S. 30. **99** Engerman, «Romance of Economic Development», S. 23–54. **100** S. Reid, «The Khrushchev Kitchen: Domesticating the Scientific-Technological Revolution», *Journal of Contemporary History* 40 (2005), S. 289–316. **101** D. Stone, *Goodbye to All That: A History of Europe since 1945* (Oxford, 2014), S. 153–155; S. Reid, «Our Kitchen Is Just as Good: Soviet Responses to the American Kitchen», in R. Oldenziel und K. Zachmann (Hg.), *Cold War Kitchen: Americanization, Technology and European Users* (Cambridge, MA, 2009), S. 83–112. **102** Siehe M. Feshbach und A. Friendly, *Ecocide in the USSR: Health and Nature under Siege* (New York, 1992), S. 73–90. **103** B. Gaybullaev, S.-C. Chen und D. Gaybullaev, «Changes in water volume of the Aral Sea after 1960», *Applied Water Science* 2 (2012), S. 285–286; B. Alikhanov, «Environmental challenges of the Aral Sea and the Aral Sea area», International Meeting Report, Tashkent (2010), S. 5–27; D. Alieva, «Reproductive health in females of the Aral Sea area», *Gynecology and Obstetrics* 70 (2008), S. 64. **104** S. Micklin, «The Aral Sea Disaster», *Annual Review of Earth Planetary Sciences* 35 (2007), S. 47–72. **105** Hamilton, *Supermarket USA*, S. 181. **106** Hale-Dorrell, *Corn Crusade*, S. 1–9. **107** F. Dikötter, *The Tragedy of Liberation: A History of the Chinese Revolution, 1945–1957* (London, 2013), S. 9–11. **108** Ebd., S. 15 f. **109** Ebd., S. 17–19. **110** Ebd., S. 22–26. **111** Sun Yat-sen, The True Solution for the Chinese Question (New York, 1904), S. 9 f. **112** Sun Yat-sen, *Vital Problems of China* (Taipei, 1953), S. 80. **113** Sun Yat-sen, «The Three Principles of the People», in D. Chetham, *Before the Deluge* (London, 2002), S. 117. **114** Dikötter, *Tragedy of Liberation*, S. 137. **115** Ebd. **116** Ebd., S. 126 f. **117** Ebd., S. 49, 87–94. **118** Ebd., S. 275–277. **119** Ebd., S. 281–291. **120** L. Cabral, S. Pandey und X. Xu, «Epic narratives of the Green Revolution in Brazil, China, and India», *Agriculture and Human Values* 39 (2022), S. 253. **121** Shapiro, *Mao's War against Nature*, S. 67 f. **122** Ebd., S. 68. **123** J. Shapiro, *Mao's War against Nature: Politics and the Environment in Revolutionary China* (Cambridge, 2001), S. 67 f. **124** Ebd., S. 71 f. **125** Ebd., S. 67–74. **126** Ebd., S. 23, 49, 63. **127** Ebd., S. 106 f. **128** M. Muscolino, «‹Water Has Aroused the Girls' Hearts›: Gendering Water and Soil Conservation in 1950 s China», *Past & Present* 255 (2022), S. 351–387. **129** Ebd., S. 29–31. **130** Dikötter, *Tragedy of Liberation*, S. 144. **131** Shapiro, *Mao's War against Nature*, S. 86 f. **132** B. Maohong, «The Evolution of Environmental Problems and Environmental Policy in China: The Interaction of Internal and External Forces», in McNeill und Unger (Hg.), *Environmental Histories of the Cold War*, S. 328. **133** Shapiro, *Mao's War against Nature*, S. 75, 89. **134** J. Becker, *Hungry Ghosts: Mao's Secret Famine* (New York, 1996), S. 2. **135** Ball, *Water Kingdom*, S. 225. **136** M. Wolfe, «A Revolution is a Force More Powerful Than Nature: Extreme Weather and the Cuban Revolution, 1959–64», *Environmental History* 24 (2020), S. 469–491. **137** E. Borgwardt, *A New Deal for the World: America's Vision for Human Rights* (Cambridge, MA, 2005), S. 157.

Dreiundzwanzigstes Kapitel
Die Zuspitzung der Ängste

1 M. Mead, *Culture and Commitment: A Study of the Generation Gap* (Garden City, NY, 1970), S. 58 f. **2** J. Kerouac, *The Dharma Bums* (New York, 1958), S. 97 f.; A. Rome, «‹Give Earth a Chance›: The Environmental Movement and the Sixties», *Journal of American History* 90 (2003), S. 543. **3** J. Willis, *Daily Life in the 1960 s Counterculture* (Santa Barbara, CA, 2019), S. 147. **4** Rome, «‹Give Earth a Chance›», S. 536. **5** C. Merchant, «Women of the Progressive Conservation Movement: 1900–1916», *Environmental Review* 8 (1984), S. 57–85. **6** V. Norwood, *Made from This Earth: American Women and Nature* (Chapel Hill, NC, 1993), S. 143 f.; M. Ryan, *Womanhood in America, from Colonial Times to the Present* (New York, 1975), S. 281. **7** Rome, «‹Give Earth a Chance›», S. 538. **8** R. Carson, *Silent Spring* (Cambridge, MA, 1962), S. 1 f.; dt. *Der stumme Frühling*, Übers. M. Auer (Gütersloh, 1963). Siehe auch Norwood, *Made from This Earth*, S. 143–171. **9** Carson, *Silent Spring*, S. 16. **10** Norwood, *Made from This Earth*, S. 154; Rome, «‹Give Earth a Chance›», S. 532. **11** Rome, «‹Give Earth a Chance›», S. 528. **12** J. Galbraith, *The Affluent Society* (Cambridge, MA, 1958), S. 253; dt. *Gesellschaft im Überfluss*, Übers. R. Mühlfenzl (München, 1959). **13** E. Dale, «Big Debate: Public vs Private Spending», *New York Times*, 13. März 1960. **14** S. Udall, *The Quiet Crisis* (New York, 1963), S. VIII, 189; Rome, «‹Give Earth a Chance›», S. 532. **15** President Johnson, «Remarks at the University of Michigan, May 22, 1964», in *Public Papers of the Presidents of the United States: Lyndon B. Johnson, 1963–1964*, 2 Bde. (Washington, DC, 1965), S. 1, S. 704 f. **16** US Army, «Proceedings of the First Defoliation Conference, 29–30 July 1963» (Fort Detrick, MD, 1964). **17** E. Pfeiffer und G. Orians, «Military Use of Herbicides in Vietnam», in J. Neilands u. a. (Hg.), *Harvest of Death: Chemical Warfare in Vietnam and Cambodia* (New York, 1972), S. 120 f. **18** J. Cookson und J. Nottingham, *A Survey of Chemical and Biological Warfare* (New York, 1969), S. 42 f. **19** A. Galston u. a., «Scientists' Petition to President Johnson against Herbicidal Warfare», *Bioscience* 17 (1967), S. 10. **20** D. Zierler, *The Invention of Ecocide: Agent Orange, Vietnam and the Scientists who Changed the Way We Think about the Environment* (Athens, GA, 2011), S. 14–32. **21** R. Olney, *Black Tide: The Santa Barbara Oil Spill and its Consequences* (New York, 1972). **22** G. Hill, «One Year Later, Impact of Great Oil Slick is Still Felt», *New York Times*, 25. Januar 1970. **23** D. Stradling und R. Stradling, «Perceptions of the Burning River: Deindustrialization and Cleveland's Cuyahoga River», *Environmental History* 13 (2008), S. 517 f. **24** Ebd., S. 523. **25** President Nixon, «Remarks Following Inspection of Oil Damage at Santa Barbara Beach», 21. März 1969, in *Public Papers of the Presidents of the Unites States: Richard Nixon, 1969* (Washington, DC, 1971), S. 234. **26** G. Hill, «‹Environmental Crisis› May Eclipse Vietnam as College Issue», *New York Times*, 30. November 1969. **27** A. Rome, *The Genius of Earth Day: How a 1970 Teach-in Unexpectedly Made the First Green Generation* (New York, 2013). **28** A. Cooke, «The US gets down to Earth», *Guardian*, 24. April 1970. **29** Hill, «One Year Later». **30** M. Melosi, «Lyndon Johnson and Environmental Policy», in R. Divine (Hg.), *The Johnson Years*, Bd. 2: *Vietnam, the Environment, and Science* (Lawrence, KA, 1987), S. 113–149; ders., *Effluent America: Cities, Industry, Energy and the Environment* (Pittsburgh, 2001), S. 254 f.

31 J. Brooks Flippen, *Nixon and the Environment* (Albuquerque, NM, 2000); Rome, «Give Earth a Chance», S. 551 f.; T. Spezio, *Slick Policy: Environmental and Science Policy in the Aftermath of the Santa Barbara Oil Spill* (Pittsburgh, 2018). **32** Dörries, «Politics of Atmospheric Sciences», S. 206. **33** B. Ward und R. Dubos, *Only One Earth: The Care and Maintenance of a Small Planet* (New York, 1972), S. 192, 195. **34** Ebd., S. XIII. **35** I. Gandhi, «Man and Environment», in dies., *Safeguarding Environment* (New Delhi, 1984), S. 13–22. **36** John F. Kennedy Presidential Library, «Inaugural Address», 20. Januar 1961. **37** President Truman, «America's Solemn Obligation in World Famine Crisis», *Department of State Bulletin* 14 (1946), S. 716. **38** Central Intelligence Agency, *Potential Implications of Trends in World Population, Food Production, and Climate* (Washington, DC, 1974), S. 6. **39** E. East, *Mankind at the Crossroads* (New York, 1923); dt. *Die Menschheit am Scheidewege*, Übers. H. Schmidt (Basel, 1926); W. Thompson, *Population and Peace in the Pacific* (Chicago, 1946); W. Vogt, *Road to Survival* (New York, 1948); dt. *Die Erde rächt sich*, Übers. M. v. Schweinitz (Frankfurt/Main, o. J.); F. Osborn, *Our Plundered Planet* (Boston, MA, 1948); dt. *Unsere ausgeplünderte Erde* (Zürich, 1950); siehe auch Perkins, *Geopolitics and the Green Revolution*, S. 135–137. **40** Perkins, *Geopolitics and the Green Revolution*, S. 137. **41** Ebd., S. 138; Cullather, *Hungry World*, S. 154. **42** President Truman, «America's Solemn Obligation», S. 716. **43** S. Ehrlich, *The Population Bomb* (New York, 1968), S. XII; siehe auch S. Ehrlich und A. Ehrlich, «The Population Bomb Revisited», *Electronic Journal of Sustainable Development* 1 (2009), S. 63–71. **44** S. Sontag, «What's Happening to America», *Partisan Review* 34 (1967), S. 57 f.; Rome, «‹Give Earth a Chance›», S. 547. **45** N. Cullather, «Parable of Seeds: The Green Revolution in the Modernizing Imagination», in M. Frey, R. Pruessen und T. Yong (Hg.), *The Transformation of Southeast Asia: International Perspectives on Decolonization* (Armonk, NY, 2003), S. 265. **46** G. Stone, «Commentary: New histories of the Indian green revolution», *Geographical Journal* 185 (2019), S. 243–250. **47** G. Conway, *The Doubly Green Revolution: Food for All in the 21st Century* (London, 1997), S. 44–65. **48** Nobel Prize, «Peace Prize 1970: Norman Borlaug»; https://www.nobelprize.org/prizes/peace/1970/borlaug/biographical. **49** Cullather, *Hungry World*, S. 239. **50** S. Pingali, «Green revolution: impacts, limits, and the path ahead», *PNAS* 109 (2012), S. 12302–12308. **51** G. Federico, *Feeding the World: An Economic History of Agriculture, 1800–2000* (Princeton, 2000), S. 69–82; Ross, *Ecology and Power*, S. 384. **52** Cullather, *Hungry World*, S. 236 f. **53** Ebd., S. 241 f.; Ross, *Ecology and Power*, S. 386. **54** United Nations Research Institute for Social Development, *The Social and Economic Implications of Large-Scale Introduction of New Varieties of Food Grain: Summary of Conclusion of a Global Research Project* (Geneva, 1974), S. 24. **55** Z. Poppel, «Quick rice: International development and the Green Revolution in Sierra Leone, 1960–1976», in C. Helstosky (Hg.), *The Routledge History of Food* (Abingdon, 2015), S. 332–351. **56** N. Cullather, «Miracles of Modernization: The Green Revolution and the Apotheosis of Technology», *Diplomatic History* 28 (2004), S. 243–245. **57** V. Shiva, *The Violence of the Green Revolution: Third World Agriculture, Ecology and Politics* (London, 1991), S. 47; Ross, *Ecology and Power*, S. 386. **58** S. Srivastava, M. Balhara und B. Giri, «Soil health in India: past history and future perspective», in B. Giri und A. Varma (Hg.), *Soil Health* (New Delhi, 2020), S. 1–19. **59** N. Sharma und R. Singhvi, «Effects of chemical fertilizers and pesticides on human health and environment: a review», *International Journal of Agriculture, Environment and Biotechnology* 10 (2017), S. 675–680. **60** Ross, *Ecology and Power*, S. 386–389. **61** D. Nierenberg, «Agriculture: growing food and solutions», in E. Assadourian u. a. (Hg.), *State of the World 2013: Is Sustainability Still Possible?* (Washington, DC, 2013), S. 190–200. **62** K. Davis u. a., «Alternative cereals can improve water use and nutrient supply in India», *Science Advances* 4 (2018), S. 1–11. **63** I. Singh, «Changes of agriculture production in India after Green Revolution», *Journal of the Gujarat Research Society* 21 (2019), S. 2290–2294. **64** S. Prasad, «Innovating at the margins: the system of rice intensification in India and transformative social innovation», *Ecology & Society* 21 (2016), S. 1–9. **65** E. Brainerd und N. Menon, «Seasonal effects of water quality: the hidden costs of the Green Revolution to infant and child health in India», *Journal of Development Economics* 107 (2014), S. 49–64. Ein Überblick findet sich in D. John und G. Babu, «Lessons from the Aftermaths of Green Revolution on Food System and Health», *Frontiers in Sustainable Food Systems* 22 (2021), S. 1–6. **66** Ross, *Ecology and Power*, S. 393; M. Fearnside, «Transmigration in Indonesia: Lessons from its Environmental and Social Impacts», *Environmental Management* 21 (1997), S. 553–570. **67** Cullather, *Hungry World*, S. 242, 247f. **68** Ehrlich, *Population Bomb*, S. XII. **69** A. Coale und E. Hoover, *Population Growth and Economic Development in Low-Income Countries* (Princeton, 1958), S. 128–131. **70** Cullather, *Hungry World*, S. 245. **71** M. Connelly, *Fatal Misconception: The Struggle to Control World Population* (Cambridge, MA, 2008). **72** Shapiro, *Mao's War against Nature*, S. 29–32. **73** Ebd., S. 34. **74** Ebd., S. 35f.; J. Banister, *China's Changing Population* (Stanford, 1987), S. 148–150. **75** J. Zhang, «The Evolution of China's One-Child Policy and its Effects on Family Outcomes», *Journal of Economic Perspectives* 31 (2017), S. 141–159. **76** S. Greenhalgh, «Science, Modernity, and the Making of China's One-Child Policy», *Population and Development Review* 29 (2003), S. 163–196; ders., *Just One Child: Science and Policy in Deng's China* (Berkeley, 2008). **77** R. Revelle und H. Suess, «Carbon dioxide exchange between the atmosphere and ocean and the question of an increase of atmospheric CO_2 during the past decades», *Tellus* 9 (1957), S. 18–27. **78** R. Doel, «Constituting the Postwar Earth Sciences: The Military's Influence on the Environmental Sciences in the USA after 1945», *Social Studies of Science* 33 (2003), S. 636–638. **79** Edwards, «Entangled histories», 32; C. Keeling, «Atmospheric carbon dioxide variations at the Mauna Loa Observatory», *Tellus* 28 (1976), S. 538–51. **80** J. Gertner, *The Ice at the End of the World: An Epic Journey into Greenland's Buried Past and our Perilous Future* (London, 2019), und E. Weiss, «Cold War under the ice: The Army's bid for a long-range nuclear role, 1959–1963», *Journal of Cold War Studies* 3 (2011), S. 31–58. Zur Operation «Highjump» siehe US Navy Antarctic Development Program, *Report of Operation Highjump 1947* (2020). **81** E. Fedorov, «Воздействие человека на метеорологические процессы», *Вопросы философии* 4 (1958), S. 137–144. **82** M. Budyko, *Современные проблемы метеорологии приземного слоя воздуха* (Leningrad, 1956); ders., «Метеорологические исследования в СССР», *Метеорология и Гидрология* 11 (1957), S. 7–16; ders., *Тепловой баланс земной поверхности* (Leningrad, 1958). Siehe auch J. Oldfield, «Mikhail Budyko's (1920–2001) contributions to Global Climate Science: from heat balances to climate change and global ecology», *WIREs Climate*

Change 7 (2016), S. 682–692. **83** M. Budyko, «The effect of solar radiation variations on the climate of the Earth», *Tellus* 21 (1969), S. 611–19; siehe auch H. Kashiwase u. a., «Evidence for ice-ocean albedo feedback in the Arctic Ocean shifting to a seasonal ice zone», *Scientific Reports* 7 (2017), S. 1–10. **84** M. Budyko, *Изменения климата* (Leningrad, 1969), S. 35 f.; siehe auch ders., *Влияние человека на климат* (Leningrad, 1972). **85** D. Hasemyer u. a., «CO2's Role in Global Warming Has Been on the Oil Industry's Radar Since the 1960 s», https://insideclimatenews.org/news/13042016/climate-change-global-warming-oil-industryradar-1960s-exxon-api-co2-fossil-fuels/. **86** H. Landsberg, «Man-Made Climatic Changes», *Science* 170 (1970), S. 1265–1274. **87** G. Kukla und R. Matthews, «When will the present inter-glacial end?», *Science* 178 (1972), S. 190f; N.-A. Mörner, «When will the present interglacial end?», *Quaternary Research* 2 (1972), S. 341–349. **88** S. Crutzen, «The Influence of Nitrogen Oxides on the Atmospheric Ozone Content», *Quarterly Journal of the Royal Meteorological Society* 96 (1970), S. 320–325; H. Johnston, «Reduction of Stratospheric Ozone by Nitrogen Oxide Catalysts from Supersonic Transport Exhaust», *Science* 173 (1971), S. 517–522; M. Molina und F. Rowland, «Stratospheric Sink for Chlorofluoromethanes: Chlorine Atom-Catalyzed Destruction of Ozone», *Nature* 249 (1974), S. 810–812. **89** Siehe z. B. B. Friedan, «The Coming Ice Age», *Harper's Magazine, September* 1958; Fleming, *Historical Perspectives on Climate Change*, S. 131 f. **90** Eine Liste der Berichte aus den 1970ern findet sich in R. Cordato, «Climate experts believe the next ice age is on it's way ... within a lifetime», John Locke Foundation, 6. März 2013; https://www.johnlocke.org/climate-experts-believe-the-next-ice-age-is-on-its-way-within-a-lifetime/. **91** *Time*, «Another Ice Age?», 24. Juni 1974. **92** *Newsweek*, «The Cooling World», 28. April 1975. **93** National Science Board, *Science and the Challenges Ahead* (Washington, DC, 1974), S. 25 f. **94** National Academy of Sciences, *Understanding Climatic Change: A Program for Action* (Washington, DC, 1975), S. 1. **95** H. Kissinger, «Address to the Sixth Special Session of the United Nations General Assembly», S. 580 f. **96** R. Reeves und D. Gemmill (Hg.), *Climate Prediction Center: Reflections on 25 Years of Analysis, Diagnosis and Prediction* (Washington, DC, 2004), S. 2 f. **97** Central Intelligence Agency, *A Study of Climatological Research as it Pertains to Intelligence Problems* (Washington, DC, 1974), S. 1. **98** Ebd., S. 2 f. **99** Ebd., S. 7. **100** Central Intelligence Agency, *Potential Implications of Trends in World Population, Food Production, and Climate*, S. 2, 30 f. **101** Ebd., S. 4, 31–34. **102** Ebd., S. 36 f. **103** Ebd., S. 41 f. **104** G. Will, «A Change in the Weather», *Washington Post*, 24. Januar 1975. **105** Cullather, *Hungry World*, S. 256. **106** «The Energy Emergency», in *Presidential Documents. Richard Nixon, 1973* (Washington, DC, 1973), S. 1312. **107** Ebd., S. 1313. **108** Ebd., S. 1313 f. **109** Ebd., S. 1317. **110** C. Clotfelter und J. Hahn, «Assessing the National 55mph Speed Limit», *Policy Sciences* 9 (1978), S. 281–294. **111** President Carter, «Address to the Nation on the National Energy Plan», 8. November 1977, *Public Papers of the Presidents of the United States: Jimmy Carter*, 9 Bde. (Washington, DC, 1977–1982), Bd. 1, S. 1981 f. **112** Ebd., S. 1982–1987. **113** President Nixon, «Special Message to the Congress on Energy Resources», 4. Juni 1971, in *Public Papers of the Presidents of the United States: Richard Nixon, 1971* (Washington, DC, 1971), S. 703–714; Nixon, «Special Message to the Congress on Energy Policy», 18. April 1973, *Public Papers of the Presidents of the United States: Ri-*

chard Nixon, 1973 (Washington, DC, 1975), S. 302–309. **114** President Carter, «The Energy Problem», 18. April 1977, *Public Papers of the Presidents of the United States: Jimmy Carter*, Bd. 1, S. 656–662. **115** President Carter, «Energy and National Goals», 13. April 1979, *Public Papers of the Presidents of the United States: Jimmy Carter*, Bd. 5, S. 1235–1241. **116** Ronald Reagan, «Fourth Annual Conservative Political Action Conference», in *The Last Best Hope: The Greatest Speeches of Ronald Reagan* (West Palm Beach, 2016), S. 50. **117** President Carter, «Solar Energy, 20 June 1979», *Public Papers of the Presidents of the United States: Jimmy Carter*, Bd. 5, S. 1095 f. **118** R. Apple, «25 Years Later: Lessons from the Pentagon Papers», *New York Times*, 23. Juni 1996; *The Pentagon Papers: The Secret History of the Vietnam War* (New York, 2017). **119** *New York Times Co.* vs *United States*, 403 US 713 (1971); A. Aviki u. a., «The Pentagon Papers Framework, Fifty Years Later», in L. Bollinger und G. Stone (Hg.), *National Security, Leaks & Freedom of the Press: The Pentagon Papers Fifty Years On* (Oxford, New York, 2021), S. 1 f. **120** J. Anderson, «Air Force Has its Rainmakers», *Washington Post*, 18. März 1971. **121** United States Senate, *Hearings before the Subcommittee on Oceans and International Environment: Weather Modification*, 29. Januar 1974, Zeugenanhörung vom 18. April 1972, S. 109 f. **122** S. Hersh, «Rainmaking is Used as Weapon by US», *New York Times*, 3. Juli 1972. **123** United States Senate, «Weather Modification», S. 112. **124** «Memorandum from the Deputy Under Secretary of State for Political Affairs (Kohler) to Secretary of State Rusk», 13. Januar 1967, in *Foreign Relations of the United States, 1964–1968*, Bd. 28: *Laos* (Washington, DC, 1998), Dokument 274. **125** Ebd. **126** United States Senate, «Weather Modification», S. 89. **127** Ebd., S. 93, 102. **128** Ebd., S. 93, 115 f. **129** Ebd., 36, 77. **130** R. Doel und K. Harper, «Prometheus Unleashed: Science as a Diplomatic Weapon in the Lyndon B. Johnson Administration», *Osiris* 21 (2006), S. 66–85. **131** United States Senate, «Weather Modification», S. 47. **132** Ebd., S. 1 f. **133** 93rd Congress, S. Res. 71, «Resolution», 11. Juli 1973, S. 3–8. **134** L. Freedman, «SALT 50 Years On: Strategic Theory and Arms Control», *Global Politics and Strategy* 62 (2022). **135** Y. Richmond, Cultural Exchange and the Cold War: Raising the Iron Curtain (University Park, PA, 2003); J. Voorhees, *Dialogue Sustained: The Multilevel Peace Process and the Dartmouth Conference* (Washington, DC, 2002). **136** I. Detter, *The Law of War* (Cambridge, 2003), S. 295–298. **137** United Nations, «Convention on the Prohibition of Military or Any Other Hostile Use of Environmental Modification Techniques», 10. Dezember 1976. **138** L. Battan, «Weather Modification in the Soviet Union – 1976», *Bulletin of the American Meteorological Society* 58 (1977), S. 4–19. **139** United States Arms Control, *Worldwide Effects of Nuclear War: Some Perspectives* (Washington, DC, 1975). **140** S. Crutzen und J. Birks, «The atmosphere after a nuclear war: Twilight at noon», *Ambio* 11 (1982), S. 114–125. **141** M. Hamblin, *Arming Mother Nature: The Birth of Catastrophic Environmentalism* (Oxford, 2013), S. 137. **142** R. Turco, O. Toon, T. Ackerman, J. Pollack und C. Sagan, «Nuclear Winter: Global Consequences of Multiple Nuclear Explosions», *Science* 222 (1983), S. 1283–1292. **143** V. Aleksandrov und G. Stenchikov, «О моделировании климатических последствий ядерной войны», *Журнал вычислительной математики и математической физики* 24 (1984), S. 87–90. **144** Director of Central Intelligence, Interagency Intelligence Assessment, «The Soviet Approach to Nuclear Winter», 10. Dezember 1984 (1984), S. 1 f.

145 Ebd., S. 11–17. **146** Ebd., S. 6. **147** Hamblin, *Arming Mother Nature*, S. 237–241. **148** «Science and the Citizen», *Scientific American* 240 (1984), S. 74. Deutsche Übersetzung von G. Plessow, siehe *Signaturen*, https://www.signaturen-magazin.de/lord-byron--darkness.html. **149** S. Kapitsa, «A Soviet view of nuclear winter», *Bulletin of the Atomic Scientists* 41 (1985), S. 37 f. **150** Siehe z. B. S. Podvig, «Did Star Wars Help End the Cold War? Soviet Response to the SDI Program», *Science & Global Security* 25 (2017), S. 3–27. **151** D. Kuzmiak, «The American Environmental Movement», *Geographic Journal* 157 (1991), S. 265–278. **152** I. Gerasimov, *Ресурсы биосферы на территории СССР: научные основы их рационального использования и охраны* (Moskau, 1971); S. Oldak, «Равновесное природопользование и экономический рос», *Экономика и организация промышленного производства* 8 (1984), S. 44–61. **153** K. Gestwa, «Ökologischer Notstand und sozialer Protest. Ein umwelthistorischer Blick auf die Reformunfähigkeit und den Zerfall der Sowjetunion», *Archiv für Sozialgeschichte* 43 (2003), S. 325–348; L. Coumel und M. Elie, «A Belated and Tragic Ecological Revolution: Nature, Disasters, and Green Activists in the Soviet Union and the Post-Soviet States, 1960 s – 2010 s», *Soviet and Post-Soviet Review* 40 (2013), S. 157–165. **154** Guha, *Unquiet Woods*, S. 152–184. **155** H. Gibbs u. a., «Tropical forests were the primary sources of new agricultural land in the 1980 s and 1990 s», *PNAS* 107 (2010), S. 16732–16737; S. Schwartzman u. a., «Social Movements and Large-Scale Tropical Forest Protection on the Amazon Frontier: Conservation from Chaos», *Journal of Environment & Development* 19 (2010), S. 274–299. **156** T. Doyle und S. MacGregor (Hg.), *Environmental Movements around the World: Shades of Green in Politics and Culture*, 2 Bde. (Santa Barbara, CA, 2014). **157** «Joint Statement: President Ronald Reagan and General Secretary Mikhail Gorbachev, 21 November 1985», *Department of State Bulletin* 86 (1986), S. 10. **158** Siehe z. B. Molina und Rowland, «Stratospheric Sink for Chlorofluoromethanes», S. 810–812; S. Roan, *Ozone Crisis: The 15-Year Evolution of a Sudden Global Emergency* (New York, 1989). **159** J. Farman, B. Gardiner und J. Shanklin, «Large losses of total ozone in Antarctica reveal seasonal ClO_x/NO_x interaction», *Nature* 315 (1985), S. 207–210. **160** K. Annan, *We the Peoples: The Role of the United Nations in the 21st Century* (New York, 2005), S. 56; A. Douglass, S. Newman und S. Solomon, «The Antarctic ozone hole: an update», *Physics Today* 67 (2014), S. 42–48. **161** House of Representatives, Committee on Foreign Affairs, «The Reagan – Gorbachev Summit and its Implications for United States – Soviet Relations' (Washington, DC, 1987), S. 79. **162** United Nations, «Resolution adopted by the General Assembly 43/196. UN Conference on Environment and Development», 20. Dezember 1988; «Resolution adopted by the General Assembly 44/228. UN Conference on Environment and Development», 22. Dezember 1989. **163** US Senate, «Testimony before US Senate Committee on Energy and Natural Resources: Greenhouse Effect and Climate Change», 100th Congress, 1st session, 23. Juni 1988; C. Moser und L. Dilling (Hg.), *Creating a Climate for Change: Communicating Climate Change and Facilitating Social Change* (Cambridge, 2007), S. 1. **164** S. Agrawala und S. Andresen, «Indispensability and Indefensibility? The United States in the Climate Treaty Negotiations», *Global Governance* 5 (1999), S. 459. **165** United Nations, «United Nations Framework Convention on Climate Change» (1992). **166** President George H. W. Bush, «Address to the United Nations Conference on Environment and Development in Rio de Janeiro», 12. Juni 1992, *Public Papers of the Presidents of the United States. George Bush, 1992–93*, 2 Bde. (Washington, DC, 1993), Bd. 1, S. 925. **167** World Meteorological Organisation, *Proceedings: World Conference, Toronto 1988* (Geneva, 1989); United Nations, «United Nations Framework Convention on Climate Change» (New York, 1992). **168** Kyoto Protocol to the United Nations Framework Convention on Climate Change, 9. Mai 1992. **169** US Congress, «A resolution expressing the sense of the Senate regarding the conditions for the United States becoming a signatory to any international agreement on greenhouse gas emissions under the United Nations Framework Convention on Climate Change», 12. Juni 1997. **170** «Bush was aloof in warming debate», *Washington Post*, 31. Oktober 1992. **171** Clinton Presidential Records: Mandatory Declassification Review, «Telcon with Prime Minister Blair of the United Kingdom», 27. Mai 2000. **172** R. Goyal u. a., «Reduction in surface climate change achieved by the 1987 Montreal Protocol», *Environmental Research Letters* 14 (2019), S. 1–10. **173** BBC News, «Putin deplores collapse of USSR», 25. April 2005.

Vierundzwanzigstes Kapitel
An der ökologischen Grenze

1 Ross, *Ecology and Power*, S. 398 f. **2** B. Söderlund, «The Importance of Business Travel for Trade: Evidence from the Liberalisation of Soviet Airspace», Research Institute of Industrial Economics, Working Paper Series 1355 (2020), S. 1–51. **3** F. Schierhorn u. a., «Large greenhouse gas savings due to changes in the post-Soviet food systems», *Environmental Research Letters* 14 (2019), S. 1–12. **4** H. Schaefer, «On the Causes and Consequences of Recent Trends in Atmospheric Methane», *Current Climate Change Reports* 5 (2019), S. 259–274. **5** D. Cutler und L. Summers, «The COVID-19 pandemic and the $16 trillion virus», *Journal of the American Medical Association* 324 (2020), S. 1495 f. **6** F. Dikötter, *China after Mao: The Rise of a Superpower* (London, 2022), S. VII. **7** E. Thaler u. a., «Rates of Historical Anthropogenic Soil Erosion in the Midwestern United States», *Earth's Future* 10 (2022), S. 1–16. **8** S. Borelli u. a., «An assessment of the global impact of 21st century land use change on soil erosion», *Nature Communications* 8 (2017), S. 1–13. **9** T. Münzel u. a., «Soil and water pollution and human health: what should cardiologists worry about?», *Cardiovascular Research* (2022), S. 1–10. **10** Sanderson und Frey, «From desert to breadbasket», S. 516–532. **11** K. Gibbs u. a., «Tropical forests were the primary sources of new agricultural land in the 1980 s and 1990 s», *PNAS* 107 (2010), S. 16732–16737. **12** F. Pendrill u. a., «Disentangling the numbers behind agriculture-driven tropical deforestation», *Science* 377 (2022), S. 1–12. **13** World Wildlife Fund, «Palm Oil: Overview», https://www.worldwildlife.org/industries/palm-oil. **14** E. Fitzherbert, «How will oil palm expansion affect biodiversity?», *Trends in Ecology & Evolution* 23 (2008), S. 538–545; Commission of the European Communities, *An EU Strategy for Biofuels* (Brussels, 2006). **15** E. Tyukavina u. a., «Types and rates of forest disturbance in Brazilian Legal Amazon, 2000–2013», *Science Advances* 3 (2017), S. 1–15; S. Vale u. a., «The Expansion of Intensive Beef Farming to the Brazilian Amazon», *Global Environmental Change* 57 (2019), S. 1–11. **16** W. Carvalho u. a., «Deforestation control in the Brazilian Amazon: a conservation struggle being lost as agreements and regulations are subverted and bypassed», *Perspectives in Ecology and Conservation* 17 (2019), S. 122–130; D. Roy, «Deforestation of Brazil's Amazon Has Reached a Record High. What's Being Done?», Council for Foreign Relations, 17. März 2022. **17** A. Tyukavina u. a., «Congo Basin forest loss dominated by increasing smallholder clearing», *Science Advances* 4 (2018), S. 1–12. **18** E. zu Ermgassen u. a., «Using supply chain data to monitor zero deforestation commitments: an assessment of progress in the Brazilian soy sector», *Environmental Research Letters* 15 (2020), S. 1–12; S. Oliveira, «Trends in water balance components across the Brazilian Cerrado», *Water Resources Research* 50 (2014), S. 7100–7114; N. Myers u. a., «Biodiversity hotspots for conservation priorities», *Nature* 403 (2000), S. 853–858. **19** R. Estoque u. a., «Spatiotemporal pattern of global forest change over the past 60 years and the forest transition theory», *Environmental Research Letters* 17 (2022), S. 6. **20** United Nations Food and Agriculture Organisation, *The Future of Food and Agriculture – Trends and Challenges* (Rome, 2017); T. Garnett u. a., *Grazed and Confused?*, Food Climate Research Network (Oxford, 2017). **21** S. Newton u. a., «The number and spatial distribution of forest-proximate people globally», *One Earth* 3 (2020), S. 363–370. **22** UNEP, *The State of the World's Forests: Forests, Biodiversity and People* (Rome, 2020), S. VI. **23** K. Carlson und L. Curran, «Refined carbon accounting for oil palm agriculture: Disentangling potential contributions of indirect emissions and smallholder farmers», *Carbon Management* 4 (2013), S. 347–349. **24** Y. Fung u. a., «Upward expansion and acceleration of forest clearance in the mountains of Southeast Asia», *Nature Sustainability* 4 (2021), S. 892–899. **25** C. Boulton, T. Lenton und N. Boers, «Pronounced loss of Amazon rainforest resilience since the early 2000 s», *Nature Climate Change* 12 (2022), S. 271–278. **26** V. Gatti u. a., «Amazonia as a carbon source linked to deforestation and climate change», *Nature* 595 (2021), S. 388–393. **27** K. Covey u. a., «Carbon and Beyond: The Biogeochemistry of Climate in a Rapidly Changing Amazon», *Frontiers in Forests and Global Change* 11 (2021), S. 1–20. **28** N. Boers u. a., «A deforestation-induced tipping point for the South American monsoon system», *Scientific Reports* 7 (2017), S. 1–9; T. Lovejoy und C. Nobre, «Amazon tipping point», *Science Advances* 4 (2018), S. 1. **29** M. Weisse und E. Goldman, «Forest Pulse: The Latest on the World's Forests», *Global Forest Review*, 28. April 2022. **30** United Nations, *Spreading Like Wildfire: The Rising Threat of Extraordinary Landscape Fires* (Nairobi, 2022); S. Hugelius u. a., «Large stocks of peatland carbon and nitrogen are vulnerable to permafrost thaw», *PNAS* 17 (2020), S. 20438–20446; A. Goldstein u. a., «Protecting irrecoverable carbon in Earth's ecosystems», *Nature Climate Change* 10 (2020), S. 287–295. **31** UN Climate Change Conference, https://ukcop26.org/glasgow-leaders-declarationon-forests-and-land-use. **32** C. Bellard, S. Casey und T. Blackburn, «Alien species as a driver of recent extinctions», *Biology Letters* 12 (2016), S. 1–4; H. Seebens u. a., «Projecting the continental accumulation of alien species through to 2050», *Global Change Biology* 27 (2021), S. 970–282. **33** T. Fritts, «Economic costs of electrical system instability and power outages caused by snakes on the Island of Guam», *International Biodeterioration & Biodegradation* 49 (2002), S. 93–100. **34** B. Kaiser und

K. Burnett, «Economic impacts of E. Coqui frogs in Hawaii», *Interdisciplinary Environmental Review* 8 (2006), S. 1–11. Allgemein siehe I. Soto u. a., «Global economic costs of herpetofauna invasions», *Scientific Reports* 12 (2022), S. 1–12. **35** K. Willis (Hg.), *State of the World's Plants 2017* (London, 2017), S. 71. **36** A. Antonelli u. a., *State of the World's Plants and Fungi 2020* (London, 2020), S. 51. **37** N. Straw u. a., «History and development of an isolated outbreak of Asian longhorn beetle *Anoplophora glabripennis* (Coleoptera: Cerambycidae) in southern England», *Agricultural and Forest Entomology* 18 (2016), S. 280–293; UK Government, «Asian Longhorn Beetle eradicated in the UK», Press Release, 17. Mai 2019. **38** Willis (Hg.), *State of the World's Plants*, S. 71. **39** D. Paini u. a., «Global threat to agriculture from invasive species», *PNAS* 113 (2016), S. 7575–7579; D. Renaut u. a., «The magnitude, diversity, and distribution of the economic costs of invasive terrestrial invertebrates worldwide», *Science of the Total Environment* 835 (2022), S. 1–11. **40** G. Buczkowski und C. Bertelsmeier, «Invasive termites in a changing climate: A global perspective», *Ecology and Evolution* 7 (2017), S. 974–985. **41** C. Buttimer u. a., «Bacteriophages and Bacterial Plant Diseases», *Frontiers in Microbiology* 8 (2017), S. 1–15. **42** D. Davis, M. Epp und H. Riordan, «Changes in USDA Food Composition Data for 43 Garden Crops, 1950 to 1999», *Journal of the American College of Nutrition* 23 (1999), S. 669–682; D. Wallace-Wells, *The Uninhabitable Earth: A Story of the Future* (London, 2019), S. 57. **43** R. Forslid, «Trade, Transportation and the Environment», Centre for Economic Policy Research, Discussion Papers 14228 (2019), S. 1. **44** A. Schneider, M. Friedl und D. Potere, «A new map of global urban extent from MODIS satellite data», *Environmental Research Letters* 4 (2009), S. 1–11. **45** United Nations, *World Urbanization Prospects: The 2018 Revision* (New York, 2019), S. XIX, 1. **46** OECD, *Urbanisation and Green Growth in China*, OECD Regional Development Working Papers 2013/07 (Paris, 2013), S. 30 f. **47** Y. Guo und W. Qiao, «Rural Migration and Urbanisation in China: Historical Evolution and Coupling Pattern», *Sustainability* 12 (2020), S. 1; K. Farrell und H. Westlund, «China's rapid urban ascent: an examination into the components of urban growth», *Asian Geographer* 35 (2018), S. 85–106. **48** V. Smil, *Making the Modern World: Materials and Dematerialization* (London, 2018), S. 285. **49** Oxford Economics, *Global Cities: The Future of the World's Leading Urban Economies to 2035* (Oxford, 2018). **50** United Nations, *World Urbanization Prospects*, S. 77, XIX. **51** United Nations, *World Cities Report 2020: The Value of Sustainable Urbanization* (Nairobi, 2020), S. XVII. **52** Ebd., S. 3; United Nations, *The Sustainable Development Goals Report 2022* (New York, 2022), S. 47. **53** L. Zhao u. a., «Global multi-model projections of local urban climates», *Nature Climate Change* 11 (2021), S. 152–157. **54** O. Daramola und S. Olawuni, «Assessing the water supply and sanitation sector for post-2015 development agenda: a focus on Lagos Metropolis, Nigeria», *Environment, Development and Sustainability* 21 (2019), S. 1127–1138. **55** City of New York, *Annual Comprehensive Financial Report of the Comptroller for the Fiscal Years Ended. Juni 30, 2021 and 2020* (New York, 2022), S. 355. **56** M. Saunois u. a., «The global methane budget 2000–2017», Earth System Science Data 12 (2020), S. 1561–1623. **57** J. Maasakkers u. a., «Using satellites to uncover large methane emissions from landfills», *Science Advances* 8 (2022), S. 1–8. **58** T. Wei, J. Wu und S. Chen, «Keeping Track of Greenhouse Gas Emission Reduction Progress and Targets in 167 Cities Worldwide», *Frontiers in Sustainable Cities* 3 (2021), S. 1–13. **59** M. Greenstone, C. Hasenkopf und K. Lee, *Air Quality Life Index: Annual Update 2022* (Chicago, 2022), S. 10, 12, 6 f. **60** Wei, Wu und Chen, «Keeping Track of Greenhouse Gas», S. 1–13. **61** J. Scott, «Think Tank: Studying How the Defeat of Heat Changed Nearly Everything», *New York Times*, 29. August 1998. **62** O. Deschênes und M. Greenstone, «Climate Change, Mortality, and Adaptation: Evidence from Annual Fluctuations in Weather in the US», NBER Working Papers 13178 (2007), S. 1–42. **63** G. Heal und J. Park, «Feeling the Heat: Temperature, Physiology and the Wealth of Nations», Harvard Environmental Economics Discussion Paper 14–51 (2014), S. 3. **64** Wallace-Wells, *Uninhabitable Earth*, S. 46 f.; Heal und Park, «Feeling the Heat», S. 19. **65** Wallace-Wells, *Uninhabitable Earth*, S. 42; A. Demirbas u. a., «The Cost Analysis of Electric Power Generation in Saudi Arabia», *Energy Sources* 12 (2017), S. 591–596. **66** Wallace-Wells, *Uninhabitable Earth*, S. 42. **67** D. Newman, «New Residents Flood into the Most Drought-Stricken Counties», Economic Innovation Group, 27. Juli 2021. **68** M. Hino und M. Burke, «The effect of information about climate risk on property values», *PNAS* 118 (2021), S. 1–9. **69** N. Jones, «Waste Heat: Innovators Turn to an Overlooked Renewable Resource», *Yale Environment 360*, 29. Mai 2018. **70** WRAP, *Food Surplus and Waste in the UK – Key Facts* (2021), S. 1. **71** UNEP, *Food Waste Index Report 2021* (Nairobi, 2021); Reuters, «U. N. report says 17 % of food wasted at consumer level», 4. März 2021. **72** C. Mbow u. a., «Food security», in IPCC, *Special Report: Climate Change and Land* (2019), S. 475–480. **73** United Nations Climate Change, «UN Helps Fashion Industry Shift to Low Carbon», 6. September 2018. **74** UNEP, «Putting the Brakes on Fast Fashion», 12. November 2018. **75** J. Leonard, «30 Shocking Figures and Facts in Global Textile and Apparel Industry», Business 2 Community, 7. Mai 2015. **76** UNEP, «Putting the Brakes on Fast Fashion». **77** Agence France Presse, «Chile's desert dumping ground for fast fashion leftovers», 12. November 2021. **78** L. van Woensel und S. Lipp, «What if fashion were good for the planet?», European Parliamentary Research Service, Scientific Foresight Unit (2020); United Nations, «UN launches drive to highlight environmental cost of staying fashionable», 25. März 2019. **79** European Commission, «Water Scarcity and Drought», August 2010, S. 2. **80** UNEP, *Options for Decoupling Economic Growth from Water Use and Water Pollution: Report of the International Resource Panel Working Group on Sustainable Water Management* (2015), S. 2, 17. **81** Discover Water, «Leaking Pipes», https://discoverwater.co.uk/leaking-pipes; European Commission, «Water Scarcity and Drought», S. 2. **82** C. Villanueva u. a., «Health and environmental impacts of drinking water choices in Barcelona, Spain: A modelling study», *Science of the Total Environment* 795 (2021), S. 1–10. **83** S. Laville und M. Taylor, «A million bottles a minute: world's plastic binge ‹as dangerous as climate change›», *Guardian*, 28. Juni 2017; Euromonitor International, *Global Trends in Food and Drinks Packaging* (2017). **84** C. Jones, «Davos: Coke insists customers still want plastic bottles», *The Times*, 22. Januar 2020. **85** Transport & Environment, *One Corporation to Pollute Them All: Luxury Cruise Air Emissions in Europe* (Brussels, 2019); S. M. Sofiev u. a., «Cleaner fuels for ships provide public health benefits with climate tradeoffs», *Nature Communications* 9 (2018), S. 1–12. **86** R. Ryan u. a., «Impact of Rocket Launch and Space Debris Air Pollutant Emissions on Stratospheric

Ozone and Global Climate», *Earth's Future* 10 (2022), S. 1–13. **87** WARC, «Alibaba attempts to green Singles Day», 12. November 2019. **88** X. Yue und H. Minghe, «Singles' Day: Record-breaking sales focus new attention on packaging waste as almost 4 billion parcels are shipped», *South China Morning Post*, 18. November 2019. **89** Greenpeace China, «保团体:电商, 快递行业包装绿色化进程亟待推», 11. November 2019. **90** W. Wang, «Protein aggregation and its inhibition in biopharmaceutics», International Journal of Pharmaceutics 289 (2005), S. 1–30. **91** R. Mihigo u. a., «Improving access to affordable vaccines for middle-income countries in the African Region», *Vaccine* 37 (2019), S. 2838–2842; A. Ashok, M. Brinson und Y. LeTallec, «Improving cold chain systems: Challenges and solutions», *Vaccine* 35 (2017), S. 2217–2223. **92** N. Crawford, «The Pentagon Fuel Use, Climate Change and the Costs of War», Watson Institute, Brown University (2019), S. 13, 4, 6. **93** World Meteorological Organisation, *The Changing Atmosphere: Implications for Global Security* (Geneva, 1989), S. 292. **94** Albert, *Subtitles to Save the World: Understanding How the Broadcasting Community is Covering Climate* (2019). **95** Albert, *Subtitles to Save the World: An Analysis of How UK Broadcasters are Exposing Audiences to Climate Change through their Content* (2021). **96** Met Office, «2020 ends earth's warmest 10 years on record», 14. Januar 2021. **97** O. Rakovec u. a., «The 2018–2020 Multi-Year Drought Sets a New Benchmark in Europe», *Earth's Future* 10 (2022), S. 1–11. **98** A. Park Williams, B. Cook und J. Smerdon, «Rapid intensification of the emerging southwestern North American megadrought in 2020–2021», *Nature Climate Change* 12 (2022), S. 232–234. **99** I. Velicogna u. a., «Continuity of Ice Sheet Mass Loss in Greenland and Antarctica from the GRACE and GRACE Follow-On Missions», *Geophysical Research Letters* 47 (2020), S. 1–8. **100** R. Stuart-Smith u. a., «Increased outburst flood hazard from Lake Palcacocha due to human-induced glacier retreat», *Nature Geoscience* 14 (2021), S. 85–90. **101** F. Otto u. a., «Climate change increased rainfall associated with tropical cyclones hitting highly vulnerable communities in Madagascar, Mozambique & Malawi», World Weather Attribution, 11. April 2022. **102** R. Neukom u. a., «No evidence for globally coherent warm and cold periods», *Nature* 571 (2019), S. 550–554. **103** T. Ahmad und D. Zhang, «A critical review of comparative global historical energy consumption and future demand: The story told so far», *Energy Reports* 6 (2020), S. 1973–1991. **104** Wallace-Wells, *Uninhabitable Earth*, S. 4. **105** M. Wei u. a., «Revisiting the Existence of the Global Warming Slowdown during the Early Twenty-First Century», *Journal of Climate* 35 (2022), S. 1853–1871. **106** M. Lynas, B. Houlton und S. Perry, «Greater than 99 % consensus on human caused climate change in the peer-reviewed scientific literature», *Environmental Research Letters* 16 (2021), S. 1–8. **107** S. Raghuraman, D. Paynter und V. Ramaswamy, «Anthropogenic forcing and response yield observed positive trend in Earth's energy imbalance», *Nature Communications* 12 (2021), S. 1–10. **108** S. Braddock u. a., «Relative sea-level data preclude major late Holocene ice-mass change in Pine Island Bay», *Nature Geoscience* 15 (2022), S. 568–572. **109** C. Bradshaw u. a., «Hydrological impact of Middle Miocene Antarctic ice-free areas coupled to deep ocean temperatures», *Nature Geoscience* 14 (2021), S. 429–436. **110** L. Pan, «Rapid postglacial rebound amplifies global sea level rise following West Antarctic Ice Sheet collapse», *Science Advances* 7 (2021), S. 1–9. **111** R. Dziadek, F. Ferraccioli und K. Gohl, «High geothermal heat flow beneath Thwaites Glacier in West Antarctica inferred from aeromagnetic data», *Communications Earth & Environment* 2 (2021), S. 1–6; S. González-Herrero u. a., «Climate warming amplified the 2020 record-breaking heatwave in the Antarctic Peninsula», *Communications Earth & Environment* 3 (2022), S. 1–9. **112** S. Deng u. a., «Polar Drift in the 1990 s Explained by Terrestrial Water Storage Changes», *Geophysical Research Letters* 48 (2021), S. 1–10. **113** Y. Chen u. a., «Thermokarst acceleration in Arctic tundra driven by climate change and fire disturbance», *One Earth* 4 (2021), S. 1718–1729. **114** NASA, Moderate Resolution Imaging Spectroradiometer, «Smoke from Siberian Wildfires», 7. August 2021. **115** E. Berenguer u. a., «Tracking the impacts of El Niño drought and fire in human-modified Amazonian forests», *PNAS* 118 (2021), S. 1–8. **116** T. Schneider, C. Kaul und K. Pressel, «Possible climate transitions from breakup of stratocumulus decks under greenhouse warming», *Nature Geoscience* 12 (2019), S. 163–167. **117** N. Wunderling, «Interacting tipping elements increase risk of climate domino effects under global warming», *Earth System Dynamics* 12 (2021), S. 601–619. **118** D. Armstrong Mackay u. a., «Exceeding 1.5 Grad Celsius global warming could trigger multiple climate tipping points», *Science* 377 (2020), S. 1–11. **119** T. Slater, «Increased variability in Greenland Ice Sheet runoff from satellite observations», *Nature Communications* 12 (2021), S. 1–9. **120** J. Box, «Greenland ice sheet climate disequilibrium and committed sea-level rise», *Nature Climate Change* (2022), S. 1–11. **121** D. Smale u. a., «Marine heatwaves threaten global biodiversity and the provision of ecosystem services», *Nature Climate Change* 9 (2019), S. 306–312; N. Gruber u. a., «Biogeochemical extremes and compound events in the ocean», *Nature* 600 (2021), S. 395–407. **122** C. Free u. a., «Impacts of historical warming on marine fisheries production», *Science* 363 (2019), S. 979–83. **123** R. Myers und B. Worm, «Rapid worldwide depletion of predatory fish communities», *Nature* 423 (2003), S. 280–283; J. Jackson u. a., «Historical overfishing and the recent collapse of coastal ecosystems», *Science* 293 (2001), S. 629–638; S. Ohayon, I. Granot und J. Belmaker, «A meta-analysis reveals edge effects within marine protected areas», *Nature Ecology & Evolution* 5 (2021), S. 1301–1308. **124** G. Ashton, «Predator control of marine communities increases with temperature across 115 degrees of latitude», *Science* 376 (2022), S. 1215–1219; E. Tekwa, J. Watson und M. Pinsky, «Body size and food – web interactions mediate species range shifts under warming», *Proceedings of the Royal Society B: Biological Sciences* 289 (2022). **125** S. Jane u. a., «Widespread deoxygenation of temperate lakes», *Nature* 594 (2021), S. 66–70. **126** A. Oschiles, «A committed fourfold increase in ocean oxygen loss», *Nature Communications* 12 (2021), S. 1–8. **127** K. Tanaka und K. Van Houtan, «The recent normalization of historical marine heat extremes, *PLOS Climate* 1 (2022), S. 1–13. **128** W. Wang u. a., «Emergent constraint on crop yield response to warmer temperature from field experiments», *Nature Sustainability* 3 (2020), S. 908–916; J. Desai u. a., «Warm nights disrupt transcriptome rhythms in field-grown rice panicles», *PNAS* 118 (2021), S. 1–12. **129** M. Burke und K. Emerick, «Adaptation to Climate Change: Evidence from US Agriculture», *American Economic Journal: Economic Policy* 8 (2016), S. 106–140. **130** K. Coyne u. a., «Interactive effects of light, CO_2 and temperature on growth and resource partitioning by the mixotrophic dinoflagellate, *Karlodinium veneficum*», *PLOS ONE* 16

(2021), S. 1–20. **131** W. Tang u. a., «Widespread phytoplankton blooms triggered by 2019–2020 Australian wildfires», *Nature* 597 (2021), S. 370–375. **132** O. Koppel und J. Kerr, «Strong phenological shifts among bumblebee species in North American can help predict extinction risk», *Biological Conservation* 272 (2022), S. 1–7. **133** J. González-Varo u. a., «Limited potential for bird migration to disperse plants to cooler latitudes», *Nature* 595 (2021), S. 75–79. **134** B. Oliveira u. a., «Community-wide seasonal shifts in thermal tolerances of mosquitoes», *Ecology* 102 (2021), S. 1–12. **135** F. Colón-González u. a., «Projecting the risk of mosquito-borne diseases in a warmer and more populated world: a multi-model, multi-scenario intercomparison modelling study», *Lancet Planetary Health* 5 (2021), S. 1–11. **136** UNEP, *Preventing the Next Pandemic: Zoonotic Diseases and How to Break the Chain of Transmission* (Nairobi, 2020), S. 11 f. **137** C. Mora u. a., «Over half of known human pathogenic diseases can be aggravated by climate change», *Nature Climate Change* (2022), S. 1–9. **138** T. Slater u. a., «Increased variability in Greenland Ice Sheet runoff from satellite observations», *Nature Communications* 12 (2021) 1–9; A. Grinset und J. Hesselbjerg Christiansen, «The transient sensitivity of sea level rise», *Ocean Science* 17 (2021), S. 181–186; C. Chambers u. a., «Mass loss of the Antarctic ice sheet until the year 3000 under a sustained late-21st-century climate», *Journal of Glaciology* 68 (2022), S. 605–617. **139** N. Bloemendaal u. a., «A globally consistent local-scale assessment of future tropical cyclone risk», *Science Advances* 8 (2022), S. 1–13. **140** B. Poujol u. a., «Kilometer-scale modeling projects a tripling of Alaskan convective storms in future climate», *Climate Dynamics* 55 (2020), S. 3543–3564; B. Poujol u. a., «Dynamic and thermodynamic impacts of climate change on organized convection in Alaska», *Climate Dynamics* 56 (2021), S. 2569–2593. **141** A. Kahraman u. a., «Quasi-Stationary Intense Rainstorms Spread across Europe under Climate Change», *Geophysical Research Letters* 48 (2021), S. 1–11. **142** First Street Foundation, *The 6th National Risk Assessment: Hazardous Heat* (2022), S. 4, 8 f. **143** J. Wang u. a., «Changing Lengths of the Four Seasons by Global Warming», *Geophysical Research Letters* 48 (2021), S. 1–9; N. Lorenzo, A. Díaz-Poso und D. Royé, «Heatwave intensity on the Iberian Peninsula: Future climate projections», *Atmospheric Research* 258 (2021), S. 1–10. **144** C. Rogers u. a., «Sixfold Increase in Historical Northern Hemisphere Concurrent Large Heatwaves Driven by Warming and Changing Atmospheric Circulations», *Journal of Climate* 35 (2022), S. 1063–1078. **145** I. Wilkinson und T. Kington, «Mediterranean faces months of 50C heatwaves», *The Times*, 28. Mai 2021. **146** M. Burke u. a., «Higher temperatures increase suicide rates in the United States and Mexico», *Nature Climate Change* 8 (2018); L. Taylor u. a., «Environmental Conditions on Cognitive Function: A Focused Review», *Frontiers in Physiology* 6 (2016). **147** E.-S. Im, J. Pal und E. Eltahir, «Deadly heat waves projected in the densely populated regions of South Asia», *Science Advances* 3.8 (2017), S. 1–7. **148** J. Zhang u. a., «Labrador Sea freshening linked to Beaufort Gyre freshwater release», *Nature Communications* 12 (2021), S. 1–8. **149** L. Caesar u. a., «Current Atlantic Meridional Overturning Circulation weakest in last millennium», *Nature Geoscience* 114 (2021), S. 118–120; D. Thornalley u. a., «Anomalously weak Labrador Sea convection and Atlantic overturning during the past 150 years», *Nature* 556 (2018), S. 227–230. **150** S. Peyrouse, *The Nexus of Environmental Issues, Poverty, and Political Authoritaria-*

nism in Central Asia, Central Asia Program, IERES, George Washington University (2022), S. 10. **151** S. Wester u. a., *The Hindu Kush Himalaya Assessment: Mountains, Climate Change, Sustainability and People* (Cham, 2019). **152** C. Xu u. a., «Future of the human climate niche», *PNAS* 117 (2020), S. 11350–11355. **153** R. Reuveny, «Climate change-induced migration and violent conflict», *Political Geography* 26 (2007), S. 656–673; G. Abel, «Climate, conflict and forced migration», *Global Environmental Change* 54 (2019), S. 239–249. **154** A. Ahmadalipour, H. Moradkhani und M. Kumar, «Mortality risk from heat stress expected to hit poorest nations the hardest», *Climatic Change* 152 (2019), S. 569; T. Lok Wu, «Countries with Water Scarcity Right Now», Earth.org, 13. August 2022. **155** D. Dennis, «Southeast Asia's Coming Climate Crisis», Centre for Strategic and International Studies, 22. Mai 2020. **156** T. Middentorp und R. Bergema, «The Warning Signs are Flashing Red: The Interplay between Climate Change and Violent Extremism in the Western Sahel», International Centre for Counter-Terrorism (2019), S. 2–4. **157** Department of Defense, *Quadrennial Defense Review Report 2010* (Washington, DC, 2010), S. 84 f. **158** President Obama, «Presidential Memorandum – Climate Change and National Security», The White House, 21. September 2016. **159** Crawford, «Pentagon Fuel Use, Climate Change and the Costs of War», S. 27 f.; Office of the Under Secretary of Defense for Acquisition and Sustainment, *Report on the Effects of a Changing Climate to the Department of Defense* (2019), S. 5. **160** D. Sterletskiy u. a., «Assessment of climate change impacts on buildings, structures and infrastructure in the Russian regions on permafrost», *Environmental Research Letters* 14 (2019), S. 1–15. **161** N. Nikiforova und A. Konnov, «Influence of permafrost degradation on piles bearing capacity», *Journal of Physics: Conference Series* 1928 (2021), S. 1–6. **162** L. Khrustalev und I. Davidova, «Forecast of climate warming and account of it at estimation of foundation reliability for buildings in permafrost zone», *Earth Cryosphere* 11 (2007), S. 68–75. **163** Y. Yau und S. Hasbi, «A review of climate change impacts on commercial buildings and their technical services in the tropics», *Renewable and Sustainable Energy Reviews* 18 (2013), S. 430–441. **164** Ministry of Natural Resources and Ecology, Russian Federation, *О состоянии и об охране окружающей среды Российской Федерации в 2017 году* (Moskau, 2018). **165** E. Simonova u. a., «Сибирская язва на Ямале: Оценка эпизоотологических и эпидемиологических рисков», *Проблемы Особо Опасных Инфекций* 1 (2017), S. 89–93; V. Yastrebov, «Эпидемиология трансмиссивных клещевых инфекций в России», *Здоровье Населения и Среда Обитания* 11 (2016), S. 8–12. **166** C. Hickman u. a., «Climate anxiety in children and young people and their beliefs about government responses to climate change: a global survey», *Lancet Planetary Health* 5 (2021), S. 863–873. **167** R. Gray, «The people fighting the war on waste at music festivals», BBC News, 27. Juni 2019; E. Santillo, «Glastonbury Festival clean-up: How much does it cost to clean Worthy Farm and what happens to the waste?», Somerset Live, 27. Juni 2022; J. Halliday, «Greta Thunberg makes surprise appearance at Glastonbury festival», *Guardian*, 25. Juni 2022. **168** S. Helm, J. Kemper und S. White, «No future, no kids – no kids, no future?», *Population and Environment* 43 (2021), S. 108–129; C. Cain Miller, «Americans are Having Fewer Babies. They Told Us Why», *New York Times*, 5. Juli 2018. **169** «When the Duke of Sussex Interviewed Dr Jane Goodall about the

Future of Sustainability», *Vogue*, September 2019; Population Matters, «World Population Day 2021: Change Champions», 11. Juli 2021. **170** United Nations, *Global Land Outlook, Second Edition: Land Restoration for Recovery and Resilience* (Bonn, 2022). **171** L. Warszawski u. a., «All options, not silver bullets, needed to limit global warming to 1.5 °C: a scenario appraisal», *Environmental Research Letters* 16 (2021), S. 1–14. **172** L. Vargas Zeppetello, A. Raftery und D. Battisti, «Probabilistic projections of increased heat stress driven by climate change», *Communications Earth & Environment* 3 (2022), S. 1–7. **173** United Nations, «Secretary-General's video message to the Petersberg Dialogue», 18. Juli 2022. **174** C. Mora u. a., «Global risk of deadly heat», *Nature Climate Change* 7 (2017), S. 501–506. **175** H. Song u. a., «Thresholds of temperature change for mass extinctions», *Nature Communications* 12 (2021), S. 1–8; C. Román-Palacios und J. Wiens, «Recent responses to climate change reveal the drivers of species extinction and survival», *PNAS* 117 (2020), S. 4211–4217; R. Cowie, S. Bouchet und B. Fontaine, «The Sixth Mass Extinction: fact, fiction or speculation?», *Biological Reviews* 97 (2022), S. 640–663; L. Kemp u. a., «Climate Endgame: Exploring catastrophic climate change scenarios», *PNAS* 119 (2022), S. 1–9. **176** European Commission, *Drought in Europe: August 2022* (Brussels, 2022); dies., «Daily News», 23. August 2022. **177** Siehe auch M. Cruz, «El Gobierno limitará el aire acondicionado a 27 grados en transportes, centros de trabajo y comercios y la calefacción a 19», *El Mundo*, 29. Juli 2022. **178** International Monetary Fund, *World Economic Outlook: A Long and Difficult Ascent* (Washington, DC, 2020), S. 86. **179** D. Vetter, «‹Who Cares if Miami is 6 Meters Underwater in 100 Years?›: HSBC Executive's Incendiary Climate Comments», *Forbes*, 20. Mai 2022. **180** D. Strauss, «Central bankers plan for disruption caused by climate change», *Financial Times*, 22. Januar 2019. **181** L. Fink, «A Fundamental Reshaping of Finance», Larry Fink's 2020 Letter to CEOs, Blackrock, 16. Januar 2020. **182** M. Burke, S. Hsiang und E. Miguel, «Global non-linear effect of temperature on economic production», *Nature* 527 (2015), S. 235–239. **183** J. Hickel u. a., «National responsibility for ecological breakdown: a fair-shares assessment of resource use, 1970–2017», *Lancet Planetary Health* 6 (2022), S. 342–349. **184** M. Howerton, «New York City Energy Use All over Map», *Wall Street Journal*, 1. Februar 2012. **185** International Energy Agency, *Africa Energy Outlook 2022* (2022), S. 15–17. **186** African Development Bank, «Africa Economic Outlook 2022», https://www.afdb.org/en/knowledge/publications/african-econonamic-outlook. **187** S. Wagstyl, «Climate change is becoming less a battle of nations than rich vs poor», *Financial Times*, 21. Mai 2021. **188** B. Goldstein, D. Gounaridis und J. Newell, «The carbon footprint of household energy use in the United States», *PNAS* 117 (2020), S. 19122–19130. **189** C. Tessum u. a., «$PM_{2.5}$ polluters disproportionately and systemically affect people of color in the United States», *Science Advances* 7 (2021), S. 1–6. **190** T. Carleton u. a., «Valuing the Global Mortality Consequences of Climate Change Accounting for Adaptation Costs and Benefits», *Quarterly Journal of Economics* (2022). **191** Burke, Hsiang und Miguel, «Global non-linear effect of temperature», S. 235; M. Dell, «Temperature Shocks and Economic Growth: Evidence from the Last Half Century», *American Economic Journal: Macroeconomics* 4 (2012), S. 66–95. **192** S. Hallegatte und J. Rozenberg, «Climate Change through a Poverty Lens», *Nature Climate Change* 4 (2017),

S. 250–256. **193** Vargas Zeppetello, «Probabilistic projections», S. 1–7. **194** Armstrong Mackay, «Exceeding 1.5 Grad Celsius global warming», S. 1–11. **195** «Mongolia, Russia to reap benefits from climate change», bneIntellinews, 3. Oktober 2017, extrapolating from IMF, *World Economic Outlook: Seeking Sustainable Growth: Short-Term Recovery, Long-Term Challenges* (Washington, DC, 2017). **196** Ministry of Natural Resources and Environment of the Russian Federation, *Об Охране Окружающей Среды* (Moskau, 2018); «Голод, мор, смерть и деформация железнодорожных путей», *Kommersant*, 6. September 2018. **197** F. Pearce, «Global Warming will hurt Russia», *New Scientist*, 3. Oktober 2003. **198** A. Lustgarten, «The Big Thaw: How Russia Could Dominate a Warming World», *ProPublica*, 16. Dezember 2020. **199** R. Schoonover, C. Cavallo und I. Caltabiano, *The Security Threat that Binds Us: The Unraveling of Ecological and Natural Security and What the United States Can Do about It*, Hg. E. Femia und A. Rezzonico, The Converging Risks Lab, Council on Strategic Risks (Washington, DC, 2021), S. 6.

Schluss
Das verlorene Paradies

1 M. Le Page, «Heatwave in China is the most severe ever recorded in the world», *New Scientist*, 23. August 2022. **2** Lord Frost, *Holy Illusions: Reality-Based Politics and Sustaining the Brexit Revolt*, Policy Exchange (2022), S. 14 f. **3** J. Mervis, «From a bully pulpit, Ted Cruz offers his take on climate change», *Science Insider*, 9. Dezember 2015. **4** M. Joyella, «On Fox, Donald Trump Calls Climate Change A ‹Hoax›: ‹In The 1920 s They Were Talking About Global Freezing›», *Forbes*, 21. März 2022. **5** M. Lempriere, «Energy sector hits back as Truss dubs solar farms ‹paraphernalia›», Solar Power Portal, 16. August 2022. **6** CarbonBrief, «Factcheck: Is solar power a ‹threat› to UK farmland?», 25. August 2022. **7** T. Marlow, S. Miller und J. Timmons Roberts, «Bots and online climate discourses: Twitter discourse on President Trump's announcement of U.S. withdrawal from the Paris Agreement», *Climate Policy* 21 (2021), S. 765–777. **8** Siehe z. B. Lomborg, «Welfare in the 21st century», S. 1–35. **9** M. Smith, *Water Efficiency Opportunities Best Practice Guides* (Canberra, 2011). **10** Greenstone, Hasenkopf und Lee, *Air Quality Life Index*, S. 18. **11** G. Zissis, S. Bertoldi und T. Serrenho, *Update on the status of LED-lighting world market since 2018*, European Commission, JRC Technical Report (Luxemburg, 2021), S. 3 f., 35 f. **12** European Commission, «Progress made in cutting emissions», https://ec.europa.eu/clima/policies/strategies/progress_en. **13** Rhodium Group, *Taking Stock 2022: US Greenhouse Gas Emissions Outlook in an Uncertain World*, 14. Juli 2022. **14** D. Wallace-Wells, «The Green Transition is Happening Fast: The Climate Bill Will Only Speed It Up», *New York Times*, 17. August 2022. **15** D. Tong u. a., «Geophysical constraints on the reliability of solar and wind power worldwide», *Nature Communications* 12 (2021), S. 1–12. **16** S. Roth, «California just hit 95 % renewable energy. Will other states come along for the ride?», *Los Angeles Times*, 29. April 2021. **17** J. Bairstow, «Coal-free period of generation comes to an end ... and was it due to Love Island?», *Energy Live News*, 6. Juni 2019. **18** D. Grant, D. Zelinka und S. Mitova, «Reducing CO_2 emissions by targeting the world's hyper-polluting power plants», *Environmental Research Letters* 16 (2021), S. 1–10. **19** R. Way u. a., «Empirically grounded technology forecasts and the energy transition», *Joule* 6 (2022), S. 1–26. **20** R. Teoh u. a., «Mitigating the Climate Forcing of Aircraft Contrails by Small-Scale Diversions and Technology Adoption», *Environmental Science & Technology* 54 (2020), S. 2941–2950. **21** G. L. Reynolds, *The Multi-Issue Mitigation Potential of Reducing Ship Speeds* (London, 2019); R. Leaper, «The Role of Slower Vessel Speeds in Reducing Greenhouse Gas Emissions, Underwater Noise and Collision Risk to Whales», *Frontiers in Marine Science* 6 (2019), S. 1–8. **22** N. Dirksen u. a., «Learned control of urinary reflexes in cattle to help reduce greenhouse gas emissions», *Current Biology* 31 (2021), S. 1033f. **23** Y. Ling Chin, K. Fie Chai und W. Ning Chen, «Upcycling of brewers' spent grains via solid-state fermentation for the production of protein hydrolysates with antioxidant and techno-functional properties», *Food Chemistry: X* 13 (2022), S. 1–10. **24** F. Humpenöder u. a., «Projected environmental benefits of replacing beef with microbial protein», *Nature* 605 (2022), S. 90–96. **25** B. Trang u. a., «Low-temperature mineralization of perfluorocarboxylic acids», *Science* 377 (2022), S. 839–845. **26** E. Sheridan u. a., «Plastic pollution fosters more microbial growth in lakes than natural organic matter», *Nature Communications* 13 (2022), S. 1–9. **27** A. de Souza u. a., «Soybean photosynthesis and crop yield are improved by accelerating recovery from photoprotection», *Science* 377 (2022), S. 851–854. **28** V. Smil, *Numbers Don't Lie* (London, 2020), S. 147f. **29** C. Henshaw, «Wind turbine blades could be recycled into gummy bears, scientists say», *Guardian*, 23. August 2022. **30** F. Parker-Jurd u. a., «Investigating the sources and pathways of synthetic fibre and vehicle tyre wear contamination into the marine environment», Department for Environment, Food and Rural Affairs (2019), S. 3f.; N. Evangeliou, «Atmospheric transport is a major pathway of microplastics to remote regions», *Nature Communications* 11 (2020), S. 1–11. **31** Emissions Analytics, «Tyres Not Tailpipe», 29. Januar 2020. **32** OECD, *Non-Exhaust Particulate Emissions from Road Transport: An Ignored Environmental Policy Challenge* (Paris, 2020). **33** BASIS, *Hit for Six: The Impact of Climate Change on Cricket* (2019). **34** M. Matiu und F. Hanzer, «Bias adjustment and downscaling of snow cover fraction projections from regional climate models using remote sensing for the European Alps», *Hydrology and Earth Science Systems* 26 (2022), S. 3037–3054. **35** Box, «Greenland ice sheet climate disequilibrium», S. 1–11. **36** Lorenzo, «Heatwave intensity on the Iberian Peninsula», S. 1–10. **37** M. Wang u. a., «The great Atlantic *Sargassum* belt», *Science* 365 (2019), S. 83–87. **38** M. Lowen, «Spain's olive oil producers devastated by worst ever drought», BBC News, 29. August 2022. Zur Lebenserwartung der Menschen im Mittelmeerraum siehe A. Campenalla u. a., «The effect of the Mediterranean Diet on lifespan: a treatment-effect survival analysis of a population-based prospective cohort study in Southern Italy», *Journal of Epidemiology* 50 (2021), S. 245–255. **39** Zu Mekka siehe Wallace-Wells, *Uninhabitable Earth*, S. 42. **40** United Nations, «Humanity's just one misunderstanding away from ‹nuclear annihilation› warns UN chief», 1. August 2022. **41** C. Bardeen u. a., «Extreme Ozone Loss Following Nuclear War Results in Enhanced Surface Ultraviolet Radiation», *JGR Atmospheres* 126 (2021), S. 1–22. **42** L. Xia u. a., «Global food insecurity and famine from reduced crop, marine fishery and livestock production due to climate disruption from nuclear war soot injection», *Nature Food* 3 (2022), S. 586–596; NASA, «Study Projects a Surge in Coastal Flooding, Starting in 2030 s», 7. Juli 2021; L. Li, «A modest 0.5-m rise in sea level will double the tsunami hazard in Macau», *Science Advances* 4 (2018), S. 1–11; UNESCO, «UNESCO will train 100 % of at-risk coastal communities by 2030», 22. Juni 2022. **43** Presidential Executive Order, «Executive Order – Coordinating Efforts to Prepare the Nation for Space Weather Events», The White House, President Obama, 13. Oktober 2016. **44** D. Baker u. a., «A major solar eruptive event in July 2012: Defining extreme space weather scenarios», *Space Weather* 11 (2013), S. 585–591. **45** www.spaceweather.com; J. Liu, «Solar flare effects in the Earth's magnetosphere», *Solar Physics* 17 (2021), S. 807–821; S. Shankland, «We aren't ready for a solar storm smackdown», *CNET*, 14. Juni 2016. **46** J. Lin u. a., «Magnitude, frequency and climate forcing of global volcanism during the last glacial period as seen in Greenland and Antarctic ice cores (60–9 ka)», *Climate of the Past* 18 (2022), S. 485–506. **47** T. Gilchrist, «Effects of an impact event: an analysis of asteroid 1989FC», https://www.brookes.ac.uk/geoverse/original-papers/effects-of-an-impact-event--an-analysis-of-asteroid-1989fc/. **48** NASA, «NASA Analysis: Earth is Safe from Asteroid Apophis for 100-Plus Years», 26. März 2021, https://www.nasa.gov/feature/jpl/nasa-analysis-earth-is-safe-from-asteroid-apophis-for-100-plus-years. **49** NASA, https://www.nasa.gov/planetarydefense/dart. **50** S. Huybers und C. Langmuir, «Feedback between deglaciation, volcanism, and atmospheric CO_2», *Earth and Planetary Science Letters* 286 (2009), S. 470–491; S. Watt, D. Pyle und T. Mather, «The volcanic response to deglaciation: Evidence from glaciated arcs and a re-assessment of global eruption records», *Earth-Science Reviews* 122 (2013), S. 77–102. **51** D. Trilling u. a., «The Size Distribution of Near-Earth Objects Larger Than 10 m», *Astronomical Journal* 154 (2017), S. 1–10. **52** NASA Earth Observatory, «Dramatic Changes at Hunga Tonga-Hunga Ha'apai», 10. April 2021. **53** NASA Earth Observatory, «Tonga Volcano Plume Reached the Mesosphere», 15. Januar 2022; M. Sharma und S. Scarr, «Tonga Eruption: The Perfect Storm», Reuters, 14. Februar 2022. **54** C. Wright u. a., «Surface-to-space atmospheric waves from Hunga Tonga-Hunga Ha'apai eruption», *Nature* (2022). **55** US Geological Survey, «Volcano Watch», 11. März 2021; https://www.usgs.gov/center-news/volcano-watch-failing-prepare-you-are-preparing-fail-benjamin-franklin. **56** L. Mani, A. Tzachor und P. Cole, «Global catastrophic risk from lower magnitude volcanic eruptions», *Nature Communications* 12 (2021), S. 1–5. **57** R. Munoz, «Seeing Change in Weather Modification Globally», World Meteorological Organisation, *Bulletin* 66 (2017). **58** R. Radwan, «How artificial rain can make a difference to Saudi Arabia and Gulf region's water situation», *Arab News*, 27. Mai 2022. **59** A. Griffin, «Russia spends millions on ‹cloud seeding› technology to ensure it doesn't rain on May Day public holiday», *Independent*, 2. Mai 2016; M. Williams Pontin, «Weather Engineering in China», *MIT Technology Review*, 25. März 2008. **60** J. Wei, «Cloud and precipitation interference by strong low-frequency sound wave», *Science China Technological Sciences* 64 (2021), S. 261–72; siehe auch G. Wang u. a., «Sky River: Discovery, concept, and implications for future research», *Science China Technological Sciences* 46 (2016), S. 649–656. **61** State Council of China, «China allocates 8.8b yuan for weather modification program», 21. September 2017; ders., «China to forge ahead with weather modification service», 2. Dezember 2020. **62** S.-S. Chien, D.-L. Hong und P.-H. Lin, «Ideological and volume politics behind cloud water resource governance – Weather modification in China», *Geoforum* 85 (2017), S. 225–233. **63** National Research Council, *Climate Intervention: Reflecting Sunlight to Cool Earth* (Washington, DC, 2015), S. X. **64** NOAA, «Weather Modification Project Reports», https://library.noaa.gov/Collections/Digital-Collections/Weather-Modification-ProjectReports. **65** J. Dineen, «Can Cloud Seeding Help Quench the Thirst of the U. S. West?», *Yale Environment 360*, 3. März 2022; S. Tsiouris u. a., «Soil silver content of agricultural areas subjected to cloud seeding with Silver Iodide», *Fresenius Environmental Bulletin* 11 (2002), S. 697–702; B. Williams, «An assessment of the environmental toxicity of silver iodide – with reference to a cloud seeding trial in the snowy mountains of Australia», *Journal of Weather Modification* 41 (2009), S. 75–96. **66** Siehe Vorträge der 22nd Conference on Planned and Inadvertent Weather Modification, University of Wyoming, 13.–16. Januar 2020, https://ams.confex.com/ams/2020Annual/webprogram/22WXMOD.html. **67** J. Zheng, «Project aims to divert water through the sky», *China Daily*, 14. September 2016. **68** National Research Council, *Climate Intervention*, S. 7. **69** Panel on Policy Implications of Greenhouse Warming Committee on Science, Engineering, and Public Policy, *Policy Implications of Greenhouse Warming: Mitigation, Adaptation, and the Science Base* (Washington, DC, 1992), S. 48–65. **70** National Research Council, *Critical Issues in Weather Modification Research* (Washington, DC, 2003), S. 3–5. **71** Ebd., S. 73. **72** National Research Council, *Climate Intervention*, S. 1–12. **73** National Academies of Sciences, Engineering, and Medicine, *Reflecting Sunlight: Recommendations for Solar Geoengineering Research and Research Governance* (Washington, DC, 2021). **74** Siehe z. B. M. Lawrence, «Evaluating climate geoengineering proposals in the context of the Paris Agreement temperature goals», *Nature Communications* 9 (2018), S. 1–19; D. MacMartin, K. Ricke und D. Keith, «Solar geoengineering as part of an overall strategy for meeting the 1.5 Grad Celsius Paris target», *Philosophical Transactions of the Royal Society A: Mathematical, Physical and Engineering Sciences* 376 (2017), S. 1–19; Y. Fan u. a., «Solar geoengineering can alleviate climate change pressures on crop yields», *Nature Food* 2 (2021), S. 373–381. **75** United Nations, *Global Land Outlook*, S. 149. **76** https://www.overshootday.org. **77** Milton, *Paradise Lost*, 10, 260 f.; dt. *Das verlorene Paradies*, Übers. H. H. Meier (Stuttgart, 2. Aufl. 2008), S. 316–318 (10. Buch, V. 814–879). **78** *Des heiligen Irenäus fünf Bücher gegen die Häresien*, Übers. E. Klebba (München, 1912), Buch 5, 33, 4; https://bkv.unifr.ch/de/works/cpg-1306/versions/gegen-die-haresien-bkv/divisions/918. **79** *Sechzigs Upanishads des Veda*, Übers. P. Deussen (Leipzig, 1921), Brihadaranyaka-Upanishad 2,4,14., S. 420. Koran, 36:57, Übers. F. Bubenheim und N. Elyas; https://islam.de. **80** J. Mohawk, *Utopian Legacies: A History of Conquest and Oppression in the Western World* (Santa Fe, 2000), S. 17. **81** *The Economics of Biodiversity: The Dasgupta Review* (London, 2021), S. 1 f. **82** Ebd., S. 2. **83** Office for Budget Responsibility, *Fiscal Risks Report* (London, 2021), S. 86.

REGISTER

A

B

C

E

H

I

M

N

S

U

W

X

Y

Z

DANK

Dies war und ist ein wunderbares Arbeitsprojekt. Wie viele andere Menschen mache ich mir schon lange Gedanken über den Klimawandel und versuche zu verstehen, wie die globale Erderwärmung die kommenden Jahre beeinflussen wird, aber auch das Schicksal zukünftiger Generationen. Dass ich über die Geschichte des Klimawandels, über die Rolle extremer Wetterereignisse und langer stabiler Perioden in der Vergangenheit nachdenken, nachlesen und recherchieren durfte, war ein anspruchsvoller, lohnender Erkenntnisweg.

Beim Schreiben des vorliegenden Buches war ich gezwungen, mich mit neuen Arten von Quellenmaterial zu beschäftigen, vor allem mit naturwissenschaftlichen Erkenntnissen. Ich musste lernen, diese Quellen zu interpretieren. In diesem Zusammenhang kam ich auch dazu, mich mit der Geschichte von Völkern und Orten zu befassen, über die ich zuvor noch nicht detailliert gearbeitet hatte. Dabei hat sich mein Horizont beträchtlich erweitert. Ich bin über dieser Arbeit zu einem besseren Historiker geworden und bin mir der großen Privilegien bewusst, die ich als Historiker an einer der großen, bedeutenden Universitäten der Welt genieße. Ich verfüge über eine große Freiheit, meine Ideen zu entwickeln, mich mit Kollegen auszutauschen und ehrgeizige Ziele zu verfolgen.

Dieses Buchprojekt hat jahrzehntelang in mir gearbeitet. Doch vor allem schulde ich Jim Cuno großen Dank, dem Präsidenten des

Getty Center in Los Angeles, der mich 2017 einlud, als President's Council Fellow die außergewöhnlichen Ressourcen des Centers zu nutzen, um zur Klimageschichte zu arbeiten und einen Eingangsvortrag zu halten, der mir Gelegenheit gab, meine Gedanken zu ordnen und meine Ideen herauszukristallisieren. Ideen benötigen immer einen Katalysator und einen Kontext, und ich bin dem Getty Center und seinen Trustees außerordentlich dankbar, dass sie mir eine phantastische, großzügige Arbeitsumgebung bereitgestellt haben. Dieses Umfeld trug fundamental dazu bei, dass mein Projekt das Reißbrettstadium überwand und sich zu etwas viel Ehrgeizigerem entwickelte, als ich mir je hatte vorstellen können.

Mein Dank gilt auch meinen Kollegen und Studenten in Oxford für das unablässig stimulierende Arbeitsumfeld sowie den Mitarbeitern der Bodleian Library für ihre Weltklasse-Sammlung und ihre fast endlose Geduld beim Auffinden und Besorgen von oft entlegenem Material. Auch dem Provost und den Fellows des Worcester College in Oxford muss ich herzlich danken sowie meinen Freunden und Kollegen, die in den Forschungsgebieten der Spätantike und der Byzantinistik, der Weltgeschichte, der Geschichte des Britischen Empires und verwandten Gebieten arbeiten; sie alle haben mich viele Jahre lang unterstützt und mir sehr geholfen. Die Unterstützung durch die A.G. Leventis Foundation und die Stavros Niarchos Foundation war ebenfalls von entscheidender Bedeutung. Den Trustees dieser Stiftungen danke ich sehr für ihre fortwährende Hilfe und ihren Rückhalt.

Außerordentlich dankbar bin ich ferner dem Provost und den Fellows des King's College in Cambridge, speziell Professor Robin Osborne, Lorraine Headon, Professor David Good und Dr. Katie Campbell, aber auch Alison Traub und Professor Stephen Toope. Sie haben mich bei meinen Studien, die den Völkern, Kulturen und Ländern der Seidenstraßen galten, sehr weitreichend unterstützt und mir neue Türen geöffnet, wovon meine Forschungen im Allgemeinen sowie speziell auch das vorliegende Buch profitiert haben.

Wie immer haben meine Agentinnen Catherine Clarke und Zoe Pagnamenta als Schutzengel fungiert, ebenso das Team von Knight

Ayton; sie haben mich stets ermutigt und mir damit geschmeichelt, dass ich interessanter und fähiger sei, als ich wirklich bin. Meine Lektoren Alexis Kirschbaum und Michael Fishwick fanden wieder die perfekte Balance von Herzlichkeit und eiserner Härte, die schon bei früheren Gelegenheiten Wunder wirkte. Ich bin beiden sehr dankbar, ebenso meinem Redakteur Peter James, für dessen scharfes Auge, wenn es um Details geht, ich schon seit Langem Bewunderung hege. Es war eine Freude, mit Lauren Whybrow, Genista Tate-Alexander, Hayley Camis und Jonny Coward zusammenzuarbeiten und mit ihnen dafür zu sorgen, dass dieses Buch so gut aussieht und sich so gut liest, wie es dies tut. Mike Athanson schulde ich Dank für die wundervollen Karten. Jo Carlill war äußerst findig, als es um die Bilder in den Tafelteilen ging. All die Jahre ist es mir mit meinen Verlagen gut gegangen, mit Bloomsbury, Knopf, Spectrum, Rowohlt·Berlin und all den anderen in der ganzen Welt. Ich danke ihnen allen für ihr andauerndes Vertrauen und den Rückhalt, den sie mir geben. Mein Dank gilt auch Professor Chris Stringer für seinen großzügigen, äußerst wertvollen Rat und für seine Kommentare zur Evolution der Menschheit. Dr. Vicki Smith danke ich für ihre Hilfe bei der Datierung des Ilopango-Vulkanausbruchs in San Salvador im Jahr 431 n. Chr.

Ich hätte dieses Buch nicht ohne die Unterstützung und Ermutigung meiner Kinder schreiben können, und auch nicht ohne ihre gelegentliche Frotzelei, wenn es darum ging, wie ewig lange das Schreiben dauerte und warum bestimmte Fragen bei Tisch immer und immer wieder erörtert wurden. Ich danke Euch, Katarina, Flora, Francis und Luke; Ihr seid inzwischen ein ganzes Stück älter als zu Beginn meiner Arbeit an diesem Buch. Eure Frage, wie viel ich denn noch zu schreiben hätte, wird mir fehlen. Auch die Frage, bis zu welchem Jahr ich denn in meinem neuesten Kapitel gekommen sei. Ich vermute mal, dass ich mein Versprechen nicht werde einhalten können, kein weiteres Buch mehr zu schreiben. Aber Ihr habt mir alle mehr Rückhalt gegeben, als Ihr Euch vielleicht vorstellen könnt.

Ich habe 2018 meinen Vater verloren. Seither vermisse ich ihn jeden einzelnen Tag. Früher sprachen wir jeden Tag miteinander:

über Geschichte, Politik und seine große Leidenschaft, die Geologie. Es bedrückt mich sehr, dass ich das während der Arbeit an diesem Buch nicht mehr tun konnte. Auch meine Mutter und meine Geschwister habe ich schrecklich vermisst, als ich sie während der Corona-Lockdowns in den Jahren 2020 bis 2022 monatelang nicht persönlich sehen konnte.

Zuletzt möchte ich Jessica danken, der Liebe meines Lebens. Seit mehr als dreißig Jahren bekommt sie mit, wie sich meine halbgaren Ideen zu etwas Vielversprechenderem entwickeln, und immer sagt sie mir, ich könne das schaffen. Sie macht Vorschläge, wie ich manches besser anstellen könnte, aber vor allem ist sie meine große Stütze mit ihrer Hilfsbereitschaft, ihrem Glück und ihrem Lachen, Tag für Tag, bei Regen und bei Sonnenschein. Seit vielen, vielen Jahren inspiriert sie mich jeden Tag; immer hat sie das richtige Wort zur richtigen Zeit parat. Auf diesem Fels ist das vorliegende Buch, ist mein ganzes Leben gebaut. Ohne ihre Unterstützung und Ermutigung hätte ich es niemals geschafft. Stets hat sie optimistisch und mutig in die Zukunft geblickt und mich ermuntert, es ihr gleichzutun. Ihre Hand und die unserer Kinder will ich nun umso fester drücken, inspiriert von ihrem Drängen, dass wir stets hoffnungsvoll bleiben müssen, selbst wenn wir alle in eine ungewisse Zukunft gehen. Deshalb und aus vielen weiteren Gründen ist dieses Buch ihr gewidmet.

NACHWEIS

Tafelteil 1

S. 1 oben: Lascaux. Foto: © 2023 RMN-Grand Palais / Dist. Photo SCALA, Florenz; **unten:** Mohenjo-Daro, Industal. Foto: Saqib Qayyum, März 2014. CC BY-SA 3.0, https://commons.wikimedia.org/wiki/File:Mohenjodaro_-_view_of_the_stupa_mound.JPG; **S. 2 oben links:** Weibliche Figur aus dem Industal. Foto: Ismoon, 2021. CC0 1.0, https://commons.wikimedia.org/wiki/File:Female_figurine_3._Mature_Harappan_period._Indus_civilization_(detail).jpg; **oben rechts:** Sargon von Akkad, Material: Knochen, Gold und Lapislazuli, Irakisches Nationalmuseum, Bagdad. Foto: INTERFOTO / Alamy; **unten links:** Chinesischer Schildkrötenpanzer, 18,4 cm (L) X 11, 1 cm (H). Foto: Courtesy of the Institute of History and Philology, Academia Sinica; **unten rechts:** Ausschnitt eines bemalten Kästchens aus dem Grab von Tutanchamun. Foto: Roger Wood / Corbis / VCG via Getty Images; **S. 3 oben:** Relief des Großen Stupa des Tempelkomplexes Sanchi im indischen Madhya Pradesh. Foto: Dharma from Sadao, Thailand, 2017. CC BY 2.0, https://commons.wikimedia.org/wiki/File:Ashoka%27s_visit_to_the_Ramagrama_stupa_Sanchi_Stupa_1_Southern_gateway.jpg; **Mitte:** Goldschmuck aus Issykköl im heutigen Kasachstan, aus dem vierten vorchristlichen Jahrhundert. Foto: Peter Frankopan; **unten:** Römisches Mosaik aus Südfrankreich. Foto: DEA / J. E. BULLOZ / De Agostini via Getty Images; **S. 4 oben:** Sonnenpyramide von Teotihuacán. Foto: Peter Frankopan; **unten links:** Gefäß aus der Moche-Zeit, Larco-Museum, Lima, Peru. Foto: Peter Frankopan; **unten rechts:** Der aztekische Gott Cipactonal und seine Frau Oxomoco, Ausschnitt aus dem Codex Borbonicus, Manuscrit mexicain, 1562–63, Palais Bourbon, Bibliothèque. Foto: De Agostini via Getty Images; **S. 5:** Justinian I., byzantisches Mosaik, Basilika von San Vitale. Foto: DEA / A. DAGLI ORTI / Getty Images; **S. 6 oben links:** Tempel V von Tikal. Foto: Peter Frankopan; **oben rechts:** Weihrauchgefäß mit einer Darstellung des Regengottes Tlaloc, Templo Mayor. Foto: Peter Frankopan; **unten:** Tempelkomplex von Angkor Wat. Foto: Peter Frankopan; **S. 7 oben:** Monks Mound von Cahokia. Foto: Matthew Gush / Alamy; **unten:** Kratersee Segara Anak. Foto: Robby Oktawianto /

EyeEm/Getty Images; **S. 8 oben:** Pieter Bruegel d. Ä., *Die Jäger im Schnee*, 1565 (Öl auf Holz). Kunsthistorisches Museum, Wien, Österreich. Foto: Fine Art Images/Heritage Images/Getty Images; **unten links:** Plan des Sklavenschiffs «Brookes», 1801, British Library, Signatur 1881.d.8 (46) 522.f.23. Foto: © British Library Board/Bridgeman Images; **unten rechts:** Probe einer Kartoffelpflanze aus dem Jahr 1660, Sloan Herbarium. Foto: © The Trustees of the Natural History Museum, London.

Tafelteil 2

S. 1: Seite aus Thomas Jeffersons meteorologischen Aufzeichnungen, Massachusetts, Juli 1776, Historical Society: Coolidge Collection of Thomas Jefferson Manuscripts, 1705–1827, Reel 15, Memorandum book, 1776–1778, Image 128, Special Colls. Jefferson. Foto: Collection of the Massachusetts Historical Society; **S. 2:** Messingtafeln der «Benin-Bronzen», Britisches Museum, London. Foto: Andreas Praefcke/Wikimedia.org, PD-self; **S. 3 oben:** Segler besuchen ein Guano-Bett an der Küste Perus, 1880, handkolorierter Holzschnitt. Foto: North Wind Picture Archives/Alamy; **unten links:** Eunice Newton Foote, «Circumstances Affecting the Heat of the Sun's Rays», *The American Journal of Science and Arts*, Second Series, XXII (1856). Foto: Archive.org/Missouri Botanical Garden/The Biodiversity Heritage Library; **unten rechts:** Fotogravur nach einer Fotografie von Svante August Arrhenius. Foto: SSPL/Getty Images; **S. 4 oben:** Bau des Weißmeer-Ostsee-Kanals. Foto: Laski Diffusion/Getty Images; **unten links:** Kautschukernte. Foto: The Granger Collection/Alamy; **unten rechts:** Ding Hao, «Vernichtet die vier Plagen!», Februar 1958. Foto: Privatkollektion, Internationales Institut für Sozialgeschichte, Amsterdam. PC-1958–025 (chineseposters.net, Privatkollektion); **S. 5 oben:** Pilzwolke nach der Explosion einer französischen Atombombe über dem Mururoa-Atoll, 1971. Foto: Galerie Bilderwelt/Getty Images; **unten:** Friedensdemonstration vor dem Gebäude der Vereinten Nationen. Foto: Bettmann/Getty Images; **S. 6 oben:** Propagandaplakat der sowjetischen Neuland-Kampagne, History Archive/Universal Images Group via Getty Images; **unten links:** Cover des «Collier's»-Magazins, 28. Mai 1954, Illustration von Frederick «Fritz» Siebel. Foto: Courtesy of Novak Archive/Paleofuture; **unten rechts:** Filmplakat für «Wenn der Wind weht», 1986. Foto: Courtesy of www.themoviedb.org; **S. 7 oben:** Erdgipfel, Rio de Janeiro, 12. Juni 1992. Foto: Daniel Garcia/AFP via Getty Images; **unten:** Luftaufnahme von Greenpeace, gerodete Bäume in einem Wald in der Konzession von Karya Makmur Abadi, in der eine Palmölplantage entsteht, Bezirk Ost-Kotawaringin in der Provinz Zentral-Kalimantan auf der indonesischen Insel Borneo, 24. Februar 2014. Foto: BAY ISMOYO/AFP via Getty Images; **S. 8 oben:** Blick auf den in Smog gehüllten Kartavya Path, New Delhi, Indien, 7. November 2022. Foto: Arvind Yadav/Hindustan Times via Getty Images; **unten:** Rauchwolken einer Ölraffinerie in Houston, Texas, USA. Foto: simonkr/Getty Images.

Diagramme

S. 32: nach K. R. Tanaka und K. S. Van Houtan, «The recent normalization of historical marine heat extremes», *PLOS Climate* 1 (2) (2022).

S. 58: nach einer Grafik von Hunter Allen und Michon Scott, auf Grundlage von Daten des NOAA National Climatic Data Center © NOAA Climate.gov.

S. 114: aus M. B. Osman, J. E. Tierney, J. Zhu u. a., «Globally resolved surface temperatures since the Last Glacial Maximum», *Nature* 599 (2021), S. 239–244 © Springer Nature.

S. 258: aus M. Bini, G. Zanchetta, E. Regattieri, I. Isola, R. N. Drysdale, F. Fabiani, S. Genovesi, J. C. Hellstrom, «Hydrological changes during the Roman Climatic Optimum in northern Tuscany (Central Italy) as evidenced by speleothem records and archaeological data», *Journal of Quaternary Science* 35 (2020) © 2020 John Wiley & Sons, Ltd.

S. 374: Verwendung mit Erlaubnis von T. Cronin, K. Hayo, R. Thunell, G. S. Dwyer, C. Saenger, D. Willard, «The Medieval Climate Anomaly and Little Ice Age in Chesapeake Bay and the North Atlantic Ocean», *Palaeogeography, Palaeoclimatology, Palaeoecology* 297 (2010).

S. 801: nach Michael Greenstone, Christa Hasenkopf und Ken Lee, «Air Quality Life Index Annual Update», Juni 2022, awli.epic.uchicago.edu.

S. 832: nach B. C. O'Neill, C. Tebaldi, D. P. van Vuuren, V. Eyring, P. Friedlingstein, G. Hurtt, R. Knutti, E. Kriegler, J.-F. Lamarque, J. Lowe, G. A. Meehl, R. Moss, K. Riahi and B. M. Sanderson, «The Scenario Model Intercomparison Project (ScenarioMIP) for CMIP6», *Geoscientific Model Development* 9 (2016).

Die Rowohlt Verlage haben sich zu einer nachhaltigen Buchproduktion verpflichtet. Gemeinsam mit unseren Partnern und Lieferanten setzen wir uns für eine klimaneutrale Buchproduktion ein, die den Erwerb von Klimazertifikaten zur Kompensation des CO_2-Ausstoßes einschließt.
www.klimaneutralerverlag.de

MIX
Papier | Fördert gute Waldnutzung
FSC® C083411
FSC
www.fsc.org